실무 내진공학

도덕현
고재만 편저

도서출판 **건설정보사**

머 리 말

우리나라는 지진에 대한 안전지역이라고 할 수는 없다. 計器地震記錄과 歷史地震記錄을 토대로 조사한 바에 의하면 규모 7.0 이상의 지진이 발생한 경우도 있다. 최근 50년 동안에도 지리산 지진, 속리산 지진, 평양 앞바다의 황해지진, 1978년 10월 7일에 발생한 홍성지진, 1982년 2월 14일에 발생한 사리원 지진 등은 모두 MM Ⅶ 이상의 强度가 큰 지진이었고 이와같은 지진이 금후 都心地와 主要土木構造物이 밀집되어 있는 지역에서 발생될 경우 그 피해는 막대할 것이다.

따라서 최근에는 耐震設計에 대한 관심이 점차 高潮되고 있으며 특히 原子力발전소를 비롯한 주요댐과 防潮堤, 鐵道, 橋梁, 港灣施設, 地下構造物 등과 같이 지진발생시에 財産被害가 클 것으로 예상되는 토목구조물, 그리고 人名被害가 예상되는 아파트를 비롯한 建築構造物에 建築法에 규정된 규모이상에 대하여는 내진설계를 해야 한다.

내진설계는 地震動과 地盤과의 관계, 設計地震 등 각종 구조물 별 내진설계방법의 이해에서부터 가능하며 지금까지의 출간된 서적들은 그 내용이 빈약하여 내진설계를 시도할 경우 많은 어려움이 뒤따랐다.

따라서 本書는 著者가 1987년부터 耐震工學을 체계적으로 정립한 Introduction to Earthquake (S. Okamoto 著)을 가급적 우리나라의 실정에 맞도록 대폭 수정하여 出刊한 것이며, 耐震工學의 기초에서부터 이론 및 설계시공에 이르기까지 상세히 기술되어 있으므로 學部, 대학원생은 물론이고 일선에 설계시공을 담당하는 실무자들에게 크게 도움될 것으로 기대하는 바이다.

편저자

목 차

제 1 장 지진

1.1 지구의 구조 …………………………………………………21
  1. 구성 ………………………………………………………21
  2. 지구내의 온도 및 압력 ………………………………22
  3. 지진파의 전파속도 ……………………………………22
1.2 지구내의 역사 ………………………………………………24
1.3 지진대 …………………………………………………………27
1.4 지진 ……………………………………………………………28
  1. 진원 ………………………………………………………28
  2. 본진과 여진 ……………………………………………29
  3. 지진의 원인 ……………………………………………30
1.5 지진파의 전파 ………………………………………………31
  1. 체적파(body wave) ……………………………………31
  2. 표면파 ……………………………………………………33
  3. 주시곡선 …………………………………………………36
1.6 지진현상 ………………………………………………………36
  1. 일반사항 …………………………………………………36
  2. 지진동 ……………………………………………………36
  3. 지각변동 …………………………………………………37
  4. 단층 ………………………………………………………39
  5. 쓰나미 ……………………………………………………40
1.7 지진동의 관측 ………………………………………………42
  1. 지진계 ……………………………………………………42
  2. 강진동 지진계의 설치 ………………………………48

제 2 장 지진의 강도

2.1 진도 ……………………………………………………………51

1. 진도계 …………………………………………………………51
　　2. 가속도를 기준으로 한 진도 …………………………………52
　　3. 속도를 기준으로 한 진도 ……………………………………54
　　4. JMA진도, 최대가속도, 최대속도의 상호관계 ………………56
2.2　지진의 파라미터 …………………………………………………57
　　1. 규모 ……………………………………………………………57
　　2. 지진 모멘트 ……………………………………………………59
　　3. 지진동 에너지 …………………………………………………59
2.3　최대 지진변위의 감쇠 및 이와 관련된 문제 …………………59
2.4　최대변위 진폭을 갖는 파동의 주기 ……………………………61
2.5　지진동의 진폭 ……………………………………………………63
　　1. 통계에 의한 추정방법 …………………………………………63
　　2. 구조지진학적 고찰에 의한 추정방법 ………………………66

제 3 장　세계의 지진피해

3.1　개설 …………………………………………………………………71
3.2　지진피해의 형태 …………………………………………………71
　　1. 지진피해 ………………………………………………………71
　　2. 구조물과 지반의 상호작용 …………………………………71
　　3. 지반의 액상화에 의한 피해 …………………………………71
　　4. 산사태, 사면, 조성지 등의 활동 붕괴 ……………………71
3.3　지진에 의한 진해양상 ……………………………………………73
　　1. 지변에 의한 피해 ……………………………………………73
　　2. 해일에 의한 피해 ……………………………………………73
　　3. 지진동에 의한 진동피해 ……………………………………74
　　4. 지진시 화재에 의한 피해 ……………………………………74
3.4　구조물의 주요 진해 ………………………………………………74
　　1. 구조물의 비대칭 ………………………………………………74
　　2. 전도 ……………………………………………………………74
　　3. 층 사이의 변위 ………………………………………………74
　　4. 셋트 백 …………………………………………………………74

  5. P−△효과 ··75
  6. 충돌 ··75
  7. 단주의 전단파괴 ···75
 3.5 지진피해의 사례 ··75
  1. Agadir 지진 ···75
  2. Chile 지진 ··75
  3. Skopje 지진 ···76
  4. Alaska 지진 ···77
  5. Varto 지진 ···78
  6. Koyna 지진 ···78
  7. Caracas 지진 ···78
  8. Peru 지진 ···78
  9. 중국의 지진 ···79
  10. 일본의 지진 ···79

제 4 장 한반도의 지진

4.1 지질과 지진 특성 ··83
4.2 한반도의 지진역사 ··84
4.3 최근의 지진활동 ··87
  1. 한반도 발생지진의 규모 ····································87
  2. 지진관측 ··88
4.4 최근의 지진피해와 규모 ···88

제 5 장 지진동이 지반에 주는 영향

5.1 개설 ···93
5.2 충적지반의 지진동 ··93
  1. 지진동의 진동수 특성 ··93
  2. 충적지반에 대한 지진동의 강도 ·······················99
  3. 지반별 진도분포도 ···102
  4. 매립지의 진해 ··103

  5. 토층내의 지진동 ··104
5.3 암반지역의 지진동 ··106
  1. 암반지역에 대한 진해 ··106
  2. 경지반에 대한 지진동의 변화와 가속도 ·······················106
  3. 지진 파형 ··109
  4. 암반내의 지진동 ···109
  5. 접합부(seam)가 있는 암반의 지진동 ······························111
5.4 탄성파의 전파 ··113
  1. 지진파 방정식 ···113
  2. 파동의 입자 속도와 파동에너지 ·····································115
  3. 지표면에 대한 파동의 반사 ···116
  4. 지층 경계면에 대한 파동의 반사와 투과 ·····················117
5.5 표면층 내 파동의 다중반사 ···120
  1. 1層의 표면층이 있는 경우 ···120
  2. 다층의 표면층이 있는 경우 ···122
  3. 비탄성적 성질이 갖는 표면층내의 다중반사 ···············124
5.6 2차원 탄성파 ··127
  1. 일반사항 ··127
  2. 평면파 ··130
  3. 레일리(Rayleigh)파 ··131
  4. 러브(Love)파 ··131
  5. 진행파 ··133

제 6 장 계획지진동

6.1 개설 ··137
6.2 설계 지진 강도 ··139
  1. 역사적 자료를 이용한 조사 ···139
  2. 지체구조에 의한 조사 ···141
  3. 우리나라 내진설계용 지진위험 구역도 ·························141
6.3 진앙거리를 갖는 지진강도의 감쇠 ····························146
  1. 일반사항 ··146

2. 최대속도의 감쇠 ··147
   3. 스펙트럼 강도의 감쇠 ··148
   4. 최대가속도의 감쇠 ··148
6.4 지진동의 파형 ··151
   1. 일반사항 ··151
   2. 과거 지진기록의 이용 ··151
   3. 모델 지진파를 작성하는 경우 ··156
   4. 모델 지진파의 수정 ···158
6.5 진앙부의 지진동 ··160
   1. 지진강도 ··160
   2. 진해 ···162
   3. 지진기록의 예 ··163
6.6 지진의 진원 매카니즘 ··167
   1. 진원 매카니즘 ··167
   2. 단층활동의 수학적 모델 ···169

제 7 장   내진설계법

7.1 진도법 ···179
   1. 진력계수 ··179
   2. 주중구조물에 대한 진력계수 ··180
   3. 일본 건설성 기준 ··181
   4. 진도법의 적용 예 ··182
7.2 탄성구조물의 동적해석 ··184
   1. 일반사항 ··184
   2. 1자유도계 탄성구조물 ···184
   3. 다자유도계 탄성구조물 ···187
7.3 응답 스펙트럼을 이용한 내진설계 ···200
   1. 1자유도계의 응답 스펙트럼 ···200
   2. 다자유도계 응답 스펙트럼 ···202
   3. 지진응답 스펙트럼의 성질 ···202
   4. 수정진도법 ··205

7.4 비탄성 구조물의 동적해석 ···211
　1. 일반사항 ··211
　2. 해석법 ··212
　3. 탄소성계 ··218

제 8 장　내진규정

8.1 개설 ··229
8.2 각종 구조물에 대한 내진규정 ··230
3.3 일본의 내진규정 ··230
　1. 교량 ··231
　2. 수도시설 ··234
　3. 댐 ···234
　4. 항만 ··235
　5. 건축물 ··235
　6. 원자력 발전소 ···237
8.4 미국 California 구조기술자협회(SEAOC)의 규정 ··········239
8.5 우리나라의 구조물의 내진규정 ·······································240

제 9 장　지진시 흙의 상태

9.1 개설 ··243
9.2 흙의 동적성질 ···244
　1. 흙의 구성 ··244
　2. 흙의 동적변형 특성 ···246
　3. 사질토의 동적강도 ··249
　4. 점성토의 동적강도 ··258
9.3 사면안정 ···260
　1. 평상시의 사면안정 ··260
　2. 지진시의 사면안정 ··263
9.4 옹벽에 작용하는 토압 ···265
　1. Coulomb의 토압이론 ··265

2. Mononobe의 지진시 토압이론 ……………………………… 267
 3. Sano의 지진시 토압이론 ………………………………… 270
 4. 실험적 연구……………………………………………… 270
 5. 보강토 옹벽의 내진 ……………………………………… 271
9.5 지반의 지지력 ……………………………………………… 275
 1. 평상시 지반의 지지력 …………………………………… 275
 2. 지진시 지반의 극한지지력 ……………………………… 276
 3. 실험적 연구……………………………………………… 278
9.6 지반의 파괴 ………………………………………………… 279
 1. 개설 ……………………………………………………… 279
 2. 지반의 액상화 …………………………………………… 279
 3. 지진시 흙의 액상화 가능성 평가 ……………………… 285
 4. 지반의 액상화 대책 ……………………………………… 292
 5. 대규모의 지면활동………………………………………… 293
 6. 시공중인 새만금 방조제의 액상화 평가 예…………… 296

제 10 장 도로, 철도 및 하천의 내진

10.1 도로 및 철도 …………………………………………… 303
 1. 개설 ……………………………………………………… 303
 2. 성토 ……………………………………………………… 303
 3. 절토 ……………………………………………………… 308
 4. 터널 ……………………………………………………… 309
 5. 암거 ……………………………………………………… 314
 6. 포장도로 ………………………………………………… 315
10.2 레일의 뒤틀림 및 열차의 전복……………………………… 315
 1. 일반사항 ………………………………………………… 315
 2. 철도 안전시설……………………………………………… 319
10.3 하천 ………………………………………………………… 320
 1. 지진피해 ………………………………………………… 320
 2. 조류 ……………………………………………………… 325

제 11 장 항만시설의 내진

11.1 개설 ··329
11.2 매립지와 방파제 ···330
11.3 중력식 안벽 ···331
　1. 일반적인 지진피해 ··331
　2. 지진시 중력식 안벽에 미치는 토압 ······························334
11.4 쉬트파일 안벽 ···335
　1. 일반적인 지진피해 ··335
　2. 지진시 쉬트파일공의 안정 ······································338
11.5 잔교식 안벽(Pier type quay wall) ·······························343
　1. 일반적인 진해 ···343
　2. 말뚝의 수평저항 ··345
　3. 잔교의 진동 ···347

제 12 장 교량의 내진

12.1 거더교의 진해 ···351
　1. 개설 ···351
　2. 교대의 진해 ···352
　3. 교각 기둥부의 진해 ··352
　4. 교각 기초공의 진해 ··355
　5. 거더부의 진해 ··358
12.2 거더교의 진동해석 ··360
　1. 개설 ···360
　2. 교각의 진동해석 ··360
　3. 탄성론에 의한 교량기초공의 진동해석 ························370
12.3 거더교의 현장 진동시험 ··376
　1. 낮은 교각의 거더교 ··377
　2. 높은 교각의 거더교 ··378
　3. 교량의 지진동 관측 ··380
12.4 상부구조의 내진설계 ··385

  1. 일반사항 ·· 385
  2. 단순 거더교 ·· 388
  3. 연속 거더교 ·· 394
  4. 고교각 거더교 ·· 397
 12.5 기초공의 내진설계 ·· 399
  1. 개설 ·· 399
  2. 직접기초 ·· 400
  3. 케이슨기초 ·· 400
  4. 말뚝기초 ·· 403
 12.6 아치교와 현수교 ·· 410
  1. 아치교 ·· 410
  2. 현수교 ·· 413

제 13 장 콘크리트 중력댐의 내진

 13.1 개설 ·· 425
  1. 지진시 댐의 안전 ·· 425
  2. 저수로 인한 지진유발 ·· 425
 13.2 콘크리트 중력댐의 진해 ································· 428
 13.3 콘크리트 중력댐에 작용하는 지진력 ············ 431
  1. 제체관성력 ·· 431
  2. 동수압 ·· 433
 13.4 콘크리트 중력댐의 내진설계 ························· 440
  1. 정적설계법 ·· 440
  2. 동적설계법 ·· 443

제 14 장 아치댐의 내진

 14.1 개설 ·· 449
 14.2 댐진동의 해석방법 ·· 450
  1. 수치해석 ·· 450
  2. 모형시험에 의한 해석 ·· 452

14.3 지진시 제체의 거동 ··459
   1. 일반사항 ··459
   2. 댐 양단부의 지진동의 차이 ··462
   3. 댐마루의 진동증폭 ···465
   4. 고유 진동주기 ···466
   5. 감쇠정수 ···470
   6. 연직방향 진동 ···470
   7. 세로이음의 영향 ···472
14.4 아치댐의 내진설계 ···473
   1. 개설 ···473
   2. 진도법에 의한 설계법 ···473
   3. 유한 요소법 ···475
   4. 지진시 기초암반의 안정 ···476

제 15 장 흙댐의 내진

15.1 진해 ···481
   1. 일반적인 진해 ···481
   2. 진해의 상세 ···484
15.2 진동해석법 ···487
   1. 개설 ···487
   2. 전단보 이론 ···489
   3. 유한 요소법 ···494
   4. 모형시험 ···494
15.3 지진시 흙댐의 동적거동 ··498
   1. 자유진동 ···498
   2. 지진시 동적거동 ···513
15.4 댐의 파괴 ···526
   1. 흙댐의 파괴 ···526
   2. 록 필댐 모형의 파괴시험 ···530
   3. 응력해석에 의한 모형파괴시험 ···535
15.5 내진설계 ···538

1. 일반사항 ··540
2. 활동면법에 의한 흙댐의 안정성 검토 ·····························542
3. 응력해석에 의한 흙댐의 안정성 검토 ·····························544
4. 변위법에 의한 흙댐의 안정성 검토 ································544

제 16 장 지중구조물의 내진

16.1 개설 ··549
16.2 지중구조물의 진해 ··550
16.3 지하공동주변의 지진시 응력 ··································553
  1. 해석적 방법 ··553
  2. 수치적 또는 실험적 방법 ·····································554
16.4 지진시 지중구조물의 진동측정 ·······························556
  1. 강관 및 콘크리트관 ··556
  2. 지하철 ···558
16.5 잠수터널의 내진 ··563
  1. 일반사항 ··563
  2. 터널에 방생하는 지진변형 관측 ····························564
  3. 잠수터널의 수학적모델 ··570
  4. 터널의 접합 ···575
16.6 지하철의 설계 ···576
  1. 일반사항 ··576
  2. 응답변위법에 의한 계산 ······································576
  3. 각 부재응력의 계산 ··578
  4. 해석 결과 ··578

제 17 장 수도의 내진

17.1 개설 ··583
17.2 매설관로 ··583
  1. 일반사항 ··583
  2. 관 및 이음의 종류와 진해의 관계 ························585

   3. 지진시 매설관에 작용하는 힘 ···587
17.3 저수조형태의 구조물··593
  17.4 수로교 및 역사이폰 ···594
  17.5 물탱크 ··595
  17.6 관망시스템의 내진···596

제 18 장 건축물의 내진

18.1 일반사항 ···605
18.2 수평지진 전단계수를 이용한 설계법 ··606
18.3 동적설계법 ···608
18.4 특수한 건축물 ··610
   1. 목조건축물 ··610
   2. 철근콘크리트건축물 ··611
   3. 철골구조건축물 ··613
   4. 철골·철근콘크리트 복합건축물 ···614
   5. 벽돌건물 ···615
18.5 우리나라 건축물의 내진설계 ···616
   1. 등가 정적해석 ···616
   2. 동적해석 ···627

부   록

1. 참고문헌 ···635
2. 찾아보기 ···667

제 1 장   지 진

1.1 지구의 構造

1. 구성

지구는 반경 6400km의 球體이다. 그 내부 구조는 여러가지 실마리(clue)로부터 추정되고 있는데, 지진시 지표면 여러점의 진동을 비교하는 것도 유효한 조사 방법중의 하나이다. 地震은 지구 내부의 異變으로 방출되는 에너지의 전파에 의하여 나타나는 진동이므로 지표면에 생기는 진동의 傳播經路에 따라 振動形態가 독특하다. 따라서 이와 같은 현상의 이해는 지구의 내부구조를 판단하는 수단이 되는 것이다.

조사에 의하면, 그림 1.1(a)와 같이 지구는 성질이 서로 다른 3종류의 층 즉, 핵, 맨틀, 지각

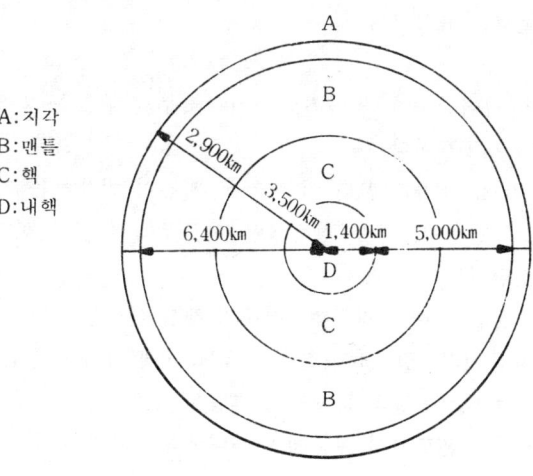

(a) 지구의 구조

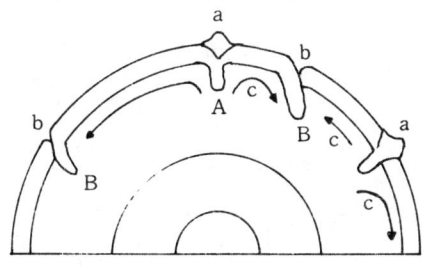

(b) 맨틀의 대류에 의한 地殼移動

A: 지각생성　　a: 海嶺　　B: 지각소실
b: 海溝　　c: 맨틀對流　　a.b: 지진발생

그림 1.1

(crust)으로 구성 되어 있다. 핵은 지구의 중심부를 이루는 반경 3500km의 球體이며 剪斷波를 전파하지 않으므로 그 표층부는 액체로 추정되고 있다. 맨틀은 핵의 외층을 둘러싸고 있으며 두께가 2900km이며, 주로 超鹽基性 감람암질 암석(utrabasic olibine rock)으로 이루어져 있다. 지각은 화강암질 및 현무암질 암석으로 되어 있으며 화성암, 수성암 등이 변성한 것이다. 大洋部와 大陸部(대륙붕 포함)의 지각은 물질 및 두께도 다르다. 대양부의 지각은 현무암질이며 두께가 약 5km이다. 대륙부의 지각은 상층부는 화강암질, 하층부는 현무암질의 2층으로 이루어져 있다. 두께는 약 30~60km이며 粘彈性的 성질의 맨틀 위에 薄板狀으로 떠있다. 따라서 대륙의 질량분포의 변화나 맨틀내부의 이변등으로 맨틀의 미소 변형으로 인하여 대륙이 용이하게 변형하는 것은 당연하다. 이 상태를 지각평형(isostacy)이라고 한다. 대륙이동설에 의하면 대륙은 맨틀대류(그림 1.1(b)참조)에 의하여 이동하며 그 결과, 대륙과 섬이 오늘날과 같이 분포되었다고 생각된다. 각 부분의 比重은 표 1.1과 같다.

2. 지구내의 온도 및 압력

지구내의 온도는 지표에서 깊어질수록 높아진다. 지각저부의 온도는 해양지각에서 150~250℃이며, 대륙지각에서 300~800℃이다.

맨틀내부 700km의 온도는 1000~1500℃인데 이 지점은 지진이 발생하는 가장 깊은 곳이며, 핵 내부에서는 4000~4500℃에 달한다. 온도 상승율은 지표부에서 깊이 30℃/km인데 깊이가 증가함에 따라 상승율은 감소한다.

지구의 온도는 이와 같이 고온을 오래 유지하며, 더우기 해를 거듭할수록 서서히 상승하는 것은 이에 함유된 방사성물질 때문이다. 방사성물질은 그 親和性에 따라 화강암질 부분에 모이기 쉽다. 이 때문에 맨틀 내부의 방사성물질의 분포는 大洋底部(玄武岩質)와 大陸底部(花崗岩質)는 각각 다르며, 이에 따라 생기는 온도차이 때문에 맨틀내에는 물질의 대류가 일어난다고 하는 說이 제기되기도 하였다.

지구내부의 압력은 맨틀상부에서 $9t/cm^2$, 핵의 외각부에서 $1400t/cm^2$, 중심부에서 $3700t/cm^2$라 한다. 이 압력은 일반적인 조건하에서의 岩石의 一軸壓縮强度보다 매우 큰 것이다.

표 1.1 지구를 構成하는 各部의 比重

지	반		2.7~3.0
맨 틀	외	부	3.3
	내	부	5.7
핵	가장 자리		9.7
	중 심 부		12.3

3. 地震波의 傳播速度

지구내부 地震波의 傳播速渡는 深層部일수록 빠르다. 縱波速度는 지각의 화강암 부분에서 6.0km/sec이고, 현무암 부분에서 6.8km/sec이며, 맨틀에서는 상부에서 약 8.0km/sec, 하부에서 약 13km/sec이다. 지각과 맨틀의 경계부근에는 지진파의 전파속도가 불연속으로 변하는 면이 있다. 여기서 橫波速度는 3.7~4.4km/sec, 縱波速度는 6.3~7.8km/sec이다. 이 지진파 속도의 불연속면은 발견자의 이름을 따서 모호로빗치츠面(Mohorovičić plane)이라고 부르고 두께는 대략 35~45km이다.

깊이 70~250km인 상부맨틀층에서의 지진파속도는 상대적으로 낮다. 이 低速度層을 弱圈(asthenosphere)이라고 하며, 약 100km 두께의 岩圈(lithosphere)은 윤활작용을 갖는 약권으로 하여금 맨틀표면에 떠 있다고 생각된다.

표 1.2 지구의 지질학적 年代

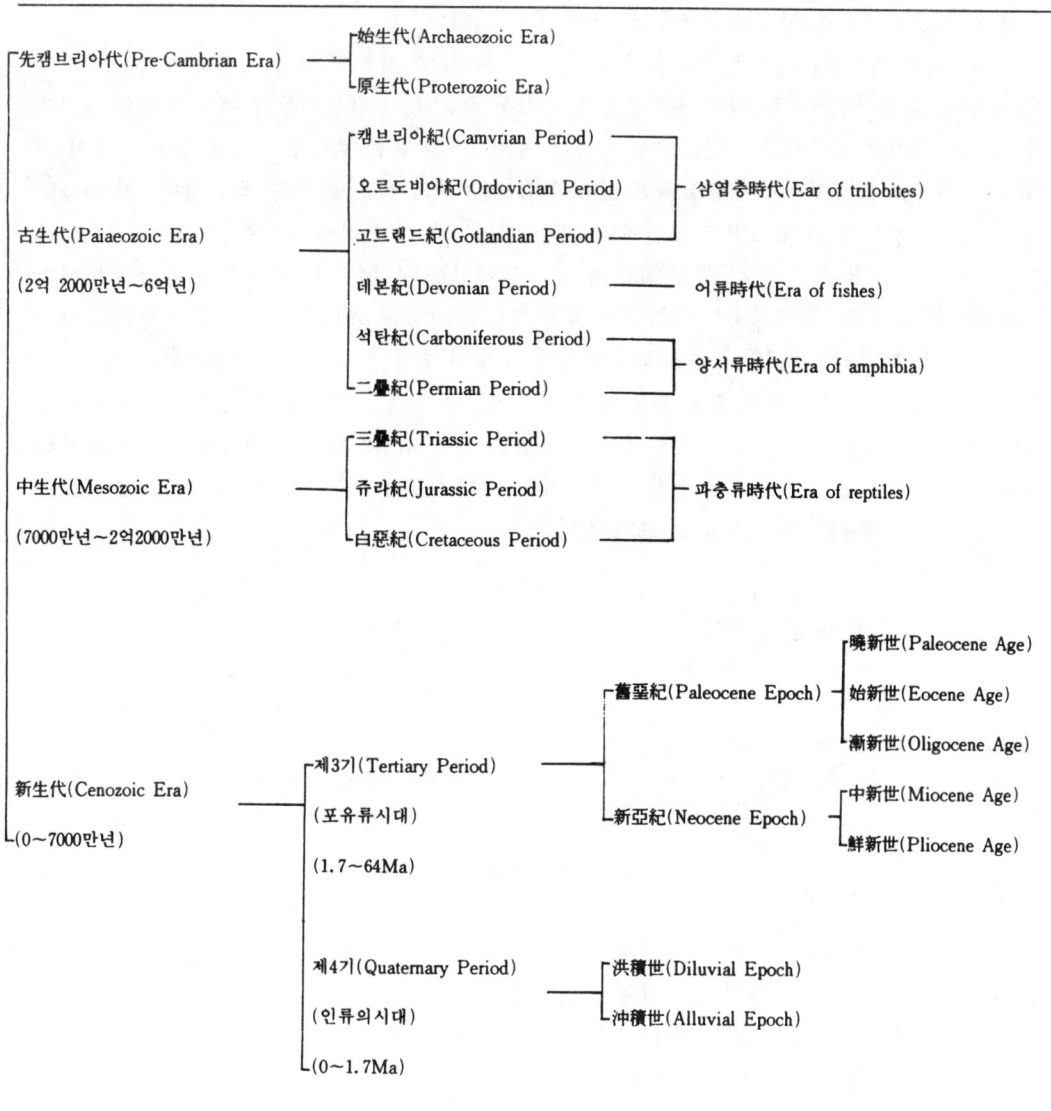

1.2 지구의 歷史

　지구의 탄생시기는 銀河系의 우주가 시작된 시기와 거의 같으며, 지금으로부터 약 45억년 전이라 한다. 특히 古生代 초기에는 이미 거의 오늘날과 같은 지구로 되었다고 생각된다. 年代區分은 표 1.2와 같이 새로운 시대 일수록 세분화되며 新生代 第4紀는 지금으로부터 170백만년 전까지이고, 第3紀는 그로부터 64백만년전이다. 지구는 내부로부터는 방사성물질에 의하여 외부로부터는 태양에 의하여 항상 에너지의 공급을 받고 있기 때문에 언제나 변화하고 있다. 지표에서는 風化現象이 일어나고, 山野는 침식되면서 토석이 되어 바다로 流下하여 해저에 퇴적된다. 또 화산활동에 의한 분출물이나 생물의 死骸도 또한 해저에 퇴적된다. 이들의 퇴적에 의한 지각 위에 重量分布는 시간이 경과함에 따라 변하고 있다.

　또 다른說에 의하면, 지구내부의 방사성물질은 대륙저부에서는 비교적 표면에 가까운 지각부에 모이며, 해양저부에서는 아직 지각부분에 모이지 않은 것이 맨틀내부에 매우 유사한 상태로 존재한다. 따라서 해양저부의 맨틀내부의 폭이 대륙저부의 맨틀 보다도 온도가 높고 비중이 가볍다. 그러므로 해양저부의 맨틀물질은 상승하며, 대륙부의 맨틀 물질은 하강한다. 이 對流의 속도는 수cm/yr이라 하며, 1억년 동안에는 1000km이상 된다. 이리하여 맨틀은 대륙주변부에서 맨틀대류 및 퇴적물의 무게때문에 沈降하여 이 구역에서는 지각이 아래쪽으로 만곡되는데 이것을 地向斜라고 한다. 地向斜에서 맨틀내에 깊이 함몰한 지각은 고온과 고압으로 장시간 유지되며 이 사이에 퇴적물의 변형, 맨틀물질의 流入 등이 생겨 화강암질 암석이 생성된다(그림 1.2참조). 맨틀對流에 의하여 생긴 강한 횡압력이 있는 한 침강운동은 계속되는데, 이것은 지각평형으로부터 먼 방향의 운동이기 때문에 결국 이 부분의 맨틀對流가 약하면 지각평형에 의해 침하하고 있던 부분이 융기하여 새로 형성된 육지의 덩이가 해면상에 노출한다. 그림 1.3은 지진운동으로 인한 신대륙의 형성 모습을 보인 것이다.

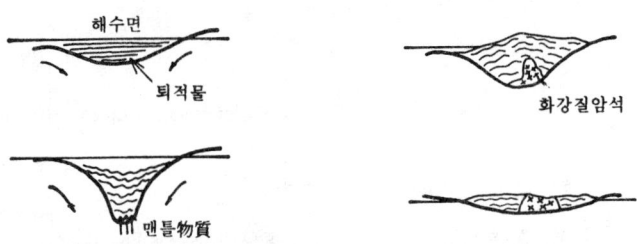

그림 1.2 造山運動圖

　판의 상호접촉과 상호작용은 지구의 地質年代를 통한 최초의 造山運動(orogeny)의 원인이며 그림 1.4와 같이 다음 3종류의 상호작용이 일어난다.
① 두 판이 떨어질때 이들 사이에 大洋山脈(ridge)을 이룬다.
② 두 판이 수평으로 미끄러져 단층을 이룬다.
③ 高密度 대양판은 低密度 대륙판 밑으로 침강하면서 海溝(trench)와 섬의 아크(arc)를 형

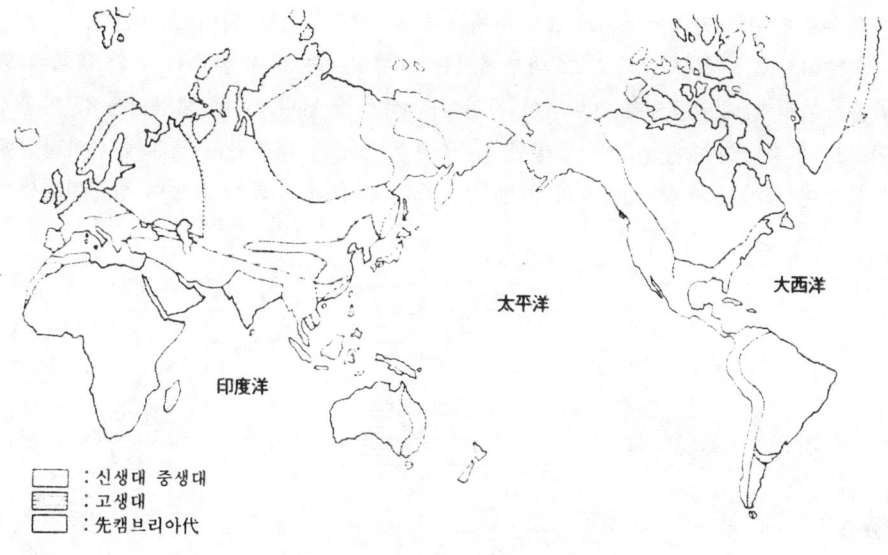

그림 1.3 지진운동으로 인한 新大陸 形成

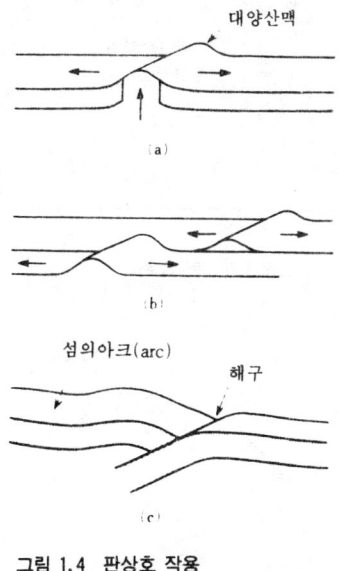

그림 1.4 판상호 작용
(a) 중간대양산맥형
(b) 전이단층형
(c) 침강형

성한다.

　1960년대들어 지진파의 한 종류인 表面波의 분석결과로 지표에서 깊이 100~300km범위에 弱圈의 존재함이 밝혀졌다. 이 약권은 고온으로 인하여 맨틀의 구성물질이 부분적으로 용융되어 있으며 지표에서 약권 표면까지의 지각 및 맨틀 상부의 일부인 岩圈이 하부의 맨틀에 비하여 상대적으로 유연하여 소성변형이 가능하다고 한다. 板構造論에 의하면, 이 岩圈의 12개 부분을

岩板(lithosphere plate) 또는 板이라고 부른다. 板은 해저산맥에서 생성되며 수평이동하여 海溝에서 맨틀속으로 침강하며, 고온과 고압하에서 다시 맨틀물질로 되어 소멸한다.

판은 剛體이므로 외력을 받아도 그 내부에서는 변형이 일어나지 않으나 판의 경계에 있는 암석은 판들사이의 상대운동으로 파쇄되어 지진이 발생하게 된다. 이때 해양판은 45°기울기로 대륙판 밑으로 침강하여 深發地震이 발생한다. 또한 해양판과 대륙판의 경계에서 마찰열에 의하여 맨틀물질이 녹아서 용암이 맨틀의 약한 부분으로 상승하여 화산 활동이 발생한다(그림 1.5

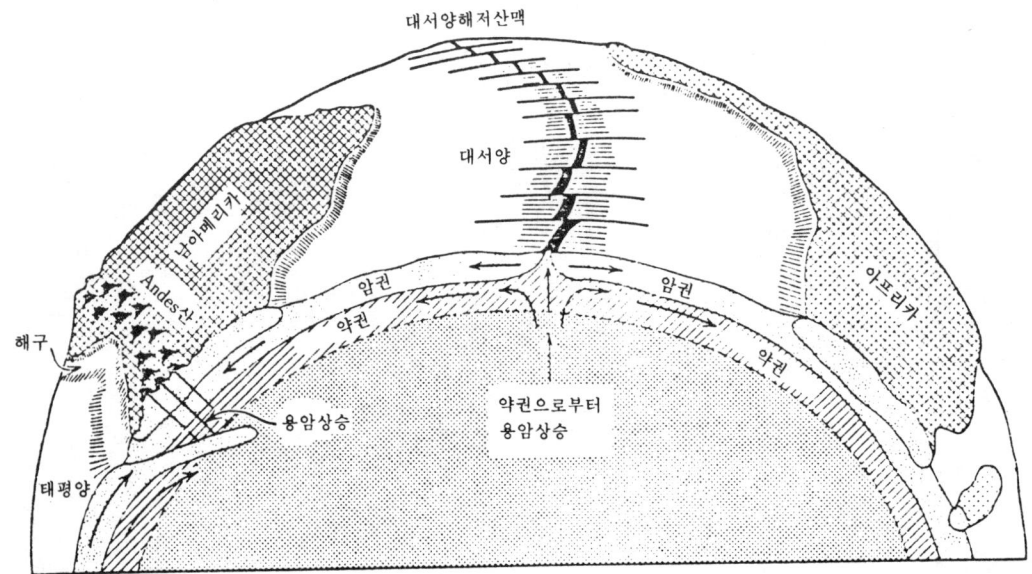

그림 1.5 판구조론

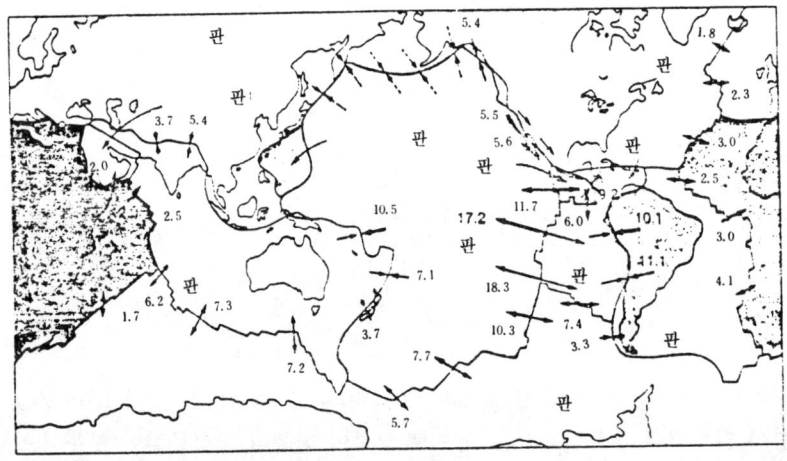

그림 1.6 전세계 판들의 상대운동

참조).

그림 1.6은 지구의 판들간의 상대운동의 크기와 방향을 보인 것이다. 그림에서 Eurasia판과 Australia-India판은 서로 충돌하여 밀어 올림으로서 생성된 것이다. 판과 판이 서로 엇갈리는 운동이 California의 San Andreas 단층에서 일어난 예가 있었다.

1.3 地震帶

엄밀한 의미에서 지구의 전 지표면에서 지진이 발생하지 않은 지역은 없다. 그러나 지진의 발생 빈도로 볼 때 전 지표상에 고르지 않고 띠 모양의 특정지역을 따라서 큰 규모의 지진들이 더욱 많이 발생함을 볼 수 있다. 이 띠 모양의 지진이 많이 발생하는 지역을 地震帶라고 부른다.
세계의 지진대는 그림 1.7에서 보는 바와 같이
① 남미 및 북미 서해안, Aleutian 列島, Tishima 列島, Ryukyu 列島, Philippine, New Guinea 및 New Zealand에 이르는 태평양을 둘러싼 環狀地域
② 지중해 북부일대에서 소아시아, 중앙아시아, 인도의 Himalaya 남단을 지나 중국내륙에 이르는 帶狀地域
③ Tienshan Baikal호에 이르는 帶狀地域으로 크게 나눌 수 있다.

①은 환대평양 지진대, 즉 지진이 발생하는 지점을 震源이라고 하는 데 이 지진대는 전세계에 주요 화산대와도 일치하므로 불의 고리(ring of fires)라고도 불리운다. ②는 Alps, Himalaya 지진대이다. ③은 Tienshan Baikal湖 지진대라고도 부른다. 이외의 지진대는 태평양, 인도양에 위치한 해저산맥(mid-oceanic ridge)을 잇는 지진대가 주를 이룬다. 이 해저산맥 지진대와 기타 세계 여러 지역에서 산발적으로 발생하는 지진에너지는 전세계에서 지진으로 방출되는 에너지

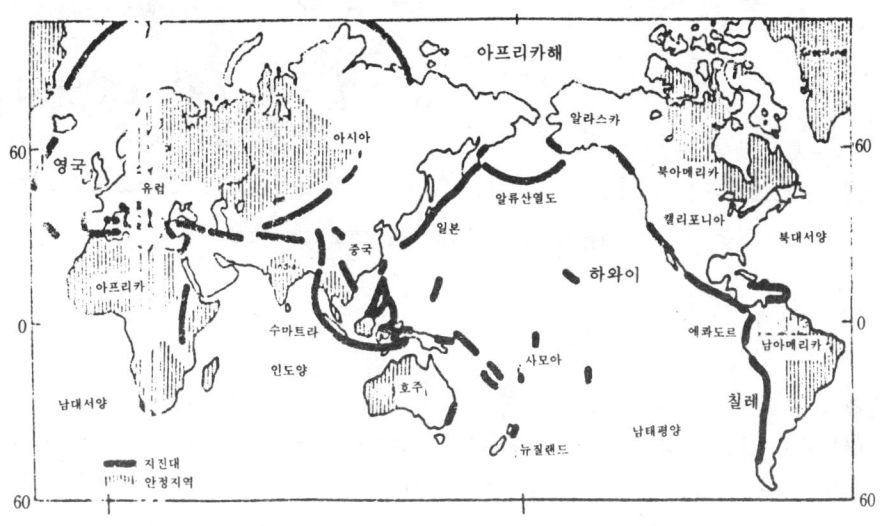

그림 1.7 세계의 지진대

의 2% 미만에 불과하다. 세계지진의 75%는 ①에서, 그리고 ②의 橫아시아帶(trans-asiatic belt)와 ③을 포함하여 전세계의 淺發地震에 의한 지진에너지의 23%정도가 방출된다.

그림 1.8은 49년간 발생한 아시아지역의 强震의 震源分布를 나타낸 것인데 이로부터 이 지역의 지진사정의 중요성을 알 수 있다. 환태평양지진대 중에서도 Turile 열도에서 Kermadec島에 이르는 서부 일부에서는 지진활동이 특히 활발하다. 이 지역은 中生代 및 新生代에 속한 새로운 지역으로 지형적으로는 弧狀열도를 이루며 그 한쪽은 깊은 海溝가 있다. 환태평양 지진대는 일본열도를 2개로 나누며 하나는 Ryukyu 열도, Phillippine 群島의 방향으로, 다른 하나는 Izu, Marianna 열도의 방향으로 이들이 서로 연결되기도 한다.

지진의 지역적분포는 평면적으로는 일본열도의 태평양연안을 따라 帶狀地域에 특히 많으며, 입체적으로는 동북일본의 진원이 서남일본의 진원에 비하여 깊고 그 사이에 불연속이 있으며 이 부분에 深發地震지역이 맨틀내에 삽입되어 있는 것에 주목할 필요가 있다.

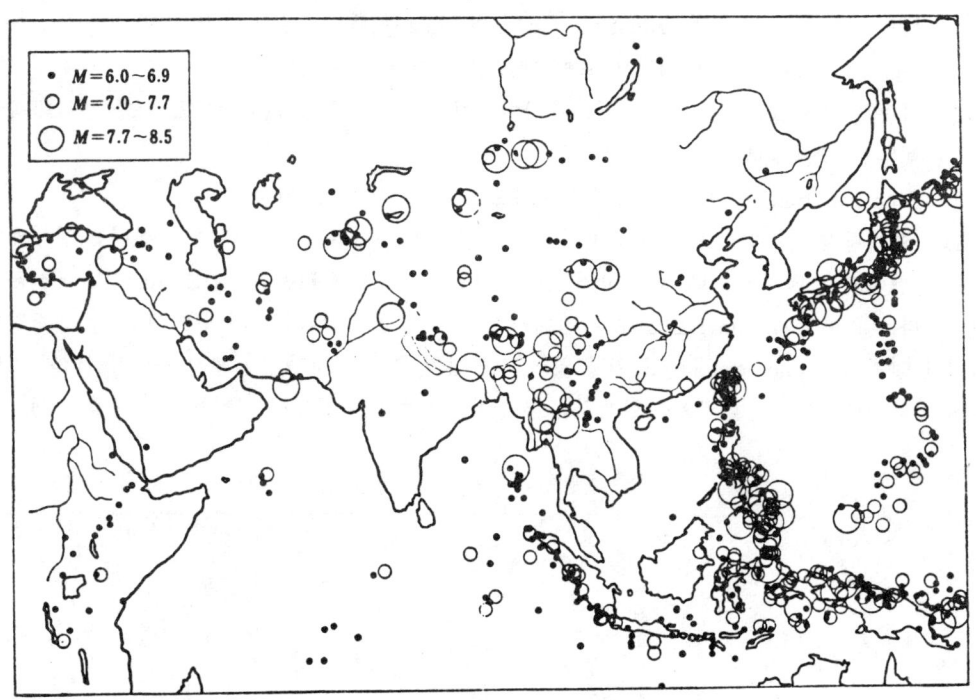

그림 1.8 아시아지역의 진앙분포도(1904—1952)

1.4 지진

1. 震源

지구내부에는 많은 에너지가 보존되어 있으며, 대륙이 계속 生長하여 지표부에도 여러가지 변화가 일어난다. 지진은 그중의 하나이며 지각내 또는 맨틀상부에 급격한 변동이 일어나고, 짧은 기간에 많은 에너지가 방출되므로써 지상에 급격한 진동이 일어나는 현상이다. 1회의 지진시, 방출되는 최대에너지는 약 5×10^{25}erg정도라고 하는데 이것은 지구가 지표로부터 열의 흐름으로써 1년간 방출하는 에너지의 약 1/1000에 해당한다.

지진의 발생위치를 震源(epicenter), 그 바로위의 지표상의 위치를 震央이라고 한다. 震源은 지표상의 관측점에서 地震量을 관측하여 결정한다.

지진을 震源의 깊이에 따라 분류할 때 30km이내를 極淺發 지진, 30~100km를 淺發지진, 100km이상을 深發지진이라 부르며, 이밖에도 70km이내를 淺發지진, 70~300km를 中深發지진, 300km 이상을 深發지진이라고 부르는 경우도 있다. 진원 깊이의 한계는 700km라고 한다. 지각내에는 종파와 橫波의 2종류의 파동이 전파하며, 진원에서 에너지가 방출되는 경우, 2종류의 파동은 동시에 일어난다. 그러나 그 전파속도는 縱波가 빠르기 때문에 지표상의 관측점에 도달하는 시각은 종파가 앞서게 된다. 따라서 다음과 같은 관계가 성립한다.

$$T = \frac{s}{\beta} - \frac{s}{\alpha}$$
$$\therefore s = \left(\frac{1}{\beta} - \frac{1}{\alpha}\right)^{-1} T \tag{1.1}$$

여기서, s : 震源으로부터 관측점까지의 거리(km)
β : 횡파의 평균 전파속도(m/sec)
α : 종파의 평균 전파속도(m/sec)
T : 종파와 횡파가 관측점에 도달하는 시각의 차이

이 때 T는 초기미동 지속시간이며 관측하여 얻는다. α 와 β 는 이미 알고 있는 것이다. 따라서, 위식에 의하여 진원에서부터 관측점까지의 거리를 알 수 있다. 초기미진의 지속시간에 거의 비례하며, 비례계수는 대략 8.0km/sec이다.

3개의 관측점에 대하여 각각 s가 정해지면 각 관측점을 중심으로 하여 각각의 s를 반경으로 하는 球面을 그었을때 3개의 球面의 교점이 地震波가 발생한 위치 즉 震源이다.

이와같이 하여 결정된 진원은 최초로 파동을 시작한 위치이나 그 위치는 가장 강한 에너지를 방출한 위치와는 반드시 일치하지 않는다. 즉, 지진발생의 사실상의 진원은, 반드시 좁은 구역에 한정되지 않고 매우 넓은 구역을 갖는 경우도 있으며, 또 1구역이 아닌 경우도 있다. 최근 지진학자의 연구결과에 의하면 규모가 큰 대부분의 지진은 10~30sec 동안에 에너지를 동시에 발생한다고 지적한 바 있다.

2. 本震과 余震

규모가 큰 지진은 보통 1회로 끝나지 않고 크기는 점차 작아지지만 몇 회에 걸쳐 지진이 발생한다. 최초로 발생한 심한 지진을 本震(main shock)이라 하고 이 후 연속되는 지진을 余震(after shock)이라한다. 余震의 진원은 本震의 진원과 일치하지 않으며, 本震의 震源은 余震의 震源地域의 끝부분에 위치하는 것이 보통이다. 余震 발생지역의 체적이 本震을 일으키는 에너지가 저장되어 있던 범위를 나타내는 것이라고 생각된다.

그러나 前震(fore shock), 本震, 余震시각과 맨틀에서 일련의 갈라진 틈(fracture)과 관련이 있으며 지진동의 특성은 이 틈의 발달과 함께 변화한다.

그림 1.9는 1978년 1월 14일에 발생한 Izu ohshima-kinkai에서 발생한 지진시 일련의 지진중심(foci)과 시간을 나타낸 것이다. 그림에서 번호는 지진 발생 순서이며 本震은 No.6이다. ○은 심도0 ●은 심도 10km ▲은 심도 20km의 지진을 표시한 것이다. 여기서 No.1의 진도 3.7을 제외 하고는 모두 진도 4.0 이상의 지진만을 나타내었다.

1978년 1월 13일 첫번째 지진 No.1이 오후 8시 38분에 발생하였으며 다음날 정오경에 Izu-ohshima 서쪽 15km 지역에서 本震을 포함한 큰 지진이 4시간 동안 집중적으로 발생하였다. 또 1월 15일 4시경에 큰 餘震이 Izu반도 중심부에 집중적으로 발생하였으며 이 때 본진의 영향은 震源 서쪽 40km까지에 달하였다. 뒤이어 4시간 후에 같은 장소의 보다 깊은 위치에서 餘震이 집중 되었으며 그 후 지진은 점진적으로 끝났다.

Izu반도의 동부에는 斷層이 보였으며 초기미동부와 餘震을 조사한 결과, 지진의 震源매카니즘에 관한 중요한 정보를 얻을 수 있었다.

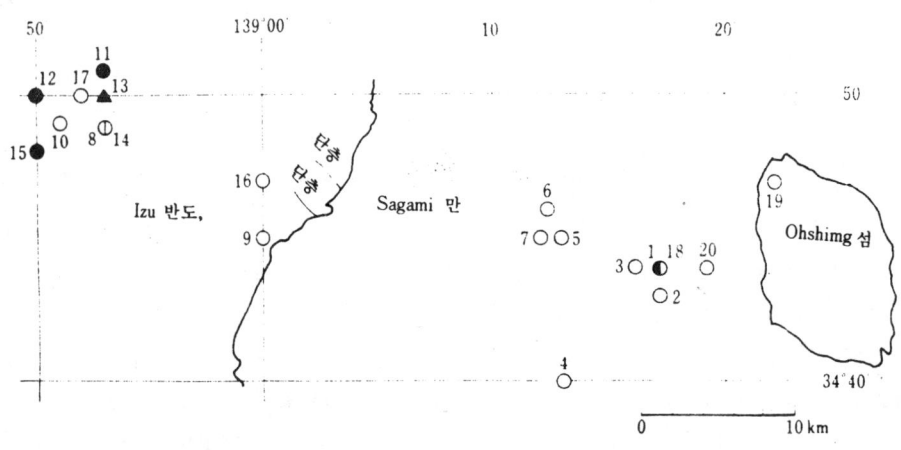

그림 1.9 Izuohshima—Kinkai지진의 진앙(1978)
○심도 0 ●심도 10km ▲심도 20km

3. 지진의 원인

지진발생의 주요원인은 마그마(magma)의 작용설과 造山力(epeirogenic force)의 작용설이다. 前者에 의하면 약간 단단하게 굳어 있는 지각중에서 부분적으로 熱과 應力의 평형이 깨지면서, 여기에 압입하려는 마그마가 기존의 균열을 넓히거나, 새로운 균열을 만들기도 한다. 또 마그마의 상태가 변함에 따라, 지각에 급격한 변동이 발생한다고 한다. 後者에 의하면 造山力 때문에 지각내에 변형이 축적되어 결국 그 일부가 파괴되어 급격히 에너지가 방출 된다는 것이다. 이 경우 造山力은 맨틀내의 대류에 의하여 일어난다고 하는 學說이 널리 알려져 있다.

실제로 지진의 발생위치는 東部시베리아, 캐나다 등의 盾狀地주변과 같은 古大陸도 있는 반면 Aleutian, Tishima와 같이 초기과정에 있는 새로운 지역도 있다. 또 규모도 震害가 100km이

상까지 미치는 큰 지진이 있는 반면 震源地上部 이외에는 피해가 없는 소규모 지진도 있다. 이와 같은 내용으로 보아 지진의 원인은 한가지 만이라고는 할 수 없다. 지진이 造山力의 作用說에 의하면 造山力으로 인하여 과도한 에너지가 축적되어 변형이 $(1\sim2)\times10^{-4}$을 넘는 장소에서는 地塊를 경계로 하는 대규모斷層 또는 滑動을 증가시키며, 地塊내에 새로운 斷層이 형성됨에 따라 지진에너지가 방출된다고 한다. 그러나 일반적으로 에너지는 단층의 형성이라기 보다는 기존의 단층의 활동거동에 의하여 방출되는 것이라고 한다. 따라서 기존 단층은 장차 지진발생의 한 원인이 될 수도 있다.

단층의 활동방향은 引張應力의 경우는 正斷層, 壓縮應力의 경우는 逆斷層이므로 地塊를 경계로 하는 대규모 斷層의 變位에 따라 방출되는 에너지는 크고 地塊內部的인 소규모 斷層의 변위에 따라 방출되는 에너지는 적다.

또, 地塊를 경계로 하는 단층은 지하 깊은 곳에까지 달하기 때문에 진원은 地塊의 하부나 맨틀상부에도 있으나 국부적 小斷層에 의한 震源은 대개 얕다.

造山運動이 활발하고 에너지가 급속히 저장되어 가는 경우는 활발한 지진활동이 일어나는데 그 시간적 간격은 地塊의 변형에너지를 저장하는 능력에 따라 다르다. 地塊의 변형에너지를 저장하는 능력이 커지면 단층의 파괴활동량은 많고 지진의 규모도 커진다. 반대로 地塊의 변형에너지를 저장하는 능력이 작으면 사실상 지진을 느끼지 못할 정도의 활동이 항상 발생할 수 있으므로 지진시 파괴활동량이 적어서 지진의 규모가 작다. 즉 前者의 지역에서는 평소에 거의 지진이 없다 하더라도, 오랜 간격을 두고 비교적 큰 지진이 발생하게 되며, 後者의 지역에서는 중소지진이 빈발하게 된다.

지진의 초기진동방향 관측은 지진발생 매카니즘을 확인하는 수단으로 이용된다. 초기진동 P파는 진앙에서 放射狀으로 전파하는 종파이며, 그 수평방향은 진앙을 향한 방향과 일치한다. 연직진동을 동시에 관측하면 진앙에서의 수평진동방향은 상향의 방향이며, 연직진동이 하향방향일 때 수평방향의 진동은 진앙을 향하는 하향방향이다. 전자의 경우 地震波는 밀물파(push wave)이고, 후자는 썰물파(pull wave)이다.

여러지점에서의 初期地震動인 P파의 관측에 의하면 초기진동은 수개지역에서 밀물파이고 기타지역에서는 썰물파이다. 이들 지역의 경계는 직각으로 교차하는 2개의 직선이거나 원추곡선(conic section)이다.

1.5 지진파의 傳播

1. 체적파(body wave)

지하에서 방출된 에너지는 波動으로 되어 地中을 거쳐 지표에 도달한다. 이 때 지중에는 그림 1.10과 성질이 다른 2종류의 파동 즉 縱波(longitudinal wave) 및 橫波(transvers wave)가 전파한다. 縱波(P파)는 物質粒子의 운동방향이 波의 진행방향과 평행이며, 전파속도 α의 이론식은 다음과 같다.

$$\alpha = \sqrt{\frac{E(1-\sigma)}{\rho(1+\sigma)(1-2\sigma)}} \tag{1.2}$$

여기서, E : 彈性係數
　　　　σ : 포아손比
　　　　ρ : 밀도

횡파의 物質粒子의 운동방향은 波의 진행방향에 직교하며, 전파속도 β 는 다음식으로 나타낸다.

$$\beta = \sqrt{\frac{E}{2\rho(1+\sigma)}} \tag{1.3}$$

橫波는 S波라고도 하며, 특히 SV波는 수직으로 굴절하고 SH波는 수평으로 굴절한다.

보통 $\sigma = 0.25$이라 가정하면 $\alpha/\beta = 1.73$이 되나 California에서는 1.67이었는데 이 값은 $\sigma = 0.22$에 해당한다. 지각의 구조는 균일하지 않으며 지진파의 전파속도는 지표 깊은 곳일수록

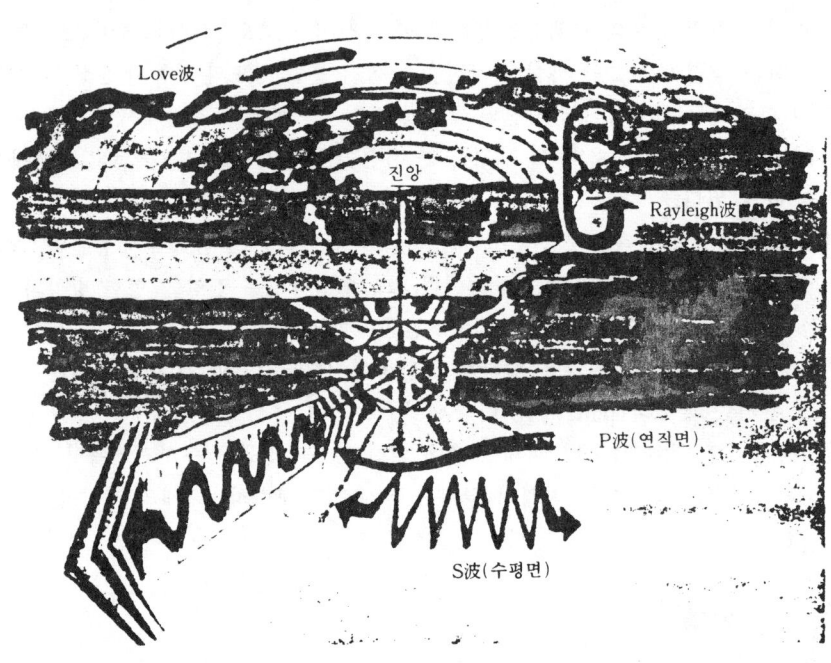

그림 1.10　地震波

빨라진다. 지표에 분포하는 충적층이나 홍적층내에서는 지하 깊은 곳에 비하여 큰 차이가 있다.

표 1.3은 지하 얕은 곳의 횡파 속도에 대한 표준값을 제안한 것이다. 砂質土내에서의 S波 속도는 압밀도에 따라 매우 다르다.

표 1.3

모 래	60	모래 섞인 자갈	300~400
매 립 토	100	수분이 함유된 모래	340
모 래 질 점 토	100~200	자갈	600
점 토	250	제 3 기층	1000 이상

그림 1.11은 실트 및 모래 지반에서 측정한 S波의 속도를 표준관입시험치와 비교하여 나타낸 것인데 이에 의하면, 전파속도는 N치에 따라 다르며 대략 50~500m/sec범위로 변하고 있다.

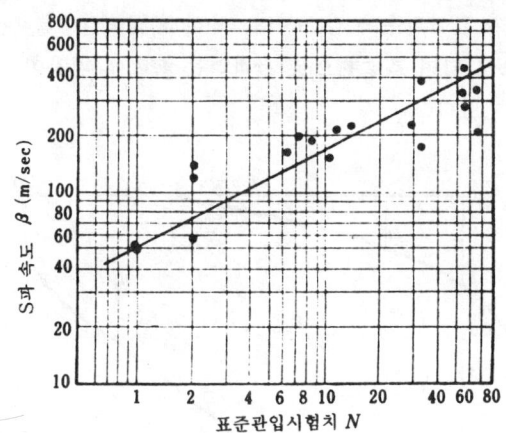

그림 1.11 실트 및 모래지반에서 측정한 S波 속도의 분산

2. 표면파

지표면에는 地震動이 지표면부분에서만 크고 지표에서 깊어짐에 따라 급속히 작아지는 파동을 표면파라 한다. 표면파는 레일리(Rayleigh)波와 러브(Love)波가 있다. 레일리파는 입자의 운동이 항상 연직평면에서 타원운동이며 진행방향에 대해서 逆行한다. 진폭은 깊이에 따라 指

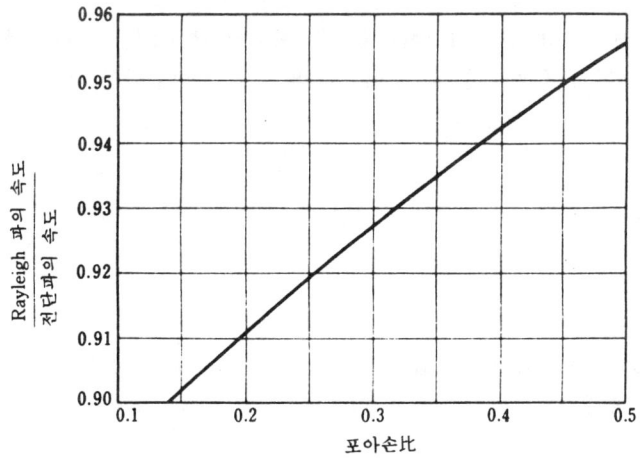

그림 1.12 Rayleigh波의 速度

數的으로 감소한다. 러브파는 항상 고속도층 위에 있는 저속도층에서 관측되며 입자운동은 수평방향에 횡파적으로 전파한다. 종파와 레일리파는 연직성분의 지진계에서 잘 관측되나 S파와 러브파는 수평성분의 지진계에서 관측된다.

1) 레일리波

지반이 균질일때 레일리파의 속도 V_R는 剪斷波의 속도보다 약간 늦고 그 比는 포아손比에 따라 결정되며 波長에 좌우된다(그림 1.12 참조).

그림 1.13은 포아손비가 0.25인 지반에서의 水平方向變位와 鉛直方向變位를 나타낸 것이다. 그림에서 진폭은 깊이가 깊어질수록 감소하며, 특히 高周波일수록 현저하게 감소한다. 이 때문에 波의 전파는 平面으로 되며 基本的으로 전파하는 波動에 비하여 거리에 따른 減衰性이 작아 먼거리까지 전파할 수 있다.

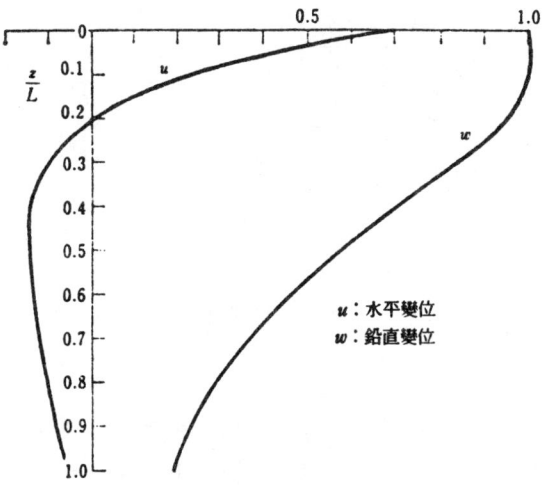

그림 1.13 Rayleigh波의 水平 및 鉛直振幅(ε=0.25)

레일리波는 震源에서 射出하는 P波 또는 S波에 의하여 발생한다. 그러나 진앙부근에서는 발생하지 않으며 그 범위는 종파와 횡파로부터 야기되는 표면파에 대한 진원의 최소거리 S_P 및 S_S 보다 각각 멀다.

$$s_P = \frac{v_R}{\sqrt{\alpha^2 - v_R^2}} d, \qquad s_S = \frac{v_R}{\sqrt{\beta^2 - v_R^2}} d \tag{1.4}$$

여기서, d : 진원의 깊이
σ : 0.25일때 0.63d 및 2.33d

지반상에 표층이 있을 때 레일리파 역시 일어날 수 있다. 이 경우 레일리파속은 波長에 의존한다.

그림 1.14(a)는 표층이 있을 때 지반의 포아손비가 0.25인 경우의 波速과 波長의 관계를 보

인 것이다. 이것은 파장이 짧을 때 낮으며, 극단적인 경우 파장이 매우 짧으면 속도는 표층과 같은 지반조건인 균일지반에서 전파하는 레일리파의 속도로 전환해야 한다. 한편 파장이 매우 길면 속도는 지반과 같은 조건을 갖는 균일지반에서 전파하는 레일리파의 속도로 전환해야 한다.

2) 러브파

基盤이 연약한 표층으로 덮혀 있으면 러브파는 지반을 통하여 전파될 수 있다. 이 波는 표층에서 平面波(palne wave)로 구성되나 기반에서는 이들이 급속히 소멸된다.

러브파는 많은 성분형식을 가지며 각 成分波의 속도는 파장에 의존한다. 그림 1.14(b)의 실

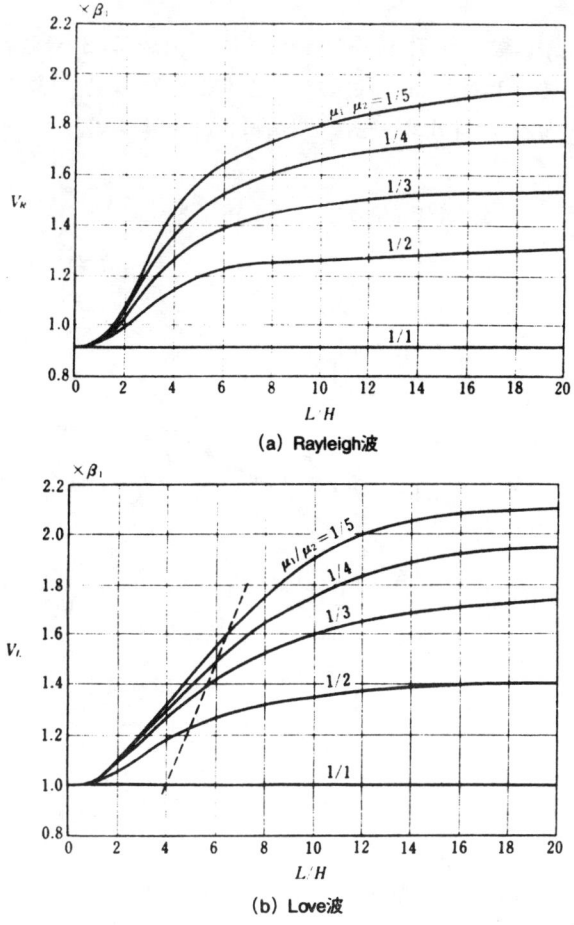

그림 1.14 表面波의 分散 ($\sigma=0.25$)

V_R : Rayleigh파의 속도
V_L : Love파의 속도
β_1 : 표층의 전단파 속도
μ_1 : 표층흙의 剪斷係數
μ_2 : 기반흙의 剪斷係數

선은 표층과 기반 모두에서 흙의 포아손比가 0.25일때 1차고유진동파(first order wave)의 성분 파장의 관계를 보인 것이다. 점선은 表層波 卓越周期 T_0인 러브파의 파속과 파장의 관계를 보인 것이다. 이 그림에서 알 수 있는 바와 같이 T_0보다 긴 주기를 갖는 파속은 기반으로 전파하는 S파의 파속과 대략 같다. T_0보다 짧은 주기를 갖는 파속은 표층에서 전파하는 S파의 파속과 대략 같다. 따라서 파속은 긴 주기의 파가 더 큰 반면 짧은 주기의 파는 작다.

3. 走時曲線

지진파가 전파되기 위해서는 시간을 요하므로 진앙에서 멀리 떨어진 지점까지는 지진동이 점차 늦어진다. 따라서 지진파 중의 각 位相에 주목하여 이것이 일어나는 시각과 진앙거리와의 관계가 연구되고 있다.

횡축에 진앙거리를, 종축에 각 位相이 나타나는 시각을 그린 곡선을 走時曲線(time-distance curve)라 한다. 그림 1.15에서 走時曲線이 굴절하고 있는 것은 지중에 전파속도의 不連續面이 있기 때문이며 이 성질은 지반의 구조를 탐색하는데 이용된다.

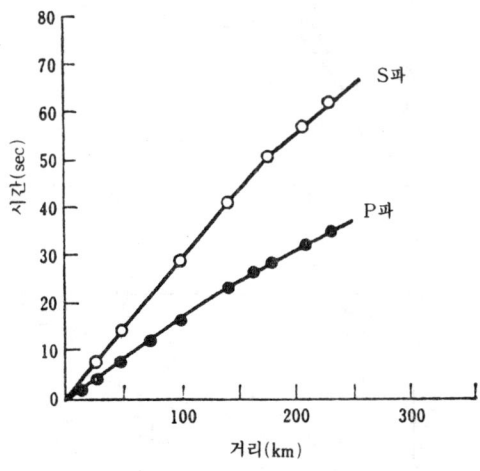

그림 1.15 대표적인 走時曲線

1.6 지진현상

1. 일반사항

지진이 발생하면 大地가 진동할 뿐만 아니라 이와 관련된 여러가지 현상이 일어난다. 工學上 중요한 현상은 地震動, 地盤變動, 斷層, 쓰나미(tsunami) 등이다. 이 밖에도 地磁氣, 地電流의 變化등이 있으며, 이들은 地球物理學으로써 地震豫測면에서 깊은 관계가 있다.

2. 地震動

진동은 처음에 微動이 약간 계속한 다음 점차 심한 진동을 일으키며 장시간 지속된 후에 점차 소멸되어 가는 것이 보통이다. 약간의 微動 初期周期를 初期微動(initial tremor)이라 하며, 큰 진폭을 갖는 다음 부분을 主部(main tremor) 그리고 마지막 부분을 尾部(tail tremor)라고 한다.
 그림 1.16은 1943년 Tottori지진시에 Tottori市와 Koge에서 발생한 지진의 여진기록의 예를 나타낸 것이다. 각각의 기록에서 초기미동부, 主部, 尾部로 되어있다. 初期微動部는 종파(확장파;dilational wave)로, 主部는 횡파(비틀림파;distortional wave)와 表面波로 되어 있다.
 地震波形은 일반적으로 복잡하다. 이것은 發震機構에 차이가 있는 경우, 파동이 전파하는 도중에 異質의 지층을 통과할 때마다 경계면에서 반사와 굴절을 하며, 지진을 관측한 장소가 각각의 진동특성을 갖는다. 반대로 생각하면, 이들 복잡한 波形은 發震機構와 지구의 구조에 관한 정보를 전하는 신호로서 중요한 의미를 갖는다.

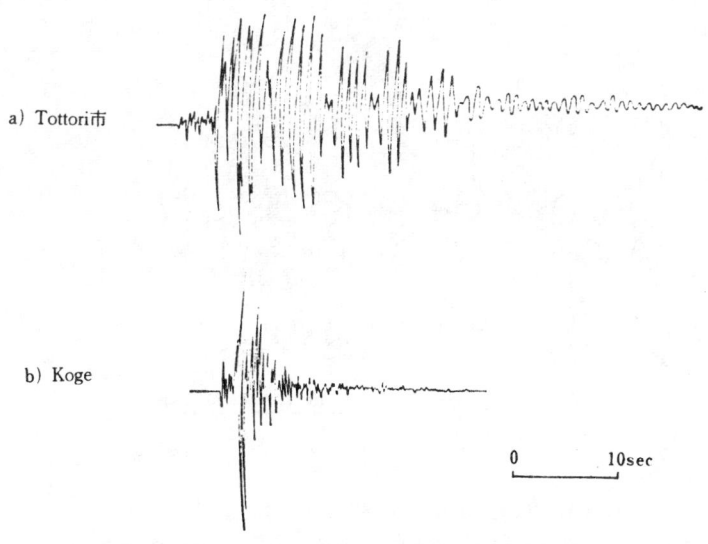

그림 1.16 Tottori지진(1943년)의 餘震記錄

3. 지각변동

 지진전후에 실시한 측정 결과를 비교하면 지표면이 수평 및 연직방향으로 광범위하게 變位되어 있는 경우가 많다. 이때 지진 직전과 직후에 관측하였다면 이 變位는 지진으로 인한 변동임을 알 수 있으며, 대개의 경우 지진 전후의 변위가 비교되므로 이들 변동이 모두 지진으로 인한 것인지는 알 수 없지만 지진에 의한 變位量이 매우 큰 것은 확실하다.
 지각 변동(crustal movement)을 측정하는 방법에는, 지상에 있는 三角点 및 水準点을 이용한 精密水準測量 등이 있다. 다만, 이들은 항상 실시할 수 없기 때문에 檢潮에 의한 海岸線上昇의 연속관측으로 측정한다. 또 최근에는 서로 교차하는 3개의 긴 터널을 설치하여 그 내부의 길이가 30m정도의 水管傾斜計, 水晶管伸縮計 등을 설치하여 지각의 경사와 변형을 관측 할 수 있는 설비도 설치되고 있다.
 이들 기계에 의한 관측결과는 지진시에 발생하는 地殼의 급격한 변동을 이해하는데 도움을 주고 있다. 이들 관측에 의하면 대규모 지진은 지각 변동으로 인하여 항상 측정되고 있다. 지각

변동은 余震이 활발하게 발생하는 동안에 비교적 활발하게 일어난다. 그러나 시간이 경과함에 따라 진정된다. 지각변동이 평온한 동안 지반은 지진으로 인한 지각변동의 반대방향으로 가끔 變位한다. 시간이 얼마 경과한 후에 지각변동과 기타 흙의 다이러턴시와 관련된 현상이 다시 활동하며 이는 가까운 장래에 다음 지진의 발생을 암시하는 것이다. 이들 변화는 지진예측에 큰 도움을 준다.

그림 1.17은 1923년 Kanto지진시 수평 및 연직운동을 보인 것이다.

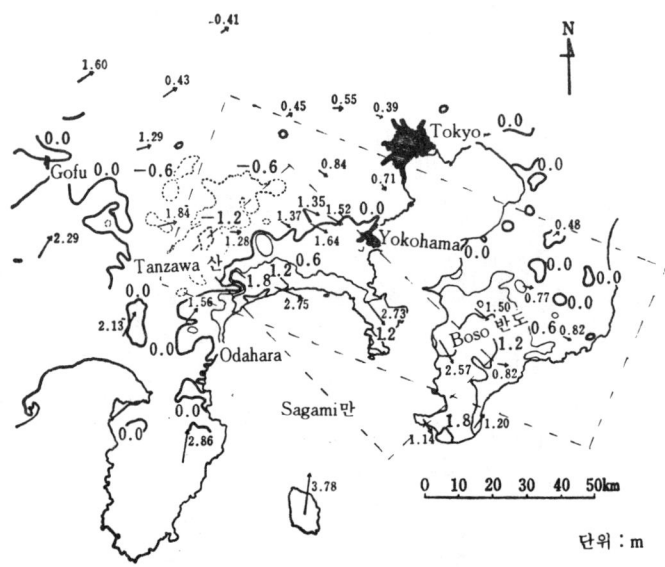

그림 1.17 1923년 Kanto 지진시 지각변동

큰 화살표와 등고선은 연직변위이며, 작은 화살표와 좁은것은 수평변위를 나타낸 것이다. 대각선표시는 진앙, 직사각형 표시는 Kanamori에 의해 산출한 단층평면

그림 1.18은 1964년 Niigata 지진시 서해안에 0.8~1.08m, Awashima해안에 1.09~1.57m의 융기된 모습을 보인 것이다.

그림 1.18 1964년 Niigata지진시 진앙부근인 Awashima의 융기 모습

그림 1.19는 1946년 Nankai지진시 Shikoku지역 남해안의 수준원점의 표고의 변화 모습을 보인 것이다. 그림에서 위의 곡선은 1929년과 1947년 사이에 조사한 표고 차이이며, 아래의 곡선

은 1895년과 1929년 사이의 표고 차이를 나타낸 것이다.

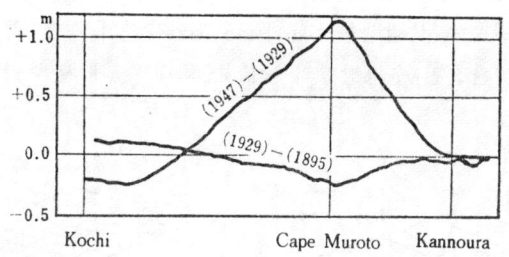

그림 1.19 Shikoku 남해안을 따라 변화한 표고(1946년 Nankai에서 측정, T.Nagata)

4. 斷層

大地震時에는 帶狀의 地帶를 경계로 양쪽이 서로 불연속으로 이동하는 때가 있다. 이때 형성된 불연속면을 斷層(fault)이라 하며 두 단층의 경계를 斷層面이라 한다. 이 단층면의 마찰운동은 지진파와 진동을 일으키며 단층운동이 크게 작용하면 대지진이 유발 된다. 이 중에서 수평방향의 變位를 일으키는 단층을 橫變位斷層(strike fault)이라 하고, 연직방향의 變位를 일으키는 단층을 縱變位斷層(dip fault)이라 한다.

대부분의 지진은 活性斷層에 기인한다. 지진 발생 후 활성단층은 한동안 休止하다가 오랜 시간이 경과 된 후 다시 활동한다. 따라서 지진시에 나타나는 새로운 단층의 위치는 기존단층과 관계있다고 생각된다. 그러나 기존 단층 중에서 어떤 단층은 과거에는 활동하였으나 현재는 활동하지 않는 殘存斷層이 있으며, 어떤 단층은 지진동을 동반한 지반이 불연속이동의 경계나 그 가까이에 있는 약한 면을 따라 갈라진다. 또 어떤 단층은 지표면에 나타나서 육안으로 확인할

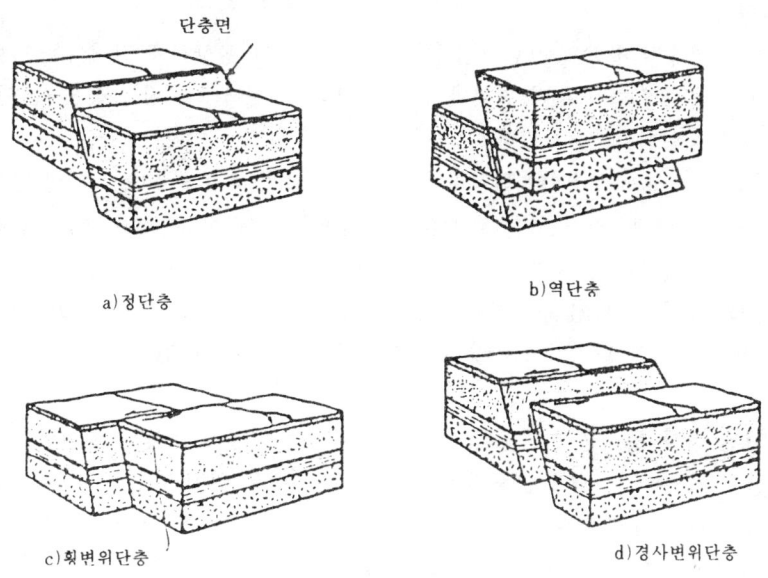

그림 1.20 단층의 종류

수 있는 반면, 지하에 존재하여 지표면에 나타나지 않는 것도 있다.

그림 1.20은 단층의 종류를 보인 것이다.

1906년 San Andreas단층에서 발생한 San Francisco지진의 경우 약 400km 깊이의 단층면이 파쇄되었으며 지표에서 관찰된 수평방향의 變位는 최대 9m에 달하였다(그림 1.21 참조).

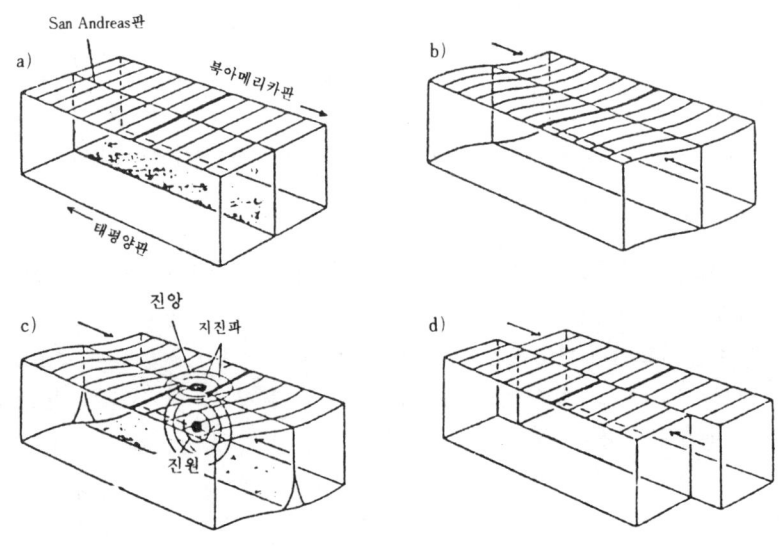

그림 1.21 San Andreas 단층의 거동

1891년 Nobi地震의 경우 단층운동에 의한 지면의 最大水平 및 最大鉛直變位는 각각 8m 및 2~3m에 달하였다.

단층의 이동은 연속적 滑動과 간헐적 滑動이 있다. 그리고 평상시에 일어나는 방향과 지진시에 일어나는 방향이 동일한 경우와 반대의 경우가 있다. 예를 들면, 평상시 San Andreas단층의 滑動은 지진시와 동일한 방향이 있다.

그림 1.22(a)는 Gomura단층이며 원거리에 걸쳐 지반이 수평과 연직으로 엇갈린 모습을 보인 것인데 이는 지진시 발생하는 단층의 일반적인 형태이다. 그러나 그림 1.22(b), (c)와 같이 단층이 갈매기떼가 날아가는 것과 같이 일시에 나란하게 발달하는 경우도 있다.

우리나라의 陽山斷層은 MM Ⅷ이상의 지진이 11회나 발생하였고 최근의 微震관측결과 규모 1.0이상의 미진들이 매일 1회 정도 발생하는 활성단층임으로 밝혀졌다.

5. 쓰나미

지진과 관련된 가장 무서운 현상중의 하나인 쓰나미는 해저에 地變이 일어날때 해안지역에 엄습하는 長波이다. 長波는 쉽게 減衰하지 않기 때문에 매우 원거리에까지 도달하며, Chile지진시 쓰나미가 다음날 日本의 태평양해안일대를 엄습하여 큰 피해를 일으킨 사례도 있다. 쓰나미의 波高는 해안선의 형상에 따라 매우 다르게 나타난다. 평활한 해안선에서는 波高가 높지 않

a) 1927년 Kita-Tango 지진으로 발생한 Gomura 단층

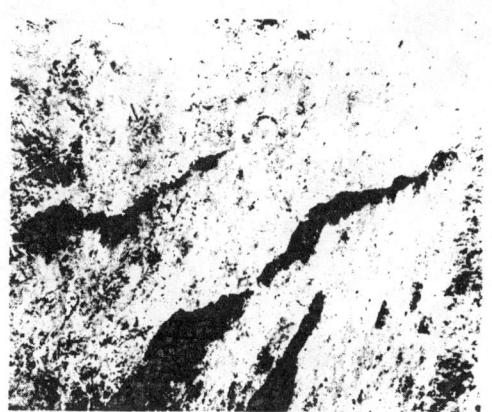

b) 단층을 따라 En-echelon 지반에 균열(1967년, Kouyna지진)

c) 북부 San Fermando 계곡의 대형동굴형 단층(1971년, San Fernando지진)

그림 1.22 단층의 여러 형태

다. 해안선을 따라 매우 불규칙한 灣의 入口에서는 높지 않지만 깊은 灣에서는 매우 이상한 높이로 된다. 이것은 세이슈(seiche)의 일종이라고 생각되며 波高增大의 정도는 灣의 지형과 쓰나미의 파장에 의존한다. 增幅은 短周期의 쓰나미의 경우 작은 灣에서 심하고 長周期의 쓰나미는 큰 灣에서 심하다. 진로는 지형에 따라 일반적으로 복잡하다. 특히 해안으로 향한 육지가 평지인 경우 海水는 그 全域에 침입한 후 매우 빠른 속도로 후퇴하기 때문에 지상의 모든 것을 남김없이 휩쓸어 그 피해가 매우 크다(그림 1.23 참조).

a) 쓰나미 엄습   b) 쓰나미 후퇴

그림 1.23 Nihonkaichubu지진시의 쓰나미에 의한 재해 모습

1.7 지진동의 관측

1. 지진계

지진동을 과학적인 방법으로 해석하기 위하여는 計器에 의한 定量的인 관측이 필요하다. 지진관측은 약 100년이 지났으나 强震의 관측설비가 불충분하므로 耐震構造物설계를 위한 강진기록이 필요하게 되었다.

미국은 1932년, 일본은 1952년 이래 최대 1000 gal 의 가속도까지 기록할 수 있는 强震計를 설치하기 시작하여 현재 전세계에 걸쳐 수천대가 배치되어 있다.

지진동 관측에 필요한 계측기는 地震計(seismograph)이다. 지진계의 원리는 물체를 지면과 다른 운동을 시켜 지면과 이 물체와의 相對운동을 기록으로부터 이론적으로 地盤動(earth movement)을 산출한다.

그림 1.24는 鉛直地震計이다. 錘는 지지대위에 세운 지주(post)의 용수철에 연결되어 지지대가 움직여도 용수철의 작용에 의하여 추는 지지대와 함께 움직이지 않는다. 회전원통 위에 기록지를 감아 가만히 회전시켜 놓은 것이나 이것은 지지대에 단단히 고정되어 있어 지지대와 같이 운동을 하므로 결국 추에 연결된 針에 의하여 회전 지지대와 추와의 상대운동이 기록된다. 이때 기록을 명확하게 하기 위하여 확대장치가 필요하며 이를 위하여 확대되는 率을 幾何倍率이라고 한다. 또 진자가 너무 진동하기 쉬우면 振子자신의 自己振動을 용이하게 소거하므로 이것을 흡수하기 위하여 制振器를 부착한다. 이와 같은 지진계를 機械的 地震計라고도 한다.

① 지 지 대
② 錘
③ 스 프 링
④ 制 振 器
⑤ 針(펜)
⑥ 기록원통

그림 1.24 지진계

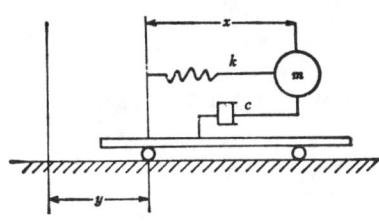

그림 1.25 지진계의 構造

그림 1.25는 지진계의 구조를 도식적으로 나타낸 것이다. 이때 振子의 振動과 地盤動과의 관계는 다음의 미분방정식으로 표시된다.

$$m\frac{d^2x}{dt^2}+c\frac{dx}{dt}+kx=-m\frac{d^2y}{dt^2} \qquad (1.5)$$

여기서, m : 振子의 질량

x : 지면에 대한 振子의 상대적 변위(기록된 變位)

c : 減衰定數

k : 스프링 定數
y : 지면의 變位

이때 지진계의 非減衰固有振動周期 T_s 와 減衰定數 h 는 다음식과 같다.

$$T_s = 2\pi \sqrt{\frac{m}{k}}, \quad h = \frac{c}{2\sqrt{mk}} \tag{1.6}$$

지진동을 진폭 y_0, 周期 T_g 인 正弦波(sine波)라고 가정하면 다음식과 같다.

$$y = y_0 \sin \frac{2\pi}{T_g} t \tag{1.7}$$

그리고, 地震動의 속도진폭 v_0, 가속도 진폭 α_0는 다음식과 같다.

$$v_0 = 2\pi \frac{y_g}{T_g}, \quad \alpha_0 = 4\pi^2 \frac{y_0}{T_g^2} \tag{1.8}$$

이들을 식(1.5)에 대입하여 풀면 다음식이 된다.

$$m\frac{d^2x}{dt^2} + c\frac{dx}{dt} + kx = \frac{4\pi^2 y_0 m}{T_g^2} \sin \frac{2\pi t}{T_g}$$

이 식의 해는

$$\frac{|x|}{y_0} = \frac{1}{\sqrt{\left\{1-\left(\frac{T_g}{T_s}\right)^2\right\}^2 + \left(2h\frac{T_g}{T_s}\right)^2}} \tag{1.9}$$

이 된다.

이 식의 좌변은 지진계의 기록과 지반의 變位振幅과의 比이다. 같은 과정을 이용하면 다음식이 된다.

$$\frac{|x|}{v_0} = \frac{\frac{T_g}{2\pi T_s} T_s}{\sqrt{\left\{1-\left(\frac{T_g}{T_s}\right)^2\right\}^2 + \left(2h\frac{T_g}{T_s}\right)^2}} \tag{1.10}$$

$$\frac{|x|}{\alpha_0} = \frac{\left(\frac{T_g}{2\pi T_s}\right)^2 T_s^2}{\sqrt{\left\{1-\left(\frac{T_g}{T_s}\right)^2\right\}^2 + \left(2h\frac{T_g}{T_s}\right)^2}} \tag{1.11}$$

그림 1.26(a)는 $T_s = 1.0$ sec 일 때 변수 h 를 다른 값을 취하여 T_g 에 대한 상기 3가지 식의 값을 구하여 그린 것이다. 속도의 배율은 종좌표에서 측정하고 종좌표의 45° 경사표에서 變

形과 加速度의 배율을 측정한다.

　이들 그림에서 다음과 같은 성질이 인정되었다.

　h의 미소값에 대한 $|x|/y_0$ 값은 T_g가 T_s보다 작은 부분에서는 대략 일정하다. 그러므로 이 영역에서는 기록이 地盤動의 변위에 비례한다. h를 크게 취하면 대략 T_s와 T_g가 같은 영역에서는 $|x|/v_0$값은 대략 일정하다. 그러므로 이 영역에서는 기록이 地盤動의 속도에 비례한다. $h=0.5$에 대한 $|x|/a_0$값은 T_g가 T_s보다 긴 영역에서는 대략 일정하다. 그러므로 이 영역에서는 기록이 地盤動加速度에 비례한다. 여기에 나타낸 비례계수는 감도계수이며 계기마다 정밀한 진동대의 검정에 의하여 결정된다.

　이상의 계산예에서 알수 있는 바와같이 측정하고자 하는 地震動의 周期가 대략 비슷할 때는 지진동 주기보다 긴 고유진동주기를 갖는 감쇠정수가 0.7정도의 振動計를 이용하면 지진동의 變位를 측정할 수 있고 지진동주기와 같은 정도의 주기를 갖는 減衰定數가 限界減衰보다 큰 진동계를 이용하면 지진동의 속도를 측정할 수 있으며 지진동 주기보다 짧은 주기를 갖는 減衰定數가 0.5정도의 진동계를 이용하면 지진동의 가속도를 측정할 수 있다.

　그림 1.26(b)에서 보는 바와 같이 지반동과 중량 운동(motion of weight)사이에는 位相差가 있다. 位相差는 지반동의 振動數에 좌우된다. 따라서 地震計는 지반동이 정확하게 기록되지 않으며 정확한 지반동의 기록치를 요구할 때는 위상차로 생기는 오차를 수정해야 한다.

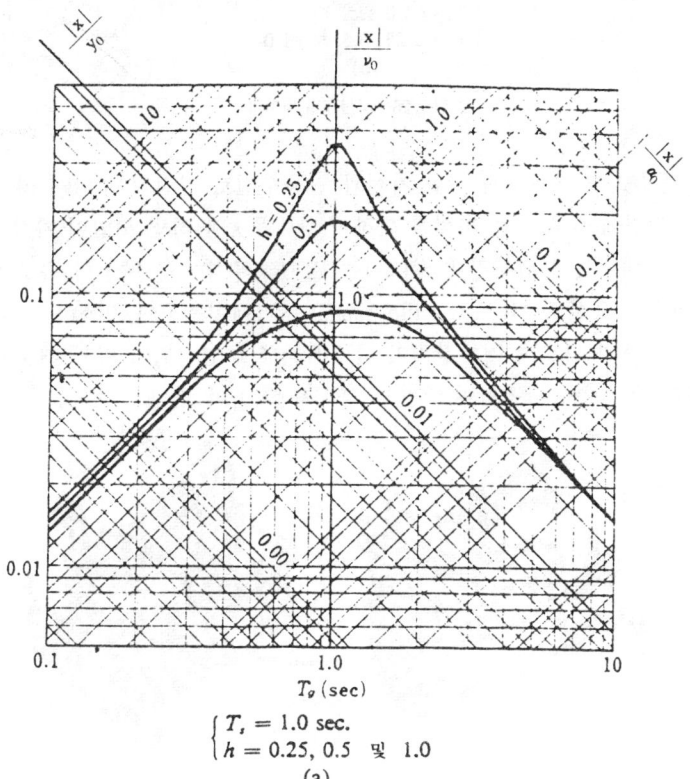

$\begin{cases} T_s = 1.0 \text{ sec.} \\ h = 0.25, 0.5 \text{ 및 } 1.0 \end{cases}$

(a)

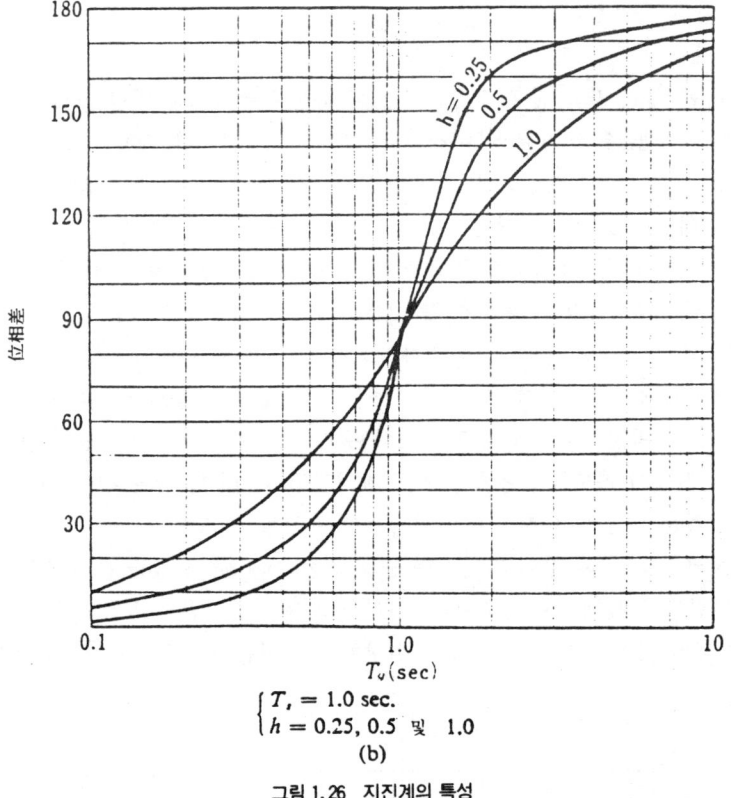

$\begin{cases} T_s = 1.0 \text{ sec.} \\ h = 0.25, 0.5 \text{ 및 } 1.0 \end{cases}$

(b)

그림 1.26 지진계의 특성

그림 1.27은 電磁式 지진계로써 강한 자석과 판용수철로 연결된 추와 추에 둘러싸인 코일로 구성되어 있다. 지진에 의해 추는 자석에 대하여 상대운동을 하면 코일이 자석의 磁場속에서 운동한다. 이때 코일내에는 단위시간에 끊어지는 磁力線의 수, 즉 振子의 속도에 비례하는 電壓을 일으키며, 이것을 오실로그래프(oscillograph) 자기테이프등에 기록하는 것이다. 이들의 기록방법은 機械的方法과 다르며 기록장치가 측정시스템에 연결되어 있기 때문에 振動計와 기록장치와는 조합한 상태에서 검정하여 感度를 조사해 놓아야 한다.

그림 1.27 電磁式 지진계

그림 1.28은 자동가속계의 단면도이다.

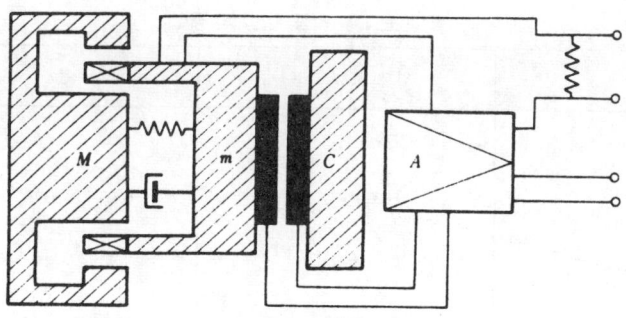

그림 1.28 자동가속계의 단면

m: 질량(mass)
M: 자석
C: 축전지
A: 자동증폭기

이 밖에도 SMAC형 강진동 지진계(그림 1.29 참조), Kato式 動的變形計(그림 1.30 참조) 등이 있으며, 기타 많은 강진계가 개발되어 이용되고 있다.

그림 1.29 SMAC형 强震計

그림 1.30 Kato式 動的變形計

표 1.4는 각종 強震計의 특성을 나타낸 것이다.

표 1.4 각종 지진계의 특성

구 분	일본(SMAC-A)	일 본	미 국
센서型	기계적	자동	자동
진동특성	$N=10Hz$	$0.05\sim25Hz$	—
기록범위	$10\sim1000gal$	$0.1\sim2000gal$	최대1000gal
감도	25gal/mm	86dB	66dB
시간	—	0.01sec	0.5sec(WWVB)
지체시간	—	5sec	5sec
기록방식	기록지	디지탈	디지탈

2. 강진동 지진계의 설치

計測機에 의한 지진동관측은 구조물의 耐震設計와 동시에 지진의 자연적인 현상의 연구를 위한 기초자료를 제공하며, 지진공학과 지구과학의 발전에 크게 기여하고 있다. 특히 強震動 지진계의 개발과 강진동 지진기록의 축적은 구조물의 합리적인 설계에 매우 중요한 역할을 한다.

그러나 때로는 하나로 독립분리된 지진계는 강한 地盤動에 영향을 주는 인자를 명확히 이해하는데 충분한 자료를 제공하지 못하게 된다. 이 경우 복식의 지진계, 즉 2~3차원의 특수한 복식지진계가 요구될 때도 있다.

강진동 지진계의 설치에는 2종류가 있다. 즉 震源매카니즘과 파동전파 설치와 국부적 효과 설치이다. 전자는 지진에너지의 轉移와 발생을 포함한 물리적 과정을 이해하기 위하여 강진발생의 가까운 지역내에 강진동기계를 촘촘하게 설치하는 것이다. 후자는 많은 부분적 요소, 즉 부분적인 지형과 흙의 상태, 흙과 구조의 상호작용과, 액상화 등에 대한 현장과 震源사이뿐만 아니라 진원과 파동 전파경로에 영향을 주는 地盤動의 정확한 성질에 대하여 완벽한 결과를 얻는 특수한 지역내에 강진동 지진계를 촘촘하게 설치하는 것이다. 기계설치로 인한 강진동 관측은 세계의 많은 지진활동에 대하여 1970년대 후반부터 시작되어 이미 많은 자료가 축적되었다.

제 2 장 지진의 강도

2.1 震度

1. 震度階

　어느 특정지점에 대한 지진의 크기를 나타내기 위해서는 震度라는 용어를 사용하고 있다. 지진과 같은 복잡한 현상을 하나의 尺度로써 양적으로 표시하는 것은 무리가 따르므로 용어의 내용을 명확히 하기 위해서는 지진의 실제감각에 부적합한 경우가 있는 반면, 實感으로만 규정하면 내용이 명확하지 않은 결점이 있다. 현재 이용되고 있는 진도에는 이와 같은 내용이 포함되는 것도 있으나 각각의 목적에 따라 편리한 쪽을 사용하고 있다. 또 양자의 관계도 대략 알려져 있다.

　日本氣象廳(JMA)이 1949년에 정한 진도계(Seismic Intensity Scale)는 후자의 측면에서 결정된 것이며, 우리나라도 이를 이용하고 있으며 그 내용은 다음과 같다.

0. 無感 : 人體에 느껴지지 않고 지진계에만 기록되는 정도의 지진
Ⅰ. 微震 : 정지하고 있는 사람이나 지진에 주의 깊은 사람에게만 느껴지는 정도의 지진
　　　　　(0.0008~0.002g)
Ⅱ. 輕震 : 많은 사람에게 느껴지며 창문이 약간 움직이는 것을 알 수 있는 정도의 지진
　　　　　(0.0025~0.008g)
Ⅲ. 弱震 : 家屋이 흔들리고 창문이 덜그럭 거리며 전등처럼 매달려 있는 물체가 심하게 흔들리며 그릇 안의 水面이 움직이는 것을 알 수 있는 정도의 지진
　　　　　(0.008~0.025g)
Ⅳ. 中震 : 가옥이 심하게 흔들리며 불안정한 꽃병이 넘어지고 그릇 안의 물이 넘쳐 흐른다. 보행자도 느끼며 많은 사람이 집 밖으로 뛰어 나오는 정도의 지진
　　　　　(0.025~0.08g)
Ⅴ. 強震 : 벽이 갈라지고 비석 石燈 등이 넘어지며, 굴뚝, 돌담이 파손되는 정도의 지진(0.08~0.25g)
Ⅵ. 烈震 : 무너지는 가옥이 30% 이하이며, 산사태가 일어나고 지면이 갈라지며 사람이 서 있을 수 없는 정도의 지진(0.25~0.4g)
Ⅶ. 激震 : 무너지는 가옥이 30% 이상이며, 산사태가 일어나고 지면이 갈라지며, 斷層이 생기는 정도의 지진(0.4g 이상)

　北美地域에서 일반적으로 이용되고 있는 震度階는 1931년에 제정된 修正 Mercalli 진도계(MM)이며 다음과 같이 12계급으로 분류되어 있다.

Ⅰ. 매우 좋은 조건에 있는 극소수의 사람만이 느낀다.
Ⅱ. 건물 윗층에서 정지해 있는 소수의 사람에게나 느껴진다. 예민하게 매달린 물건이 흔들린다.
Ⅲ. 옥내에서, 특히 건물 윗층에서 뚜렷하게 느껴지나 많은 사람들이 지진으로 간주하지 않는다. 정지한 차가 조금 흔들리며 트럭이 지나가는 듯한 진동이 있다. 지속기간을 추정할 수 있다.

Ⅳ. 낮에 옥내에서 많은 사람들에게 느껴지나 옥외에서는 소수의 사람에게만 느껴진다. 밤에는 잠을 깨는 사람이 있다. 접시나 유리창 및 문틀이 흔들리며 삐걱거리는 소리를 낸다. 무거운 트럭이 건물과 충돌하는 느낌이 들며 정지한 자동차가 눈에 띄게 흔들린다(0.015~0.02 g).

Ⅴ. 거의 모든 사람에게 느껴지며 많은 사람이 잠을 깬다. 접시나 유리창 등이 깨어지기도 하며 석회벽에 금이 가고 불안정한 물체가 넘어진다. 나무나 장대등 긴 물체가 흔들리는 것을 때로 볼 수 있다. 추시계가 정지하기도 한다(0.03~0.04 g).

Ⅵ. 모든 사람이 느끼고 놀래서 밖으로 달려나가는 사람이 많다. 무거운 가구가 움직이고 석회벽이 떨어지며 굴뚝이 파손되는 경우도 있다. 가벼운 피해가 발생한다(0.06~0.07 g).

Ⅶ. 모든 사람이 옥외로 달려 나간다. 잘 설계 시공된 건물에 대한 피해는 무시할 수 있을 정도이다. 잘 축조된 보통 건물에 대한 피해는 가볍거나 중간 정도이며 부실하게 축조하거나 설계가 잘못된 建築物은 상당한 피해를 입는다. 굴뚝들이 넘어지는 경우도 있으며 운전중의 사람에게도 느껴진다(0.10~0.015 g).

Ⅷ. 특수하게 설계된 건축물에 대한 피해는 가벼우나 보통으로 견고하게 지은 건물도 부분적으로 붕괴되는 상당한 피해를 입으며 부실하게 지은 건물은 큰 피해를 입는다. 판벽널이 틀로부터 튀어나오며 굴뚝, 공장에 쌓아놓은 상품, 기둥, 기념비, 벽등이 무너진다. 무거운 가구가 넘어진다. 모래와 진흙이 소량 분출되며 샘물이 변한다. 운전자가 흔들린다(0.25~0330 g).

Ⅸ. 특수 설계된 건물이 큰 피해를 입으며 잘 설계된 구조건물이 기운다. 견고한 건물이 부분적으로 붕괴되며 큰 피해를 입는다. 빌딩이 기초로부터 벗어난다. 지면이 눈에 띄게 갈라지며 매설판이 파괴된다(0.50~0.55 g).

Ⅹ. 잘 지은 목조건물이 파괴 되는 경우가 생긴다. 대부분의 石造 및 구조물들이 기초부터 파괴된다. 지면이 심하게 갈라지며 철로가 휜다. 堤防과 급한 비탈에서 적지 않은 사태가 일어난다. 모래와 진흙이 이동하며 물이 둑에 튀어 넘쳐 쏟아진다(0.60 g 이상).

ⅩⅠ. 서있는 건물이 거의 없다. 있다해도 석조건물 뿐이다. 교량이 파괴되고 모든 지면에 넓은 균열이 발생한다. 지하 매설관들이 전혀 사용 불가능해진다. 흙이 무너지고 연약지반에서 사태가 난다. 철로가 심하게 굽는다.

ⅩⅡ. 전체적인 피해가 발생한다. 지면이 파도처럼 출렁이며 측량선이나 水準面이 변한다. 물건들이 공중으로 튀어나간다.

(주) 위에서 ( )내의 g는 중력가속도 980cm/sec²이다. JMA진도계와 MM진도계의 대응을 정확히 나타내기는 어렵지만 대략 다음 식으로 표시할 수 있다.

$$I_M = 0.5 + 1.5 I_J$$

여기서, I_M : MM 진도계
　　　　I_J : JMA 진도계

2. 加速度를 기준으로 한 진도

건설 기술자 사이에는 지진의 強度를 最大加速度로 표시하여 널리 이용하고 있다. 이것은 각종 구조물에 미치는 지진의 영향을 주로 최대 가속도를 토대로 하여 정한 것이다.

이 개념은 구조물이 비교적 剛性으로 간주될 때 탄성파괴를 판단하는데 어느정도 유효하다. 그러나 고층건물이나 댐과 같이 可撓性 구조물은 강도를 지진의 최대가속도만으로 결정할 수 없고 진동의 周期, 振幅, 波形 등이 관련된다.

최근에는 구조물이 대형화 됨에 따라 可撓性 구조물이 대부분이므로 이를 적용할 수 없는 경우가 많아지고 있다.

진도를 最大加速度로 표시하는 경우는 지진시의 최대가속도와 重力加速度의 比로 표시한다. 즉 지진시의 水平方向의 최대가속도를 a_h 라 하면 수평진도 k_h 는 다음과 같다.

$$\frac{a_h}{g} = k_h \tag{2.1}$$

마찬가지로 지진시의 鉛直方向의 최대가속도를 a_v 라 하면 연직진도 k_v 는 다음과 같다.

$$\frac{a_v}{g} = k_v \tag{2.2}$$

실제로 지진피해 지역에 地震計를 설치하여 측정하는 경우는 드물기 때문에 최대가속도라 하여도 결국은 진도계와 같은 자연현상의 관찰이나 구조물의 피해상황으로 부터 추정하며 이때 碑石 木造建物 등을 기준으로 한다. 碑石에 의한 최대가속도의 추정은 다음과 같이 한다.

만약 지진시의 최대가속도가 靜的으로 작용한다고 가정하면 碑石이 실제로 전도하려고 할때의 地震力과 重力의 관계는 그림 2.1과 같다. 즉 이때는 碑石에 작용하는 지진력과 重力의 합력은 D점을 통과한다고 생각하여 다음식으로 표시한다.

$$\frac{k_h g}{g} = \frac{b}{h}$$

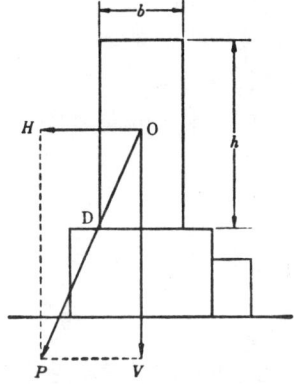

그림 2.1 비석과 직사각형의 대좌석의 구성
  H : 지진시 수평가속도
  V : 지진과 중력으로 인한 연직가속도
  P : 가속도의 합력

$$k_h = \frac{b}{h}$$

지진시 震度에 대한 일반적인 개념은 움직인 흔적이 없는 碑石중에서 구할 수 있으며, 넘어진 碑石중에서 비교적 짧고 두꺼운 底幅과 높이의 比를 조사하면 대략 그 지진의 진도를 알 수 있다.

이 진도 추정법은 편리하나, 일반적으로 묘지의 지반은 부근의 지반보다 불량한 경우가 많다. 또 지진동의 방향에 따라 轉倒되지 않을수도 있고 轉倒된 비석중에는 台座石위를 흔들거리면서 결국 台座石에서 떨어져 넘어지는 것도 포함될 수 있다.

상기의 전도이론은 연직운동의 영향은 고려하지 않고 또 動的으로 작용하는 지진력을 靜的으로 고려하기 때문에 개략적인 추정법에 불과하다. 실제로 일반적인 범위에서는 振動週期가 짧은 경우에는 가속도가 커짐에 따라 비석은 쉽게 넘어지며 진동 주기가 긴 경우는 그 반대의 경향이 있다는 점을 염두에 두고 진도를 적당히 판단해야 한다.

3. 速度를 기준으로 한 震度

Neumann 은 미국에서 관측한 강진기록과 조사한 지진피해를 비교하여 약 100 gals 이하 정도의 지진에 대하여 상세한 관계를 유도하였다. 이에 의하면 지진피해는 가속도와 주기에 관계가 있으며, 가속도가 같아도 短週期의 경우는 長週期 만큼 피해를 주지 않는다. 오히려 속도가 같은 경우는 週期에 관계없이 같은 정도의 피해를 주었다. 예를 들면, 건물벽에 균열이 생길 정도의 최대 속도는 약 2.4 m/sec, 벽이 떨어질 정도의 최대속도는 약 4.7 m/sec 이다.

또, Hausner 는 지진시에 구조물의 극한파괴에 영향을 주는 구조물이 갖는 진동에너지의 관점에서 SI (Spectral Intensity)를 유도하였다.

지진에 의한 구조물의 진동을 應答振動이라 한다. 應答振動 속도의 最大値를 S_v, 구조물의 고유진동주기를 T, 減衰定數를 h 라 하면 주어진 지진동에 대한 S_v는 T와 h에 의해 결정된다.

실제의 地震記錄波形에 대하여 S_v와 T의 관계 곡선을 그리면 일반적으로 그림 2.2와 같은 곡선이 얻어지며 T가 짧은 범위를 제외하고 대략 S_v는 일정하다. 그러므로 이 구간에 관한 S_v의 평균치는 S_v에 대한 하나의 지표가 된다. 실제로는 T의 범위를 0.1~2.5 sec 로 취하고 이 구간의 S_v의 평균값을 지진의 SI 라 하며 이 節에서는 다음과 같이 표시한다.

$$SI = \frac{1}{2.4} \int_{0.1}^{2.5} S_v dT$$

실제지진과 SI 의 관계의 예는 표 2.1 및 그림 2.3과 같다. 여기서, SI 가 50m/sec 이상일 때는 MM IX 또는 그 이상의 피해에 해당하며, 20m/sec 전후일 때는 MM VII의 피해를 입은 것과 같다. 그리고 10m/sec 또는 그 이하이면 사실상 피해는 없다.

제 2 장 지진의 강도 55

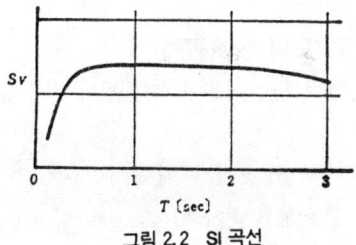

그림 2.2 SI 곡선

표 2.1 JMA 진도와 SI(Spectral Intensity)

| 지 진 | | 스케일 | | 관 측 | SI | |
지명 또는 지진명	일자	규모(M)	진앙거리(km)	강도(JMA)	(cm/sec)	방향
Saitama	1965. 2. 14	6.0	20	IV	9.0	NS
					10.3	EW
Central Chiba	1965. 9. 30	(6.7~7)	20	IV	6.9	NS
					10.7	EW
〃	〃	〃	〃	〃	7.7	NS
					8.9	EW
〃	〃	〃	〃	〃	6.4	NS
					11.3	EW
Kushiro-oki	1962. 2. 21	6.2	42	IV	6.6	NS
Niigata	1964. 6. 16	7.5	60	V	53.5	NS
					44.2	EW
〃			190	IV	25.0	NS
					25.5	EW
〃		〃	310	III	6.5	NS
					4.6	EW
Echizenmisaki-oki	1963. 3. 27	6.7	145	III	7.7	NS
					5.2	EW
〃		〃	〃	〃	4.0	NS
					3.0	EW
Suruga Bay	1965. 4. 20	6.1	10	IV	16.4	NS
					9.6	EW
〃		〃	20	IV	17.8	NS
					22.4	EW
Tokachi-oki	1968. 5. 16	7.8	150	V	44.0	NS
					62.0	EW
					20.0	UD

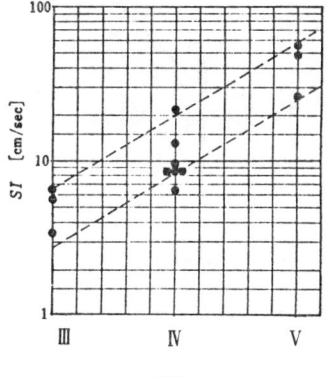

진도(JMA)

그림 2.3 실제震害로부터 측정한 JMA진도와 SI와의 관계

4. JMA 震度, 최대가속도, 최대속도의 상호관계

진도계를 기초로 한 地震動의 最大速度와 最大加速度의 기준을 추정할 수 있다는 것은 매우 편리한 점이다.

표 2.2는 이들 사이의 관계를 나타낸 것이나 개략적인 추정에 불과하다. 표에서 JMA 및 MM 진도와 最大加速度사이에는 最大加速度가 약 400 gal 이하일 때는 반대수지에서 대략 직선적으로 증가한다. 그러나 最大加速度가 400 gal 이상에서는 진도가 최대가속도의 증가와 함께 더 많이 증가한다. 이는 지진가속도가 약 400 gal 을 초과하면 흙이 파괴되기 때문이라고 생각된다.

표 2.2 최대가속도와 최대속도와의 관계

JMA스케일	최대가속도 (cm/sec^2)	1초이상의 긴주기 의진동에 대한 최대속도	MM스케일	최대가속도 (cm/sec^2)
0	0.8이하	0.13이하	VI	30~80
I	0.8-2.5	0.13-0.40	VI	80~140
II	2.5-8.0	0.40-1.3	VII	140~260
III	8.0-2.5	1.3-4.0	IX	260~410
IV	25-80	4.0-13	X	410~570
V	80-250	13-40	XI	570~750
VI	250-400	40 이상	XI	750~890
VII	400 이상	—	—	—

그림 2.4는 地震動의 최대가속도와 진도와의 관계를 實例로 나타낸 것이며, ●표시는 3번이상 찍힌 점을 의미하며, ○ 표시는 1번 또는 2번에 걸쳐 찍힌 점을 의미한다.

직선은 표 2.2에 주어진 관계를 나타낸 것이다. 이 그림에서 표 2.2의 첫째 란의 최대가속도는 일반지진의 정도였다.

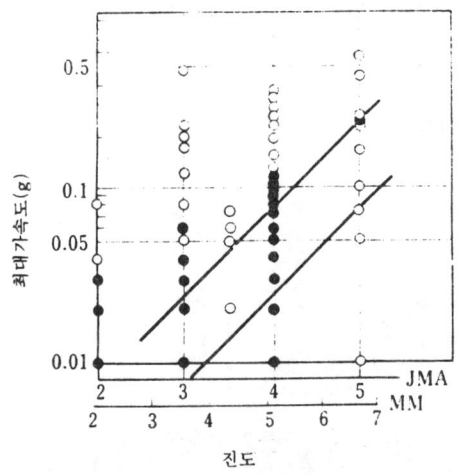

그림 2.4 最大加速度와 震度와의 관계

최근에는 지진측정기의 기술개선으로 매우 짧은 진동까지 기록 할 수 있다. 따라서 최근의 지진일 수록 최대가속도가 때로는 매우 큰 반면 일반적으로 매우 짧은 주기성분을 갖는다.

2.2 지진의 파라미터

1. 規模

앞節에서 기술한 진도는 어느 장소에 관한 지진의 크기를 나타낸 것이며, 전체 규모의 대소를 표시하는 것은 아니다. 規模(magnitude, M)의 대소는 광범위한 지역에 대한 진도에 의하여 결정된다. 따라서 震害地域을 시찰하여 진도가 같은 지역을 연결하여 얻은 等震度圖(ioseismic intensity map)를 작성하였을때 等震度圖가 광범위하게 걸쳐 있는 경우는 지진의 규모가 크다고 판단하는 것이다. JMA는 有感半徑이 300 km 혹은 그 이상, 200~300 km, 100~200 km 및 100 km 이하에 따라 각각 현저, 약간현저, 小區域 및 局部地震이라고 名名하여 분류하고 있다.

그림 2.5에는 여러곳의 大地震에 관한 震央距離와 震度와의 관계를 나타낸 것인데 진도는 대개 진앙거리가 멀어짐에 따라 감소한다. 그림에서 각각의 곡선은 거의 평행을 이루며, 즉 보통의 피해를 입은, 極淺發地震에서는 진앙거리에 따른 진도감소의 크기가 지진의 규모 및 震源의 깊이에 관계 없이 거의 일정하다. 여기서 이를 가설로 인정하면 진앙거리가 일정한 장소에 대한 지진의 강도는 그 지진 규모를 표시하는 指數로 이용할 수 있다.

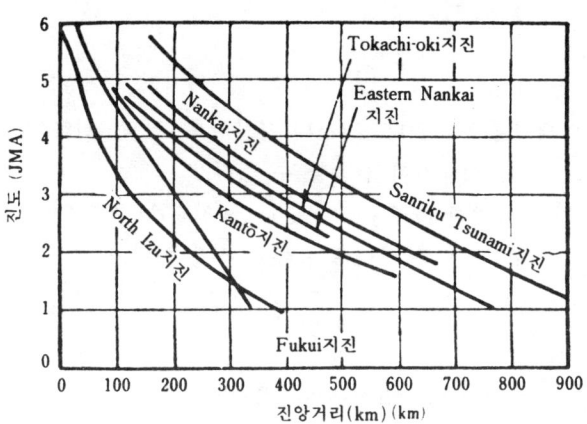

그림 2.5 진앙거리와 진도와의 관계

규모는 지진에너지를 표현하는 定量的인 量이고, 震度는 단지 지반진동의 효과만을 나타내는 尺度에 불과하다.

California에서 발생한 지진에 대하여 최대진도 I와 規模 M 및 지반가속도 a (m/sec²) 사이에는 다음의 경험식이 제시되었다.

$$M = 1 + \frac{2}{3} I$$

$$\log_{10} a = \frac{1}{3} - 5/2$$

그러나 이들 관계식은 지역별로 수집된 지진자료에 따라 다르게 표현될 수 있다. 지진발생의 통계적분석을 위하여는 규모와 발생빈도의 관계가 매우 중요하다.

Gutenberg 와 Richter 는 다음 관계식을 제시하였다.

$$\log N = a - bM$$

여기서, a, b : 상수
N : 규모 M 또는 그 이상의 지진발생수

a 는 지역 및 취급기간에 따라 값이 다르다. 전 세계적으로 b 는 대략 0.9이다. 화산활동과 관련된 지진활동에서 b 는 1이상임을 알게 되었다.

Kawasumi 는 진앙거리 100 km 에서 JMA 진도를 지진의 규모로 나타내는 指數로 표시하고 이를 규모 M_k 로 정의하였다. 또한 진도의 減衰式(attenuation formular)은 다음과 같이 제안하였다.

$$I = M_k - 0.00183(\Delta - 100) - 4.605 \log_{10} \frac{\Delta}{100} \qquad (2.3)$$

여기서, I : JMA 진도
Δ : 震央距離(km)

橋台에 발생한 지진의 계기관측은 없다. 그러나 지진기록, 강도, 진앙거리 등을 조사하여 산출하며, 지진규모는 식(2.3)을 이용하여 산출할 수 있다.

Richter 는 단단한 지반에 설치한 標準水平 Anderson 지진계(倍率 2800, 고유주기 0.8 sec , 減衰定數 0.8)를 이용하여 지진규모를 나타내는 指數 식을 제안하였다.

$$M = \log_{10} A$$

여기서, A : 100 km 진앙거리에서 최대변위(Micron)
M : 지진 규모

또 Tsuboi 는 지진 규모를 다음식과 같이 제안하였다.

$$M = \log_{10} A_m + 1.73 \log_{10} \Delta - 0.83 \qquad (T < 5 \text{ sec}) \qquad (2.4)$$

여기서 A_m : 최대변위(micron)
T : 波의 주기

규모 M 과 M_k 와의 관계는 다음과 같다.

$$M = 4.85 + 0.5M_k \tag{2.5}$$

長周期의 지진학(seismology)분야에서 Gutenberg 는 2가지의 일반화된 규모를 정의하였다. 첫째, 스케일 M_s는 기록이 잘 되는 표면파의 淺發地震에 사용되고 이를 표면파 규모라 부른다. 20 sec 주기에 가까운 표면파의 최대진폭은 지진계(seisnograph)에 기록된다. M_s 는 크고 원거리 지진에 대한 국부적 Richter 규모의 연속성을 개략적으로 나타내는 동시에 피해지진의 규모를 잘 나타낸다.

둘째, 스케일 M_b 는 1 sec 에 가까운 주기를 P 파의 주기로부터 지진규모를 결정하며 이를 실체파(또는 체적파, body wave) 규모라고 부른다. 소규모 微震의 M_b는 M_s보다 크며, 대규모 지진의 M_b는 M_s보다 작다.

2. 지진모멘트

震源매카니즘이론에 따르면, 지진기록은 짝힘이 한점에서 갑자기 반대방향으로 작용하는 진원에서 발생하는 파동으로 설명할 수 있다. 이들 모멘트를 지진모멘트라 부르며 지진의 크기를 나타내는데 적절한 값이다. 그림 2.6은 종축에 지진모멘트를, 횡축에 Richter 규모를 對數로 나타낸 것으로써 지진모멘트와 지진규모를 서로 비교할 수 있다. 즉 지진모멘트는 대수식으로 나타내며, 지진규모는 대략 다음과 같이 직선관계식을 얻을 수 있다.

$$\log_{10} m = 16.1 + 1.5M \tag{2.6}$$

여기서, m : 지진모멘트(dyne · cm)

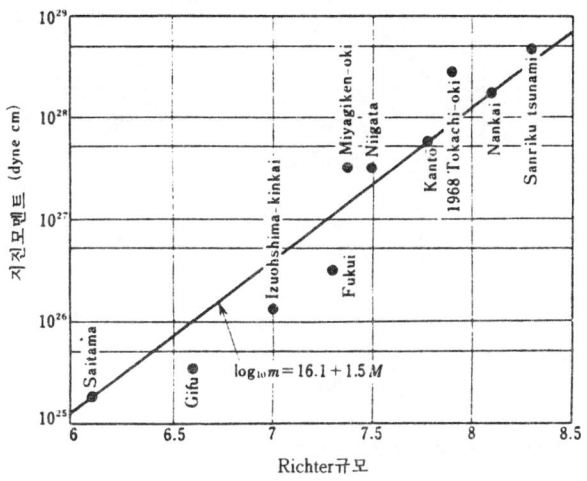

그림 2.6 지진의 지진모멘트

3. 地震動에너지

지진시에 방출된 에너지의 일부는 地震波로 전파하여 진행하며 이를 구하기 위하여 震源을 球로 가정하고, 그 상부의 半球面에서 방출된 에너지의 도달구역을 走時曲線에서 구하여 이 구역내의 각 관측점에 대한 S波의 최대 地動速度를 구하여 이들로부터 單位體積當 에너지를 계산하는 한편 지진파가 방출되는 시간을 추정하여 총에너지를 산출한다.

지진파로 방출된 에너지 E (erg)와 규모 M과의 경험식은 다음과 같다.

$$\log_{10} E = 11.8 + 1.5M \tag{2.7}$$

따라서 규모 M이 0.2 증가하면 에너지 E는 2배, M이 1만큼 증가하면 E는 32배가 된다. 식(2.7)과 식(2.6)을 비교하면 지진에너지는 지진 모멘트에 비례하므로 다음 식으로 나타낼 수 있다.

$$E = \frac{1}{2} m \times 10^{-4} \tag{2.8}$$

여기서, m : 지진모멘트(dyne · cm)
E : 지진에너지(erg)

그림 2.7은 Richter 규모에 대한 지진에너지 값을 제시한 것이다.

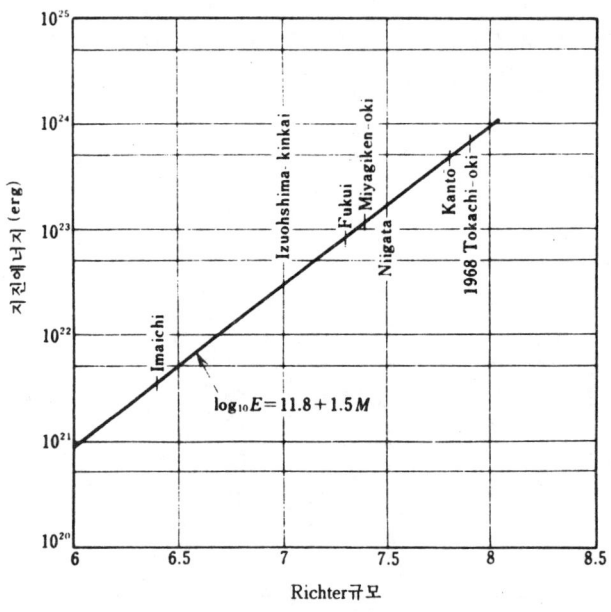

그림 2.7 지진의 지진에너지

2.3 최대 지진변위의 減衰 및 이와 관련된 문제

지진동의 최대변위에 대해서는 震源의 깊이 60 km 이내의 지진에 대하여 식(2.4)로부터 다음 식을 유도하였다.

$$\log_{10} A_m = M - 1.73 \log_{10} \Delta + 0.83 \quad (\Delta < 500 \text{ km}) \tag{2.9}$$

여기서, A_m : 최대변위진폭(micron)

M : 규모
Δ : 震央距離(km)

그러나 위의 관계는 조사지점의 지반조건, 지진파의 경로에 따라 지질학적 구조와 지진발생 영향을 받는점에 유의해야 한다. 이 중에서도 조사지점의 지반의 영향은 매우 크다. 진앙으로 부터 같은 거리에서 관측한 동일지진이라 하여도 다른 위치에서는 진폭이 10배의 차이를 나타낼 수도 있다. 그러나 진동을 일으키는 매카니즘과 지진파 경로의 지질구조의 영향은 지질의 최대변형면에서 일반적으로 큰 차이를 나타내지 않는다고 한다.

2.4 最大變位振幅을 갖는 파동의 주기

최대변위진폭을 갖는 파동의 주기 T는 지진 규모 M과 관계가 있으며 규모가 클수록 길다. 이 관계는 일반적으로 다음식과 같다.

$$\log_{10} T_m = -a + bM \tag{2.10}$$

T_m 은 여러가지 값을 갖는데 계수 a, b는 연구자에 따라 약간 다른 값을 보인다. Gutenberg 는 다음식을 제시하였으며

$$\log_{10} T_m = -0.82 + 0.22 M \tag{2.11}$$

또, Kasahara 는 다음 식을 제시하였으며

$$\log_{10} T_m = -0.78 + 0.28 M \tag{2.12}$$

淺發地震에 대해서는 다음과 같다.

$$\log_{10} T_m = -2.59 + 0.51 M \quad (5 < M < 8) \tag{2.13}$$

또 Matsumoto 는 Kinkazan 지진시 Tsukuba 에서 관측한 값을 Fourier 급수로 분석한 결과 成分振動이 큰 주기는 2가지이며, 이들과 규모는 다음의 관계가 있음을 확인하였다.

$$\log_{10} T = -0.19 + 0.25 M \tag{2.14}$$
$$\log_{10} T = -1.36 + 0.33 M \tag{2.15}$$

Kanai 는 Hitachi 의 지하 300 m 암반내에서의 관측결과에 대하여 최대변위 성분주기와 스펙트럼 진폭과의 관계에 대하여 다음 식을 제안하였다.

$$\log_{10} T_m = 0.39 \log_{10} \bar{A}_{m,100} + 0.89 \tag{2.16}$$

여기서 $\bar{A}_{m,100}$: 진앙 100 km 로 환산한 최대변위 스펙트럼 진폭(cm)
T_m : 성분의 진동 주기(sec)

$\bar{A}_{m,100}$ 와 A_m 은 같다고 가정하면. 식(2.16)의 $\bar{A}_{m,100}$ 를 M의 함수로 나타낼 수 있다. 즉 식 (2.9)에 대해 $\Delta = 100$ km 로 하면

$$\log_{10} A_m = M - 1.73 \log_{10} 100 - 3.17 = M - 6.63$$

이것을 식(2.16)에 대입하면 다음식과 같다.

$$\log_{10} T_m = -1.70 + 0.39 M \tag{2.17}$$

이상의 결과를 圖示하면 그림 2.8과 같다.

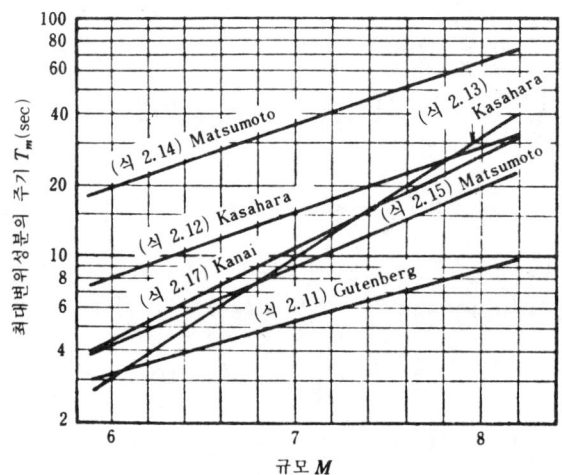

그림 2.8 최대변위성분의 주기T_m와 규모M과의 관계

또한 지진의 규모와 초기진동주기의 상용대수의 사이에는 직선적인 관계가 있다. 즉

$$\log_{10} T_i = -a' + b'M \tag{2.18}$$

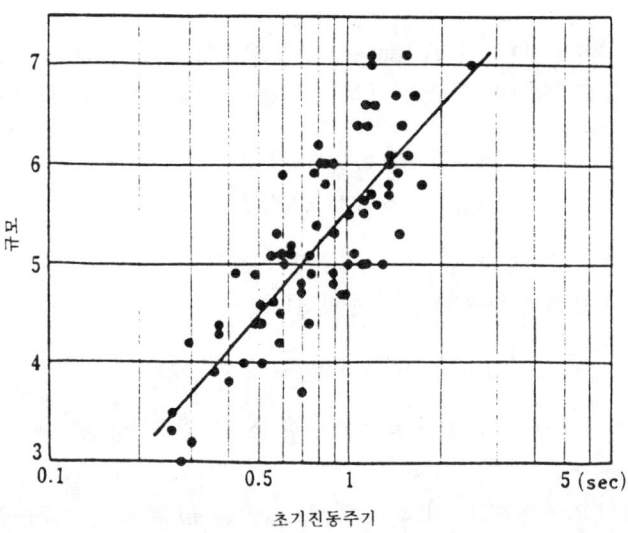

그림 2.9 지진규모와 초기진동주기와 관계(일본국철)

여기서, T_i : 초기 진동주기
　　　a', b' : 계수

그림 2.9는 일본국철 Miyako 관측소에서 관측한 지진의 T_i와 M사이의 관계를 보인 것이다.

2.5 지진동의 진폭

1. 統計에 의한 추정방법

지진동의 最大振幅은 주로 지진의 規模(M)와 진앙거리에 의해 결정된다. 한편 일본 列島를 비롯하여 세계의 지진이 많은 지역에서 과거에 발생한 지진 규모와 진앙위치는 많이 밝혀졌다. 그러므로 최대진폭, 규모, 진앙거리사이의 일반적 관계식으로부터 주어지면 과거의 지진이 어느지점에 어떤 최대진폭을 갖는지를 역사적으로 알 수 있다. 그림 2.10은 Tokyo에서 과거 370년간 발생한 지진의 최대변위 진폭을 年代順으로 나타낸 막대그래프이다.

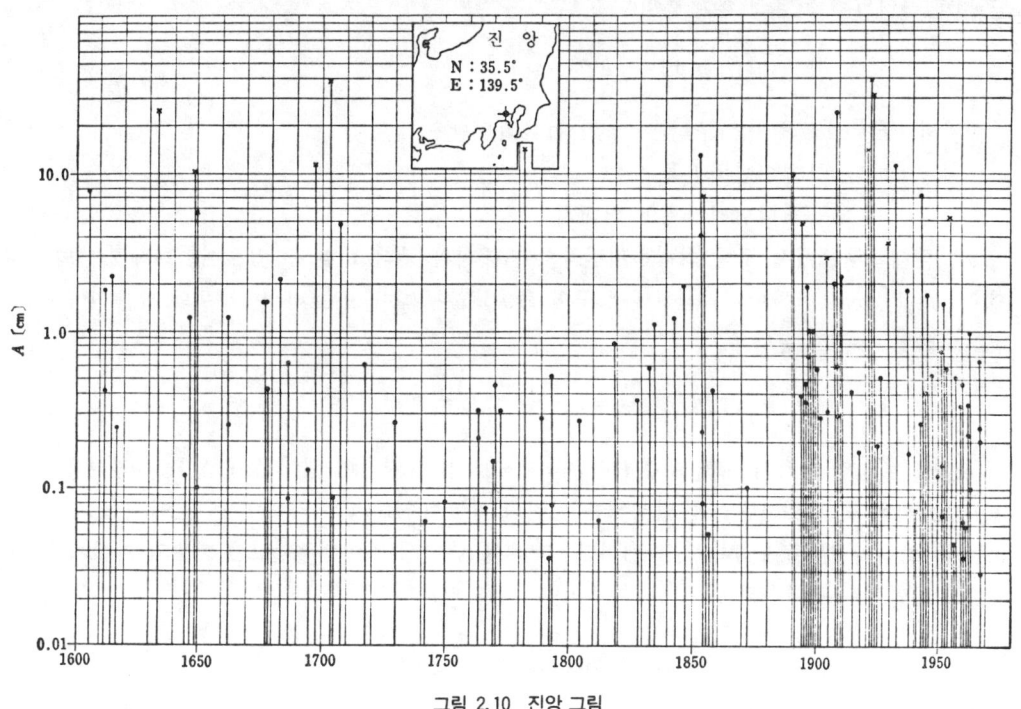

그림 2.10 진앙 그림

이 지점에서는 과거 370년간에 최대진폭 1 cm 이상의 지진이 40회 일어났다. 통계적으로 보면 이 그림에 나타난 최대진폭은 "이 지점에 일어난 지진동의 最大振幅"이라는 母集團의 표본이라고 생각할 수 있다. 그러므로 그림은 母集團의 성질을 추정하는 기초적 자료이다.

그림 2.10을 토대로 진폭별로 頻度曲線을 그리면 그림 2.11과 같다. 횡축은 지진동최대진폭이며 종류은 관측기간내에 발생한 지진총회수에 대한 소정의 최대진폭을 갖는 지진회수의 比이

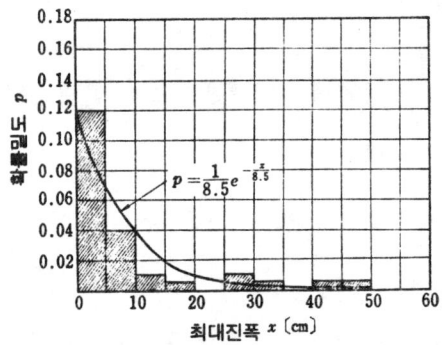

2.11 地震動最大振幅의 確率密度曲線

다. 즉 막대그래프는 이 지점에 지진이 발생했을 때에 그 최대진폭이 x(cm)와 $x+1$(cm)사이에 있을 경우의 확률을 나타낸다. 이 막대그래프를 數式的으로 취급하기 위해 막대그래프에 한개의 곡선을 母集團의 확률밀도함수로 한다. 확률밀도함수는 대지진이 드문 사실과 막대그래프의 모양을 고려하여 다음의 指數分布를 구한다.

$$p(x) = \frac{1}{b} e^{-x/b}$$

여기서, $P(x)$: 최대변위진폭이 x인 확률밀도함수
　　　　x : 최대변위진폭
　　　　b : 최대변위진폭의 기대치

b는 막대그래프에서 구한 최대변위진폭의 기대치와 같다고 할 수 있으며, 그림 2.11의 경우에는 $b=8.5$ cm 이하이며, 곡선에서 구한 最大變位振幅이 x_o보다 큰 경우의 확률 $P(x>x_o)$를 구하면 다음과 같다.

$$P(x>x_0) = \int_{x_0}^{\infty} \frac{1}{b} e^{-x/b} dx = e^{-x_0/b}$$

다음에는 간단히 하기 위해 최대변위진폭이 x_o보다 큰 지진이 일어날 수 있는 가능성을 $E(x>x_o)$로 표시한다. 만일 1년간에 발생하는 지진의 평균회수를 N_1이라 하면 1년간에 $E(x>x_o)$가 일어나는 회수의 期待値는 $N_1 P(x>x_o)$이다. 따라서 t년간에 일어날 수 있는 회수의 기대치를 $\lambda(t, x_o)$라 하면 다음식과 같다.

$$\lambda(t, x_0) = N_1 t P(x>x_0) = N_1 t e^{-x_0/b}$$

$$N_1 t e^{-x_t/b} = 1$$

인 관계에서 x_t를 구하면

$$x_t = 2.30 b (\log_{10} t + \log_{10} N_1)$$

이다. 여기서 x_t는 t년간에 1회 일어날 수 있을 것으로 기대되는 가능성 $E(x>x_t)$의 下限의 변위

진폭이다.

 실제로는 최대진폭이 x_t를 넘는 지진이 이 기간내에 일어나는 회수는 기대치를 상회하는 경우와 하회하는 경우도 있다. 이와 같은 경우에 발생확률은 포아손分布에 따른다고 가정하면 확률밀도함수는

$$p(y) = e^{-\lambda(t, x_t)} \frac{\{\lambda(t, x_t)\}^y}{y!}$$

이 된다. 여기서, y는 t년간에 $E(x > x_t)$의 일어날 회수이다. 이 식에서 t년간 내에 $E(x > x_t)$가 1회도 일어나지 않는 확률을 구하면 다음과 같다.

$$p(0) = e^{-\lambda(t, x_t)}$$

 이와 같이 하여 지진동가속도의 최대치를 결정한 후에도 그 분포를 정해야 한다. 지진동가속도의 분포에 대해서는 아직 잘 알려져 있지 않으나 만일 그것을 평균치 0인 Gauss 分布라고 가정하면 標準偏差는 이미 구한 최대가속도로 구할 수 있다. 최대를 95%확률이라 하면 표준편차는 최대가속도의 1/2이 되며, 99.7% 확률이라 하면 1/3이 된다.

 그림 2.12는 통계적인 측면에서 작성한 最大加速의 度期待値圖의 예이며 외국의 각지에 건설한 구조물에 대한 計劃地震動의 강도를 결정하는 하나의 기준이 되고 있다.

 이상의 고찰에 있어서는 지진동의 최대가속도 혹은 最大變位는 지표에 대한 값이 이용되고

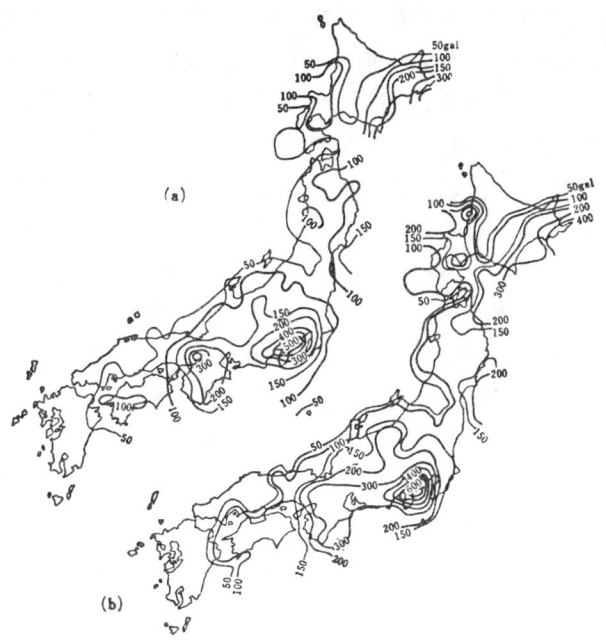

그림 2.12 (a)75년, (b)100년 빈도의 확률이 지진의 최대가속도의 기대치

있는데 지표면에 대한 지진동은 振幅이나 波形에 있어서도 표층지반의 성질에 많은 영향을 받는다. 따라서 일반적인 기준을 제시하기 위해서는 표면층의 영향을 받지않는 상태의 지진동을 정하여 표면에 대한 지진동은 이에 적당한 계수를 곱해 정하는 것이 바람직하다. 이때 표면층의 영향을 받지 않는 상태의 지진동을 기반에 대한 지진동이라고 한다.

그러나 基盤地震動에 대해서는 관측자료가 적어서 이것과 규모 M, 진앙거리와의 일반적 관계는 아직 불확실하다. 따라서 基盤地震動의 최대가속도에 대해서는 진도기대치도는 작성되지 않았을 뿐만 아니라 그 값이 필요할 때는 지표면의 지진동에 관한 기대치를 수정하여 이용해야 한다. 이때 일반적으로 충적지반과 그 밑에 있는 단단한 지반의 최대가속도비는 2~4 정도이며, 最大變位의 比는 2~4배 정도라고 한다.

기반지진동의 최대진폭 또는 최대가속도와 규모 및 진앙거리의 관계를 나타내는 일반적인 관계식을 만드는 것이 금후의 과제이다.

2. 構造地震學的 고찰에 의한 추정 방법

이상과 같은 통계적고찰을 토대로 한 計劃地震動의 결정법은 지진이 많은 지역에 대해서는 지금까지 흔히 발생한 지진과 유도한 강도의 지진을 문제로 하는 경우에 적절하다. 그러나 지진이 드물거나 거의 없는 지역 또는 大地震에 대해서는 이 방법을 이용하지 않고 구조지진학적 방법을 이용한다.

이 방법은 지진의 발생 방향이나 그것이 그 지역의 본래의 지질구조의 특징에 비추어 地塊의 변동상황으로부터 지진빈도를 산출하는 것이다.

따라서 地塊의 크기, 경계면의 깊이, 지질년대, 지괴운동속도 등을 조사해야 한다. 地塊의 지질연대가 오래된 지질은 단단하고, 파괴에 이르기까지 大量의 에너지를 축적한다. 또 큰 地塊의 경계면이 길게 지각내에 깊게 퍼져 있을 때도 그 지역은 大量의 에너지를 축적한다. 따라서 이와 같은 地塊는 대규모 지진을 일으킬 가능성이 있으며 그 반대의 경우는 그 地塊에 일으키는 지진규모는 작으며 지진의 규모가 클수록 단층의 길다.

이와 같은 지질구조를 통계적 사실에 우선하여 생각하는 방법은 주로 구소련에서 발달하였다. 예를 들면 Nantienshan지역의 남쪽 급사면지역에도 지진이 많으며 25~30km깊이에 M=6.5~7.5의 대규모 지진이 최근 70년간에 5회 발생하였다. 이에 의하면 진도는 震央에서 6km의 범위가 MM IX, 9~10km의 범위가 MM VIII, 12km의 범위가 MM VII이었다.

이 지역은 古生代層으로 되어 있으며 장기간에 걸쳐 일정한 융기가 지속되고 있다. 이와 같은 사실로부터 이 지역에는 금후에도 최대 M=6.5~7.5의 지진이 25~30km 깊이에 빈번히 발생하며 이에 따라 지상에는 최대 MM IX의 피해가 일어난다고 판단된다.

Nantienshan의 남부에 인접한 Pamir 지역은 中生代 및 新生代의 지층으로 이루어져 있으며 그 중 어느 지역에는 지금까지 M=6의 지진이 자주 발생하고 있다. 그 震源은 얕으며 8~15km이다. 또 이 지진의 震度는 진앙에서 2km의 범위에서 MM IX, 3~4Km의 범위에서 MM VII이다. 나머지 지역에서는 관측기간내에는 대규모지진이 일어나지 않았지만 지질적으로 동일조건의 지역에 대해서도 또한 최대규모 M=6, 최대진도 MM IX의 지진이 예상된다.

이러한 판단에서도 물론 과거의 지진규모나 진앙깊이, 빈도 등이 기초 자료가 되는데 이것이 통계적으로 취급되지 않고 지질학적으로 고찰된 것이 특징이 있다. 즉 이 경우는 Pamir 지역의 지진규모가 Nantienshan지역의 지진규모보다 작은 것은 우연이 아니고 이 지역은 지층이 새롭고 소성적이기 때문에 점진적으로 에너지축적이 해소되어 대규모지진이 일어나지 않기 때문이라고 한다. 또 지질학적으로 보아 장기간에 걸쳐 정상적인 변동을 지속하여 최근의 관측기간내에 자주 대규모지진이 있는 지역에서는 최근 일어나고 있는 규모의 지진이 이 지역에 일어나고 있는 지진의 최대규모를 나타내는 것이라고 한다. 반대로 관측기간내에 지진이 없었던 지역에서도 이와 똑같은 지질조건을 갖는 지역에서 지진이 일어나고 있는 경우에는 그와 같은 정도의 규모의 지진이 이 지역에도 장차 일어날 가능성이 있다.

따라서 직접 계획지진동의 결정에는 이 방법을 이용할 수 없다. 그러나 공학적 입장에서는 현 단계에 있어서도 대상지역의 地震史的에 대해 어느정도의 추측이 가능한 것이다.

제 3 장　세계의 지진 피해

3.1 개설

지진피해를 최소화 하는 것은 지진전문가의 의무이다. 이를 위해서는 우선 지진의 實狀을 파악한 다음 지진에 대하여 무엇을 알아야 하는지를 지진공학의 이론으로부터 체계적으로 연구되어야 한다.

지진으로 인한 피해는 지진공학에 대한 중요한 자료를 제공한다. 따라서 자연적인 지진과 그 결과에 따른 피해는 지진공학 연구를 위한 귀중한 자료로 생각해야 할 것이다. 이와같은 지전의 경험없이 실제로 强震으로 인한 피해를 연구하는 것은 매우 어렵다. 따라서 지진시에 정확한 재해기록을 잘 보존하므로서 이들 기록을 바탕으로 지진공학이 발전되고 있다. 세계의 모든 지진자료는 영국 국제지진센타(ISC)와 미국지진공학연구소(EERI) 및 일본기상청(JMA) 등에서 발간되고 있다.

3.2 지진피해의 형태

1. 지진재해

지진에 의한 피해는 다른 災害에 비하여 파괴의 규모나 인명피해의 정도가 매우 크다. 그동안 대규모 지진피해는 1556년 1월 중국陝西省에서 발생한 지진으로 83만명의 인명피해를 비롯하여 세계 각지에서 지진으로 인하여 많은 인명 및 재산피해를 가져왔으며 1900년 이후 세계 지진피해의 대표적인 예는 표 3.1과 같다.

이와같은 지진피해는 연약지반상에 건설한 구조물에서 그 정도가 큰데 연약지반상 구조물은 진동적인 파괴와 동시에 지반파괴와 기초 구조의 파손에 의해 지지력이 부분적으로 저하하여 不等沈下로 인한 변형에 의하여 파괴되는 예가 많기 때문이다. 또한 埋立地 등의 새로운 지반에서의 피해도 많다. 연약지반내의 대표적인 震害로써 멕시코지진과 Niigata 地震을 들 수 있다.

2. 구조물과 지반의 상호작용

지반과 구조물의 상호작용 면에서 암반상의 구조물은 암반에서 생긴 진동이 그대로 구조물 저부에 전달되지만 연약지반 상에 건설한 구조물은 구조물과 지반 사이의 상호작용으로 인하여 여러가지 복잡한 영향을 받게 된다. 일반적으로 지반과의 共振에 의한 增幅作用으로 피해가 증가되며 고층건물은 연약한 지반에서, 그리고 저층건물은 암반에서 더 큰 지진의 영향을 받게 된다. 목조 건물의 경우 연약 지반일수록 가옥의 피해율이 높다. 이와같은 연약지반에는 지반의 부등침하에 의한 경사나 손상이 많으며 단단한 지반에서는 局部破壞, 半破 등이 차지하는 비율이 높고, 단단한 지반에서는 全破率이 높다. 벽돌같은 剛性構造는 Kanto 지진 예에서와 같이 단단한 지반에서 피해율이 높은 결과가 나타났다.

3. 지반의 액상화에 의한 피해

지반의 액상화에 의한 대표적인 피해는 1964년 Niigata 지진에서 볼 수 있었다.

4. 산사태, 斜面, 造成地 등의 滑動 崩壞

지진시 산사태나 滑動은 경사지반, 단층지대 등에서 가끔 일어나는 현상으로 단층활동 범위

표 3.1 1900년 이후 세계의 대표적인 지진피해 예

발생년월일	위 치	피 해	규모(M)
1906. 4. 18	U. S. San Francisco. Cal.	700명 사망	8.3
1906. 8. 16	Chile. Valparaiso	15,000명 사망	8.6
1908. 12. 28	Italy. Messina	75,000명 사망	7.5
1915. 1. 13	Italy. Avezzano	29,970명 사망	7.5
1920. 12. 16	China. Kansu	180,000명 사망	8.6
1923. 9. 1	Japan. Tokyo·Yokohama	143,000명 사망	8.3
1927. 5. 21	China. Tshighsi	200,000명 사망	8.3
1932. 12. 26	China. Kansu	70,000명 사망	7.6
1935. 5. 31	Paristan. Quetta	30,000명 사망	7.5
1939. 1. 24	Chile. Chillan	30,000명 사망	8.3
1939. 12. 27	Tirkey, Erzincan	23,000명 사망	7.9
1946. 5. 31	Eastern Turkey	1,300명 사망	6.0
1946. 10. 20	Japan. Houshu	2,000명 사망	8.4
1948. 6. 28	Japan. Fukui	5,131명 사망	7.3
1949. 8. 5	Ecuador. Pelileo	6,000명 사망	6.8
1950. 8. 15	India, Assam	1,500명 사망	8.7
1953. 5. 18	Notrhwestern Turkey	1,200명 사망	7.2
1954. 9. 9. 12	Algeria. orleansville	1,657명 사망	6.7
1956. 6. 10. 17	Northern Afghanistan	2,000명 사망	7.6
1957. 7. 2. 2	Northern Iran	2,500명 사망	7.4
1957. 12. 4	Ouler Mongolin	1,200명 사망	8.3
1957. 12. 13	Westem Iran	2,000명 사망	7.2
1960. 2. 29	Morocco.Agadir	12,000명 사망	6.2
1960. 5. 21. 30	Southern Chile	5,700명 사망	8.5
1962. 9. 1	Nothwestern Iran	10,000명 사망	7.2
1963. 7. 26	Yugoslavia. Skopie	1,100명 사망	5.8
1964. 2. 28	U.S. Southern Alaska	131명 사망	8.3
1966. 8. 19	Fastern Turkey	2,529명 사망	6.7
1968. 8. 31	Northastern Iran	11,588명 사망	7.3
1970. 5. 28	Western Turkey	19,086명 사망, 심한구조물피해	7.1
1970. 5. 31	Northern Peru	6694명 사망	7.8
1971. 2. 9	U.S. San Ferando. Cal.	65명 사망, 심한구조물피해	6.5

1972. 3.10	Southern Iran	5,374명 사망	6.9
1972.12.23	Nicaragua. Managua	약 4000~6000명 사망	6.2
1974.12.28	Northern Pakistan	52,000명 사망	6.3
1975. 9. 6	Eastern Turkey	200명 사망	6.7
1976. 2. 4	Guatemala	약 23,000명 사망	7.5
1976. 5. 6	Northesterm Italy	920명 사망	6.5
1976. 6.25	West Iran. Indonesin	450명 사망	7.1
1976. 7.27	China. Hopeh Province	650,000명 사망	8.0
1976. 8.16	Philppines. Mindanao	약 5,000명 사망	8.0
1976.11.24	Eastern Turkey	약 5,000명 사망	7.4
1977. 4. 4	Rumania. Vrancea	2,000명 사망	7.2
1978. 9.16	Northeastern Iran	약 15,000명 사망	7.7
1980.10	Algeria	4,500명 사망	7.3
1980.11	Italy	4,800명 사망	7.2
1985. 9.19	Mecico	20,000명 사망	7.8
1988.12. 7	Armenaia, SSR	25,000명 이상 사망	6.8
1989. 1.22	Jatik, SSR	200명 이상 사망	5.3
1989. 8. 1	Western Iran, Iran	90명 이상 사망	5.9
1990. 4.26	Oinghaj, China	126명 이상 사망	8.9
1990. 6.20	Western Iran, Iran	40,000~5,000명 사망	9.7
1990. 7.16	Luzon, Philippine	1,621명 사망	7.8

내에 있는 가파른 경사지는 산사태나 滑動이 발생하기 쉽다. 이런 현상은 1964년 Alaska 지진시 Anchorage 의 Turnagain 지역에서 일어났다.

3.3 지진에 의한 震害양상

1. 地變에 의한 피해

지변이란 산사태, 단층, 지반의 융기, 함몰, 침강 등의 형태를 말한다.

이들에 대한 구조물의 피해는 立地條件, 환경조건 등을 충분히 고려하여 2차적인 피해를 최소화 하는 방법 이외에는 그 방지대책이 없다. 지변에 의한 震害의 예로써 일본의 Nobi 의 단층(상하 6m, 수평 2m), Alaska 지진시의 광범위한 산사태, San Fernando 지진시의 단층지대의 피해 등이다.

2. 海溢에 의한 피해

해일의 피해는 주로 海水나 流木 또는 파괴된 가옥파편의 충돌에 의해서 일어난다. 해일의 피해를 최소화 하기 위한 대책으로는 防波堤, 防潮林 등의 시설을 하는 이외에 마을을 高地帶로 이전하는 방법 등이 있다.

3. 地震動에 의한 진동피해

구조물의 진동적인 파괴형식은 건물전체의 轉倒, 滑動 등과 구조물의 각부 파손에 수반되는 붕괴, 경사파손 등으로 나누어진다. 전도의 예로서는 철도의 플랫폼, 지붕, 담장, 수조 등 상부가 무거운 공작물 등이 있고 기초의 휨저항력이 약하며, 수평력에 耐震要素가 약한 단순구조물 등에서 많이 볼 수 있다. 구조물전체가 전도된 예는 Niigata Kawa, Kishi 아파트의 예는 지반의 침하에 의한 것이며 Tokachi-oki 地震時 국민학교의 옥외피난계단이 넘어졌고 Los Angeles의 오림메이 병원에서도 4개의 층계 가운데 3개소가 파괴되었다.

滑動에 의한 피해는 Tokiachiu-oki 地震의 Miyazawa 高校 증축부의 도괴상황이 그 원인에 가깝다. 골조파괴에 대한 파괴원인으로서는 剪斷力에 대한 강도부족에 의해 비교적 低振幅으로 파괴되는 경우와 진동이 增幅하여 과도의 변형에 대해 부재가 항복파괴를 일으키는 경우로 나누어진다. 구조재가 취성이 없는 경우 진동주기가 짧고 가속도가 큰 충격적인 지진이 발생하는 경우, 건물의 균일성이 없어지고 강도가 약한 부분이 있는 경우 강도부족의 파괴형태가 눈에 띄고 강도가 약한 부분이 연쇄반응적으로 파괴되어 붕괴된다. 변형파괴형태는 구조부재의 변형추종성능이 크더라도 진동주기가 길고 건물의 진폭이 共振的으로 증대하는 위험이 있는 경우 국부적으로 과도한 변형이 생길 경우 어떤 특수한 부분의 변형이 과도해져서 연직하중의 영향을 받으므로써 좌굴하는 경우 등을 말한다.

4. 지진시 화재에 의한 피해

지진시에 수반되는 화재는 도시 과밀지대의 지진피해 가운데 가장 무서운 것이며 死傷者率이 높다. 1906년 San Francisco가 주야의 화재로 15,000호가 燒失되었고, 1923년 Kanto 대지진시에 Tokyo을 중심으로 447,000호가 燒失되었으며 1964년 Niigata 地震시의 석유 콘비네트 화재가 유명하다.

3.4 구조물의 주요 震害

1. 구조물의 非對稱

구조물의 질량 중심과 수평저항, 부재의 剛性, 중심간의 偏心에 의해 구조물의 수평진동과 비틀림이 복합적으로 작용해서 파괴를 일으킨다.

2. 轉倒

구조물이나 굴뚝, 계단 등의 구조설계를 제대로 고려하지 못한 부분이 動的擧動에 영향을 받아서 파괴를 초래한다.

3. 層 사이의 變位

층 사이의 變位는 그 층의 최대 수평변위를 말하며 구조체의 水平剛性을 낮추면 중간규모의 地震에서도 큰 변형을 일으키게 되고, 골조가 큰 변형을 일으키게 되면 非構造部材는 파괴를 일으킨다.

4. 셋트백

셋트백이 된 구조물은 지진시 상부 벽에서 하부 벽으로 剪斷力이 전달하여 전달모멘트의 불연속부분에 응력이 집중되어 파괴를 초래한다.

5. P-Δ 효과

주어진 층에서 P-Δ의 영향은 그 층 상부에 작용하는 연직하중이 크고 구조물이 유연성이 있으면 연직하중의 편심으로 인해 모멘트가 생긴다. 만약 수평력에 의한 層間變位가 Δ라면 2층의 휨모멘트는 상부의 연직하중에 Δ를 곱한 만큼 P-Δ효과가 생기며 이러한 영향에 의해 구조물의 부분적 피해 또는 붕괴가 일어난다.

6. 충돌

인접 건물 또는 동일 건물간의 팽창 접합으로 인하여 지진시 가벼운 충돌(hammering)에 의해 부분적 또는 전체적인 파괴가 일어난다.

7. 短柱의 전단파괴

벽돌工, 깊은 보(deep beam)등에 의하여 기둥의 변형구간이 짧아지면 피해가 발생한다.

3.5 지진피해의 事例

최근에 발생한 지진중에서 큰 피해를 가져온 지진의 사례를 기술하면 다음과 같다.

대부분의 지진의 震源은 거의 地震帶상에 있다. 그러나 1967년 인도의 Koyna에서 발생한 지진은 지금까지 지진이 일어나지 않는다고 믿었던 매우 오래된 지반에서 일어난 것에 주목할만 하다.

외국 여러나라의 耐震設計된 건축물은 일본의 건축물에 비하여 일반적으로 지진에 대한 저항력이 작고 특히 오늘날 세계 대부분의 사람들이 거주하고 있는 아파트구조는 지진에 대한 抵抗力이 거의 없다. 따라서 지진이 빈발하는 외국에서는 지진 강도에 비하여 震害가 매우 큰 것이 보통이다.

1. Agadir 지진

1960년 2월 29일 모로코의 Agadir에 強震이 발생하여(그림 3.1 참조) 사망 12,000명 부상 12,000명의 인명피해가 발생하였다. 진앙은 Agadir의 북쪽 약 5km로 추정되며 $M=7.5$이며, 震源의 깊이는 2~3km로 매우 얕다. 이 지역의 지반은 북부 台地는 단단하고 남부는 洪積層 혹은 沖積層의 평야를 이루고 있다. 다수의 주택은 불량한 모르터를 이용한 石造건물이며 진동에 의해 벽체가 붕괴되어 다수의 사상자를 내었다. 근대적 콘크리트의 구조물도 거의 철근을 사용하지 않아 지진에 의해 완전히 파괴된 것도 있었다.

2. Chile 지진

1960년 5월 21일 오전 6시 경 Chile의 Arauco 반도에 震源을 둔 것으로 추정되는 $M=7.8$의 지진이 발생하여 Concepción Lébu 등에 피해를 주었는데, 다음날 오후 3시에는 Concepcion 남쪽 480km Llanquihue湖 부근에 진원을 둔 $M=8.5$의 최대규모 지진이 발생하여 Chile 남반부의 Andes 산맥 내부에 있는 가늘고 긴 단층함몰지대에 심한 震害를 주었다. 또 이로 인한 쓰나미는 Chile 남부연안 지역뿐만 아니라 太平洋연안 각지에 파급하여 일본까지 피해를 주었

그림 3.1 Agadir 市 震害(미국철도협회 보고)

다. 이 지진은 오래전부터 단층의 滑動 또는 새로운 단층의 발생은 알려져 있지 않았으나 대규모 지반변동은 해안선의 변동으로 광범위한 지역에 걸쳐 알려졌다. 즉 Arauco반도 남부에서 Chiloe섬에 이르는 Quellon에서 2m의 沈降이 일어났으며, 반대로 이 지역의 남북 양단부인 Lébu에서 1m의 隆起가 발생하였다.

쓰나미의 最高波는 15 m에 달하여 연안도시나 항만에 큰 피해를 주었다.

함몰지대 내부의 호수지역 동쪽에 길고 좁은 지역의 지형은 地塊의 한 쪽은 완경사이며 다른 한쪽은 급경사면으로써 이 급경사면에 많은 붕괴 활동 등을 일으켰다. 지면활동은 凝灰質의 지표면이 기반상을 활동하거나 火成岩내에 활동이 일어난 것이다.

Calafguen湖 서쪽에 발생한 활동은 붕괴부분이 매몰하였고 남쪽에 있는 Rinihue湖 서쪽에서 일어난 활동은 토량이 3000만 m³에 달하여 하천이 일시적으로 저수지로 변하였는데 그것이 2개월 후에 파괴되어 하류부에 피해를 주었다. 또 Concepcion에서 Pto.Montt에 이르는 여러 도시가 심한 피해를 입었는데 피해는 지반의 의한 차이에 따라 현저하게 나타났다(그림 3.2 참조).

지진 발생지역을 답사한 공학자들이 지적한 사항 중에 특히 주목되는 것은 사질토의 액상화 현상으로 인하여 구조물이 침하한 사례가 있으며 구조설계시 계산상 고려하지 않은 部材가 실제로 작용하여 그 局部的 剛性으로 인하여 생긴 局部應力에 의해 파괴가 일어난 사례가 Niigata 지진시에 있었다.

3. Skopje지진

1963년 7월 26일 유고슬로비아 Macedonia 州의 수도 Skopje부근에 진앙을 둔 $M=6$의 지진이 발생하였다. 지반은 第三紀層으로 그 위에 두께 3m 이하의 沖積土가 덮여 있으며 건축물 기초는 일반적으로 양호하였다. 그러나 진원이 가까웠기 때문에 큰 피해를 받아 사망 1100명, 부상 400명의 인명피해가 발생하였다. 지반상황과 진앙거리로 보아 高周波 지진동으로 인하여 벽돌건물, 목조구조, 벽돌·철근콘크리트구조 등의 건물은 대파되었거나 부분파괴 되었다. 철근콘크리트구조의 고층 건물도 또한 많은 균열이 생겼는데, 균열은 하부와 상부에 많은 것이 주목되었다. 상부의 균열은 高次振動으로 인해 상부가 심하게 진동하였기 때문이다.

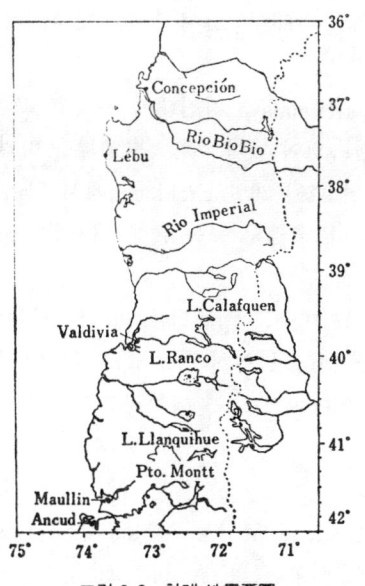

그림 3.2 칠레 地震要圖

교량, 댐등 토목구조물에는 피해가 없었으나 수도용 매설관이 가벼운 피해를 보였다. 지진의 규모에 비하여 건물의 피해가 심했던 것은 靭性이 부족했기 때문이다.

벽돌건물은 대개 耐震性은 없으므로 경제상 어려움이 없다면 여기에 철근콘크리트구조를 보강하던지 양질의 모르터를 이용하여 耐震化를 위한 노력이 필요하다.

4. Alaska 지진

미국의 Missouri 州(1811년)와 New Maotrid (1812년)에서 발생한 지진으로 이 지역의 일부는 침강 및 융기가 일어나 10여 km² 의 지역이 3~6 m 씩 침강하여 인공호수가 형성된 경우도 있었다.

1964년 3월 27일 Alaska 중남부에 $M=8.4$의 대지진이 발생하여 사망자 131명을 내었다. 震央은 Anchorage 동쪽 120 km 로 추정되며 130만 km² 이내에서 지진을 느꼈으며 13만 km² 이내의 지역에서 건축, 항만, 도로 철도 등이 피해를 받았다.

지반은 주로 해저에서 융기하여 Prince Willian Sound 항에서는 10 m 에 달했다. 육지에서는 반대로 침하한 곳이 많아 Glenallen 서쪽 43 km 떨어진 지역은 9 m 의 침하와 동시에 약간의 水平變位도 나타냈다.

쓰나미는 매우 광범위하게 파급하여 Alaska 灣, 캐나다 서해안, California 북부의 해안에는 막대한 피해를 주었다. 水位上昇은 Sitka 에서 4.3 m, California Crescent 市에서 3.9 m 이었다. Anchorage 灣에 대한 진동은 주기 0.5 sec 이상의 長周期 진동이며 主部는 약 3분간 지속하였다. 진동에 의해 14층의 McKinley 등 다수의 고층 건물이 큰 피해를 받았으나 저층의 石造건물에는 거의 피해가 없었다. 이 지역의 지반은 두께 약 18 m 의 粘土層밑에 얇은 모래층이 있으며 이 층이 연약하여 진동에 의해 液狀化하였기 때문에 활동이 일어난 것이라고 생각된다. 최대의 滑動은 Turnagain 활동이며 해안에 인접하여 폭 2400 m, 두께 180~360 m 의 地塊가 산

산조각으로 파괴되면서 약 150 m 가 활동하여 건축, 도로, 기타 시설을 파괴 시켰다.

5. Varto 지진

터키의 Anatoria지방은 Alps Himalaya 지진대에 속하고 그 중앙보다 약간 북쪽에는 폭이 수 km 構造線이 동서방향으로 연속되어 있다. 이 大構造線을 따라 $M=7.0$의 지진이 수년간격으로 일어났으며 최대규모는 1939년 12월 26일 Erchincan에서 일어났던 지진으로 $M=8.0$으로 추정되고 있다. 1966년 8월 19일에 構造線의 동쪽 끝에 위치한 Varto에서 $M=6.8$의 지진이 일어났다.

이 구조선에 일어난 지진에는 대규모 斷層이 많이 나타났는데 이 때에도 길이 30 km 에 걸친 斷層이 나타났다. 最大震度는 MM IX이하 정도로 추정되며 주택 약 20,000호가 全破하여 2000명의 사망자를 내었다. 주택은 아파트 또는 벽돌구조가 대부분이었으며 耐震的으로는 약한 구조이다.

6. Koyna 지진

1967년 12월 11일 인도의 Bombay 남남동 200 km 의 Koyna 지방에 $M=7.0$의 지진이 발생하였다. 이곳은 Decan 고원의 서쪽 끝의 Arabia 海에 인접하여 100~200년에 한번의 强震이 일어나는 지역이다. 이 때문에 모든 구조물에 대해 耐震上의 배려가 없어 주택이나 주요 구조물이 파괴하여 다수의 사상자를 내었다. 最大震度는 MM VIII~IX로 추정 되었다. 특히 진앙지역에 있었던 높이 103 m 의 重力댐에 균열이 발생하여 누수가 있었던 경우도 있으며 이 댐에 대해 그 후 補强工事가 실시되었다. Decan 高原의 기반은 先캠브리아紀에 속하며 Koyna 지방은 그 위에 두께 2000m의 용암이 덮혀 있다. 이와 같이 古地層은 매우 안정한 곳임에도 불구하고 $M=7.0$의 지진이 발생했던 것은 주목해야 한다. 1962년에 시작된 Koyna저수지의 저수가 이 지진의 유발원인이 아닌가 하는 의문도 나오고 있으며 古地盤의 지진사정의 연구에 대한 필요성을 시사하고 있다.

7. Caracas 지진

베네주엘라의 북부지역에는 수십년 간격으로 $M=6$의 强震이 일어나고 있는데 首都 Caracas 는 이 지역내의 계곡부의 沖積地上에 있다. 충적층의 두께는 최대 100 m 에 달한다. 1967년 7월 29일에 Caracas 북방 60 km 에 진앙을 둔 $M=6.5$의 지진이 발생하였다. 이로 인하여 Caracas 에서는 충적지반에 건설된 12~20층의 고층 철근콘크리트 건축물의 다수가 손상을 받았다. 피해는 보의 균열, 기둥의 좌굴, 외벽의 붕괴등이다. 토목시설은 거의 피해가 없고, 매설된 상수도관에 부분적으로 가벼운 손상이 있었을 뿐이다. 지진규모 및 진앙거리에서도 예측할 수 있는 바와 같이 건축물의 피해가 컸는데 이것은 충적지반의 振動特性에 큰 영향을 받은 것이라고 생각된다. 이것은 고층건축물과 같은 可撓性구조물에 대한 設計震度는 지반과 구조물의 動的特性을 고려하여 결정할 필요성을 시사하는 것이다.

8. Peru 지진

1970년 5월 31일 오후 3시 23분 Chimvote 海上 25 km 에 $M=7.7$의 대규모지진이 일어나 전파주택 18만, 사망자 7만, 부상자 5만이라는 근래에 보기 드문 피해를 입었다. 각지에 대규모의 滑動 사태가 일어났는데 그 중 Huascaran 의 대붕괴는 특이할 만하다. 이 대붕괴는 얼음, 土砂,

암석 등이 혼합되어 산사태(그림 3.3 참조)로 되어 黑Andes, 白Andes 大山脈의 계곡을 流下하여 Yungay(인구 18500명), Huaraz(인구 26000명)의 두 도시를 매몰하고 Santa강을 메웠다. 이로 인하여 Yungay에서는 88%, Huaraz에서는 39%의 시민이 목숨을 잃었다. 이 산사태는 大量이며 高速으로 산너머에 있는 Yungay市도 流下하는 산사태를 방지할 수 없었다. 海岸의 진도는 최대 MM Ⅷ로 추정되며 주택은 거의 파괴되었다. 이곳 주택은 아파트구조이며 두께 60cm 정도의 두꺼운 슬래브가 낙하하여 다수의 사상자를 내었다. 그러나 철근콘크리트 건축물 교량

그림 3.3 Huascaran의 산사태

등에는 거의 피해가 없었다. 이 지진은 우리가 살고 있는 도시의 위치를 산사태로부터 보호할 수 있는 안전한 위치를 선정한다는 중요한 교훈을 준 것인데 이때 작은 구릉지는 대규모 산사태에 대해 방벽역할을 할 수 없음에 유의해야 한다.

이와 유사한 구조물의 취약성은 많은 전례에서 이미 잘 알려져 있다. 그럼에도 불구하고 취약한 구조형식이 세계적으로 널리 이용되고 있는 것 중의 하나는 風土와의 관계이며 또 하나는 경계상의 이유이다. 이 補强對策은 목조가옥의 화재방지, 광대한 저지역의 산사태 억제대책으로 세계적으로 보아 방재상의 가장 큰 문제이다.

9. 중국의 지진

1556년 1월 中國 狹西省에서 발생한 지진은 83만명의 인명을 앗아갔다. 한편 1976년의 중국 Tangsan 지진도 공식적인 발표는 없었으나 65만명정도 사망한 것으로 추정되고 있다. 중국의 지진에 관한 기록에서 10만명 이상의 사망자를 초래한 지진만 하여도 7회나 있었다.

10. 日本의 지진

일본은 과거에 많은 强震을 경험하였다. 최초의 기록은 417년 7월 4일 Kawachi지진이며 그 다음 기록은 599년 발생한 지진이다. 지진기록이 증가되면서 1603~1867년 사이의 Tokugawa시대의 지진기록은 정확하였다. Tokukawa 초기 이후부터 350년이 지난 오늘에 이르기 까지 약 70회의 大地震이 기록되었으며 이는 평균 5년마다 1회의 지진발생을 의미하는 것으로써 이에 따른 지진피해는 매우 컸다.

1891년의 Nobi 지진, 1923년의 Kanto 지진, 1927년의 Kita-fango 지진, 1943년의 Tottori 지진, 1944년의 Nankai 지진(1945년의 Mikawa 지진, 1946년의 Namkai 지진), 1948년의 Fukui 지진은 많은 사상자와 극심한 피해를 입었다. 1964년에는 Niigata 에서 强震이 발생하여

아파트가 液狀化로 인하여 붕괴된 사례가 있다. 1983년 5월 26일에 深度 10km에서 $M=7.7$의 강진이 발생하였다. 진앙은 Akita 해안 서쪽 약 100km인 日本海에 위치하였으며 100여명이 사망하였다. 광범위한 간척사업으로 조성된 매립지는 지진으로 액상화 되었으며 그 결과 하천제방, 철도제방 상수도관 및 가스관도 피해를 입었다.

제 4 장 한반도의 지진

4.1 지질과 지진특성

한반도의 지질은 先캠브리아紀의 岩類이며 몇개의 堆積盆地로 나누어 진다.

북부의 平北—蓋馬陸塊와 중부의 京畿陸塊사이에 고생대의 平安盆地가 놓여 있으며 沃川地向斜는 京畿陸塊와 소백산 陸塊사이에 위치해 있다.

옥천지향사는 북동부의 고생대 堆積岩으로 이루어진 非變成區(太白山 盆地)와 남서부의 沃川變成區로 나누어진다.

중생대 및 제3기의 지층을 포함한 頭滿江 트라프와 慶尙盆地는 각각 한반도의 북동부와 남동부에 위치한다. 경상분지 동쪽끝의 浦項盆地는 제3기층으로 구성되어 있다. 서울과 원산을 연결하는 楸可嶺地溝帶에는 제4기의 현무암이 분포해 있다.

先캠브리아紀의 變成堆積層, 주로 花崗質片麻岩과 結晶片岩으로 된 基盤累層이 한반도의 반 이상이나 분포한다. 이 기반누층에는 단순한 造陸運動(epeirogenic movement)이 발생하여 비교적 안정한 지각 상태로 머물러 있다.

고생대 퇴적분지인 평안분지와 태백산분지에는 캠브리아 — 오도비스紀(Cambrian — Ordovician period)의 朝鮮大層群의 퇴적이 있었고 그후 오도비스 중기에는 석탄후기까지 大缺層이 있었다. 석탄기 후기부터는 海成層이 퇴적 되었고 二疊紀의 초기에는 非海成層의 퇴적이 계속되어 平安大層群을 형성하게 되었다. 이들 지층은 三疊의 초기에서 중기까지 松林變動을 받았다. 이 영향으로 평안분지의 퇴적층에도 褶曲作用이 일어났으나 한반도 남부의 태백산분지 내에는 단순한 선유 또는 傾動이 발생하였다.

송림변동 후 三疊紀 후기에서 쥬라 초기에 걸쳐 大同大層群의 非海成層이 태백산분지의 서남부 玉馬山 트라프, 김포지역에 퇴적되었다.

쥬라紀 중기에서 白堊紀의 초기에 걸쳐 大寶運動이 한반도 중부에 주로 분포하고 있는 帶狀의 大寶花崗岩類의 관입이 뒤따랐고 대규모 습곡작용과 變成作用이 발생한다. 沃川變成區는 이 때 이루어졌다고 생각된다.

격렬한 大寶運動이 있은 후 다시 평온한 시기가 지속되다가 白堊紀 말기에 화산활동이 있었으며, 다시 岩柱狀의 대규모 화강암류(불국사화강암류)의 관입이 있었다. 三疊紀 초기의 송림변동에서 쥬라紀의 대보운동을 거쳐 백악기 말기에 이른 화산활동까지는 한반도에서 大地殼運動의 시기이다. 제4기에는 백두산을 중심으로 하여 용암대지와 楸可嶺地溝帶, 제주도 및 울릉도에서 화산운동이 있었다. 이와 같이 한반도의 지각두께는 대략 35km정도이며, 전체적으로 지각평형을 이루고 있음이 밝혀졌다.

한반도 북동부의 두만강트라프 함북육괴, 마천령지향사, 평북 — 개마육괴 등은 중생대 이후에 지각변동을 거의 받지 않은 안정한 지각으로 되어 있다. 이 외의 지역은 중생대에 松林變動, 大寶運動, 불국사화강암류의 貫入에 따른 격심한 지각변동을 받아 지각에 수 많은 단층이 존재한다. 이 단층들에서 한반도에 작용하는 地球造力에 의하여 지진이 발생한다고 볼 수 있다.

경산분지, 소백산육괴, 옥천지향사 내의 주요단층과 추정단층(inferred fault) 및 이들 地體構造境界(tectonic bourdary)를 따라서 지진이 많이 발생하였음을 볼 수 있다.

경기육괴, 평안분지 및 평북육괴에서도 주요 단층 및 地體構造境界에서 지진들이 발생하나 이 지체구조구경계 서부의 지진활동이 동부에 비하여 더욱 높음을 알 수 있다. 이는 한반도 지진활동의 주 에너지源이 Himalaya 에서 Eurasia 板과 Australia-India 板이 충돌하여 전파해 오는 지구조력 임을 시사한다.

한반도의 지각구조는 Conrad 面, Moho 面 및 저속도층으로 구분할 수 있다. 그리고 이들 각 층의 깊이는 15 km, 32 km, 55 km, 75 km 이다. 각층의 P 파와 S 파의 속도는 지표에서부터 각각 5.98 km/sec 와 3.40 km/sec, 6.83 km/sec 와 3.79 km/sec, 7.95 km/sec 와 4.58 km/sec, 그리고 미지속도를 가지고 있는 저속도층과 그밑의 속도는 8.73 km/sec, 5.05 km/sec 이다. 따라서 한반도내에서 일어나는 지진의 진원깊이는 대부분 30 km 미만의 지각내부에서 일어나는 淺發地震이며 판내부에서 발생하는 판중지진(intra-plate earthquake)의 특성으로 주향운동의 매카니즘을 보여주는 것이 특색이다. 그러나 한반도에서 일어나는 지진의 매카니즘을 평가하는데 가장 어려운 점은 지진매카니즘을 분석할 수 있는 중규모 이상의 계기지진관측이 거의 없었다. 따라서 이를 보충하기 위해 共同震央(common epicenter)개념을 고려하여, 초기운동(initial motion)의 압축과 팽창을 한평면위에 나타내어 전체적인 한반도 지진운동의 應力分布를 찾아 보는 방법이 이용되고 있다. 이와 같은 방법으로 생각하면 판은 한반도지진의 매카니즘을 NE-SW 나 또는 NW-SE 의 주행을 갖는 단층면으로 생각할 수 있다. 그리고 E-W 압력축과 N-S 팽창축 으로 주향운동(strike slip faulting)을 일으키는 것이 한반도 지진운동의 특성이라고 할 수 있다.

4.2 한반도의 지진 역사

한반도의 지진자료는 三國時代로부터 李朝末期까지의 史料에 기록된 歷史地震과 1905년 인천에 국내 최초로 지진계가 설치된 이후의 計器地震으로 나눌 수 있다.

최초의 한반도의 역사지진 기록은 서기 2년(고구려 유리왕 21년) 만주 졸본에서 발생한 지진기록이다.

삼국시대의 102년에 걸친 지진기록도 있으며 이 지진들의 대부분은 그당시의 수도인 경주, 평양, 금안, 한산(현재의 서울), 부여, 공주 근처에서 발생한 것으로 나타났다. 이는 그 당시 인구가 적고 인구 분포가 한반도 전역에 고르지 못하며 주로 수도근처에 밀집된 것에도 그 이유가 있다고 생각된다.

삼국시대에 건축물에 피해를 줄 수 있는 MM Ⅶ이상의 지진만 16회 발생하였다. 이 중에서 서기 779년 경주에서 지진이 발생하여 가옥이 붕괴되었으며 100여명이 사망하여 현재까지 한반도에서 가장 큰 인명피해를 가져온 지진으로 기록 되어있다. 한편 삼국시대에 경주근처에서 MM Ⅷ 이상의 지진이 무려 10회 발생하였다. 이 사실은 부산 근처에서 陽山, 경주를 지나 영덕으로 이어지는 양산단층이 활성단층임을 시사한다. 최근에 陽山斷層 일대에서 활발한 微震活動이 일어나고 있음이 관측되고 있다. 보통 활성단층대에서는 $M=3.0$이하의 미진활동이 활발한 것으로 알려져 있다. 지질학적 현상은 그 과정이 끝나는데 수10만년 내지 수100년에 이르는 장기간이 소요되므로 어떤 단층에서 활성단층의 정의처럼 제4기 또는 현세에 지진이 발생하였으면 앞으로도 충분히 발생할 가능성이 있는 것이다. 삼국시대에 현재의 서울 근처에서도 MM Ⅶ이상되는 파괴적인 지진들이 3회 발생했다. 특히 서기 89년에 발생한 지진으로 땅이 흔들려 갈라지고 집이 가라앉아 많은 사망자가 발생했다는 기록이 있다.

高麗時代의 지진자료는 고려사, 고려사절요, 증보문헌비고 등에 기록되어 있으며 총 170회의 지진기록이 있다. 이중 MM Ⅶ이상의 지진은 13회 발생하였다. 高麗時代에도 당시 수도인 개성근처에서 지진이 많이 발생하였다는 기록이 있다.

이 밖에도 당시의 인구 밀접지역인 평양을 비롯하여 성주, 상주, 회양, 안변, 박주, 해주, 나주 등지에서 지진이 발생하였다고 기록되어 있다.

李朝時代에도 대략 1600여회의 지진이 발생한 것으로 나타났으며 MM Ⅶ이상의 지진만도 176회 발생했다.

15~18세기에 이례적으로 대규모 지진활동이 심하였는데, 이 기간중 총 1518회의 지진이 발생하였다. 즉 1세기 이후 현재까지 한반도에서 지진시 방출된 에너지의 대부분이 이 기간중에 방출되었다. 1565년 9월 6일 평안도 祥源에서 발생한 群發地震(earthquake swarm)은 1566년 1월 26일까지 총 99회에 이르고 있으며 이는 이 지역에서 거의 매일 지진이 발생한 셈이 된다. 群發地震은 本震과 前震(fore shock) 및 餘震의 구별이 잘 되지 않을 만큼 거의 비슷한 규모의 지진들이 많이 발생하는 것을 말한다.

화산활동과 관련된 지진들이 대부분 군발지진의 형태로 발생하는 것으로 알려져 있다.

이조시대에 발생한 가장 큰 규모의 지진은 1643년 7월 24일 울산 근처에서 발생했으며 역사지진 및 계기지진 중에서 가장 큰 MM Ⅹ정도의 지진으로 추정된다. 이 지진은 서울과 전라도에서도 느꼈으며 대구, 안동, 영덕, 김해 등지에서는 봉화대와 성곽이 무너진 곳이 많았고 蔚山府의 땅이 갈라지고 물이 용솟음 쳤다고 기록되어 있다.

1905년 인천에 地震計가 설치된 이후로 계기관측이 실시되어 이 기간중 한반도에서 발생한 지진들의 일부에 대하여 진앙규모등에 대한 定量的인 분석이 가능해졌다. 한반도 및 그 인근해역에서 1905년 1월부터 1984년 8월 말까지 429회의 지진이 발생하였으며 1926-1943년 사이의 지진활동 분석에 의하면 年 발생회수는 0에서 11까지 변하고 평균은 대략 5회가 되었다. 또 Gutenberg-Richter 의 발생빈도의 관계식에서 $b=0.8$로 밝혀졌다. 이 기간중 한반도에서 방출된 지진에너지는 年平均 대략 1.0×10^{19}erg 에 해당하며 이는 대략 MM Ⅴ의 지진 에너지에 해당한다. 일본에서 年平均 방출되는 지진 에너지가 2×10^{23}erg 와 비교할 때 한반도의 지진활동은 일본에 비하여 매우 낮음을 알 수 있다. 전세계에서 평균 방출되는 지진에너지는 9×10^{24}erg 이다.

그림 4.1은 서기 2년부터 1991년 12월 말까지 한반도에서 발생한 역사지진 및 계기지진 중 MM Ⅴ이상되는 지진의 震央分布를 보인 것이다.

그리고 표 4.1은 한반도에서 발생한 지진회수를 나타낸 것이다.

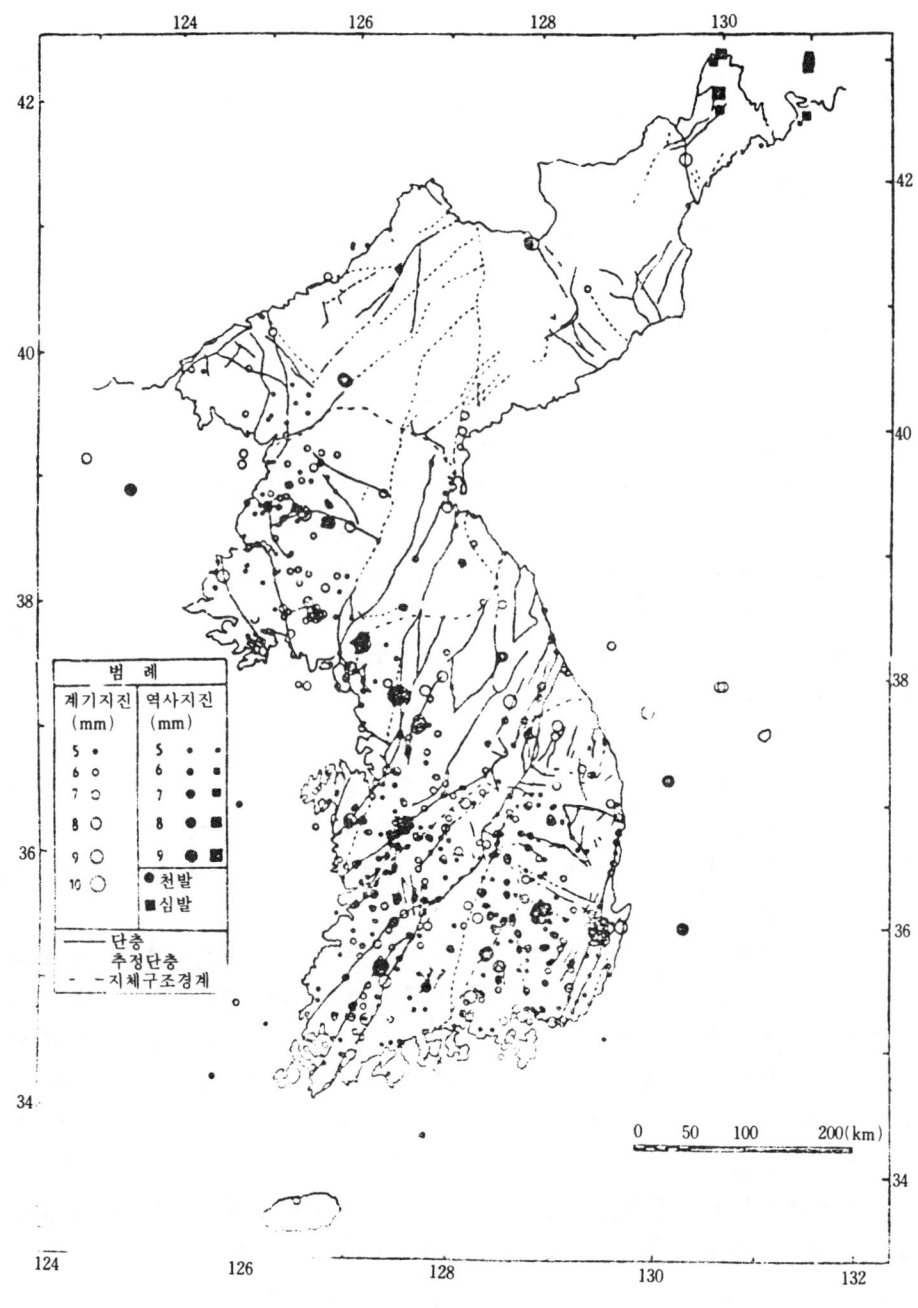

그림 4.1 한반도에서 발생한 MM V이상 지진의 진앙

 한편 지진연구기관에서 한반도의 지진 위험도를 평가하기 위하여 1400년 이후의 역사지진과 계기지진을 토대로 조사연구한 결과 JAM규모로 $M \geq 4.0$은 216회, $M > 4.55$는 126회, $M > 5.15$는 32회, $M \geq 5.55$는 20회로 나타났으며 $M \geq 6.0$인 경우도 14회로 산출되었다. 또한 역사지진중 최대규모는 $M = 6.7$로 산출되었다.

표 4.1

기　간(년)	총 지진 회수	MM Ⅶ이상 지진회수
1～100	12	4
101～200	11	1
201～300	10	-
301～400	7	3
401～500	6	2
501～600	6	2
601～700	14	1
701～800	23	3
801～900	9	-
901～1000	9	1
1001～1100	30	5
1101～1200	18	1
1201～1300	43	-
1301～1400	79	3
1401～1500	245	19
1501～1600	681	47
1601～1700	380	64
1701～1800	212	22
1801～1900	57	1
1901～1992	561	11

4.3 최근의 지진활동

1. 한반도 발생지진의 규모

　최근 한반도의 지진활동은 약 200년 동안 地震停止期(seismic gap)에 있다가 20세기 부터 다시 활발해지기 시작했다. 고려시대 이후 MM Ⅴ 이상의 주요 지진은 경상도 및 충청도(남부지역) 일대에는 歷史地震과 計器地震을 관측 할 수 있었으나 경기도 서울지역(중부지역)에서는 과거에는 지진이 많이 발생하였음에도 불구하고 최근에는 뚜렷한 計器地震은 하나도 관측되지 않았다. 즉 남부지역은 변형에너지의 축적과 방출이 어느 정도 균형을 이루었다고 볼 수 있으나 중부지역은 1992 에너지의 축적만이 지속되어 온 지진정지기로 간주 된다.

　고려, 이조시대의 地震史를 보면 개성, 강화, 서울, 수원 및 강원도 금성지역에서도 강진과 열진이 자주 발생하여 피해가 있었다는 기록이 있음은 이미 기술한바 있다. 그러나 그 이후 관측되지 않은 것은 지진안전지역임을 의미하는 것은 아니다. '지진이 발생한 지역에서 또 발생한다'는 기초적인 彈性反發說(elastic rebound theory)에 기인하여 중부지역은 오히려 지진위험지역으로 간주된다. 더우기 인구밀도가 조밀하고 고층건물이 많은 서울 지역은 지진피해 방지대책을 강구해야 한다. 지진연구와 관련된 각종 기관에서의 자료분석 결과에 의하면 MM 진도가 각각 다르게 나타났으며 MM Ⅹ - Ⅸ정도로 추정되었다. 만약, 古地震을 고대지진피해의 상황으로만 판정하면 최대진도는 Ⅷ - Ⅸ로 볼 수 있으나 구조물상태를 기준으로 한 현대진도로 환산하면 최대진도는 MM Ⅷ로 보는 것이 타당하다고 할 수 있다.

2. 지진관측

우리나라의 계기지진은 1905년 인천에 최초로 지진계를 설치한 후 1945년 해방전까지 인천, 서울, 부산, 대구, 평양, 추풍령 등 6개 지진관측소를 설치 운영하였다. 그후 1945년에서 1962년까지는 공백기간으로 있다가 1963년 미국의 USGS에서 국제표준지진계(WWSSN)의 1세트를 당시에 설치하여 운영하다가 최근 서울, 강릉, 춘천, 서산, 대전, 대구, 광주, 울진, 부산, 제주 등으로 확대되었으며 최근의 전국 지진감시망은 그림 4.2와 같다.

4.4 최근의 지진피해와 규모

한반도의 최근 지진발생 지역인 남부지역은 그동안 지진정지기에서 벗어나 오랫동안 축적된

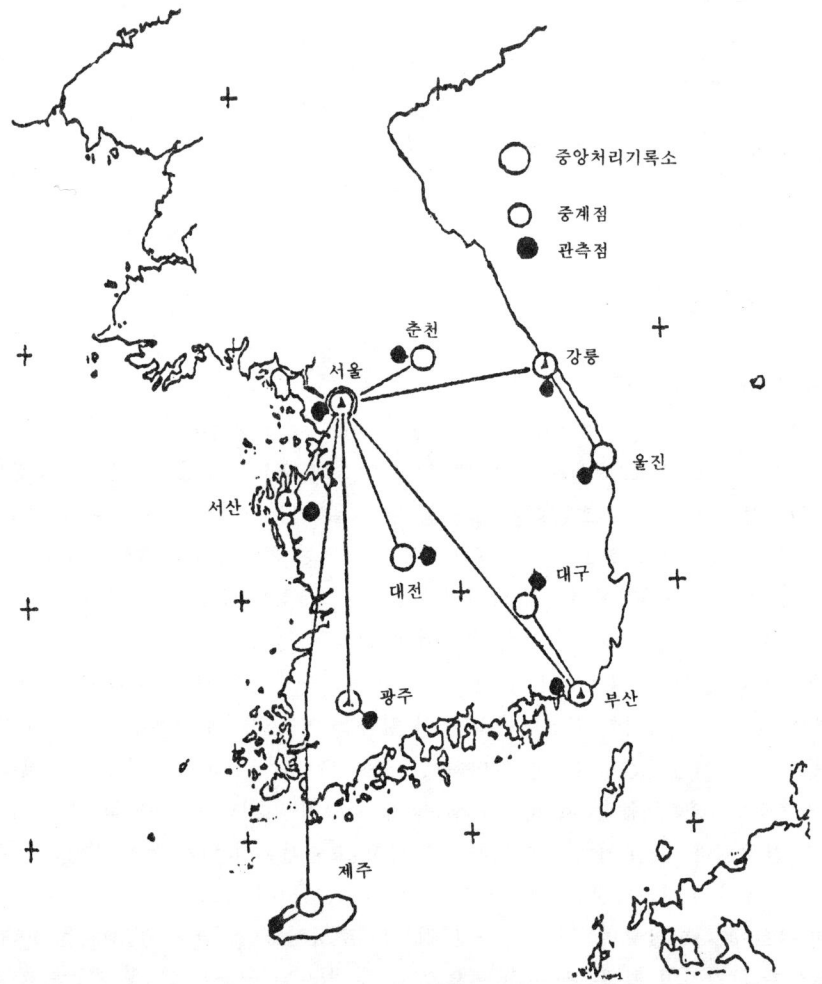

그림 4.2 우리나라 지진감시망도

變形에너지를 최근에 와서 방출하기 시작했다. 그중 1963년 7월 3일 쌍계사 지진($M=5.3$), 1968년 9월 6일 동해 지진($M=5.4$), 1978년 9월 15일 속리산 지진($M=5.2$), 그리고 1978년 10월 7일 홍성 지진($M=5.0$)등 주요 지진들이 계속 발생하고 있다. 서북부 지역에서도 그동안 지진정지기에서 벗어나 1944년 12월 19일 평양 앞바다의 황해지진($M=6.75$), 1982년 2월 14일 황해도 사리원지방의 지진 등으로 彈性에너지의 방출이 있었다.

쌍계 사지진은 1936년 7월 4일 오전 6시경에 발생했으며 한반도 남부와 경기도, 강원도의 일부 및 심지어는 대마도에서도 微震으로 느껴졌다.

최대진도인 쌍계사지진($M=5.0$)은 强震이었으며 震央도 쌍계사(127°39′E, 35°14′N)로 결정되었다. 쌍계사 지진의 震源의 깊이는 10 km로 추정되었으며 이에 의한 피해상황으로서는 河東部 花開面에서 4명이 부상을 입었으며 부분적으로 붕괴된 가옥이 10채 全破가옥이 3채였으며 피해액은 당시의 가격으로 6,500圓에 달하였다고 한다. 부상자 4명중 2명은 돌담이 무너져 부상을 입었다. 또 도로는 13개소에서 총 연장이 1km정도 파손되었다.

洪城지진은 1978년 10월 7일 18시 21분 경에 발생했으며 진앙은 홍성군 홍성읍내의 최대진도는 규모 5이었다. 이 지진은 한반도 남부에서 광범위하게 감지되었다. 이 지진으로 홍성읍내에서 반파된 가옥이 생겼으며 조양성벽이 무너져 김좌진 장군의 기념비가 파손되었고, 굴뚝이 무너지고 시멘트 건물벽 및 지반에 균열이 발생하는 등 심하게 파손되었다. 홍성 지진에 의한 피해는 표 4.2와 같으며 그림 4.3은 건물의 파괴 모습이며 그림 4.4는 지반피해를 보인 것이다.

표 4.2 홍성 지진시의 인명 및 재산피해

인 명		부 상 2 인	
가 옥 및 빌 딩	반 파	13	105
	부분적인 파손	41	被害額(천원)
	유리파손 균열 기타	64(2,066)	112,173
문화재	홍주성곽 L:90m H:6m	1	73,000
기 타	굴 뚝	15	150
	장 독	32	216
	축 대	2	918
	담 장	219	9,250
	기 타	401	4,248
	계	669	14,782
합 계		788	199,955

그림 4.3

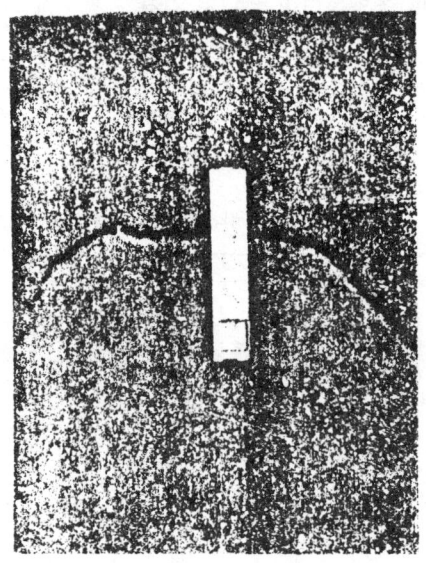

그림 4.4

제 5 장 지진동이 지반에 주는 영향

5.1 槪說

진앙에서 동일한 거리에 있는 지역이라도 震害의 정도는 많은 차이가 있는데 그 주요 원인은 지반의 성질 때문이다. 예를 들면 近代的인 石造建築物들도 지반조건에 따라 현저한 震害의 차이가 있는 것이 1923년 Kanto 지진과 1967년 Caracas 에서 발생한 强震에 의해 實證되었다. 예를 들면, Kanto 지진시에도 Tokyo 市의 충적지역에서 많은 목조건물이 파괴되었으며, 롬질흙을 이겨서 건설한 창고와 콘크리트 건물의 피해는 시가지의 충적지역에서 보다 컸다. 한편 Caracas 지진의 경우 손상을 입은 주요건축물은 확실히 沖積層인 Caracas 의 동부지역으로 제한되어 있었으며 이 충적층은 두께가 150 m 이상으로 되어 있으며 가장 심한 피해를 입은 빌딩은 9~12층이었다. 이와 같이 지반과 震害사이에는 밀접한 관계가 있으므로 각종 토목 구조물 計劃시에는 무엇보다도 이 점을 고려해야 재해를 사전에 방지할 수 있으며 구조물을 耐震化하기 위한 경비도 절감할 수 있다. 구조물이 지진과 밀접한 관계를 가지고 있는 지반은 지표면의 지질이다. 따라서 지표면의 지질을 세밀히 조사 하여야 한다. 그러나 震害는 지표면 지질에 대한 이해로는 불충분하며 때로는 심층지질의 해석도 필요하다. 이를 위해서는 심층에서 폭발로 야기되는 지진등의 관찰, 重力加速度 편차의 측정등을 통하여 지반의 형태와 관계되는 유용한 자료를 얻음으로서 耐震문제를 해결할 수 있다.

지반과 震害의 관계를 분석하면 다음 3가지로 요약할 수 있다.
① 지진의 强度 및 波形에 대한 흙의 성질의 영향
② 지반 상에 축조된 구조물의 振動減衰性에 대한 土性의 영향
③ 振動을 받는 경우 지반 强度의 감소 영향

①항에 대해서는 이미 많은 문제가 밝혀졌으나 ②, ③항은 아직까지도 해명에 어려움이 많다.

5.2 沖積地盤의 地震動

1. 지진동의 진동수 특성
1) 卓越周期

해안이나 하천에 인접한 평탄한 지역은 일반적으로 인구가 조밀하며 문화가 발전되어 있다. 이와같은 지역의 지반구조는 새로운 시대에 퇴적한 점토, 실트, 모래, 자갈 등이 오랜 기간에 걸쳐 지층에 퇴적된 경우가 많다. 이때 表面堆積層은 그 아래의 지층에 비하여 매우 연약하다. 따라서 편의상 하부의 堅硬한 지층을 기반, 그 위의 퇴적층을 表面層이라 한다.

자세히 살펴보면 表面層은 일반적으로 복잡한 세부구조를 이루고 있는 경우가 많다. 또 압밀된 자갈層이 基盤으로 되어 있고 그 위에 실트층이 수십 m 의 두께로 퇴적되어 있는 경우도 많으며 이때 한꺼번에 퇴적된 것은 아니고 수 회의 海浸海退를 반복하여 퇴적하는 경우가 많으므로 내부에 자갈層이나 粘土層을 파괴하기도 하고 그들과 실트층이 교대로 형성되어 나타내기도 하며 혹은 토질이 같다 하여도 압밀 상태가 서로 다를 수도 있다.

이와 같이 역학적 성질이 매우 다른 지반이 層狀을 이루고 있는 것이 충적지반의 특징이다. 지진동은 이런 지반의 구조 특히 표면층의 세부구조에 현저한 영향을 준다.

지진시 지표 가까이에 전파하는 중요한 波動은 表面波와 橫波이다. 沖積層의 경우 일반적으로 表面波의 전파속도는 지표부가 地下深部보다 느리므로 地下深部에서 전파한 횡파는 굴절하여 지표부에서는 거의 직교하여 전파한다. 이 횡파에 의하여 표면층내에는 다음에 기술하는 바와 같이 多重反射現象이 일어나며 지반은 어느 특정한 주기의 지진동에 대하여 크게 진동하게 된다.

그 주기는 지표층의 구조에 의해 정해지며, 표면층이 똑같은 성질을 갖는 하나의 층일 때에는 다음 식이 성립한다.

$$T = \frac{4H}{\beta} \tag{5.1}$$

여기서, T : 지반의 탁월주기(predominent frequeney)
H : 층두께
β : 지진파의 전파속도

그림 1.16에 나타낸 지진기록은 2개의 余震을 진앙거리가 거의 같은 2개소의 지점(충적지반 제3기 지반)에서 관측한 예를 보인 것이다. 여기서 後者의 기록은 심한 진동이 마치 타격을 하는 것과 같이 나타나며, 前者의 기록은 어느 일정한 주기를 갖는 거의 정상적인 진동을 일으킨다. 이것은 표면층내에서 多重反射를 일으키기 때문이다. 여기서 정상적인 진폭이 큰 진동주기가 沖積層의 卓越周期이다.

그림 5.1에서 좌측 그림은 진앙거리가 가까운 약 100 km 의 지진 기록이며, 우측 그림은 진앙

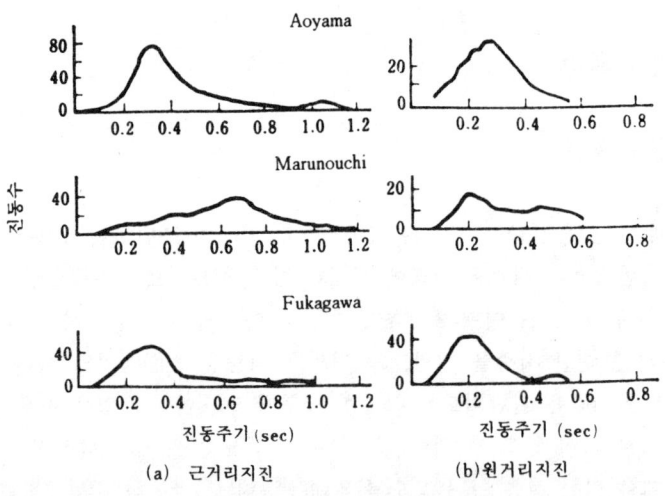

그림 5.1 여러지역에서 기록된 지진의 지반진동수 분포곡선의 예
(a)근거리 지진(100km 이하 진앙거리)
(b)원거리 지진(100km이상의 진앙거리) (M. Ishimoto)

거리가 먼 100 km 이상의 지진기록이다. 前者의 경우, 진동주기는 洪積層지역인 Aoyama에서 0.3 sec, 洪積層지역인 Marunouchi에서 0.7 sec 와 沖積層지역인 Fukagawa에서 0.3 sec 이며 遠距離 지진인 後者의 경우, Aoyama에서 0.3 sec, Marunouchi에서 0.2 sec, Fukugawa에서 0.2 sec 의 주기를 갖는 진동이 대부분이며 이들 지진의 탁월주기는 짧다.

이와 반대의 개념이 긴 주기의 卓越周期이며 8 sec 에 달한 예도 있다. 고층건물, 대규모의 저류탱크, 긴 경간의 교량등과 같은 대규모의 구조물은 긴 주기성분파는 안정성에 큰 영향을 준다. 따라서 두꺼운 표층의 多重反射(multiple reflection)를 일으키는 지반의 탁월진동은 매우 중요하다. 그러나 긴 주기 지진파가 반드시 표면층에 多重反射를 일으키는 것은 아니며 매우 깊은 지각의 근본적인 매카니즘이나 구조에 기인할 수 있다.

그 이유는 진원매카니즘 또는 매우 깊은 지층구조로 인한 것이라고 할 수 있다. 즉, 지표에서 지진피해의 영향을 받는 매우 깊은 영역의 지반구조로써 다음과 같은 예가 있다. 1968년 Tokachi-oki 지진의 극심한 진해지역은 Gonohe, Nakawa, Fukuchi, Sambongi 를 지나는 직선상으로 연결되는 지역이었다. 이 지역은 홍적경계층이며 표층지반은 단단하나 중력은 이선을 따라 최소이다(그림 5.2 참조).

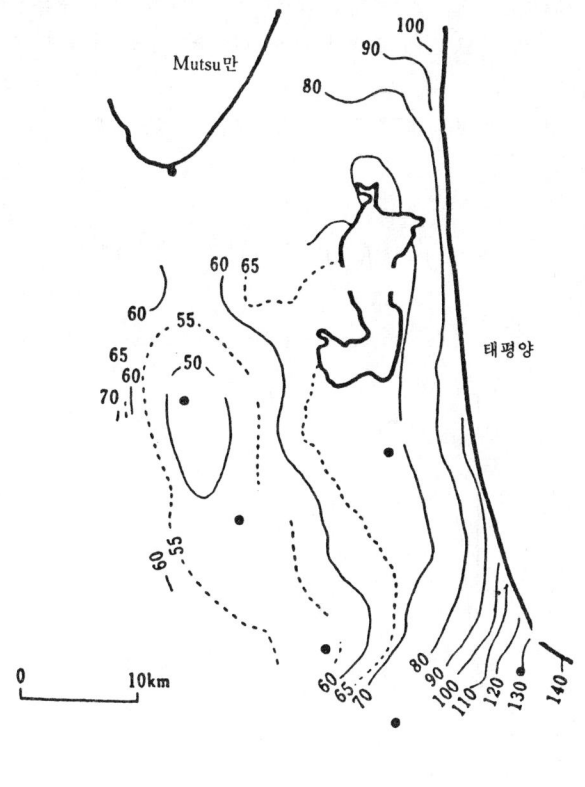

그림 5.2 Aomori縣 남동부지역 Bouguer변화(단위 mgal)

이는 깊은 층에서 나타나는 向斜橫造(synclinal structure)이며 이 지역에서 지진동의 파형과 강도에 영향을 받았기 때문이라고 생각된다.

2) 卓越周期의 결정 방법

탁월주기는 지반에 축조된 구조물이 지진시의 진동에 큰 영향을 받으므로 그 값을 미리 알아 두는 것은 耐震工學上 중요하다. 구체적 방법으로는 常時微動(micro-temor)의 측정, 지층의 두께, 地震波전파속도 등으로 부터의 이론적 산출방법과 실제 지진동의 관측자료를 수집하는 등의 수단을 이용하고 있다.

(1) 常時微動 측정

지반은 항상 Micron 정도의 微動을 하고 있는데 그것은 주로 표면층의 彈性振動이라고 보아도 좋다. 그런데 彈性振動시스템의 일반적 특성으로서 시스템에 雜音的 振動을 入力하면 잡음과 비슷한 진동이 나오는데 入力과 出力의 相關係數를 이용하면 이에 진동시스템을 갖는 固有 震動周期와 減衰性을 밝힐수 있다. 그러므로 常時微動중에 표면층의 특성을 나타내는 것은 어렵지 않다.

常時微動을 측정하기 위하여 高感度의 속도계를 지반상에 설치하여 數分 동안 관측을 계속하여 얻은 기록으로 周期別 빈도분포곡선 또는 관측기록의 출력 스펙트럼을 작성한다. 이와 같은 일련의 조작은 매우 간단하므로 문제 지역내의 다수의 점에 대하여 쉽게수행 할 수 있는 것이 이 방법의 특징이다.

常時微動의 기록과 그의 빈도분포곡선 예는 그림 5.3과 같다.

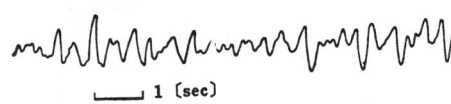

(a) 기록에 나타난 미동데이터

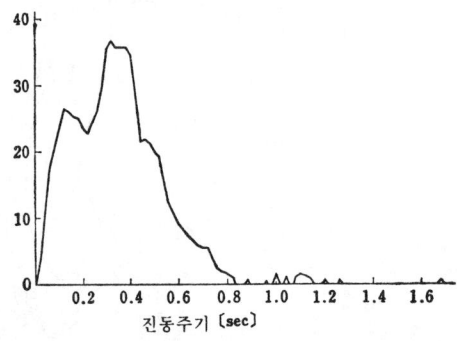

(b) 기록에 나타난 분포

그림 5.3 常時微動記錄과 빈도분포 곡선 例

지진시에 나타내는 지반의 특성과 常時微動 특성과의 상관성에 대하여 Kanai는 미국, 일본 등에 관한 다수의 강진기록을 조사한 결과에 따라 $M \geq 6$인 큰 지진에 대해서는 지진동의 탁월주기는 각 지반에서 고유한 값을 나타내었다고 한다.

(2) 多重反射理論에 의한 계산

多重反射 理論을 이용하여 沖積層의 탁월주기를 구할 수 있다. 즉 표면층이 보통 1층일때는 식(5.1)에 의하여 탁월주기를 구할 수 있다. 이에 의하면 層이 두꺼울수록 탁월주기가 길다.

실제 지반 구조가 단일층인 경우는 적고 자갈, 모래, 실트, 粘土 등 여러층으로 퇴적되어 표면층을 이룬다 이 때에는 다음에 기술하는 바와 같은 상세한 數値計算을 하여 진동특성을 구해야 한다. 그러나 각 층의 성질 사이에 현저한 차이가 없을 때는 가장 긴 탁월주기의 換算速度 β를 다음 관계로 구한다.

$$\frac{H}{\beta} = \Sigma \frac{H_i}{\beta_i} \qquad (5.2)$$

여기서, H_i : 각층의 두께
β_i : 층내의 전파속도

예를 들면, Mexico 市의 지반은 오래전에 호수가 퇴적되어졌기 때문에 두꺼운 연약점토층으로 되어 있다. 퇴적층은 대체로 실트질粘土層이며 한편, 지하 33.5m 및 47.7m에서는 상대적으로 모래층이 단단하다. 상부 모래층을 기반으로 보는 경우와 下層의 모래層을 기반으로 보는 경우에 대하여 식(5.2)로 계산을 하면 탁월주기는 각각 2.12sec, 2.63sec가 된다. 1962년 5월의 지진관측에서 구한 탁월주기는 Alameda 공원에서 2.63sec, Latin Americano Tower에서 2.25sec로써 計算値와 대체로 일치한다.

이는 지진파의 有效速度의 평가가 정확하면 완전한 多重反射理論 계산결과는 신뢰할 수 있다는 것을 의미한다. 그러나, 매우 깊은 지중에서 흙의 불교란시료를 채취하는 것은 어려우므로, 이 계산방법은 아직 충분히 활용할 단계에 이르지는 못하고 있다.

때로는 표층지반의 지질은 엄밀하게 균등하지 않다. 또 異方性과 비선형적 성질을 포함한 부분적 지질학적 상태는 그 층의 지진특성에 영향을 준다. 이 경우, 표층의 지진응답은 1차원 동적 전단파 전파 모델을 이용하여 얻은 이론적 결과와 다르다. 그리고 제라틴 모형의 진동시험이 복잡한 구조를 갖는 표층의 진동특성을 조사하기 위하여 가끔 이용되기도 한다.

깊은 지중부 지질구조의 조사가 필요할 때 보링에 의하여 경제적으로 조사할 수 있으며, 폭파를 하여 측정하기도 한다. 이 방법에서 지반은 광범위한 폭발에 의하여 진동을 일으킨다. 지반의 진동은 직선적으로 지반에 설치한 지진계에 의하여 측정되며, 走時曲線을 작성한다. Tokyo의 지질구조는 표 5.1과 같이 이 방법에 의하여 결정된 것이다.

(3) 실제 地震動을 관측하는 방법

비교적 지진이 많은 나라에서는 地震計를 설치하여 장기간 관측 기록을 토대로 탁월주기를 해석하면 지반의 특성에 대한 중요한 자료를 얻을 수 있다.

그림 5.4는 지표와 지하에서 관측한 가속도 기록의 예이다.

표 5.2 Nankai지진의 여진 : 위치에 따른 변위의 변화

위 치	지 반	비	탁월주기(sec)
Gobo中	자갈 및 모래	1(기준)	0.4~0.5
Gobo女高	자갈 및 흙	1.3±0.3	0.2, 0.4
Maruyama	약간 풍화된 중세대암반	0.7±0.1	0.2, 0.4
Matsubara	자갈로 덮힌 토층	1.0±0.1	0.4~0.5
Niihama	가는 모래	0.8±0.1	0.6
Wada	가는 모래를 함유한 연약한 흙	2.4	0.2, 0.5
Nishi Gobo	자갈에 의한 매립지	1.5	0.5~0.6

2) 最大速度

Duke 등은 1971년 San Fernando 지진시 47개소의 기록을 토대로 지표면의 최대입자 속도와 지진파 전파속도의 관계를 조사한 결과 지표면의 최대입자속도 v_m 은 다음 특성을 가지고 있다고 하였다.

① v_m 은 암반보다 흙지반이 더 크다.

② 흙의 v_m 은 $K \leq 1000$ 에서 보다 $K > 1000$ 에서 더 크다. 여기서 K 는 현지 파라미터이며, 다음 식으로 구한다.

$$\beta = Kd^{0.37}$$

여기서, β : 剪斷波 전파속도(m / sec)

      d : 深度(m)

③ 암반의 v_m 은 結晶性岩보다 퇴적암에서 더 크며 그림 5.5는 이상의 상호관계를 나타낸 것이다.

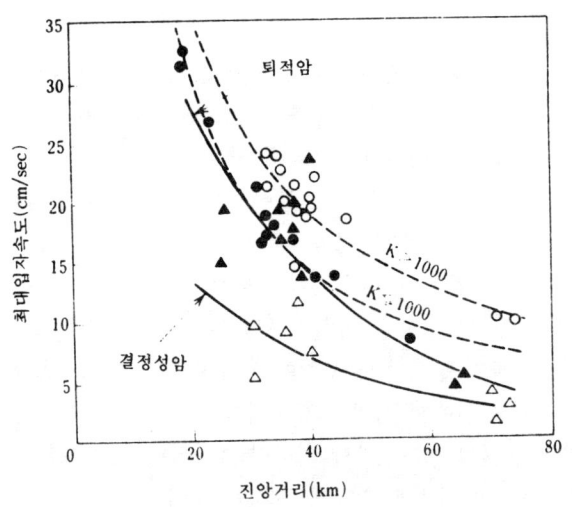

그림 5.5 최대입자속도와 진앙거리(C. M. Duke)

▲ 퇴적암　　● 흙(K<1,000)
△ 결정성암　○ 흙(K>1,000)

(3) 最大加速度

표 5.1

층	지진파 속도	
	P파	S파
0~1.5km	1.80km/sec	0.68km/sec
1.5~2.3km	2.80/sec	1.50km/sec
7.25 km(제 3 기층)	5.60km/sec	3.00km/sec

이 例에서 보는 바와 같이 실제지진을 관측함에 따라 탁월주기를 비롯하여 여러가지 중요한 자료를 얻을 수 있는데, 주의해야 할 점은 中小지진 기록 중에는 大地震시에 나타나는 특성이 현저하게 나타나지 않는 경우가 있다.

따라서 가능한 한 자료의 수를 늘려 大規模 지진 기록을 많이 수집하는 것이 바람직하다. 다시 말하면 소규모 지진의 경우와 대지진의 경우는 지반에 탁월진동 주기가 다를 경우가 있음을 알아야 한다. 따라서 구조물은 이 점을 고려하여 안전하도록 설계해야 한다.

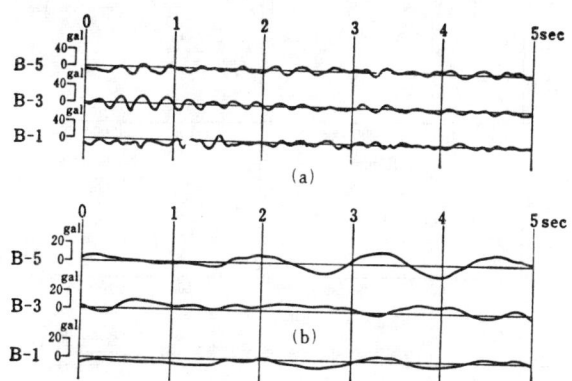

그림 5.4 Tokyo 북부 700km의 지점에서 발생한 (a) 국부지진(1968. 3.6)과 (b) 대지진(1968. 5. 16)시 Tokyo 지역 Koto의 여러심도에서 관측된 가속도 기록

2. 沖積地盤에 대한 지진동의 강도

沖積地盤은 암반이나 洪積地盤에 비하여 강도가 작은 동시에 탁월주기를 갖는데 지진시에 특히 큰 진동이 일어난다. 이때 最大加速度, 最大速度, 最大變位 등은 지진동의 중요한 特性値이며 이들이 기반과 지표에서 어느 정도 增幅시키는지를 數量的으로 해석해야 한다. 그러나 경우에 따라서는 사정이 다르므로 그것을 일반적으로 기술하는 것은 매우 어렵다.

1) 最大變位

變位振幅은 沖積地帶에서는 암반지대보다 매우 크다 그 비율은 조건에 따라 큰 폭을 나타내며 10배 정도인 경우도 있다. 따라서 增幅率(magnification ratio)에 대하여 數値를 부여한다는 것은 불가능하므로 필요에 따라 지질마다 조사하여 상세한 계산을 하는 것이 현재 상황에서는 가장 확실한 결과를 얻는 방법이다.

표 5.2는 Nankai 지진의 餘震에 있어서 지역별 變位의 분산을 나타낸 것이다.

最大變位를 주는 波動成分의 주기는 길고 最大加速度를 주는 波動成分의 주기는 짧다. 양자의 波動成分은 다른 경우가 많으므로 최대변위와 최대가속도가 같은 성질을 갖는다고 할 수 없다.

Tokyo 시내 수 개 지점에서 지진동가속도를 관측하여 5개소의 沖積地盤에 대한 최대가속도와 1개소의 洪積地盤에 대한 최대가속도의 비를 구하여 이것을 震央距離別로 나타낸 바에 의하면 沖積粘土層의 대부분의 지점에서는 그 比가 1보다 크며 충적지반은 홍적지반 보다도 加速度가 큰 경우가 많았다. 最大加速度는 最大變位와 거의 같으며 이 比는 대략 1.3정도이며 2 이상이 되는 경우는 거의 없었다.

Kanda 지역의 예에 의하면, 최대가속도는 진앙거리가 50 km 이상에서는 충적지반이 더 크며 진앙거리가 50 km 이하인 局部地震에서는 홍적지반의 가속도가 더 크다. 그러나 기타 위치에서는 지역적 상호관계는 인정되지 않았다.

그림 5.6에서는 대부분의 지진은 MM Ⅲ 또는 MM Ⅳ이며 MM Ⅴ인 경우는 매우 적다.

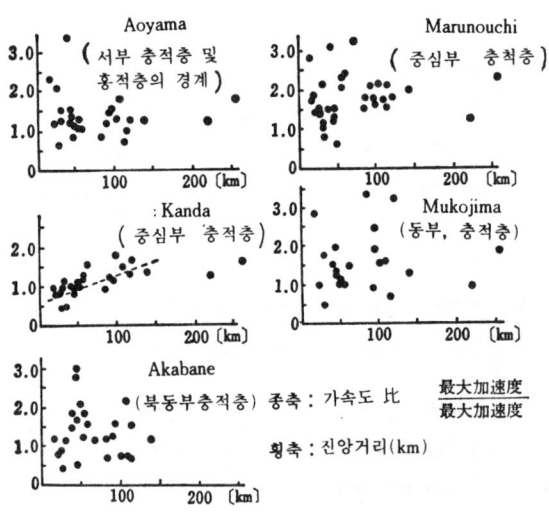

그림 5.6 Tokyo의 몇개지역에서의 상대가속도, 진앙거리와 Hongo 평원에 대한 가속도비

1971년 San Fernando 지진시 강진기록을 Los Angeles 지역에서 입수한 바 있다. 이 지역의 지진강도는 Ⅶ~Ⅸ이었다. 이 경우 지반이 단단한 정도에 따른 最大加速度의 상호관계는 정확하게 해석할 수 없다고 보고 되었다.

4) 지진의 피해

지반별 진동상태의 차이를 計器로 관측비교한 경우외에 실제의 피해로부터 비교하는 경우도 가끔 있다. 計器에 의한 비교는 大地震시에는 실시하기가 곤란한 단점이 있는데 비하여 피해의 비교는 대지진에서 비교하기 용이한 장점이 있다.

1964년 Niigata 지진과 1944년 Tonankai 지진후 피해 조사한 결과는 그림 5.7과 같다.

1944년 Tonankai 지진시 Kiku江에서 Hamana 호수 지역에 지진피해가 극심하였다.

지반별 가옥의 총파손율은 다음과 같았다.

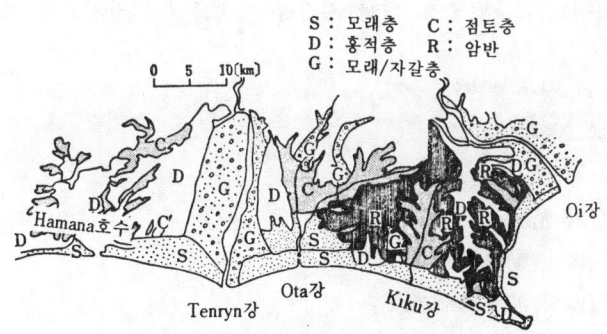

그림 5.7 1944년 Tonankai지진시 심한 피해 지역의 지표층지질

점 토 지 반   26.1%
모 래 지 반   3.5%
모래자갈지반   1.4%
단단한 지반(홍적지반 또는 암반) 0.2%

지진강도(MM)와 지반의 종류사이에는 다음 관계가 있었다.

제3기층 지반	V
洪積地盤과 砂質地盤	VI
沖積層 자갈質地盤(두께20 m)	V 또는 VI
沖積層 粘土質地盤(두께60 m)	VII 또는 VIII
매립지반	VIII

이상의 결과를 종합하면, 民家被害를 기준으로 한 경우 지반별에 따른 진도는 硬地盤, 자갈地盤, 모래地盤 粘土質地盤의 순으로 증대하며 硬地盤과 粘土質지반사이에는 대략 3등급의 진도 차이가 있다.

여기서 지반의 피해는 지반의 진동과 특수 구조물의 진동특성과의 양자를 종합한 결과이므로 지반의 진동만으로 결정할 수는 없으며 일반적으로 실시되는 民家의 피해를 중심으로한 지진피해조사의 결과를 그대로 다른 종류의 구조물에 적용하는 것은 금후 충분한 검토를 해야 할 문제이다.

5) 表面層에 의한 地震動 增幅

沖積層 表層部에는 多重反射現象에도 불구하고 진동의 증폭작용이있다. 그 정도를 量的으로 표시하는데는 기초지반에 入射한 地震波形과 地表面에 대한 지진파형 각각의 成分振動을 구하여 後者가 前者의 몇 배인지를 구하는 방법이 이용된다. 이에 대해 Kanai 는 이론적 계산에 실측결과를 적용하여 다음 공식을 제안하였다.

$$G(T) = 1 + \frac{1}{\sqrt{\left[\frac{1+\kappa}{1-\kappa}\left\{1-\left(\frac{T}{T_G}\right)^2\right\}\right]^2 + \left(\frac{0.3}{\sqrt{T_G}} \cdot \frac{T}{T_G}\right)^2}} \tag{5.3}$$

단,

$$\kappa = \frac{\rho_1 \beta_1}{\rho_2 \beta_2}$$

여기서, G(T) : 增幅比 (표면층에 대한 지진동 스펙트럼성분/기초에 대한 지진동스펙트럼성분)

T : 지진파의 진동성분의 주기
T_G : 지반의 卓越周期
φ_1 : 표층의 密度
φ_2 : 基盤層의 密度
β_1 : 表層內의 波動傳播速度
β_2 : 基盤層內의 波動傳播速度

식(5.3)의 결과를 그림 5.8에 나타내었다. 이 그림에서 다음 성질에 대하여 표면층의 증가가 인정되었다.

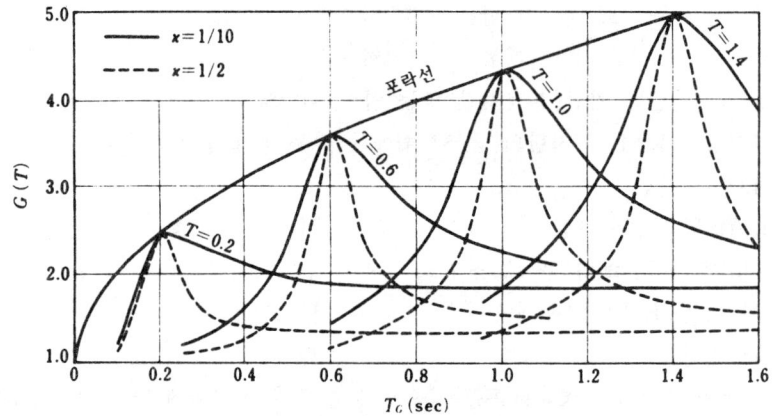

그림 5.8 지표면의 多重係數

① 多重比(ratio of the multiplication)는 入力波가 지반의 탁월주기와 일치할 때 최대이다.
② 탁월주기가 긴 지반일 수록 증폭비도 크다
③ 매우 긴 탁월주기를 갖는 지반의 증폭비는 입력파 크기가 일정치 $2/(1+k)$인 독자적인 값이 된다.
④ 지반증폭비의 최대치는 k값에 의존한다.
⑤ 증폭은 큰 k값을 가진 지반보다 작은 값을 가진 지반이 더 확실하다.
⑥ 이 식에서 지반표면은 수평이라고 가정하나 지반이 때로는 경사져 있고 또 수평이라 하더라도 기초지층에 불규칙변이나 표면층에 렌즈모양의 異質材料層이 존재하는 경우가 있다. 이때에는 식(5.3)을 적용해서는 안된다.

3. 지반별 震度分布圖

이상과 같이 지진시에 지반의 주요 진동 강도 및 振動數는 개개의 지반에 따라 특성을 가지며 沖積層에서는 특히 현저하다. 그리고 이들 특성은 지반상에 설치한 구조물의 震害와 매우 밀접한 관계가 있다. 그런데 지반의 탁월주기나 增幅比의 추정이 가능하므로 각 지역에 대하여 미리 지반특성을 조사하여 도면을 제작해 놓으면 都市計劃 혹은 防災計劃上 유익하다.

그림 5.9는 Tokyo 防災會議에서 작성한 23개구역 豫想震度分布圖의 일부이며, 이는 표층지반 구조로부터 계산하여 구한 것이다. 이 도면에는 대략 지역을 1km 간격의 格子形으로 區分하여 각 교점에 대하여 地區의 탁월진동수와 그 진동수를 갖는 正弦波 지진동이 기반으로 부터 入射한 경우 지표면에 나타나는 진동의 入射地震波에 대한 增幅比를 표시 해두면 매우 유용하다. 이와 같은 조사결과는 과거에 이 지구에 발생한 대지진에 의한 각 지점의 추정진도를 고려하여 구조물설계를 위한 지구별 震度圖를 결정 할 수 있다. 지구별 震度圖는 도시계획의 기본이 되므로 모든 중요지구에 대한 각종 구조물에의 설계를 위하여 이를 제작할 필요가 있다.

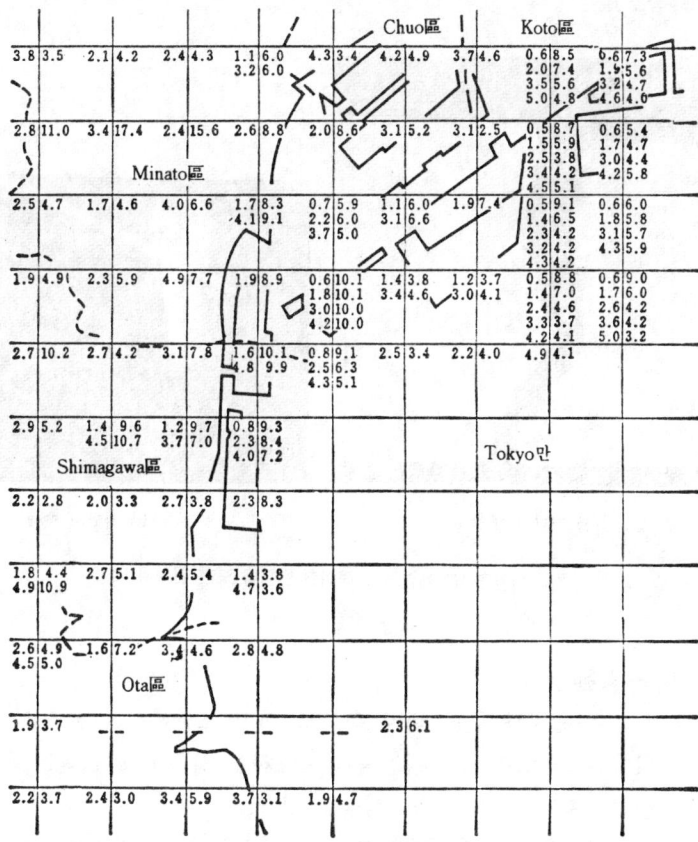

그림 5.9 Tokyo중심의 계산에 의한 지진응답 분포도 이며, 지역을 1Km간격의 格子狀으로 나누어 각 교점에 대한 증폭비 (우)와 탁월진동수(좌)를 보인 것이다.
(—)를 붙인 좌측공란 위치는 0.5sec이상의 진동수에서 탁월진동이 없다는 것을 나타낸 것이다.

4. 埋立地의 震害

이상은 주로 자연적으로 堆積된 沖積地에 관한 고찰이며 人工的 埋立地에 대해서도 原理的으로는 同一現象을 보인다. 다만, 人工的인 埋立地에서는 흙의 압밀이 느슨한 Kanto 나 Niigata

예에서는 매립후 300년이 넘어도 그 위에 건설된 건물의 震害는 특히 현저하다. 지진피해는 진동이 심한 경우, 침하가 있는 경우, 건물자체의 支持力이 불충분한 경우 등의 종합적 결과이므로 埋立地에서 진동이 심하다는 결론을 내릴 수는 없으나 진도가 타 지반에 비하여 큰 것은 타당한 추론이라고 생각된다.

이와 같이 매립지의 지진시의 거동은 연약한 충적지반에 해당한다고 생각되며 耐震上 문제가 많다. 따라서 지진시 거동에 대해 조사가 필요하다. 더우기 매립지의 흙은 강한 지진중에 불균질 이동을 하는 경우도 있다. 예를 들면 최근에 발생한 외국의 지진에서 호수를 매립한 지역의 콘크리트 포장이 파괴되고 매설관이 뒤틀리는 등 매우 큰 국부적 지반변동을 나타낸 경우도 있다(그림 5.10 참조).

a) 지반의 팽창　　　　　　　b) 지반의 수축

그림 5.10 매립지의 특이한 변형을 보인 현상의 예

5. 토층내의 地震動

대형 구조물의 기초는 지하 수 m 내지 수십 m 까지 도달하여 대중교통 수단으로 지하철이 널리 이용되고 있다. 그러므로 지하 지진동을 이해하는 것은 耐震工學上 매우 필요하다. 최근 지하개발이 진전됨에 따라 혼히 그 필요성을 느낀다.

地中地震計가 개발된 후는 보링孔내에 지진계를 매설하여 지진관측이 이루어지고 있다.

그림 5.11은 지표에서 깊이 37 m 의 보링孔을 설치하고 지진의 대표적인 加速度를 측정한 예이다.

그림에서 主要 振動記錄의 초기 단계에서는 地中部의 기록과 地震部의 기록사이에 약간의 시간지연을 갖고 있다. 그리고 거의 표면층의 영향이 크게 나타나고 지표부의 진동은 현저하게 증대한다. 초기단계에 대한 兩者의 位相差에서 계산한 波動傳播速度를 280m/sec라 하면 식(5.1)에 의하여 탁월주기를 계산하면 0.5sec가 된다. 한편 지진기록에서는 주요 파동의 주기는 0.18sec전후가 많고 상기의 탁월주기와는 일치하지 않는다.

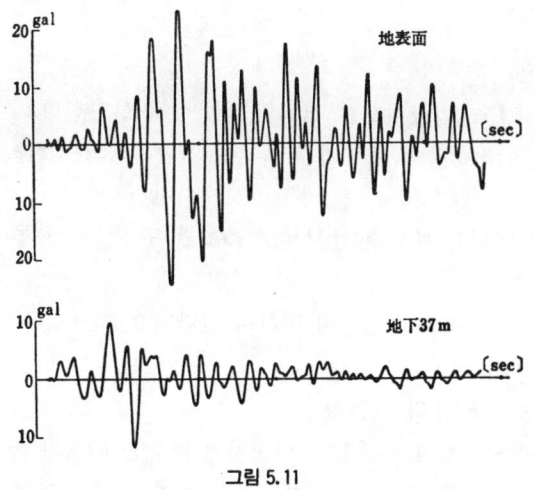

그림 5.11

깊이 20~100 m인 수 개소의 보링孔을 이용하여 沖積地盤의 지진관측을 한 例에 의하면 이들 지반은 특별히 불균질한 지질은 없었는데 지진가속도는 대략 20 m 孔의 상층부에서는 특히 증폭하지만 깊이가 깊어질수록 변화가 없었다고 한다. 그림 5.12는 Tokyo 만 지반의 여러곳에서 관측한 지진가속도의 例이다. 이 결과는 多重反射理論에 의하여 산출한 결과와 일치한다. 가속도 보다 다소 범위의 차이는 있으나 일반적으로 작다. 그리고 이 값은 매우 정확하게 정량적으로 예측할 수 있다.

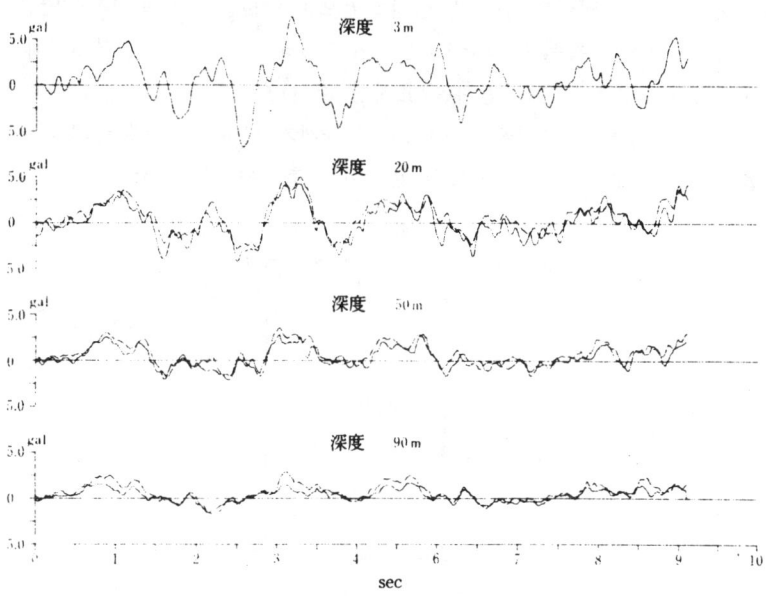

그림 5.12 지표층밀의 지진가속도의 例, 實線은 관측치 破線은 계산치

5.3 岩盤地域의 地震動

1. 암반지역에 대한 震害

댐, 水力發電所 등의 기초는 일반적으로 견고한 암반상에 설치한다. 따라서 지진시 이들의 시설이나 그 내부 機器의 안전성을 확보하기 위해서는 암반지역의 地震動의 성질을 알아야 한다.

암반지대에서 발생하는 피해는 주로 脆性材料로 축조된 구조물의 균열 또는 그에 의한 倒壞이다.

암반지대의 지진동은 충적지대의 지진동에 비하여 일반적으로 작으나 가속도는 短周期의 영역에서 매우 높다.

2. 硬地盤에 대한 地震動의 變化와 加速度

硬地盤에 대한 지진동의 크기를 軟弱地盤과 비교하면 變位는 前者가 後者보다 작다. 또 가속도는 短周期領域내의 硬地盤에서 가속도가 클때 지진피해가 크다는 것이 震害조사로부터 추정되고 있다.

암반에 대한 지진동조사의 예를 기술하면 다음과 같다. 조사위치는 東京북방 150 km 지점의 Kinugawa 發電所의 수직터널을 이용하여 지진관측을 하였다. 이 지역의 지질은 주로 硬凝灰岩이므로 깊이 42 m ~50 m 까지는 細粒凝灰岩이며 50 m ~54 m 까지는 균열이 많고 또 깊이 15 m, 22 m, 36 m 지점에는 각각 두께 30 cm, 40 cm, 20 cm 의 점토가 끼어있어 암석내 P波의 전파속도는 상부에서 약 3900 m / sec, 하부에서 3500 m / sec 이었다고 한다. 그림 5.13은 5개소의 터널가속도계를 여러 깊이의 위치에 설치하였으며 變位計는 하단 및 상단은 지표에 설치하였는데 4개의 지진기록과 특성은 그림 5.14 및 표 5.3과 같다. 이들 상단 5개의 기록은 지진 가속도이고 하단 2개의 기록은 지진변위를 표시한 것이다.

最大變位와 진앙거리와의 사이에는 식(2.4)의 관계가 있다. 위의 관측치를 이 식에 대입하여 計算値를 實測値와 비교하면 그림 5.15와 같으며 실측치는 계산치보다 매우 작은 값을 보였으

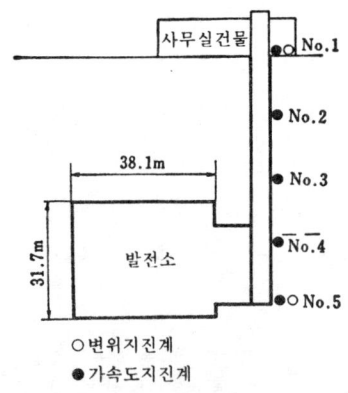

그림 5.13 硬岩地盤의 지진동조사를 위한 計器설치 모습

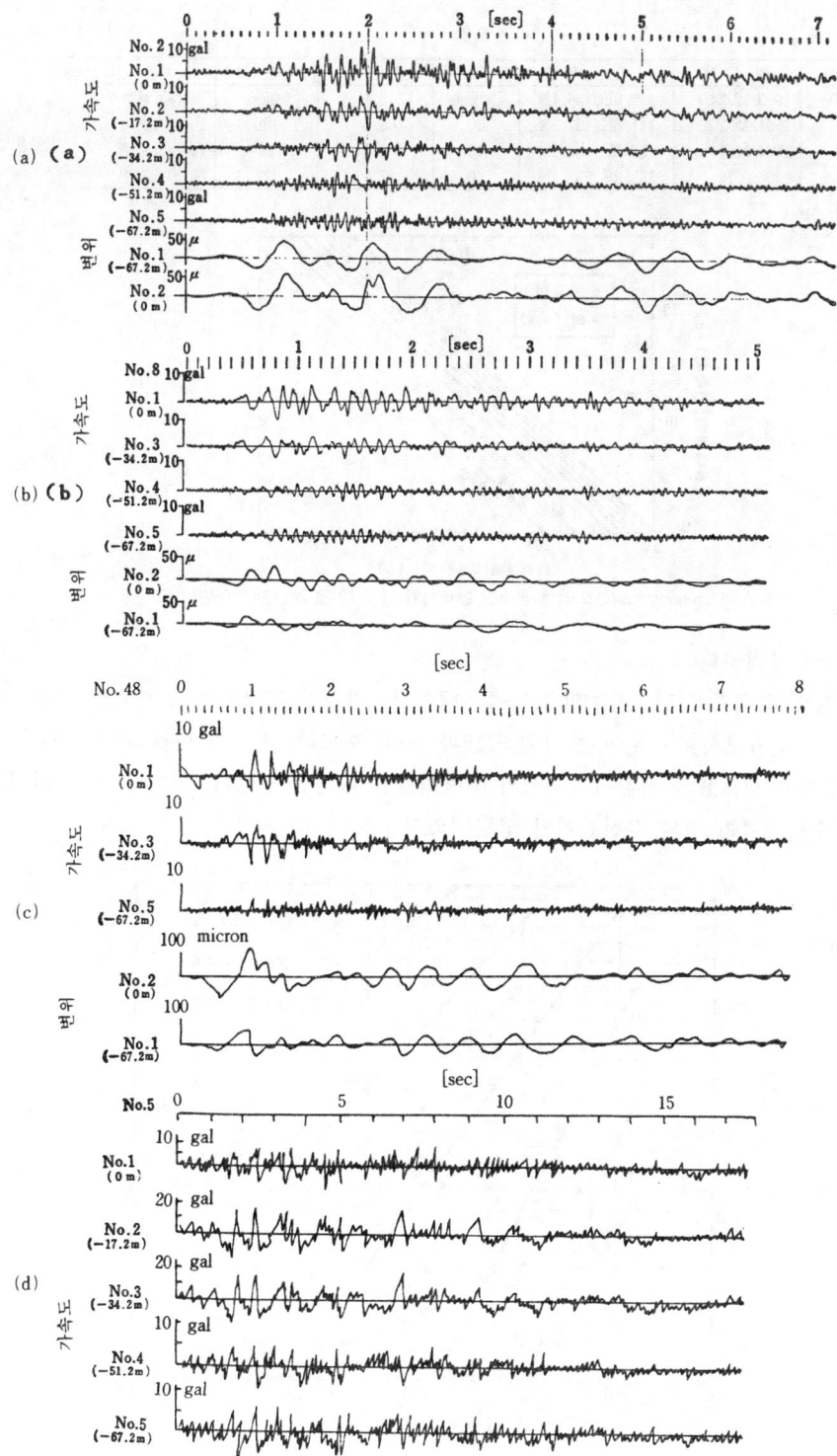

그림 5.16 Kinugawa발전소에서의 지진가속도와 변위기록 a)1962.12.4 지진 b)1964.12.20 지진 c)1965년 11.14 지진 d)1964.6.16 Niigata지진

표 5.3

지진	일자	진앙	진앙깊이	규모	진앙에서의거리	비고
No. 2	1963.12.24	140.0E, 36.1N	50km	5.2	90km	Ibaragi남서부
No. 8	1964.12.20	141.8E, 37.3N	40	5.3	180	Fuku 섬
No. 48	1964.11.14	140.6E, 36.5N	40	5.1	92	Ibaragi동부
No. 5	1964.6.16	139.2E, 38.4N	40	7.5	176	Niigata지진

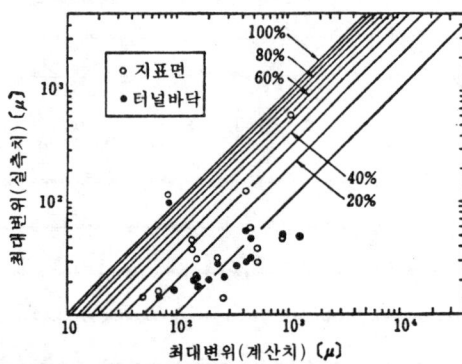

그림 5.15 Kinugawa발전소에서 관측된 실측치와 식(2.12)로 계산한 최대변위

며 6~20%에 불과하다

한편 지표의 최대가속도는 지하의 1.0~2.0배이다. 지표밑 67.2m에서 관측한 최대가속도와 진앙 거리, 지진규모사이의 관계는 그림 5.16과 같다. 이 그림은 지표 아래 67.2m에서 관측한 최대가속도를 수직좌표와 진앙거리에서의 수평좌표를 나타낸 것이다. 진앙 거리와 최대가속도의 상용대수사이에는 거의 직선관계가 성립되었다.

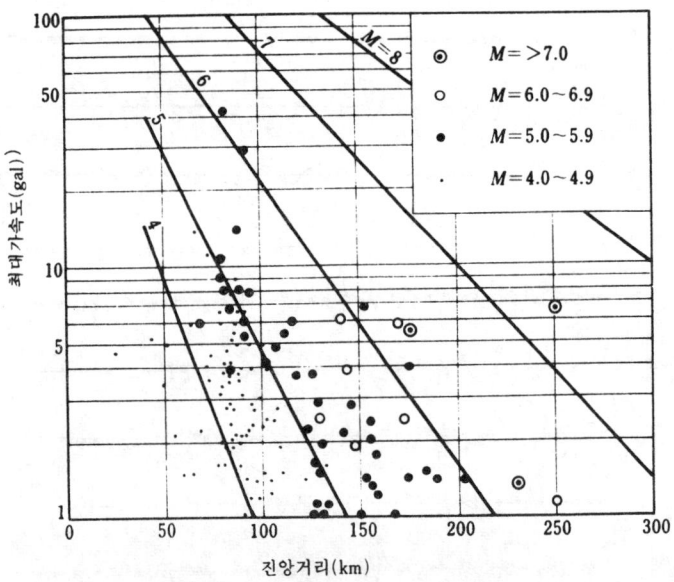

그림 5.16 지중 67.2m의 최대가속도(암반)

3. 地震 波形

硬地盤에 있어서도 지표면은 내부에 비하여 풍화에 의하여 틈, 접합부 심(seam)등이 많다. 이와 같은 경우는 표면부분의 성질이 내부와 다르며, 마치 표면층이 있는 것과 같이 특정주기의 진동이 탁월하다. 그러나 硬地盤은 어느 곳에서나 卓越周期를 갖는다.

산악지대의 지진기록에서 0.2 sec 정도 주기의 진동이 탁월하게 나타나는 경우가 많은 것은 이 때문이다. 또 산등성이, 깊은 계곡등 지형의 변화가 심한 부분에서는 산 전체가 마치 구조물과 같이 작용하여 특별한 진동이 일어날 가능성이 있다.

1971년 San Fernando 지진시 Pacoima 계곡에서 기록된 1.0 g 이상의 가속도는 암반의 共振動에 기인한것이라고 생각된다.

따라서 硬地盤이라도 沖積層과 같이 卓越周期를 갖는 경우가 있다. 그러나 지형이 매우 급격한 변화가 없고 風化層도 없는 경우는 기반에 입사한 지진동이 그대로 표면에 도달하고 여기서 반사하여 지반내로 되돌아 간다 그림 5.17의 破線은 그림 5.14의 No.8 지진응답의 속도스펙트럼을 나타낸 것이다. 그림은 이 지점의 많은 지진기록의 평균적 특성이며 그 규모는 中小정도이고 진앙거리는 그다지 크지 않다. 이 곡선에서 變位應答스펙트럼은 7cm/sec보다 낮은 빈도범위에서 거의 일정하며 速度應答스펙트럼은 7~16cm/sec의 빈도범위에서 거의 일정하다. 그리고 加速度 應答스펙트럼은 16cm/sec 이상의 범위에서 거의 일정하다.

그림 5.17의 實線은 1964년 Niigata 지진기록의 加速度應答스펙트럼이다. 이 지진의 규모는 $M=7.5$로서 매우 컸으며 또한 진앙거리는 176 km 이었다.

유의할 점은 여기서의 응답스펙트럼은 장기진동성분을 포함하고 있고 소규모 또는 국부지진에 비하여 그 특성상의 차이가 약간 있다는 점에 유의해야 한다. 따라서 가속도스펙트럼은 장기진동성분에 비하여 비교적 일정하게 나타나고 있다.

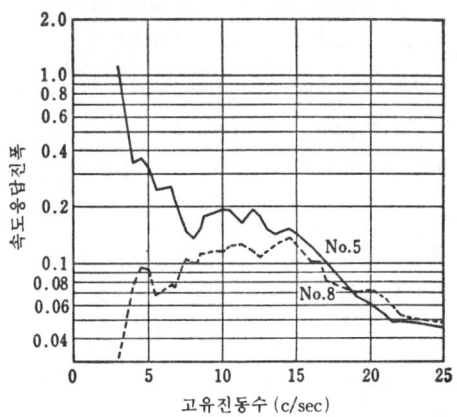

그림 5.17 No.5지점(실선)의 지진속도 응답 스펙트럼과 Kinugawa발전소 현지에서 기록된 Niigata지진(점선)

4. 岩盤내의 지진동

암반내의 지진동을 조사하고자 變位地震計를 이용하여, 터널입구와 터널內의 지하 89 m 지점의 지진을 관측한 결과에 의하면, 터널內의 변위는 터널방향 입구에서의 변위에 0.43~0.80

배, 직교하는 방향에서는 0.60~0.80배이다. 또 Tanna 盆地와 그 160 m 아래의 터널內 (Tokaido 선의 긴 철도터널이며 Tokyo 남서 약 90 km 지점)에서의 지진관측치와 비교하면 3.0~4.5 sec 의 長周期의 지진에서는 양자의 차이가 크게 나타나지 않았으나 1 sec 의 경우는 地上變位는 地下變位의 약 2배, 0.3~ sec 의 경우는 약 4배 임이 알려졌다. Kanai 는 Hitachi 광산(Tokyo 북동 약 130 km 지점)터널을 이용하여 지하 450 m, 300 m, 150 m 및 지표에 관한 지진동을 관측한 예에 의하면 진폭은 지하에서 멀어짐에 따라 직교하는데 이 관측에서는 150 m 에서 최소로 나타났다고 한다.

그림 5.18은 Tokyo 북쪽 150 km 에 위치한 Sudagai에서 측정한 결과의 예이다. 암반은 石英粗面岩이며, 지표부는 약간 풍화한 상태이다. 이 그림에의 기록은 Chiba 縣에 진앙을 둔 지진 기록이다. 이 기록은 지표에서 38 m 아래 지하발전소에서 얻은 것이다. 波形은 양자 모두 주기 0.4 sec 의 진동성분을 다량지니고 있으며, 地中의 가속도는 지표에 대한 주기 0.3~0.5 sec 의 45~50%로 감소하고 있다. 이는 충적층의 성질과 유사하나 충적층의 기록과 다른 점은 지상과 지하의 파형이 매우 유사하며 표층 특성의 영향을 어느정도 인정할 수 있다.

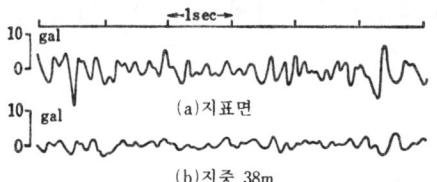

그림 5.18 Sudagai 북 Gumma에서의 지표면과 지중 38m에서 측정한 가속도 기록

Sudagai 발전소는 일본에서 가장 큰 지하발전소 중의 하나인데 그림 5.18에 보인 지진기록은 地下空洞에서 측정한 최초의 기록이다. 그러므로 이 그림에서 보인 지표에 대한 가속도와 지하공동에 대한 가속도와의 관계는 Sudagai 발전소가 건설된 이후에 건설되는 많은 지하발전소의 설계를 위하여 중요한 참고자료로 이용될 수 있다.

Komada 등은 Shiroyama 발전소에서 $M=7.4$, 7.0 및 6.7 등 3종류의 주요지진을 포함하여 125개 지진 기록과 지진관측을 실시하였다. Shiroyama 발전소 지하공동의 높이는 40 m 이며 길이 110 m, 폭 20 m 이며 두께는 200 m 이다. 주변지질은 中世紀 千枚岩, 모래가 교호층을 이루고 있는 지역이다.

주요 관측결과는 다음과 같다.
① 지하의 최대가속도는 0.3~1.0배이며 평균 지표가속도의 1/2이다.
② 1980년 6월 29일의 기록에 의하면 Izu 반도 동쪽에서 $M=6.7$의 지진이 발생하였다. 지하공동의 지진가속도의 탁월진동수는 약 0.1 cps 이며 지하공동 측벽의 동적변형의 탁월진동수는 0.1 cps 이었다. 무엇보다도 최대 지진가속도의 시간과 측벽의 최대동적 변형의 시간은 일치하였다. 이것은 매우 중요한 결과이다.
③ 지하공동의 變形 모드는 일정하게 팽창 및 수축을 하였으며 전단변형은 일어나지 않았다. 이는 지하 깊은 곳의 수평진동 보다 수직진동이 탁월하다는 것을 보이고 있는 것이다.

5. 접합부(seam)가 있는 암반의 지진동

얇은 접합부는 암반에 많이 퍼져 있다. 지진시 아치댐의 접속부와 切取斜面의 안정성과 관련된 조사를 하기 위해서는 거동에 대한 지식이 있어야 한다. 이 현상에 대한 자료를 얻기 위하여 얇은 접합부가 퍼져 있는 암반에서 지진조사를 하였다. 조사지역의 지질은 3세기에서 4세기에 이르는 단단한 균질 암반으로 구성되어 있었다. 粘土層 30, 20, 10m 두께는 각각 표면 16, 36, 47m의 深度에서 응회암의 풍화로 생성되어 있다. 얇은 균열이 50~52m의 심도에서 발견되었다.

그림 5.19는 이들의 상호 위치를 나타낸 것이다.

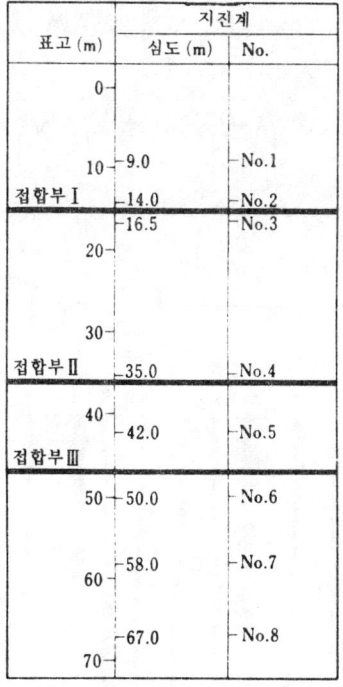

그림 5.19

8개소에 스트레인게이지형의 가속도계를 샌드위치 점토층과 같은 지점인 67m 깊이의 지반 아래에 설치하여 많은 지진관측이 되었는데 그림 5.20은 그 예를 보인 것이다. 지진규모는 5.8, 진앙거리 93km 지점의 지진으로 인한 震度는 21.5 gal 이며 이 기록에서 2.5, 5.0, 7.5 cps 의 진동성분이 탁월한 것으로 나타났다. 이 중 진동수 2.5 cps 와 5.0 cps 의 진동성분은 No.1에서 No.8까지의 모든 스펙트럼에 포함되어 있다. 이때의 크기도 일반적으로 동일하나 7.5cps성분은 주목해야 한다. No.1에서 No.4까지의 진폭은 대략 No.5의 1.5배 컸으며 그 보다 깊은 것으로 나타냈다.

깊이에 따른 가속도의 분포를 포함한 각 측점의 加速度를 그림에 보였는데 가속도의 분포는 1.19 sec 동안 每 41 micro-sec마다 표시되어 있다.

그림 5.20에서 No.2와 No.3 및 No.4와 No.5 사이에는 진폭이 다르게 나타났다. 이들 단면

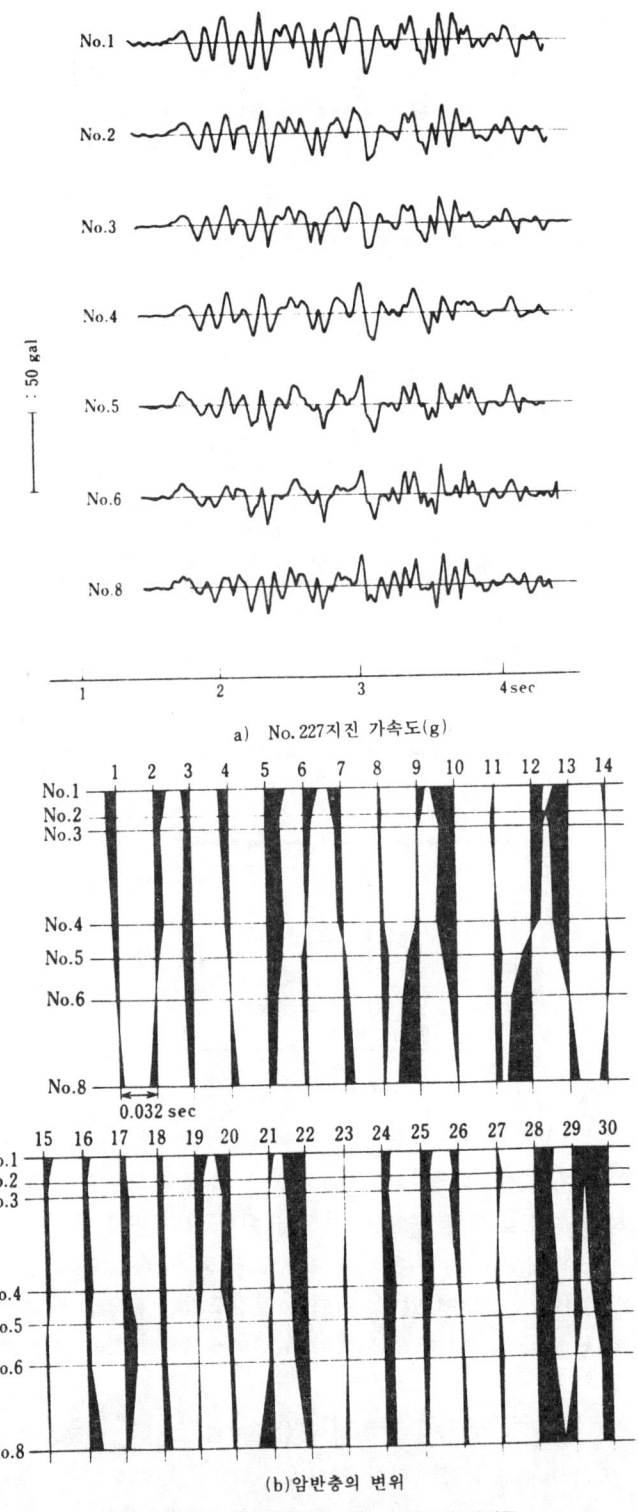

a) No.227지진 가속도(g)

(b)암반층의 변위

그림 5.20 접합부(seam)로 된 암반의 지진동

사이의 접합부 사이의 단면에서 다른 거동을 하고 있는 것을 의미한다.

관측된 지진동의 이와 비슷한 해석 결과에 따라 암석 사이에 끼어 있는 얇은 粘土層이 암석지반의 지진동에 영향을 준다는 것을 알 수 있다. 더 관찰해 보아야 명확한 것을 알 수 있겠으나 지진동의 가속도 수준과 진동파속 특성에 의존하여 변화할 것이다.

따라서 지진활동 지역에 얇은 風化層이 있는 암석지반이 있을 때에는 장기적인 면에서 풍화가 지진동에 영향을 준다고 가정하여도 좋다.

5.4 彈性波의 傳播

1. 地震波 方程式

지반내를 전파하는 지진파는 거의 탄성파이며 그 중 剪斷波가 공학적으로 가장 중요한 역할을 한다. 剪斷波의 전파에 관한 기본방정식은 다음과 같이 구할 수 있다. 전단파와 관련하여 彈性體내의 각 질점은 파동의 진행방향에 직교하여 變位한다. 그림 5.21에서 파동의 진행방향을 x, 질점의 變位방향을 y라 하면 진행 파동으로 인하여 지반내의 사각형 土塊 ABDC 가 變位하여 A'B'D'C' 가 된다. 面 AB의 變位를 u와 面 CD의 변위를 $u+du$라 하면 다음과 같다.

$$du = \frac{\partial u}{\partial x}dx$$

여기서, $\partial u / \partial x$: 剪斷變形

또, 면 AB에 작용하는 應力을 τ, 면 CD에 작용하는 應力을 $\tau + d\tau$라 하면

$$d\tau = \frac{\partial \tau}{\partial x}dx$$

이 된다. 面 AB와 面 CD에 작용하는 힘의 차에 의해 미소요소 ABCD는 가속도를 받으므로 이 운동방정식은 다음과 같다.

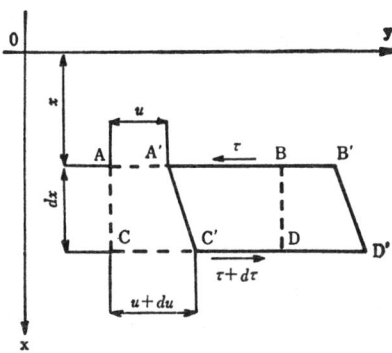

그림 5.21 波動과 質点의 진행방향

$$d\tau = \rho \, dx \frac{\partial^2 u}{\partial t^2}$$

여기서 ρ 를 미소요소의 密度라고 하면

$$\rho \frac{\partial^2 u}{\partial t^2} = \frac{\partial \tau}{\partial x} \tag{5.4}$$

가 된다.

彈性體 應力은 變形에 비례한다. 즉

$$\tau = G \frac{\partial u}{\partial x} \tag{5.7}$$

따라서 식(5.4)와 식(5.5)를 종합하면 다음과 같다.

$$\rho \frac{\partial^2 u}{\partial t^2} - G \frac{\partial^2 u}{\partial x^2} = 0 \tag{5.7}$$

그리고

$$\beta = \sqrt{\frac{G}{\rho}} \tag{5.6}$$

이라 놓으면

$$\frac{\partial^2 u}{\partial t^2} - \beta^2 \frac{\partial^2 u}{\partial x^2} = 0 \tag{5.7}$$

가 된다.

위 식이 전단진동 變位를 만족하는 미분방정식이다.

지금 $Z = t - x/\beta$ 의 임의의 함수를 $F_1(z)$ 라 하여 이것을 식(5.7)에 대입하면 F_1 이 2회 미분가능하여 어떠한 함수라도 이것을 만족한다는 것을 쉽게 증명할 수 있다. 따라서

$$u = F_1 \left(t - \frac{x}{\beta} \right) \tag{5.8}$$

이 운동에서 $t - x/\beta$ 가 일정한 조건하에서는 변위는 항상 같다. 즉 시간 t 에 있어서 위치 x 에 일어난 변위가 Δt 시간 후에는 $x + \beta \Delta t$ 인 위치에서 일어난다. 이것은 어떠한 주어진 상태가 β 인 일정한 速度를 가지고 x 의 +方向으로 진행하는 것을 의미한다. 이와같은 현상을 파동의 전파라 하고, β 를 전파속도라 한다. 식(5.8)과 마찬가지로 2차임의함수 $F_2(z)$ 는 $Z = t + x/\beta$ 이다.

$$u = F_2\left(t + \frac{x}{\beta}\right) \tag{5.9}$$

가 되어 식(5.9)를 만족한다. 즉 이것은 x의 $-$方向으로 진행하는 파동을 표시한다. 식(5.8), 식(5.9)의 合도 물론 식(5.7)의 解가 된다.

2. 波動의 粒子 속도와 파동에너지

파동이 전파하고 있는 탄성체에서

$$u = F_1(z), \quad z = t - \frac{x}{\beta}$$

시각 t 동안에 위치 x에 일어나는 변형은

$$\gamma = \frac{\partial u}{\partial x} = -\frac{1}{\beta} F'_1(z) \tag{5.10}$$

가 된다.

여기서 F'_1는 z로 미분하는 것을 의미한다. 따라서 단위 土塊 ABCD 중에 포함된 변형 에너지는

$$W_s = \frac{G}{2}\gamma^2 = \frac{G}{2\beta^2}\{F'(z)\}^2 = \frac{\rho}{2}\{F'(z)\}^2$$

가 된다.
또 이 위치에 있는 입자의 속도는

$$u = \frac{\partial u}{\partial t} = F'_1(z) \tag{5.11}$$

따라서 단위체적당 포함된 운동에너지는

$$W_k = \frac{\rho}{2}v^2 = \frac{\rho}{2}\{F'_1(z)\}^2$$

가 된다.

지금 단위체적 당 포함된 전운동에너지를 W라 하면 이것은 變形에너지와 運動에너지의 合이므로

$$W = W_s + W_k = \rho\{F'_1(z)\}^2$$

이 에너지가 속도 β로 진행하기 때문에 단위시간에 단위면적을 통과하는 에너지, 또는 에너지흐름의 강도는 다음식과 같다.

$$Q = \beta \rho \{F'(z)\}^2 \qquad (5.12)$$

여기서, $\beta \rho$: 振動 저항 (Oscillation impedance)

3. 지표면에 대한 波動의 反射

지반내를 상승하고 있는 파동이 지표면에 도달하면 반사하여 지중을 향하여 전파해 간다. 그림 5.22에서 좌표축 y를 지표면으로 하고 아래에서 위로 상승하는 파를 x 라고 하면

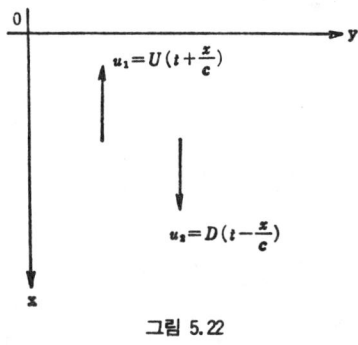

그림 5.22

$$u_1 = U\left(t + \frac{x}{\beta}\right)$$

반사하여 표면에서 하향으로 되돌아 가는 파를

$$u_2 = D\left(t - \frac{x}{\beta}\right)$$

라 놓으면, 실제로 지반내에 일어나고 있는 변위는

$$u = D\left(t - \frac{x}{\beta}\right) + U\left(t + \frac{x}{\beta}\right)$$

이다.

變位로 인한 變形은

$$\gamma = \frac{\partial u}{\partial x} = -\frac{1}{\beta} D'\left(t - \frac{x}{\beta}\right) + \frac{1}{\beta} U'\left(t + \frac{x}{\beta}\right)$$

여기서 D'는 D를 $(t - \frac{x}{\beta})$로 미분한 함수이며, U'는 U를 $t + \frac{x}{\beta}$로 미분한 함수이다. 지표면 $x = 0$에서, 應力은 0이므로 변형도 또한 0이다. 따라서,

$$D'(t) - U'(t) = 0$$

그러므로

$$D(t) = U(t)$$

그리고
$$D\left(t - \frac{x}{\beta}\right) = U\left(t - \frac{x}{\beta}\right)$$

이 된다.

반사파의 波形은 위식으로 결정하며 이에 의하면 반사파의 波形은 입사파의 波形과 같고 크기도 같다. 따라서 탄성체내의 파동은

$$u = U\left(t - \frac{x}{\beta}\right) + U\left(t + \frac{x}{\beta}\right) \tag{5.13}$$

이 된다. 또 표면에서는 $x=0$ 이므로
$$u = 2U(t)$$
가 된다.

즉 표면에서의 진폭은 입사파(incident wave) 진폭의 2배이다. 상승파동은 調和波 (harmonic wave)이므로

$$u_1 = a \sin p \left(t + \frac{x}{\beta}\right)$$

따라서

$$u = a \sin p \left(t + \frac{x}{\beta}\right) + a \sin p \left(t - \frac{x}{\beta}\right) = 2a \sin pt \cos \frac{px}{\beta}$$

가 된다.

지반파동은 波長의 1/4, $\pi\beta/2p$ 깊이에 있는 마디를 갖는 靜的擧動이며 入射波가 불규칙하고 地震波로서 무한히 지속되면 입사파와 反射波사이의 상호관계는 깊은 곳일수록 작아진다.

따라서 식(5.13)에 주어진 u 의 최대치는 지표면 부근에서는 커지고 깊이가 증가됨에 따라 일정한 값으로 바뀐다는 것이 조사결과로 부터 확인되었다.

이상은 S波가 지표면에 직교하여 진행하는 경우의 반사파에 대하여 기술한 것이다. S波가 지표면에 경사지게 입사하는 경우는 S波외에 P波의 반사파도 나타난다. 그러나 P波가 입사할 때에는 그 진행방향이 지표면에 직교하면 반사파는 P波이며, 斜交하는 경우는 P波는 물론이고 S波도 반사 한다.

4. 地層 境界面에 대한 파동의 반사와 투과

파동이 다른 2개 지층의 경계면에 입사되면 일부는 반사하고 일부는 透過한다. 그 입사방향이 경계면에 직교하는 경우는 透過波와 反射波는 다음과 같이 구한다. 각 층의 성질 및 그 속을 전파하는 파동이 그림 5.23과 같다면 각 층내의 운동은

$$u_1(t, x) = U_1\left(t + \frac{x}{\beta_1}\right) + D_1\left(t - \frac{x}{\beta_1}\right)$$

$$u_2(t, x) = U_2\left(t + \frac{x}{\beta_2}\right) + D_2\left(t - \frac{x}{\beta_2}\right)$$

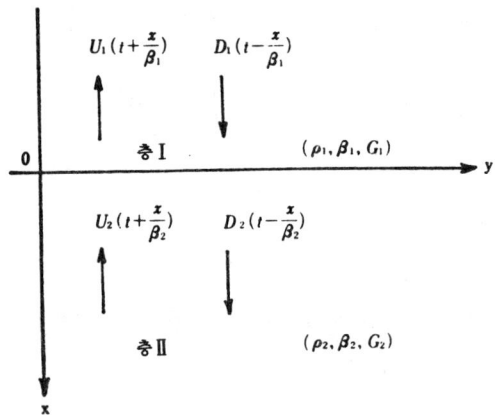

그림 5.23

경계면($x=0$)에서는 항상 變位와 應力의 연속성이 유지되지 않기 때문에

$$u_1(t, 0) = u_2(t, 0)$$

그리고

$$\left(G_1 \frac{\partial u_1}{\partial x}\right)_{x=0} = \left(G_2 \frac{\partial u_2}{\partial x}\right)_{x=0}$$

따라서

$$U_1(t) + D_1(t) = U_2(t) + D_2(t) \tag{5.14}$$

또한

$$\frac{G_1}{\beta_1}\{U_1'(t) - D_1'(t)\} = \frac{G_2}{\beta_2}\{U_2'(t) - D_2'(t)\}$$

위의 식을 적분하여

$$U_1(t) - D_1(t) = \frac{G_2 \beta_1}{G_1 \beta_2}\{U_2(t) - D_2(t)\}$$

여기서,

$$\frac{G_1\beta_2}{G_2\beta_1} = \frac{\rho_1\beta_1}{\rho_2\beta_2} = \kappa$$

따라서

$$U_1(t) - D_1(t) = \frac{1}{\kappa}\{U_2(t) - D_2(t)\} \tag{5.15}$$

식(5.14)와 식(5.15)를 연립하여 풀면

$$\left.\begin{array}{l} U_1(t) = \beta_0 U_2(t) + \alpha^0 D_1(t) \\ D_2(t) = \alpha_0 U_2(t) + \beta^0 D_1(t) \end{array}\right\}$$

여기서,

$$\left.\begin{array}{l} \alpha_0 = \dfrac{1-\kappa}{1+\kappa} \\ \beta_0 = 1 + \alpha_0 \\ \alpha^0 = -\alpha_0 \\ \beta^0 = 1 - \alpha_0 \end{array}\right\} \tag{5.16}$$

따라서

$$U_1\left(t + \frac{x}{c_1}\right) = \beta_0 U_2\left(t + \frac{x}{c_1}\right) + \alpha^0 D_1\left(t + \frac{x}{c_1}\right) \tag{5.17}$$

$$D_2\left(t - \frac{x}{c_2}\right) = \alpha_0 U_2\left(t - \frac{x}{c_2}\right) + \beta^0 D_1\left(t - \frac{x}{c_2}\right) \tag{5.18}$$

가 된다.

식(5.17)과 식(5.18)은 物理的 의미를 고려하여 그림 5.24에서 다음과 같이 나타낼 수 있다.

α_0 : 경계면 하부층의 反射係數

β_0 : 경계면 하부층에서 상부층으로 透過할 때의 透過係數

α^0 : 경계면 상부층의 反射係數

β^0 : 경계면 상부층에서 하부층으로 透過할 때의 透過係數

지반의 저항이 클 수록 단단하다고 하면 $\kappa<1$인 범위는 파동이 硬地盤에서 軟弱地盤으로 향하는 경우이며 $\kappa>1$인 범위는 파동이 軟弱地盤에서 硬地盤에 향하는 경우이다. 이때 다음의 성질을 갖는다.

1) 硬地盤에서 軟弱地盤에 입사할때 :

① 透過波의 진폭은 항상 入射波의 진폭보다 작다.

② 반사파는 입사파와 같은 位相이므로 진폭은 항상 입사파 보다 작다.

2) 軟弱地盤에서 硬地盤으로 입사할때 :

① 透過波의 진폭은 항상 入射波의 진폭보다 작다.

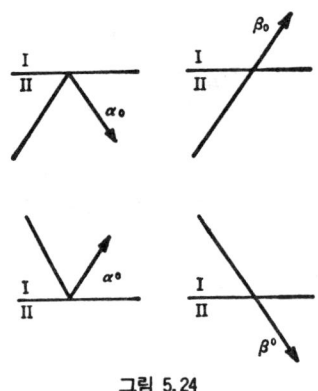

그림 5.24

② 反射波는 入射波와 位相을 180° 차이가 있으며 진폭은 항상 입사파 보다 작다.

반사파는 입사파에 비하여 진폭이 작지만 波形이나 傳播速度 등은 변하지 않는다. 따라서 에너지 流量의 比는 a_0^2이다. 투과파의 에너지흐름과 입사파의 에너지흐름의比 즉, 에너지 透過係數를 λ_0라고 하면

$$\lambda_0 = 1 - a_0^2 \tag{5.19}$$

이 된다. $|a_0| = |a^0|$ 이므로 같은 경계면에 파동이 상하로 투과하는 경우에도 에너지의 투과계수는 같다. 그리고 에너지는 지반의 軟硬의 比가 다를수록 투과하기 어렵다는 것을 식 (5.19)로부터 알 수 있다.

5.5 표면층 내 波動의 多重反射

1. 1層의 表面層이 있는 경우

지반에 표면층이 있는 경우 그 층내에 입사할 때에 파동은 표면층의 상하면에서 여러번 반사 투과 할 수 있으므로 表面層내에는 복잡한 파동을 일으킨다. 이와 같은 경우의 기본적 예를 들면 1層의 표면층이 있는 지반에 剪斷波가 상승하는 경우를 생각해 보자.

표면층의 두께를 H라고 하고 密度와 傳播速度를 표면층에 대해서는 ρ_1, β_1 기반에 대해서는 ρ_2, β_2로 한다. 여기서 단위진폭을 갖는 정현전단파와 원진동수 p 가 기반내를 상승한다고 생각하면 다음식으로 표시된다.

$$U_2 = \exp\left\{ip\left(t + \frac{x}{\beta_2}\right)\right\} \tag{5.20}$$

이때 기반 및 지표층 내의 파동 u_2 및 u_1은 각각 다음 식으로 표시 할 수 있다.

$$u_2 = \exp\left\{ip\left(t + \frac{x}{\beta_2}\right)\right\} + D_2 \exp\left\{ip\left(t - \frac{x}{\beta_2}\right)\right\} \tag{5.21}$$

$$u_1 = U_1 \exp\left\{ip\left(t + \frac{x}{\beta_1}\right)\right\} + D_1 \exp\left\{ip\left(t - \frac{x}{\beta_1}\right)\right\} \tag{5.22}$$

이 3가지의 未決定된 定數는 지표면에 대한 剪斷應力이 0인 경우, 변위와 전단응력은 표면층과 기반의 경계에서 연속이다. 따라서

$$\left.\begin{array}{l} D_2 = \dfrac{(1-\kappa) + (1+\kappa)\exp\left(-2i\dfrac{pH}{\beta_1}\right)}{(1+\kappa) + (1-\kappa)\exp\left(-2i\dfrac{pH}{\beta_1}\right)} \\[2ex] U_1 = \dfrac{2}{(1+\kappa) + (1-\kappa)\exp\left(-2i\dfrac{pH}{\beta_1}\right)} \\[2ex] D_1 = \dfrac{2\exp\left(-2i\dfrac{pH}{\beta_1}\right)}{(1+\kappa) + (1-\kappa)\exp\left(-2i\dfrac{pH}{\beta_1}\right)} \end{array}\right\} \tag{5.23}$$

이것을 식(5.21) 및 식(5.22)에 대입하여 파동을 구한다. 위 식에서 절대치 D_2는 같으므로 D_1과 U_1의 절대치는 같다. 따라서 상층에서나 기반층 모두 동일 진폭을 갖는 정현파는 반대방향으로 같은 속도로 전파하여 결과적으로 정지파(stationary wave)를 발생한다. U_1에 의하여 지표면에 발생한 진동을 정의하면 다음식을 얻는다.

$$u_s = \frac{2}{\sqrt{\cos^2\dfrac{pH}{\beta_1} + \kappa^2 \sin^2\dfrac{pH}{\beta_1}}} \tag{5.24}$$

그림 5.25는 pH/β_1과 κ의 여러가지 값을 보인 것이다.

만일, 표면층이 기반($\kappa<1$)에 비해 연약하면 진동은 증폭할 것이다. 그러므로

$$\frac{pH}{\beta_1} = \frac{2\pi H}{T\beta_1} = \frac{\pi}{2}$$

즉, 周期를 갖는 波動은 다음식과 같다.

$$T = \frac{4H}{\beta_1} \tag{5.25}$$

진동증폭은 최대로 되며 그 최대치는

$$u_s = \frac{2}{\kappa} \qquad (5.26)$$

가 된다.

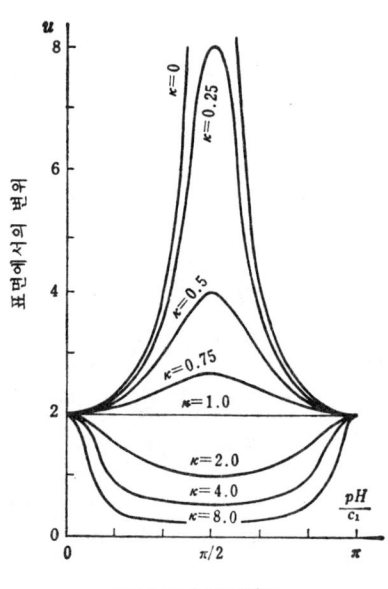

그림 5.25 지반공진도

H/β_1 는 파동이 표면층내를 透過하는데 요하는 시간이므로 波의 주기가 4배일 때 지표의 연약층은 심하게 진동하게 된다.

2. 多層의 표면층이 있는 경우

표면층이 여러 층으로 되어 있는 경우 下部의 기반에서 연직으로 전단파가 상승하면 표면층 내에서 복잡한 반사투과가 반복된다.

Kobayashi는 이 문제에 대한 一般解를 소개했으며 흥미로운 수치적계산 예를 제시하였다. 즉 그림 5.26에서 다음관계가 성립한다.

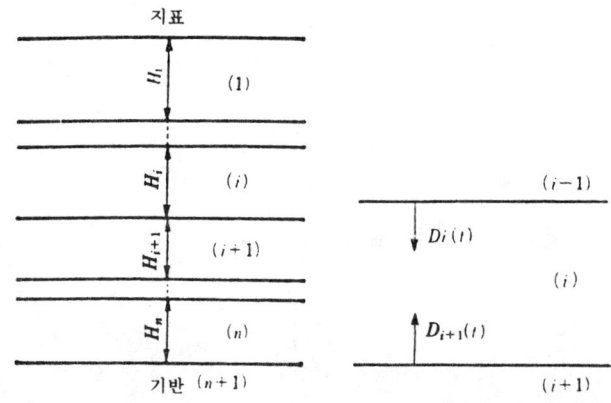

그림 5.26

여기서, n : 층 수
 H_i : i번째 층의 두께
 β_i : i번째 층에서의 剪斷力 전파속도
 $D_i(t)$: $i-1$과 i층의 경계에서 t시간에 하향하기 시작한 파
 $u_i(t)$: i층과 $i+1$층의 경계에서 t시간에 상향하기 시작한 파

다음 관계가 성립한다.

$$\left. \begin{array}{l} D_{i+1}(t) = \alpha_{0,i,i+1} U_{i+1}\left(t - \dfrac{H_{i+1}}{\beta_{i+1}}\right) + \beta^0{}_{i,i+1} D_i\left(t - \dfrac{H_i}{\beta_i}\right) \\[6pt] U_i(t) = \beta_{0,i,i+1} U_{i+1}\left(t - \dfrac{H_{i+1}}{\beta_{i+1}}\right) + \alpha^0{}_{i,i+1} D_i\left(t - \dfrac{H_i}{\beta_i}\right) \end{array} \right\} \quad (5.27)$$

지표에서의 경계조건은

$$D_1(t) = U_1\left(t - \dfrac{H_1}{C_1}\right) = \dfrac{1}{2} E_s(t)$$

기반층의 표면에서의 경계조건은

$$U_n(t) = \beta_{0,n,n+1} U_{n+1}(t) + \alpha^0_{n,n+1} D_n\left(t - \dfrac{H_n}{\beta_n}\right)$$

이다.
 여기서, $E_s(t)$: 지표면에서의 지진파
  $U_{n+1}(t)$: 기반층의 표면으로 상향하는 지진파

식(5.27)은 U와 D의 순환식(recurrence formula)이며 주어진 경계조건에서 數値的으로 풀 수 있다.

Kobayashi는 그림 5.27에 보인 바와같이 8층으로 규정된 지반에 대하여 이 방법을 적용하여 흥미로운 결과를 얻었다. 그는 최대 가속도가 100gal 에 가까운 El Centro지진파가 기반의 바닥

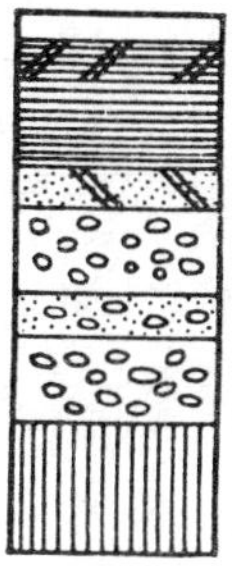

	ρ ton/m³	β m/sec	H m
모래질점토	2.0 2.0	50 200	3 5
점토	2.0	250	10
점토질모래	2.0	80	5
자갈	2.2	600	10
모래질자갈	2.2	300	5
자갈	2.2	600	10
암반	2.2	1000	15

그림 5.27

에서 유발될 때 층의 각 경계면에서의 지진동의 가속도를 계산하였다. 그 결과는 그림 5.28과 같다. 그림에서 波의 진폭은 연약층에서 특히 유의해야 한다. 連續體의 일반적인 진동성질에 의하면 층을 이루는 지반은 많은 卓越周期를 갖는다. 즉 最長波의 탁월진동을 基本振動이라고 부른다.

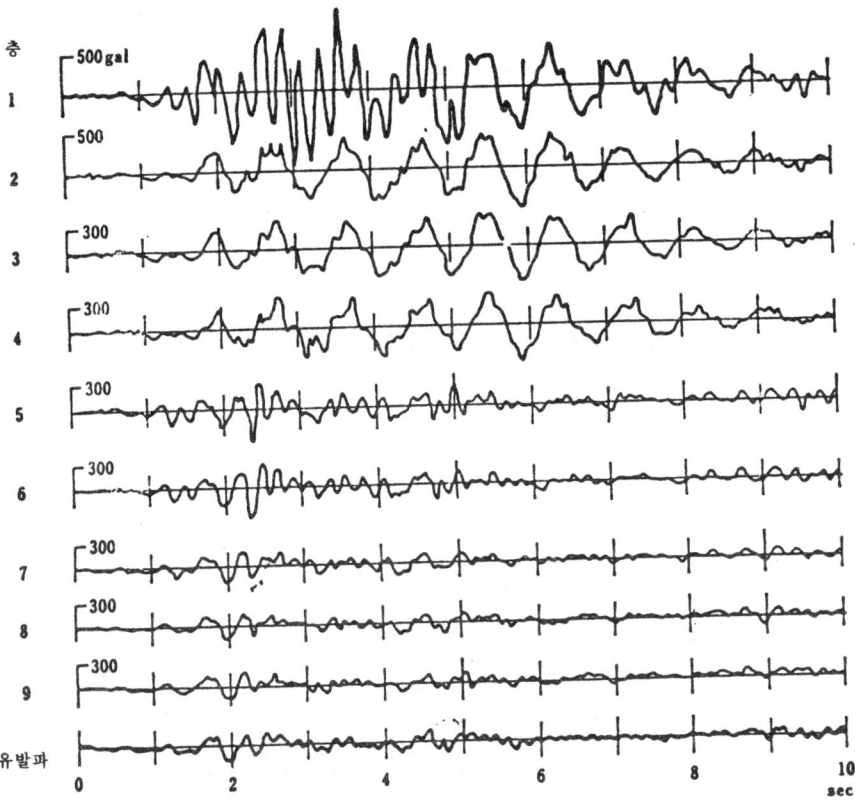

그림 5.28 각 경계층에서의 지진동과 多層表面層에서의 地震動(H. Kobayashi)

3. 非彈性的 성질을 갖는 표면층내의 多重反射

중정도 또는 낮은 진도의 지진에서 土層이나 砂層의 변형은 약 10^{-3}을 초과하지 않으며 이때의 지반은 탄성적으로 가정할 수 있다. 그러나 진동 폭이 매우 커져서 변형이 10^{-2}을 초과하면 일반적으로 非彈性을 나타내므로 지반은 다음과 같다.

土層이나 砂層이 진동하는 경우는 진동진폭이 매우 커지면 變形이 따르며 이때 지진 진도가 큰 경우, 또는 卓越振動이 유발되어 표면층에 큰 진동을 일으키는 경우는 卓越周期와 그 增幅率이 미소진동의 경우와는 다르다.

이와같은 경우의 지반진동의 성질을 구명하기 위하여 탄성을 갖는 지반상에 탄소성을 갖는 표면층이 있으며 하부로부터 전단파가 상승하는 경우에 대하여 표면층에 생기는 파동을 구해 보자.
 기반내의 파동에 대한 운동방정식은 다음과 같다.

$$\rho_B \frac{\partial^2 u}{\partial t^2} - G_B \frac{\partial^2 u}{\partial x^2} = 0 \tag{5.28}$$

여기서, u : 變位
 ρ_B : 기반을 구성하는 岩石의 密度
 G_B : 기반을 구성하는 암석의 剪斷彈性係數

다음에 표면층내의 파동에 대하여 ρ를 표면층을 구성하는 흙의 밀도라 하면 운동방정식은 다음 식과 같다.

$$\rho \frac{\partial^2 u}{\partial t^2} - \frac{\partial \tau}{\partial x} = 0 \tag{5.29}$$

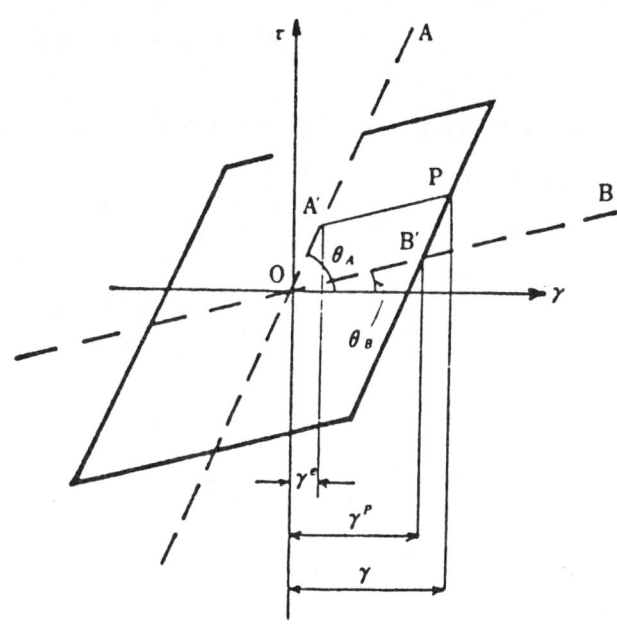

그림 5.29

표면층이 彈塑性을 갖는다고 가정하면 그 변형과 응력의 관계는 그림 5.29의 實線과 같다. 이 그림에 원점 0에서 2개의 점선 OA, OB를 그리면 좌표축에 대한 OA의 기울기 θ_A는 탄성에 의해 결정되며 OB의 기울기 θ_B는 塑性에 의해 결정된다. 이 관계는 다음 식으로 표시된다.

$$\tan \theta_A = G \tag{5.30}$$
$$\tan \theta_B = aG$$

여기서, G : 탄성영역에 대한 剪斷彈性係數,
aG : 塑性영역에 대한 變形硬化係數

어떠한 상태 P의 변형을 γ라 할 때 그것은 탄성변형 γ^e와 塑性變形 γ^P의 합이다. 즉

$$\gamma = \gamma^e + \gamma^P \tag{5.31}$$

應力과 變形사이의 관계는 다음과 같다.

$$\tau = G\gamma^e + \gamma^P aG \tag{5.32}$$

지반내를 전파하는 파동은 미분방정식 식(5.28)과 식(5.29)를 연립하여 풀수있다. 이 경우의 경계조건은 지표면에서의 응력이 0, 표면층과 기반층의 경계면에서의 변위와 응력이 연속되어 있다.

두께 30m인 탄소성 表層의 波에 대하여 계산 예를 들면 다음과 같다. 여기서 지반과 표층에서의 지반의 밀도와 탄성파의 속도는 가정한다.

기반에서

$$\rho_B = 2 \text{ t/m}^3, \qquad \sqrt{\frac{G_B}{\rho_B}} = 900 \text{ m/sec}$$

표층에서

$$\rho = 2 \text{ t/m}^3, \qquad \sqrt{\frac{G}{\rho}} = 300 \text{ m/sec}$$

표면층의 탄성한계에서의 變形 ε_a는 0.007, 0.014, 0.021 등 3가지의 수준을 취한다.
기반을 통해 상승하는 지진파는 다음과 같이 가정한다.

$$U(t) = \Sigma \frac{B}{p} \cos 2\pi (pt + \phi) \tag{5.33}$$

여기서, B : 8.8 cm,
P : 1.0 – 22.0 cps
ϕ : 표준이 되는 임의 수

지진의 지속시간은 3 sec 로 가정한다.

지표면에서 발생하는 波動스펙트럼은 그림 5.30과 같다. 이 시험적 스펙트럼에서 탄성한계가 낮을수록 진동증폭은 그다지 탁월하지 않으며 최대진폭을 갖는 진동성분의 주기는 길어짐을 알 수 있다.

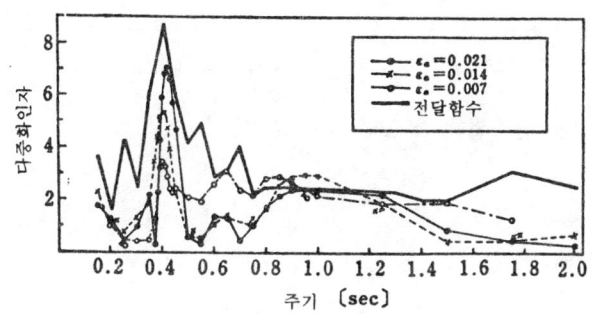

그림 5.30 탄소성 표층에 대한 표면속도의 Fourier스펙트럼

Hakuno 와 Fujino가 반복하여 연구한 결과를 요약하면 다음과 같다.

① 지반표층의 진동이 탄성일 때는 분명한 最大應答에 대응하는 주기는 일반적으로 지진지반동의 응답스펙트럼으로 나타낸다.

② 그러나 sine 入射波를 받는 탄소성는 非線型지반동에 일어나는 겉보기 감쇠는 증가하고 탁월주기는 약간 길어진다.
한편 지진파와 같은 임의 입사파의 경우 다만 겉보기 감쇠는 탁월주기가 변하지 않는 동안에만 증가한다.

③ 强振動을 받는 표층에서 탁월주기는 구별할 수 없고 표면 지반동은 잡음으로 나타나는 경향이 있다.

④ 따라서 지진이 매우 강하면 지반은 非彈性的인 거동을 하며 표층으로 인한 탁월진동은 확실하지 않다.

⑤ 滑動은 또한 표층에서 또한 발생한다. 이상의 지적한 결과를 기초로 하면 等價線形이 지진으로 인한 비선형지반 등의 해석에 조건 없이 적용할 수 있는지는 의심의 여지가 있다.

5.6 2次元 彈性波

1. 일반사항

5.4.1절에서 응력이 작용할 때의 動的應力 平衡式과 變形法則을 종합하여 1차원파동방정식

을 유도한 바 있다. 3차원 파동방정식 역시 동일한 방법으로 유도할 수 있으며 다음과 같다.

$$\rho \frac{\partial^2}{\partial t^2}(U_x, U_y, U_z) = (\lambda + \mu)\operatorname{grad}\Delta + \mu\nabla^2(U_x, U_y, U_z) \tag{5.34}$$

여기서, V_x, V_y, V_z : 變形成分
  Δ : 체적팽창
  ρ : 지반을 구성하는 재료의 密度
  λ, μ : Lame 의 彈性定數

일반적으로 변형은 스칼라 포텐셜의 기울기와 벡타의 포텐셜의 컬(curl)의 합으로 나타낼 수 있다. 즉

$$(U_x, U_y, U_z) = \operatorname{grad}\varphi + \operatorname{curl}\psi \tag{5.35}$$

그러나 ψ 는 다음 식을 만족하는 것으로 정의 된다.

$$\operatorname{div}\psi = 0$$

식(5.35)를 식(5.34)에 대입하면

$$\rho(\operatorname{grad}\ddot{\varphi} + \operatorname{curl}\ddot{\psi}) = (\lambda + 2\mu)\operatorname{grad}\nabla^2\varphi + \mu\operatorname{curl}\nabla^2\psi \tag{5.36}$$

식(5.36)은 전환하면

$$\frac{\partial^2\varphi}{\partial t^2} = \alpha^2\nabla^2\varphi \tag{5.37}$$

가 되며, 식(5.35)의 컬은 다음과 같다.

$$\frac{\partial^2}{\partial t^2}(\psi_x, \psi_y, \psi_z) = \beta^2\nabla^2(\psi_x, \psi_y, \psi_z) \tag{5.38}$$

여기서

$$\alpha = \sqrt{\frac{\lambda + 2\mu}{\rho}} \qquad \beta = \sqrt{\frac{\mu}{\rho}}$$

식(5.7)은 1차원 파동에 대한 식(5.38)의 특수한 예이다.
식(5.37)과 식(5.38)은 波動方程式이며 두식은 다음 식으로 나타낼 수 있다.

$$\frac{\partial^2\Phi}{\partial t^2} = c^2\nabla^2\Phi \tag{5.39}$$

식(5.39)의 一般解는 구하기 어려우므로 일종의 特殊解를 설명하면 다음과 같다.
1) 特殊解 I

간단히 하기 위하여 다음의 Φ는 y축을 따라 변하지 않는다고 가정한다. 즉 Φ를 y로 미분하면 0이 된다. 따라서 식(5.39)는 다음과 같다.

$$\frac{\partial^2 \Phi}{\partial t^2} = c^2 \left(\frac{\partial^2 \Phi}{\partial x^2} + \frac{\partial^2 \Phi}{\partial z^2} \right)$$

이 식의 특수해로서 다음 형태의 해를 갖는다고 가정하자

$$\Phi = Z \exp \left\{ \frac{ip}{v} (x - vt) \right\} \tag{5.40}$$

Z는 z의 함수이며 p와 v는 모두 임의 상수이다. $\exp\{ip/v(x-vt)\}$는 속도 v에서 調和波(harmonic wave)이며 x축을 따라 진행한다는 것을 의미한다. 식(5.40)을 식(5.39)에 대입하면

$$\frac{d^2 Z}{dz^2} + \frac{p^2}{c^2} \left(1 - \frac{c^2}{v^2} \right) Z = 0 \tag{5.41}$$

이 식의 해가 $v > c$일 때 다음과 같다.

$$Z = \exp \left\{ \pm \frac{ip}{c} \sqrt{1 - \frac{c^2}{v^2}} \, z \right\}$$

$$\therefore \Phi = \exp \left\{ \frac{ip}{c} \zeta \right\} \tag{5.42}$$

따라서

$$\zeta(x, z, t) = \frac{c}{v} x \pm \sqrt{1 - \frac{c^2}{v^2}} \, z - ct$$

즉 한정된 시간에 Φ는 직선상 모든 점에서 같으며 이의 波의 진행방향인 n은 cosine방향을 갖는다.

$$\left(\pm \sqrt{1 - \frac{c^2}{v^2}}, \frac{c}{v} \right)$$

이 직선은 그림 5.31의 AB와 AB'가 된다. 이를 波動線(wave front)이라 부른다. 1초가 경과한 후 파동선은 X축을 따라 v로 진행하며 따라서 n을 따라 c로 진행한다. φ, ψ_x, ψ_y, ψ_z는 식(5.42)로 나타낸 특수한 형식의 해를 갖는다.

2) 特殊解 II

만약 $v < c$이면 식(5.41)은 다음과 같이 된다.

$$Z = \exp \left\{ -\frac{p}{v} \sqrt{1 - \frac{v^2}{c^2}} \, z \right\}$$

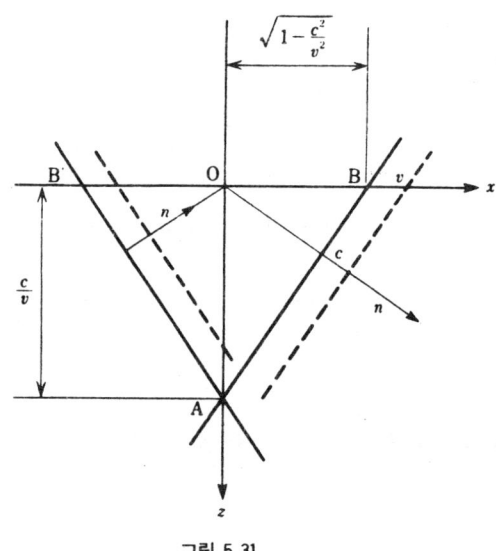

그림 5.31

$$\therefore \Phi = \exp\left\{-\frac{p}{v}\sqrt{1-\frac{v^2}{c^2}}z\right\} \exp\left\{\frac{ip}{v}(x-vt)\right\} \quad (5.43)$$

이 경우 Φ는 지반의 깊이방향을 따라 指數的으로 증감한다.

後者의 경우 파동을 表面波라고 부른다. ψ, ψ_x, ψ_y 및 ψ_z는 식(5.43)으로 나타낸 특수 형식의 解를 가질 수 있다.

2. 平面波

식(5.42)로 나타낸 波를 平面波(plane wave)라고 부른다. ψ, ψ_x, ψ_y, ψ_z는 평면파의 포텐셜로 가정한다. 그러면 식(5.35)에 대하여 이파의 變形은 다음과 같이 된다.

$$u_x = \frac{\partial \varphi}{\partial x} - \frac{\partial \psi_y}{\partial z}, \quad u_y = \frac{\partial \psi_x}{\partial z} - \frac{\partial \psi_z}{\partial x}, \quad u_z = \frac{\partial \varphi}{\partial z} + \frac{\partial \psi_y}{\partial x}$$

간편화하기 위하여 3가지의 波를 다음과 같이 분류한다.

$$\left.\begin{array}{llll} \text{P波} & u_x = \dfrac{\partial \varphi}{\partial x}, & u_y = 0, & u_z = \dfrac{\partial \varphi}{\partial z} \\[6pt] \text{SV波} & u_x = -\dfrac{\partial \psi_z}{\partial z}, & u_y = 0, & u_z = \dfrac{\partial \psi_y}{\partial x} \\[6pt] \text{SH波} & u_x = 0, & u_y = \dfrac{\partial \psi_x}{\partial z} - \dfrac{\partial \psi_z}{\partial x}, & u_z = 0 \end{array}\right\} \quad (5.44)$$

3. 레일리(Rayleigh)波

波가 균질지반으로 진행하는 파동이라 하면 이때의 포텐셜은 다음과 같이 나타낼 수 있다.

$$\left. \begin{array}{l} \varphi = A \exp\left\{\dfrac{-p}{v}\sqrt{1-\dfrac{v^2}{\alpha^2}}\,z\right\} \exp\left\{\dfrac{ip}{v}(x-vt)\right\} \\ \psi_y = B \exp\left\{\dfrac{-p}{v}\sqrt{1-\dfrac{v^2}{\beta^2}}\,z\right\} \exp\left\{\dfrac{ip}{v}(x-vt)\right\} \\ \psi_x = 0, \quad \psi_z = 0 \end{array} \right\} \tag{5.45}$$

A와 B는 任意常數이다. 지표면에서 이 波에 의하여 발생하는 應力은 다음식으로 계산한다.

$$(zz)_0 = \mu \left(\dfrac{p}{v}\right)^2 \left[-2i\sqrt{1-\dfrac{v^2}{\beta^2}}\,B + \left(2-\dfrac{v^2}{\beta^2}\right)A\right]\exp\left\{\dfrac{ip}{v}(x-vt)\right\}$$

$$(zx)_0 = \mu \left(\dfrac{p}{v}\right)^2 \left[-\left(2-\dfrac{v^2}{\beta^2}\right)B - 2i\sqrt{1-\dfrac{v^2}{\alpha^2}}\,A\right]\exp\left\{\dfrac{ip}{v}(x-vt)\right\}$$

이것은 0이 되므로

$$(zz)_0 = 0, \quad (zx)_0 = 0$$

이들이 동시에 연립방정식이 되기 위해서는 0이 아닌 해를 갖도록 한다.
식의 계수결정은 0이어야 하며 따라서

$$\left(2-\dfrac{v^2}{\beta^2}\right)^2 - 4\sqrt{1-\dfrac{v^2}{\alpha^2}}\sqrt{1-\dfrac{v^2}{\beta^2}} = 0 \tag{5.46}$$

이 된다.
이 조건을 만족할 때 식(5.45)로 나타낸 波動은 실현될 수 있다 여기서

$$\dfrac{A}{B} = \dfrac{2i\sqrt{1-\dfrac{v^2}{\beta^2}}}{2-\dfrac{v^2}{\beta^2}} \tag{5.47}$$

실제 이 比는 φ와 Ψ_y 사이에 90°의 位相差가 있음을 의미하는 것이다.
이 이론으로 계산한 진폭은 그림 1.13에 나타낸 바와 같다.
진폭은 지반의 깊이에 따라 지수적으로 감소하며 발견자의 이름을 따서 레일리(Rayleigh)波라고 부른다. 특성 식(5.46)은 그림 1.12에 나타낸 v의 고유치(eigen value)값을 결정한다.
지반에 표층이 있으면 역시 레일리파가 존재하며 波速을 결정하는 특성식은 위에 기술한 바와 비슷한 방법으로 얻을 수 있다. 이 경우 波速은 波長에 따라 좌우 되며 파장이 길수록 크다.

4. 러브(Love)波

기반상에 연약표층이 잇는 지반을 생각해보자 그리고 이의 포텐셜이 다음에 나타낸 것과 같다고 가정하자 즉 표층에서의 포텐셜은

$$\begin{aligned}
\psi_x &= \sqrt{\frac{v^2}{\beta^2}-1}\left[C\exp\left\{-\frac{ip}{v}\sqrt{\left(\frac{v}{\beta}\right)^2-1}(z+H)\right\}\right.\\
&\quad \left.-C'\exp\left\{\frac{ip}{v}\sqrt{\frac{v^2}{\beta^2}-1}(z+H)\right\}\right]\exp\left\{\frac{ip}{v}(x-vt)\right\}\\
\psi_z &= \left[C\exp\left\{-\frac{ip}{v}\sqrt{\frac{v^2}{\beta^2}-1}(z+H)\right\}\right.\\
&\quad \left.+C'\exp\left\{\frac{ip}{v}\sqrt{\frac{v^2}{\beta^2}-1}(z+H)\right\}\right]\exp\left\{\frac{ip}{v}(x-vt)\right\}\\
\psi_y &= 0, \quad \varphi = 0
\end{aligned} \tag{5.48}$$

기반에서의 포텐셜은 다음과 같다.

$$\begin{aligned}
\psi_x &= -i\sqrt{1-\frac{v^2}{\beta_2^2}}\,D\exp\left\{\frac{-p}{v}\sqrt{1-\frac{v^2}{\beta_2^2}}\,z\right\}\exp\left\{\frac{ip}{v}(x-vt)\right\}\\
\psi_z &= D\exp\left\{\frac{-p}{v}\sqrt{1-\frac{v^2}{\beta_2^2}}\,z\right\}\exp\left\{\frac{ip}{v}(x-vt)\right\}\\
\psi_y &= 0 \quad \varphi = 0
\end{aligned} \tag{5.49}$$

여기서, C, C', D : 임의 상수

이 파에 기인한 변형은 u_y이며, 다만 이 파에 따른 응력은 $\overline{yz}$이다. 또한 이 모든 파는 x 축 방향을 따라 진행한다.

이 들 파동의 결과를 일련의 파로 나타내기 위하여 다음 경계조건을 만족해야 한다.

지표면에서 $\overline{xy}=0$

표층과 기반의 경계에서 $(u_y)_1=(u_y)_2$, $(zy)_1=(zy)_2$

이 경계조건은 3가지 未定係數 C, C', D의 3가지 연립방정식(homogeneous equation)으로 주어진다.

따라서 동시에 연립방정식 계수결정은 0이어야 한다. 그러므로 ν의 값을 결정하는 특성식은 다음과 같다.

$$\tan\left\{\frac{PH}{v}\sqrt{\frac{v^2}{\beta_1^2}-1}\right\} = \frac{\mu_2\sqrt{1-\frac{v^2}{\beta_2^2}}}{\mu_1\sqrt{\frac{v^2}{\beta_1^2}-1}} \tag{5.50}$$

ν의 고유치를 구하기 위하여 C, C', D의 比가 결정되어야 한다. 이 波를 러브파(Love wave)라 하며 러브파의 속도는 波長에 좌우되며 속도가 클수록 파장이 길어진다.

5. 進行波

평면파가 지표면에 비스듬하게 생기거나 표면파가 발생하면 지진파는 지반표면으로 진행한다.

이 경우 변형진동 이외에 그림 5.32에서와 같이 지표면에 회전진동이 발생할 수 있다. 회전진동은 비틀림 또는 흔들림진동을 고층구조물에 일으킨다. 그러나 회전진동에 대한 자료는 충분히 수집되어 있지 않으므로 지진시 지반의 회전진동은 금후 연구 되어야 할 과제이다.

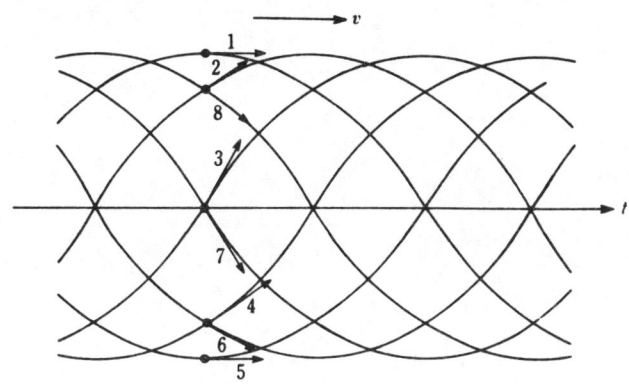

그림 5.32 지진시 지표면의 회전 진동

제 6 장　계획 지진동

6.1 概 說

지진시에 안전한 구조물이 되도록 하기 위해서는 설계시에 지진작용을 고려해야 한다. 이때 고려해야 할 지진을 計劃地震, 이로 인한 지반 진동을 計劃地震動이라고 한다. 설계시에 계획 지진동의 고려사항은 현재 구조물설계에 사용되고 있는 일반적 방법과 보조를 맞추는 것이 편리하다.

지진시에는 구조물을 구성하는 각 부분의 질량과 振動加速度의 곱과 같은 慣性力이 작용하며 이 관성력을 지진력 또는 地震荷重이라고 한다.

지진력은 수평과 상하방향의 2성분으로 나눌 수 있다. 일반적으로 구조물은 自重에는 저항하므로 연직력에 대해서는 耐力이 있으나 水平力에는 약하여 이에 견디지 못하고 파괴되는 경우가 많다. 따라서 지진시의 구조물에 작용하는 하중으로서 지진력의 수평성분만을 특히 중요시 한다.

그러나 흙구조물의 지진시 안정은 연직성분도 큰 영향을 받는다. 왜냐하면, 흙의 강도는 그의 중량에 의해 나타나는 것이며, 지진력에 의하여 연직방향으로의 중량이 감소되면 강도가 감소되기 때문이다. 따라서 상하성분은 흙구조물의 안정에 큰 영향을 준다. 이 경우는 상하방향성분도 수평성분과 마찬가지로 흙구조물의 안정에 매우 중요하다.

지진력을 알기 위해서는 지진시에 구조물의 각 부분에 생기는 가속도를 알아야 하는데 이것은 지반진동과 구조물의 力學的 特性으로부터 정해진다. 따라서 첫째는 지진시의 지반동을 알아야 하며, 둘째는 이로 인해 일어나는 구조물의 진동을 구하는 방법을 알아야 한다. 本 章에서는 첫째문제를 다루고, 둘째문제는 다음에 다루기로 한다.

계획 지진동의 역학적성질을 특징지우는 인자는 變位, 速度 및 加速度, 진폭의 크기와 파형이다. 진폭의 크기는 진폭 분포의 항으로 표시할 수 있으며 그 분산과 최대치는 중요한 특성치이다. 또 波形은 지진동기록의 調和 分析에서 얻어진 진폭 및 位相스펙트럼으로 표시할 수 있으며 그 주요주기, 周期帶域(frequency band width)이 중요한 특성치이다.

計劃地震動의 강도를 나타내는 지수로써 最大加速度, 스펙트럼강도, 지반의 최대변위를 항상 고려해야 한다. 脆性構造物(brittle structure)의 균열이나 파괴시, 지반동의 최대가속도가 때로는 피해 정도를 결정하는 인자가 된다. 그러나 延性構造物(ductile strcture)이 항복 후 붕괴될 때 지반동의 스펙트럼 강도가 결정인자로 검토된다. 이 때 지진의 지속시간은 역시 피해에 중요한 인자가 된다. 철도 궤도의 큰 변위는 기능적 피해이며 이 때 최대 변위가 결정적인 인자로 된다.

지진이 많은 지역에서 구조물이 耐用年限내에 받는 파괴적 지진의 수는 매우 적고 그 때 지반의 진동상황은 지진마다 차이가 있어 정할 수 없다. 이러한 문제를 결정하는 일반적인 방법은 통계해석이 있으나 실제로는 파괴적 지진이 적으면 통계적인 해석에 어려움이 있다. 이들 어려움에도 불구하고 計劃地震動은 내진설계의 기초적인 문제이므로 지속적으로 연구되어 왔다.

오늘날 중요 구조물은 다음 2가지 지진조건 하에서의 안정성을 검토해야 한다는 의견이 일치되고 있다.

① 계획 기본 지진 : 구조물의 예상 수명내에서 적어도 한번은 발생될 것으로 믿는 지진이다. 구조물이 이 규모의 지진을 받으면 중요한 피해는 발생되지 않는다.
② 최대로 확실한 지진 : 발생 가능하다고 예상되는 지진중에서 현지에서 가장 강한 진동이 일어나는 지진, 구조물이 이와 같은 지진을 받으면 약간의 피해는 발생하나 파괴되지는 않는다.

계획 기본 지진의 결정은 지역에서 예상되는 지진의 최대강도, 지반표면층의 구조등과 같은 물리적 조건이 기초 자료가 된다. 그러나 이들이 인자의 전부는 아니다. 기타 인자로서는 社會的 조건과 經濟的조건이 당연히 추가되어야 한다.

지진 피해가 인간의 생명에 중대한 위험을 주지 않을 때 구조물의 수명은 經濟性을 바탕으로 결정되어야 한다. 다음 사항은 잠정적 제안을 요약한 것이다.

토목구조물과 같은 공공시설인 경우 그 지역의 개개 구조물의 경제적인 안정성 보다는 지역내의 모든 시설의 포괄적인 경제적 안정성을 고려하는 것이 더 바람직하다.

안전성이 구조적, 경제적으로도 같은 정도인 구조물을 고려할 때(이하 S로 표시한다.) 지진 조건이 유사한 지역내에서 이 구조물의 수 N가 있다고 가정한다. 이들 구조물은 지진이외의 원인 즉 피로, 마모 등으로 매년 減價하므로 1년간 몇개소는 폐기하여 대체 해야한다. 이 수를 n이라고 표시 한다. S를 1개 시설하는 사업비를 1년당 q, S를 1개 건설하므로 생기는 純利益을 년간 P, S가 지진재해로 1개 파괴 됨에 따른 간접손실을 년간 r로 표시 한다. 이들 구조물은 설계지진 강도(I)보다 크면 파괴되므로 만약 지난 T년 중에 그 이상의 지진이 1회의 비율로 발생했다면 1년간 N/T 구조물의 지진피해를 받게 되는 것이다. 경제성장을 고려하지 않으면 연속적인 경제활동이 지속되기 위해서는 다음의 관계가 있다.

$$(n + \frac{N}{T})q + \frac{N}{T}r = Np$$

n는 N에 비례한다고 가정하면 다음과 같이 나타낼 수 있다.

$$n = fN$$

$$(f + \frac{1}{T})q + \frac{r}{T} = p$$

$$\therefore T = \frac{1 + r/q}{p/q - f} \tag{6.1}$$

따라서, p/q, r/q 및 f에 의하여 위의 식으로 결정된 T를 耐用年限으로 하여 T년 동안의 기대치의 설계진도로 설정하면 안정적인 경제활동을 지속적으로 수행할 수 있다.

Kuribayashi 는 이들을 일부 수정하여 道路改良工事에 적용을 시도하였다.

N : 도로의 총 길이(km)
n : 개량 구간의 길이(km / yr)
p : 도로 단위길이당 건설비(Won / km)

q : 도로를 1 km 건설에 따른 년간 순이익(Won / km / yr)
r : 도로 1 km 당으로 환산한 간접손실액(Won / km)
T : 도로의 耐用年限(yr)
τ : r / p (yr)
f : n / N (1/yr)
라고 하자

위의 식에 이들 인자를 대입하면 다음과 같다.

$$T = \frac{1+\tau\,(p/q)}{p/q-f}$$

1964년 Niigata 지진시의 손해액을 예를 들어 보면 이 지진에 의한 間接損害額은 1,221억엔으로 추산되었다. 이익을 $p/q = 0.1$이라 하면 조기투자의 상환연수로 볼 수 있는 τ는 1급 국도에 있어서 $N = 27,728$ km, n = 1,854 km/yr, $f = 0.067$이다. 이들의 값을 윗 식에 대입하면 T는

$$T = \frac{1+9.4\times 0.1}{0.1-0.067} = 58.7(\,yr\,)$$

이 된다.

6.2 설계 지진 강도

구조물의 耐震設計 대상 지진의 결정에 있어서 계획기본지진과 가장 신뢰성 있는 지진의 설정은 매우 복잡하다.

구조물의 수명이 짧거나 이들의 파괴로 인한 피해가 중요하지 않을때 短期反復地震을 계획지진으로 설정하는 것이 좋다. 振動數와 이 지진의 규모는 기록을 참고한 역사적 시간을 통한 지진을 조사하여 충분히 신뢰성 있게 결정해야 한다. 반대로 구조물의 수명이 길거나 이들의 파괴로 인한 피해가 심할때 長期反復地震을 계획지진으로 설정해야 한다. 이들 지진은 역사 이전의 지진까지 추적하여 조사해야 하며 단층과 기타 地體構造 현상을 조사해야 한다.

1. 역사적 자료를 이용한 조사

고대이래 문명화된 지역에서의 역사적 자료를 참고로 이용하여 과거의 지진발생상황을 추정할 수 있다. 그러나 과거 기록은 경우에 따라서 부정확과 오류도 있다. 따라서 지진강도의 추정식을 이용하여 진앙 및 규모를 확인해야 한다. Kawasumi는 이 방법으로 日本의 과거 지진을 연구하였다.

또한 우리나라도 전역에 걸친 지진 가속도의 豫測圖를 통계적 방법으로 작성하였다. 이는 여러 지역에 건설할 구조물에 대한 계획지진강도를 결정하는 기준으로 이용되고 있다.

그러나 과거 지진기록의 부족으로 항상 안정된 판단을 할 수 없다. 한동안 지진이 매우 활발하였으나 100~200년의 장시간 경과 후에 일반적으로 아주 지진이 조용한 지역도 있다.

과거에 지진이 없었던 지역은 일반적으로 매우 안전한 것으로 생각할수도 있었으나 지진은 때때로 발생하며 위에 기술한 바와 같은 특성을 갖는다.

인도의 Decan高原은 先캠브리아 紀에 이루어진 대략 두께 2,000m인 Mesozoic 紀의 현무암으로 덮인 광대한 平原(table land)이다.

과거에는 아주 안전한 지역으로 생각되어 왔으나 지난 50년 동안 이 지역에 유례 없는 强震이 발생한 사실을 보아도 알 수 있다. 이 지역 구조물은 耐震設計를 고려하지 않고 건설되었다. 1966년 12월 Koynanagar 에서 $M=7$의 지진이 발생하였다. 진앙에 가까운 대부분의 가옥이 파괴되었으며 엄청난 부상자를 내었다. 이 때에 UNESCO 가 실시한 조사 결과에 의하면 Bombay 에서 Goa 에 이르는 Decan 고원을 따라 Arabian 海를 지나는 地震帶로 확인되었다.

1618년 Bombay 부근, 1764년 Barad 부근, 그후 1966년 Koynanagar 에서 强震이 발생하였다. 즉, 지진대는 150~200년 주기를 두고 활동하는 것으로 보인다.

1979년 6월 2일 남서부 오스트리아에서 $M=6.4$의 强震이 발생하였으며, 눈에 띄게 斷層이 나타났다. 이 지역은 그 당시까지 지진기록이 없었던 곳이다. 유사한 지진이 세계곳곳에서 발생하였으며, 과거의 지진자료만으로 부터 장래의 지진을 예측할 경우 지진 발생 가능성은 언제든지 있다.

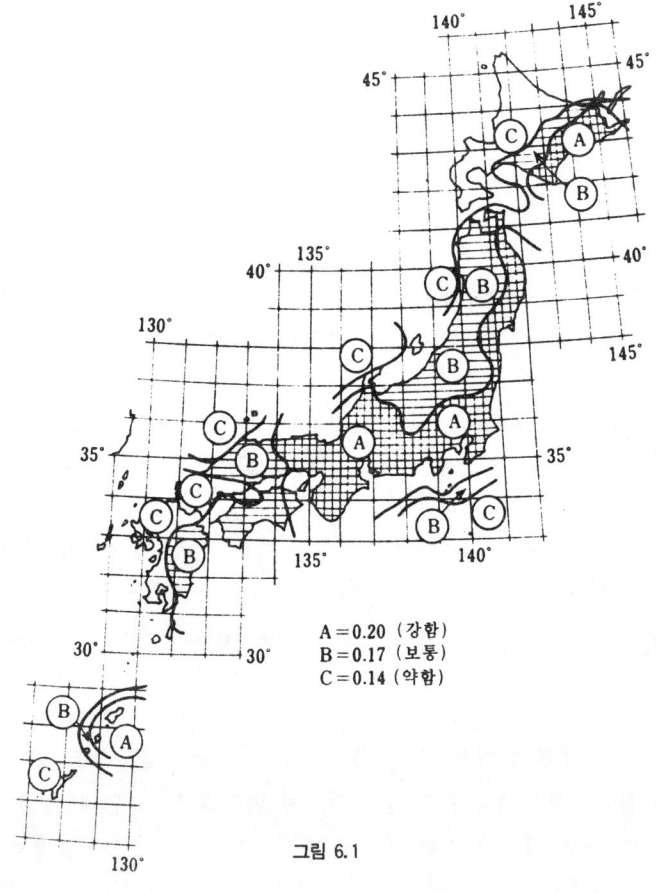

$A=0.20$ (강함)
$B=0.17$ (보통)
$C=0.14$ (약함)

그림 6.1

Kawasumi의 등고선도와 기타자료를 토대로 日本의 建設省이 제안한 設計基本地震强度의 등고선도의 예는 그림 6.1과 같으며 등고선도에 대하여는 다음에 기술하고자 한다.

2. 地體構造에 의한 조사

주요구조물을 설계하기위한 설계자료로서는 가장 신빙성이 있는 지진기록을 사용해야 하나 역사적 지진자료만으로는 결정할 수 없고 地體구조의 조사결과도 동시에 참고해야 한다. 斷層調査는 지형도나 항공사진, 시험굴(dredging pit)을 포함한 현지조사에 의하여 실시해야 한다. 이 조사에 따라 단층의 위치, 특징, 활동등을 알아 낼 수 있다.

이러한 단층은 과거의 단층운동흔적만이 있으며 현재는 地體構造運動이 독립되어 있는 단층이다. 또 어떤 종류의 단층은 현재 활동중이며 앞으로도 활동가능성을 가지고 있다. 후자는 공학적 관점에서 보다 더 중요하다.

日本의 活性斷層 調査團은 전국에 걸쳐 단층을 조사하여 1980년 "활성단층"이라는 책을 발간한 예가 있다. 이 책에서 일본의 섬들은 經度와 緯度를 123개 구역으로 나누었으며 각 구역도는 위치, 거리, 단층 및 과거 지진의 진앙, 단층의 활동 등을 표시하였다. 물론, 중요 구조물 설계에 있어서 구조물 부근에 위치한 단층의 특성은 현장관측에 의하여 조사해야 하나 일본의 "활성단층" 또는 이와 유사한 서적은 설계자에게 많은 정보를 제공하고 있다.

그림 6.2는 미국 서부지역의 加速度係數와 관계되는 有效最大加速度와 이에 대한 等高線圖를 보인 것이다. 이것은 역사자료와 지체구조 자료를 토대로 하여 그린 것이다. 유효최대가속도와 관련가속도계수는 지진의 지속시간이 길고 지반동이 다소 작은 지역에 이용된다.

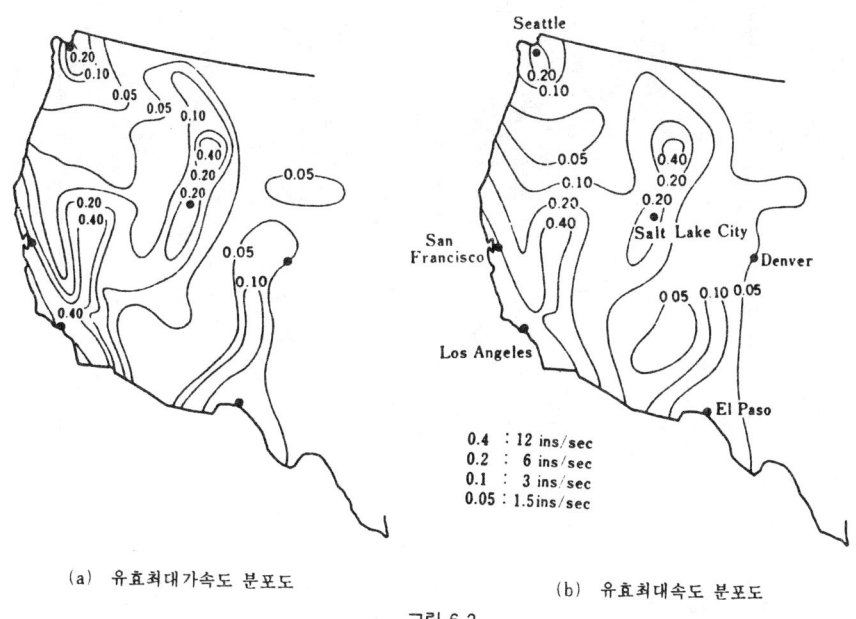

(a) 유효최대가속도 분포도   (b) 유효최대속도 분포도

그림 6.2

3. 우리나라 내진설계용 지진 위험구역도

우리나라의 地震危險圖에 관해서는 주로 원자력 발전소 건설을 위하여 많은 연구가 이루어져

왔다. 지진위험분석을 위해서는 지진공학적 측면에서는 최근 전세계적으로 확률론적 방법을 사용하고 있다. 이 방법은 보통 어느 기간 동안에 다시 발생하는 再現期間(return period)을 산출하는 것이나 이러한 재현기간만으로는 실제 공학적 응용면에서 어려운 점이 많기 때문에 초과확률(exceeding probability) 개념이 되입되고 있다. 즉 구조물의 가치수명 기간(valuable life-time) 동안에 어느 일정한 耐震값 이상을 초과할 수 있는 확률을 구하는 것이다. 이 초과확률은 구조물의 중요도에 따라 범위의 한계를 조절 할 수 있다.

그림 6.3은 한반도에서 기대되는 最大地盤加速度와 最大粒子速度를 초과확률 10%를 기준으

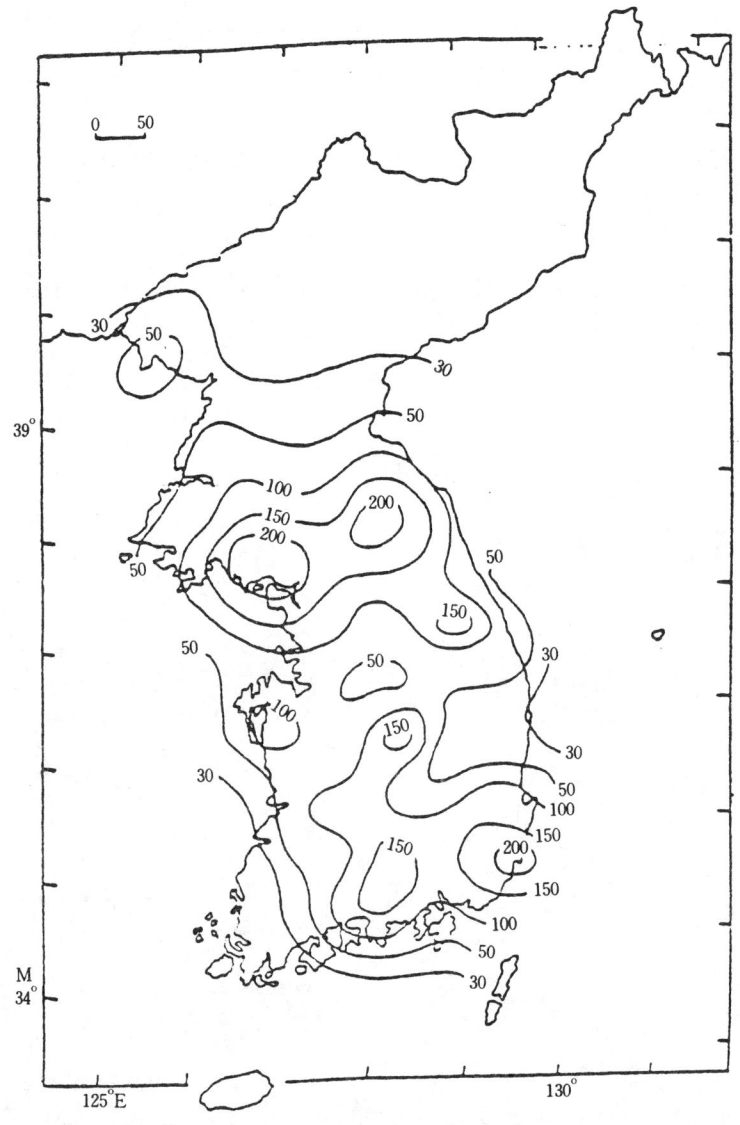

그림 6.3(a) 30년이내 초과 확율의 10%를 갖는 최대지반가속도(gal)

제 6 장 계획 지진동 143

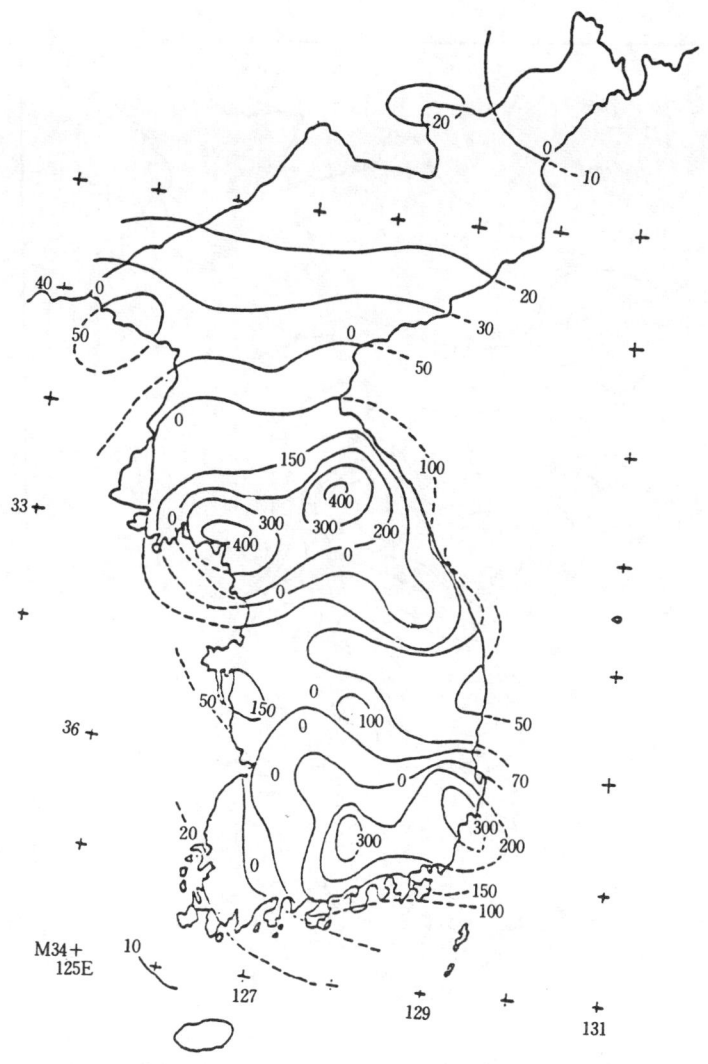

그림 6.3(b) 50년이내 초과 확률 10%의 최대지반 가속도(gal)

로 결정한 것이다. 즉 그림 6.3(a)에서 0.2g의 값은 앞으로 30년이내에 200gal 이상이 일어날 확률이 10% 되는 곳을 의미한다. 경우에 따라서는 最大地盤加速度 보다 最大粒子速度를 중요하게 사용할 수 있다(그림 6.3(c)참조). 왜냐하면 암반은 보통 가속도의 영향을 크게 받지만, 보통 지반에서는 속도의 영향이 크기 때문이다. 그림에서 最大地盤加速度와 最大粒子速度의 결정은 조선시대 이후(1406-1981) 규모 5이상인 역사 및 계기지진자료 모두를 활용하였다.

우리나라의 지진위험구역도(seismic zoning map)는 제1구역 및 제2구역 및 제3구역으로 나누었다. 제1구역은 강원도 지방(회양, 고성, 양구, 인제, 홍천 및 평창군)과 경상북도 일부(울진,

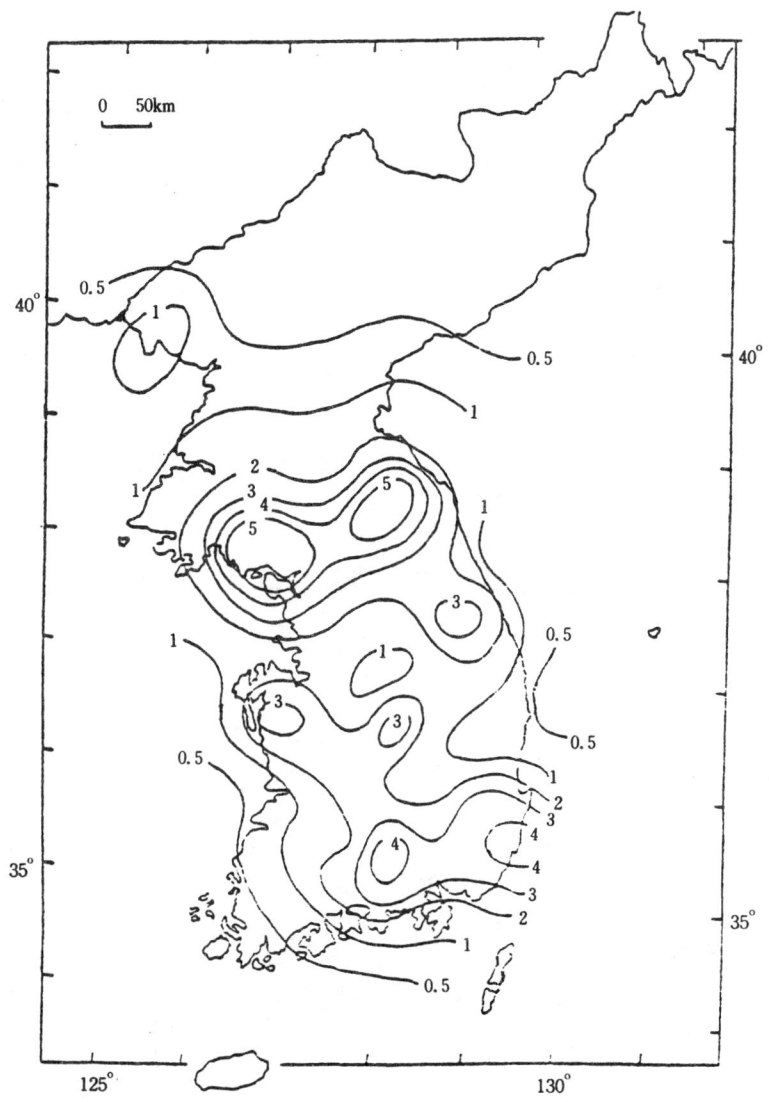

그림 6.3(c) 30년 이래 초과 확률10%를 갖는 최대입자속도(kine)

영덕군), 전라남도 및 제주도를 포함하여 MM Ⅶ을 나타내며 최대지반가속도는 0.08g이다. 그리고 나머지 지역은 제2구역으로 진도는 MM Ⅶ 이상이며, 최대지반가속도는 0.16g이다. 동해안의 강원도 지역이 제2구역에 포함된 것은 동해에서 빈번히 발생하는 지진에 의한 쓰나미 피해를 고려했기 때문이다.

그리고 이 밖에 제3구역으로 최대지반가속도 0.25 g 를 제시하고 있다. 이러한 제3구역은 단층지대나 연약 지층과 같이 지반조건이 내진에 부적합하다고 판단되는 지역으로 구조물의 중요도에 따라 정밀조사를 하여 제3구역의 여부와 범위를 결정할 수 있다. 이러한 지역조사는 폭발

제 6 장 계획 지진동 145

지진학(explosion seismology)의 일부로 인공지진을 일으켜서 관측하는 P波, S波의 직접 파, 굴절 및 반사파를 정밀하게 분석하여 조사할 수 있다. 이러한 분설결과는 관심지역의 지층

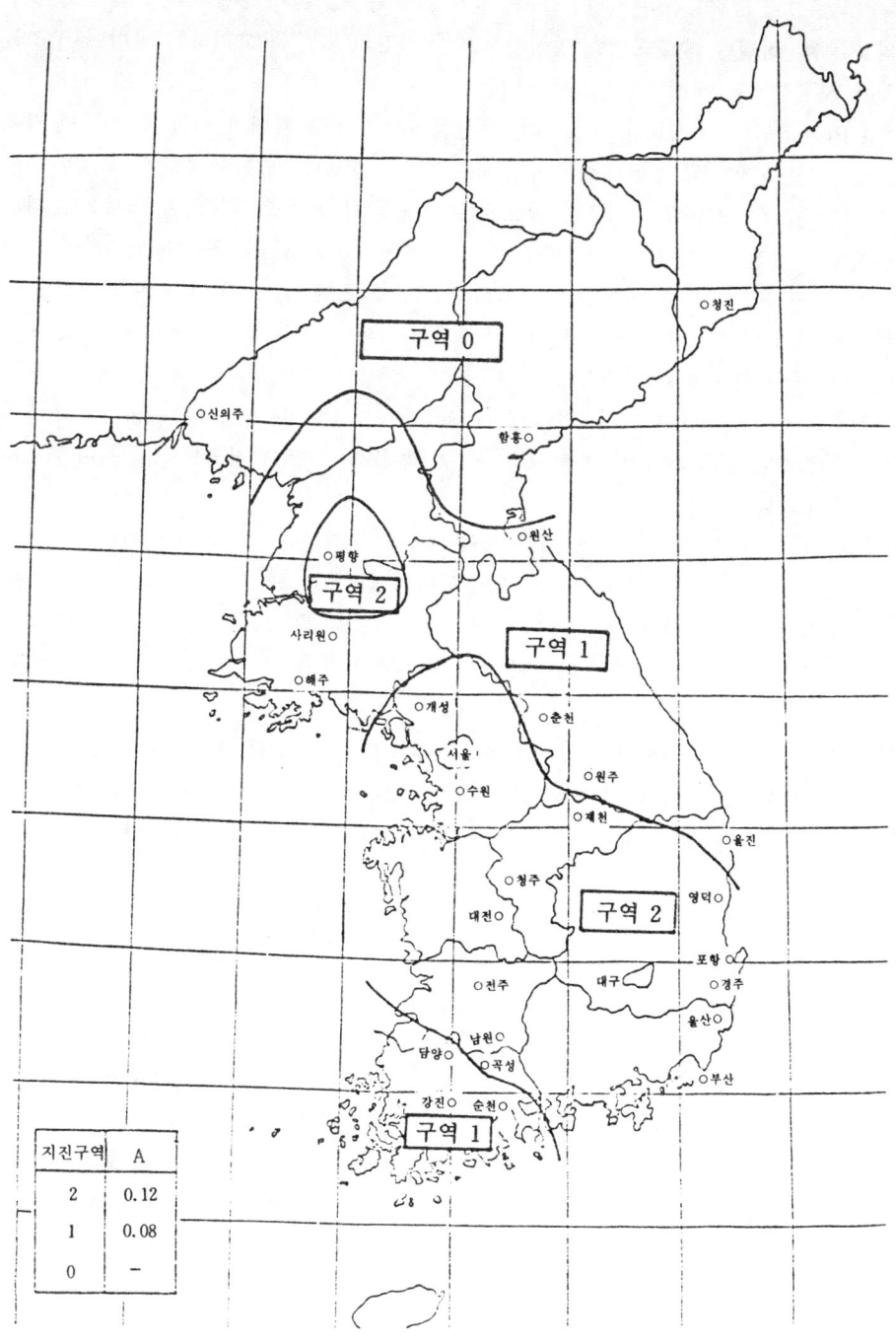

지진구역	A
2	0.12
1	0.08
0	-

그림 6.4 우리나라의 잠정적 지진구역도(건설부제정)

구조, 지반특성, 및 현지주기(site period)등을 앎으로써 제3구역의 지정요소를 곧 결정할 수 있다. 특히 현지에 活性斷層(active fault)이 지나갈 때는 당연히 제3구역으로 정해야 한다.

건설부에서는 그림 6.4와 같이 지역별 지진 발생 가능성등을 조사하여 지진 구역도를 설정하여 각각의 지역에 적절한 地域係數를 설정하므로써 지진의 영향을 고려하는 방법이 구조물의 내진 설계에 사용할것을 제시하였다.

미국의 UBC (United Buliding Code)는 각 지역에서 반영한 최대의 지진 및 지표면 가속도를 중심으로 지진 구역도 및 地域係數를 결정하였으며, 1978년에 처음 제정되어 그동안 수차례의 개정을 거친 ATC-3는 각 지역에서 앞으로 50년 동안에 발생할 가능성이 10%를 초과하는 지진을 중심으로 지진구역도 및 지역계수를 결정하여 사용하고 있다. 또 1986년 2월에 발간된 미국 육, 해, 공군 공용의 내진 설계 지침서에서는 50년에 초과할 가능성이 10%인 지진을 기준하여 건물의 붕괴에 대한 검토를 하도록 함으로써 두가지의 방법을 함께 사용하지만 그 근본 원리는 ATC-3에 근거하고 있다.

美 동부지역에서는 1989년에 BOCA(Building Officials and Code Administrators)를 적용하고 있다. 그리고 1990년에는 Tennssee州의 Memphis 灣에서는 표준빌딩코드(Standard Building Code)를 채택하고 있다.

지역계수의 결정 즉, 각 지진 구역에 대한 지역 계수를 결정하는 인자는 최대지반 가속도, 강진기간, 진동수 성분, 지반최대가속도 발생빈도 등이며 MM Ⅴ, Ⅵ, Ⅶ에 상응하는 최대지반 가속도를 사용하게 되는데 MM Ⅵ이면 최대 지반 가속도는 $0.033 \sim 0.08g$ 범위이고 MM Ⅶ이면 $0.08 \sim 0.14g$의 최대 지반 가속도를 나타내며 MM Ⅷ이면 $0.01 \sim 0.31g$의 최대 지반 가속도를 갖는다.

따라서 지진 구역 1, 2에 대한 지역별 최대지반가속도를 각각 $0.08g$와 $0.014g$로 생각할 수 있다. 각 구역의 地域係數는 이러한 최대지반가속도를 근거로 하여 설정 되는데, 지진 구역 1과 구역 2에서의 최대 지반 가속도를 각각 $0.08g$과 $0.14g$로 설정하면 지진구역 1은 미국 UBC의 지진 구역 1과 같은 정도의 지진 영향을 받는 셈이 되며, 지진 구역2는 미국 UBC의 지진구역 1과 2의 중간정도의 지진 영향을 받는 셈이 된다. 그러나 내진 설계에 사용되는 설계용 지진의 설정을 위한 지반가속도의 최대치는 실제의 최대가속도가 나타난 有效最大地盤加速度이며 이것은 각각의 지진에 대해 일일이 결정해야 할 값이지만 강진 기간이 짧고 지반이 단단한 경우에는 일반적으로 실제 최대 지반 가속도보나 대략 15% 정도 낮게 설정하는 경향이 있다. 이들을 종합적으로 고려하여 건설부에서는 잠정적으로 그림 6.4와 같이 지진구역 0에서는 내진 설계가 필요없고, 지진구역 1과 2에서는 地域係數를 0.08과 0.12를 사용할 것을 추천하고 있으며, 앞으로 지진에 관한 자료를 더욱 세밀히 분석하고 또 지진이 발생하면 이에 따른 피해를 조사 분석하여 필요하다고 판단이 되면 구조물이 내진설계에 사용될 지진 구역도 및 地域係數는 조정 되어야 할 것이다. 그리고 0구역은 지진의 안전지역이라고 생각하여도 무방하다.

6.3 진앙거리를 갖는 지진강도의 감쇠

1. 일반사항

지진규모가 클수록 또는 震源에서의 거리가 가까울수록 현지의 지진강도가 더 강하다는 것은 경험으로 부터 잘 알려져 있다. 이에 의하면 震源에서 지진규모와 거리는 현지의 지진강도를 결정하는 주요 인자임을 알 수 있다. 이 인자와 더불어 지진파 경로의 지질과 진원 매카니즘은 현지에서 지진강도에 영향을 주나 이 영향은 아직 명확히 밝혀지지 않았다.

지반표층의 특성은 역시 지표면에서의 지진강도에 큰 영향을 준다. 지표면에서의 지진강도는 표층의 영향을 나타내는 修正係數를 곱하여 결정하며 또한 基盤岩에서의 강도에 의하여 결정된다. 따라서 기반암의 강도를 알아내는 것이 관심사이며 이는 지진규모와 진앙에서의 거리에 좌우된다.

2. 최대속도의 減衰

지진강도, 波形, 지반의 動的作用등에 대하여 지금까지 밝혀진 사항을 정리하여 計劃地震動의 스펙트럼을 결정하는 체계적인 방법을 Kanai 가 제안하였다. 즉,

① 구조물의 건설 지점에 가장 큰 영향을 준 과거의 지진을 참고하여 계획지진의 규모와 진앙위치를 정하고 진앙과 건설지점과의 거리 Δ를 구한다.

② 건설지점에서 $A_{m,\Delta}$의 최대변위 진폭(cm)은 식(2.4)에 의하여 구한다. 즉,

$$\log_{10} A_{m,\Delta} = M - 1.73 \log_{10} \Delta - 3.17$$

③ 지진동의 최대변위 진폭 $\bar{A}_{m,\Delta}$는 최대변위 스펙트럼진폭 $\bar{A}_{m,\Delta}$와 같다고 가정한다.

$$\bar{A}_{m,\Delta} = A_{m,\Delta}$$
$$\therefore \log_{10}\bar{A}_{m,\Delta} = M - 1.73 \log_{10} \Delta - 3.17$$

④ 최대변위 스펙트럼을 갖는 진동의 주기 T_m은 식(2.17)에 주어졌다고 가정한다. 즉,

$$\log_{10} T_m = 0.39 M - 1.70$$

⑤ 진앙으로부터 Δ거리의 위치에서의 최대변위 스펙트럼진폭을 갖는 성분진동의 속도 스펙트럼 $\bar{V}_{m,\Delta}$는

$$\bar{V}_{m,\Delta} = 2\pi \frac{\bar{A}_{m,\Delta}}{T_m}$$

$$\therefore \log \bar{V}_{m,\Delta} = \log_{10} 2\pi + \log_{10} \bar{A}_{m,\Delta} - \log_{10} T_m$$
$$= 0.80 + (M - 1.73 \log_{10} \Delta - 3.17) - (0.39 M - 1.70)$$
$$= 0.61 M - 1.73 \log_{10} \Delta - 0.67$$

⑥ 지진동의 속도스펙트럼은 진동성분의 주기와 관계 없이 일정하다고 가정한다. 이 일정치를 $\bar{V}_\Delta$이라 표시하면 다음식과 같다.

$$\bar{V}_\Delta = \bar{V}_{m,\Delta}$$

$$\therefore \log_{10} \bar{V}_\Delta = 0.61 M - 1.73 \log_{10} \Delta - 0.67$$
$$\therefore \bar{V}_\Delta = 10^{0.61 M - 1.73 \log_{10}\Delta - 0.67} \tag{6.2}$$

이것이 基盤에서 최대속도 스펙트럼의 감쇠공식이다.

식(6.2)를 진앙거리가 100km 보다 가까운 경우 이용하는 경우는 문제가 있다. 왜냐하면 식(2.4)는 진앙거리가 대략 100 km 이상에서 측정한 자료를 토대로 한 공식이기 때문이다. 1965년 日本 Matsushiro 群發지진시에 진원거리가 가까운 많은 지진기록이 얻어졌는데 그 자료를 추가하면 식(6.2)는 다음과 같이 수정 된다.

$$\bar{V}_\Delta = 10^{0.61 M - \left(1.66 + \frac{3.60}{\Delta}\right)\log_{10}\Delta - \left(0.631 + \frac{1.83}{\Delta}\right)} \tag{6.3}$$

3. 스펙트럼 강도의 감쇠

표 2.2에서 다음과 같은 지표면에 대한 지진동의 스펙트럼강도의 감쇠 공식이 유도된다.

$$\log_{10} SI = 0.759 M - 0.867 \log_{10} \Delta - 2.498 \tag{6.4}$$

여기서, Δ : 진앙거리(km)

4. 最大加速度의 감쇠

1) 국제지진공학회에서 제안한 그래프

어떤 거리에서 지반동의 최대가속도의 감쇠는 공학적으로 매우 중요한 의미를 지니며 몇몇 권위자들이 이에 대한 공식을 제안하였다. 그러나 물체의 성질에 따라 가속도는 진앙거리 뿐만 아니라 진원매카니즘과 지질의 傳達經路 특히 傳達經路의 최종단계에서 암반의 불균일성에도

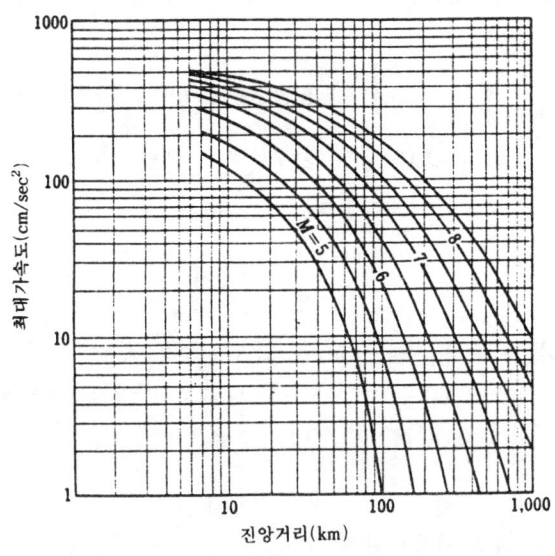

그림 6.5 IAEE가 제안한 지진가속도의 감쇠곡선

의존한다. 왜냐하면 일반적으로 高周波(high frequancy)진동 성분은 매우 큰 가속도를 갖기 때문이다. 따라서 여러지점의 다른 위치에서 서로 다른 많은 지진기록의 통계적 과정으로 작성된 감쇠공식이 때로는 관측결과에 따라 넓은 分散을 나타내는 점에 유의 해야 한다.

국제지진공학회 소위원회는 지진코드의 기본개념(Basic Concept of Seismic Codes, 1980)인 모노 그래프를 작성하였으며 이는 그림 6.5와 같이 지진규모와 최대지반 가속도사이의 이상적인 평균관계를 보이고 있다. 이 그림은 많은 권위자에 의하여 수행된 연구를 참고로 하여 만든 것이나 모노그래프에서 다음 사항을 염두에 두어야 한다. 감쇠는 傳達經路인 지질의 균질성의 결핍, 혹은 균질성에 의한 영향 등을 받는다. 따라서 이와 같은 감쇠는 국가마다 다르다. 그러므로 각국에서는 지반진동 감쇠를 결정해야 한다.

2) San Fernando 지진의 관측

1971년 San Fernando 지진은 거리에 따른 감쇠의 統計的해석이 가능하도록 매우 광범위한 지역에 걸쳐 충분한 計器地震記錄을 만든 최초의 단일업적이었다.

이 단일사업을 위하여 Donovan은 지진규모와 震源매카니즘을 거리와는 독립적으로 감쇠효과에 대한 시험을 실시하였다. 그 결과 다음과 같은 감쇠공식을 제안하였다.

$$\begin{aligned} \text{암반지역} \quad A &= 1278300\,(R + 25)^{-2.77} \\ \text{충적지반} \quad A &= 205400\,(R + 25)^{-1.83} \end{aligned} \tag{6.5}$$

여기서 A : 최대가속도(gal)

R : 진앙거리(km)

이 공식은 암반지역이 충적지반보다 최대가속가 더 많이 감쇠하며 이것은 충적지반의 표층에서 지진파의 증폭현상에 기인하는 것으로 보인다.

3) Kinugawa 발전소에서의 지진 관측

Kinugawa 발전소가 있는 암반지반에서 지진관측을 5.3절에 기술한 바와 같이 실시하였으며 진앙거리와 최대가속도는 그림 5.16과 같았다. 수집 자료를 기초로 하여 1973년에 다음과 같은 감쇠공식을 제안하였다.

$$\log_{10} \frac{A}{640} = \frac{\Delta + 40}{100} (-7.604 + 1.7244M - 0.1036M^2) \tag{6.6}$$

또한 새로운 자료를 추가하여 1979년에는 다음과 같이 수정되었다.

$$\log_{10} \frac{A}{1000} = \frac{\Delta + 50}{100} (-4.93 + 0.89M - 0.043M^2) \tag{6.7}$$

여기서 A : 최대가속도(gal)

M : Richter 규모

Δ : 진앙거리(km)

거리를 고려한 감쇠는 전자의 식보다 후자의 식이 더 빠르다(그림 6.6 참조).

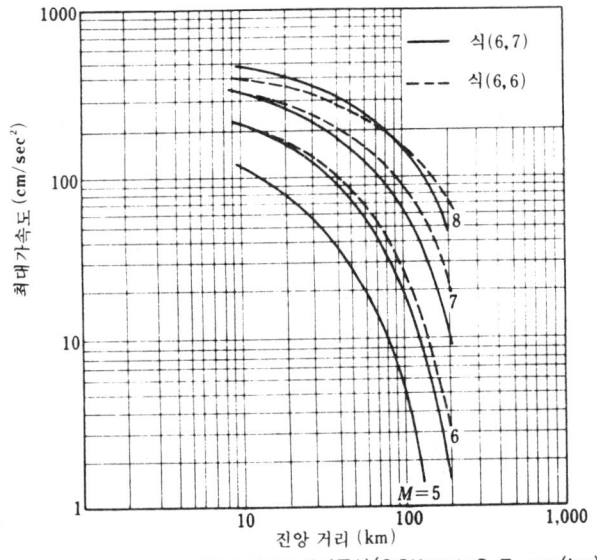

그림 6.6 지진가속도의 감쇠곡선(S.OKamoto,C. Tamura(km)

1978년 $M=7.4$인 Miyagiken-oki 지진시 암반지반에 대한 6개의 지진기록을 얻었다.

그 결과는 식(6.7)에 의하여 계산한 결과와 일치하였으며 Kanto북부지역에서 입수한 자료에 의하여 감쇠공식을 유도한 결과 Miyagiken지역의 지진가속도 감쇠에 역시 적용할 수 있음을 보여 주고 있다(그림 6.7 참조).

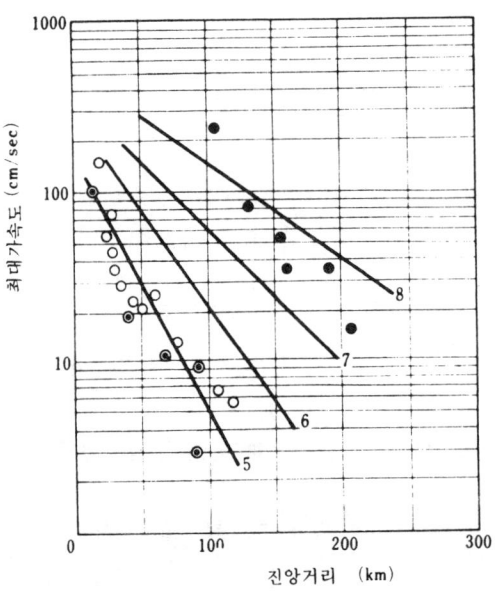

그림 6.7 암반지역에서 관측한 3개의 지진의 최대가속도
● Miyagiken-oki지진(1978. 6.12, $M=7.4$)
◉ Izuoshima-kinkai지진(1978. 1.14, $M=7.0$)
○ Izhanto-toho-oki지진(1980. 6.29, $M=6.7$)
직선은 식(6.7)로 계산한 수치임.

4) Kanto 남부지역의 지진관측

1978년과 1980년에 Kanto의 남부에서 $M=7.0$과 $M=6.7$인 2회의 大地震이 각각 다른 방향에서 발생하였으며 암반상의 수개 가속도 자료가 기록되었다. 그 결과는 그림 6.7이다. 여기서 최대가속도는 거리가 멀어짐에 따라 급속히 저하하였다.

이 경향은 식(6.7)과 일치하지 않았으며 최대가속도의 감쇠는 Kanto 북부지역과 Kanto 남부해저면과는 차이가 있음을 암시하고 있다. 1978년과 1980년에 Kanto 남부지진이 상대적으로 급속히 감쇠한 이유중의 하나는 震源地의 깊이가 각각 3 km 및 11 km로 비교적 낮다. 더우기 Kanto 남부지역에 太平洋板과 Phillippine 板이 복잡한 형태의 Eurasia 板 밑으로 貫入(subduct)하여 지진파의 전파가 특이한 점도 들 수 있다. 동시에 1943년 Fukui 지진으로 인하여 지진강도의 특이한 급속 감쇠의 면에서(그림 2.5 참조) 각국의 모든 지역마다 지진가속도의 감쇠법칙의 조사가 필요하다고 생각된다.

6.4 지진동의 파형

1. 일반사항

같은 지진이라 하여도 그 波形은 측정위치의 지반, 특히 표충지반의 차이에 따라 매우 다르다. 이는 잘 알려져 있는 바와 같이 그 연구성과가 설계에 도입되고 있다. 또 같은 지점에서 측정한 기록이라도 지진에 따라 波形이 매우 다르다. 현재 설계지진파형을 개정하는데에는 다음 2가지 경향을 고려하였다.

① 과거 지진기록의 이용
② 파형으로 나타낸 모델 지진동

이것은 發震機構와 震源에서 측정지점에 이르기 까지의 波動傳播經路가 다르기 때문이다.

2. 과거 지진기록의 이용

일반적으로 설계지진의 波形을 결정하기 위한 기초자료는 과거의 지진기록이며, 가능한한 많은 대표적인 지진파를 기록한 다수의 기록들이다. 그러나 현재까지 强震기록의 수집자료가 統計的방법으로 취급할 만큼 충분하지 않다. 따라서 과거 强震을 수정하지 않은 대부분의 기록을 사용하는 것이 사실이다. 그러나 이 경우는 다음과 같은 문제가 있다.

문제가 되는 지반과 유사한 지반상태의 위치에서 여러 가지의 지진기록이 수집될때 설계는 이 응답 중의 한가지에 대하여 실시한다. 이 경우 실제 지진파형의 차이를 고려할대 오차가 발생하지 않는다는 확신은 없다.

따라서 동시에 많은 地震波形에 대하여 광범위하게 둘러싸인 응답곡선이 검토되어야하며, 구조물은 이 응답에 대하여 안전하도록 설계되어야 한다. 이 경우 구조물의 안정성은 보장되나 불경제적인 설계가 되어 예기치 않은 사고가 발생되는 경우도 고려해야 한다.

다음은 다양한 지진동 파형을 나타낸 지진기록의 예이다.

지질 특성은 표 6.1에 제시하였다.

1) E1 Centro 지진기록

표 6.1

지진명	발생일자	관측지역	규모(M)	진앙거리(km)	최대가속도(g)	지역의 지질
Imperial Valley	1940. 5. 18	El.Cantro	6.7	50	0.32	점토
Kern Country	1952. 7. 21	Taft	7.7	30	0.17	롬·모래와 자갈
Tokach-oki	1968. 5. 16	Hachinohe	7.9	200	0.23	실트와 모래
Nicaragua	1972. 12. 23	Managua	6.2	4.0	0.36	화산재
Miyagiken oki	1979. 6. 12	Tarumizu	7.4	117	0.24	화산암

그림 6.8은 1940년 5월 18일 진앙 32.7°N, 115.5 W (Imperial Valley, California, 미국)

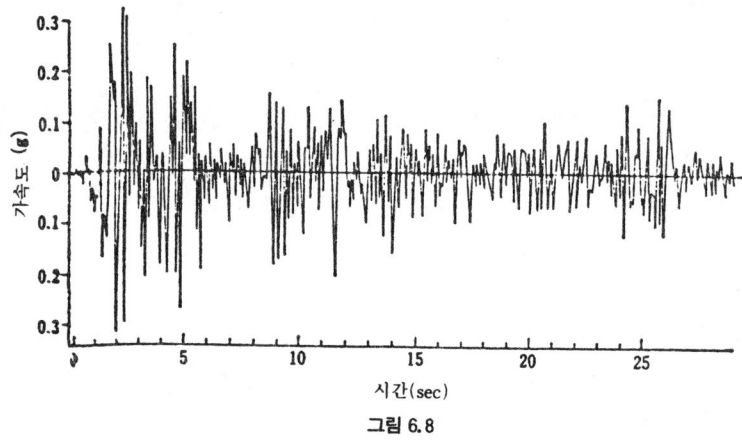

그림 6.8

에 일어난 $M=6.7$의 강진을 진앙에서 50 km 떨어진 El Centro 市에서 기록한 N-S 방향의 가속도 기록이다. 最大加速度는 0.32 g, 이 기록에서 계산된 最大速度는 34.8 cm/sec 最大變位는 21.1 cm 이다. 주요한 진동주기는 가속도파형에 대해서 0.5sec 및 1.0sec이며, 비교적 短週期의 파가 많이 포함된 지진파이다. 이 기록은 최대가속도가 큰 한편 初動部에서 尾動部까지 완전히 기록되어 있어 귀중한 자료로 인정하여 빈번히 大地震의 대표적인 것으로 인용되고 있다. 그러나 지진의 규모는 中정도이며 El Centro 灣에 대한 진도는 MM Ⅶ~Ⅷ으로 오래된 벽돌이 파괴된 정도로서 큰 피해는 없었음에 주의할 필요가 있다. 관측지점에 대한 지반은 표면에서 두께 20 m 의 점토층, 12 m 의 롬층, 그 아래층은 자갈, 모래, 점토로 구성된 층이다. P 波 전파속도는 점토층내에서 360 m/sec 그 이하의 층에서는 1800 m/sec 이다. 또한 이 지진에 의한 최대진도는 MM Ⅸ이며 Imperial Valley 에는 길이 65 km 의 단층이 나타났다. 최대수평변위는 4.5 m 이었다.

2) Taft 지진기록

그림 6.9는 1952년 7월 21일 진앙 35°00′N, 119°02′W(Kern, County, California, 미국)에서 일어난 $M=7.7$의 지진을 진앙부근의 Taft 마을에서 기록된 것이다. 최대가속도는 0.17g 이다. 주요한 주기는 가속도 파형에 대해서는 0.6~0.9sec 이며, El Centro 지진파보다는 長周期의 파를 많이 포함하고 있다. 관측지점에 대한 지반은 표면에 두께 12 m 의 롬, 모래, 자갈로 된 층이 있으며, 그 아래는 단단한 洪積層이다. P파 전파속도는 표면층내에서 360 m/sec 기반층내에서 1500 m 이다. 이 지진에 의한 최대진도는 MM Ⅸ Taft 에 대한 진도는 MM Ⅷ로 피해는 가벼웠다.

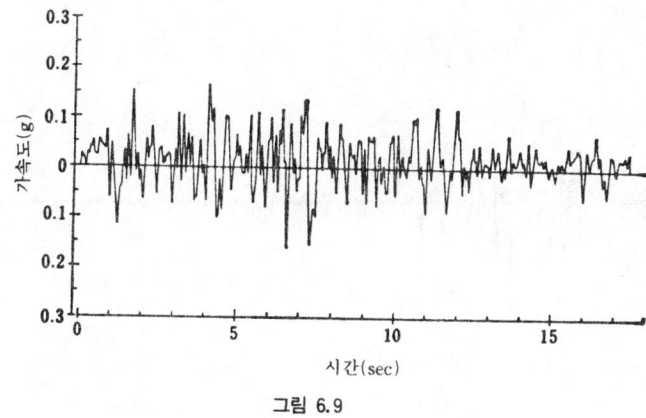

그림 6.9

3) Hachinohe의 Tokachi—oki 지진기록

그림 6.10은 Tokachi-oki 지진(1968년)시에 Hachinohe 에 있어서 기록된 것이다. 이 지진은 $M=7.9$의 대규모 지진으로 Hachinohe 진앙에서 약 200 km 떨어져 있다. 지진계가 설치된 지

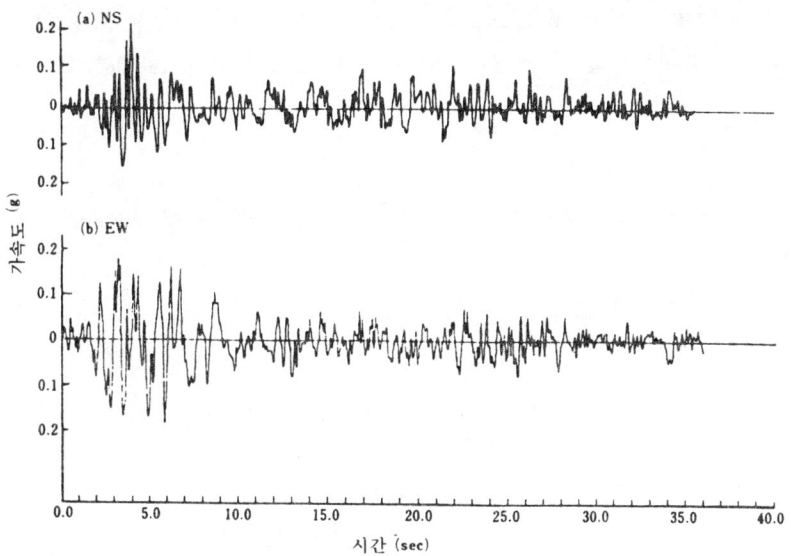

그림 6.10 Hachinohe의 가속도(Tokachi oki 지진 1968. 5. 16)

반구조는 실트와 수 m 깊이의 매립토로 성토한 모래층의 互層으로 구성되어 있다.

최대가속도는 N－S 0.23 g, E－W 0.19 g 이며 연직방향 0.12 g 이며, 주요 진동주기는 0.2~0.4 sec 이었다. 대부분의 철근콘크리트 건물은 심한 피해를 받았으며 Hachinohe 지방에서는 하천제방에 균열이 발생하였다.

4) **Nicaragua Managua의 지진기록**

Nicaragua는 活性火山地域에 위치하고 있으며 넓은 低地帶의 지역이다. 1972년 12월 23일 120°24′N, 86°06′W 에서 M＝6.2의 지진이 발생하였으며 그림 6.11에 나타낸 가속도기록은 진앙에서 남서 40 km 인 Managua 에서 측정된 것이다.

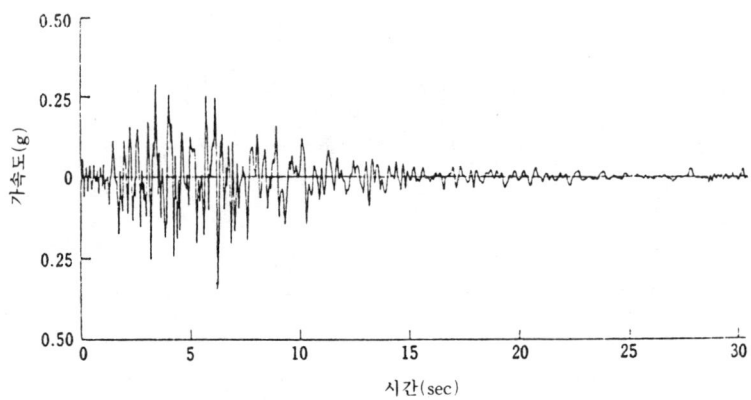

그림 6.11 Managua의 가속도(Nicaragua지진, 1972. 12. 23)

Managua는 Managua 호수의 남해안에 위치해 있으며 이 지역의 토질은 잘 다져져 있는 동시에 고결된 화산재이다.

地盤動의 最大加速度는 E－W 0.36 g, N－S 0.33 g, 연직 방향 0.31 g 이다.

많은 벽돌건물이 붕괴되었고 몇분사이에 10.000명이 붕괴된 더미(rubble)에 매몰되었다.

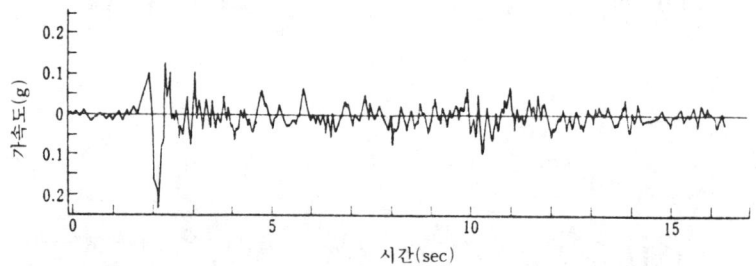

그림 6.12 Tarumiz댐 지점의 댐축에 평한한 가속도 Miyagiken지진(1978. 6. 12)

5) **Miyagiken-oki의 Tarumiz 댐 지점의 지진기록**

그림 6.12는 1978년 6월 12일 N 38.2°, 142.2°E 에서 발생한 M＝7.2의 지진의 진앙거리에서 117 km 에 위치한 Tarumiz 댐지점에서 측정된 기록이다.

最大加速度는 0.24 g 이었으며 最大速度는 20 cm / sec 最大變位는 3.4 cm 이다. 주요 진동주기는 가속도에 대하여 0.10~0.5 sec 이었다. 관측지점의 지반구성은 화산암이었다.

이들 5개지진파의 특성 비교하면 그림 6.13과 같다. 즉 그림 6.13은 5개 지진파에 의하여 구조물이 진동 하였을 때 固有周期 T 인 구조물의 最大應答速度를 보인 것이며 감쇠정수 h 가 0.05이었다. 각각의 應答曲線은 0.5< T <1.5 sec 범위로 거의 같은 값을 보였다. 그러나 5개의 응답곡선 사이에서 약간의 차이점을 보였다. Hachinohe 波는 긴 固有周期를 갖는 구조물에 대하여 최대응답 속도를 나타내며 Managua 波는 짧은 고유주기를 갖는 구조물에 대하여 큰 진동을 나타내었다. El Centro 波는 Hachinche 波와 Managua 波의 중간이었다. Taft 波와 Tarumiz 波는 탁월진동의 특정고유주기를 갖는 구조물에 주는 특성은 없으며 매우 넓은 범위에 걸쳐 고유주기의 구조물에 거의 동일한 정도의 응답속도를 나타내었다.

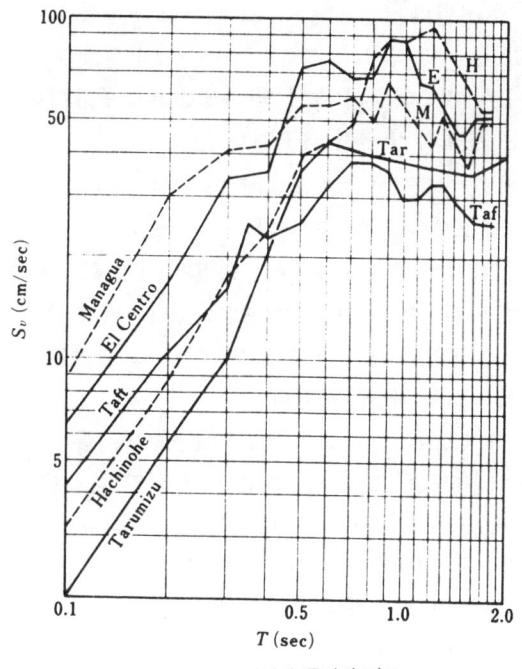

그림 6.13 지진파 특성의 비교

1923년 Kanto 지진은 Tokyo 에 前例없는 큰 피해를 가져왔다. 그러나 이 지역의 地盤動기록은 실패하였다. 다만 Tokyo 大學(Tokyo 中心部·洪積高原에 위치)에 설치된 舊型의 展示用 Ewing 형 변위 지진계가 2분동안 지진동의 주요부분을 기록하였다. 기록은 다소 결함이 있었으나 Nasu 와 Morioka 는 조사된 기록을 세심하게 검토하여 變位地震度를 재현하였다.

그림 6.14는 SW - NE 방향으로 재현한 변위 지진도를 보인 것이다. Ewing 형 지진계는 또한 SE-NW 방향으로 지진변위를 기록하였다. 이 기록은 SW - NE 방향보다 다소 큰 변위를 보였으나 이에는 많은 차이가 있어 재현하는데 부적합 하였다.
이 기록에 의하면 큰 변위를 일으킨 진동은 10~32 sec 와 63~82 sec 주기 사이에서 발생하였다.

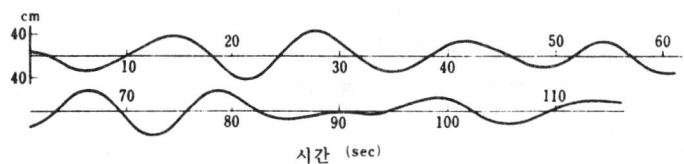

그림 6.14 Tokyo에서 SW—NE방향의 變位地震기록(Kanto지진 1923. 9. 1, M. Morioka)

主波(main wave)의 진동주기는 13~14 sec, 최대진폭은 40 cm 이었다. 이 기록을 토대로 速度 및 加速度 地震圖(acceleration seismogram)를 그린다. 가속도는 0~28 sec, 53~60 sec 및 64 ~84 sec 주기사이에서 두드러졌으며 최대치는 각각 392 gal, 150 gal, 369 gal 이었다. 가속도의 진동주기는 평균 0.26 sec 이었다.

3. 모델지진파를 작성하는 경우

앞에서 기술한 바와 같이 지진파형의 크기 및 파형은 여러종류이나 이와 같은 성질을 갖는 대상을 취급하기 위해서는 통계적 방법이 유효하다.

이 관점에서 개개의 지진기록은 하나의 母集團으로 부터 표본이라고 간주하고 母集團의 성질은 표본의 통계적 성질을 조사하여 알 수 있다.

실제로는 표본의 수가 적기 때문에 그 통계적 성질은 아직 확실치 않으나, 부족한 자료는 적당한 가정으로 보충하여 이미 하나의 체계가 수립되었다. 이때 주요한 가정은 다음과 같다.

① 지진동 파형의 진폭 변동은 정상적 확률과정이나 그 크기는 지진마다 다르지만 그 크기를 정규화하면 에르고딕 확률과정이다.
② 지진파형의 진폭은 Gauss 分布(Gaussian distribution)를 한다.
③ 지진파형의 진폭이 속도를 표시하는 파형인 경우 각 파장의 成分波를 균등하게 포함한 확률과정(ramdom process)이다. 즉 白色雜音(white noise)의 확률과정이다.
④ 强地震 진동의 지속시간은 판단에 따라 추정한다.
⑤ 强地震 진동의 지속시간은 아직까지 초보단계이다.

Housner는 다음 식을 제안하였다.

$$T = 11\,M - 53 \tag{6.8}$$

여기서, T : 强地震 지속시간(sec)

이상의 가정을 만족하는 파형을 基本地震波形이라고 한다. 이 가정을 토대로 지진동은 시간을 횡축으로하는 파형으로, 혹은 진동수를 횡축으로 하는 스펙트럼형에 의하여 결정한다.

1) 力積의 連打와 같은 지진파로 가정한 방법

힘이 구조물에 매우 단기간 작용하는 경우에 구조물이 받는 영향은 힘의 강도 그 자체보다도 힘의 강도와 그것이 작용하는 시간과의 곱으로 하는 것이 적당하다. 이것을 力積(impulse)이라고 한다. 지금 구조물에 작용하는 지진력을 그림 6.15와 같이 하나의 力積의 連打 (continuous blow)라고 가정하면 그 특성은 다음과 같은 조건을 토대로 결정한다.

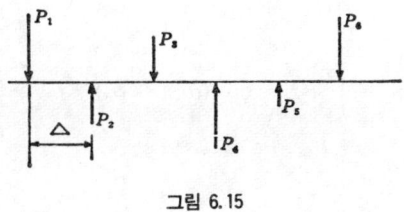
그림 6.15

① 連打의 성질은 변화가 없다.
② 連打의 시간 간격은 어느 짧은 일정 시간이다.
③ 連打를 구성하고 있는 각각의 力積의 크기 사이에는 相關性이 없다.
④ 連打 크기의 분포는 평균치가 0인 가우스 分布이다.

설정하려고 하는 지진파형의 평균 힘 σ^2는 力積의 크기 P라고 할 때 다음과 같이 결정한다. 力積 P가 일정시간 간격 Δ에서 N회 계속적으로 작용한다고 하면 그 힘은 $\sum_1^N P^2$이며, 단위시간당의 평균힘은 $\dfrac{1}{N\Delta}\sum_1^N P^2$이다. 따라서

$$\sigma^2 = \frac{1}{N\Delta}\sum_1^N P^2$$

$$\sigma^2 \Delta = \frac{1}{N}\sum_1^N P^2 \qquad (6.9)$$

그러므로 P는 가우스분포를 하는 확률변수라고 가정하고 있으므로 $\dfrac{1}{N}\sum_1^N P^2$은 그 分散이다. 따라서 P의 크기는 分散이 $\sigma^2\Delta$이 되도록 선택하면 된다.

이 가정에 따라 지진파의 모델을 만들 수 있다. 즉 分散이 $\sigma^2\Delta$인 가우스분포를 갖는 亂數(random number)로부터 추출한 값을 각각 力積의 連打로하면 이것이 구하는 지진파가 된다.

2) 조화급수를 갖는 지진파를 나타낸 방법

지진동의 속도는 다음의 조화급수(harmonic series)로 나타낼 수 있다.

$$v = \sum_1^N v_n \cos(\omega_n t + \phi_n) \qquad (6.10)$$

$$\omega_n = \frac{2\pi n}{T}$$

여기서 T : 시간
N : 적절한 크기의 整數(integer)

이 식에서 변수 ω_n을 횡축에 취하고, 종축에 v_n을 취하면 이것이 속도 진폭의 스펙트럼 표시이며, 종축에 ϕ_n을 취하면 이것은 位相差의 스펙트럼을 의미한다.

다수의 지진파형을 취하여 그 분포를 구하기 위하여 각각에 대하여 계산하면 v_n은 평균치가 0인 가우스분포가 된다. 또 이 분포의 分散은 가정 ④에 의하여 성분진동의 次數 n에는 관계없고, 그 값은 計劃地震波의 평균힘 σ^2으로부터 정해진다. 즉 범위 T에서 파형이 갖는 힘

은 다음식으로 구한다.

$$\sigma^2 T = \int_0^T v^2 dt = \int_0^T \left[\sum_1^N v_n \cos(\omega_n t + \phi_n) \right]^2 = \frac{T}{2} \sum_1^N v_n^2$$

$$\therefore \sigma^2 = \frac{1}{2} \sum_1^N v_n^2$$

다시말하면 v_n의 분산은 $\frac{1}{N} \sum_1^N v_n^2$ 이다.

윗식에서

$$\frac{1}{N} \sum_1^N v_n^2 = \frac{2\sigma^2}{N} \tag{6.11}$$

따라서 v_n값은 분산 $2\sigma^2/N$인 가우스분포를 갖는 확률 변수로부터 ω_n을 결정할 수 있다. ϕ_n의 값은 0~2π 사이에 일정하게 분포한다고 가정한다.

이제 ω_n에 대한 분산 $2\sigma^2/N$의 가우스분포를 이루는 亂數에서 v_n을 추출하고 0~2π 사이에 유사하게 분포하는 亂數에서 ϕ_n을 추출하여 $v_n \cos(\omega_n t + \phi_n)$을 얻으면 원진동수 (circular frequency) ω_n을 갖는 성분파형을 만들 수 있다. ω_n 값을 차례로 변화시켜 전과 같은 방법으로 이에 대한 성분파형을 만들며, 식(6.10)에 의하여 합계하면 이들이 하나의 標本地震波가 된다.

똑같은 방법을 반복하면 많은 지진파를 만들 수 있는데 이들은 하나의 母集團(sample population)에서의 표본이라 한다.

4. 모델 지진파의 修正

지금까지는 지진파에 대하여 비교적 대담한 가정을 하였다. 따라서 數式의 취급에는 용이하게 되었지만 이 가정이 실제 지진의 성질과는 문제가 있다.

1) 기반지진동을 백색잡음(white noise)이라고 가정하는 경우에 대한 수정

실제의 지진파는 진동수 특성을 갖는 경우가 많다. 그 원인의 하나로 표면층의 多重反射이다. 원인이 무엇이든 그 진동특성을 알고 있으면 진동수 특성을 갖는 필터는 기본지진파를 적용할 수 있다.

이 필터의 특성은 고유진동수 p와 감쇠정수 h로써 주어진다. 진동수 응답함수의 의미로서 다음과 같이 사용되는 경우도 있다.

$$F(i\omega) = \frac{1}{\left(1 - \frac{\omega^2}{p^2}\right) + 2ih\left(\frac{\omega}{p}\right)}$$

$$F(i\omega) = \frac{\frac{\omega}{p}}{\left(1 - \frac{\omega^2}{p^2}\right) + 2ih\left(\frac{\omega}{p}\right)}$$

필터삽입 波形의 힘스펙트럼과 기본지진파형의 힘스펙트럼 사이에는 다음 관계가 성립된다.

$$G_y(\omega) = |F(i\omega)|^2 G_x(\omega)$$

여기서, $G_x(\omega)$: 기본파형(original wave)의 힘 스펙트럼
$G_y(\omega)$: 필터삽입 후 파형의 힘 스펙트럼
$F(i\omega)$: 필터의 진동수응답 함수

그러나 필터삽입에 따라 힘의 평균이 변하므로 기본 波形의 값과 동일한 平均힘의 값을 얻기 위하여 필터 波形에 일정계수를 곱해야 한다.

2) 지진동의 非定常性에 대한 修正

실제 지진동에서는 그 主部만을 관찰하여도 비정상적인 경우가 많다. 이 비정상성을 計劃地震으로 취하기 위하여 보통은 시간과 함께 변하는 包絡線을 定常波形으로 간주하는 방법이 이용된다. 즉

$$y = E(t)S(t) \tag{6.12}$$

여기서, $S(t)$: 정상파형
$E(t)$: $S(t)$으로 간주하는 포락선

$S(t)$는 基本地震波形 또는 필요에 따라 修正하는 것이 보통이다. $E(t)$의 形은 $y(t)$를 받을 때에 구조물이 나타내는 응답이며, 가능한 한 실제의 지진시에 나타나는 응답과 유사하도록 결정한다.

Jenings는 여러가지 조건을 토대로 일어난 실제의 지진에 대한 구조물의 응답을 계산하여 이 결과에 적합하도록 $E(t)$를 정하였다. 이는 그림 6.16과 같은 形狀의 곡선이며 지진규모와 진앙거리에 따라 4가지의 형상으로 정리된다. 이 곡선을 그리는데 필요한 數値는 표 6.2와 같다.

地震波의 진동수특성은 또한 정상성은 없다. 변화하는 진동수특성을 조사하는 일반적인 방법은 時間軸을 조금씩 바꾸고 기본波形에 의한 鍾形을 갖는 윈도우함수(window function)를 곱하여 해석한다.

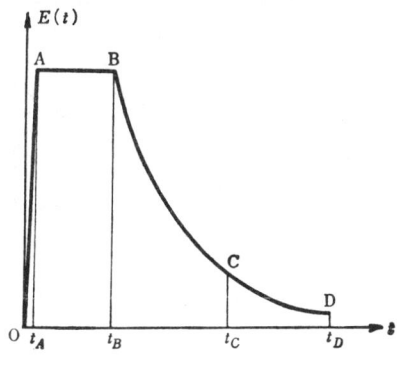

그림 6.16

표 6.2 함수 E(t)의 식

지진종별	t_A [sec]	t_B [sec]	t_C [sec]	t_D [sec]	곡 선 식			
					OA	AB	BC	CD
A	4	35	80	120	$\dfrac{t^2}{16}$	1.0	$e^{-0.0357(t-35)}$	$0.05+0.0000938(120-t)^2$
B	4	15	30	50	$\dfrac{t^2}{16}$	1.0	$e^{-0.0992(t-15)}$	$0.05+0.005(50-t)^2$
C	2	4	12	0	$\dfrac{t^2}{4}$	1.0	$e^{-0.268(t-4)}$	
D	2	2.5	3.5	10	$\dfrac{t^3}{8}$	1.0	$e^{-1.606(t-2.5)}$	$0.1+0.00237(10-t)^2$

주) 지진종별은 다음과 같다.
A : $M=8$또는 그 이상의 지진의 진앙부근
B : $M=7$의 지진의 진앙부근
C : $M=5.6-6$의 지진의 진앙부근
D : $M=4.5 \sim 5.5$의 淺發지진의 진앙부근

그림 6.17은 1940년 El Centro 지진파형의 진동수 특성을 보인 것이다. 波形의 초기부분에서 0.5 sec 와 0.9 sec 2개의 피크가 있으나 12 sec 후에는 없어지고 0.65 sec 의 피크만이 탁월하였다. 시간의 경과로 인한 지진파의 진동수 특성의 변화는 震源매카니즘과 관계되므로 統計的 방법으로 실제 설계를 위한 일반해를 얻기가 매우 어렵다.

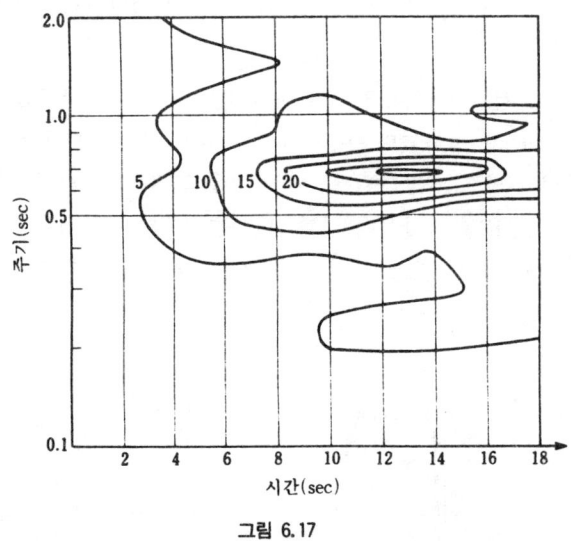

그림 6.17

6.5 震央部의 지진동

1. 지진강도

위에서 기술한 地震動의 성질은 震源에서 어느거리 떨어진 지점에서의 지진동에 관한 것이

다. 그러나 지진발생이 많고 국토가 고도로 개발된 나라에서는 중요시설부근에 지진이 발생할 빈도가 크고 이 경우 소규모지진을 제외하고는 토목구조물에 피해가 우려된다는 것이 경험적으로 알려져 있다. 따라서 震央부근의 强震特性을 정확하게 결정해야 한다. 지진시 진앙지에서의 강진의 강도를 예측하는 방법은 다음과 같이 여러가지가 있다.

1) 답사기록을 조사하는 방법

과거 지진의 답사기록을 조사하려면 진앙부근의 전도된 비석의 치수, 건물의 손상정도 등이 상세히 기록되어 있어야 한다. 이 기록에 의하여 그 장소에 대한 최대가속도의 개략적인 값을 추정할 수 있다.

그림 6.18은 이 방법으로 추정한 진앙부근의 최대가속도이다. 그림에 의하면 최대가속도는 규모 M 이 증가함에 따라 그 개략치의 上下限을 破線으로 표시하였다.

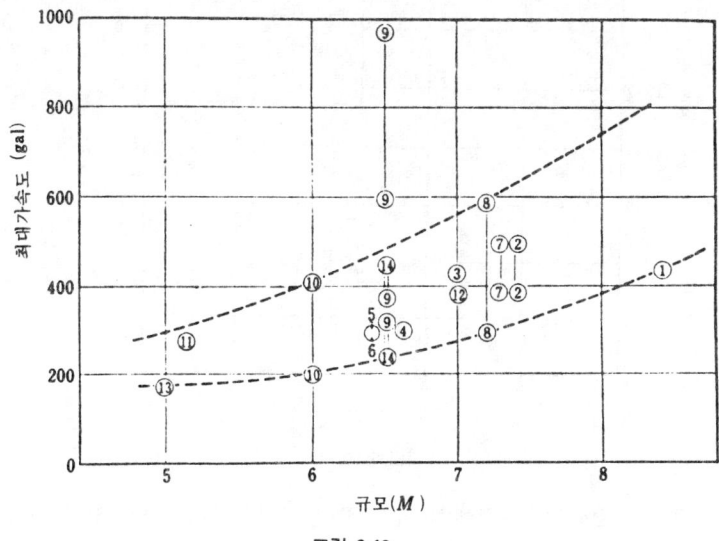

그림 6.18

1. Nōbi (1891)
2. Kita-Tango (1927)
3. Kita-Izu (1930)
4. Shizuoka (1935)
5. Nagano (1941)
6. Tottori (1943)
7. Tottori (1943)
8. Fukui (1948)
9. Imaichi (1949)
10. Futatsui (1955)
11. Nagaoka (1961)
12. Kita-Mino (1961)
13. Nagano縣의 북서부
14. Miyagi縣의 북부

이들 관계는 근사적으로 다음 식과 같다.

$$\begin{aligned}上限 \quad & \alpha = 12 M^2 \\ 下限 \quad & \alpha = 6 M^2\end{aligned} \tag{6.13}$$

여기서, α : 최대가속도(gal)

2) 强震計의 計測値에 의한 방법

지진 중심부에서 지진동의 波形과 强度는 强震計가 해당지역에 우연히 설치되어 있었을 때 정확히 알수있다. 이러한 경우는 드문일이나 斷層이 滑動을 일으키는 지역은 震源매카니즘에 대한 유용한 자료를 사전에 예측이 가능하며 진앙부근의 지진동은 예상되는 지역에 미리 地震

計器를 배치하여 얻는다. 1966년 Parkfield 지진의 진동과 1979년 Imperial Valley 지진은 San Andreas 斷層을 따라 지진계를 설치하여 성공적으로 기록된 바 있다.

그림 6.19는 Hudson에 의한 지진계 기록을 진앙지에서 수집한 가속도와 속도의 최대치를 나타낸 것이다. 이 그림에서 소규모 지진은 비교적 큰 가속도를 나타내며 진앙지역의 최대 가속도의 측정결과는 지진규모와는 독립적으로 대략 200 - 600 gal 이 된다. 이것은 규모가 클수록 보다 큰 최대가속도를 나타낸 그림 6.18과는 대조적이다. 최대가속도는 지진피해로부터 예측한 것이며, 그림 6.19에 나타낸 것은 지진계기록의 최대치이다. 그리고 큰 지진에서 本震(main shock)은 일반적으로 長周期를 나타내며 강진동은 구조물이 독립적인 최대가속도로 인하여 심한 피해를 받을 만큼 계속된다.

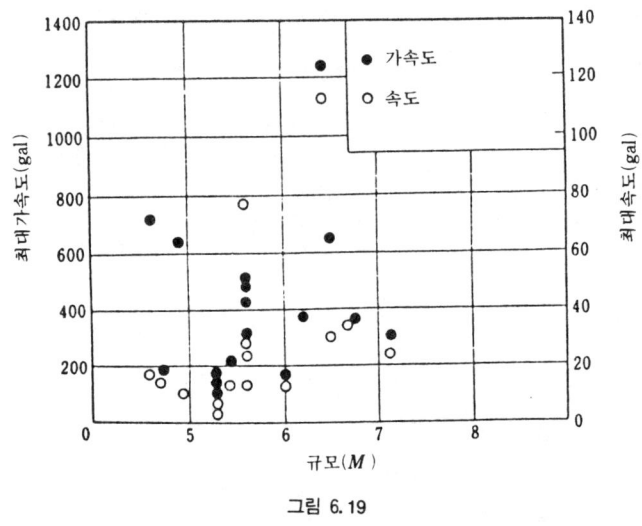

그림 6.19

위에 기술한 事例는 서로 다른 지역에서 여러 지진의 답사 및 관측의 결과이다. 그러나 진앙 부근에서 强震의 餘震을 관측한 예가 있다. Sawada 는 단단한 안산암 지질로 구성된 지역에서 발생한 Izu-oshima-kinkai 지진(1979년)의 여진($M=1.2 \sim 5.8$)을 관측하였다. 그리고 Guha 는 1967년 Koyna 댐현장에서 많은 餘震($M=1.0 \sim 6.0$)을 관측하였다. 이들을 관측한 결과 지진규모가 증가함에 따라 최대가속도는 증가한다는 것을 알 수 있다.

그림 6.18과 그림 6.19는 가속도가 1.0 g 에 달하는 强震의 예를 나타낸 것이다. 이와 유사한 현상이 1976년 이탈리아 북부 Friuli 지진에서도 보고 되었다. 1.0 g 이상의 加速度는 매우 강하여 그 힘에 의하여 物體가 튀어 오를 수도 있다. 그러나 이와 같이 매우 강한 加速度는 순간적이며 연성구조물에 구조적인 피해를 일으키지는 않는다. 그러나 취성재료의 구조물 즉 흙구조물, 취성암적 물체는 순간적으로 강한 충격을 받을 때 파괴될 수도 있다.

2. 震害

진앙부의 地震動은 진앙거리가 먼 위치보다 더 강하고 더 충격적이며 연직 가속도는 수평가속도와 같은 정도로 강할 수도 있다. 더우기 지진 발생 위치에 따라 强度와 波形의 특수성으로 매우 높은 지진 강도가 나타낼 수도 있다. 같은 시기에 다른 장소에서는 거의 피해를 받지 않는 반면 어떤 장소에서는 매우 높은 비정상적인 지진 강도가 나타날 수 있다.

지진발생빈도가 높은 일본을 비롯한 제외국에서 $M=0.5$내외의 지진 피해의 조사 결과는 다음과 같은 현상이 가끔 발생하였다.

① 地下水位가 높은 곳의 지반은 液狀化되기 쉽고 그 결과 건물과 제방 등은 침하하며 지하구조물은 浮上하는 경우가 있다.
② 경사가 험한 산비탈, 하천제방등은 소규모의 滑動이 일어난다. 지하층에 연약토층이 있을 때는 斜面이 완만한 경사일 일때에도 滑動이 일어난다.
③ 가옥은 기초의 수평이동, 벽체의 균열 등으로 매우 심한 피해를 받으며 지붕의 하중이 무겁거나 취성재료로 축조한 가옥은 붕괴된다.
④ 흙구조물은 피해를 받는다. 제방은 침하하거나 때로는 느슨해져서 파괴한다. 최근의 기술로 設計施工한 제방, 댐은 붕괴되지 않으나 약간의 침하를 피할 수 없다.
⑤ 연약지반에 건설한 항구, 항만구조물은 不等沈下하며 滑動을 일으킨다.
⑥ 水道施設은 심한 피해를 받는다.
⑦ 잘 설계된 교량과 콘크리트 댐은 피해를 받지 않는다.

3. 지진기록의 例

지진기록은 진앙부근에서 입수한 예이며, Koyna 와 Parkfield 지진 기록을 인용하고자 한다.

1) Koyna 지진

Koyna 지진은 1967년 12월 11일에 Bombay 남쪽 250 km 의 Koyna 지방에서 발생하였다. $M=6.5\sim7.0$, 심도 약 20 km, 진앙부근의 震度는 MM Ⅷ로 추정되었다. 이때 진앙부근에 있는 중력댐(높이 103 m, 길이 853 m)의 左岸의 블럭에 있는 사무실내에 설치된 지진계가 加速度를 기록하였다. 이 블럭은 玄武岩상에 있으며 높이 30 m 로서 사무실은 바닥면 보다 10 m 높은 곳에 있다.

그림 6.20은 Koyna 댐에서 관측한 가속도 기록을 나타낸 것이다.

주요한 진동은 15 cps 이며 最大加速度는 다음과 같다. 연직방향에서 362 gal, 댐축방향에서 664 gal, 댐축직교방향에서 511 gal 이었다.

地震計가 댐내에 있었기 때문에 地盤動보다는 增幅되었다고 생각되며 댐의 振動特性을 가정하여 地盤動 最大加速度를 추정하면 댐축 직교방향에서는 약 360 gal 이며 이는 매우 높은 값이다.

2) Parkfield 지진

Parkfield 지진은 1966년 6월 27일 미국, California Parkfield 에서 발생하였다. $M=5.6$, 진앙부근의 震度는 MM Ⅶ이었다. 여기서는 San Andreas 斷層이 NW-SE 방향으로 달리고 있으며, 지표면상의 균열 層群(formation of fissure)이 단층을 따라 약 37 km 에 걸쳐 관찰되었으며 이 단층의 운동이 지진의 원인이라고 생각된다. 균열의 동남쪽 끝에는 Cholame이 위치하며 북서쪽 끝이 진앙이라고 추정된다.

가장 관심이 있는 것은 Cholame 단층을 가로지르며 이와 거의 직교하는 국도에 약 5.5 km

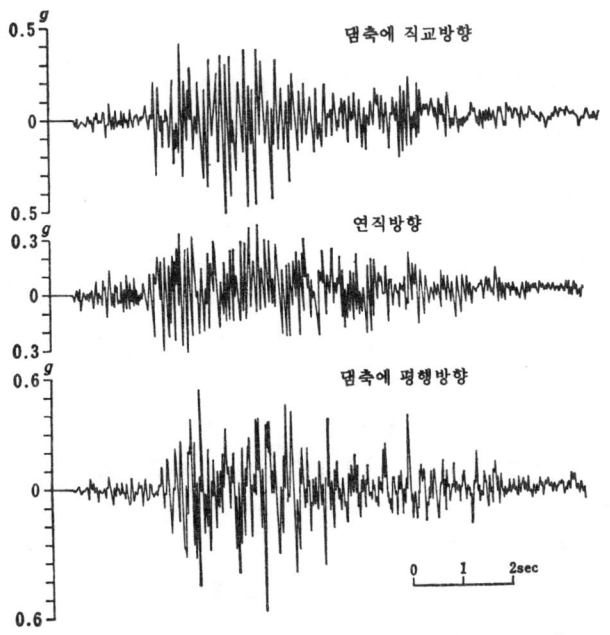

그림 6.20 Koyna댐에서 관측한 가속도 기록(1967.12.11. 지진)

간격 마다 5개소에 지진계가 설치되어 있으며, 地盤動의 가속도를 정확히 기록하여 얻은 것으로써 이 기록을 토대로 變位와 速度도 계산하였다.

Cholame 지방의 지질은 단층 남서쪽 기반이 화강암이며, 심도는 4.8 km이고 그 위에 4층의 堆積層이 있다. 퇴적층의 P波 속도는 1,600~5,800 m/sec 이었다. 단층의 북동쪽은 기반이

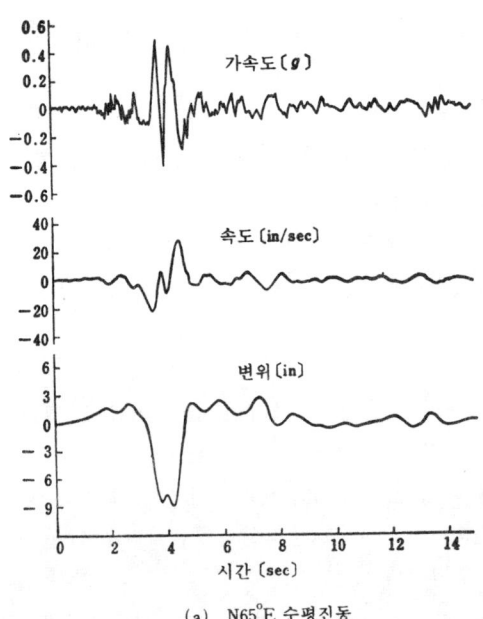

(a) N65°E 수평진동

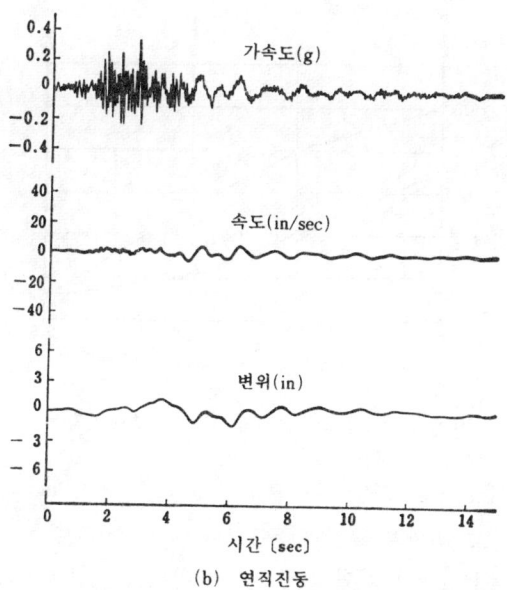
(b) 연직진동
그림 6.21 No.2 관측소에서 측정된 기록(Parkfield지진, 1966. 6. 27)

화강암으로 심도 4.1 km 이며 그 위에 3층의 퇴적층이 있다. 퇴적층내의 P波 傳播 速度는 2,300~5,800 km / sec 이다. 따라서 퇴적층은 매우 단단하게 固結되어 있다고 생각된다.

그림 6.21(a)는 단층선 바로 위에 있는 관측지점(측점 2)에서 단층에 직교하는 방향의 水平 地震動이며 그림 6.21(b)는 같은 장소의 연직 지진동이다.

이 기록에 따르면 測点 2에서는 매우 강한 충격적인 진동으로 최대가속도는 0.5 g 에 달하며 변위는, 하나의 큰 波로서 최대진폭은 25 cm 에 달하고 있다. 단층에 평행한 방향의 지진동은 기록되지 않았으나 단층부근의 비석이 전도된 방향이나 간이지진계의 기록등으로부터 단층직 교방향의 가속도에 비하여 매우 작은것으로 추정된다. 연직가속도는 超高周波의 波形으로써 0.3g이었고 최대 변위는 약 5m이었다.

이들 가속도는 매우 크지만 강한 진동의 지속시간은 약 2 sec 이며, 그 후는 매우 약하였다. 단층에서 멀리 떨어진 측점에서는 지진의 주요부분의 지속시간이 조금씩 증가하였으나 그 강도 는 거리가 멀어짐에 따라 급격히 감소하였다.

그림 6.22는 거리와 최대 가속도의 관계인데 연직진동이 수평진동보다 減衰의 정도가 심하였 다. 이 급격한 감쇠원인의 하나는 震源이 얕기 때문이라고 생각되며 진원이 깊을때는 감쇠정도 가 심하지 않다.

공학적 관점에서 매우 흥미로운 것은 이와 같이 높은 가속도가 기록되었음에도 피해정도는 취성재료로 건설한 구조물이라 하여도 약간의 균열만이 발생하였으며 단층부근에도 제한적인 피해에 그쳤다. 또 다른 점은 단층부근의 단층방향 가속도는 대각선 방향의 가속도 보다 작았다 는 점이다. 1891년 Nobi 지진시에 발생한 피해 조사기록에서 斷層線의 위나 부근의 건물은 전 도 또는 斷層線방향으로 이동 되었으며 이 결과는 Parkfield 지진의 경우와 상반되는 현상을 보 였다.

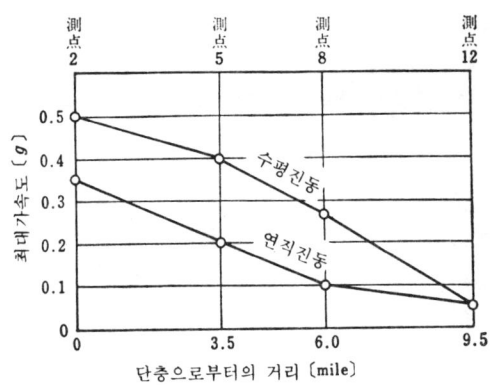

그림 6.22 단층으로부터의 거리와 최대가속도의 감소

1979년 10월 15일에는 Imperial Valley의 San Andreas 단층을 따라 발생한 초기연직우측횡변위 활동이 일어났으며 $M=6.6$의 淺發地震이었다.

파괴는 El Centro의 斷層을 횡단하여 지진계가 설치된 길이가 대략 35 km의 범위까지 달하였다 (그림 6.23 참조).

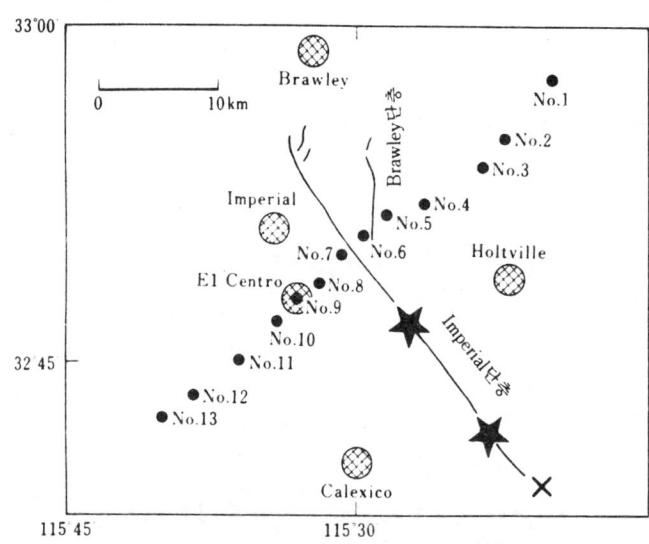

그림 6.23 California Imperial Valley의 직선적으로 배치한 가속도계
　　×: 1979년 10월 15일 Imperial Valley지진의 진앙
　　★: 同지진으로 인한 주요 파괴 부분
　　◉: 마을

이 地震計를 설치하여 얻은 기록은 다음과 같다.

단층 북동쪽의 최대가속도는 $H_1=0.45\,g$ ($H_1=$斷層線에 대하여 연직방향의 수평성분), $H_2=0.72\,g$ ($H_2=$단층선 방향의 수평성분), $V=1.74\,g$ ($V=$연직성분)이었으며, 단층에서 약 22 km 거리의 지점에서는 $M_1=0.52\,g$, $H_2=0.12\,g$, $V=0.06\,g$ 이었다. 이에 의하면, 단층선

상의 연직가속도는 수평가속도 보다 크나 수평가속도에 비하여 단층에서 거리가 멀어짐에 따라 급격히 감소되었다. 1968년 Parkfield 지진시 Cholame 에서와 비슷한 경향을 보였다.

6.6 지진의 震源 매카니즘

1. 震源 매카니즘

震源에서 발생하는 우력(double couple)의 매카니즘으로서 단층면상의 滑動을 가정하자. 滑動은 일반적으로 그림 6.24와 같이 서로 교차하는 램프함수(ramp function)로 시간에 따라 변하여 1 방향 또는 2 반대방향으로 전파한다고 가정한다. 활동의 전파속도는 전단파속도의 평균 0.72배이며 일반적으로 약 2~4 km / sec 로 추정된다. 단층면의 치수와 滑動의 특성 사이에는 다음과 같은 縮尺法則(scaling law)이 적용된다.

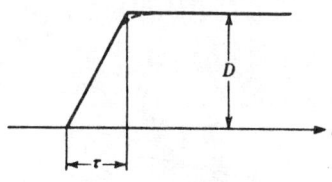

그림 6.24
τ: 상승시간   D: 최종활동

$$\frac{W}{L}=일정, (약 0.5) \tag{6.14}$$

$$\frac{D}{L}=일정, (약 2\times10^{-5}) \tag{6.15}$$

$$\frac{\nu\tau}{L}=일정, (약 0.2) \tag{6.16}$$

여기서, W : 斷層面의 폭
L : 단층면의 길이
D : 최종 활동
τ : 상승시간
ν : 활동의 전파속도

단층면상에 활동으로 인하여 발생하는 교란은 활동면에 연직방향으로 전파하며, 활동이 끝날 때 단층으로 부터 거리 d 의 위치에 도달한다.

$$d = \beta\tau \tag{6.17}$$

여기서, d : 한계거리

다시 말하면, 폭 2d 의 범위에 축적된 에너지는 滑動으로 인하여 방출된다.

엄밀히 말하면 활동이 끝난 후 지반의 에너지 방출이 계속되나 변형에너지의 대부분은 상승

시에 방출된다. 따라서 폭 2d에 축적된 에너지는 단층의 활동으로 인하여 방출된 지진 에너지이다. 그러면

$$V = 2dLW \tag{6.18}$$

여기서, V : 축적된 지진에너지 체적
  d : 한계거리

식(6.14), 식(6.16)에서 지진에너지는 한면이 프리즘 길이의 약 1/2되는 사각형 단면을 갖는 프리즘에 저장된다고 할 수 있다(그림 6.25 참조). 아울러 2개의 지진모멘트와 단층활동의 특성 사이에는 다음 관계가 있다.

$$M_0 = \mu DS \tag{6.19}$$

여기서 M_0 : 지진모멘트
  S : 단층면의 면적
  μ : 흙의 剪斷係數

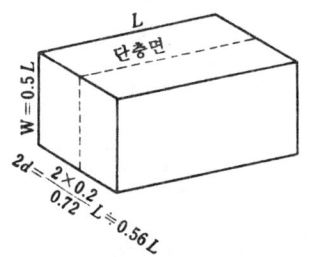

그림 6.25 단층면

따라서 斷層面의 면적이 넓을수록, 그리고 滑動길이가 길수록 지진모멘트의 규모는 크다.
활동에 의하여 단층주변의 應力은 감소한다. 단층면상의 剪斷應力의 감소를 應力降下(stress drop)라고 하며 다음과 같이 정의된다.

$$\Delta\sigma = C\frac{\mu D}{\sqrt{S}} \text{ 또는 } \Delta\sigma = C\frac{M_0}{\sqrt{S^3}} \tag{6.20}$$

여기서, $\Delta\sigma$: 應力降下
  C : 활동방향과 관련된 단층면의 방향과 단층면의 형상에 따른 계수

지금까지 관측해온 바에 따르면 應力降下는 대략 일정하며 日本의 경우 海溝(trench) 부근 지역에서는 약 30bar(30kg/cm²)이다.

지진에 관련된 단층을 설명하기 위해서는 적어도 6가지 파라미터가 필요하다. 단층면의 폭, 길이, 경사, 走向, 滑動 방향과 길이 등이다. 더우기 활동의 전파 속도, 방향과 상승시간은 단층운동을 설명하기 위해서 추정해야 한다.

예를 들면, Kanamori 가 계측한 Kanto 지진의 단층면은 그림 1.17과 같다. 實線으로 나타낸 선은 測地學的자료를 이용하여 결정된다. 단층면은 85×55 km² 의 직사각형이며 주향 N 45°W, 경사 30°NE 이다. 滑動角 26.5° 의 6.7 m 의 右橫走向이다. 점선으로 나타낸 다른 단층면은 지진학적 자료로 결정된 것이다. 단층면은 130×70 km² 의 직사각형이며 주향 N 70°W, 경사 34°NNE 이다. 활동은 滑動角 180° 의 2.1 m 의 右橫走向이다.

2. 단층활동의 수학적 모델

1) 집중하중으로 발생하는 彈性體의 變位

지진동을 일으키는 진원에서의 매카니즘을 추정하기 위하여 적용되는 수학적 모델의 예를 설명하고자 한다.

일반적으로 이 하중에 의하여 생기는 分布荷重과 變位는 스칼라 포텐셜의 기울기와 벡터 포텐셜의 컬(curl)의 합으로 나타낼 수 있다. 즉

$$q = \text{grad } \Phi + \text{curl } \Psi \tag{6.21}$$

$$v = \text{grad } \varphi + \text{curl } \psi \tag{6.22}$$

그러나

$$\left.\begin{array}{l} \text{div } \Psi = 0 \\ \text{div } \psi = 0 \end{array}\right\} \tag{6.23}$$

여기서, q : 分布荷重의 강도
  v : 변위
  Φ, φ : 스칼라 포텐셜
  Ψ, ψ : 벡터 포텐셜

物體가 線形, 等方 및 彈性일때, 운동방정식은 다음과 같다.

$$\left.\begin{array}{l} \dfrac{\partial^2 \varphi}{\partial s^2} - \alpha^2 \nabla^2 \varphi = \dfrac{\Phi}{\rho} \\ \dfrac{\partial^2 \psi}{\partial s^2} - \beta^2 \nabla^2 \psi = \dfrac{\Psi}{\rho} \end{array}\right\} \tag{6.24}$$

여기서 α, β : 각각 종파 및 횡파의 傳播速度
  p : 물체의 密度
  S : 시간

이 운동 방정식의 別解는 다음과 같다.

$$\varphi(y, s) = \frac{1}{4\pi\rho\alpha^2} \int_V \Phi\left(x, s - \frac{R}{\alpha}\right) \frac{dV}{R} \tag{6.25}$$

$$\psi(y,s) = \frac{1}{4\pi\rho\beta^2} \int_V \Psi\left(x, s - \frac{R}{\beta}\right) \frac{dV}{R} ; \qquad (6.26)$$

그리고

$$R = \sqrt{(y_1 - x_1)^2 + (y_2 - x_2)^2 + (y_3 - x_3)^2}$$

이다.

여기서, $y(y_1, y_2, y_3)$: 變位가 요구되는 점의 위치 벡타

$x(x_1, x_2, x_3)$: 힘이 分布되는 위치 벡타의 실제 좌표

다음에서 집중하중을 고려한 작용점의 좌표는 $\xi(\xi_3, \xi_2, \xi_3)$ 이다. 보다 구체적인 계산을 하기 위하여 함수 $1/r'$ 를 생각하자. 즉,

$$r' = \sqrt{(\xi_1 - x_1)^2 + (\xi_2 - x_2)^2 + (\xi_3 - x_3)^2}$$

함수 $1/r'$ 는 고정점 ξ 에 관계되는 포텐셜이며, 다음과 같은 특성을 갖는다.

① 점 ξ 는 함수 $1/r'$ 의 특수점이다.

② 특수점이외의 점에서는

$$\nabla^2 \left(\frac{1}{r'}\right) = 0$$

③ 특수점 ξ 가 체적 V 의 공간내에 위치할때 $1/r'$ 의 nabra square 을 적분하면

$$\int_V \nabla^2 \left(\frac{1}{r'}\right) dV = -4\pi \qquad (6.27)$$

④ y 를 중심으로 하여 반경 R 인 원을 그리고 원의 전표면에 대하여 $1/r' dS$ 를 적분한다. ($dS - 4\pi$: 球面 요소) 그 다음 포텐셜 이론에 따라 적분하면 다음과 같다(그림 6.26 참조).

$$\left. \begin{array}{ll} \int_S \frac{dS}{r'} = 4\pi R & (r<R) \\\\ \int_S \frac{dS}{r'} = \frac{4\pi R^2}{r} & (r>R) \end{array} \right\} \qquad (6.28)$$

$$r = \sqrt{(y_1 - \xi_1)^2 + (y_2 - \xi_2)^2 + (y_3 - \xi_3)^2}$$

규모가 $G(t)$ 인 집중하중을 고려하여 점 ξ 에 작용하는 방향이 n 일 때 이 힘을 分布荷重 $q(x, t)$ 로 나타낸다. 그러면 $q(x, t)$ 는 다음과 같이 나타낸다.

$$q(x,t) = -\frac{G(t)}{4\pi} \nabla^2 \left(\frac{1}{r'}\right) l_n \qquad (6.29)$$

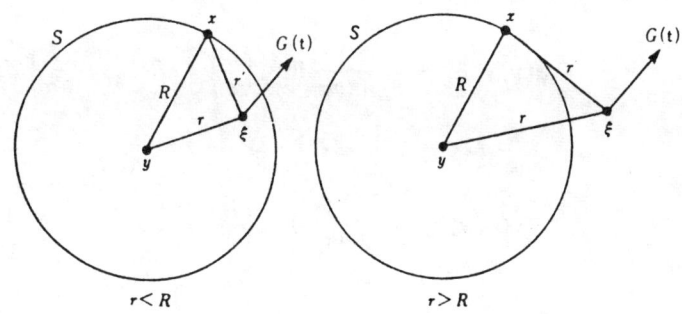

그림 6.26

여기서, $G(t)$: 집중하중의 규모
 $q(x, t)$: $G(t)$와 동등한 단위질량당 분포하중강도
 $l_n (l_{n1}, l_{n2}, l_{n3})$: 집중하중의 방향벡타의 cosine 방향

이 하중의 스칼라 포텐셜은 식(6.29)를 전환하여 구한다.

$$\nabla^2 \Phi = - \frac{G(t)}{4\pi} \text{div}_x \left\{ \nabla^2 \left(\frac{1}{r'} \right) l_n \right\} = - \frac{G(t)}{4\pi} \nabla^2 \text{div}_x \left(\frac{l_n}{r'} \right)^*$$

$$\therefore \Phi = - \frac{G(t)}{4\pi} \text{div}_x \left(\frac{l_n}{r'} \right)$$

식(6.25)에 따라 힘이 포텐셜 Φ로 인하여 생기는 變位의 스칼라 포텐셜은

$$\varphi(y, s; \xi) = \frac{1}{16\pi^2 \rho \alpha^2} \int_v \frac{1}{R} G \left(s - \frac{R}{\alpha} \right) \text{div}_x \left(\frac{l_n}{r'} \right) dV$$

Cartesian 좌표를 극좌표로 변형시키면 다음 식을 얻을 수 있다.

$$\varphi(y, s; \xi) = - \frac{1}{16\pi^2 \rho \alpha^2} \int_0^\infty \left[\frac{1}{R} G \left(s - \frac{R}{\alpha} \right) \int_S \text{div}_x \left(\frac{l_n}{r'} \right) dS \right] dR$$

식(6.28)에 따라서 $r<R$ 일 때

$$\int_S \text{div}_x \left(\frac{l_n}{r'} \right) dS = - \text{div}_\xi \int_S \left(\frac{l_n}{r'} \right) dS = 0$$

그리고 $r>R$ 일 때

$$\int_S \text{div}_x \left(\frac{l_n}{r'} \right) dS = - \text{div}_\xi \int_S \left(\frac{l_n}{r'} \right) dS = 4\pi R^2 \, \text{div}_y \left(\frac{l_n}{r} \right)$$

---

*$\text{div}_x F(\xi, x) = \frac{\partial F_1}{\partial x_1} + \frac{\partial F_2}{\partial x_2} + \frac{\partial F_3}{\partial x_3}$, $\text{div}_\xi F(\xi, x) = \frac{\partial F_1}{\partial \xi_1} + \frac{\partial F_2}{\partial \xi_2} + \frac{\partial F_3}{\partial \xi_3}$

그러면

$$\varphi(y, s; \xi) = -\frac{1}{4\pi\rho\alpha^2} \text{div}_y \left(\frac{l_n}{r}\right) \int_0^r RG\left(s - \frac{R}{\alpha}\right) dR$$

$$\frac{R}{\alpha} = \tau$$

$$\varphi(y, s; \xi) = -\frac{1}{4\pi\rho} \text{div}_y \left(\frac{l_n}{r}\right) \int_0^{r/\alpha} \tau G(s - \tau) d\tau. \tag{6.30}$$

마찬가지로 $\Psi(y_1, s : \xi)$는 다음과 같이 나타낼 수 있다.

$$\psi(y, s; \xi) = -\frac{1}{4\pi\rho} \text{curl}_y \left(\frac{l_n}{r}\right) \int_0^{r/\beta} \tau G(s - \tau) d\tau \tag{6.31}$$

식(6.30)과 식(6.31)을 식(6.32)에 대입하면 變位 ν는 다음과 같이 나타낼 수 있다.

$$\begin{aligned} v(y, s; \xi) = &\frac{1}{4\pi\rho} \text{grad div}_y \left(\frac{l_n}{r}\right) \int_{r/\alpha}^{r/\beta} \tau G(s - \tau) d\tau \\ &- \frac{1}{4\pi\rho\alpha^2}(y - \xi) \text{div}_y \left(\frac{l_n}{r}\right) G\left(s - \frac{r}{\alpha}\right) \\ &+ \frac{1}{4\pi\rho\beta^2}(y - \xi) \times \text{curl}_y \left(\frac{l_n}{r}\right) G\left(s - \frac{r}{\beta}\right) \end{aligned} \tag{6.32}$$

식(6.32)의 2항과 3항은 1항보다 진원에서 거리 r가 멀어짐에 따라 적게 감쇠한다. 따라서 먼 지역의 변위에 대한 1항의 기여도는 다른 2개항의 기여도 보다 작다.

집중하중의 지속시간이 매우 짧을 때 시간 t에 작용하는 순간하중이라고 할 수 있으며 하중 $G(t)$는 하중강도가 균등하게 작용한다고 가정한 $\delta(s-t)$로써 s의 Dirac 델타함수(delta function)로 나타낼 수 있다.

이 경우

$$\int_{-\infty}^{\infty} \delta(s - t) ds = 1 \tag{6.33}$$

그리고 임의 함수 $A(s)$에 대하여

$$\begin{aligned} A(t) &= \int_{-\infty}^{\infty} A(s) \delta(s - t) ds \\ \left(\frac{d^p A}{ds^p}\right)_{s=t} &= (-1)^p \int_{-\infty}^{\infty} A(s) \frac{d^p \delta(s - t)}{ds^p} ds \quad (p: \text{integer}) \end{aligned} \tag{6.34}$$

방향 m의 y에서 變位成分은 다음과 같다.

$$E_{mn}(y, s; \xi, t) = \frac{1}{4\pi\rho} \text{grad}_m \text{div}_y \left(\frac{l_n}{r}\right) \int_{r/\alpha}^{r/\beta} \tau\delta(s-t-\tau)\, d\tau$$

$$- \frac{1}{4\pi\rho\alpha^2}(y-x)_m \text{div}_y \left(\frac{l_n}{r}\right) \delta\left(s-t-\frac{r}{\alpha}\right)$$

$$+ \frac{1}{4\pi\rho\beta^2}\left\{(y-x)\times \text{curl}_y \left(\frac{l_n}{r}\right)\right\}_m \delta\left(s-t-\frac{r}{\beta}\right) \tag{6.35}$$

2) 단층면상의 활동으로 생기는 彈性體의 變位

强度 $F(x, t)$인 物體力이 물체에 작용한다고 생각하면 결과적으로 변위 $u(x, t)$와 표면장력 $f(x, t)$가 물체에 생긴다. 또 다른 강도 $\bar{G}(x, t)$의 物體力이 같은 물체에 작용하면 결국 變位 $\nu(x, t)$와 표면장력 $g(x, t)$가 생긴다. 초기조건으로서 물체력이 $t<T$인 경우 0이라고 가정한다. 따라서 u, ν, f와 g는 또한 $t<T$인 경우 역시 0이다.

함수 G, g, ν에 t 대신에 $-t$의 함수 $\bar{G}(x, t)$, $\bar{g}(x, t)$, $\bar{\nu}(x, t)$로 대치하여 얻어지는 함수이다. t를 $-t$를 갖는 G_g 및 ν의 함수에 t를 대치하여 얻어지는 함수는 $G(x, t)$, $\bar{g}x, t)$ 및 $\nu(x, t)$라 하면 다음 관계가 성립한다.

$$\int_{-\infty}^{\infty} dt \left[\int_V \bar{\nu}\cdot F\, dV + \int_S \bar{\nu}\cdot f\, dS\right] = \int_{-\infty}^{\infty} dt \left[\int_V u\cdot \bar{G}\, dV + \int_S u\cdot \bar{g}\, dS\right] \tag{6.36}$$

여기서, V, S:물체의 체적과 경계면

$G(x, t)$가 순간적으로 $-S$시간에서 m방향의 y점에 작용하는 단위강도의 집중하중일 때는 다음과 같이 나타낼 수 있다.

$$G(x, t; y, -s) = \delta(x-y)\delta(t+s)l_m$$

여기서 $l_m(l_{m1}, l_{m2}, l_{m3})$는 그 방향 m에 대한 단위벡타이다. 따라서

$$\bar{G}(x, t; y, -s) = G(x, -t; y, -s) = \delta(x-y)\delta(-t+s)l_m$$

식(6.36)의 우변 1항은 다음과 같다.

$$\int_{-\infty}^{\infty} dt \int_V u\cdot \bar{G}\, dV = u(y, s)\cdot l_m = u_m(y, s)$$

여기서 $u_m(y, s)$는 시간 s에서 방향 m의 y점에서의 變位要素이다.
따라서 식(6.36)은

$$u_m(y, s) = \int_{-\infty}^{\infty} \left\{\left(\int_{\Sigma_1} \bar{\nu}\cdot f dS - \int_{\Sigma_2} \bar{\nu}\cdot f dS\right) - \left(\int_{\Sigma_1} u\cdot \bar{g} dS - \int_{\Sigma_2} u\cdot \bar{g} dS\right)\right\} dt \tag{6.37}$$

단층 지각에서 지진파 전파를 다루기 위하여 다음의 수학적모델을 생각하자.
① 지각은 無限彈性體로 되어 있다고 가정한다. 이 체적은 V, 무한의 표면적은 S_∞이다.
② 지각에서 分離面은 斷層面으로 나타낸다. 단층면은 Σ로 규정한다. 그 表面과 背面은 각각 Σ_1과 Σ_2로 표시한다(그림 6.27 참조).

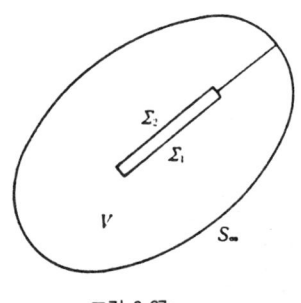

그림 6.27:

③ 全物體에서의 物體力 $F(x, t)$는 없다. 그러나 활동은 단층면을 따라 발달하며 그 결과 變位 $u(x, t)$와 표면장력 $f(x, t)$가 발생한다. 그러므로 식(6.37)은 다음과 같이 나타낼 수 있다.

$$u_m(y, s) = \int_{-\infty}^{\infty} \left\{ \left(\int_{\Sigma_1} \bar{v} \cdot f dS - \int_{\Sigma_2} \bar{v} \cdot f dS \right) - \left(\int_{\Sigma_1} u \cdot \bar{g} dS - \int_{\Sigma_2} u \cdot \bar{g} dS \right) \right\} dt$$

단층면에서 $\bar{v}$와 f는 연속되며, 따라서

$$u_m(y, s) = -\int_{-\infty}^{\infty} \left\{ \int_{\Sigma} [u(\xi, t)] \cdot \bar{g}(\xi, t) \right\} dt$$

여기서 $[u(\xi, t)]$는 단층면을 따라 활동 하고 ξ는 단층면에서의 실제좌표를 나타낸다. 滑動은 다만 단층면의 단위면적에 대한 점 $\xi(\xi_1, \xi_2, \xi_3)$에서 발생하고 다른 점에서는 일어나지 않는다고 하면 $u_m(y, s)$는 다음과 같다.

$$u_m(y, s) = -\int_{-\infty}^{\infty} [u_\xi] \cdot \bar{g}(\xi, t) dt$$

여기서　$[u_\xi]$: 점 ξ에서의 滑動벡타이며 t의 함수
　　　　$\bar{g}(\xi, t)$: 순간 집중하중 $\bar{G}(x, t)$로 인하여 점 ξ에서 발생한 표면장력
표면장력 $\bar{g}$를 應力 $\bar{s}$로 다시 나타내면

$$\begin{aligned}
u_m(y, s) = \int_{-\infty}^{\infty} [&\{[u_\xi]_1 \bar{s}_{11} + [u_\xi]_2 \bar{s}_{12} + [u_\xi]_3 \bar{s}_{13}\} l_{d1} \\
+ &\{[u_\xi]_1 \bar{s}_{21} + [u_\xi]_2 \bar{s}_{22} + [u_\xi]_3 \bar{s}_{23}\} l_{d2} \\
+ &\{[u_\xi]_1 \bar{s}_{31} + [u_\xi]_2 \bar{s}_{32} + [u_\xi]_3 \bar{s}_{33}\} l_{d3}] dt
\end{aligned} \tag{6.38}$$

여기서, l_d (l_{d1}, l_{d2}, l_{d3}) : ξ 에서 단층면의 연직방향 벡터

다음에 단층면은 좌표축 3에 연직이며 변위는 좌표축 I방향의 접선활동이다. 즉

$$[u_\xi]_2 = 0. \quad [u_\xi]_3 = 0$$
$$l_{d1} = 0, \quad l_{d2} = 0, \quad l_{d3} = 1$$

따라서 식(6.38)은

$$u_m(y, s) = \int_{-\infty}^{\infty} [u_\xi]_1 \, s_{31} \, dt$$
$$= \mu \int_{-\infty}^{\infty} [u_\xi]_1 \left(\frac{\partial \bar{v}_1}{\partial \xi_3} + \frac{\partial \bar{v}_3}{\partial \xi_1} \right) dt$$

이 된다.

v_n 은 다음 식으로 나타내면

$$v_n = E_{nm}(\xi, t; y, -s)$$

$\bar{v}_n$ 는

$$\bar{v}_n = E_{nm}(\xi, -t; y, -s)$$

이 된다.

영향함수의 성질에 따라

$$E_{nm}(\xi, -t; y, -s) = E_{mn}(y, s; \xi, t)$$
$$\therefore \bar{v}_n = E_{mn}(y, s; \xi, t)$$

가 된다.

따라서 식

$$u_m(y,s) = \mu \int_{-\infty}^{\infty} [u_\xi(t)] \left(\frac{\partial E_{m1}(y,s;\xi,t)}{\partial \xi_3} + \frac{\partial E_{m3}(y,s;\xi,t)}{\partial \xi_1} \right) dt \quad (6.39)$$

식(6.39)는 단층면에서 활동에 의하여 발생하는 현지에서의 變位이다. 단층에서 현지까지의 거리가 멀 경우 l/r의 고차항은 무시할 수 있다. 그리고 현지의 變位는 식(6.35)에서 다음과 같이 된다.

$$u_1(y,s) = \frac{\gamma_3}{4\pi\rho r} \left\{ \frac{2\gamma_1^2}{\alpha^3} \left[\dot{u}_\xi \left(s - \frac{r}{\alpha} \right) \right]_1 + \frac{\gamma_2^2 + \gamma_3^2 - \gamma_1^2}{\beta^3} \left[\dot{u}_\xi \left(s - \frac{r}{\beta} \right) \right]_1 \right\}$$

$$u_2(y,s) = \frac{\gamma_1 \gamma_2 \gamma_3}{2\pi\rho r} \left\{ \frac{1}{\alpha^3} \left[\dot{u}_\xi \left(s - \frac{r}{\alpha} \right) \right]_1 - \frac{1}{\beta^3} \left[\dot{u} \left(s - \frac{r}{\beta} \right) \right]_1 \right\} \quad (6.40)$$

$$u_3(y,s) = \frac{\gamma_1}{4\pi\rho r} \left\{ \frac{2\gamma_3^2}{\alpha^3} \left[\dot{u}_\xi \left(s - \frac{r}{\alpha} \right) \right]_1 + \frac{\gamma_1^2 + \gamma_2^2 - \gamma_3^2}{\beta^3} \left[\dot{u}_\xi \left(s - \frac{r}{\beta} \right) \right]_1 \right\}$$

여기서

$$\gamma_1 = \frac{y_1 - \xi_1}{r}, \quad \gamma_2 = \frac{y_2 - \xi_2}{r}, \quad \gamma_3 = \frac{y_3 - \xi_3}{r}.$$

그러나 식(6.34)에 의하여

$$\frac{\partial E_{m1}(y,s;\xi,t)}{\partial \xi_3} = -\int_V E_{m1}(y,s;x,t) \frac{\partial \delta(x-\xi)}{\partial x_3} dV$$

가 되며

마찬가지로

$$\frac{\partial E_{m3}(y,s;\zeta,t)}{\partial \xi_1} = -\int_V E_{m3}(y,s;x,t) \frac{\partial \delta(x-\zeta)}{\partial x} dV$$

가 된다.

따라서 식(6.39)로부터

$$u_m(y,s) = -\int_{-\infty}^{\infty} \int_V [u_\xi(t)]_1 \Big\{ E_{m1}(y,s;\xi,t) \frac{\partial \delta(x-\xi)}{\partial x_3}$$
$$+ E_{m3}(y,s;\xi,t) \frac{\partial \delta(x-\xi)}{\partial x_1} \Big\} aVdt \tag{6.41}$$

가 된다.

이 식에서 $\partial \delta(x-\xi)/\partial x_1$ 항은 다음과 같은 특성을 갖는다.

$$\int_{-\infty}^{\infty} \frac{\partial \delta(x-\xi)}{\partial x_1} dV = 0, \quad \int_{-\infty}^{\infty} (x_1 - \xi_1) \frac{\partial \delta(x-\xi)}{\partial x_1} dV = -1$$

역시 단위강도의 모멘트를 갖는 우력이다.

따라서 $\partial \delta(x-\xi)/\partial x_1$은 이 모멘트가 똑같은 우력이며 마찬가지로 $\partial \delta(x-\xi)/\partial x_3$는 활동은 전단응력 S_{13}의 해방으로 인하여 발생하는 것이라고 가정하면, 이들 2개의 우력모멘트는 좌표방향 2에 있고 기호는 반대이다. 따라서 활동에 의하여 발생하는 점 y에서의 변위는 진원에서 작용하는 초기 우력에 의하여 발생한다.

제 7 장 내진설계법

7.1 震度法

1. 震力係數

구조물에 작용하는 地震力을 평가하여 部材에 생기는 應力, 變形을 해석하기 위한 여러가지 사항중에서 가장 간단한 것은 다음의 가정을 토대로 한 것이다.

① 지진력은 靜的外力으로서 구조물의 각부분의 질량에 작용한다.
② 지진력의 방향은 水平方向이며 그 크기는 質量에 비례한다. 이 비례상수(proportionality constant)를 重力의 加速度로 나눈 값을 震力係數(seimic coefficient)라 한다. 즉

$$f = kgm \tag{7.1}$$

여기서, f : 地震力
k : 震力係數
m : 質量
g : 重力加速度

mg는 이 질량이 갖는 중량이므로 지진력은 중량에 震力係數를 곱하여 구한다.

③ 震力係數의 값은 각 질량에 대하여 같은 크기이다.
④ 지진시에 심한 연직진동을 받을 것으로 예상되는 구조물에 대해서는 연직 방향의 地震力을 고려해야 한다. 그 크기를 정하는 방법은 水平地震力의 경우와 같다.

이상의 가정을 기초로 한 耐震設計 및 解析方法을 震力係數法(seismic coefficient method) 또는 震度法이라고 한다. 큰 地震이 예상되는 지역에 구조물이 건설될 때, 또는 파괴시 큰 피해를 일으킬 것으로 예상되는 경우 震力係數는 큰 값을 사용한다. 한편 심한 지진의 발생빈도가 낮은 지역에 설치되는 구조물은 중요하지 않은 구조물일 때 震力係數는 작은 값을 사용한다.

그러나 이 係數는 理論的이 아닌 경험적으로 결정하기 때문에 경험을 거듭할 수록 변화한다. 또 적용할 구조물의 형식을 토대로 수정할 수 있다. 즉, 각각의 구조물을 동일한 震力係數의 값으로 설계하더라도 만약 다른 규정에 따라 정의되는 허용응력을 다른 개념에 따라 설계 및 해석을 하면, 서로 다른 구조물에 대해서 동일한 地震耐力을 갖지 않음을 암시한다. 이와 같은 부분적인 혼란이 일어나는 것이 震度法의 결함이다. 그러나 이 방법에 의하면 내진구조물해석이 靜力學的만으로 되어 있으므로 복잡한 구조물에도 용이하게 적용할 수 있는 것이 진도법의 장점이다.

震度法에 의하면 지진시에 질량으로 작용하는 지진력은 2가지의 성분 즉 水平成分, $k_h mg$, 鉛直成分 $k_v mg$으로 나눌 수 있다. 여기서 k_h, k_v는 각각 水平 및 鉛直震力係數이다. 이 밖에 중력이 작용하므로 지진시의 作用力은 그림 7.1과 같이 나타낼 수 있다.

그림 7.1(a)는 수평지진력만이 작용하고, 그림 7.1(b)는 연직지진력이 下向으로, 그림 7.1(c)는 연직지진력이 上向으로 작용하는 경우이다. 따라서 重力과 地震力의 합력의 크기 R 과 方向 θ 는

$$R = mg \sqrt{(1 \pm k_v)^2 + k_h^2}$$

$$\tan \theta = \frac{k_h}{1 \pm k_v} = K \tag{7.2}$$

여기서, K : 합진력 계수

R은 靜的힘이므로 지진은 중력의 크기가 mg에서 R로 변하는 현상이라고 할 수 있으며 수평면은 θ만큼 경사져 있다.

   震力係數는 경험적으로 정하나 이는 物理的意味를 갖는다. 만일 지진시에 구조물이 지반과 같이 작용한다고 가정하면 지반에 생기는 加速度는 그대로 구조물에 전파하므로 震度法에서 가정한 지진력은 지반의 지진동에 의하여 생기는 구조물의 관성력일 뿐이다. 구조물의 관성력도 시간에 따라 변하는데 工學的으로는 그 最大值가 매우 중요하다. 진력계수는 지진으로 인한 구조물의 最大加速度의 比이다. 그러나 관측에 의하면 구조물은 剛性이지만 지반과 똑같이 운동하는 것이 아니다. 따라서 震度法에서 채용한 震力係數는 地盤動最大加速度와 重力加速度의 比라고 생각하는 경우는 거의 없고 다만 경험적으로 평가된 하나의 계수이다.

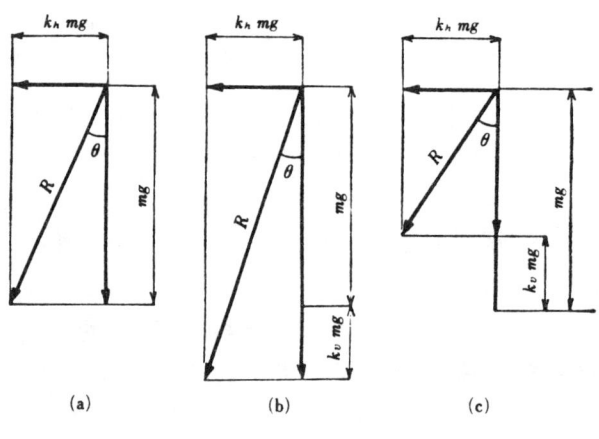

그림 7.1

2. 水中構造物에 대한 震力係數

   水中構造物이나 록필 댐의 前面部 石塊등이나 수중구조물에 대한 震力係數는 다음 방법으로 결정한다.

   水中에 질량 m인 수평 및 연직방향에서 가속도 $k_h g, k_v g$를 갖는다고 가정하자. 이 때 물체에 작용하고 있는 관성력은 $k_h mg, k_v mg$이다. 그러나 물체의 무게는 수중에 있을 때에는 浮力만큼 감소한다. 그러므로 합력의 크기와 方向은

$$R = mg \sqrt{\left(1 - \frac{r}{w} \pm k_v\right)^2 + k_h^2}$$

$$\tan \theta = \frac{k_h}{1 - \frac{\gamma}{w} \pm k_v}$$

이다.

여기서, w : 물체의 단위체적중량
 γ : 물의 단위체적중량

따라서 合震度는

$$K = \frac{k_h}{1 - \frac{\gamma}{w} - k_v} \tag{7.3}$$

이 식에서 비중이 작은 물체에 대한 震力係數는 水中에서는 대단히 큰 값을 갖는다. 따라서 지진시에 구조물이 불안정하다.

3. 일본 건설성 기준

설계진도는 과거 지진피해의 경험으로부터 결정한다. 강진의 발생이 예상되거나 지반이 연약한 곳에서는 설계진도의 값은 큰 값을 적용한다.

사회 경제적 관점에서 구조물의 중요성도 고려해야 한다. 일본 건설성에서 固有周期가 0.5 sec 이하인 구조물의 진력계수는 다음 식으로 결정하도록 규정하였다.

$$k_h = \Delta_1 \cdot \Delta_2 \cdot \Delta_3 \cdot k_0 \tag{7.4}$$

여기서, k_h : 설계 진력계수
  k_0 : 표준설계 수평진도로서 0.2이상
  Δ_1 : 해당지역의 지진에 의존하는 지역계수로서 1.0, 0.85 또는 70
    (각 지역마다 역사 지진자료를 기초로 한다)
  Δ_2 : 토층의 종단면 계수(표 7.1 참조)
  Δ_3 : 일반 원리에 따라 이 계수는 1이어야 한다.

그러나 비슷한 형태의 구조물 형식, 사용목적, 재료의 양부, 시공방법과 과거의 지진거동을 고려해야 한다. 수평진력계수 k_h는 조건에 따라 0.5로 감소시킬 수 있으나 0.1이하로 되지는 않는다. (표 7.2 참조)

지하구조물에 대한 지진 저항계산에 사용되는 지진시의 土壓 계산시 바닥층의 설계수평 진력계수 k_h는 다음 식으로 구한다.

$$k'_h = \frac{3}{4} k_h \tag{7.5}$$

지표면과 基層사이의 설계수평진력계수는 지표면과 지층 사이의 값이 직선적으로 변한다고 생각하면 보간법으로 결정할 수 있다.

설계연직 진력계수 k_v를 생각하는 경우는 $k_v = k_h/2$로 가정한다. 이때의 값은 구조물이 지하 또는 지상에 관계없이 적용한다.

표 7.1 토층의 종단면 계수(Δ_2)

그룹	정 의	Δ_2
1	(1) 제3기층, 단 이보다 더 오래된 지반(기반암으로 정의) (2) 기반암 위 심도 10m이하의 홍적층	0.9
2	기반암 위 10m이상 심도의 충적층 기반암 위 10m이하 심도의 충적층	1.0
3	심도 5m이하의 연약층지반, 심도 25m이하의 충적층	1.1
4	기 타	1.2

표 7.2 구조물 형상계수(Δ_3)

그룹	정 의	Δ_3
1	강구조물, 콘크리트구조물, 철근콘크리트구조물	1.0
2	매우 대규모 구조물, 흙 구조물	0.5

4. 진도법의 적용 예

1) 캔틸레버 구조물

캔틸레버 보는 빌딩. 교량의 교각, 타워 등과 같은 실제 구조물에 많이 응용되고 있다. 진도법으로 캔틸레버의 설계 및 해석을 할 경우는 단위 길이당 震力係數를 곱한 질량의 무게와 동등한 분포하중도를 보에 적용한다. 만약 집중질량(concentrated mass)이 보에 작용하면 집중질량에 작용하는 힘도 같은 방법으로 취급한다.

예를 들면 그림 7.2(a)와 같이 균등한 단면의 角柱狀구조물(prismatic bar)에 수평진동이 작용하면 평상시에는 자중만 작용하므로 수평면상의 연직응력은 다음과 같다.

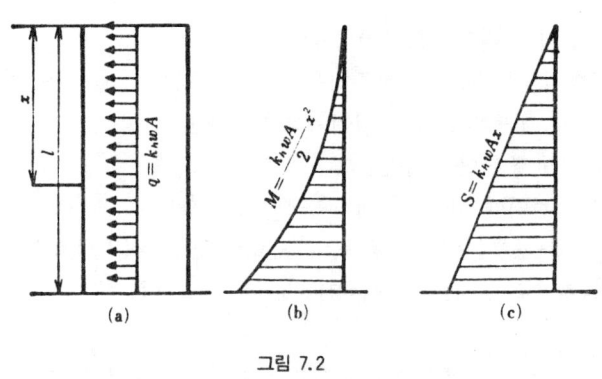

그림 7.2

$$\sigma_0 = \frac{N}{A} = \frac{wxA}{A} = wx$$

여기서, N : 軸力

A : 단면적

w : 柱體(column)의 단위체적당 중량

x : 기둥의 상단에서 측정한 횡단면의 거리, 水平面上에는 전단력이 작용하지 않는다.

지금 震力係數 k_h 인 水平地震力이 작용하면(그림 7.2(a)참조) 이로 인하여 柱體 각 단면에는 그림 7.2(b) 및 (c)와 같은 휨모멘트와 전단력이 작용한다.

$$M = k_h w A x^2 / 2, \quad S = k_h w A x$$

휨모멘트와 전단력에 의하여 수평단면에는 응력이 발생되며, 사하중으로 인하여 응력에 加算된다. 따라서 수평단면에 생기는 最大綠應力은

$$\sigma_e = \sigma_0 + \frac{M}{W} \tag{7.6}$$

이 된다.

또, 中立軸上의 전단응력은 다음과 같다.

$$\tau = kS/A \tag{7.7}$$

여기서, W : 단면계수,

k : 단면의 형상에 따라 결정되는 계수,

휨모멘트와 전단력은 柱體의 底部에서 크므로 震害는 底部에 일어나는 경우가 많다. 예를 들면 교각의 하부에서 철근이 빠지거나 送電用 철탑의 기둥 하부에서 좌굴하고 차단기의 折損 등은 이에 기인한다.

기타 중요 시설이 轉到하여 큰 재해의 원인이 되는 이유는 시설의 底部斷面에 대한 碇着이 불충분하기 때문이다. 이와 같은 진해는 약간의 주의로 충분히 방지할 수 있으므로 설계에 신중히 고려해야 한다.

2) 옹벽

옹벽, 橋台, 岸壁, 호안 등 土留를 목적으로 설치하는 壁狀의 구조물이 많다. 그 例를 들면 그림 7.3와 같은 L形옹벽이다. 지진시는 背面의 토압을 받아 차츰 안정이 파괴되므로서 벽체가 滑動하거나 기울기도 한다.

벽체에 작용하는 외력은 벽체의 重量 W_0, 이에 대한 地震力 P_0, 벽체 底部에 작용하는 흙의 重量 W_1 과 이에 대한 지진력 E_1, 벽체 뒷면에 작용하는 土壓力 E_2, 등이 있으며 이에 대하여 벽체 전면에 작용하는 土壓 E_3 와 벽체表面 AB 上에 수평 및 연직 방향으로 작용하는 반력이 저항력으로서 작용한다. 震度法에서 k를 水平震度라 할 때 P_0, E_1 은 각각 kW_0, kW_1 이며, E_2 와 E_3 는 다음 식으로 나타낼 수 있다(9장 4절 참조).

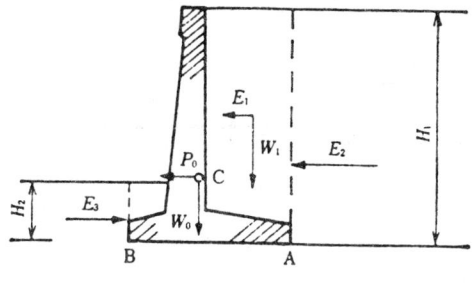

그림 7.3

$$E_2 = \frac{\cos^2(\varphi - \theta)}{\cos^2\theta \left[1 + \sqrt{\frac{\sin\varphi \sin(\varphi - \theta)}{\cos\theta}}\right]^2} \frac{wH_1^2}{2}$$

$$E_3 = \frac{\cos^2(\theta - \varphi)}{\cos^2\theta \left[1 - \sqrt{\frac{\sin\varphi \sin(\varphi - \theta)}{\cos\theta}}\right]^2} \frac{wH_2^2}{2}$$

(7.8)

여기서 ϕ : 흙의 내부마찰각

이 두식은 지진시는 수평면이 $\theta = \tan^{-1}$ 만큼 경사져 있다고 가정하여 靜的土壓論으로 구하여 왔다.

7.2 彈性構造物의 動的解析

1. 일반사항

震度法에서 지진시 구조물의 각 부분에 작용하는 慣性力의 크기는 경험적으로 각 부분의 질량으로 추정한 계수를 곱하여 구하며 이때 係數는 구조물의 각 부분에 대하여 一定한 값을 적용한다. 그러나 실제로 지진시 구조물의 각 부분은 서로 다른 운동을 하며 震度法같은 간단한 가정으로는 복잡한 구조물에 대한 정확한 결과를 얻을 수 없다. 따라서 보다 합리적인 설계를 하기 위해 지진시 擧動을 動力學을 이용하여 정확히 추정하며 이에 대하여 地震力을 결정하는 방법이 최근 30년간 개발되어왔다. 지진력을 이용한 구조물에 해석방법을 動的設計法이라고 하며 이를 위한 해석을 動的解析이라 한다.

구조물의 彈性擧動은 어떤 한계내에서 오래동안 變形이 그대로 남아 있다. 이 한계를 구조물의 탄성한계라 한다. 탄성한계는 구조물의 종류에 따라 다르다. 즉 鋼構造物은 변형이 상대적으로 크게 될 때 까지는 탄성이지만 흙구조물은 매우 적은 변형이기는 하나 비탄성거동을 나타낸다. 이 장에서는 지진동에 대한 탄성구조물의 진동응답에 대해 검토하고자 한다.

2. 1自由度系 彈性構造物

1) 粘性減衰 構造物

그림 7.4는 2가지의 가요성 기둥 스프링과 강성천정보를 갖는 골조를 보인 것이다. 골조의 모든 질량은 천정(roof)에 집중한다고 가정한다. 이것은 1자유도계 구조물의 가장 간단한 모델이다.

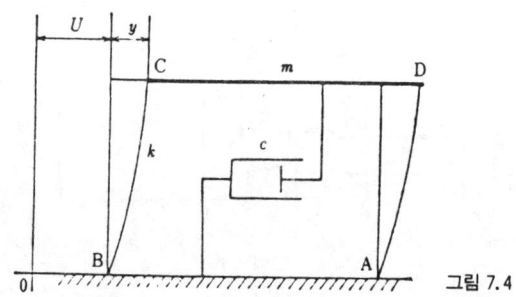

그림 7.4

지진시 골조가 진동을 받을 때 천정보는 수평방향으로 진동하고 기둥은 휨을 받는다. 變形에 의하여 기둥의 휨에 기인한 관성력과 반력이 질량에 작용한다. 이 밖에 진동을 감쇠시키는 여러 가지 작용이 있으며 그 중요한 것은 다음과 같다.
① 지반을 통과하는 파동
② 구조물을 둘러싼 공기나 물을 통과하는 파동
③ 지점의 마찰 또는 구조물을 구성하는 재료의 내부 마찰

이들 중 토목 구조물에서 가장 중요한 것은 지반을 통한 에너지 소산이다. 이들 에너지 소산 기구는 잘 알려져 있지 않다. 따라서 해석적 연구에서는 수학적 취급의 편의를 위하여 振動系 모델에 대쉬포트(dash-pot)를 추가하여 모든 것을 설명하고 있다. 이 경우 대쉬포트는 일반적으로 지반에 대한 골조의 상대속도에 비례하는 저항력이 振動系에 작용한다고 일반적으로 가정한다.

지진동을 받고 있는 骨組가 진동한다고 하면 질량의 運動方程式은 다음과 같다.

$$m\frac{d_2(U+y)}{dt^2} = -k_y - c\frac{d_y}{d_t} \tag{7.9}$$

여기서 m : 질량
k : 기둥의 스프링 정수
c : 대쉬포트의 마찰계수
U : 공간에 고정된 좌표에 대한 지반의 變位
y : 질량의 지반에 대한 相對變位

$$\therefore\ m\frac{d^2y}{dt^2} + c\frac{dy}{dt} + ky = -m\ddot{U} \tag{7.10}$$

이 식은 다음 형태로 쓸 수도 있다. 즉 구조물의 지반에 대한 相對振動은 지반이 정지상태로 있다고 보고 구조물을 구성하는 질량으로서 質量×地盤動加速度인 크기를 갖는 관성력이 地盤動加速度와 반대 방향으로 작용할 때에 구조물이 일으키는 진동과 같음을 나타내고 있다. 이것은 D'Alembert 원리의 응용이며, 多自由度系에도 적용할 수 있으므로 耐震構造理論에 있어서는 대단히 중요한 의미를 갖고 있다.

식(7.10)은 또한 다음 식으로 나타낼 수 있다.

$$\frac{d^2y}{dt^2} + 2ph\frac{dy}{dt} + p^2y = -\ddot{U} \tag{7.11}$$

$$p = \sqrt{\frac{k}{m}}, \quad h = \frac{c}{2\sqrt{mk}}$$

여기서, P : 저항력이 없는 골조의 固有圓振動數
h : 저항력의 크기를 표시하는 指數이며 減衰定數

이것은 粘性減衰를 갖는 질량계 시스템이 그의 평형점에서 초기속도 V_0인 것은 잘 알려져

있으며 系의 진동은 만약 감쇠가 작을 경우는 다음 식으로 나타낸다.

$$y = \frac{v_0}{p} e^{-pht} \sin pt \qquad (7.12)$$

지진이 시작될때 구조물은 아직 평형점에 있으므로 지진이 유발되는 질량의 진동은 다음과 같다.

$$y = -\frac{1}{p} \int_0^t \ddot{U}(\tau) \exp\{-ph(t-\tau)\} \sin p(t-\tau) d\tau \qquad (7.13)$$

질량이 力積(impulse)에 의하여 나타나게 되면 속도로 인하여 시간 τ에 작용하는 $-m\ddot{u}(\tau) dx$는 $-\ddot{U}(\tau) d\tau$가 된다. 식(7.13)은 구조물의 동적해석의 기본식이 된다.

그림 7.5(a) 및 (b)는 여러가지 고유진동주기를 갖는 구조물의 py값의 2가지 예를 보인 것이다. 이 양자에서 감쇠정수는 0.1로 가정하였다. 그림 9.5(a)는 $M=6.0$인 지진의 가속도 기록과 그림 7.5(b)는 $M=5.5$인 가속도 기록을 入力한 경우 여러가지의 고유주기를 가진 振動系의 應答速度를 減衰定數 1.0으로 가정하여 계산한 예이다. 前者의 지반은 곳곳에 고결한 롬층이나 점토층을 이루고 있는 가는모래층이며, 後者의 지반은 단단한 凝灰岩이다. 이 그림에서 지진동이 작용하는 경우 應答振動은 구조물의 고유 주기에 따라서 매우 다르다.

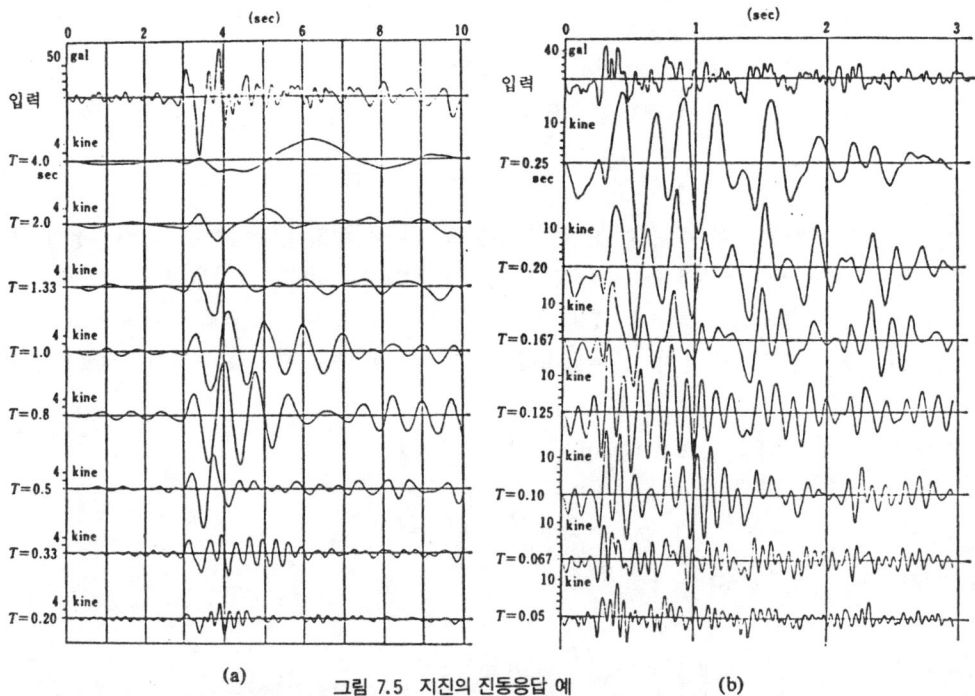

그림 7.5 지진의 진동응답 예

2) 複合 復元力을 갖는 구조물

때로는 數値的 계산의 편의를 도모하기 위해 減衰를 가상의 스프링 정수를 갖는 스프링으로 가정하여 나타낸다. 이 경우 自由度의 방정식은 이 된다.

$$m\frac{d^2y}{dt^2} + (k + ic)y = 0 \tag{7.14}$$

이 식의 解는 복합 함수(complex functon)이며 이의 실수 항은 질량의 진동을 나타낸다. $y = e^{i\lambda t}$라 하고 이를 윗식에 대입하면 다음과 같다.

여기서 $p = \sqrt{m/k}$이다. 그러면 y는 다음 식과 같다.

$$\lambda = p\left\{\sqrt{\frac{1}{2}\left(\sqrt{1+\left(\frac{c}{k}\right)^2}+1\right)} + i\sqrt{\frac{1}{2}\left(\sqrt{1+\left(\frac{c}{k}\right)^2}-1\right)}\right\}$$

여기서 $p = \sqrt{m/k}$ 따라서 y는 다음식으로 나타낼 수 있다.

$$y = e^{-\frac{pc}{2k}t}(C_1 \sin pt + C_2 \cos pt)$$

c를 매우 작은 값으로 가정하면 C_1, C_2는 적분상수이며 이는 초기조건으로 결정된다. 시작점에서는 질량은 아직 평형점에 있고 또 맥동력(impulsive force)에 의한 속도 v_0가 주어지므로 적분상수는

$$C_1 = \frac{v_0}{p}, \quad C_2 = 0$$

그러면

$$y = \frac{v_0}{p}e^{-\frac{pc}{2k}t}\sin pt \tag{7.15}$$

이 결과를 식(7.12)와 비교하면

$$h = \frac{c}{2k} \tag{7.16}$$

가 된다.

따라서, c는 減衰力의 계수를 나타내며, h는 조건 1에서와는 대조적으로 m과는 무관하게 된다.

3. 多自由度系 彈性構造物

지진동에 대한 多自由度를 갖는 구조물의 응답진동은 기준좌표법에 의하여 구하는 것이 편리하다. 따라서 이에 대하여 설명하기로 한다.

1) 일반좌표를 이용한 解

지금까지 기술한 振動系에서 그 평형위치(equilibrium configuration)로 부터의 偏差는 단지 1개의 變數로 정해졌다. 그러나 일반적으로 복잡한 구조물에서는 그 偏差를 정하는데 여러가지

의 독립 변수의 도입이 필요하다.

$$\{q\} = \{q_1 q_2 \ldots q_n\}^T \qquad (7.17)$$

가 된다. $|q|$는 일반좌표라 하며, 구조물이 진동하고 있을 때 이것은 시간의 함수이다.
그러면 독립변수를 n이라고 하면 평형위치로부터 구조물의 편차를 정의하는데 충분하다
어느 시각에 있어 구조물이 갖고 있는 위치에너지는 다음과 같다.

$$U = \tfrac{1}{2} \{b_{11} q_1 q_1 + b_{12} q_1 q_2 + b_{13} q_1 q_3 + \ldots$$
$$+ b_{21} q_2 q_1 + b_{22} q_2 q_2 + b_{23} q_2 q_3 + \ldots\}$$

그리고 運動에너지는 다음과 같다.

$$L = \tfrac{1}{2} \{a_{11} \dot{q}_1 \dot{q}_1 + a_{12} \dot{q}_1 \dot{q}_2 + a_{13} \dot{q}_1 \dot{q}_3 + \ldots$$
$$+ a_{21} \dot{q}_2 \dot{q}_1 + a_{22} \dot{q}_2 \dot{q}_2 + a_{23} \dot{q}_2 \dot{q}_3 + \ldots\}$$

이를 매트릭스로 표시하면

$$U = \tfrac{1}{2} \{q\}^T [b] \{q\} \qquad (7.18)$$

$$L = \tfrac{1}{2} \{\dot{q}\}^T [a] \{\dot{q}\} \qquad (7.19)$$

이 된다.
여기서

$$[a] = \begin{pmatrix} a_{11} & a_{12} & \ldots \\ a_{21} & a_{22} & \ldots \\ \ldots & \ldots & \\ a_{n1} & a_{n2} & \ldots \end{pmatrix}, \quad [b] = \begin{pmatrix} b_{11} & b_{12} & \ldots \\ b_{21} & b_{22} & \ldots \\ \ldots & \ldots & \\ b_{n1} & b_{n2} & \ldots \end{pmatrix}$$

이다. 그리고

$$a_{ij} = a_{ji}, \qquad b_{ij} = b_{ji}$$

인 요소를 선택할 수 있다.
따라서 $[a]$와 $[b]$는 대칭 매트릭스이다.
Lagrangean의 운동방정식은 다음과 같다.

$$\frac{d}{dt} \frac{\partial L}{\partial \dot{q}_i} + \frac{\partial U}{\partial q_i} = f_i \qquad (i = 1, 2, \ldots n) \qquad (7.20)$$

f_i는 좌표 q_i에 있는 외력 $[f]$의 i번째 요소이다.

$$\{f\} = \{f_1 f_2 \ldots f_n\}^T$$

식(7.18)과 식(7.19)를 식(7.20)에 대입하면

$$[a]\frac{d^2\{q\}}{dt^2} + [b]\{q\} = \{f\} \tag{7.21}$$

주어진 지진력에 대하여 위의 연립 미분 방정식을 풀어서 각 구조물 각 판넬점(panel point)의 응답 진동을 구할 수 있다.

이해를 돕기 위하여 그림 7.6에서 보는 바와 같이 균질재료와 강성을 갖는 多層骨組를 고려해 보자.

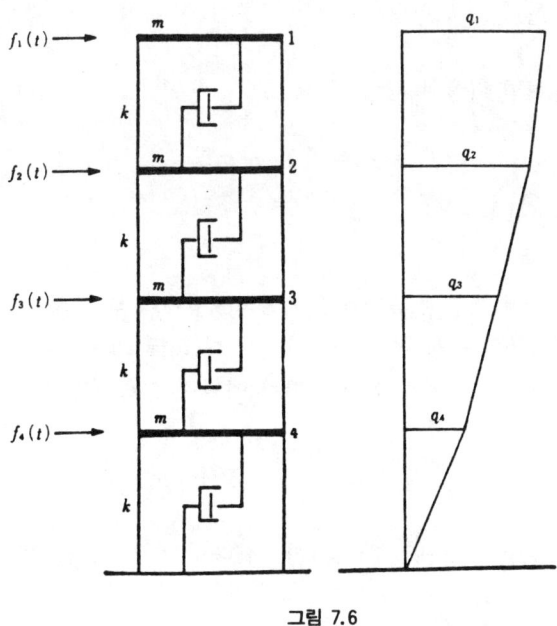

그림 7.6

이때

$$L = \frac{m}{2}(q_1^2 + q_2^2 + q_3^2 + q_4^2)$$
$$U = \frac{k}{2}\{(q_1 - q_2)^2 + (q_2 - q_3)^2 + (q_3 - q_4)^2 + q_4^2\}$$

그러면

$$[a] = \begin{pmatrix} m & 0 & 0 & 0 \\ 0 & m & 0 & 0 \\ 0 & 0 & m & 0 \\ 0 & 0 & 0 & m \end{pmatrix} \quad [b] = \begin{pmatrix} k & -k & 0 & 0 \\ -k & 2k & -k & 0 \\ 0 & -k & 2k & -k \\ 0 & 0 & -k & -2k \end{pmatrix}$$

따라서 운동방정식은 다음과 같이 된다.

$$\left.\begin{array}{l} m\dfrac{d^2q_1}{dt^2} + k(q_1 - q_2) = f_1 \\ m\dfrac{d^2q_2}{dt^2} - k(q_1 - q_2) + k(q_2 - q_3) = f_2 \\ m\dfrac{d^2q_3}{dt^2} - k(q_2 - q_3) + k(q_3 - q_4) = f_3 \\ m\dfrac{d^2q_4}{dt^2} - k(q_3 - q_4) + k\,q_4 = f_4 \end{array}\right\} \quad (7.22)$$

외력이 지진력으로 작용하면 다음과 같이 된다.

$$f_1 = f_2 = f_3 = f_4 = -m\ddot{U}$$

여기서, $\ddot{U}$: 지반의 지진가속도

2) 기준좌표를 이용한 解

多自由度系 구조물의 진동에 대한 應答振動은 기준좌표법에 의해 구하는 것이 편리하다. 앞에서 설명한 바와 같이 구조물의 위치 및 운동에너지는 식(7.18) 및 식(7.19)와 같다. 이들 에너지의 표현은 복잡하다. 그러나 좌표의 선택에 따라 에너지의 표현은 매우 간단해진다. 따라서 좌표는

$$\{Q\} = \{Q_1\ Q_2\ \ldots\ Q_n\}^T \quad (7.23)$$

이라 하면, 식(7.18)과 식(7.19)는 다음 형태로 가정한다.

$$U = \tfrac{1}{2}\{p_1^2\,Q_1^2 + p_2^2\,Q_2^2 + \ldots + p_n^2\,Q_n^2\}$$
$$L = \tfrac{1}{2}\{\dot{Q}_1^2 + \dot{Q}_2^2 + \ldots + \dot{Q}_n^2\}$$

여기서 $P_1, P_2\cdots$는 正의 常數이다. 이들 식을 식(7.18), 식(7.19)의 양식과 비교하면 연결項이 없다는 것에 주의해야 한다. 매트릭스로 표시하면 다음형태로 쓸 수 있다.

$$U = \tfrac{1}{2}\{Q\}^T [p]^D [p]^D \{Q\} \quad (7.24)$$

$$L = \tfrac{1}{2}\{\dot{Q}\}^T [I]^D \{\dot{Q}\} \quad (7.25)$$

여기서

$$[p]^D = \begin{pmatrix} p_1 & 0 & \cdots \\ 0 & p_2 & \cdots \\ & \cdots & \\ & \cdots & \end{pmatrix}, \quad [I]^D = \begin{pmatrix} 1 & 0 & \cdots \\ 0 & 1 & \cdots \\ & \cdots & \\ & \cdots & \end{pmatrix}$$

이때 $\{Q\}$와 $\{q\}$ 사이에는 다음의 직선관계가 있다.

$$\left.\begin{array}{l} q_1 = \phi_{11} Q_1 + \phi_{12} Q_2 + \cdots \\ q_2 = \phi_{21} Q_1 + \phi_{22} Q_2 + \cdots \\ \cdots\cdots\cdots\cdots\cdots\cdots\cdots \end{array}\right\}$$

또, 매트릭스로 표시하면

$$\{q\} = [\phi]\{Q\} \tag{7.26}$$

이 된다.
여기서

$$[\phi] = \begin{pmatrix} \phi_{11} & \phi_{12} & \cdots \\ \phi_{21} & \phi_{22} & \cdots \\ \cdots & \cdots & \\ \cdots & \cdots & \end{pmatrix}$$

좌표 $\{q\}$의 각 요소가 線形的으로 독립하기 위하여는 $|\phi|=0$이면 안된다. 즉,

$$|\phi| \neq 0$$

이어야 한다.
이 좌표 $\{Q\}$를 기준좌표라고 하며, $Q_1, Q_2 \cdots Q_3$가 그 성분이다. 여기서 $[\phi]$는 일반좌표가 기준좌표와 어떤 관계인지를 나타내는 함수이며, 이것을 基準函數라고 한다. 또 이 요소의 벡터는

$$\phi_{1i}, \phi_{2i}, \ldots \phi_{ni} \quad (i=1, 2, \ldots n)$$

즉 $[\phi]$의 i번째 列의 벡터는 Q_i에 대응하는 $\{q\}$의 값만을 나타내므로 이를 $\{q\}$의 i차기준함수라고 하며 $\{\phi_i\}$로 표시한다.
식(7.26)을 식(7.19)과 식(7.19)에 代入하면

$$U = \tfrac{1}{2}([\phi]\{Q\})^T[b][\phi]\{Q\} = \tfrac{1}{2}\{Q\}^T[\phi]^T[b][\phi]\{Q\}$$
$$L = \tfrac{1}{2}([\phi]\{\dot{Q}\})^T[a][\phi]\{\dot{Q}\} = \tfrac{1}{2}\{\dot{Q}\}^T[\phi]^T[a][\phi]\{\dot{Q}\}$$

가 된다. 위의 식이 식(7.24) 및 식(7.25)와 같은 형태로 표현하기 위해서는 다음과 같은 관계이어야 한다.

$$[\phi]^T[b][\phi] = [p]^D[p]^D \tag{7.27}$$

$$[\phi]^T [a] [\phi] = [I]^D \tag{7.28}$$

$[b]$, $[a]$가 모두 대칭인 한편, 正으로 정의 할 때, 식(7.27) 및 식(7.28)의 관계를 만족하는 $\{\phi\}$가 존재하는 것이 수학적으로 증명되어 있다.

식(7.27)과 식(7.25)의 우변이 對角매트릭스이므로 다음식과 같이 된다.

$$\left. \begin{array}{l} \{\phi\}_i^T [b] \{\phi\}_j = 0 \\ \{\phi\}_i^T [a] \{\phi\}_j = 0 \end{array} \right\} \quad i \neq j \tag{7.29}$$

이것을 기준함수의 直交性이라 한다. 또한 식(7.28)로 부터

$$\{\phi\}_i^T [a] \{\phi\}_i = 1 \tag{7.30}$$

가 된다.

식(7.30)을 만족하는 기준함수를 규격화된 기준함수라고 한다.

기준함수는 식(7.27), 식(7.28)에서 구체적으로 정할 수 있다. 지금 임의의 파라미터 λ를 식(7.28)에 곱하여 식(7.27)을 소거하면

$$[\phi]^T [\lambda a - b] [\phi] = [\lambda - p^2]^D \tag{7.31}$$

이 된다.

λ를 선택하면 다음과 같다.

$$\lambda = p_i^2 \tag{7.32}$$

따라서,

$$[\phi]^T [p_i^2 a - b] \{\phi\}_i = \{0\}$$

이 식은 벡터 $[p_i^2 a - b] \{\phi_i\}$의 n개의 성분에 관해서 n개의 同次 연립방정식이다. 行列式 ϕ는 0이 아니므로 벡터 $[p_i^2 a - b] \{\phi_i\}$의 성분은 모두 0이어야 한다. 따라서

$$[p_i^2 a - b] \{\phi\}_i = \{0\} \tag{7.33}$$

즉,

$$(p_i^2 a_{11} - b_{11})\phi_{1i} + (p_i^2 a_{12} - b_{12})\phi_{2i} + \cdots = 0$$
$$(p_i^2 a_{21} - b_{21})\phi_{1i} + (p_i^2 a_{22} - b_{22})\phi_{2i} + \cdots = 0$$
$$\cdots\cdots\cdots\cdots\cdots\cdots\cdots\cdots\cdots\cdots\cdots\cdots$$

이 된다.

이것은 벡터 $\{\phi\}_i$의 n개의 성분에 대한 n개의 同次연립방정식이다. 따라서 다음 행렬식이 존재할 때 $\{\phi\}_i$에 대한 행렬식을 얻을 수 있다. 즉,

$$|p_i^2 a - b| = 0 \tag{7.34}$$

즉,

$$\begin{vmatrix} p_i^2 a_{11}-b_{11} & p_i^2 a_{12}-b_{12} & \cdots \\ p_i^2 a_{21}-b_{21} & p_i^2 a_{22}-b_{22} & \cdots \\ \cdots & \cdots & \end{vmatrix} = 0$$

위의 식(7.34)는 p_i^2에 대한 n차방정식이며, 일반적으로 n개의 해를 가지며 이들 해는 모두 +이며 수학적으로 증명될 수 있다. 따라서 식(7.34)를 풀어서 p_i를 결정할 수 있으며, 식(7.30)의 행렬식을 풀어 그 比를 결정한다. 즉,

$$\phi_{1i} : \phi_{2i} : \phi_{3i} : \ldots$$

이 比는 i次基準函數形을 이루며, $[\phi]_i$의 절대치는 조건 식(7.30)을 만족하도록 결정한다.

$$\frac{d}{dt}\frac{\partial L}{\partial \dot{Q}_i} + \frac{\partial U}{\partial Q_i} = F_i \quad (i = 1, 2, \ldots n) \tag{7.35}$$

여기서 F_i는 좌표 Q_i에서 外力의 성분이다. 외력이 $|f|$로 주어질 때 F_i를 결정하기 위하여 가상일의 원리를 적용하면 편리하다.

즉 Q_i가 ΔQ_i만큼 약간 증가함에 따라 생긴 $|q|$의 증가량을 $|\Delta q|$라 하면 가상일의 원리에 따라서

$$\Delta Q_i F_i = \Delta \{q\}_i^T \{f\} \tag{7.36}$$

이 된다.

그런데 식(7.26)에서

$$\Delta \{q\}_i = \{\phi\}_i \Delta Q_i$$

이므로 이것을 식(7.36)에 代入하면

$$\Delta Q_i F_i = \Delta Q_i \{\phi\}_i^T \{f\}$$

$$F_i = \{\phi\}_i^T \{f\}$$

가 유도된다.

여기서 식(7.35)의 L 및 U에 식(7.24) 및 식(7.25)을 代入하면 그 결과는 다음과 같다.

$$\frac{d^2 Q_i}{dt^2} + p_i^2 Q_i = \{\phi\}_i^T \{f\} \quad (i = 1, 2, \ldots n)$$

$$\therefore \frac{d^2 \{Q\}}{dt^2} + [p]^D [p]^D \{Q\} = \{\phi\}^T \{f\} \tag{7.37}$$

식(7.37)은 n개의 등차방정식으로 되나 실제로 이 방정식은 n개의 독립방정식이 된다. 그러므로 $\{Q\}$의 각각의 성분에 대해 독립적으로 각각 방정식을 풀 수 있다. 이것이 기준좌표의 가장 중요한 성질이다.

振動系에 減衰力이 작용하는 경우, 특수한 경우를 제외하고는 각 기준좌표의 진동형은 서로 독립하지 않는다. 다만 減衰力이 작은 경우는 근사적으로 서로 독립적인 것으로 가정 하며 그 振動을 지배하는 方程式을 다음 식과 같이 쓰는 경우가 많다.

$$\frac{d^2\{Q\}}{dt^2} + 2[h]^D[p]^D\frac{d\{Q\}}{dt} + [p]^D[p]^D\{Q\} = \{\phi\}^T\{f\} \tag{7.38}$$

여기서

$$[h] = \begin{pmatrix} h_1 & 0 & \cdots \\ 0 & h_2 & \cdots \\ \cdots\cdots\cdots \\ \cdots\cdots\cdots \end{pmatrix}$$

예를 들면, 그림 7.6은 구조물의 동적해석 방법을 기술한 것이다. 이 경우 特性式 (7.34)는

$$\begin{vmatrix} mp_i^2 - k & k & 0 & 0 \\ k & mp_i^2 - 2k & k & 0 \\ 0 & k & mp_i^2 - 2k & k \\ 0 & 0 & k & mp_i^2 - 2k \end{vmatrix} = 0 \tag{7.39}$$

그러면 p_i의 고유치는 다음과 같다.

$$\therefore p_1 = 0.35\sqrt{\frac{k}{m}}, \quad p_2 = 1.00\sqrt{\frac{k}{m}}, \quad p_3 = 1.53\sqrt{\frac{k}{m}}, \quad p_4 = 1.88\sqrt{\frac{k}{m}} \tag{7.40}$$

이 고유치를 구하기 위하여 ϕ의 비는 다음과 같이 식(7.33)으로 결정할 수 있다.

$$\begin{vmatrix} mp_i^2 - k & k & 0 & 0 \\ k & mp_i^2 - 2k & k & 0 \\ 0 & k & mp_i^2 - 2k & k \\ 0 & 0 & k & mp_i^2 - 2k \end{vmatrix} \begin{Bmatrix} \phi_{1i} \\ \phi_{2i} \\ \phi_{3i} \\ \phi_{4i} \end{Bmatrix} = 0$$

따라서 ϕ의 규격화한 값은 다음과 같다.

$$\phi = \begin{vmatrix} 0.66 & 0.58 & 0.43 & 0.23 \\ 0.58 & 0 & -0.58 & -0.58 \\ 0.43 & -0.58 & -0.23 & 0.66 \\ 0.23 & -0.58 & 0.66 & -0.43 \end{vmatrix} \frac{1}{\sqrt{m}} \tag{7.41}$$

그림 7.7은 4가지 기준진동형을 보인 것이다.

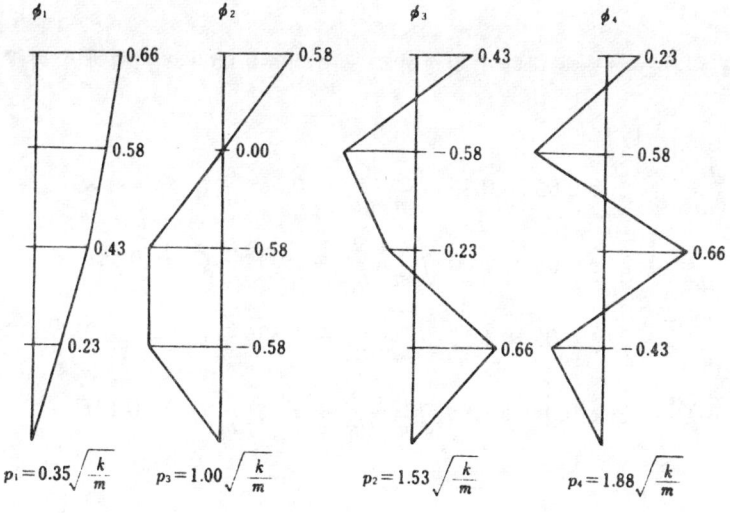

그림 7.7

이 경우 외력은 지진지반동에 의하여 일어나므로 다음과 같이 나타낼 수 있다.

$$\{f\} = -\{m\ddot{U}\} = -[m]^D \{\ddot{U}\} \tag{7.42}$$

여기서

$$[m]^D = \begin{pmatrix} m & 0 & 0 & 0 \\ 0 & m & 0 & 0 \\ 0 & 0 & m & 0 \\ 0 & 0 & 0 & m \end{pmatrix}, \quad \{\ddot{U}\} = \begin{Bmatrix} \ddot{U} \\ \ddot{U} \\ \ddot{U} \\ \ddot{U} \end{Bmatrix}$$

운동방정식 (7.37)은 다음과 같이 된다.

$$\frac{d^2\{Q\}}{dt^2} + 2[h]^D [p]^D \frac{d\{Q\}}{dt} + [p]^D [p]^D \{Q\} = -[\mu]^T \{\ddot{U}\} \tag{7.43}$$

여기서

$$[\mu]^D = [\phi]^D [m]^D = \begin{pmatrix} \mu_1 & 0 & 0 & 0 \\ 0 & \mu_2 & 0 & 0 \\ 0 & 0 & \mu_3 & 0 \\ 0 & 0 & 0 & \mu_4 \end{pmatrix}$$

$\{\mu\}^D$를 기준좌표의 운동에 대한 지진 지반동의 關與係數(participation factor)라 부른다.
식(7.43)으로부터 계수는

$$\mu_1 = 1.89, \quad \mu_2 = -0.58, \quad \mu_3 = 0.28, \quad \mu_4 = -0.12 \tag{7.44}$$

가 된다.

감쇠정수가 모든 기준 진동에 대하여 일정하고 모두 h=0.05라고 가정하면 식(7.42)는 다음과 같이 된다.

$$\left. \begin{array}{l} \dfrac{d^2Q_1}{dt^2} + 2 \times 0.05 \times 0.35 \sqrt{\dfrac{k}{m}} \dfrac{dQ_1}{dt} + 0.35^2 \dfrac{k}{m} Q_1 = -1.89 \ddot{U} \\[6pt] \dfrac{d^2Q_2}{dt^2} + 2 \times 0.05 \times 1.00 \sqrt{\dfrac{k}{m}} \dfrac{dQ_2}{dt} + 1.00^2 \dfrac{k}{m} Q_2 = 0.58 \ddot{U} \\[6pt] \dfrac{d^2Q_3}{dt^2} + 2 \times 0.05 \times 1.53 \sqrt{\dfrac{k}{m}} \dfrac{dQ_3}{dt} + 1.53^2 \dfrac{k}{m} Q_3 = -0.28 \ddot{U} \\[6pt] \dfrac{d^2Q_4}{dt^2} + 2 \times 0.05 \times 1.88 \sqrt{\dfrac{k}{m}} \dfrac{dQ_4}{dt} + 1.88^2 \dfrac{k}{m} Q_4 = 0.12 \ddot{U} \end{array} \right\} \tag{7.45}$$

이것을 풀어서 同次方程式 {Q}를 결정한다. 따라서 식(7.26)에 의하면 골조 절점의 變位는 {φ}와 {Q}를 곱하여 구하고 여기서 [φ]는 식(7.41)에 주어져 있다.

식(7.43)의 解는 기준좌표를 토대로 한 구조물의 운동을 결정하는 것이다. 식(7.43)은 식(7.11)의 형태와 같으므로 해는 다음과 같이 된다.

$$Q_i = -\dfrac{\mu_i}{p_i} \int_0^t \ddot{U}(\tau) \exp\{-p_i h_i (t-\tau)\} \sin p_i (t-\tau) d\tau \tag{7.46}$$

골조 각 층의 진동은 다음과 같이 나타낼 수 있다.

$$y_j = \phi_{j1} Q_1 + \phi_{j2} Q_2 + \phi_{j3} Q_3 + \cdots = \sum_i \phi_{ji} Q_i \tag{7.47}$$

여기서, y_j : i층에 있는 골조상의 단면 점의 變位

ϕ_{ji} : 단면 j에서 i차 기준함수의 단면 i에 대한 값

3) 연속 탄성체

유한요소법은 연속체를 유한요소의 수로 나누어 각 요소 문제의 총체로서 물체의 靜的, 動的 문제를 취급하게 된다(그림 7.8 참조). 이 경우, 이 復元力과 變位 사이의 관계가 각 요소에 대하여 결정된다. 예를 들면, 구조물은 여기서 삼각요소로 나누어지며 요소(e)의 절점은 i, j 및 k로 나타낸다. 요소의 질량은 三等分 되며 각 부분의 질량은 대응 절점에 집중된다. 절점 i의 모든 요소로 부터 절점 i에 집중된 질량의 합계는 M_i이다. 절점좌표와 절점변위는 다음 식으로 나타낸다.

$$\{r\} = \{x_i \ y_i \ x_j \ y_j \ x_k \ y_k\}^T \tag{7.48}$$

$$\{\eta\} = \{u_i \ v_i \ u_j \ v_j \ u_k \ v_k\}^T \tag{7.49}$$

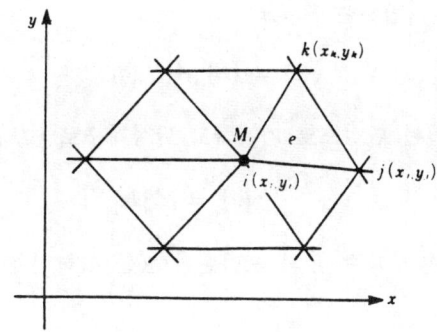

그림 7.8

요소내의 변위 u 와 v 는 x, y 의 직선식으로 표시 된다고 가정한다. 즉

$$u = a_1 + a_2 x + a_3 y$$
$$v = a_4 + a_5 x + a_6 y \qquad (7.50)$$

일정계수는 절점변형이 $\{\eta\}$ 가 된다는 사실로부터 결정될 수 있다. 따라서

$$\{\eta\} = [A]\{a\} \qquad (7.51)$$

그러나

$$\{a\} = \{a_1\ a_2\ a_3\ a_4\ a_5\ a_6\}^T$$

$$[A] = \begin{pmatrix} 1 & x_i & y_i & 0 & 0 & 0 \\ 0 & 0 & 0 & 1 & x_i & y_i \\ 1 & x_j & y_j & 0 & 0 & 0 \\ 0 & 0 & 0 & 1 & x_j & y_j \\ 1 & x_k & y_k & 0 & 0 & 0 \\ 0 & 0 & 0 & 1 & x_k & y_k \end{pmatrix}$$

그러면

$$\{a\} = [A]^{-1}\{\eta\}. \qquad (7.52)$$

요소내의 變形은 變位 u 와 v 로부터 계산 할 수 있다. 즉

$$\{\varepsilon\} = \{\varepsilon_x\ \varepsilon_y\ \gamma_{xy}\}^T = [B]\{a\}$$

그러나

$$[B] = \begin{bmatrix} 0 & 1 & 0 & 0 & 0 & 0 \\ 0 & 0 & 0 & 0 & 0 & 1 \\ 0 & 0 & 1 & 0 & 1 & 0 \end{bmatrix}$$

식 (7.52)를 위의 식에 대입하면

$$\{\varepsilon\} = [B][A]^{-1}\{\eta\} \tag{7.53}$$

그러나 應力과 變位사이는 탄성으로 가정하고 탄성계수로 (D)를 취하면

$$\{\sigma\} = [D]\{\varepsilon\} \tag{7.54}$$

응력이 평면변형일 때 탄성계수 E 와 포아손비 ν 를 취하면 (D)는 다음과 같이 된다.

$$[D] = \begin{pmatrix} 1 & \dfrac{\nu}{1-\nu} & 0 \\ \dfrac{\nu}{1-\nu} & 1 & 0 \\ 0 & 0 & \dfrac{1-2\nu}{2(1-\nu)} \end{pmatrix} \times \dfrac{(1-\nu)E}{(1+\nu)(1-2\nu)} \tag{7.55}$$

식(7.53)을 식(7.54)에 대입하면

$$\{\sigma\} = [D][B][A]^{-1}\{\eta\} \tag{7.56}$$

삼각요소 주위의 힘은 인접요소로부터 외력으로 작용하며 이들 외력이 요소내에 응력을 발생시킨다고 생각된다.

다음에 이 외력은 절점 i, j 및 k 에 작용하는 3개의 집중력으로 바꾸어진다고 생각한다. 이 힘은 復元力이며, 等價節点力이라고 한다. 이들은 다음 식으로 나타낼 수 있다.

$$\{f\} = \{f_{ix} f_{iy} f_{jx} f_{jy} f_{kx} f_{ky}\}^T$$

$\{f\}$를 요소주위에 작용하는 하중에 평행되도록 하기 위하여 가상일의 원리를 적용한다. 즉 실제 변위로 인한 等價節点力으로 이루어진 가상일은 요소주위에 작용하는 하중에 의하여 이루어진 가상일과 같다. 특히 후자는 실제 변형으로 인한 요소내 응력에 의하여 이루어진 가상일과 같다. 따라서 실제 절점 변위는 다음과 같이 가정할 수 있다.

$$\{\eta^*\} = \{u_i^* v_i^* u_j^* v_j^* u_k^* v_k^*\}^T$$

그러면 요소내에서 이에 의하여 일어난 실제 변형은 다음과 같다.

$$\{\varepsilon^*\} = \{\varepsilon_x^* \varepsilon_y^* \gamma_{xy}^*\}^T = [B][A]^{-1}\{\eta^*\}.$$

실제 변위로 인한 等價節点力에 의하여 이루어진 가상일은 $\{\eta^*\}^T\{f\}$ 이다.

실제 변형으로 인하여 요소내의 응력으로 이루어진 실제일은 $\int \{\varepsilon^*\}^T\{\sigma\} \, da$ 이며, 여기서 da 는 유한면적(infinitesimal area)이며, 적분범위에 있는 요소의 면적이다.

$\{\varepsilon^*\}$ 와 $\{\sigma\}$ 양자는 요소내에서 일정하므로 Δ 를 요소의 면적이라 하면, 위의 적분은 $\{\varepsilon^*\}$

$^T\{\sigma\}\Delta$가 된다.

가상일의 원리에 따라

$$\{\eta^*\}^T\{f\} = \{\varepsilon^*\}^T\{\sigma\}\Delta$$

그러나

$$\{\varepsilon^*\}^T\{\sigma\}\Delta = ([B][A]^{-1}\{\eta^*\})^T[D][B][A]^{-1}\{\eta\}\Delta$$
$$= \{\eta^*\}^T([A^{-1}])^T[B]^T[D][B][A]^{-1}\{\eta\}\Delta$$

이므로

$$\{f\} = ([A]^{-1})^T[B]^T[D][B][A]^{-1}\{\eta\}\Delta$$

또는

$$\{f\} = [k]\{\eta\} \tag{7.57}$$

여기서,

$$[k] = ([A]^{-1})^T[B]^T[D][B][A]^{-1}\Delta \tag{7.58}$$

$[k]$를 剛性매트릭스라 한다.

식(7.57)과 유사한 식으로 표시되는 복원력은 系의 전요소의 절점에서 작용한다. 따라서 전 요소의 복원력을 합하여 다음 식으로 나타낼 수 있다.

$$\{F\} = [K]\{H\} \tag{7.59}$$

여기서,
    $\{F\}$: 全體系에 작용하는 복원력 벡터
    $\{H\}$: 全體系의 변위 벡터
    $\{K\}$: 全體系의 강성 매트릭스

D'Alembert 원리에 의하면, 복원력 $\{F\}$는 系에 작용하는 관성력과 외부하중이 평형을 이루어야 한다.

따라서,

$$[M]\left\{\frac{d^2H}{dt^2}\right\} + [K]\{H\} - \{E\} = 0 \tag{7.60}$$

여기서,
    $\{M\}$: 全體系의 질량 매트릭스
    $\{E\}$: 全體系에 작용하는 외부하중 벡터

外力이 지진하중이면 운동방정식은 다음과 같다.

$$[M]\left\{\frac{d^2H}{dt^2}\right\} + [K]\{H\} = -[M]\{\ddot{U}\} \tag{7.61}$$

여기서, $\{\ddot{U}\}$: 지반의 지진가속도 벡터

이것은 多自由度系 진동방정식이며 직접 풀거나 또는 모드해석(modal analysis)으로 풀 수 있다.

이 해석에서 감쇠정수는 일반적으로 각 기준좌표의 각 요소에 할당 한다. 그러나 減衰量은 정확하게 결정되는 예는 드물기 때문에 일반적으로 경험방법이나 기술적 판단으로 결정하고 있다.

7.3 응답 스펙트럼을 이용한 耐震設計

1. 1 자유도계의 응답 스펙트럼

구조물의 耐震設計에서 지진에 대한 구조물 응답의 최대치는 매우 중요한 양이다.
구조물이 1自由度系라면 응답은 식(7.13)으로 구할 수 있다.

$$S_V = \left[\int_0^t \ddot{U}(\tau) \exp\{-ph(t-\tau)\} \sin p(t-\tau)d\tau\right]_{max} \tag{7.62}$$

따라서 y의 최대치는 다음 식이 된다.

$$y_{max} = \frac{1}{p}S_V = S_D \tag{7.63}$$

여기서, S_D : 지반과 관계되는 구조물의 최대변위

진동을 받는 骨組의 외력은 관성력과 저항력의 합이며 식(7.9)에서의 ky와 같다.

따라서 골조에 생기는 동적응력은 골조가 ky에 의하여 유사정적(quasistatically)으로 힘을 받을 때 나타나는 응력과 같다. 이 힘을 F라고 하면

$$F = ky$$

F의 최대치는

$$F_{max} = ky_{max} = \frac{k}{p}S_V = mpS_V$$

$pS_v = S_A$ 라고 하면

$$F_{max} = mS_A \tag{7.64}$$

F_{max} 는 지진하중이라고 부르며 질량과 S_A 의 곱과 같다.

S_D, S_V 및 S_A 는 h 를 파라미터로 하는 구조물의 고유주기 함수이며 이들은 각각 變位, 速度, 加速度의 次元을 갖는다. 따라서 이들은 각각 변위스펙트럼, 유사속도 스펙트럼, 유사가속도 스펙트럼이라고 한다.

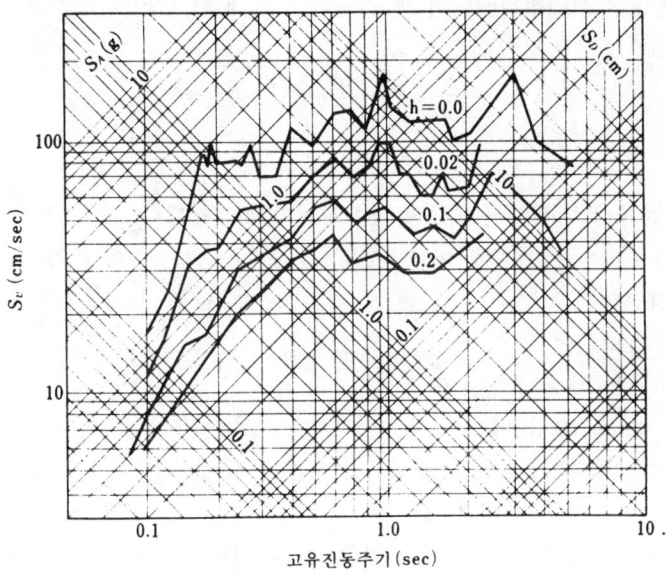

(a) 속도스펙트럼(N.M Newmark)

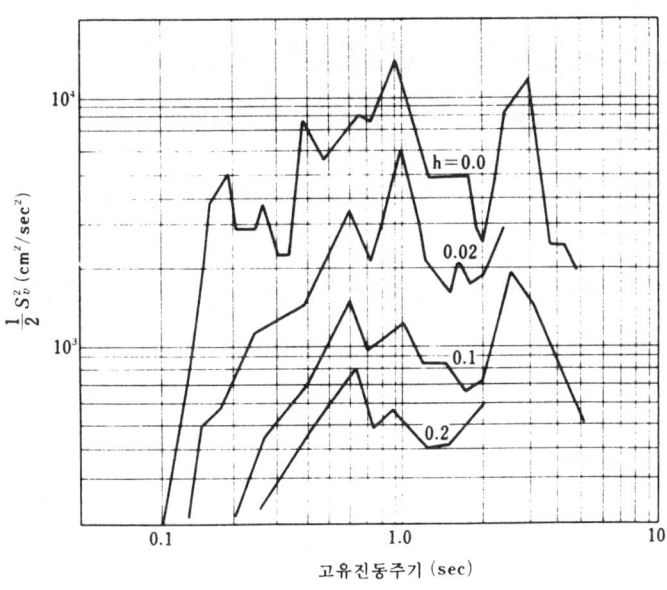

(b) 에너지스펙트럼 (cm/sec^2)

그림 7.9

유사라는 의미는 S_D, S_V 및 S_A 가 응답진동의 가속도와 속도의 최대치가 정확하지 않다는 것이다.

그림 7.9(a)에서 1940년 El Centro 지진의 응답스펙트럼의 예를 보인 것이다. 이 그림에서 S_V는 연직좌표축에 그리고 S_D와 S_A는 각각 45° 기울기를 갖는 斜 좌표축에 그린다.

지진시 구조물에 축적된 최대변형에너지는 $E_1 = k/2 S_D^2$ 이다. 그러나

$$E_1 = \frac{k}{2} S_D^2 = \frac{mp^2}{2} S_D^2 = \frac{m}{2} S_v^2$$

이 된다.

따라서 $1/2 S_v^2$ 은 파괴에 대응한 구조물의 저항성이라고 생각된다.

그림 7.9(b)는 El Centro 지진파에 대한 $1/2 S_v^2$의 값을 보인 것이며 스펙트럼하의 면적은 지진의 파괴력을 나타낸다.

2. 다자유도계 응답 스펙트럼

n차 多自由度系 응답은 식 (7.38)과 같다.

이 식에서 함수 Q_i는 식 (7.13)에서의 운동방정식을 만족한다.

Q_i의 최대치는 응답스펙트럼으로 구할 수 있다. 그러나 각 값의 최대치가 되는 시각은 다르다.

따라서 y_i의 최대치는 일반적으로 각 항의 변형의 최대치의 합계보다 작다. y_i의 최대치를 정하기 위한 근사적 방법도 이용된다.

① 각 기준좌표의 최대치의 제곱의 합의 제곱근을 취한다.

$$|y_{J.\max}| = \sqrt{(\phi_{J1} Q_{1.\max})^2 + (\phi_{J2} Q_{2.\max})^2 + (\phi_{J3} Q_{3.\max})^2 + \ldots} \quad (7.65)$$

② 급수의 각 항목마다 최대치의 절대치의 합을 취한다. 따라서

$$|y_{J.\max}| = |\phi_{J1} Q_{1.\max}| + |\phi_{J2} Q_{2.\max}| + |\phi_{J3} Q_{3.\max}| + \ldots \quad (7.66)$$

이 된다.

③ 식(7.66)의 우변 1항만 취하며 나머지 항의 합을 1항의 10%라고 가정한다. 즉,

$$y_{J.\max} = 1.1 \phi_{J1} Q_{1.\max} \quad (7.67)$$

①과 ②의 방법중에서 어느 것이 보다 적당한지는 취급대상에 따라 다르다. 短周期 구조의 예를 들면, 단주기구조물의 4層건물(고유주기 0.5 sec), 장주기 구조물의 16層건물(고유주기 2.5 sec)을 대상으로 El Centro 지진에 대하여 계산한 결과에 의하면, 短周期 구조는 ②의 방법이, 장주기구조는 ①의 방법이 적합한 것으로 나타났다.

3. 지진응답 스펙트럼의 성질

Housner는 미국의 많은 强震記錄에 대해서 速度應答스펙트럼을 구하여 그 포괄적 성질을 그림 7.10(b)와 같은 곡선으로 나타내었다. 이에 의하면 速度應答스펙트럼은 $0.8 < T < 2.8$ sec

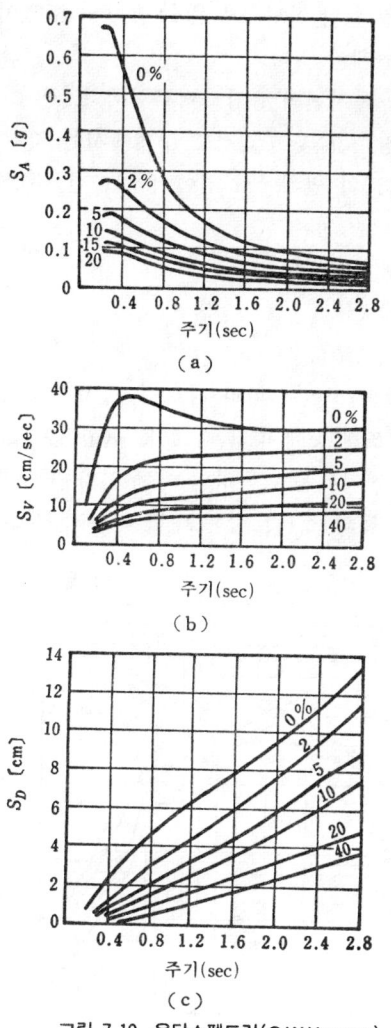

그림 7.10 응답스펙트럼(G.W.Housner)

의 범위에서는 거의 일정하며 그것은 구조물의 減衰定數가 클수록 작아진다.

T 가 증가함에 따라 S_D 는 증가하고 S_A 는 감소한다.

그러므로 S_V 의 스펙트럼이 일정하다는 것은 지진동에 대한 구조물의 應答振動의 기본 성질로서 耐震設計의 이론적 기초가 되며,, 이 성질을 밝힌 Housner 의 업적은 높이 평가된다.

응답스펙트럼의 기본 특성을 알면 다음과 같은 여러가지 관련된 특성을 구명할 수 있다.

① S_V 는 어떤 진동수의 범위에서 독립적인 특성을 사용하여 Hausner 에 의하면 스펙트럼 강도는 다음식과 같다고 정의 하였다.

$$SI = \frac{1}{2.4} \int_{0.1}^{2.5} S_V(T) dT \tag{7.68}$$

이는 응답진동강도의 指數일 뿐만 아니라 地盤動 强度의 指數이다. 또한 이는 지진에 의한 구조물의 피해와 깊은 관계가 있다.

② 그림은 7.9(a)는 E1 Centro 지진의 응답스펙트럼이다. 이 그림에서 가속도, 변형, 속도의 스펙트럼은 단주기, 장주기 및 중간정도 주기에서는 각각 일정하다는 것이 인정된다. 減衰定數 $h=0.05~0.10$의 범위에서 위에서 기술한 一定値는 대략 다음과 같다고 Newmark는 지적하였다.

$S_A = 2.0 \times$ 地震動 最大加速度
$S_V = 1.5 \times$ 地震動 最大速度
$S_D = 1.0 \times$ 地震動 最大變位

③ 應答스펙트럼은 入力地震動의 성질에 따라 다르며, 입력지진동의 성질은 일반적으로 지진의 규모, 진앙거리, 지반조건 등에 따라 다르다. Kuribayashi와 Tsuchida는 SMAC 强震計로 관측한 다수의 지진기록을 이용하여 이들 인자를 달리하는 입력지진에 대한 응답 스펙트럼을 구했는데 이들의 스펙트럼은 대략 다음과 같은 성질을 갖는다고 하였다 (그림 7.11 참조).

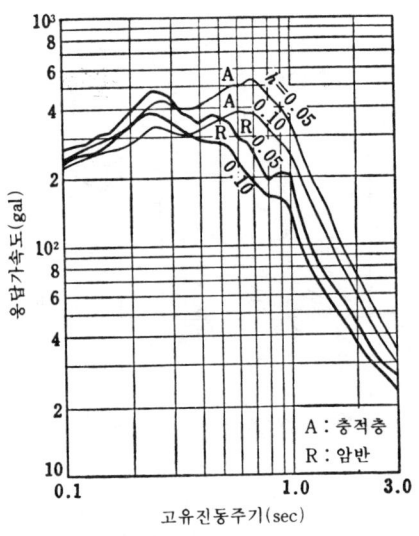

그림 7.11 가속도 응답스펙트럼, 0.2g인 최대입력가속도(E, Kuribayashi)

우선 長周期를 갖는 구조물의 응답에 대하여는 지진의 규모가 커지면 응답이 커진다. 이것은 규모가 큰 지진은 長周期成分을 많이 포함하고 있기 때문이다. 또 진앙거리가 가까운 지진에서는 응답이 작아진다. 이것은 인접지역의 地震에서는 長周期 成分에 비교하여 短周期 成分이 상대적으로 커지기 때문이다. 또 지반이 연약한 경우는 응답이 커진다. 즉 연약지반은 일반적으로 장주기의 卓越周期를 갖는다. 이 진동에는 장주기 성분이 많이 포함되어 있기 때문이다.

다음에 短周期를 갖는 구조물의 應答에 대해서는 위와 같은 長周期를 갖는 구조물의

應答에서 기술한 因子에 의한 차이는 없다. 이 경우에는 減衰定數 h =0.05일때는 응답 진동의 배율은 어느 경우든지 대략 2배 정도이다.

④ 이상에서 기술한 내용 중에서 주의할 사항은 응답 진동의 최대치를 대상으로 한 것이다. 그러나 구조물에 반복하중의 영향을 밝히기 위해서는 응답파의 제 2 位 이하의 최대치 분포도 중요하다.

그림 7.12는 Kinugawa 발전소의 암반지반에서 기록된 지진파의 응답진동에서 최대치의 比를 나타낸 것이다. 그림에서 구조물의 고유주기가 짧으면 최대 진폭과 최저 진폭 사이의 차이가 크며 최대 진폭이 특히 탁월한 경향을 보이고 있다.

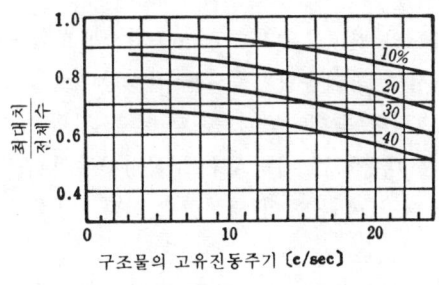

그림 7.12 최대응답속도

또 그림 7.13은 동일 지진에 의한 速度應答스펙트럼이며 각각의 곡선에 대한 파라미터는 1초 동안 나타나는 평균 수이다. 그림에서 최대치에 대해서는 앞에서 기술한 바와 같이 구조물의 고유진동주기 T 가 짧은 때는 應答加速度가 일정하고 T 가 길때는 應答變位가 일정하며 그 사이의 T 에서는 응답속도가 일정하다. 둘째자리 이하는 최대치에 대한 경향과 대략 같지만 최대치가 작을 수록 응답속도는 일정 범위로 좁아진다.

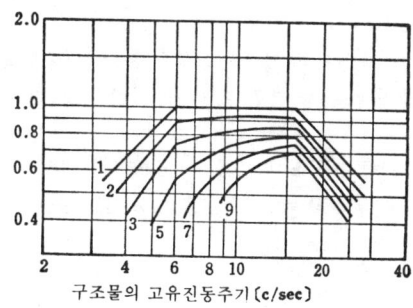

그림 7.13

4. 수정진도법
1) 일반사항

修正震度法은 지금까지의 진도법을 간단하게 수정한 설계법이며 구조물의 동적 특성을 고려한 설계법이다. 이 방법에서 지진하중은 靜的으로 가정하며 따라서 구조물에 생기는 응력은 정적인 방법으로 계산할 수 있다.

지진하중의 규모는 과거 진도법의 경우와 같이 震力係數에 의한 구조물 각부분에서의 중량을 곱하여 결정한다. 그러나 진력계수는 주기와 동적해석으로 결정한 구조물의 고유진동모드를 고려하여 결정한다.

구조물이 1자유도를 가질 때 고유주기를 계산하며 우선 감쇠정수를 가정한다. 그 다음에 동적 방법으로 결정한 응답스펙트럼을 사용하여 대응하는 최대응답 가속도를 구할 수 있다.

중력가속도에 대한 최대응답 가속도의 비가 요구되는 진력계수이다.

구조물이 多自由度일때 고유주기, 기준함수, 관여계수 등은 계산되며 감쇠정수는 모든 기준진동에 대하여 가정한다. 기준좌표의 최대응답가속도는 응답스펙트럼에서 구한다. 그 다음 식 (7.65)~식(7.67)에 따라 절점에서의 최대응답가속도를 결정한다.

따라서 重力加速度에 대하여 결정한 최대지진가속도의 비를 진력계수로 사용한다.

각 절점에 작용하는 지진하중은 대응하는 진력계수에 절점질량의 중량을 곱하여 계산한다.

다음은 그림 7.6에 나타낸 구조물을 예를 들어 해석한 것이다. 입력지진의 최대 가속도는 지반에서 120gal 로 가정하였다.

$m = 0.5$ ton, $k = 200$ ton / cm, 기둥 높이 10 m 라고 가정한다. 자유진동의 규격화한 모드 (mode) 기준좌표의 관여계수는 식(7.41) 및 식(7.44)와 같다.

1차 기준진동의 고유주기는 식(7.40)에 제시하였으며 다음과 같다.

$$p_1 = 0.35 \times \sqrt{200 \div 0.5} = 7.0, \quad T_1 = 2\pi \div 7.0 = 0.90 \text{ sec.}$$

같은 방법으로

$$T_2 = 0.31 \text{ sec}, \quad T_3 = 0.21 \text{ sec}, \quad T_4 = 0.17 \text{ sec.}$$

가 된다.

下層土가 연약충적토이고 골조의 각좌표에 대한 감쇠정수를 0.05로 가정하면 200 gal 의 최대 가속도인 입력지진에 대한 응답가속도는 그림 7.11에서 다음과 같이 된다.

$$S_{A.1} = 400 \text{ gal} \quad S_{A.2} = 400 \text{ gal}$$
$$S_{A.3} = 340 \text{ gal} \quad S_{A.4} = 310 \text{ gal}$$

여기서 $S_{Ai} : T_i$에 대한 최대가속도

식(7.65)에 의하면 절점 j에서의 최대가속도 $\alpha_{j\max}$ 는 다음과 같다.

$$\alpha_{j\max} = \frac{120}{200} \sqrt{(\mu_1 \phi_{j1} S_{A1})^2 + (\mu_2 \phi_{j2} S_{A2})^2 + (\mu_3 \phi_{j3} S_{A3})^2 + (\mu_4 \phi_{j4} S_{A4})^2}$$

이 식에서 다음 값을 구할 수 있다.

$$\alpha_{1\max} = 310 \text{ gal}, \quad \alpha_{2\max} = 270 \text{ gal}, \quad \alpha_{3\max} = 210 \text{ gal}, \quad \alpha_{4\max} = 140 \text{ gal}$$

지진시에 발생되는 휨모멘트 및 전단과 같은 지진하중은 靜的으로 계산하며 그림·7.14에서 보는 바와 같다.

$k = 0.2$로 가정하면 진도법으로 계산한 휨모멘트와 剪斷과 휨모멘트 다이아그램은 破線으로 나타낸것과 같다.

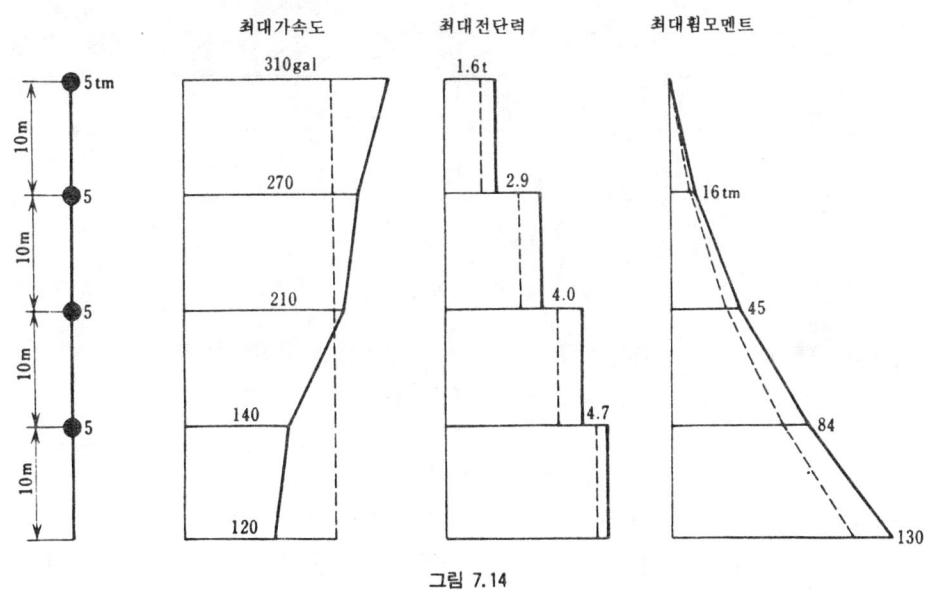

그림 7.14

2) 日本건설성 기준

(1) 지진관성력

지진시에 지반에 설치되어 있는 구조물은 관성력을 받으며 이 관성력은 耐震設計를 위한 결정적인 요소이다.

일본 건설성은 구조물에 작용하는 관성력과 지반변위를 결정하는 방법을 규정하였다.

즉 고유주기가 0.5 sec 이상인 구조물의 설계수평진도는 다음식으로 결정한다.

$$k_{hm} = \Delta_1 \cdot \Delta_2 \cdot \Delta_4 \cdot \Delta_5 \cdot k_0 \tag{7.69}$$

여기서, 표준설계수평진도 k_0와 지역수정계수 Δ_1은 진도법에서의 적용한 값과 동일해야 한다. Δ_2는 표 7.1에 나타낸 토층단면계수(soil profile factor)이다.

연약토에 대한 Δ_2의 값은 연약토의 저항이 작으므로 剛性土層에 비하여 큰 값을 나타낸다.

Δ_4는 지반과 구조물의 고유주기 등급을 고려하여 결정하는 계수이다. Δ_4의 값은 그림 7.15와 같다.

왜냐하면, 단주기 진동효과는 구조물의 파괴에 중요하지 않기 때문에 응답곡선의 정점은 그 고유주기가 짧은 구조물에 대하여는 절단된다.

Δ_5는 중요도 계수이다. 이는 원칙적으로 1이며 지진의 저항성에 있어서 극한력과 강인성을

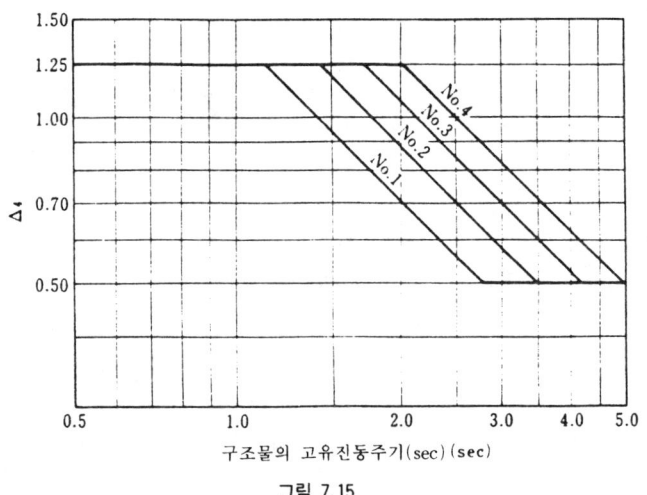
그림 7.15

점검할 때는 지진가속도의 신뢰성과 건물의 구조적 강인성을 고려하여 결정한다.

설계연직진도 k_v를 고려할 때는 다음식을 채용한다.

$$k_v = \frac{1}{2} k_{hm} \tag{7.70}$$

이 규정은 그림 7.15에 나타낸 바와 같이 특이한 응답곡선을 요구하고 있다. 실제의 곡선은 분산값의 평균값이다. 응답곡선의 분산은 입력지진의 파형과 구조물 증폭률의 분산을 토대로 한다.

각 지진파는 주로 하층토의 조건(지진규모, 진앙거리, 진원매카니즘 등)을 토대로 한 고유의 형태를 갖는다. 따라서 分散度는 각점마다 다르다.

구조물 진동의 增幅率도 구조물의 차이에 따라 역시 구조물마다 다르다. 입력지진파와 구조물증폭률의 특성을 종합한 응답곡선 역시 여러가지로 나누어진다.

그림 7.16은 일본 지진기록을 기초로 한 Katayama가 계산한 응답곡선의 분포를 나타낸 것이다.

곡선옆의 숫자는 대응하는 응답곡선의 발생확율을 나타낸 것이다. 이로부터 고유주기 0.5 sec인 구조물의 경우 규정된 加速度의 2배가 되는 발생확율은 30%임을 알 수 있다. 이것은 비교적 높은 확율이다.

(2) 지진 변위법

지하구조물의 경우 관성력은 耐震設計시에 결정적인 인자는 아니다. 구조물은 주변 지반 變位로 변형되는 힘을 받는다. 지반의 變位는 지하구조물의 설계시에 결정적인 인자가 된다. 일본 건설성은 지진으로 인한 지반의 변위를 결정하는 방법을 규정하였다. 이 방법에 의하면 지표면에서 깊이 x지점의 지반변위 진폭은 다음 식으로 결정된다.

$$U_h = \frac{2}{\pi^2} s_V T_G k_{0H} \cos \frac{\pi x}{2H} \tag{7.71}$$

제 7 장 내진설계법 209

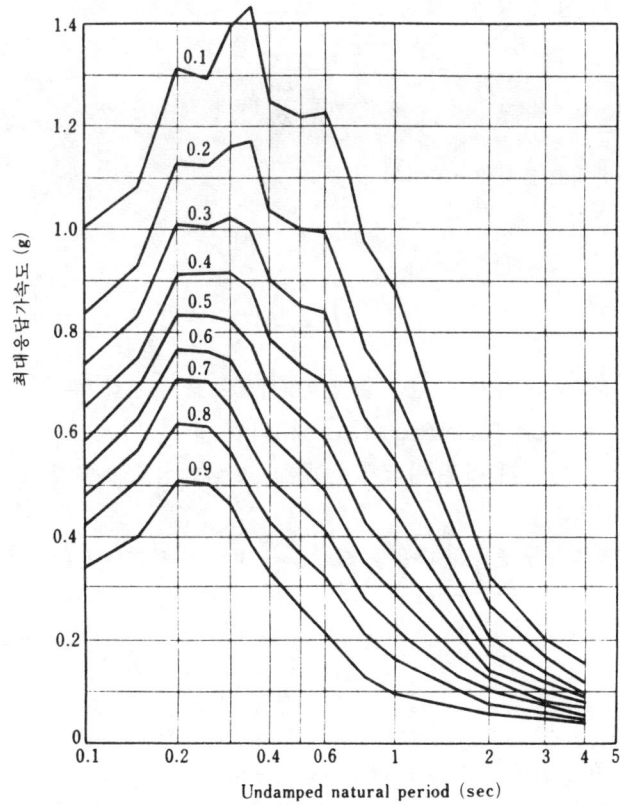

그림 7.16 75년간의 Tokyo에 대한 가속도 응답스펙트럼(T.Katayama)

여기서, U_h : 깊이 x에서의 수평변위진폭

S_v : 단위 진력계수, 규격화된 응답속도(cm / sec), 이는 그림 7.17에 나타낸 표층의 탁월주기에 따라 결정한다.

T_G : 표층의 탁월주기

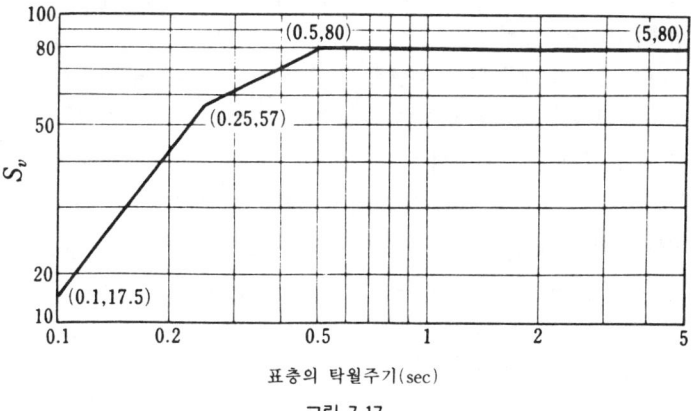

그림 7.17

k_{OH} : 표층에서 받는 설계수평진도

$$k_{OH} = \frac{\Delta_1}{B_G} k_0 \qquad (7.72)$$

여기서, B_G : 일반적으로 4/3~2 범위
  H : 표층의 두께
연직지반변위 진폭을 고려할 때는

$$U_V = U_h/2$$

식(7.71)은 5장 5절에 기술한바 있는 多重反射理論으로 유도할 수 있다.

3) 미국 ATC (Applied Technology Council)의 개념

1971년 San Fernando 지진 이후 미국에서 설계규정을 재점토 하였다. 그 결과 耐震設計의 새로운 개념이 제안되었다.

이 개념에 의하면 중요구조물은 다음의 震度를 고려한 수평진도법을 사용하여 설계하도록 규정하고 있다.

$$C_s = \frac{12 A_v G}{R T^{2/3}} \qquad (7.73)$$

여기서, T : 구조물의 기본주기(fundamental period)
  G : 토층단면 계수 0.5(암석과 같은 강성토)에서 1.0, 연약 또는 중정도의 강성점토 및 일반토층에서
  A_a : 유효최대 가속도와 관계되는 지반동 파라미터
  A_v : 유효최대 가속도와 관계되는 지반동 파라미터
  R : 스펙트럼 감소계수, 탄성구조물에 대해서 R 은 일정하다.

지반동 파라미터는 역사지진과 지질로부터 추정한다. 다시말하면, 현지에서의 지진발생율 및 최대규모와 관계된다. 그러나, C_s 는 강성토이거나 심도가 깊은 흙에서는 $2.5 A_a/R$, 연약토에서는 $2 A_a/R$ 를 초과하지 않는다.

유효최대 가속도는 단주기 구조물의 응답을 측정하는데 사용되며 현지에서 최대응답 가속도로부터 결정하는 계수이다. 유효최대 속도는 장주기 구조물의 응답측정에 사용되며 현지에서 최대응답속도로부터 결정하는 계수이다.

미국州의 반에 가까운 서부지역의 값은 그림 6.2에서와 같다.

그림 6.2(a)에서 등고선 상에 기입한 0.4는 0.4g 의 최대가속도에 대응하는 숫자이다. 그림 6.2(b)에 기입한 숫자는 36 cm / sec 의 유효최대속도가 0.4임을 의미한다.

구조물이 탄성 거동을 하면 식(7.73)으로 측정한 가속도는 강진발생중에 구조물에서 관측되는 최대응답가속도의 값과 동일하다. 그러나 구조물의 최대응답가속도는 구조 파괴를 이해하는데는 필요하지 않다.

따라서 스펙트럼 감소계수의 적절한 값을 선택하여 구조물의 파괴에 매우 적절한 진력계수를 추정해야 한다.

스펙트럼 감소계수는 구조물의 여러가지 형태에 따라 다르며 이의 정확한 결정은 앞으로의 연구과제이다.

7.4 비탄성구조물의 동적해석

1. 일반사항

전단벽을 갖는 골조가 지진동을 받는다고 가정하면 진동의 초기단계에서 두 골조와 전단벽은 효과적으로 거동하며 구조물은 그의 剛性으로 유지됨과 동시에 탄성적으로 진동한다. 그러나 진동이 심해짐에 따라 벽에 균열이 형성되기 시작하며 결과적으로 구조물의 剛性은 감소한다. 그 결과 진동주기는 점점 길어지며 감쇠정수는 균열부분에서 흡수하는 에너지 손실로 인하여 증가한다. 만약 벽체에 많은 균열이 발생되어 벽이 완전한 파괴에 이르면 구조물은 다만 골조로서 작용하게 되며 보다 유연성 있게 진동한다.

구조물의 기초도 위와 같은 경로를 밟게 된다. 주변 기초지반의 파괴가 계속됨에 따라 구조물의 진동주기는 점차 길어지며 감쇠정수는 증가하고 구조물은 기초지반토의 殘留變形으로 인하여 기울게 된다. 일반적으로 非彈性變形量을 추정할 때는 탄성한계점에서의 변형에 대한 總變形의 比로 정의하는 연성계수를 이용한다.

이론적으로 탄성한계를 벗어난 구조물의 동적 거동을 명확히 하기 위하여 무엇보다도 구조물을 적절한 수학적 모델로 나타낼 필요가 있다. 수학적 모델은 경우에 따라서는 좋은 결과를 제공할 수도 있으나 완전한 토목공학적 구조물과는 아직 거리가 멀다. 따라서 완전한 진동시험을 하여 모델을 확인할 필요성이 있다. 복원력이 비탄성적 거동하므로 그림 7.4에 나타낸 골조가 일반적으로 이용되고 있는 모델중의 하나이다.

골조가 지진동으로 진동을 받을 때 질량의 운동방정식은 다음과 같다.

$$m\frac{d^2(y+U)}{dt^2} = -F \qquad (7.74)$$

여기서　m : 질량
　　　　U : 공간 좌표계를 고려한 지반의 변위
　　　　y : 지반에 관계되는 질량의 변위
　　　　F : 감쇠의 효과를 포함한 비탄성 복원력

F 는 y와 dy/dt 의 함수이며 일반적으로 다음과 같이 가정한다.

$$F = f_D(\dot{y}) + f_S(y) \qquad (7.75)$$

여기서 f_D 와 f_S 는 일반적으로 $\dot{y}$와 y 의 非線型函數이다. 그러나 구조물의 비탄성 특성과 動的强度를 정확하게 나타내는 모델을 가정하는 것은 쉽지 않다. 왜냐하면 구조물은 일반적으로 여러가지 형태의 재료로 구성된 部材의 복잡한 골조이기 때문이다. 따라서 가정한 모형은 실물 (proto type)과 같아야 한다.

또한 비탄성 영역에서 모델에 대한 동적해석 방법의 개발이 필요하다. 최근 컴퓨터 기술의 개발은 이 분야에 괄목할 만한 발전을 가져왔다.

지진동을 받는 구조물의 비탄성 거동의 해석에 사용되는 해석 방법들은 일반적으로 다음과 같이 분류할 수 있다.

① 단계적 적분법 : 이 방법은 응답을 일련의 짧은 시간증가에 대하여 평가하는 것이다. 시간의 증가시에 구조물의 운동을 탄성거동으로 가정하며 근사적으로 탄성구조물의 응답 매카니즘을 기초로하여 평가한다.

구조물의 비선형 특성은 각 시간 증가점에서의 변형 상태로부터 검토한다. 따라서 검토 과정은 하중초기에서 요구되는 시간까지 단계적으로 계속해 간다.

② Masing型의 복원력을 가정하는 방법 : 구조물의 비탄성 복원력은 Masing型(Masing type)이라고 가정한다. 따라서 만약 초기하중곡선이 경험적으로 결정되면 除荷와 再載下 후의 荷重-變位 사이의 관계를 결정할 수 있다.

③ 컴퓨터 가진기 온라인(on-line)시스템 : 컴퓨터 시스템과 加振機(actuator) 시스템은 전기적으로 연결되어 있다. 가진기로 시험한 현재의 변위 상태에서 실제 구조물의 비선형 성질은 컴퓨터에 설치된 대응운동 방정식으로 재현된다.

컴퓨터로 계산한 변위는 입력하중으로서 가진기로 되돌아 간다. 따라서 비선형 응답은 컴퓨터와 진동기로 구성된 온라인 시스템으로 계산된다.

④ 線形化 기법 : 비선형 구조물의 특성은 구조물의 적절한 강성 및 감쇠, 일정계수를 가정하여 線形化한 응답진동의 규모를 고려하여 가정한다. 또한 개발된 계산방법을 사용하여 지진발생중에 모델의 특성과 거동을 조사할 필요가 있다. 지진의 强度와 波形의 종류는 매우 다양하여 구조물의 비탄성거동의 일반적 성질은 아직 확립되어 있지 않다.

끝으로 비탄성구조물에 대한 설계법의 개발이 필요하다. 탄성구조물의 동적설계가 수정진도법으로 간단하게 된 것을 생각하면 비탄성 구조물에 대한 새로운 해석법의 개발과 보다 간단한 설계가 가능하도록 하는 것이 바람직하다.

2. 해석법

1) 단계적 적분법

어느 시간 t 라는 순간에 地震動을 받는 구조물에 작용하는 힘의 동적 평형은 다음식과 같이 나타낼 수 있다.

$$m\ddot{y} + f_D(\dot{y}) + f_S(y) = -m\ddot{U} \tag{7.76}$$

짧은 경과 시간 Δt와 t에서 $+\Delta t$까지를 생각하면 $y(t)$, $\dot{y}(t)$ 및 $\ddot{y}(t)$에 의한 시간 간격 (interval)의 시점에서 변형, 속도, 가속도를 나타내고 또 $y(t+\Delta t)$, $\dot{y}'(t+\Delta t)$, $\ddot{y}(t+\Delta t)$에 의한 시간 간격의 끝점에서의 변형, 속도, 가속도를 표시하면 시간의 증가 Δt 중의 변

형, 속도, 가속도의 증가는 다음과 같다.

$$\Delta y = y(t + \Delta t) - y(t)$$
$$\Delta \dot{y} = \dot{y}(t + \Delta t) - \dot{y}(t)$$
$$\Delta \ddot{y} = \ddot{y}(t + \Delta t) - \ddot{y}(t)$$

시간증가 Δt가 미소하므로 식(7.76)은 다음과 같이 된다.

$$m\Delta \ddot{y} + C(t)\Delta \dot{y} + K(t)\Delta y = -m\Delta \ddot{U} \tag{7.77}$$

여기서,

$$C(t) = \left(\frac{df_D}{d\dot{y}}\right)_t, \quad K(t) = \left(\frac{df_S}{dy}\right)_t \text{ and } \Delta \ddot{U} = \ddot{U}(t + \Delta t) - \ddot{U}(t)$$

이 계수는 시간 t의 순간에 대응하는 함수의 값이며 시간 경과 중의 減衰, 剛性 등의 특성을 나타낸다.

짧은 경과시간 Δt중에 가속도는 시간에 비례하여 직선적으로 증가하며 Δt의 Taylor 급수에 의하여 Δy로 확대된다고 가정하면 다음과 같다.

따라서
$$\left.\begin{array}{l} \Delta y = \dot{y}(t)\Delta t + \dfrac{\ddot{y}(t)}{2}\Delta t^2 + \dfrac{\dddot{y}(t)}{6}\Delta t^3 \\[2mm] \Delta \dot{y} = \ddot{y}(t)\Delta t + \dfrac{\dddot{y}(t)}{2}\Delta t^2 \\[2mm] \Delta \ddot{y} = \dddot{y}(t)\Delta t \end{array}\right\} \tag{7.78}$$

가 된다.

이것을 식(7.75)에 대입하면

$$m\ddot{y}(t)\Delta t + C(t)\left\{\ddot{y}(t)\Delta t + \frac{\dddot{y}(t)}{2}\Delta t^2\right\} + K(t)\left\{\dot{y}(t)\Delta t \right.$$
$$\left. + \frac{\ddot{y}(t)}{2}\Delta t^2 + \frac{\dddot{y}(t)}{6}\Delta t^3\right\} = -m\Delta \ddot{U}(t)$$

$$\therefore \dddot{y}(t) = \frac{-\left[m\Delta \ddot{U}(t) + C(t)\ddot{y}(t)\Delta t + K(t)\left\{\dot{y}(t)\Delta t + \dfrac{\ddot{y}(t)}{2}\Delta t^2\right\}\right]}{m\Delta t + \dfrac{C(t)}{2}\Delta t^2 + \dfrac{K(t)}{6}\Delta t^3}$$

이것을 식(7.78)에 대입하면 Δy, $\Delta \dot{y}$, $\Delta \ddot{y}$는 $\dot{y}(t)$와 $\ddot{y}(t)$로 나타낼 수 있다. 따라서 $t + \Delta t$의 시간에서 y, $\dot{y}$ 및 $\ddot{y}$의 값을 구할 수 있다. 이와 같은 방법을 목적으로 하여 연속되는 시

간에서의 y의 값을 구할 수 있다.

이상에서의 수학적 계산과 구조물의 비선형 거동을 조사하기 위하여는 각 단계에 대한 $K(t)$와 $C(t)$의 값을 결정해야 한다.

그러나 실제로 이것은 매우 어려운 작업이다.

2) Masing 型의 복원력을 가정하는 방법

골조의 비탄성 복원력은 Masing型으로 가정할 수 있다. Masing型에서 복원력 F는 현재의 변형함수일 뿐만 아니라 그의 이력에 대한 함수이며 다음과 같은 특성을 가지고 있다.

① 우선 유사정적 하중으로서, $F-y$곡선은 그림 7.18에 보인바와 같이 비선형 곡선 $F_1(y)$가 된다. 이 곡선을 초기 하중곡선이라고 부른다.

② y가 점(y_0, F_0)에서 역으로 될 때 $F-y$곡선은 그후부터 $2F_1(y/2)$ 곡선과 같이 된다. 이 곡선의 원점은 점(y_0, F_0)로 이동한다. 즉 점(y_0, F_0)에서 역으로 된 후 $F-y$곡선식은 다음과 같이 된다.

$$F = F_0 + 2F_1\left(\frac{y-y_0}{2}\right) \tag{7.79}$$

③ 그러나 이 식으로 정의된 곡선이 선행하중 사이클로 기술한 곡선을 횡단하면, $F-y$곡선은 선행주기의 곡선을 따라간다.

이 특성에 따라 골조의 초기하중 곡선이 경험적 방법으로 결정되면 제하와 재재하 후의 하중 -변위 사이의 관계는 그림 7.18과 같은 방법으로 결정할 수 있다.

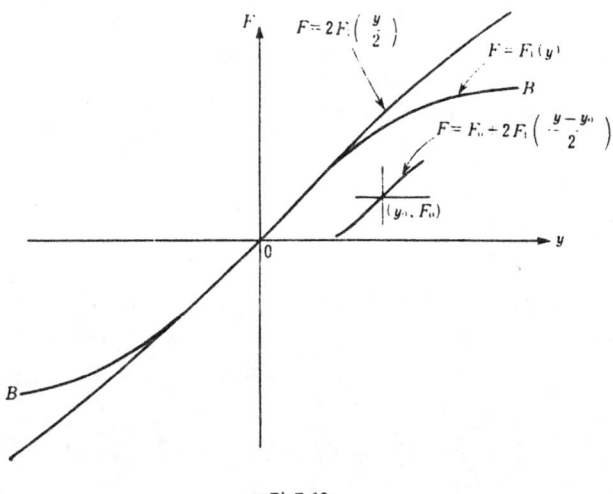

그림 7.18

3) 컴퓨터 가진기의 온 라인 시스템

비선형성 재료, 국부파괴 등과 같은 많은 불확실한 인자에 의존하는 구조물의 경우, 실제로 비선형 특성을 나타내기 위한 단순한 해석적 모델의 개발은 사실상 어렵다.

이 어려움을 해결하기 위하여 Hakuno는 아날로그 컴퓨터와 동적시험기로 구성된 컴퓨터 가진기(actuator) 온라인 시스템을 개발하였다. 그는 전자석(electro magnetic) 가진기를 장치한 시험기에 캔틸레버보를 설치하고 아날로그컴퓨터에 지진관성력을 받는 系(system)의 운동방정식을 해석하기 위한 프로그램을 작성하였다. 운동방정식에서 系의 강성항을 정확하게 추정하기 위하여 컴퓨터에 의하여 해석적으로 계산한 변형의 측정은 전자석 가진기를 통한 캔틸레버 보에 적용하여 구한다. 캔틸레버 보의 剛性은 처짐의 증가량과 대응하는 하중증가를 비교하여 경험적으로 결정한다. 결정된 강성은 컴퓨터의 운동방정식의 강성 項에 입력한다. 이 절차를 반복하여 마지막으로 지진지반동에 대한 캔틸레버 빔의 응답을 결정한다.

이와 같은 개발에 뒤이어 시험기와 디지탈 컴퓨터로 구성된 온라인 시스템을 개발하였다. 그림 7.19는 Tokyo大 산업과학연구소에 설치된 온라인 시스템 장치를 보인 것이다. 이 시스템의 시뮬레이션 원리는 구조물 요소 또는 골조의 유사동적(pseudo-dynamic) 하중시험에 의하여 구한 실제 복원력 특성을 고려한, 디지탈 컴퓨터에 의하여 地震應答에 대한 비선형 미분 방정식을 풀기 위하여 사용되는 Hakuno 방법과 같다.

이것은 다음식과 병행하여 실시한다.

$$M\ddot{X}^i + F^i = -M\ddot{X}^i_0 \tag{7.80}$$

여기서, M : 시스템의 질량
$\ddot{X}^i$: i번째 단계에서의 시스템의 상대 가속도
F^i : i번째 단계에서의 복원력
$\ddot{X}^i_0$: i번째 단계에서의 지반 가속도

컴퓨터 시스템과 온라인 시스템은 온라인의 시뮬레이션을 위하여 사용된다. 어느 단계에서의 지반동에 대한 골조의 응답변형이 계산되고 또한 시스템에서 공시체로 재현된다. 변위는 D-A 變換器를 통하여 공시체에 재현되며, 복원력은 하중시스템에서 측정된다.

측정하중은 계산 시스템에서 D-A 變換器를 통하여 되돌아가면 골조의 복원력으로 변환된다. 이 절차는 지반동 기록이 끝날때까지 반복된다.

최근에 매우 큰 온 라인 비선형해석 시스템이 일본 건설성 건축연구소에 설치되었다. 이것은 여러층의 鋼材나 콘크리트 빌딩 등의 실물모형을 시험하는데 유용하다. 이 시스템은 소규모 모형에서 실제 구조물의 비탄성 시험을 위한 장치를 완성한 비선형 진동과 동시에 구조물의 동적 파괴 매카니즘을 연구하는데 크게 기여할 것으로 기대된다.

4) 線形化기법

단계적 방법은 비선형 해석에 비해 매우 효과적인 기법이나 장시간의 계산이 필요하다. 따라서 선형화 기법이 보다 편리한 방법으로 흔히 사용된다. 이 방법에서 골조의 應答振動의 진폭을 우선 가정하고 應答振動의 가정된 진폭에 대응하는 스프링 상수와 감쇠정수를 갖는 탄성골조를 가정한다.

그 다음에 等價彈性骨組의 응답 진동을 가한 지진 지반동에 대하여 계산한다. 만약 주 응답 진동의 규모가 가정한 진폭응답 진동과 차이가 있으면 다른 진폭 값을 가정하며 응답진동은 비

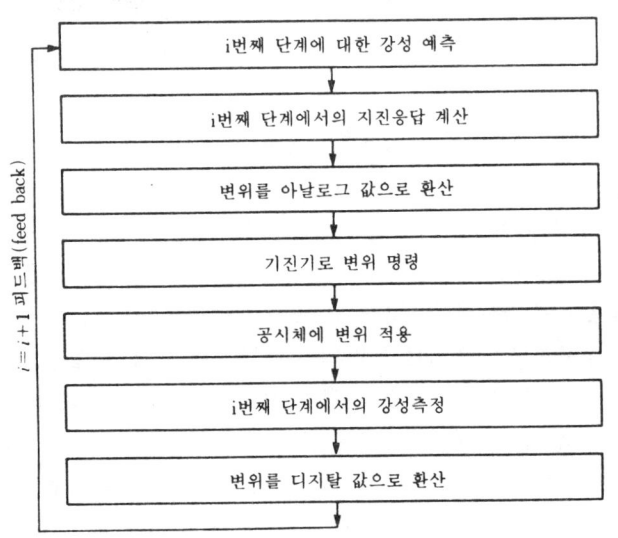

그림 7.19 컴퓨터 가진기 온라인 시험(Tokyo大 산업과학연구소)

슷한 방법으로 다시 계산한다. 계산은 가정한 변형이 실질적으로 계산응답진동과 일치할 때까지 계속한다.

非彈性骨組와 동등한 彈性骨組의 스프링상수와 감쇠정수는 다음 방법으로 결정한다.

초기하중에서 힘은 유사정적으로 작용하며, $F-y$곡선은 그림 7.20(a)의 OB와 같이 그린다.

가정한 응답진동의 진폭을 y_0 라고 하면 OAB 의 면적은 변위 y_0 에 대한 초기하중이 작용하는 동안에 F 가 한 일량이다.

等價彈性骨組의 고유 원진동수 p 는 다음과 같이 정의 한다.

$$p = \frac{1}{y_0}\sqrt{\frac{2W}{m}} \qquad (7.81)$$

여기서, m : 골조의 질량
　　　　W : OAB 의 면적

다음에는 y_0 원진동수, p 인 單調和運動 즉 $y = y_0 \sin pt$ 인 경험적인 방법으로 y 에 대응하는 F 값을 결정한다. 그러나 질량 m 을 정해야 한다. 이 경우 $F - y$ 관계는 그림 7.20(b)에 보인 타원과 같은 폐쇄곡선이 된다. 그 다음 等價彈性骨組의 감쇠정수 h 는 다음과 같이 정의한다.

$$h = \frac{1}{4\pi}\frac{\Delta W}{W} \qquad (7.82)$$

여기서 ΔW : 폐쇄곡선의 면적

식(7.81)과 식(7.82)는 골조가 탄성일때 매우 만족된다는 것을 쉽게 증명할 수 있다.

선형화 기법은 몇가지 단순한 경우에 대하여 상세한 계산과 경험의 결과를 비교하여 증명하였다.

일반적으로 구조물에 작용하는 하중이 복잡하면 선형화 기법에 의한 계산은 정확성이 없으므로 이 기법은 불편하다.

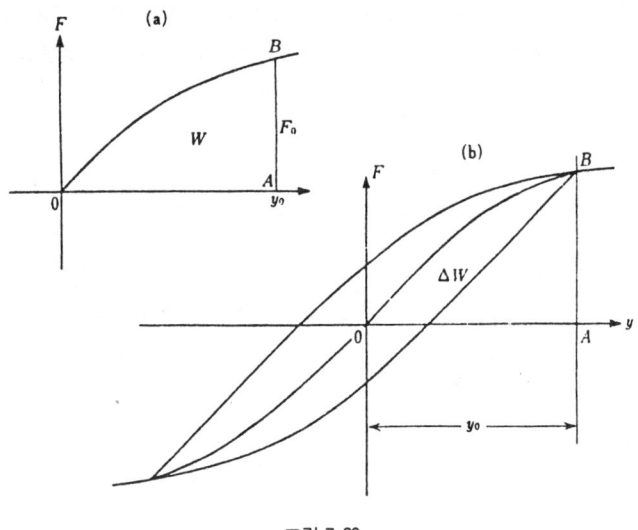

그림 7.20

3. 탄소성계
1) 完全 彈塑性 系

완전탄소성계의 일반화된 구조물 모델은 그림 7.21과 같다. 이 系에서 구조물이 處女變位가 조금 남는 한, 탄성 거동을 하며 이때 復元力 F는 變位 y에 正比例하여 증대한다. 즉,

$$F = ky$$

따라서

$$dF = kdy \tag{7.83}$$

가 된다.

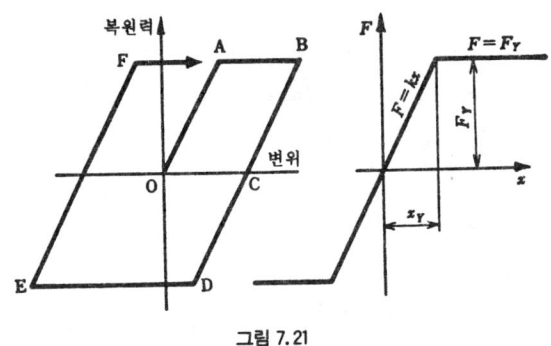

그림 7.21

그러나 變位가 증대하여 한계치에 도달하면 그 이상의 變位의 증대에 대해 復元力은 증대하지 않고 일정한 값을 지속한다. 이 현상을 降伏이라고 한다. 이 때 變位의 限界値를 處女降伏變位라고 하며 F_Y로 나타낸다. 또 이에 대한 應力을 降伏應力이라하며 F_Y로 표시한다.

항복이 일어난 후 y의 증가에 대해 F는 증가하지 않고 일정치 F_Y를 유지한다. 그러나 y가 감소하면 F

$$dF = kdy \tag{7.84}$$

그러나 F는 $-F_Y$보다 작아지는 경우는 없으며 F는 y가 감소하더라도 일정치 $-F_Y$로 지속한다. 만일 이 상태에서 y를 증가시키면 F는 다시 증가하며 dy와 dF 사이의 관계는 식(7.83)과 같다. 또 y가 증대하면 F는 F_Y의 비율로 커지지만 변위 y가 증가하면 F는 F_Y에 도달하며 그 이상의 y의 증가에 대해서는 항복이 일어난다. 이상의 과정이 完全 彈塑性 재료가 갖는 성질이다.

이와 같은 항복현상을 일으키는 반복변형에 대해서는 復元力 - 變形曲線은 루프(loop)의 크기에 의존하여 에너지의 흡수가 일어난다. 이 에너지의 消散作用에 따른 소성영역에서의 진동 감쇠는 탄성영역에 대한 것보다 훨씬 커진다. 이것은 耐震的으로는 유리한 성질인 반면 다량의 에너지의 흡수는 구조물의 파손을 촉진시키는 경우도 있다.

이때 振動系의 운동방정식은 다음과 같다.

$$m\frac{d^2y}{dt^2} + c\frac{dy}{dt} + F(y) = -m\ddot{U} \tag{7.85}$$

여기서,　y : 지반에 대한 振動系의 相對變位
　　　　m : 질량
　　　　c : 粘性抵抗係數
　　　$F(y)$: 復元力
　　　　$\ddot{U}$: 地動加速度

이며 $F(y)$는 다음의 성질을 갖는다.

$|F| < F_Y$　　　　　　　　　　　　　$dF = kdy$
$|F| = F_Y$ 및 $Fdy > 0$　　　　　　　$dF = 0$
$|F| = F_Y$ 및 $Fdy < 0$　　　　　　　$dF = kdy$

라 하면

$$p^2 = \frac{k}{\sqrt{m}}, \; h = \frac{c}{2\sqrt{mk}}, \; F(y) = kf(y)$$

라 하면 식(7.85)는

$$\frac{d^2y}{dt^2} + 2ph\frac{dy}{dt} + p^2f(y) = -\ddot{U}(t) \tag{7.86}$$

가 된다.

이 식은 일반적으로 주어진 外力에 대해 수치적으로 해석한다. 地盤動加速度가 等振幅의 원 진동수 ω의 正弦波形 3波 만으로 이루어진 경우에 대하여 수치계산을 한 결과는 가정에서 다음 과 같이 나타낼 수 있다.

$$\left.\begin{array}{l}\ddot{U} = 0 \quad \left(t < 0, \; \frac{6\pi}{\omega} < t\right) \\ \ddot{U} = \ddot{U}_0 \sin \omega t \quad \left(0 \leq t \leq \frac{6\pi}{\omega}\right)\end{array}\right\}$$

$m\ddot{U}_0$ 량의 외력으로 인한 스프링 정수 k인 탄성 스프링의 변형이 靜的으로 작용할 때 생기는 變位를 y_s라 하면

$$y_s = \frac{\ddot{U}_0}{p^2}$$

y_s 와 y_Y 의 比를 λ 라 하면

$$\lambda = \frac{y_s}{y_Y}$$

外力의 크기는 λ 에 의해 결정되며 새로운 시간단위 τ 를 도입하여 다음과 같이 정의한다.

$$\tau = \omega t$$

지진력의 周期는 ω 에 관계없이 독립적으로 2π 가 된다. 또 새로운 변위 단위는 處女降伏時의 變位 y_Y 로 하고 η 는 다음과 같이 정의 한다.

$$\eta = \frac{y}{y_Y}$$

식(7.84)는 다음 형태로 쓸 수 있다.

$$\frac{d^2\eta}{d\tau^2} + 2\frac{h}{\mu}\frac{d\eta}{d\tau} + \frac{G(\eta)}{\mu^2} = -\frac{\lambda}{\mu^2}\sin\tau$$

여기서 μ 와 $G(\eta)$ 는

$$\mu = \frac{\omega}{p}$$

$$G(\eta) = \frac{f(y_Y, \eta)}{y_Y}$$

$G(\eta)$ 를 만족시키는 조건은 다음과 같다.

$\|G\| < 1$	$dG = d\eta$
$\|G\| = 1$ 및 $Gd\eta > 0$	$dG = 0$
$\|G\| = 1$ 및 $Gd\eta < 0$	$dG = d\eta$

그림 7.22는 $h=0.1$ $\lambda=0.8$ 과 $\lambda=1.0$ 알 때 여러가지의 ω/p 에 대하여 $h=0.1$ 을 갖는 系에 외력이 작용할 때 생기는 應答變位를 보인 것이다. 그림 7.22(a)는 $\lambda=0.8$ 에 대한 變位이며, 그림 7.22(b)는 $\lambda=1.0$ 에 대한 것이다. 그림에서 굵은 곡선(bold curve)이 소성변위가 일어나는 부분이다.

Newmark 는 El Centro 지진을 入力하여 이용한 완전탄소성계의 응답진동을 계산하여, 10% 정도의 감쇠정수가 있는 振動系에서는 완전탄소성계의 최대응답변위는 탄성계의 최대응답변위의 0.5~2배 범위내에 있다는 것을 보였다. 그는 이들 결과로부터 兩者는 같은 값이라고 가정하였다. 이 가정하에서는 μ 로 나눈 소정의 지진으로 인한 彈性應答變位의 값은 소정의 지진에 대

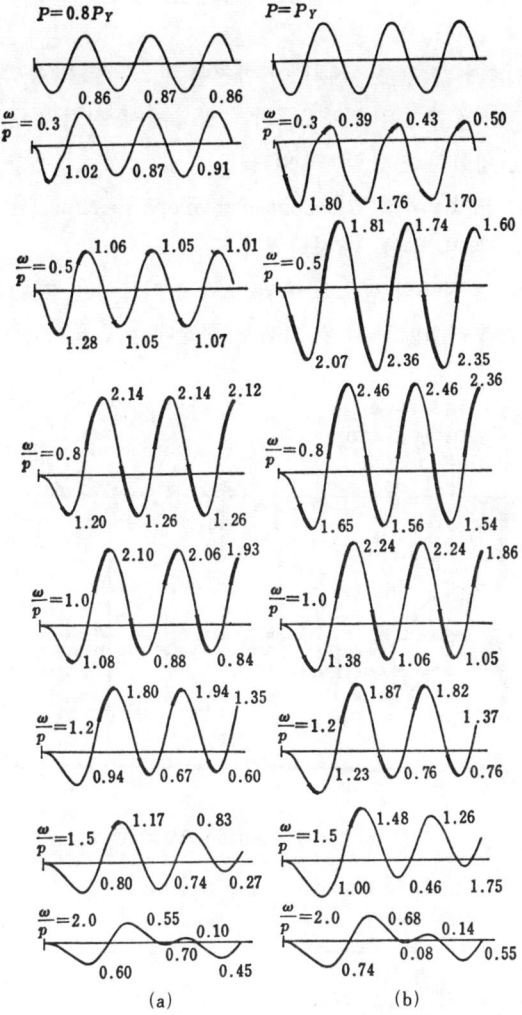

그림 7.22 sine波에 대한 탄소성 구조물의 응답진동

한 연성계수가 μ인 구조물의 처녀항복변위와 같다는 것이다. 이 결과는 연성계수 μ인 완전탄성구조물의 탄성한계를 얼마로 하느냐 하는 내진설계상의 문제해결에 도움을 주고 있다.

실험에 의하면, 일반적인 구조물에 허용하는 탄성계수의 범위는 3~8이며 철근콘크리트 구조물은 약 4이다. 따라서 應力은 탄성이론으로 계산하여 그 최대치가 탄성한계내에 들도록 설계되고 있는 구조물에서는 계산에 입력하여 이용한 지진력의 3~8배 크기의 지진력이 작용하여도 심한 피해는 받지 않는다. 지진가속도가 큰 기록에서도 구조물의 피해가 작은 경우가 가끔 있었는데 그 하나의 원인은 이와 같은 이유 때문이 아닌가 생각된다.

강진으로 인한 구조물의 피해는 몇가지 파괴 매카니즘중에서 한 원인에 의하여 발생되는 경우가 많다.

ⓐ 系의 應力, 變位 기타 파라미터가 소정의 수준을 초과할때

ⓑ 지금까지의 파괴가 과거 소정의 수준보다 많은 系 파라미터의 누가효과로 인하여 발생하는 점진적파괴

파괴매카니즘 ⓐ를 적용하는 구조물에서 이 안전률은 스펙트럼 응답만으로 평가할 수 있다. 파괴매카니즘 ⓑ를 적용하는 구조물의 경우, 지진 발생 중에 시간의 경과에 따른 응답변위의 변화는 응답스펙트럼으로 명확히 판단할 수 있다.

Hisada는 탄소성 응답 포락 스펙트럼(response envelope spectrum)을 제안하여 이들로부터 각각의 모양을 구별한 6가지 지진파를 제시하였다.

그림 7.23은 규모 7.9인 지진파의 탄소성 응답 포락 스펙트럼을 震源에서 176 km 거리의 지진과 규모 6.2인 지진으로써 진원에서 매우 가까운 현장에서 관측한 것이다. 應答包絡은 연성계수로 표시된다.

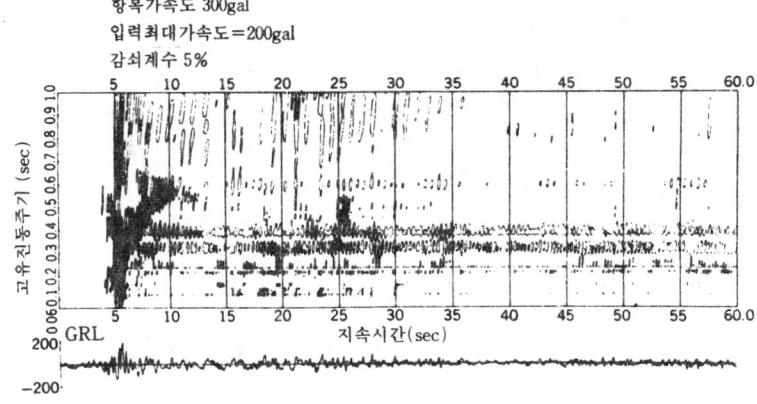

(a) 원거리 지진의 응답포락 스펙트럼

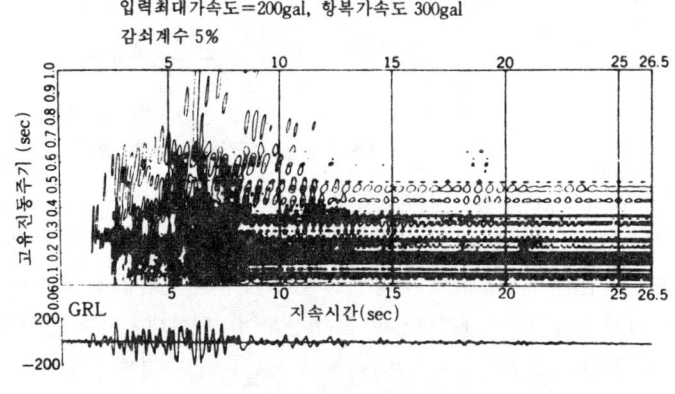

(b) 근거리 지진의 응답포락 스펙트럼

그림 7.23 응답포락 스펙트럼(T.Misada)

전자는 원거리 지진에서 나타나는 지진파의 예이며 후자는 근거리의 예이다. 전자의 경우 큰 규모의 지진의 파동응답치는 구조물의 고유주기가 0.3~0.6 sec 범위로 볼 수 있으며 근거리에

서는 0.9 sec 를 나타내었다. 대규모 지진의 반복수는 작았다.

후자의 파동에서는 대규모의 지진의 많은 반복과 응답은 구조물의 고유주기가 0.1~0.4 sec 인 곳에서 넓은 범위를 보였다. 더우기 큰 규모의 지진 응답은 구조물의 고유주기가 0.2 sec 이하의 범위에서 탁월하며 이와 같은 양상은 지진부근에서 기록된 지진동의 특성이라고 볼 수 있다. 할 수있다. 이 결과는 응답 패턴, 파괴력의 시간의존성 각 지진동에 대한 소성역에서의 반복수가 다른 것과 매우 다르다는 것을 의미하는 것으로써 매우 흥미로운 것이다.

2) 不完全 彈塑性系

그림 7.24와 같은 방법으로 계산을 다른 종류의 復元力特性을 갖는 振動系에 대해서도 수행할 수 있다. 여기서 (a)는 完全彈性系, (c)는 이미 기술한 完全彈塑性 系이며 (b), (d)는 각각 + 및 − 의 變形을 일으키는 彈塑性系이다. (d)와 같은 系는 금속재료에서는 없지만 구조물, 특히 흙구조물에서는 많은 예를 볼 수 있다. (e),(f)의 경우, 한쪽의 특정한 방향에 대해서만 塑性변형을 나타내며, 다른 방향의 변위에 대해서는 탄성적 성질을 나타내는 경우로서 제방의 사면활동 등이 이에 속하는 변형이다.

振動系의 거동을 설명하기 위하여 $\lambda=1.0$ $\mu=1.0$에 대한 (e)와 (f)系의 응답과는 그림 7.25와 같다. 이것을 그림 7.22 및 그림 7.25의 결과를 비교하면 引張과 壓縮에 대해 대칭적으로 항복하는 경우 前者는 後者보다 매우 큰 變位가 일어난다. 이는 큰 變位가 항복에 의해서만 일어나므로 항복하려는 방향으로 역시 變位가 증대하기 때문이다.

또 (d)系에서는 變位의 증가와 함께 한쪽 방향은 다른 방향에 비하여 復元力이 매우 작아지며 이 방향은 작은 外力을 받아도 塑性變形이 일어난다. 따라서 振動系 (d)의 거동은 (f)와 유사한 상태로 되며 이 경우도 變位가 1방향으로 일어난다. 이 때 최종적으로 어느 방향으로 變位가 偏位되는가는 주로 初期段階에 대한 외력의 방향에 좌우되며, 일반적으로 최초로 항복을 일으키는 방향으로 변위가 증가하는 것으로 알려져 있다.

이들의 고찰은 震害에서 가끔 보이는 다음과 같은 형상, 즉 震害가 對稱的으로 일어나는 특성

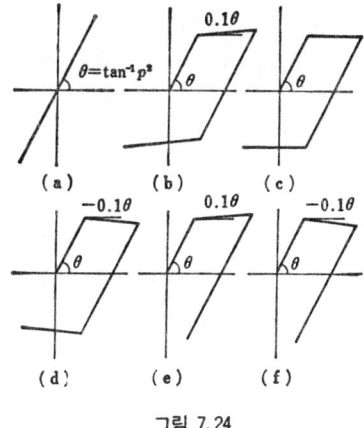

그림 7.24

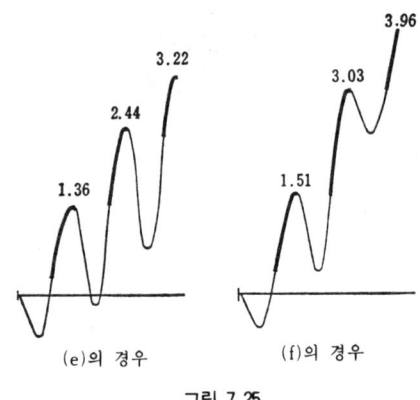

그림 7.25

을 나타낸다. 초기에는 지진이 강하나 그 후에 진동이 강하지 않은 지진도 구조물이 의외로 큰 震害를 받는 경우가 있으며 또 구조물은 심한 震害를 받음에도 다른 同種의 구조물은 거의 피해를 받지 않는 경우 등이 있다. 이들로부터 항복에 의하여 구조물의 復元力이 저하하는 형태의 손상은 外力의 크기뿐만 아니라 그 방향과 波形에 따라 크게 좌우되므로 最終强度의 산정은 入力地震波와 그 구조물의 復元力－變位관계의 정확한 평가가 특히 필요하다.

그림 7.26 및 7.27에서는 處女降伏 변형에 대한 μ와 最大應答變位와의 관계를 각각의 구조모델에 대하여 나타낸 것이다. 최대응답변위와 처녀항복변위의 比를 연성계수라하며 구조역학상 매우 중요한 지수이다. 그림 7.26은 降伏復元力 $\lambda=0.8$인 경우이며 그림 7.27은 $\lambda=1.0$인 경우이다.

이들 그림으로부터 다음과 같은 성질을 알 수 있다.
① 外力의 周期가 振動系의 고유주기에 비하여 매우 짧을 때는 應答振動이 클뿐만 아니라 塑性震動은 일어나지 않는다.
② 外力의 周期가 振動系의 고유주기보다 약간 길 때는 共振에 가까운 현상을 일으키며 應答振動이 커지고 활발한 소성진동이 일어난다. 이것은 진동이 소성상태에서 구조물의 고유주기가 겉보기상으로 커지기 때문이다.
③ 外力의 주기가 振動系의 고유주기보다 훨씬 길때는 應答振動은 外力의 진동과 유사하며 상대변위는 작다.
④ 彈塑性系의 경우는 負(－)의 變形硬化를 나타낼 때를 제외하고는 完全彈性系의 경우 보다도 最大應答變位가 작다.

그림 7.26(a), (b)는 동일한 處女降伏變位를 가진 진동계에 크기가 다른 지진력이 작용하는 경우의 應答變位를 비교한 것이다. 다음에 항복변위 즉 항복복원력이 다른 2가지의 系에 크기가 같은 지진력이 작용하는 경우의 應答變位를 비교해보기로 한다. 그림 7.27은 그림 7.26과 같은 크기의 지진력인데 그림 7.26(b)의 경우와 같이 振動系의 降伏變位의 1.25배를 갖는 振動系에 작용하는 경우에 생기는 應答變位를 나타내고 있다. 그림에서 비교하면 입력지진동이 같을 때 最大應答變位는 系의 降伏變位가 낮을수록 낮다. 그러나 최대항복변위와 항복변위의 비

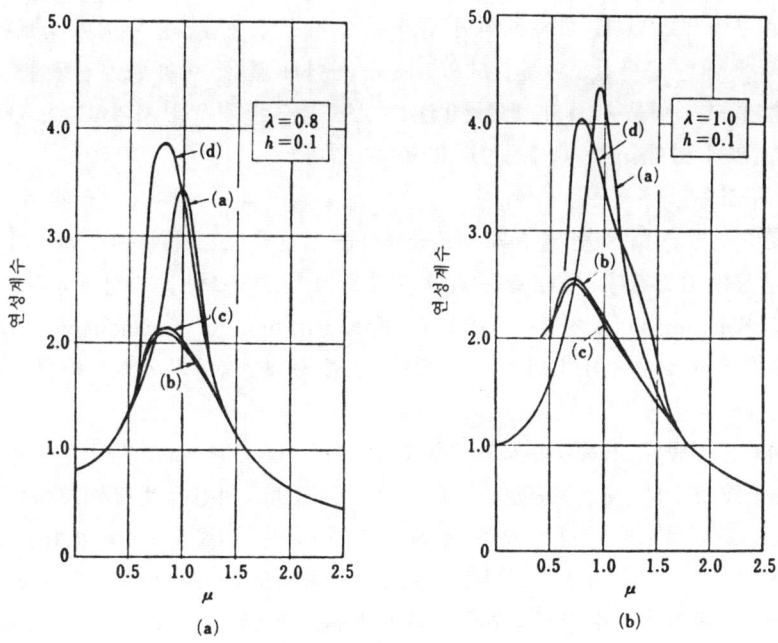

그림 7.26 비선형계의 응답곡선((a)h=0.1, λ=0.8 (b)h=0.1, λ=1.0)

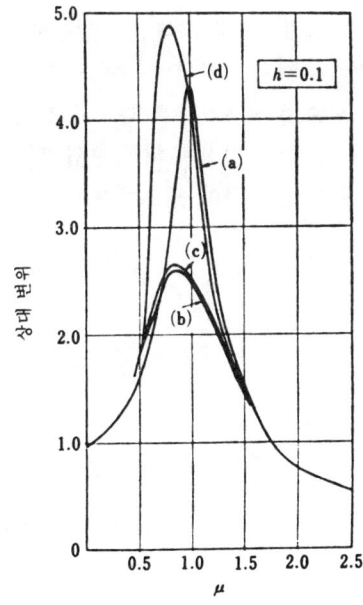

그림 7.27 비선형계의 응답곡선(h=0.1)

즉 연성계수에 대해서는 반드시 같은 성질을 나타낸다고는 할 수 없으며 그림 7.27의 연성계수는 그림 7.26(b)의 연성계수 보다 작다. 이 성질이 일반적인 구조물의 성질이라고 생각된다.

이상은 3가지 sine 波에 의한 彈性系의 應答振動의 성질인데 지진파에 대한 彈塑性系의 應答振動의 연구도 이루어지고 있다. 이에 의하면 위와 같은 경우의 응답진동은 이미 검토된 3가지 sine 波로 된 외력에 대한 응답진동과 定性的으로는 큰 차이가 없다. 이는 소성진동에서는 겉보기상의 減衰定數가 크기 때문에 負의 變形硬化性을 갖는 특수한 경우를 제외하고는 단시간 사이의 波形만이 결과에 영향을 주기 때문이라고 볼 수 있다.

3) 剛性저하 구조물

구조물이 強震을 받았을 때 어떤 종류의 구조물에서는 점진적으로 파괴된다. 파괴의 진전에 따라 구조물의 강성은 감소된다. 이와 같은 파괴 과정을 보이는 구조물을 강성저하 구조물이라고 한다. 1971년 San Fernando 지진시 CIT (California Institute of Technology), Millikan 도서관의 진동을 지진계로 관측하여 해석한 바 있다. 기존 현대건축물의 강성저하 현상이 확인되었다.

Millikan 도서관은 1층의 지하실이 있는 9층 건물이다. San Fernando 진이 발생하기 전에 이의 基本固有振動週期 0.66 sec, 減衰定數 0.007~0.015이었다. 지진이 발생한 후에는 기본고유진동주기는 0.8 sec 이었으며 강성의 저하를 나타내었다. 지붕과 基盤사이의 相對變形, 고유진동수, 감쇠정수 등은 건물의 지붕과 기반에서 관측한 기록으로부터 예측하였다. 기록을 주의 깊게 살펴 본 결과 고유진동수와 감쇠정수가 지진초기에는 감소하는 경향을 나타냈으며 그 후 점진적으로 일정한 값으로 되돌아 갔다. 즉 구조물의 파괴와 강성의 강도는 지진 초기 단계에서 강진동을 동반한다. 지진 加速度가 약화된 후 파괴는 중지되나 구조물은 剛性이 저하되어 계속 진동하는 것이다. 만일 구조물 파괴의 발전정도를 가해진 지진동에 대하여 미리 정확하게 예측할 수 있었다면 강성저하구조물의 應答振動은 단계적인 계산에 의하여 예측할 수 있다. 그러나 파괴는 구조물의 진동진폭에 영향을 받으며 진동진폭은 파괴의 정도에 영향을 준다. 따라서 이와 같은 상호작용에 의하여 강성저하구조물의 지진에 대한 응답진동을 해석하기 위해서는 시행착오법(trial and error procedures)에 의한 계산이 필요하다.

제 8 장 내진규정

8.1 개설

　구조물의 내진성을 검토하는 방법은 대상구조물이 가요성 또는 강성에 따라, 그리고 그 지점에 발생하는 지진특성에 따라 여러가지 방법이 이용되며 건축물을 비롯한 각종 구조물에 대하여 시방서 또는 이에 준하는 규정에 의하여 대책을 수립해야 한다.
　설계시 이들 규정을 수립한 배경을 세심히 고려하여 활용하면 착오가 없을 것이며, 耐震設計는 이들 규정을 미리 터득해 놓아야 하는 것이 상식이다. 이를 열거하면 다음과 같다.

① 지형, 지질상으로 보아 사태, 활동, 쓰나미 등의 우려가 예상될 경우 이를 피하거나 충분한 대책을 세운다. (택지, 발전소, 취수시설 등)
② 큰 화재시에 연속화재의 우려가 있는 경우도 동일하다. (변전소, 병원 등)
③ 제방 붕괴에 의한 海水 침입의 우려가 있는 경우도 동일하다. (지하철, 지하상가, 지하발전소 등)
④ 지반의 良否는 지진시 구조물의 안정에 가장 큰 영향을 준다. 지반은 가능한 한 硬地盤이 좋으며 또 全敷地에 걸쳐 균등한 강도를 지니고 있는 것이 좋다. 연약 지반인 경우는 충분한 기초공사를 해야한다. 기초공사의 부실로 큰 사고를 초래한 예는 많다. (하천구조물, 호수, 선로 등)
⑤ 대지진시 연약지반의 變位는 일반적으로 예상보다 훨씬 크다고 생각된다. 구조 각 부분은 그 變形에 견딜만큼의 靭性을 갖는 것이어야 한다. (지하철)
⑥ 지하수가 높은 모래지반은 액상화가 일어날 우려가 있다. 이로 인하여 지상구조물은 침하하며 지하구조물은 浮上한다. (건축물, 지하철도, 암거, 상하수도관 등)
⑦ 구조물은 재료나 구조적으로 탄성을 갖도록 한다. 脆性 材料로 건설한 구조물은 지진에 가장 약하다. (주택, 교각 등)
⑧ 지진시 진동이 균일하게 작용하므로 구조물의 平面形은 가급적 對稱인 것이 좋다 (건축)
⑨ 구조물의 일부가 낙하할 우려가 있을 때는 이를 방지하기 위한 설비를 갖추어야 한다. 구조물의 일부가 낙하하는 것은 震害를 더욱 가중시키게 된다. (교량의 거더, 건축물의 외벽)
⑩ 강성 혹은 크기가 다른 구조물의 접속부는 절연 또는 가요성을 갖게 한다.
　　지진시 양자에는 반드시 다른 진동 혹은 殘留變位가 일어나기 때문이다. (지하철의 출입구, 관로와 구조물)
⑪ 머리부가 무거운 구조물은 가급적 피한다. 만일 이와 같은 구조물을 시공하는 경우는 動的設計를 해야한다. (급수탑, 교각이 높은 교량)
⑫ 특수한 구조물을 시공할때는 반드시 면밀한 동적설계를 해야한다. 현재의 動的設計는 매우 신뢰할 만한 결과를 주고 있다. (인터체인지, 원자력발전소)
⑬ 설계계산시 고려되지 않은 部材를 추가하는 것은 위험하다. 여분의 部材를 추가하는 것은 어느정도 구조물의 안전성을 증대시킨다고 하는 관념은 가끔 사실과 다른 결과를 초래한다. (건축물)

⑭ 구조물의 모서리部에는 휨외에 큰 비틀림모멘트를 일으키는 경우가 많아 충분히 보강한다. (교각, 건축물)

⑮ 느슨한 모래는 진동을 받으면 일반적으로 강도가 매우 저하한다. 자갈 등으로 된 흙구조물은 일반적으로 입자가 커야 耐震的이다.(성토, 흙댐)

또 현재까지 아직 확실히 밝혀지지 않았기 때문에 규정에 도입할 수 없는 문제로서 단층과 대규모의 지반침하가 있다.

과거의 대지진시에 斷層이 나타난 예는 많이 있으며. 단층은 주로 육지에서 많이 나타나고 지반의 융기, 침강은 해저에서 많이 나타난다. 단층이 출현한 위치는 그 이전의 地質斷層이 존재한 곳과는 무관하다. 그러나 지진단층, 破碎帶와 같은 연약한 지대는 地震斷層이 통과할 우려가 많다. 반면에 지질단층이 반드시 운동한다고는 할 수 없다. 즉 지진에 의하여 지질단층이 운동하는지 여부의 판정은 현재로서는 어려우나 지진시에 나타나는 단층의 운동방향은 新第3紀이후의 지질구조에 관련되어 있는 것으로 알려져 있다.

8.2 각종 구조물에 대한 耐震規定

수년전까지만 해도 示方書의 設計震度는 구조물의 剛性에 관계없이 일정하게 취하고 더욱이 각 부분의 질량에 대하여 일정하게 분포시켰다. 그러나 可撓性 구조물에서는 이와같은 설계방법은 부적당하며 최근에는 시방서에 동적거동을 고려하는 것이 일반적인 경향이다.

이것은 종래의 震度法에 비하면 큰 발전이며 이에 따른 복잡한 설계는 컴퓨터를 이용하므로써 가능하게 되었다. 그러나 현재 실시되고 있는 動的設計法에서는 지진동의 특성이 문제이다. 여기서 공학상 가장 중요한 大地震時의 지진동에 대해서는 또 未知의 문제가 매우 많으며 위에서 기술한 動的解析法과는 다른 說도 많다.

예를들면 1959년 8월 28일, 멕시코에 强震이 발생하였을때 두꺼운 충적층상에 있는 멕시코市는 많은 패해를 받았는데 Zeevaert 에 의하면 지진의 스펙트럼은 장소 및 지진 특성에 따라 매우 다르므로 이것을 보정하여 정확히 추정하는 것은 어렵다고 하였다. 또 Hukui 지진을 경험한 Sakabe 는 지진의 가장 주요부는 진폭이 크고 소성적인 비교적 긴 주기의 충격이라고 생각하고 만일 진동적인 것이라면 여러가지 구조양식의 가속이 동시에 같은 방향으로 전파된다고 하였다. 요컨데 대지진의 진앙에 대한 진동상황은 아직 未知의 문제가 많다. 따라서 만일 진앙지역과 어느정도 떨어진 지역의 지진동 특성이 다르면 문제의 장소에 강진을 일으키는 震源地의 가능성을 미리 생각하여 이에 대한 구조물의 내진성을 여러 각도에서 검토해야 한다.

다음은 日本과 美國의 내진규정을 검토하여 내진설계에 필요한 기초자료를 제공하고자 한 것이다.

8.3 日本의 耐震規定

1. 교량

철도교는 일본國有鐵道에 의한 구조물설계기준이 있다. 이것은 鋼鐵道橋, 無筋 및 鐵筋콘크리트구조물 및 PS 콘크리트 철도교에 대하여 규정되어 있다. 강철도교 설계기준은 스팬 150 m 이하에 적용된다. 거더 설계에 고려하는 하중은 主荷重, 從荷重기타 하중으로 분류되며, 地震荷重은 기타하중에 속한다. 지진의 영향은 無載荷狀態 또는 列車荷重이 작용하고 있는 경우에 대하여 고려하나, 열차하중은 等分布荷重으로 가정하며, 複線橋의 경우는 원칙적으로 單線荷重을 고려하고 충격은 고려하지 않는다.

설계진도의 기준치는 水平震度 0.2이며, 전도에 대한 검토는 다시 연직진도 0.1을 상향으로 더하도록 되어 있다. 허용응력은 無載荷, 또는 열차하중이 있을 때 모두 기본허용응력의 1.7배를 하며, 따라서 구조용 강재 SS 41의 인장 또는 휨에 대해서는 2380 kg/cm^2 까지 허용된다.

橋台, 교각 등 콘크리트구조물은 무근 및 철근콘크리트구조물의 설계 기준이 적용된다. 이에 의하면 지진하중은 死荷重, 土壓 및 水壓의 합이며, 活荷重은 포함시키지 않는다.

지진력은 수평으로 작용하므로 진력계수는 그 지반에 예상되는 지진의 진도 및 그 빈도, 현지 지반의 특성, 구조물이 진해를 받을 때의 사회적 및 경제적 손실 정도를 고려하여 정해진 3가지의 係數, 즉 地域別震度 (표 8.1 참조), 地盤別係數(표 8.2 참조), 路線係數(표 8.3 참조)를 곱하여 정한다. 또 연직진도를 고려하는 경우는 수평진도의 1/2을 취한다. 또 설계진도를 구할 때 대상으로 하는 지반은 원칙적으로 직접기초 및 말뚝기초는 얕은 기초하부의 지반이며, 웰 및 케이슨 기초구조물에서는 기초저면에 대한 지반이다.

높은 구조물의 상부는 진동하기 쉬운 점을 고려하여 지상 10 m 이상의 부분에 대해서는 높이 1 m 씩 증가할때마다 設計水平震度를 1%씩 증가시킨다. 반대로 지중에 있는 구조물 또는 웰 및 케이슨등의 지중부분에 대해서는 설계진도를 빼며 기준수평진도는 지역별진도에 路線係數와 地盤別 및 深度別係數(표 8.4 참조)를 곱하여 정한다. 지반별 및 심도별계수는 층두께가 20 m 이하의 경우는 각층의 上面의 값을 정하여 그 사이는 직선적으로 변화하는 것으로 하며, 층두께가 20 m 를 넘을 때는 그 층의 상면에서 깊이 20 m 지점에서는 하층 상면의 진도를 취하며 그 이상은 하층의 상면까지 변하지 않는 것으로 가정한다. 여기서 지층의 상면에 대한 계수는 지질의 종류에 따라 표 8.4와 같이 규정하고 다만, 암반에서는 심도 20 m 및 그 이하에서는 계수 0.6을 취한다.

지진시 허용응력은 교대, 교각, 암거, 옹벽 등의 경우 기본허용응력의 50%, 라멘교, 아치교 등에서 死荷重, 溫度變化, 乾燥收縮과 함께 지진하중을 고려하는 경우 65%를 더한다. 또 허용응력을 규정하는 외에 구조물의 轉倒, 滑動 및 支持力, 部材의 파괴에 대한 安全度를 고려하며, 이들은 지진시에는 일반적인 경우에 비하여 표 8.5와 같이 작다.

PS 콘크리트 철도교에 대한 지진하중 및 하중의 조합은 철근콘크리트 구조물과 같이, 지진하중은 하중과 조합하여 고려하는데 이때 콘크리트의 허용압축응력은 50%를 더해도 좋다. 특히 活荷重에 지진의 영향을 조합하여 계산하는 경우는 100%를 더할 수 있다. 인장응력 또는 휨인장응력은 설계기준강도의 크기에 따라 표 8.6의 값 이하이어야 한다. 이때 지진시의 설계기준강도는 위에 기술한 값을 더할 수 있다.

표 8.1 지역별지진

지역	지 역	震力係數
A	北海道(根室, 剛路, 十勝), 東北, 關東, 根畿, 中國(鳥取, 島根), 四國(德島, 高知), 九州(大分, 宮崎)	0.2
B	기 타	0.15

표 8.2 지역별계수

	지 반 별	보정계수
연 약	$N=0$에서 층두께 $\geq 2m$ $N\leq 2$에서 층두께 $\geq 5m$ $N\leq 4$에서 층두께 $\geq 10m$	1.2
보 통	洪積層 및 軟弱地盤을 제외한 沖積層	1.0
암 반	第3紀以前의 古期岩層	0.8

표 8.3 路線係數

중 요 도	보정계수
매우중요(1級線, 2級線, 新幹線)	1.1
보 통(3級線)	1.0
보통이하(4級線)	0.9

표 8.4 지반별 및 심도별 계수

지 반	심 도	
	상 면	토층 상면에서 20m의 위치
연약층	1.2	다음 토층 상면에 대한 계수
보 통	1.0	다음 토층 상면에 대한 계수
암 반	0.8	0.6

표 8.5 안 전 율

	평상시	지진시
전 도	2.0	1.2
활 동	1.5	1.2
지 지 력	3.0	2.0
단면파괴	—	1.7

표 8.6

설계기준강도(kg/cm^2)	부재인장 허용인장 응력(kg/cm^2)
300	25
400	30
500	35

지진의 영향으로 생기는 콘크리트의 인장응력은 철근이 받도록해야 하는데 이 경우 철근의 허용응력은 기준허용응력을 50% 더한다. 또 死荷重 및 지진의 영향의 가장 불리한 조합에 대한 安全度의 검토에 있어서는 위의 하중의 1.3배의 하중상태에 대한 안전도를 확인하도록 되어 있다.

道路橋의 내진규정도 최근 철도교와 거의 같은 내용으로 개정되었다. 즉 교량에 작용하는 地震慣性力은 수평방향으로 작용하고, 그 크기는 기준설계진도에 지역별 보정계수, 지반별 보정계수 및 중요도별 보정계수를 곱하여 결정한다. 기준설계진도는 0.2이며 보정계수는 각각 표 8.7~표 8.9에 나타내었다.

또 교각의 높이가 25m 이상인 교량에서는 固有振動周期가 길다는 것을 고려하여 動的設計를 적용한다. 즉 교량의 고유주기에 따라 앞에서 기술한 지진관성력에 표 8.10의 계수 β를 곱한 값이 지진관성력이다. 지진시 기초공에 대한 지지력 및 변위는 평상시에 준하여 정하며 안전도는 철도교에 대한 것과 거의 같은 정도로 취한다.

표 8.7 지역별보정계수

구 분	계 수
A	1.00
B	0.85
C	0.70

표 8.8 지역별보정계수

구 분	지 반 별	계 수	비 고
1	第3紀 以前의 地盤 岩盤까지의 洪積層 두께가 10m 미만	0.9	
2	岩盤까지의 洪積層 두께가 10m 이상 岩盤까지의 洪積層 두께가 10m 미만	1.0	표준지반
3	沖積層의 두께가 25m 미만으로 軟弱層의 두께가 5m 미만	1.1	
4	상기 이외의 지반	1.2	

표 8.9 중요도별보정계수

구 분	중 요 도 의 구 별	계 수
1級	고속도로, 일반국도, 주요지방도 일반지방도 및 특별히 지정한 구간의 다리	1.0
2級	상기 이외의 경우	0.8

표 8.10

지반별	고유주기 T [sec]에 대한 β 값		
1	$\beta=1.25$ $0.5 \leq T \leq 1.1$	$\beta=1.40/T$ $1.1 \leq T \leq 2.8$	$\beta=0.50$ $T \geq 2.8$
2	$\beta=1.25$ $0.5 \leq T \leq 1.4$	$\beta=1.75/T$ $1.4 \leq T \leq 3.5$	$\beta=0.50$ $T \geq 3.5$
3	$\beta=1.25$ $0.5 \leq T \leq 1.7$	$\beta=2.10/T$ $1.7 \leq T \leq 4.2$	$\beta=0.50$ $T \geq 4.2$
4	$\beta=1.25$ $0.5 \leq T \leq 2.0$	$\beta=2.50/T$ $2.0 \leq T \leq 5.0$	$\beta=0.50$ $T \geq 5.0$

2. 水道施設

日本 수도협회에서 제정한 耐震工法(1966년)에 의하면 건축물을 제외하고 수도시설의 설계진도는 수평진도만을 취하며 각 지역에 대한 진도의 기준치는 해당지역의 지형, 지세 등을 고려하여 신중히 정한다. 다만, 기준진도 0.1 이하는 고려하지 않는다. 이 지역에 건설된 구조물의 설계진도는 지반, 시설의 종류 등에 따라 기준진도에 표 8.11의 비율을 곱한 값으로 하며 그것이 0.1 이하일때는 0.1로 취하고 0.3을 넘을때는 0.3을 취한다. 다만 구조물 및 水管橋, 기타 특수구조물에 대해서는 0.4 이상으로 취하도록 권장하고 있다.

지진하중을 고려한 경우의 허용응력은 콘크리트, 철근콘크리트, 금속 등의 여러 재료에 대해서는 평상시 값의 1.5배로 한다. 지반의 허용응력은 암반의 경우 1.5배, 홍적층, 충적층 및 기초말뚝의 지지력은 더하지 않는다.

표 8.11

지반의 종류	淨水施設 및 開水路	塔狀構造物 및 수로교	埋設管路
암반 단단한 모래자갈층 홍적층	0.4 0.7	0.5 0.7	0.3 0.7
충적층	1	1	1
연약지반	2	2	2

3. 댐

댐의 경우는 일본 대댐회의가 정한 改訂 댐 설계기준(1965~1971년)이 있다. 이것에 의하면 지진의 진동방향은 댐축에 직교하는 수평방향을 원칙으로 하고 연직방향은 고려하지 않는다.

댐의 지진응력 산정은 중력댐, 흙댐에 대해서는 진도법, 아치댐에 대해서는 動力學的 검토를 하여 결정하거나 진도법에 의하는 것을 인정하고 있다. 따라서 각 댐 型式의 설계진도가 규정되어 있다.

설계진도의 결정은 지반진도를 토대로 이에 修正震度의 개념을 도입하여 설계진도는 지반진도에 댐 型式에 따른 계수를 곱하여 정하도록 되어 있다. 설계진도결정의 기본 요소인 지반진도

표 8.12

종류 \ 지역	東北(宮城縣 제외) 關東, 中部, 近畿, 南四國	東北(宮城縣), 北陸, 中國, 北四國, 九州
콘크리트댐 및 록필댐	0.12~0.20	0.10~0.15
흙 댐	0.15~0.25	0.12~0.20

는 기초암반의 良否 및 댐의 중요도를 고려하여 표 8.12의 범위에서 결정한다.

댐형식에 따라 지반진도에 곱해야할 계수는 콘크리트중력댐, 中空댐, 흙댐에서는 1.0이다. 아치댐에서는 모형 실험, 기타 動力學的인 검토를 하여 결정하며, 이를 따르지 않는 경우는 2.0 을 취하고 있다.

연직진동에 대해서는 특별히 규정된 것은 없으나 댐의 안정에 큰 영향을 갖는다고 생각될 경우는 당연히 고려해야 한다. 이 때에 鉛直震度는 水平震度의 1/2로 하는 예가 많다. 여기서 기술한 진도는 貯水가 항상 만수위일때 취할 값이다. 저수지가 비어 있는 경우 또는 洪水時에 만수위를 초과하여 일시적으로 저수할 때와 같이 높은 수위에 대해서는 위에 기술한 진도의 1/2을 취한다. 또 異常洪水와 대지진은 동시에 일어나지 않는 것으로 한다.

지진시 堤體에 작용하는 외력은 제체관성력외에 貯水의 관성으로 일어나는 動水壓이 있다. 動水壓은 後述하는 Westergaad 또는 Zanger 공식을 이용하여 산출한다. 이들 공식은 원래 댐 표면이 평면일 때에 대하여 유도한 것인데 아치댐에도 그대로 적용하고 있다. 다만 아치댐에서는 動水壓의 작용방향은 수평아치의 반경방향이다. 허용응력은 콘크리트의 강도로써 기준시험치에 30%를 더한 것을 기준으로 한다.

흙댐은 활동에 대하여 소요의 안전성을 갖도록 규정되어 있으며, 소요안전율은 1.1에 필요한 여유치를 더한 값으로 한다. 余裕値는 재료의 성상, 설계수치의 채택방법, 재료의 品質管理, 施工方法, 計算方法 등에 따라 적절히 결정하며 기준치는 0.1이다.

4. 港 灣

일본항만협회에서 발간한 항만공사설계요람(1959년)이 항만공사의 기준으로 되어 있다. 지진력이 주요한 외력으로 작용하는 안벽에서 이에 대한 지진력은 死荷重 및 上載荷重과 진도와의 곱으로써 수평방향으로 작용한다고 규정되어 있다. 설계진도는 구조물의 진도 및 중요성, 지반의 良否등을 고려하여 결정한 기준은 표 8.13와 같다. 제방, 호안, 방파제등의 海岸保全施設에 대해서도 이들 기준이 準用되고 있다.

5. 建築物

건축분야는 1950년에 제정된 건축기준법이 있다. 구조물은 건축물외에 굴뚝, 高架水槽 등의 건축시설이 포함된다. 이 기준에 관련된 지진에 대한 고려해야 할 사항이 확실하게 표현되어 있는 부분과 그렇지 않은 부분이 있다. 예를 들면, 후자는 耐力壁과 철근의 적정한 배치 및 기둥의 최소지름에 대한 제한 등의 형태로 나타나 있다.

지진력은 고정하중과 상재하중과의 합(多雪지역에서는 積雪荷重을 더함)에 수평진도를 곱하여 계산하는데 건축물에 작용하는 수평진도의 기준치는 표 8.14의 값을 취하되 지면상의 높이

표 8.13

구 분	지 방	지 역	설계진도
1지역	北海道 關 東 中 部 近 畿	根室, 釧路, 十勝 千葉, 東京, 神奈川 靜岡, 愛知	0.25~0.15
2지역	北海道 關 東 四 國 中 國	日高, 石狩, 狩振, 後志, 檜山, 渡島 新寫, 富山, 石川, 福井 鳥取, 岡山, 宏島	0.20~0.05
3지역	北海道 中 國	宗谷, 留崩, 網走 島根, 山口	0.10~0.00

표 8.14

건축물 또는 그 부분	수 평 진 도
(1) 높이 16m 이하 부분	높이 4m 이내를 초과시 마다 0.2
(2) 높이 16m를 이상 부분	높이 4m 초과시 마다 (1)의 數値에 0.01을 더한 數値
(3) 매우 연약지반 구역에 대한 목조건축물	높이 4m 이내를 초과시 마다 0.3

표 8.15

지 방	계 수	기준진도
山口, 福岡, 大分, 宮崎, 鹿兒島, 熊本, 佐賀, 長崎, 北海道(旭川, 北見, 網走, 稚內各市, 雨籠, 中川, 上川, 紋別, 常呂, 網走, 斜里, 宗谷, 枝辛, 利雜, 增毛各郡)	0.8	0.16
秋田, 青森, 岩手, 山形, 宮城, 福島, 新潟, 放木, 群馬, 富山, 石川, 福井, 島根, 鳥取, 岡山, 廣島, 香川, 德島, 愛媛, 高知, 北海道(상기 이외의 지방)	0.9	0.18
千葉, 埼玉, 東京, 神奈川, 山梨, 靜岡, 長野, 岐阜, 愛知, 滋賀, 三重, 京都, 奈良, 和歌山, 兵庫, 大阪	1.0	0.20

표 8.16

지 반 \ 구 조	목 조	철 골 조	철근콘크리트구조 철골철근콘크리트구조 철골콘크리트구조
암반 굳은 모래자갈층 기타 주로 제기 이전의 지층으로 된 지반	0.6	0.6	0.8
모래 자갈층, 모래섞인 굳은 점토층 로움층 기타 주로 충적층으로 된 지반 또는 두께가 대략 5m 이상의 모래층 또는 자갈층의 충적층으로 된 지반	0.8	0.8	0.9

표 8.17

목재의 압축 인장 또는 휨, 전단	2.0
일반구조용강재의 압축인장, 휨전단 측압접촉	1.5
콘크리트의 압축, 인장, 전단 또는 부착	2.0
용접이음의 단면에 대한 압축, 인장, 휨전단	1.5
고장력볼트의 면마찰	1.5
지반지지력	2.0
기초말뚝의 지지력	2.0

에 따라 다른 진도를 취하는 것이 특징적이다. 실제로 취해야 할 설계진도는 지역, 지반 및 구조별 영향을 고려하여 상기의 기준치에 표 8.15, 표 8.16의 계수를 곱한 값(이 값이 1/2 이하이면 1/2)까지 체감하여도 좋다.

이상은 건축물에 대한 규정이며 건축시설, 기타에 대해서는 여러가지가 규정되어 있으나 그 취지는 대략 이와 다를 바 없다. 허용응력은 지진하중이 단기간 작용하는 것을 고려하여 장기하중에 대하여 정한 값에 표 8.17의 계수를 곱한 값까지를 허용하고 있다. 이에 의하면, 콘크리트의 압축강도는 , σ_{28}의 2/3, 철근 및 일반 구조용 강재의 인장, 압축, 휨 강도는 2400 kg/cm² 로서 매우 큰 값이 허용되고 있다.

6. 原子力 發電所

원자력 발전소는 최근 급속히 발전한 분야이나 그 내용은 잘 알려져 있지 않다. 따라서 여기서는 그 원리와 발전소의 구조를 간단히 기술한다. (그림 8.1 참조)

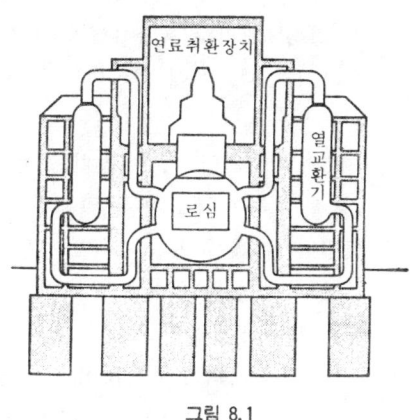

그림 8.1

한개의 우라늄 235 원자핵에 한개의 中性子를 충돌시키면 몰리브덴 95와 랜턴 139로 분열하여 다시 두개의 中性子가 생긴다. 동시에 이 반응에 의하여 高熱과 放射線이 나온다. 새로 발생한 두개의 중성자는 다른 우라늄 235 원자핵과 충돌하여 이것을 분열시키고 다시 2배의 중성자가 생긴다. 이와 같이 하여 核分裂은 연쇄적으로 이루어지며 다량의 열이 생산된다. 원자력 발전소에서는 이 열을 이용하여 高溫 高壓의 流體를 만들며 이에 의하여 열기관을 가동하여 발전기를 돌려 전기를 일으킨다. 우라늄 235와 같이 분열하여 고열을 발생시키는 재료를 원자력 연료라고 한다. 우란은 우라늄 235를 함유하며 천연으로 얻어지는 원자력연료인데 그중 우라늄 235의 비율을 인공적으로 증대시킨 연료를 농축우란이라고 한다. 천연우란은 이외에 이것에 中性子가 충돌하면 원자력연료를 만들어내는 물질도 포함하고 있는데 연소하면서 동시에 연료가 만들어 진다. 이것은 화력발전소에는 없는 특성이다. 최근 실용적으로 제공되고 있는 高速增殖爐(FBR)는 이 특성을 적극적으로 이용한 것이다.

핵분열이 연쇄적으로 진행되기 위해서는 중성자의 속도를 제어해야 한다. 이를 위해 減速材가 이용된다. 감속재는 가벼운 원자를 포함하고 있으며 중성자의 흡수가 적어야 하며 이에는 물, 重水, 炭素 등이 이용된다. 핵분열의 속도를 조절하기 위해서는 制御棒이 이용되며 이것은 중성자를 흡수하는 재료로서 이것을 爐內에 넣었다 뺏다하면 연소의 속도가 변화한다.

핵분열로 생긴 분열파편은 고온이다. 이에 의하여 물, 탄산가스 등을 고온 고압하면 이것이 열기관을 가동시켜 더워진 물이 원자로 내에서 비등하여 기체로 되는 형식의 원자로를 沸騰水型(BWR), 加壓에 의하여 비등을 일으키는 액체 그대로 있는 형식을 加壓水型(PWR)이라고 한다.

日本에서는 일반적으로 원자력 발전소에는 이 두 종류가 널리 이용되고 있으며 연료 감속재 가열방식의 조합에 따라 많은 형식의 원자로가 개발되고 있다.

핵분열과 동시에 나오는 방사능은 인체에 매우 해롭다. 그러므로 엄격히 차단하여 원자로에서 누출되지 않도록 해야한다. 大地震에 의하여 원자로 配管, 차단벽 등이 파손되면 방사능이 누출된다. 또 제어장치가 파손되면 원자로가 폭발할 우려가 있다. 그러므로 원자력 발전소의 耐震性은 특히 엄격하게 고려되어야 한다. 일본의 원자력 발전사업은 현재 개발단계에 있으며 발전소에 대하여 확립된 설계기준은 없다. 그러나 전기협회가 일정한 原子力發電所 耐震設計技術指針 기준에 준하여 설계에 이용하고 있다. 이에 의하면, 원자력발전소의 설비는 중요도에 따라 다음 3가지로 구별된다.

A級 : 그 기능상실로 인하여 원자로 사고를 일으킬 우려가 있는 것 및 원자로 사고시에 방사선 장해로부터 公衆을 지키기 위하여 필요한 경우

B級 : 高放射線物질과 관련된 것이며 A級에 속하지 않는 경우

C級 : A 및 B 이외의 것으로 보통의 耐震性을 요하는 경우

건물 및 건축물의 설계에서 취해야 할 내진하중의 크기는 건축법에 정해진 靜的震度에 앞에서 기술한 중요도에 따라 정한다. 그리고 死荷重과 活荷重이 이에 중첩된다. 또 A級에 대해서는 動的解析도 하여 양자 중에서 큰쪽의 값이 설계에 이용된다. 이때 割增率은 표 8.18과 같다.

또 A級 중에서도 원자로 격납용기, 원자로정지장치와 같은 안전상 특히 중요한 것을 AS級이라고 하며, 이에 대해서는 사고하중 운전하중, 설계지진하중이 동시에 작용할 경우 및 설계하중이 1.3~1.5배의 지진하중과 운전하중이 동시에 작용할 경우에 대한 안전상의 여유가 검토되어야 한다.

지진시 配管系의 지진시 안전에 대해서는 별도로 고려한다.

日本의 원자력 발전소에 있어서 설계시 고려된 지진동의 最大加速度의 예는 기반상에서 180~300 gal 이다.

표 8.18

중요도	할 증 율	
	수평진도	연 직 진 도
A	3.0	구조물 기초부의 수평진도의 1/2
B	1.5	고려하지 않음
C	1.0	고려하지 않음

8.4 미국 California 구조기술자협회(SEAOC)의 규정

동적 특성을 설계에 도입하므로써 이 분야에 지도적 역할을 담당하고 있는 곳은 미국이다. 따라서 이 시방서에는 참고로 해야할 점이 많다. 미국 켈리포니아 구조기술자협회(SEAOC)에서는 건축물 또는 이와 유사한 구조물은 다음 全地震力에 견디도록 권장하고 있다.

$$V = KCW \tag{8.1}$$

여기서, V : 지진력
      K, C : 震力係數
      W : 死荷重

震力係數는 구조물의 종류에 의한 項과 구조물의 진동주기에 의한 項과의 곱으로 표시되며 구조물의 진동성에 따라 다른 값이 이용된다. 즉 구조물의 진동주기에 의한 계수 C 는 1층이나 2층건물과 같은 강성이 큰 건축물에서는

$$C = 0.1 \tag{8.2}$$

이며 고층건물과 같은 가요성구조물에서는 1차고유진동주기의 1/3승에 반비례 한다.

$$C = \frac{0.05}{\sqrt[3]{T}} \tag{8.3}$$

여기서, T 는 1차 고유진동주기이며 0.1 sec 이하의 값은 취하지 않는다

윗 식에서 알 수 있는바와 같이 가요성 구조물의 진력계수는 진동성과 지진동의 진동특성과의 관계로부터 정해지는 것이 특징이다. 구조물 종류에 의한 진력계수 K 는 건축물은 구조물에는 0.5, 일반적인 구조의 건축물은 1.0을 취한다.

그림 8.2는 $K = 1.50$을 적용한 경우의 震力係數를 그린 것이다.

그림에서 $\qquad KC = \dfrac{0.075}{\sqrt[3]{T}} \qquad$ 이다.

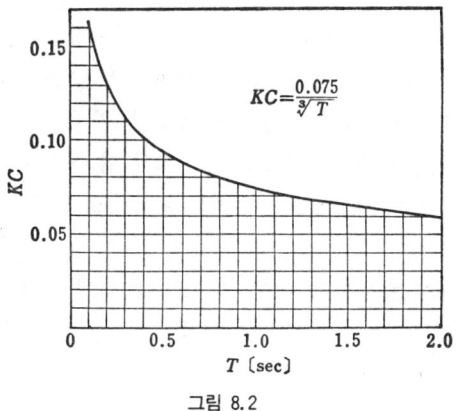

그림 8.2

식(8.1)에 의하여 결정한 全地震力은 건축물의 각 층에 균등배분하는 것이 아니고 다음의 비율로 분배된다.

$$F_x = \frac{w_x h_x}{\sum_x w_x h_x} V \tag{8.4}$$

여기서 F_x : 건축물의 x 단면에 있는 질량에 작용하는 水平力
  w_x : x 단면에 있는 死荷重
  h_x : x 단면의 지반상의 높이

8.5 우리나라 구조물의 내진규정

지금까지 관례적으로 적용되어 온 주요구조물의 設計震度의 적용사례는 표 8.19와 같다.

표 8.19 설계진도의 적용사례

구 조 물	적 용 개 소	설계진도(g)
필 댐	소양강 댐	0.10
필 댐	영산강 1단계 4개댐	0.05
하구둑	금강	0.12
	영산강 2단계 하구둑	0.10
방조제	새만금 방조제(계획)	0.12

다만 원자력 발전소는 설계진도 0.20 이상을 적용한 사례도 있다.

1986년 12월 31일 개정된 건축법에 의하면 건축물은 지진에 대하여 안전한 구조를 가져야 한다고 규정하고 있으며 1992년 6월 1일에 확정된 건축법 시행령 및 시행규칙에 의하면 필요한 경우 지진에 대한 안전여부를 구조계산에 의하여 확인하도록 규정하고 있는 등 건축물의 구조기준에 관한 세부추가분 사항을 규정하고 있으며 그 내용은 다음과 같다.

① 연면적 1000 m² 이상이거나 3층이상(3층 미만의 경우로서 높이 13 m 이상 또는 처마높이 9 m 이상인 건축물의 경우를 포함)인 건축물 또는 徑間이 10 m 이상인 건축물은 구조계산에 의하여 구조의 안전을 확인하여야 하며 층수가 6층 이상이거나 연면적이 10만 m² 이상인 건축물 또는 건설부령이 정하는 건축물 등

② 건설부령으로 정하는 지진구역 2의 지역내에 건축하는 것으로써 당해 용도에 사용되는 바닥면적의 합계가 1000 m² 이상인 종합병원, 병원, 통신촬영시설에서 방송국 및 전신전화국과 발전소, 공공업무시설, 바닥면적의 합계가 5000 m² 이상인 관람집회실 및 바닥닥면적의 합합계가 10,000 m² 이상인 판매시설 등은 지진에 대한 안전성 여부를 검토해야 한다.

우리나라 耐震設計 規準에서는 ATC-3-06의 方法을 基準으로 하여, 地震 危險度에 따라 그림 지진구역도는 그림 6.4와 같이 全國을 地震區域 0, 1, 2 세가지로 分類하고 各各의 區域에 對해 地域係數 0.04, 0.08, 0.12로 規定하고 있다.

제 9 장 지진시 흙의 상태

9.1 개설

지진에 의한 피해양상은 MM Ⅸ이상의 지역과 MM Ⅷ이하의 지역에서와는 매우 다르다. 그 원인은 지반이 심한 진동을 받았을 때 강도 저하가 발생하기 때문이다. 흙의 강도저하 및 파괴에 기인한 震害의 예는 地面滑動(landslide), 산사태, 성토의 붕괴, 지반의 액상화와 이에 따른 기초공의 침하 등이다.

地面滑動은 가장 무서운 震害의 양상이다. 이것이 平地에서 발생했을 경우 일반적으로 인구밀집지역은 극심한 피해를 받는다. 1964년 Alaska Prince Williams Sound 지진시 Anchorage에서 발생한 예가 그것인데, Turnagain 과 Anchorage市의 5개 지역에서 대규모 滑動이 발생하였다. Turnagain 지역의 海岸을 따라 폭 180~360 m ×길이 2400 m 가 바다를 향해 약 150 m 활동하여 파괴되었다. 이로 인하여 시가지와 주택은 심한 피해를 입었다.

山地에서 활동이 발생하면 泥流가 流下하여 兩岸의 土石을 깎아 내린다. 1970년 Peru 지진시 Yungay(인구 18,800名)와 Huaraz(인구 26,000名)을 둘러싸고 있는 Huascaran 山의 붕괴로 발생한 사태는 순간적으로 두 도시 인구의 88% 및 39%를 각각 잃었다. (그림 9.1 참조). 그 사태는 너무나 규모가 크고 급속도로 발전하여 언덕 뒷면에 위치한 도시는 언덕을 따라 진행하는 泥流에 대한 대책이 불가능 하였다.

이러한 대규모의 산사태는 경사가 급한 지역에만 국한된 것이 아니라 연약한 토층이 粘着性이 작은 표면층 아래에 위치해 있는 곳에서도 발생한다. 연약한 토층은 지진에 의해 강도가 저하하므로 다량의 지표층이 이동하기 시작한다. 지표층이 매우 단단한 경우는 흙이 이동하기 시작하더라도 상대적으로 적게 발생하지만 지표층이 연약한 경우는 다량의 土塊가 물을 함유한 泥流가 되어 두꺼운 泥土層으로 下流지역을 덮쳐 재난을 초래한다.

지면활동이 우려되는 일반지형이라 하여 지진시에 반드시 활동이 일어나는 것은 아니다. 예를 들면 日木 Shikoku 지역에 있는 Tosan 철도가 지나는 지역은 잘 알려진 지면활동 지역이나 MM Ⅷ~Ⅸ이었던 1946년의 Nankai 지진시에도 큰 지면활동의 기록이 없었다.

그림 9.1 Huascaran의 사태(페루지진, 1970.5.31)

산기슭 사면이 탈락하거나 진구덩이 되는 것을 斷層지역에서 가끔 발생 한다. 단층, 산기슭의 습지는 전단영역을 따라 직선으로 발생한다. 진구덩이가 발생한 위치가 대단히 많을 때 이 진구덩이는 진흙이 유동하여 강의 상류에 댐 모양으로 쌓이거나 주거지역으로 밀려간다.

언덕 상부지역은 가끔 인구가 조밀한 지역의 도로나 빌딩부지로 사용된다. 이 언덕이 때로는 지진시에 붕괴되어 진흙으로 주택과 자동차를 매몰시킨다. 최근에는 이와같은 진해가 시골의 건물에까지 증가하고 있다.

液狀化는 느슨하고 地下水位가 높은 모래지반에 발생한다. 이와 같은 지반의 지표면은 지진시에 지지력을 상실한다. 그 결과 이 지반상에 건설한 구조물이 침하하는 한편 매몰된 시설은 파괴되거나 상향으로 浮上한다. 지진시에 제방이 가끔 파괴되며 또한 많은 교량의 상부구조가 기초의 침하로 인하여 심한 震害를 받는 경우도 있다. 이와 같은 진해는 물론 설계의 불충분에 기인한다. 지진시 기초지반의 지지력 평가가 곤란하다는 점도 있다. 제방의 파괴나 교량기초의 침하를 방지하기 위한 적절한 설계를 함으로서 피할 수 있다. 그러나 대규모의 산사태의 발생은 거의 대비책이 없다.

지진조사를 통하여 구조물은 안전한 지반에 건설해야 이와 같은 재해를 피할 수 있을 것이다.

흙의 파괴로 인한 진해의 최소화를 위해서는 흙의 動的强度 결정이 대단히 중요하며 토층을 강화시키거나 지반의 동적응력 및 간극수압, 흙의 구조를 강화 시키는 방법의 개발이 매우 중요하다.

흙구조물의 설계시에 주의해야 할 또다른 문제는 지진동의 연직성분이 耐震設計의 현재 이론이 그 목적상 骨組構造物과 더불어 발전되어 왔으므로 수평성분이 강조된 반면 연직성분은 거의 무시되어 왔다. 흙구조물의 경우, 연직성분이 안정에 미치는 영향은 매우 크다. 이는 흙구조물의 안정은 自重에 의존되며 자중은 연직운동에 따라 변하기 때문이다. 더우기 흙구조물이 震央부근에 위치해 있을 경우 진앙부근의 지진동은 항상 연직성분이 두드러지므로 강한 연직지진력을 받는다. 따라서 연직진동은 반드시 설계에 반영해야 하며 최소한 水平地震係數의 1/2은 고려 해야 한다.

振動台를 사용한 모형진동시험은 水平振動만으로 실시하고 있다. 심한 지진을 재현하는 시험에서 모형의 피해는 실제지진의 피해와 때로는 매우 다른 양상을 보이는데 이는 진동대가 연직으로는 진동하지 않기 때문으로 생각된다.

9.2 흙의 動的 性質

1. 흙의 構成

1) 砂質土

砂質土는 單粒構造이다. 모래가 剪斷變形을 나타낼 때 이 變形은 非可逆的이고 체적이 변화한 어느 한계를 경계로 하여 그 보다 느슨한 모래는 조밀해지며 이들 사이에는 가장 안정된 한계간극비가 존재한다. 이 한계간극비는 구속응력이 클수록 작아진다.

모래가 水分을 함유하는 경우 吸着水는 모래입자 표면에 水膜을 형성하며 이 때문에 입자와 입자 사이의 간극은 다소 증가하여 모래는 팽창한다. 그러나 이 팽창은 모래 입자를 동시에 눌러 흩어지게 할 만큼의 힘은 안되고 외부의 작용에 의하여 모래입자의 배열이 교란되며 이러한 의미에서 이는 潛在應力의 인자가 된다. 팽창현상은 그 기구로부터 상상할 수 있듯이 입경이 작을수록 현저하다. 가장 심한 팽창을 나타내는 吸着含水比는 약 5%이다. 그리고 입경이 작으면 수십%에 달하는 경우도 있다.

간극수는 모래입자사이의 간극의 일부 혹은 대부분이 물로 포화되어 있어 압력을 유지한다. 모래입자가 물로 포화되있을 때 간극수압은 지하수면으로 부터의 수두와 같다. 내부에 간극이 남아 있을 때는 표면장력으로 인하여 간극수압은 저하한다. 각 부분의 저하 정도는 간극의 분포에 따라 다른데, 저하한 간극수압의 反作用으로 모래입자로 형성된 골조의 應力이 증가된다.

間隙水를 함유한 모래가 外力을 받으면 載荷 직후에 外力은 모래의 골조와 間隙水에 의해 지지되며 그 때문에 골조내의 應力과 간극수압이 변한다. 그 결과 간극수내의 압력변화로 파괴되므로 간극수의 流動이 일어나며 간극수압의 분포가 점차 변하면 동시에 모래입자 골조내의 응력도 변하여 골조의 변형이 진행한다. 결국 間隙水壓의 평형이 유지되면 골조의 변형도 끝나며 外力의 모두가 골조만으로 지지된다. 따라서 外力이 가해져 평형상태로 될 때까지는 시간이 걸리지만 이것은 間隙水가 모래입자사이를 흐르는 경우에 존재하는 저항이 작을수록 짧아진다.

표 9.1은 모래의 透水係數 모래 斷面內의 平均流速과 水頭경사의 比를 나타낸것인데 일반적으로 粒徑이 클수록 물을 잘 투과 시킨다. 투수계수가 10^{-4}cm/sec 까지의 흙의 투수성은 일반적으로 양호하다고 본다.

표 9.1 흙의 투수계수

깨끗한 자갈	100~1(cm/sec)
깨끗한 모래와 자갈의 혼합물	10^{-1}~10^{-3}(cm/sec)
매우 가는 모래, 유기질 및 무기질의 실트, 사질 실트와 점토의 혼합물	10^{-4}~10^{-6}(cm/sec)

外力의 변화가 매우 빠를 때 壓力은 국부적으로 크게 증가한다. 이때 그 압력경사가 매우 큰 면 간극수의 유속은 빠르고, 모래 입자에 작용하는 마찰력을 증가시키다. 모래입자의 골조가 이 힘에 견딜 수 없을 때는 입자자체의 流動이 일어나며 모래층의 부분적 또는 전면적 파괴가 일어난다. 이 상태에서 動水壓傾斜는 물의 단위중량에 대한 수중에서의 모래입자의 단위중량의 비와 동등하게 되며 이를 퀵샌드(quick sand)현상이라고 한다. 모래의 剪斷強度에 대한 간극수의 영향에 있어서 飽和모래에 대한 緩速剪斷試驗을 하면 포화사의 내부마찰각이 1°~2° 작은 조건을 제외하고는 같은 건조 상태의 모래에서와 비슷하다. 그러나 느슨한 모래의 경우 급속전단을 하면 간극비의 감소경향은 과잉간극수에 따른 정수압과 관련되며 완속시험을 한 동일모래에서 보다 작은 剪斷應力에서 파괴를 일으킨다. 한편 촘촘한 모래의 경우는 모래의 팽창의 영향이 반대효과를 나타낸다. 이 직접전단시험의 결과는 진동에 따른 飽和모래의 液狀化와 직접 관계 된다.

2) 粘性土

粘土는 無機物質의 結晶粒子와 물로 구성되어 있다. 즉 蜂巢構造나 綿毛構造를 하고 있다. 蜂巢構造에서 結晶狀의 입자는 陽이온을 흡수하고 뒤이어 陽이온 수막을 형성하기 위하여 흡수한다. 電氣化學的 힘을 받는 조건에서 입자는 높은 공극비와 수분함량을 갖는 아치골격을 형성한다. 한편 면모구조에서 콜로이드 현탁물의 偏平한 결정성 입자는 전기적 전하없이 바늘모양의 덩이(tufty lump)를 형성한다.

점토는 機械的 및 電氣化學的 結合條件에 따라 固體, 半固體, 塑性體 또는 流動體相을 나타낸다. 이들 각 相에 대한 성질 혹은 하나의 相에서 다른 相으로의 移行은 입자의 形狀 각 입자가 電氣化學的힘에 지배되어 배열 되어 있는 방향, 吸着水에 의한 水膜의 성질 간극수를 갖는 수압 및 표면장력 등에 의해 결정된다.

입자사이가 물로 포화되어 있으면 점토는 流動化하려고 하는데 건조하게 되면 表面張力이 작용하여 간극이 감소하고 粘土는 수축한다. 이 조건에서 점토내에 응력이 잠재하여 그 강도가 증가한다.

점토층이 外力을 받으면 間隙水는 흐르기 시작하며 이에 따라 水壓의 평형이 해소 되고 점토는 압밀된다. 점토의 경우는 流動하는 물에 저항이 매우 커지기 때문에 결국 평형에 도달할 때까지의 시간은 매우 오래 걸린다. 진동이나 반복외력이 점토에 작용하면 봉소구조는 점착성이 약하여 쉽게 파괴 되며 점토는 많은 물의 유출과 더불어 流動化한다. 면모구조는 이 외력으로는 교란되지 않는다. 따라서 점토구조 사이에는 이와같은 차이를 인정해야 한다.

2. 흙의 動的變形 特性

1) 일반사항

지진시 흙構造物의 거동을 이해하기 위해 진동적 외력을 받는 흙의 기계적 성질을 알아야 하는데 그를 위한 실험적 수단으로서는

① 상자에 넣은 흙을 振動台위에서 水平 혹은 연직방향으로 正弦運動을 시킨다.
② 직접전단시험기로 실험할 때는 여러 가지 진동형태로 변화시킨 전단변형을 작용시켜 수행한다.
③ 삼축압축시험기에 의한 실험은 적어도 單軸方向(monoaxial direction)에서 진동적으로 시킨 압축응력과 변형으로 수행한다.
④ 正弦波 비틀림시험은 축하중과 수평하중하에서 고무막으로 싼 실린더 공시체에 작용시킨다.

이와 같이 많은 실험이 수행되고 있는데, 흙의 動的變形特性은 拘束壓 다짐도 간극수의 투수계수 흙의 變形, 變形率 하중경력 등 여러가지 원인에 좌우된다. 이들 실험은 많은 가정을 포함하게 된다.

일정변형진폭의 正弦波 荷重 하에서의 應力-變形曲線은 그림 9.2(a)와 같다. 그림에서 흙의 剛性은 반복되는 변형에 의하여 감소되나 應力-變形曲線은 점진적으로 폐쇄곡선으로 전환된다(그림 9.2(b) 참조).

최종단계에서 응력에 대응하는 변형진폭의 비율은 등가탄성계수로 정의되며 다음과 같이 나타낸다.

$$E_{eq} = \tan^{-1} \frac{AB}{OA} \tag{9.1}$$

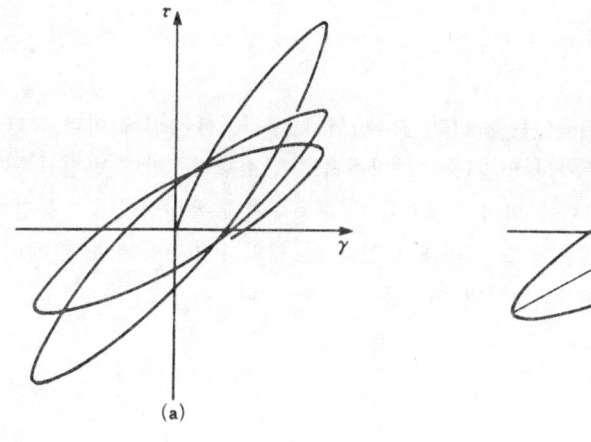
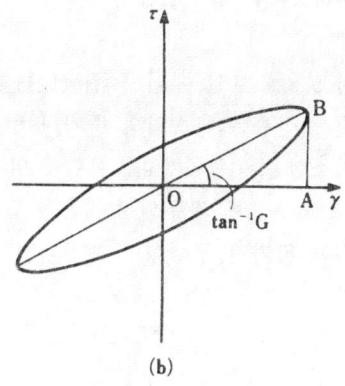

그림 9.2

또한 삼각형 ABO 면적에 대한 폐쇄곡선의 面積比는 에너지 소산율로 정의한다.

$$\eta = \frac{1}{2\pi} \frac{\Delta W}{W} \tag{9.2}$$

또는 等價減衰定數는

$$h_{eq} = \frac{1}{4\pi} \cdot \frac{\Delta W}{W} \tag{9.3}$$

가 된다.

여기서, ΔW : 응력변형곡선으로 싸인 면적
  W : 삼각형 ABO 의 면적

등가탄성계수와 감쇠정수는 흙의 동적변형특성을 나타내는 중요한 변수이다.

변형이 약 10^{-3} 이하이면 흙은 거의 탄성으로서 거동하며 탄성계수는 변형진폭에 의존하며 변화되지 않는다. 더우기 殘留變形이나 감쇠는 없다.

변형이 약 10^{-3} 이상이면 흙은 非彈性的 거동을 하며 이때 탄형계수는 점차 작아지고 감쇠정수는 변형진폭이 증가함에 따라 커진다.

2) 砂質土

모래의 탄성계수에 영향을 주는 주요한 인자는 간극비, 하중에 대한 拘束壓과 變形振幅이다. 공극비가 크면 탄성계수는 작다. 따라서 모래를 다지면 그 강성을 증가될 것이다. 등가탄성계수는 변형진폭이 10^{-4} 보다 작을 때 평균구속압(평균주응력)의 평방근에 비례한다. 그러나 변형진폭이 10^{-2} 에 접근하면 정비례한다.

등가탄성계수에 대한 구속압의 영향은 변형이 클 때 특히 크며 제방의 표면 부분이나 지표면 상에서 강성이 낮은 때 구속압은 작고 따라서 지진중에 큰 진폭의 진동이 발생될 것이다.

그림 9.3은 일정구속압 $p = 0.53$ kg/cm^2 으로 시험한 등가탄성계수와 변형진폭 사이의 관계에 대한 결과이다. 이 그림에 의하면 등가탄성계수는 변형진폭이 약 10^{-3} 보다 클때 상당히

감소한다. 이는 흙구조물이나 지반의 지진응답은 지진강도에 따라 매우 달라진다는 것을 의미한다.

그림 9.3에 보인 에너지 消散比는 拘束壓 $P=0.53\,kg/cm^2$에서의 값이다. 그러나 모래의 에너지 소산율은 구속압의 증가의 평방근에 반비례하여 감소한다. 만약 변형진폭이 증가하면 에너지소산율은 증가한다. 실험에 의하면 減衰比가 진동주기에 독립적이며 진동감쇠의 주원인은 재료의 속도에 좌우되지 않음을 잘 나타내고 있다. 모래의 등가탄성계수 및 에너지소산비와 관계되는 몇가지 구성식이 제안되었으며 이들은 다음과 같다.

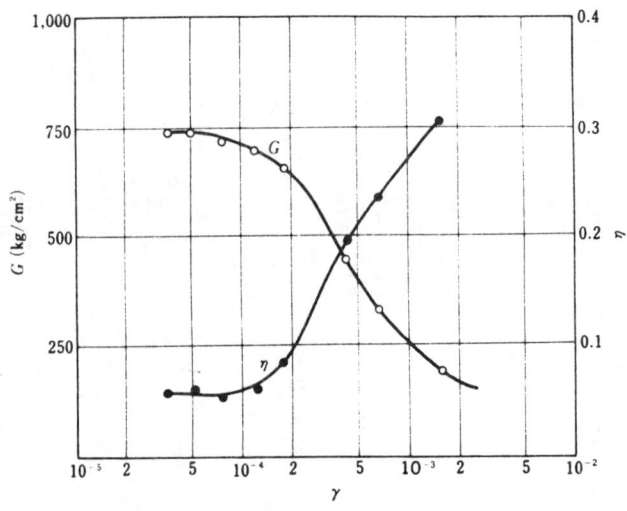

그림 9.3 Toyoura 모래의 에너지 消散比와 동적 강성계수(T.Iwasaki)

2축선형(bilinear)모델:

$$\frac{\mu_s}{\mu_t} = \frac{\mu_f}{\mu_t}\left(1 - \frac{\varepsilon_y}{\varepsilon_a}\right) + \frac{\varepsilon_y}{\varepsilon_a} \qquad (9.4)$$

$$\eta = \frac{4}{\pi} \frac{\left(1 - \frac{\mu_f}{\mu_t}\right)\left(\frac{\varepsilon_a}{\varepsilon_y} - 1\right)}{\frac{\mu_f}{\mu_t}\left(\frac{\varepsilon_a}{\varepsilon_y} - 1\right) + 1} \frac{\varepsilon_y}{\varepsilon_a} \qquad (9.5)$$

Hardin-Drnevich 모델:

$$\frac{\mu_s}{\mu_t} = \frac{1}{1 + \frac{\varepsilon_a}{\varepsilon_r}} \qquad (9.6)$$

$$\eta = \frac{\frac{\varepsilon_a}{\varepsilon_r}}{1 + \frac{\varepsilon_a}{\varepsilon_r}} \eta_0 \qquad (9.7)$$

$$\varepsilon_r = \frac{\sigma_f}{\mu_t} \tag{9.8}$$

여기서, η : 에너지 消散比
   ε_a : 變形振幅
   ε_y : 降伏變形
   σ_f : 파괴강도
   μ_t : 접선탄성계수
   μ_f : 2축모델에 대한 소성 범위에서의 탄성계수
   μ_s : 할선계수(등가탄성계수)
   η_0 : 할선계수가 0으로 수렴될때의 에너지 소산율

3) **粘性土**

점토의 탄성계수에 영향을 주는 주요인자는 재료의 공극비와 拘束壓, 변형진폭, 속도와 하중 반복횟수 등이다. 일정구속입하에 실시한 실험에 의하면 탄성계수는 변형진폭이 증가할때 감소하며 감쇠율은 구속압이 감소하거나 변형진폭이 증가할 때 증가한다.

점성토의 變形特性은 점토의 구성과 하중조건에 크게 좌우되므로 각각 이 경우에 대하여 실험을 통하여 조사 되어야 할 것이다.

3. 砂質土의 動的强度

1) 파괴조건

편의상 2次元應力만을 생각하자. 主應力방향이 알려지면 2차원응력상태는 응력원의 중심좌표(O)와 반경 R 의 두가지값으로 정확하게 결정할 수 있다. 만일 여러가지 응력상태하에서 동일시료에 대한 수개의 공시체를 파괴시켜 應力圓좌표를 그리면 포락응력원의 軌跡(loci)은 흙의 파괴조건을 나타내게 된다.

실험에 의하면 포락선은 그림 9.4와 같이 대략 직선이며 이를 Mohr 의 흙의 파괴선이라 부른다. 위의 관계를 식으로 나타내면

$$\tau = c + \sigma \tan \varphi \tag{9.9}$$

여기서 σ : 파괴면상의 主應力
    τ : 파괴면상의 剪斷應力
    c, ϕ : 강도정수

일반적으로 흙은 수분을 함유하고 있으며 입자 사이의 간극을 채우고 있는 물은 간극수압이다. 간극수압은 토립자사이의 압축을 감소시키므로 흙의 파괴조건을 나타내는 식은 다음과 같다.

$$\tau = c + (\sigma - u) \tan \varphi \tag{9.10}$$

여기서, u : 간극수압
   $\sigma - u$: 有效鉛直應力

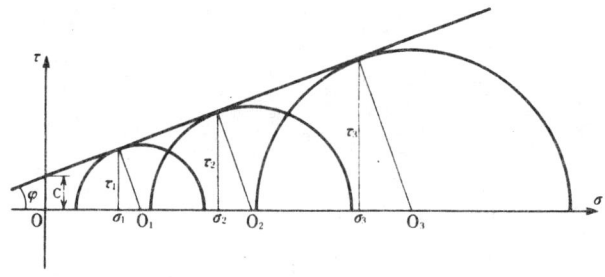

그림 9.4

식(9.10)은 흙의 靜的강도에 대하여 나타낸 것이며 또한 이 식은 흙의 動的강도도 포함하고 있다. 그러나 動的荷重에서는 작용하중의 속도와 반복의 영향이 고려되어야 한다. 편의상 식 (9.10)의 첫째 항은 점착력, 둘째 항은 마찰각이다. 마찰각은 주로 모래의 강도를 지배하며 점착력은 주로 포화점토의 강도를 지배한다. 결과적으로 사질토와 점성토의 역학적 성질사이에는 큰 차이가 있으므로 2가지를 분리하여 생각하는 것이 편리하다.

2) 砂質土의 液狀化

(1) Mogami의 實驗的연구

건조 모래를 상자에 넣고 이에 연직진동을 가한 상태에서 일면전단 강도를 측정하며, 모래의 剪斷強度는 진동에 의하여 저하하며 이에 지배적인 영향을 주는 것은 진동의 가속도임을 제시하였다. 그림 9.5는 시험 결과의 一例인데 그림에서 强度의 저하하는 200 gal 정도까지는 매우

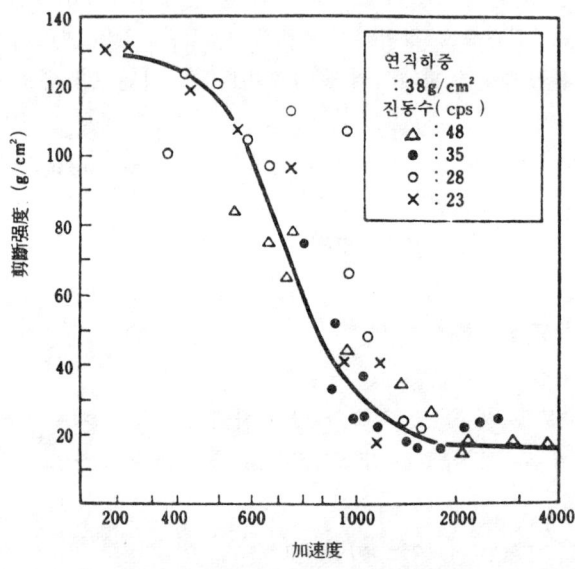

그림 9.5 진동시 Soma의 건조 모래의 전단강도와 가속도와의 관계(T.Mogami)

적으나 300~400 gal 을 경계로 하여 현저하게 감소하였다. 위에서 이 수준의 加速度에서는 모래의 流動이 일어난다.

(2) Ishii의 實驗的 연구

상자속에 건조 모래, 포화된 모래, 부분포화된 모래를 넣고 상자에 水平振動을 가하여 수평진동을 받는 모래의 液狀化를 시험하였다. 시험은 2종류의 모래, 즉, 물이 투과하기 어려운 細粒 모래와 물을 투과하기 쉬운 조립 모래를 사용하였다.

진동으로 인한 液狀化에 대해 실험결과를 나타내면 표 9.2와 같다. 이 입경범위에서는 조립 모래는 가는모래보다 액상화하기 쉬우며 포화 모래는 건조모래보다 액상화 하기 쉬운 성질을 가지고 있다.

또 그림 9.6은 振動加速度와 間隙比와의 관계이다. 이에 의하면 초기에는 매우 느슨한 상태의 모래가 가속도의 증가에 따라 시시각각 빠르게 間隙比가 감소하여 조밀한 상태가 된다. 포화되고 투수성이 낮은 모래의 경우는 間隙比는 加速度가 50 gal 과 200 gal 로 되었을 때 斷續的으로 심하게 변화하며 그 사이에서는 변화하지 않는다. 이것은 흥미로운 일이다.

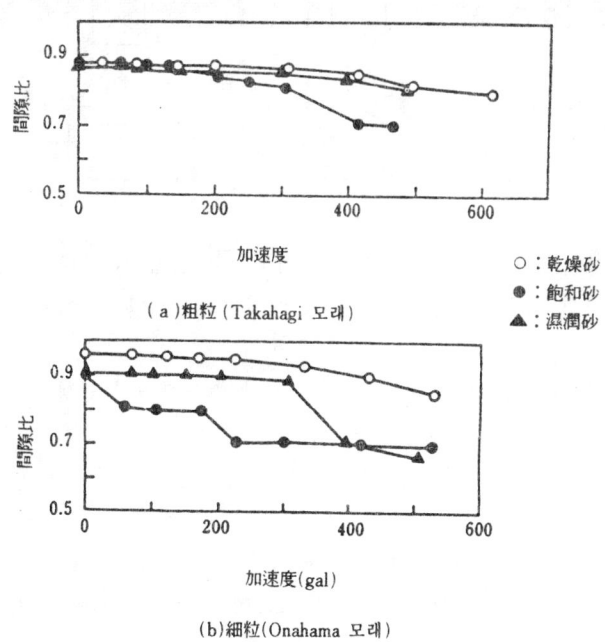

(a)粗粒(Takahagi 모래)

○ : 乾燥砂
● : 飽和砂
▲ : 濕潤砂

(b)細粒(Onahama 모래)

그림 9.6 (a)粗粒 및 (b)細粒子 모래의 간극비와 진동가속도와의 관계(Y, Ishii)

표 9.2

含水狀態	Onahma모래(유효직경) 0.17mm : 균등계수 1.31 투수계수 0.02(m / sec)	Takahagi모래(유효직경) 1.38mm, 균등계수 1.54 투수계수 1.11(cm/sec)
완전포화	50gal 및 200gal에서 액상화 발생	200~300gal에서 액상화 발생
부분포화 (모래층의 전깊이)	400gal까지는 액상화하지 않음	500gal 이하에서는 액상화 하지 않음
70cm 중 下部 50cm만이 포화시	500gal 이하에서는 액상화 하지 않음	500gal 이하에서는 액상화 하지 않음

(3) Seed의 實驗的 연구

Seed는 진동에 의한 모래의 액상화현상을 반복응력을 받는 모래의 强度抵下의 문제로 다루고 물로 포화된 모래를 대상으로 剪斷破壞强度와 應力의 반복응력 횟수의 관계를 조사했다. 시험방법은 직접전단시험기나 삼축압축시험기에 의하였다. 직접 전단시험기에 의한 시험은 1面 剪斷力式이며 板狀의 供試體 표면에 일정한 크기의 연직응력을 가하여 이에 正負의 剪斷應力을 반복하여 주는 것이다.

三軸壓縮試驗機에 의한 시험은 공시체에 일정한 三軸壓縮應力 σ를 靜的으로 가한 상태에서 연직방향 $\pm \tau$ 및 수평방향에 $\pm \tau$인 應力을 가하는 것이다.

이에 의해 그림 9.7에서 Ⅰ의 上下에 나타낸 것과 같은 應力狀態가 얻어지며 종축과 45°를 이루는 面上에는 靜的연직응력 σ와 交番剪斷應力이 작용하게 된다. 이것은 이미 剪斷試驗에서 취급한 응력조건과 같다.

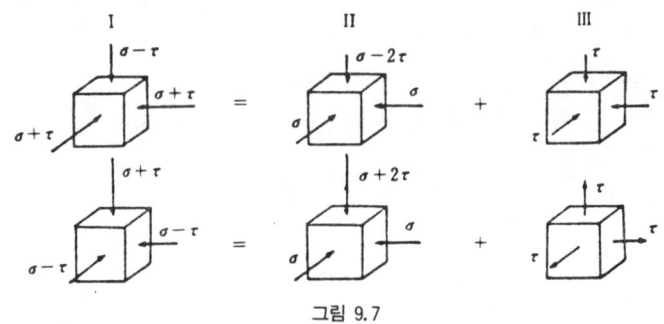

그림 9.7

그런데 이같은 三軸變動應力을 가하는 것은 실험기술적으로 어렵다. 따라서 이보다도 기술적으로 용이한 三軸試驗機를 이용한 一軸變動試驗이 실시되었다. 이 시험은 다음의 가정에 따른다.

그림 9.7에서 Ⅰ의 應力狀態는 Ⅱ와 Ⅲ의 초기응력 상태의 합이라고 생각된다. 이중 Ⅲ의 응력상태는 일정한 반복응력상태이므로 間隙水壓에 그 만큼의 應力이 가해질 뿐이어서 모래입자에 대한 有效應力에는 變化를 주지 않는다. 이와같은 의미에서 Ⅲ의 應力이 작용한다고 하는 것은 間隙水壓에 영향을 주는 것만으로 모래의 强度와 變形에는 관계없다. 따라서 모래의 강도와 變形에 대한 시험에 관한 한 Ⅰ의 應力狀態와 Ⅱ의 응력상태는 같은 결과를 나타낸다. 이러한 생각을 토대로 靜水壓下의 일축압축시험이 실시되었는데 이 시험 방법은 一面剪斷試驗에 의한 방법 보다 기술적으로 용이하다.

反復剪斷應力을 가하면서 間隙水壓을 측정했을 때 간극수압은 應力을 가하는 즉시 증대하기 시작하며 간극수압이 구속응력과 같은 크기가 되었을때 즉 有效應力이 0으로 되었을 때 모래의 剪斷變形이 시작되었다(그림 9.8 참조). 그 후 반복하중을 가했을 때 느슨한 모래와 조밀한 모래에서는 거동이 다르다. 즉 느슨한 모래에서는 매우 신속하게 변형이 증대하여 곧 液狀化상태로 되며, 조밀한 모래는 변형의 증대가 서서히 일어나서 완전한 액상화 상태는 되지 않는다.

· 反復應力下에 생기는 파괴상태를 다음과 같이 분류하여 정의하였다.
· 파　　괴 : 剪斷變形振幅이 20%를 넘을 때
· 完全液狀化 : 變形振幅이 20%이상의 變形에 대하여 모래가 저항력을 잃었을 때

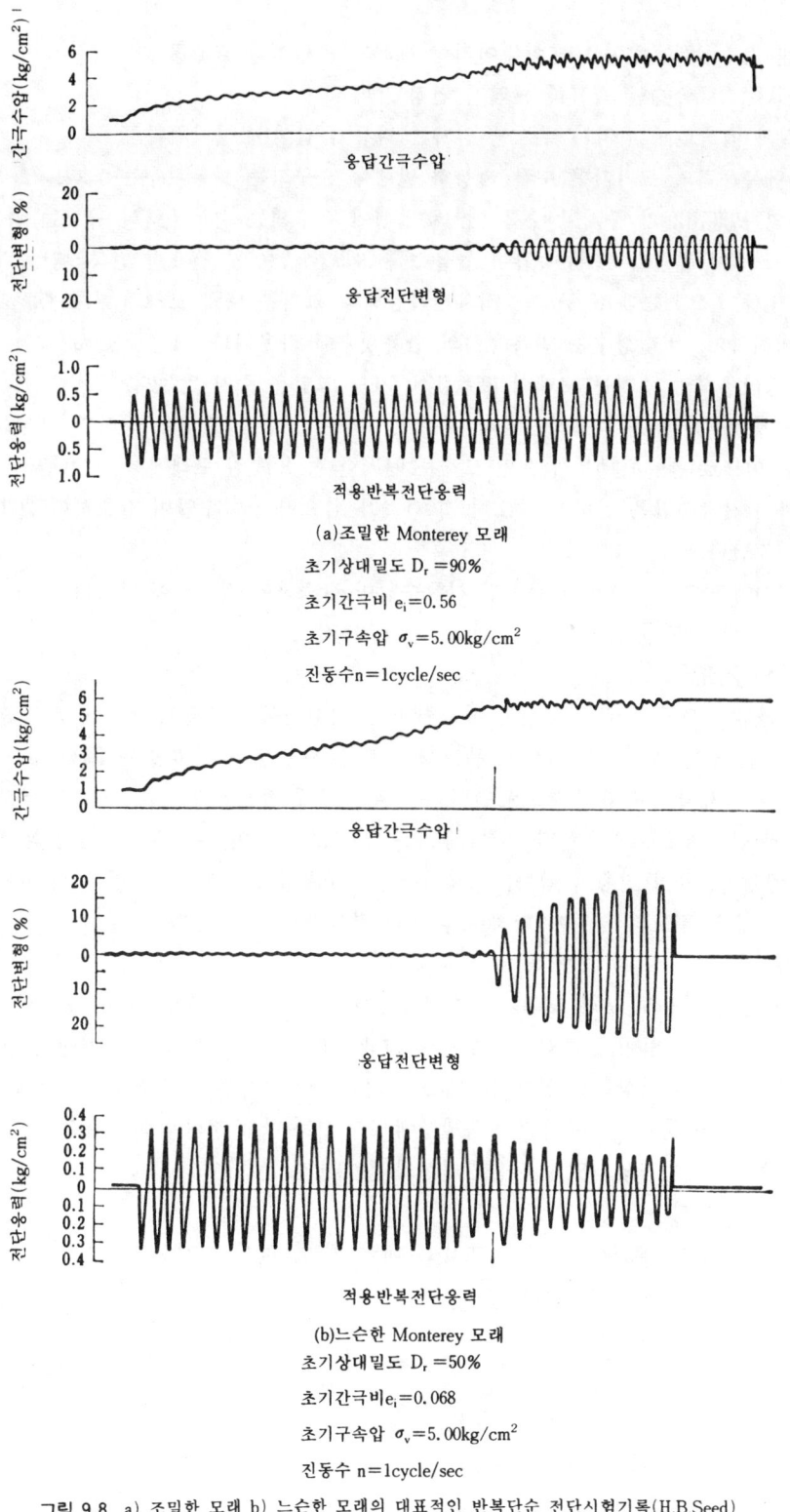

그림 9.8 a) 조밀한 모래 b) 느슨한 모래의 대표적인 반복단순 전단시험기록(H.B.Seed)

・部分液狀化 : 變形振幅이 20%이내이지만 모래가 저항력을 잃었을 때
・初期液狀化 : 部分的인 액상화가 약간 인정될 때

이 시험결과 액상화에 미치는 주요한 인자는 다음과 같이 구명되었다.
① 작용반복응력의 크기가 클수록 액상화 발생에 요구되는 반복횟수는 적다.
② 모래의 初期密度가 증가할 수록 액상화발생에 요구되는 반복응력의 규모는 증가한다.
③ 다른 조건이 동일할 때 구속압이 높을수록 液狀化 발생에 필요한 반복전단응력은 크다
④ 液狀化를 일으키는데 요구되는 작용반복응력의 크기는 대략 모래의 相對密度와 拘束壓에 비례하며, 비례상수는 반복응력의 반복횟수에 좌우된다.
⑤ 반복전단응력의 주기는 모래의 液狀化에 거의 영향을 주지 않는다.

液狀化 후에 靜的强度를 회복하는지의 여부에 대하여 시험한 결과에 의하면 액상화 직후는 有效應力이 0이므로 靜的荷動을 받으면 모래는 變形한다. 느슨한 모래에서는 그 變形이 20%정도로 될때까지 간극수압은 변하지 않으나 그 한계를 넘으면 간극수압이 감소하여 外力에 대한 저항력이 나타난다.

조밀한 모래에도 기본적으로는 같지만 간극수압이 감소하여 저항력이 나타나기 시작하는 한계의 변형은 15% 정도이다.

(4) 最近의 硏究

최근에는 液狀化 연구를 위하여 반복 비틀림 전단 시험기둥의 개발과 동시에 많은 연구가 이루어졌다. 이 장치는 멤브레인으로 싼 튜브형 시료를 사용한다. 축하중은 鋼製 로드(rod)에 의하여 시료에 작용되며 유압이 튜브표면의 내부와 외부에 작용된다. 시료의 캡과 바닥에는 비틀림모멘트가 반복적으로 작용한다. 이밖에 주요 연구로서는 이 과정에 간극수압의 상승과 퇴적 과정의 영향. 불규칙 진동의 영향, 모래의 밀도, 구속압의 영향, 불완전 포화의 영향 등이다. 구속압과 흙의 밀도의 영향에 대하여 다음의 결과가 보고 되었다.

① 拘束壓의 영향

반복전단하중이 작용시 포화 모래가 非排水조건에서 발생하는 간극수압은 모래의 다이러턴시에 기인한다. 간극수압이 구속압에 도달하여 有效應力이 감소하여 모래는 액상화 한다. 따라서 初期拘束壓이 크면 액상화를 일으키는데 요구되는 간극수압은 크게 된다. 어떤 반복균등하중(repeated uniform load) 하에서 액상화발생에 요구되는 반복 전단응력 진폭은 초기유효구속압에 비례하는 것으로 확인되었다. 이를 액상화 應力比라 한다.

② 흙의 밀도 영향

실험결과에 의하면 모래의 液狀化 應力比는 대략 相對密度에 비례한다.

Tanimoto는 다음 식을 제안하였다.

$$\frac{\tau_0}{\sigma_0'} = 4.6 \times 10^{-3} D_r \tag{9.11}$$

여기서, τ_0 : 액상화를 일으키는데 요구되는 반복전단응력 진폭
σ_0' : 초기유효구속응력
D_r : 상대밀도(%)

그러나 Tatsuoka 는 모래의 상대밀도가 매우 높을 때에는 위에 기술한 관계가 성립되지 않는 다고 하였다. 그는 Toyoura 모래를 대상으로 반복비틀림 전단시험기를 사용하여 액상화 시험을 한 결과 여러 가지 상대밀도의 시료에 대하여 15% 전단변형을 일으키는데 요구되는 전단응력을 결정 한 바 있다.

그림 9.9는 그의 실험결과이다. 종축은 應力反復回數 5~100회에서 평균구속압에 대한 액상화를 일으키는데 요구되는 반복전단응력비이다.

이 그림은 다음 성질을 나타내고 있다.
ⓐ 평균구속압에 대한 액상화를 일으키는데 요구되는 반복전단응력비는 상대밀도가 낮을 때는 상대밀도의 증가에 따라 증가한다.
ⓑ 限界相對密度가 클수록 액상화를 일으키는데 요구되는 응력반복수가 크나 한계상대밀도는 어떤 제한된 범위에 있음을 보였다.

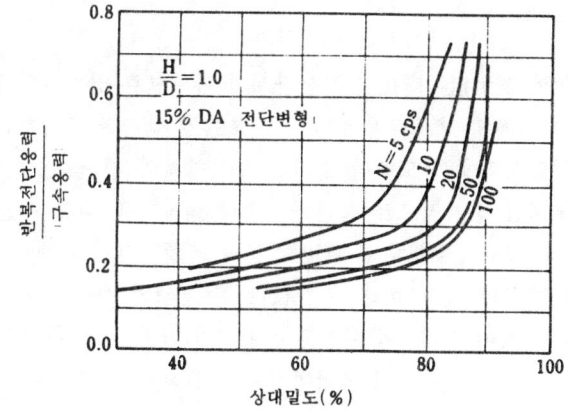

그림 9.9 모래의 液狀化 應力比(F.Tatsuoka).

지반을 적당한 방법으로 다져서 상대밀도가 지반의 한계치를 넘도록 해야 지반의 액상화는 피할 수 있다. 그러나 모래의 액상화 조건은 상대밀도만으로 결정되는 것이 아니라 액상화를 일으키는 土粒子 粒徑의 한계가 있다. 즉 점토와 같은 실트는 토립자 사이에 粘着力이 있으므로 액상화를 거의 일으키지 않으며 拘束壓이 0이 될대 까지도 파괴되지 않는다. 한편 細粒土는 투수성이 커서 간극수압이 0이 될때까지 상승하지 않으며 따라서 액상화가 일어나지 않는다.

3) 電導 모래를 이용한 실험적 연구

모래입자의 파괴기구에 대한 電導性을 주는 모래입자에 대하여 진동실험을 실시하였다. 이 기술은 아직 완전하지는 않지만 모래의 파괴 기구에 대해 참고자료로 이용할 수 있다. 이 실험에서는 그림 9.10과 같이 임의의 粒度分布를 갖는 모래의 표면에 電導 잉크를 태워 붙여 電導性의 모래를 만들고 이것을 적당량의 같은 粒度分布를 갖는 모래속에 매설한다.

모래속의 응력에 변화를 주면 電導모래입 사이의 압력등도 변화하며 모래입자 전체로서의 전기저항이 변화한다. 이 값을 검출함에 따라 모래입자의 거동을 알 수 있다.

이 장치의 장점은 보통 土壓計와는 달리 주위의 모래와 거의 같은 성질을 갖는 모래를 計器로 측정하기 때문에 진동시 뿐만 아니라 응력의 교란등이 없는 경우 感度가 좋다는 것을 들 수 있

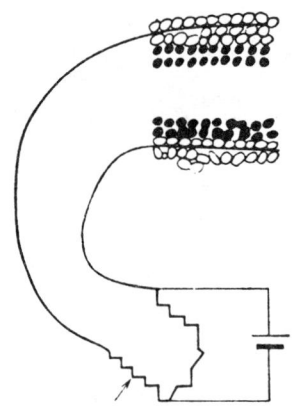

● : 高電氣 저항을 갖는 모래(1000Ω)
○ : 低電氣 저항을 갖는 모래(2~3Ω)

그림 9.10

는데 단점은 體積變化와 電氣抵抗變化가 직선관계가 아니므로 입자간의 접촉이 멀어지면 그 현상이 압축에 비하여 지나치게 강조되며 현재의 定量的인 결과를 도출하는데는 어려움이 있다.

그림 9.11은 일면전단시험에서 모래의 초기전기 저항치와 전단강도의 관계를 구한 것이다.

그림 9.12는 電導모래를 전기적으로 절연한 一面剪斷상자에 채워 一定變形速度의 상태에서 전단시험을 할 때의 剪斷力, 電氣抵抗 鉛直變位 등과 剪斷變形의 관계를 동시에 기록한 것인데 전단변형의 초기(전단변형의 15% 이내)에 전단력이 급격히 상승하여 그 후에 鋼의 항복점과 같은 기울기가 급변하는 점이 있다. 이 현상은 전단시의 연직하중, 간극율, 모래의 입도가 변하여도 일정하게 된다. 전기저항은 이 항복점까지는 직선적으로 변하며 항복점은 砂粒土사이의 접촉압이 감소하면서 바로 활동이 일어난다.

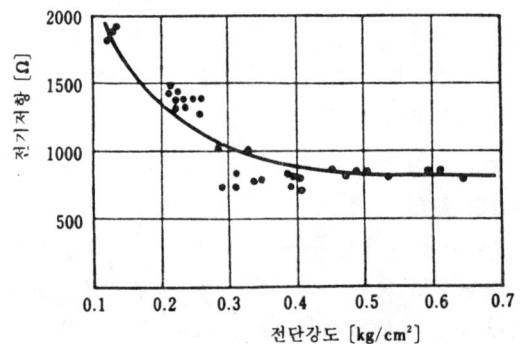

그림 9.11 모래의 전기저항과 전단강도의 관계

그 후 전기적 抵抗値는 거의 변화하지 않는데 이것은 砂粒子가 서로 활동을 계속하고 있음을 나타내는 것이다.

전단력을 항복점 이하에서 除荷할 때 잔류변형량은 전변형량의 20% 이내에 있으며 항복점이

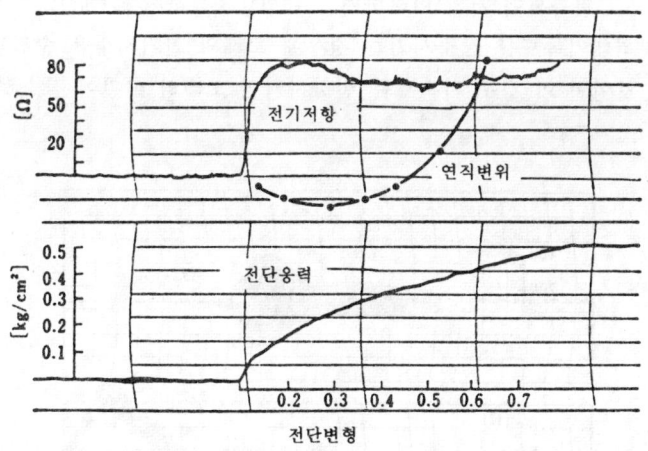

그림 9.12 모래의 일면전단시험

상까지 載荷할 때는 그 비율은 매우 커진다. 이들로부터 항복점까지는 모래의 골조의 변형은 탄성적이라고 추정된다. 이 실험결과에서 모래의 항복점에서의 변형은 매우 작으며 대규모 地震時의 지반의 진동은 탄성이론으로는 충분히 설명될 수 없다.

電導모래를 이용한 모래의 수평 또는 연직진동에 대한 性狀도 연구 되었다. 직경 23 cm, 높이 30.6 cm 의 강관에 건조모래를 채워 관의 상부와 중앙부를 電導모래로 넣었다. 이 장치를 진동대위에 놓고 상부가 0~29 g / cm² 의 낮은 정적압력을 주어 수평 혹은 연직방향에 正弦 진동, 定常振動(stationary vibration)을 준다. 진동대의 진동수는 일정하게 유지하며, 진폭만을 변화시킴으로써 모래에 주는 가속도를 바꾸고, 그 때의 電導모래의 저항변화를 기록한다.

그림 9.13(a)는 진동대를 수평방향으로 진동시킨 경우의 진동대가속도와 전기저항변화를 동시에 기록한 예이다. 그림의 횡축은 시간경과를 나타낸 것이며 加速度가 생기면 전기저항은 中立軸이 高抵抗의 방향으로 이동하며, 이동한 중립축의 주위를 진동대 진동수와 동일진동수로 진동한다. 이 진동진폭은 다시 加速度를 증가시키더라도 거의 변화가 없고 단지 중립축이 불안정해지며, 高抵抗의 방향으로 이동한다. 그리고 일단 中立軸이 불안정한 이동을 개시하면 가속도를 다소 낮추더라도 그 이동의 진행은 멈추지 않고, 진동대를 정지시키면 놓으면 抵抗値가 일정해진다.

이상의 현상에 있어 高抵抗에서 電氣抵抗値의 이동은 모래가 느슨하다고 보이면 수평진동으로 인하여 원통속의 모래는 전체적으로 느슨해지며, 이러한 느슨한 상태에서 振動加速度에는 아무런 관계 없이 느슨함, 촘촘함(tightening)이 계속된다. 또 가속도가 어느 정도 이상 커지면 모래는 불안정하게 되며 느슨함 혹은 촘촘함의 방향으로 되지만 일반적으로 느슨함이 심하게 된다. 일단 느슨해지기 시작하면 수평가속도를 거의 가하지 않아도 느슨함이 계속되는데 진동을 간단히 정지해 놓으면 진동개시전과는 다른 상태로 된다. 이것은 모래가 일단 불안정한 상태로 되면 거의 변형에 대한 저항력이 없어지는 것을 의미한다.

그림 9.13(b)는 진동대를 연직방향으로 진동시킬 때의 모래의 性質을 나타낸 것이다. 가속

도를 증가시키면, 그 가속도에 거의 비례하여 느슨함, 촘촘하이 振動的으로 일어난다. 또 그림의 끝부분에서의 최대가속도를 감소시키는 경우에 모래의 전기저항은 순간적으로 진동진폭이 증대하는 것으로 보이며 이 경우 가속도를 변화시키면 모래의 마찰이 감소하는 것을 시사하고 있다.

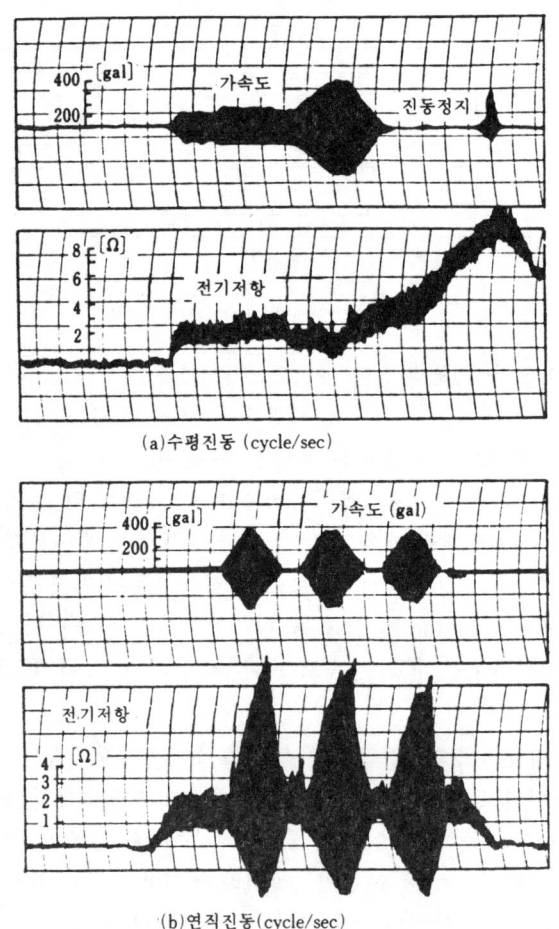

그림 9.13 진동가속도에 의한 모래의 械機的 性質의 관계

4. 粘性土의 動的强度

점토질 흙에 진동을 준 후 靜的强度를 측정하면 정적강도가 저하한다. Mogami는 Kanto 롬의 교란시료 및 불교란 시료에 진동을 준 후 靜的剪斷試驗을 하여 점토질 흙이 항복변위를 시작하는 전단강도는 가속도가 클수록 저하한다고 하였다. 그림 9.14는 이 결과의 一例이다. 그림에서 강도저하의 含水量에 따라 다르며 더우기 靜的상태서의 최적함수량과 진동시의 그것과를 비하면 진동시의 쪽이 적음을 보였다.

Seed는 특수한 시험장치를 제작하여 有限回의 反復荷重하에 점성토의 變形의 증가에 대해 연구하여 유용한 결과를 얻었다. 즉 공시체에 정적 하중을 적용하고, 정적진동력이 추가될 때 흙의 변형은 파괴될 때까지 진행하는 것으로 알려져 있다. 파괴시에 대한 정적하중과 진동하중

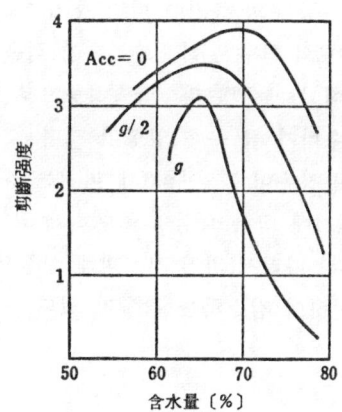

그림 9.14 점토의 動的强度에 대한 수분함량의 영향
함수비 전단강도

사이의 관계를 나타내어 결정한다. 이 경우 대개 점성이 많은 흙은 전단변형이 25%에 달할 때 파괴가 인정되었다. 불교란 실트질 점토의 시료에 관한 실험결과의 一例는 그림 9.15와 같다.

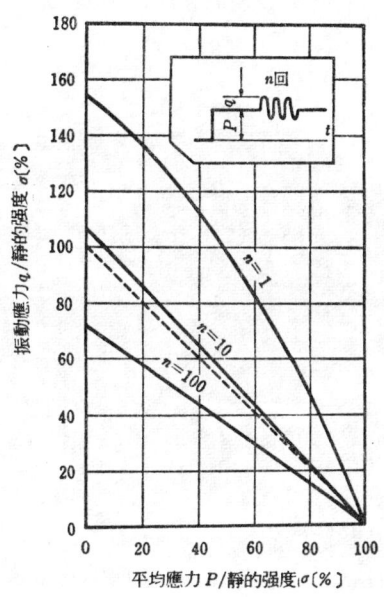

그림 9.15 반복하중하에서 점토의 强度 (H.B.Seed)

횡축은 흙의 靜的强度에 대한 百分率로 표시된 平均荷重이며, 종축은 흙의 靜的强度에 대한 百分率로 표시된 振動荷重의 片振幅이다. 곡선상에 기록된 숫자는 反復荷重의 反復回數이며 振動荷重의 진동수는 2 cps 이다.

그림에서 破線으로 나타낸 것은 定荷重에 振動荷重의 진폭을 추가한 값, 소위 最大荷重의 크기가 일정한 점의 경로이다. 이와 다른 곡선을 비교하면, 진동응력과 평균응력의 합은 100회의 경우와 같이 반복 회수가 많을 때 흙의 정적 강도보다 작다. 그러나 1~10회와 같이 반복하중 회수가 적을 때는 이의 반대가 된다.

일반적으로 점성토의 강도는 하중속도의 증가에 따라 증가하고 하중반복회수의 증가에 따라 증가하므로 위의 실험에서 하중속도의 영향은 하중반복수가 적을 때 크게 받는다. 한편 하중반복의 영향은 하중반복회수가 클 때 크게 받는다. 급속하중으로 인한 강도의 증가는 含水比가 20%이상 일때 발생하며 이는 함수비가 클 수록 영향이 크다.

이 실험에서 추정되는 바와 같이 진동이 흙의 强度에 미치는 영향은 강도를 증가 시키거나 감소 시킬 때이며 前者는 진동의 초기에 심하고 점차 微弱하게 되며, 後者는 이에 반하여 비교적 오래 지속하는 성질을 가지고 있다. 따라서 과거 지진피해 실험으로부터 판단하면 실제 지진의 경우 지반지지력은 지진동으로 인하여 감소하는 경우가 있다.

9.3 斜面의 安定

1. 平常時의 사면 안정

1) 圓弧滑動線의 가정이론

지진시 흙댐의 安定, 岸壁의 대규모 滑動 지면활동 등의 사면 안정에 관한 문제는 매우 많다. 그림 9.16은 1970년 Peru 지진시 대규모 斜面붕괴를 보인 것이다.

그림 9.16 Recuay지역의 地面滑動(페루지진 1970. 5. 31)

현재 지진시의 사면 安定論은 평상시의 사면안정에 근거한 것이다. 그러므로 먼저 평상시의 安定論에 대해 언급하고자 한다.

사면이 붕괴할 때 먼저 頂部에 균열이 일어난다. 그 다음 활동면을 따라 土塊만 활동을 시작한다. 이와 같은 그림 9.17과 같이 3가지의 활동형태가 있다. 즉 그림 9.17(a)와 같은 붕괴는 사면선붕괴라고 하며, 대개 사면이 급할 때 일어난다. 그림 9.17(b) 및 (c)와 같은 붕괴는 低部붕괴라 하며 사면이 그다지 급하지 않을 때 일어난다. 그리고, 그림 9.17(b)는 사면의 頂部 아래에 비교적 단단한 지반이 있을 때 발생하고 그림 9.17(c)는 그러한 층이 없을 때 일어나는

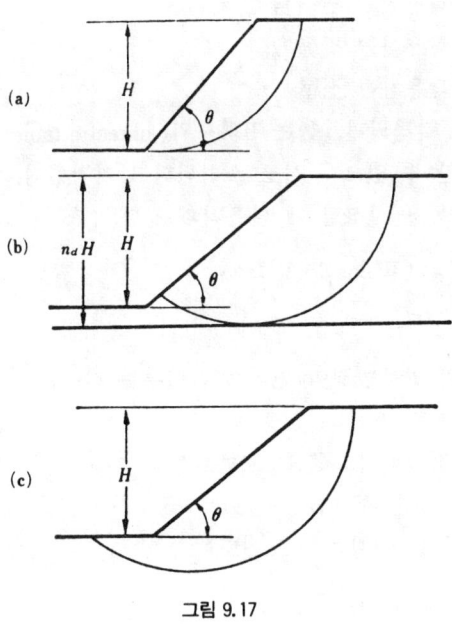

그림 9.17

것이다

斜面 安定은 2차원으로 취급할 때 土塊는 활동선을 따라 일어난다고 가정한다. 활동선은 보통 계산을 간편히 하기 위하여 圓弧로 가정한다. 원호 활동선을 그리기 위한 회전중심 위치를 가정하면 土塊의 활동은 많은 연직절편의 土柱(soil column)로 나누어진다(그림 9.18 참조).

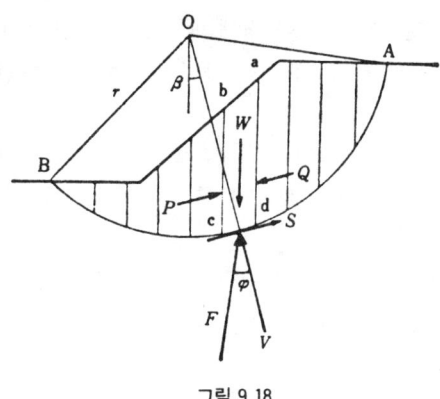

그림 9.18

어떤 한개의 土柱를 취하여 이에 작용하는 모멘트의 평형을 고려한다. 이 힘에는 다음 요소가 있다.

　　W : 土柱의 중량(吸水상태의 重量을 포함)
　　S : 滑動面 cd 상에 작용하는 응집력
　　F_s : 滑動面 cd 상에 작용하는 마찰력

F_n : 滑動面 cd 상에 작용하는 연직력

V : 滑動面 cd 상에 작용하는 揚壓力

P, Q : bc, ad 양면에 작용하는 土壓

이중 W는 흙의 비중으로 결정되며, V는 지하수위(phreatic table)위치에 의하여 결정된다. P와 Q의 크기와 방향은 알 수 없으나 서로 소거된다고 가정한다.

土塊가 활동선을 따라 활동을 시작할 때 다음식과 같다.

$$F_s = (W \cos \beta - V) \tan \varphi$$
$$S = cl \qquad (9.12)$$

여기서, β : 활동면 cd의 활동반경이 연직선과 이루는 각

l : 활동면 cd의 길이

O점의 주위에 土塊를 회전시키려고 하는 모멘트는

$$M_0 = \sum r W \sin \beta \qquad (9.13)$$

이다. Σ는 土柱전체의 합이다. 저항하는 모멘트는

만약 $$M_r > M_0 \qquad (9.14)$$

이면 土塊는 활동하지 않는다. 따라서 보통 M_r / M_0의 最小値를 안전율이라고 한다.

2) 직선활동선의 가정 이론

경험에 의하면 그림 9.18에서 보는 바와 같이 저부 원호활동선을 따라 활동하는 것이 아니며 때로는 사면에 평행한 직선으로 활동하는 경우도 많다.

Anzo는 이 사실을 주목하여 다음 가정을 제안하였다.

① 파괴선은 그림 9.19에 보인 바와 같이 2곡선과 연결한 직선으로 이루어져 있다.

② 곡선은 활동선의 상하단에 그린다. 이 형태의 사면은 사면 길이에 좌우되지 않는다.

③ 직선활동선은 사면에 평행한다. 이 길이는 사면의 길이가 증가함에 따라 증가하며 그 길이는 사면의 길이와는 무관하다.

그림 9.19에 보인 흙요소 ABCD의 안정성을 생각해 보자. 흙요소가 하향으로 활동하지 않기 위해서는 요소에 작용하는 외력보다 저항력이 커야 한다. 따라서

$$\gamma t \cos \theta \sin \theta < \gamma t \cos^2 \theta \tan \varphi + c$$

$$\therefore t < \frac{c \cos \varphi}{\gamma \cos \theta \sin (\theta - \varphi)} = t_0$$

여기서, t : 직선활동선의 깊이

γ : 흙의 단위중량

θ : 사면경사각

φ : 흙의 安息角

c : 흙의 粘着力

t_0 : 파괴면의 한계 깊이

즉 직선활동선은 사면에 평행한 방향으로 t_0 보다 더 깊은 심도에서 발생할 수도 있다. 실제로 활동선은 그 상하단에서 휘어진다.

활동선 ab 의 최상단 부분에서 일반적으로 흙은 균열이 일어나고 큰 인장응력이 여기에 발생한다고 생각한다. bc 부분에서 작은 인장응력이 발생하고 나머지 부분 cde 에서 압축응력이 활동선상에 발생한다. 또한 bc 와 cd 부분은 Rankine 의 主動土壓 상태이며 de 부분은 Rankine 의 受動土壓상태에 있다.

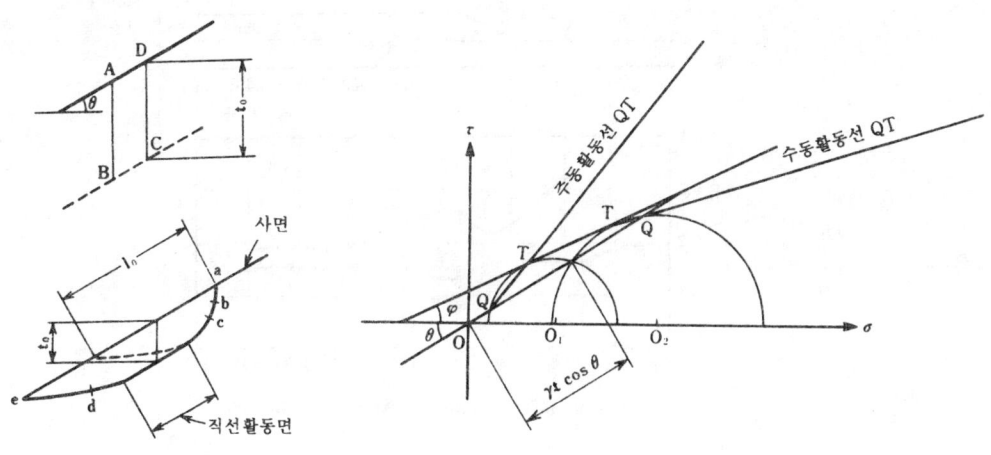

t_0 : 활동면의 한계높이
l_0 : 사면의 한계길이

그림 9.19

가정으로부터 흙은 Rankine 의 소성 평형 상태에 있으며 主動 및 受動상태에서 활동선의 방향을 결정할 수 있다(그림 9.19 참조). 따라서 직선활동선과 연결한 곡선활동선의 형태는 완만하게 된다. 곡선활동선의 형태와 길이는 사면길이에는 관계 없다는 점에 유의해야 한다. 사면의 길이가 충분히 길면 곡선활동선은 깊이 t_0 에 위치한 직선 활동선과 연결할 수 있으며 사면은 활동을 일으킬 가능성이 있다. 그러나 사면길이가 짧을 때에는 직선활동선의 조정없이 상부곡선 활동선을 하부곡선활동선과 연결한다. 이 경우 활동선은 t_0 에 도달하지 않으며 사면은 활동하지 않는다. 따라서 이때의 사면길이는 사면안정의 한계길이가 된다.

Anzo 는 이 이론을 실험을 통하여 충분히 증명하였고 더우기 사면 길이는 한계길이 보다 작아야 한다고 제안 하였다.

사면 길이가 길때에는 활동을 방지하기 위하여 소단이 필요하며 소단의 폭은 $t_0 \cos \theta$ 보다 넓어야 한다.

2. 地震時의 斜面安定

지진시에 사면이 붕괴하는 예는 매우 많다. 즉
① 지형이 급변하기 때문에 사면부근에서 지진동의 강도가 증가하는 경우
② 지진에 의한 진동 혹은 間隙水壓의 상승에 따라 흙이 재질적으로 약해지는 경우
③ 지진력을 받음에 따라 사면에 대한 흙의 力學的인 安定性이 저하하는 경우 등이 있다.

지형이 急變하면 지진동의 강도에 영향을 끼친다는 것은 경험적으로 잘 알려져 있다. 일반적으로 절벽은 다른 장소에 비하여 지진동이 더 강하게 나타난다. Idriss는 유한요소법을 이용하여 이를 수치적으로 구명하였는데 그 결과는 그림 9.20과 같다. 즉 그림에서 El Centro 지진의 편진폭을 갖는 지진동이 입사한 경우에 지표면상 각 점의 最大加速度를 나타내었다. 그림에 의하면 절벽 頂部에 대한 최대가속도는 台地의 경우보다 약 30%크다.

Tamura도 모형실험에 의하여 같은 결과를 얻었다(그림 9.21 참조).

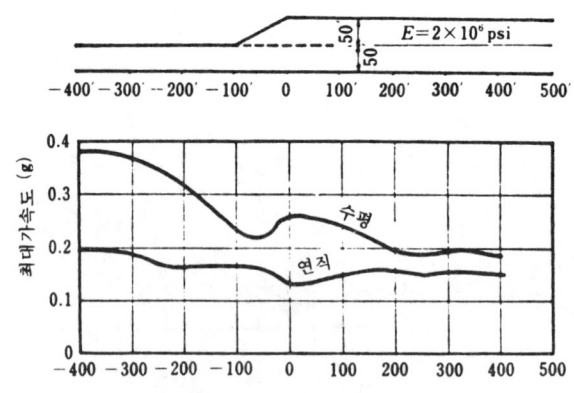

그림 9.20 흙댐지역의 최대 지표면 가속도(I.M Idriss).

그림 9.21 제라틴 모형을 이용한 지반 진동시험(C.Tamura)

실험방법은 기반의 形을 나무로 제작하고 그 위에 표면층의 두께에 맞추어 제라틴을 매입하여 명확한 지반모형한 다음 진동대를 이용하여 이에 임의의 진동을 주어 표면층의 운동을 관측하는 것이다. 이 때 표면층의 운동을 보기 쉽게 하기 위해 제라틴 속에는 착색된 가는 고무질이 格子狀으로 둘러싸여 있으며 고무실은 적당한 간격으로 절단되어 있다. 이 시험법은 복잡한 지형이 지진동에 미치는 영향을 조사하는 경우에 편리하게 이용될 수 있다.

地震動을 받으면 모래나 점토의 强度가 저하하는 것에 대해서는 9.2항에서 기술하였는데 실험실에서 확인된 이와 같은 성질을 實物도 그대로 유지되고 있는 것이라고 생각된다.

常時荷重외에 지진력을 받는 경우의 斜面安定은 平常時의 사면안정 이론과 震度法을 같이 이용하여 검토하는 것이 보통이다. 즉 圓弧滑動面上을 활동하는 土塊에 가하는 힘으로서 地震慣

性力, 地震時間隙水壓의 증가량 등이 추가되며 앞에서 기술한 바와 같은 방법으로 활동면상의 土塊安定性이 계산된다. 이 경우는 그림 9.18은 그림 9.22로 바뀌어지며 식(9.13)과 식(9.14)는 다음과 같이 나타낼 수 있다.

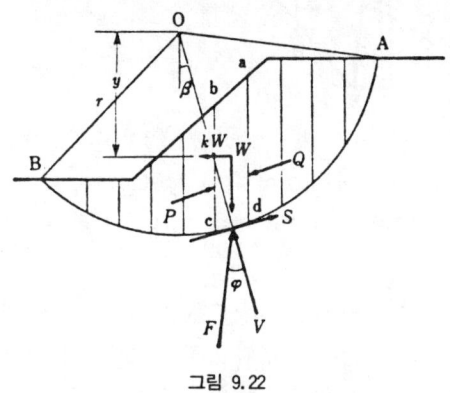

그림 9.22

$$M_0 = \Sigma rW \sin \beta + k\Sigma yW \tag{9.15}$$

$$M_r = r\{\Sigma S + \Sigma (W\cos \beta - kW \sin \beta - V) \tan \varphi\} \tag{9.16}$$

여기서 y는 kW와 O 점과의 모멘트 팔의 길이이다. 그러나 간단히 하기 위해 $r\cos \beta$ 라고 가정한다. 그다음 $M_r > M_0$ 일 때 사면은 안전하다. 이 방법은 간단하여 여러가지 조건에 대하여 적용하기 쉽기 때문에 널리 이용되고 있다.

9.4 옹벽에 작용하는 土壓

1. Coulomb 의 土壓理論

현재 지진시 옹벽에 작용하는 토압 개념은 평상시 土壓의 理論을 기초로 하고 있다.

벽체에 작용하는 土壓의 크기는 平常時의 상태하에서는 主動土壓과 受動土壓사이의 값을 취하지만 옹벽이 앞으로 전도하려는 상태가 되면 土壓을 主動土壓의 값으로 감소될 수 있다. 또 반대로 전면에서 옹벽에 힘을 가하여 배후의 흙이 이것을 받는 경우 外力이 강해져서 옹벽이 흙을 밀어올리는 상태가 되면 土壓은 受動土壓의 값까지 커진다. 따라서 옹벽은 한계상태에서 안정하도록 축조하는 것이 좋으며 이 의미에서 土壓限界値의 산정이 토질공학상 매우 중요한 것이다.

主動土壓을 구하는 방법은 여러가지가 있으나 실제문제의 응용에 있어서는 Coulomb 의 土壓理論이 많이 이용되고 있다. 그림 9.23에서 AB를 벽의 背面, AD를 背面의 지표면, q를 背面의 표면에 재하되어 있는 荷重强度라고 하자. 옹벽이 좌측으로 붕괴하려는 상태를 생각하면 배면 흙속에 활동선 BC가 일어나 이 선을 따라 土塊 ABC가 좌측 아래로 활동한다. 실험에 의하면 滑動線의 형태는 하향으로 약간 凸의 모양을 한 곡선이지만 계산을 간단히 하기 위하여 직선이라고 가정한다. 土塊가 이 선을 따라 바로 활동하려고 할 때는 활동선상의 摩擦低抗力 R

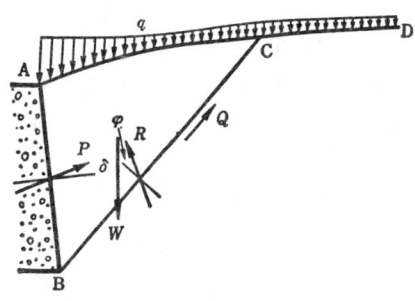

그림 9.23

의 방향은 당연히 활동선의 법선에 대하여 흙의 內部摩擦角 φ을 이루고 있다고 하며 벽 뒷면에 대한 힘 P의 방향은 벽의 법선에 대하여 벽과 흙사이의 마찰각 δ을 이루며 대략 $\varphi/2$을 취한다.

土塊 ABC는 土壓에 대한 벽의 反力 P, 自重과 AC 면상에 재하한 재하중 ABC의 合 W, 荷重 q, 활동선 BC를 따라 마찰저항 R과 粘着力 Q가 평형을 이루고 있다. 또 이 밖에 벽면을 따라서는 粘着力이 존재하는데 처음에는 활동선의 위치는 未知이므로 임의로 활동선 BC를 선택하여 土塊ABC의 평형을 산출한다.

이 경우 W와 Q는 다음과 같은 관계가 있다.

$W = \gamma \times (\text{ABC의 면적}) + (\text{AB 상에 작용하는 活荷重})$

$Q = C \times (\text{활동선 BC의 길이})$

여기서, γ : 흙의 단위 중량

C : 흙의 粘着力

R과 P의 크기는 未知이지만, 그 방향은 旣知이다. P는 벽의 법선에 대해 δ인 경사를 이루며 R은 활동선의 법선에 대해 φ인 경사를 이룬다. 따라서 W, Q, P, R에 대해 힘의 多角形을 그리면 힘 P,R의 크기를 정할 수 있다. 이를 위하여 그림 9.24에서 B점에 세운 연직선 BG 상에 적당한 축척을 갖는 힘 W를 선분 BE로 표시하고 다음에 활동선 BC 상에 동일축척을 갖는 粘着力 Q를 선분 BD로 표시한다. D점에서 힘 R의 방향으로 직선을 그어 E점에서 힘 P에 평행으로 하나의 직선을 그어 交点을 F라하면 선분 EF의 길이가 土壓力 P의 크기를 표시한다. 이와 같이 할때 主動土壓은 P의 최대치를 이루는 포텐셜 활동선을 결정하여 얻어진다.

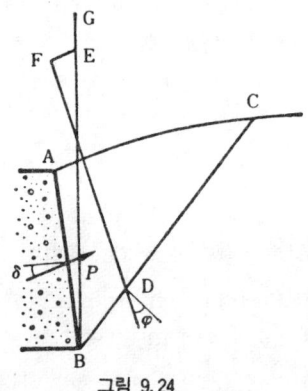

그림 9.24

2. Mononobe의 地震時 土壓理論

이상에서 기술한 平常時의 土壓論을 지진시 토압의 계산에 轉用하는 것은 Mononobe에 의하여 발전되었다. 진도법에 따르면 지진은 중력의 크기가 변하며 모든 지반이 일정각도만큼 기울 수 밖에 없다. 重力加速度에 대한 지진시의 겉보기 중력가속도의 비는 다음과 같다.

$$\frac{g'}{g} = \sqrt{(1-k_v)^2 + k_h^2} \tag{9.17}$$

이 때 지반을 회전시키려고 하는 角은

$$\theta = \tan^{-1}\frac{k_h}{1-k_v} = \tan^{-1}K \tag{9.18}$$

이며 θ는 표 9.3과 같다.

표 9.3 식(9.18)로 정의된 θ값

k_h	k_v				
	0	0.05	0.1	0.15	0.20
0.1	5°40′	6°00′	6°20′	6°50′	7°10′
0.2	11°20′	11°50′	12°30′	13°20′	14°00′
0.3	16°40′	17°30′	18°30′	19°30′	20°30′
0.4	21°50′	22°50′	24°00′	25°10′	26°30′

그러므로 옹벽에 미치는 지진시의 토압은 경사진 벽체에 미치는 경사진 背面 지반의 토압의 문제로 된다.

Mononobe의 主動 및 受動土壓에 대해 직선활동면을 가정하여 계산하며 다음 결과를 유도하였다.

主動土壓은 옹벽배면의 흙의 중량에 의한 것과 배면토 표면의 적재하중에 대한 것으로 나누어 계산한다. 옹벽배면의 흙의 중량에 대한 主動土壓은 다음 식과 같다(그림 9.25 참조).

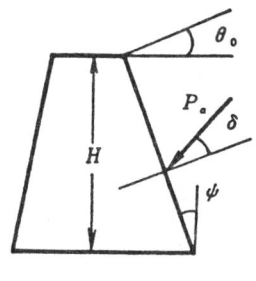

그림 9.25

$$P_a = \frac{(1-k_v)\gamma H^2}{2} C_a \tag{9.19}$$

여기서

$$C_a = \frac{\cos^2(\varphi-\theta-\psi)}{\cos\theta\cos^2\psi\cos(\delta+\psi+\theta)\left[1+\sqrt{\frac{\sin(\varphi+\delta)\sin(\varphi-\theta-\theta_0)}{\cos(\delta+\psi+\theta)\cos(\theta_0-\psi)}}\right]^2} \qquad (9.20)$$

여기서, P_a : 지진시 主動土壓
 γ : 흙의 단위 중량
 H : 벽체의 鉛直높이
 $\theta = \tan^{-1} K$ (K : 합진도)
 φ : 흙의 전단저항각
 ψ : 흙표면의 경사각
 θ_0 : 벽체의 마찰각
 δ : 벽체의 경사각

P_a의 작용점은 벽체의 위면에서 2/3의 위치이며 그 방향은 벽면의 法線에 대하여 δ을 이룬다. 이때 δ은 평상시의 값보다 약간 작게 취한다. 背面 지표면의 상재하중으로 인한 主動土壓은 다음과 같다(그림 9.26 참조).

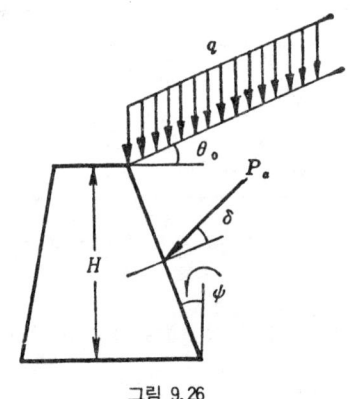

그림 9.26

$$P_a = \frac{(1-k_v)qH}{\cos\theta\cos\psi\cos(\psi-\theta_0)}C_a \qquad (9.21)$$

여기서, q : 傾斜面 단위길이당 상재하중

P_a의 作用点은 벽체높이의 1/2의 위치로서 그 방향은 벽면의 법선에 대해 δ의 경사를 이루고 있다.

또한 Mononobe는 유사한 과정으로서 지진시 受動土壓 公式을 도입하였다. 즉 옹벽배면의 흙의 중량에 의한 受動土壓은 다음 식과 같다(그림 9.27 참조).

$$P_p = \frac{(1-k_v)\gamma H^2}{2}C_p \qquad (9.22)$$

$$C_p = \frac{\cos^2(\varphi+\psi-\theta)}{\cos\theta\cos^2\psi\cos(\psi-\theta)\left[1-\sqrt{\frac{\sin\varphi\sin(\varphi-\theta+\theta_0)}{\cos(\psi-\theta)\cos(\theta_0-\psi)}}\right]^2} \qquad (9.23)$$

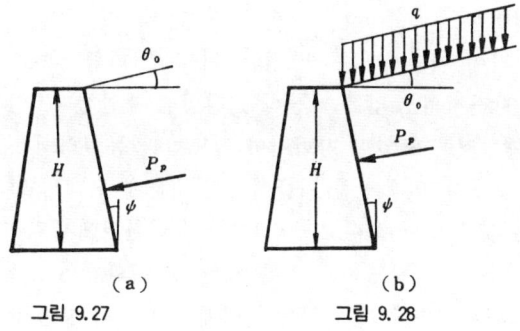

그림 9.27　　　　　그림 9.28

P_p의 作用点은 벽체높이의 위에서 2/3의 위치이며 그 방향은 벽면에 수직이다. 배면 지표면의 상재하중에 의한 受動土壓은 다음 식과 같다(그림 9.28 참조).

$$P_p = \frac{(1-k_v)\cos\psi}{\cos(\psi-\theta_0)} C_p qH \tag{9.24}$$

P_a의 作用点은 벽체높이의 1/2위치이며 그 방향은 벽면에 수직이다. 그러나 受動土壓의 상태에서 벽과 뒷채움재 사이의 마찰각이 작은 경우를 제외하고는 활동선은 직선이 아니며 벽의 背面은 거의 연직($|\psi|<5°$)이며, 지반면은 거의 수평($|\theta_0|<5°$)이다. 이와 같은 경우 이 공식은 과대평가되어 위험한 설계가 될 수도 있다.

벽의 배면이 연직이고 배후의 지표면이 수평인 경우에 대하여 이 식을 이용하여 구한 土壓係數는 각각 그림 9.29, 그림 9.30과 같다.

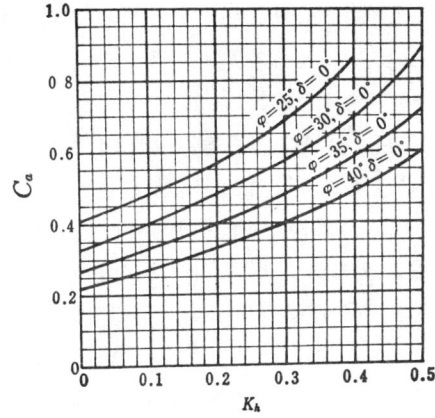

그림 9.29　지진시 主動土壓係數(日本항만협회)

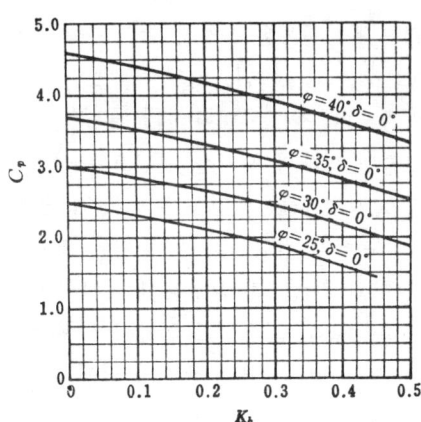

그림 9.30　지진시 受動土壓係數(日本항만협회)

이들 그림에서 보는 바와 같이 主動土壓은 진력계수(seimic coefficient)가 증가함에 따라 증가하며, 진력계수 0.3에서 주동토압의 크기는 평상시 토압의 약 2배이며, 受動土壓은 진력계수가 증가함에 따라 감소하여 평상시 토압의 대략 80%가 된다.

3. Sano의 지진시 토압이론

Sano는 흙의 내부마찰각이 지진시에는 $\theta = \tan^{-1}[1-k_v]$ 만큼 감소하므로 평상시의 토압계산식을 그대로 이용하여 지진시의 토압을 계산하는 방법을 제안했다. 이것은 흙의 성질이 진동을 받으면 변화된다고 하는 것을 도입한 방법이며 진도법과 동일하게 생각하여 지진시의 겉보기 중력방향은 평상시의 그것과 θ 각 만큼 기울어지기 때문에 모래의 안식각도 그 영향을 받으므로 θ 각만큼 감소 하는 것은 타당 하다고 생각된다. 실험결과에서도 모래의 안식각이 수평진동에 의하여 감소 하는 것을 확인 하였는데 내부마찰각이 이와같이 큰폭으로 감소하는 실험결과는 얻지못하였으며, 또 이론적인 근거는 있으나 현재로서는 이 방법을 많이 이용하고 있지 않다. 그러나 지진시 토압의 계산에 있어서 진동에 의한 흙의 성질의 변화를 고려한다고 하는 점을 도입한 방법으로서는 주목할 가치가 있다.

4. 實驗的 硏究

진동하고 있는 흙에 의하여 옹벽에 작용하는 토압의 산정이 실험적으로 연구 되고 있다. Matsuo는 진동상자에 건조한 모래를 넣고 수평으로 진동시켜 상자에 작용하는 토압을 측정하였다. 이 결과에 의하면 진동시 土壓은 壓密에 의한 土壓의 變化와 진동적으로 변화하는 토압으로 나눌 수 있다고 하였다. 이 중 壓密土壓에 의한 변화는 震力係數 0.5까지는 그 진도에 비례하여 증대하며 모래의 경우 깊은 곳이 얕은 곳보다 크나 그 증가의 크기를 土壓係數로 환산한 값은 일정한 깊이 이하에서는 작아진다. 벽이 강체로 지지되어 있을 때와 彈性的으로 지지되어 있을 때를 비교하면 후자가 토압의 증가가 크다.

토압의 변화는 진동초기의 과도적상태에서 점차 안정된 상태로 되나 지표부근을 제외하고는 초기의 壓力진폭은 안정된 후의 압력진폭의 2배정도 커진다. 압력진폭은 지표부근에서 가장 크며 그 값은 과도기나, 안정 후에도 변화는 크지 않고 깊은 곳에서의 압력진폭은 매우 작다. 이 압력진폭의 크기는 대략 振動加速度에 비례한다.

고정된 벽체와 하단을 선단으로 하여 회전하려고 하는 벽체에 작용하는 振動土壓을 비교한 결과 고정벽에 대한 경우 토압은 벽 전면에 대하여 같은 크기의 位相을 가지며 한편 토압은 벽 중간부근에서 최대이다. 가동벽에 대한 경우는 벽체의 變位가 어느 한도내에서는 변위가 클 수록 토압의 最大値는 감소하고 벽체의 변위가 이 한도를 초과하면 벽체 각부에 작용하는 토압에 位相差(phase lag)를 일으켜서 상부와 중앙에서는 위상이 反轉 되는 것이 인정되었다.

이 실험에서 얻어진 결과가 앞에 기술한 이론적 연구와 다른 것은 土壓의 分布에 관한 것이다. 이론적 연구는 Coulomb 또는 Rankine 의 土壓論에 준하기 때문에 벽체에 대한 지진시에 증가되는 토압력은 깊이에 비례하여 증대한다. 그러나 실험에서는 土壓이 일정깊이까지는 대략 같지만 그 이하에서는 土壓係數가 감소되며 그 결과 진동토압의대한 경향은 위와는 정 반대로 되어 벽체의 하부에서는 상부 보다 훨씬 적다.

Ishii도 진동상자에 건조모래를 넣어 수평으로 진동을 가하는 시험을 실시한 바 있다. 이 시험에서 벽에 진동하는 토압이 가해질 때 그 값은 벽이 흙쪽에서 전방으로 기울 때 최소가 되며 흙속으로 기울 때 최대가 되었다. 振動하는 土壓振幅은 壓密壓에 의하여 증가한 土壓에 비하면 合力은 매우 작았다.

壓密에 의한 土壓의 증가는 주로 진동을 시작하면서 모래가 충분히 압밀침하 할 때까지의 과도기에 일어나며 그 값은 加速度가 클수록 크고, 그 증가량은 벽을 剛性으로 지지하는 경우보다 可動的으로 지지하는 쪽이 크다.

이 실험결과에서 중요한 사항은 문제의 부합성을 무시하면 결과적으로 토압은 Mononobe 식과 계산치가 같거나 거의 근사하며 토압분포는 대략 靜水力學的 분포와 같고 그 결과의 작용점은 예상한 점보다 약간 높다.

Ishihara는 실제 설계목적상 실험연구를 통하여 지진 중 주동토압은 2 종류로 이루어져 있다고 제안하였다. 즉 평상시의 토압, 지진시 토압사이의 차이다. 前者의 분포는 삼각형이며 後者는 균일하다.

5. 補强土 옹벽의 耐震

보강토 옹벽의 일반적인 耐震設計는 지진력으로 인한 보강재에 생기는 動的引張力을 예측하고 이에 의한 變形量을 검토하는 방법에 의하고 있다.

1) 動的引張力의 예측법

Richardson, Lee 등은 스펙트럼分析法을 토대로한 동적인장력의 경제적인 산정방법을 제안하였다. 合計水平動的力을 설계스펙트럼 가속도(A_{des})에 비례한다. 즉

$$A_{des} = \Gamma_1 S_{a1} + \Gamma_2 S_{a2}$$

여기서, Γ_1, Γ : 모형계수

S_{a1}, S_{a2} : 설계스펙트럼 가속도이며 보강토의 고유진동수와 감쇠의 함수

보강토 옹벽의 높이를 H 라하면 제1, 제2의 기본주기(T_1, T_2)는 다음식과 같다.

$$T_1 = \frac{H}{38}, \quad T_2 = \frac{H}{100}$$

Richardson (1978)은 그림 9.31과 같은 경험적 剛性係數 I를 도입하였는데, 이 계수는 저면에 대한 變形에 저항하는 극한인장력의 2차모멘트이다.

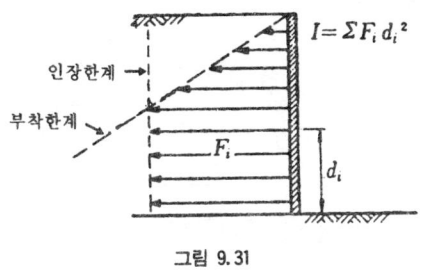

그림 9.31

보강토구조물에서의 극한인장력은 상부에서는 부착한계(인발저항)에 의하여 하부 또는 높은 구조물에서는 보강재의 인장강도에 의해 결정된다. 강성계수 I 는 靜的力으로써 보강재의 파괴에 대하여 그 安全率이 1인 구조물로써 $I < 2.0$에서는 最大動的變形이 구조물의 강성에 반비례한다. 보강토 구조물의 動的力 D_F 의 분포는 그림 9.32와 같다.

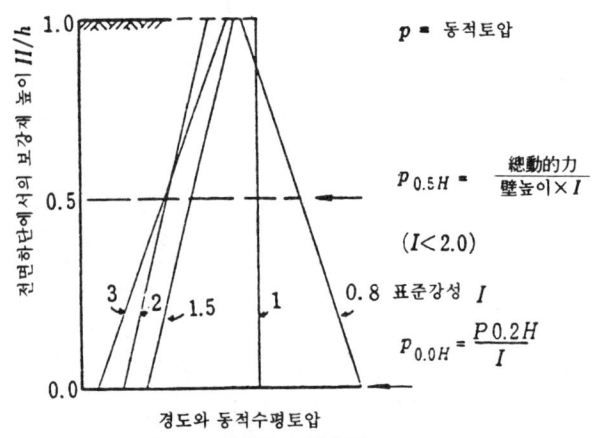

그림 9.32 動的力 D_F의 정의

경험적으로 지진의 영향을 받는 有效質量 M_{eff} 는

$$M_{eff} = 0.75 K_0 \gamma H^2 / g$$

로 정의하면 합계 지진력 D_F 는

$$D_F = [S_{a1} + 0.2 S_{a2}] M_{eff}$$

이 된다.

표준강성 $I = 1.0$으로 하여 설계대상 구조물의 강성 I'가 $0.9I < I' < 1.1I$의 범위에 있으면 된다.

2) 變位法

변위법은 보강재가 引拔에 의하여 파괴되는 것을 전제로 하고 있다. 따라서 靜的力으로 작용하는 한계수평가속도 K_c와 평균지진 설계계수 K_m을 가정하여 $K_m > K_c$인 경우에 활동이 일어나며 이 때의 보강토 구조물의 변위를 결정하는 것이다.

보강토 구조물의 파괴는 滑動面이 보강토내에서만, 일어나는 내부파괴와 배면의 뒷채움재까지 연장되는 非 內部破壞도 있다.

(1) 내부파괴

그림 9.33에서 연직력과 수평력의 합계 즉,

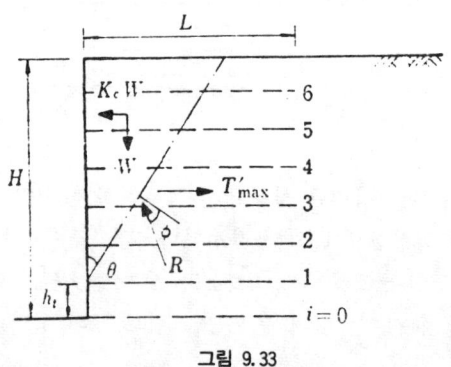

그림 9.33

$$K_c W - \Sigma T'_{max} + R\cos(\theta + \phi) = 0$$

$$W - R\sin(\theta + \phi) = 0$$

$$\therefore K_c = \frac{2\Sigma T'_{max}}{\gamma(H-h_t)^2 \tan\theta S_h} - \cot(\theta + \phi)$$

K_h의 최소치는 파괴면이 전면하단을 통과할 때, 즉 $h_t = 0$이며 보강재의 배치간격이 $S_h = S_v$인 보강재에 等分布 荷重이 작용하는 경우는 다음과 같다.

$$T'_{max} = 2BL\gamma[H - iS_v]\mu$$
$$= 2B\gamma\mu(H - iS_v)(L - nS_v\tan\theta)$$

$$\therefore \sum_{i=1}^{N} T'_{max} = \gamma B\mu(NHL - NH^2 + N\frac{(2N+1)}{3(N+H)}H^2\tan\theta)$$

(2) 비 내부파괴

그림 9.34에서 (1)부분에 대한 활동의 合力을 Q 라고 하면

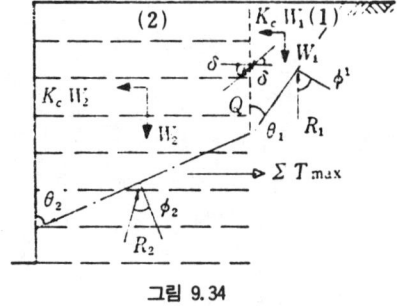

그림 9.34

이 되며 그림에서 (2)의 부분에 대해서는 다음 관계가 성립한다.

$$Q = \frac{[(\Sigma T'_{max} - K_c W_2)\sin(\theta_2 + \phi_2) - W_2\cos(\theta_2 + \phi_2)]}{\sin(\delta + \theta_2 + \phi_2)}$$

$$\therefore K_c = \frac{\Sigma T'_{max}\sin(\theta_2 + \phi_2) - \cos(\theta_2 + \phi_2) - \Omega\frac{W_1}{W_2}\cos(\theta_1 + \phi_1)}{\Omega\frac{W_1}{W_2}\sin(\theta_1 + \phi_1) + \sin(\theta_2 + \phi_2)}$$

여기서

$$\Omega = \frac{\sin(\theta_2 + \phi_2 + \delta)}{\sin(\theta_1 + \phi_1 + \delta)} \qquad 0 \leq \delta \leq \phi$$

(3) 평균지진 설계계수

평균지진설계계수 K_m은 자유면과 활동면을 따라 형성되는 土塊에 작용하는 最大慣性力이다.

보강토구조물이 剛性體라 하면 上載荷重이 대단히 큰 경우를 제외하고 K_m은 최대지반가속

도에 의하여 결정된다.

(4) 變位

$K_m > K_h$ 인 경우 변위 K_m 은 흙댐의 변위계산에서 개발된 활동블럭(slide block)법을 이용하여 계산한다.

이것은 그림 9.35에서 다음과 같이 하여 구한다.

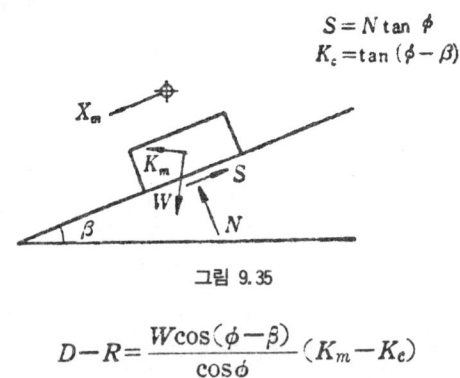

그림 9.35

$$D-R = \frac{W\cos(\phi-\beta)}{\cos\phi}(K_m - K_c)$$

여기서, D : 動的力

R : 抵抗力 $K_m > K_c$

변위 K_m 은 시간을 고려하고 뉴톤의 운동법칙을 이용하여 구할 수 있으며 이에 대하여 Sarma 는 주기 T 에서 사각형, 삼각형 및 정현파의 지진파에 대하여 그림 9.36과 같이 제시하였다.

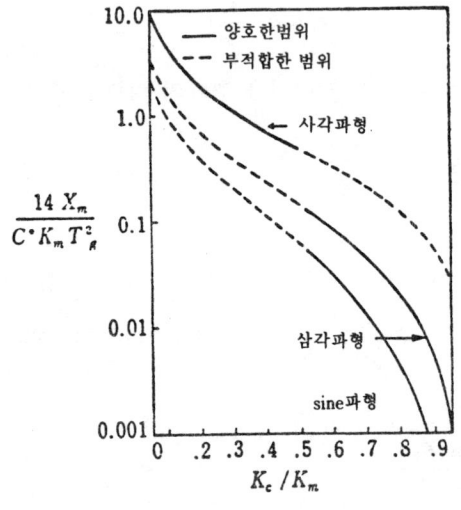

그림 9.36

그림에서 T 는 지반의 탁월주기이며 $C^* = \cos(\phi-\beta)/\cos\phi$ 이다.

9.5 地盤의 支持力

1. 平常時 지반의 支持力

지표면에 하중을 재하시켜 이를 점진적으로 증가시키면 어느 하중에 이르러 沈下가 급격히 증대하는 지반과 沈下가 점증하는 지반이 있다. 前者에서는 침하가 급격한 증가가 시작할 때의 하중을 극한지지력의 한계로 결정하고 후자는 외부 하중의 증가와 비선형적으로 침하가 증가되는 관계에 있는 하중을 극한 지지력의 한계로 결정한다.

지반이 큰 하중으로 재하되면 基礎工의 바로 하부가 큰 土壓을 받는다. 지반의 성질에 따라 그 부분에 많은 침하를 일으키지 않는 지반이라면 침하량이 크지 않는 동안에 기초 바로 밑의 양측의 地中 剪斷應力이 흙의 저항력을 넘어 여기서 급격히 파괴를 일으킨다. 이와 같은 파괴를 全般 剪斷破壞(general shear failure)라고 한다. 그러나 흙의 성질상 기초 바로 밑의 침하가 매우 크면 그 자체를 일종의 기초파괴라고 본다. 이와 같은 파괴를 局部剪斷破壞(local shear failure)라고 한다. 전반전단파괴의 기구는 그림 9.37과 같다. 즉 根入이 없는 경우는 그림 (a)와 같이 기초아래 3각형의 土塊 adb 가 기초에 고정된 부분이라고 생각하면 ade 부분은 塑性平衡狀態에 있고 二等邊三角形 aef 부분은 Rankine 의 受動土壓狀態에 있다고 생각한다 따라서 주로 기초를 지지하는 역할을 하고 있는 것은 bef의 受動土壓力이다.

根入이 얕고 기초폭보다 작을 때 즉 그림(b)에서 $D_f<2B$ 일 때는 基礎底面보다 상부에 있는 흙의 重量 γD_f는 上載荷重이라고 보며 根入이 없는 경우와 같은 가정으로 생각하면 된다.

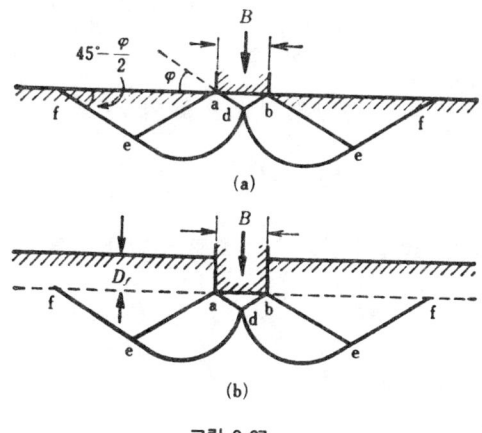

그림 9.37

이렇게 하여 정해진 기초의 전반전단파괴에 따른 極限支持力은 다음 식으로 표시된다. 즉 폭 B의 띠狀荷重이 작용할 때 단위 길이당 극한 지지력은 다음과 같다.

$$q = cN_c + \gamma D_f N_q + \tfrac{1}{2}\gamma B N_\gamma \tag{9.25}$$

여기서, q : 전반전단파괴에 따른 단위 면적당 極限 支持力
　　　　B : 띠狀基礎의 폭
　　　　c : 粘着力

γ : 흙의 단위중량

D_f : 根入깊이

支持力係數 N_c, N_q, N_r은 흙의 내부 마찰각 φ에 따라 그림 9.38에 주어져 있다.

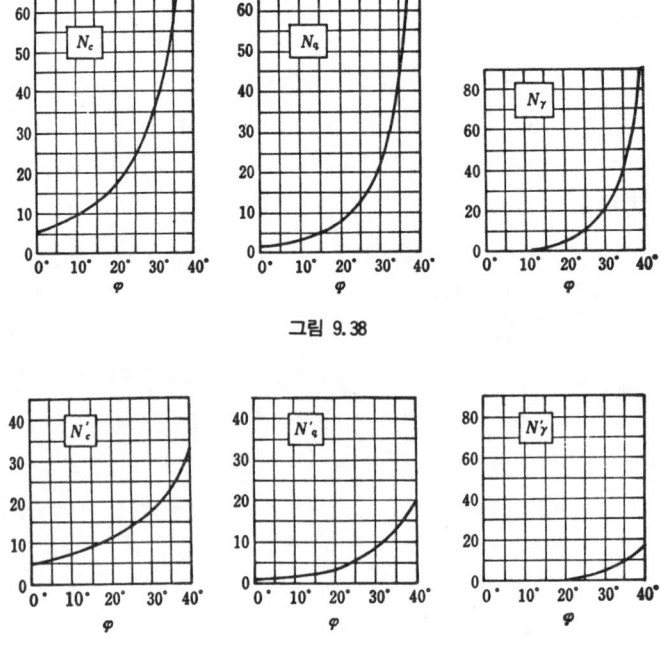

그림 9.38

그림 9.39

半徑 R인 원형기초의 경우 그 支持力은 다음 식을 이용한다.

$$q = 1.3cN_c + \gamma D_f N_q + 0.6\gamma R N_\gamma \tag{9.26}$$

局部剪斷破壞에 따른 띠狀基礎에서는 다음 식으로 구한다.

$$q = \tfrac{2}{3}cN'_c + \gamma D_f N'_q + \tfrac{1}{2}\gamma B N'_\gamma \tag{9.27}$$

支持力係數 N_c, N_q, N_r는 그림 9.39에 따른다.

2. **地震時 지반의 極限支持力**

식(9.27)을 기초로 하여 지진시 지반의 허용지지력을 계산하는 공식이 제안 되었다.

즉, 載荷試驗을 하지 않는 경우는 다음 식과 같다.

$$q_a = \tfrac{1}{2}\{\alpha c N'_c + \gamma_2 D_f (N'_q - 1) + \beta\gamma_1 B N'_\gamma\} + \gamma_2 D_f \tag{9.28}$$

여기서, q_a : 지진시 許容支持力 [t/m²]

c : 基礎荷重面 아래에 있는 지반의 粘着力, 여기서, N값가 5이하의 粘土인 경우는 평상시의 粘着力의 70%를 취한다[t/m²].

γ_1 : 基礎荷重面 아래에 있는 지반의 單位體積重量 [t/m³]

地下水位 아래에 있는 부분에 대해서는 일반적으로 水中單位重量을 사용한다.

γ_2 : 基礎荷重面 보다 위쪽에 있는 地盤의 平均單位體積重量 [t/m³]

地下水位 아래에 있는 부분에 대해서는 일반적으로 水重單位重量을 사용한다.

D_f : 기초에 근접한 가장 낮은 地表面에서 基礎荷重面 까지의 有效根入 깊이 [m]

B : 基礎荷重面의 最小幅 [m] 원형기초는 직경, 하중이 편심을 받는 경우는 그림 9.40에서 $B = 2x_0$

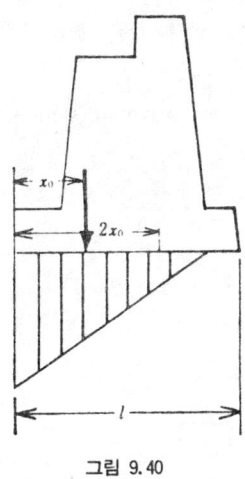

그림 9.40

N_c, N_q, N_r는 지지력계수로써 내부마찰각 ψ의 함수(그림 9.39 참조), 여기서 표준관입 시험에서 구한 N치가 20이하인 포화 모래지반의 경우는 흙의 전단저항각이 저하하는 것으로 하여 지지력 계수를 결정한다.

$$\varphi' = \varphi - \theta \tag{9.29}$$

여기서

$$\theta = \frac{20 - N}{15} \tan^{-1} k_h \tag{9.30}$$

또 N치가 5이하의 포화 모래지반에서는 내부마찰각은 0으로 한다.

α, β는 기초의 형상계수이며 표 9.4와 같다.

표 9.4 형상계수

基礎荷重面의 形狀	연속	정사각형	직사각형	원형
α	1.0	1.3	$1 + 0.3 \frac{B}{L}$	1.3
β	0.5	0.4	$0.5 - 0.1 \frac{B}{L}$	0.3

재하시험을 하는 경우는 다음 식에 의한다.

$$q_a = 1.5q_t + \tfrac{1}{2}\gamma_2 D_f(N'_q - 1) + \gamma_2 D_f \text{ (t/m}^2) \tag{9.31}$$

여기서, q_a : 지진시 許容支持力 [t/m²]

q_t : 載荷試驗으로 판단하는 平常時 許容支持力 [t/m²]

標準貫入試驗의 N 値가 5이하의 飽和 砂質地盤의 경우는 0으로 한다.

이 공식에서는 地震時의 支持力을 극한지지력의 1/2로 취한다. 平常時支持力에 대해서는 安全率은 1/3로 하는 것이 보통이므로 지진시에는 안전율을 낮추어야 한다. 이것은 地震力과 같은 短期荷重에 대해서는 재하에 의한 長期的 變形은 고려하지 않아도 되기 때문이다.

3. 實驗的 研究

지력계수이론에 의하면 지진은 慣性力 및 지반의 경사의 크기로 바꾸어 생각하는 것이 기본이다. 따라서 경사지반의 지지력에 대한 실험적 연구는 지진시 지반의 지지력조사에 매우 도움이 된다.

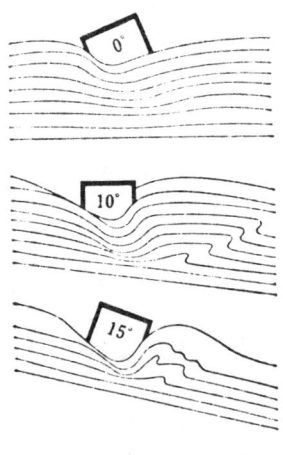

그림 9.41 傾斜地盤의 滑動面

그림 9.41은 경사각이 각각 0°, 10° 및 15°인 경우의 기초의 파괴 상태를 나타낸 것인데 처음에 수평으로 있던 평행선의 파괴 후의 위치를 나타낸 것이다. 사면의 경사가 완만한 경우는 滑動線은 하나로 나타나지만 15°이상 급하게 되면 여러 가지로 나타난다. 그러나 활동선의 발생 과정을 나타내는 고속사진 (그림 9.42 참조)에 의하면 여러가지의 활동선은 점차 내측에서 시작되므로 사면의 지반지지력을 최종적 활동면의 형상으로 부터 예측해야 한다는 것은 의심할 여지가 없다.

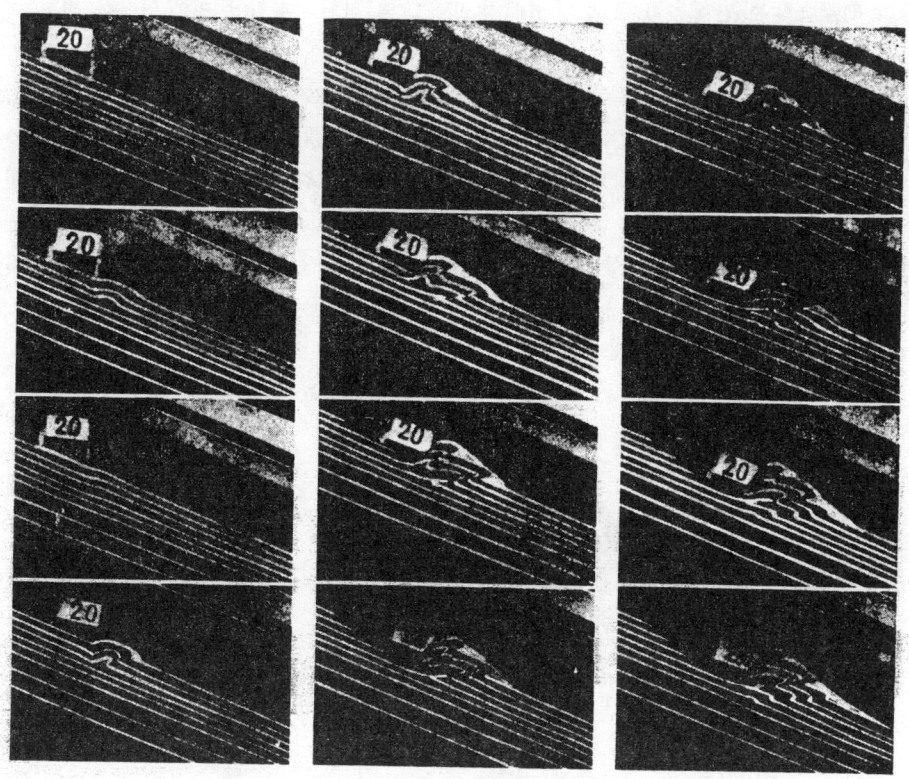

그림 9.42 鉛直載荷에 의한 斜面 破壞

9.6 地盤의 破壞

1. 개설

지진의 震度가 매우 크면 지반은 가끔 파괴된다. 그리고 피해는 그 지역의 지형지질과 관계가 매우 깊다. 산악지대에서의 지반파괴는 불안정한 암반구조, 급경사. 단층 등의 지역에서 발생되기 쉽다. 평원지역에서 두껍고 약한 沖積層, 지하수위가 높은 모래지반, 오래된 河床, 화산재, 이탄, 불규칙지형, 간척, 제방 등은 경험적으로 파괴가 가장 일어나기 쉬운 곳이다. 이와 같은 불안정한 조건을 갖는 지반을 이용하고자 할때에는 재해를 방지하기 위한 적절한 규정을 제정할 필요가 있다.

2. 지반의 液狀化

1) 일반사항

앞에서 記述한 바와 같이 느슨한 포화 모래는 반복 强震하에서 剪斷强度를 상실하여 액상화하게 된다. 따라서 지하수위가 높은 모래지반에서의 액상화현상은 강한 지진시에 발생한다. 支持力을 상실하는 동안에 噴砂, 噴水, 噴泥水, 지반 침하 등이 일어나며 지반상이나 지중에 건설한 구조물은 심한 피해를 받게 된다. 과거 지진피해를 조사해 보면 지반의 액상화에 기인된 피해는 하천으로 생성된 흙에서 주로 발생하며 지진강도가 MM Ⅸ 이상일 때 많이 발생한다.

모래의 剪斷强度는 연직응력에 거의 비례하므로 그의 전단저항력은 연직응력이 작은 지반표면부에서는 연직응력이 큰 지반深部 보다 작다. 또 연직응력이 큰 深部에서는 전단저항력이 크다. 지진동에 의한 지반내 전단응력은 지표면부에 비교적 가까운 곳에서 커지는 경향이 있으며 이때 연속적인 지진동과 함께 점차 지반의 深部로 이동하며 대개 液狀化는 먼저 지표부 가까운 곳에서 일어난다. 한편 이미 액상화한 위層의 모래는 조밀해져서 침하하며 空隙水壓은 정상으로 돌아와서 액상화는 끝난다.

지반이 깊을 수록 간극수압은 상승하고 지반표면에 모래와 물이 분사한다. 매우 깊은 곳에서는 상부 모래층의 중량으로 인하여 有效應力은 매우 커져서 액상화가 발생하지 않는다. 그림 9.43은 분사로 생긴 논에 나타난 거대한 샘 모양을 보인 것이다.

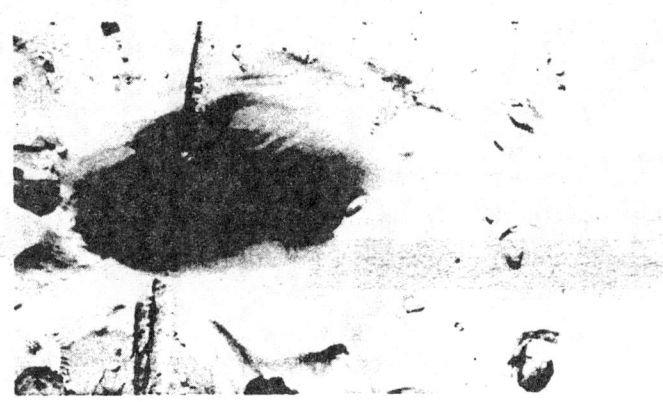

그림 9.43 噴砂로 인한 대형 샘 모양(Nihonkai-chubu지진 1983.5.26)

室內試驗시 액상화는 가는모래에서 일어나기 쉬운데 실제사례에 의하면 굵은 모래에서도 일어나는 경우가 있다. 그러나 굵은모래는 가는모래 보다 투수성이 커서 상승한 間隙水壓은 모래의 액상화에 의한 변형 때문에 순간적으로 저하하여 액상화는 끝난다. 그래서 액상화하고 있는 시간은 짧고 액상화에 의한 구조물의 침하는 적고 결국 피해도 적다. 액상화의 피해는 진동의 지속시간 뿐만 아니라 점성에도 관계가 있다. 모래에 점토분을 함유한 점토는 점성이 높아 액상화는 항상 일어나지 않으며 지반의 침하가 작아 피해도 경미하다.

이러한 종류의 지반파괴가 실제로 가장 현저하게 나타난 것은 1964년 Niigata지진시 沖積地에서 있었다. 震度는 MM Ⅷ-Ⅸ이며, 다수의 건축물, 교량, 상하수도, 제방 등이 지반파괴에 의한 경사, 침하, 浮上 등의 피해가 나타났다.

그림 9.44는 제방 가까운 곳의 아파트의 침하 및 경사를 보인 것이다.

Niigata 지진시 중심가에서는 콘크리트하수관의 浮上을 보인 경우도 있다. 이것을 지반별로 보면 이 지역의 지반은 두께 150 m를 넘는 沖積모래층이며 그 低部는 海成 堆積土, 上部는 하천의 沖積土이다. 상부의 沖積土는 비교적 가는모래로 구성되어 있다.

이 지역 일부는 약 300년전에 조성되었다. 砂丘를 제외하고는 전반적으로 地下水位는 지표에서 1~2 m 이었다. 따라서 액상화가 발생하였다. 그림 9.45는 Niigata市에 대한 지진 전 후 보링지반의 N 치의 차이를 나타낸 것인데 이에 의하면 지진발생후 N 치의 변화는 지표면 아래

그림 9.44 Niigata市, Kawagishi-cho 의 가옥 침하 (Niigata지진, 1964.6.16)

10~15 m 까지 이른다고 추측된다. 이와 같은 결과를 볼 때 본래 액상화는 이 심도에서 발생하였다고 생각된다. 그림 9.46(a)는 市內의 N치이고, (b)는 피해지역이다. 이 그림에 의하면 $N<10$인 곳은 극심한 피해지역인 반면 $N>20$인 지역에서는 피해가 거의 없었다. 또한 모래가 함유된 점토분이 20%이상인 경우에는 액상화가 일어나지 않는다는 사실도 인정되었다. Kawagishi-cho 에 위치한 아파트 지역 중 지하층이 없는 棟은 침하 또는 기울어 졌으며 지하층이 있는 棟은 건재하였다.

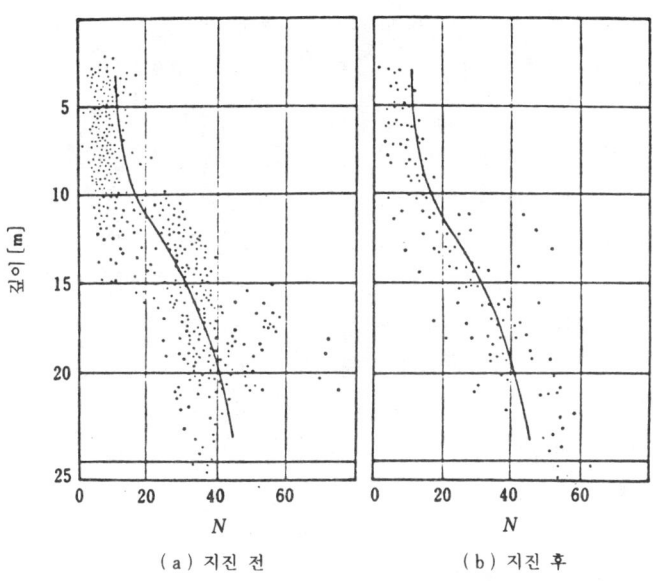

그림 9.45 Niigata 평야에서 지진전후의 N치의 변화

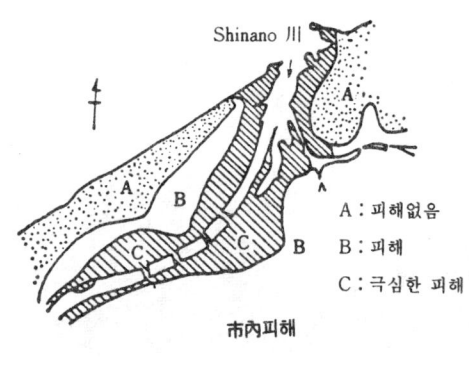

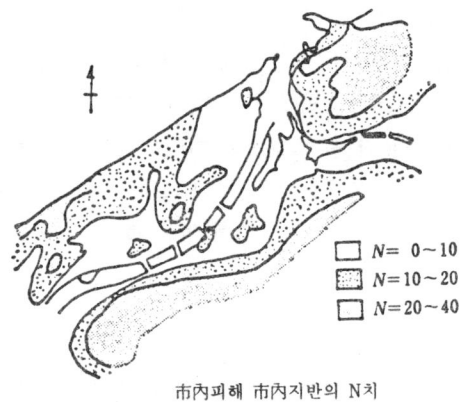

그림 9.46 niigata 지진 전후의 Niigata 평야에서의 지진에 대한 지반 N치와 震害의 관계(Niigata 지진. 1964. 6.16)

1978년 7월 28일 中國의 Tangshan에서 M=7.8의 대규모지진이 발생했으며 북쪽 Yanshan 산맥과 남쪽 Bohai 만 사이의 넓은 평원, 특히 Tangshan, Tianjin Tanggu 등 3개 지역의 큰 市가 심한 피해를 받았다. 이 지역은 LuanHo 江의 삼각주상에 위치하고 있으며 이 지역을 통과하는 수 많은 강이 바다로 흐르는 곳이다. 이곳에 심한 액상화가 일어났던 해안평원의 흙은 대략 3000 km²로 추산되었다. Huixian 과 Zaiong 의 보고에 의하면 분사현상은 지진 수분 후에 시작되어 수시간동안 지속되었다고 한다. 분수도 상당히 오랫동안 지속되어 수일내지 수주에 달했다고 하며 액상화 심도는 27 m 까지에 도달된 것으로 추측된다.

粘土質실트도 광범위하게 액상화가 발생하여 빌딩의 피해를 초래한 사실은 주목할 만한 가치가 있다. 이 지진에서 중요한 사실은 지반이 細粒土로 이루어 졌다 하여도 강진에 기인한 지반 지지력 저하 가능성을 耐震設計 구조물 설계시에 고려해야 한다는 것이다.

2) 靜的 및 動的剪斷 시험에 의한 液狀化

靜的剪斷(單調增加荷重)과 動的剪斷(반복하중)에 의한 액상화의 매카니즘은 다음과 같다.

(1) 단조중가하중의 경우

그림 9.47은 대단히 느슨한 飽和모래의 특징을 예로 나타낸 것이다.

이는 최대간극비 $e_{max}=0.838$의 모래를 이용하여. 三軸試驗시의 간극비를 0.835로 하여 압밀비배수전단 시험을 한 결과이다. 그림은 전단시의 有效應力經路를 그린 것이며 $4.0\,kg/cm^2$ 에서 시작한 응력경로는 전단응력이 피크를 지난 후에도 좌측을 향하여 계속 진행하여 결국 원점까지 도달하고 있다. 이 상태에서는 有效應力이 0이므로 모래는 더욱 저항을 잃은 액체 상태, 즉 液狀化가 발생되었음을 알 수 있다. 또 유효내부 마찰각 $\phi'=30°$이다. 이 ϕ가 완전히 발휘되는 것은 剪斷抵抗이 피크를 지나 액상화에 가까운 상태임에 주의를 해야 한다. 이와 같은 모래에서는 그림에 기입한 $\phi_p=16.1°$에서 전단저항이 피크를 보이므로 $\phi'=30°$는 실제로는 거의 의미가 없다.

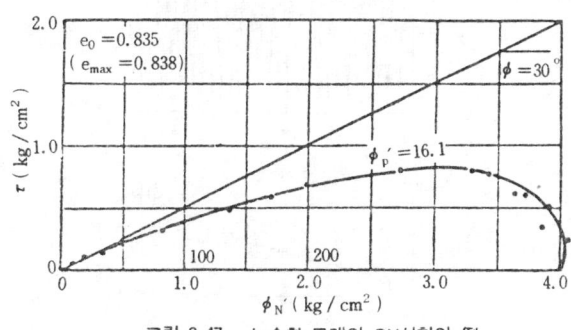

그림 9.47 느슨한 모래의 CU시험의 例

그림 9.48은 이상에서 기술한 느슨한 모래의 거동을 稠密한 모래와 비교하여 模式的으로 재현한 것이다. 그림 9.48(a)에서 촘촘한 모래의 유효응력 경로가 다이러턴시(dilatancy)로 인하여 우측으로 향하는 것이 대조적이다. 그림 9.49(b)는 應力-變型曲線을 나타낸 것이며 느슨한 모래에서는 전단저항이 피크를 지난 후에도 계속전단하면 저항은 계속 감소하여 결국 잔류강도가 0으로 되는 것이 특징이다.

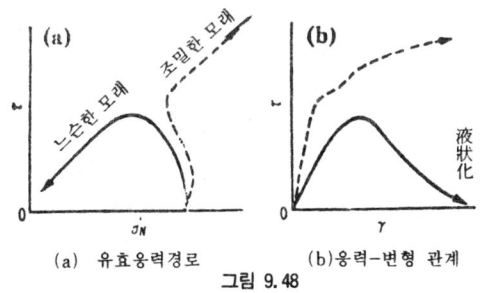

(a) 유효응력경로   (b)응력-변형 관계
그림 9.48

(2) 반복하중의 경우

지금까지의 설명은 단조증가하중을 포화 모래에 작용시켰을 때의 결과 이다. 그런데 골격구조가 안정되여 있어서 剪斷變形이나 應力을 單調增加만으로는 액상화를 일으키지 않는 모래에서도 비배수 상태에서 반복 변형을 주면 액상화 하는 경우가 많다.

이것은 모래에 고유한 負(−)의 다이러턴시에 의하여, 특히 전단방향이 여러번 逆轉되면 과잉간극수압이 누적되어 유효응력이 0에 접근하기 때문이다.

그림 9.49는 느슨한 모래의 反復單純剪斷試驗의 기록 例이다. 시험조건은 반복전단응력 $\tau_a=0.35\,kgf/cm^2$를 일정하게 하였고 상대밀도 $D_r=50\%$, 초기유효연직응력 $\sigma_{vo}'=5.0\,kg/$

cm², 진동수 1Hz이다.

그림 9.49(a)는 주어진 전단력의 시간적 변화이고 그림 9.49(b)는 이미 발생하는 과잉간극수압의 증가를 보인 것이며 이 예에서는 24주기 째에 $\sigma_{vo}'=5.0\,kg/cm^2$의 값과 같아져서 初期液狀化가 발생하고 있다. 또 그림 9.50(c)는 반복재하중의 변형의 변화이며 24회를 지나면 변형량이 급증하는 상태이다.

이상은 모래의 거동을 기록한 예로서 이를 유효응력면에서 검토해 보자.

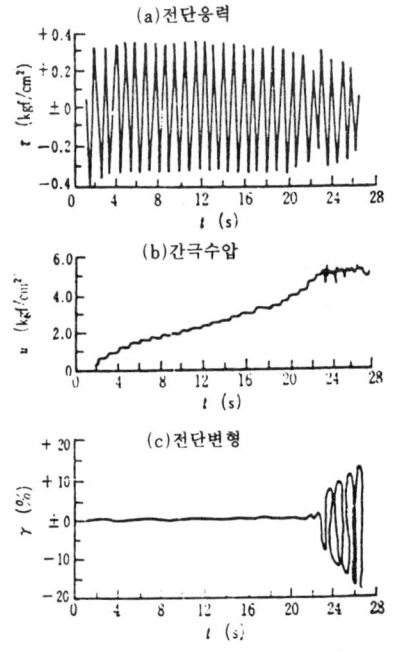

그림 9.49 반복단순전단시험 例

그림 9.50은 그림 9.48의 기록을 토대로 하여 $\tau - \sigma_v$ 좌표상에 그린 유효응력 경로와 파괴포락선이다. 그림에서 연직응력 σ_v가 일정한 상태에서 수회 방향을 바꾸는 반복적 전단응력을 받으면 과잉간극수압이 누가 되므로 유효면적 응력 σ_v'는 서서히 감소하여 유효응력경로는 좌측으로 진행하여 파괴포락선에 도달하여 액상화에 이르는 經路를 볼 수 있다. 이때 초기연직응력 σ_v'이 작을 수록, 또 응력진폭이 클수록 쉽게 $\sigma_v'=0$인 상태로 된다. 따라서 액상화의 난이를 표시하는 지표로서 應力比 τ_a/σ_{vo}'가 이용된다.

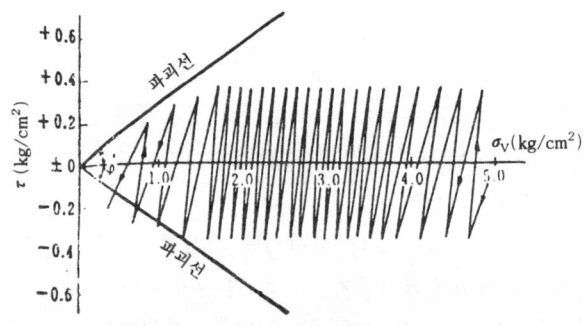

그림 9.50 반복재하시의 有效應力經路

(3) 사이클릭 모빌리티

느슨한 모래에 대한 반복 또는 단조증가하중에 의한 액상화현상은 앞에서 설명 한 바 있다. 한편 조밀한 모래가 非排水상태에서 단조증가하중을 받으면 그림 9.48과 같이 그림 9.48(a)의 파선의 유효응력 경로를 그리게 된다. 또 변형이 커지면 전단저항도 증가하여 그림 9.48(b)와 같이 액상화는 발생하지 않는다.

촘촘한 모래를 비배수상태에서 반복재하를 계속 하면 전단응력의 反轉에 의하여 조금씩 正(+)의 과잉공극수압이 축적된다. 이 때문에 그림 9.51의 σ_{v0}'에서 출발한 有效應力經路는 결국 쐐기狀을 보이며 一時的으로 $\sigma_{v0}'=0$ $\tau=0$인 상태가 나타나면서도 계속되는 반복재하에 대해서는 전단저항이 충분히 발휘된다.

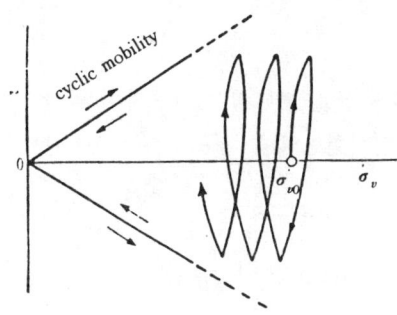

그림 9.51 사이클릭 모빌리티의 설명

이와 같이 일시적으로 σ_v'가 0으로 되어도 연속반복재하에 대하여 有限의 작은 變形이 발생하지 않는 현상을 사이클릭 모빌리티(cyclic mobility)라고 부르며 액상화와는 구별하고 있다.

3. 지진시 흙의 액상화 가능성 평가

都市나 構造物 등의 계획시에는 사전에 지진시의 액상화 가능성을 평가해야 한다. 이는 현지에서 지진응력과 흙의 강도를 비교하는 방법, 현지에서 N値의 측정 흙의 粒度分布를 조사하여 평가하는 방법 등이 있다.

(1) 건축물에 대한 耐震性 基準개발을 위한 잠정지침(미국, ATC, 1978년)

地震活動圈 및 重要度를 토대로 지진시에 대한 건축물의 위험도는 4단계(A ~ D)로 분류하고 있다.

液狀化에 관해서는 B 이상의 시설이 검토대상으로 되어 있다. 액상화 판정은 반복전단저항율 F_l을 기준으로 판정하는 방법이 시도되고 있다. 이를 결정하기 위하여 필요한 反復剪斷應力比 L은 Seed가 제안한 방법에 따르고 있다. 反復强度應力比 R에 대해서도 또한 Seed가 과거의 경험을 토대로 제시한 그림을 이용하거나 실내 액상화 시험에 의해 결정한다. 또 액상화에 대한 안전을 위하여 前者의 경우는 $F_l \geq 1.5$, 後者의 경우는 $F_l \geq 1.3$으로 해야 한다고 제안 하였다.

(2) Ishihara가 제안한 解析的 방법

Ishihara는 지진시에, 지반의 地震應力과 흙의 限界液狀化 포텐셜을 비교하여 지반의 액상화에 대한 安全率을 예측하는 방법을 제안하였다. 그림 9.52에서와 같이 地下水位가 높은 지반의 경우를 생각해 보자 平面 C 상에 지진으로 인한 動的剪斷應力은 A 와 C 사이의 平均地震加速度를 곱하여 AC 흙기둥의 질량을 개략 측정할 수 있다.

일반적으로 지표면에서 지진가속도의 65%를 평균지진 가속도로 취한다. 흙의 한계액상화 포텐셜은 현지에서 시료를 채취하여 결정할 수 있다.

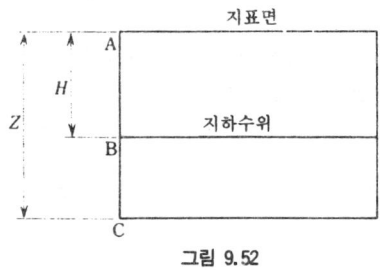

그림 9.52

따라서 設計地震應力과 限界液狀化 포텐셜을 비교하여 지반의 액상화에 대한 安全率을 결정할 수 있다. 그러나 때로는 토질시험을 하는 경우가 있으며 이때에는 한계액상화 포텐셜을 다음 식으로 예측할 수 있다.

$$\tau = 0.21 \frac{D_r}{50\beta} \sigma_0' \tag{9.32}$$

여기서, τ : 액상화를 일으키는데 필요한 전단응력
       D_r : 相對密度
       σ_0' : 有效應力
       β : 지진파의 형태에 의존하는 변수

有效拘束壓은 다음과 같이 鉛直有效應力과 관계된다.

$$\sigma_0' = \frac{1}{3}(1+2k)\sigma_0 \tag{9.33}$$

여기서 k : 靜的 수평토압계수
      σ_0 : 鉛直有效應力

수평면 C 에서의 연직유효응력은 기둥 BC 에 작용하는 지하수로 인한 浮力을 제외한 AC 흙기둥의 무게와 같다. 계수 β 와 관련하여 지진파 진폭의 불규칙 변화가 흙의 액상화로 인한 강도저하에 주는 영향은 그다지 민감하지 않으므로 지진파를 진동과 맥동(Impulsive)의 2가지 형태로 분류하므로써 흙의 액상화가능성 평가에 충분하다.

진동파형의 경우 $\beta=0.70$, 맥동파의 경우 $\beta=0.55$가 적당하다. 다음은 설계지진응력을 예측하기 위하여 흙이 액상화를 일으키는데 요구되는 전단응력에 대하여 액상화에 대응한 지반의 저항성 평가에 고려해야 할 사항을 제시한 것이다.

① 액상화 시험은 일반적으로 흙의 完全液狀化를 일으키는데 요구되는 반복전단응력을 결정한다. 흙속의 간극수압의 상승으로 인해 흙의 강도는 흙이 완전히 액상화하기 전에 감소한다. 따라서 지반이 다른 외적 하중에 대한 응력을 받으면 지반이 완전히 액상화 하

기 전에 파괴 된다.
② 액상화 시험은 일반적으로 非排水條件으로 실시되고 있으나 실제지반은 지진시에 완전한 불투수성이 아니므로 흙속에는 간극수압의 소산 또는 재분포될 것이다. 이 경우 흙속에서 간극수압의 소산은 액상화에 대한 흙의 저항성이 증가하게 된다.

　　이는 조립질토에서 거의 액상화되지 않는 이유이기도 하다. 흙속에서의 물의 흐름이 중지 되거나 어떤 이유로 크게 감소할 때 자갈질에서도 지반파괴가 일어나서 피해를 일으킨 사례가 있다.

③ 이 액상화의 평가방법은 흙의 粒度分布의 영향을 고려하지 않고 있으나 액상화에 대한 土粒子의 限界粒徑이 있다. 따라서 이 한계는 액상화에 대한 安全率을 결정하는데 고려 되어야 한다.

(3) Tsuchida가 제안한 시험방법

액상화에 대한 흙의 저항성에 중요한 영향을 주는 인자는 拘束壓, 흙의 간극비 및 투수성이다. 이들 인자는 N값와 흙의 입도에 밀접한 관계가 있다. 또 그림 9.53(a)와 같이 N치와 振動加速度사이에는 상호관계가 있다. 모래층의 N치가 15이상이면 액상화는 거의 발생하지 않는다는 것이 경험에 의하여 알려져 있다. 그림의 점선은 액상화의 상한선을 나타낸 것이다.

모래입자가 매우 작거나 매우 크면 진동에 의한 액상화는 발생하지 않는다. 흙이 액상화하는 입도범위는 그림 9.53(b)와 같다. 따라서 N치는 그림 9.53(a)에 나타낸 값보다 작거나 입도범위가 그림 9.53(b)에 나타낸 범위이면 지정된 가속도를 갖는 지진이 발생하면 액상화를 일으킬 수 있다.

(4) 日本 道路協會에서 규정한 시험방법

이 방법은 지표면에서 10 m 내에 지하수면이 있고, 지표면에서 20 m 내의 포화충적모래층으로서 입도 분포곡선이 $0.02\,mm \leq D_{50} \leq 2.0\,mm$ 인 지반에 적용할 수 있는 규정이다. 이 방법에 따르면 토층의 액상화인자는 지진동으로 일어나는 動的荷重에 대한 흙요소의 抵抗性 比로 정의

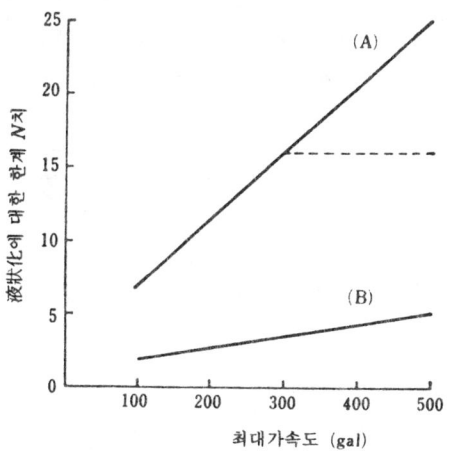

그림 9.53(a) 지진가속도와 흙의 液狀化의 한계 N치 사이의 관계(H.Tsuchida)

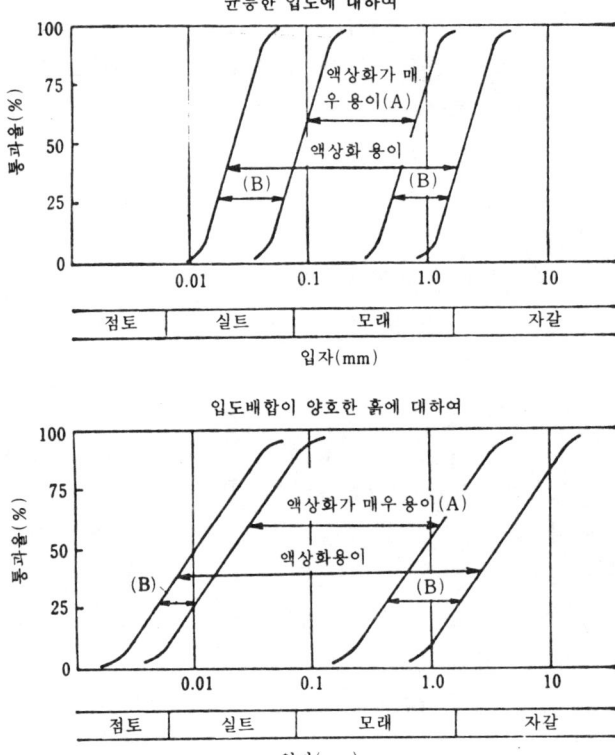

그림 9.53(b) 흙의 액상화은 입자와의 관계(M. Tsuchida)

한다. 또한 액상화 저항성인자의 값에 따라서 토질정수의 감소내용을 규정하고 있다.

액상화를 검토할 필요가 있는 토층에 대한 액상화 포텐셜은 액상화 저항성인자 F_L 를 다음 식으로 정의하고 있다.

$$F_L = \frac{R}{L}$$

위의 식에서 L 은 지진동에 의하여 발생하는 흙요소에 대한 동적하중이며 다음 식으로 계산할 수 있다.

$$L = k'_h(1 - 0.015x)\{\gamma_{t1}h_w + \gamma_{t2}(x - h_w)\}$$

여기서, x : 지표면에서의 깊이
　　　　h_w : 지표면에서 지하수면까지 깊이
　　　　γ_{t1} : 지하수면 위 흙의 단위중량
　　　　γ_{t2} : 지하수면 아래의 흙의 단위중량
　　　　k'_h : 식(7.5)로 나타낸 지하구조물의 설계목적으로 사용된 지진계수

R 은 動的荷重에 대한 흙요소의 저항성으로써 다음 식으로 계산한다.

$$R = (R_1 + R_2)\{\gamma_{t1}h_w + \gamma'_{t2}(x - h_w)\}$$

여기서 R_1 : N치와 유효토피압 σ_v'에 의존하는 계수(표 9.5(a) 참조)
 R_2 : 흙의 입자 크기에 의존하는 계수(표 9.5(b) 참조)
 γ'_{t2} : 지하수위 아래 흙의 유효단위 중량

표 9.5

(a) R_1

σ_v' (kg/cm²)	N						
	2	4	6	8	10	15	20
0.2	0.14	0.19	0.23	0.26	0.29	0.36	
0.4	0.12	0.17	0.21	0.24	0.26	0.32	
0.6	0.11	0.16	0.20	0.22	0.25	0.30	0.35
0.8	0.10	0.15	0.18	0.21	0.23	0.28	0.32
1.0	0.10	0.14	0.17	0.19	0.22	0.26	0.30
1.2	0.09	0.13	0.16	0.18	0.20	0.25	0.28
1.4	0.09	0.12	0.15	0.17	0.19	0.24	0.27
1.6	0.08	0.12	0.15	0.17	0.19	0.23	0.26
1.8	0.08	0.11	0.14	0.16	0.18	0.22	0.25
2.0	0.08	0.11	0.13	0.15	0.17	0.21	0.24

(b) R_2

D_{50}	R_2
0.02	0.19
0.05	0.191
0.1	0.123
0.2	0.056
0.3	0.017
0.4	−0.011
0.5	−0.032
0.6	−0.05
1.0	−0.05
2.0	−0.05

액상화 저항계수가 1.0보다 작은 값을 갖는 토층은 지진중에 액상화가 예상되며 耐震設計時 이와 같은 土層은 다음 규정에 따라 대책을 세워야 한다.
① 토질정수는 고유의 토질정수에 표 9.6에 나타낸 감소계수를 곱하여 결정한다.
② 지표면에서 3m 이내의 시료에 대한 일축압축강도로 추정한 압축강도가 $0.2\,kg/cm^2$ 이하인 점착성토층과 실트질 토층은 설계시 감소계수는 무시한다.
③ 설계시 토질정수 중 무시되거나 감소되는 토층의 중량은 하층지반에 拘束 효과를 갖는다.

표 9.6

F_L	깊이, x(m)	감소계수, D_E
$F_L \leq 0.6$	$x \leq 10$	0
	$10 < x \leq 20$	1/3
$0.6 < F_L \leq 0.8$	$x \leq 10$	1/3
	$10 < x \leq 20$	2/3
$0.8 < F_L \leq 1.0$	$x < 1.0$	2/3
	$10 < x \leq 20$	1
$1.0 < F_L$		1

(5) 土地改良事業計劃 設計基準(日本 農林省 農地局)
필 댐의 設計에 관한 部分에서 느슨한 지반상의 댐의 액상화에 의한 파괴를 방지하기 위하여 적절한 처리를 해야 한다고 규정하고 있다.
규정에 의하면 低塑性인 집중입경의 가는모래로 이루어지고 相對密度가 작은 경우는 액상화 가능성이 있다고 하였다.

표 9.7은 각종 토질의 액상화에 대한 저항성을 순위 별로 나타낸 것이다. 또 상대밀도가 50% 이하인 모래는 액상화 현상을 일으키며 일으키며 연약 점토의 위에 있는 느슨한 모래는 특히 액상화 하기 쉽고, 촘촘한 모래 일수록 그리고 입도배합이 양호한 모래 일수록 액상화의 가능성이 작다. 또 상대밀도가 50% 일 때의 유효상재압과 N치를 참고로 해야 한다.

대책으로는 느슨한 모래를 제거하여 양호한 재료로 치환하는 방법 및 상대밀도를 증가시키는 방법이 있으며 後者는 轉壓, 폭발에 의하여 다짐하는 바이브로텐션(vibrotension)공법, 항타공법 등이 있다.

표 9.7 느슨한 지반에 대한 각종 토질의 액상화 저항성

순위	소성지수	토성 및 입도 배합
1	15 이상	고소성 점토
2	6 이상	중소성점토 또는 입도배합이 양호한 조립 모래
3	6 이하	저소성의 입도배합이 양호한 모래, 실트 혼합물
4	6 이하	집중입경의 세사와 둥근입경의 조립 실트 혼합물

(6) 기초구조물설계 표준해설

기초설계에 이용되는 토질의 여러가지 數値에 대한 내용에 지진시 하중을 보정하여 이를 액상화 일으키는 사질토층으로 규정하고 있다. 판정방법은 다음의 조건과 일치하면 액상화를 일으킨다고 규정하고 있다.

① 깊이 10 m 보다 낮은 곳에 있는 포화사질토층
② 原位置에 대한 표준관입시험에서 N 치 10이하
③ 均等係數 6이하
④ 입도분포곡선의 D_{20}이 0.04~0.5 m 사이

또 검토를 부가하는 경우는 이 조항에 의하지 않아도 좋다. 지반이 액상화한다고 판정된 경우는 耐震計算에서 그 지반의 지지력은 무시한다.

(7) 건축기초 구조설계기준(일본건축학회)

기초설계에 대한 지반의 허용지지력에 관한 條文에서 액상화현상에 유의해야 할 사항을 규정하여 판정기준 및 대책을 예시하고 있다.

판정방법은 대략 다음과 같은 여러가지 조건에 있으며 모래층을 액상화 현상의 검토를 필요로 하는 지반으로 하고 있다.

① 지표면이 15~20 m 이내
② 순수한 모래층으로 粒徑이 균일한 중간입경의 모래, 실트, 점토 함유량이 10이하, 평균입경 $D_{50}=0.075~2.0$ mm, 특히 $D_{50}=0.15~1.0$ mm 범위, 균등계수 10이하, 특히 5 이하
③ 地下水位 아래에 있는 포화 모래층
④ 다짐이 불량하여 표준관입시험의 N치가 그림 9.54의 위험범위

그림 9.54는 震度 0.2를 대상으로 한 것이다. 액상화 방지 대책으로서는

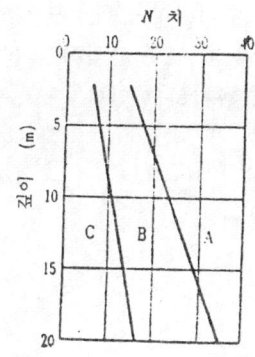

그림 9.54 액상화의 위험성과 N치(일본 건축기초 구조 설계 기준)

① 다짐에 의한 상대밀도의 증대
② 액상화가 발생되기 어려운 입경의 흙으로 치환
③ 地下水位의 저하

(8) 港灣施設의 기술상의 기준(일본항만협회, 1979)

사질토의 액상화에 대한 것으로 특히 느슨한 포화사질토층의 액상화 현상을 고려해야 할 것을 규정하고 있다.

판정방법은 다음과 같다.
① 입도분포 및 N치에 의한 방법
② 震動剪斷試驗에 의한 방법
③ 모래층의 진동시험에 의한 방법

이들 사항 중 구조물의 중요성을 고려하여 결정하며 ③항에서는 지반의 응력상태를 재현하는 것이 곤란하고 또 필요한 시료의 양도 많아야 하므로 보통 ①항이나 ②항을 주로 이용하고 있다.

①의 방법으로 예측 하는 경우는 그림 9.53(b)와 같이 액상화 가능성이 있는 흙의 粒度分布 범위에 포함된 흙으로 지반의 N치가 그림 9.53(a)의 한계 N치보다 작을 때 액상화 가능성이 있는 것으로 표준화 하고 있다. 그림에서 점선은 相對密度가 약 80%의 N치에 대응하고 있다. 상대밀도가 80%를 초과하면 액상화 가능성은 작다고 생각되며 N치가 직선(A)와 점선 사이의 범위에 있을 때는 액상화 가능성이 작다고 판단해도 좋다. 또 직선(B)를 이용하는 경우는 자료가 적기 때문에 매우 신중히 해야 한다. ③의 방법으로 예측할 때는 지진시 대상 지반에 생기는 剪斷應力을 추정하여 액상화 가능성 여부를 振動剪斷試驗에 의하여 판정하도록 하고 있다.

액상화 對策은 다음 사항을 들 수 있다.
① 대상지반을 개량하여 액상화 가능성을 배제한다.
② 액상화 현상이 발생하더라도 구조물에 치명적인 피해가 일어나지 않도록 耐震設計한다. 다만 액상화 한 지반의 剪斷抵抗은 무시하도록 결정되어 있다.

(9) 工業 및 民間建築物의 내진설계기준(中國 : 1974)

건축물의 기초에서 관한 條文에서 액상화 판정법 및 주의사항은 다음과 같이 규정하고 있다.

지표면 아래 15m 까지에 飽和모래층을 포함하고 있을 때 표준 관입시험의 N 치가 다음 식으로 계산한 $\overline{N}$ 보다 작은 경우는 액상화를 일으킨다고 판정하고 있다.

$$N' = \overline{N}\ [1+0.125(d_s-3)-0.05(d_w-2)]$$

여기서, d_s : 계산심도(m)
  d_w : 지하수위(m)
  $\overline{N'}$: 다음 값을 이용한다.
    진도 7 일때 $\overline{N}$ =6
    진도 8 $\overline{N}$ =10
    진도 9 $\overline{N}$ =16

중국의 진도는 1~12까지 제시되어 있으며 진도 7~9는 다음과 같은 상황을 가리킨다.

진도7~8 : 대부분의 가옥이 파괴되고 공장의 높은 굴뚝에는 균열이 발생하며 소수의 사람과 가축의 사상이 발생한다.

진도9~10 : 가옥이 심하게 파괴되고 지면에는 균열이 매우 많이 발생한다. 호수, 댐등은 큰 파도가 일어나며 일부의 레일이 휘거나 변형한다.

4. 지반의 액상화 대책

액상화에 대한 과거의 경험을 토대로 하여 연약한 모래층은 적어도 지표면에서 15m 심도까지는 강화시켜야 한다. 다음과 같은 지반의 액상화 대책을 검토해야 한다.

① 연약한 지반의 흙은 良質材料로 치환한다.
② 모래층에서 拘束壓을 증가시키기 위하여 지반토층을 載荷한다.
③ 自重이 큰 진동기로 지반을 압밀시킨다.
④ 지진중에 토층의 간극수압 소산을 촉진시키기 위하여 배수 말뚝, 쇄석말뚝 등을 모래층에 박는다.
⑤ 지반을 압밀시키기 위하여 진동기와 사수 등을 이용해서 지반에 모래 말뚝을 박는다. 다짐공법, 바이브로 플로테이션공법 등이 이 공법에 속한다.
⑥ 하층토가 액상화 하더라도 구조물을 지지하기 위하여 콘크리트 강말뚝을 박는다.

다음은 지진시 액상화 방지를 위한 地盤改良의 예이다.

① Hachinohe paper Mill 건물부지는 지표에서 지하수위가 1.5m 인 두께 20m 이상의 비교적 새로운 사질토 지반으로 구성되어 있다. 지반은 10% 이하의 점토 또는 실트를 함유한 중간 입자의 모래로 구성되어 있다. 모래는 깊이 5m 에서 N 치가 0으로 느슨하게 壓密되어 있으며 보다 깊은 부분에서는 대략 N 치가 20정도이었다. 건물의 기초는 건물의 중요도에 따라 다음과 같이 3등級으로 나누어 건설하였다.
  ⓐ 바이브로 플로테이션은 지반의 밀도가 $q_c=8x$ (q_c : 표준관입시험에서의 관입저항, x : 깊이(m))또는 표준관입시험에서의 $N_c=2x$ 까지 증가시켜 1.5m 간격으로 깊이 7

m 까지 실시하였다. 한편 기초말뚝은 직경 30 cm, 깊이 7 m로 타설하였다.
ⓑ 위에서 기술한 바이브로 플로테이션만을 실시하였다.
ⓒ 지반은 처리하지 않고 그대로 두었다.

Tokachi-oki 지진(1968년)시 Hachinohe 는 MM Ⅸ의 진동을 받았다. 이 때 Hachinohe 항에서 측정된 최대가속도는 225 gal 이었다. 이 지진으로 인하여 非處理地盤의 균열 및 액상화가 발생되었으며 건축물 및 매설관이 심한 피해를 입었다.

處理地盤上의 건축물은 바이브로플로테이션이 이 지반에 적합했으므로 단지 경미한 피해를 입었을 뿐이다.

② Ishinomaki 항만 지역에는 직경 23 m, 높이 15 m 인 유류저장탱크가 설치되어 있다. 유류저장탱크의 基層은 15 m 이상의 느슨하고 가는 모래층으로 구성되어 있다. 이 층의 상부는 물다짐공법(hydraulic fill method)에 의하여 조성된 지반이다.

하부토층은 매우 연약하며 흙의 액상화 위험성이 있기 때문에 바이브로플로에티션 공법으로 침하시켰다. 모래기둥은 직경 70 cm, 길이 1.5 m, 1.8 m 간격으로 지그재그 형으로 연약층에 타설하였다. 1978년 Miyagiken-oki 지진시 유류저장탱크는 주변지반에서 많은 분사현상이 발견되었음에도 불구하고 전혀 피해는 없었다.

③ Ogishima 섬 동쪽 안벽 배후지는 모래로 조성된 지반으로서 지진시 액상화 되었으며 안벽이 파괴되었다. 따라서 안벽배후의 흙은 압밀되었다. 그러나 만약 振動工法에 의하여 압밀되었다면 현존하는 다른 구조물에도 피해의 위험이 있었을 것이다. 따라서 지진시 지반에 발생하는 間隙水壓의 消散을 촉진시키기 위하여 안벽 배후지에 간격 30 cm 로 쇄석말뚝을 3열로 타설하였다. 2열의 쇄석말뚝은 직경 80 cm, 길이 20 m 등 1.2 m 간격으로 타설하였으며, 같은 크기의 다른 하나의 쇄석 말뚝은 1.0 m 간격으로 타설하였다. 굵은 쇄석의 입경은 20~70 mm 이며, 이를 말뚝에 채웠다.

이들 효과를 측정하기 위하여 진동시험과 양수시험을 실시하였다. 진동시험은 말뚝주변에서 간극수압이 빠르게 소산되는 것을 알 수 있었다. 양수시험은 토층내에서 간극수가 말뚝내로의 유입과 짧은 시간에 간극수압이 소산되는지를 알기 위한 것이다.

이들 시험결과 쇄석말뚝은 토층에서 발생하는 간극수압이 빠르게 소산되는 효과가 있음을 보이고 있다. 그러므로 이의 전단강도의 회복은 흙의 액상화가 끝난 후에 가속되었다.

5. 대규모의 地面滑動

지표면하에 매우 열악한 점토층이 있으면 薄層이라도 그 위의 층이 지진에 의해 활동을 일으킨다는 것이 지적되고 있다. 그림 9.55는 약 10°의 완경사면을 지닌 Sugasawa 지구에서 일어난 지면활동의 사례이다.

대규모지면활동이 1960년 칠레 지진시에 Rio San Pedro 강 상류에서 발생하였다. 지면활동은 매우 대규모였으며 지면활동 지역의 길이는 약 9 km 에 달하고 면적은 $1.26 km^2$ 土量은 300만 m^3 이었다(그림 9.56참조)이 지방의 지질은 고도로 褶曲한 片岩層上에 硬 氷河性자갈토층, 그 위에 두께 80 m 의 압밀되지 않은 실트 및 粘土層, 그리고 그 위에 또 50~30 m 두께의 모래층이 있었다.

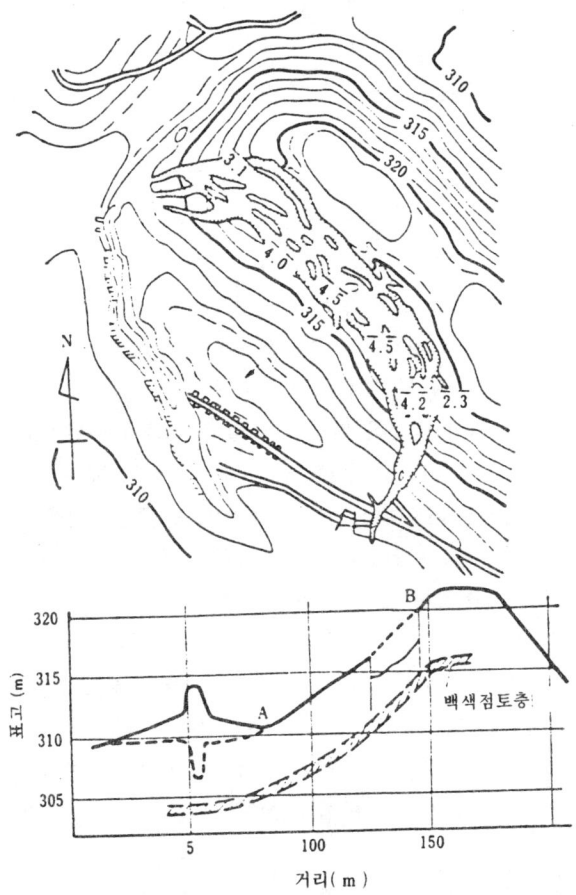

그림 9.55 Sugasawa지역의 滑動 (Imaichi지진, 1949.12.26)
(········활동전 ──── 활동후)

　지면활동은 이 실트 및 粘土層내에 있는 두께 수 cm 의 多孔質의 실트 점토층을 따라 일어났다. 지진의 초기에 심하게 이 層이 파괴되어 이로 인하여 그 위의 R_1 은 거의 강도를 잃은 層으로 지지되어 있어서 그 후의 地震動에 의해 하천 측을 향해 이동되었다. 이 운동은 그 층에 인접한 실트, 점토 층까지도 파괴되었으며 물을 혼합해서 점점 심한 토괴의 흐름이 일어나게 되었다. 그리고 약 5분 이내에 그림과 같은 경로를 거쳐 약 500 m 활동한 것으로 알려졌다.

　이러한 종류의 활동이 대규모로 시가지에 일어난 예는 1964년 3월 27일 Alaska 지진시의 Anchorage 의 震害이다. 이 때 시가지 주요부의 도로나 건물이 파괴되었다. 예를들면 4번가에 일어난 지면활동에서는 폭 270 m 길이 480 m 최대 깊이 18 m 의 토괴가 북쪽에서 대략 5 m 활동하였다. 피해는 滑動배후에 남은 부분과 활동부분의 선단의 눌린 부분이며 그 사이의 부분은 활동만 했을 뿐 손상은 받지 않았다.

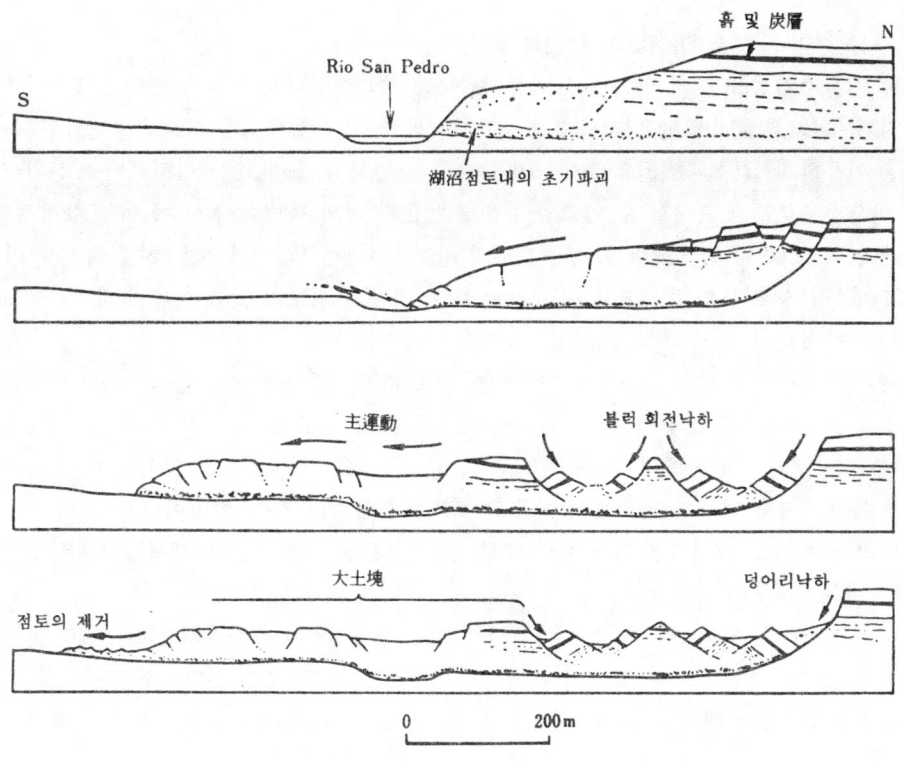

그림 9.56 활동내의 이동 상황을 보인 단면도(Chile지진 1960 5.20, S.N. Davis, L, J. Karzuloric k.)

이 곳의 地質構造는 그림 9.57과 같으며 粘土層과 砂層이 서로 호층을 이루고 있다. 여기서의 지면활동 원인은 표고 13.5m에 걸쳐 있는 모래層과 예민한 연약점토층이라고 생각된다. 시료를 시험한 결과에 의하면 모래는 진동수 2 cps를 60회 反復하였던바 2.7~3.2 t/m² 의 전단응력에서 갑자기 액상화가 일어났다. 또 예민한 연약점토는 靜的强度의 55%의 응력에서 50회의 반복하중에 의해 갑자기 파괴되었다.

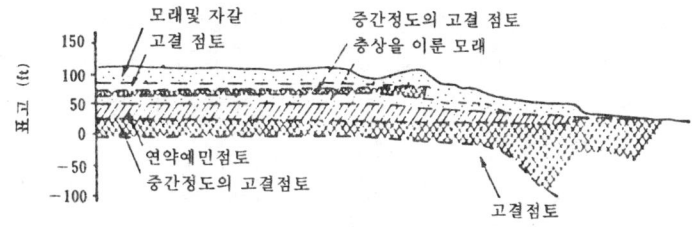

그림 9.59 4번가 활동 지질단면(Alaska 지진, 1964. 4.27미 상무성)

이 결과로 볼때 모래가 액상화함에 따라 그 아래의 점토가 파괴 되며 이것이 滑動을 조장한다고 추정된다. 만일 모래의 액상화만이 일어나고 점토층의 파괴가 일어나지 않았으면 이와 같은 대규모의 지면활동은 발생하지 않았다고 보고 되었다. 또 이 지면활동지역의 地震最大加速度는 0.15~0.18 g 으로 추정된다.

6. 시공중인 새萬金 防潮堤의 액상화 평가 예

지진은 주기성을 갖지 않는 불규칙 하중이므로 이로 인해 지반내 발생하는 전단응력도 불규칙하다. 이러한 同的擧動은 지반형상, 지반의 동적특성, 동하중을 유효응력개념의 수치해석모델을 이용한 地盤應答 解析으로 어느정도 예측 가능하며, 液狀化는 이로부터 계산된 간극 수압의 발생정도로부터 판단할 수 있고 이것은 液狀化의 정의 측면에서 볼 때 아주 합리적인 방법으로 보인다. 그러나 數値解析 方法은 모델의 한계, 번잡성 및 비경제성, 지반 특성 평가의 한계, 하중의 불확정성 등의 문제로 실제 문제에 대한 적용 신뢰도가 낮아 실용적 의미는 비교적 작다고 할 수 있다.

液狀化 可能性에 대한 실용적인 평가방법으로 間隙水壓 槪念(유효응력 해석) 보다는 剪斷 抵抗率의 槪念(전응력해석)을 많이 사용한다. 즉 외부동하중에 의한 지반 내 발생하는 시간의존성 불규칙 전단응력을 등가 반복회수(N)의 규칙 반복 전단응력으로 換算하여 이 값을 같은 반복회수(N)에서 액상화를 일으키는 反復 剪斷强度와 비교하는 방법이다.

따라서 액상화 안전율은 동하중에 대한 전단 저항율로서 다음과 같이 표시할 수 있다.

$$FS = \tau_d / \tau_1$$

여기서, τ_d : 동하중에 의하여 야기되는 평균 전단응력으로서 反復回數는 N

τ_1 : 반복회수 N 에서 液狀化를 일으키는데 필요한 平均剪斷强度

유효상재하중의 영향을 배제하기 위하여 正規化(Nomalization) 技法을 도입하면 다음의 식이 된다.

$$FS = \frac{(\tau/\sigma_v)_1}{(\tau/\sigma_v)_d} \tag{9.34}$$

$(\tau/\sigma_v)_d$: 등가반복전단응력비(N 에 대해)

$(\tau/\sigma_v)_1$: 반복전단 강도비(N 에 대해)

等價反復剪斷應力比$(\tau/\sigma_v)_d$는 동하중에 의해 지반내에 야기된 불규칙 전단응력을 등가의 규칙 전단응력 값으로 換算한 값이며, 반복전단강도비$(\tau/\sigma_v)_1$는 동일한 반복회수를 가했을 때 液狀化를 야기하는 剪斷應力比이다. $(\tau/\sigma_v)_d$는 경험공식 및 지반응답 해석으로, $(\tau/\sigma_v)_1$은 현장 시험결과 및 진동시험에 의해 결정한다.

1) $(\tau/\sigma_v)_1$ 와 N 관계

反復回數와 液狀化 强度比와의 관계는 보통 진동시험으로부터 구한다. 즉 여러개의 시료에 대하여 각 τ/σ_v를 달리하여 液狀化가 일어날 때까지 시험하면, 각각에 대한 파괴까지의 反復回數를 알 수 있다.

위 시험으로 얻어진 $\tau/\sigma_v - N$ 관계를 도시하면 다음 그림 9.58과 같은데, 이 관계는 보통 피로해석(Fatigue Analysis)의 S-N Curve 와 같은 개념이다. 이 곡선으로부터 반복회수 N 에 대한 반복전단 강도비를 얻을 수 있다. 그림 9.59는 지반종류에 따른 반복전단강도비와 반복회수의 관계에 대한 분포범위를 보인 것이다.

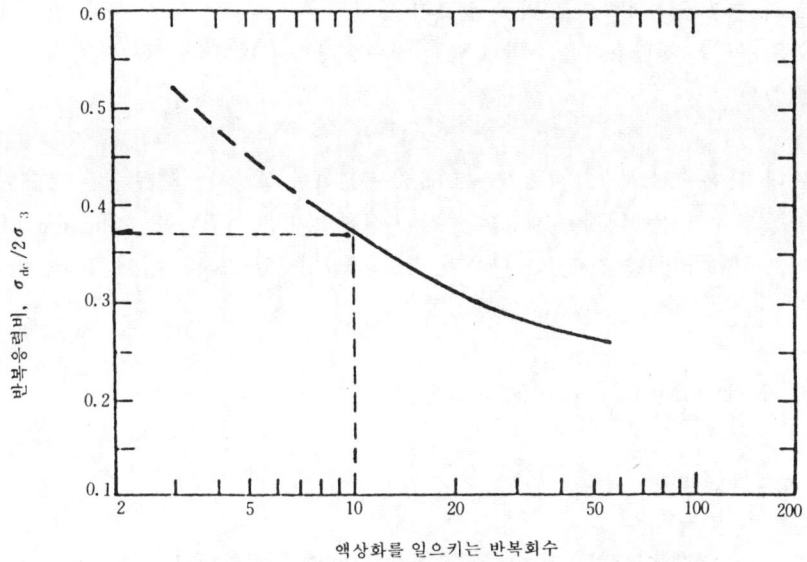

그림 9.58 應力比와 液狀化를 일으키는 반복回數와의 關係

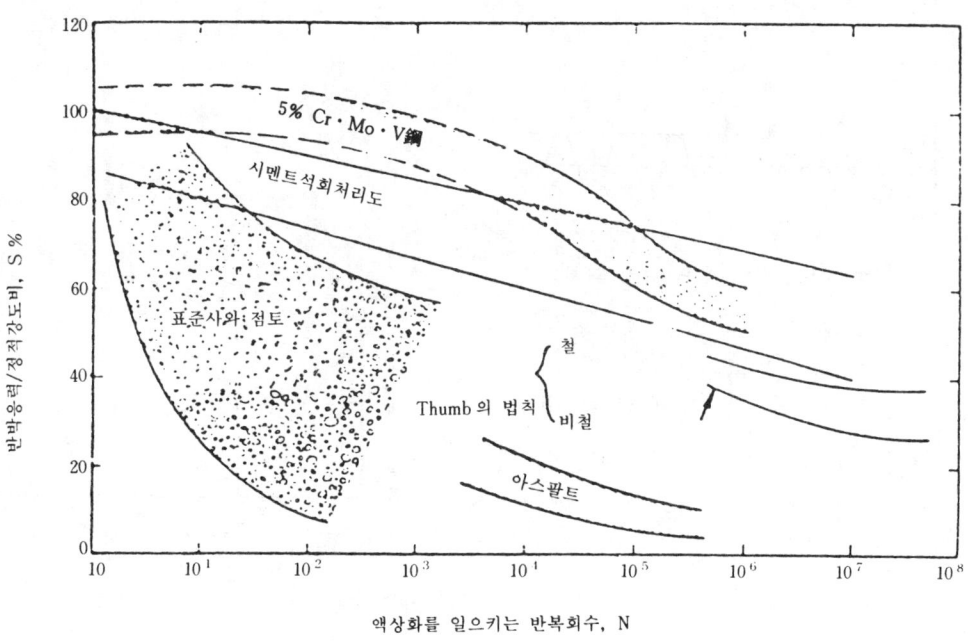

그림 9.59 각종 지반에 대한 반복 전단강도비와 반복회수와의 관계

2) 等價反復回數

불규칙 전단응력 및 강도로서는 液狀化 발생가능성의 기준 설정이 곤란하므로, 지진 응답 해석을 통해 얻어지는 불규칙 형태의 전단응력은 실험으로 쉽게 유사화 할 수 있고 또한 실험 결

과와도 비교 가능한 규칙파형으로 바꿀 필요가 있다.

그림 9.60은 불규칙 전단응력을 등가의 규칙 전단응력으로 변환하는 예를 보인 것이다. 먼저 平均 剪斷應力은

$$\tau_{ave} = R \cdot \tau_{max}$$

로 주어지는데 R은 감소계수로서 0.65-0.85로 분포하며 통상사용하는 값은 0.65이다. 어떤 응력 Cycle 동안 주어진 에너지는 재료의 누적 손상에 영향을 미친다는 Palmgrem-Miner Rule 을 이용하여, 等價反復回數(Neq)는 다음과 같이 구할 수 있다. 즉 τ_i 가 N_i 회 반복되는 경우,

$$Neq = Ne \cdot D = Ne \cdot (\frac{N_i}{N_{i1}}) \qquad (9.35)$$

D : 손상량(damage) $= \frac{N_i}{N_{i1}}$

N_i : τ_i의 반복회수

N_{i1} : τ_i에 液狀化를 일으키는데 필요한 反復回數로 나타난다.

즉, τ_i 가 N_i 회 반복되는 불규칙파는 τ_{ave} 가 Neq 회 반복되는 규칙파와 等價로 환산될 수 있음을 의미한다.

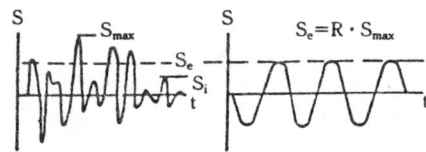

(a) 실제반복응력   (b) 등가반복 응력회수 N_{eq}

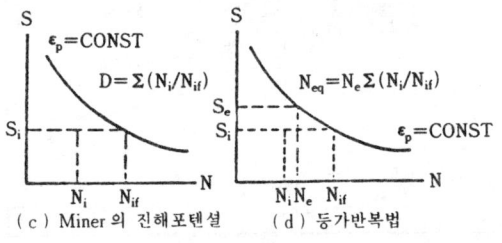

(c) Miner의 진해포텐셜   (d) 등가반복법

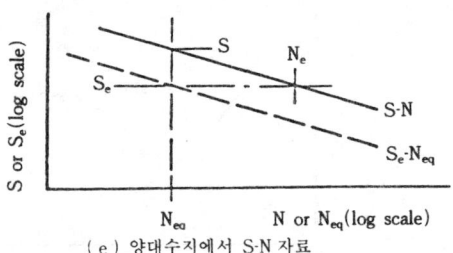

(e) 양대수지에서 S-N 자료

그림 9.60 등가반복회수의 결정

(1) 地震荷重에 대한 液狀化 評價方法

지진하중에 대한 液狀化 評價는 간편법, 상세법, 확률론적방법, 유효응력해석 등의 여러가지 방법이 시도되어 왔다. 일반적으로 해석의 신뢰도가 해석방법의 정교함과 반드시 비례하지는 않는다. 따라서 복잡한 수학적 모델링 기법에 의한 해석은 오히려 液狀化 檢討 過程에 대한 물리적 의미를 어렵게 할 뿐 아니라, 정확도에 대한 논란을 야기하는 경우도 많았다. 현재 지지능

에 대한 液狀化 評價에는 간편법을 많이 사용하며 여기에는 Seed & Idriss (1971)방법, 이시하라방법, 이와사끼와 다쓰오까 방법 등이 있다. 이들 방법들은 개념이 동일하므로 여기서는 Seed & Idriss 방법은 다음과 같다.

① 等價剪斷 應力比 算定

$$(\frac{\tau}{\sigma_v}) d = 0.65 \frac{\alpha_{max}}{g} \cdot \frac{\sigma_v}{\sigma_v} \cdot \gamma_d \tag{9.36}$$

$(\tau/\sigma_v)_d$: 반복전단응력

α_{max} : 지표최대 지진 가속도

$\sigma_v(\sigma_v)$: 상재하중(유효)

γ_d : 감소계수(그림 9.61 참조)

② 反復 剪斷 强度比 算定

현장 SPT 시험 결과로부터 $(\tau/\sigma_v')_l - M(진도) - N'$ 관계를 이용하여 $(\tau/\sigma_v)_l$을 산정한다(그림 9.62 참조).

N'= Cn. N, N: 현장 SPT 값

$$Cn = 0.77 \log \frac{20}{\sigma_v} \qquad \sigma_v : 유효상재값 (kg/cm^2)$$

③ 액상화 안전율

$F = (\tau/\sigma_v)_l / (\tau/\sigma_v)_d$

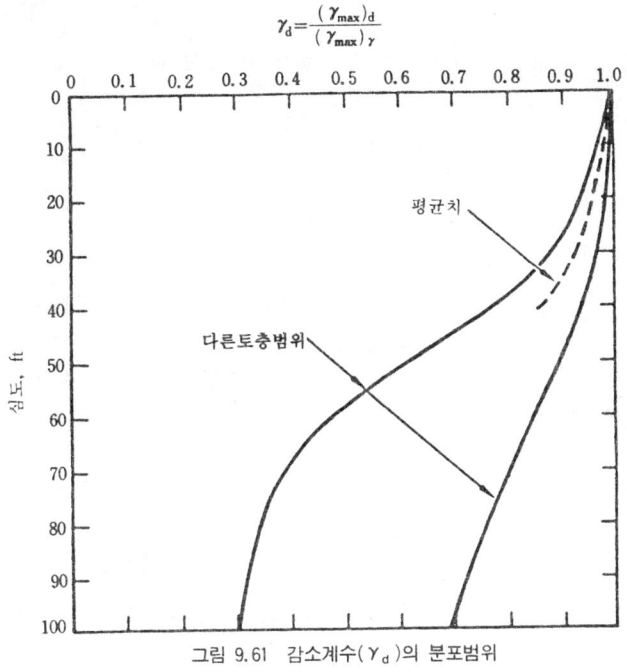

그림 9.61 감소계수(γ_d)의 분포범위

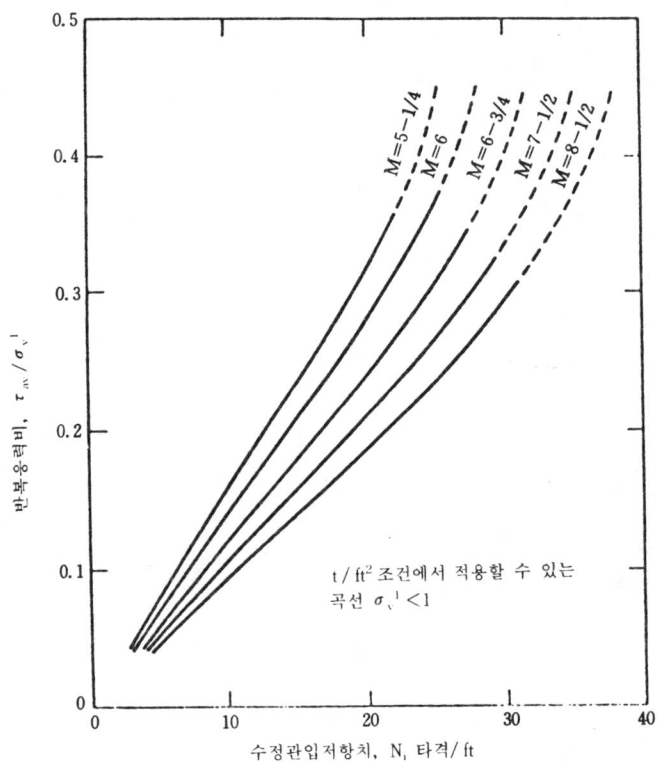

그림 9.62 地震 震度에 따른 수정 SPT 값과 반복전단강도비 관계

새萬金 防潮堤의 液狀化 검토조건은 다음과 같이 하였다.
① 設計 荷重
② 규모(Richter Scale) 및 지속시간

규 모 (Richter Scale)	최대지반가속도(g)	지 속 시 간(Sec)	반 복 회 數
5.0	0.09	2	
6.0	"0.22	"12	
7.0	"0.37	"24	10
8.0	"0.50	"34	39

(Housner 제안)

지속시간(sec)=4+1(M −5)
· 규모=5.23
· 지속시간(sec)=4=11×0.23=6.53 sec
· 반복回數=6회

이상과 같은 조건으로 액상화 가능성을 검토한 바에 의하면 설계지진 강도에 의하여는 액상화가 발생하지 않는다는 결론을 얻었으나 이에 대하여는 더 많은 검토가 필요할 것으로 판단된다.

제10장 도로·철도 및 하천의 내진

10.1 道路 및 鐵道

1. 概說

　도로와 철도는 비상시에 피난 治安, 救助, 復舊 등을 위해 없어서는 안될 시설이므로 이들을 재해로부터 지키는 것은 매우 중요하다. 그러나 震害에 의하여 교통은 가끔 두절되어 심한 기능장해를 일으킨다. 도로는 교량, 盛土, 切土, 터널, 암거, 포장도로 등, 여러 분야에서 피해를 받기 쉽다. 또 과거의 지진에서 발생한 예는 없지만 최근 도시지역의 상황으로 보아 예상되는 震害는 지하철 기타 地中體系, 가로면의 함몰, 보도교등이다. 이와 같은 곳은 지진시에 침하하기 쉽고 때에 따라서는 함몰하는 경우도 있다.

　철도에 대해서는 교량, 성토, 절토, 터널, 線路, 停車場(驛), 信號, 기타 설비 등이 震害를 받는 것은 물론이고 열차의 전복도 일어난다. 그러므로 지진발생 후 가능한한 조속히 기차의 안전을 보장하는 조치가 필요하다.

2. 盛土
1) 지진피해

　성토는 도로, 철도에서 중요한 구조물이며 이곳에 매우 높은 耐震性을 갖도록 하는 것은 본질적으로 어려우나 항상 200 gal 이상의 强震에 견딜 수 있도록 해야한다. 그러나 地價가 비싼 도시지역을 제외하고는 盛土는 항상 지상구조물을 보다 염가로 건설할 수 있어 널리 이용되고 있다.

　盛土의 震害중에서 가장 많이 나타나는 不等沈下로 인하여 路面에 起伏이 생기는 것이다. 이것은 여러가지 원인이 있으나 현재와 같이 차량의 속도가 바른 시대에는 路面에 약간의 起伏도 대단한 교통장해가 된다. 더우기 오늘날의 교통문제에서는 補修工事가 용이하지 않기 때문에 그 피해는 겉으로 보기 보다 훨씬 크다.

　盛土의 震害를 堤體部와 基礎部로 나누어 보면 堤體部의 피해는 사면붕괴, 종단균열, 붕괴, 침하가 주로 일어나며, 기초부의 피해는 침하, 활동등이다. 이와 같은 震害는 지반의 단단한 정도와 밀접한 관계가 있다. 기초지반이 견고하면 局部的 사면붕괴나 약간의 종단균열을 일으키는 정도로 피해가 가볍다. 기초지반이 연약하면 沈下, 滑動 등을 일으키며 심할 때는 제체가 완전히 유실될 때도 있다. 이것은 기초에 작용하는 하중이 커지기 때문에 연약한 지반상의 높은 盛土는 피하는 것이 좋다.

　지형도 역시 성토의 震害와 관계가 있다. 침식계곡 등에 싸인 沖積地盤의 주변부분에 실시한 盛土는 震害를 받기 쉽다. 이와 같은 장소의 지반은 연약하며 그 구조가 복잡하기 때문에 지진동이 보통의 장소 보다도 심하다.

　盛土材料는 제체의 耐震性에 깊은 관계가 있다. 碎石을 성토한 곳은 일반적으로 耐震性이 풍부나 사질토로 이루어진 성토는 붕괴를 일으키기 쉽다. 또 물을 함유한 모래나 진동에 예민한 점질토로 된 성토는 진동에 의하여 흙이 流動化 상태로 되며 성토가 側方向으로 심하게 流出하는 경우가 있다. 그러므로 배수가 불량하고 성토가 포화되었거나 장마로 인하여 성토재가 다량의 물을 함유할 때는 내진성이 현저하게 저하하며 100~150 m 나 流下한 예도 있다.

間隙水壓은 대개 성토의 안정을 저해하는데 지진시는 진동에 의하여 간극수압이 상승하여 흙은 한층 불안정하게 된다.

높이 12.5m의 火山性 모래 및 롬으로 이루어진 성토내에는 미리 수 개의 間隙水壓計를 매설하여 실측한 예에 의하면 本震과 余震시에 현저한 수압상승을 나타냈다고 한다. 즉 그림 10.1의 No.4 水壓計의 기록과 같이 지진시에는 수압이 약 2m 급상승하였고 약 30분 후에 평상시의 상태로 되돌아 왔다. 여기서 간극수압상승이 매우높고 높은 수압으로 남아있는 시간이 매우 긴 것이 주목된다.

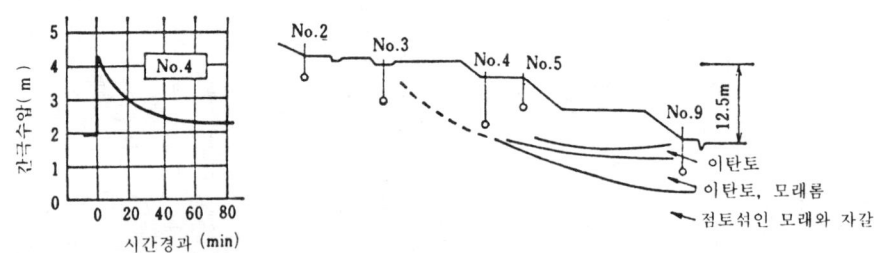

그림 10.1 간극수압의 상승(Tokachi-oki 지진, 1968)

간극수압의 상승을 방지하는 대책으로는 투수성이 좋은 盛土材料를 사용하는 경우 排水管, 排水溝 등을 부설하는 것이다. 排水設備는 간단한 것으로도 된다. 또 성토부근에 주택이 밀집해 있으면 건설전과 배수 사정이 현저하게 변하여 지진시에 소정의 효과를 얻지 못하는 경우가 있다. 따라서 排水施設의 유지관리에 충분한 주의를 해야 한다.

2) 상세한 지진피해

과거의 大地震시에는 언제나 성토에서 대규모의 피해가 있었다. 이들 예를 들면 다음과 같다.

(1) Hosorogi와 Ushinotani 사이의 성토

1948년 Fukui 지진시에 Hokuriku 철도의 Hosorogi와 Ushinotani 사이의 성토구간에서 피해를 입었다.(그림 10.2참조) 이곳의 지형을 살펴보면 해안과 台地사이의 강입구는 충적지로서, 그 두께는 2m 정도로 얇다. 성토 높이는 8m로서 토질은 사질롬이다. 이 성토에 路線길이 400m에 걸쳐 여러개의 종단균열이 발생하여 침하 하였고 본바닥 높이의 약 1/2로 되었으며 제방폭은 원래보다 약 2m로 넓어졌다. 양측 지반 성토 상승은 크지않았으며 이때 지진가속도는 0.45 gal로 추정되었다.

(2) Deto와 Nishime 사이의 성토

Deto와 Nishime의 성토중 깊이 120m의 구간이 1964년 Niigata 지진시에 매우 특이한 붕괴를 일으켰다. 제방 높이는 최대 7m이고 토질은 모래인데 지진에 의하여 토사가 성토의 중간에서 돌발적으로 유출하여 그대로 흘러내린 토사가 논을 지나면서 활동을 일으켰으며 앞 부분은 선로에서 115m의 거리까지 도달하였다(그림 10.3 참조) 이 주위는 沼澤地(marshland)로 추정

제 10 장 도로, 철도 및 하천의 내진 305

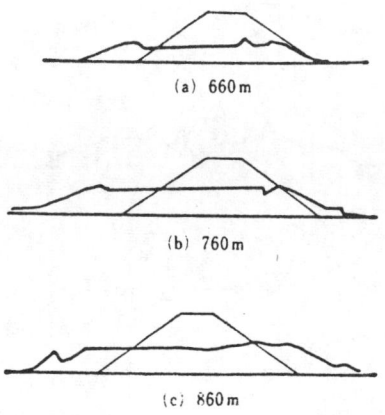

그림 10.2 Hosorogi Ushinotani의 철도성토의 파괴(Fukui지진 1948. 6. 28)

그림 10.3 Deto-Nishime 철도성토의 파괴(Niigata지진, 1964. 5. 16)

되며 붕괴가 일어난 주위는 최대 두께 3 m 의 泥炭層이 있어 이로 인하여 지진동이 특히 컸다고 생각된다. 큰 진동으로 성토내의 물로 포화된 느슨한 모래가 液狀化하였고 流動性파괴를 일으킨 것이라고 생각된다. 붕괴토량은 1500 m³ 이다. 중요한 것은 이와 같은 대량 흙의 유동임에도 불구하고 流出土의 아래쪽 논은 전혀 피해를 받지 않았고 벼도 그대로 남아 있었다는 것이다.

이와 같은 예로부터 성토의 震害를 종류별로 나누면 다음과 같다. 이들 중 어떤 종류의 震害는 지반의 성질, 성토의 성질, 排水狀態등에 관계가 있다. 지진동이 계속되고 있는 사이에 진해는 하나의 상태에서 다른 상태로 점차 진행해 가는 것이 대부분이라고 생각된다.

(a) 沈下(그림 10.4(a) 참조)

침하는 먼 거리에 까지 일어난다. 이는 성토재료가 진동에 의하여 압밀침하를 일으키며 기초지반내에 殘留變形, 液狀化를 일으켜 침하하는 경우가 있다. 후자의 경우는 사면선단의 지반이 팽창하는 경우도 있다.

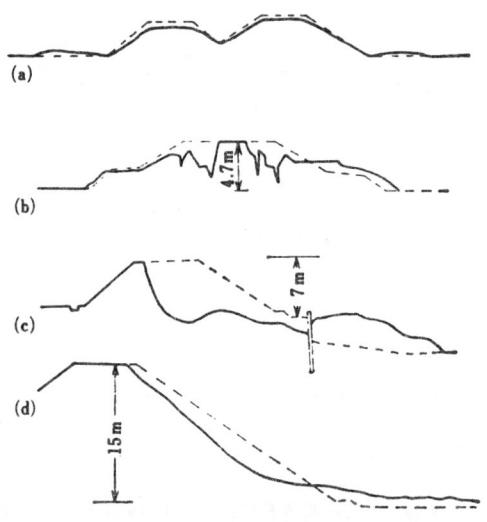

그림 10.4 대표적인 성토 제방의 파괴

(b) 종단균열 및 횡단균열(그림 10.4(b) 참조)

堤體마루 중앙부에 수개의 종단균열을 일으킨다. 때로는 제체마루가 網狀의 균열이 발생하는 경우도 있다. 대규모의 균열에서는 이 때문에 성토를 횡단하여 설치한 암거 등의 공작물이 양측으로 벌어지는 경우도 있다. 종단균열 만을 일으켜 붕괴를 수반하지 않는 피해는 성토가 잘 다져진 곳이며 또 지반은 沖積層이 얇고 비교적 단단한 경우이다. 균열은 때로는 성토를 횡단하여 균열이 일어날 수 있지만 그 예는 비교적 적다. 단, 성토를 횡단하여 암거 등의 구조물이 있을 때는 여기에 橫斷龜裂이 일어나는 예는 많다.

(c) 붕괴(그림 10.4(c) 참조)

이 형식은 성토의 대부분이 활동할 때 발생하며 활동한 흙은 지진의 진동방향과 성토 재료의 성질에 따라 사면의 선단에서 멀리까지 흘러 내려가기도 한다. 滑動面의 形狀은 그림과 같이 원형이라기 보다는 약간 급한 경사의 곡선을 이루고 있는 경우가 많다. 이러한 종류의 震害는 연직운동을 하는 變位振幅이 큰 진동을 받는 경우에 일어나기 쉽다. 따라서 진앙에 가까운 지역으로써 기초지반이 비교적 연약한 때에 많다. 이것을 방지하기 위해서는 堤體材料나 사면 기초를 적당하게 선정하며, 배수를 충분히 하고 사면에 강관 말뚝 등의 保護工을 하는 것이 유효하다.

지반이 특히 연약할 때 제체내에 생긴 滑動面의 일부는 기초에까지 연장되어 저부 붕괴를 일으킨다. 이 때는 제체가 결궤함에 따라 사면 선단으로부터 멀리 떨어진 곳까지 부풀어 오른다. 이것을 방지하기 위해서는 사면 선단에 말뚝, 쉬트파일 등을 타설하거나 押盛土를 하며 또 대규모로 기초지반을 다짐하는 특수공법 이밖에 置換 등을 하는 것이 유효하다.

(d) 사면 붕괴(그림 10.4(d) 참조)

지표면에 거의 평행한 사면부근에 파괴를 일으키는 경우가 많이 있다. 이러한 파괴는 사면 기울기가 급한 경우, 기초지반이 제체에 비하여 단단한 경우, 사면부가 충분히 轉壓되지 않은 경우, 폭우때문에 우수가 사면부에 침투하는 경우 등에서 일어나기 쉽다. 이것을 방지하기 위한 사면보호공으로서 사면에 짧은 소나무 말뚝을 타설하는 경우가 있는데 말뚝이 짧으면 堤體內에 불연속면을 이루는 경우도 있어 오히려 좋지 않다.

(e) 片盛土인 경우의 滑動

片切片盛의 도로에서는 성토와 지반의 밀착이 좋지 않기 때문에 성토가 밀려 滑落하기 쉬우므로 높은 성토인 경우는 계단공을 설치하여 양자가 잘 밀착 되도록 한다.

(f) 액상화에 의한 붕괴

盛土材料가 비교적 細粒砂인 경우 진동에 의한 액상화에 의하여 붕괴되는 경우가 있다. 이 때 流出한 흙은 사면선단보다 먼곳까지 이르는 것이 보통이며 부근의 농지나 가옥 등에 피해를 가져온다. 이것을 방지하기 위해서는 排水와 盛土材料의 선택에 유의해야 한다. 碎石을 사용하면 耐震性이 풍부하며 가는 모래는 액상화되기 쉽다.

(g) 교량접속부의 붕괴

橋台뒷면의 성토는 轉壓하기 곤란하며 교대와 성토재는 진동상태가 매우 다르므로 교대배면의 성토가 붕괴 또는 심한 沈下를 일으키는 사례가 많다. 따라서 이 부분의 성토재료에는 碎石이나 자갈을 이용하고 전압을 가능한한 충분히 하고 이 부분의 토류옹벽은 견고하게 설치하는 등의 대책이 필요하다.

3) 지진시 성토의 擧動

단단한 지반상의 진동특성과 성토파괴는 연약지반의 그것에 비하여 큰 차이가 있다. 지진동과 共振을 일으킬 가능성은 지반이 연약한 경우이다. 이 때의 固有振動周期는 성토의 중량과 지반 彈性係數에 의존하나 지금까지의 경험에서는 일반 성토에서는 0.2~0.5 sec 정도이다.

지진시 성토에 고유진동이 유발되면 동마루部는 지반보다 크게 진동하게 된다. 높이 3.5 m의 砂質盛土模型을 이용하여 몇가지 조건하에 진동대위에서 진동시험을 한 결과 제방의 고유진동은 지반가속도의 증가에 따라 감소하며 이의 減衰定數는 증가 한다. 한편 지반이 단단할 때는 제방의 상단부에서 발생하며 지반이 연약할 때는 제방과 기초가 동시에 파괴된다.

4) 耐震設計

성토의 내진설계는 形狀, 材料, 施工, 補强面에서 고려되어야 한다.

(1) 形狀

성토가 저부붕괴를 일으키지 않기 위해서는 성토의 중량을 지탱하기 위한 충분한 지반지지력이 있어야 한다. 특히 지진시에는 지반의 지지력이 평상시보다도 감소하므로 성토의 바면적을 충분히 넓게 하는 것이 좋다. 또 성토가 제체붕괴를 일으키지 않기 위해서는 토질과 성토고에 적합한 사면기울기를 고려해야 한다.

이러한 성토의 활동파괴에 대해서는 圓弧滑動面法으로 사면안정을 검토하는 것이 보통이다. 그러나 대규모의 성토에 대해서는 필댐과 마찬가지로 사면의 滑動量을 고려하여 盛土內 應力, 특히 전단과 引張應力의 分布를 고려한 검토방법을 이용 할 수 있다.

(2) 材料

적당한 粒度로 혼합된 굴착토는 良質의 盛土材料이다. 반대로 모래입도가 균질한 가는 모래는 지진과 豪雨에 대하여 부적당하다. 粘土도 너무 투수성이 낮거나 부식토가 혼입되어 있는 것은 모두 부적당하다.

(3) 施工

기초지반이 연약한 경우는 支持力을 높이기 위하여 흙을 치환해야 하는 경우가 있다. 이때 모래로 치환하는 것은 靜的支持力을 높이는데는 유효하지만 지진시에는 모래가 액상화하기 쉬워 적당량의 자갈을 혼합하는 것이 좋다. 성토기초의 지지력을 높이는 방법으로는 押盛土工法이 있으며 이에 의해 성토의 저부붕괴를 방지할 수 있다.

堤體는 충분히 다짐을 해야 하며 특히 기계화시공에서 사면부의 흙은 다짐이 소홀하여 지진시에 사면부분이 활동으로 인하여 堤體心部로부터 떨어져 나가기 쉽다. 양자를 가능한 한 一體化시키도록 시공상의 노력이 필요하다.

排水는 성토를 안정하게 하는 필요조건이므로 성토의 양측에 배수 시설을 하여 물이 성토 내로 유입하지 않도록 하는 한편, 제체내에도 배수시설을 설치하여 고인물을 가급적 속히 배제시킨다. 제체내의 배수를 위해서는 배수관을 수평으로 매설하는 방법이 있다. 이 때 배수관은 제체내에 깊이 설치하게 되는데 성토재료가 가는모래일 때는 관이 막히기 쉬우므로 유지관리에 유의해야 한다.

흙의 靜的강도는 흙의 입도배합이 양호하여 건조밀도가 높을 때 크다. 또 그것은 含水量에 따라서도 다르며, 最適含水比에서 가장 높다. 또 과도한 轉壓이 되지 않는 범위내에서는 다짐을 할수록 강도가 높다. 산비탈에 성토할 때는 지면과 성토와의 밀착을 높이기 위하여 계단상으로 절토해야 震害를 받지 않는다.

(4) 補强

성토사면의 선단에 2~3열로 말뚝을 타설하거나 타이로드(tie rod)로 제체양측의 쉬트파일을 연결하여 제체의 저부붕괴 및 붕괴(crumbling)를 방지한다. 말뚝은 성토와 기초지반의 拘束壓을 증대시키므로써 支持力을 증가시킨다. 지반파괴를 충분히 방지하기 위하여 말뚝의 소정 根入깊이와 필요한 갯수의 말뚝을 타입해야 한다.

사면全面에 콘크리트 벽을 타설하는 것은 사면보호를 위해서 효과적이나 이때 성토로부터 排水가 잘 되도록 유의해야 한다.

사면전체에 걸쳐 일정간격으로 말뚝을 타설하면 사면보호에 유익하다. 그러나 말뚝길이가 너무 짧으면 오히려 성토의 心部와 표면부의 불연속선을 만들어 활동을 일으키는 원인이 된다.

3. 切土

切土部의 震害는 절취사면의 붕괴 토류벽의 균열 붕괴 등을 들 수 있다. 사면붕괴에는 소규모인 것도 있으나 때로는 산 전체에서도 볼 수 있으며 일반적으로 표면층의 하부에 연약한 층이 있을 때에 일어나는데 반드시 사면의 기울기에 의존하지 않는다. 따라서 대규모의 절취에는 하부의 토질을 조사하여 적당한 설계를 해야만 지진시의 안정이 보장된다. 그림 10.5는 지진피해로부터 절취부를 보호하기 위한 공법으로써 철근콘크리트 크립공(crib work)을 보인 것이다.

절토사면의 安定性은 원호활동면법으로 검토할 수 있다. 이 때에 지진동의 강도는 사면 가까이에서 증가하는 것을 고려해야 하며 토성, 지하수 조건 등도 충분히 조사해야 한다.

그림 10.5

4. 터널

터널의 피해는 터널入口의 표토의 滑動 붕괴가 많다. 이것을 방지 하기 위해서 入口部의 절취면에 적절한 기울기를 확보하여 토류공을 설치한다. 또 붕괴토의 낙하충격으로부터 터널入口部가 파괴되는 것을 방지하기 위하여 입구의 수 m 거리까지 라이닝을 하는 것이 유효하다. 그러나 근본적으로는 입구부에서 큰 절취를 지양하는 것이 좋다. 이를 위해서는 다소 연장이 증대하더라도 계곡의 깊은 곳까지 입구를 굴착해 들어가지 말아야 한다. 또 큰 터널입구 등을 크게 설치하지 말고 라이닝을 그대로 수 m 정도 터널밖까지 연장하는 것이 유효하다.

터널의 갱내가 지진에 의해 치명적인 피해를 받은 예는 그다지 많지 않다. 그러나 원래 지반이 좋지 않은 장소라든지 偏壓을 받고 있는 장소, 공사중으로 이미 支保工에 무리가 있는 장소에서는 지진을 받아 변형이나 균열을 일으킨 예는 매우 많다(그림 10.6 참조). 예를 들면 Kanto 지진시에는 지진재해지역내에 있는 철도터널 총 116개 중 82개의 입구가 붕괴, 라이닝部의 횡단 및 종단 균열과 붕괴 및 변형 등의 피해를 받았다. 그리고 라이닝두께가 얇은 구간보다 두꺼운 구간에서 피해가 많이 발생하였다(표 10.1 참조).

다음은 震害調査 결과를 요약한 것이다.

① 지진의 震央 거리가 50 km 이상되는 터널은 피해를 받지 않는다.
② 지질적으로는 동일한 분류에 속하는 지역이라도 암반의 손상정도에 따라 라이닝 두께는 다르며 지질이 흙 또는 土石이 절리나 연암이 있는 암석이라도 라이닝 두께가 얇은 지역보다 두꺼운 지역은 피해율이 높다.
③ 지질을 고려하지 않고 전체적인 면에서도 라이닝두께가 얇은 구역보다 두꺼운 구역에 대한 쪽이 被害率이 높다. 즉 라이닝두께 40 cm 의 경우는 震害率은 82%에 도달하였는데 20 cm 는 16%에 지나지 않는다(표 10.2 참조).

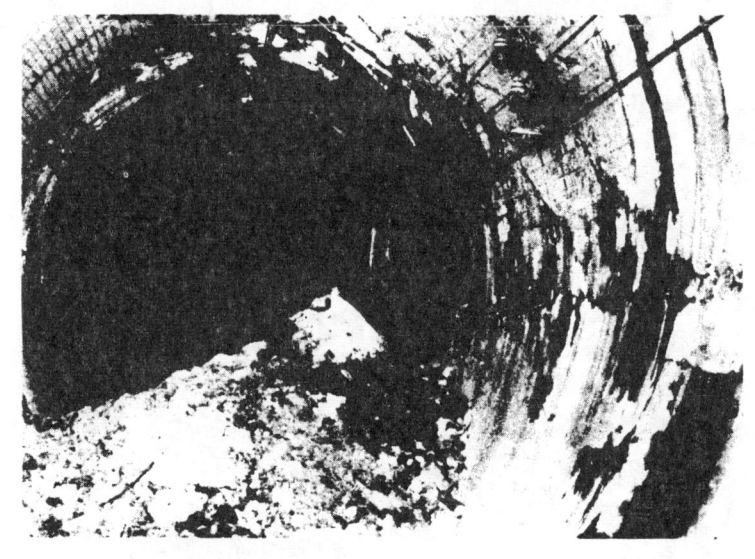

(a) Inatori철도터널(Izuohshima-Kinkai 지진, 1978.1.14)

(b) 발전소의 수로터널(Kita-Mino지진, 1961.8.19)

그림 10.6 터널의 지진 피해

④ 라이닝 두께를 고려하지 않고 오직 지질구분에 의한 被害率을 비교하면 흙 또는 土石, 갈라진 암반, 軟岩, 硬岩의 순으로 피해율은 감소하였다. (표 10.3 참조).

위에 기술한 震害의 例는 지질이 불량할수록 피해율이 높고 또 라이닝 두께가 두꺼울수록 피해율이 높게 나타났다. 이것은 지진시 터널의 지진시 安全性에 대해서는 자연상태가 지배적인 영향을 주고 있으며 이 조건에서는 라이닝두께를 높이는 정도로 해결될 수 없다. 또 지진력에 저항하도록 라이닝두께를 높이는 것은 경우에 따라서는 지진력을 증대시켜 역효과를 가져오는 경우도 있기 때문에 지진에 저항하는 수단으로 지반을 강화하는 방법을 취하는 것이 적당하다.

표 10.1 라이닝두께, 터널

터널	라이닝 두께			
	57.1 cm	45.7 cm	34.3 cm	22.9 cm
Hakone	○	●	●	
No.1 상 57.1cm, 45.7cm		○	●	●
하 34.3cm, 22.9cm	○	●	●	●
No.3 상		○	●	●
하	○	○	●	●
No.4 상	○	●	●	
하		○	○	
No.7 상	●	●	●	
			○	○
지지피해율	80%	55%	11%	0%

○ 지진피해기록이 있는 것
● 지진피해기록이 없는 것

표 10.2 터널의 지진피해

라이닝 두께(cm)	지진피해율(%)
40	82
30	38
20	16

표 10.3 터널의 지진피해

암석종별	지진피해율(%)
경 암	16%
연 암	40
균열암반	44
흙 또는 흙과 자갈	61

이상과 같은 지진피해의 예를 참조하면 다음 방법이 터널 라이닝에 대한 피해를 경감시킬 수 있는 대책으로 검토 할 수 있다.

① 터널은 偏壓이 작은 위치에 선정한다. 일반적으로 산기슭을 따라 지나가는 터널은 偏壓을 받는 경우가 많다.
② 손상된 지반은 적당한 방법으로 이를 보강해야 한다.
③ 라이닝뒷채움을 충분히 다져서 偏壓이 작용하는 것을 방지하며, 이때 특히 터널 천단에 틈이 있으면 균열이 생기기 쉬우므로 이 부분을 콘크리트로 완전히 충진해야 한다.
④ 철근 철골등을 넣어 라이닝의 靭性을 증가시킨다. 터널과 같이 복잡한 대상에 彈性波動 理論의 적용의 적부는 의문시 되지만 이 理論을 이용한 해석적 연구가 있다. 이 경우에 터널孔의 표면에서 剪斷波와 체적파가 반사하기 때문에 지반에는 터널孔의 부근에 應力集中現象이 일어나며 터널라이닝에서는 지진파의 반사에 의한 反力이 지진력으로서 작

용한다.

그림 10.7과 같이 한쪽에서 正弦波狀의 전단파 $a\exp\{i_p(t+x/\beta)\}$이 x축을 따라 전파한다. 이에 의하면 孔徑이 지진동의 波長에 비해 짧을 때에는 라이닝面에 수직으로 작용하는 지진력은 근사적으로

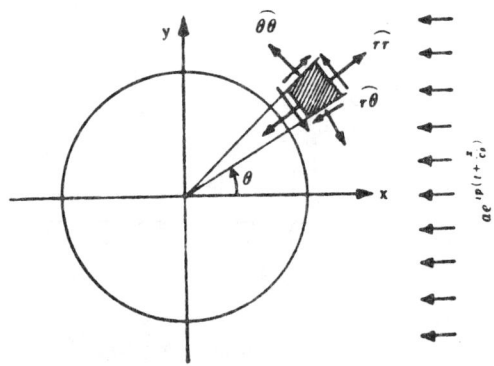

그림 10.7 터널의 응력설명도

$$\widehat{rr} = \widehat{rr_0} \sin 2\theta. \tag{10.1}$$

과 같이 分布한다. 그리고 최대지진력은 다음식과 같다.

$$\widehat{rr_0} = \frac{6av_0\left(\dfrac{h}{r}\right)^3}{16\dfrac{\beta}{E_c} + \dfrac{g}{\rho\beta}\left(\dfrac{h}{r}\right)^3} \tag{10.2}$$

여기서, a : 지진파의 진폭
        $\gamma\gamma$: 라이닝周面에 수직으로 작용하는 單位폭당 지진력
        $\gamma\gamma_0$: $\gamma\gamma$의 최대치
        γ : 터널의 반경
        h : 라이닝두께
        ρ : 흙의 단위체적 중량
        β : 전단파의 傳播速度
        v_0 : 지진파의 속도진폭
        E_c : 라이닝콘크리트의 탄성계수

이 지진력을 받아서 라이닝에는 휨應力이 발생하며 최대연응력은 다음식으로 계산한다.

$$\sigma_m = \frac{12v_0\dfrac{h}{r}}{16\dfrac{c_s}{E_c} + \dfrac{g}{\rho c_s}\left(\dfrac{h}{r}\right)^3} \tag{10.3}$$

이 식에 의하면 $\gamma\gamma_0$ 와 σ_0 모두 ν_0에 비례한다. 따라서 라이닝의 응력에 영향을 주는 것은 지진동의 속도이다.

라이닝의 두께에 따라 발생하는 지진응력이 어떤 변화를 하는지는 흥미로운 일이다. 그림 10.8은 라이닝에 작용하는 지진력과 여러가지 지진파의 전파시에 발생하는 地震應力을 나타낸 것이다. 즉 라이닝의 두께가 두꺼울 수록 그곳에 작용하는 地震力과 地震應力이 커지며, 일반적으로는 두께를 증가하는 것이 오히려 라이닝에 좋지 않은 영향을 주는 경향이 있다. 즉 그림에 의하면 다음 사항을 알 수 있다.

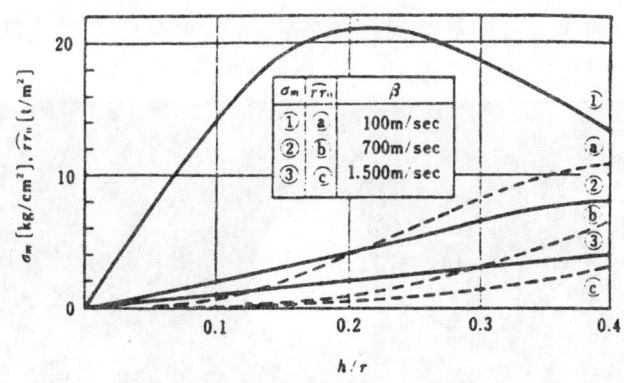

그림 10.8 터널라이닝두께와 응력과의 관계

① 지진파의 傳播速度가 늦을 수록 라이닝에 작용하는 지진력은 증가하며 지진응력도 커진다.
② 地震波의 전파속도가 매우 높은 경우를 제외하고는 라이닝두께가 두꺼워지면 이에 작용하는 지지 하중과 지진응력도 커진다.
③ 지진파의 전파속도가 매우 높은 경우는 라이닝두께가 어느 값보다 큰 범위에서는 두께를 크게 함에 따라 지진응력은 감소한다. 이 지진 응력의 저하는 라이닝두께의 증가를 고려하면 매우 큰 것은 아니다.

터널응력은 복잡하므로 간단한 계산으로는 실제와 같이 완전하게 표현할 수 없다. 그러나 경우에 따라서는 이 계산은 라이닝두께와 지진 작동과의 관계에 대하여 신뢰할 수 있다고 생각된다.

산간지역의 터널라이닝에서 발생한 지진응력을 측정한 예는 매우 드물다. Yokoyama 등은 Iwate 縣 Kamaishi 의 터널 주변 암반내외 에서와 같은 터널의 라이닝에서 발생한 지진변형을 측정하였다.

터널은 지표에서 110~135 m 깊이의 암반에 위치해 있다. 암반은 안정된 板狀으로 구성되어 있으며, 일축압축강도는 540~2250 kg/cm² 이며 剪斷波의 전파속도는 2.7~3.6 km/sec 이었다. 이 측정으로부터 다음과 같은 결과를 보고한바 있다.

① 地震加速度와 라이닝의 원주변형(Circum sterential strain)과 지진가속도는 명백한 관계

는 인정되지 않았다. 그것의 변형은 대부분 최대가속도 10 gal 대하여 대략 1×10^{-6}이었다.

② 라이닝에서 발생한 세로 變形은 지진속도에 비례한다. 그러나 관측자료 중의 일부는 최대속도 0.5 kine 에 대하여 最大變形이 대략 0.5×10^{-6}이다.

이들 결과는 Dowding 이 실시한 암반터널에 대한 피해사례(case history)의 조사결과와 대략 일치한다. 암반터널에서 보인 결과는 지진가속도가 약 0.5 g 이상이 아니면 심한 피해를 받지 않는다.

그림 10.9는 1978년 Izuoshima-kinkain 지진시에 Inatori 철도터널을 지나는 단층의 예이다. 단층을 지남에 따라 터널에 대한 피해는 조사작업을 수행할 수 없어서 그 측정자료가 없다.

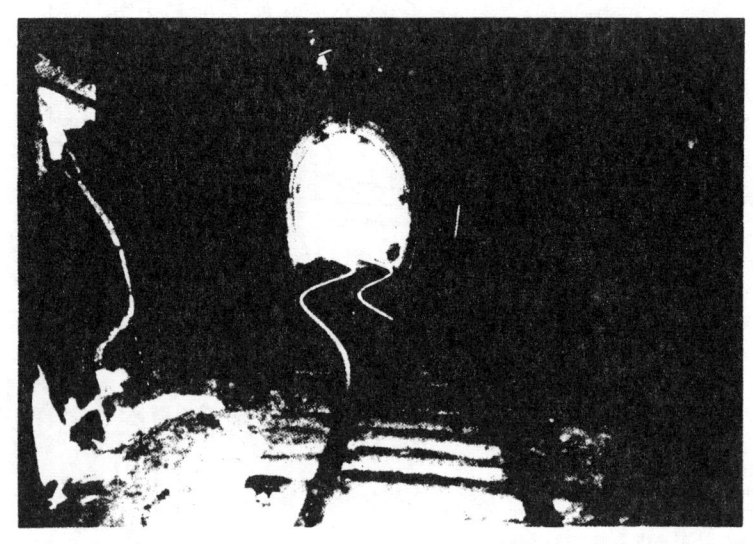

그림 10.9 Inatori 철도터널을 횡단하는 단층(Izuoshima 지진, 1979. 1. 14)

5. 暗渠

암거는 대개 휨强度에 약하여 지진시에 파되는 경우가 있으므로 휨강도에 충분히 유의해야 한다. 응력계산은 축제재료인 흙 중량을 받는 彈性地盤上의 보로 가정하면 된다. 단, 이때 흙의 중량은 지진에 의한 연직진도 만큼 평상시 보다 증가되므로 보에 휨을 받는 흙의 폭은 암거폭보다 다소 넓게 취하는 것이 적당하다. 탄성지반상의 보는 반력이 처짐에 비례한다고 가정하여 해석 한다. 즉, EI를 보의 剛性, q는 보의 단위길이에 작용하는 성토 중량, k를 지반의 단위 크기의 침하에 따라 보의 단위 길이에 대해 작용하는 反力, y는 보의 처짐 즉 지반의 침하라 하면 보의 처짐에 관한 식은

$$EI \frac{d^4y}{dx^4} + ky = q$$

가 된다.

6. 鋪裝道路

지진시 콘크리트포장은 이음부에서 高低差, 균열, 側面滑動등이 발생한다.

Fukui 지진시 Awara의 콘크리트포장 震害의 예도 있으며, 이 때 부근가옥의 붕괴율은 95%이었으며, 震度는 MM Ⅹ - Ⅺ로 추정된다. 이와 유사한 것은 1961년 San Fernando의 Foothill Boulevard에서 발견되었다(그림 10.10 참조).

그림 10.9 콘크리트 포장도로의 압축파괴(San Fernando지진 1971. 2. 9)

아스팔트系 포장은 불규칙한 路面을 일으키지만 補修는 비교적 용이하여 지진시에는 이러한 면에서 콘크리트포장보다도 좋다. 한냉지 등에서 부득이 콘크리트 포장을 이용할 때는 도로의 기층 및 보조기층을 耐久的으로 설계시공하면 이음을 철근으로 보강해야 한다.

포장도로의 지진 피해는 포장도로의 기초에 성토 또는 지반 변형으로인한 것이 대부분이다. 따라서 지진 직후에는 그 피해정도가 미소한 것처럼 보였던 포장에서 수 일 후에 심하게 표면이 불규칙하거나 균열이 생기는 경우가 있다. 이것은 포장 슬래브의 剛性에 의하여 지진 직후에는 나타나지 않았던 보조기층의 침하가 발생하는 경우로서 그 후 交通荷重에 의하여 도로의 손상이 나타나기 시작한다.

최근에는 자동차의 속도가 빨라졌기 때문에 포장 슬래브가 불규칙하면 교통에 주는 장해가 과거보다 훨씬 크다. 따라서 기층 및 보조기층은 주의하여 설계 및 시공해야 한다.

10.2 레일의 뒤틀림 및 열차의 전복

1. 일반사항

철도시설의 震害는 도로와 마찬가지인데 철도 그 자체로는 궤도이탈 파상굴곡 등이나 궤도이탈은 진도 3이상이 되면 특히 연약한 지반, 높은 盛土, 새로운 성토와 같은 악조건인 곳에서 발생하기 시작하며 진도가 증가함에 따라 점차 광범위하게 영향을 준다. 진도 3, 4 정도에서는 일반 土木施設에는 심한 진해가 발생하지 않는 것이 보통이나 궤도이탈은 이 정도의 지진에도 일어날 수 있으므로 열차의 운행은 경계가 필요하다. 그리고 궤도의 레일은 마치 軸壓力을 받아 좌굴한 것처럼 S字形으로 굽는 경우가 있다(그림 10.11 참조).

궤도의 波狀屈曲形態는 레일이 같은 쪽으로 S字形 또는 波狀으로 되는 것이 보통인데 레일이 1본씩 양쪽으로 볼록하게 되는 경우도 있다. 파상굴곡이 일어나는 것은 强震을 받는 경우에 한하며 반드시 地震加速度에만 지배되는 것은 아니다.

1968년 Tokachi-oki 지진시 Misawa 역 부근에서 空軍基地引入線에 나타난 파상굴곡에서는 레일과 枕木사이의 쇄석이 한쪽으로 몰리면서 심하게 흐트러졌으며 여러개의 쇄석은 침목 위에 올라와 있었다(그림10.12 참조).

지진시 레일의 파상굴곡원인은 궤도가 측방향으로 방출되는 경우와 軸力에 의한 좌굴의 경우가 있다. 그러나 궤도가 방출되는 정도의 진도에서는 道床(ballast)의 노견도 붕괴되며 이때의 地震動加速度는 水平振動 약 $0.7g$, 연직진동 약 $1.0g$ 이상이 필요하다. 그러나 실제에는 道床이 손상하지 않아도 파상굴곡이 일어난 예는 많다.

그림 10.11 지진시 레일의 좌굴(bucking)

그림 10.12 道床(ballast)의 피해

이와 같은 면에서 보면 파상굴곡은 좌굴현상이 아니다. 지진동에 의한 좌굴은 道床 橫抵抗을 저하시키는 溫度應力에 의한 좌굴, 지반표면부의 심한 變形伸縮에 기인한 좌굴 등이 있다. 이것을 방지하기 위해서는 道床의 횡저항을 크게 할 필요가 있다. 따라서 진동에 의하여 안전한 道床을 만드는 것이 매우 유효하다. 또 이 밖에 침목과 道床 및 레일과 침목 사이의 연결을 보강하며 궤도에 설비를 추가할 때에는 궤도의 剛性이 급격히 변하지 않도록 하는 경우도 있다.

궤도의 橫抵抗에 대하여 Sato는 대형진동대위에 실물과 똑같은 궤도를 만들어 이에 진동을 주어 궤도의 횡저항이 진동에 어느정도 저항하는지를 조사하였다. 이에 의하면 道床의 횡저항력은 지진동가속도에 따라 감소하며 그 관계는 다음 식으로 표시할 수 있다.

$$F = F_s \{1 - (a + bf)\alpha\}$$

여기서 F : 道床 橫抵抗力의 上限値(t)
F_s : 정적道床 橫抵抗力(t)
α : 지진가속도(g)
f : 진동수(cps)
a, b : 지진의 진동 방향과 궤도구조에 따라 결정하는 계수(표 10.4 참조)

표 10.4

궤도의 종류	a			b		
	좌우	전후	상하	좌우	전후	상하
표준궤도	0	0.4	0.6	0.02	0.02	0.01
협궤선, 콘크리트침목, 쇄석道床	0	0.4	0.6	0.02	0.02	0.006
협궤선, 나무침목, 자갈道床	0	0	0.26	0.016	0.016	0.026
협궤선, 나무침목, 쇄석道床	0	—	0.1	0.03	—	0.09

이 식에 구체적인 수치를 대입하면 지진가속도 0.2 g 일 때 橫抵抗力은 80% 정도이다. 보다 자세히 검토해보면 地震動의 방향별로는 진동에 의한 저항력의 감소는 前後振動 및 上下振動에 의한 것이 크고 左右振動에 의한 것은 작으며, 또 枕木별로는 콘크리트 침목이 나무침목 보다 진동의 영향을 크게 받는 것으로 알려져 있다. 그리고 앞에서 기술한 바와 같이 지진시에는 침목과 침목사이의 자갈이 한쪽으로 몰리기 때문에 침목이 道床 위에 노출되며 道床의 횡저항력은 표 10.4에 주어진 값보다 낮아진다고 생각된다.

파상굴곡을 방지하기 위한 확실한 대책은 없으나 고급궤도는 간이궤도보다 파상굴곡에 대한 저항력이 강한 것으로 Tokachi-oki 지진시에 입증되었다. 전자는 두꺼운 碎石의 道床에 PS 콘크리트의 침목을 깔아 50 kg 레일을 탄성조임(elastic fastening)을 한 고급궤도인데 비하여 후자는 두껍지 않은 碎石道床에 나무침목을 깔고 30 kg 레일을 스파이크로 조인 저급궤도이다. 이 지역은 지반으로써 지진의 진도는 5였으며 전자는 거의 피해를 받지 않았으나 후자는 굴곡

(a) 윤하중(右)

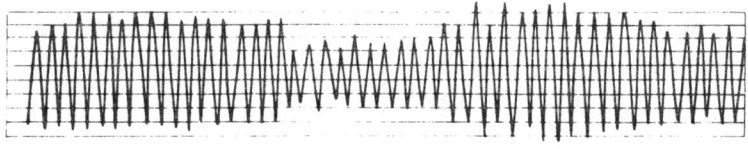

(b) 윤하중(左)

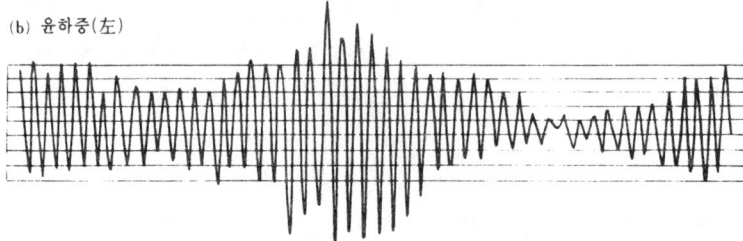

(c) 레일의 굽힘각

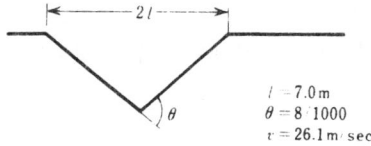

$l = 7.0 \text{m}$
$\theta = 8/1000$
$v = 26.1 \text{m/sec}$

(a) 윤하중(右)

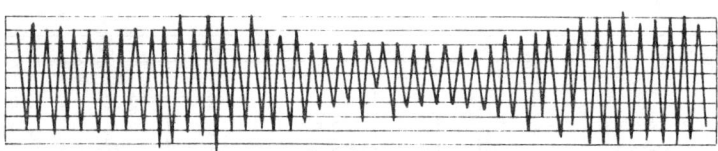

(b) 윤하중(左)

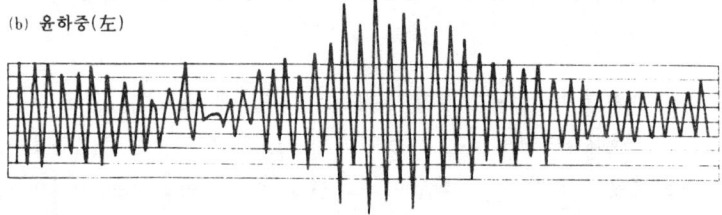

(c) 레일의 변위의 차이

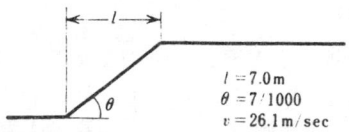

$l = 7.0 \text{m}$
$\theta = 7/1000$
$v = 26.1 \text{m/sec}$

그림 10.13 궤도의 변위차이와 굽힘각으로 인한 모형 차량의 연직 윤하중의 변화(일본 국철)

이 심하였으며 분명히 궤도구조의 優劣에 의한 차이가 인정되었다.

이 경우에 의하면 근대적인 고급 구조의 궤도는 특히 큰 운동응력이 잠재하지 않는 한 적어도 진도 5의 지진에서는 파상굴곡을 일으키지 않으며 또 구조를 개량하면 보다 큰 지진에서도 견딜 수 있을 것으로 기대된다.

그림 10.13은 기차의 안전성에 대한 궤도의 變位 차이와 굽힘각(angular of bent)의 영향을 조사하기 위하여 일본 國鐵이 실시한 模型試驗의 결과를 보인 것이다. 그림에서 알 수 있는 바와 같이 차량이 궤도의 變位 차이와 굽힘각이 있는 곳을 지날때 바퀴의 접지압은 감소한다. 이동하는 기차의 안정성에 대한 굽힘 각 및 변위 차이의 영향은 불규칙할 때 크고 속도가 높을 때 크다.

표 10.5는 일본 國鐵이 모형 시험결과 제정한 허용불규칙성을 나타낸 것이며 모형시험결과 이 규칙과 일치함을 보였다.

표 10.5 불규칙 허용각

차량속도 (km/hr)	θ (1/1000)			
	$l < 30$ m	$l \geq 30$ m	$l < 30$ m	$l \geq 30$ m
110	9	13	11	14
160	6.5	7.5	8	9.5
210	5.5	5	6.5	6

2. 鐵道安全施設

철도의 근대화에 따라 신호, 운전기능 등이 자동화됨에 따라서 이에 관한 모든 施設의 耐震性의 확보는 매우 중요하다. 만일 이것이 파괴된 후에 또 열차가 정지되지 않는 경우는 무서운 참사를 불러 일으키게 된다. 따라서 走行車輛을 위한 減震器의 보급이 필요하다. 즉 철도를 따라 거의 매 50 km 마다 地震計를 설치하여 지시계가 어느 한계를 초과하면 동력원이 차단 되어 그 부분을 주행하는 기차가 자동적으로 정지하도록 되어 있다(그림 10.14참조).

이 한계를 어느 정도 초과하면 그 구간의 지반, 철도의 구조, 축조 후의 경과년 월 등을 고려하여 결정하는데 Abe 川 지진시에 실시된 조사결과 유용한 자료를 제공한 바 있다. 열차는 제동 후 약 2 km 를 주행하는 것을 고려하여 限界地震加速度를 다소 낮추었으며 현재는 40 gal 로 가정하고 있다.

그림 10.15는 제동후 경과시간과 열차속도의 감소를 보인 것이다. 이 그림에서 만일 그 지역에서 발생한 强震발생전 바로 10 sec 에서 열차가 제동하였다면 속도가 15km/hr 씩 감소함에 따라 정지거리는 0.5 km 씩 감소하게 된다. 따라서 열차의 안전을 위하여 가급적 빨리 강진의 발생을 탐지해야 한다.

이 목적을 위하여 강진에 대한 탐지기는 대규모 지진이 예상되는 진앙거리에 가급적 가까운 위치에 설치해야 한다. New Tohoku 線의 경우 철로를 따라서 탐지기 이외에도 철도에서 약

그림 10.14 주행기차를 위한 지진경보장치

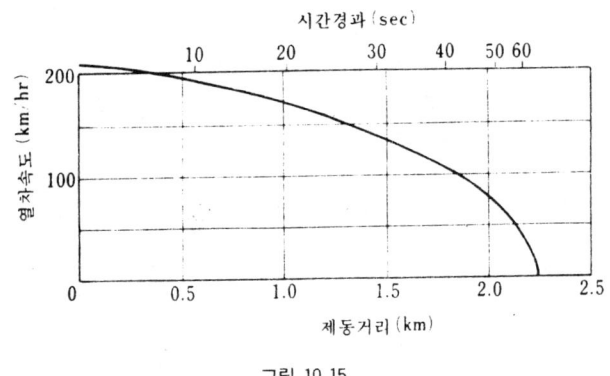

그림 10.15

100 km 떨어진 태평양 연안을 따라서 8개소에 탐지기가 분포되어 있다. 탐지기를 설치한 지역은 지진강도와 철로에서의 지진강도와의 사이에 대한 부정확성을 방지하기 위한 현장 계측기계의 개방과 이론적 연구를 통하여 정확하게 구명해야 한다.

10.3 河川

1. 지진피해

지금까지의 예에 의하면, 하천은 지진에 의해 매우 큰 재해를 입은 것으로 나타냈다. 더우기 그 補修가 채 끝나기도 전에 流水에 의해 또 피해가 컸던 예도 많다.

하천의 震害에는 제방의 균열, 붕괴, 침하, 호안의 파괴, 수문, 잠관의 균열, 河岸의 붕괴에 의한 埋沒 등이 있다.

1) 산비탈 붕괴

지진시에는 산비탈이나 표토의 붕괴가 매우 많다. 洪積層에서 평상시에는 비교적 급한 기울기도 안정하나 저부가 河水에 의하여 세굴된 河岸이나 岩山(rockey mountain)의 표면에 얇게 덮혀있는 표토층 등은 특히 붕괴 활동이 일어나기 쉽다. 붕괴한 土石이 流下할 때 兩岸을 깍아내어 붕괴하면서 流下할 때는 산사태로 되어 다량의 土石이 河床을 매몰시킨다. Kanto 지진시에 Izu 지방의 급경사 河川에는 여러 지점에서 산사태가 일어났다.

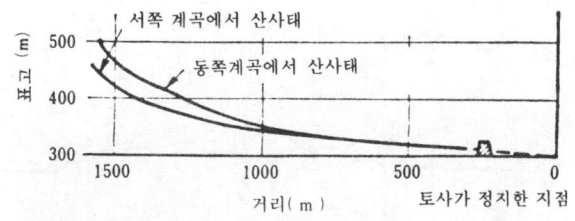

그림 10.16 Murosenamakawa강의 산사태(Imaichi지진 1949.12.26)

   1949년 Imaichi 지진시에 Murosename Kawa 江에서 또한 대규모 산사태가 발생하였다. 이 경우 표고 500 m 의 山塊(mountain mass) 표토는 거의 정상부근에서 계곡을 따라 붕괴하여 流下하면서 Murosemama Kawa 江을 가로질러 對岸의 사면으로 올라가 주택과 제방을 덮쳤다. 이 때 계곡의 기울기는 그림 10.16과 같이 보통 토석이 유동할 만큼 급하지는 않으나 산사태의 상태로 되면 토석은 특히 유동성을 증대시켰을 것으로 예상된다. 流下한 토석과 널려있는 채 남아 있는 흙은 강우와 함께 유하하여 하천에 퇴적 매몰되므로 이것을 방지하기 위하여 산비탈 保護나 砂防댐을 축조해야 한다.

  2) 제방

   1978년 Miyagiken-oki 지진시에 관측한 자료에 따르면 江河口에서의 지진가속는 60~200 gal 이었다. 제방의 피해는 주로 침하와 사면붕괴와 종단균열이 일어났다. 이것은 기초지반이 연약할때, 舊河川 혹은 沼澤地상을 통과할 때, 低水路가 제방부근에 있을 때, 제방을 새로 축조 했을 때, 한번 파괴된 제방을 복구 하였을 때 등에 많다. 침하는 대개 지반생성이 새로운 곳에 많다(그림 10.17 참조).

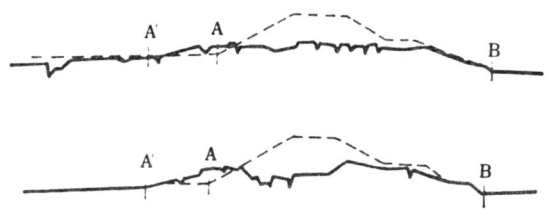

그림 10.17 Tama강 제방 침하 (Kanto 지진, 1923.90.1)

Kanto 지진시 Kinme 川 下流部 우안은 제3기층이 해안까지 뻗어 있고 左岸은 충적층이었는데 그곳에 축조된 堤防은 심하게 침하하여 거의 제방이 없는 상태로 되었다. 또 Ogino 와 Nakatsu 江 양지류의 合流点 부근은 하천의 이동으로 퇴적한 새로운 육지가 생성된 곳이었는데 Sagami 川의 전 하상에서 심한 피해를 입었다.

이와 같은 대규모의 침하가 河口部나 해안의 제방에 발생할 때 대지진에는 일반적으로 쓰나미가 따르는 경우, 또 그 제방 배후에는 도시, 干拓地 등이 기준면(표고 0 m) 상에 많이 있는 경우를 고려하면 그 피해는 대단한 것이며 이러한 진해는 반드시 방지해야 만 한다. 이를 위해서는 제방의 충분한 안전성을 고려한 耐震設計와 양호한 유지관리가 필요하다.

침하를 방지 하기 위하여 제방을 가급적 기초지반이 양호한 지역에 설정하는 것이 가장 중요하다. 그러나 이것은 불가능한 경우가 많다. 이 경우는 제방의 사면을 완만하게 하고 제방부지를 충분히 확대하여 滑動을 방지하기 위해 양쪽 사면 끝을 매우 광범위하게 매립하거나, 제방을 따라 긴 말뚝을 2~3열로 타입하는 등의 보강대책을 강구하면 좋다. Kanto 지진시 Fuefuki 江의 연약지반에 길이 4.5 m 와 5.4 m 의 말뚝을 50 cm 간격으로 나란히 타설한 곳은 약간의 피해가 있었으나 말뚝이 없었던 구역은 제방마루가 2 m 가량 침하한 예도 있다.

지진시 제방의 실제 진동을 측정한 예는 아직까지 드물다. Sawada 등은 Nakanoumi 의 매립 제체와 하층에 8개의 지진계를 설치하였다. 이 제방은 매우 연약층에 축조되어 있었으며 높이 13.8 m 로 기울기는 매우 완만하였다. 8개의 지진계 중에서 4개는 No. 4, 5, 6, 7로 명명하여 제방의 상단에서 연직선을 따라 설치하였다. 이들 위치의 깊이는 0.8~37.8 m 의 범위로 표 10.6과 같다.

M =5.2, 5.8 및 5.5의 3개의 지진가속도가 제방에서 약 50 km 떨어진 곳에서 관측되었으며 그 결과는 표 10.6과 같다. 이들 결과에서 제방의 최대 수평진동주기는 최대연직진동이 가장 짧은 곳에서 가장 길었으며 대한제방 상단의 최대수평 가속도의 증폭은 지반의 그것보다 약 2.5이었고, 또 제방상단의 최대 연직가속도는 최대 수평가속도와 비교할 수 없을 만큼 매우 컸다.

최근 대도시에서는 用地節約을 위하여 海岸이나 하천변에 콘크리트 제방을 축조하는 경우가 많다. 이때는 기초면적이 흙제방에 비하여 좁으므로 지진시에 기초에 작용하는 힘이 크기 때문에 기초공사가 충분치 않으면 각 블록마다 부동침하나 이동을 하여 이음부가 어긋나 (misaligment)므로써 이곳에 물의 流入통로를 만든다. Niigata 지진시에 Agano 江 河口부분 일때의 제방은 길이 3 m 의 말뚝 기초인 높이 1.9 m , 동마루폭 0.25 m 밑면폭 1.7 m 의 콘크리트 벽체이었으나 여러곳의 신축이음부에 침식을 일으켰으며 특히 손상이 심한 몇개소에서는 호안

표 10.6

위치	상단에서의 깊이(m)	방향	1977. 5. 2 $M=5.2, \Delta=52.9$ km		1978. 6. 4 $M=5.8, \Delta=57.3$ km		1978. 6. 4 $M=5.5, \Delta=56.4$ km	
			최대가속도 (gal)	진동수 (Hz)	최대가속도 (gal)	진동수 (Hz)	최대가속도 (gal)	진동수 (Hz)
No. 4	0.8	X	15.3	0.98	18.0	1.03	26.6	0.98
		Y	12.6	0.98	21.3	1.03	17.8	1.03
		Z	12.4	12.6	25.3	13.1	24.3	12.6
No. 5	6.8	Y	8.3	0.93	17.0	1.03	11.7	1.03
		Z	4.4	2.00				
No. 6	16.8	Y	7.1	0.93				
		Z	3.2	2.00	6.3	2.03	4.1	2.56
No. 7	37.8	X			8.9	1.93	8.9	3.98
		Y	6.5	1.51	8.1	1.51	6.0	4.10
		Z	2.2	1.89	4.3	2.03	3.6	2.54

X : 제방축 Y : 제방축 직교방향 Z : 연직방향 (Sawada et. al)

Sawada *et al.*)

(a)

(b)

그림 10.18 지진으로 인한 하천제방의 균열

의 활동으로 인하여 기초지반이 침하하여 물이 기초바닥을 통하여 제방내측으로 자유롭게 유입하였다고 한다. 이와 같은 제방의 피해는 설계시 특히 유의해야 한다.

사면붕괴는 사면이 급할 때, 築堤材料가 균질일 때, 제방내의 배수가 불량할때 등에서 발생하기 쉽다. 이를 방지하기 위해서는 제체를 토질에 따라 사면기울기를 주는 동시에 양질의 재료를 선택하여 시공을 해야 한다.

지진이 매우 강하지 않으면 제방이 붕괴되지 않아도 균열은 가끔 발생한다(그림 10.18 참조) 제방상에 심은 가로수나 차량바퀴등으로 인해 제방의 剛性이 곳에 따라 다른 경우, 진동이 불균일해질때 균열이 생기게 되기 쉽다. 따라서 중요한 제방에는 植樹나 차량통행을 허용해서는 안된다.

3) 護岸

河川의 호안은 낮은 경우가 보통이므로 기초가 양호하고 잘 유지되어 있으면 보통의 지진시에는 붕괴되지 않으나 유지가 잘 안된 돌 쌓기와 평상시의 流水로 인하여 이면에 세굴된 경사면은 지진시에 붕괴할 우려가 있다. 또 지진시 느슨해진 호안은 다음의 洪水으로 인하여 파괴가 가끔 발생하기 때문에 얼핏 보기에는 안전한 것 같아도 충분히 조사하여 補修해야 한다.

4) 웨어, 水門 및 樋管

과거의 지진조사에 의하면, 水門이나 樋管(sluicesway)의 피해는 빔(beam) 작용에 의한 휨파괴와 출구 벽체의 균열이 주를 이룬다. 이는 구조가 木造나 벽돌로 축조되어 파괴 되기 때문이다. 그러므로 이러한 종류의 구조물은 빔 작용에 의한 균열을 방지하기 위해 철근콘크리트 구조물을 건설하면 가급적 구조물에 모서리部를 만들지 않도록 해야 한다. 그리고 대부분 규격이 다른 구조물은 서로 인접되지 않도록 하며 기초는 不等沈下를 일으키지 않도록 건설하는 등이 중요하다. 또 이와 같은 구조물에 인접한 제방은 구조물과 제방의 진동상태가 다르기 때문에 일반적으로 큰 피해를 받는 경우가 있다. 그러므로 이들 접속부에 대한 제방은 재료에 특별한 주의를 해야하며 剛性이 서서히 변화하도록 시공해야 한다. 웨어, 水門등의 震害중 기초의 不等變位는 가장 중요한 문제이다. 그 원인은 주로 河床地盤의 液狀化라고 생각된다. 河川 下流部의 하상은 가는모래, 실트, 점토 등의 층으로 되어 있으며 N 치는 거의 0에 가까운 경우가 많으므로 지진시에 표층부가 액상화 될 우려가 있다. 따라서 기초공은 충분한 支持力을 갖는 지반에 설치해야 한다.

수문이 받는 지진력은 지반의 수평저항이 이에 저항한다. 이때 유효하게 작용하는 것은 비교적 얕은 곳에 있는 지반이다. 그래서 연약지반에서는 수평저항을 높이기 위해 지반 표면부의 흙을 잘 다짐한 자갈층으로 치환한다. 또 하중을 지반내부에 전단하기 위하여 剛性이 높은 기초공을 이용하거나 경사말뚝을 타설기도 한다.

기초공의 수평저항은 보통 탄성기초에 대한 보 이론을 이용하여 계산하며, 계산에 필요한 지반의 탄성계수는 현지에 시험 말뚝을 타설하며, 실험적으로 결정한다. 이 경우 기초공 상단의 許容水平變位量은 그 변위에 달하더라도 저항하는 지반이 탄성을 잃지 않도록 또 수문조작의 지장을 주지 않도록 정한다. 허용변위량은 최소 1 cm 정도이며, 이것은 연약지반에 대한 기초공의 설계를 매우 곤란하게 하고 있다.

1964년 Niigata 지진이 최근의 수문의 피해사례이다. Shinano江 하류부의 충적지반상의 Kanto 지진시 水門이 큰 피해를 받은 예가 있다. 이 지역에는 Okozu 分水支点에 고정보와 가동보가 있으며, Agano江 하구부근에 Niigo江과 Tsusen江의 수문이 하천의 兩岸을 향하여 축조되어 있다. Okozu 分水지역은 MM Ⅶ이었는데 보자체에는 피해가 없었으나 가동보의 물받이(apron) 부분에 약간의 균열이 생겼다. 다만 水門과 제방의 접속부분 제방마루에 최대 폭이 약 2m인 균열이 생겼다.

Agano江 하구는 MM Ⅸ이었는데 Tsusen江과 Niigo江의 수문과 제방의 접속부에서는 성토가 수m에 걸쳐 심하게 침하 및 균열이 일어났다. 그러나 구조물은 기초 말뚝이 그림 10.19 및 그림 10.20에 나타낸 바와 같이 어느 정도의 지지층까지 근입되었기 때문에 피해는 없었다. 또한 슬래브 밑의 느슨한 실트질 모래가 진동에 의한 침하로 인하여 수문양측의 바닥슬래브와 지반사이에 공동이 생겼다.

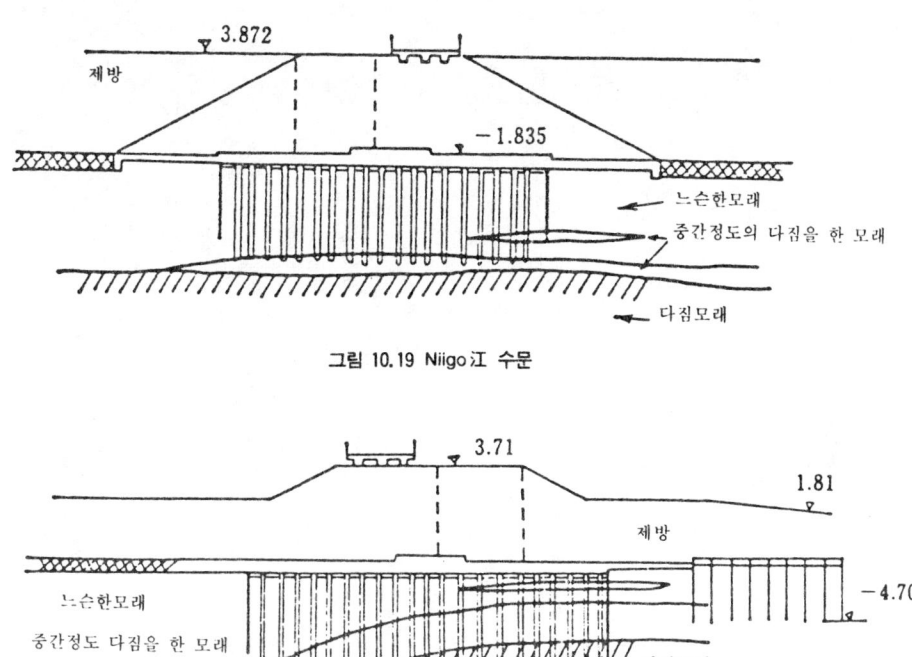

그림 10.19 Niigo江 수문

그림 10.20 Tsusen江 수문

2. 潮流

쓰나미가 강이 있는 해안선을 엄습하여 심한 피해를 주는 경우가 있다. 쓰나미가 강이 있는 해안에 엄습할 때 물은 먼 바다에서 역류하며 이것이 退行할 때 매우 빠른 속도로 강쪽으로 흘러내려 가므로써 강하류지역에 심한 피해를 준다. 따라서 제방 높이는 쓰나미의 발생을 고려하여 결정해야 한다. 그림 10.21은 쓰나미가 水路로 역류하는 모습을 보인 것이다.

그림 10.21 수로로 역류하는 쓰나미(Nihomkai-chubu지진, 1983.5.26)

제11장 항만시설의 내진

11.1. 개설

항만구조물의 기초는 일반적으로 연약지반상에 건설되므로 큰 土壓을 받는다. 이와 같은 구조물의 설계시 큰 安全率을 적용하는 경우 공사비가 매우 커진다. 따라서 지금까지는 力學上의 최소 안전율의 한계를 평가하는 것이 보통이었으며 이것이 과거에 빈번히 피해가 있었던 원인이기도 하였다. 그러나 항만시설의 침하, 또는 붕괴에 의한 피해는 직접 인명피해와 관계되지 않으므로 설계시에 경제성이 가장 중요시 된다. 이와같은 의미에서 大地震시에 피해를 최소화 하도록 설계하는 것이 중요한 문제이며 연구과제이다.

港灣施設의 震害는 매립지의 침하, 防波堤의 침하 또는 倒壞, 岸壁의 붕괴, 棧橋의 좌굴 護岸, 物揚場의 붕괴 등의 類型으로 나타나고 있다.

항만구조물의 지진피해의 주원인은 지반의 액상화이다. 벽체 배면에 흙의 액상화가 발생하지 않았을때는 안벽과 쉬트파일, 피복석(bulkhead) 등의 피해는 경미하다. 따라서 지진 발생시 지반의 액상화 여부를 조사 해야 한다.

해안지역의 토질 상태는 내륙지역과 다르므로 지진등의 특성을 조사해야 한다. 일본의 경우 50개 항에 70개 이상의 地震計를 설치하여 많은 강진기록을 얻었다. 그림 11.1은 Miyagiken-oki 지진시(1978) Shiogama 항에서 기록된 지진가속도를 보인 것이다.

해안구조물에서 흙과 구조물의 상호작용은 매우 복잡하다 따라서 이와 같은 구조물의 動的解析을 위해서는 많은 가정이 필요하며 이에 대한 가정은 실내시험에 의하거나 현지 조사에 의하여 확인해야 한다. 실내실험은 振動台시험이 많이 사용되나 이 경우는 일반적으로 實物 (prototype)의 흙의 중량의 영향을 모형에 재현시키기 어렵다. 이를 위해서는 원심시험기가 사용되며, 팔(arm)의 선단에 상자를 볼트로 조여 모형을 설치한다. 팔이 회전할 때 원심력이 그 중량을 대신하여 모형에 작용된다.

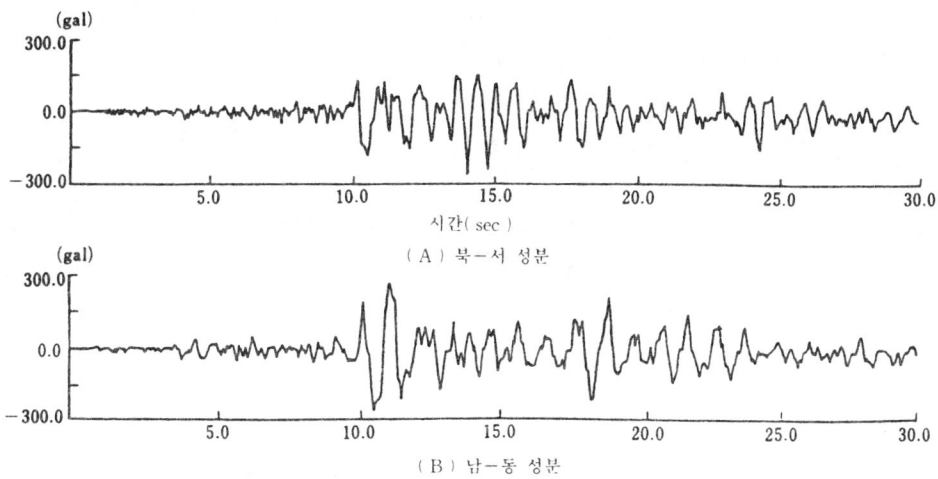

그림 11.1 Miyagiken-oki지진시 Shiogama항에서의 가속도 기록(1978.6.12)

그러나 모형과 實物사이의 시뮬레이션(simulation)을 만족시키기 위하여 대규모의 모형과 팔의 빠른 回轉速度가 요구된다. 그림 11.2는 日本運輸省의 항만연구소에 설치된 大型遠心模型 試驗機를 보인 것이다. 팔의 길이는 3.8 m, 회전가속도는 185 rpm, 가속도는 최대 155 gal 이다.

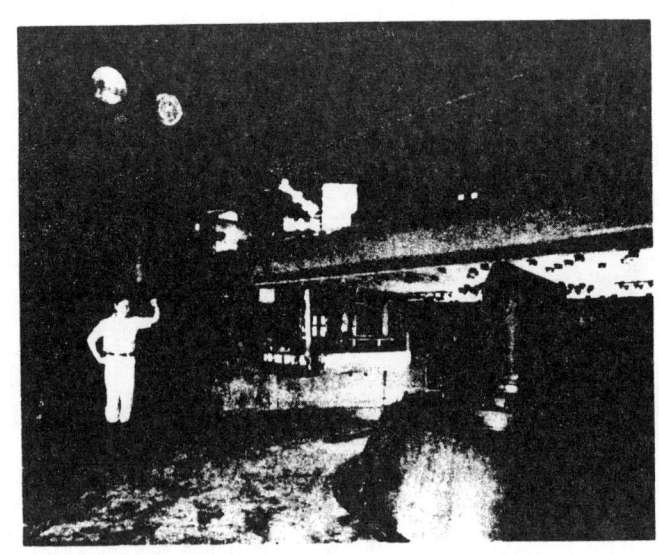

그림 11.2 원심시험기
팔(arm)의 유효반경 3.80m, 최대가속 155gal
최대상재하중 2.76ton

지진은 구조물에 대한 진동실험을 실시하여 해석하는 것이 적합하다고 생각된다. 自然地震으로 인한 피해와 구조물의 피해조사는 신빙성 있는 결과를 얻기 위한 가장 적절한 방법이다. 항만연구소는 모든 强震에서의 항만구조물의 거동과 피해조사 및 示方設計에 의하여 계산한 값과 비교하여 설계법의 타당성을 검토해왔다. 지진기록은 항만 지역에 地震計를 설치하여 수집하는 것이 이들 목적을 위하여 매우 유효하다고 생각된다.

조사결과에 의하면, 항만구조물은 일반적으로 강성구조이므로 震度法(seismic coefficient-method)으로 설계가능하다. 이때 진력계수(seismic coefficient)는 地盤條件係數와 중요도 계수를 곱한 지역강도(zonal intensity)에 의하여 결정된다. 지역강도는 지역별 지진 특성에 따라 0.12, 0.08 g 日本은(0.15, 0.1, 0.05 g) 등으로 나누고 있다. 지반조건계수는 단단한 지반에서는 0.8, 보통지반 1.0, 연약지반 1.2이며, 중요도계수는 구조물의 사회경제적 중요도에 따라 1.0, 1.2, 또는 1.5로 구분하고 있다.

11.2 埋立地와 防波堤

항만은 매립에 의한 토지조성이 불가피하나 매립지의 표고는 쓰나미 高波(leap tide)등에 대하여 안전하도록 결정해야 한다. 특히 연료탱크가 쓰나미에 의해 파괴되어 연료가 해상에 유출할 때는 灣內에 막대한 피해를 일으키는 것을 고려해야 한다.

매립지는 충분히 다짐을 하지 않으면 침하가 계속되는데 지진시에는 심한 침하를 일으키는 한편 균열을 일으키는 경우도 많다. 이것은 매립토 자체가 진동에 의하여 다짐이 되며, 기초지반이 평소 매립토의 중량을 받고 있는 곳에서 진동이 가해져서 침하하기도 한다.

防波堤는 지진동에 의하여 不等沈下를 일으키거나 捨石이 붕괴되기도 하며 上部堤體가 이완되어 기울기도 한다. 침하의 방지를 위해서는 방파제의 위치를 가급적 기초지반이 양호한 곳에 선정하는 것이 좋다. 그러나 실제로 방파제는 완전한 不等沈下를 막을 수는 없는데 捨石部(riprap)를 주의 깊게 시공하여 붕괴나 다짐에 의한 침하는 輕減시킬 수 있다. 제체구조가 불규칙하게 보일 때는 이것을 보수하기 쉽도록 하는 것이 최선의 방법이다.

방파제가 지진으로 인하여 전도한 예는 없다. 이것은 물의 慣性이 이것을 방지하기 때문이다. 그러나 지진시에는 쓰나미에 의하여 轉倒하는 경우도 있다. Tokachi-oki 지진(1968年)시에 Hachinohe 항의 높이 6 m 의 콘크리트케이슨방파제가 쓰나미에 의하여 港內로 향해 轉落하였다. 이때 堤內外의 水位差는 약 4 m 로 해수가 방파제를 溢流하였다.

11.3 重力式 안벽

1. 일반적인 지진 피해

重力式 안벽(gravity-type quaywall)이 震害를 받은 예는 대단히 많다. 이 진해의 주원인은 지진시 안벽의 背面에 작용하는 토압의 증가에 기인한다. 토압증가를 방지하기 위하여 뒷채움이 유효하다. 왜냐하면 뒷채움은 안벽배면에 작용하는 토압, 과잉공극수압 등을 감소시켜 액상화를 방지하기 때문이다.

1) 現場打設 單塊式 안벽

현장타설단괴식 안벽(single-block-type quaywall)은 기초지반이 양호하며 陸上작업을 수행하는 장소에 적합하며 이러한 경우는 확실한 시공을 할 수 있기 때문에 대개 지진의 피해가 적다.

2) 블럭式 岸壁

블록식 안벽은 시공이 간단하며, 硬軟지반에 적용할 수 있는데 10 t 정도의 블럭이 널리 이용되고 있다. 기초지반이 滑動할 때 붕괴는 피할 수 없지만 기초가 튼튼할 때에도 블록과 블록 사이의 마찰력 부족으로 수평 활동이 일어나 결국 이탈한다. 따라서 블록 사이의 수평저항력을 증가시키도록 해야한다.

그림 11.3은 Kanto 지진(1923年)에 의하여 Yokohama 항의 높이 9 m 岸壁의 震害를 나타낸 것이다. 이 안벽의 기초는 대부분 泥岩이나 일부는 두꺼운 泥土層위에 호박돌을 깔아 축조한 것이며 지진으로 블록은 바다쪽으로 滑動하였으며 활동량이 적은 곳은 겨우 倒壞를 모면하였는데 대부분은 하부 2단만의 블럭을 남기고 상부는 모두 이탈되었으며 뒷채움은 약 1.8 m 침하였다. 유의해야 할 점은 泥岩 기초상의 안벽은 거의 붕괴하였는데 호박돌의 기초부분은 오히려 붕괴하지 않고 남아 있었다. 이는 호박돌의 緩衝作用에 의하여 地震力이 상부로 전달되는 것을 막았기 때문이며 한편 암반상에 있는 뒷채움 흙이 기초 암반에 잘 융합되지 않으므로써 지진시에 큰 土壓이 발생했기 때문으로 생각된다.

3) 케이슨 岸壁

Kanto 지진 이래 케이슨型 안벽은 耐震을 고려하여 블럭형 안벽으로 대부분 건설되었다. 그

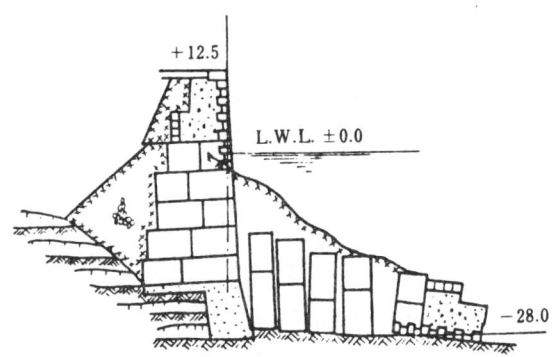

그림 11.3 Yokohama항의 블럭형 안벽 피해 (Kanto 지진, 1923.9.1)

러나 피해를 고려해 볼때 Shimizu 항과 Kushiro 항은 기대한 만큼 耐震的으로 나타나지 않았다. 이는 水中構造物의 경우 지진력과 내진의 평가가 얼마나 어려운가를 보여준 것이다. 케이슨 안벽의 피해 원인은 앞쪽으로 경사 또는 滑動하기 때문인데 이것은 기초 앞면의 지지력의 손실로 침하를 일으키거나 기초전체의 지지력이 부족하여 앞쪽으로 活動했기 때문이라고 생각된다. 케이슨 기초는 모래置換을 하는 경우가 많은데 실험에 의하면 근입깊이가 없는 경우는 이와 같은 모래지반은 수평이 함께 작용하는 안벽에 대해서는 대단히 耐力이 감소하며 진동이 심하게 되면 급속히 액상화를 일으키게 되므로 모래와 같은 성질이 기초를 약하게 만든다고 한다. 따라서 기초의 바닥 폭을 넓혀서 기초에 작용하는 압력강도를 경감시키거나 말뚝을 타설하여 지반을 고정시키도록 하며 케이슨공법을 응용하여 지진에 대한 안정성을 높인다. 한편 케이슨 안벽은 수심이 깊은 곳에 이용되며 배후의 토압도 커지기 때문에 이것을 경감시키는 노력도 필요하다.

뒷채움을 시멘트 주입에 의하여 고결시켜 토압의 경감을 생각할 수도 있는데 시공을 확실히 할 경우 유효한 방법이다.

케이슨이 가끔 震害를 받는 경우가 있는데 케이슨 형식의 안벽에서는 어느 정도 이상의 지진에 견디기 어려움을 의미하며 동시에 水中構造物에 대한 지진력이나 耐力의 올바른 평가가 어려움이 있음을 나타내는 것이다.

케이슨안벽에 대하여 내진상 필요한 검토는 구조물과 지반을 포함한 전체의 붕괴에 대한 안정, 기초부의 활동에 대한 안정, 케이슨의 전도에 대한 안정 등이 있으며 이들의 검토는 일반적으로는 편의상 활동면을 가정하여 震度理論에 따라 靜力學的으로 실시한다. 따라서 계산결과에 적당한 계수를 곱하여 그 안정을 나타낸다. 그림 11.4는 안벽이 활동한 예를 보인 것이다.

많은 지진가속도가 여러 항만에서 관측되었는데 이에 의하면 최대가속도는 구조물이 진해를 받지 않는 경우도 설계지진강도보다 때로는 큰 경우가 있었다. Noda 는 과거 지진시 안벽의 거동과 최대가속도와의 관계를 통계적으로 조사하여 안벽의 설계에 적용하기 위한 경험적 공식을 소개하였다.

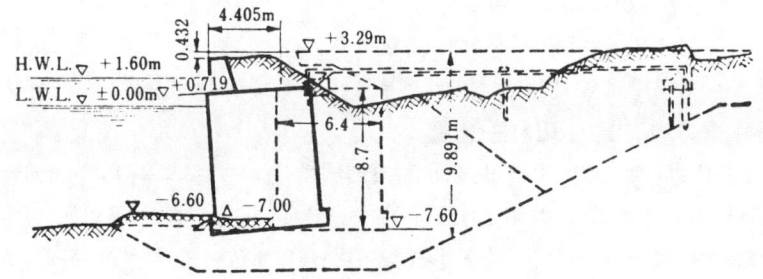

그림 11.4 Shimizu항의 케이슨 안벽의 활동(Shizuoka 지진, 1935.7.11)

$$e_A = \frac{1}{3}\left(\frac{\alpha}{g}\right)^{\frac{1}{3}} \qquad (\alpha \geq 200\text{gal}) \tag{11.1}$$

$$e_A = \frac{\alpha}{g} \qquad (\alpha < 200\text{gal}) \tag{11.2}$$

여기서, α : 최대지진가속도

e_A : 최대가속도 α 에 대응하는 震力係數

g : 重力加速度

예를 들면, 震力係數 0.10, 0.19, 0.22, 0.25 g 에 대응하는 최대가속도는 각각 100, 200, 300, 400 gal 이다. 이 값에 의하면 진력계수는 지진최대가속도의 증가에 비례하여 반드시 증가하지 않음을 알 수 있다.

4) 셀(cell)型 안벽

셀루라피복석(cellular bulkhead)은 쉬트파일 鋼板 등으로 건설한 1열의 원통형으로써 원통의 직경은 수 m 이며 이 안에 모래 자갈 등을 채워 다져서 만든 것이다. 지진시 피복석은 대개 원통에 모래의 관성력과 뒷채움재의 토압으로 안정을 유지할 뿐만 아니라 이 힘으로 인한 變形에 저항할 수 있어야 한다.

현재의 설계기준에 의하면 원통의 變形에 대한 저항은 다음 식으로 계산한다.

$$M_r' = \frac{1}{6}\gamma\left\{\left(\frac{B}{H_0}\right)^2\left(3 - \frac{B}{H_0}\cos\phi\right)H_0^3 + \frac{3}{2}\frac{B}{H_s}fH_s^3\tan\phi\right\} \tag{11.3}$$

여기서, M_r : 저항모멘트

γ : 원통내 모래의 等價單位重量

B : 피복석의 等價幅

H_0 : 원통내 모래로 인한 저항 모멘트의 계산에 사용되는 원통의 等價高

H_s : 쉬트파일 사이 이음부의 마찰로 인한 저항모멘트의 계산에 사용되는 원통의 等價高

ϕ : 원통 내에 모래의 내부마찰각

f : 쉬트파일과 이음부 사이의 마찰계수

저항모멘트는 원통내에 모래로 채 울때 외부모멘트에 대하여 安全率이 1.2이상이어야 한다.

2. 지진시 重力式 岸壁에 미치는 土壓

지진시 岸壁에 미치는 토압의 산정 방법은 震度法에 준하여 뒷채움 흙이 벽체에 미치는 主動土壓은 Mononobe가 제안한 식(9.19)로 구할 수 있다. 이 계산에서 흙의 단위체적 중량은 안벽뒷면의 殘留水位이상 부분은 공기중의 중량이며 殘留水位이하 부분은 흙과 그 공극을 채운 물의 중량의 합이다. 또 지진의 진도는 잔류수위 이상에 대해서는 공기중의 진도를 이용하며 잔유수위 이하에 대해서는 부력을 고려한 水中의 진도를 이용한다. 그리고 벽체에 미치는 토압을 구하기 위해서는 편의상 잔류수위에 관한 土壓强度와 벽체의 밑면에 대한 土壓强度를 각각 지상 및 수중 진도를 이용하여 계산하며 그 사이를 직선으로 연결한다(그림 11.5 참조).

Mononobe의 公式은 砂質土의 主動土壓의 계산에는 적합하나 受動土壓에 대해서는 의심의 여지가 있으므로 검토해야 한다.

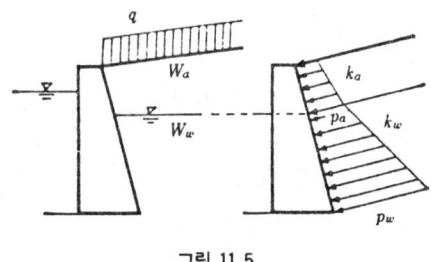

그림 11.5

벽체위의 粘性土의 土壓은 지진강도를 고려한 식으로 추정하며 실제로 다음 공식에 의하여 主動土壓을 추정하는 경우 사용한다.

$$p_a = \frac{(\sum wh + q)\sin(\zeta_a + \theta)}{\cos\theta \sin\zeta_a} - \frac{c}{\cos\zeta_a \sin\zeta_a} \tag{11.4}$$

그러나

$$\tan\zeta_a = \sqrt{1 - \left(\frac{\sum wh + 2q}{2c}\right)\tan\theta}, \quad \tan\theta = k$$

여기서, P_a : 主動土壓

γ : 흙의 단위 중량

h : 지표면에서의 깊이

q : 지표면의 단위면적당 等分布荷重

c : 흙의 粘着力(압축강도의 1/2)

k : 지상 및 수중의 진력계수

지진시 점성토의 受動土壓 p_p의 역할은 아직 명확하지는 않으나 실용적으로 다음 공식이 사용된다.

$$p_p = \Sigma \gamma h + q + 2c \tag{11.5}$$

11.4 쉬트파일 안벽

1. 일반적인 지진피해

쉬트파일式 岸壁은 가벼우므로 연약지반에는 적합한 구조이나 지진에 의한 피해는 매우 심하다. 쉬트파일式 안벽은 그림 11.6과 같이 수직쉬트파일형과 경사 쉬트파일형의 2가지가 있으며 경험에 의하면 전자는 지진시 피해가 있으나 후자는 그렇지 않다.

그 震害는 기초공을 포함한 구조전체의 滑動과 구조의 국부적 파괴형태의 2가지가 예상되는데 과거의 예에서는 쉬트파일이 前方으로 기울어져서 護岸法線이 활동하며 쉬트파일 배후의 지반이 침하하여 에이프론 콘크리트에 균열이 생겨서 파라펫(parapet)벽이 경사 또는 붕괴하였다. 플랫폼식(flat form type)의 경우는 플랫폼이 바다쪽으로 이동하는 피해가 일어났다. 이 경우에는 碇着部도 피해를 받으며 타이롯드가 절단되어 부벽이 앞쪽으로 밀려나오기도 한다. 이와 같은 可撓性 벽체구조에서 지진시의 토압은 지표부에서 크며 정착부에는 예상외의 힘이 작용할 때 기초말뚝을 연직말뚝으로 이용할 때 水平抵抗力이 작은 경우 등을 고려하면 정착부를 크게 하는 것이 좋으며 플랫폼식 안벽에서는 플랫폼構造를 가볍게 하는 한편 기초말뚝의 근입을 깊게하는 동시에 경사지게 타설하는 것이 좋다. 특히 정착부의 안정은 매우 중요하다. 이를 위

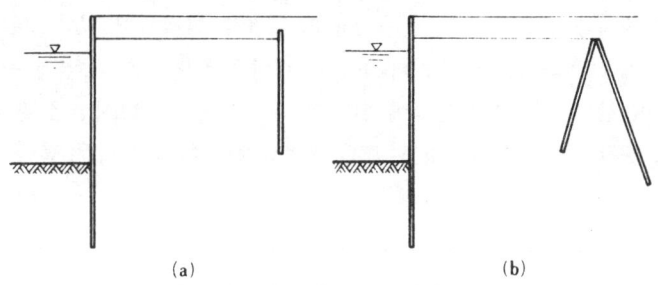

그림 11.6

해서는 그 위치를 쉬트파일에서 충분히 앵커시켜 저항토압이 완전하게 작용할 수 있도록 정착부 기초공의 근입을 깊게해서 지반지표부에 液狀化가 일어난 경우도 滑動이 일어나지 않도록 하며, 또 앵커볼트단면을 충분히 취해서 절단되지 않도록 하며 앵커볼트가 부식되지 않도록 해야 한다.

岸壁 表面部에 플랫폼을 설치하는 것은 쉬트파일에 작용하는 土壓을 경감시키기 위하여 가끔 이용되지만 너무 무거우면 耐震上 좋은 결과를 주지 않는 것이 과거의 경험으로부터 알려졌다. 그러므로 플랫폼이 가벼워야 한다.

또 안벽 上端과 같은 지반의 돌출부에는 그 背面보다 진도가 클것으로 예상된다. Niigata항 부두에서 余震을 관측하여 안벽상부와 背後지반상의 최대가속도를 비교한 결과는 표 11.1과 같다.

표 11.1

성분의 방향(안벽법선에 대하여)	관측위치	최대가속도(gal)	주요주기(sec)
직 교	안벽상부	46.1	0.17
	배후지반	17.5	0.37
평 행	안벽상부	41.4	0.38
	배면지반	31.2	0.36

 이에 의하면, 最大加速度는 안벽법선에 평행한 방향에서는 안벽상부와 배후는 큰 차이가 없지만 안벽 직교방향에서는 比가 2.6 : 1이었다. 또 주요 진동주기는 안벽상부의 이방향 성분은 다른 것에 비하여 매우 짧다. 이와같은 사실은 안벽이 이 방향으로 탁월주기를 가지고 있는 것 같다. 만약 그렇다고 하면, 여기서 얻어진 震度와 周期에 관한 특성은 쉬트파일 안벽의 설계진도의 결정에 깊은 관계가 있으며 금후 더많이 연구되어야 한다.
 또 이 경우에 이용되는 기초말뚝과 같이 根入이 깊은 경우는 기초가 지표면 아래 깊은 곳에 있으므로 지반상층부와 하층부에는 서로 진도가 다르며, 따라서 기초공이 받는 震度도 복잡하다고 생각되나 말뚝머리의 水平振動과 지반의 상부진동사이는 큰 차이가 없다고 하여도 좋다. 앵커판에 작용하는 하중은 점성토층은 쉬트파일의 경우는 사질토층에서 처럼 토층에 견고하게 정착되지 않으므로 사질토보다 점성토로 구성된 경우는 더 크다.
 震害의 특수한 예를 들면 다음과 같다.
 Niigata 항에서는 Shinano 하천 양안에 Bandai 橋에서 河口까지 4 km 에 걸쳐 부두, 物揚場, 護岸이 설치되어 있고 이들 대부분의 시설은 블록과 쉬트파일工이 많다. 이 부근의 기반은 두꺼운 모래층이며 해저에서 실트가 1.5 m ~ 3 m 의 두께로 퇴적되어 있다. 항만시설은 Niigata 지진에 의하여 파괴적인 타격을 받았는데 주요한 원인은 진도가 이 지역에 예상된 값을 상회하였으며 지반이 느슨한 모래이므로 진동에 의하여 파괴되었고 항만시설은 평소의 심한 침하에 대처하기 위하여 보강공사가 실시되어 일관된 내진설계를 하기 어려운 점 등을 들 수 있다. 이중

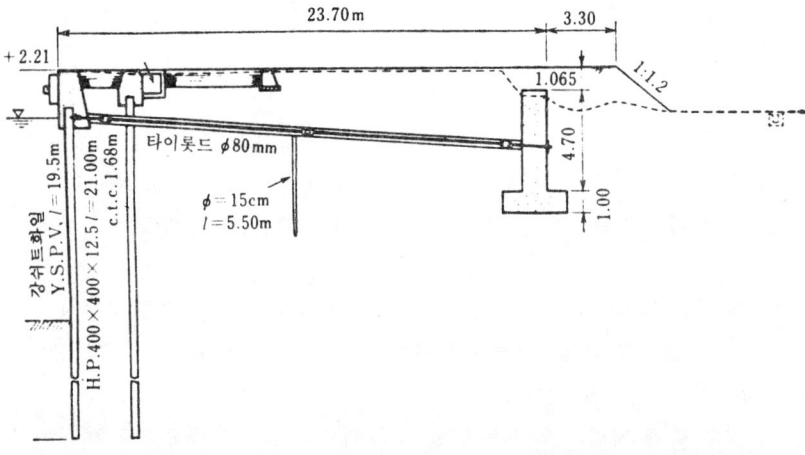

그림 11.7 Yamanoshita항 쉬트파일안벽의 피해 (Niigata 지진, 1964.5.16)

그림 11.7과 같은 단면을 가진 쉬트파일식 안벽에서 설계조건이 水平震度 $k=0.12$, 上載荷重 $q=1.5\,t/m^2$ 設計水深 $H=-10.3\,m$ 로 축조되었다. 보강공사는 실시되지 않았으며 지진당시의 수심은 $-9\,m$ 이었고 상재하중은 재하되어 있지 않았다. 지진의 진도는 $0.15\sim 0.20\,g$ 라고 추정되며 설계조건을 상회하고 있다. 지진에 의해 물받이의 여러군데에 다수의 균열이 생겼으며 또 앵커板 부근의 성토가 침하하여 板일부가 노출되었다. 그러나 이 밖에 피해는 없었다. 이

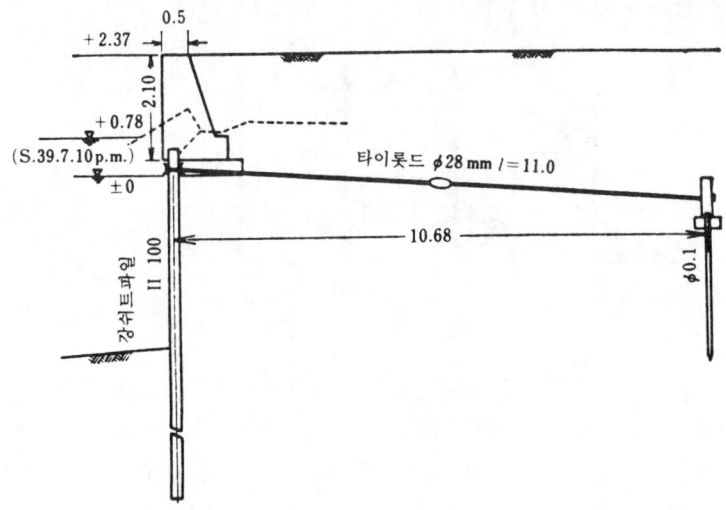

그림 11.8 쉬트파일안벽의 피해(Niigata 지진, 1964.5.16)

안벽에 인접한 산밑 호안의 법선은 부풀어서 배후지반은 약 1m 침하하여 파라핏벽이 붕괴하여 큰 피해를 받았다(그림 11.8참조).

그림 11.9는 Osaka항의 중앙 돌제의 설계예를 보인 것이다.

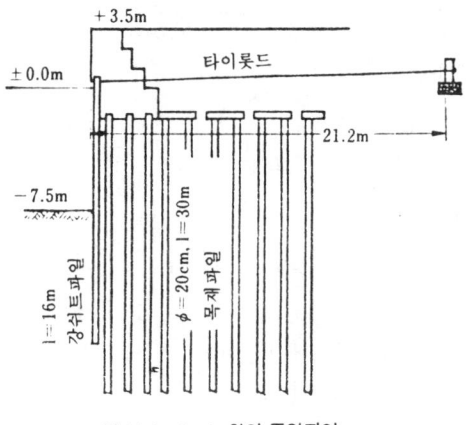

그림 11.9 Osaka항의 중앙피어

2. 지진시 쉬트파일工의 안정

1) 평상시의 쉬트파일의 안정

지진시 쉬트파일工의 안정은 진도법에 의하여 검토한다. 따라서 우선 평상시 土壓을 받는 쉬트파일의 安定에 대해 고찰한다.

쉬트파일은 뒷면에 앵커 板이 정착되어 있는데 이와 같은 정착된 可撓性 벽체에 작용하는 土壓力은 정착의 방향에 따라 다르다. 즉 土壓分布는 정착이 확실히 되어 있을 때는 土壓力의 大小에 따라 그림 11.10과 같은 각 단계가 있다고 할 수 있다.

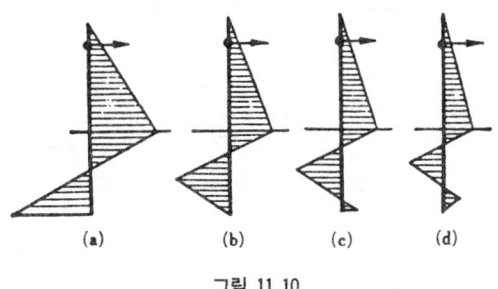

그림 11.10

설계조건은 설계자의 판단에 있으며 兩극단의 경우를 비교하여 보면 그림 11.10(a)는 背面 土壓이 큰 경우로써 이 때는 쉬트파일頭部는 물론 根入部도 前方으로 변위하여 쉬트파일에는 변위하지 않는 단면이 없다. 그림 11.10(d)는 배면토압이 작은 경우로써 근입부에서는 지표에 가까운 곳에서 전면에, 하단에 가까운 곳에서 배면에 수동토압이 작용한다. 따라서 이 경우 쉬트파일에는 변위하지 않는 단면이 존재한다. 쉬트파일 설계시 전자일 때는 근입은 비교적 얕게 하는 것이 좋으며 그 대신 쉬트파일의 휨모멘트와 정착부에 작용력이 증가한다. 따라서 파괴되려면 그림 11.10(a)와 같은 활동선이 생겨서 근입부가 전방으로 활동하며 전반적인 활동이 일어난다. 또 후자의 경우는 根入이 깊게 되며 쉬트파일의 휨모멘트는 작아진다. 따라서 만일 파

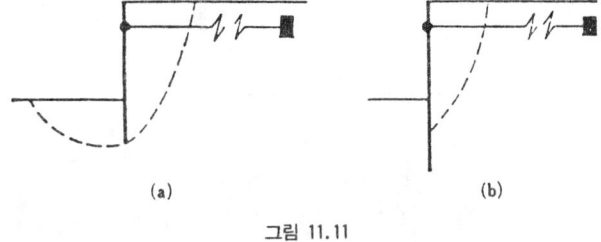

그림 11.11

괴가 일어나면 그 파괴방향은 그림 11.11(b)와 같이 타이롯드가 절단되어 앵커판이 앞으로 밀려 나온다. 이 2가지의 경우에 대하여 일반적으로 다음과 같이 안정 및 應力을 계산한다.

(1) 根入이 얕은 경우

근입이 얕은 경우의 계산은 다음 가정에 따른다(그림 11.12 참조)

① 쉬트파일은 벽 A점에서 단순지지된다.
② 쉬트파일의 背面에는 ad 사이에 主動土壓이 작용한다. 즉,

$$P_a = \gamma z C_a$$

여기서, γ : 흙의 단위체적중량
  z : 파일 상단에서의 깊이
  C_a : 主動土壓係數

③ 쉬트파일 前面에는 삼각형토압이 분포하며 그 크기는 다음과 같다.

$$P_p = \gamma z' C_p$$

여기서, z' : 海底에서 부터의 거리
  C_p : 受動土壓係數

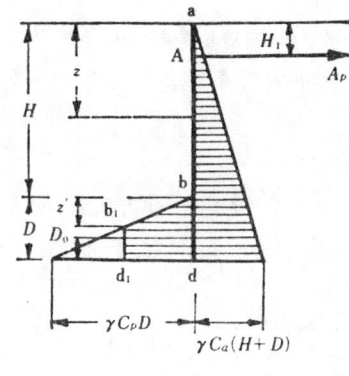

그림 11.12

④ 실제의 설계에서는 受動土壓이 위의 값에 달하지 않는다. 즉 위의 식에서 저항하려는 최대土壓力은 $C_p \gamma D^2/2$ 이므로 이것을 안전율 G_s 로 나눈 값이 저항해야 할 土壓의 합이 되도록 根入을 정한다. 안전율은 2로 취하는 것이 보통이다.

이 경우의 抵抗土壓의 분포는 위의 그림의 사다리꼴 $bb_1 d_1 d$ 와 같이 어느 깊이까지는 수동토압상태에 있으며 그 보다 下部에서는 어느 일정한 값 dd_1 이상은 되지 않는다고 가정한다.

이 사다리꼴의 면적은 $C_p \gamma D^2/2G_s$ 와 같다고 놓으면 일정토압 $\overline{dd_1}$ 은 기하학적조건으로부터 결정한다.

$$\overline{dd_1} = C_p \gamma D \left(1 - \sqrt{1 - \frac{1}{G_s}}\right)$$

여기서 쉬트파일에 작용하는 힘은 背面土壓, 앞면의 抵抗土壓 및 타이롯드를 통하여 가해지는 張力이다. 이들은 평형상태에 있으므로 수평방향력의 합을 0이라고 하면 다음의 관계식이 성립한다.

$$\frac{C_p \gamma D^2}{2G_s} - \frac{C_a \gamma}{2}(D+H)^2 + A_p = 0$$

또 A 점에 대한 모멘트를 0으로 하여

$$\frac{C_p \gamma D^2}{2G_s}(H+D-H_1-D_0) - \frac{C_a \gamma}{2}(H+D)^2 \left\{ \frac{2}{3}(H+D) - H_1 \right\} = 0$$

여기서, A_p : 타이롯드의 장력

D_0 : 사다리꼴 $bb_1 d_1 d$ 의 圖心의 높이

이 두 식으로 부터 소요근입 D 와 타이롯드에 작용하는 張力 A_p 를 구할 수 있으며 따라서 각 단면의 휨모멘트를 계산할 수 있다. 경험에 의하면 이 계산에 의해 설계된 쉬트파일은 기초의 활동에 대하여 安全率이 낮고, 반대로 쉬트파일의 휨에 대한 安全率은 너무 크다. 따라서 설계에서는 이 경험을 고려해야 한다.

(2) **根入이 깊은 경우**

깊은 根入을 갖는 쉬트파일 根入部分의 지반반력은 이 부분의 지반반력을 彈性 기초에 대한 보(beam)理論에 의해 해석하는 방법이 있으며 다음과 같은 적당한 가정을 세워 간단히 취급할 수 있다(그림 11.13 참조).

① A 점은 단순지지이다.
② 쉬트파일은 不動点 c 가 있으며 ac 부분은 前方으로 cd 부분은 後方으로 이동한다.
③ 그 결과 bc 부분 전방에는 抵抗土壓이 ac 부분 背面에는 주동토압이 작용한다.

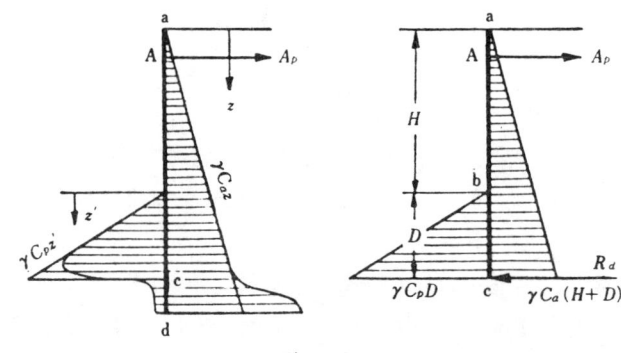

그림 11.13

④ 根入이 깊으므로 c 点에 대한 쉬트파일의 기울기는 0이라고 본다.
⑤ 또 c 点은 쉬트파일의 선단에 가까우므로 이 점에 대한 휨모멘트를 0으로 본다.
⑥ 계산은 그림 11.13의 오른쪽 그림에서 보는 바와 같이 외력을 간단하게 하여 계산한다.

이상의 가정 중 ①,④,⑤의 3조건으로부터 3개의 未知量 A_p, R_d, D 를 정할 수 있다. 실제로 이 계산을 하기 위해서는 먼저 根入 D 를 적당히 가정하고 보의 圖式解法을 응용하여 반복하면 해를 구할 수 있다. 이상의 가정을 토대로 c 点의 위치를 결정할 때 쉬트파일 말단의 위치는 일반적으로 다음 식으로 결정한다.

$bd = 1.2\, bc$

보통, 이 계산에서 안전율이 10이상은 되지 않는다. 그러나, 根入이 깊은 쉬트파일에서는 일반적으로 정착부가 파괴되며 쉬트파일이 전방으로 활동하는 예는 거의 없다. 그러므로 정착부의 설계는 중요하다. 정착은 앵커판을 이용하여 경사말뚝으로 배치하는 방법, 전면 흙의 수동

토압으로 대응하는 방법 등이 있다. 이 수동토압 또는 말뚝의 지지력은 토압이론으로 구하며 앵커판이 좋은 효과를 발휘하기 위해서는 그 위치가 쉬트파일에서 충분히 떨어져 있어야 한다. 즉, 그 위치를 결정하는 요소는 쉬트파일에 대한 주동토압의 활동선과 앵커판에 대한 수동토압의 활동선이 교차하지 않아야하며 쉬트파일의 하단에서 安息角의 기울기로 직선을 그을 때 앵커판이 그 보다 바깥쪽에 있어야 한다(그림 11.14(a) 참조).

쉬트파일에 작용하는 실제 주동토압은 계산상의 가정과 같은 삼각형 분포가 아니고 그림 11.14(b)와 같이 상부에서 비교적 크다고 생각한다. 이것은 쉬트파일의 휨모멘트 분포에는 큰 변

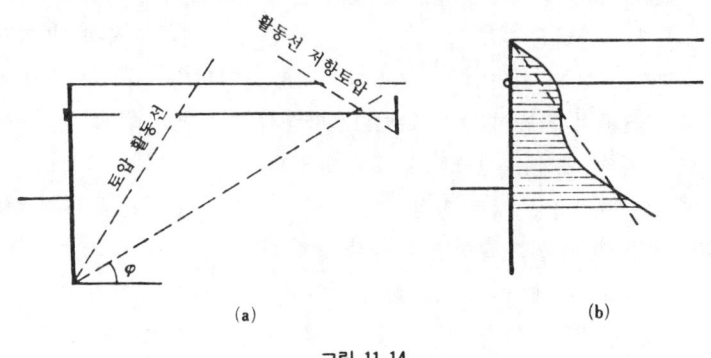

그림 11.14

화를 주지 않으나 정착부에 대한 反力은 計算値보다 커야한다. 얼마만큼 계산치보다 커야 하는지는 이론적으로 구명할 수 없지만 20%정도 여유를 두는 것이 적당하다.

日本항만협회 示方書의 경우 위와 같은 복잡성을 고려하여 쉬트파일의 안정, 응력 등에 대해 다음과 같은 계산방법을 제시하고 있다. 즉, 根入은 주동토압과 수동토압에 의한 타이롯드 연결점에 대한 모멘트가 같아지도록 根入길이를 산출하여 그것에 약간의 여유를 더해서 실제 根入길이로 한다. 그 경우 여유길이는 모래 지반에서는 계산근입길이의 20%, 점토질지반에서는 50%로 하도록 되어 있다.

또 타이롯드의 張力계산에서는 쉬트파일 타이롯드 연결점과 海底面에 지지하는 단순보로 생각하고 이에 해저면보다 상부에 작용하는 토압과 잔류수압이 작용하는 것이라고 가정한다. 이 경우의 타이롯드 연결점에서 보에 작용하는 反力은 타이롯드에 걸리는 張力이다. 타이롯드를 정착하는 앵커판의 위치에 대해서는 앞에서 기술한 바와 같다.

2) 지진시의 쉬트파일의 安定

지진시 쉬트파일의 거동에 대한 실험적연구는 진동대가 많이 사용되어 왔다. 예를 들면 Arai은 振動台 위에 건조한 모래를 채운 상자를 놓고, 이에 길이 110 cm, 根入깊이 30 cm 의 앵커를 가진 쉬트파일 안벽 모형을 제작하여 앵커를 단단하게 정착한 상태로 진동실험을 하였다. 振動週期는 0.3 sec, 진동가속도는 1주기마다 1 gal 씩 증가율로 300 gal 까지 증가시켰다. 이 결과는 다음과 같다.

① 진동으로 인하여 쉬트파일에는 振動土壓이 작용할 뿐만 아니라 靜止土壓도 증가한다. 이 경우 靜止土壓의 증가량은 진동토압에 비하여 매우 크다. 진동토압은 벽체가 고정되어

있을 때는 靜止土壓에 비하여 결코 작지 않지만, 이 실험의 경우 진동토압이 작은 것은 쉬트파일의 可振性에 기인하기 때문이다.

② 쉬트파일의 휨모멘트는 계산치 보다 작다.
③ 하중이 앵커일부에 집중하여 앵커에는 예상외로 큰 힘이 작용한다.
④ 진동시에는 根入部의 지반반력에 관한 剛性係數가 평상시 보다 감소한다. 이 때문에 진동시 쉬트파일의 변형은 평상시 보다 커지며, 앵커에 작용하는 반력이 커지는 하나의 원인이 되고 있다.

이상의 실험에서 앵커 일부에 힘이 집중하는 것이 인정되고 있는데 이밖에 지진시 앵커 일부에 작용하는 힘이 커지는 원인은 지진시 토압이 지표부근에서 커지고 안벽이 가요성이므로 쉬트파일 배면부근의 진도가 기타 지역 보다 크기 때문으로 생각된다. 과거 지진의 경험에서도 타이롯드의 破斷이나 앵커판의 활동이 매우 많았다. 따라서 앵커판의 耐力 즉, 수동토압에 대한 안전율을 취할 것인지에 대해서는 신중히 검토해야 한다.

震害의 실험적연구와 해석을 토대로 평상시의 안정에 비례하여 지진에 대한 쉬트파일, 피복석의 안정성을 검토하는 방법을 기술하면 다음과 같다.

① 토압은 9장 9.4절에 제안한 식을 사용하여 계산한다. 안벽에 대하여 제안한 식(11.1), 식(11.2)의 경우는 지진최대가속도에 대응하는 진력계수를 개략적으로 추정하는데 유용하다.
② 한편 쉬트파일 배면에 작용하는 主動土壓과 殘留水壓이 작용하며 이전면에는 그림 11.15에서 보는 바와 같이 수동토압이 작용한다. 따라서, 쉬트파일 根入部의 길이는 점 T에 대하여 主動, 受動 및 잔류수압의 모멘트가 상쇄되도록 결정해야 하고 모멘트에 저항하는 安全率은 1.2이상으로 한다.
③ 쉬트파일에 생기는 應力은 쉬트파일이 단순보 SB 라 하고 이 SB 는 점 T 와 B 에서 지

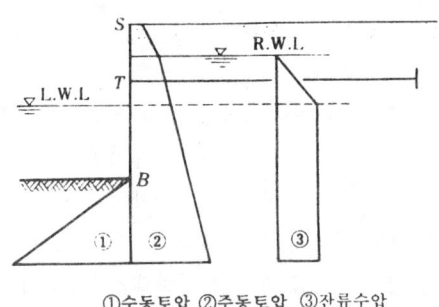

①수동토압 ②주동토압 ③잔류수압
그림 11.15

지된다고 가정하여 결정한다. 내민단순보에 작용하는 하중은 주동토압과 잔류수압이며 이것은 해저면이라기 보다는 쉬트파일의 상부에 작용한다. 쉬트파일部材의 허용응력은 평상시의 50%이상 증가할 수 있다.
④ T점에서 내민단순보의 反力은 타이롯드에 생기는 軸引張力과 같다. 타이롯드에 생기는

허용응력은 降伏强度의 60% 이하로 한다.
⑤ 말뚝으로 지지될 때는 앵커판의 안정성을 고려하여 말뚝 상단에서 수평력을 받는 긴 연직 말뚝으로 가정한다. 앵커판은 경사말뚝으로 지지되며 이들은 축력을 받는다고 가정한다.

10.5 棧橋式 안벽(Pier-type quaywall)
1. 일반적인 震害
1) 棧橋

棧橋(landing pier) 안벽은 剛性이 부족하나 내진적으로 강하거나 토압을 받지 않는 점에서 뛰어나다. 棧橋가 지닌 문제는 상부에 중량구조물이 설치되는 것이며 脚部의 기초와 수평력에 견디도록 보강하거나 脚部 기초의 수평저항력을 증가시키는 방법으로 斜材를 추가하는 것도 유효하다.

금후 이에 대한 적절한 시공법의 개발이 요망된다.

Kobe와 Yokohama 항의 대형 잔교식 돌제의 例를 들어본다. Kobe 항의 구조물은 기초가 매우 견고하며, 케이슨은 슬래브와 상부에 연결한 교각으로 사용하였다. 화물창고(shed)는 슬래브구조와 연결한 길이 200 m 폭 51.8 m 로 건설한 거대한 棧橋이다. 棧橋의 높이는 기초바닥에서 상단까지 약 40 m 이다. 지진시의 진도는 각부분에서 일정하다고 생각할 수 있다. 따라서 설계에 있어 전단 진동을 하는 것이라고 가정하여 설계진도(design seismic coefficient)를 상부에 크게하고 하부에는 작게 정하되 0.24~0.15 범위로 점차 변화시킨다.

Yokohama 港에 있는 Takashima 지역 부근의 지질은 해저에 두께 약 10 m 의 연약점토, 그 밑에 두께 20 m 의 약간 단단한 점토, 그 밑에 모래섞인 점토로 구성되어 있는데 突堤기초는 길이 24 m 의 큰 말뚝을 타설하고 그 위에 脚柱狀의 케이슨을 설치하여 상부를 슬래브構造로 연결한 길이 198 m, 폭 70 m 의 거대한 구조물이다. 이 경우는 지반이 연약하기 때문에 강진시에는 다수의 케이슨이 흩어져 움직여 슬래브는 수 개소에서 絶緣되었으며 돌제의 선단에 있는 케이슨은 그 하부를 간단하게 연결하여 심한 활동을 방지하고 있다. 또 脚部의 내진력을 크게하기 위해 하부에 벽체를 설치한다. 벽체는 대부분의 수평력에 대응해야 하며 이와같이 설계하면 脚部의 내진력이 매우 중대하게 된다.

2) 橫棧橋(shore bridge)

안벽에 작용하는 토압을 피하는 공법의 하나로 橫棧橋를 설치한다. 이 구조는 토압이 작은 점에서는 耐震的이지만 일반적으로 脚部의 내진력이 부족하기 때문에 이것을 보강하는 방안을 고려해야 한다. 이를위해 斜材를 이용하는 것이 효과적이다. 이 구조는 陸上에서 작업하기 때문에 현장에 운반하여 이것을 기초공에 잘 연결해야 한다. 또 橫棧橋는 지반전체의 활동에 대해서도 검토되어야 한다.

橫棧橋의 土留工은 단순한 구조가 많고 震害를 받기 쉬우므로 그 사면 기울기를 완만하게 하여 토압을 경감시키는 것이 좋다. 그러나 토류벽에 많은 비용을 들여 내진적으로 하는 것은 橫棧橋시공의 본래 취지에 어긋난다. 大地震시에는 이 부분의 파괴는 피할 수 없으며 피해가 발생할 때마다 수리하여 사용하는 것이 바람직하다.

그림 11.16은 시공예로써 9m 棧橋는 細砂로 된 沖積地盤상의 매립지에 건설되어 있다. 철근 콘크리트말뚝상에 철근콘크리트 거더를 올려놓은 것이다. 이 구조물은 3회의 대지진으로 인하여 북쪽의 4련중에서 서쪽의 1련을 제외하고 표면은 북쪽으로 50~70 cm 押出되었고 背面의 土留 L型벽체의 하단이 뒷쪽으로 기울고 뒷쪽의 매립토는 70 cm 침하하였다.

이 안벽은 말뚝기초와 棧橋사이의 곳곳에 케이슨안벽이 설치되어 지진후 거의 이동하지 않았다. 이는 棧橋에 비해 케이슨이 매우 내진적인 것을 시사하고 있는데 지진동의 성질이나 지반의 성질에 관계가 있다.

그러나 최근 강말뚝의 개발과 경사말뚝의 打入技術의 발달로 耐震力이 큰 돌제(detached pier)의 시공이 가능하게 되었다.

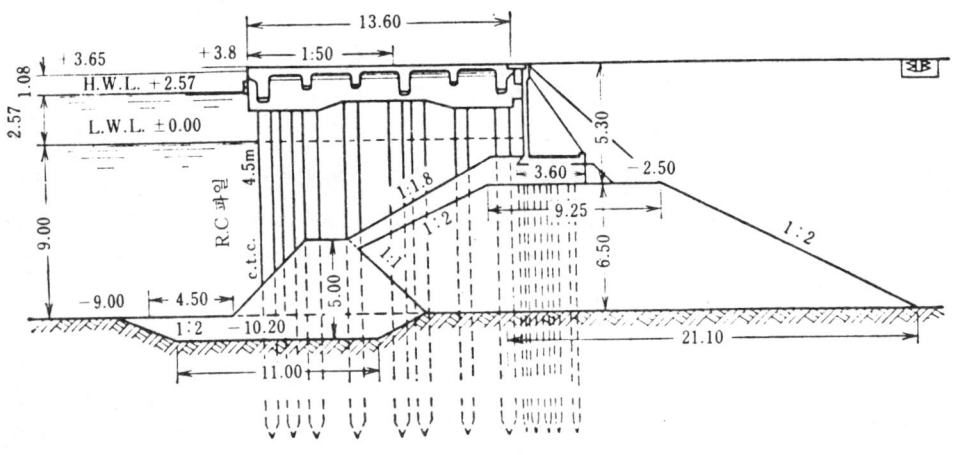

그림 11.16 Yokkaichi항의 棧橋

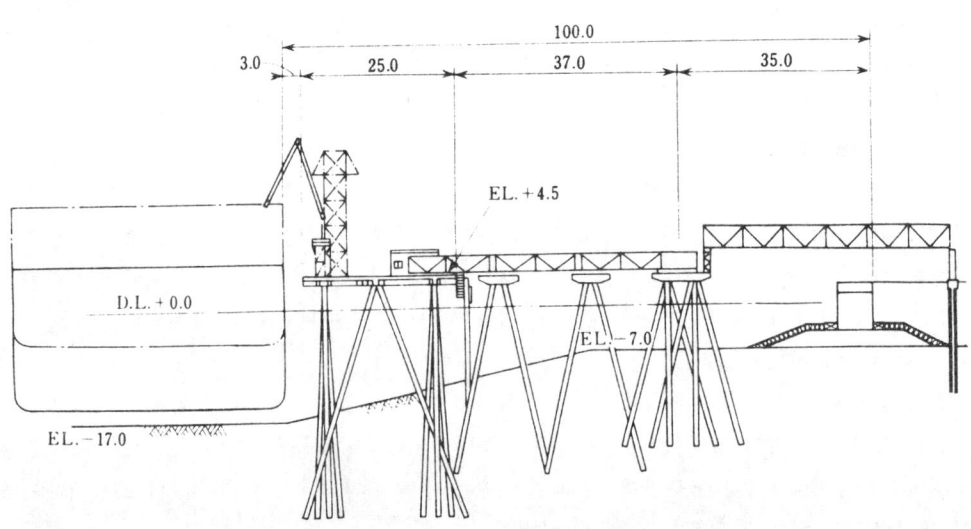

그림 11.17 Niigata東港突堤

그림 11.17은 Niigata 항 동쪽에 위치한 수심 17 m 의 100 t 의 돌제를 보인 것이다. 강말뚝은 단단한 모래지반에 경사각 25°로 길이 35~41 m 까지 타입하였다. 설계지진계수는 0.2이었다.

일본에서는 강관말뚝 橫棧橋가 震害를 받은 예는 없었다. 1978년 Miyagiken-oki 지진시 Ishinomaki 항과 Yuriage 漁港에서 중력식 안벽 및 쉬트파일의 안벽 피해가 매우 심각하였다. 그러나 강관파일 橫棧橋式의 인접 안벽은 피해가 없었다. 그러므로 강관 파일 橫棧橋의 내진은 매우 높다고 인정된다.

2. 말뚝의 水平抵抗

지진시에는 棧橋에 水平力이 작용하며 이에 저항하는 것은 말뚝이다. 그러므로 지진시 棧橋의 안정을 검토하기 위해서는 水平力을 받는 말뚝의 變形 및 抵抗力에 대한 성질을 구명해야 한다. 말뚝의 변형과 지반반력, 진동시 감쇠정수와의 관계등이 점차 밝혀지고 있으나 아직 이론식만 제시되어 있으므로 실시설계에 이용할 수 있는 결과를 얻기는 어려운 실정이다. 따라서 실제로는 水平抵抗力과 動的性質 등은 현장시험을 하여 결정하는 것이 좋다. 일본 Yokohama 항의 경우 직경 20 cm 의 소나무 말뚝을 깊이 15 m 정도 타입할 때 약 10 t 의 水平力 범위에서 彈性을 나타낸 實例는 말뚝의 水平抵抗力에 대한 대략적인 개념을 암시하고 있다.

경험에 의하면 根入이 얕은 말뚝은 어느 한도이상의 水平荷重을 받을 때에 根入部에서 붕괴한다. 그러므로 말뚝의 根入은 하부를 완전히 고정하는데 만족할 만큼의 깊이가 되어야 한다. 말뚝이 이 정도의 根入을 갖는 것을 전제로 하면 문제는 말뚝의 하부를 완전히 고정하는데 필요한 근입깊이와 말뚝이 水平荷重을 받는 경우에 생기는 말뚝머리의 變位와 말뚝에 생기는 휨 모멘트의 최대치의 결정이다.

Kubo 는 上記 3가지의 과제를 구명할 목적으로 길이 2.4 m 의 말뚝을 이용할 실내실험 및 지금까지 실시된 많은 현장시험에 대하여 면밀한 검토를 해서 다음과 같은 결과를 얻었다.

① 말뚝의 剛性은 말뚝의 橫抵抗에 큰 영향을 준다. 즉, 말뚝의 강성이 클수록 反力이 深部까지 분포하게 된다. 그리고 지표면 變位는 작아지며 반대로 말뚝의 최대휨모멘트의 값은 약간 커진다.

② 載荷点의 위치는 말뚝의 橫抵抗에 영향을 준다. 즉 재하점이 높을 때는 지표면 변위와 최대휨모멘트는 동시에 커지며 횡저항은 감소한다.

③ 만약 말뚝 근입이 무한히 깊은 말뚝의 휨모멘트의 처음 0点 깊이의 1.5배 이상이면 말뚝 하부는 사실상 완전히 고정된다. 이 요구되는 근입깊이는 말뚝의 剛性이 클수록 깊고 또 하중이 클수록 깊다. 그러나 재하점 높이의 영향은 거의 없다.

④ 말뚝變位와 지반반력 사이에는 다음과 같은 관계가 있다.

$$p = kx^m y^{0.5} \tag{11.6}$$

여기서 P : 말뚝에 작용하는 단위면적당 反力

x : 깊이

y : 말뚝의 처짐

k, m : 定數

사질지반에서는 대략 m =1이므로

$$p = kxy^{0.5} \tag{11.7}$$

또 압밀이 잘된 점토지반은 m =0이므로

$$p = \bar{k}y^{0.5} \tag{11.8}$$

식(11.7)은 지반의 깊이에 비례하여 증가하는 흙의 剛性이며 식(11.8)은 깊이에 관계 없이 일정하다. 사질지반의 剛性은 그 압력에 비례하며 강성은 지반의 표면에서 최소깊 이에 비례 한다고 가정하는 것이 타당하다. 이 경우, 比例係數 k 또는 $\bar{k}$는 토질에 따라 결정되는 계수이며, 말뚝의 폭 형상 강성에는 관계없다. 그 크기는 흙의 관입저항치 N 와 밀접한 관계가 있으며 兩者사이에는 그림 11.18(a),(b)의 관계가 있다 이들 그림에 서 N치는 흙의 관입저항이며 $\bar{N}$는 지반의 1.0 m 깊이에 대한 것이다.

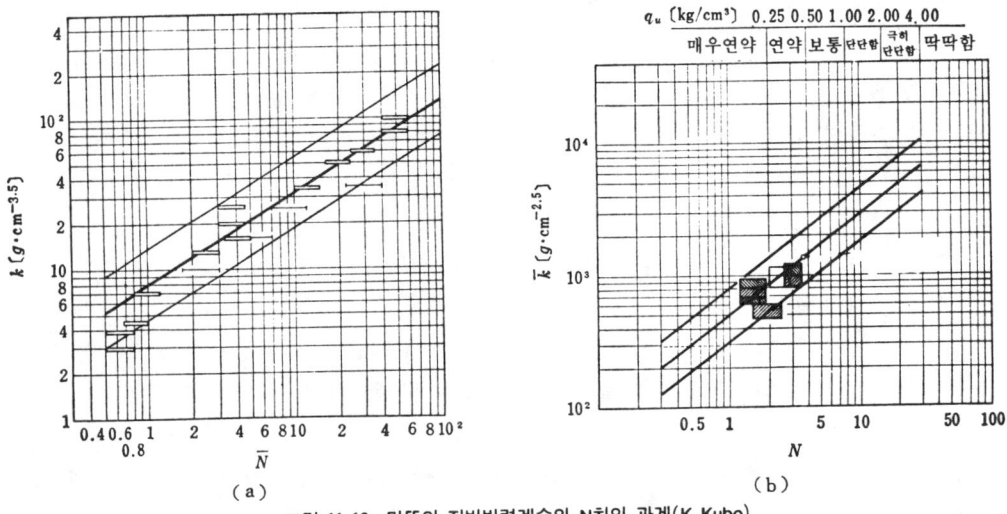

그림 11.18 말뚝의 지반반력계수와 N치의 관계(K. Kubo)

⑤ 식(11.6)은 주변의 흙이 말뚝으로부터 받는 힘과 이로 인하여 일어나는 흙의 變位와의 관계를 나타낸 식이다. 이 때 變位가 反力에 비례하지 않고 그의 제곱에 비례하는 이유 는 압력이 커짐에 따라 흙의 파괴되는 범위가 점차 확대되어 가기 때문이다. 이와 같은 非線形性 때문에 말뚝에 작용하는 水平力과 말뚝머리의 變位 또한 非線形이다. 말뚝에 작용하는 水平力은 말뚝머리 變位力의 0.7~0.76에 비례한다.

식(11.6)을 이용하면 기초말뚝의 처짐식은 다음과 같다.

$$EI\frac{d^4y}{dx^4}+kx^m y^{0.5}=0 \tag{11.9}$$

非線形式을 컴퓨터에 의해 해석할 수 있다.

위에 보인변위는 處女 變位를 나타낸 것이다. 除荷하면 變位는 잔류한다. 따라서 재하를 반 복하면 변위는 증대하나 반복수를 증가함에 따라 점차 일정한 변위로 안정된다. 재하 횟수를 여 러번 반복하였을 때의 최종 변위는 處女載荷에 의한 변위의 40%를 넘지 않는다.

교대로 반복하중을 가할 때는 荷重變位曲線은 루프(loop)을 그린다. 이 루프의 폭은 좁고 말뚝의 거동은 탄성에 가깝다. 모래지반에 타입하는 H 말뚝에 대한 Hayashi 와 기타 연구자의 시험에 의하면 말뚝에 交互荷重 및 强制振動荷重을 가하는 경우의 지반반력과 變位의 관계는 다음과 같다고 하였다.

$p = kxy$ ────(균일 퇴적지반)
$p = ky$ ────(완전 압밀지반)

전체길이 20 m, 外徑 50 cm 의 鋼管말뚝의 머리部를 剛結하여 머리부에 중량 40 t 의 板을 부착한 모형棧橋를 제작하여 이것을 가는모래와 실트가 교대로 층을 이루는 연약 지반($N<5$)에 근입깊이 11 m 로 설치하고 그 상부에 진동기를 설치하여 진동을 주고 이 시험에서 棧橋의 振動特性을 정하는 반발정수와 감쇠정수를 交互 반복 하중시험에서 구한 루프의 기울기와 면적을 구한 결과 감쇠정수 $h = 0.02 \sim 0.03$ 이 되었다.

모래섞인 실트 및 실트섞인 모래로 된 약간 단단한 지반 ($N=7\sim20$)에 대해서 실시한 바에 의하면 $h = 0.025 \sim 0.03$ 이었다. 이 2가지의 시험에서는 지반의 강성이 매우 다르나 h 는 거의 같은 것은 주목할만한 사항이다.

이상의 실험에서 진동은 棧橋 머리부에서 이루어지며 말뚝을 지탱하는 지반은 말뚝 바로 부근을 제외하고는 거의 진동이 없다. 실제 지진에서는 지반도 매우 진동을 한다. 따라서 심한 지진시에는 지반의 剛性이 저하하여 棧橋의 剛性은 위의 실험치보다 약간 낮아질 것으로 생각된다.

3. 棧橋의 진동

연약지반상에 설치된 구조물이나 棧橋와 같은 가요성 구조물의 경우 지진시 흔들림 운동이나 탄성진동이 일어나므로 어떤 구조물은 全質量에 대하여 똑같은 진도를 가정하여 震度法 (seismic coefficient method)에 의하여 취급하는 것은 부적합하다고 생각된다. 그러나 지금까지는 항만구조물의 진동특성이 구명되어 있지 않았으므로 설계에 동적개념이 고려된 예는 거의 없다. 가요성 구조에 대한 진동실험에는 철근콘크리트 말뚝(50 cm ×50 cm 및 50 cm ×70 cm, 길이 28~32 m)를 수직 및 경사말뚝으로 이용한 棧橋를 起振機에 의하여 진동시키는 실험이 실시된 예가 있다. 이 棧橋는 수심 14 m 에서 말뚝근입은 연직높이 14 m 이며 해저에서 棧橋上部까지는 19 m 의 거대한 것으로써 진동주기 0.7 sec 감쇠정수 0.03~0.06의 결과를 얻었다.

Tobata 항에서 셀루라형 피복재에 대한 진동시험 결과, 지진으로 인한 쉬트파일의 후프 (hoop)인장의 증가는 그다지 크지 않음을 알 수 있었다고 한다.

제12장 교량의 내진

12.1 거더 橋의 震害

1. 개 설

지진으로 인하여 교량이 피해를 받은 例는 매우 많다. 대부분의 피해는 거더(girder)의 탈락, 교각(pier)의 파괴, 기초의 침하 등이며, 이와 같은 결과는 구조물에 영향을 끼치게 된다 (그림 12.1 참조).

기초의 침하와 관련된 분야는 아직 미해결된 문제가 많다. 그러나 교각과 슈(shoe)의 피해 원인은 재료의 취성이나 불충분한 보강때문인 것으로 알려져 있으며 거더의 탈락은 받침(seat)이 너무 짧기 때문이다. 따라서 耐震設計時에는 이와 같은 문제점을 피하기 위하여 특히 주의를 해야 한다.

최근에는 철근콘크리트, 강재와 같은 견고한 교각재료를 사용하므로서 단순한 재료의 취성 피해는 거의 없는 것으로 보인다. 그러나 교량의 교각은 可撓性을 가지게 되고 거더는 길어지므로 새로운 형태의 피해에 대한 주의가 요구된다. 1978년 Miyagiken-oki 지진시, 전장 181.4 m의 3스팬 캔틸레버 트러스교인 Maiya교의 상부부재가 인장응력으로 절단되었으며 그림 12.2는 이와 같은 새로운 형태의 피해 예를 보인 것이다.

그림 12.1 Shimantogawa교의 피해(Nankai 지진, 1946. 2. 21)).

그림 12.2 Miya교의 상부부재의 피해(Miyagiken-oki 지진, 1978. 6. 12)

2. 橋台의 震害

교대의 피해 중에서 가장 많은 것은 교대의 침하, 경사 또는 전단파괴이다. 이밖에 局部的으로 거터의 격돌에 의해 토류벽이 균열을 일으키기도 하며 거더받침(girder seat)部의 콘크리트가 파괴되는 경우도 있고 橋台의 기초지반이 深部에서 활동을 일으키는 경우도 있다.

교대의 경사 또는 붕괴는 背面의 토압에 대한 耐力부족으로 일어나기 때문에 이러한 종류에 대해서는 교대의 전면에 성토한 흙은 震害를 방지하는데 유효하다. 교대의 沈下도 또한 가끔 발생하는데 이에는 교량의 중량뿐만 아니라 배면 및 양측의 도로나 제방 중량도 영향을 준다. 예를 들면 築堤下部에 연약지반층이 있으면 평상시에는 이상이 없으나 지진시에 築堤가 교대와 함께 침하 혹은 활동이 일어난다. 따라서 교대기초공의 안정 검토시에 기초지반을 아주 深部까지 조사하며 현재의 築堤 또는 앞으로 축조해야 할 재료 무게의 영향까지 고려해야한다.

대개 이 같은 교대기초공이 震害를 받는 원인은 기초의 근입이 부족하기 때문이다. 교대는 河心에서 멀리 있으며 洗掘될 염려도 없는 곳이므로 근입이 얕아도 되지만, 지진시에 지지력을 심하게 감소시킨다. 그러므로 중요교량은 세굴의 염려가 없는 경우라도 적당한 근입을 해야한다.

교대가 전단파괴되는 것은 철근콘크리트의 시공이음에서 일어나는 경우가 많다. 이와같은 사례로 보아 철근콘크리트 교대는 내진적이 아니다. 따라서 부득이한 경우에는 시공이음을 염두에 두고 시공하며 그 접착이 충분하도록 이음부에 철근을 삽입하는 것이 좋다.

또 교대의 震害와 관련하여 교대자체는 피해가 없어도 背面의 성토가 침하하여 토류벽이 붕괴되므로서 교통불능상태로 되었던 사례가 많다. 이 침하의 주요한 원인은 교대와 성토사이에 진동 상태가 다른 경우 및 교대배면 흙의 압밀이 불충분하기 때문이다. 따라서 이 부분에는 특히 자갈, 碎石등이 혼합된 양질의 성토재료를 사용하는 것이 좋다.

3. 교각 기둥부의 震害

교각 기둥부의 震害에는 折損, 剪斷, 균열 등이 있다. 折損의 예는 오래된 벽돌교각의 기초에서 일어나고 있다. 과거 피해의 예를 조사해 보면, 벽돌구조의 휨인장강도는 거의 기대할 수 없으나 無筋콘크리트의 강도는 약 $2 \sim 3 \, kg/cm^2$ 정도이다.

잘 설계된 철근콘크리트 교각이 折損된 예는 적다. 시공이음부에 특히 약점이 있으므로 철근으로 이 부분을 보강해야 한다. 잘 설계된 철근콘크리트교각이 전단에 의하여 파괴된 예는 거의 없지만 너무 굵은 철근으로 보강했을 경우 附着强度의 부족으로 철근이 빠지거나 철근길이의 불충분으로 인한 강도부족으로 콘크리트에 균열이 발생하기도 한다.

철골구조물의 기둥이 전단응력으로 파괴된 경우도 있다. 기둥단면이 작은 경우 전단력과 비틀림應力에 대하여 충분히 보강해야한다. 이때 전단력으로 인한 응력은 단면내부가 크므로 중요한 기둥은 단면내에도 철근을 배근해야 한다. 철근콘크리트구조는 전단응력이 불충분할 경우는 지진과 같은 反復荷重에 대하여 취성적임을 유의해야 한다.

橋台의 耐震상 유의해야 할 세부사항은 다음과 같다.

1) 支点

强震 또는 충격적인 진동에 의하여 지점이 파손된다. 지점의 파손은 거의 고정지점에서 일어나며 가동지점은 최소한 진도 V까지는 일반적으로 유효하게 작용한다. 고정지점에서는 볼트의

절단외에 볼트를 매입한 주위의 콘크리트가 균열 또는 파손되어 볼트의 머리가 외부로 노출되여 구부러지는 경우도 있다. 따라서 볼트 주변 콘크리트의 보강이 요구된다. 과거의 예를 보면 지점의 앵커볼트에 대해서만 고려한 것이라기 보다도 큰 지진력을 고려해야 한다고 생각된다.

그림 12.3은 1978년 Miyagiken-oki 지진시에 콘크리트 거더 지점으로 사용한 앵커 볼트의 피해 예를 보인 것이다.

그림 12.3 **철도교의 앵커볼트 피해**(Miyagiken—oki 지진, 1978. 6.12)

2) 교각머리

철근콘크리트 교각의 頂部를 가로보로 연결하여 거더 받침으로 이용하는데 이때 가로보와 교각 머리와의 연결부는 지진시에 교량의 중량을 지지하기 때문에 좌굴하는 예는 매우 많다(그림 12.4 참조). 이것은 이 부분에 라멘의 모서리모멘트나 格子의 비틀림모멘트가 생기기 때문에 교각머리와 가로보가 일체화된 라멘으로서 水平力에 지지하도록 설계해야 한다. 또 교각 머리부는 비틀림에 견디고 콘크리트가 파괴탈락되지 않도록 나선철근을 촘촘히 배근하는 것이 좋다.

3) 거더받침(girder seat)

거더의 지지판이 거더받침끝까지 나와 있으면 지진시에 강한 힘이 콘크리트의 表面部 가까이에 걸리므로 콘크리트가 貝殼狀으로 갈라지면서 떨어져나간다. 이를 방지하기 위해서는 최소한 3 cm 의 지지판을 콘크리트 표면보다 내측으로 설치하는 한편 지지판 하부는 보강을 위해 배근을 하는 것이 좋다(그림 12.5 참조).

또 교각軸의 직교방향으로 교각의 가장자리에서 비스듬히 균열이 발생한 예가 있다. 따라서 이 부분을 철근으로 보강해야 한다(그림 12.6 참조).

4) 교각기둥

無筋콘크리트의 경우 시공이음부에 전단력으로 인한 활동파괴가 발생한다(그림 12.7 참조). 철근콘크리트 교각의 경우 보강이 불충분한 단면에서는 콘크리트가 부스러지거나 노출된 철근이 구부러지는 현상이 발생한다(그림 12.8 참조).

　과거의 경험에 의하면, 보강이 갑자기 줄어드는 단면에서 이와 같은 파괴가 일어나기 쉽다. 따라서 보강방법을 점진적으로 변환시켜야 한다. 이와 같은 종류의 피해는 動的解析을 토대로 세심한 교량설계에 의하여 방지할 수 있다.

그림 12.4 Gyoninzuka 교각의 파괴(Miyagiken—oki 지진, 1978. 6. 12))

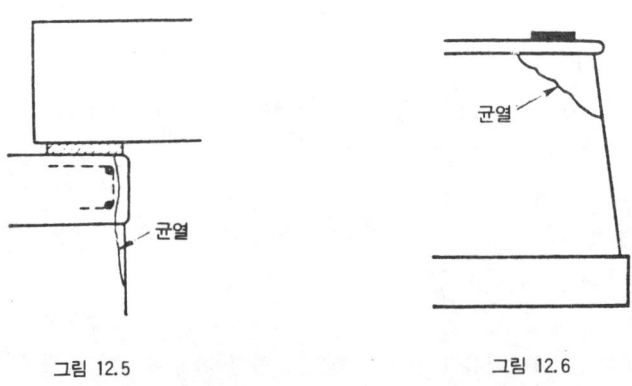

그림 12.5　　　　　　　　　　　그림 12.6

그림 12.7 콘크리트 교각의 전단(Eai교, Miyagiken-oki 지진, 1978. 6.12)

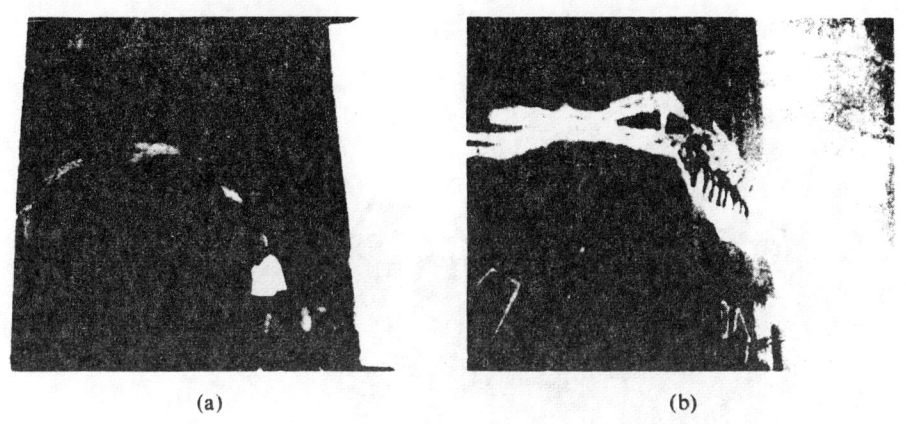

그림 12.8 철근콘크리트교각의 붕괴(shin-Iinogawa교, Miyagiken-oki 지진, 1978. 6.12)

4. 교각 기초공의 震害

1) 교각 基礎工의 沈下

교각하부구조의 震害는 침하, 이동 등이 있다. 實例에 의하면 같은 교량이라도 각개의 교각은 지반조건에 따라 沈下量 또는 變位量이 같지 않으므로 국부적인 지반상황이 큰 영향을 미친다. 또 1개소의 교각에 있어서도 바닥면 일부가 견고한 기초상에 있고 다른 부분이 약한 기초상에 있을 때는 不等沈下로 인하여 상부구조가 심하게 기우는 경우가 있다.

지진시에는 河床에서 흙의 液狀化로 교각기초의 심한 침하와 변형의 원인이 되고 있다. 1964년 Niigata 지진시 Showa-ohashi 橋와, 1923년 Kanto 지진시에 Banyu 大橋의 피해는 液狀化에 기인한 것으로 추정된다(그림 12.9 및 12.10 참조).

그림 12.9 건설중인 Banyu 고가교 우물통기초의 피해(Kanto 지진, 1923. 9. 1)

그림 12.10 Showa—ohashi교의 피해(Niigata 지진, 1964. 6.16)

　Showa-ohashi 교는 길이 303.9 m (13.1 m +10×27.04 m +13.1 m)의 12스팬으로 된 鋼단순 거더橋로서 하부구조는 말뚝式교각 12개와 말뚝式교대 2개로 되어 있다. 말뚝式 교각은 鋼管말 뚝 길이 25 m, 직경 609 mm 9본을 1열로 타설하고, 말뚝式 교대는 鋼管말뚝길이 22 m, 직경 609 mm 9본을 1열로 타설한 것이다. 河床의 지반은 沖積모래層이며 상부에서 하부로 조립모래 層, 중간모래層, 세립모래層으로 되어 있다. 조립모래層은 느슨한 상태로 N値는 10이하, 가는 모래層은 압밀되어 N値는 30이상이다. 중간모래層의 N치는 대략 상하층의 중간에 있다.
　지진에 의하여 중앙부 거더가 먼저 落橋하고 차차 그 양측이 낙하하였다(그림 12.11 참조).

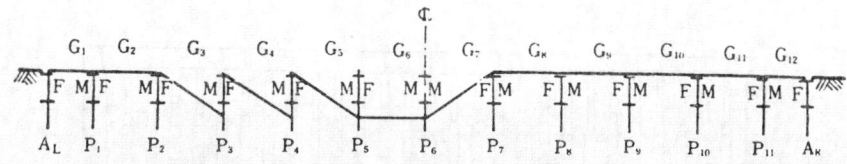

그림 12.11 Showa—ohashi교의 거더 낙하(Niigata 지진, 1964. 6. 16)

교각 P_5, G_6는 각각 낙하한 거더 G_5, G_7의 아래로 떨어져 折曲되었으며, P_4에는 頭部에 93 cm 의 잔류변형을 일으켰다.

이와 같은 큰 變位를 일으킨 주요원인은 左岸에서 河岸이 하천측으로 활동하여 河床에 있는 두께 10 mm 의 조립모래층에 液狀化가 일어났기 때문이라고 추정된다. 조립모래層은 液狀化에 의하여 교각 뒷채움부분의 실제 근입 깊이가 감소하여 교각기둥은 크게 변형된 상태로 되어 있는 곳으로 左岸의 지면활동이 일어나며 거더는 右岸측으로 강하게 밀려 이것이 중앙부의 교각 頭部를 심하게 變位시켜 G_6 거더를 낙하시켰으며 일단 중앙거더가 낙하한 후의 교량은 안정성을 잃어 서로 인접한 거더가 차례로 낙하한 것으로 보인다.

이들의 事例로 보면 河床의 지표 가까운 부분의 흙은 지진시의 지지력에 대해 유효한지 의문이다. 근입이 얕은 목교 교각의 예를 보면, 强震이 아님에도 침하 또는 낙하한 예가 많으며 전혀 하중을 받지 않는 기둥이 파괴되는 경우도 있다. 근입이 얕은 기초는 이론적으로 지지력이 작으며 지표부에 느슨해진 砂質土가 지진동으로 인하여 液狀化하는 경우로 볼때 기초공의 근입은 깊은 것이 바람직하다.

매우 심한 지진동이 발생할 때는 근입이 깊은 교각에서도 이것이 지지층에 도달하지 못한 경우는 이동하거나 沈下한다.

Yoshino川 철도교의 교각은 길이 21 m 의 우물통기초이며, 개개의 우물통은 약 12~20 m 지중에 묻혀 있음에도 불구하고 1946년의 Nankai 지진에 의하여 그 頂部 橋軸의 직교방향으로 이동하여 3徑間 연속구조물은 최대 29.6 cm 折曲 되어 큰 피해를 입었다. Yoshino川 下流의 지층은 표층부에는 점토섞인 가는모래, 깊이 20~25 m 부분은 점토층이며, 25 m 이하에 지지층이 있다. 상기의 피해는 기초가 지지층까지 도달하지 않으므로써 일어나는 것이며 이것은 深層部의 지반이라도 振動의 外力을 받을 때는 지지력이 저하하는 경우가 있음을 나타내고 있다.

2) 기초공 자체의 손상

기초 근입이 깊어서 지지력이 충분한 경우라도 軀體가 충분한 耐力을 갖고 있지 않으면 파괴된다. 그림 12.12는 그 예를 나타낸 것이다. 그림은 1923년 Kanto 지진에 의한 Banyu川 철도교의 震害상황인데 거더가 동쪽 교대에서 4련이 15~30 cm 동쪽으로 이동하였을 뿐 나머지 24 련은 모두 낙하하였으며, 교각도 마찬가지로 동쪽의 數 本 외에는 기둥 또는 우물통 기초가 파손되었다.

우물통의 파손은 우물통 頭部에서 약 5 m 깊이에 이른다. 그 이하의 깊이 부분은 조사되지 않았기 때문에 균열이 발생되었는지는 알 수 없다. 圖示된 균열은 거더 및 기둥에 작용하는 지진력이 우물통에 전달되어, 그 휨모멘트에 저항할 수 없어 일어났거나 河床部의 흙이 깊이 약 5 m

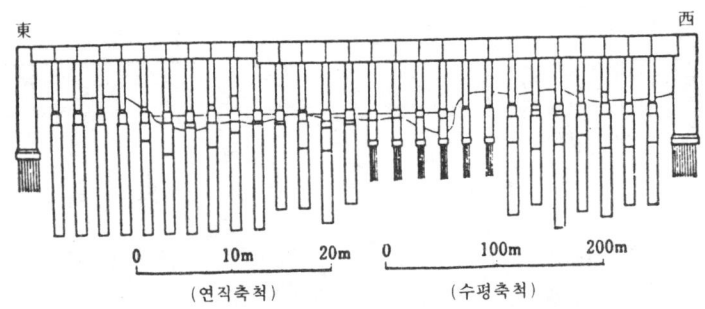

그림 12.12 Banyu 철도교 우물통기초의 균열(Kanto 지진, 1923. 9. 1)

까지 液狀化하기 때문에 일어난 것이라고 추측된다. 대개 이러한 종류의 지진작용에 의한 휨모멘트는 우물통의 頂部부근에서만 크고 중앙부 및 바닥에서는 작다. 따라서 그 때문에 우물통의 중간부분 아래에 균열이 생기는 사례는 있을 수 없다.

그러나 기초공이 연약층속에 깊게 매입되어 있는 경우는 연약층 내 각 깊이마다 지진동의 진폭이 같지 않음에 따라 기초공내에 휨응력을 일으키게 된다. 이 원인에 의하여 휨모멘트는 우물통의 중간부분에서 비교적 크다. 표면층내를 상승하는 剪斷波에 의하여 변형을 구속하는 콘크리트 기초 말뚝을 彈性슬래브上의 보로 가정하여 계산하면 MM X 이상의 지진시에 응력은 無筋콘크리트材에 균열을 일으키기에 충분한 크기이다.

그림 12.13은 Niigata驛의 교각기초로서 사질지반에 타설된 직경 30 cm, 길이 7.0 m 의 RC 말뚝이다. Niigata 지진시 교각이 침하하였기 때문에 인발하여 조사해 본 결과 그림에서 보는 바와 같이 한쪽에 균열이 일어나 있다. 이것은 상부구조로부터의 지진력에 의한 것이라기 보다 지반이 변형했기 때문에 말뚝 전면에 걸쳐 휨이 작용했기 때문이다. 최근은 두꺼운 연약층 지반이라도 연약층을 관통하여 기반에 달하는 긴 교각을 설치하며 長徑間의 거더를 설치하는 경우가 흔히 있는데 이와같은 예로 보아 두꺼운 연약층을 관통한 긴 교각에 대해서는 연약층의 불규칙한 지진동에 의해 교각기초부에 휨이 일어나는 것을 고려해야 한다.

그림 12.13 Niigata 지진시 균열된 말뚝기초(1964. 6. 16)

5. 거더部의 震害

지진시 거더部가 가끔 추락하는 경우가 있다. 거더의 낙하는 교량에 치명적인 손상을 준다. 그러므로 낙하를 방지해야만 한다. 이를 위해서는 거더 교량축, 방향으로 낙하하는 것을 방지하기 위하여 연속거더로 만들어야 한다. 거더의 하나하나가 철근이나 강판으로 연결해야한다. 그림 12.14는 그예이며 이와 같은 간단한 장치라도 거더의 낙하방지에는 유효하다.

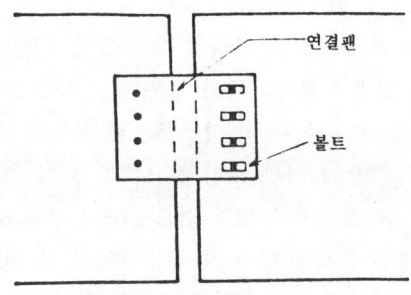

그림 12.14 추락방지를 위한 연결판

교량軸 직교방향의 落橋를 방지하기 위하여 主桁(main beam)을 가로 보(cross beam)로 충분히 연결하여, 전체를 一體化해야 한다. Fukui 지진시의 철근콘크리트 T형보인 Itagaki교는 측방향 거더가 이동하여 보 1개만 교각외로 튀어 나왔는데 가로보가 없었기 때문에 슬래브가 파괴된 것이다(그림 12.15 참조). 또, 1912년 Tokachi-oki 지진시 철근콘크리트 T형보인 Urahoro교의 보는 강성이 부족하였기 때문에 교각 바로 위의 보 측면에 평행한 균열이 발생하였고 동시에 主桁과 가로 보의 접속부도 균열을 일으켰다(그림 12.16 참조).

그림 12.15 Itagaki교의 피해(Fukui 지진, 1948. 6. 28)

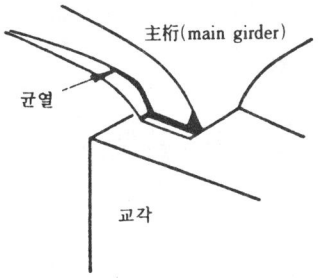

그림 12.16

지금까지의 거더橋는 진동주기가 0.3 sec 이하인 것이 많았기 때문에 지진동에 共振할 우려는 비교적 적었지만 최근 시공된 교량은 徑間길이가 매우 길고 자기진동주기가 길어서 大地震時에 地震動과 共振할 가능성이 충분히 있다. 특히 상부구조의 진동은 減衰性이 적어 거더의 상하진동 및 교량축 직교방향의 水平振動에 의한 지진력을 매우 크게 취해야 한다.

또 매우 높은 교각을 가진 거더교에서 거더의 진도는 지반 진도보다 매우 커진다. 교량의 설계가 이에 견디도록 하면 교량은 진해을 받지 않지만 진동이 큰 것은 路面上의 차량 주행에 위험하다. 따라서 이와같은 형식의 교량은 내진설계를 해야 할 뿐만 아니다. 또한 강성(rigidity)을 높여야 한다. 안전한 교통을 보장하기 위해 허용한도의 진도가 구체적으로 결정되지는 않았으나 대략 0.3g를 한계로 보고 있다.

12.2 거더橋의 진동해석

1. 개 설

교량의 내진설계를 위하여 교량축의 종·횡방향의 교량진동을 항상 조사해야 하며 또한 긴 徑間의 교량에 대하여는 일반적으로 연직진동을 조사해야 한다.

動的解析을 위한 교량의 모델은 3요소로 구성된다. 즉, 거더, 교각 및 기초이며 지진시 교량모델의 진동은 교량과 지반 사이의 작용을 측정하여 해석한다. 거더교의 모델은 장경간일 때는 가요성이고 보통경간의 거더는 강성이라고 가정하고, 교각은 낮은 강성이나 높은 교각은 가요성이라고 가정한다.

기초는 3종류가 있다. 즉 말뚝기초, 푸팅기초 그리고 케이슨 기초이다. 말뚝기초는 말뚝의 가요성을 고려해야한다. 푸팅기초와 케이슨 기초는 지반에 의하여 지지되는 剛體라고 가정한다. 이 경우 지반은 탄성이라고 가정하지만 연약지반일때 기초부근은 소성거동을 한다고 가정한다.

이와 같이 가정한 교량의 진동은 수치계산에 의하여 해석한다. 기초와 지반 사이의 경계조건은 지반과 교량의 진동 감쇠특성과 마찬가지로 해석결과에 큰 영향을 미치고 있다. 그러나 문제는 아직 지진시에 대한 기초공부분의 거동이 불분명하며, 이들 특성을 가정하는 것은 어렵다. 이들 조건을 연구하기 위하여 지진시 거더의 진동과 교량기초의 지진시 관측이나 진동시험을 통하여 측정한다. 이들 측정결과에 따르면 교량의 진동감쇠의 주요원인은 높은 교각을 갖는 교량의 구조적 감쇠와 낮은 교각을 갖는 교량의 기초를 통한 에너지 소산이다. 그러므로 지진시 낮은 교각 교량의 진동은 교량기초가 깊은 기초일때 최소화된다.

2. 교각의 진동해석

1) 미분방정식에 의한 해석

그림 12.17(a)에은 교각의 모델을 나타낸 것이다. 이를 그림 12.17(b)에 나타낸 構造系로 가정하면 교각은 캔틸레버보이며 그 위에 놓인 거더는 캔틸레버보위에 추가되는 큰 질량이다. 또 캔틸레버 기초와 지반사이에는 스프링이 있으며 지반은 교각 기초부의 水平變位에 비례하는 반력과 기초의 회전각에 비례하는 반력모멘트가 작용한다.

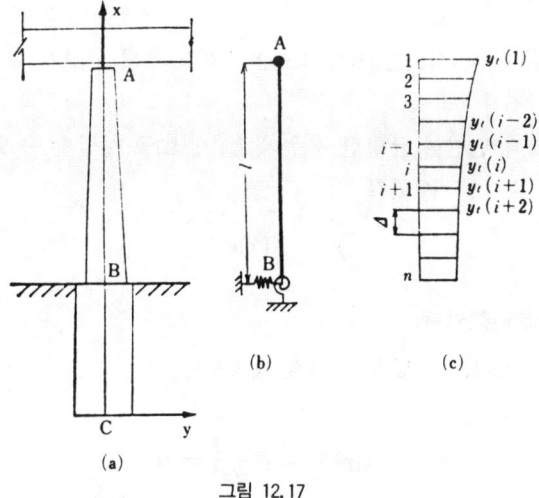

그림 12.17

지반이 水平加速度 U로 진동할때 이로 인한 교각의 진동은 다음의 운동방정식으로 표시된다.

$$m\frac{\partial^2(y+U)}{\partial t^2} + \frac{\partial^2}{\partial x^2}\left(B\frac{\partial^2 y}{\partial x^2}\right) = 0 \qquad (12.1)$$

여기서, y : 기둥의 지반에 대한 相對變位 또는 처짐
   m : 기둥의 단위길이당 질량
   B : 기둥의 휨강성
   U : 지진시 지반의 水平變位

이 식의 제1항은 기둥의 질량이 운동하는데 따른 관성력, 제2항은 교각의 變形으로 생기는 復元力이다. 또 교각에 작용하는 軸力이 진동에 미치는 영향은 작기 때문에 일반적으로 생략한다.

교각의 상단에서 관한 조건은 휨모멘트는 0이며 전단력은 거더의 慣性力과 같다. 즉 M을 거더의 질량이라고 하면 교각의 상단에서의 조건은

$$\frac{\partial^2 y}{\partial x^2} = 0, \quad \frac{\partial}{\partial x}\left(B\frac{\partial^2 y}{\partial x^2}\right) = M\frac{\partial^2(y+U)}{\partial t^2} \qquad (12.2)$$

가 된다.

바닥에서 휨모멘트와 전단력은 각각 기둥의 회전각과 처짐에 비례한다. 즉 K_1, K_2를 각각의 탄성계수라 하면

$$B\frac{\partial^2 y}{\partial x^2} = K_1\frac{\partial y}{\partial x}, \quad \frac{\partial}{\partial x}\left(B\frac{\partial^2 y}{\partial x^2}\right) = -K_2 y \qquad (12.3)$$

가 된다.

U가 주어질 때는 식(12.1), 식(12.2) 및 식(12.3)으로 부터 지진시 교각의 거동을 구명할 수 있다.

간단한 例를 들면, 교각 단면이 균일한 경우의 自由振動을 설명할 수 있다. 자유진동은 $U=0$ 이며 또한 다음식으로 표시할 수 있다.

$$y = Y(x)e^{ipt} \tag{12.4}$$

여기서 p 는 自由圓振動數이다.

위의 식을 식(12.1), 식(12.2) 및 (12.3)에 代入하면

$x = l$ 에서
$$mp^2 Y - B\frac{d^4 Y}{dx^4} = 0 \tag{12.5}$$

$x = 0$ 에서
$$\frac{d^2 Y}{dx^2} = 0, \quad B\frac{d^3 Y}{dx^3} = -Mp^2 Y \tag{12.6}$$

식(12.5)를 풀면
$$B\frac{d^2 Y}{dx^2} = K_1 \frac{dY}{dx}, \quad B\frac{d^3 Y}{dx^3} = -K_2 Y \tag{12.7}$$

$$Y = C_1 \sin \beta x + C_2 \cos \beta x + C_3 \sinh \beta x + C_4 \cosh \beta x \tag{12.8}$$

그러나,
$$\beta = \sqrt[4]{\frac{mp^2}{B}}$$

가 된다.

여기서, C_1, C_2, C_3, C_4 는 積分常數이다. 이것을 식(12.6), (12.7)에 대입하면 4개의 적분상수 C 에 대한 4개의 同次位方程式(simnltaneous homogenous equation)이 얻어진다. 이 때 방정식이 0이 되는 해를 갖기 위해서는 係數行列式이 0이어야 한다. 따라서

$$\begin{vmatrix} -\sin \beta l & -\cos \beta l & \sinh \beta l & \cosh \beta l \\ \frac{Mp^2}{\beta^3 B}\sin\beta l - \cos\beta l & \frac{Mp^2}{\beta^3 B}\cos\beta l + \sin\beta l & \frac{Mp^2}{\beta^3 B}\sinh\beta l + \cosh\beta l & \frac{Mp^2}{\beta^3 B}\cosh\beta l + \sinh\beta l \\ \frac{K_1}{\beta B} & 1 & \frac{K_1}{\beta B} & -1 \\ -1 & \frac{K_2}{\beta^3 B} & +1 & \frac{K_2}{\beta^3 B} \end{vmatrix} = 0 \tag{12.9}$$

윗식을 풀어 p를 구하여 자유진동수를 정하며, 결정된 p에 대해 또 4개의 적분상수 사이의 比가 결정되는데, 이것이 자유진동의 처짐형(deflection mode)을 나타내는 것이다. 식(12.9)를 만족하는 p값은 無限數이다. 그러므로 자유진동은 無限數이다.

2) 有限差分法에 의한 해석

교각의 단면이 같지 않은 경우에는 식(12.1)을 해석적 방법으로 푸는것은 어렵다. 그러므로 보통 差分法에 의해 수치적으로 풀고 있다. 즉 캔틸레버에서 그림 12.17(c)와 같이 등간격 Δ마다 節点을 취하여 각 절점의 頂部에서 차례로 1부터 n까지의 번호를 붙인다. 절점 i의 시각 t에서 변위 $y_i(t)$로 표시한다. 이 때 모든 節点에 대해 $y_i(t)$를 구하면, 교각의 처짐을 근사적으로 알 수 있다.

따라서 2개의 독립변수 t와 x를 갖는 문제와 종속변수 $y(t, x)$는 하나의 독립변수 t와 많은 종속변수 $y_i(t)$를 갖는 문제로 된다. 다시 말하면 부분차분식은 동시에 일반차분식으로 변화되며 따라서 수학적으로 풀 수 있다.

처짐곡선의 도함수를 $y_i(t)$로 나타내기 위하여 가정 단면에서 $y_i(t)$이외의 인접 부분의 $y(t)$값이 중요하며 불연속식인(12.1)에 의하여 다음과 같이 나타낼 수 있다.

$$m(i)\ddot{y}_i(t) + \frac{1}{\Delta^4}\begin{bmatrix} B(i-1)y_{i-2}(t) - 2\{B(i-1) + B(i)\}y_{i-1}(t) \\ + \{B(i-1) + 4B(i) + B(i+1)\}y_i(t) \\ -2\{B(i) + B(i+1)\}y_{i+1}(t) + B(i+1)y_{i+2}(t) \end{bmatrix} = -m(i)\ddot{U}(t)$$

(12.10)

단면 $i = 3 - (n-2)$에 대한 것이다.

따라서, 운동방정식은 일반적 형태로 다음과 같이 표시된다.

$$[m]\{\ddot{y}(t)\} + [B]\{y(t)\} = -[m]\{\ddot{U}\}$$

여기서, $\{y(t)\}$: 節点의 변위벡터
      $[m]$: 절점질량의 대각선 매트릭스
      $[B]$: 강성매트릭스
      $\{U\}$: $\ddot{U}$를 곱한 단위 벡타

식(12.10)은 일반차분식이며 이는 차분방정식 이론이나 절점이론으로 해석할 수 있다.

3) 有限要素法에 의한 해석

유한차분법으로 문제를 해석하기 위해서는 기본방정식을 풀어야 한다. 그러나 유한요소법에 의한 해석은 기본차분식을 필요로 하지 않는다.

有限要素法에 의한 해석을 설명하기 위하여 암반상에 세운 그림 12.18과 같은 교각에 대하여 이것이 지진동을 받는 경우의 應答振動을 계산한다.

교각은 거더가 없는 것으로서 지반에 완전고정되어 있다고 가정한다. 교각의 수학적모델은 다수의 集中質量, 板스프링(leaf spling)과 대쉬포트로 구성된다. 이들은 위로부터 차례로 1에서 n까지의 번호를 붙인다. 인접한 질량간의 간격은 一定値 Δ로 하고 질량사이의 스프링 剛性은 모두 같으며 지반에 대한 질량의 상대속도에 비례하는 것으로 한다.

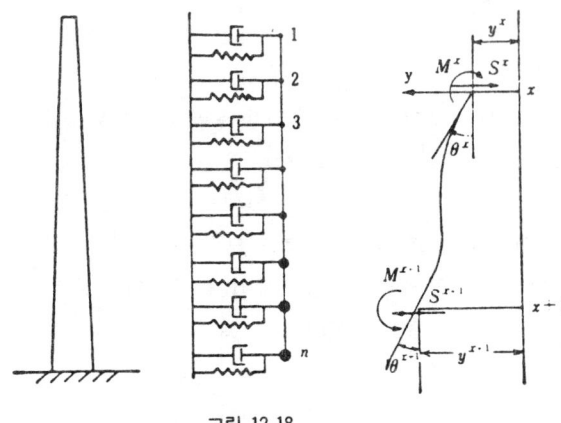

그림 12.18

계산하기 위하여 필요한 기호는 다음과 같다.

여기서, m_i : 節点 i에 대한 集中質量

B_i : 節点 i와 節点 $i+1$ 사이의 보(i번째 보)의 휨강성

c_i : 節点 i에 대한 대쉬포트의 저항계수

y_i : 節点 i의 變位

θ_i : 節点 i에 대한 처짐角

M_i^ℓ : i번째 보 상단의 휨모멘트

M_i^u : i번째 보 상단의 휨모멘트

S_i^ℓ : i번째 보 하단의 剪斷力

S_i^u : i번째 보 상단의 剪斷力

또, 탄성보의 경우 부재의 양단에서 材端휨모멘트 및 전단력과 材端變位 및 처짐角과의 사이에는 그림 12.19에 나타낸 바와 같은 관계가 있으며 이는 유한요소법의 기본이 된다.

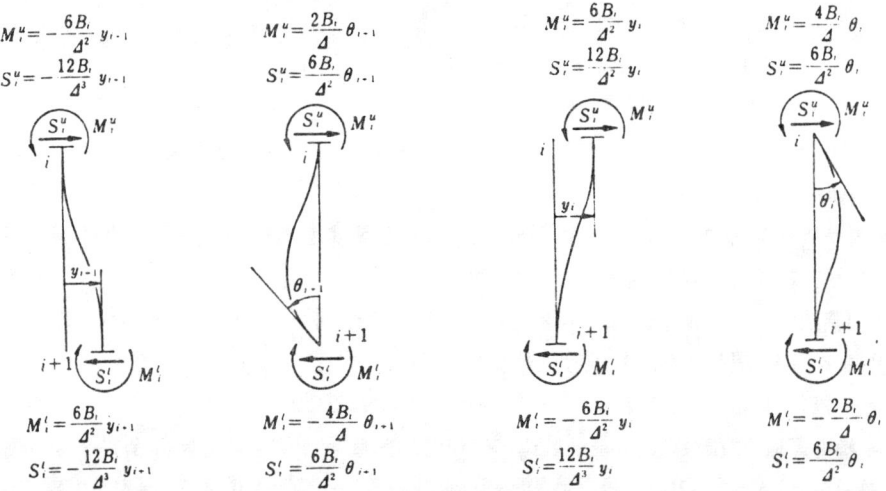

그림 12.19

진동시에는 질량에 지진관성력이 외력으로 작용하며, 그 크기는 $U(t)$를 地動加速度라 할 때 $-m_i\ddot{U}(t)$이다. 진동중 질량 i에 작용하는 힘의 동적평형을 나타내면 그림 12.20과 같다.

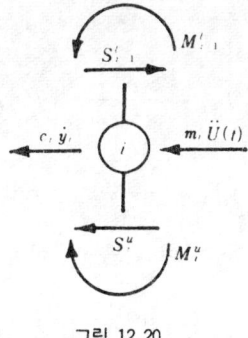

그림 12.20

즉 $i=2-(n-1)$에 대하여

$$m_i\frac{d^2y_i}{dt^2} + c_i\frac{dy_i}{dt} + (S_i^u - S_{i-1}^l) = -m_i\ddot{U}(t) \qquad (12.11)$$

$$M_{i-1}^l = M_i^u \qquad (12.12)$$

또 $i=1$에 대하여

$$m_1\frac{d^2y_1}{dt^2} + c_1\frac{dy_1}{dt} + S_1^u = -m_1\ddot{U}(t) \qquad (12.13)$$

$$M_1^u = 0 \qquad (12.14)$$

$i=n$에 대한 조건은

$$\theta_n = 0, \quad y_n = 0 \qquad (12.15)$$

그러므로 그림 12.19에서

$$M_{i-1}^l = \frac{6B_{i-1}}{\Delta^2}y_i - \frac{4B_{i-1}}{\Delta}\theta_i - \frac{6B_{i-1}}{\Delta^2}y_{i-1} - \frac{2B_{i-1}}{\Delta}\theta_{i-1}$$

$$M_u^i = -\frac{6B_i}{\Delta^2}y_{i+1} + \frac{2B_i}{\Delta}\theta_{i+1} + \frac{6B_i}{\Delta^2}y_i + \frac{4B_i}{\Delta}\theta_i$$

$$S_{i-1}^l = -\frac{12B_{i-1}}{\Delta^3}y_i + \frac{6B_{i-1}}{\Delta^2}\theta_i + \frac{12B_{i-1}}{\Delta^3}y_{i-1} + \frac{6B_{i-1}}{\Delta^2}\theta_{i-1}$$

$$S_i^u = -\frac{12B_i}{\Delta^3}y_{i+1} + \frac{6B_i}{\Delta^2}\theta_{i+1} + \frac{12B_i}{\Delta^3}y_i + \frac{6B_i}{\Delta^2}\theta_i$$

이들을 식(12.11) 및 식(12.12)에 대입하여 다음 식을 얻는다.

$$m_t \frac{d^2 y_t}{dt^2} + c_t \frac{dy_t}{dt} - \frac{12B_i}{\Delta^3} y_{i+1} + \frac{6B_i}{\Delta^2} \theta_{i+1} + \frac{12(B_i + B_{i-1})}{\Delta^2} y_i + \frac{6(B_i - B_{i-1})}{\Delta^2} \theta_i$$
$$- \frac{12B_{i-1}}{\Delta^3} y_{i-1} - \frac{6B_{i-1}}{\Delta^2} \theta_{i-1} = -m_i \ddot{U}(t) \quad (12.16)$$

$$\frac{6B_i}{\Delta^2} y_{i+1} - \frac{2B_i}{\Delta} \theta_{i+1} - \frac{6(B_i - B_{i-1})}{\Delta^2} y_i - \frac{4(B_i + B_{i-1})}{\Delta} \theta_i$$
$$- \frac{6B_{i-1}}{\Delta^2} y_{i-1} - \frac{2B_{i-1}}{\Delta} \theta_{i-1} = 0 \quad (12.17)$$

또한, 식(12.18) 및 식(12.14)에 대입하여 다음 두 식을 얻는다.

$$m_1 \frac{d^2 y_1}{dt^2} + c_1 \frac{dy_1}{dt} - \frac{12B_1}{\Delta^3} y_2 + \frac{6B_1}{\Delta^2} \theta_2 + \frac{12B_1}{\Delta^2} y_1 + \frac{6B_1}{\Delta^2} \theta_1 = -m_1 \ddot{U}(t) \quad (12.18)$$

$$- \frac{6B_1}{\Delta^2} y_2 + \frac{2B_1}{\Delta} \theta_2 + \frac{6B_1}{\Delta^2} y_1 + \frac{4B_1}{\Delta} \theta_1 = 0 \quad (12.19)$$

식(12.15)~식(12.19)을 연립방정식으로 풀면 y_i 를 구할 수 있다.

4) 질량스프링과 대쉬포트 모델을 이용한 교량기초의 진동해석

(1) 교각이 없는 기초공의 진동

앞의 계산에서 기초공을 매우 간단히 하여 스프링과 대쉬포트로 나타내었다. 그러나 실제 기초공의 動的擧動은 매우 복잡하여 실제 문제에서는 적절한 스프링 定數를 가정하는 것은 어렵다. 또한 이 모델에서는 지진시 교량 기초공자체의 거동을 알 수도 없다. 그러므로 교량 기초공의 動的擧動을 구명하는 것이 필요하지만 현재로서는 아직 잘 알 수 없다.

기초공의 진동 해석에 이용되는 일반적인 방법은 흙을 彈性슬래브로 가정하여 기초공을 彈性슬래브상의 보라고 간주하는 것이다. 즉 기초공이 지반에 대하여 상대적으로 變位할 때 지반으로부터 기초공에 復元力과 抵抗力이 작용한다. 이때 復元力은 지반과 기초공부의 相對變位에 비례하며 저항력은 相對速度에 비례한다고 가정한다. 따라서 p 를 기초공의 단위면적에 작용하는 흙의 反力, y 를 기초공과 지반과의 相對變位라 하면 다음식과 같다.

$$p = ky + c \frac{dy}{dt} \quad (12.20)$$

여기서, k : 지반반력계수
c : 지반점성계수

이 가정을 이용하면 지중부의 진동은 탄성기초上의 보理論으로 취급할 수 있으며 지상부와 지중부를 조합하여 교량전체의 진동을 해석할 수 있다.

다음에 간단한 예를 들어 보기로 한다.

그림 12.21과 같은 케이슨 기초 모델이 있다고 하자. 이 모델의 기초공은 직사각형 단면의 剛體이다. 스프링은 탄성을 가지고 있으며 대쉬포트는 粘彈性을 갖는다. 이들은 모두 케이슨 전면에 분포하며 그 성질은 모두 일정하고 또한 스프링은 바닥에 분포한다. 이들의 용수철과 대쉬

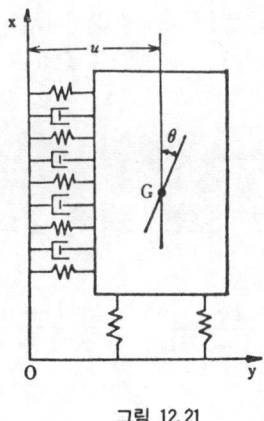

그림 12.21

포트의 他端은 좌표 xOx에 취하여 이 좌표가 지진시에 주어진 운동을 하는 것이라고 한다. 케이슨 운동을 中心 G의 變位와 그 주위의 회전변위로 표시하며, 中心 G의 xOy좌표에 대한 相對水平變位를 u, G点주위의 回轉變位를 θ라 하면 운동방정식은 다음 식과 같다.

$$m\frac{d^2(u+U)}{dt^2} = -kb\int_{-l/2}^{l/2}(u+x\theta)dx - cb\int_{-l/2}^{l/2}\left(\frac{du}{dt}+x\frac{d\theta}{dt}\right)dx \quad (12.21)$$

$$I\frac{d^2\theta}{dt^2} = -kb\int_{-l/2}^{l/2}(u+x\theta)xdx - cb\int_{-l/2}^{l/2}\left(\frac{du}{dt}+x\frac{d\theta}{dt}\right)xdx - k'b\int_{-a/2}^{a/2}y\theta ydy \quad (12.22)$$

여기서 m : 케이슨의 질량
         I : 中心軸에 대한 케이슨의 관성모멘트
    $U(t)$: 지진시 좌표 xOy의 운동
         k : 케이슨 前面에 부착한 스프링의 스프링정수
         k' : 케이슨 低面에 부착한 스프링의 스프링정수
         c : 케이슨 前面에 부착한 대쉬포트의 점성계수
         l : 케이슨의 길이
         b : 진동에 직교한 방향의 케이슨 폭
         a : 진동에 평행한 방향의 케이슨 폭

γ를 케이슨의 단위체적당 중량이라고 하면 다음식과 같다.

단, $$m = \frac{\gamma abl}{g}, \quad I = \frac{\gamma abl^3}{12g}(1+\lambda^2)$$

따라서

$$\lambda = \frac{a}{l}$$

$$\alpha = \frac{k'}{k}$$

식(12.21), 식(12.22)는

$$\frac{d^2u}{dt^2} + \frac{cg}{\gamma a}\frac{du}{dt} + \frac{kg}{\gamma a}u = -\ddot{U} \tag{12.23}$$

$$\frac{d^2\theta}{dt^2} + \frac{cg}{\gamma a(1+\lambda^2)}\frac{d\theta}{dt} + \frac{kg(1+\alpha\lambda^3)}{\gamma a(1+\lambda^2)}\theta = 0 \tag{12.24}$$

이 된다.

이 두식을 연립하여 풀면, 지진시 케이슨의 거동을 알 수 있다.

위의 식에서 $\ddot{U}=0$이라 놓으면, 자유진동 방정식을 얻을 수 있다. 자유진동은 變位와 回轉의 2가지 진동형을 가지며 각각의 固有振動周期와 減衰定數는 다음과 같다.

$$T_1 = 2\pi\sqrt{\frac{\gamma a}{kg}}, \quad h_1 = \frac{c}{2}\sqrt{\frac{g}{\gamma ka}} \tag{12.25}$$

$$T_2 = 2\pi\sqrt{\frac{\gamma a(1+\lambda^2)}{kg(1+\alpha\lambda^3)}}, \quad h_2 = \frac{c}{2}\sqrt{\frac{g}{\gamma ka(1+\lambda^2)(1+\alpha\lambda^3)}} \tag{12.26}$$

참고로 케이슨의 上部에 생기는 수평력 N 또는 모멘트 M를 가할 때에 케이슨의 스部에 생기는 水平變位 및 傾斜角을 나타내면 다음과 같다.

$$y_0 = \frac{1}{kbl(1+\alpha\lambda^3)}\left\{(4+\alpha\lambda^3)H + \frac{6M}{l}\right\} \tag{12.27}$$

$$\theta_0 = \frac{6}{kbl^2(1+\alpha\lambda^3)}\left(H + \frac{2M}{l}\right) \tag{12.28}$$

현장 시험에서 y_0와 θ_0을 실측하여 윗식으로부터 k, k'를 결정할 수 있다.

실제로는 스프링정수와 대쉬포트를 결정하는 일은 쉽지않다. 그러나 지진시 케이슨기초의 거동을 관측한 바에 의하면 이들이 지반 깊은 곳에 있을때 주위지반과 거의 같은 방식으로 진동한다.

(2) 교각이 있는 기초공의 진동

이상에는 기초공만이 진동하는 경우에 대하여 기술하였으나 기초공 위에 교각, 거더가 실려 있는 경우의 구조물 등의 振動性狀은 매우 달라진다. 예를들면 減衰定數는 기초공만 있을때에는 크다. 그러나 상부구조를 재하하면 그 값은 작아진다. 이 관계를 數量的으로 이해하기 위하여 하나의 계산결과를 제시하고자 한다.

그림 12.22와 같이 2自由度系가 正弦波形을 가지고 지진동을 받는 경우의 진동을 생각해보자. 계산방법은 "탄성구조물의 동적해석"에 제시한 것과 같이 이 모형에서는 기초바닥면은 기

제 12 장 교량의 내진 369

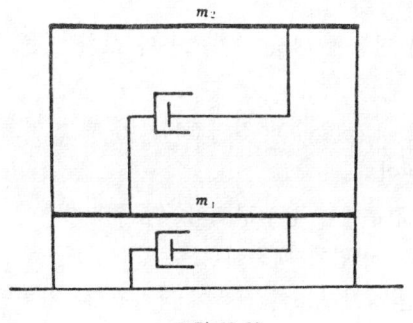

그림 12.22

초공이 되며 1층은 상부구조를 표시한다.

다음은 이에 대한 기호를 나타낸 것이다.

m_1 : 기초공의 질량

m_2 : 상부구조의 질량

λ : m_2/m_1

p_1 : 상부구조가 실려 있지 않은 경우의 기초공의 無減衰固有振動數

h_1 : 위와 같은 조건의 減衰定數

p_2 : 기초지반이 剛性인 경우의 상부구조의 無減衰固有振動數

h_2 : 위와 같은 조건의 減衰定數

w : 地震動의 振動數

q_1 : p^2/w

q_1 : p_2/w

그림 12.23은 $q_1=2.0$인 경우의 應答曲線이며, 종축은 상부구조의 振幅, 橫軸은 q_2이다. 應答曲線에서 기초공의 減衰가 작은 경우는 實線이며, 큰 경우는 破線이다. 여기서 λ가 크다고 하는 것은 기초공의 질량이 작음을 의미하고 λ가 작으면 기초공의 질량이 큰 것을 의미한다.

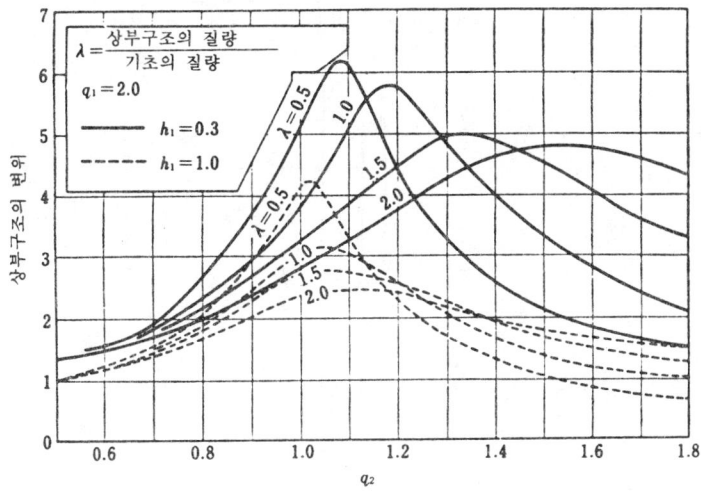

그림 12.23 상부구조의 지진동에 대한 기초의 질량효과

이 그림을 보면 상부구조의 진동에 대하여 기초공의 크기는 큰 영향을 미치고 있음을 알 수 있다. 즉
① 상부구조의 共振周期는 λ가 클수록 길어진다. 이 때는 기초공이 작기 때문에 상부구조와 함께 진동하기 때문이다.
② 기초공의 감쇠성이 큰 경우에는 상부구조의 共振周期에 미치는 λ의 영양은 적다. 이 경우는 기초공이 진동하기 어렵기 때문이다.
③ 기초공의 감쇠성이 크면 상부구조의 진폭이 작아진다. 기초공의 감쇠성이 상부구조의 진폭에 미치는 영향은 크다.
④ q_1의 다른 값에 대하여 똑같은 곡선을 그리면 그 모양은 그림 12.23과 큰 차이가 없다. 이것은 상부구조의 진폭에 미치는 교량 기초공의 固有振動周期의 영향이 작다는 것을 의미한다.

3. 彈性理論에 의한 교량 기초공의 진동해석

구조물을 모델화하여, 지반상에 축조할 때 이 구조물은 질량, 스프링 및 대쉬포트로 구성된 모델을 이용하는 것이 적합하다고 생각된다. 그러나 지중에 있는 경우는 구조물과 그 주위의 흙도 운동하기 때문에 질량, 스프링, 대쉬포트로 구성되는 폐쇄된 모델을 적용하는 것은 문제가 있다. 앞에서 언급한 많은 실험결과가 항상 광범위한 분산을 나타내고 있는 원인은 모델이 부적당하기 때문이다. 이 모델은 그럼에도 불구하고, 가끔 사용되는 이유는 계산상의 편의 때문인데 이 문제는 금후 근본적으로 연구되어야 한다.

다음은 이에 관한 몇가지 연구결과를 들어보고자 한다.

1) Sezawa의 近似的 解

Sezawa는 지표면상에 높이 l, 半徑 ε인 圓柱體를 세운 지반에 연직으로 單位振幅의 正弦波가 정상적으로 상승해 갈때 원주체의 진동진폭에 대하여 연구하였다. 좌표가 그림 12.24와 같다면 지반내를 상승하는 파동은 다음과 같이 표시된다.

$$u_0 = \exp\left\{i\omega\left(t + \frac{x}{\alpha}\right)\right\} \tag{12.29}$$

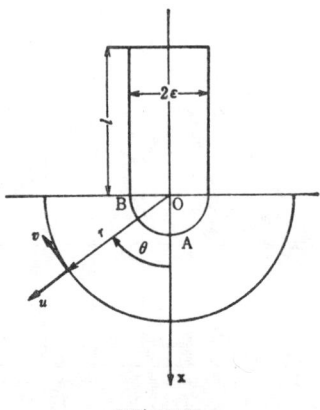

그림 12.24

여기서, ω : 파동의 圓振動數,
α : 지반내의 縱波의 傳播速度

λ, μ를 지반의 Lame 상수, ρ를 밀도라 할때 α는 다음과 같다.

$$\alpha = \sqrt{\frac{\lambda + 2\mu}{\rho}}$$

이 波動을 받아 원주체는 연직방향으로 진동하며, 이로 인하여 圓柱體內에는 연직방향으로 縱波가 진행한다. 이것은 다음 식으로 표현할 수 있다.

$$u' = A \exp\left\{i\omega\left(t + \frac{x}{c'}\right)\right\} + B \exp\left\{i\omega\left(t - \frac{x}{c'}\right)\right\}$$

여기서 c'는 柱體內의 縱波의 전파속도이며 E'는 원주체의 탄성계수이고 ρ'는 밀도라고 하면 다음과 같다.
c'는 다음과 같다.

$$c' = \sqrt{\frac{E'}{\rho'}}$$

위의 식에서 제1항은 상승하는 파동, 제2항은 하강하는 파동이며 A, B는 경계조건으로부터 결정해지는 未定係數이다.

지반內에는 지표면으로부터 반사하는 波와 원주체의 하단으로부터 반사하는 波가 있다. 前者를 u_1이라고 하면, 이것은 入射波와 같은 파동이 하향으로 반사되므로 다음 식과 같다.

$$u_1 = \exp\left\{i\omega\left(t - \frac{x}{\alpha}\right)\right\} \tag{12.30}$$

後者는 点 O에서 放射狀으로 외부를 향하여 진행하는 波이다. 이 방사상 변위 성분을 u, 원주방향의 성분을 v라 하면, u, v는 각각 縱波와 橫波로서 縱波는 P를, 橫波는 S의 부호를 붙여 표시한다. 彈性波動論에 의하면 点 O에서 방사상으로 외부를 향해 진행하는 종파는 다음 식으로 표시한다.

$$u_p = -\frac{\alpha^2}{\omega^2}\cos\theta \frac{d}{dr}\left[\exp\left\{i\omega\left(t - \frac{r}{\alpha}\right)\right\}\left(\frac{1}{r} + \frac{\alpha}{i\omega r^2}\right)\right]$$
$$v_p = \frac{\alpha^2}{\omega^2}\sin\theta \frac{1}{r}\exp\left\{i\omega\left(t - \frac{r}{\alpha}\right)\right\}\left(\frac{1}{r} + \frac{\alpha}{i\omega r^2}\right) \tag{12.31}$$

마찬가지로 点 O에서 방사상으로 외부로 진행하는 횡파는 다음 식으로 표시한다.

$$u_s = -\frac{4\beta^2}{\omega^2}\cos\theta \frac{1}{r}\exp\left\{i\omega\left(t - \frac{r}{\beta}\right)\right\}\left(\frac{1}{r} + \frac{\beta}{i\omega r^2}\right)$$

$$v_s = \frac{2\beta}{\omega^2}\sin\theta \frac{1}{r}\frac{d}{dr}\left[\exp\left\{i\omega\left(t-\frac{r}{\beta}\right)\right\}\left(1+\frac{1}{i\omega r}\right)\right] \quad (12.32)$$

여기서 β는 지반내의 횡파의 전파속도이며 다음 식으로 표시한다.

$$\beta = \sqrt{\frac{\mu}{\rho}}$$

따라서, 点 O에서 방사상으로 외부로 진행하는 波는 일반적으로 다음식으로 표시할 수 있다.

$$\left.\begin{array}{l} u = Cu_p + Du_s \\ v = Cv_p + Dv_s \end{array}\right\} \quad (12.33)$$

여기서 C, D는 定數이다. 그러나 ε이 波長에 비하여 작을때는 그림의 点 A에 대한 연직 變位와 点 B에 대한 연직 變位는 같다고 놓을 수 있다. 따라서

$$(u_0 + u_1 + u)_A = (u_0 + u_1 - v)_B$$

그런데, $(u_1)_A$는 근사적으로 $(u_1)_B$와 같으므로 $(u_0)_A$는 $(u_0)_B$와 대략 같다.

$$u_A = -v_B \quad (12.34)$$

이 관계가 만족되기 위해서는 C와 D 사이에는 다음의 관계가 성립되어야 한다.

$$\frac{C}{D} = -\frac{u_{SA} + v_{SB}}{u_{PA} + v_{PB}} \quad (12.35)$$

경계조건은 다음과 같다. 원주체의 상단($x=-l$)에서는 變形은 0이어야 한다. 따라서

$$\left(\frac{\partial u'}{\partial x}\right)_{x=-l} = 0 \quad (12.36)$$

원주체의 하단에 대한 경계조건을 유도하기 위하여 근사적으로 원주체 하단에 半球形의 剛體가 있다고 가정한다. 圓柱體의 직경이 波長에 비하여 훨씬 짧을 때는 이 半球體의 표면에 대한 조건은 가진 원주체의 하단에 대한 조건이라고 놓을 수 있다. 원주체의 하단($x=0$)에 대한 變位는 点 A에 대한 지반의 상하방향의 變位와 같아야 하므로

$$(u)'_{x=0} = 2(u_0)_{x=0} + u_A \quad (12.37)$$

또 원주체 하단에 대한 軸方向力은 위의 半球體 표면에 작용하는 응력의 合力과 같아야 한다. 이것을 식으로 표시하면

$$E'\pi\varepsilon^2\left(\frac{\partial u'}{\partial x}\right)_{x=0} = \int_{\theta=0}^{\pi/2}\int_{\varphi=0}^{2\pi}\left[\left(\lambda\Delta + 2\mu\frac{\partial u}{\partial r}\right)r^2\cos\theta\sin\theta\, d\theta d\varphi\right]_{r=\varepsilon}$$

$$+ \int_{\theta=0}^{\pi/2} \int_{\varphi=0}^{2\pi} \left[\mu \left(\frac{\partial v}{\partial r} - \frac{v}{r} + \frac{1}{r} \frac{\partial u}{\partial \theta} \right) r^2 \sin\theta \, d\theta d\varphi \right]_{r=\varepsilon} \tag{12.38}$$

여기서

$$\Delta = C \cos \theta \exp \left\{ i\omega \left(t - \frac{r}{\alpha} \right) \right\} \left(\frac{1}{r} + \frac{\alpha}{i\omega r^2} \right) \tag{12.39}$$

계수 A, B, C, D는 식(12.35)~식(12.38)의 4개 식으로 정할 수 있으며 원주체 상단의 정현파의 振幅은 다음 식과 같다.

$$u'_{x=-l} = 4 \sqrt{\frac{\Gamma_1^2 + \Gamma_2^2}{P^2 + Q^2}} \tag{12.40}$$

여기서

$$\begin{aligned} \Gamma_1 &= 3 - \frac{\varepsilon^2 \omega^2}{\alpha^2} \left(2 + 3 \frac{\alpha}{\beta} - \frac{\alpha^2}{\beta^2} \right) \\ \Gamma_2 &= \frac{\varepsilon \omega}{\alpha} \left\{ 3 \left(1 + \frac{\alpha}{\beta} \right) + \frac{\varepsilon^2 \omega^2}{\beta^2} \left(1 - 2 \frac{\beta}{\alpha} \right) \right\} \end{aligned} \tag{12.41}$$

$$\begin{aligned} P &= 2\Gamma_1 \cos \frac{\omega l}{c'} + \frac{3E'}{\mu} \frac{\varepsilon \omega}{c'} \left(2 + \frac{\beta^2}{\alpha^2} - \frac{\varepsilon^2 \omega^2}{\alpha^2} \right) \sin \frac{\omega l}{c'} \\ Q &= 2\Gamma_2 \cos \frac{\omega l}{c'} + \frac{3E'}{\mu} \frac{\varepsilon^2 \omega^2}{c' \alpha} \left(2 + \frac{\beta}{\alpha} \right) \sin \frac{\omega l}{c'} \end{aligned} \tag{12.42}$$

이다.

똑같은 방법이지만 지반내에서 횡파가 상승하는 경우에 생기는 원주체의 剪斷振動에 대해서도 알 수 있다.

2) Tajimi 의 해석

기층상에 표면층을 갖는 지반이 있으며 圓柱狀 構造物이 표면층내에 매입되어 기층상에 설치되어 있다고 가정하고 지진시에 기층이 수평 진동을 받을때 圓柱體에 대한 진동을 연구하였다. 이것은 지반에 근입되어 지진에 의하여 진동을 받는 교량 기초의 모델이다(그림 12.25 참조).

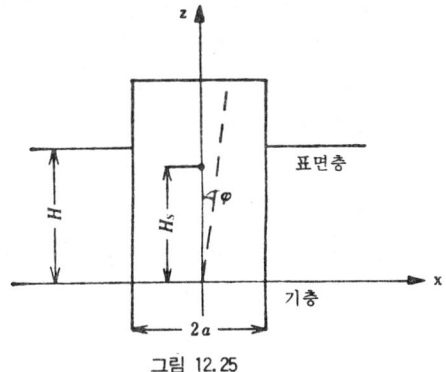

그림 12.25

문제를 간단히 하기 위하여 많은 가정을 하였다. 즉,
① 기층은 剛體이며 지진시에 水平方向으로 단조화운동(simple hamonic motion)을 한다.
② 表面層은 粘彈性體이며 應力과 變形 사이에는 다음과 같은 관계가 있다.

$$\tau = \left(\mu + i\mu' \frac{\partial}{\partial t}\right)\gamma$$

여기서, τ : 전단응력
γ : 전단변형

③ 圓柱體는 剛體로 한다. 그 하단은 바닥면 직경에 대하여 회전운동을 할 수 있으나 기반암 상에서 활동은 할 수 없다.
④ 표면층내에 생기는 연직방향의 운동은 무시한다. 따라서 원주체 측면에는 연직방향의 전단력은 작용하지 않는다.

기층이 수평진동을 할때 表面層에는 多重反射現象이 일어나며 표면층내의 여러 點은 기반과는 다른 운동을 한다. 만약 원주체가 표면층에 매입되어 있지 않으면, 표면층에서의 운동은 표면층에서 파동의 다중반사에 의한 방법으로 결정할 수 있다.

원주체일 때는 표면층의 운동은 교란되며 표면층내에는 원주체로부터 放射狀으로 퍼지는 파동이 전파한다. 즉 그림 12.25와 같은 원주체가 받는 외력은 3종류로 나눌 수 있다. 첫째는 기층이 單調和運動을 함에 따라 기반으로부터 받는 힘이다. 둘째는 표면층이 多重反射로 인하여 운동함에 따라 표면층에서 받는 힘이다. 셋째는 표면층에 상기의 운동과 원주체의 운동 및 반사에 따른 운동을 함으로써 표면층이 받는 힘으로, 원주체 주변에 대한 표면층내의 응력에 의하여 일어난다. 파동현상에서는 變位를 거리로 미분하여 구한 변형과 변위를 시간으로 미분하여 구한 속도와는 비례관계가 있으며 같은 位相을 갖는다. 따라서 이 힘은 원주체의 속도에 비례하며 그 진동에 대해 減衰力으로 작용하게 된다. 이들 3가지의 외력은 탄성이론으로 정확히 계산할 수 있다.

이상에서 언급한 해석 결과 및 스프링과 대쉬포트로 지층에 지지되어 있는 원주체를 교량 기초의 모델해석 결과와 비교하여 스프링과 대쉬포트의 특성이 지반의 성질이나 地震動의 진동수에 의해 어떤 영향을 받는지를 해석하며 그림 12.26은 이 결과를 비교한 것이다.

그림에서 α, β는 각각 표면층내의 종파 및 횡파의 傳播速度, ω는 기층의 정현파

진동의 원진동수, ω_g는 전단파에 의한 표면층의 탁월진동수, h_g는 표면층의 減衰定數에 해당한다. f_1과 f_2는 각각 스프링 정수의 동적 영향 및 대쉬포트와 스프링의 감쇠정수에 대한 것이다. 즉 이 그림은 다음 사항을 나타낸다.
① 지진동 주기가 지반의 탁월주기 보다 긴 경우는 감쇠정수는 작고 스프링 정수는 크다. 또 지진동의 주기가 길수록 스프링 정수는 크다.
② 지진동 주기가 표면층의 탁월주기 보다 짧은 경우는 스프링정수 지진규모는 a/H가 작을 수록 더 크며 스프링정수는 거의 일정해진다. 또 감쇠정수는 지진동 주기가 짧아질수록 증대한다. 이들 이론적 계산의 결과는 교량 기초공의 동적거동에 대하여 유용한 것이다.

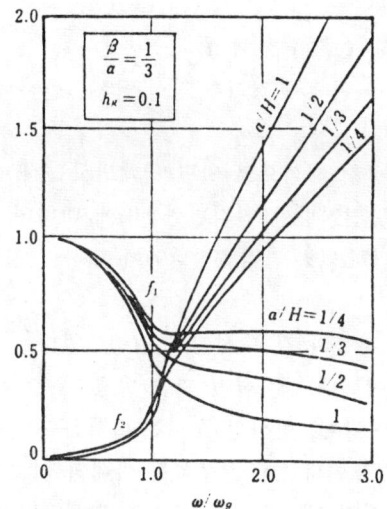

그림 12.26 지진동의 진동수와 지반의 복합 스프링정수와의 관계

3) 유한요소법을 이용한 해석

Yamada는 유한요소법을 이용하여 지반의 표면층내에 케이슨을 매입한 경우의 自由振動에 대하여 연구하였다. 다만 계산은 2차원문제이므로 그 결과를 실제의 케이슨에 대하여 定量的으로 적용하기는 어려우나 참고 할 만한 내용이다.

이 결과에 의하면, 케이슨의 자유진동에는 水平變位, 鉛直變位 및 回轉變位의 3가지 중 어느 하나가 탁월하다. 이 진동은 케이슨이 표면층의 중간까지 매설되어 있을 때는 표면층의 固有振動과 유사하다. 단, 케이슨 인접부에서 국부적으로 지반의 상대변위가 일어난다.

케이슨이 기반에 견고하게 매입되어 있을 때는 케이슨의 剛性이 표면층의 운동에 많은 변화를 주게 된다. 그러나, 실제의 케이슨에서는 기반내에 계산상 가정한 조건이 만족되도록 견고하게 매입되는 경우는 적다고 생각된다.

앞절에서 기술한 해석에서, 지반에 케이슨을 매입하므로써 생기는 방사상파는 파동의 미분방정식을 풀어서 결정한다. 그러나 유한요소법에 의한 해석에서, 요소의 수가 제한되어 있으면 무한거리의 경계를 결정하는 것은 불가능하다. 따라서 비현실적인 반사파가 격자형의 인위적 경계에서 일어날 수 있다.

이와 같은 어려움을 피하기 위하여 인위적인 경계를 둘러싼 모든 교란의 원인으로 불규칙한 기하학적 형태를 고려하고, 특수한 경계조건은 반사파가 일어나지 않도록 억제한다.

반사파를 제거하기 위한 몇가지 방법이 있다. 첫째 다음과 같은 粘性應力은 경계조건으로서 인위적인 경계상에 부과한다(Lysmer 방법)

$$\sigma = \rho\alpha\dot{u}, \qquad \tau = \rho\beta\dot{v} \tag{12.43}$$

여기서, σ, τ : 연직응력 및 전단응력
$\dot{u}$, $\dot{v}$: 경계면에서의 연직속도 및 접선속도

ρ : 토층의 밀도

α, β : 壓縮波速度 및 剪斷波速度

평면파의 반사파 이론에 따라 위에서 정의한 점성경계는 반사파 에너지의 대부분을 흡수하는 것을 입증할 수 있다.

둘째 2가지 해석의 완전한 중첩 해석으로 일면 경계반사는 제거할 수 있다(Smith 방법). 2가지 해석에 있어서 경계 I은 연직방향(연직변위=0)에 대하여 고정, 접선방향(접선응력=0)에 대하여 자유, 경계 II는 연직방향(연직응력=0)에 대하여 자유, 접선방향(접선변위=0)에 대하여 자유이다.

평면파의 반사이론에 따라 다음과 같은 성질이 입증되었다.

① P波가 경계 I에서 일어날때 반사한 P파는 발생하나 반사한 S파는 발생하지 않는다.
② P파가 경계 II에서 일어날때, 반사한 P파는 발생하나 반사한 S파는 발생하지 않는다. 반사한 P파는 같은 규모이나 ①의 경우와는 반대의 기호이다.
③ S파가 경계 I에서 발생할 때, 반사한 S파는 발생하나 반사한 P파는 발생하지 않는다.
④ S파가 경계 II에서 발생할 때, 반사한 P파는 발생하지 않는다. S파는 같은 규모이나 ③의 경우와는 반대 기호이다.

따라서, 경계면 I과 II를 갖는 2가지 해석을 완전한 중첩해석으로 반사파는 제거 할 수 있다.

그러나 이 방법은 만일 1차 반사한 파가 다음 경계에 다시 반사한다면 서로 만나기 어려울 것이다. 경계 I을 갖는 영역에서의 1차 반사파는 경계 II를 갖는 영역에서의 반사파의 기호와 반대이다. 따라서, 두가지 반사한 파는 상쇄하게 된다. 그러나 만일 이들 반사파가 다음 경계에서 발생한다면 다음 경계에서 이들 반사파의 기호는 같으므로 상쇄될 수 없다. 그러므로 지진파와 같은 장시간 지속되는 파가 발생하면 경계면에서 반사파의 수는 경계 I을 갖는 영역의 1차반사파와 경계 II를 갖는 영역의 1차 파는 1차 경계부근으로 가능한한 빨리 부가 되어야 한다고 예상한다. 이 목적을 위하여 특수한 방법이 고안되어야 할 것이다.

셋째로, 지반의 표층이 강성기초상의 상부에 위치할 때, 지반과 구조물 사이의 작용을 해석하기 위하여 특수한 방법이 이용된다. 이 경우 매입구조물의 진동에 의해 파가 발행하여 수평방향으로 무한하게 방출한다. 유한요소법에 의하여 이 문제를 풀기위하여 경계면을 가정한다. 경계면의 내부영역에 있는 한개의 해석파는 유한요소법으로 해석하고, 경계면 밖의 멀리 있는 하나의 해석파인 표면파는 해석적으로 파동방정식을 푼다. 두개의 해석은 중심영역과 멀리 떨어져 있는 현장의 경계면에서의 연속조건을 만족시켜야 한다.

이들 목적을 위하여 중심 영역은 버리고 내부응력에 대하여 힘이 같도록 분배하여 치환하면 경계면에서 멀리있는 방사파의 변위를 경계력에 대하여 확실하게 결정할 수 있다.

12.3 거더교의 현장 진동시험

1. 낮은 교각의 거더교

교량의 진동을 계산하기 위해서는 여러가지 정수를 결정해야 한다. 그림 12.21에 나타낸 간단한 케이슨의 진동과 같은 경우 3가지의 양이 있다. 이들은 각각 운동중인 질량의 크기, 스프링 정수, 대쉬포트(dashpot)의 감쇠정수 등이다. 운동하고 있는 질량은 케이슨 그 자체외에도 운동하고 있는 주변의 흙의 질량을 부가 해야 할 뿐만 아니라 얼마만큼 附加質量을 고려해야 하는지가 문제이다.

地中 구조물의 진동을 논할 때에 질량, 스프링, 대쉬포트 系로 모델화하는 것은 그 자체가 매우 의문시된다. 그러나 한번 모델화 한 이상 필요한 정수는 그 모델의 가정을 토대로 결정해야 한다. 즉, 스프링 정수는 케이슨에 靜的外力을 가하여 그때 발생하는 변위를 측정하여 결정한다. 감쇠정수는 케이슨이 조화외력으로 진동될 때, 진동의 증폭율을 측정하여 결정한다. 질량은 共振周期를 측정하여 식(12.25)로부터 산출한다.

日本國鐵에서는 깊이나 직경을 달리하여 7개의 철근콘크리트 케이슨에 대하여 진동시험을 하였다. 케이슨의 직경은 1.0 m, 1.4 m, 2.0 m 의 3종류이며, 길이는 3.3 m, 4.8 m, 6.3 m 의 3종류이다. 실험지점의 기층은 매우 단단한 롬 층이며, 그 위에 두께 2~5 m 의 연약층이 있다. 각각의 케이슨은 모두 상단 끝까지 지중에 매입되었으며 바닥부분은 롬층 속에 최소 2 m 매입되어 있다.

케이슨 상단에 정적인 水平力을 가한 경우의 水平變位와 調和力을 작용시켰을때 일어나는 强振動의 共振曲線에 대하여 연구 하였다.

靜的荷重試驗결과, 스프링정수는 평균 $k = 1.2 \text{ kg}/\text{cm}^3$ 이었다. 감쇠정수는 진동시험의 공진시 발생한 케이슨의 상단변위로부터 계산하였으며, 평균 감쇠정수는 0.26이다. 附加質量은 정적시험으로 결정한 스프링정수와 관측한 공진주기를 이용하여 식(12.25)에 의하여 결정한다. 부가질량은 케이슨 질량의 1.3배이다. 케이슨의 질량에 부가된 질량을 附加質量이라고 한다.

또한, 근입된 케이슨의 자유진동시험을 하였다. 이들 시험에서 결정한 평균 감쇠정수 $h = 0.20$이다. 정적시험에서 결정한 감쇠정수는 스프링정수의 1.3배인 0.20 대신 0.26으로 가정한 부가질량은 케이슨 질량의 2.0배가 되었다.

교각 없는 교량기초에 대한 시험 예는 적으나 실제의 교량 진동시험은 지금까지 많이 실시되어왔다. Kuribayashi 는 이들 결과를 정리하여 매우 유용한 결론을 유도하였다(표 12.1 참조). 여러 조건 하에서의 진동시험을 포함하여 십여개의 교량을 대상으로 하였으며, 기초공 만의 경우, 그 위에 교각을 세우고 또 그 위에 거더가 재하되어 있는 등 여러가지 상태에 대한 시험결과가 포함되어 있다. 실제 교량에 대한 靜的試驗에 의한 k 치 측정은 어려우나 이들 결과를 정리할때 진동질량으로서 附加質量을 무시하여 구조물 질량만을 취한다. 그리고 진동질량과 관측한 고유진동주기로부터 탄성이론에 의하여 k치를 산출한다.

따라서, 결정된 k 치는 정적시험결과 보다 더 크다. 표 12.1에 의하면, k치는 매우 여러가지 값을 가지며, 케이슨 기초의 교각에 대하여 이 값은 0.6~15 kg/cm³ 사이로써 평균 4.4 kg/cm³ 이다. 또 감쇠정수는 케이슨 기초의 교각에서는 $h = 0.08 \sim 0.22$이며, 평균 $h = 0.121$이다. 말뚝기초의 교각에서는 $h = 0.09 \sim 0.45$이며, $h = 0.2121$이다. 이들 값은 모두 거더가 재하

표 12.1 거더교의 진동

기초	교량	진동시험목적	토질	N치	근입깊이 (m)	교각높이 (m)	공진진동수 (sec)	감쇠계수	동적 k치 (kg/cm²)
A	Nakanosawa	암반기초, 교각	암 반			23	0.49	0.057	74
B	Yoshida Ōhashi	케이슨기초만	모 래	5	21.2	—	<0.14	—	4
B	Yoshida Ōhashi	케이슨기초,교각 P_3	모 래	5	21.2	7.7	0.155	0.108	2~4
C	Suruga Ōhashi	케이슨기초,교각 P_{11}	자 갈		15	5.3	0.18	0.08	5
D	Ajigawa	케이슨기초,교각 P_1	실 트	15	35.4	8.0	0.115	0.0865	2
E	Shin-Katsushika	케이슨기초,교각 P_5	모 래	20	21	8.3	0.17	0.111	3.3
E	Shin-Katsushika	케이슨기초,교각 P_4	모 래	40	16	10.3	0.18	0.0583	4.7
F	Shin-Tenryugawa	케이슨기초,교각 P_{12}	점토섞인 자갈	10	28	9.3	없음	0.12~0.22	2.0
G	Hirai	케이슨기초,교각 P_6	실 트	2	10.3	8.8	0.42	0.129	0.6
H	Kisogawa	케이슨기초,교각 P_{11}	세립모래	5	41.5	6.1	0.21	0.097	1.3~3.0
I	Tenryūgawa	케이슨기초,교각 (교축방향)	조약돌섞인 모래	—	17	14.5	0.26	0.04	7
I	Tenryūgawa	케이슨기초, 교각 (교축직교방향)	조약돌섞인 모래		17	14.5	0.25	0.04	15
B	Yoshida-Ōhashi	케이슨기초, 교각, 거더	모 래	5	—	—	0.29	0.110	—
E	Shin-Katsushika	케이슨기초, 교각, 거더	모 래	20	—	—	0.36	0.066	4.2
J	Kinshichō Elevated	말뚝기초, 교각	실 트		—	—	0.20	0.16	—
K	Hamamatsuchō Elevated	말뚝기초, 교각	—		—	—	0.14	0.186	—
L	Kurashikigawa	말뚝기초, 교각	—		—	—	0.21	0.31~0.45	
M	Ikadagawa	말뚝기초, 교각	—		—	—	0.28	0.101	
N	Shōnai-Shinkawa	말뚝기초, 교각	—		—	—	0.29	0.14	
F	Shin-Tenryūgawa	말뚝기초, 교각 P_3	—		—	—	없음	0.09~0.20	
O	Shiodome Elevated	말뚝기초, 교각, 거더	—		—	—	0.35	0.055	
O	Shiodome Elevated	말뚝기초, 교각, 거더	—		—	—	0.39	0.027~0.040	
M	Ikadagawa	말뚝기초, 교각, 거더	—		—	—	0.29	0.144	—
P	Shōwa-Ōhashi	말뚝기초, 교각, 거더			—	—	0.50	0.0431	

되어 있지 않은 교각이다. 교각위에 거더가 재하되어 있으면 진동감쇠는 감소하며 감쇠정수는 작다. 케이슨 기초의 경우는 $h = 0.07 \sim 0.12$이며 말뚝기초의 경우는 $h = 0.03 \sim 0.06$정도이다.

진동시험에서 나타내는 비교적 낮은 교각의 교량 진동의 기본적인 모드는 혼들림 운동 (rocking motion) 또는 병진운동과 같은 기본진동으로 인한 모드가 일반적이다. 진동에너지의 대부분은 기초를 통하여 주변쪽으로 消散한다. 따라서 교량기초는 깊은 토층에 매입되었을때 지진동에 교량이 어느정도 저항하는 큰 감쇠능력을 갖는다. 따라서 減衰比는 교량의 고유진동주기에 대략 반비례한다.

2. 높은 교각의 거더교

위에서 언급한 결과는 일반적인 길이의 거더와 교각의 실험적연구를 토대로 한것이다. 교각이 높고 거더가 길면 그 결과는 다르다. 교각이 높은 長徑間 거더교의 진동시험의 예로서 Sokozawa 교와 Urad Ohashi 교에 대한 것이 있다.

Sokazawa 교는 길이 327.6 m 로서 5경간이며, 가장 긴 경간은 85.4 m, 교각 높이는 30~53.5 m 이다. 그림 12.27은 교량의 일반적인 구조를 나타낸 것이며 상부구조는 콘크리트 슬래브의 連續平行트러스이며 하부구조는 철골철근 콘크리트 복합 구조이다.

그림 12.27 Sokozawa교 연속거더 길이 327.6m

시험결과에서 얻은 교량축 직교방향의 기본진동 모드는 그림 12.28과 같으며 상부구조의 變位는 있어도 양교대에 지점을 갖는 단순보와 유사하였다. 이것은 교각이 높아서 변위하기 쉽기 때문이다. 그 振動周期는 0.65 sec, 減衰定數는 0.013이다. 3次와 4次의 기준진동(normal vibration)의 감쇠정수도 또한 0.01 – 0.02의 범위에 있다.

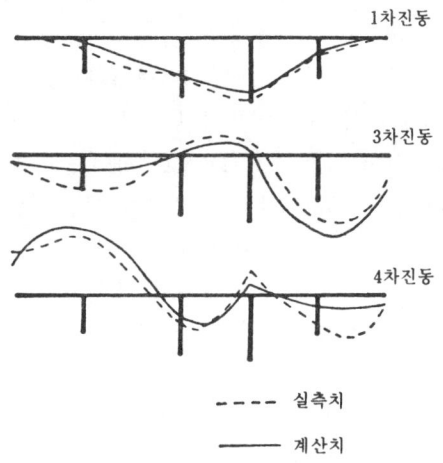

그림 12.28 교축에 직각방향의 장경간 연속교의 고유진동형

Urado Ohashi 교는 5경간 프리캐스트 콘크리트 캔틸레버교로서 길이 600 m 이다. 중앙경간 거더가 가장 길며, 중앙에 힌지가 있다. 중앙경간 거더를 지지하고 있는 2개의 높은 교각의 높이는 각각 47 m, 70 m 이다.

교량축에 대한 횡방향의 대칭 및 비대칭 고유진동 주기와 진동모드는 그림 12.29와 같다. 감쇠정수는 0.01 – 0.03이다. Kuribayashi 등은 교각이 높은 장경간 거더교에 대한 진동시험결과

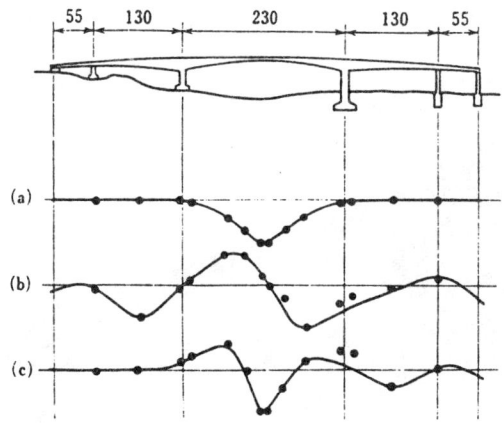

(a) 1차 대칭모드(실측고유진동 1.69sec)
(b) 1차 비대칭모드(실측고유진동 0.79sec)
(c) 2차 비대칭모드(실측고유진동 0.53sec) 하중(t)

그림 12.29 Urado—ohashi 교

를 수집하여 다음과 같은 결론을 얻었다.

① 기초상단 위 25 m 이상의 높은 교각을 갖는 교량의 기본 진동모드는 가요성 변환 모드 이다.
② 구조물의 감쇠가 주였으며, 한편 구조물을 통해 소산하는 감쇠는 비교적 적다.
③ 감쇠비는 낮은 상부구조물을 갖는 교량의 감쇠비 보다 적으나 그 범위는 0.05 – 0.03이다.
④ 이들 교량의 減衰比는 기준진동모드의 次數에 따라 여러가지 모순을 보이나 높은 교각은 높은 소수의 저차진동모드에 한해서는 큰 변화가 없다.

교량이 매우 길면 교각차이로 인하여 입력 지진파와 位相사이는 다를 수도 있다. 이 문제에 있어서 Kotsubo 등은 교량에 횡진동을 적용하여 모의 진행성 지진의 2가지 예를 제시하였다. 입력지진파형은 최대가속도가 150 gal 인 1940년 El Centro 지진파이다. 첫째의 경우, 교량은 길이 254.8 m (58.8+127.6+78.4 m)인 3경간 연속 철골 트러스 철교이다.

수평브레이싱 부재의 최대축 응력은 位相差가 없을 때 $38.05 \text{ kg}/\text{m}^2$ 이며, 진행성파의 전파 속도가 0.5 km / sec 일 때는 $23.81 \text{ kg}/\text{mm}^2$ 이다. 둘째의 경우, 교량은 3경간 연속 콘크리트 거더교이며 길이 256 m (40+176+40 m)이다. 중앙경간 거더의 최대 휨모멘트는 位相差가 없을 때는 진행성파의 전파속도가 0.6 km / sec 일때 $1.58 \times 10^4 \text{ t} \cdot \text{m}$ 이다. 즉, 첫째의 경우, 입력 지진파의 위상차가 있을 때는 교량의 최대 휨모멘트가 감소하며, 둘째의 경우, 교량의 部材應力은 증가한다. 이들 예에서 입력지진파의 位相差는 교량에 위험한 영향을 줄 수 있음을 시사하고 있다.

3. 교량의 지진동 관측

지진시 교량의 거동을 이해하기 위하여 교량위와 지반상에 지진계를 설치하여 지진관측을 실시하였다. 그림 12.30 및 그림 12.31은 Higashi Matsuyama 지진(1968. 7.1, $M=6.1$)에 의한 Shin Katushika 교와 Hirai 교의 기록이며, 진앙거리는 약 60 km 이다.

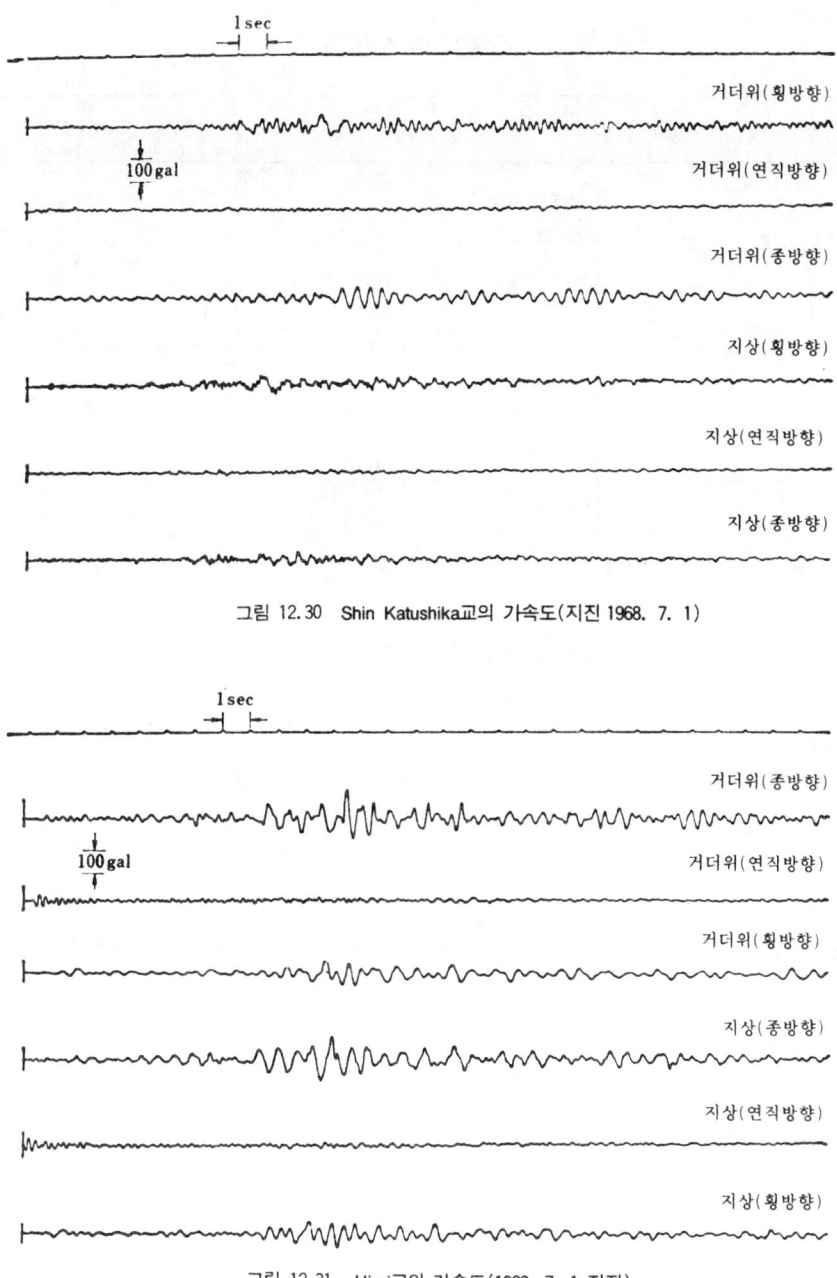

그림 12.30 Shin Katushika교의 가속도(지진 1968. 7. 1)

그림 12.31 Hirai교의 가속도(1968. 7. 1 지진)

  지반의 Shin Katushika 교는 두꺼운 중간입경의 모래층, Hirai 교는 두꺼운 가는모래 및 실트층이며 주요한 특성의 측정치는 표 12.2와 같다.
  기록에 의하면, 지진시 교량에는 고유진동이 일어났으며, 거더상에 대한 최대가속도는 지상의 최대가속도에 비하여 약 40% 증폭되었다. 주목되는 것은 지진시 Hirai 와 Shin Katsushika 교에서 확인된 교량의 주요 진동주기는 진동시험에서 구한 고유진동주기 보다 매우 길었다. 비

표 12.2 교량의 지진동

특　　　성			교　량	
			Shin Katushika교	Hriai교
최대가속도(gal)	축에 평행	지반 거더 比	40 56 1.40	100 140 1.40
	축에 직교	지반 거더 比	40 50 1.25	65 65 1.00
주요주기(sec)	축에 평행	지반 거더	알려지지 않았음 0.48	0.70 0.80
	축에 직교	지반 거더	0.93 0.21	0.40 0.67
진동시험	축에 평행	고유주기(sec) 감쇠정수	0.36 0.066	0.42* 0.129*

*Hirai교의 진동시험은 교각에 하중을 재하시키지 않은 상태에서 실시된 것임.

선형은 지반이 연약하고 지진의 起震力이 진동시험시의 起震力보다도 큰것에 기인된 것이라고 생각된다.

또, Katushika교와 Hirai교의 Higashi Matsuyama 지진에 의한 진동을 비교하면 진앙거리는 거의 같으나 후자의 진동이 매우 크다. 그 이유는 후자의 지질이 실트 및 가는모래인데 비하여 전자의 지질은 중간모래로써 잘 다져져 있기 때문이라고 생각된다.

그림 12.32 및 그림 12.33은 Itajima교에서 관측한 지진기록이다.

Itajima교는 길이 125m, 5련의 단순합성거더교이며, 교각기초는 우물통기초이다. 기초지반은 두꺼운 점토질 롬 및 점토질 실트로 구성되어 있다. 1968. 8. 6의 $M=6.6$의 지진기록에 의하면 탁월주기는 교각에서 약 0.71 sec, 지반에서 0.27 sec 이었다.

지반면에 대한 교각 상단에서의 최대 가속도비는 약 0.5이었다. 1968. 4.1에 $M=7.5$의 지진기록에 의하면 탁월주기는 교각에서 약 0.71 sec 지반에서 약 0.71 sec 이었으며 지반에 대한 교각상단에서의 최대가속도비는 약 1.4이었다. 즉 지진동의 주기가 짧은 때는 교량의 진동은 작고 지진동의 주기가 길때는 크게 진동하였다. 이것은 일종의 共振現象이다.

1978년 Miyagiken-oki 지진시 Kaihaku교 교각상단의 기록은 매우 큰 가속도였다. 지진규모는 $M=7.4$로 진앙은 교량에서 약 90 km 에 위치해 있었다. 이 교량은 1개의 고정지점과 5개의 이동지점으로 된 5경간 연속강판 박스 거더교이다. 이동지점 중의 3개는 오일 댐퍼(oil damper)이다. 왼쪽 접속부의 표층은 풍화암층이고 오른쪽 제방은 경사져 있으며 오른쪽 접속부의 표층 아래 37m 는 풍화암층상에 충적실트가 퇴적되어 있다.

왼쪽 접속부에서 123m 떨어진 No.2 교각상단에는 가속도계가 설치되어 있다. 교각 높이는 9m 로서 풍화암층상의 6.5m 에 우물통 기초가 세워져 있다. 기타 가속도계는 No.2 교각에서 30m 떨어진 河床에 설치 되어 있다.

제 12 장 교량의 내진 383

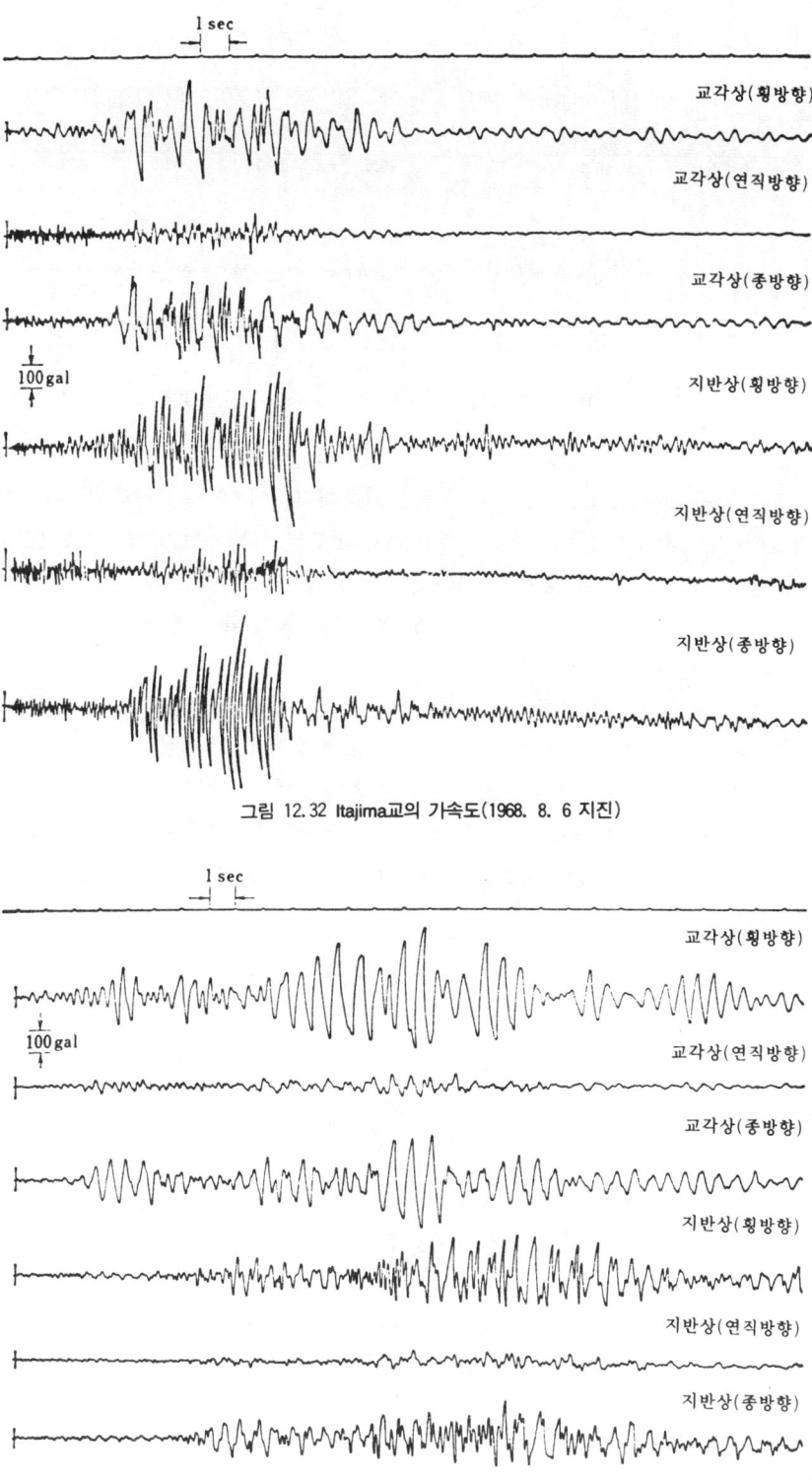

그림 12.32 Itajima교의 가속도(1968. 8. 6 지진)

그림 12.33 Itajima교의 가속도(1968. 4. 1)

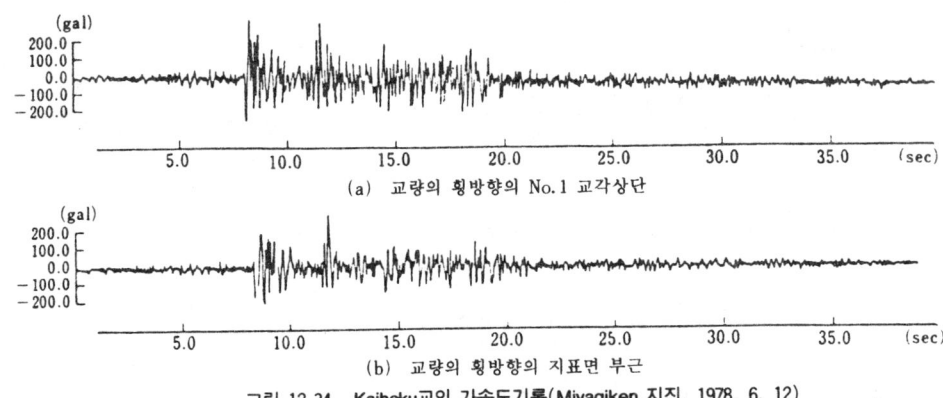

(a) 교량의 횡방향의 No.1 교각상단

(b) 교량의 횡방향의 지표면 부근

그림 12.34 Kaihoku교의 가속도기록(Miyagiken 지진, 1978. 6. 12)

그림 12.34는 Miyagiken-oki 지진의 가속도 기록이다. 이 경우 교량축의 횡방 최대가속도는 교각 상단에서는 331 gal 이었고 지표에서는 288 gal 로써 이들사이의 비는 1.1이었다. 교량축 방향에서의 최대가속도는 교각 상단에서도 500 gal 이상, 지표에서는 192 gal 로써 이들 사이의 비는 2.6 이상이었다. 이와 같이 큰 가속도에도 불구하고 교량의 피해는 없었다. Kaihaku 교는 1964에 설계되어 1969년에 완공하였다.

그림 12.35는 지반상과 교각위에 대한 최대가속도의 상호 관계이다. 이들은 점성토에서 軟岩까지 광범위하게 걸친 토질조건의 기초지반상에 건설되었으며, 기초형식은 직접기초 케이슨 기초, 말뚝기초 등이 있다. 교각의 地上高는 3개 교량을 제외하고는 10 m 이하이다. 이 그림에서 최대가속도는 지반의 최대가속도 보다 큰 경향을 나타내었다. 이 증폭율은 地盤動加速度가 작은 경우는 3배 정도인데 地盤動加速度가 커짐에 따라 감소하고 지반최대가속도가 100 gal 일 때 1.5배 정도이다.

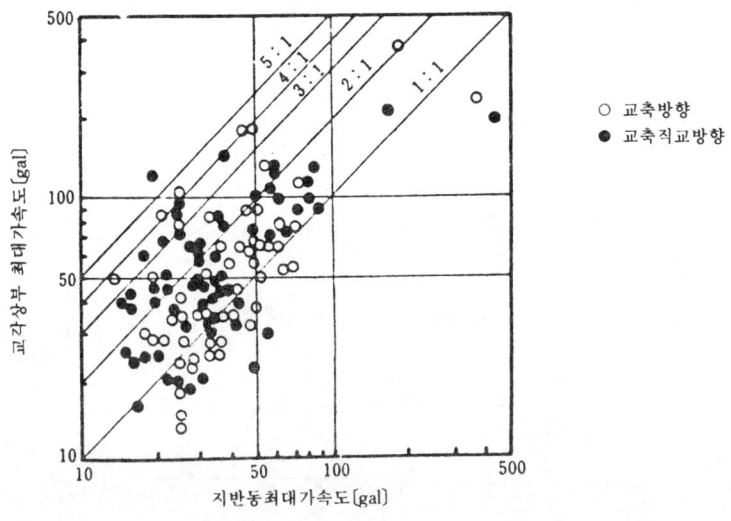

그림 12.35 교각상단에서의 최대가속도와 지반동 최대가속도와의 관계(E. Kuribayashi)

12.4 上部構造의 耐震設計

1. 일반사항

지진시 교량과 같은 복잡한 合成構造物의 거동을 정확히 이해하기 위해서는 계산이 매우 복잡하다. 대규모 교량은 修正震度法 일반교량에서는 震度法을 이용하여 설계하고 있는데 특히 교량이 높고 徑間이 길거나 곡선인 교량 구조인 경우는 구조물의 동적해석을 이용하여 설계한다.

동적해석에서 교량은 질량, 스프링, 대쉬포트로 나타내어, 지진시 모델의 거동을 유한요소법으로 계산한다. 일반적으로 이용되는 표준방법은 修正震度法이나 진도법에 의하여 지진계수를 결정한다. 그러나 한번 설계진도가 결정된 후에는 靜的外力으로 취급되므로 지진에 의한 應力의 산정은 다른 평상시 하중에 의한 응력의 산정과 다를바 없다. 그러므로 이 응력에 대한 部材 또는 지반의 耐力을 판정할 때 지진응력은 단주기 응력으로 생각한다.

設計震度를 가정하기 위해서는 2가지 방법이 있다. 하나는 피해결과와 과거지진의 경험에 의한 응력이며, 다른 하나는 地體構造狀態(geotectonic condition)로부터 신뢰성 있는 지진으로 하여금 응답진동 이론을 이용한 구조물의 진동 결과로부터 산정하는 것이다. 前者는 일본도로협회의 시방서의 방법이며 後者는 미국 ATC (Applied Technical Council)가 제안한 기준이다.

1) 일본 도로협회의 示方書

일본도로협회의 시방서에 의하면 교량은 震度法이나 修正震度法으로 설계하고 있다.

진력계수(seismic coefficient)는 다음 식으로 결정한다.
진도법을 사용할 때

$$k_h = \Delta_1 \Delta_2 \Delta_3 k_0 \tag{12.43}$$

수정진도법을 사용할 때

$$k_{hm} = \Delta_1 \Delta_2 \Delta_3 \Delta_4 k_0 \tag{12.44}$$

여기서, K_0 : 표준수평진도(0.2)
  Δ_1 : 지역계수(0.7~1.0)
  Δ_2 : 지반조건계수(0.9~1.2)
  Δ_3 : 구조물의 중요성도 계수(일반적으로 0.8~1.0)
  Δ_4 : 교량의 고유주진동 주기에 좌우 되는 계수(그림 7.15 참조)

최근 일본에서 지표면상 135개의 강진기록을 통계에 의한 해석과 지진의 64개 응답스펙트럼을 지진규모 M별로 분류하여 산출하였다. 즉 $5.4 \leq M < 6.1$, $6.1 \leq M < 6.8$, $6.8 \leq M < 7.5$, $7.5 \leq M < 7.9$, 진앙거리 Δ별로는 $\Delta < 20$ km, 20 km $\leq \Delta < 60$ km, 60 km $\leq \Delta < 120$ km 그리고 120 km $\leq \Delta < 200$ km 로 나누어 산출하였다. 지반 흙의 상태 별로는 표 7.1과 같다.

그림 12.36은 진앙거리 20 - 60 km, 60 - 120 km 인 지진에 대한 응답스펙트럼의 예를 나타낸

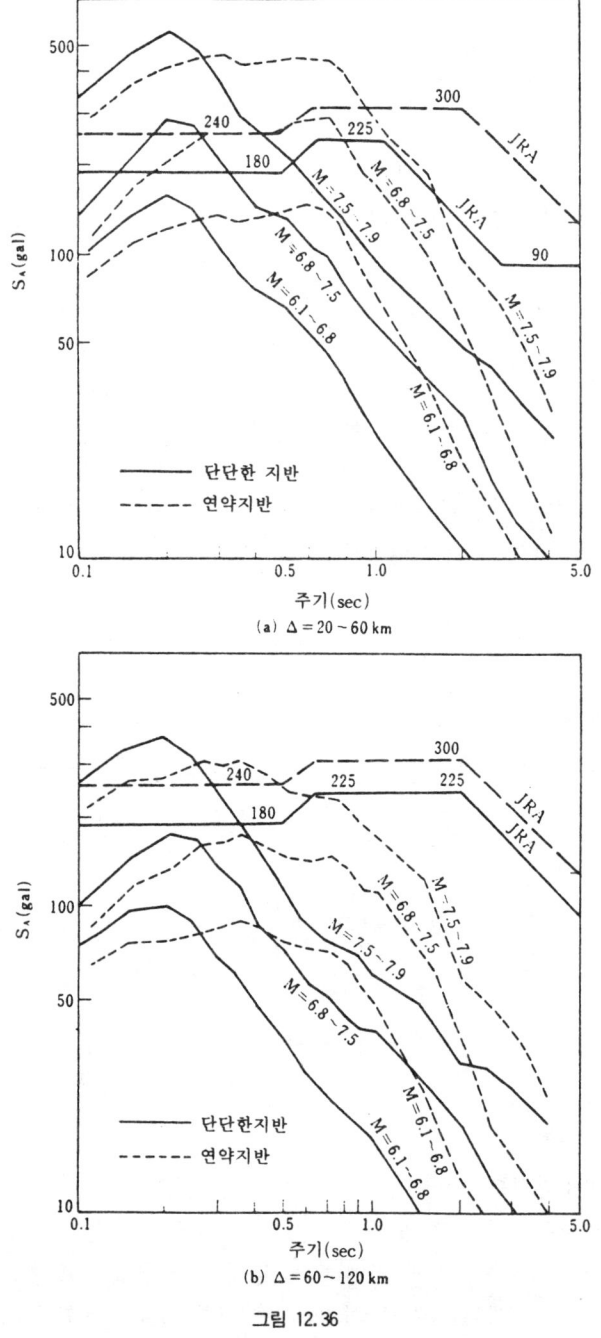

그림 12.36

것이다. 實線은 단단한 지반(No. 1)에 대한 곡선을 나타낸 것이며, 파선은 연약지반(No. 4)에 대한 곡선을 나타낸 것이다. 이들 응답곡선을 비교하기 위하여 일본 도로협회가 명시한 설계응답스펙트럼을 그림에 첨부하였다.

이들을 비교하면 다음과 같은 결론을 내릴 수 있다.

① 일본의 내륙에서는 M =7.5의 대지진은 드물게 발생하므로, 교량부근에서 M =7.5이상의 지진은 드물게 발생한다. 이러한 면에서 일본 도로협회에서 제정한 응답스펙트럼은 특수한 것이다.
② 일반적으로 응답스펙트럼은 짧은 고유진동주기를 갖는 응답스펙트럼보다 긴 고유진동주기를 갖는 교량에 대하여 매우 안전하다.
③ 짧은 고유진동주기를 갖는 교량중에서, 단단한 지반상에 설치한 교량의 최대응답은 연약지반상에 설치한 교량의 응답 스펙트럼보다 설계응답스펙트럼을 초과하기 쉽다. 그러나, 가속도는 감쇠가 단주기진동에서 크며, 단단한 지반에 설치한 교량에 있어서 여러번 반복되지 않는 최대의 크기 임에 유의해야 한다.

그림 12.36에 나타낸 스펙트럼은 지진동을 관측하여 산정한 응답가속도의 평균치이다. 과거의 실제지진에서 설계가속도를 초과하는 가속도가 가끔 관측되나, 대부분의 경우 피해는 받지 않았다. 이러한 이유중의 하나는 교량의 연성 때문이라고 생각된다.

과거 지진발생시의 응력해석과 경험적인 피해 결과 및 이들 환경조건을 고려한, 일본도로협회의 示方書는 과거의 지진강도 결정, 설계과정, 허용응력 등이 전체적으로 균형을 이루고 있다고 생각된다.

2) 미국 ATC의 기준

ATC는 잠정적인 설계방법으로서 90 m 이하 徑間의 교량설계를 위하여 제안하였다. 이 기준은 修正震度法을 토대로 하였으며 지진계수는 지역의 지진 발생기간, 지반 흙의 상태, 교량의 진동특성 형태로 나타낸다.

$$C_s = \frac{1.2A_vS}{T^{2/3}} < 2.5\, A_a \tag{12.46}$$

그러나 연약지반일때 $A_a \geq 0.3$이며, 계수 C_s는 다음과 같다.

$$C_s < A_a \tag{12.47}$$

여기서, C_s : 탄성구조물의 설계 수평진도
        A_v : 구조물 응답을 고려한 유효최대속도 - 관련 가속도계수 (0.05 - 0.40의 범위)
        (그림 6.2 참조)
        A_a : 유효최대가속도 계수(0.05~0.40의 범위)(그림 6.2 참조)
        S : 지반흙의 분류에 따른 수정 계수(1.0 - 1.5범위)
        T : 교량의 기본 고유진동주기

그러므로, 흙이 단단하고 지진활동지역일 때 파라미터 $S=1.0$, $A_v=0.4$라면 $A_a=0.4$, 그리고 C_s는 $T=1.0$ sec에 대하여 0.48이며 $T=2.0$ sec에 대하여 0.30이다. 흙이 연약하고 지진 활동지역일 때, 파라미터 $S=1.5$, $A_v=0.4$ 및 $A_a=0.4$, $T=1.0$ sec 와 $T=2.0$ sec 일때 모두 C_s는 0.4이다. 이들 값은 일본도로 협회에서 제안한 값보다 크다.

그러나 지진강도가 매우 크면, 어느 한계내의 구조물부재의 塑性降伏이 허용된다. 따라서,

강진에 대한 내진설계시 탄성구조물의 지진계수 C_s를 계수 R로 나눈 것이다. 즉

$$C = \frac{C_s}{R} \tag{12.48}$$

여기서, C : 설계수평진도
R : 구조물 部材의 소성파괴에 따른 수정계수

실제 R 값은 교각축에 지진하중이 작용하면 5이상이며, 교량 슈(shoe)에 지진하중이 작용할 때에는 0.8이하이다. 교각을 잘 보강하므로써 축하중에 대하여 충분히 연성을 갖는 반면 주철(cast iron)은 탄성한계를 초과한 후 즉시 파괴된다.

2. 단순거더교

1) 교각

교량에 外力으로 작용하는 지진력에는 교량축방향과 교량축 직교방향의 성분이 있으며, 이들에 대한 안정은 별도로 검토한다. 거더에 작용하는 축방향의 지진력은 고정지점을 통하여 교각에 작용한다. 따라서 교각에는 거더에 작용하는 지진력의 일부와 그 교각에 작용하는 지진력이 작용한다. 거더에 작용하는 지진력 중에서 얼마만큼이 교각에 작용하는지를 해석하는 것은 매우 어려운 문제이다.

만일 하나의 거더가 고정지점과 이동지점으로 지지된 경우, 거더에 작용하는 지진력이 양지점에 분담되는 크기는 이동지점에서는 反力에 마찰계수를 곱한 힘 즉 마찰력에 저항할 수 있는 힘, 고정지점에서는 나머지의 모든 힘과 같다고 생각한다. 마찰계수는 鋼製 滑動 슈에서는 0.2, 로울러지점에서는 0.1정도이다. 이때 이동지점에 작용하는 지진력은 위의 마찰력 이상은 되지 않으나 强震시에는 로울러가 전도하는 경우도 있으며 이 때는 큰 힘이 교각에 가해진다. 따라서 교각의 설계시에는 다소의 여유를 주어야 한다.

교각이나 접속부 상부에 작용하는 지진력에 대하여 日本 道路協會 지침에서는 다음과 같이 규정하고 있다(그림 12.37 참조).

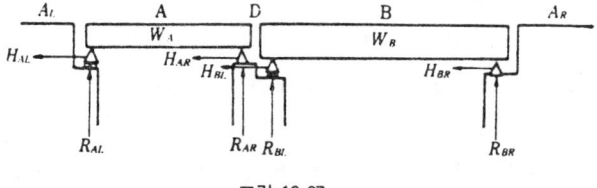

그림 12.37

① 이동지점을 지지하는 교대에 작용하는 지진력

$$H_{AL} = f_{AL} \cdot R_{AL} \quad (H_{AL} \leq \tfrac{1}{2}kW_A)$$

② 고정지점을 지지하는 교대에 작용하는 지진력

$$H_{BR} = kW_B$$

③ 중앙교각에 작용하는 지진력

$$H_P = kW_A$$

또는

$$H_P = \tfrac{1}{2}kW_A + f_{BL}R_{BL} \quad (f_{BL}R_{BL} \leq \tfrac{1}{2}kW_B)$$

여기서, k : 거더에 대한 水平震力係數
W_A : 거더 A의 重量
W_B : 거더 B의 重量
f_{AL} : 교대위에 지지하는 이동지점의 마찰계수
f_{BL} : 교각위에 지지하는 이동지점의 마찰계수
R_{AL} : 교대위에 지지하는 이동지점에 작용하는 反力
R_{BL} : 교각위에 지지하는 이동지점에 작용하는 反力

교량축 직교방향의 거더에 작용하는 지진력은 支点을 통하여 교각에 작용하는데, 거더나 교각의 비틀림을 방지하기 위해서는 거더 양단의 지점은 양쪽 모두 고정지점으로 작용해야 한다. 따라서, 이동지점은 교량축 직교 방향에 대해서는 고정되어야 한다.

多徑間 단순거더교의 설계시, 특히 주의해야 할 사항은 지진시 각 교각의 운동은 서로 다르다는 것이다. 즉 激震시에는 각 교각이 상대적으로 운동한다. 따라서, 어떤 경우는 거더가 비틀리거나 교량축방향으로 이탈되어 落橋하기도 하며 심하게 충돌하여 거더의 손상, 좌굴등을 일으킨다. 즉 작용하는 지진력은 거더마다 다르며 각 교각에 대한 지진력의 분담률도 지점의 조건, 교각의 剛性, 지반 및 지진동의 특성 등에 따라 다르다.

그림 12.38은 Ara 江 右岸 및 左岸지점에서의 지진기록이며 가속도는 右岸側이 左岸側보다 매우 크다. 이 결과는 Kanto 지진(1923년)시 이곳 철도교의 지진피해가 右岸側에서 특히 심했던 것과 일치되며, 같은 하천부지내에서도 지반상황이 다르면 지진시 교각은 서로 다른 운동을 하는 것을 시사하고 있다.

이와 같은 조건을 고려할 때, 각 교각에 대한 設計震度는 그 설치위치에 따른 표층지반의 動的性質 교각구조 및 거더로 연결된 교각의 영향을 고려하여 각 교각마다 독립적으로 정하는 것이 합리적이다.

多連徑間(multiple span)의 철도교는 도로교와는 다르다. 이 경우, 각각의 거더가 교각이 개개로 운동한다기 보다는 교량전체가 일체로 되어 1自由度系와 같이 운동하는 경향이 있다. 그런데 각 교각의 剛性이 거의 일정하면 각 교각은 일체가 되어 진동하며 개개의 교각에는 거의 같은 震力이 전달되는데, 각 교각의 剛性이 서로 다를 때는 교각이 대략 그 강성에 반비례하는 지진력을 분담하여 강성이 큰 교각에서는 평균치보다 큰 지진력이 전달된다.

교각에 작용하는 지진력이 정해지면 이에 의한 교각의 部材力 및 應力은 靜的構造力學에 의하여 용이하게 구할 수 있다. 部材斷面의 설계시는 부재가 오직 필요한 강도를 가질 뿐만 아니라 靭性(toughness)도 가져야 하는것을 기억 해야 한다. 이와 같은 이유에서 긴 교각은 철골

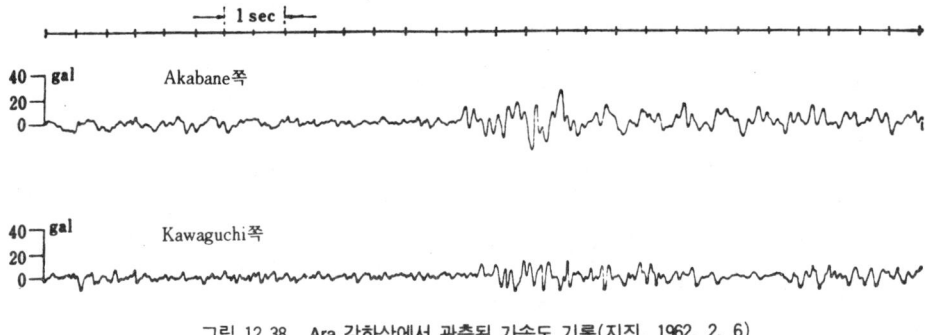

그림 12.38 Ara 강하상에서 관측된 가속도 기록(지진, 1962. 2. 6)

및 철근콘크리트 구조가 널리 이용되며, 無筋콘크리트구조나 벽돌구조는 사용되지 않는다.

　그러나 편의상 철근콘크리트의 斷面設計는 정적구조역학을 토대로 하고 있으며, 실제로 部材의 저항에 대한 동적작용의 효과는 몇가지 점에서 정적하중의 효과와는 차이가 있다. 따라서 部材의 설계는 이를 고려하여 실시해야 한다.

　즉 지진피해는 경험을 반영하여 交番荷重 특히 동적하중의 효과는 부재의 항복후 연성능력에 대한 정적하중의 효과와 다르다는 것을 알 수 있다. 그리고 교번하중하에서 전단력으로 인한 취성파괴가 일어나기 쉬우므로 이를 방지하기 위하여 전단력에 대한 부재의 저항력을 증가시켜야 한다. 더우기 부재단면이 급격히 변화하거나 세로철근을 연결한 부분에서 2차응력이 발생하므로 이 단면이 큰 교번전단력을 받을 때 취성파괴가 일어나기 쉽다. 그러므로 전단응력에 대한 충분한 저항력이 이들 단면에 보강되어야 한다.

　전단력에 대한 저항력을 갖도록 하기 위한 적절한 방법은 띠철근을 촘촘하게 보강해야 한다. 띠철근은 부재의 전단저항력을 증가시킬 뿐만 아니라 전단균열의 확장을 방지한다. 휨응력이 쉘(shell)콘크리트의 항복을 어느한계 이상 초과할 때 결과적으로 할렬되고 파괴되어 코어(core)콘크리트와 띠철근은 응력을 받아서 큰 변형을 일으켜 세로철근의 비틀림으로 인한 띠철근의 항복으로 수개의 덩어리 형태로 콘크리트가 파괴된다.

　이와같은 현상이 계속되어 전단저항력이 불충분해지기 시작하므로써 부재의 파괴를 가져온다. 따라서 콘크리트 단면이 갑자기 변화하는 부분은 띠철근을 촘촘히 보강하거나 세로철근을 연결하는 것이 바람직하다.

　다음 실험결과는 교각의 耐震設計에 도움이 될것이다. 즉 Ohta 는 靜的軸荷重과 여러가지 水平荷重을 동시에 적용시켜 철근콘크리트 기둥에 발생하는 변형과 균열을 조사하였으며 결과는 다음과 같다.

① 하중을 교대로 반복하였을 때 기둥의 연성계수는 반복압축하중에 비하여 매우 감소한다. 더우기 반복압축하중의 경우, 파괴는 휨균열이 발달하여 일어나는 반면 반복교번하중의 경우의 파괴는 경사방향의 균열 즉 전단균열이 발달하여 발생한다.

② 기둥의 변형에너지의 흡수는 띠철근의 간격에 의존한다. 띠철근의 간격이 기둥폭의 1/2 이하이거나 동일한 경우는 띠철근의 간격이 기둥의 폭과 같은 경우와 비교하면 후자의 기둥의 에너지 흡수능력이 전자의 흡수능력보다 매우 작다.

③ 교각에서 띠 철근의 기능은 세로 철근의 비틀림길이를 감소시킨다. 그러나 균열이 세로 철근의 항복을 일으킬 만큼 큰 반복 변위를 일으킨다.

이상의 결론은 1978년 Miyagiken-oki 지진시 교량기초에서의 피해를 고려하여 제시한 것이다. 그림 12.8(a)는 지진동이 발생한 후 교량의 교각에 나타난 경사와 균열을 보인 것이다.

2) 교대

지진시 교대의 안정은 다음과 같은 방법으로 검토한다. 그림 12.39에서 교대에 작용하는 外力은 지점을 지나는 거더의 중량에 의한 지진력, 교대의 중량에 의한 지진력, 교대배면 흙의 지진시에 작용하는 토압이며 이에 저항하는 힘은 바닥면 DO에 작용하는 지반의 反力이다. 이들은 다음과 같은 방법으로 계산한다.

① 지점에 작용하는 거더의 自重을 W 라고 하면. 지진시 지점에 작용하는 연직력 V_1 은 다음과 같다.

$$V_1 = (1 - k_v)W$$

여기서, k_v : 연직진도

이것은 상하진동이 상향으로 작용함으로 인하여 거더와 교대의 중량이 감소할 때 교대가 전도 또는 활동하기 쉽기 때문에 가장 위험한 조건에서 안정을 검토한다. V_1 의 作用点은 지점의 중앙으로서 교대 선단과의 수평거리를 x_1 으로 표시한다. 거더의 水平地震力 H_1 은 다음과 같다.

$$H_1 = k_h W$$

여기서, k_h : 수평진도

作用点의 높이는 지점 상면의 높이와 일치하며, 이는 교대 바닥에서 y_1 의 거리이다.

② 교대 自重을 G 라 하면 교대의 자중으로 인한 지진력은 다음과 같으며 作用点은 重心 (x_2, y_2)이다.

$$V_2 = (1 - k_v)G, \quad H_2 = k_h G$$

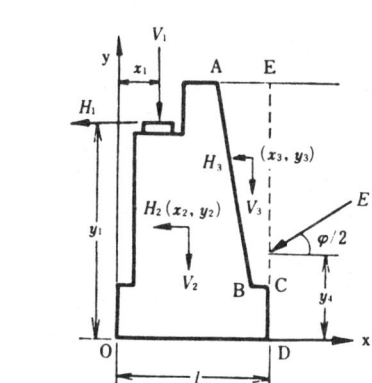

그림 12.39

③ 교대에 작용하는 土壓은 DC 선을 연장한 수선 DE 에 작용하는 토압과 土塊 $ABCE$ 의 중량 및 이에 대한 지진력과의 합이라고 가정하여 土壓을 간단히 구할 수 있다. 즉 前者는 연직벽에 작용하는 土壓이므로 그 작용점은 ED 선의 1/3인 지점에 있으며 방향은 ED 선에 대해 $\varphi/2$이다. 土塊 $ABCE$ 로 인한 지진력은 흙의 단위 중량을 w 라고 하면 다음 크기를 가지며, 작용점은 土塊의 重心(x_3, y_3)이다.

$$V_3 = (1 - k_v)w, \quad H_3 = k_h w$$

이상의 外力의 合力 k 의 水平 및 鉛直成分을 H, V 라 하면 다음과 같다.

$$H = H_1 + H_2 + H_3 + E\cos\frac{\varphi}{2}, \quad V = V_1 + V_2 + V_3 + E\sin\frac{\varphi}{2}$$

合力의 작용선이 교대바닥면을 지나는 점을 F 라 하고, F 의 O점에서의 거리를 x_0라고 하면 x_0는 O점에 관한 外力의 모멘트를 고려하여 다음과 같이 구한다.

$$x_0 = \frac{1}{V}\left\{\left(x_1 V_1 + x_2 V_2 + x_3 V_3 + lE\sin\frac{\varphi}{2}\right) - \left(y_1 H_1 + y_2 H_2 + y_3 H_3 + y_4 E\cos\frac{\varphi}{2}\right)\right\}$$

교대바닥면에 생기는 抵抗力의 水平成分을 Q, 鉛直成分을 P 라고 하면

$$Q = H, \quad P = V$$

이다. P 의 바닥면상의 분포는 사다리꼴이라 가정하고 그 양단부에 대한 反力의 크기를 p_1, p_2 라고 하면(그림 12.40 참조)

$$\frac{l}{2}(p_1 + p_2) = P$$

$$\frac{l}{3}\frac{2p_2 + p_1}{p_1 + p_2} = x_0$$

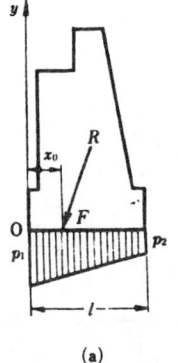
(a)

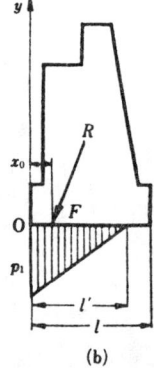
(b)

그림 12.40

이다. 따라서

$$p_2 = \frac{2P}{l}\left(\frac{3x_0}{l} - 1\right), \quad p_1 = \frac{2P}{l}\left(2 - \frac{3x_0}{l}\right) \qquad (12.49)$$

이에 의하면, x_0가 1/3이하가 되면 p_2가 (−)로 되지만 일반적으로 지반은 引張力의 反力을 갖지 않으므로 이 때의 反力分布는 그림 12.40(b)와 같이 삼각형으로 된다고 가정한다. 이때의 平衡條件은

$$\frac{1}{2}p_1 l' = P, \qquad \frac{1}{3}l' = x_0$$

따라서,

$$l' = 3x_0, \qquad p_1 = \frac{2P}{3x_0}$$

이다. 즉 反力 p_1은 x_0가 작아지면 매우 커지는데 x_0가 (+), 즉 F점이 바닥면 밖에 존재하지 않는한 지반 또는 말뚝 타설 등의 기초공이 p_1에 견디면 전도하지 않는다.

水平抵抗力 Q는 底面에 대한 마찰력이며 μ를 마찰계수라 하면

$$Q = \mu V \qquad (12.50)$$

이다. μ는 보통 0.7정도이며 이 저항력이 부족할 때는 기초근입을 증가 시키거나 이를 위하여 특히 말뚝타입을 하여 보강한다. 과거의 지진피해로부터 판단하면 교대의 내진은 교대앞면에 홁이 있으면 증가한다고 생각된다.

3) 支持板(bearing)

일본國鐵에서는 지진으로 인한 지지판의 피해를 측정하여 제시하였다. 그 측정은 슈의 내진 설계에 일반적으로 이용되고 있다.

일반 콘크리트 교량과 같이 무거운 거더의 경우는 지지측면 블럭이 없는 슈를 설치할 수 있으며 또한 스토퍼(stopper)를 분리하여 설치함으로써 조화있게 이용할 수 있다. 前者는 연직하중에 저항 할 수 있으며, 後者는 수평하중에 저항할 수 있다. 소규모 교량인 경우, 재래의 지지판은 스토퍼가 분리되어 있지 않으므로 鑄鐵 대신 鑄鋼(cast steel)과 같은 연성재료를 이용하므로써 측면블럭은 커진다.

슈와 스토퍼의 설계시 수평진도는 ΔK_h로 정의되며 여기서 K_h는 교량에 일반적으로 이용하는 수평진도이며 Δ는 수정계수이다. 수정계수는 교량축의 종방향으로 지진력이 작용할 때 1.00−1.25이고, 횡방향으로 지진력이 작용시는 1.40을 적용한다.

교량슈의 설계시는 다음 조건을 만족시켜야 한다.

① 바닥판의 휨응력 σ과 전단응력 τ는 각각 허용치 σ_a, τ_a 이하이어야 하며, 식(12.51)로 산정한 값이 1.1이하 이어야 한다.

$$\sqrt{\left(\frac{\sigma}{\sigma_a}\right)^2 + \left(\frac{\tau}{\tau_a}\right)^2} \qquad (12.51)$$

② 측면블럭 기초의 모서리 凹면은 반경 10 mm 로 둥글게 처리하여 응력이 집중하는 것을 분산시킨다(그림 12.41 참조).

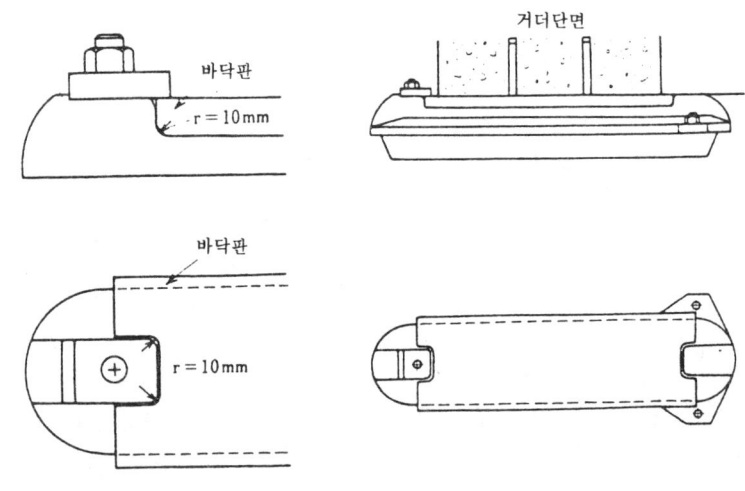

그림 12.41

③ 기초판과 바닥판의 최대 두께는 22 mm 이며 이들 재료는 무시한다.
④ 주철로 만든 슈의 주요부분은 최대두께가 35 mm 이며, 鑄鋼의 두께는 25 mm 이다.
⑤ 주철제 하부 슈의 접촉면의 표준곡율은 1,500 mm 이며, 주강제 슈의 표준곡율은 1,500 mm 이다.
⑥ 앵커볼트의 최소직경은 30 mm 이다. 상부구조에 묻히는 부분의 길이는 일반적으로 직경의 10배 이상이어야 하며 트러스 교인 경우를 제외하고는 직경의 15배이어야 한다.
⑦ 銅합금지지판의 최대 두께는 25 mm 이어야 한다.

각지지판 저부 슈의 측면블럭과 상부 슈 사이의 틈은 스테인레스강 끼움쇠(shim) 등의 적당한 필터로 조정하여 교량에 의하여 발생하는 횡방향 지진력에 대해서 모든 지지판이 함께 작용하도록 한다.

3. 연속 거더교

연속거더교는 단일 교각의 건설비가 비교적 高價일 때 많이 이용되는 교량형식이다. 이 형식은 지진시 거더가 떨어지지 않는 점에서 우수하다. 그러나 Nankai 지진 (1946년)시 Yoshinogawa교의 기초공이 침하하여 거더가 약 30 cm 절곡되었으며, 거더가 거대하여 복구공사가 장기간 걸렸던 사례도 있다.

연속거더교의 耐震性을 검토하기 위하여 震度法이 이용된다. 이것은 교각이 매우 높지 않으며 단일거더와 다른 점은 徑間이 길기 때문에 특히 교량폭이 좁을 때에는 교량축직교방향의 진동, 연직방향의 진동 및 비틀림 진동에 대한 검토가 필요하다.

먼저 교량축 방향의 지진력을 받는 교각의 안정에 대하여 고려하며 이 지진력을 교각이 지지하는 방법은 다음 3종류가 있다.
① 1개의 고정지점과 3개의 이동지점으로 지지하는 방법(그림 12.42(a) 참조) 이때 거더에 작용하는 지진력은 모두 고정지점에 작용하므로 이것을 지지하는 교각은 매우 커진다.
② 1개의 고정지점과 1개의 이동지점과 2개의 힌지로 지지하는 것(그림 12.42(b) 참조) 이때 거더에 작용하는 지진력은 고정지점과 힌지에 걸리므로 고정지점을 지지하는 교각의 부담은 ①의 경우 보다도 가벼워진다. 힌지를 지지하는 교각은 可撓性이어야 한다.

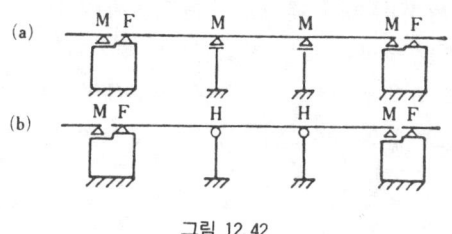

그림 12.42

③ 지점은 모두 이동지점인데 여기에 적당한 부속물을 부착함으로써 지진시에는 水平力을 모든 교각에 균등하게 분담한다.
① 또는 ②의 경우에 지진력의 대부분은 교대에 걸려 있으므로 교대는 일반적으로 거대하다. 거대한 교대는 도시내의 고가교 등 교통을 저해하고 미관도 나쁘다.
그러므로 이를 피하기 위하여 거더와 교각을 특수한 장치로 연결하는 방법이 이용된다. 그림 12.43(a)는 거더와 교각을 프리스트레스 강선으로 연결한 것이다. 평상시에 온도변화에 따라 거더과 교각이 상대적으로 이동할 때는 鋼線을 통하여 교각은 인장되는데 강선이 신장하여도 교각의 변형은 허용범위내에 들어야 한다. 이 때 壓縮측의 鋼線은 미리 가해진 프레스트레스 때문에 처지는 경우는 없다. 지진시 거더에 작용하는 지진력은 강선을 통하여 교각에 작용한다. 따라서 교각은 지진력을 대량분담하므로 교대가 부담하는 지진력은 경감되게 된다.
그림 12.43(b)는 이동지점을 갖는 교각과 거더를 오일댐퍼(oil damper)로 연결한 모습이

그림 12.43 (a) 프리스트레스트 와이어로 교각에 연결한 거더

그림 12.43 (b) 오일댐퍼로 교대에 연결한 거더

다. 이것은 기름의 流動抵抗을 이용한 抵抗器로서 온도변화에 의한 거더의 수축과 같은 완만한 신축에 대해서는 저항하지 않고 지진동과 같은 급격한 변화에 대해서만 저항한다. 따라서, 각 교각은 모두 지진력을 분담하게 된다. 이들 장치는 Tokyo 고속도로의 고가교에 처음 이용되었다.

다음은 교량축 직교방향의 지진력을 받는 교각의 안정 문제이다. 지진력에 대해서 거더는 각 교각에 고정힌지로 연결된 것이라고 가정한다. 따라서 교각뿐만 아니라 거더에도 측방휨 및 剪斷이 일어나므로 主거더를 병렬로 연결해야 한다. 이 경우에 각 교각이 부담하는 거더의 지진력은 연속보의 剛性과 교각의 剛性이기 때문에 不靜定문제로 하여 계산한다.

교량에 작용하는 지진력의 산정은 보통 진도법으로 하지만, 특히 長徑間일 경우에는 오차가 크므로 해석은 動力學에 의하여 산정하며, 이 경우 動力學的 3련모멘트(three moment) 定理를 이용하면 편리하다. 이 定理에 의하면 그림 12.44에 보인 연속보의 자유 진동 節点모멘트사이에 다음 관계가 있다.

$$M_{k-1}l'_k(1+f_{8.k}) + M_k\{l'_k(2+f_{7.k}) + l'_{k+1}(2+f_{7.k+1})\}$$
$$+ M_{k+1}l'_{k+1}(1+f_{8.k+1}) = -6EJ\left\{\frac{Y^r_{k-1}}{l_k}(1+f_{5.k})\right.$$
$$+ \frac{Y^l_k}{l_k}(f_{6.k}-1) + \frac{Y^r_k}{l_{k+1}}(f_{6.k+1}-1)$$
$$\left.+ \frac{Y^l_{k+1}}{l_{k+1}}(1+f_{5.k+1})\right\} \tag{12.52}$$

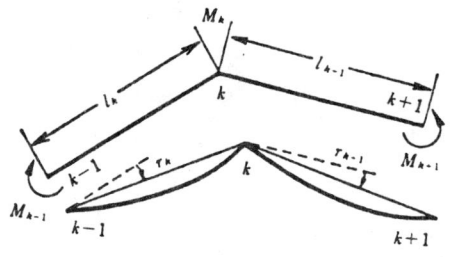

그림 12.44

여기서, M_k : 절점 k에 대한 휨모멘트
Y^r_k : 절점 k의 변위에서 部材 k에 수직방향의 성분
Y^l_k : 절점 k의 변위에서 部材($k+1$)에 수직방향의 성분
l_k : 部材 k의 길이
I_k : 부재 k의 관성모멘트

J가 임의 관성 모멘트라 할 때 그 비 l'_k는

$$l'_k = l_k\frac{J}{I}$$

이며 또,

$$\phi = l\sqrt[4]{\frac{mp^2}{EI}}$$

여기서, p : 연속보의 고유원진동수
m : 보의 단위길이당 질량
EI : 보의 휨강성

따라서

$$\left.\begin{array}{l} f_5 = \dfrac{\phi}{2}(\operatorname{cosec}\phi + \operatorname{cosech}\phi) - 1 \\[4pt] f_6 = 1 - \dfrac{\phi}{2}(\cot\phi + \coth\phi) \\[4pt] f_7 = \dfrac{3}{\phi}(\coth\phi - \cot\phi) - 2 \\[4pt] f_8 = \dfrac{3}{\phi}(\operatorname{cosec}\phi - \operatorname{cosech}\phi) - 1 \end{array}\right\} \qquad (12.53)$$

長徑間 연속거더교의 지진응력에 대한 정적해석과 동적해석을 비교해 보기로 한다. 교량은 5경간교이며, 길이는 40+146×3+32=510 m 라고 가정한다.

이때 정적 해석에 의한 지진력은 震力係數 0.15에 의하여 결정되며, 동적해석에 의한 外力은 Taft 지진(1952년)의 지진파를 最大加速度 0.15 g 으로 조정한 파형에 의하여 결정한다. 계산결과는 동적해석결과치가 정적해석 의한 값의 지점상의 휨모멘트에 있어서는 2배, 교각상부에 작용하는 거더의 지진력에 있어서는 10배이다.

4. 高橋脚 거더교

교각이 매우 높을 때, 지진시 교각상부는 지반보다도 매우 크게 진동한다. 따라서 지진응력은 동적해석으로 계산한다. 이 계산은 진도법만큼 간단하지 않다. 따라서 간편한 진도법이면서도 動的設計와 같은 정확한 결과를 얻기 위하여 震力係數를 구조물의 각 부분마다 달리하는 방법이 제안되었다. 즉 이 방법은 구조물 각 부분의 질량에 대하여 각각 다른 震力係數가 정해지며 교각 질량에 이 震力係數를 곱한 양이 그 질량에 작용하는 지진력이라고 가정한다. 이 지진력을 외력으로 할 때 생기는 部材力은 진도법과 같은 방법으로 정력학적으로 구한다. 따라서 이 방법에서는 각 질량에 대한 진력계수를 정하는 것이 문제이며 이것이 결정된 후 실시되는 연산은 진도법과 같이 간단한다.

진력계수를 결정하기 위한 동적해석은 우선 각 부재에 발생하는 부재응력을 얻기 위하여 실시한다. 한편, 부재응력은 구조물의 각 질량에 대한 적절한 진력계수를 가정하여 이들을 동적해석 결과의 부재응력과 비교한다. 그 다음 진력계수는 양자가 가급적 일치하도록 정한다.

그림 12.45에 나타낸 바와 같이 깊이 180 m 의 3徑間연속거더교에서 교각이 10~70 m 의 높이를 갖는 경우, 교량축 직교방향에 진동으로 생기는 지진력 분포가 교각 높이에 따라 어떠한 영

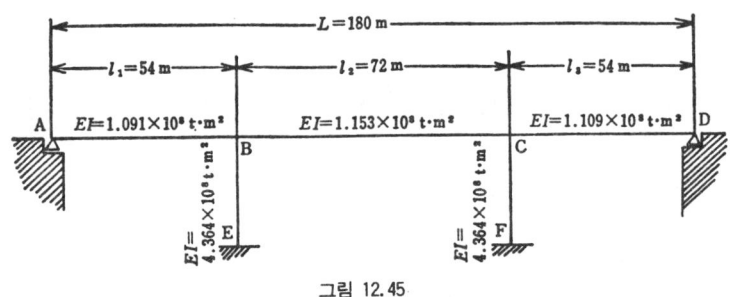

그림 12.45

표 12.3

	경간길이 [m]	E [t/m²]	I [m⁴]	EI [t·m²]
A-B 경간	54	$E_s=2.1\times10^7$ $E_c=0.21\times10^7$	$I_s=1.167$ $I_c=40.306$	1.091×10^8
B-C 경간	72	$E_s=2.1\times10^7$ $E_c=0.21\times10^7$	$I_s=1.448$ $I_c=40.424$	1.153×10^8
C-D 경간	54	$E_s=2.1\times10^7$ $E_c=0.21\times10^7$	$I_s=1.233$ $I_c=40.468$	1.109×10^8
교 각	10m, 25m, 40m 55m 및 70m	$E_s=0.21\times10^7$	$I_s=207.8$	4.364×10^8

향을 받는지를 고속도로협회(HighSpeed Survey Highway Association)가 계산하였다.

표 12.3은 교량 각 部材의 휨강도를 보인 것이다. 협회가 일반적으로 교각이 높은 교량에 대한 진력계수의 분포를 제안한 내용은 다음과 같다.

① 교량에 작용하는 지진력은 교량축 방향의 수평진도 0.12, 연직진도 0.10으로 하여 실시한다. 이때 고정지점측 교대에 작용하는 지진력은 거더의 전중량과 교각자중의 3/8에 설計震度를 합한 것으로 가정한다.

② 교량축직교방향의 지진력에 대해서는 교량을 多層多形라멘으로 고려하여 응력해석을 한다. 이 경우 設計震度는 다음과 같이 취한다.

    $0 < H < 15$ m: 기준진도

$15\text{m} \leq H < 25\text{m}$: 높이 5 m 증가마다 기준진도의 5% 증가

$25\text{ m} \leq H < 4\text{ mm}$: 높이 5 m 증가마다 기준진도의 14%증가

    $40\text{ m} < H$: $H=40\text{ m}$에 대한 진도

그림 12.46에서 基準震度를 0.2로 한 경우를 나타낸 것이다.

이 진력계수를 이용하여 설계한 교량에 대하여 入力地震最大加速度 200 gal. 減衰定數 0.05인 조건을 토대로 동적해석을 하면, 철근의 응력이 허용응력을 50% 초과한다. 그러나 이 정도가 초과하면 교량은 충분히 지진에 견딜 수 있다.

또 협회는 2개의 교각 높이가 서로 다른 경우, 즉 42 m 및 21 m인 경우에 대해서 계산을 하였는데, 이 결과에 의하면 높이가 다른 교각은 응력분포상 불리하다. 따라서 이 경우는 진력계수를 증가시켜야 하며 그 증가율은 2개의 교각높이의 비에 따라 다음 식과 같이 결정한다.

$$\left.\begin{array}{ll}\mu = 0.6\dfrac{H}{H_m} & H < \dfrac{H_m}{2} \\ \mu = 0.6\left(1-\dfrac{H}{H_m}\right) & H > \dfrac{H_m}{2}\end{array}\right\} \qquad (12.54)$$

여기서, μ : 증가율
H_m : 가장 높은 교각의 높이
H : 기타 교각의 높이

이에 의하면, 증가율의 최대치는 30%이다.

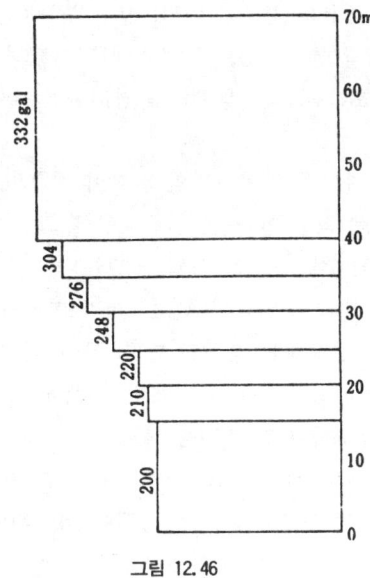

그림 12.46

12.5 基礎工의 耐震設計

1. 개설

기초공은 지반과 상부구조를 연결하는 역할을 하는 것으로써 직접기초, 말뚝기초, 케이슨기초로 대별된다. 이것은 재료 또는 施工法에 따라 매우 많은 종류로 구분된다. 지진시 기초공의 거동은 불분명한 점이 많아 이에 대하여 動的設計를 적용하기 위한 기초적인 자료가 부족하다. 따라서, 일반적으로 설계는 震度法에 의하며 특히 안정상 중요한 점은 동력학적 입장에서도 검토되어야 한다.

기초공을 지지하는 지반은 지진시에 액상화 하는 경우가 있다. 그러므로 架橋지점의 설계진도에 대하여도 지반의 액상화 여부를 확인해야 한다. 이와같이 하여도 지반이 교량기초로서 적당하지 않은 경우는 교량 설치 위치를 변경 하거나 지반을 개량해야 한다.

지반의 액상화는 비교적 세립인 모래 또는 실트가 느슨한 상태에서 물로 포화되어 있는 경우에 발생하기 쉽고, 발생여부는 흙의 N치로 판정한다. 1964년 Niigata 지진시 ($M=7.3$)에 Niigata 시내에서는 $N<10$의 지반에서 지반의 액상화에 의한 가옥피해가 발생했다. 또 1964년 Alaska 지진시($M=8.4$)에 진앙에서 90~130 km 떨어진 지역에서는 $N<20$인 사질 및 실트질 河床 지반이 액상화에 의한 교량 피해가 발생했다.

2. 직접기초

지진시 직접기초에 작용하는 외력에 대하여 진도법을 이용한 계산방법은 7.1절에서 기술한바 있다. 기초가 이 힘에 견디려면 동시에 기초지반 내부에 활동이 일어나지 않을 만큼의 강도가 유지되어야 한다. 이와 같은 힘을 받는 지반의 耐力에 대해서는 9.5절에 기술한 방법으로 검토한다. 지진시에 취해야할 安全率을 지진시에는 평상시보다도 얼마만큼 높여야 하는지는 지반의 상태, 안정계산법 등에 따라 여러 종류의 경우가 있다. 보통은 1에 가깝도록 취하는데 현행되고 있는 지진시 지반지지력 산정방법의 불확실성, 또 과거에 일어났던 교량지진피해 중에서 기초공이 피해를 받은 예가 비교적 많았던 사실을 생각하면 안전율은 매우 크게 취해야 한다고 생각된다.

海中에 설치된 직접기초는 기초바닥과 암반면과의 밀착이 좋으면 기초바닥에 작용하는 수압은 암반의 간극을 채워 침투한 물에 의한 압력 뿐이기 때문에 그 간극비로 보아 全水壓의 반정도이다. 그러나 밀착이 나쁘면 100%에 가까운 수압을 받는다.

또 지진에 의하여 교대가 진동하면 기초바닥의 壓力分布가 변동하여 기초암반내 간극의 체적이 변하여 때로는 높은 간극수압을 발생하는 경우도 한다. 또 지진시에 바닥의 일부에 인장응력이 발생하도록 한 설계에서는 인장응력 부분에서 기초와 지반과의 사이에 틈이 생겨 물이 침투하는 경우도 있다. 그러나 이들 압력의 시간적 변동은 매우 빠르기 때문에 암반내의 간극 또는 기초바닥의 순간적인 浮力의 증감이 구조물의 안정에 주는 영향은 작다.

기초바닥에 생기는 수압의 크기 및 분포는 기초의 상태에 좌우되어 미리 이것을 정확하게 평가하는 것은 어렵다. 그러므로 중요한 구조물은 기초공에 적당한 설비를 하여 항상 바닥의 수압을 측정하여 그것을 소정의 값 이하가 되도록 해야 한다.

3. 케이슨 기초

지진압력을 받는 케이슨 기초의 문제점은 그 耐力과 變位量이다. 耐力에 관해서는 케이슨의 소요근입깊이를 결정하는 방법이 있다.

그림 12.47에서 교각에 작용하는 外力은 거더중량 W_0, 교각자중 W_1 우물통기초 W 와 이에 대한 지진력이며, 한편 이에 저항하여 토압이 작용한다. 토압 응력분포를 포물선이라고 가정하면 토압은 다음과 같다.

$$p = \frac{p_1 y}{y_1^2}(2y_1 - y) \tag{12.55}$$

여기서, p_1 은 最大水平地盤反力이며, y_1 은 p_1 을 일으키는 단면의 깊이로써 모두 未知量이며, 이들은 외력과 반력의 평형으로부터 결정한다. 즉

l : 케이슨의 길이

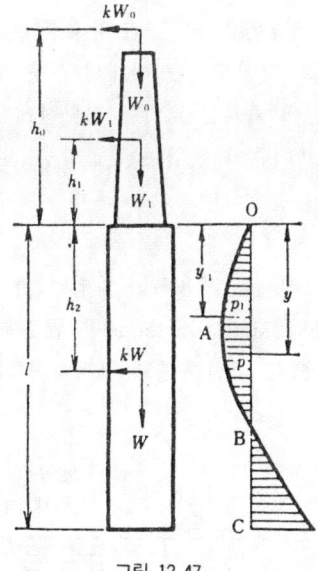

그림 12.47

W : 케이슨의 自重
k : 震力係數
H : 거더 및 교각에 작용하는 水平地震力
M : 거더 및 교각에 작용하는 지진력의 케이슨 상단에 대한 모멘트라고 하면 다음과 같이 나타낼 수 있다.

$$H + kW = \int_0^l \frac{p_1 y}{y_1^2}(2y_1 - y)\, dy$$

$$\frac{kWl}{2} - M = \int_0^l \frac{p_1 y^2}{y_1^2}(2y_1 - y)\, dy$$

이 되며 이것을 풀면

$$y_1 = \frac{3l - 4e}{8l - 12e} l \qquad (12.56)$$

그리고

$$e = \frac{\dfrac{kWl}{2} - M}{H + kW}$$

이 된다.

最大應力 p_1 의 크기는 이들 식을 이용하여 결정한다. 만일 이 값이 깊이 y_1 에서의 지진시 흙의 受動土壓보다 작으면 케이슨 기초는 안정성이 있다. 또, 지반의 應力分布가 결정되면 휨모멘트, 전단 응력은 쉽게 결정할 수 있다.

이 해석법은 케이슨 기초의 반력분포라는 고도의 不靜定문제를 간단한 가정하에 정적문제로 하는 점이 특징이다. 지반표층의 토질구조는 대개의 경우 복잡한 구성을 가지며 침하공사시 심하게 교란되므로 이것이 케이슨에 미치는 토압을 정확하게 계산하는 것은 불가능하다. 또한 반력 분포를 알 수 있다 하여도 케이슨의 변위는 결정할 수 없다. 이 문제를 풀기 위하여는 정확한 현상(phenomena)의 해석이 필요하다. 이들 문제를 해결하기 위하여 여러가지 근사적방법이 사용되고 있다.

다음은 탄성기초에 대하여 보理論을 적용하는 방법은 예시한 것이다. 케이슨 주위 흙의 성질은 균질하다고 가정하나, 상사법(simila method)은 균질하지 않을때 적용한다.

지진시 케이슨 A점을 중심으로 회전한다고 가정하며(그림 12.48참조) 케이슨의 회전각은 θ와 h로 나타낸다.

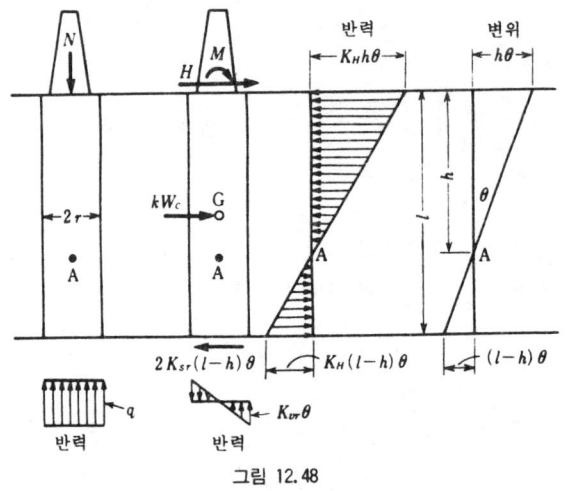

그림 12.48

여기서, N : 평상시 하중
H : 지진시의 剪斷荷重
M : 지진시의 모멘트 荷重
W_c : 케이슨의 自重
K_H : 케이슨 전면에 작용하는 흙의 수평 반력계수
K_V : 케이슨 바닥에 작용하는 연직반력계수
K_S : 케이슨 바닥에 작용하는 전단반력계수

평상시하중에 대한 연직력의 평형에 의하면

$$2rq = N$$
$$\therefore q = \frac{N}{2r} \tag{12.57}$$

水平力의 평형에 의하면

$$H + kW_c = \frac{1}{2} K_H l(2h - l)\theta + 2K_s r(l - h)\theta \tag{12.58}$$

모멘트의 평형에 의하면 다음식과 같이 된다.

$$M + Hl + \frac{1}{2} lkW_C = \frac{1}{2} K_H l^2 \left(h - \frac{l}{3}\right)\theta + \frac{2}{3} K_V r^3 \theta \qquad (12.59)$$

식(12.58), 식(12.59)으로 부터 θ의 값을 결정할 수 있다.

위의 계산을 설명하기 위하여 지반 반력계수를 알아야만 하며, 이 목적을 위하여 현장시험에서 몇가지 시험 형태를 제안하였다. 하나는 고무튜부를 보링 공에 삽입하고 압축한 물을 그 안에 부어 넣는다. 구멍 주위의 흙은 압축된 물에 의하여 압축되어 공벽의 변위가 측정된다. 水壓과 대응하는 공벽의 변위가 일치하는 것으로부터 지반반력계수를 결정할 수 있다. 반력계수의 또 하나의 결정방법은 지반의 N 치를 측정하여 이용하고 있다.

실제로, 흙의 강도나 흙의 반력계수의 불확실성을 고려하여 허용치는 적당한 안전율로 측정치를 나누어 결정한다. 즉, 케이슨 전면에 작용하는 수평반력계수는 1.1, 케이슨의 밑면에 작용하는 연직반력계수는 2.0, 케이슨의 바닥에 대한 전단저항은 1.2이다. 이들 안전율은 지진하중이 단기간에 작용하기 때문에 평상시 하중의 안전율보다 작다.

4. 말뚝기초

1) 설계공식

말뚝은 교각의 기초공으로 이용하거나 교각과 기초의 양자를 一體化시키는 구조로서 이용된다. 매우 긴 말뚝을 제작 및 타입할 수 있으므로, 또 연약지반에 건설하는 구조물에 널리 이용되고 있다. 말뚝의 鉛直支持力은 根入을 깊게 할수록 증가하지만 말뚝의 수평방향의 剛性은 작아지며 이것이 耐震設計를 어렵게 하는 점이다.

연약지반은 심하게 진동하면 지표부근의 흙은 가끔 액상화되며, 전단저항을 잃어 말뚝의 수평안정이 감소한다. 그 결과 말뚝의 균열, 파피등을 일으켜 구조물에 중요한 문제를 일으킨다. 지반의 液狀化는 지진시 말뚝기초의 주요 피해 원인이다. 액상화의 위험성에 대하여 지반의 강도증진이나 지반에 말뚝기초의 바닥을 깊게 해야한다. 지진시 지반이 액상화하지 않는다는 것이 확인되면 말뚝기초의 應力 및 말뚝기초의 변위는 다음과정에 의하여 계산한다. 축변위에 관한 스프링, 횡변위에 관한 스프링과 회전에 관한 스프링은 말뚝머리에 연결되어 있다고 가정하고, 상부구조에 작용하는 지진하중은 이들 스프링으로 지지되어 있다고 가정한다(그림 12.49 참조).

H_0 : 외부하중의 수평성분

V_0 : 외부하중의 연직성분

M_0 : 원점 O에 관한 외력의 모멘트

δ_x : 원점 O에서의 기초의 수평변위

δ_y : 원점 O에서 기초의 연직변위

δ_a : 원점 O에 대한 기초의 회전각(시계방향 +)

라고 하면

$$H_0 = A_{yy} \cdot \delta y + A_{yx} \cdot \delta x + A_{ya} \cdot \delta \alpha \quad \Big]$$

$$V_0 = A_{xy} \cdot \delta y + A_{xx} \cdot \delta x + A_{x\alpha} \cdot \delta \alpha \atop M_0 = A_{\alpha y} \cdot \delta y + A_{\alpha x} \cdot \delta x + A_{\alpha\alpha} \cdot \delta \alpha \Bigg\} \qquad (12.60)$$

위의 식에서

$$A_{yy} = \sum (K_1 \cos^2\theta_i + K_v \sin^2\theta_i)$$
$$A_{yx} = A_{xy} = \sum (K_v - k_1) \sin\theta_i \cos\theta_i$$
$$A_{y\alpha} = A_{\alpha y} = \sum \{(K_v - K_1)y_i \sin\theta_i \cos\theta_i - K_2 \cos\theta_i\}$$
$$A_{xx} = \sum (K_v \cos^2\theta_i + K_1 \sin^2\theta_i)$$
$$A_{x\alpha} = A_{\alpha x} = \sum \{(K_v \cos^2\theta_i + K_1 \sin^2\theta_i)y_i + K_2 \sin\theta_i\}$$
$$A_{\alpha\alpha} = \sum \{(K_v \cos^2\theta_i + K_1 \sin^2\theta_i)y_i^2 + (K_2 + K_3)y_i \sin\theta_i + K_4\}$$

여기서, y_i : No. i번째 말뚝머리의 y좌표
        θ_1 : No. i번째 말뚝의 연직각
K_v, K_1, K_2, K_3, K_4 : 말뚝머리의 스프링 정수
        K_v : 말뚝축에 작용하는 외력에 대한 말뚝축 방향의 스프링 정수
        K_1 : 말뚝축에 횡방향으로 작용하는 외력에 대한 말뚝축 횡방향의 스프링정수
        K_2 : 말뚝축에 횡방향으로 작용하는 외력에 대한 회전 스프링 정수
        K_3 : 모멘트에 대한 말뚝축의 횡방향 스프링 정수
        K_4 : 모멘트에 대한 회전 스프링정수

말뚝의 스프링정수는 보링공의 압력시험이나 현장에서 말뚝재하시험으로 결정한다.

2) 탄성기초이론에 의한 해석

상단에 수평력을 받을때 말뚝의 變位 및 應力계산은 일반적으로 탄성보 이론에 의하여 산출한다. 따라서, 탄성기초의 성질은 흙의 성질과 지반의 구조에 따라 다르기 때문에 가정방법이 문제이다. 현지지반의 상태를 정확하게 파악하기 위한 시험법의 개발이 중요한 과제이다.

탄성기초로 가정한 가장 간단한 모델은 反力이 變位에 정비례한다고 가정하는 것이다. 즉

$$p = kDy \qquad (12.61)$$

여기서, y : 말뚝의 變位
        p : 말뚝의 단위길이에 작용하는 反力
        k : 地盤係數
        D : 말뚝의 직경

이때 EI를 말뚝의 휨강도라고 하면, 말뚝의 휨에 관한 방정식은 다음과 같은 관계가 있다 (그림 12.50 참조).

이 식의 해는 적분상수 C_1, C_2, C_3, C_4를 이용하여

$$EI \frac{d^4 y}{dx^4} = -kDy \qquad (12.62)$$

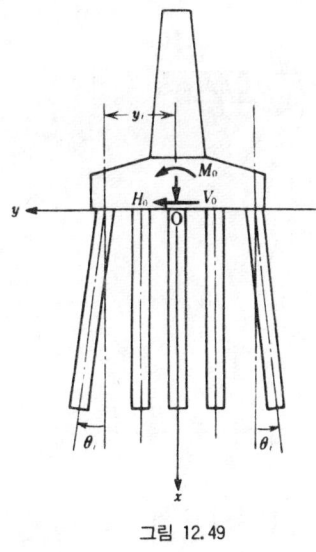

그림 12.49

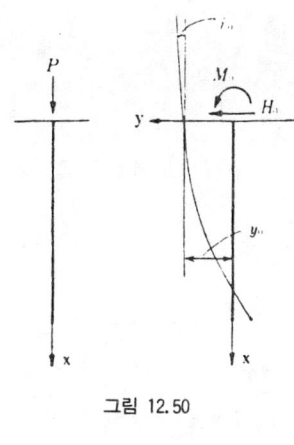

그림 12.50

로 된다.

$$y = e^{-\beta x}(C_1 \cos \beta x + C_2 \sin \beta x) + e^{\beta x}(C_3 \cos \beta x + C_4 \sin \beta x) \qquad (12.63)$$

여기서

$$\beta = \sqrt[4]{\frac{kD}{4EI}}$$

말뚝의 길이를 무한대로 하면 말뚝머리에는 水平力 H_0 와 휨모멘트 M_0 가 작용할 때 경계조건식은 다음과 같다.

$$x = 0 \quad \text{일때} \quad EI\frac{d^3y}{dx^3} = H_0, \qquad EI\frac{d^2y}{dx^2} = M_0,$$

$$x = \infty \quad \text{일때} \quad y = 0$$

이들 조건을 만족하는 식(12.62)의 해는 다음과 같다.

$$y = \frac{e^{-\beta x}}{2\beta^2 EI}\left\{\left(\frac{H_0}{\beta} + M_0\right)\cos \beta x - M_0 \sin \beta x\right\} \qquad (12.64)$$

위 식에서 말뚝머리에 대한 變位 및 回轉角은 다음과 같다.

$$y_0 = \frac{1}{2\beta^2 EI}\left(\frac{H_0}{\beta} + M_0\right) \qquad (12.65)$$

$$i_0 = \frac{1}{2\beta^2 EI}(H_0 + 2\beta M_0) \qquad (12.66)$$

또 말뚝에 생기는 最大휨모멘트는

$$M_{max} = \frac{H_0}{2\beta} e^{-\beta x_0} \sqrt{1 + \left(1 + \frac{2\beta M_0}{H_0}\right)^2} \qquad (12.67)$$

가 된다.

여기서 x_0 는 최대휨모멘트를 일으키는 단면의 깊이이므로

$$\cot \beta x_0 = 1 + \frac{2\beta M_0}{H_0} \qquad (12.68)$$

이 된다.

이들 식에 의하면, 反力係數가 작을 수록, 또 말뚝의 휨강성이 클수록 최대휨모멘트를 일으키는 단면은 깊어지며 그 크기는 커진다.

이 간단한 이론에 의하여 스프링정수 K_1, K_2, K_3, K_4 는 다음과 같이 된다.

$$\left.\begin{array}{l} K_1 = 4EI\beta^3 \\ K_2 = K_3 = 4EI\beta^2 \\ K_4 = 2EI\beta \end{array}\right\} \qquad (12.69)$$

기초에 푸팅을 설치하고 기초말뚝을 群말뚝으로 이용할때는 하나의 말뚝에 비해 그 강성은 증가한다고 생각된다. 이때 경계조건을 $x=0$에서 $i_0=0$로 하는 것이 적당하다. 식(12.66)으로부터

$$M_0 = -\frac{H_0}{2\beta} \qquad (12.70)$$

이 되므로 말뚝머리의 變位와 水平力과의 관계는

$$H_0 = 4\beta^3 EI y_0 \qquad (12.71)$$

이 된다.

즉, 강성계수는 말뚝머리를 고정 시킴으로서 2배가 된다.

3) 소성기초이론에 의한 해석

탄성기초 이론에 의하면 말뚝에 대한 흙의 반력은 말뚝의 변위에 비례한다. 그러나 지반의 지표부근 층에서 말뚝의 변형은 매우 크므로 흙은 탄성범위내에 있지 않고 소성변형이 발생한다.

소성변형의 가장 간단한 경우로 지반토의 상층은 수동토압상태라고 가정하는 것이다. 반면에 말뚝에 대한 하층 흙의 반력은 말뚝의 변위에 비례한다. 이 경우 상층 말뚝의 운동방정식은 다음과 같이 나타낼 수 있다.

$$EI\frac{d^2y}{dx^2} = M_0 + H_0 x - \frac{C_p}{6} x^3 \qquad (12.72)$$

여기서, C_p는 수동토압계수이며, 하층은 식(12.62)에 의한다.

식(12.72) 및 식(12.62)의 解에서 적분상수는 기울기, 상층과 하층 경계면에서 말뚝의 전단 및 휨모멘트, 변위의 연속성을 고려하여 결정한다. 그러므로 경계면의 깊이는 말뚝에 대하여 흙의 반력이 연속적인 상층과 하층의 경계가 되는 면으로 결정한다.

상층의 두께는 다음 식으로 결정한다.

$$C_p h = \frac{k}{2\beta^2 EI}\left\{M_0 + H_0\left(h + \frac{1}{\beta}\right) - \frac{C_p}{2}h^2\left(\frac{h}{3} + \frac{1}{\beta}\right)\right\} \tag{12.73}$$

말뚝머리에서 말뚝의 경사와 변위는 다음과 같다.

$$EIy_0 = M_1\left(\frac{h^2}{2} + \frac{h}{\beta} + \frac{1}{2\beta^2}\right) + H_1\left(\frac{h^3}{3} + \frac{h^2}{\beta} + \frac{h}{\beta^2} + \frac{1}{2\beta^3}\right) - C_p\left(\frac{h^5}{30} + \frac{h^4}{6\beta} + \frac{h^3}{3\beta^2} + \frac{h^2}{4\beta^3}\right) \tag{12.74}$$

$$EIi_0 = M_1\left(h + \frac{1}{\beta}\right) + H_1\left(\frac{h^2}{2} + \frac{h}{3} + \frac{1}{2\beta^2}\right) - C_p\left(\frac{h^4}{24} + \frac{h^3}{6\beta} + \frac{h^2}{4\beta^2}\right) \tag{12.75}$$

4) 말뚝의 수평하중시험

현지의 흙의 거동은 매우 복잡하여 이론적 해석으로만 말뚝의 거동을 결정하는 것은 어렵다. 그러므로 현장 말뚝시험을 수행하는 것이 바람직하다. 군말뚝의 연직시험 결과는 다음과 같다.

Matsumoto는 단단한 자갈층상에 두께 14 m의 매우 연약한 표층 지반에서 말뚝의 水平抵抗力에 관한 현장시험을 하였다. 이 표면층은 두께 5 m의 이탄층 아래에 두께 9 m의 연약점토층이 퇴적되어 있으며 N치는 全層을 통해 $N=0 \sim 2$의 범위이다. 여기서, 직경 45 cm, 두께 7 cm, 길이 15 m의 철근콘크리트말뚝을 기반층까지 타입하여 말뚝에 수평하중을 가하여 말뚝머리의 수평변위를 측정하였다. 그림 12.51은 하중과 말뚝의 수평변위와의 관계이다. 이 경우는 지반이 매우 연약하기 때문에 하중과 변위와의 사이에는 처음부터 직선관계로 나타나지는 않았다. 따라서 각 하중관계에 대해서 식(12.69)를 이용하여 k치를 계산하면, 변위가 미소할때 약 0.4 kg/cm³, 변위가 10 mm일 때 약 0.23 kg/cm³로 매우 큰폭으로 알려져 있다.

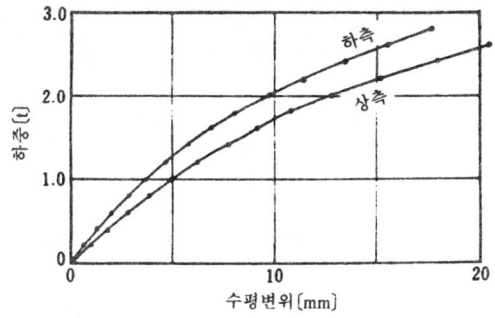

그림 12.51

동일치수의 말뚝을 이용하여 무리 말뚝시험을 한 결과 그림 12.52(a)와 같이 6개 말뚝이 서로 간격 1.1m 및 1.2m 수직으로 타입되었다. 그 위에 두께 1m 세로 3.2m, 가로 3.0m의 콘크리트블럭을 설치하였다. 이때 말뚝머리는 블럭 속에 깊이 30m 만큼 매입되었다(그림 12.53 참조). 그림 12.54는 군말뚝이 말뚝머리 높이에서 블럭에 수평하중이 작용되었을 때 변위와 하중과의 관계이다. 참고로 그림에서 빗금친 곡선은 단말뚝 시험 결과치를 6배한 값을 나타낸 것이다. 실측변위는 이 값의 1/2이상이었다. 단말뚝머리 변위는 상단이 고정되어 있는 경우, 고정되어 있지 않은 변위의 약 1/2이므로, 이 결과로 볼 때, 군말뚝에서는 말뚝 상단이 고정에 가까운 상태에 있음을 나타내고 있다. 이것은 블럭이 있기 때문에 상단 자유인 경우와 같이 머리부가 자유롭게 회전하기 않기 때문이라고 할 수 있다.

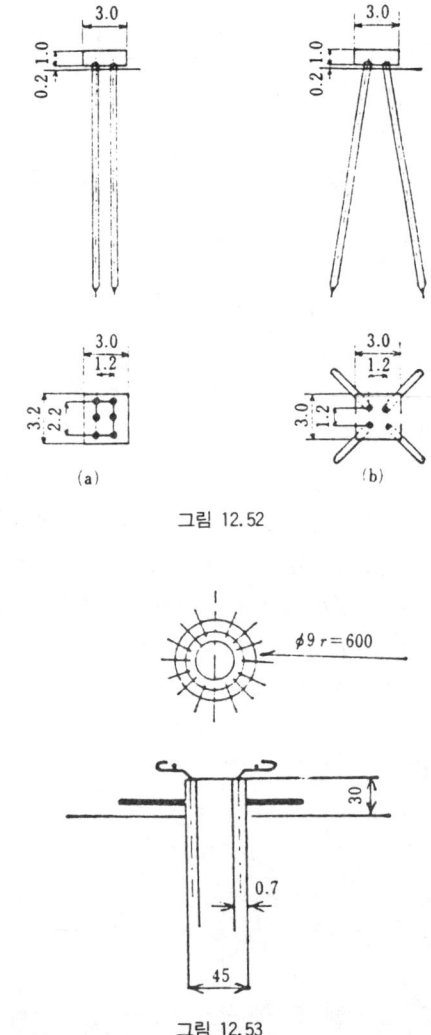

그림 12.52

그림 12.53

기초공이 커짐에 따라 무리말뚝이 병렬인 경우, 또 말뚝머리의 회전이 더욱 제한되어, 이와 같은 말뚝기초공의 강성은 상단고정이라고 가정한 單말뚝의 강성의 합에 가깝다고 한다. 다음에 군말뚝의 경우, 기초공에 가해진 하중이 각 말뚝에 어떻게 분담되는지가 문제이다. 이에 대해 각 말뚝에 작용하는 應力을 측정한 결과는 하중이 6개의 말뚝에 거의 균등하게 분담되는 것으로 나타냈다. 유사한 결과가 Kubo에 의하여 대규모 모형시험에서 얻어졌다.

이상의 계산 및 실험에서 연직말뚝은 水平剛性이 작고 그 위에 지지된 구조물이 지진을 받는 경우는 수평방향에 큰 변위를 일으킬 우려가 많다. 따라서, 일반적으로 연직말뚝에는 水平抵抗을 갖지 않는 것이 보통이며 수평외력에 대해서는 경사말뚝이 이용된다. Matsumoto가 연직말뚝에 대하여 실시한 방법과 동일한 실험을 경사말뚝에 대해서도 실시하였다. 4개의 말뚝이 그림 12.52(b)와 같이 방사상으로 방사각 12°30′을 갖도록 타입하였다. 그 위에 설치한 블록의 크기는 두께 1 m, 폭 3 m이다. 말뚝머리의 끝에 수평하중을 가하였을 때의 그 점의 水平變位는 그림 12.54와 같다. 이 값을 연직말뚝의 경우와 비교하면 1/2보다 약간 적다. 말뚝 수는 연직말뚝이 6本이며, 경사말뚝이 4개인 점을 고려하면 경사말뚝 쪽이 연직말뚝보다 훨씬 剛性이 큼을 알 수 있다.

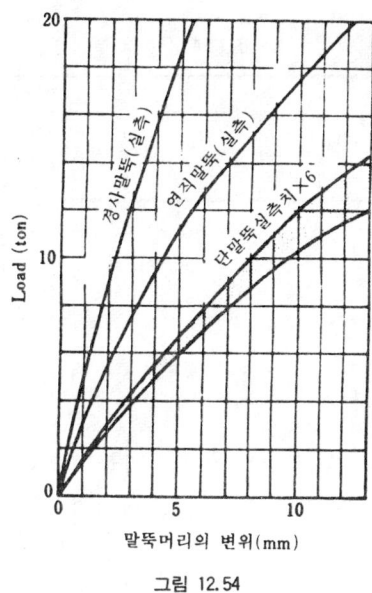

그림 12.54

또한 이밖에도 여러가지 시험을 실시하였다. 흙의 動的擧動은 매우 복잡하기 때문에 일반적인 결론은 아직 유도되지 않았다. 그러나 다음 사항은 말뚝기초의 일반적 성질을 나타낸 것이다.
① 그림 12.55는 일본 國鐵에서 실시한 군말뚝 및 단말뚝의 수평재하시험의 예이다. 말뚝의 직경은 40 cm, 길이는 25 m이며 연약지반에 타설되었다. 그림에서 보는 바와 같이 말뚝의 변위가 증가함에 따라 지반계수 k 값은 감소한다.
② 동적 k 값은 정적 K 와 같이 하중폭에 일치하여 감소한다.
③ 완만한 경사로 타설한 말뚝은 수평하중을 받는 연직말뚝보다 더 저항이 크다. 그러나 경사각이 클 때, 말뚝의 타설은 어려우며 말뚝의 지진시 지반이 침하 할 때 말뚝은 휨을 받

기 쉽다.

④ 단위 말뚝당 말뚝의 수평지지력은 군말뚝과 같은 방법으로 추정할 때 더 작다. 표 12.4는 군말뚝의 지지력 시험예이다.

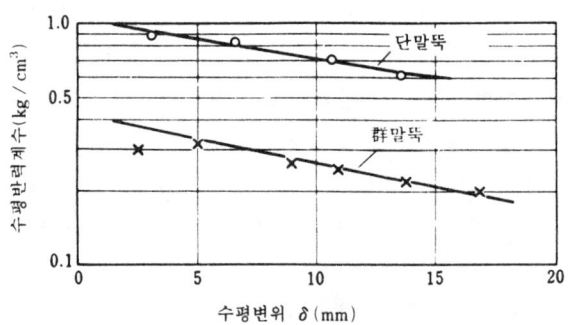

그림 12.55 k값의 감소(M.Ogura 등) 표 12.4

표 12.4

말뚝간격(L/D)	群말뚝효과
2.3	0.75
3.7	0.84
5.6	1.02

D = 말뚝직경 ; L = 말뚝반경

12.6 아치교와 현수교

1. 아치교
1) 개설

과거 지진시 오래된 석축 아치교가 붕괴된 경우도 가끔 있었다. 그리고 철골주요부재나 철근 콘크리트 아치교는 피해를 받지 않았다. 그러나 지진규모가 클 때 2개의 교대사이가 크게 변위되는 것을 알 수 있었다. 이러한 상대적인 운동으로 인한 응력의 저항을 위한 힌지의 설계는 어려운 것이다. 타이 아치(tied arch)나 3절점 아치는 지진규모가 매우 커서 위험이 있는 아치교에 가장 적절하다. Kanto 지진 (1923년)시 Yokohama의 Bankoku교 북측 교대는 약 1m 남쪽으로 이동하였다. 교량을 지지하고 있던 로울러 슈(roller shoe)는 활동하였으나 교량은 타이드 아치형식이었기 때문에 교량의 주요부재에 대한 피해는 없었다(그림 12.56 참조).

다음은 연직방향에서 아치교의 진동시험을 한 예이다. 교량의 진동시험은 2절점 아치철도교이며, 지점과 지점사이는 122 m 이고, 전체 경간의 길이는 176 m 이다. 재하하지 않은 교량의 고유진동수는 3.3 cps 와 2.0 cps 이었다. 진동이 탁월한 아치스프링 바로위의 슬래브(deck plate) 부분의 진동수는 3.3 cps 인 반면, 진동이 가장 두드러진 교량의 중앙부에서의 진동수는 2.0 cps 이었다고 보고되었다. 감쇠정수는 교량축에 평행한 방향의 진동에 대하여 2.6%이며, 교량면의 연직방향에서 1.0~1.6%이었다.

그림 12.56 Bankoku 교외 북측 교대상의 로울러 슈의 활동(1923.9.1 지진)

지진시 교량면에 대한 연직방향 슬래브의 진동 정도를 아는 것은 교량의 안정을 평가하는데 도움을 줄뿐만아니라, 교량을 통과하는 차량의 안전에 밀접한 관계가 있다. 철도교 슬래브에서 만일 지진이 발생하였을 때 교량이 심한 진동을 일으켜서 기차가 통과할 때 기차는 매우 복잡한 상태가 될 것이다.

2) 지진응력해석

아치교에 작용하는 주요 지진력은 교량바닥틀(bridge floor), 支柱部 및 아치리브(arch rib)에 작용하는 관성력이며, 그 규모는 일반적으로 진도로 나타낸다. 그 방향이 교량축방향일 때는 이들의 힘은 모두 아치가 저항하나 지진력을 아치에 까지 전달하는 구조부재들은 구조마다 적당한 가정을 세워야 한다. 예를들면 그림 12.57과 같은 아치교에서는 支柱 AC는 主아치와는 떨어져 있으며, 그 상단 C에는 측경간 IC와 상부 바닥골조(upper deck frame) CGEFH가 단순지지되어 있다. 교량중앙 B에 상부바닥골조 EDEI가 아치리브에 剛結되어 있다. 바닥골조와 支柱로 구성된 구조 CGEFH는 하단고정의 剛性骨組라고 생각한다. 이때 CGEFH의 고정단에서 발생하는 反力과 모멘트와 교량중앙의 상부바닥골조에 작용하는 지진력은 아치리브에 전달된다.

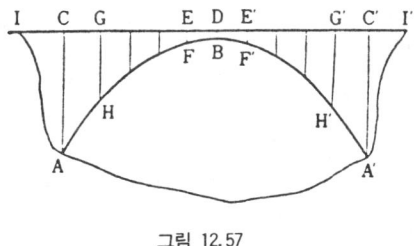

그림 12.57

아치의 중심선은 교량자중에 대하여 平行線과 같으므로 자중으로 인한 軸力은 매우 크나 모멘트는 작다. 그러나 지진관성력은 방향이 수평이기 때문에 휨모멘트는 매우 크다. 그림 12.58

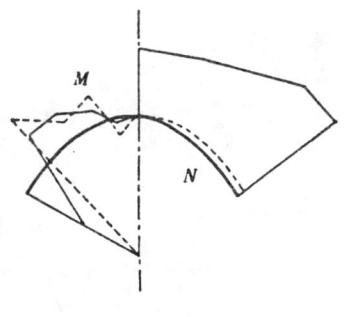

그림 12.58

은 이 경우의 예이다. 우측은 軸力의 분포이며, 좌측은 휨모멘트의 분포를 나타낸 것이다. 實線은 自重에 의한 것이며, 점선은 진력계수가 0.1일 때의 지진력에 의한 파괴선이다.

아치面에 직교하여 작용하는 지진력에 대하여는 아치리브가 외력을 지지하는 구조와 바닥골조가 외력을 지지하는 구조를 토대로 응력해석을 하는 등 여러가지 방법이 있다. 前者의 경우는 바닥골조에 작용하는 지진력이 아치리브와 支柱를 통하여 아치에 전달된다. 이때의 지주는 하단고정의 라멘으로 취급하며, 그 하단에 생기는 휨모멘트와 反力이 아치에 대한 외력이 되어 이에 軸力, 휨모멘트 및 비틀림 모멘트가 생긴다. 이 때의 힘은 아치면에 직교하는 방향뿐만 아니고 아치면내에도 생긴다.

컴퓨터의 발달로 아치교의 동적해석이 최근에 수행되고 있다. 모형교량은 전 질량(lumped mass)과 스프링으로 구성되어 있다고 가정한다.

그림 12.59는 徑間의 길이가 220 m 인 스팬드럴 브레이스(spandrel brace) 아치교의 전질량 스프링 모델의 예이다. 그리고, 표 12.5는 계산에 의한 고유진동 주기를 나타낸 것이다. 이들 고유진동주기는 아치면에 대하여 연직방향의 강성이 오히려 작다.

교량이 최대가속도 0.125 gal 의 설계지진을 받으면, 교량 중앙에서 일어나는 아치면에 연직방향의 최대변위는 18.5 cm 이다.

動的解析에 의한 지진응력(최대가속도를 0.21로 가정)은 靜的解析에 의한 지진응력(지진력계수를 0.125 gal 로 가정)을 계산하여 비교한 결과 전자는 후자보다 작다. 이들사이의 차이는 아치면에 지진력이 연직으로 작용할 때가 더 크다.

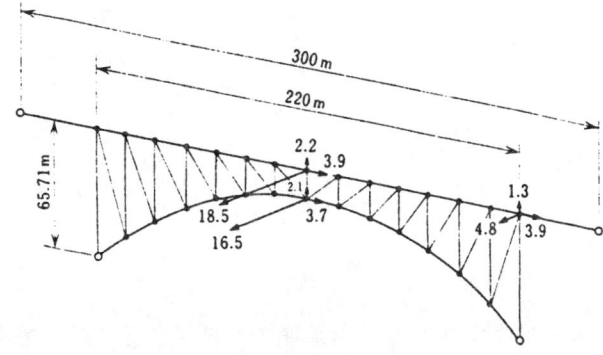

그림 12.59 아치교의 최대 응답변위(cm)

표 12.5 교량의 고유주기(sec)

진 동 방 향	대 칭		역 대 칭	
	1 차	2 차	1 차	2 차
교축방향	0.66	0.59	1.16	0.59
아치면에 대하여 연직방향	2.56	1.54	1.75	1.26

2. 현수교

1) 震害

 매우 긴 현수교가 지진으로 인하여 탈락된 예는 없으나, 地方道路에 가설된 단순한 현수교가 피해를 받은 예는 매우 많았다. 즉, 탑의 파괴, 케이블의 절단 등이 있다. Arakawa교는 主徑間 90 cm, 側徑間 52 m의 현수교인데 Kanto 지진 (1923)년시 라멘狀 탑의 연결수평보가 균열이 생겼다. 이는 교량 직교방향의 지진력에 의하여 일어난 교량의 수평振動으로 인하여 탑이 횡방향의 큰 휨과 비틀림을 받은 것이라고 생각된다. 이 정도 경간길이의 현수교는 주기가 1~2 sec이며 대지진으로 共振이 일어나는 경우가 많다.

 또 Gosho교는 Kuzuryu 江의 扇狀地에 가설된 현수교(1경간 2련 124 m)인데 Fukui 지진 (1948년)에 의하여 右岸쪽 경간의 補强거더의 支点이 左岸쪽으로 이동하여 보강 트러스의 上弦材(upper chord momber)가 파장 14 - 20 m의 파를 그리며 좌굴되었다. 이 상현재의 좌굴의 주요원인은 앵커블럭의 이동에 의하여 補强거더에 예상치 못한 하중이 작용한 것이라고 생각된다(그림 12.60 참조)

그림 12.60 Gosho 현수교의 피해

 또 模型試驗에서는 경간중앙부의 행어(hanger)가 절단된 경우가 많다. 이것은 진동시에 보강거더의 중앙점은 연직방향만으로 변위하는데 케이블의 중앙점은 연직방향 뿐만 아니라 수평방향으로 이동하므로 행어에 무리가 생기기 때문이다. 중앙점에서는 행어가 짧아 변형이 더욱 증가 하기 때문이다.

 이들 시험에 따르면, 耐震上 특히 주의해야 할 점은 앵커블록이 안정하고 케이블이 지진응력에 대하여 충분히 강도를 가지며, 塔柱가 충분히 휨에 견디며, 교량 중앙부의 행어가 파손되지 않기 때문이라고 생각된다.

2) 현수교의 振動

현수교와 같은 가요성 구조물에서의 지진응력은 동적성질을 토대로 구해야 한다. 진동의 기본방정식, 즉 케이블의 방정식은 다음과 같다.

$$y = \frac{4f}{l^2} x(l-x) \tag{12.76}$$

여기서, l : 支間
f : 처짐길이(그림 12.61 참조)

이 때 케이블의 경사각은 다음 식과 같다.

$$\tan \varphi = \frac{dy}{dx} = \frac{4f}{l^2}(l-2x)$$

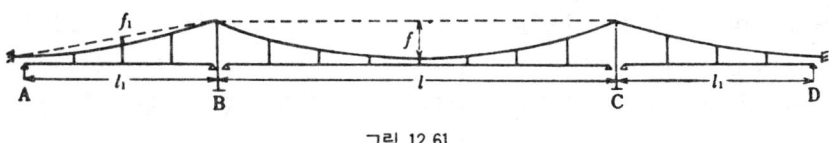

그림 12.61

케이블에 작용하는 張力의 水平成分은 케이블 단면의 위치에 관계없이 일정하며, 그 값은 q 를 케이블에 작용하는 일정한 연직하중이라고 하면 다음 식과 같다.

$$H_d = \frac{ql^2}{8f}$$

여기서, q : 보강거더의 단위 길이당 중량

따라서, 케이블 장력의 연직성분은 $H_d \tan \varphi$ 이다.

보강거더에 分布荷重 w 가 재하하면 그 일부는 보강거더에 지지되며 일부는 행어를 통하여 케이블에 작용한다. 수평길이당 케이블에 작용하는 하중을 p 라 하자. p 를 받으면 케이블은 變位하며 이때 變位의 연직성분을 η, 수평성분을 ξ 라고 하면 ξ 는 η 에 비하여 일반적으로 작다.

또 케이블의 장력도 변화한다. 케이블 張力의 수평성분의 증가량을 H 라고 하면 H 는 케이블 단면의 위치에 관계없이 일정하다. 따라서 케이블 장력의 연직성분은 $(H_d + H) d(y+\eta)/d_x$ 이다.

케이블의 수평길이 d_x 인 부분(segment)에 작용하는 연직방향력의 평형을 고려하면 다음식과 같이 된다.

$$\frac{d}{dx}\left\{(H_d + H)\frac{d(y+\eta)}{dx}\right\} dx + qdx + pdx = 0$$

$$\therefore \left(H + \frac{ql^2}{8f}\right)\frac{d^2\eta}{dx^2} - \frac{8f}{l^2}H + p = 0 \tag{12.77}$$

한편, 보강거더에는 $w-p$ 인 하중이 작용하므로, 거더는 변위하지만 케이블의 伸張을 무시하면 이것은 케이블의 연직변위와 같다. 따라서 보강거더의 휨강도를 B 라고 하면

$$B\frac{d^4\eta}{dx^4} = w - p \tag{12.78}$$

위의 두식에서 p를 소거하면 다음 식과 같다.

$$B\frac{d^4\eta}{dx^4} - \left(\frac{ql^2}{8f} + H\right)\frac{d^2\eta}{dx^2} = w - \frac{8f}{l^2}H$$

H 와 η 의 곱의 항을 무시하면 다음식과 같다.

$$B\frac{d^4\eta}{dx^4} - \frac{ql^2}{8f}\frac{d^2\eta}{dx^2} = w - \frac{8f}{l^2}H \tag{12.79}$$

케이블 장력의 증가에 따라 케이블의 신장은 케이블에 변위를 일으키는 원인이며, 이에 대한 적합한 조건은 다음과 같이 유도된다. 케이블 부분의 신장을 재료의 탄성으로 부터 구하면 다음 식과 같다.

$$\Delta = \frac{Hds}{EA\cos\varphi} = \frac{Hdx}{EA\cos^2\varphi} \tag{12.80}$$

여기서, E : 케이블 재료의 탄성계수
$\quad\quad A$: 케이블의 단면

케이블 斷片의 신장길이는 케이블의 變位로부터 幾何學的으로 구하면

$$\Delta = \left(\frac{d\xi}{dx}\cos\varphi + \frac{d\eta}{dx}\sin\varphi\right)dx \tag{12.81}$$

가 되며

따라서, 식(12.80)과 식(12.81)을 같다고 하여

$$\frac{H}{EA\cos^2\varphi} = \frac{d\xi}{dx}\cos\varphi + \frac{d\eta}{dx}\sin\varphi$$

$$\therefore \frac{d\xi}{dx} = \frac{H}{EA\cos^3\varphi} - \frac{d\eta}{dx}\tan\varphi = \frac{H}{EA\cos^3\varphi} - \frac{4f}{l^2}(l-2x)\frac{d\eta}{dx} \tag{12.82}$$

x에 대하여 全支間에 걸쳐 적분하면

$$|\xi|_0^l = \frac{HL}{EA} - \frac{4f}{l^2}\int_0^l (l-2x)\frac{d\eta}{dx}dx \tag{12.83}$$

여기서,

$$L = \int_0^l \frac{dx}{\cos^3 \varphi} \tag{12.84}$$

한개의 탑상단이 다른 탑에 비례하여 水平方向으로 정확하게 δ 만큼 變位할때 (支間이 길어질때 δ 는 (+)으로 한다). 境界條件은 다음과 같다.

$$|\xi|_0^l = \delta, \quad |\eta|_0^l = 0$$

이때 식(12.83)은 다음 식과 같다. 이것이 구하고자 하는 斷合條件(compatibility condition) 이다.

$$\delta = \frac{HL}{EA} - \frac{q}{H_d}\int_0^l \eta dx \tag{12.85}$$

진동문제에 있어서, 보강거더 및 케이블 질량의 운동이 관성력으로서 현수교에 작용한다. 케이블의 질량을 무시하고, 전질량은 단위길이당(m) 강도를 가진 보강거더로 생각한다. 식(12.79)의 w 대신 m 에 의한 관성력을 대입하여 다음의 방정식을 얻는다.

$$B\frac{\partial^4 \eta}{\partial x^4} + \frac{q}{g}\frac{\partial^2 \eta}{\partial t^2} - H_d\frac{\partial^2 \eta}{\partial x^2} + \frac{q}{H_d}H = 0 \tag{12.86}$$

식(12.85)와 식(12.86)은 현수교의 진동에 대한 기본식이다. 위의 식은 케이블과 보강거더로 구성된 현수교 구조의 진동에 대한 이론이다. 그러나 일반적으로 교량의 진동해석을 하기 위하여 교량의 완전한 하부 구조에 관한 이론(탑의 구성, 교각과 앵커블록 등)이 성립되어야 한다.

그러나 각 교량은 그 지반상태에 맞는 특수한 구조를 갖는다. 주어진 지진동으로 인한 탑의 상부의 변위와 앵커블록은 지반상의 기초나 캔틸레버 이론으로 결정할 수 있다. 탑 상부의 케이블과 앵커블록의 變位로 인한 모든 경간의 변형 δ 는 설계지진파에 대한 교량의 응답을 결정할 수 있는 식(12.85)에 대입하여 결정한다.

그림 12.62는 교량면내 경간길이가 650 m +1300 m +650 m 인 현수교의 固有振動모드를 보인 것이다. 그래프로부터 현수교의 일반적인 진동특성을 대략 알 수 있다.

앞에서 기술한 이론은 교량면 내의 현수교의 진동에 관한 것이다. 그러나 이러한 종류의 진동 외에 교량은 또한 교량면에 연직방향으로 변위할 뿐만 아니라 교량축을 따라 비틀린다. 따라서 지진시 발생하는 진동은 교대면내 또는 연직의 2가지중의 하나라고 생각된다.

실제 동적해석의 경우, 정확한 해석방법을 이용하기는 매우 어렵다. 그러므로, 교량을 전 질량과 같이 나타내어 해석하는 수치적 방법과 스프링 모델로 가정하여 有限要素法을 적용한다.

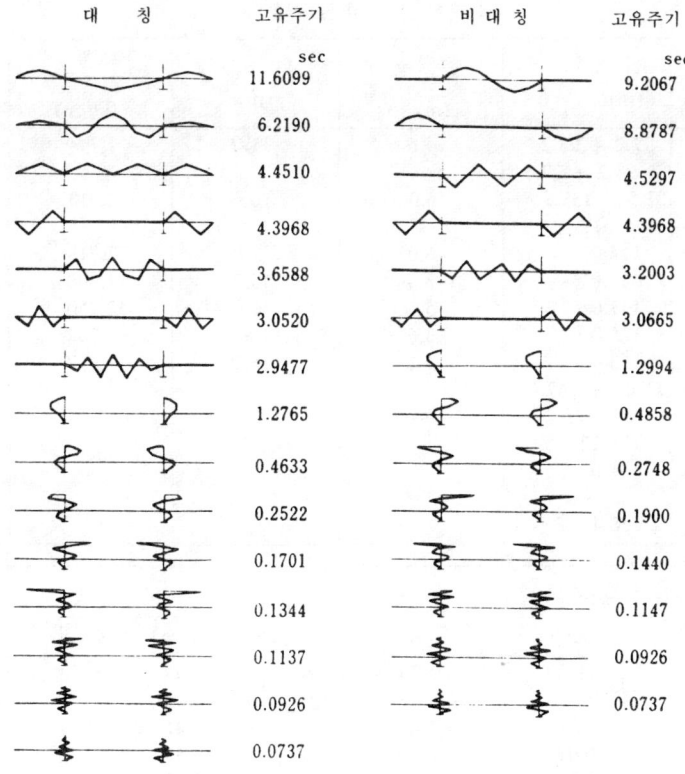

그림 12.62 현수교의 고유주기와 모드(I. Konishi 등)

3) 고유주기와 감쇠정수

표 12.6은 현수교의 기본 성질을 이해하기 위하여는, 일반적으로 진동시험을 실시한다. 표 12.6은 단경간,(경간 길이 100~140 m)의 현수교의 진동시험 결과이다. 이들결과에서 短徑間 현수교의 감쇠정수는 대칭 1차 고유진동에서 0.004~0.006이며, 대칭 2차 고유진동 주기에서 0. 003~0.016으로 알려져 있다. 감쇠정수가 진폭에 따라 변하는 것은 Harada 교에서 시험하였다. 이들 시험에서 감쇠정수는 진폭 5 mm 에서 0.0028, 6mm 에서 0.0032, 10 mm 에서 0.0034, 54 mm 에서 0.0037을 보였다. 감쇠정수는 진폭이 비례적으로 증가하지만 매우 작다. 그러나 실제 진폭과 같이 일정한 값에서 집중하는 경향을 보이고 있다. 이들 결과에 따르면 감쇠정수는 약 0.005이다. 이는 보강거더의 자중을 들어올리기 때문에 지점의 작은 마찰을 흡수하며 에너지가 거의 없기 때문이라는 사실이다.

長徑間 현수교의 측정 예로써, Lisbon 의 Tugas교, Shimonoseki 의 Kanmon 교의 동적시험 결과를 제시하면 다음과 같다. Kanmon 교는 중앙경간길이 712 m, 측경간 길이 178 m 및 폭 28 m, 탑높이 178 m, 교각 30 m 와 14 m 의 현수교이다. 앵커블럭과 교각은 硬岩상에 설치하였다.

回轉起振機로 조화하중시험을 실시한바 고유진동주기와 감쇠정수는 표 12.7과 같다.

Tugas 교는 중앙경간 길이 1013 m, 측경간 483 m, 폭 21 m, 탑높이 179 m, 교각 높이 87 m

표 12.6 현수교의 진동시험

교 량	경간길이 (m)	유효폭 (m)	쌔그(Sag) (m)	단위길이당 중량 (kg/m)	보강거더의 I (cm⁴)
Sakae	37.2 + 98.2 + 98.2 + 37.3	4.6	11.0	1,744	3.01×10^6
Miyoshi	31.5 + 139.9 + 31.5	6.0	16.8	2,930	5.75×10^6
Yagumo	114.0	5.0	12.0	2,718	3.78×10^6
Tabisoko	114.0	3.6	11.2	1,300	4.39×10^6
Harada	137.6	5.5	15.0	2,250	7.04×10^6
Seto	125.0	3.6	10.4	958	2.19×10^6
Takasu	163.0	5.3	18.0	1,777	5.49×10^6
Wakato Ōhashi	156.5 + 367.0 + 156.5				
Takaiwa	75.12				
Kawamata Ōhashi	158.0				
Niken	158.4				

교 량	고유주기 (sec)	감쇠정수	최대진폭 (mm)	보강거더
Sakae	0.986	0.0037 ± 0.0014	1.49	Truss
Miyoshi	1.20	0.0063 ± 0.0017	2.09	Truss
Yagumo	1.51	0.0048 ± 0.0011	6.21	플레이트거더
Tabisoko	0.93	0.0059 ± 0.0008	3.48	Truss
Harada	1.25	0.0037 ± 0.0003	54.2	Truss
Seto	0.53*	0.0036 ± 0.0010	1.56	Truss
Takasu	0.63*	0.0122 ± 0.0041	0.58	Truss
Wakato Ōhashi	0.36	0.0075		Truss
Takaiwa	—	0.038		Truss
Kawamata Ōhashi	0.82	0.017 ~ 0.022		Truss
Niken	1.50	0.0080 ~ 0.029		Truss

주) *대칭 1차 진동을 나타냄

표 12.7 Kanmon교의 진동시험

진동형(mode)		고유진동차수	고유주기 (sec)	감쇠정수
휨	대칭	1	4.7	0.0050
		2	3.4	0.0029
		3	1.8	0.0014
		4	1.1	0.0013
	비대칭	1	5.6	0.0080
		2	1.4	0.0020
비틀림	대칭	1	2.6	0.0021
		2	1.4	0.0020
	비대칭	1	2.1	0.0026

의 현수교이다. 교각은 현무암기초 위에 두께 18 m 의 모래층, 두께 3.4 m 의 실트층상에 건설

표 12.8 장경간 현수교의 진동시험

교량	L(m)	B(m)	H(m)	S(m)	W(kg/m)	I(m⁴)	T(sec)	mode	D	A(mm)
Kanmon	178+712+178	29	178	64	24172	2.92	4.71	1차 대칭	0.0050	36.6
							3.36	2차 대칭	0.0029	14.0
							5.56	1차 비대칭	0.0080	10.9
							1.35	2차 비대칭	0.0020	10.8
San Pedro Terminal Island	152+450+152	18					4.5	1차 대칭		
							5.1	1차 비대칭		
							2.2	비틀림대칭		
							1.7	비틀림비대칭		
Lion's Gate	187+473+187	12.2	110				5.0	1차 대칭		
							4.4	1차 비대칭		
							3.3	2차 비대칭		
							2.8	2차 대칭		
Tugas	483+1013+483	21	179				9.0		0.02～0.03	

L : 경간길이, B : 유효폭, H : 탑높이, S : 쌔그, W : 단위중량/길이
I : 보강 거더의 1차 모멘트, T : 고유주기, D : 감쇠정수, A : 시험에서
나타난 최대진동진폭

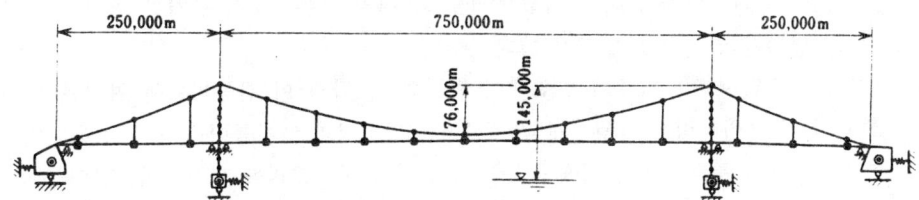

그림 12.63(a) **교축방향으로** 진동해석을 위한 현수교의
합성질량모델
● : 수평방향으로 이동하는 질량
■ : 연직방향으로 이동하는 질량
○ : 회전가능한 질량

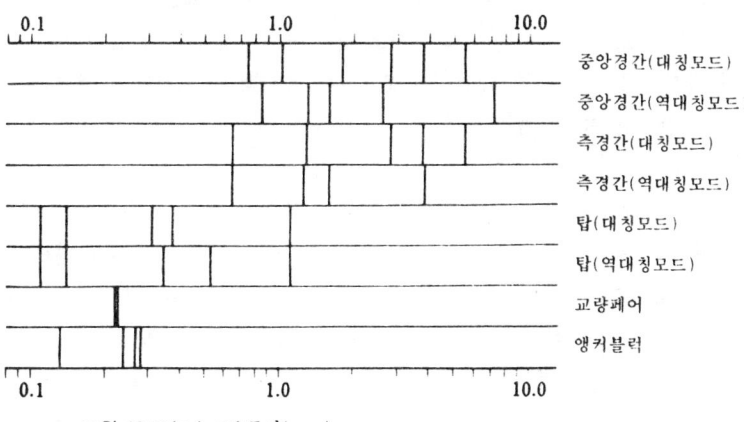

그림 12.63(b) 고유주기(sec)

하였다. 수심은 27 m 이다. 충격시험에 의하면, 고유전동주기는 9 sec 이며, 감쇠정수는 약 2~3%이다. 또한 교각의 진동시험은 탑을 설치하기전에 실시하였다. 교각의 진동주기는 교량축방향에서 1.4 cps 이며 교량축 직교방향에서 2.2 cps 이다. 감쇠정수는 5%이었다.

장경간 현수교의 감쇠정수와 고유진동주기의 기타 현장시험결과는 표 12.8과 같다.

현수교의 진동은 有限要素法으로 해석할 수 있다. 교량면에 대한 연직 또는 교량면내 방향에서 현수교의 고유진동의 유한요소해석 결과를 예시하면 다음과 같다. 교량면내 진동해석을 위하여, 교량은 합성 질량과 스프링모델로 나타낸다(그림 12.65(a) 참조). 교량축방향으로 운동하고 있는 15개의 합성 질량은 연직방향으로 운동하고, 4개의 합성 질량은 교량축을 따라 회전한다. 보강거더의 합성 질량은 거더의 질량과 행어와 케이블의 질량을 포함한 것이다. 해석에서 결정한 고유진동주기는 그림 12.63(b)와 같다. 그림의 각 列에서 심하게 진동하는 列에 해당하는 부재의 주기가 표시되어 있다. 그리고 이 그림에서 다음과 같은 사항을 알 수 있다.

① 탑은 단주기 범위에서 심하게 진동하며, 보강거더는 長周期범위에서 진동한다. 따라서, 장경간현수교의 경우는 탑의 주요진동과 보강거더의 주요진동이 동시에 탁월할 가능성이 있다.

② 중앙경간거더의 탁월진동주기 범위는 低次의 대칭 고유진동시 측경간 거더의 탁월진동주기의 범위와 일치할 가능성이 크다.

③ 구조물의 응답진동은 단주기 범위에서 탁월하며, 탑의 이 진동범위에 일어날 가능성이 있다. 특히 앵커블럭이 탁월하게 진동하면 수평방향의 케이블이 심하게 진동한다. 그러므로 케이블을 통해 앵커블럭에서 탑까지의 힘의 전달고리를 형성하며, 탑의 심한 진동을 일으킨다.

이것은 설계목적에서 중요한 반응이다.

그림 12.64(a)는 교량면에 연직방향의 진동에 대한 교량의 스프링 모델과 합성 질량을 보인 것이다.

74개 합성 질량의 모델구성은 수평방향으로 운동하고 4개 합성 질량은 교량축을 따라 운동한다. 이에 대한 고유진동주기는 그림 12.64(b)에서 보는 바와 같다.

상부 구조물의 탁월 진동주기의 범위는 하부구조물의 탁월진동주기의 범위와는 다르다. 그러므로, 상부구조와 하부구조는 동시에 탁월하지 않는다. 앵커블럭의 진동인 경우는 당연히 탑에서 진동하지 않는 반면 교각에서 진동한다.

4) 지진응답

지진에 대한 현수교의 응답을 유한요소해석으로 수치적으로 결정할 수 있다. 예를 들면, 최대가속도 180 gal 의 지진을 교량에 적용시킨다. 그림 12.63 및 그림 11.64에 나타낸 것은 교량의 모델이다. 교량축 방향에 작용하는 地震力의 수평응답가속도는 케이블과 탑 상부에서 특히 크다. 케이블과 앵커블럭의 두 진동 및 탑은 현상에 대해 응답할 수 있다. 그러나 앵커블럭의 고유진동주기는 짧고, 탑에서 일어나는 고유진동주기는 高次가 된다. 應答應力 및 變位는 미소하여 문제가 없다. 그러나 큰 가속도는 탑의 연결부 및 케이블 밴드에 많은 피해를 받을 수 있

제 12 장 교량의 내진 421

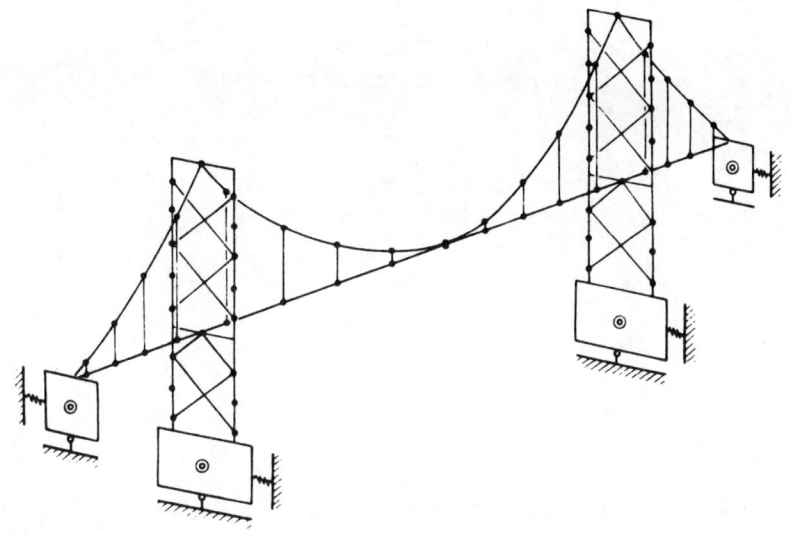

그림 12.64(a) 교축축에 수직방향으로의 진동해석을 위한 현수교의
합성질량모델

● : 수평방향으로 이동하는 질량

◉ : 수평으로 회전 및 이동 가능한 질량

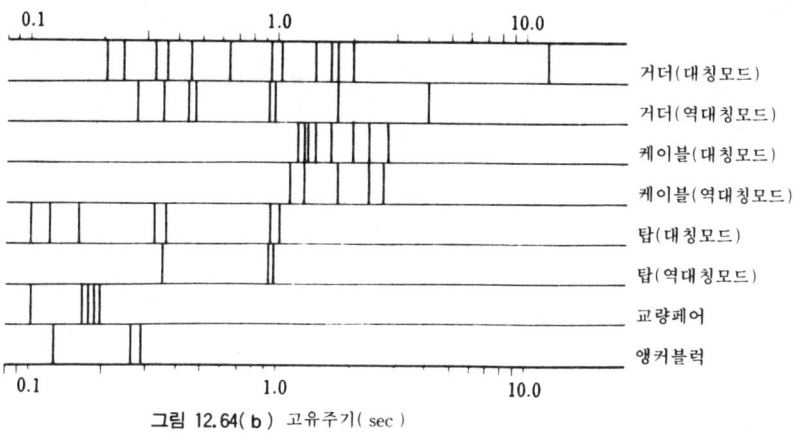

그림 12.64(b) 고유주기(sec)

으므로 무시할 수는 없다.

    교량면 연직방향에 지진력이 작용하면 큰 수평응답가속도는 탑 높이 1/3에서 발생한다. 이 경우 교각과 탑의 두 진동은 일어날 수 있으나 응답응력과 변위는 미소하므로 탑의 진동모드는 고차진동 모드가 된다.

제13장 콘크리트 중력댐의 내진

13.1 개설

1. 지진시 댐의 安全

다행히 소규모 농업용댐은 수로댐(tailing dam) 등을 제외하고 大댐이 지진에 의하여 붕괴한 예는 거의 없다. 그러나 내진은 절대적으로 보장되어야 한다. 만일 댐이 붕괴 된다면 그 재해는 엄청난 것이다. 언급할 여지도 없이 댐의 設計와 計劃은 댐의 안전과 밀접한 관계가 있으며 아울러 시공 및 축조재료의 선택이 댐의 安全性에 매우 큰 영향을 준다. 이는 댐의 장기 수명을 유지하기 위하여는 특히 중요하다.

일본 建設省에서 1943 - 1974년사이에 自國에서 발생한 지진으로 인한 20 m 이상의 댐에 대한 피해를 조사하였다. 조사된 지진강도는 콘크리트댐은 150 gal 이상이며 흙댐은 80 gal 이었다. 이 결과에 의하면 콘크리트댐은 90개중 3개, 흙댐은 244개중 8개가 약간의 피해를 입었다. 이에 의하면 현재 시방서에 준하여 설계시공된 높은댐은 지진에 대하여 안전에 만족스럽다고 할 수 있다.

댐 저수계획의 地震 安全度에 대한 문제는 저수지의 제체에 대한 사면붕괴와 진동에 대한 댐의 耐震力으로 크게 분류할 수 있다.

대규모 댐의 피해양상은 누수증가를 포함하여, 댐체의 상류측사면의 변형, 댐체 및 부속구조물의 변동 등이다. 대규모 피해의 경우 붕괴토는 저수와 함께 土石流가 댐을 溢流하여 하류부에 큰 재해를 일으킬 염려가 있다. 지진에 의한 것은 아니나 1963년 10월 9일 이탈리아의 Vajont 댐에서는 저수에는 대규모 사면활동이 일어나 하류부에 큰 재해를 받았다. 이때 2억 5000만 m³ 의 산이 활동하여 溢流한 호수가 Longarone 시가지를 덮쳐 2125명의 사망자를 내었다.

지진시에는 저수지 측으로 경사진 얇은 점토층을 사이에 두고 갈라진 틈이나 점토화하여 균열이 발달된 암반은 충격을 받아 활동하기 쉽다. 특히 저수지의 일부가 비교적 얇은 鞍部의 곳곳에서 활동이 일어나며 지표활동에 지나지 않는 것도 저수지의 안정에 위협을 준다. 따라서 저수지가 새로 계획될 때는 이 관점에서 매우 광범위하게 표면층의 토질과 심도, 기반암질 과 경사, 지하수위 등을 조사해야 한다.

2. 貯水로 인한 지진유발

저수지에 담수를 하였을 때 지반의 應力과 水壓은 貯水의 水頭와 重量으로 인하여 변한다. 그 변화는 지진발생과 함께 매우 깊은 부분으로 확장된다. 그러나 경험적으로 보아 발생한 지진은 일반적으로 매우 작으므로 사람이 느끼지 못한다.

담수가 시작되면서 震害를 초래할 수 있는 몇가지 예가 있다. 즉 그리스의 Kremasta 지진 (1963. $M=6.2$), Rodesia 의 Kariba 지진(1963, $M=6.1$), 中國의 Hsintenkiang 지진(1962. $M=6.1$)등이다.

이들 지진의 震源 매카니즘은 아직 판명되지 않았으나 최소한 깊이 10 km 이내에서 많은 지각파괴(fissure)를 가져왔는데 그 원인 중의 하나가 저수지의 담수 때문이라고 생각하고 있다. 물이 암반으로 침투하면 암반은 팽창하여 암반내의 내부압력이 증가한다. 균열 사이로 침투한

물은 균열내의 압력을 증가시키고 지반의 여러곳에 부분적인 파괴를 일으키고 암반의 **强度**를 저하시킨다. 매우 큰 전단응력이 지각의 광범위하고 깊은 곳에 이르기 전에 암반의 응력이 증가하여 암반의 강도가 감소하며, 지반의 전단파괴를 일으키므로써 결과적으로 지진피해를 가져오게 된다.

일반적으로 미소지진은 저수지에 인접한 진앙 또는 저수위의 동요와 더불어 활동의 증가와 감소를 되풀이 하면서 저수가 완료된 후에 발생한다. 저수지의 貯水로 인하여 지반의 안정성이 변하여 저수가 완료된 후에 발생하는 미소지진을 민감한 검출기로 측정할 수 있다.

이와 같은 미소지진은 공학적인 관점에서는 매우 중요한 것은 아니다. 그러나 저수가 됨에 따라 관련된 많은 진동피해는 공학적 문제로써 제기되고 있다. 어떠한 상태하에서 지진피해가 발생하는 지는 아직 알 수 없다. 깊이 10 km에서 암반으로 구성되어 있는 문제를 해석하는 것은 매우 어려운 것이다. 다만 다음과 같은 일반적 성질을 경험을 토대로 예상할 수 있다.

① 지진활동은 水深이 약 100 m 이상일 때 발생하는 경향이 있다.
② 誘發地震은 일반적으로 비교적 얕은 진앙과 보통규모의 지진으로 특징지을수 있다.
③ 최대규모와 지진강도는 저수지의 저수와 관련이 있으며 일반적으로 고유지진수준 (natural seismic level)을 초과하지 않는다.

이들 결과에 따르면, 지진은 지반에 충분한 지진에너지가 축적되었을 때 저수지에서 저수로 인하여 유발될 수 있다고 생각된다. 따라서 저수지에 이와같은 貯水作用은 기폭작용(triggering action)이라고 할 수 있다. 지진피해 발생을 예측하기 위한 자료, 즉 미소지진관측과 저수지의 저수후 최소 수 년동안 이들 진앙분포와 같은 지진의 발생수를 확인하기 위하여는 저수지 부근에 민감한 탐지기를 설치해야 한다.

일본의 경우, 지금까지 많은 높은 댐을 건설해 왔으며, 각각 높은 댐의 부근에서 발생하는 중규모 지진의 발생시간과 규모, 진앙을 조사한 바 있다. 그러나 일본과 같이 지진활동이 많은 지역에서 지진을 정확하게 예측하기는 어려우며, 저수지의 저수로 인하여 발생하는 지진피해가 거의 없다고 생각하는 것은 이들 조사로부터 수집한 것을 근거로 하고 있다.

미소지진의 상세한 지진관측은 저수지에 저수중이었던 Takas 댐과 Kurobe 댐에서 실시한바 있다. Kurobe 댐은 높이 186 m의 아치댐이며 댐지역의 지질은 화강암으로 구성되어 있다. 총저류량은 $199 \times 10^6 m^3$ 이었다. Kansai 전기회사가 댐주변에 많은 민감한 탐지기를 설치하여 저수지의 저수 후 미소지진을 관측하였다. 지진의 발생회수는 그림 13.1에서 보는 바와 같이 저수지의 수위변동에 따라 변화하였다. 이들 지진은 댐부근 지반의 얕은 곳에서 발생하는 미소지진이었다. 따라서 이는 저수지의 저수로 인하여 발생한 것이라는 증거가 될 수 있다.

1961년 8월 19일, 댐에서 약 100 km 떨어진 곳에서 $M=7.0$인 대규모지진이 발생한 후 정확히 8시간 후 중규모 지진에 속하는 $M=4.9$와 4.0의 지진이 발생하였다. 이때 水位는 1380 m에 달하였으며 水深은 110 m이었다. 또한 1968년 11월 6일에 발생한 $M=4.0$의 지진은 수심이 180 m에서 발생하였다. 이 지진이 미는 방향과 당기는 방향은 일본 本島의 중앙부에 위치한 이 지역에서 발생한 지금까지의 다른 지진과 일치하였다.

그림 13.1은 1966년과 1972년에 Matsushiro와 Ohmachi에서 발생한 지진이며, 이들은 저수

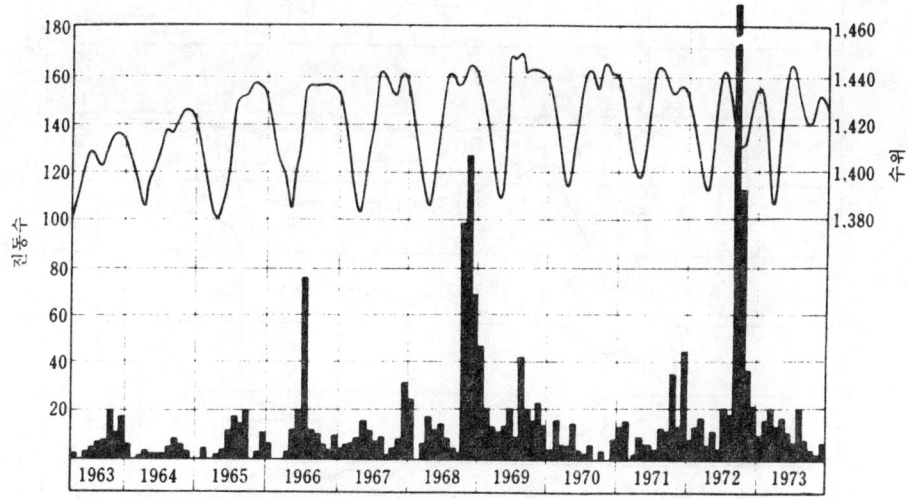

그림 13.1 수위와 미소지진과의 관계(Kurobe 댐)

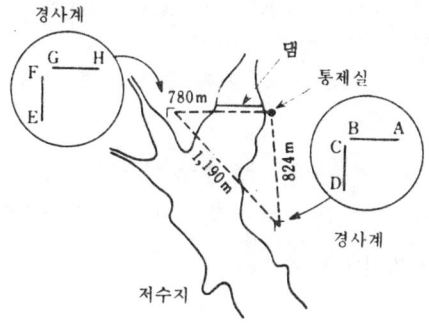

그림 13.2(a) 경사계 위치 경사계, 댐 통제실

지의 저수와 분명히 독립적으로 발생한 지진이다. 이 댐주변은 지진활동지역이므로 위에서 기술한 3가지 지진은 저수지의 저수 또는 다른 이유로 인하여 발생하였는지는 명확하지 않다.

Takase 댐은 높이 176 m 의 록필댐으로서 댐지역의 지질은 화강암으로 구성되어 있다. 총서류량은 7.62×10^6 cm^3 이다. Tokyo 전력회사가 댐부근에 2개의 水管傾斜計와 다수의 민감한 탐지기를 설치하였다(그림 13.2(a) 참조). 댐 시공전부터 관측을 시작하여 저수지가 滿水될때까지 계속하였다. 미소지진의 수는 수위 상승과 함께 증가하였으며, 수위변동에 따라 변화하였다. 그러나 지진 발생시의 피해는 없었다.

그림 13.2(b)는 경사계에 의하여 관측한 시간에 따른 경사의 변화이다. 이들 그림은 성토제 방바로 밑의 지반이 盛土高가 높아짐에 따라 침하하고 저수지의 수위가 상승함에 따라 다시 높아지는 모습을 보인 것이다. 측정주기의 1/2에서의 지반침하는 성토하중으로 인한 것이라고 생각된다. 나머지 1/2의 지반 융기는 암반내로 물이 흡수되기 때문에 암반기초의 팽창에 의한

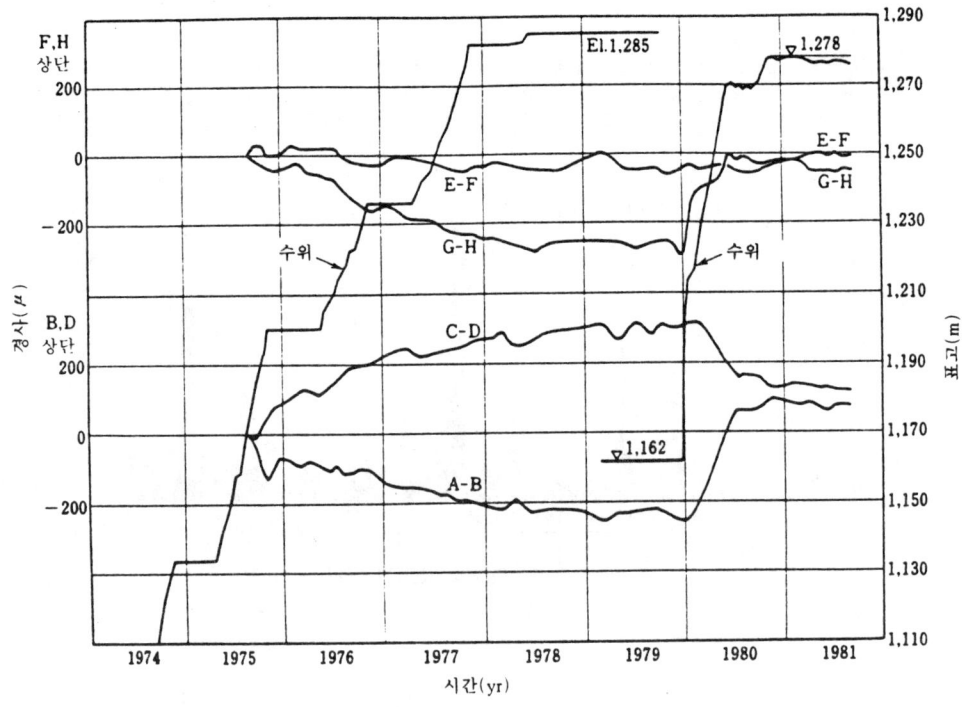

그림 13.2(b) 저수로 인한 경사계의 경사

한 것이다. 이는 만약 매우 깊은 지중에서 같은 팽창이 일어나면 보다 깊은 암반의 자유팽창으로 인하여 암반에서 발생할 수 있는 큰 응력이 방지된다는 것을 의미하는 것이다. 따라서 깊은 지반의 응력은 감쇠지진을 일으킬수도 있다.

13.2 콘크리트 重力댐의 震害

중력댐이 처음 건설된 이래 매우 오랜기간이 지난 후에 重力댐의 진해에 대한 관심이 점차 높아지고 있다. 1946년 Nankai 지진($M=8.1$)시 MM Ⅷ의 지진을 받은 지역에 위치한 Ohashi, Nagasawa 댐 등은 높이 60m 의 존형댐이었지만 아무런 피해를 받지 않았다. Kitamino 지진($M=7.0$)시에도 Hatogaga(높이 63m), Tsubakihara(높이 68m), Narude 댐(높이 53m)은 진앙에서 15~25km 에 떨어진 곳에 위치한 수개의 重力댐이 있었으나 이들 또한 피해가 없었다. 그러나 부분적인 震害例는 있다. 1923년의 Kanto 지진시, Arashi 댐의 상부 越流水門의 피어 기초부분에서 균열이 발생하였다. 피어는 無筋이었으나 대지진이 예상되는 지역에 건설되는 댐은 이 부분에 철근으로 보강하는 것이 바람직하다.

1967년 12월 11일 인도 서부지방의 지진시에 Koyna 댐이 손상되었다. 댐 높이 103m, 댐길이 853m 의 콘크리트 重力댐으로 기초지반은 현무암이다(그림 13.3 참조). 지진의 규모는($M=7$) 댐지점에서 MM Ⅷ 내지 Ⅸ인 강진이었다. 地震計는 左岸가까운 높이 30m 의 댐 블럭

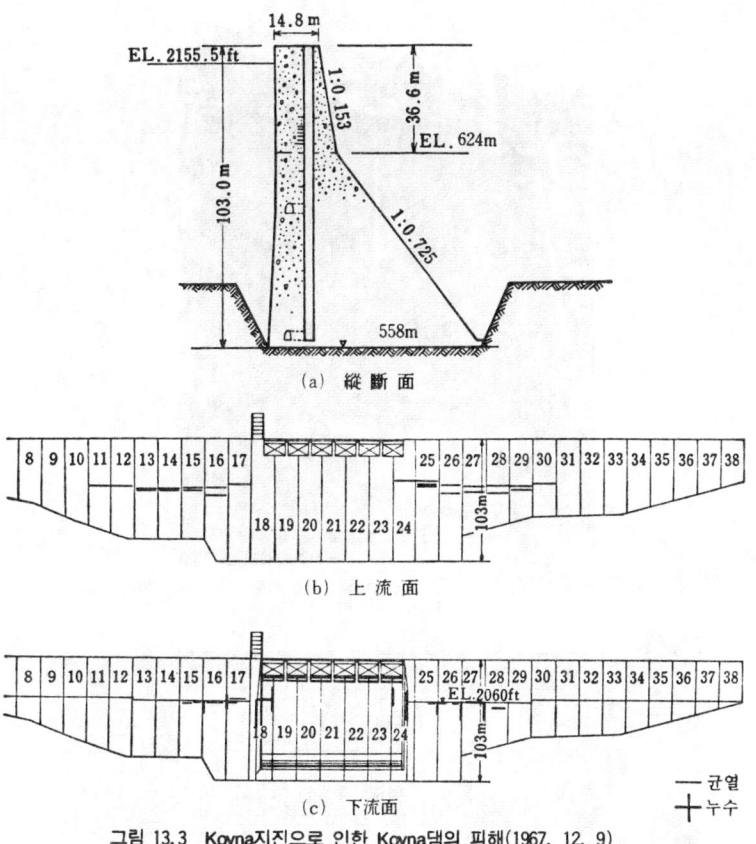

그림 13.3 Koyna지진으로 인한 Koyna댐의 피해(1967. 12. 9)

바닥에서 10 m 위치에 있는 조사통로(inspection gallery)내에 설치되어 있었는데 다음과 같이 측정 기록되었다.

    댐의 축연직방향 : 511 gal
    댐의 축방향   : 664 gal
    연직방향   : 362 gal
    탁월진동수   : 150 cps

주요피해는 하류측에서는 堤體斷面이 급변하는 표고에서 균열이 발생하여 13번~18번 및, 25~30번사이의 블럭에 수평균열이 확인되었다. 또 상류측블럭의 세로 이음에서는 서로 인접한 블럭의 심한 충돌로 인하여 콘크리트의 剝離現象이 일어났다(그림 13. 4(a), (b) 참조).

기타 교각상단의 콘크리트는 균열이 발생되었고 댐마루의 소규모 콘크리트 건물 벽이 전단되어 승강기타워(hoist tower)의 PC 벽이 떨어졌다. 이와 같은 피해로부터 판단할 때 댐마루에서의 가속도는 0.7g 이상이라고 추정되나 이 경우 대댐이 진원 바로 위에서 진해를 받은 보기 드문 예로써 많은 귀중한 자료를 제공하였다. 그림 13.4(c)는 부벽으로 보강하여 보수한 모습을 보인것이다.

그림 13.4(a) Koyna지진으로 인한 Koyna댐의 피해(세로이음부에서 콘크리트 剝離)

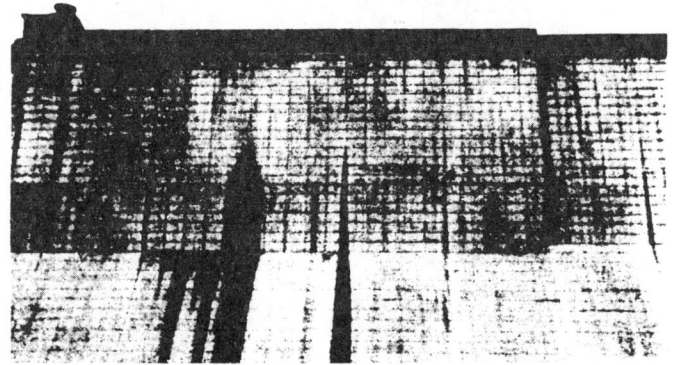

그림 13.4(b) Koyna지진으로 인한 Koyna댐의 피해(세로이음부에서 누수)

그림 13.4(c) 보수공사후의 Koyna댐

13.3 콘크리트 重力댐에 작용하는 地震力

1. 堤體 慣性力

지진시에는 연직하중 외에 堤體에 작용하는 지진력에 의한 관성력과 動水壓力이 작용한다. 만일 지진동 주요부의 振動週期가 댐의 固有振動週期보다 매우 길어지면 댐은 지반운동과 유사한 형태로 운동할 것이며, 댐의 각 부분에 작용하는 관성력은 댐 각 부분의 질량과 지반의 지진가속도가 발생하므로 관성력을 결정하기 위하여 진도법을 사용하는 것이 적당하다. 그러나 양자의 週期가 접근하면 댐은 진동하여 底部에 비하여 頂部는 매우 큰 진동을 하므로 震力係數를 일정하게 취하는 것은 적당하지 않다. 따라서 후자의 경우 地震時 댐의 擧動, 즉 振動週期, 振動振幅 및 흔들림 진동(rocking motion)의 유무등이 구명되어야 한다. 실제로 댐의 진동실험 혹은 지진관측은 이 목적을 위하여 실시되고 있으며 관성력은 유한요소해석에 의하여 결정되며, 이들 실험적 연구결과를 이용하여 결정한다.

1) Tsukabaru 댐의 진동실험

Tsukabaru 댐(높이 78.0 m, 댐마루 길이 2.0 m)마루부의 한점에 加振機를 설치하고 댐에 주기적 외력을 주어 동마루부 각 점의 진동을 측정한 바에 의하면 固有振動週期 0.145 sec, 減衰定數 0.10~0.20이었다. 또 댐은 각 블럭마다 絶緣되어 있음에도 불구하고 이 진동으로 인한 변형은 연속체로서의 변형이었다.

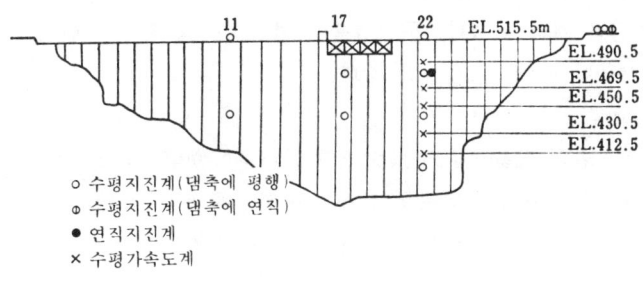

그림 13.5 Tagokura 댐의 지진계 설치

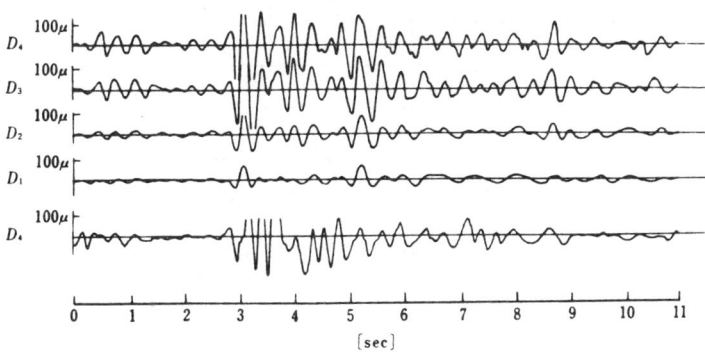

그림 13.6 Togokura댐의 地震記錄(지진, 1962. 2.12)

2) Tagokura 댐의 地震觀測

Tagokura 댐의 지반 및 댐위에 14개의 地震計를 설치하여 지진관측을 하였다. 이 댐은 콘크리重力댐으로서 높이 145 m, 댐마루 길이 477 m 이며 지반의 지질은 硬 석영조면암(liparite)으로 되어 있다(그림 13.5 참조). 기록치는 그림 13.6과 같다.

주요 관측 결과는 다음과 같다.

(1) 固有振動周期

그림 13.5에서, No.22 블럭의 표고에서 관측한 變位분포를 보면 最大振幅의 진동은 주기 0.26 sec 의 고유진동이었으며 다음의 큰 진폭으로 진동한 것은 주기 0.32의 고유진동, 또 No.11 블럭 댐 마루부에 대한 기록은 0.33 sec 로써 진동이 卓越했지만, 0.26 sec 의 주기를 갖는 진동의 탁월진동은 없었다. 이들로부터 0.33 sec 의 고유진동은 댐의 水平單純보 요소의 휨 진동이며 0.26 sec 의 주기를 갖는 고유진동은 댐의 연직캔틸레버 요소의 휨을 주로한 진동인 것으로 추측된다.

수평단순보 요소의 휨을 주로한 固有振動과 연직캔틸레버요소의 휨을 주로한 고유진동의 兩者가 있다고 하는 것은 댐의 진동이 2차원적임을 의미하며, 이것은 Tsukabaru 댐의 실험에서도 인정된다. 매우 강진일 때 댐의 여러개 블럭은 독립적으로 진동하며 종단이음은 Koyna 댐의 경우와 같이 심한 피해를 입었다.

(2) 혼들림진동

지진시에 댐의 진동에 혼들림 振動이 있는지의 여부는 홍미로운 문제인데 Tagokura 댐에 대한 관측에서는 혼들림은 거의 없었다. 동력댐을 건설하려는 지점은 일반적으로 견고한 암반이기 때문에 혼들림 진동이 있어도 그 양은 적다.

(3) 振動增幅

지진기록으로부터 지반의 振動變位의 最大値와 댐마루振動變位의 最大値를 對比하여 나타내면 그림 13.7과 같다. 이에 따르면 댐마루 진폭의 振動振幅에 대한 倍率은 진동이 작을때는 매우 크나 진동이 커지면 작아진다. 그리고 진동이 큰 경우의 增幅率은 대략 1.5배로 저하하는 것

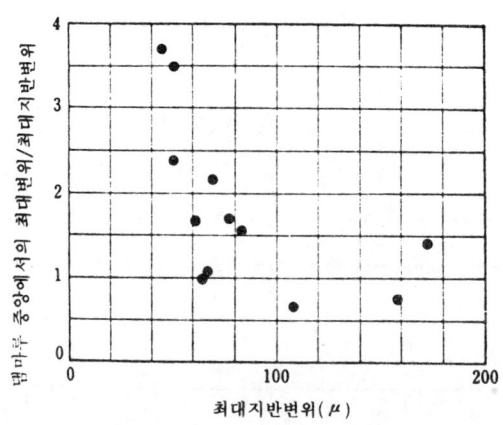

그림 13.7 최대수평변위의 증폭율

으로 알려져 있다.

Koyna 댐의 관측실내에서 관측된 가속도값으로부터 地盤動의 最大加速度를 추정한 값은 0.36g이며 댐마루의 加速度는 0.7g 이상이었다. 이들로부터 댐마루振幅은 최소한 2배이었다.

이와같은 實例를 참고하면, 지진시 댐의 대략적인 擧動개념을 얻을 수 있다. 즉 댐의 고유진동은 연직캔틸레버 요소의 휨을 주로 하는 진동과 수평단순보 요소의 휨을 주로하는 진동이 있는데 共振狀態에서 특히 큰 진폭을 나타내는 것은 前者이다. 저수지가 비어 있을때 캔티레버요소의 휨진동의 고유주기는 이론적으로 다음과 같다.

$$T = 1.183 \frac{H^2}{B} \sqrt{\frac{12\gamma}{Eg}} \tag{13.1}$$

저수지가 滿水인 경우는 附加重量을 고려하면

$$T = (1.695\text{-}1.637)\frac{H^2}{B}\sqrt{\frac{12\gamma}{Eg}} \tag{13.2}$$

$B/H = 0.7 \sim 0.8$에 대하여

여기서, H : 댐높이
　　　　B : 댐의 底幅
　　　　E : 콘크리트의 탄성계수
　　　　γ : 콘크리트의 單位體積重量

이 식에 의하면, 重力댐의 固有振動周期는 댐높이 150m 에서 $0.3 \sim 0.4$ sec 정도이다. 대지진시에 지진동의 주요 진동주기가 이 정도이면 댐은 共振을 일으키며 이때 댐마루의 振動增幅率은 대략 2배정도이다. 따라서 이때 堤體의 震力係數의 분포는 사다리꼴이라고 가정하는 것이 적당하다.

그러나 지진동의 주요 주기가 이 보다 약간 길어지면 제체는 지반과 거의 동일 진동을 일으키며 진도분포는 제체각부에 일정한 것이 사실이다. 현지의 지진사정은 각각 다르므로 일반적이라고는 할 수 없지만 높이가 수십미터 이하의 댐에서는 震力係數를 일정하게 취하고, 그 보다 높은 댐에서는 상부일수록 크게 취하는 것이 좋다.

2. 動水壓

1) Westergaad 公式

지진시 저수에 의하여 댐은 動水壓을 받는다. 이 힘은 댐에 작용하는 지진하중으로서 제체의 관성력과 같다. Westergaad 는 댐이 가요성이 아니라는 가정에서 지진시 動水壓을 계산하였다. 저수지내에 좌표 x, y를 취하여 x축을 水平方向, y축을 水深方向으로 한다. 또 $x=0$은 댐上流側 표면이며 $y=0$은 저수지의 표면, $y=H$는 貯水池 바닥이라고 생각한다. 지진시 貯水池內의 물은 진동을 한다. 이 變位의 x축 및 y축방향의 속도 성분을 각각 u, v로 표시한다. 이 진동에 의하여 水中에서는 水壓이 변화한다. 이 수압의 변화를 動水壓 σ로 표시하며, 동수압 張力이 있을 때는 (+)부호를 붙인다. 수중에 미소요소 d_x, d_y를 취하고, 그 표면에 작용하는 動水壓의 動的平衡을 고려하면 다음식이 유도된다(그림 13.8 참조).

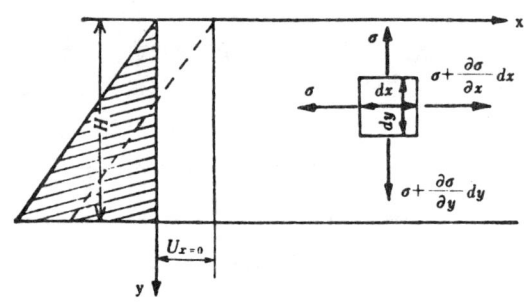

그림 13.8

$$\frac{\partial \sigma}{\partial x} = \frac{w}{g}\frac{\partial u}{\partial t}$$

$$\frac{\partial \sigma}{\partial y} = \frac{w}{g}\frac{\partial v}{\partial t} \qquad (13.3)$$

위에서 w는 물의 단위중량이다. 물을 壓縮性流體라고 하면 動水壓의 변화는 체적변형의 변화에 비례한다.

$$\frac{\partial \sigma}{\partial t} = \kappa \left(\frac{\partial u}{\partial x} + \frac{\partial v}{\partial y} \right) \qquad (13.4)$$

여기서, k : 물의 체적탄성계수 (약 2.1×10^4 kg/cm^3)

속도포텐셜 φ를 적용할때 속도와 동수압의 성분은

$$u = \frac{\partial \varphi}{\partial x}, \quad v = \frac{\partial \varphi}{\partial y}, \quad \sigma = \frac{w}{g}\frac{\partial \varphi}{\partial t} \qquad (13.5)$$

이다.

식(13.5)를 식(13.4)에 代入하면

$$\frac{\partial^2 \varphi}{\partial t^2} = \frac{\kappa g}{w}\left(\frac{\partial^2 \varphi}{\partial x^2} + \frac{\partial^2 \varphi}{\partial y^2} \right) \qquad (13.6)$$

이것이 貯水池 물의 運動方程式이다.

운동방정식의 境界條件은 다음과 같이 가정한다.

i) 지반의 變位는 水平正弦振動을 한다고 가정하며 다음식과 같다.

$$a \cos \frac{2\pi t}{T}$$

ii) 중력댐의 剛性이 높은것을 가정하여 지진에 의해 일어나는 댐의 지반에 대한 相對變位를 地動變位에 비하여 무시할 만큼 작을때는 댐의 상류측 표면에 대한 水平變位는 地動의 水平變位와 같다. 그러므로

$$u_{x=0} = -\frac{2\pi a}{T}\sin\frac{2\pi t}{T} = -\frac{kgT}{2\pi}\sin\frac{2\pi}{T}t \qquad (13.7)$$

여기서, k : 地動의 震力係數

iii) 貯水池의 底面에서 물의 연직운동을 0이라고 가정하면

$$v_{y=H} = 0 \qquad (13.8)$$

iv) 저수지 표면에서의 動水壓은 0이다. 표면에서 波高는 무시하면

$$\sigma_{y=0} = 0 \qquad (13.9)$$

v) 또한 動水壓이 댐에서 매우 먼 지점에서는 발생하지 않는다고 가정하면 $x = \infty$

$$\sigma_{x=\infty} = 0 \qquad (13.10)$$

물의 운동방정식과 경계조건을 만족시키기 위하여 φ 는 A 라고 가정하고 α 와 β 는 일정하다고 하면

$$\varphi = Ae^{-\alpha x} \sin \beta y \sin \frac{2\pi t}{T} \qquad (13.11)$$

식(13.9)와 식(13.10)으로 나타낸 경계조건은 만족되므로 이를 식(13.6)에 대입하면, 다음 관계가 성립한다.

$$\alpha^2 - \beta^2 + \frac{\gamma_w}{\kappa g}\left(\frac{2\pi}{T}\right)^2 = 0 \qquad (13.12)$$

경계조건 식(13.8)이 만족되기 위해서는 n 을 임의의 홀수로 하여 다음식으로 나타낼 수 있다.

$$\beta_n = \frac{n\pi}{2H} \qquad n = 1, 3, 5 \ldots$$

따라서 식(13.12)로부터

$$\alpha_n = \beta_n C_n = \frac{n\pi C_n}{2H}$$

그러나

$$C_n = \sqrt{1 - \frac{16\gamma_w H^2}{n^2 \kappa g T^2}} \qquad (13.13)$$

만일 $A(n)$ 가 미정계수(indefinite coefficient)라 하면 식(13.6)의 해는 다음과 같이 나타낼 수 있다.

$$\phi = \sin \frac{2\pi t}{T} \sum_n A(n) \exp\left(-\frac{n\pi C_n}{2H} x\right) \sin \frac{n\pi y}{2H} \qquad (13.14)$$

식(13.7)로 부터

$$-\frac{\kappa g T}{2\pi} \sin \frac{2\pi t}{T} = -\sin \frac{2\pi t}{T} \sum_n \frac{n\pi C_n}{2H} A(n) \sin \frac{n\pi y}{2H}$$

그러나 Fourier 급수 이론에 따르면

$$1 = \frac{4}{\pi} \sum_n \frac{1}{n} \sin \frac{n\pi y}{2H} \qquad n = 1, 3, 5 \ldots$$

$|y| < 2H$ 일때

$$A(n) = \frac{4\kappa g T H}{\pi^3 n^2 C_n}$$

이어야 한다.

따라서

$$\varphi = \frac{4kgTH}{\pi^3} \sin \frac{2\pi t}{T} \sum_n \frac{1}{n^2 C_n} \exp\left(-\frac{n\pi C_n}{2H}x\right) \sin \frac{n\pi y}{2H} \quad (13.15)$$

그러므로 식(13.5)에서

$$\therefore \sigma = \frac{8k\gamma_w H}{\pi^2} \cos \frac{2\pi t}{T} \sum_n \frac{1}{n^2 C_n} \exp\left(-\frac{n\pi C_n}{2H}x\right) \sin \frac{n\pi y}{2H} \quad (13.16)$$

위의 식에서, 만일 $x=0$이면, 댐의 표면에 작용하는 動水壓 p는 다음식과 같다.

$$p = kmg \cos \frac{2\pi t}{T} \quad (13.17)$$

여기서,

$$m = \frac{8\gamma_w H}{\pi^2 g} \sum_n \frac{1}{n^2 C_n} \sin \frac{n\pi y}{2H} \quad (13.18)$$

여기서, p의 +값은 動水壓이 引張力임을 의미한다.

이상의 계산에 의하면, 댐에 작용하는 動水壓은 그 위치에 대한 水平加速度에 비례하며 位相은 이와 반대의 位相이다. 한편 댐에 작용하는 慣性力도 또한 댐의 水平加速度에 비례하며 位相은 이것과 반대이다. 그러므로 動水壓이 작용한다고 하는 것은 慣性力이 그 만큼 증가하는 것을 의미하며 m을 貯水池의 附加質量이라고 한다.

식(13.18)에 따르면 $C_n = 0$일 때 p는 무한대가 된다. 그러므로, 식(13.13)에 의하면 지진동의 주기가 특수한 값일 때 다음식이 된다.

$$T = \frac{4H}{n} \sqrt{\frac{\gamma_w}{\kappa g}} \quad (13.19)$$

動水壓은 최대가 된다. 이것은 水中에 전파하는 彈性波가 貯水池의 표면과 底面사이의 彈性波의 多重反射가 통과하는 多重反射現象 때문이다. 이 특수한 주기를 貯水池의 固有振動周期라고 한다. 예를 들면, $\gamma_w = 1000\,\text{kg/m}^3$, $g = 9.8\,\text{m/sec}^2$, $k = 2.1 \times 10^8\,\text{kg/m}^2$에서 지반동의 한계주기는 $0.28\,\text{sec}$ 또는 $1.0\,\text{sec}$이며, 저수지의 水深은 각각 $100\,\text{m}$, $359\,\text{m}$이다.

식(13.17)을 토대로 地震動의 卓越振動周期가 $1\,\text{sec}$ 前後일 때 근사식이 성립하며 이에 의하면

$$P = kmg \quad (13.20)$$

이 되며

$$m = \frac{7}{8} \cdot \frac{\gamma_w}{g} \sqrt{Hy} \quad (13.21)$$

가 된다.

여기서, P : 지진시 動水壓(kg/m^2)
       m : 저수의 등가질량
       k : 수평지진계수

w : 물의 단위체적중량(kg / m^3)
H : 貯水深(m)
y : 저수표면에서 단면의 거리(m)

즉 動水壓은 포물선 분포를 이루며 가장 깊은 곳에서 靜水壓의 $\frac{7}{6}k$ 배이며, 적용깊이는 $\frac{3}{5}H$ 이다. 이 공식에는 여러가지 불충분한 점이 지적되었으나 아직 간편하여 널리 사용되고 있다.

2) 貯水池와 댐의 상호작용

Westergaad이론은 댐의 변형은 무시하고 있다. 그러나 貯水池와 댐의 상호작용의 완전한 해석을 위해서는 댐의 應答이 動水壓에 영향을 주는 동시에 動水壓이 댐의 應答에 영향을 주는 貯水池와 댐의 연성진동(coupled vibration) 해석이 포함되어야 한다. 첫째 (1)댐의 지진응답문제와 (2)저수지의 지진응답문제는 각각 진동의 미분방정식을 풀어서 비연성문제로써 해석하고 있다. 비연성 진동문제(uncouple vibration) (1)의 해석은 다만 댐의 彈性應答으로 생각하며, 댐의 變位는 저수지에 대한 强制函數로써 생각할 수 있다. 진동으로 인한 附加動水壓은 貯水의 파동방정식을 풀어서 결정할 수 있으며, 비연성 진동 문제 (2)로부터 구한 것의 수압은 댐의 새로운 수압이 된다. 이 수압에 대한 댐의 動的應答을 결정할 수 있다. 즉 비연성진동 문제(1)로부터 구한 이와 같은 댐응답은 저수지에 대한 강제함수로써 생각할 수 있는 댐의 응답의 새로운 값을 주게 된다. 이 과정은 2가지의 비연성진동이 실제 연성계에 대응하는 응답과 접근하게 된다.

예를 들면, Chopra 는 1940년 EI Centro 지진에 대한 중력댐의 진동을 계산한 바 있다. 댐높이는 90 m 이었으며, 댐의 고유주기는 0.1735 sec 이었다. 저수지의 고유주기는 계곡의 지형에 따라 변하였으며 서로 다른 계곡의 지형을 가지는 두 종류의 저수지에 대하여 생각하였다. 이들의 기본주기는 각각 0.19 sec 및 0.245 sec 이었다. 전자의 주기는 댐의 고유주기와 대략 일치하였다. 표 13.1에 보인 결과에 의하면 동수압보다 컸다. 동수압의 최대치는 공진상태하에서 정수압의 1.025, 비공진상태하에서는 0.837배이며 이는 Westergaad 식으로 계산한 값보다 오히려 크다.

표 13.1

특 성	공 진 상 태	비 공 진 상 태
댐의 固有周期	0.1735sec	0.1735sec
댐의 一次固有周期	0.19sec	0.245sec
剛體動水壓의 最大値*	0.612	0.506
變形動水壓의 最大値*	0.521	0.402
動水壓의 最大値	1.025	0.837

*水壓은 靜水壓($\frac{\gamma_w H^2}{2}$)에 대한 비임

3) 貯水池와 흙의 상호작용

Westergaad 이론이나 Chopra 의 數値計算에서도 貯水는 압축성유체로 취급하고 있다. 그 결과 動水壓은 그 원인이 물의 중량에 기인하는 것과 물의 압축성에 기인하는 양자를 고려하고 있다. 이 중에서 물의 압축성으로 인한 動水壓은 지진동의 어느 주기하에서 최대가 된다. 이것은 식(13.8)에 나타낸 가정에 따른 것이다. 이 이론의 경우, 경계면에서 파동의 전파와 반사 이론에 따르면 반사계수는 저수지 바닥에서 균일하다고 가정한 것이며 파동전파는 고려하지 않은 것이다. 그러나 Hatano 는 실제의 貯水池에서는 바닥에 泥土가 퇴적하여 있으면 계산상 가정된 탄성파의 완전한 반사가 일어나지 않는다. 이에 의하면 저수지의 공진현상은 실제로 일어나지 않는다. Hatano 는 식(13.8)대신 $y=H$ 의 경계조건으로써 저수지 바닥의 음파에너지의 흡수를 고려한 음향반사(acoustic reflection)공식을 이용하였는데 저수지의 매우 큰 응답은 실제 발생하지 않는다고 하였다.

4) 動水壓의 측정

실제로 댐의 동수압을 관측한 예는 적다. Togokura 댐의 대략 중앙단면에서 5개소의 標高에 動水壓計를 설치하여 관측한바 있다. 즉 그림 13.9는 1962년의 지진관측기록이다. 지진의 규모와 강도는 각각 4.3 및 0.01 g 이었다. 진앙거리는 50 km 이며 水深은 이날 90 m 이었다. 따라서 저수지의 고유진동주기는 0.26 sec 로 계산되었다.

그림 13.9(a)에서 W 는 動水壓이며, 지진가속도 E 는 댐 저면에서 관측한 지진변위로부터 계산한 것이다. 그림 13.9(b)는 0.5 sec 에서 1.0 sec 동안의 動水壓分布를 보인 것이다. 그림 13.9(c)는 댐바닥에 대한 震力係數로서 加速度를 대입하여 식(13.20)으로부터 얻은 값과 관측된 動水壓을 비교한 결과이다. 이 그림은 다음과 같은 성질을 나타낸다.

① 동수압의 진동에서 탁월주기는 댐의 變形에너지에서의 탁월주기와 일치한다. 탁월주기는 0.26 sec 이었으며 저수지의 固有周期와 일치한다.
② 5개소에서 관측한 동수압의 변화는 댐의 변위와 같은 位相이다.
③ 동수압의 분포는 대략 포물선으로 생각할 수 있다. 그러나 저수지 바닥의 약간 위에서는 최대를 보이고 있다.
④ 관측된 동수압의 결과는 계산치보다 컸으며 이들사이의 비는 1.4이다.

1964년 6월 16일에 Niigata 에서 대규모 지진이 발생하였다. 이 지진은 규모가 7.5이었으며, 진앙은 Tohokura 댐에서 120 km 떨어진 위치이다. 댐 지역에서의 강도는 0.07 g 이었다. 저수지의 수심은 약 100 m 이었으며 저수지의 고유진동주기는 0.29 sec 로 추정되었다.

이때의 기록은 기록지의 폭을 상회하여 동수압의 최대치는 측정하지 못하였다. 그러나 몇가지 관련된 가정을 이용하여 수정하여 동수압과 댐의 변위 사이의 위상차의 특성을 추정할 수 있었으며, 동수압분포의 특성과 동수압의 合力 특성을 1962년 2월 12일 지진에서 발견할 수 있었다. 또한 Niigata 와 같은 강진의 경우까지도 구할 수 있었다.

Westergaad 이론에 의하면 이 댐에서는 周期 0.3 sec 의 지진동에 의하여 動水壓이 매우 큰 것으로 유도되었다. 지금까지의 관측치에는 이와 같은 事例를 볼수 없었다. 이것은 Hatano 가 지적한 것과 일치한다.

제 13 장 콘크리트 중력댐의 내진 439

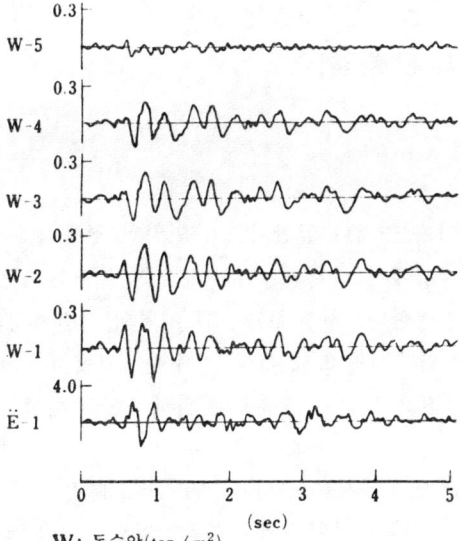

W: 동수압(ton/m²)
Ë: 지진가속도(gal)

(a) 동수압

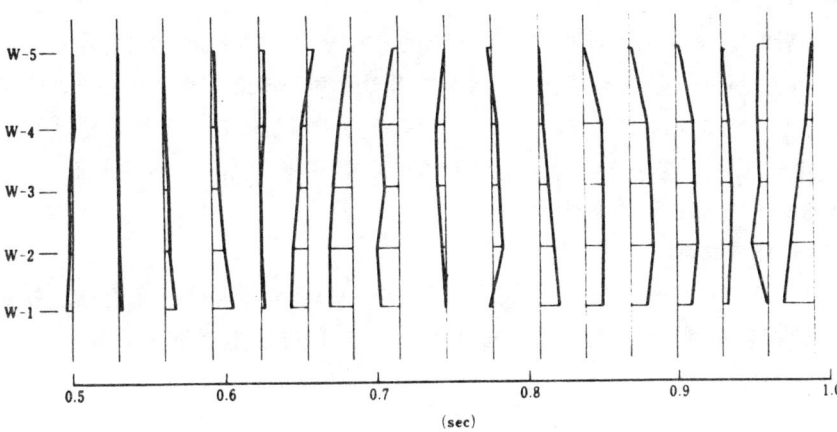

(b) 동수압분포 관측치 계산치

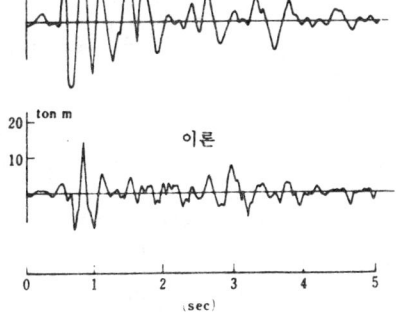

(c) 총동수압

그림 13.9 Tagokura댐에서 관측한 動水壓(1962. 2. 12 지진)

13.4 콘크리트 重力댐의 耐震設計

1. 정적 설계법
1) 지진력

콘크리트重力댐은 댐높이가 높거나 암반기초가 연약한 경우를 제외하고는 일반적으로 靜的방법으로 설계한다. 정적방법에서 지진관성력의 분포와 규모는 진도법으로 결정하며, 動水壓은 Westergaad 공식으로 결정한다. 지진계수는 그 지역의 지진특성과 지반상태를 고려하여 경험적으로 결정한다. 강진지역에서는 0.12 이상 및 中震지역에서 0.10으로 분류하고 있다. 그러나 貯水位가 만수시일때 지진으로 인한 波高를 제외하고 구조해석을 하는 경우 지진계수의 1/2을 적용하여도 된다.

지진시 댐의 安定에 관한 연구에서는 수위가 높은 下流側 방향에서 上流側 방향으로 작용하는 지진력을 고려하고 있다. 상류측방향에서 하류측방향으로 지진력이 작용하는 경우는 저수지가 비어 있을때도 고려한다. 지진계수의 표준치는 前者의 경우를 기준으로 後者는 1/2이다.

2) 응력해석

댐의 수평단면에 대한 휨응력의 분포는 線形的이며 댐의 應力은 정적캔틸레버 보 理論으로 산정한다. 허용압축응력은 지진하중이 작용하는 동안에 하중속도가 빠르고 콘크리트 강도가 증가하므로 평상시 하중보다 30% 크게 취한다. 상류측 선단에서의 인장응력은 댐의 안정성에 대한 손상을 줄수 있는 영향을 가지므로 엄격히 제한해야 하며, 하류측선단의 인장응력은 콘크리트의 인장강도에 달하도록 허용한다.

3) 滑動에 대한 安定

滑動에 대한 安定계산은 Henny 公式이 이용된다. 즉 댐에 작용하는 水平力의 합을 H, 鉛直力의 합을 V라고 할 때 다음식이 성립되며, 수평력에 대한 안전율 n은

$$n = \frac{fV + \tau l}{H} \tag{13.22}$$

이 주어진 값 이상이어야 한다.

여기서, f : 기초암반이나 제체의 내부마찰계수는 보통 0.8을 취한다.

l : 제체底面의 길이

τ : 제체재료나 기초암반의 전단강도로서 안정을 위한 시험결과치의 1/2을 이용한다.

鉛直力은 제체의 무게에서 제체底面에 작용하는 揚壓力을 뺀 값이다. 지진시 암반내의 地下水壓이 일시적으로 상승하는 것은 가능한 고려할 필요가 있으나 어느정도를 고려해야 하는지 양적으로는 아직 분명히 알려지지 않고 있다. 위의 식에서 우변의 분자는 제체저면에 작용하는 抵抗力이며, 분모는 外力이다. 그러므로 水平外力에 대한 安全率 $n=4$가 적당하다고 한다.

기초암반이 충분히 단단하지 않으면 댐의 바닥을 따라 滑動이 일어난다. 이 경우 지반응력은 有限要素法으로 해석하며 활동면의 위치는 시산법으로 추정할 수 있다. 이때 총활동에 대한 안전율과 동시에 국부적인 활동에 대한 안전율은 활동면을 따라 검토한다. 총 활동에 대한 안전율

은 4이상이어야 하며 국부적인 安全率은 다음 식으로 검토한다.

$$n' = \frac{\tau_0 + f\sigma}{\tau} \tag{13.23}$$

여기서, n' : 局部滑動에 대한 安全率
τ_0 : 암반의 剪斷强度
f : 암반의 내부마찰계수
τ : 국부활동면의 전단강도

n' 는 실용적인 면에서 대략 2를 취한다.

그림 13.10은 국부적 활동에 대한 안전율과 활동면의 예를 유한요소법으로 계산한 지반응력을 보인 것이다.

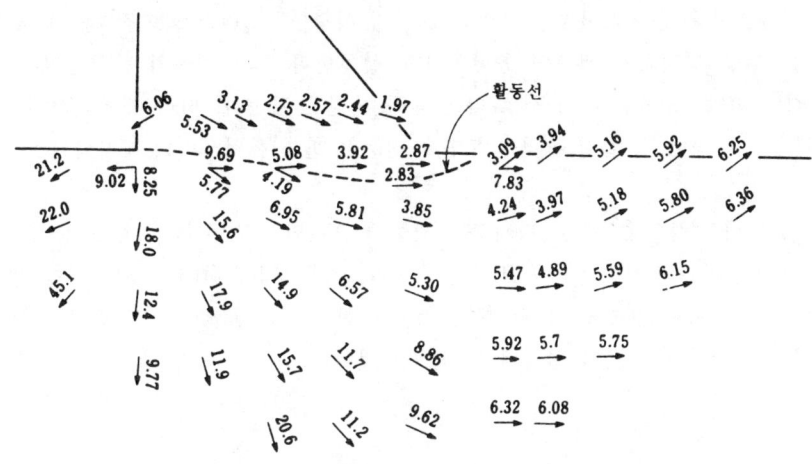

댐높이 100m
외부하중 수심 100m의 수압
암반의 전단강도 25kg/cm², f=1.0

그림 13.10 중력댐의 기초에서 국부적활동에 대한 안전율(Technical Standard of River and Sand Control, 日本建築省)

4) 여유고

댐의 높이는 滿水時의 水深외에 余裕高를 고려하여 결정한다. 余裕高는 異常洪水量을 流下하기 때문에 水深, 바람 및 지진으로 인한 波 등은 예측하기 어려우므로 水位上昇 등을 고려하여 결정한다.

과거 지진조사에 의하면 大波가 댐을 덮어 여유고를 초과한 경우도 있다. 만일 이 大波를 長波라고 가정하여 長波의 이론으로부터 水面上昇을 산출하면 제체의 운동을 kg/w^2(오메가)^2 $\sin \omega t$ 라고 가정할 때

$$\eta = \frac{k}{\omega}\sqrt{gH}\cos\omega\left(t + \frac{\xi}{\sqrt{gH}}\right) \tag{13.24}$$

이 된다. 여기서 n는 平衡水面에서의 水面上昇, ξ는 댐上流面에서의 수평거리이다. ξ를 0으로 하면 댐 바로 앞의 수면상승을 구할 수 있다. 즉

$$\eta = \frac{k}{\omega} \sqrt{gH} \cos \omega t \tag{13.25}$$

그러므로 댐의 전면에서 댐의 운동과 수면의 운동과는 90°의 位相差를 나타낸다.

예를 들면, 높이 200m의 댐에서 지진동의 주기를 1sec, 加速度를 0.2g이라고 하면 지진에 대비하여 취해야 할 여유고는 1.4m이다. 이와 같이 다른 원인에 의한 수면상승도 각각 이론적으로 산출 가능하지만 이렇게 하여도 예측하기 어려운 원인이 있는 경우를 고려하여 여유고가 과소하게 되지 않도록 해야한다. 일반적으로 댐 마루부는 보통 滿水位에 대하여 2.0m이상, 洪水位에 대하여 1.5m 이상을 축조한다.

5) 댐 블럭 사이의 돌기

콘크리트重力댐은 콘크리시공을 용이하게 하기 위하여, 그리고 화학적 콘크리트의 수축으로 인한 인장균열을 방지하기 위하여 종단이음을 설치한다. 종단이음의 간격은 보통 15 m 이다. 이 경우 각 블럭(monolith)마다 서로 다른 진동 특성을 갖는다. 따라서 댐의 진동은 각 블럭에서는 불연속으로 되며, 인접한 블럭의 불연속 진동은 판과 블럭사이의 정지되어 있는 물을 교란시킨다.

인접한 블럭과의 불연속운동을 방지하기 위하여 블럭의 측벽에 돌기(key)를 설치한다. 돌기는 3차원적 콘크리트의 분포응력에 또한 유용하다. 水平荷重은 河床에 의할뿐만 아니라 계곡의 측벽에 의해서도 저항한다. 그러므로 하류측을 향한 블록의 滑動저항을 증가시킨다. 그림 13.11은 돌기와 블럭의 대표적인 설계예를 나타낸 것이다.

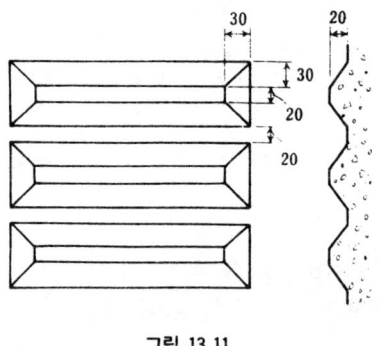

그림 13.11

6) 댐마루 시설의 設計

댐마루는 암반부보다 진도가 크므로 댐마루에 설치되어 있는 여러가지 구조물 특히 水門의 설계에 유념해야 한다. 그림 13.7은 댐마루에 생기는 最大加速度와 지반에 생기는 最大加速度의 비를 추정하는 데 참고가 될 것이다. 이들 자료에 의하면 댐마루에 있는 重要施設의 設計震度의 2배 정도 취하는 것이 적당하다.

2. 動的設計法

댐의 정적 설계방법은 주로 경험을 토대로 한다. 응력해석법, 관성력의 규모 및 動水壓, 콘크리트의 허용응력과 댐의 활동 등을 조화있게 고려한다. 이 방법에 의한 댐설계는 내진설계를 고려하여 과거 지진시 경미한 피해를 받았다. 그러나 이것은 정적방법에 의한 지진시 댐의 거동을 나타낼 아무런 이유가 없다. 이미 언급한 실험과 같이 정적방법에서는 댐변위의 기본적 가정은 실험결과와 일치하지 않는다. 그러므로 경험보다도 더 높은 댐의 안정성이나 이 댐의 기초암반이 보다 정확한 방법으로 실험되어야만 효과적이다. 이 목적을 달성하기 위한 방법이 지진에 대한 댐의 動的應答解析이며 이의 해석 예는 다음과 같다.

몇가지의 응답해석방법 중에서 유한요소법이 널리 이용되고 있다. 유한요소법에서 댐 기초암반의 적절한 분할은 유한요소의 집합과 같은 개념이며 각 부분의 요소와 剛性을 평가한다. 요소의 집합으로 구성된 多自由度에 대한 일반함수와 같은 일반좌표는 7.2절에서 기술한 방법으로 결정한다. 입력지진파에 대한 모드 변위 벡타의 응답을 계산한다. 적합한 감쇠정수는 각 좌표상에 나타나 있다. 각 절점의 모드변위벡타 응답으로부터 變位, 應答, 應力과 變形을 산정할 수 있다. 動水壓의 영향은 댐 상류측에 대하여 Westergaad 의 공식으로 결정한 부가질량을 추가하여 고려하거나, 동수압의 항 모드 변위 벡터의 운동방정식에 더한다. 위에서 기술한 과정에 따라 탄성범위내의 콘크리트 중력 댐의 거동은 정확하게 산정할 수 있다.

높이 150 m 의 중력댐인 동적해석의 예를 들면 다음과 같다. 댐단면은 유한요소해석을 하기 위하여 여러개의 직사각형으로 분할한다(그림 13.12 참조). 저수지 물의 동수압은 똑같은 방법으로 산정한다. 그림 13.13(c)에서 보는 바와 같이 지진가속도는 댐 기초에서 최대가속도 270

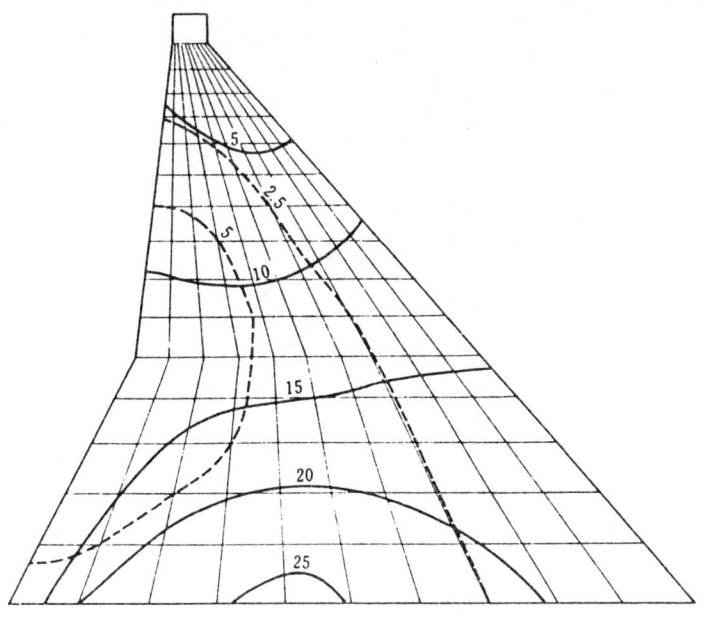

그림 13.12 사하중 응력(kg/cm)

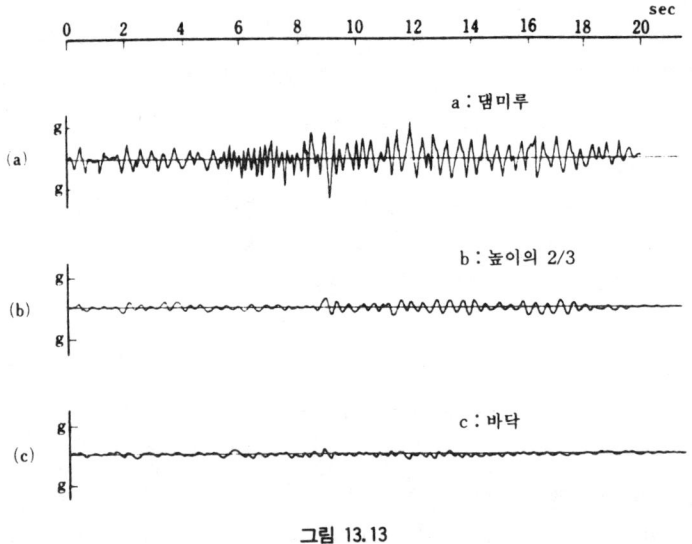

그림 13.13

gal 과 탁월주기 0.39 sec 를 적용한다. 대표적인 요소들의 應答振動은 그림 13.13(a) 및 그림 13.13(b)에서 보는 바와 같이 감쇠는 10%로 가정하였다.

그림에서 (a)는 댐마루에 위치한 요소의 지진가속도이며 (b)는 댐높이의 2/3위치에서의 지진가속도, (c)는 지반에서의 지진가속도이다. (a)와 (b)의 최대치는 각각 (c)의 약 4.5 및 1.5배이다. 이들 결과로부터 진동이 심한 부분은 오직 댐마루 부근의 위치이다. 그림 13.14는 정적하중과 동적하중으로 인하여 발생하는 댐의 최대응력분포를 나타낸 것이다. 實線은 인

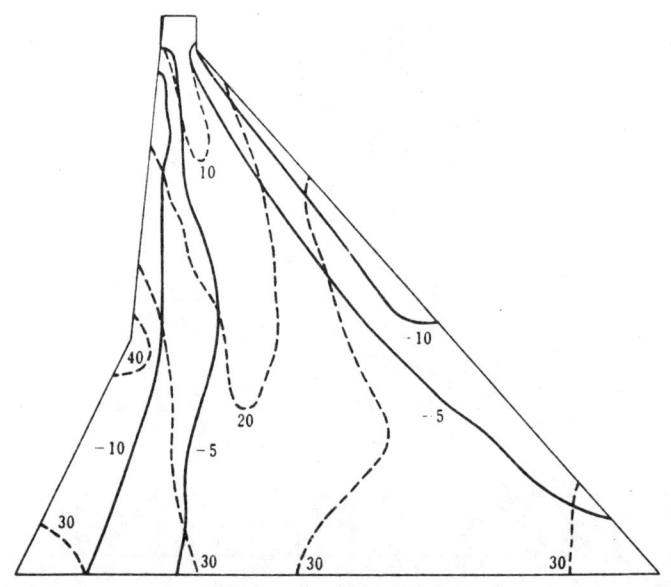

그림 13.14 등각응력선(kg/cm²)(응력은 死重, 水荷重 지진하중과 地震水荷重에 대하여 산정한 것임)

장응력이며, 破線은 압축응력이다. 인장응력은 허용한계 이내이며 콘크리트의 압축응력은 압축강도 이상이다. 그러나 거의 균등한 인장응력은 댐의 상류부근에 분포하는 것에 주목해야한다. 참고로 死荷重 應力은 그림 13.12와 같다.

　동적해석을 하는 한 진도법에서 결코 기대할 수 없는 매우 큰 압축응력이나 인장응력이 가끔 매우 작은 값을 나타내기도 한다. 이러한 짧고 큰 응력은 구조물을 파괴시키는 영향을 고려하지 않는다. 그러나 이것이 구조물의 파괴원이 되지 않는 이유는 아직 불분명하다. 이것이 댐설계에서 동적해석 적용상의 풀 수 없는 문제이다.

제14장 아치댐의 내진

14.1 개 설

　지진시 아치댐의 성질이 명확하게 이해되지 않아 과거에는 그다지 아치댐이 축조되지 않았으나 현재에는 計算法과 模型試驗法이 발달하여 지진시 댐의 擧動도 밝혀져서 다수의 아치댐이 최근 세계 각지에서 많이 축조되었다. 예를 들면, Kurobe 댐(H =186 m), Nakawado 댐(H : 155 m), Takane 댐(H : 150m), Kawaji 댐(H=140m)등을 들 수 있다.

　아치댐이 특히 重力댐에 비하여 문제가 되는 것은 첫째 댐 양단접속부에 대한 암반의 安定이 댐의 安全의 결정적 요소가 되는 것이다. 그러므로 댐의 위치와 형상은 堤體와 댐 양단부 양자의 안정을 고려하여 最適으로 결정한다. 堤體의 형상은 포물선 아치가 원형 아치보다도 많이 선택되는 중요한 이유는 댐의 推力(thrust) 방향을 댐 양단부의 안정에 유리한 방향으로 향하게 하기 위해서이다.

　둘째 중력댐보다 아치댐은 변형하기 쉽다. 그러므로 지진시 應力은 靜的해석으로 추정할 수 없어 動的거동을 평가해야 한다. 또 동마루부는 진동하기 쉽기 때문에 동마루부에 놓인 부속구조물은 특히 큰 지진력을 받게 된다.

　아치댐은 일반적으로 지진에 저항하는 구조로 되어 있어 지진력에 의한 큰 피해는 다행히 아직 없다. 그러나 1959년 12월 2일 洪水時에 프랑스의 Malpasset 댐(H : 66.5 m)이 파괴되어 하류 Fréjus 에서 3000명의 사망자가 발생한 사건은 지진으로 인한 파괴 원인이 아니더라도 아치댐 기초의 중요성이 지적되고 있다. 동마루部두께가 대략 1.5 m 인 얇은 아치댐이었지만 최초의 貯水가 급속히 이루어지는 경우, 기반의 편마암이 壓碎되어 壓碎岩으로 되며, 더욱이 斷層도 있어 이에 대한 기초처리가 충분하지 않은 등이 그 원인으로 추측되고 있다.

　1971년 San Fernando 지진시 Pacoima 아치댐의 피해는 지진으로 인한 피해중에서 보기드문 경우이다. 이 지진은 San Gabil 단층系에 속하는 단층의 滑動으로 발생하였으며 Los Angeles 북서지역에 심한 피해를 가져왔다.

　Pacoima 댐은 높이가 111 m 이며 동마루부의 길이는 179 m 이다.

　이 댐의 기초암반은 편마성 화강섬록암으로 이루어져 있다. 지진시 저수지 수위는 滿水位보다 43 m 낮았다. 불행하게도 지진은 댐북쪽 5 km 지점에서 발생하였으며, 좌측 접속부의 좁은 암반줄기에 설치된 地震計는 先例없이 수평 최대가속도 1.25 gal 과 연직가속도 0.70 gal 인 큰 가속도가 기록되었다. 매우 강한 가속도가 약 7 sec 동안 계속되었으며 지반진동의 卓越周期는 0.2~0.4 sec 이었다. 이 주기는 아치댐의 고유진동주기와 일치하였다.

　이론적 계산에 의하면 큰 引張應力이 앞에서 지적한 입력지진으로 댐 자체에 발생하였다. 그러나 댐체에 종단이음 때문에 실제로 인장응력은 감소할 것이며, 따라서 댐체에 균열발생을 최소화 할 것으로 예상된다. 가장 심했던 震害는 그림 14.1에서 보는바와 같이 左岸에서 균열이 발생했으며, 이 결과 산 블럭의 滑動과 沈下를 일으켰다. 이 진해의 주원인은 좌안접속부 암반의 산 블럭이 충분히 크지 않았기 때문이다. 더우기 접속부의 암반이 댐의 고유주기와 대략 같은 주기로 매우 심하게 진동하였기 때문이다. 이 사고는 아치댐 암반접속부의 위치가 크고 단단한 산 블럭이 있는 곳으로 선정되어 지진시에도 충분히 허용되는 범위의 아치 推力을 견딜 수

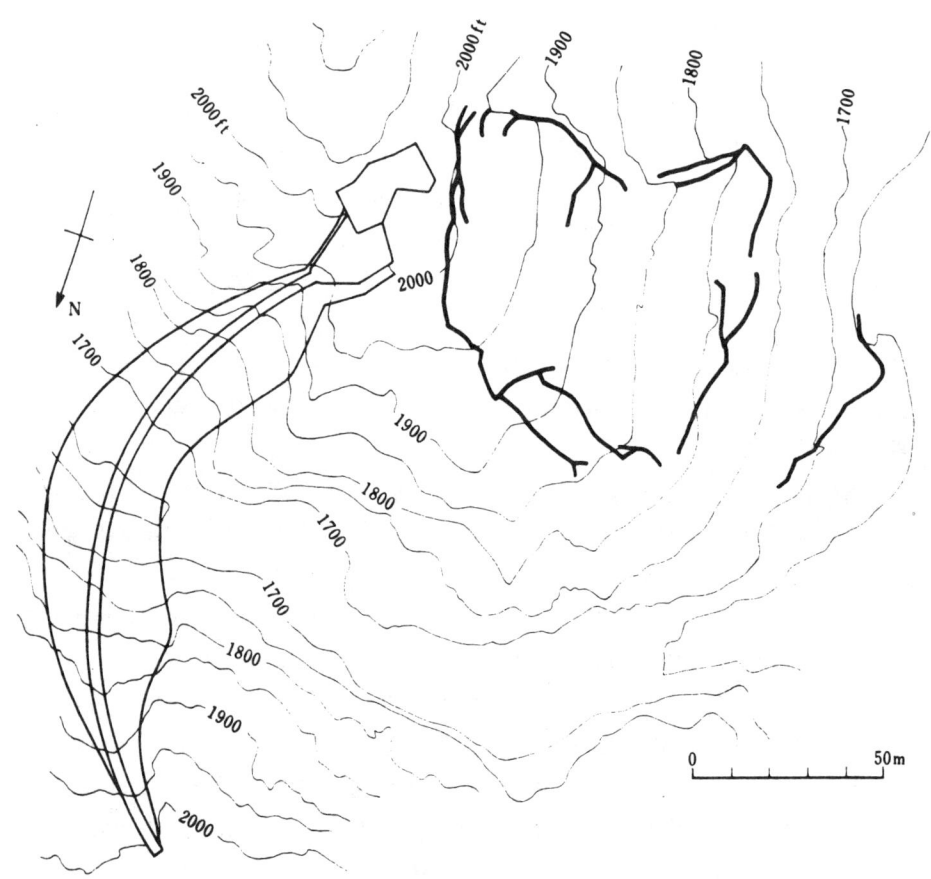

그림 14.1 Pacoima댐의 피해(San Fernando지진 1971 2.9)

있을 것으로 예측된다.

소규모 아치댐의 震害例에는 1946년의 Nankai 지진에 의한 Honen-ike 댐(H : 30 m, 1徑間 14.4m, 5徑間)이다. 이것은 多目的 5徑間 아치댐인데 중앙부 徑間에 대하여 이음부에 가까운 부근에서 균열이 생겼으며 이것은 후에 시멘트 그라우드로 보수 하였다(그림 14.2 참조).

14.2 댐振動의 解析方法

1. 數値解析

아치댐은 쉘(shell)이라고 가정하여 그 진동을 쉘理論에 의해 해석할 수 있다. x, y, z는 원주좌표(cylindrical coordinate), w와 v는 댐의 방사 및 접선 변형이라고 하자, 연직변위는 무시된다. 댐체를 유한요소로 생각하자. 그리고 요소의 단위 길이에 작용하는 휨모멘트, 비틀림 모멘트, 전단 및 아치 推力은 그림 14.3과 같이 M_y, M_z, T, Q_y, Q_z 및 N좌표라고 할 때 요소의 비틀림 관성 모멘트를 무시하면 비틀림 모멘트와 전단휨모멘트 사이의 관계는 다음과 같다.

$$Q_y = \frac{\partial M_y}{\partial y} + \frac{\partial T}{\partial z}, \quad Q_z = \frac{\partial T}{\partial y} + \frac{\partial M_z}{\partial z} \tag{14.1}$$

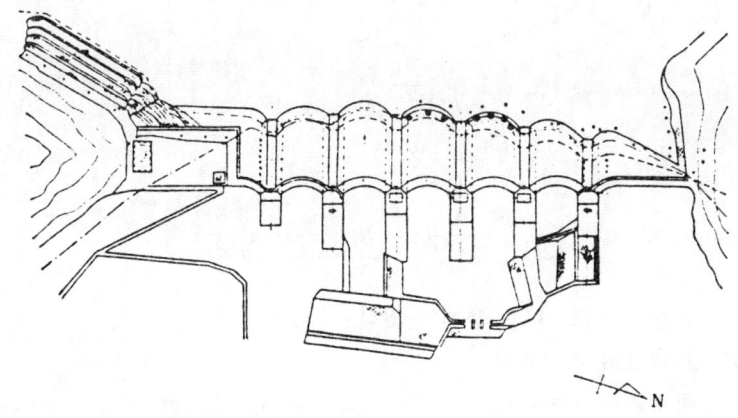

그림 14.2 보수공사를 위한 Honen-ike댐의 그라우팅
● ⋯댐背面 기반그라우트 공
● ⋯댐前面 기반그라우트 공
● 혹은 ○⋯댐 本體 그라우트 공

요소에 작용하는 동적평형은 다음과 같다.

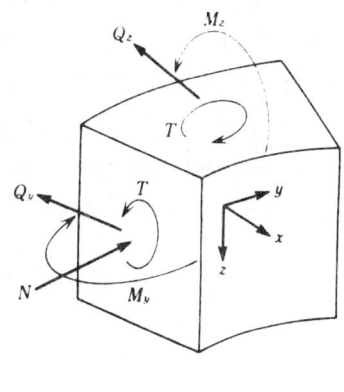

그림 14.3

$$\frac{\rho_c h}{g}\left(\frac{\partial^2 w}{\partial t^2} - a_w\right) = \frac{\partial Q_y}{\partial y} - \frac{\partial Q_z}{\partial z} - \frac{N}{r} - p$$
$$\frac{\rho_c h}{g}\left(\frac{\partial^2 v}{\partial t^2} - a_v\right) = \frac{\partial N}{\partial y} - \frac{Q_y}{r} \qquad (14.2)$$

여기서, ρ_c : 콘크리트 단위체적중량
 γ : 아치댐의 반경
 p : 저수에 의한 動水壓

$$N = Eh\left(-\frac{\partial v}{\partial x} + \frac{w}{r}\right)$$

$$M_y = -\frac{Eh^3}{12(1-\mu^2)}\frac{\partial^2 w}{\partial y^2}$$

$$M_z = -\frac{Eh^3}{12(1-\mu^2)}\frac{\partial^2 w}{\partial z^2},$$

$$T = -\frac{Eh^2}{12(1-\mu^2)}\left\{(1-\mu)\frac{\partial^2 w}{\partial z \partial y} + \frac{1}{2r}\frac{\partial v}{\partial y}\right\}$$

(14.3)

쉘의 응력과 변위사이에는 다음 관계가 있다.

여기서, E : 댐재료의 탄성계수

μ : 댐재료의 포아손비

h : 댐의 두께

식(14.1)과 (14.3)을 식(14.2)에 대입하면 아치댐의 운동방정식을 얻는다. 그리고 지진시 댐의 동적거동과 응력은 주어진 경계조건에서 이 식을 풀어 결정할 수 있다. 그러나 곡면의 형상과 두께가 변하므로 상세한 이론을 활용한 계산은 실용성이 없다. 따라서 모형댐을 사용한 실험적 해석이나 수치해석과 유한요소법을 적용한다.

有限要素法을 사용하는 경우는 아치댐 구조와 기초부분은 3차원적 유한요소 메쉬(mesh)로 나누며, 동적평형은 식(14.2)와 같은 방법으로 각 요소를 생각한다. 이 계산에서 지진하중은 기초로 가정한 경계면에서 3차원적 변위로 입력된다. 動水壓은 댐의 상류면 절점(nodal point)에 부가 질량을 분포시켜 계산할 수 있으며 부가 질량은 Westergaad 공식으로 결정한다.

유고슬로비아에서 실시한 현장 시험에 따르면 3차원 유한요소법으로 추정한 고유진동모드와 주기는 3개의 대칭진동(symmetrical vibration)에 대한 댐의 진동시험에 의해 관측된 것과는 잘 일치하였다. 그러나 비대칭 진동에 대해서는 일치하지 않았다.

2. 모형시험에 의한 해석

아치댐의 진동은 模型試驗에 의해 해석할 수 있다. 일반적으로 구조물의 모형시험에서는 모형을 振動台위에 놓고 진동을 주는 것인데, 아치댐의 경우는 댐외에 이것을 지지하는 지반의 모형도 진동대위에 설치해야 한다. 따라서 振動台가 대단히 커야 한다. 이 어려움을 피하기 위하여 최근 진동대를 사용하지 않고 진동시험법이 고안되어 아치댐의 진동시험이 간단히 이루어지고 있다.

이 방법은 지진시에 생기는 堤體의 지반에 대한 相對變位振動은 모형을 고정판위에 놓고 堤體에 외력으로 그 질량과 地動加速度의 곱과 같은 힘을 가할 때 생기는 변위진동과 같다고 하는 원리에 근거를 두고 있다. 구체적으로는 제체표면에 電磁的인 加振裝置를 배치하여 이에 제체 질량에 地動加速度를 곱한 크기의 힘을 전자력으로서 가한다. 이 힘을 받아 모형은 진동하며 이 때문에 생기는 慣性力이 다시 제체에 가해진다.

따라서, 堤體에는 上記 2가지 힘의 작용에 의하여 應力이 발생한다. 이것이 모형댐의 지진응력이다. 따라서 실물 댐의 지진응력은 구해진 모형댐의 지진응력에 相似率을 곱하여 정한다.

여기서 전자적으로 가해진 힘을 편의상 剛體慣性力, 제체가 진동함에 따라 가해지는 慣性力을 變形慣性力이라 한다.

그림 14.4는 댐模型에 堤體軸 직교방향의 지진력을 작용시키는 장치이며, 堤體軸방향 또는 연직方向의 加振도 할 수 있다.

그림 14.4 2차시험 장치

貯水池가 滿水인 경우는 댐에 작용하는 外力으로 제체의 관성력 외에 貯水에 의한 動水壓이 작용한다. 動水壓은 다음 2가지 힘의 합이라고 할 수 있다.

① 堤體는 剛體이고 지반이 진동할 때 생기는 動水壓.
② 지반은 움직이지 않고 제체가 지반에 대하여 상대적으로 진동함에 따라 생기는 動水壓.

편의상 前者를 剛體動水壓, 後者를 變形動水壓이라고 한다. 만일 剛體 動水壓을 이미 알고 있을 때는 고정판상에 제작한 모형댐에 貯水狀態에서의 강체관성력과 강체동수압과를 전자력으로 가하면 제체에 생기는 變形은 저수지 滿水狀態에 대한 제체의 지진변형을 나타낼 수 있다. 그러므로 강체동수압을 별도로 측정하는 방법을 강구하면 좋다. 이상에서 언급한 모델시험을 2차시험이라 한다.

剛體댐의 動水壓을 결정하기 위해서는 강체댐과 강체지반으로 구성된 모형을 진동대에 설치하고 흔들어 動水壓分布를 댐표면에 압력계를 장치하여 측정한다. 이 압력은 강체댐상에 동수압을 나타내는 것이다. 이 시험을 1차시험이라고 부른다.

앞에서 기술한 바와 같이 아치댐의 모형시험에 있어서 大型 模型을 필요로 하는 것은 댐을 지지하는 지반의 가요성을 충실히 재현하기 위해서이다. 따라서 제체 및 지반을 강체로 가정한 조건의 실험에서는 소형모형으로도 충분하다. 그림 14.5는 剛性댐에 대한 剛體動水壓을 측정하기 위한 실험장치이다.

그림 14.5 1차시험 장치

第1次實驗에서는 제체 및 지반은 목재로 제작한다. 여기서, 재현해야 하는 것은 댐형상과 댐부근의 地形이므로 댐이나 자연지반의 剛性은 재현할 필요가 없다. 貯水用액체는 물을 이용한다.

第2次實驗에서 제체와 양단부는 석고와 규조토를 혼합한 재료로 제작하며, 實物과 같은 자연지반의 약한부분 즉, 斷層, 접합부, 국부적 결함 등은 가급적 충실히 재현한다. 저수를 위하여 제체모형의 상류면에 水槽를 제작해야하며 길이는 제체높이의 3배이상이면 충분하다. 貯水用液體는 물이 사용되며 貯水槽바닥에는 매트를 깔아 水中音波가 반사하지 않도록 해야 한다.

이 실험에 관한 모형과 실물간의 相似法則은 다음과 같다.

즉 제체의 變形은 다음 4가지의 외력의 合力에 의해 발생한다.

剛體慣性力 : 堤體가 변형하지 않는다고 할때의 地動에 의한 堤體慣性力
剛體動水壓 : 堤體가 변형하지 않는다고 할때의 貯水에 미치는 動水壓
變形慣性力 : 지반에 관계되는 제체의 相對變位에 의한 제체의 慣性力
變形動水壓 : 지반에 관계되는 제체의 相對變位에 의한 動水壓

1) 第1次實驗에 관한 相似法則

제1차실험에서 강체동수압은 地盤動加速度係數(地盤動加速度/重力加速度), 貯水比重(specific gravity of storage water)은 수심에 비례한다고 생각되므로 다음의 相似法則이 성립된다.

$$\frac{f_m{'}}{f_p} = \frac{k_m{'}}{k_p} \cdot \frac{\gamma_m{'}}{\gamma_p} \cdot \frac{H_m{'}}{H_p}$$

따라서 $f_p = f_m{'} \frac{k_p}{k_m{'}} \cdot \frac{\gamma_p}{\gamma_m{'}} \cdot \frac{H_p}{H_m{'}}$ 가 된다. (13.4)

2) 第2次實驗에 관한 相似法則

제2차 실험에서는 모형에서 측정된 變形이 그대로 실물의 變形을 나타내도록 相似法則을 만든 것이다.

$$\varepsilon_m = \varepsilon_p \tag{14.5}$$

제체의 地盤動에 관계되는 相對變位는 각 부분의 변형으로 인하여 발생하므로

$$\frac{u_m}{u_p} = \lambda \frac{\varepsilon_m}{\varepsilon_p} = \lambda \tag{14.6}$$

가 되며 모형의 縮尺을 λ라 하면

$$\lambda = \frac{H_m}{H_p}$$

이 된다.

模型과 實物의 포아송비가 같다고 가정하면

$$\frac{\sigma_m}{\sigma_p} = \frac{E_m}{E_p} \cdot \frac{\varepsilon_m}{\varepsilon_p} = \frac{E_m}{E_p} \tag{14.7}$$

제체내부의 應力이 식(14.7)에 나타낸 比로 되기 위해서 제체면에 작용하는 단위 면적당의 외력은 식(14.7)을 만족해야 한다.

제체의 단위면적당 變形慣性力은 $wD\dfrac{u}{t^2}$ 이므로 相似法則은 다음과 같다.

$$\frac{w_m D_m \dfrac{u_m}{t_m^2}}{w_p D_p \dfrac{u_p}{t_p^2}} = \frac{E_m}{E_p}$$

$$\therefore \quad \frac{t_m}{t_p} = \lambda \sqrt{\frac{w_m}{w_p} \cdot \frac{E_p}{E_m}} \tag{14.8}$$

여기서 $\dfrac{t_m}{t_p}$ 를 다음과 같이 τ로 표시한다.

$$\tau = \frac{t_m}{t_p}$$

---

*다음 설명에 이용하는 기호는 아래와 같다. 사용된 첨자의 實物은 P 模型은 m이다. 1차시험의 모형에서는 (')기호를 붙이며 2차시험의 모형에서는 (')기호를 사용하지 않음

f : 강체댐의 동수압	σ : 응력
k : 지반동가속도계수	E : 탄성계수
(지반동가속도/중력가속도)	w : 제체재료의 비중
γ : 저수의 비중	D : 댐두께
H : 댐높이	t : 시간
λ : 길이의 축척	τ : 시간의 축적
μ : 변위	p : 단위면적당 강체댐의 관성력
ε : 변형	

變形動水壓은 $\gamma H \frac{u}{t^2}$ 에 비례한다고 생각되므로

$$\frac{\gamma_m H_m \frac{u_m}{t_m^2}}{\gamma_p H_p \frac{u_p}{t_p^2}} = \frac{E_m}{E_p}$$

이 관계는 다음식이 우선 성립되어야 한다.

$$\frac{\gamma_m}{\gamma_p} = \frac{w_m}{w_p} \tag{14.9}$$

따라서 模型貯水의 比重은 이 관계가 만족되도록 선택해야 한다.

강체관성력은 kwD 에 비례하므로

$$\frac{k_m w_m D_m}{k_p w_p D_p} = \frac{E_m}{E_p} \tag{14.10}$$

모형에 있어서 剛體댐의 慣性力은 加振機를 통하여 電磁力(electro magnetic force)으로 가하며, 그 模型單位面積當 가해지는 강도를 p_m 이라 하면

$$p_m = k_m w_m D_m$$

이다. 그러므로 電磁力 p_m 을 가하고 있는 것은 모형이 地動加速度係數

$$k_m = \frac{p_m}{w_m D_m} \tag{14.11}$$

가 지진에 의해 진동되고 있는 것에 해당한다. 따라서 이에 대한 地盤動加速度係數는 식(14.10)로부터 다음과 같이 된다.

$$k_p = \frac{w_m D_m E_p}{w_p D_p E_m} k_m = \frac{\tau^2}{\lambda} \cdot \frac{p_m}{w_m D_m} \tag{14.12}$$

만일 加振機가 힘을 균등하게 받도록 배치되어 있으면 $p_m / w_m D_m$ 은 전자력의 합력을 제체 全重量으로 나누어 구한다.

剛體動水壓도 전자적으로 加振機를 통하여 가한다. 실물의 지반동가속도 계수가 식(14.12)로 주어지면 이에 대한 강체동수압은 제1차실험치로 부터 식(14.4)에 의하여 다음과 같이 된다.

$$f_p = f_m' \frac{k_p}{k_m'} \cdot \frac{\gamma_p}{\gamma_m'} \cdot \frac{H_p}{H_m'}$$

따라서 모형에 가해져야 할 강체댐의 동수압은 다음 식에 의해 결정된다..

$$f_m = f_p \frac{E_m}{E_p}$$

여기서, f_m : 加振機에 의하여 제체에 가해야 할 전자력의 제체단위면적당의 강도이다.

모형에 발생하는 변형을 쉽게 측정하기 위해서는 모형재료와 剛性이 작은 것이 바람직하다. 그러나 일반적으로 강성이 작은 재료는 비중이 가볍다. 따라서 식(14.8)을 만족시키기 위해서는 모형의 貯水池에 채운 액체의 비중이 물의 비중보다 작아야 한다. 그러나 모형실험에 물 이외의 액체를 사용하는 것은 실제로는 불가능하다. 따라서 제체의 강성이 증가하지 않고 비중을 증가시키기 위한 노력이 필요하다. 그림 14.3의 장치에서는 제체에 납板(lead plate)이 붙여져 있다.

3) **實驗結果**

그림 14.6 및 그림 14.7은 각각 원형 및 포물선 아치댐에 대하여 실시한 모형실험에 의한 滿水時 1차진동(fundamental natural vibration)의 변위와 변형을 나타낸 것이다. 이중 대칭 1차진동의 변형에 대한 주요 성질은 다음과 같다.

① 水平方向 變形은 일반적으로 표고가 높을수록 크고, 댐 마루部 上流側 중앙점에서 최대이다.

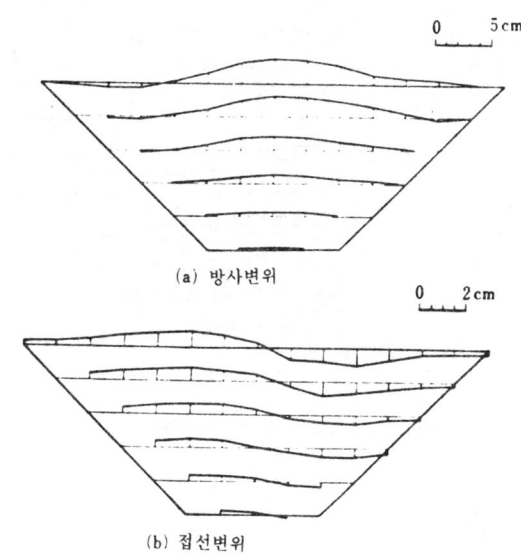

(a) 방사변위

(b) 접선변위

그림 14.6(a) 만수상태에서 원형아치댐의 1차고유진동의 수평변위(지진가속도 0.1g)

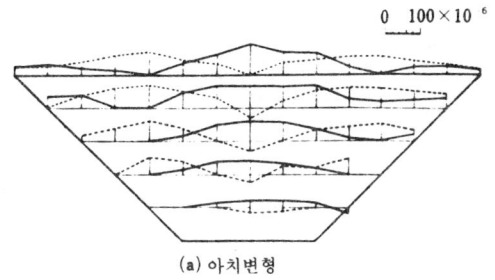

(a) 아치변형

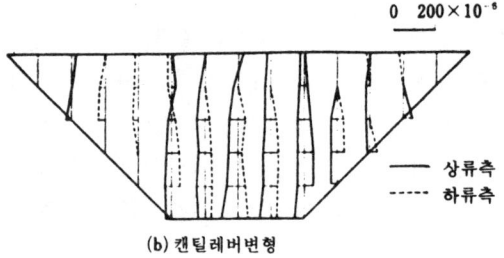

(b) 캔틸레버변형

그림 14.6(b) 만수상태에서 원형아치댐의 1차고유진동의 수평변위(지진가속도 0.1g)

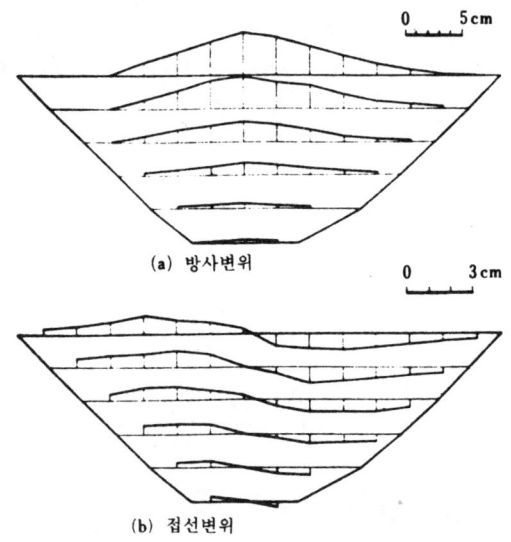

(a) 방사변위

(b) 접선변위

그림 14.7(a) 만수상태에서 포물선 아치댐의 1차고유진동의 수평변위(지진가속도 0.1g)

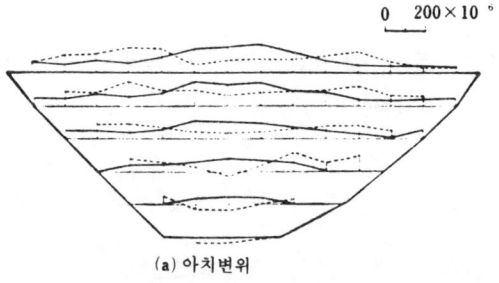

(a) 아치변위

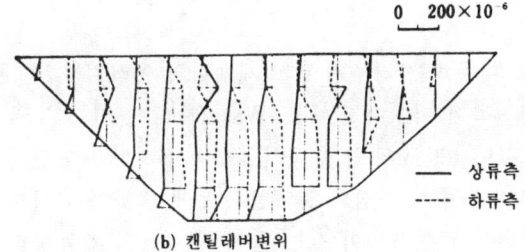

그림 14.7(b) 만수상태에서 포물선 아치댐의 1차고유진동의 수평변위(지진가속도 0.1g)

② 수평방향은 軸變形과 동등한 큰 膜變形(membrane strain)을 일으킨다.
③ 연직방향 변형은 크라운에 가까운 캔틸레버일수록 크고 중앙 캔틸레버의 상류측에서 최대이다. 중앙 캔틸레버에 연이어 연직방향변형은 표고가 낮을수록 크다.
④ 연직방향에도 膜變形은 발생하나 그 값은 크지 않다.

이 모형실험의 결과와 실물댐의 진동시험결과를 비교하면 흥미롭다. 표 14.1은 댐높이 100 m, 댐마루길이 320 m 의 포물선 아치댐에 대한 1/100모델의 감쇠정수와 固有振動周期를 보인 것이다.

표 14.1

	공 허 시		만 수 시	
	실물시험	모형시험	실물시험	모형시험
1차 대칭	0.29 sec	0.29 sec	0.36 sec	0.43 sec
1차 역대칭	0.29	0.30	0.35	0.40

여기서 모형시험의 결과를 실물로 환산할 때 實物의 콘크리트 比重을 2.3, 彈性係數를 250,000 kg/cm² 이라고 가정하였다. 이 표에 따르면 貯水池 空虛時의 고유진동주기는 대칭1차, 逆대칭1차와 함께 실물시험과 모형시험은 잘 일치하였다. 滿水時의 고유진동주기는 실물시험치가 모형시험치의 약 85%이다. 이 차이는 실물시험의 貯水位가 滿水位의 92% 밖에 달하지 않기 때문이라고 생각되며 이 영향을 고려하면 실물시험치와 모형시험치는 대략 일치한다.

14.3 지진시 堤體의 擧動

1. 일반사항

지진시 댐의 擧動은 理論計算이나 모형시험 등에 의하여 어느정도 구명할 수 있지만 이때 복잡한 자연조건을 계산 또는 실험에 어떻게 도입하느냐 하는 것은 어려운 문제이다. 따라서 이들의 해석에 맞추어 실제로 존재하는 댐의 動的性質을 직접측정해야 한다. 이를 위한 방법에는 현지에서의 진동시험과 지진관측이 있다.

진동시험에서는 댐마루위에 起振機를 설치하여 이에 正弦波狀의 힘을 가하여 제체 각부의 진동을 측정하는 것이 일반적인 방법이다. 아치댐은 가요성이므로 거대한 구조물에 이 방법을 이용하는 것은 미소한 진동에 불과하지만 고유진동주기와 이에 대응하는 진동양식, 減衰定數 등을 구할 수 있다.

자연지진을 기다려 댐의 진동을 관측하는 것은 어려운 일이나 起振機에 의한 진동시험보다는 댐의 큰 진동을 관측할 수 있다.

計測器는 加速度地震計를 이용하는 경우가 많고 제체상의 여러지점 및 兩岸 암반상에 배치한다. 현재 진동시험 및 지진관측이 이루어진 예는 Wakayama에 있는 Tonoyama댐을 들 수 있으며, 이 댐은 높이 62 m, 길이 129 m 의 돔型 아치댐으로서 지반은 단단한 角礫岩이다. 진동시험은 貯水位가 滿水인 경우와 만수시 수심의 80%인 경우에 대하여 실시하였다. 起振機를 댐마루 中央 및 1/4지점에 설치하여 正弦波形이 갖는 힘 4~11 cps 의 진동수를 가했다. 반경방향의 진동에 대한 共振曲線은 그림 14.8과 같으며, 여기서는 피크(peak)가 2개 있다. 각 共振曲線은 1차와 2차고유진동주기에 해당한다.

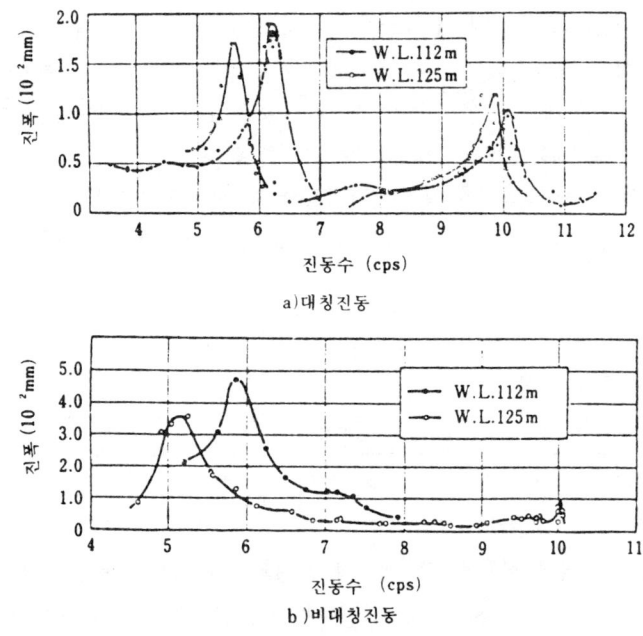

그림 14.8 Tonoyama 아치댐 마루의 변위 응답곡선

이들의 피크에 대응하는 크레스트 아치(crest arch)와 크라운 캔틸레버(crown cantilever)의 振動形은 그림 14.9와 같다.

이들의 그림에서 알려진 주요 결과는 다음과 같다.

① 고유진동주기는 滿水時가 空虛時 보다 길다.
② 가장 긴 고유진동주기는 逆對稱 1次振動이다.
③ 逆對稱 1次振動에서는 마디가 크레스트 아치 중앙부에만 있을 뿐이고 크라운 캔틸레버에는 없다.
④ 대칭 1차振動에서는 마디가 크레스트 아치에는 2개인데 비하여 크라운 캔틸레버에는 없다. 대칭 2차진동에서는 마디가 크레스트 아치에는 없고 크라운 캔틸레버에는 1개이다.

이상과 같은 결과는 댐의 形狀에 따라 다르며 반드시 일반적 성질이라고는 할 수 없다. 예를 들면, 다른 댐의 모형실험에서 가장 긴 고유진동주기는 대칭 1차진동이며 그 다음 비대칭1차진

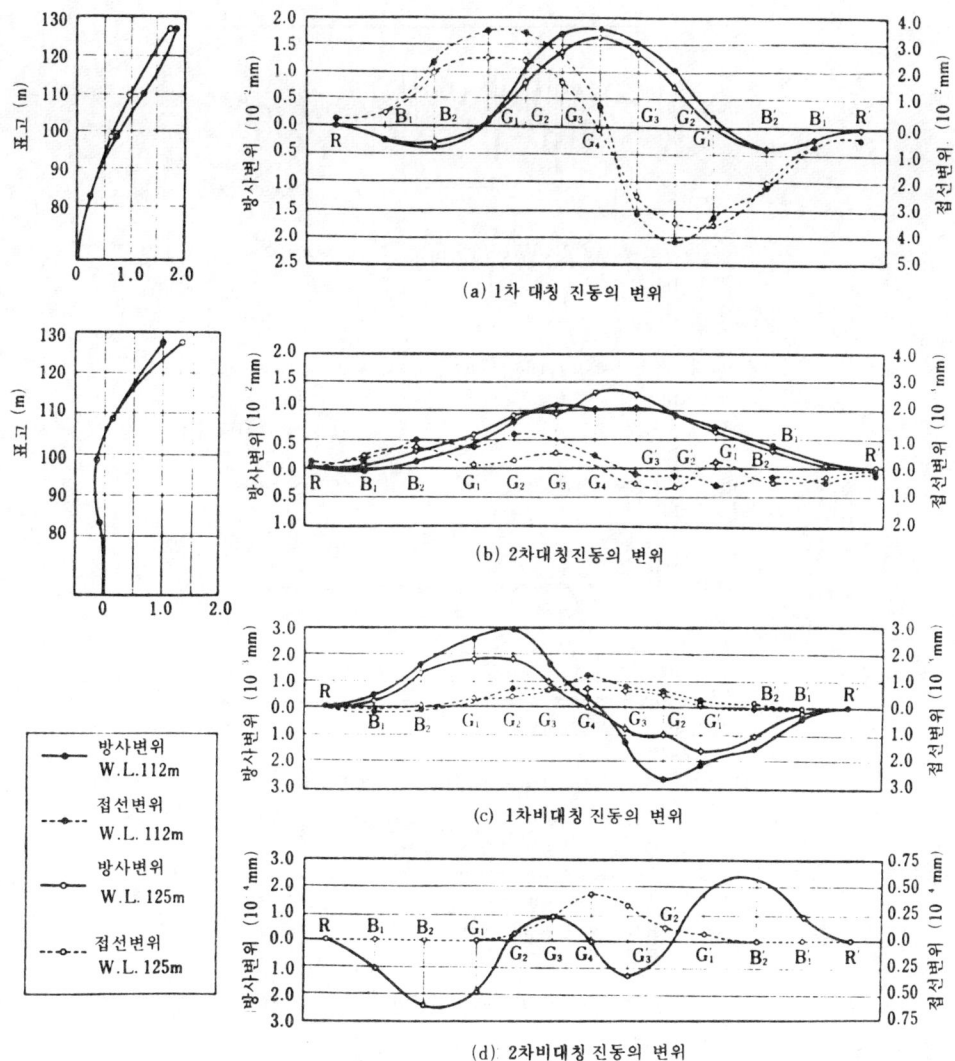

그림 14.9 Tonoyama아치댐의 고유진동의 크라운캔틸레버와 아치마루의 변형

동이다.

　이 모형댐의 댐마루 길이와 높이의 比는 3.0이며, Tonoyama 댐은 2.0이다. 또 Tonoyama 댐은 하류측을 향하여 돌출해있으며 중앙부에는 큰 오리피스 水門 6개를 가지고 있다. 이와 같은 형태상의 차이가 양자의 진동특성이 다르기 때문이라고 생각된다.

　이 진동시험 후 수 개년간에 걸쳐 地震計가 댐마루中央 및 左右岸의 지반상에 설치되었는데 이 부근에 있는 群發地震帶에 발생하는 지진이 다수 기록되었다. 예를 들면, 비교적 규모가 큰 지진기록에 속하는 1960년 12월 26일에 발생한 Owase 지진 가속도기록을 그림 14.10에 제시하였다. 이 지진의 震央은 댐 地点 東北쪽 약 75 km 이며, 진도는 MM Ⅴ－Ⅵ이고 진앙부근의 도시에는 약간의 震害가 발생되었다. 그러나 댐 지점에서는 地盤動最大加速度는 5 gal 에 지나

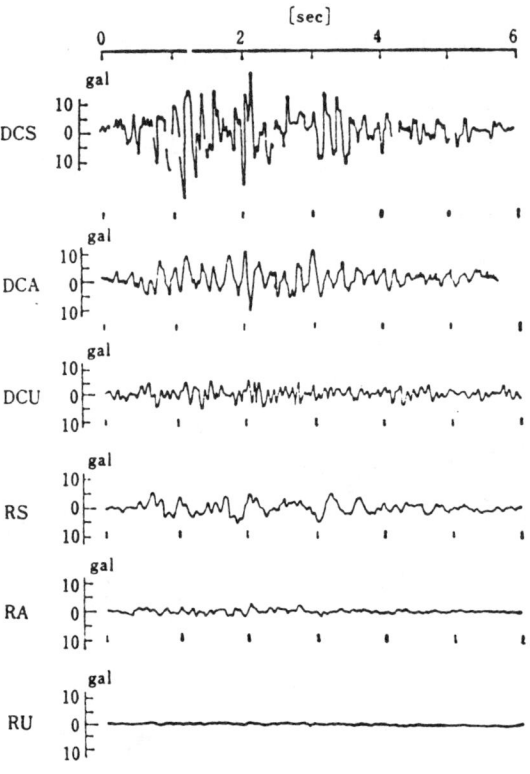

그림 14.10 Owase지진시 Tonoyama댐에서의 가속도 기록

DCS = 댐마루 중앙 댐축직교방향
DCA = 댐마루 중앙 댐축방향
DCU = 댐마루 중앙 연직방향
RS = 암반댐축 직교방향
RA = 암반댐축 방향
RU = 암반연직방향

지 않으며 피해는 전혀 없었다. 그림에서 제체의 진동에는 많은 增幅率이 보이며 댐軸 직교방향 수평가속도의 경우 제체는 지반의 3.6배 이상 진동하였다.

그림 14.11은 댐 부근에 발생한 局地 지진에 의한 가속도기록이며 이 지진의 규모는 작지만 댐마루에 대한 加速度는 최대 30 gal 에 달하였다. 이 때의 댐마루와 지반에 대한 최대속도 비는 약 10이다.

Kurobe 댐은 1963년 완공 되었으며 일본에서 가장 높은 아치댐이다(높이 186 m, 마루부 길이 489 m) 기반암은 제3기층 화강암이다. 그림 14.12는 1972년 9월 8일 지진시 댐에서 8 km 떨어진 심도 10 km 에서 발생한 지진시 댐 중앙부의 상단과 右岸 암반에서의 가속도 기록이다. 규모는 3.9이었다. 최대가속도는 기반암에서 34 gal 이었으며 중앙부의 상단에서 116 gal 이었고 증폭율은 3.4이었다. 가속도계의 Fourier 스펙트럼에서 보는 바와 같이 기본진동의 탁월주기는 기반암에서 약 0.15 sec 이고 중앙부 상단에서 0.40 sec 이다(그림 14.13 참조).

2. 댐 양단면부의 地震動의 차이

잘 알려져 있는 바와 같이 아치 양단면부 사이의 약간의 거리가 변화하여도 아치應力分布에

제 14 장 아치댐의 내진 463

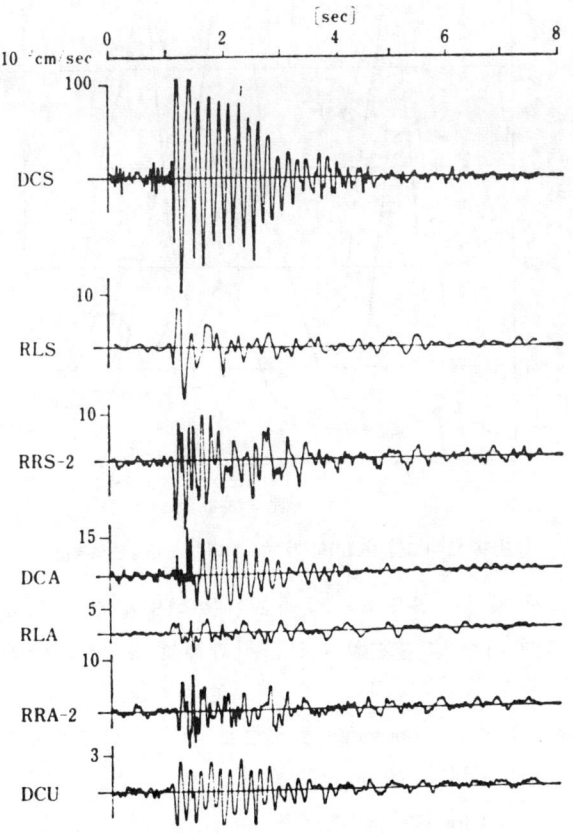

그림 14.11 Tonoyama댐에서 관측한 속도(1962.1.4)

DCS = 댐축에 직교방향의 아치마루 중앙에서의 기록
RLS = 댐축에 직교방향의 좌안에서의 기록
RRS = 댐축에 직교방향의 우안에서의 기록
DCA = 댐축방향의 아치마루 중앙에서의 기록
RLA = 댐축방향의 좌안에서의 기록
RRA = 댐축 방향의 좌안에서의 기록
DCU = 연직방향의 아치 댐마루의 중앙에서의 기록

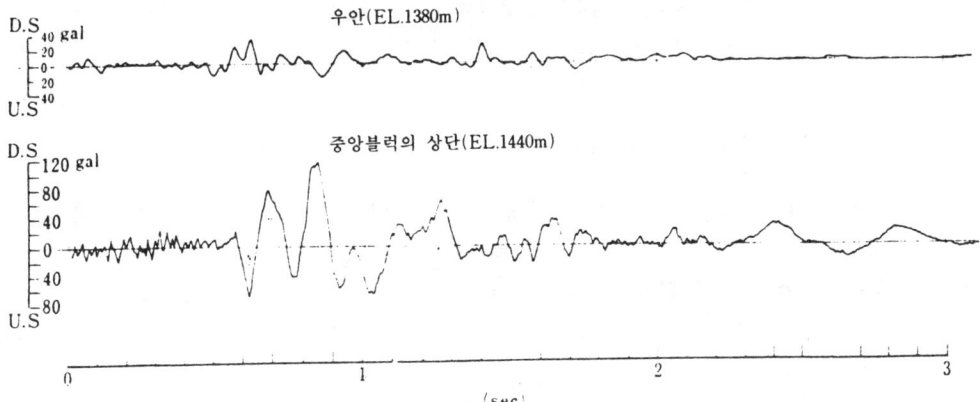

그림 14.12 Kurobe댐에서 관측한 직교방향 수평가속도(지진 1972.9.8 지진)

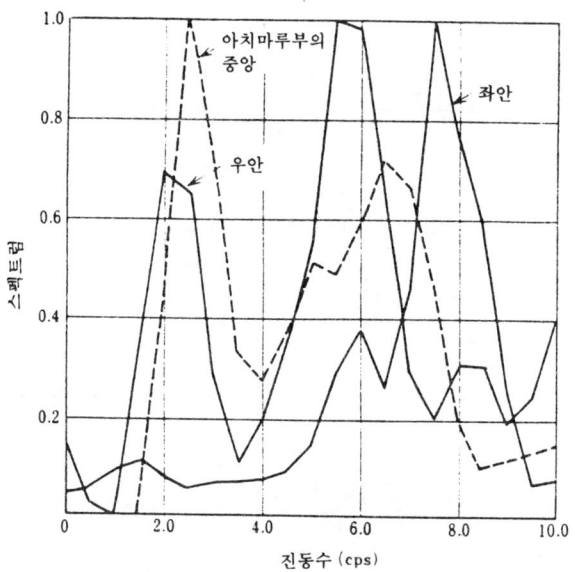

그림 14.13 (그림 14.12)의 가속도에 대한 Fourier스펙트럼

큰 영향을 준다. 따라서 지진시 左右岸이 다른 진동을 어떻게 하는지는 관심의 대상이다. 지금까지 수개의 지진관측에 의한 댐 左右岸의 진동은 대체로 유사하지만 완전히 일치하지는 않는다.

例를 들면, Owase 지진시에 Tonoyama 댐 지점의 좌우안 암반상에 설치된 速度地震計의 하류방향성분의 기록을 나타내면 그림 14.14와 같다.

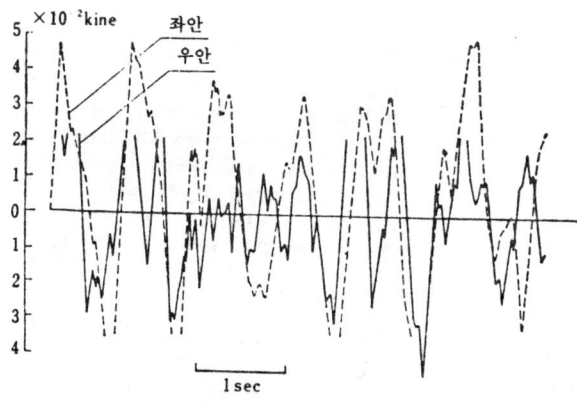

그림 14.14 Tonoyama댐 지역의 좌, 우안의 관측 기록 (Owase 지진, 1960.12.26)

양자의 직선거리는 150 m 인데 다소의 位相差는 예상되지만 기록을 보면 양안의 이동은 位相이 거의 일치하며 크기는 약간 다르다. 중요한 것은 右岸의 기록은 左岸의 기록에 없는 高周波가 포함되어 있으며 이러한 高周波가 왜 발생하는지는 설명하기 어렵다. 그러나 右岸의 地震計가 산모퉁이에 있는 것을 고려하면 부분적으로 암반이 풍화한 風化層이 존재하기 때문이며 또 산모퉁이라는 특수한 形狀에서 오는 진동 등의 원인으로 생각된다.

左右岸의 지진동의 차이가 어느 정도인지에 대해서는 Tonoyama 댐에서 측정한 다수의 지진 기록을 정리한 결과에 의하면 0.25 sec 보다 긴 周期를 갖는 진동성분에 대해서는 兩岸의 진동에는 차이가 없다. 그 보다 짧은 周期의 진동성분에 대해서는 右岸은 左岸의 2~3배 크게 진동 하였다. 그러나 高周波 진동에 의한 變位는 일반적으로 작고, 이 정도의 相對變位는 댐의 應力에 사실상 영향을 미치지 않는다. 低周波의 진동에서 만일 左右岸의 變位의 차이가 있을 때는 매우 커져서 댐에 큰 응력이 발생하여 손상을 줄 우려가 있다.

Tonoyama 댐에서 9년 후에 관측한 결과, 1972년 9월 8일 지진시 Kurobe 댐 지역에서의 관측기록과 같은 결론이 나왔다. 그림 14.13의 Fourier 스펙트럼에서 보는 바와 같이 좌우 양안의 지진가속도는 일치하지 않았다. 그 결과 댐의 주변 지진동은 불균일하였다. 이 현상은 댐의 양단면부의 거리가 매우 길 때 설계지진을 결정하는데 있어서 중요한 문제이다.

3. 댐마루의 振動增幅

최대가속도는 지반상에서 보다 댐마루부에서 몇배 더 크다. Tonoyama 댐의 지진기록자료에 의하면 3~10배의 증폭이 있었다. 기록된 지진동은 작은 지진규모인 쇼크형(shock type)波形 이었으며 지반가속도는 5 gal 이었다. 일반적으로 弱震 일수록 증폭은 크다. 이 점을 고려하면 大地震의 증폭계수는 상기 값의 하한보다 크지 않다고 생각된다. 그러나 이것은 관측치의 예를 이용할 수 있을 만큼 아직 정확하게 결정되지 못하고 있다.

그림 14.15는 Tomoyama 댐에 대하여 Fourier 분석에의 지반상과 댐 마루상의 지진기록을 진동수別로 增幅率(magnification factor)을 나타낸 것이다. 이에 의하면 대칭진동, 비대칭진동 모두 1차고유진동은 현저하게 일어나며, 증폭율은 댐축의 연직방향의 진동에 대해서 최대 25배 댐축방향의 진동에 대해서 최대 5배이다.

2차진동은 1차진동만큼은 현저하게 일어나지 않지만 對稱振動에 있어서는 2차주기진동의 증폭율이 일반적으로 매우 큰 것이 주목된다. 이것은 지진시에 1차진동뿐만이 아니라 高次振動이 많이 일어나는 것을 의미하고 있다.

1965년과 1970년 사이 댐동쪽 50 km 지점의 Matsushiro 에서 발생한 淺發지진시 Kurobe 댐에서 많은 가속도 측정기록을 얻었다. 대부분의 가속도는 매우 작으나 7개 지진에 대한 增幅率(기

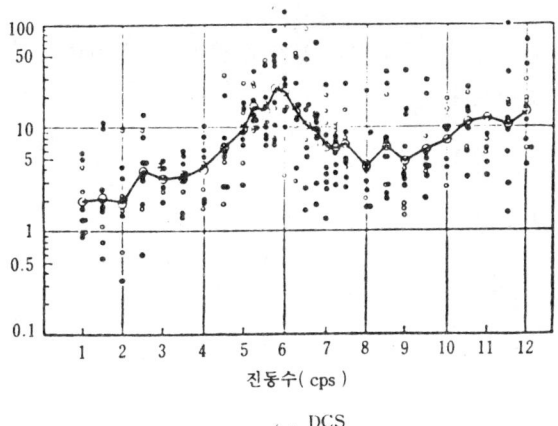

(a) DCS
    RLS

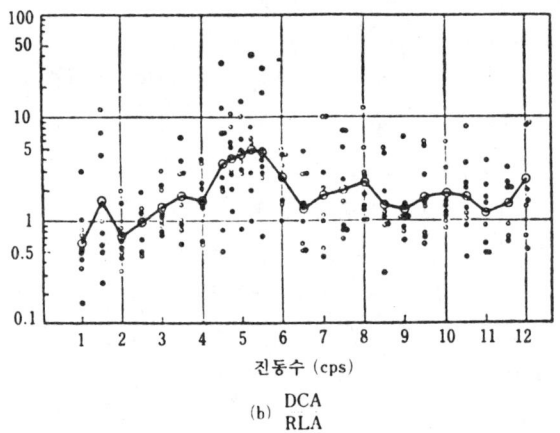

그림 14.15 댐 마루 진동의 주파수별 증폭율(Tonoyama 아치댐)

DCS = 댐마루 중앙점 댐 축직교방향
DCA = 좌안 암반 댐축 직교방향
RLS = 댐마루 중앙점 댐축 방향
RLA = 좌안 우안 댐 축방향

반암의 가속도에 대한 중앙부 상단에서의 최대가속도의 比 를 조사하였다. 그 결과 0.37~9.57로 평균 3.8이었다. 그러나 댐지역에서 가속도 10 gal 이상 일어난 11개 지진은 증폭율이 1.71~9.57로 평균 3.5이었다.

4. 고유진동주기

전술한 바와 같이 지진시는 固有振動이 매우 卓越하다. 따라서 고유진동주기는 댐의 중요한 振動特性이며, 이것이 댐높이와 어떤 관계에 있는지 깊은 관심이 모아지고 있다. 표 14.2는 이제까지 실시된 진동시험 혹은 지진관측결과에서 측정한 아치댐의 고유진동주기와 감쇠정수와의 관계를 나타낸 것이다. 댐높이와 기본적 대칭진동 및 비대칭 진동의 고유진동주기를 그림 14.16에 나타내었다. 그림에서 일본의 댐은 원형 그외의 댐은 삼각형으로 표시하여 나타내었다.

이 그림에서 댐의 기본진동주기는 댐 높이와 거의 線形관계를 유지하고 있다. 이 관계는 대략 다음과 같이 직선식으로 표시된다.

$$T = 0.1 + 0.2 \left(\frac{H}{100} \right) \tag{14.14}$$

여기서 T : 基本振動周期(sec)
H : 댐높이(m)

기본진동주기에 미치는 댐마루길이와 댐높이의 比의 영향은 매우 크지 않지만, 이 比가 크면 기본진동주기가 몇배 길어지는 경향이 있다. 高次振動周期에 대하여 이 比가 큰 영향을 주는 것은 당연하다.

貯水池가 비어 있으면 고유진동주기는 滿水일때 보다 짧아진다. 지금까지의 현장 시험 및 모형실험의 결과를 종합하면, 고유진동주기는 수위가 만수위의 약 60%에 달할 때까지는 비어 있을 경우와 거의 차이가 없다. 고유진동주기와 수심과의 관계는 그림 14.17과 같이 수심이 어느 한계 이상 되면 고유주기가 커지는 것으로 생각된다.

최근 Paskalov 등에 의하여 높이 53 m, 길이 194 m 의 아치댐에 대한 진동시험을 한 결과, 貯水位가 滿水位의 2/3인 아치댐의 경우 처음 1/2 대칭과 비대칭 2가지 고유진동주기는 만수시 보다 약 10~20% 짧고 또한 저수위에 대한 粘性減衰는 고수위의 점성감쇠보다 낮다고 하였다.

표 14.2(a) 아치댐의 진동시험 (일본)

댐명	높이 (m)	댐 길이 (m)	두께 (m)	기초암반	수위	진동주기 (sec)	감쇠정수 (%)	진동모드 (mode)	측정방법
Sazanami	67.4	127.3	2.4-8.8	석영반암	F	0.23	3	A	T
					〃	0.18	2.0	S	
					〃	0.15	3.7	S	
					〃	0.11	2.0	A	
					L	0.18	1.8	A	
					〃	0.15	1.8	S	
Kamishiiba	110.0	310.0	7.0-27.7	경사암	F	0.26		S	T
					〃	0.19	3.5-4.5	S	
					L	0.23	4-5	A	
					〃	0.21	3.5-4.5	A	
					〃	0.16	3.5-4.5	S	
Kumokawa	39.0	95.0	2.84-11.0	경석록암	F	0.11	4.4	A	T
					L	0.08	2.3	S	
Tonoyama	62.0	128.7	4.4-12.5	자갈암	F	0.19	4.6	A	T
					〃	0.18	2.7	S	
					〃	0.10	1.5	S	
					L	0.17	3.9	A	
					〃	0.16	2.5	S	
					〃	0.10	1.6	S	
Naramata	14.0	72.4	0.6-1.6	석영조면암	F	0.09	10.1	S	T
					L	0.08	8.3	S	
						0.06	10.0	E	E
Kurobe	186	489	8.1-39.7	화강암	F	0.56	—	S	T
					〃	0.48	—	A	
					〃	0.31	—	S	
					L	0.50	—	S	
					〃	0.42	—	A	
					〃	0.28	—	S	

F : 만수위 혹은 거의 만수위
L : 저수위 혹은 빈 저수지
A : 비대칭
S : 대칭
T : 진동시험

표 14.2(b) 아치댐의 진동시험(기타)

댐명	댐 높이 (m)	댐 길이 (m)	댐 두께 (m)	기초암반	수위	진동주기 (sec)	감쇠정수 (%)	진동모드 (mode)	측정방법
Manticello (미국)	92	351	3.6-21.0			0.32	2.7	S	T
						0.28	2.2	A	
						0.21	2.5	S	
						0.17	2.1	A	
						0.13	2.4	S	
Kumiei (이탈리아)	136	240	3.5-15.6	백운암	F	0.25	1.17	A	T
					〃	0.18	1.00	S	
					〃	0.11	1.10	A	
				백운석회암	〃	0.08	1.20	S	
Ambiesta (이탈리아)	59	145	2.1-7.8	백운암	F	0.24	6.00	A	T
					〃	0.21	1.90	S	
					〃	0.14	4.00	A	
					〃	0.11	3.00	S	
Tolvachia (이탈리아)	78	216	4.7-16.0	砂岩	F	0.27	—	A	T
					〃	0.26	—	S	
					〃	0.19	—	S	
					〃	0.15	—	A	
					〃	0.12	—	S	
No.1 댐 (유고슬로비아)	123	400	5-30	—	F	0.40	1.03	A	T
					〃	0.37	1.38	S	
					〃	0.27	—	S	
					〃	0.22	0.75	A	
					〃	0.18	2.72	S	
					〃	0.15	1.51	A	
					〃	0.14	2.27	S	
					〃	0.12	2.26	S	
No.2 댐 (유고슬로비아)	53	194	1.50-5.74	—	F	0.30	—	A	T
					〃	0.28	—	S	
					〃	0.19	—	A	
					〃	0.13	—	S	
					L	0.26	—	A	
					〃	0.24	—	S	
					〃	0.18	—	A	
					〃	0.14	—	S	
					〃	0.13	—	S	
Kölnbrein (오스트리아)	200	626	—	—	F	0.83	1.3	A	T
					〃	0.70	1.5	S	
					〃	0.57	2.1	S	
					〃	0.44	1.7	A	
					〃	0.41	—	S	
					L	0.71	0.89	A	
					〃	0.61	1.06	S	
					〃	0.50	1.00	S	
					〃	0.40	1.11	A	
					〃	0.33	1.31	S	

F : 만수위 혹은 거의 만수위 L : 저수위 혹은 빈 저수지 A : 역대칭 S : 대칭 T : 진동시험

제 14 장 아치댐의 내진 469

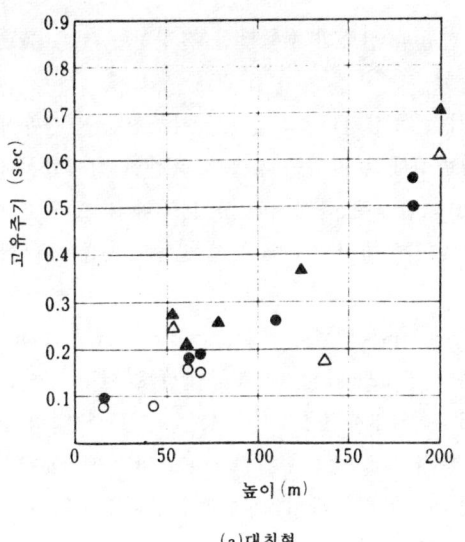
(a)대칭형

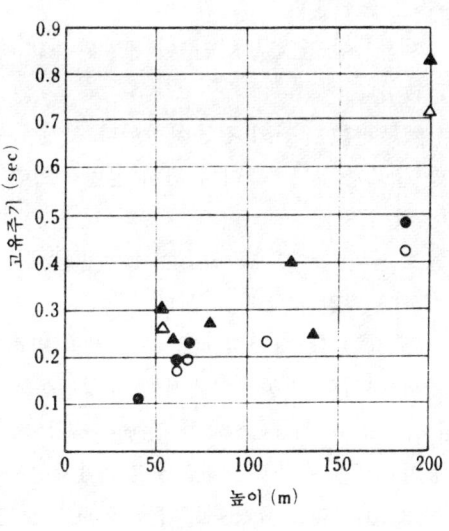
(b)비대칭형

그림 14.16 아치댐의 1차고유진동주기

● : 만수위 또는 거의 만수위
○ : 저수위 또는혹은 빈 저수지

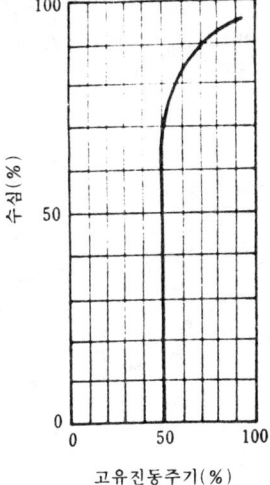

그림 14.17 저류수심과 아치댐의 고유진동주기와의 관계

5. 減衰定數

지진시에 低次基本振動이 유발된다고 가정하며, 진동의 진폭의 增幅度를 결정하는 것은 減衰定數이다.

減衰定數는 댐의 진동실험이나 지진예측등에 의하여 측정되나 그 성질상 미소진동인 경우에만 알려져 있다. 그러나 댐이 일반적으로 신선한 암반상에 설치되는 것을 고려하면 大振動時에 이 값이 크게 변할 이유는 없다고 생각된다. 지금까지 발표된 측정치는 표 14.2와 같으며 매우 높고 낮은 것을 제외하고는 低次振動에 대한 감쇠정수는 대략 2~4%이며 低水時는 滿水時에 비하여 약간 감소하고 있다.

高次振動에 대한 감쇠정수는 거의 밝혀지지 않았다. 최근 미국의 Monticello 댐($H=92$m)에서 실시한 진동시험에서는 대칭진동의 경우에 주기 0.32 sec 의 1차진동에서 감쇠정수는 2.7%, 주기 0.21 sec 의 2차 진동에서 2.5% 주기 0.13 sec 의 3차진동에서 2.4% 그리고 역대칭 진동의 경우, 주기 0.28 sec 를 갖는 1차진동에서는 감쇠정수 2.2%, 주기 0.17 sec 의 2차진동에서는 2.1%이라고 하였다. 이들 결과를 보면, 1차진동과 2차진동과의 관계에서 감쇠정수는 거의 차이가 없다.

위에 제시한 감쇠정수는 매우 작다. 따라서 지반진동의 主周期가 댐의 標準周期와 일치할 때는 振幅만이 대부분 증폭한다. 이로 부터 댐 지점에서 지진의 성질을 이해해야 할 중요성을 절실히 느낄 수 있다.

6. 연직방향 진동

Tonoyama 댐에 대한 지진관측에 의하면, 많은 연직방향에서도 共振現象이 일어난다. 이것은 같은 型式의 다른 댐에 대해서도 마찬가지다. 그림 14.18은 위의 댐에 대한 정현파 연직方向起振에 의한 댐마루의 연직 방향변위인데 6,10 및 12 cm/sec 에서 共振이 보인다. 여기서 6,10

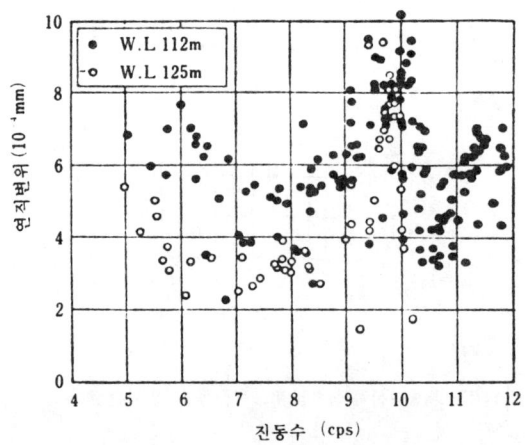

그림 14.18 아치댐마루 중앙에서의 연직 진동 응답(Tonoyama 아치댐)

cm/sec 는 연직방향의 연직고유진동의 발생을 나타낸 것이다. 이 때 댐은 거의 수평방향으로는 變位하지 않고 棒의 연직진동과 같은 운동을 한다. 模型試驗에 의하면 共振周期는 댐높이에 비하여 댐이 돔(dome)형태이므로 댐의 휨진동의 공진으로 일어나는 연직변위이다. 그리고 12 cps 의 공진은 계곡幅이 좁은 댐일수록, 양단접속부의 剛性이 높을수록 효과적이다. 그림 14.19 는 모형시험에서 얻은 기본진동의 變位分布의 예이다.

또 0.15gal 의 최대연직지반동 가속도에 대하여 댐이 共振狀態에 있는 경우 지진응력이 다른 종류의 外力에 의한 응력에 비하여 어느 정도의 비율인지를 관찰하기 위하여 減衰定數 0.05로 가정 한 경우의 계산예를 나타내면 표 14.3과 같다. 이들 조건은 실제에 비하여 약간 심하며 여기에 제시된 수치를 보면 연직운동응력은 대단히 크며 또 그것이 교번응력이라고 생각하면 연직진동 아치댐의 안정에 미치는 영향은 매우 크다는 것을 알 수 있다.

Kurobe 댐에서 연직방향 지진가속도가 右岸접속부암반과 중심 상단에서 관측 되었으며, 이

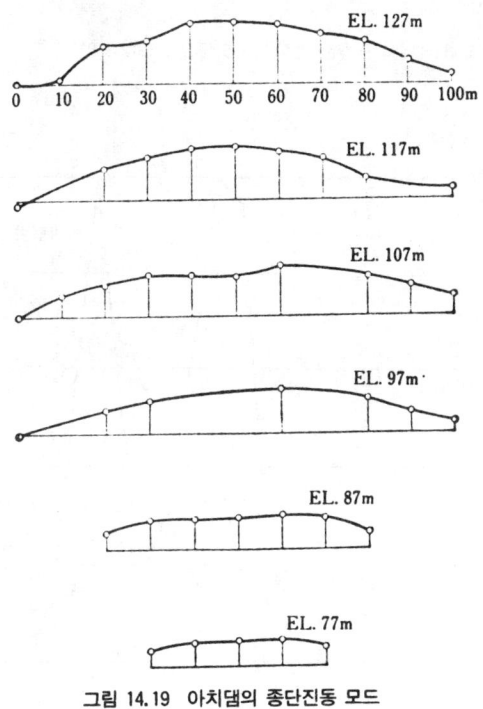

그림 14.19 아치댐의 종단진동 모드

표 13.3

표고 [m]	자 중		수 압		지진(연직진동)	
	σ_u	σ_d	σ_u	σ_d	σ_u	σ_d
116	0	4	5	−4	±9	±9
106	−3	17	24	−26	±12	±12
96	−7	17	11	−9	±15	±15
86	−8	21	3	0	±18	±18
76	−2	17	−4	8	±21	±21

기호 : σ_u : 상류측캔틸래버응력 σ_d : 하류측캔틸래버응력
단위 : [kg/cm^2] (+ : 압축 응력)

지진기록을 나타낸 것이 그림 14.20이다. 이 지진은 주기 0.13 sec 의 진동이며, 댐진동에서 탁월하다(그림 14.21 참조). 최대가속도는 중심체 상단에서 75 gal, 右岸암반에서 33 gal 이었으며 그 比는 2.3이었다. 그러나 몇개의 기타 지진으로 인한 증폭율은 1~7의 범위이었다.

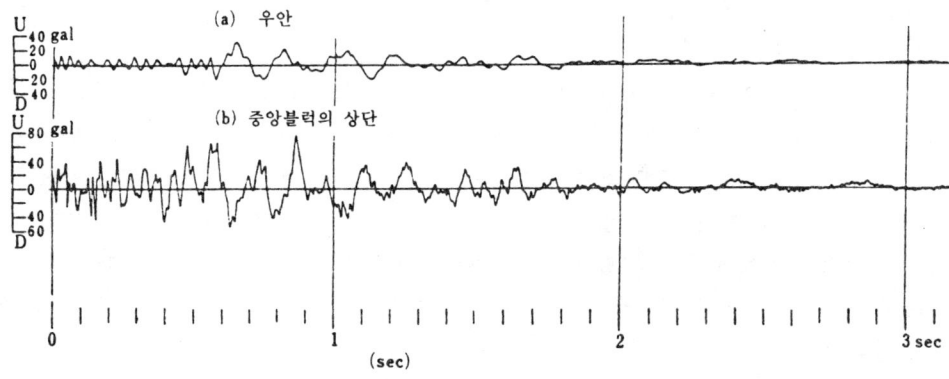

그림 14.20 Kurobe댐에서 관측한 연직 가속도(지진, 1972.9.8)

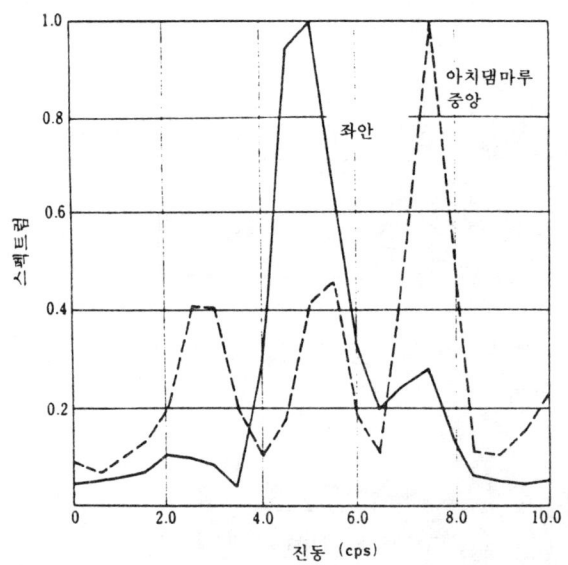

그림 14.21 (그림 14.20)의 가속도 기록에 대한 Fourier스펙트럼

7. 세로이음의 영향

지금까지 기술한 아치댐의 振動을 고려함에 있어 제체가 하나의 연속체로서 취급되었다. 그러나 실제로 댐은 이음이 있으며, 암반도 左右岸에서는 많은 地形上의 차이가 있다. 이와 같은 不連續要素에 대한 연구가 이루어지지 않았으나 이것을 보충한 약간의 자료는 있다. Takahashi 는 Kamishiiba 아치댐($H=110m$)의 수 개소에 地震計를 설치하여 지진시 각 점의 진동을 관측하였다. 이에 의하면, 댐의 진동은 반드시 基本振動에 국한하지 않고 高次의 진동도 나타난 것으로 알려졌다. 이는 바로 제체가 連續體로서 거동하고 있는 것을 의미하는 것이다. 다만 기록된 지진이 微震이어서 激震時에도 똑같지는 않을 것으로 생각된다. 激震을 기록할 만한 기회는 드물기 때문에 이것을 실험적으로 구명하고자 하는 것은 매우 어렵다. 그러나 쐐기와 충분히 그라우트를 실시하여 연속체로 된 아치댐에서는 각 블럭이 지진시에 분리 되어 진동하는 경우는 거의 없을 것으로 추측된다.

14.4 아치댐의 耐震設計

1. 개 설

댐의 耐震設計는 2가지 방법이 있다. 첫째는 지진시 댐의 거동을 가능한 정확히 파악하고 이에 대해 소정의 安全率을 갖도록 댐의 단면을 고려하는 것이다. 이 방법을 따르기 위해서는 入力 地震波, 應答振動 및 使用材料의 動的强度가 정확히 평가 되어야 한다. 이들의 문제는 각각 어느정도 해명되고 있지만 아직 규명해야 할 부분이 남아 있다.

둘째 방법은 震度法에 의한 것인데 震力係數는 경험적으로 결정한다. 이 방법은 경험을 기초로 한 장점도 있다. 震力係數에도 어느정도의 이론적 뒷받침이 있기 때문에 안전한 설계법이라고 믿고 있다. 그러나 구조적으로 매우 다른 종류인 높은 아치댐에 있어서도 올바른 결과를 준다고 하는 확실한 증거는 없다.

2가지 방법을 비교해 보면 기본적으로는 첫째방법을 가능한 경우만 채택해야 하며 이 방법에 의하는 경우는 미해결부분의 처리가 문제인데 安全側과 신뢰되는 가정에 따라 이를 보정하는 수밖에 없다. 만일 이 보완에 의문이 있을 때는 둘째방법에 의한다. 이와 같이 계산이 매우 간단한 점에서 지금까지는 매우 높은 댐의 경우에도 대개 震度法이 이용 되어왔다. 그러나 다수의 아치댐이 건설되었고 이 형식의 댐 특성이 보다 명확해지고 있다. 따라서 면밀한 방법에 의하여 설계해서 안전하고 경제적인 설계가 되도록 노력해야 한다.

2. 震度法에 의한 設計法

진도법에 의한 설계법에서는 自重에 진도를 곱한 수평력을 靜的으로 제체에 가해 응력을 계산한다. 또 지진시 動水壓은 각 수심에 따라 Westergaad 式에 의하여 결정한다.

지진응력 계산은 상류측으로부터 작용하는 지진력에 대해서는 貯水池 滿水상태에서, 하류측으로부터 작용하는 지진력에 대해서는 貯水池가 비어 있는 상태에서 계산한다. 이때 하류측으로부터 작용하는 지진력의 震力係數는 상류측으로 부터 작용하는 지진력의 震力係數보다 작으며 보통 1/2이다. 이것은 貯水池가 비어있는 상태 즉 工事中에 있어서는 지진에 의하여 댐이 손상되어 위험이 작기 때문이다.

아치댐體의 설계를 위한 震力係數는 콘크리트 重力댐 설계시의 값보다 크다. 이때 震力係數는 상세한 이론적, 실험적연구 결과에 따라 예측되어야 한다.

그러나 이와 같은 결과가 없을때 진력계수는 표 14.4의 값을 이용한다.

아치댐상 지진응력과 다른 하중에 의한 應力의 크기의 관계를 표 14.5에 제시하였다. 이 예에서 보면, 地震應力은 아치의 마루부에서는 비교적 크고 靜水壓의 약 40% 정도이나 靜水壓은 1

표 14.4 일본대댐 위원회에서 규정한 지진계수

위치	지질	
	보통암	풍화 혹은 심한 균열이 있는 암반, 비경화암
지진활동지역	0.24-0.30	0.30-0.36
기타지역	0.24	0.30

방향응력인데 대하여 지진응력은 交番應力이므로 댐의 安定에 미치는 영향은 응력 크기의 비율 이상으로 커진다.

표 14.5는 水荷重(water load)으로 인한 압축응력을 보인 것으로 이는 평상시의 主荷重으로서 캔틸레버요소 저부의 상류면과 아치요소의 상부 중앙부분의 하류면에 비하여 비교적 작다. 이것이 아치댐의 일반적 應力分布 특성이다. 그러므로 강진일 때 인장응력은 이들 부분에서 발생한다.

표 14.5 아치댐에 발생하는 응력

표고 (m)	자중		수 압					온 도					
	Cant		Crown		Abut		Cant		Crown		Abut		Cant
	σ_u	σ_d	σ_e	σ_i	σ_e	σ_i	σ_u	σ_d	σ_e	σ_i	σ_e	σ_i	σ_u	σ_d
180	0	0	44	33	24	41	0	0	-9	-22	-23	-3	0	0
150	-12	24	51	36	25	47	19	-15	1	-12	-14	5	-8	8
130	-25	42	67	43	29	62	24	-17	13	-1	-5	15	-12	12
100	-31	54	61	34	21	57	22	-12	6	-10	-12	9	-10	10
80	-29	58	62	24	13	60	11	2	6	-14	-15	10	-8	9
60	-21	54	59	15	7	58	4	11	9	-13	-13	12	-8	9
40	-9	43	49	4	8	51	-7	21	3	-21	-19	23	-9	10
20	7	26	42	-5	-3	45	-22	36	-6	-20	-18	3	-11	15
0	25	6					-44	67					-19	28

표고 (m)	지 진						퇴 적					
	Crown		Abut		Cant		Crown		Abut		Cant	
	σ_e	σ_i	σ_e	σ_i	σ_u	σ_d	σ_e	σ_i	σ_e	σ_i	σ_u	σ_d
180	17	13	9	16	0	0	0	0	0	0	0	0
150	16	11	8	15	2	-2	1	1	0	1	0	0
130	18	12	8	17	1	-1	2	1	1	2	1	-1
100	15	8	5	14	0	0	3	2	1	3	2	-2
80	13	5	3	13	-3	3	5	2	1	5	3	-4
60	12	3	1	11	-4	5	6	2	1	6	4	-4
40	9	1	0	9	-5	6	7	1	0	7	2	-2
20	7	-1	-1	7	-6	8	7	-1	-1	8	0	1
0					-7	11					-4	9

*단위 : [kg/cm²] (+ : 압축응력)
기호 : Cant : 중앙캔틸레버 Crown : 아치 중앙부, Abut : 아치 스프링
σ_u : 상류면 캔틸레버응력 σ_d : 하류면 캔틸레버응력
σ_e : 상류면 아치응력 σ_i : 하류면 아치응력

그러나 최근은 저수의 利用水深이 커서 평상시에도 댐의 수위가 매우 낮은 경우가 있다. 이 상태에서는 下流側에서 작용하는 지진력에 의해 캔틸레버要素에 생기는 인장응력은 가급적 작

게 하는 것이 좋고 이를 위해 응력계산을 2次元的으로 하는 것이 좋다. 설계에서는 댐을 하류측으로 만곡시켜 자중응력에 의해 지진응력이 상쇄되도록 해야 한다. 댐을 하류측으로 만곡시키면 아치요소에도 자중에 의한 軸壓力을 일으키며, 이 아치응력으로 인하여 캔틸레버요소외에 그라우트를 하여 각 블럭을 一體化하는 것이 요망된다. 이와 같이 하므로서 아치요소가 캔틸레버요소와 함께 하류측에서 작용하는 지진력에 저항할 수 있다.
레버요소와 함께 하류측에서 작용하는 지진력에 저항할 수 있다.

콘크리트의 許容强度는 재령 91일의 一軸壓縮强度가 기준이며 이에 强度의 變動을 고려하여 總合應力狀態가 강도에 미치는 영향을 고려한 補正과 지진하중이 일시적이고 動的荷重인 점을 고려하여 최종적으로 결정하며 이는 設計應力에 대한 소요 安全率을 고려해야 한다.

標準設計에서 安全率은 콘크리트 표준압축강도시험(15 cm ×30 cm 원주공시체) 결과를 기준으로 4이상으로 하며 지진하중에 대해서는 이 보다 30% 더 허용하며 10 kg / cm² 까지의 인장응력을 허용하고 있다.

3. 有限要素法

아치댐은 가요성이므로 靜的인 방법으로 지진시의 거동을 정확히 해석하기 어렵다. 그러므로 높은 아치댐의 설계에서 應力과 變形은 動的 해석에 의한다. 이에는 3가지 해석방법, 즉 해석적 방법, 실험적방법, 수치적방법 등이 있다. 첫째 두가지 방법은 14.2절에 설명한 바 있다. 이들 2방법은 아치댐의 기본적 동적 성질을 구명하면 유효하다. 그러나 아치댐의 설계시 경계조건은 복잡하여 有限要素法에 의한 수치적 해석이 매우 간단하다. 아치댐의 유한요소해석법의 기본적 단계는 다음과 같다.

① 유한요소의 집합으로서 기초암반의 적절한 부분과 댐의 개념
   기초요소의 확장깊이는 항상 댐높이의 1~2배를 취한다.
② 진동방정식으로 나타내기 위하여 入力地震力과 같은 요소의 감쇠와 剛性의 평가
   貯水의 관성력을 부가응력으로 고려한다. 재료가 선형적 탄성체일 때 매트릭스 형태의 운동방정식은 다음과 같다.

$$M\ddot{y} + C\dot{y} + Ky = F(t) \tag{14.15}$$

여기서, M : 질량 매트릭스
   C : 감쇠 매트릭스
   K : 강성 매트릭스
   $F(t)$: 지진관성력
   y : 절점부의 변위 벡타

③ 일반좌표에 대한 유한요소좌표로 부터 운동방정식의 變形과 댐-기초系의 진동모드형상의 평가.
   기준좌표에 대하여 일반좌표로부터 변환시키는 일반적인 방법은 7.2절에서 언급한 바 있다.
④ 기준좌표의 각각에서 지진응답계산은 응답스펙트럼이나 설계지진의 시간이력해석 중에

서 어느하나를 이용하여 전체 응답을 얻기 위하여 모드응답을 가정한다.

동적고려사항은 댐의 응력계산 뿐만 아니라 水門 설계, 기타설비를 위해서 필요하다. 실제의 측정결과에 따르면, 댐상부에서 最大加速度는 地盤加速度의 3~10배이다. 따라서 댐체에 같은 진력계수를 이용한 댐상부의 시설설계는 지진력이 과소평가된다.

이들 시설을 위한 設計震度係數는 비교적 높은 값을 취한다. 그러나 이 경우 許容應力이 너무 상승하여 지진하중이 일시적으로 작용한다는 사실을 고려하여 취하는 것이 현명하다.

4. 지진시 基礎岩盤의 안정

지진시에 댐의 기초암반에 작용하는 힘은 평상시에 작용하는 힘외에 堤體에 작용하는 지진력에 의해 일어나는 推力과 기초암반 자체에 작용하는 지진력 및 지진에 의한 기초암반내의 간극수압의 변화량이다. 만일 접속부에서 기초암반의 안정성이 파괴되면 아치댐의 안정성은 있을 수 없다. 그러므로 댐양단부는 이들 힘의 작용하에서도 충분하게 안정되어야 한다.

이때 유의해야 할 점은 아치댐의 설치 장소는 보통 河川의 狹窄部인데 이와 같은 특이한 지형을 갖는 장소는 지질상의 이변이 있는 경우가 많으며, 또 지진시의 지반진동에도 특이성을 나타내는 경우가 있다.

흔히 보이는 지질상의 이변으로서는 斷層, 이음부(seam), 균열 등이며 風化, 熱化學作用, 壓碎作用 등으로 암반이 전체 혹은 부분적으로 劣化하기도 한다. 또 이변은 아니더라도 암석자체의 강도가 약한 경우에 문제가 된다. 접속부에 斷層, 이음부, 균열 등이 있는 경우는 그 규모, 方向性, 粘土化 및 破碎정도, 제체로부터의 거리 등에 따라 적절한 처리를 하는 것이 보통이다. 특히 이러한 약한 부분이 지진력을 받는 경우는 활동으로 댐 균열의 원인이 될 우려가 있으므로 그 처리는 보다 더 한층 염두에 두어야 한다. 암반이 전반적으로 劣化상태에 있을 때에는 처리가 어려우며 댐의 위치나 높이를 변경해야 하는 경우도 발생한다.

基礎處理는 그라우트工 또는 콘크리트로 자연지반의 부분적 치환 등과 같은 材質的 처리와 록볼트 프리스트레스 등과 같은 力學的 처리가 있다. 이러한 처리중에는 처리를 하지 않아도 기초는 안전을 유지하나 보강의 의미로서 실시하는 경우도 있으며, 처리하지 않으면 기초의 안전율이 1이하가 되는 경우도 있다. 基礎處理工의 신뢰성, 특히 지진시에 대한 신뢰성을 고려하면 후자의 경우는 기초처리의 신중을 기해야 한다. 이와 동시에 현재는 처리된 기초의 지진시 안전에 대해서는 거의 알려져 있지 않으므로 이에 대한 기초적 연구가 필요하다.

앞에 기술한 바와 같이 지진시 접속부에는 당시 하중외에 지진에 의해 일어난 댐의 推力, 암반자체에 작용하는 地震慣性力, 지진에 의한 地下水壓의 변동으로 水壓이 작용한다. 그러므로 접속부의 안정은 이들 하중을 받는 상태에 대하여 검토해야 하는데 安定條件중에서 가장 중요한 것은 滑動에 대한 안전이다. 활동에 대한 안정 검토에는 여러가지 방법이 있지만 보통 지진력을 震度法으로 정하며, 산덩이(mountain mass)의 安定을 滑動面法에 의하여 검토하는 것이다. 이 방법은 지반 및 댐을 수평의 薄層으로 생각하고 각 층을 2次元體로 가정하여 활동에 대한 안정을 다음과 같이 검토한다(그림 14.22 참조).

즉, 활동면을 点 O를 중심으로 하는 圓弧 AB 라고 가정한다. AB면으로 경계를 이룬 岩塊에 작용하는 外力은 댐으로부터의 推力 N, 岩塊에 작용하는 地震力 E, 활동면주위에 작용하

제 14 장 아치댐의 내진 477

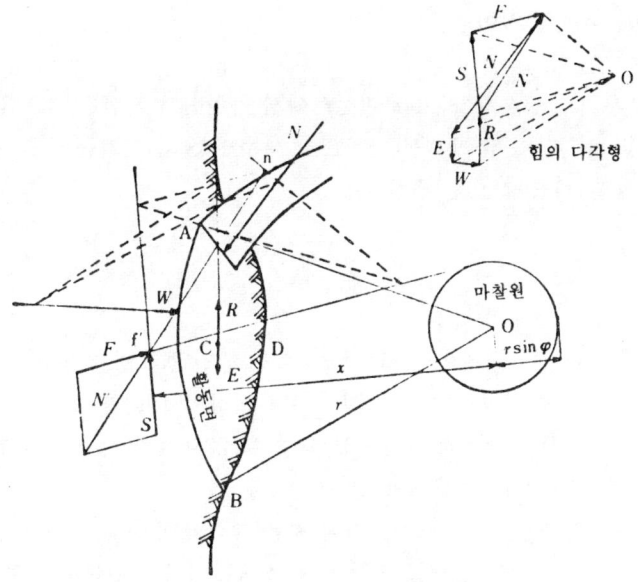

그림 14.22 아치댐의 양단 암반의 안정성
N = 아치반력(댐에서의 추력) ; E = 산괴에 작용하는 지진력
W = 활동면 AB에 작용하는 간극수압의 합력
R = 수평면 ABD에 작용하는 저항력
S = 활동면 AB에 작용하는 점착력에 의한 저항력
F = 활동면 AB에 작용하는 마찰력에 의한 저항력
N' = N, E, W, R의 합력
φ = 내부마찰각

는 地下水壓 W 등 3종류이다. N 은 제체의 應力計算 또는 모형실험에 의하여 구한다. E 는 岩塊重量에 震力係數를 곱해 구하며 岩塊의 重心에 작용한다. W 의 크기는 지하수압을 검토하여 정하며 合力의 作用線은 수압이 AB 면을 따라 작용하는 힘과 岩塊 薄片의 상하 경계면에 작용하는 암반의 剪剪力이다.

岩塊의 상하를 경계로 하는 평면에 작용하는 저항력은 암괴가 外壓에 의하여 강제로 밀려나올때 작용하는 힘으로, 그 최대치는 상하면이 갖는 剪剪力의 합이다. 그리고 이 저항력으로서 重心 C 에 작용하여 이 岩片의 중량에 마찰계수를 곱한 크기를 갖는 OC 에 직교하는 방향에 작용하는 힘을 고려하여 이것을 R 이라 한다.

外力 N, E, W 와 抵抗力 R, 合力을 N' 라고 하면, 그 크기와 作用線은 圖解力學으로 쉽게 구할 수 있으며, n' 가 N' 의 작용점이 된다. 활동면 AB 에 작용하는 저항력 중에서 마찰에 의한 合力을 F, 응집력에 의한 합력을 S 라고 하면, S 의 작용선은 직선 AB 에 평행이다. 이 작용선과의 O점과의 거리 x 는 다음과 같다.

$$x = \frac{lr}{L} \tag{14.16}$$

여기서, l : 圓弧 AB의 길이
L : 弦 AB의 길이

N'와 S의 작용선이 교점을 f'라고 하면, f'에서 마찰원에 직선을 그으면 F의 작용선이 결정된다. 따라서 N'를 F, S 두 작용선 방향으로 나누면 S의 크기를 구할 수 있다. 여기서 활동면상의 응집력 s는 다음 식으로 정한다.

$$s = \frac{S}{L} \tag{14.17}$$

이것이 암반의 응집력 강도이하이면 접속부는 활동하지 않고 댐 기초는 안전하다. 그러나 암반의 응집강도가 식(14.17)에서 얻어진 값보다 4배 이상이어야 한다.

지진력이 河流에 직교하여 작용하는 경우는 그림 14.22와 같이 접속부의 안정이 가장 불안하므로 이 방향에 대한 안정성을 검토해야 한다.

이 경우에도 검토방법은 마찬가지이다. 이와 같은 계산에 의하면 아치가 접속부에 대해 작용하는 推力의 방향이 자연지반의 心部를 향할 수록 접속부의 안정에는 유리하다고 알려져 있다.

일반적으로 댐의 아치形狀은 원형이 기본이며 수압에 따른 응력을 감소시켜 위해서는 中心角을 크게 하는 것이 바람직하다. 그러나 이 경우는 지반에 미치는 반력의 방향은 접속부의 法線에 대하여 큰 경사를 이룬다. 그러므로 기초조건이 비교적 좋지 않은 댐지점에서는 원형 아치 대신 포물선 아치가 가끔 사용된다. 포물선 아치는 반력의 방향이 접속부의 心部폭에 향하므로 기초암반에 대해서는 유리하다. 그러나 원형 아치와 포물선 아치에서는 진동에 대한 剛性의 차이가 있다고 생각된다. 그림 14.6 및 14.7은 댐마루길이와 댐높이의 비가 3.2:1인 아치댐 模型의 진동시험결과를 보인 것이다. 對稱1次固有振動에 대하여 振動周期, 마루中央点의 變位 및 變形을 나타내면 표 14.6과 같다.

표 14.6

특 성	저수상태	
	공허시(원형:포물선)	만수시(원형:포물선)
고유진동주기	1:1.12	1:1.41
댐마루 中央点의 반경방향변위	1:1.5	1:1.8
댐마루의 中央点의 水平方向變形	1:1.3	1:1.4

이 표에서 포물선 아치댐은 원형 아치댐에 비하여 댐마루의 變形과 變位가 더 크다. 사실은 포물선 아치는 원형 아치에 비해 剛性면에서는 뒤떨어진다는 것을 의미한다.

제15장 흙댐의 내진

15.1 震害

1. 一般的인 震害

필 댐은 오래전부터 건설되어온 形式이지만 土質力學과 施工機械의 발전에 따라 기술적으로 새로와졌다. 예를들면, 미국의 Oroville 댐(높이 226 m, 댐 길이 2,028 m), 소련의 Nurek 댐 (높이 300 m, 댐 길이 810 m), 캐나다의 Mica 댐(높이 242 m, 댐 길이 800 m) 日本의 Miboro 댐(높이 131 m, 댐길이 150 m), 한국의 소양강댐(높이 123 m, 댐 길이 530 m) 등이 축조 되었다.

지진동을 받는 흙댐의 경우, MM Ⅵ 이하에서는 거의 진해를 받지 않는 것이 시험결과로부터 확인되었다. Mikawa(1945년)와 Yoshino지진(1952년)의 지진강도 MM Ⅶ에서는 灌漑用댐이 균열, 부등침하, 누수 발생등 진해를 받은 예가 있다. 그러나 지진강도 MM Ⅷ~Ⅸ인 일본의 Oga지진(1939년)시 Oga지역의 관개용댐 58개소중 12개소가 파괴되었다. 그러나 지진직후에 파손된 경우는 극히 드물며 오래된 건설기술로 축조된 댐이 대부분 파괴되었다.

댐의 피해를 統計的으로 분석한 자료에 의하면, 현대기술로 축조된 댐과 주의깊게 설계된 댐은 强震에서도 피해가 없었으나 다음과 같이 심한 진해를 받은 흙댐의 예도 다수가 있다.

(1) Ono 댐

Ono 댐은 1915년에 完工되어 1923년 Kanto 지진시에 심한 피해를 받았다. 지반의 右岸은 古生層의 암반으로서 비탈진 경사각으로 左岸측 台地에 돌입해 있다. 댐기초의 대부분은 암반에 달하여 계곡은 V字形이다. 댐 높이는 37.3 m이며, 平面形은 左岸을 향해 V字形(boomerang shape)으로 灣曲해 있다.

사면기울기와 사면피복工法은 그림 15.1에 나타낸 것과 같다.

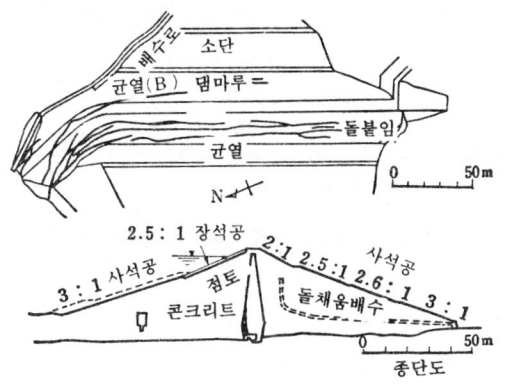

그림 15.1 Ono댐의 피해(Kantō 지진 1923. 9. 1)

이 지역에서 감지된 지진강도는 부근 基石의 전도된 상황이므로 이 부근의 지진가속도는 0.33 g 로 추정된다. 이로 인하여 마루부는 중앙부에서 약 30 cm 침하된 한편 둥마루 및 사면은 그림과 같이 균열이 생겼다.

돌붙임部에 생긴 균열은 돌붙임부에 한정되어 있으며 제체 내부까지는 균열이 확장되지 않은 부분이 많았다. 하류측사면의 균열형태, 특히 그림에 B 라고 표시한 균열은 중요한 균열이다. 댐의 중앙에서 시작된 균열 B 는 댐중심선을 따라 임의 끝부분 표면에 까지 진행하여 돌붙임면에 균열을 일으키며 이 균열은 左岸에까지 도달되어 있다. 균열 폭은 최대 20 cm, 깊이 10 m 에 달한다. 댐상단과 첫째 소단 사이에는 균열이 발생했으나 첫째 소단과 둘째 소단 사이에는 거의 균열이 없었다. 그러나 약간의 융기가 일어난 흔적이 있다. 둘째 소단 이하의 비탈면에는 전혀 이상이 없었다.

이 댐의 사면기울기는 상류측이 1 : 3, 하류측이 1 : 2.5의 매우 완만한 기울기 임에도 불구하고 이와 같은 심한 피해를 받은 것이 주목할만한 사항이다.

(2) Muayama 댐

이댐은 상하 2개의 댐으로 되어 있다. 상류댐은 준공직 후에 Kanto 지진을 받았다. 지반은 第3紀層으로 댐 높이 27 m, 댐마루폭 6.3 m, 사면기울기 1 : 3이다. 背面은 상단부 1 : 2, 하단부 1 : 2.5로서 하단부의 사면상에는 객토(waste soil)가 상당량 덮여 있었다. 前面의 사면에는 全面에 걸쳐 두께 30 cm 의 기초자갈층을 시공하여 그 위에 두께 30~45 cm 인 1.8 m 의 정사각형 블럭으로 덮여있으며 이음부 콘크리트 블럭사이는 粘土로 채웠다.

Kanto 지진시 이 지역의 震度는 MM Ⅹ이었는데 지진에 의하여 댐마루는 약 20 cm 침하하고 前面콘크리트 블럭은 수 cm 정도 前後左右로 이동하였다. 背面捨土는 약 1.30 m 침하 하였는데 이것은 다짐을 하지 않았기 때문이다. 기타 옆도랑 침하나 굴곡된 곳이 많았으나 사면은 균열이 발생하지 않았다.

하류댐은 지진당시에는 공사중이었고, 댐높이 30 m 중 16 m 까지 축조된 상태이었다. 이것이 그림 15.2에 보인 위치에 제체와 평행하게 3본의 균열이 생겼고, 이 중 최대인 것은 길이 68 m, 깊이 10 m 에 달하는 것도 있다.

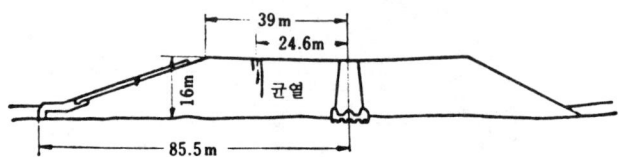

그림 15.2 건설중인 Murayana댐 저부의 피해(Kantō 지진, 1923. 9. 1)

(3) Lower Van Norman 댐

1971년 2월 9일 San Fernando 지진시 Los Angeles 의 Lower Van Norman 댐에 대규모 滑動이 일어났다. 진앙은 댐의 서북쪽 약 13 km 에 위치하였으며, M=6.6의 지진으로 斷層파괴가 댐에서 약 1.5 km 내에 있었다. 지반동의 최대가속도는 약 0.4~0.5 g 로 기록되었다. 이 댐은 1912년에 건설되었으며 3년 후 물다짐(hydraulic fill)工法으로 약 25 m 를 더 쌓았다. 그 다음 해에 동일공법으로 지반에서 채취한 頁岩으로 4.5 m 를 추가로 더 쌓았으며, 1926년~1930년에 걸쳐 높이 약 42 m 를 다시 석력토다짐(rolled fill)공법으로 높였으며 1940년에 전압한 흙 소단을 하류측 하단에 추가로 건설하였다.

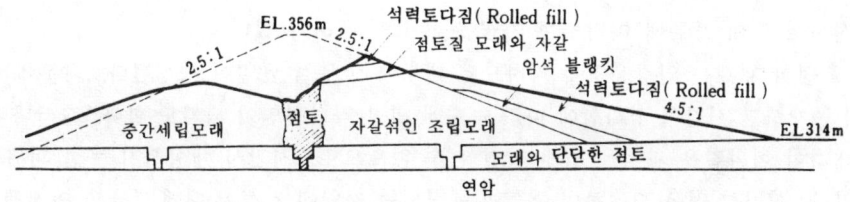

그림 15.3 Lower Van Norman댐의 피해(San Fernando 지진, 1971. 2. 9)

댐 상류측 경사도는 1 : 2.5, 하류측 경사도는 1 : 2.5와 1 : 4.5, 댐마루폭 6 m, 댐총길이 654 m 이다(그림 15.3 참조).

기초의 약 10 m 는 모래로 구성되어 있으며 단단한 점토가 軟岩을 덮고 있었다. 지진시 댐상류면에서 활동이 일어났으며, 댐마루와 상류측 9 m 의 흙이 하류 비탈면 위로 이동되었다. 지진시 댐마루에서의 수위는 약 10 m 아래에 있었고 잔류여유고에서 1 m 의 흙이 침하하였다.

(4) 록 필 댐

건설기계의 발달에 따라 최근 록필댐이 광범위하게 건설되고 있다. 이들 댐은 최근에 건설되었으므로 지진을 받은 경험이 거의 없다. 칠레의 Cogoti 댐(높이 83 m, 댐길이 160 m, 상류측 경사도 1 : 1.6, 하류측 경사도 1 : 1.8)이 1943년의 지진으로 댐마루가 약 38 cm 가 침하되었다. 암석의 활동이 하류면에서 일어났으나 큰 震害는 없었다. 댐 위치에서의 最大加速度는 0.15 g 으로 추정되었다.

Minase 댐(높이 66 m, 댐길이 215 m, 상류측 경사도 1 : 1.35 하류측 경사도 1 : 1.4)이 1968년의 Tokachi-oki 지진시에 댐마루가 1 m 하류측으로 이동하였고, 수개의 암석이 떨어져나갔을 뿐 그밖의 피해는 없었다.

Miboro 댐(높이 131 m, 댐 길이 418 m, 상류측 경사도 1 : 2.5, 하류측 경사도 1 : 1.75)에서 M =7의 지진이 발생하였으며, 1961년 2회에 걸쳐 수십 km 거리내에서 발생하였으나 댐은 모두 안전하였다. 이에 의하면 록필댐은 주의깊게 설계 시공만 하면 이 정도의 지진에서는 견딜 수 있음을 의미한다.

지진으로 인한 것은 아니지만 높이 93 m 의 록필댐인 Tetan 댐이 貯水量이 거의 滿水位에 가까워 졌을 때 초기저류중에 파괴되었다. 이 댐의 파괴와 관련된 주요 地質學的 요소는 兩岸 암반의 많은 節理(open joint)와 기초 키 트렌치(key trench)에서의 파이핑에 기인된 것으로 알려져 있다. 이것이 현대기술로 설계 시공된 록필댐의 가장 심각한 파괴이었다. 이것은 댐과 기초사이와 밀접하게 접착되도록 주의깊게 시공하여 지진시 기초가 약화되지 않도록 해야함을 의미한다.

이론적, 경험적 연구에 의하면, 사면붕괴, 댐재료의 液狀化, 파이핑 등이 흙댐 붕괴의 주요 원인으로 알려졌다. 또한 균열과 침하도 댐 피해의 주요한 형태이다.

다음 사항은 댐의 安定性과 깊은 관계가 있는 것이다.

1) 흙댐의 경우 지반에 작용하는 하중강도는 그다지 크지 않으므로 이러한 댐형식은 견고하지 않은 지반상에 건설할 수도 있으나 이와 같은 지반은 일반적으로 지진시 견고한 지반보다 진

동이 심하여 흙의 종류에 따라서는 가끔 液狀化의 우려가 있다.

2) 흙댐의 재료는 인장응력에 약하므로 내부에 국부적 균열이 형성된다. 내부에 이와 같은 손상이 존재하면 시간이 경과함에 따라 누수에 의한 약화원인이 되기도 한다. 그러나 댐의 두께가 거대하여 이와같은 과정을 쉽게 발견할 수 없으므로, 지진시 예상하지 못한 피해원인이 될 수도 있다. 이러한 점을 고려하여 强震이 예상되는 지역에 건설할 때에는 댐의 안정해석에 특별한 주의를 기울여야 한다.

2. 震害의 상세

댐의 震害는 몇가지 원인으로 분류된다. 제체에 영향을 주는 형태로는 침하, 누수, 특히 斜桶底部 혹은 댐의 양단부에서 누수, 댐마루 또는 사면에 생기는 댐軸方向의 균열, 댐軸直交方向의 균열, 팽창 滑動 혹은 붕괴 이동 및 균열 등이 있으며 부대공사에 대해서는 取水口 底桶管의 누수 또는 파괴 등이 있다. 이들 피해는 진동의 반복에 의해 발전되기 때문에 진동의 반복수가 적으면 댐에 치명적인 파괴를 일으키지는 않는다. 만일 진동이 매우 심하면 제체일부에서 재료가 液狀化하기도 하며 파괴면이 潤滑化하면 그 후의 진동에 관계없이 파괴는 급속히 진행하게 된다.

1) 종단균열

종단균열은 흙댐震害의 주요한 형태이다. 균열위치는 댐마루부근이 많고 사면의 경우는 일반적으로 상류사면에서 일어나기 쉽다. 이것은 댐의 상류부 쪽의 침윤수위가 높기 때문이다. 하류측의 배수가 불량할 때는 하류면에도 균열이 일어나는 경우가 있다.

폭이 넓은 종단균열이 일어나는 원인은 제체표면부에 생기는 인장응력에 의한 것이며 이 경우 균열의 깊이는 이 제체재료가 수직으로 유지 될 수 있는 한계고의 1/2이라고 가정하는 것이 보통이다.

즉,

$$h = \frac{4c}{\gamma} \tan\left(45° + \frac{\varphi}{2}\right)$$

여기서, γ : 단위체적중량
  c : 점착력
  ϕ : 흙의 내부마찰각

활동은 사면에서 동시에 일어나는 것은 아니다.

종균열이 발생하는 원인은 이밖에 코어 또는 지반구조에 따라 부등침하에 의한 경우도 있다. 부등침하는 보통 기초의 강도가 균등하지 않을 때 혹은 느슨한 하천퇴적물을 굴착하지 않을 때 발생한다. 종단균열은 때로는 은폐되어 피해가 없더라도 세심한 조사가 필요하다.

그림 15.4에서 보인 Hachi 댐의 내부균열은 Niigata 지진시에 피해를 입은 斜桶을 보수하기 위해 굴착하였을 때 발견한 것이다.

2) 斜面滑動

사면의 활동이나 부풀음(bulging)등은 댐의 내부의 활동면을 따라 활동한다고 생각된다. 이

그림 15.4 Hachi 흙댐 내의 균열

것은 地震力에 의한 제체내 應力狀態의 변화, 지진충격력에 의한 土粒子사이 間隙水壓에 의한 抵抗力 감소 등으로 인하여 안정성이 상실되기 때문이며 진해 예에 의하면 활동은 상류측 사면에 많고 부풀음은 하류측 사면에 많다. 이와 같은 피해는 사면기울기가 1 : 3인 완경사면에서도 보였다. 또 모형댐의 진동시험 혹은 震害事例를 보아도 균열이 상류면에만 일어나는 경우도 있으며, 이와 반대의 경우도 있다.

따라서 활동에 대한 피해는 사면기울기만의 문제는 아니다.

그림 15.5 Ichirigoya 흙댐의 파괴(Tokachi-oki 지진, 1968. 6. 16)

포화상태에 있는 상류측 흙은 어느 한계이상의 진동을 받는 경우에는 液狀化되며 사면기울기는 제체안정과 깊은 관계가 없다. 따라서 材料 및 施工에 주의하여 액상화가 일어나지 않도록 할 필요가 있다.

3) 횡단균열

횡단균열에는 4가지 형태가 있다. 이들 형태는 댐軸方向의 심한 진동으로 형성되거나 제방의 진동특성의 차이로 제방양단 가까이에 형성되며 補修시 댐내에서 사통을 따라 불균일 壓密에 기인, 또는 기초의 부등침하에 기인한다(그림 15.6 참조). 종단균열에 비하여 횡단균열은 적으나 流路를 형성하여 파괴의 원인이 되므로 가급적 속히 보수해야 한다.

그림 15.6 Lower Van Norman댐의 횡단균열(San Fernando 지진, 1971. 2. 9)

4) 침하

震害調査에 따르면 滑動이 침하의 최대원인이며 空洞과 滑動에 이어 부풀음 또는 압축을 일으킨다. 제방의 공동만이나 압축만에 의한 침하는 비교적 적다.

그림 15.7은 1961년 완공된 높이 131 m, 길이 405 m 의 경사코어형 Miboro 댐의 지진 후 침하와 변형기록을 보인 것이다. 이 그림은 완공 1년 후, 震度 $M=7.0$의 지진이 댐 가까이에서 발생하였으며 댐지점에서의 지진가속도는 지반에서 100 gal 로 측정되었다. 침하는 3 cm, 하류측을 향한 수평변위는 5 cm 이었다. 그러나 발전소 기반이나 댐의 피해는 없었다. 1969년에 $M=7.0$의 또 다른 강진이 발생했으나 댐의 피해는 없었다.

멕시코의 El Infiermillo 댐은 높이 156 m 의 록필댐으로서 암반기초에 건설되었는데 1979년 3월 15일 $M=7.6$의 강진이 댐지점으로부터 87 km 의 거리에서 발생하였다. 댐마루에서의 최대가속도는 횡단방향으로 355 gal, 종단방향 327 gal, 연직방향 334 gal 이었다. 지진으로 인한 댐마루의 수평하류측 변형은 약 5 cm, 침하는 약 12 cm 이었다.

5) 성토댐의 面

댐의 上流面이 슬래브 또는 블럭으로 되어 있거나 때로는 댐의 變形이 동반하지 않고 균열이 발생할 수도 있다. 댐면에 대한 모형시험에 의하면 댐이 종방향으로 진동하면 연직균열은 우측으로 變位하는 면의 좌측에 나타나며, 좌측으로 變位하는 면의 우측에 나타난다. 댐이 댐축에 직각방향으로 진동하면 水平弧型(arc-type) 균열이 댐의 약 3/4높이에 나타난다.

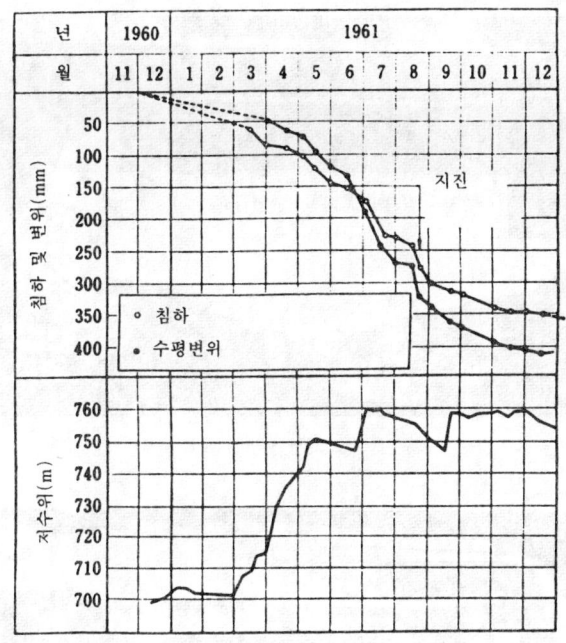

그림 15.7 Miboro 록필댐의 水平變位와 침하(Kita—Mino 지진, 1961. 8. 19)

이들 균열은 加速度가 증가함에 따라 더욱 증가한다. 균열은 댐이 하류방향으로 변위하면 벌어지고 댐이 상류방향으로 변위하면 닫혀진다. 또 연직균열은 차수부에서 시작된다. 이들 연직균열은 댐이 상류방향으로 변위하면 벌어지고 댐이 하류방향으로 변위하면 닫혀진다.

그림 15.8은 석고로 씌운 제라틴 모형댐의 균열예를 보인 것이다. 실제 댐면에 피해를 입은 성토댐은 높이 21.4 m 길이 160 m 인 Usahino 댐이며, 1978년 Miyagiken-oki 지진시 피해를 입은 댐이다. 이 경우, 댐 상류측 사면상의 경사면(pitched focing)의 상부에서 10 cm 의 침하, 댐상부 바로 밑의 5~6 cm 에서 10~20 cm 의 침하와 폭 30 cm 의 균열이 발견되었다. 이들 침하와 균열은 댐축에 평행한 방향으로 분포하였으며 특히 댐 상류표면의 중앙부에서 매우컸다.

6) 부속시설

대부분의 부속시설의 피해형태는 통관(sluice way)의 균열과 파괴, 통관과 흙 사이 접촉면에서의 누수 등이다. 이와 같은 누수는 제체 내부에 파이핑을 유발시켜 댐의 붕괴로 발전될 수도 있다. 따라서 제체에는 관로를 매설해서는 안된다.

15.2 振動解析法

1. 개 설

필댐의 진동해석법은 전단보로서의 理論的 해석, 2次元 또는 3次元體로서의 해석등이 있다. 剪斷보로서의 해석은 댐軸에 직교하는 2개의 단면으로 잘라서 생긴 薄片을 생각하여 이것을 變

(a) 1차고유진동으로 인한 단면의 균열(댐축에 직각방향)

(b) 1차고유진동으로 인한 단면의 균열 (댐축에 평행)

그림 15.8 Konoyama댐의 제라틴 모형

斷面을 갖는 剪斷보로서 해석한다. 계곡 兩岸의 영향이 무시되어 있기 때문에 계곡幅이 댐높이의 4배 또는 그 이상이면 兩岸의 영향은 적다.

 둘째 방법은 상기의 薄片을 2次元體로 해석하는 것이다. 계곡 兩岸의 영향이 무시되는 경우는 제1방법과 같은데 댐과 관입 두께가 두꺼운 것을 무리하게 보로 가정하는 대신 보다 실제에 가까운 가정을 하여 문제를 취급하는 것이 좋다. 그러나 그 경우의 엄밀한 해석은 대단히 어려워 일반적으로 階差法, 유한요소법등에 의한 수치해석이 이용되고 있다. 최근에 數値解析의 진보에 따라 제체를 三次元으로서 취급하는 경우도 시도되고 있으며 이 때는 계곡 兩岸의 영향을 고려한다.

 세번째 실험에서는 댐모형을 진동대 위에 놓고 진동시킨다. 이 시험은 댐의 振動特性을 조사하기위한 彈性振動實驗과 진동에 의한 파괴상황을 조사하기 위한 動的破壞實驗 등이 있다. 모형실험에서 가장 중요한 것은 실물과 모형 사이의 相似性이 성립되어야 하나 필댐과 같은 복잡한 구조에서는 모든 성질을 相似시킬 수 없다. 따라서 모형실험을 하고자 하는 성질이 실제 댐의 성질과 유사하도록 하여 실험하고 있다.

2. 전단 보 理論

1) 비감쇠 전단보

전단 보 이론(shear beam theory)은 다음의 가정을 따른다.

① 댐은 變斷面을 갖는 보이므로 同一水平面上 각점의 變位는 수평방향이며 크기는 같다.
② 댐의 變形은 剪斷變形만 있으며 휨變形은 없다.

그림 15.9의 빗금 친 부분에 작용하는 힘의 평형을 고려하면

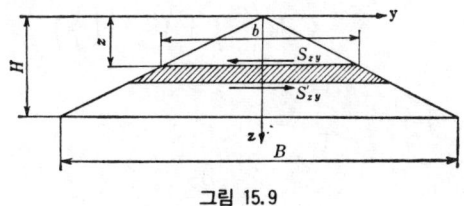

그림 15.9

$$\rho b \, dz \frac{\partial^2 v}{\partial t^2} = \frac{\partial S_{zy}}{\partial z} dz = \frac{\partial (b\tau)}{\partial z} dz$$

여기서 v : y 축방향의 變位
ρ : 재료의 密度
G : 剪斷彈性係數
H : 댐 높이
S : 剪斷力
τ : 剪斷應力

$$\therefore \ \rho \frac{\partial^2 v}{\partial t^2} - \frac{d\tau}{dz} - \frac{\tau}{z} = 0 \tag{15.1}$$

剪斷應力과 變斷變形 사이의 관계를

$$\tau = G \frac{\partial v}{\partial z} \tag{15.2}$$

라고 가정하고 위의 식에 대입하면,

$$\frac{\rho}{G} \frac{\partial^2 v}{\partial t^2} - \frac{\partial^2 v}{\partial z^2} - \frac{1}{z} \frac{\partial v}{\partial z} = 0 \tag{15.3}$$

이 식이 댐의 진동을 결정하는 微分方程式이다.

지금 固有圓振動數를 p, 固有振動의 모드를 $\phi(z)$라고 하면 v는 다음 식과 같다.

$$v = \phi e^{ipt}$$

식(15.1)에 代入하여

$$\frac{d^2\phi}{dz^2} + \frac{1}{z}\frac{d\phi}{dz} + \frac{\rho p^2}{G}\phi = 0 \tag{15.4}$$

적분상수 C_1, C_2를 갖는 식(15.4)의 일반解는 다음과 같다.

$$\phi = C_1 J_0\left(\frac{pz}{\beta}\right) + C_2 Y_0\left(\frac{pz}{\beta}\right)$$

여기서 β는 전단파속도이며

$$\beta = \sqrt{\frac{G}{\rho}} \tag{15.5}$$

경계조건으로써 댐마루의 剪斷應力을 0, 또한 댐底部의 變位를 0이라 놓으면

$$C_1 J_0\left(\frac{pH}{\beta}\right) = 0, \quad C_2 = 0$$

이다.

따라서 振動判別式은

$$\frac{pH}{\beta} = z_i \tag{15.6}$$

이 된다.

z_i는 $J_0(z)$에 대하여 z가 0이 되기 위한 값이며, 표 15.1과 같다.

표 15.1

차 수	Z_i	μ_i
1차	2.4048	1.60
2차	5.5201	−1.06
3차	8.6537	0.85
4차	11.7915	−0.73

여기서, 固有振動周期는

$$T_i = \frac{2\pi H}{z_i \beta} \tag{15.7}$$

이에 대한 振動形은 다음식과 같다.

$$\phi_i(z) = J_0 \left(\frac{z_i z}{H}\right) \tag{15.8}$$

또 剪斷應力의 分布는 다음식과 같다.

$$\tau_i = -\frac{GH}{z_i} J_1 \left(\frac{z_i z}{H}\right) e^{ipt} \tag{15.9}$$

1次 및 2次 固有振動의 振動形 및 剪斷應力의 분포를 나타내면 그림 15.10과 같다.

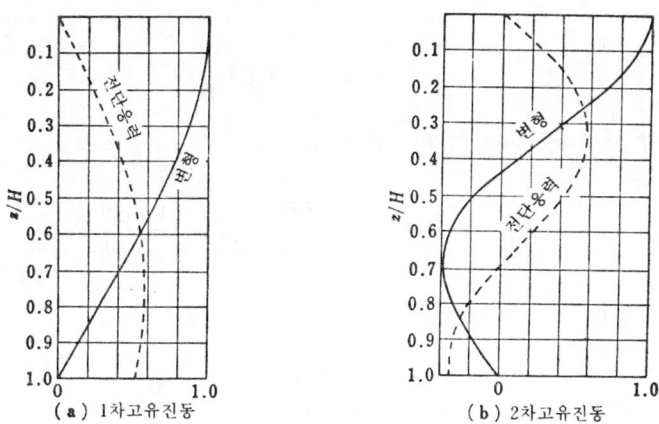

그림 15.10 전단 진동으로 인한 전단응력과 변형의 1,2차모드형상

고유진동 주기와 振動形이 각 기준좌표마다 결정하면 댐의 지진 응답은 모드法(modal method)으로 구할 수 있다. 모드法에 의하면, 지반에 발생하는 지진동은 각 기준좌표에 대하여 배분되며, 이에 대한 모든 기준좌표의 응답진동의 합이 댐의 요구되는 應答振動이다. 이 경우의 각 기준좌표에 대한 配分率은 다음 식으로 구하며 이 값은 표 15.1이다.

$$\mu_i = \frac{\int_0^H bz\phi_i(z)dz}{\int_0^H bz\{\phi_i(z)\}^2 dz} = \frac{\int_0^H zJ_0\left(\frac{z_i z}{H}\right)dz}{\int_0^H z\left\{J_0\left(\frac{z_i z}{H}\right)\right\}^2 dz} = \frac{2}{z_i J_1(z_i)} \tag{15.10}$$

2) 감쇠하는 전단보의 해석

진동시 진동에너지가 소산될 때의 응력과 변형 관계는 식(15.2)와는 다른 식으로 타나내며, 가능한 한 조사결과와 일치하는 식을 개발해야 한다. 응력과 변형관계식은 2가지가 사용된다. 하나는 응력을 변형의 함수와 시간에 따른 변형의 變化率로 나타내는 형식과 다른 하나는 탄성계수 대신 복합계수(complex modulus)를 사용하는 방법이다.

(1) 粘性減衰를 사용하는 방법

이 방법에서 응력은 다음과 같이 나타낸다.

$$\tau = \left(G + G'\frac{\partial}{\partial t}\right)\frac{\partial v}{\partial z} \tag{15.11}$$

여기서, G와 G'는 재료상수이다. 이를 식(15.1)에 대입하면

$$\rho\frac{\partial^2 v}{\partial t^2} = \left(G + G'\frac{\partial}{\partial t}\right)\left(\frac{\partial^2 v}{\partial z^2} + \frac{1}{z}\frac{\partial v}{\partial z}\right)$$

T_i를 t의 함수로 취하면

$$v = \phi_i T_i$$

이를 위의 식에 대입하면 다음식을 얻는다.

$$\rho\phi_i\frac{d^2 T_i}{dt^2} = \left(GT_i + G'\frac{dT_i}{dt}\right)\left(\frac{d^2\phi_i}{dz^2} + \frac{1}{z}\frac{d\phi_i}{dz}\right)$$

식(15.4)에 따르면

$$\frac{d^2 T_i}{dt^2} + \frac{G' p_i^2}{G}\frac{dT_i}{dt} + p_i^2 T_i = 0 \tag{15.12}$$

이것은 감쇠정수 h_i를 갖는 감쇠진동식이다. 여기서,

$$h_i = \frac{G'}{2G} p_i \tag{15.13}$$

따라서, 연직진동(normal vibration)의 次數가 높을수록 감쇠정수가 높다.

(2) 복합계수를 이용한 방법

응력 τ가 실제값이라 하여도 편의상 복합응력 $\bar{\tau}$를 적용하여, 실제응력에 대한 가상응력을 변화시켜서 구할 수 있다. 마찬가지로 복합응력에 해당하는 복합변위 $\bar{v}$를 이용할 수 있으며 실제변위에 대한 가상변위를 변화시킨다. 복합응력과 복합변위는 식(15.1)과 같은 식을 만족시켜야 한다

$$\rho\frac{\partial^2 \bar{v}}{\partial t^2} - \frac{\partial \bar{\tau}}{\partial z} - \frac{\bar{\tau}}{z} = 0 \tag{15.14}$$

$G + iG''$는 복합계수로써 복합변형과 복합응력사이의 관계는 다음 식과 같다.

$$\bar{\tau} = (G + iG'')\frac{\partial \bar{v}}{\partial z} \tag{15.15}$$

식(15.15)를 식(15.15)에 대입하면,

$$\rho\frac{\partial^2 \bar{v}}{\partial t^2} - (G + iG'')\left(\frac{\partial^2 \bar{v}}{\partial z^2} + \frac{1}{z}\frac{\partial \bar{v}}{\partial z}\right) = 0$$

따라서, $\bar{v} = \phi_i \bar{T}_i$ 관계를 위의 식에 대입하면 다음 식을 얻는다.

$$\frac{d^2 \bar{T}}{dt^2} + \left(1 + i\frac{G''}{G}\right)p_i^2 \bar{T} = 0 \tag{15.16}$$

이 식의 형태는 식(7.14)의 형태와 같으며 $\bar{T}$의 실수부분은 감쇠진동한다. 이 진동의 감쇠정수는 다음과 같다.

$$h = \frac{1}{2}\frac{G''}{G} \tag{15.17}$$

G''는 G에 비하여 매우 작으므로 무시할 수 있다. 따라서, 감쇠정수는 振動次數에 관계가 없다.

(3) 여러가지 강성을 갖는 전단보

이상의 강성이론은 댐體가 균질하다고 가정하였으나 실제로는 내부의 구속압이 높고 제체 재료가 잘 다짐되어 댐의 표면부근보다 내부에서 더 크다. 그 결과 지진시 댐상부의 1/3에서 진동이 매우 심하고, 진동型은 그림 15.10에서 보는 바와 같이 다르다. Sawada 등은 실제의 록필댐체의 지진파속도를 관측하여 댐체의 剛性分布에 대한 중요한 자료를 얻었다. 이들 시험에 따르면 수심이 깊은 곳에서 횡파 속도는 다음 식으로 나타낼 수 있다.

$$v_s = az^b \tag{15.18}$$

여기서, z : 댐표면에서의 깊이
        v_s : 횡파의 속도

댐체내에서 댐의 상부(높이 약 25 m)에서의 변수 a와 b는 광범위하게 변한다. 반면에 록필댐

표 15.2 횡파의 속도(m/sec)

깊 이(m)	쉘		코어	
	불포화	포화	높다	낮다
0–5	$V_s = 245$		$v_s = 210$	
5–30	$V_s = 250z^{0.20}$	$V_s = 250z^{0.20}$	$V_s = 180z^{0.35}$	$V_s = 140z^{0.34}$
30 <	$V_s = 200z^{0.315}$			
포아손 비	$\nu = 0.375 - 0.006z^{0.58}$	$\nu = 0.49 - 0.001z^{0.95}$	$\nu = 0.45 - 0.006z^{0.60}$	

의 댐체저부에서는 a와 b의 변화폭이 크지 않다. 표 15.2는 대표적인 횡파속도와 포아손 비를 나타낸 것이다.

3. 유한요소법

흙댐의 동적거동해석에 유한요소법이 흔히 적용되기도 한다. 댐이 탄성거동을 하면 7.2절에서 기술한 방법과 같이 이용한다. 그러나 소성거동을 하면 7.4절에서 기술한 단계적방법(step by step method)을 각 요소에 이용하며 이때는 계산에 많은 시간이 요구된다. 따라서 線形的 기법을 이용하면 편리하다. 대표적인 기법을 이용한 해석은 다음과 같다.

① 拘束壓은 댐의 각 요소에 대하여 결정한다. 이들 요소는 自重應力과 같다고 가정한다.
② 흙의 變形係數는 구속압의 평방근에 비례하고, 흙의 감쇠정수는 구속압의 평방근에 반비례한다.
③ 10^{-5}의 微小動的變形에 대한 변형계수와 감쇠정수는 재료시험 결과에 의하여 결정한다.
④ 변형진폭이 증가함에 따라 변형계수는 감소하며 감쇠정수는 증가한다. 변형이 큰 경우 변형계수와 감쇠정수는 무한소의 변형 진폭에 대한 比로 나타낸다.
⑤ 이들의 比는 재료시험으로 결정한다. 그러나 편의상 Hardin-Drnevich 공식과 같은 경험식을 이용하여 산출하기도 한다.
⑥ 변형진폭은 각요소에 대하여 미리 추정하여 가정한다.
⑦ 가정한 변형 진폭을 토대로 구속압을 산정하고 탄성계수(변형계수와 감쇠정수)는 각요소에 대하여 결정한다.
⑧ 動的解析은 이들 탄성계수를 이용하여 탄성이론에 의하여 설계 지진하중으로 한다. 최대 응답변형을 계산한다.
⑨ 수정탄성계수는 계산한 응답변형 진폭에 일치하도록 결정한다. 이들 탄성계수를 이용하여 동적해석을 다시 설계지진하중에 대하여 실시한다.
⑩ 같은 과정을 어떤 범위내에 수렴할 때까지 반복한다.

이 해석에 보통 이용하는 유동적 모델(rheological model)은 Voigt 모델이나 복합탄성계수 모델이다. Voigt 모델을 이용할 때 고유진동의 次數에 따라 댐의 감쇠정수는 증가하며, 복합탄성정수 모델을 이용할 때는 고유진동의 次數에 따라 감쇠계수는 변화하지 않는다. 몇개의 관측에 따르면 흙댐의 감쇠정수는 고유진동의 次數에 의존하지 않는다.

선형적 기법은 편리한 방법 중의 하나이다. 존형(zone type) 흙댐과 같이 복잡한 구조물일때 그 결과는 명확하지 않다. 특히 이 방법의 단점은 탄성해석에서는 잔류변형을 나타낼 수 없다.

4. 模型試驗

1) 彈性振動實驗

탄성진동실험을 하는 목적의 하나는 실험적으로 댐의 고유진동주기와 진동형을 구하는데 있다. 이 때 實物과 模型사이의 相似率은 다음과 같이 구한다. 탄성진동론에 따르면 댐의 固有振動週期는 $L\sqrt{\gamma/G}$에 비례한다.

여기서, T : 固有振動周期
  L : 댐 높이
  γ : 제체재료의 密度
  G : 제체재료의 彈性係數

따라서, 첨자 p 및 m 을 붙여 각각 실험 및 모형에 관한 量을 표시하면

$$\frac{T_p}{T_m} = \frac{L_p}{L_m}\sqrt{\frac{\gamma_p G_m}{\gamma_m G_p}} \tag{15.19}$$

여기서,

$$\frac{T_m}{T_p} = \tau$$

시간의 축척으로 생각할 수도 있으며

$$\frac{L_m}{L_p} = \lambda$$

은 길이의 축척이다. 그러므로, 모형시험에서 모형의 고유진동주기 T_m 을 측정하면, 실물의 고유진동주기 T_p 는 식(15.19)에 의하여 산출할 수 있다.

實物댐의 탄성계수는 토질, 시공법, 축조 후의 경과년수 등에 따라 다르지만, 그 평균치는 다음과 같다.

$$G = 50 - 270 \text{ kg/cm}^2$$

이것은 實存하는 수개 흙댐의 彈性傳播速度를 측정하여 산출한 것이다. 록필댐의 포아손 비는 표 15.2와 같다.

2) **動的破壞試驗**

필댐의 파괴시험에서 實物과 模型의 주요 外力과 抵抗力, 제체 變位 사이에 相似性이 성립되어야 한다. 이 경우, 주요 외력은 댐자중과 지진관성력이며 주요저항력은 마찰력과 응집력으로 구성된다.

계산에 필요한 기호는 다음과 같다.

  L : 길이　　　　　　　　σ : 應力
  λ : 길이의 축척　　　　f : 힘
  t : 時間　　　　　　　　P : 外壓力
  τ : 시간의 축척　　　　γ : 比重
  y : 變位　　　　　　　　φ : 마찰각
  α : 加速度　　　　　　s : 재료의 強度
  ε : 變形　　　　　　　　G : 彈性係數

變形이 無次元量인 것을 고려하면

$$\frac{\varepsilon_m}{\varepsilon_p} = 1 \tag{15.20}$$

따라서, 변형의 相似率과 길이의 상사율은 같아진다.

$$\frac{y_m}{y_p} = \lambda \tag{15.21}$$

模型과 實物의 제체중량과 사이의 比는 다음과 같다.

$$\frac{\gamma_m g \, L_m^3}{\gamma_m g \, L_p^3} = \frac{\gamma_m}{\gamma_p} \lambda^3$$

동일한 비율은 중량이외의 힘에 대해서도 성립되어야 한다. 따라서

$$\frac{f_m}{f_p} = \frac{\gamma_m}{\gamma_p} \lambda^3 \tag{15.22}$$

중량의 원인인 重力 加速度는 實物과 模型에서는 같으므로 제체진동의 가속도는 실물과 모형이 서로 같은 값이어야 한다.

$$\frac{\alpha_m}{\alpha_p} = 1 \tag{15.23}$$

應力은 단위면적당 힘이므로

$$\frac{\sigma_m}{\sigma_p} = \frac{\frac{f_m}{L_m^2}}{\frac{f_p}{L_p^2}} = \frac{\gamma_m}{\gamma_p} \lambda \tag{15.24}$$

가 된다.

탄성계수와 外壓力은 應力과 같은 次元을 갖기 때문에 다음 관계가 성립된다.

$$\frac{G_m}{G_p} = \frac{\gamma_m}{\gamma_p} \lambda \tag{15.25}$$

$$\frac{p_m}{p_p} = \frac{\gamma_m}{\gamma_p} \lambda \tag{15.26}$$

加速度는 變位를 시간을 제곱하여 나눈 것이므로 식(15.23)에서

$$\frac{\lambda}{\tau^2} = 1 \tag{15.27}$$

$$\tau = \sqrt{\lambda}$$

材料의 强度는 應力과 같은 次元이므로

$$\frac{s_m}{s_p} = \frac{\gamma_m}{\gamma_p}\lambda \tag{15.28}$$

가 된다.

砂質材料의 강도는 연직응력과 마찰계수의 합이다. 그런데 연직응력의 相似率은 식(15.24)를 만족해야 하며 마찰계수는 실물과 모형에서 동일해야 한다.

$$\tan \varphi_m = \tan \varphi_p \tag{15.29}$$

코어재료식(15.28)의 점성강도의 상사율은 대략 길이의 축척과 같으므로 모형재료의 粘性은 실물의 점성보다 작아야 한다. 한편 점성토의 강도는 재하속도의 영향을 받는다. 이 관계는 모형재료를 시험하여 결정하는데 재하속도가 빠르면 강도도 증가하는 것이 보통이다. 그런데 모형의 재하속도는 식(15.27)에 의하여 결정되며 실물보다 빠르다. 그러므로 이 면에서도 모형재료의 강도는 축소되어야 한다. 이 양쪽의 원인으로부터 대략 모형 코어재료의 강도는 낮으므로 코어를 갖는 模型實驗은 기술적으로 매우 어렵다.

탄성진동시험의 주요목적은 계곡의 영향을 고려한 경우의 固有振動周期와 振動形 및 지진시의 변위 및 지표변형 등을 결정하는 것이다. 모형시험에서, 석고나 단단한 제라틴은 일반적으로 계곡에 이용하고, 댐에 대해서는 제라틴이 이용된다. 이들 재료는 댐과 계곡의 형상을 재현하는데 편리하다. 그림 15.11은 Sannokai 댐의 고유진동모드를 조사하기 위한 제라틴 모형을 보인것이다. 그리고 그림 15.8의 상류측 제라틴 모형은 진동으로 인한 균열을 확인하기 위한 Konoyama 흙댐의 아스팔트 피복 면의 거동을 측정하기 위하여 얇은 석고 필름으로 덮은 것이다.

그림 15.11 Sannokai흙댐의 제라틴 모형

15.3 지진시 흙댐의 動的擧動

1. 自由振動
1) 일반사항

제체의 自由振動을 究明하는 것은 지지시 댐의 거동을 이해하는데 있어서 기초가 된다. 자유진동의 특성치는 振動週期, 振動모드 및 減衰性에 의존하는데, 이는 제체의 形狀, 材質 및 기초지반의 지형, 지질 등에 따라 다르다.

따라서, 실제 댐의 자유진동 특성치는 각 댐마다 다르므로 자유진동 주기와 진동형은 모형실험, 이론적계산 등으로 각각의 댐에 대하여 결정해야 한다. 현재 널리 연구하고 있는 수학적 모델은 쐐기형태의 전단보와 삼각형 2차원체이다. 전단보 모델에서 동일높이의 여러지점에 대한 변위는 실제 조건과는 같지 않으나 동일하다고 가정한다. 2次元모델에서 댐의 축방향 길이는 無限長으로 가정한다. 따라서 계곡양안의 영향은 고려하지 않는다. 그러나 계곡이 협소하면 댐의 진동은 계곡, 제방 등에 의한 영향을 받는다.

또한 2次元모델에서는 전혀 구할 수 없는 진동이 자연적으로 발생한다. 有限要素法은 이와 같은 수학적 해석에 있어서 복잡한 계산을 위하여 유용하다. 그러나 컴퓨터의 용량부족으로 3次元으로서 확장계산은 쉽지 않다. 그리고 모델 댐을 사용하는 방법은 계산을 보충하는데 유용하다.

2) 固有振動週期

댐을 變斷面 剪斷보라고 가정하고 진동을 전단진동이라고 가정하면 1次固有振動週期는 식 (15.7)에 의하여

$$T_1 = 2.62\sqrt{\frac{\rho}{G}}\,H = 2.62\frac{H}{\beta} \tag{15.30}$$

그리고 2次固有振動週期는 다음과 같다.

$$T_2 = 1.12\sqrt{\frac{\rho}{G}}\,H = 1.12\frac{H}{\beta} \tag{15.31}$$

따라서 兩者의 比는 다음과 같다.

$$\frac{T_2}{T_1} = 0.427$$

예를 들면, 높이 90 m, 제체비중 2.08, 포아손比 0.45, 전단탄성계수 1,910 kg/cm², 전단전파속도 300 m/sec 인 댐에 대해서는

$$T_1 = 0.79\ \text{sec},\quad T_2 = 0.34\ \text{sec}$$

이 된다.

댐을 삼각형 2次元體로 가정하여 유한요소법으로 자유진동을 계산한 결과는 표 15.3과 같으며, 고유진동주기는 전단보 이론에 의하여 구한 값보다 더 길다. 표에서 고유진동주기는 사면 기울기가 완만할 수록 길다.

표 15.3 흙댐의 고유진동주기

고유진동 주기	1:1.5	1:3.0
1차	0.81sec	0.88sec
2차	0.44	0.47

이 계산에서 제체는 균질한 재료로 된 것이라고 가정하였지만 코어형을 갖는 제체에서는 필 材와 코어는 대략 강성이 다르기 때문에 兩者의 剛性과 위치가 固有振動周期의 영향을 받는다. 이 때 제체중에서 水平外力에 주로 저항하는 것은 堤體 中央部이다. 따라서 고유진동주기가 코어의 剛性보다 낮을 때는 코어가 표면부에 있을 때보다 짧다. 그 반대일 때는 코어가 中心部에 있을 때가 표면부에 있을 때 보다 짧아진다. 제체에서 코어강성이 0.1배, 1배 및 10배일 때의 1차고유진동주기를 계산한 결과는 표 15.4와 같다.

표 15.4 코어형 흙댐의 고유진동주기

강성비 필 : 코어			
10 : 1	1.09sec	1.03sec	0.99sec
1 : 1	0.88	0.88	0.88
0.1 : 1	0.57	0.64	0.67

이상은 댐축 직교방향(orthogonal direction)의 수평진동이나 댐軸方向에 대해서는 고유진동주기는 댐축직교방향의 고유진동주기와 대략 같다. 또 연직방향의 고유진동주기는 다음 식으로 추정한다.

연직방향 진동주기는 쐐기형棒의 연직진동공식을 이용한다. 여기서, a는 제체내의 종파의 전파속이다.

댐의 진동은 모형실험에서도 알 수 있는 바와 같이 3次元的이기 때문에 2次元的 계산에서는 얻을 수 없는 고유진동이 실제로 일어난다. 따라서 간단화한 2차원수학적 모델형을 사용하여 高次의 진동을 논하는 것은 문제가 있다.

지금까지 실측된 흙댐의 고유진동주기의 예는 표 15.5와 같으며, 고유주기와 댐높이의 관계는 그림 15.12와 같다. 그림에서 표 15.5에 나타낸 것은 각 댐에 대하여 가장 긴 周期를 그린 것이다. 그림에서 점은 매우 분산되어 있지만 만일 고유진동주기는 댐높이에 비례한다고 가정하면 대략 다음과 같다.

흙댐에 대하여

댐軸直交方向　　　　　　　　$T = \dfrac{H}{100}$　　$(T: \text{sec}, H: \text{m})$

댐軸方向　　　　　　　　　　$T = 0.80 \dfrac{H}{100}$　　　　　　　　　　　(15.32)

연직방향　　　　　　　　　　$T = 0.65 \dfrac{H}{100}$

록필댐에 대하여

댐軸直交方向　　　　　　　　$T = (0.35\text{-}0.65) \dfrac{H}{100}$

댐軸方向　　　　　　　　　　$T = (0.35\text{-}0.50) \dfrac{H}{100}$　　　　　(15.34)

연직방향　　　　　　　　　　$T = (0.25\text{-}0.40) \dfrac{H}{100}$

또 Kisenyama댐의 댐마루에 대한 加速度가 20 gal 이하의 미소지진기록이 많이 있지만 이에 대한 1차고유진동주기는 평균하여 댐축직교방향 0.37 sec, 댐축방향 0.40 sec 연직방향 0.26 sec 이었다. 그런데, 준공직 후에 일어난 지진시에는 댐마루에서 最大加速度 92 gal 이었고, 그때의 진동주기가 각각 0.59 sec, 0.45 sec, 0.35 sec 이었다. 지진 직후의 값과 비교하면 이들 값은 모두 크다. 이상의 관측결과는 댐의 고유진동주기가 강진일수록 길다는 것을 시사하고 있다.

이 식에서 댐축에 대한 연직방향의 고유진동주기는 댐축의 평행방향과 큰 차이가 없음을 알 수 있다. 이론적으로 연직방향에서의 고유주기는 수평방향의 약 60~70%로 제시되고 있다.

여기서 흥미있는 것은 댐의 고유진동주기가 지진 진도에 대하여 非線形性을 갖는 경우이다. Sannokai 댐에서는 댐마루에 대하여 加速度가 20 gal 이하정도의 微小地震기록이 다수 수집되

표 15.5(a) 흙댐의 진동특성

댐	형식	높이 (m)	고유진동주기(sec)			감쇠정수(%)	비 고
			댐축에 직교	댐축에 평행	연 직		
Sammokai(일본)	E	37	0.42~0.34	0.34	0.25		O
Ushino(〃)	R	21	0.26			7	O
Ainono(〃)	E	41	0.45~0.40			12	O
Kuzuryu(〃)	R	128	0.44	0.45			O
Miboro(〃)	R	131	0.59, 0.42, 0.37	0.57, 0.26			O
Yanase(〃)	R	115	0.42, 0.23	0.42			O
Makio(〃)	R	85	0.38				T
Togo(〃)	E	31	0.4				T
Kisemyama(〃)	R	95	0.53~0.37	0.45~0.40	0.34~0.26		O
Tarumizu(〃)	R	43	0.27~0.20				O
Tataragi(〃)	R	65	0.40~0.38	0.36	0.25~0.22	4.6~4.3, 6.9	O, T
Shimokodori(〃)	R	119	0.45~0.31	0.45~0.31	0.28	5.4~5.0	O, T
Kurokawa(〃)	R	98	0.43~0.41	0.40~0.36	0.28~0.27		O
Niikappu(〃)	R	103	0.45	3.8		7.3~4.3	O
Honzawa(〃)	R	73	0.36				O
Miyama(〃)	R	75	0.40				O

표 15.5(b) 흙댐의 振動特性

댐	형식	높이 (m)	고유진동주기(sec)			감쇠정수(%)	비 고
			댐축에 직교	댐축에 평행	연 직		
Bouquet Canyon (미국)	E	62	0.45, 0.37, 0.32				T
No.1 (유고슬라비아)	E	56	0.36			2.70~6.90	T
No.2 (유고슬라비아)	G	112	0.44			4.45~8.60	T
No.3 (유고슬라비아)	R	114	0.49			3.60~4.50	T
No.4 (유고슬라비아)	E	90	0.39			4.12~4.90	T
Waghad(인도)	E	29	0.057-0.048			6~9	T
Santa Selica(미국)	E	82	0.69, 0.68, 0.61			5~15, 1.5~5.0, 3.0	O, T
Carbon(미국)	E	30	0.65, 0.64	0.73			O
Brea(미국)	E	27	0.37				O
Oroville(미국)	R	235	0.78				O

E : 흙댐, G : 사력 필댐, R : 록필댐, O : 지진관측, T : 진동시험

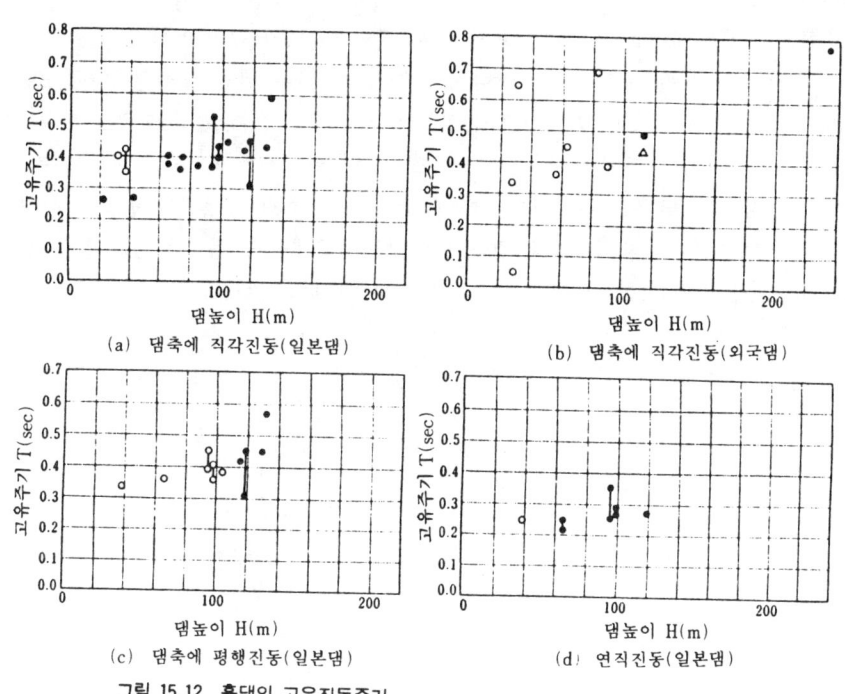

(a) 댐축에 직각진동(일본댐) (b) 댐축에 직각진동(외국댐)
(c) 댐축에 평행진동(일본댐) (d) 연직진동(일본댐)

그림 15.12 흙댐의 고유진동주기
E : 흙댐 G : 중력 필댐 R : 록필댐, O : 지진관측소, T : 진동시험
○ : 흙댐 ● : 록필댐 △ : 중력필댐

었는데 이들 기록에 대해 댐축 直交方向 진동의 1차고유진동주기를 구하면 平均 0.36 sec 이다. 반대로 댐마루의 最大加速度가 107 gal 에 달한 强震의 1차고유진동주기는 0.42 sec 이었다.

그림 15.13은 댐마루의 댐軸 直交方向 加速度에 대한 卓越 주기와 貯水深의 관계를 나타낸 것이다.

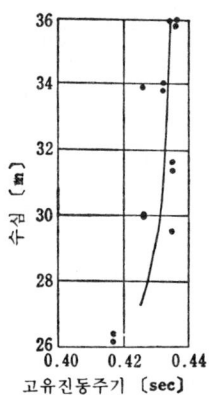

그림 15.13 흙댐의 저수심과 고유진동주기와의 관계

3) 振動모드

댐 고유진동의 變形曲線은 전단보 이론에 따라 그림 15.14와 같이 곡선 S로 나타난다. 이 곡선의 형상은 제체 중심과 표면에서는 변하지 않는다. 그러나 댐을 삼각형 2차원으로 계산하면 變形曲線은 제체중심과 표면에서 다른 곡선이 된다. 곡선 C는 균질한 재료로 된 사면기울기 1:3의 3각형 2차원체의 변형이며, 곡선 C-C는 제체중심, 곡선 C-F는 표면의 변형이다. 이에 의하면 제체중심의 변형은 전단보의 변형과 거의 일치하지만 표면의 변형은 사면의 中心部 및 下部의 변형보다 작다. 제라틴으로 만든 모형진동시험에서도 똑같은 결과를 얻었다. 이것은 제체내에는 수평방향으로 신축이 일어나는 것을 의미한다.

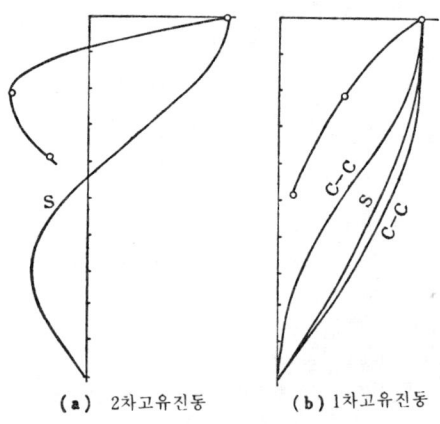

(a) 2차고유진동   (b) 1차고유진동

그림 15.14 흙댐의 1차 및 2차 고유진동모드

그러나 實測에 의하면 이들의 결과는 실제 댐에 대한 變形과는 일치하지 않는다. 즉 그림 15.15의 원형으로 표시한 것은 Sannokai 댐의 자연지진기록에서 추정한 고유진동의 변형인데 이들은 이미 기술한 理論計算이나 模型試驗과도 일치하지 않는다. 최근 유사한 변형 진동의 양상이 몇몇 높은 록필댐에서 지진시 관측되었다(그림 15.15 참조). 이와 같은 不一致의 이유는 주로 제체의 剛性이 일정하지 않을 때 일어난다. 제체내에서는 壓密의 진행방향이 다르기 때문에 댐의 上部보다 下部의 剛性이 높고 또 코어와 필사이에서는 材料的면에서 剛性의 차이가 있다. 따라서 변형의 계산에는 이를 고려해야 한다. Tamura는 堤體內 材料의 분포 및 시공순서를 고려한 數値計算을 하여 실측한 진동형과 일치하는 결과를 얻었다. 이는 수학적 모델 해석을 위해서 材料分布의 재현과 실제 댐시공을 위하여 고려할 필요가 있음을 보여 주는 것이며 계산결과는 신뢰할 수 있음을 시사하고 있다.

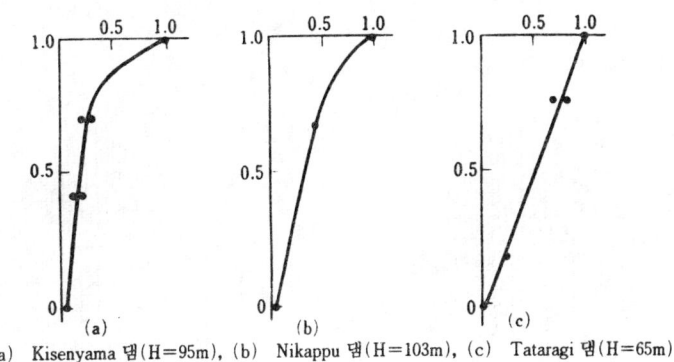

(a) Kisenyama 댐(H=95m), (b) Nikappu 댐(H=103m), (c) Tataragi 댐(H=65m)

그림 15.15 지진시 흙댐의 변위(T. Takahahi)

이상의 고찰에서는 댐축을 따라 댐 변형의 축방향 변화는 고려되지 않았다. 그러므로 계곡폭이 넓고 일정한 단면 부분이 길게 연속하는 댐에서의 운동은 위에 언급한 바와 같다. 그러나 계곡폭이 좁을 때는 兩岸의 영향을 받으며 그 振動形은 댐축方向으로 변화한다. 이러한 진동은 모형시험에서 볼 수 있다.

그림 15.11의 Sannokai 댐의 모형인데, 지반은 현지지형에 맞게 석고로 제작하고 제체는 제라틴으로 제작되었다. 모형을 振動台위에 놓고 이에 正弦波狀의 진동을 주면서 진동수를 서서히 변화시키면 진동형이 매우 불연속으로 변해 간다. 이때 어떤 종류의 振動形은 진동수가 다소 변하더라도 거의 진동형은 변하지 않으나, 어떤 종류의 振動形은 약간 진동수가 변할 뿐 다음의 진동형으로 이행한다. 여기서 나타내는 특징적인 진동형은 각각 고유진동이라고 할 수 있는데 그 진동수와 진동형을 나타내면 그림 15.16과 같다. 그림에서 화살표는 댐표면부의 水平變位, ●은 하향의 變位이고, ○은 상향의 變位를 가리킨다. 여기서 수평방향의 加振에 의하여 유발되는 고유진동의 종류가 많은데 대하여 연직방향의 加振에 의하여 유발되는 고유진동은 이 실험의 범위에서 1개밖에 없는 것은 특이한 현상이다.

이에 따르면 댐상 어느 지점에서의 진동은 진동적용방향에 따라 많을 수도 있으며, 적을 수도 있다. 그러나 수평 또는 연직방향에 직각으로 일어나는 진동도 있다. 따라서 실제 댐에서는 수평방향의 지진동에 의한 연직진동이 일어날 수 있고, 진동에 의한 연직방향의 수평진동이 일어

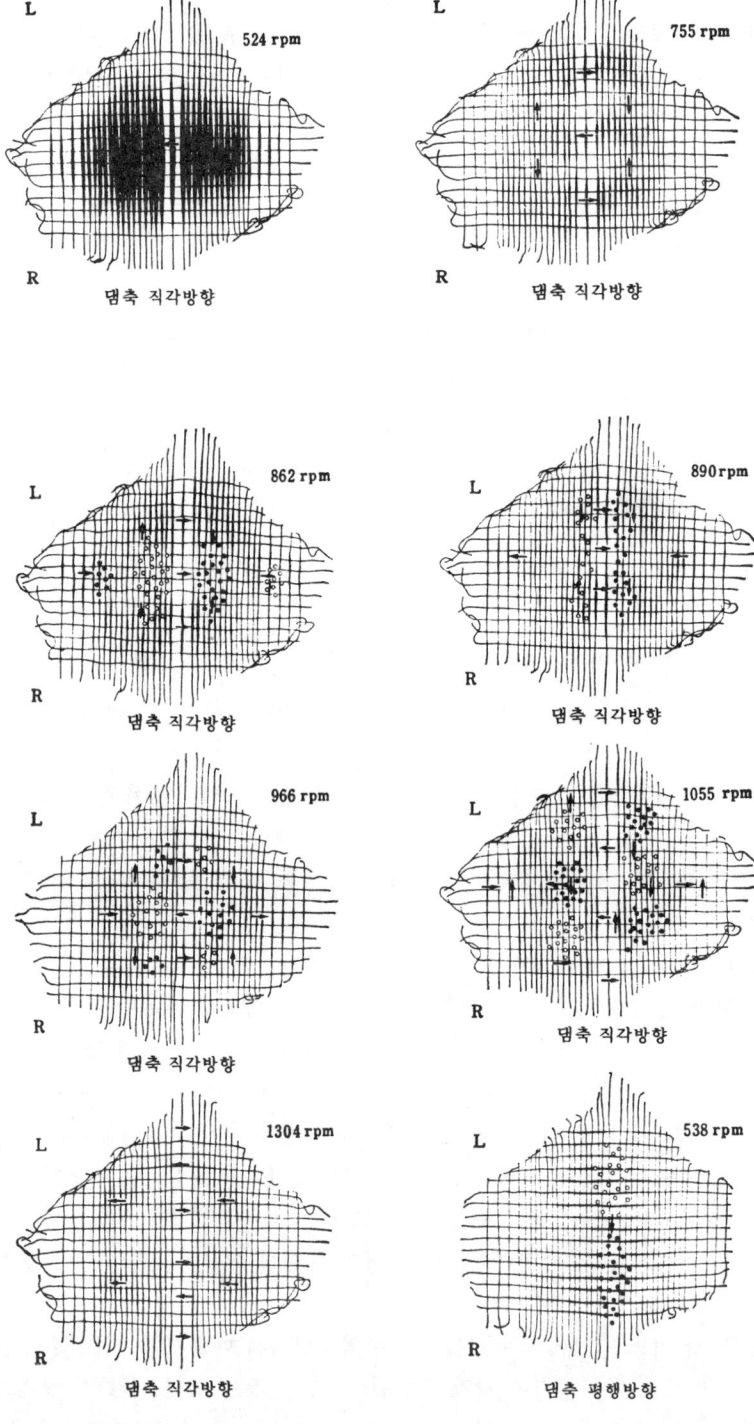

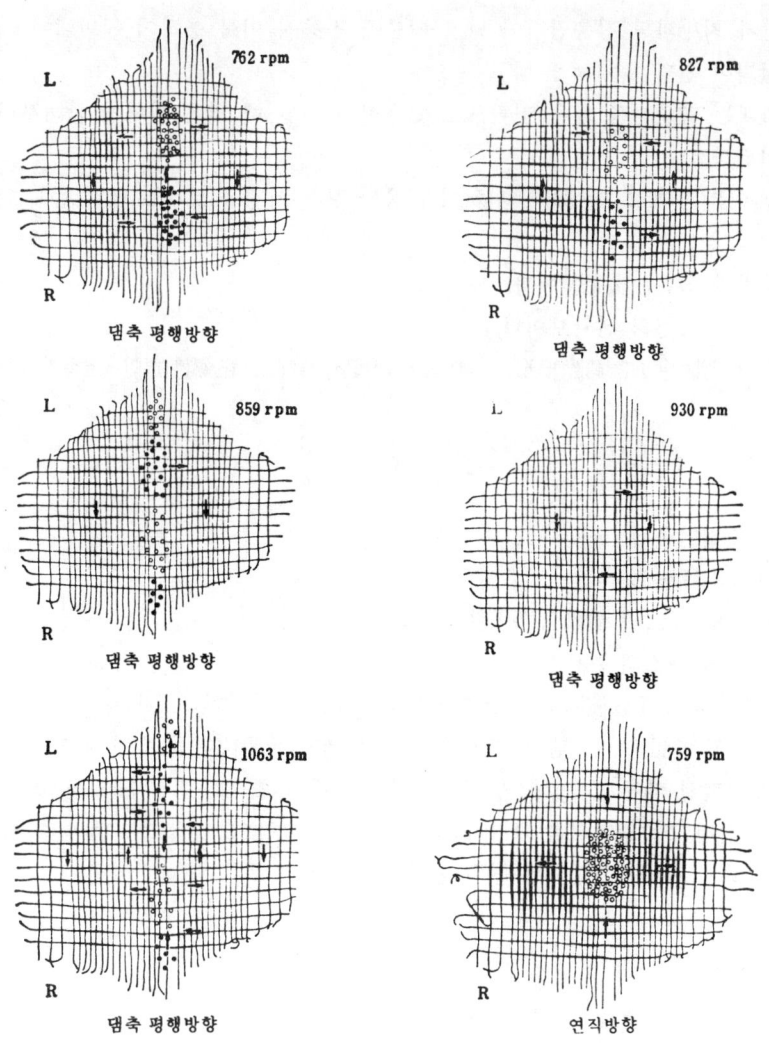

그림 15.16 Sannokai 댐 모형의 고유진동모드

날 수도 있다.

이 모형시험에서는 2次元 모형에서 생각할 수 없는 여러가지 새로운 사실이 발견되었다. 그러나 앞에서 기술한 바와 같이, 댐의 진동형은 제체내의 剛性分布에 따라 달라지므로 댐은 가능한 한 정확한 모형시험을 재현해야 한다.

4) 振動減衰

표 15.5에 의하면 흙댐의 감쇠정수는 4.3∼12% 범위이다. 그러나 이 값은 加振器나 미소 지

진시 유발된 댐의 진동에 의하여 결정된다. 지진동이 강하면 감쇠정수는 댐재료의 非彈性 성질로 인하여 보다 커질 것이다.

흙댐의 진동에서 에너지가 손실되는 주요 원인은 다음 2가지가 있다.

① 댐과 지반과의 접촉면적이 넓기 때문에 진동시 이를 통하여 지반내에 대량의 에너지가 소실되어 간다.

② 제체는 粒狀材를 쌓은 것이므로 變形이 일어날 때 많은 에너지가 내부마찰각에 의하여 소실된다.

이들 사이의 관계를 조사하기 위하여 다음과 같은 가정을 토대로 댐 진동의 근사계산이 시도되었다.

① 지반과 댐은 2次元體이다.
② 댐은 삼각형의 전단보이다.
③ 댐의 剪斷應力, 剪斷變形, 剪斷變形速度사이에는 粘彈性的인 관계가 있다. 즉

$$\tau = G\gamma + \eta \frac{\partial \gamma}{\partial t} \tag{15.35}$$

여기서, τ : 전단응력
  γ : 剪斷變形
  G : 댐 재료의 剪斷彈性係數
  η : 댐 재료의 粘性係數

④ 지반내에는 正弦波狀의 전단파가 연직방향으로 전파한다. 이 가정은 계산을 간단히 하기 위하여 댐底部에서는 댐과 지반의 사이의 應力과 變位가 연속이라 가정한다.

공간에 고정된 좌표 $O(y, z)$와 지표면에 고정된 좌표 $O'(\xi, \zeta)$와를 고려하여 좌표 O 에 대한 댐 중심점의 수평변위를 각각 y 및 ξ라 한다(그림 15.17참조). 댐의 底面運動 y_B를 正弦振動으로 하고 진폭을 u_0, 원진동수를 p라 하면

$$y_B = u_0 \cos pt \tag{15.36}$$

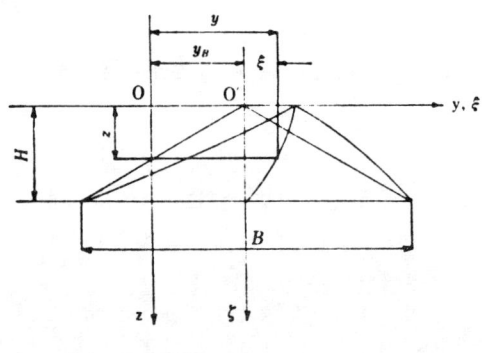

그림 15.17

따라서

$$y = \xi + u_0 \cos pt \tag{15.37}$$

剪斷變形과 剪斷應力 사이의 관계는 가정에 따라

$$\tau = G\frac{\partial \xi}{\partial z} + \eta \frac{\partial^2 \xi}{\partial t \delta z} \tag{15.38}$$

그러므로 삼각형 전단쐐기보의 운동방정식은 다음과 같다.

$$z\frac{\partial^2 \xi}{\partial t^2} = \frac{G}{\rho}\frac{\partial}{\partial z}\left(z\frac{\partial \xi}{\partial z}\right) + \frac{\eta}{\rho}\frac{\partial}{\partial z}\left(z\frac{\partial^2 \xi}{\partial t \partial z}\right) + u_0 \, p^2 z \cos pt \tag{15.39}$$

여기서, ρ : 댐의 밀도

지금 $F_i(z)$와 p_i를 이 보의 i次非減衰固有振動의 진동형과 원진동수라고 하면

$$F_i(z) = J_0 \left(\frac{p_i z}{\beta}\right) \tag{15.40}$$

$$p_i = \frac{\beta z_i}{H} \tag{15.41}$$

여기서, β : 댐의 전단파속도

$$\beta = \sqrt{\frac{G}{\rho}} \tag{15.42}$$

z_i는 Bessel 함수의 i次 O점의 값이다. 따라서, 고유원진동동수와 i차원진수 사이에는

$$p_i = \frac{z_i}{z_1}p_1 \tag{15.43}$$

만약

$$\xi = \sum_j F_j(z) Q_j(t) \quad (j = 1, 2, 3, \ldots \ldots) \tag{15.44}$$

식(15.39)에 代入하여 식을 정리하면

$$\sum_j z F_j \frac{d^2 Q_j}{dt^2} - \sum_j p_j^2 z F_j Q_j - \frac{\eta}{G}\sum_j z p_j^2 F_j \frac{dQ_j}{dt} = \mu_0 \, p^2 z \cos pt \tag{15.45}$$

이 식에 $F_i(Z)$을 곱하여 0에서 H까지 적분하면 고유함수의 直交性에 따라 다음 식을 얻는다.

$$\frac{d^2Q_i}{dt^2} + \frac{\eta p_i^2}{G}\frac{dQ_i}{dt} + p_i^2\, Q_i = \mu_i\, u_0\, p^2 \cos pt \qquad (15.46)$$

여기서 u_i는 기여도계수이며, 다음식과 같다.

$$\mu_i = \frac{\int_0^H z\, J_0\left(\frac{p_i z}{\beta}\right) dz}{\int_0^H z\, \left\{J_0\left(\frac{p_i z}{\beta}\right)\right\}^2 dz} = \frac{2}{z_i\, J_1(z_i)} \qquad (15.47)$$

식(15.46)을 풀어 다음 결과를 얻는다.

$$Q_i = \frac{u_0\, \mu_i\left(\frac{p}{p_i}\right)^2}{\left\{1 - \left(\frac{p}{p_i}\right)^2\right\}^2 + \left(\frac{\eta p}{G}\right)^2}\left[\left\{1 - \left(\frac{p}{p_i}\right)^2\right\}\cos pt + \frac{\eta p}{G}\sin pt\right] \qquad (15.48)$$

지진시 지반내에 연직방향으로 진행하는 전단파동이 있다고 가정하며, 이에 의한 水平變位를 y_e라고 하면

$$y_e = A \cos\left\{p\left(t - \frac{z-H}{\beta'}\right) - \theta\right\} - B \cos\left\{p\left(t - \frac{z-H}{\beta'}\right) - \theta'\right\} \qquad (15.49)$$

여기서, p : 波動의 圓振動數
 β' : 지반에서의 傳播速度
 A, B, θ 및 θ' : 적분상수

이 식의 第1항은 상승하는 파동이며, 第2항은 하강하는 파동이다. 따라서, A는 入射地震波動의 진폭이다. 만일 지표면상에 댐이 없다면 지표면에 대한 진폭은 2배가 된다.

여기서, 문제를 간략히 하기 위해, 지표면상의 댐에서 어느정도 떨어진 점에 대한 地震動振幅을 Y_B라고 하면 이것을 $2A$와 같다고 가정한다. 즉

$$Y_B = 2A \qquad (15.50)$$

간단히 하기 위하여 제체에서 발생하는 변위와 응력, 지반에서 발생하는 變位와 응력이 연속인 조건의 가정에서 다른 3개의 임의정수가 결정된다. 따라서 다음 2식이 유도된다.

$$\left(\frac{Y_B}{u_0}\right)^2 = \left[1 + \kappa\Sigma \frac{\frac{4h_i}{z_i}\left(\frac{p}{p_i}\right)^2}{\left\{1-\left(\frac{p}{p_i}\right)^2\right\}^2 + \left(2h_i\frac{p}{p_i}\right)^2}\right]^2 + \left[\kappa\Sigma \frac{\frac{2}{z_i}\frac{p}{p_i}\left\{1-\left(\frac{p}{p_i}\right)^2\right\}}{\left\{1-\left(\frac{p}{p_i}\right)^2\right\}^2 + \left(2h_i\frac{p}{p_i}\right)^2}\right]^2 \qquad (15.51)$$

$$\left(\frac{U_A}{u_0}\right)^2 = \left[1 + \Sigma \frac{\mu_i \left(\frac{p}{p_i}\right)^2 \left\{1 - \left(\frac{p}{p_i}\right)^2\right\}}{\left\{1 - \left(\frac{p}{p_i}\right)^2\right\}^2 + \left(2h_i \frac{p}{p_i}\right)^2}\right]^2 - \left[\Sigma \frac{2\mu_i h_i \left(\frac{p}{p_i}\right)^3}{\left\{1 - \left(\frac{p}{p_i}\right)^2\right\}^2 + \left(2h_i \frac{p}{p_i}\right)^2}\right]^2 \quad (15.52)$$

여기서 ρ' : 지반의 밀도
U_A : 댐마루에 대한 變位振幅

그리고

$$h_i = \frac{\eta p_i}{2G} \quad (15.53)$$

$$\kappa = \frac{\rho \beta}{\rho' \beta'} \quad (15.54)$$

이 계산에서 k는 에너지가 지중에 분산됨에 따른 댐의 진동감쇠를 표시하는 계수이며, k가 클수록 진동 감쇠는 크다. h_i는 제체의 粘性에 의하여 일어난 진동감쇠정수이며, h_i가 클 수록 減衰는 크다. 여기서 첨자부호 h_i는 i次固有振動의 감쇠에 주로 관계가 있음을 의미한다.

그러나

$$h_i = \frac{p_i}{p_1} h_1 = \frac{z_i}{z_1} h_1 \quad (15.55)$$

이므로 제체의 점성에 의한 振動減衰를 표시하는 기본 계수로 h를 선택하여 다음식으로 나타낸다.

$$\left. \begin{array}{l} h_i = \dfrac{z_i}{z_1} h \\[6pt] h = \dfrac{\eta z_1 \beta}{2GH} \end{array} \right\} \quad (15.56)$$

즉 이들 식으로부터 減衰定數 h는 高次振動일수록 크고, 댐높이가 높을수록 작다.

댐마루의 地動에 대한 비를 진동증폭율 M이라하며 $M = U_A/Y_B$ 이다. 이것은 가장 주목되는 量이며 k, h 및 pH/B에 관계한다. 그림 15.18은 이들 관계의 一例를 $k = 0.20$일 때에 대하여 나타낸 것이다. 이 곡선에 의하면 M은 pH/B가 z_1, z_2, z_3인 지점에서 3개의 極値를 이루며, 이들 極値는 각각 댐의 고유진동이 발생 되기 때문에 일어나는 것이므로 高次의 고유진동에 의해 발생되는 極値일수록 그 값이 작다.

그림 15.19는 증폭율이 주어진 1次 및 2次의 極値 M_1 및 M_2에 대한 k 및 h를 나타낸 것이며, 그림 15.20은 주어진 k 및 h에 대한 M의 1次~4次의 극치를 나타낸 것이다. k와 h의 값은 그림 15.19에 보인 M_1과 M_2 값과 같이 관측된 1次및 2次 고유진동의 증폭율을 취하여 결정한다.

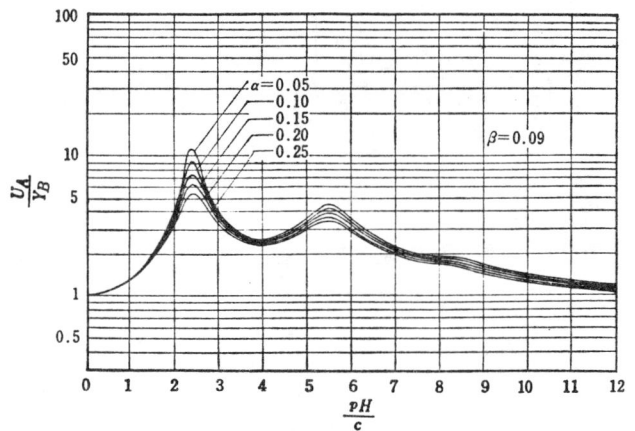

그림 15.18 전단보의 진동수 응답곡선

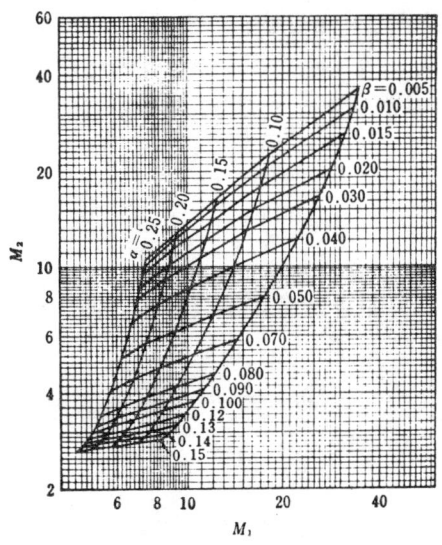

그림 15.19 1차 및 2차 고유진동과 증폭율과의 관계

Sannokai 댐(H : 39 m, $\rho = 1.8\,t/m^3$)에 대하여 Niigata 지진기록을 분석하여 댐마루 진동의 지반진폭에 대한 증폭율을 구한 결과는 그림 15.21과 같다. 이에 의하면 1차 진동주기는 0.42 sec ($p_1 = 15$)이며, 증폭율의 1차 및 2차 최대치는 각각 $M_1 = 6.0$, $M_2 = 3.5$이다.

따라서, 식(15.41)로 부터

$$\beta = \frac{p_1 H}{z_1} = \frac{15 \times 37}{2.4} = 231 \text{ m/sec}$$

식(15.42)에서

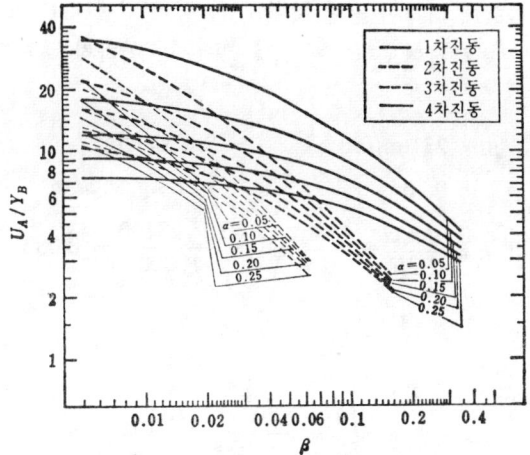

그림 15.20 흙댐의 증폭율과 감쇠계수와의 관계

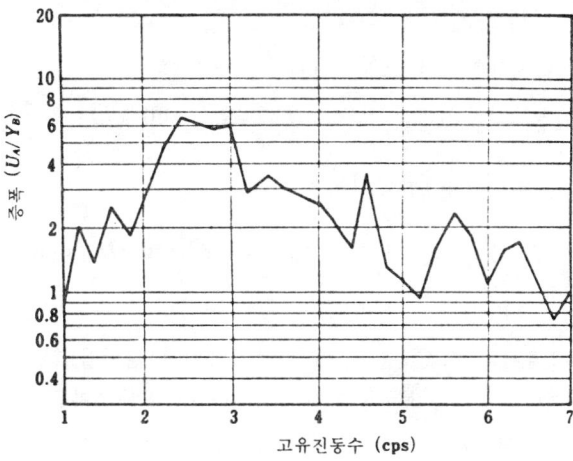

그림 15.21 Sannokai댐의 증폭스펙트럼(Niigata 지진, 1964. 6. 16)

$$G = \rho\beta^2 = \frac{1.8 \times 231^2}{9.8} \text{ t/m}^2 = 980 \text{ kg/cm}^2$$

그림 15.19에서 $M_1 = 6.0$, $M_2 = 3.5$에 대한 κ 및 h를 구하면

$$\kappa = 0.20, \qquad h = 0.09,$$

이 된다.

그리고 식(15.56)에서

$$\eta = \frac{2Gh}{P_1} = \frac{2 \times 980 \times 0.09}{15} = 11.8 \text{ kg. sec/cm}^2.$$

이 값은 높이 37 m 의 흙댐에 대하여 구한 것이지만, 이 결과를 다른 높이의 댐, 예를 들면 $H=100$ m 의 경우 댐높이가 변하하여도 β, G, k 및 η 는 변하지 않는다고 가정한다. 따아서

$$\beta = 231 \text{ m/sec} \qquad G = 980 \text{ kg/cm}^2$$
$$\kappa = 0.20 \qquad \eta = 11.8 \text{ kg. sec/cm}^{-2}$$
$$\therefore h = \frac{\eta z_1 c}{2GH} = \frac{11.8 \times 2.40 \times 23100}{2 \times 980 \times 10000} = 0.033$$

1차고유진동주기는

$$p_1 = \frac{z_1 \beta}{H} = \frac{2.40 \times 23100}{10000} = 5.54$$
$$T_1 = \frac{2\pi}{5.52} = 1.14 \text{ sec}$$

마찬가지로 2차, 3차 및 4차의 고유진동주기는

$$T_2 = 0.50 \text{ sec}, \quad T_3 = 0.32 \text{ sec}, \quad \text{and} \quad T_4 = 0.23 \text{ sec}$$

식(15.20)으로부터 k 및 h의 極値를 구하면

$$(U_A/Y_B)_1 = 7.5, \ (U_A/Y_B)_2 = 6.8, \ \text{and} \ (U_A/Y_B)_3 = 4.9$$

이 된다.

즉 높이 100 m 의 흙댐에서는 高次振動이 매우 현저하게 나타남을 알 수 있다.

록필댐의 지진기록과 관련시켜 작성한 동일한 방법에서의 계산결과를 표 15.6에 나타내었다. 앞에서 언급한 흙댐의 결과와 비교할 목적으로 이표에 함께 나타내었다.

이 표에서 록필댐과 흙댐을 비교하면 전자보다 후자가 댐내 波動 傳播속도, 겉보기 剪斷彈性係數, 粘性係數 등이 크게 나타났다

표 15.6

댐	Sannōkai	Yanase	Kuzuryū
형식	흙댐	중력필댐	록필댐
높이 m	37	115	128
T_1 sec	0.42	0.42	0.44
c m/sec	230	720	760
G kg/cm²	0.98×10^3	10.6×10^3	11.8×10^3
ρ	1.8	2.0	2.0
η	11.8	70.6	182
M_1 (관측)	6.0	7.0	6.0
M_2 (관측)	3.5	5.5	3.0
κ	0.20	0.22	0.18
h	0.09	0.05	0.11

2. 지진시 動的擧動

1) 일반사항

댐 위에 계기를 설치해 놓고 지진시에 관측을 하면, 지진시 댐의 擧動을 알 수 있다. 처음에는 지진계에 의하여 지반과 제체표면의 지진동이 측정되었을 뿐인데, 최근에는 제체내부에 대한 地震動, 動土壓, 動間隙水壓, 지진 후의 殘留變形 등의 측정도 가능하게 되었다. 計器를 댐 위 또는 지반상에 설치하는 경우는 특별히 곤란한 점은 없으나, 제체내부에 설치한 경우는 計器內에 습기나 水分이 들어가기 쉽고 제체의 침하에 따라 계기의 경사 또는 導線이 절단되는 등의 문제가 발생하기 쉽다. 댐의 침하는 中位部(mid-height)에서 가장 크기 때문에 埋設計器의 고장은 특히 이 표고에 많다는 것에 주의해야 한다.

2) 地震加速度의 관측

지진으로 유발되는 댐의 가속도는 댐에 작용하는 지진관성력을 결정하는 중요한 인자이다. 따라서 지진시에 댐위의 수개지점에 가속도를 관측해야 한다. 최근에는 많은 댐에 지진가속도 관측이 수행되어 유용한 자료가 축적되고 있다. 수개소의 흙댐과 록필댐의 관측예를 기술하면 다음과 같다.

(1) Sannokai 댐

Sannokai 댐은 凝灰岩의 기반상에 설치된 높이 37 m, 길이 145 m 의 흙댐이다. (그림 15.22 참조) 댐마루, 下流側斜面 및 지반상에 다수의 加速度計가 설치되어 1963년이래 관측이 계속되어 지금까지 많은 기록이 있다. 그림 15.23은 Akita 지진의 余震, Niigata 지진, Tokachi-oki 지진 등의 가속도 기록을 나타낸 것이다.

이들 기록에는 다음과 같은 성질이 인정되었다.

① 계곡의 左右岸의 진동은 Niigata 지진과 대체로 같지만, Akita 지진의 余震 진동은 매우 다르다.
② 댐마루의 진동은 地盤動의 진동에 비하여, 水平方向과 연직방향 모두에서 매우 크게 나타났다.
③ 댐마루에서 연직방향가속도는 水平方向加速度보다 작다.
④ Niigata 지진과 Tokachi-oki 지진에서 댐마루의 진동은 대략 일정한 주기를 갖는다. Akita 지진 余震의 경우는 가속도 기록의 主要部(major part)에서 周期는 비교적 짧고, 이에 연속하는 부분에서 Niigata 지진과 Tokachi-oki 지진에서 탁월주기는 컸다.

Akita 지진의 余震과 Niigata 지진 기록상에서 인정되는 성질의 차이는 지진의 규모와 진앙거리에 있어 양자간에 많은 차이가 있기 때문이라고 한다.

(2) Kisenyama 댐

Kisenyama 댐은 규암(chert) 및 粘板岩의 기반상에 설치된 높이 95 m, 길이 267 m 의 록필댐이며, 1969년에 준공하였다. 이 댐은 댐마루, 斜面, 堤體內 및 지반상에 다수의 지진계가 설치되었다(그림 15.24 참조). 그 중에서 가장 강한 지진은 준공직후인 1969년 9월에 발생한 Gifu 지역 서부의 지진이며, 그림 15.25에는 이 지진에 의한 加速度記錄의 主要部를 나타낸 것이다.

이 기록에는 다음과 같은 사실을 인정할 수 있다.

514

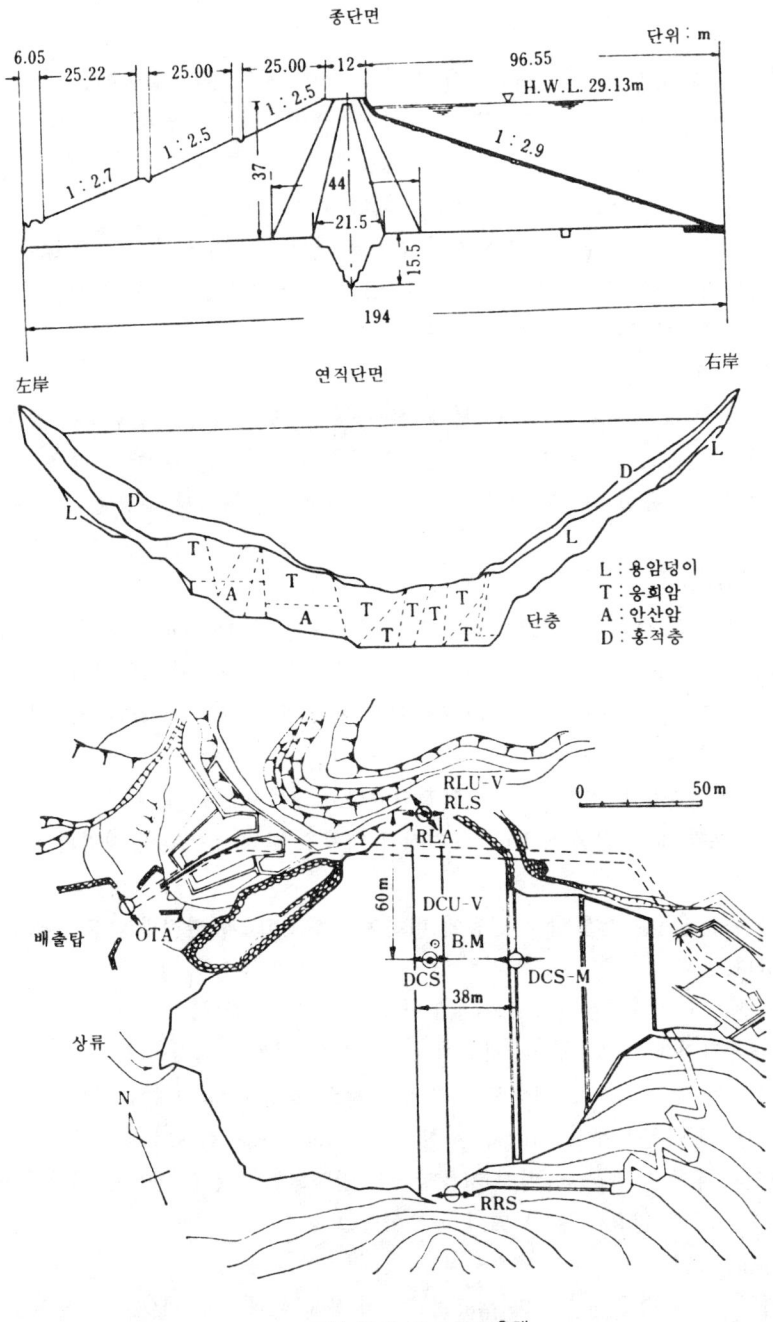

그림 15.22 Sannōkai 흙댐

① 댐마루의 진동은 지반이나 댐中高部의 진동에 비하여 매우 크다.
② 댐마루의 中央部에 대한 진동의 경우 댐축방향과 댐축직교방향의 진폭은 대체로 같은 정

제 15 장 흙댐의 내진 515

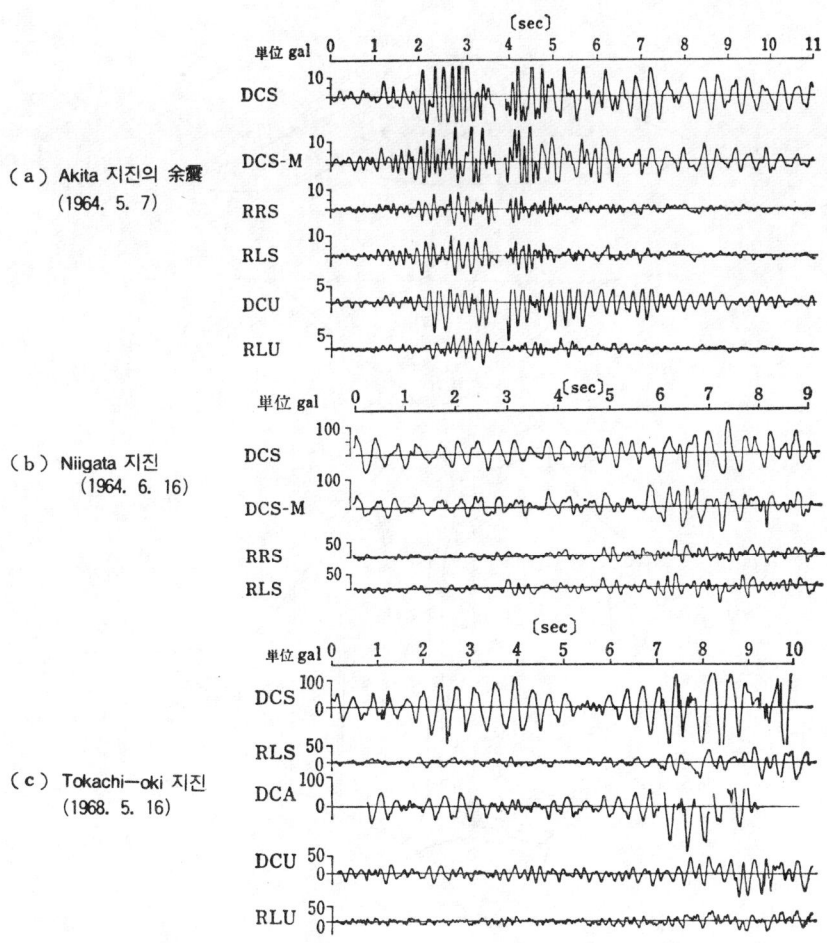

DSC : 댐마루 중앙에서 댐축에 직각방향
RRS : 右岸에서 댐축에 직각방향
RLS : 左岸에서 댐축에 직각방향
DCU : 댐마루 중앙에서 연직방향
RLU : 左岸에서 연직방향
DCA : 댐마루 중앙에서 댐축방향
DCS-M : 하류면의 중간높이에서 댐축에 직각방향

그림 15.23

도의 크기이며, 탁월진동주기도 거의 같다.

(3) Kuzuryu 댐

 Kuzuryu 댐은 千枚岩質 및 礫岩의 기층상에 축조된 높이 128 m, 길이 355 m 의 경사코어型 록필댐이며, 1968년에 준공하였다. 그러나 이 댐은 前述한 Gifu 지역 서부의 지진을 받았지만 피해는 없었으며 이 때 얻은 코아內 각 점에 대한 加速度기록은 그림 15.26과 같다. 이들 기록에서 코어內의 가속도는 上部일수록 크며, 댐마루의 연직방향 加速度는 水平方向 加速度보다 작다.

3) 댐마루에서 최대가속도의 증폭

(1) 흙댐

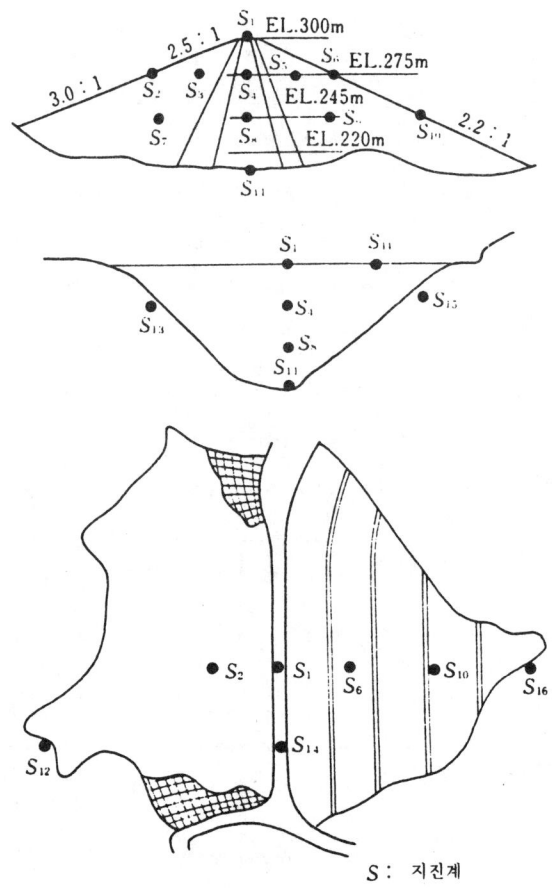

그림 15.24 Kisenyama 록필댐

댐 상부에서의 최대가속도와 지표에서의 최대가속도의 比는 실제문제에서 흥미롭다. 그림 15.27은 Sannokai 댐(높이 37 m)에서 관측한 예를 나타낸 것이다. 이것에 의하면 댐 軸直交方向 振動에 대한 이들 2가지의 比는 지진강도가 낮을 때는 몇배정도 되나 지진강도가 높을 때는 2배 미만정도 이다. 댐축 및 연직평행한 진동에 대해서는 같은 경향을 인정할 수 있었다.

높이 40.8 m 의 다른 댐에서 측정한 지진동의 관측도 같은 경향을 보였으며 증폭율은 弱震에서 높다고 보고되었고, 댐상부에서 50 gal 의 최대가속도를 갖는 지진에서는 1.7이며, 높이 40 m 의 2개 댐에서 1.7이었다.

1976년 7월 18일 Tangshan 지진($M=7.8$)시에 중국의 Paiho Main 댐에서도 기록되었다. 이 댐은 높이 66 m, 길이 96 m 의 흙댐으로서 진앙거리가 댐으로부터 약 150 km 에 있었다. 지진계가 설치된 이래 가속도기록은 이 지진시의 것이며 최대지진가속도는 표 15.7과 같다.

지반에 대한 댐마루에서의 최대가속도비는 댐축직각방향은 2.4이며 댐축 평행 방향에서 4.1, 연직방향은 1.3이다. 연직방향의 비는 Sannokai 댐에서 관측한 값과 거의 같았으나 수평방향의

제 15 장 흙댐의 내진 517

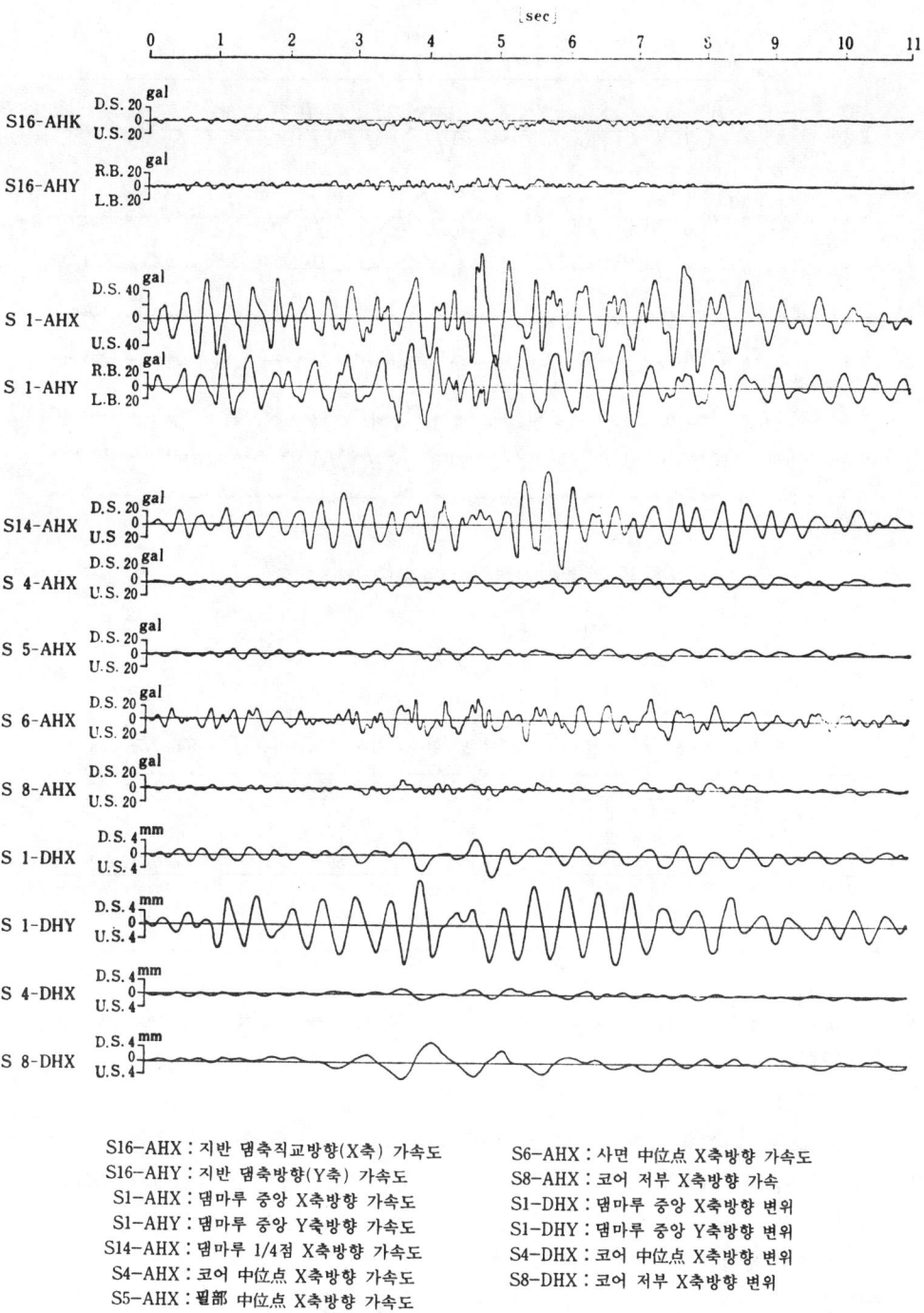

S16-AHX : 지반 댐축직교방향(X축) 가속도
S16-AHY : 지반 댐축방향(Y축) 가속도
S1-AHX : 댐마루 중앙 X축방향 가속도
S1-AHY : 댐마루 중앙 Y축방향 가속도
S14-AHX : 댐마루 1/4점 X축방향 가속도
S4-AHX : 코어 中位点 X축방향 가속도
S5-AHX : 필部 中位点 X축방향 가속도
S6-AHX : 사면 中位点 X축방향 가속도
S8-AHX : 코어 저부 X축방향 가속
S1-DHX : 댐마루 중앙 X축방향 변위
S1-DHY : 댐마루 중앙 Y축방향 변위
S4-DHX : 코어 中位点 X축방향 변위
S8-DHX : 코어 저부 X축방향 변위

그림 15.25 Kiesenyama댐의 가속도 및 변위기록(Gifu 북서부 지진, 1969. 9. 9)

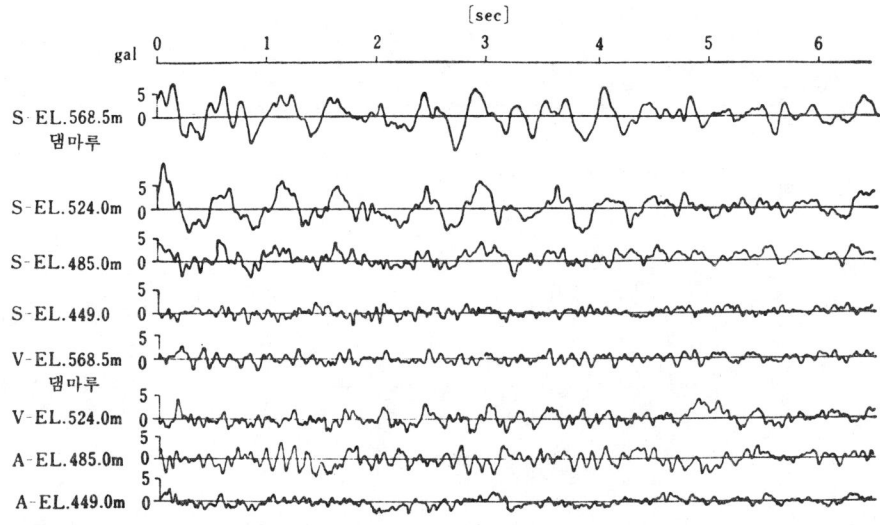

그림 15.26 Kuzuryu 록필댐 코어에서의 가속도 기록
S: 댐축에 직각방향
A: 댐축방향
V: 연직방향

표 15.7 Tangshan 지진시 paiho 댐에서 관측한 최대가속도(Tangshan 지진, 1976. 7. 28 L.Liu)

위 치	방 향	최대가속도(gal)	주요진동 주기(sec)
댐마루	댐축에 평행	160	0.57
	댐축에 연직	128	0.60
	연직	66	0.25, 0.11, 0.2−0.4
하류댐 선단	댐축에 평행	39	0.2, 0.1−0.3, 0.45−0.70
	댐축에 연직	53	0.2, 0.11, 0.4−0.8
	연직	50	0.13, 0.25

비는 Sannokai 댐 보다 컸다. 이 지진으로 인하여 모래와 자갈의 하류 보호층에서 대규모 활동이 일어났다.

(2) 록필댐

그림 15.28과 그림 15.29는 록필댐의 地表面과 댐마루 사이의 최대 지진가속도 관계이다. 흙댐에서와 같이 지진가속도가 증가함에 따라 增幅率이 감소하는 것을 그림에서 명확히 알 수 있다. 무엇보다도 그림 15.28에서는 매우 큰 증폭율을 보였으나, 그림 15.29의 증폭율은 가장 큰 지표면 가속도 에서 2.0이하 인것은 주목할 가치가 있다. 기타 몇개의 높이 100 m 인 록필댐에서 관측한 이들 값과 비교하면 그림 15.28에서 보인 값은 댐의 다른 조건의 영향을 받은 것으로 보이며, 증폭율이 일반적으로 2라고 가정하는 것이 적당하다.

위의 관측기록은 높이가 100 m 이상의 댐들이다. 최근 미국에서 가장 높은 흙댐인 Oroville

(a) 댐축직교방향

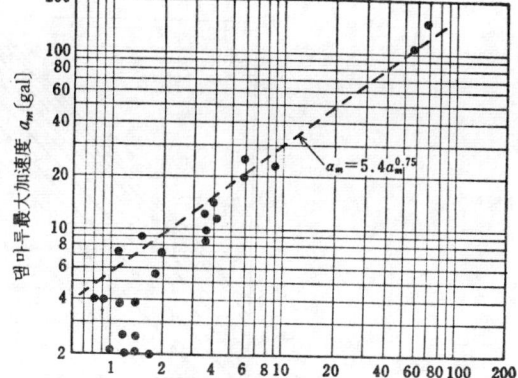

(b) 댐축방향

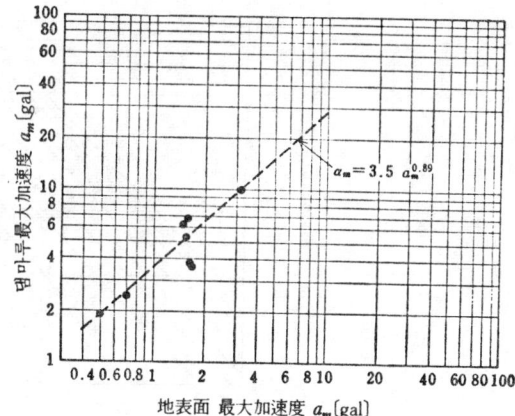

(c) 연직방향

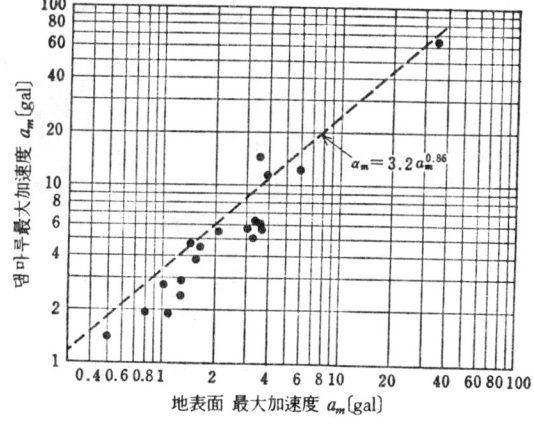

그림 15.27 댐마루와 지표면최대가속도와의 관계(Sannoki 흙댐)

(a) 댐축에 직교방향

(b) 댐축방향

(c) 연직방향

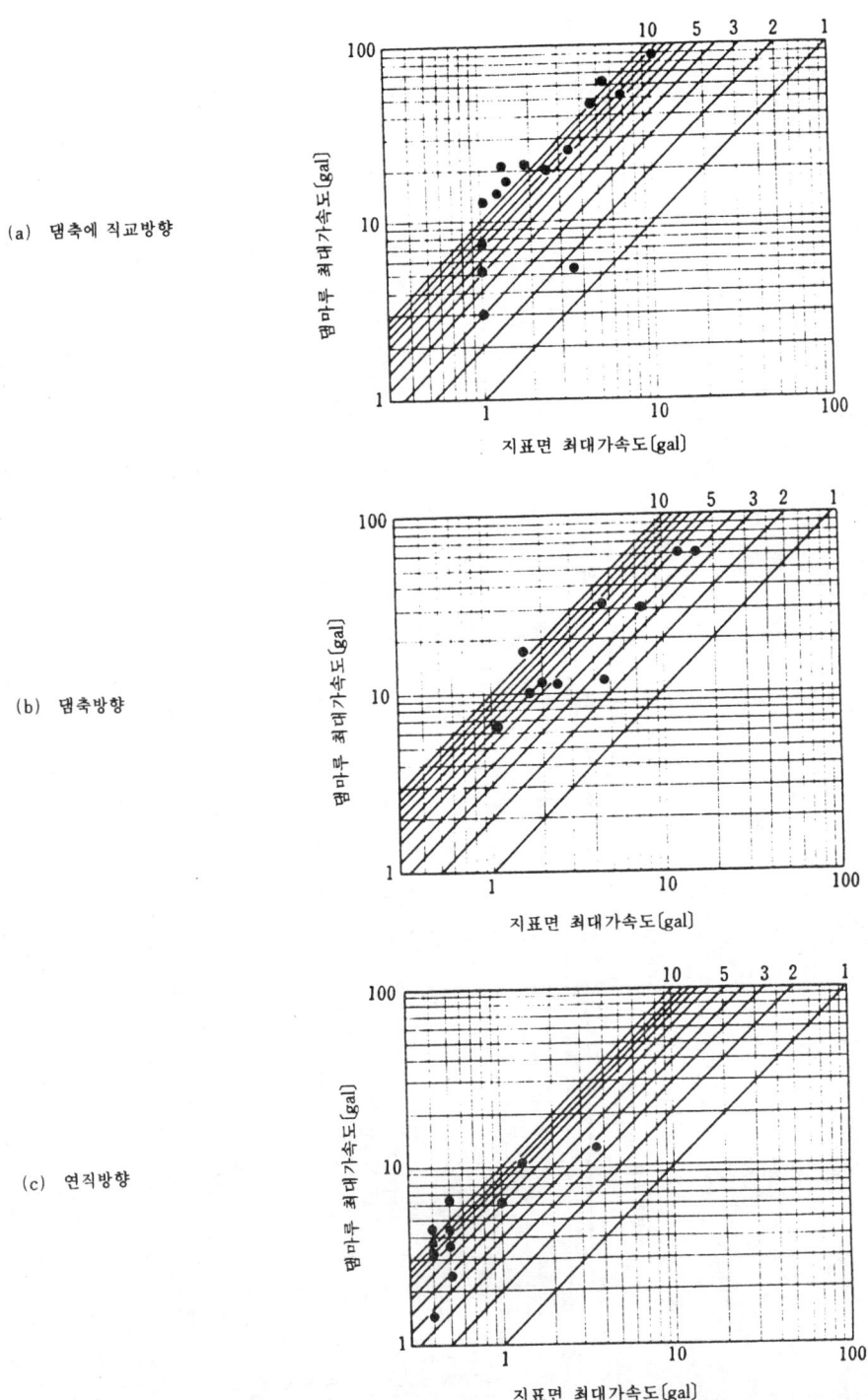

그림 15.28 댐마루와 지표면 최대가속도와의 관계(Kisenyama댐, T. Niwa)

제 15 장 흙댐의 내진 521

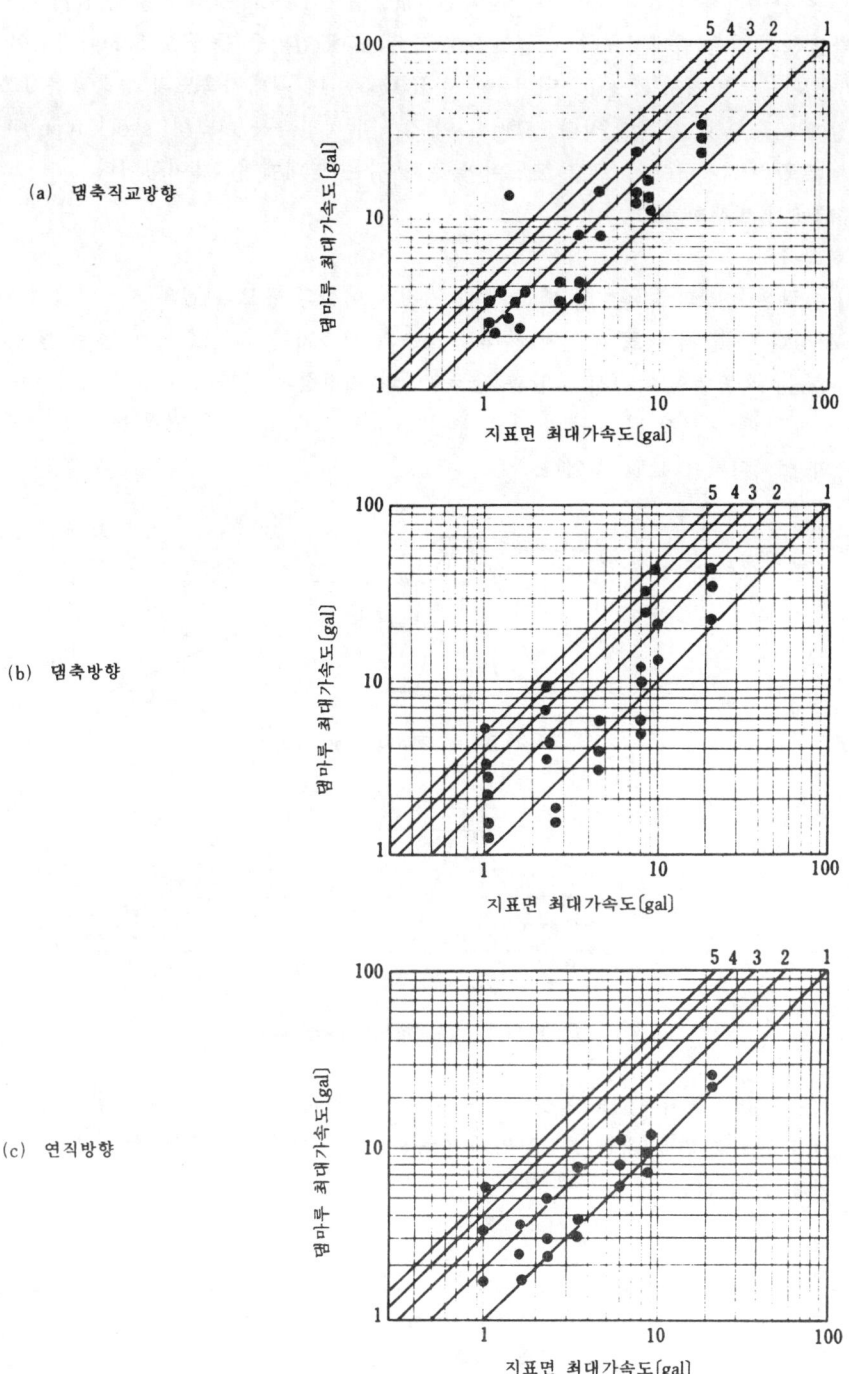

(a) 댐축직교방향

(b) 댐축방향

(c) 연직방향

그림 15.29 댐마루와 지표면 최대지진가속도와의 관계(Kuzuryu댐, K. Baba)

댐에서 얻은 관측기록이 있다. 이 댐은 높이 235 m, 길이 1707 m 에의 죤型 흙댐이다. 1975년 8월 1일 발생한 지진은 댐에서 11 km 떨어진 깊이 8 km 에 진앙을 둔 규모 5.7의 지진이었다. 최대지진가속도는 지반에서 85 gal, 댐마루에서 130 gal 이며 최대가속도의 증폭율은 1.5이었다. 이것은 앞에 기술한 比보다 더 작다. 그러나 이 경우의 지진파는 쇼크형(shock type)파이었다. 따라서 增幅率은 지진규모가 크고 波形이 물결과 같은 형태에서 1.5이상이다.

4) 흙댐에서 발생한 應力

(1) 현장측정

댐체의 응력은 土壓과 間隙水壓 때문이다. 지진시 이들의 규모는 댐의 지진안정에 충분한 영향을 주고 있다. 지진시 이들 두인자에 대한 소수의 관측기록이 있었다. 다음은 Niwa 가 보고한 Kisenyama 록필댐의 지진시 토압과 간극수압의 측정결과를 나타낸 것이다. 그러나 이것은 그 결과가 한 개 뿐으로서 많은 댐의 자료가 필요하다. 그림 15.30과 그림 15.31은 土壓計와 間隙水壓計의 설치위치를 보인 것이다.

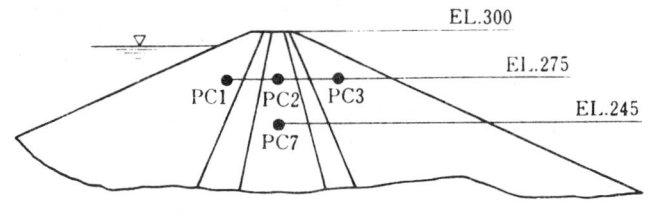

그림 15.30 토압계위치(Kisenyama 댐)

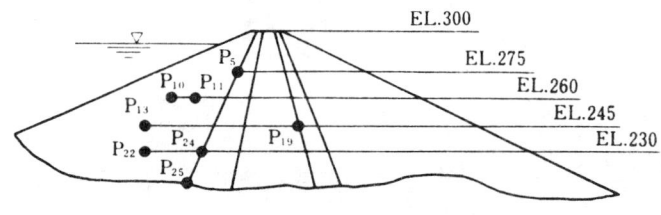

그림 15.31 간극수압계 위치(Kisenyama 댐)

표 15.8은 주요 지진이며, 표 9.4는 이들 지진시 토압과 탁월주기를 관측한 것을 보인 것이다. 표에서 b는 수평면에 대한 연직토압이며 a와 c는 그림 15.32에서 보는 바와 같이 경사면에 대한 것을 의미한다.

표 15.8

지 진	일 자	M	Δ	A_g	A_c
No. 5	1969. 9. 9	7.0	145	12.2	92
No. 46	1971. 1. 5	6.1	—	4.8	51
No. 48	1972. 8. 3	4.8	—	5.1	65

M : 규모, Δ : 진앙거리(km)
A_g : 지표면 최대가속도(gal)
A_c : 댐마루 최대수평가속도(gal)

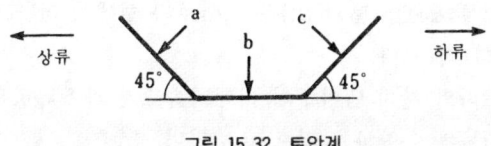

그림 15.32 토압계

표 15.9(a)에 따르면 靜的土壓은 각 지진마다 다르다. 이것은 시간에 따른 댐의 침하의 발달에 기인한 것으로 생각된다. 물론 얕은 부분의 정적토압은 깊은 곳보다는 작으며 코어에서는 쉘에서 보다 더 크다. 이들 관측에서 動的土壓에 관한 결론은 다음과 같다.

① 상류측 쉘의 동적토압은 하류측 쉘의 현상과 반대이다.
② 動的土壓은 일반적으로 하류측면 쉘에서 가장 크다.
③ 動的土壓은 댐축직교방향에서 마루부의 가속도 보다 몇초 늦거나 거의 동시에 최대로 도달한다.
④ 표 15.9(b)에서와 같이 경사면에 대한 動的土壓의 탁월주기는 댐의 수평진동의 고유진동주기와 거의 같으며 수평면에 대한 것은 댐의 연직진동의 고유진동주기와 같다. 댐축직교방향에서 댐의 수평진동의 고유주기는 0.48 - 0.53 sec 이다.

표 15.9(a) 토압

지 진		No. 5			No. 46			No. 48		
		D	S	D/S	D	S	D/S	D	S	D/S
상류 쉘	PC-1a	0.120	2.12	5.66	0.06	0.86	6.98	0.044	2.11	2.09
	PC-1b	0.023	1.43	1.61	0.05	1.02	4.90	0.030	1.88	1.60
	PC-1c	0.072	1.28	5.63	0.07	0.65	10.77	0.026	1.29	1.98
코어	PC-2a	0.120	4.58	2.62	0.10	3.23	3.10	0.038	2.59	1.47
	PC-2b	0.100	3.78	2.65	0.095	2.58	3.68	0.030	2.26	1.33
하류 쉘	PC-3b	0.122	2.61	4.67	0.024	2.51	0.96	—	—	—
	PC-3c	0.150	2.36	6.36	0.115	2.72	4.23	0.044	2.38	1.85
코어	PC-7a	0.80	1.78	4.49	—	—	—	0.030	0.08	3.75
	PC-7b	0.117	10.13	1.15	0.200	7.61	2.63	0.056	7.19	0.78

D : 동압(kg/cm²), S : 정압(kg/cm²), S/S : 비(%).

표 15.9(b) 동적토압의 탁월주기(sec)

지 진	No. 5	No. 46
PC-1a	0.48	0.58
PC-1b	0.35	0.36
PC-1c	0.35	0.58
PC-2a	0.37	0.58
PC-2b	0.35	0.37
PC-3c	0.50	0.58
PC-7b	0.36	0.37

⑤ 增幅率(靜的土壓에 대한 動的土壓의 比)은 코어보다 쉘에서 더 크며 경사면에 대한 것은 수평면에 대한 것보다 더 크다.
⑥ 그림 15.33에서 보는 바와 같이 댐마루의 최대가속도가 약 50 gal 일 때 증폭율은 갑자기 증가한다. 그러나 10%에 수렴하는 것으로 보인다.

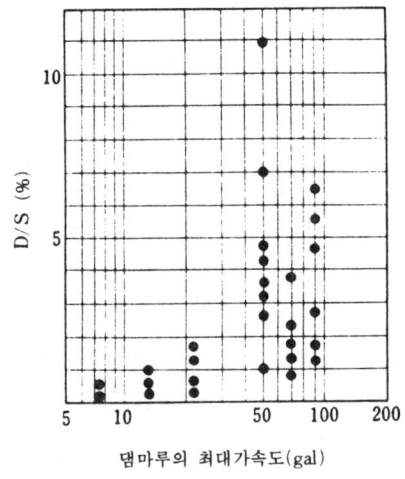

그림 15.33

표 15.8은 3개의 强震시 측정된 댐의 動的 및 靜的 간극수압을 보인 것이다. 측정결과에 따르면 간극수압은 댐의 가속도가 최대에 도달한 후 몇 초 혹은 동시에 최대로 되었다. 간극수압범위의 변화주기는 0.37~0.71 sec 이었는데 이는 댐의 수평진동의 탁월주기보다 다소 짧았으며 연직진동의 탁월주기보다는 다소 길었다. 표 15.10은 3개의 강진시에 정적 및 동적간극수압과 이들 사이의 比를 나타낸 것이다. 이 표에 따르면, 간극수압의 증가는 다른 점에서 보다 P-24, P-25에서 더 컸다. 그 이유는 P-24, P-25는 코어와 쉘에 위치해 있기 때문으로 생각된다. 그러나 표에서 지적한 간극수압의 증가는 일반적으로 작다. 만일 흙댐이었다면 간극수압의 증가는 더 컸을 것이다.

표 15.10 간극수압

| 지진 | No. 5 | | | No. 46 | | | No. 48 | | |
| 수위 | EL. 250.16(m) | | | EL. 296.00(m) | | | EL. 285.34(m) | | |
	D	S	D/S	D	S	D/S	D	S	D/S
P-5	−	−	−	−	−	−	0.042	0.66	6.36
P-10	−	−	−	0.095	3.79	2.51	0.035	1.95	1.79
P-11	−	−	−	−	−	−	0.030	2.05	1.46
P-13	0.055	2.30	2.39	0.102	5.13	1.99	0.040	3.76	1.06
P-19	−	−	−	0.050	1.00	5.00	0.018	0.51	3.43
P-22	−	−	−	0.128	6.66	1.92	0.040	5.45	0.73
P-24	−	−	−	0.145	6.63	2.19	0.055	5.08	1.08
P-25	0.173	3.35	5.16	−	−	−	−	−	−

D: 動壓(kg/cm^2), S: 靜壓(kg/cm^2), D/S: 比(%)

이미 8.1절에서 언급한 바와 같이 1968년 Tokachi-oki 지진 本震직후 제방에서 관측된 간극수압은 4 m 의 증가를 보였다. 1971년 San Fernando 지진후 Los Angeles 의 Lower Van Norman 댐에서 지진후 약 24시간 동안 관측한 결과 간극수압이 2.5 - 5.1 m 증가하였다고 보고되었다. 이들 경험을 고려하면 흙댐의 경우 간극수압의 증가는 매우 큰 경향을 보인다.

(2) 數値解析

댐의 應力은 수치해석으로 해석할 수 있다. 댐의 고유진동에 의한 응력은 전단보 모형에 따르면 그림 15.10과 같은 분포를 한다. 즉 1차진동을 갖는 댐높이의 1/4 표고와 2차진동을 갖는 댐높이 1/3의 표고에서 전단응력이 최대이다. 수평단면 및 연직단면의 연직응력은 이 이론에서는 무시되나 실제댐에서는 무시할 수 없다.

그림 15.34는 댐을 2次元體로 하여 계산한 1차고유진동에 대한 응력이며 다음사항은 주목된다.
① 中位部 단면에 대한 전단응력은 바닥단면에 대한 전단응력보다 크다.
② 수평 및 연직방향의 연직응력은 전단응력과 같은 정도의 크기이다.
③ 특히 연직단면상의 연직응력은 中位部의 표면부에서 특히 크다.
④ 사면부근의 응력은 사면기울기가 급할수록 커진다.

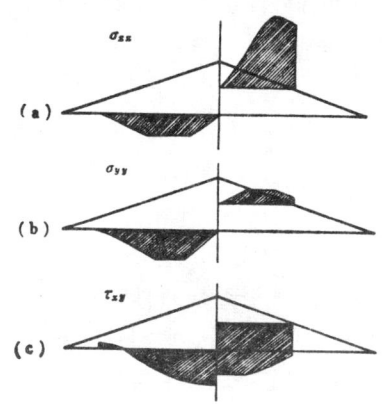

그림 15.34 필댐 내의 지진응력 분포(A. K. Chopra).

그러나 탄성적 계산은 재료와 탄성한계 까지만 정확한 결과를 나타내며, 따라서 계산에서 나타나는 인장력은 불합리한 값이다. 보다 명백한 결과를 얻기 위하여는 설계 지진동에 대하여 非線形 動의應答解析이 수행되어야 한다.

이 목적을 위하여 有效應力과 變形과의 관계는 모든 요소에 대하여 계산되어야 하며, 댐의 응답진동은 앞에서 기술한 단계적 계산을 이용하여 설계지진동을 계산해야 한다. 유효응력은 전응력에서 간극수압을 뺀 것이며, 간극수압은 흙의 투수성과 변형에 의하여 결정된다. 유효응력과 변형과의 관계는 변형이력과 규모에 의존하며 실제지반과 동등한 조건하에서 재료시험을 하여 결정한다.

간극수압과 변형 그리고 흙의 투수성의 관계는 이와 같은 시험에 의하여 결정된다.

진동에너지의 소산과 관련된 문제는 댐 축조재료의 이력(hysterisis)과 마찰로 인한 소산 뿐만 아니라 지반을 통한 소산도 고려하여 해석해야 한다. 이와 같은 다수의 계산은 이러한 목적을 달성하기 위하여 필수적으로 수행해야 한다.

모든 요소에 대한 단계적 비선형응답해석을 수행하기 위해서는 많은 노력이 요구되며 일반적으로 선형응답해석을 대신 하여 이용하고 있다. 선형응답해석에서 각 요소에서 발생하는 최대변형을 가정하고 가정한 변형에 대응하는 변형계수와 감쇠계수는 각 요소에 배분시킨다. 그 다음 요소의 동적응답은 탄성이론에 의하여 설계지진동에 대하여 계산한다.

이 계산을 앞에서 가정한 변형과 최대변형이 일치할 때까지 반복한다. 그러나 永久變形과 간극수압의 상승은 흙댐의 안정성에 영향을 주는 매우 중요한 요소이며, 이 방법으로는 산출할 수 없다.

이상에서 언급한 해석에서 지진동은 기초의 전면에 걸쳐 균등하다고 가정해야 한다. 그러나 때로는 이것이 한쪽에서 다른쪽으로 진행하는 파동인 경우도 있다. 이 경우 진동발생은 균등 지진동에 의하여 발생한 것과는 차이가 있으며, 이를 최초로 지적한 것은 Medvedev 이다. 그 후 El. Centro 지진, Taft 지진 등의 波形을 入力進行波(input progressive wave)로하여 파동이 댐축직교 방향으로 진행하는 경우로 가정하여 수치계산이 실시되었다. 따라서 비교적 큰 응력을 일으키는 부분은 댐의 중심부의 아래와 댐 표면의 中位部이며, 전단응력은 사면에 가까운 부분에서 매우 커지는 것이 분명해졌는데, 이 결과는 특히 주목해야 한다.

15.4 댐의 파괴

1. 흙댐의 파괴

1) Oga 半島 지진으로 인한 흙댐의 파괴

댐은 지진에 견디도록 설계되기 때문에 완전한 파괴는 거의 발생하지 않는다. 그러나 前述한 바와 같이 소규모 농업용 흙댐은 지금까지의 지진에 의하여 파괴된 예가 매우 많으며 가장 일반적인 파괴형식은 圓弧滑動面에 따라 상류측으로의 활동이라고 생각된다. Oga 반도에는 높이 15 m 이하의 흙댐이 많이 있는데, 1939년 이 지방에 일어난 局部的 強震에 의하여 많은 댐이 손상을 받았다. 지진피해 조사를 한 결과 흙댐의 形狀과 재료와의 파괴사이에는 다음과 같은 관계가 있음이 확인 되었다.

(1) 比 重

比重과 震害는 직접적인 관계가 없다.

(2) 粒徑 특성

조사된 흙댐에 사용된 축조 재료의 삼각분류도는 그림 15.35와 같다.

큰 원으로 표시된 것은 파괴된 댐의 재료이며, 작은 원으로 표시된 것은 피해를 받지 않았거나 약간의 피해를 받은 댐의 재료이다. 12개의 큰 원중에서, 3개의 원은 土性으로 인하여 파괴된 것으로 알려졌으며, 나머지 9개의 원은 우측 모서리 하단에 위치하고 있다. 이는 土粒子와 震害와 밀접한 관계가 있음을 의미한다. 즉 균일한 모래질 실트는 진동에 민감하고, 물의 침투로 인하여 液狀化가 발생되므로 댐 재료로서 부적당하다.

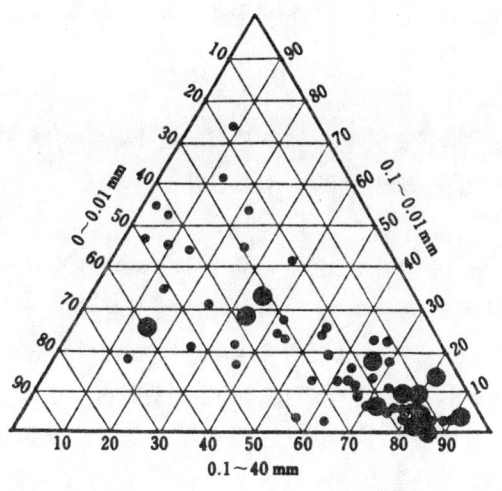

● : 파괴   ● : 피해가 없거나 약간 있음

그림 15.35 흙댐의 지진 피해에 대한 흙의 입도의 영향

(3) 粘着力과 摩擦力

점착력과 마찰저항은 堤體의 耐震性과 밀접한 관계가 있다. 점착력이나 마찰저항 중 어느 것이든지 충분히 커지면 피해는 적고, 점착력이 보통 정도의 크기이면서 마찰저항이 보통 또는 그 이하인 경우는 댐의 파괴가 일어난 예가 많다. 마찰저항은 진동에 의하여 심하게 저하하므로 마찰저항이 예외로 커지든지 또는 매우 작아져서 댐의 안정에 영향을 미친다. 후자의 경우는 점착력이 충분히 커야 하며 진동에 대하여 민감하지 않아야 한다.

조사된 댐에 대한 점착력 및 마찰력과 피해정도의 관계를 그리면 그림 15.36과 같으며 이것에 의하면 파괴되지 않기 위한 限界線을 가정할 수 있다. 이를 직선이라고 가정하면 파괴지 않는

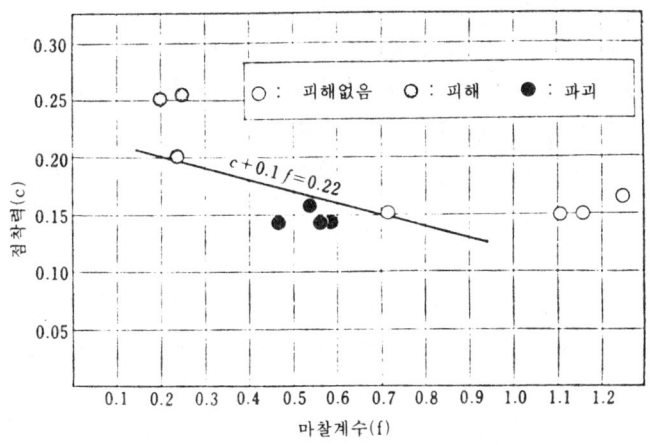

그림 15.36 흙댐의 지진피해에 대한 흙의 점착력과 마찰계수의 영향

조건은 c를 점착력 強度(kg/cm^2), f를 마찰계수라고 할 때 다음과 같다.

$$c + 0.1 f > 0.22 \tag{15.57}$$

또 재료와 함께 施工도 댐의 安定에 영향을 주며, 조사에 의하면 코어의 剛性이 댐표면재료(shell)의 강성보다 지나치게 크면 균열이 심해진다.

(4) 댐의 形狀

震害調査에 의하면 사면기울기가 1 : 2.5 이상에서는 파괴가 일어나지 않았다. 그러나 댐높이, 댐마루幅 사면기울기 등과 震害의 정도 사이에는 밀접한 관계가 인정되지 않았다. Niigata 지진시에 높이 20 m 이하의 흙댐에서는 같은 결과를 나타내었다. 높은 댐은 낮은 댐보다 피해가 많았으며 댐마루幅이 댐높이의 40~100%정도일 때 안전하며, 이 보다 좁거나 넓은 댐은 피해를 받았다. 이들 결과는 사면기울기가 완만한 경우는 기울기와 震害는 밀접한 관계가 없으며, 댐폭이 넓으면 파괴까지의 시간을 연장시키는데 도움을 주며, 소단은 사면의 피해를 경감시키는데 효과가 있다.

이상과 같은 예는 농업용 소규모댐으로서 반드시 근대기술로 축조된 것은 아니다. 따라서 施工管理가 불충분하고 재료가 결점이 있을 때 施工技術을 명확히 해야 한다. 물론 현대 시공관리가 이루어지더라도 재료나 시공이 댐의 안전에 대하여 매우 밀접한 관계가 있는 것은 변함이 없으며 이 경우 사면기울기도 진해에 관계가 없다고는 볼 수 없다.

2) Santa Barbara 지진으로 인한 흙댐의 파괴

Santa Barbara (California, 1925년) 지진으로 Sheffield 댐이 붕괴되었다. 이때 지진규모 M =6.3이며, 댐지점에서 약 11 km 떨어진 곳에서 지진이 발생하였다. Sheffield 댐은 높이 7.6 m, 길이 220 m 의 흙댐이며, 사면의 기울기는 1 : 2.5이었다. 기초는 두께 2 m 의 실트질 모래 층이었으며 堤體는 상류사면의 점토블랭킷을 제외하고는 대부분 모래질 재료로 구성되어 있었다. 저류수심은 약 5 m 충적층의 기초와 필 저부는 浸潤에 의하여 포화되어 있었다. 지진응답은 추정최대가속도가 0.15 g, 지진시 主振動은 약 15 sec 이었으며, 제체중심에서 길이 91 m 의 제체가 약 300 m 하류로 滑動하였다.

지진이 발생한 후 40년간 기술자가 제공한 정보와 당시 그 지역에 있었던 지진학자들의 협조로 댐의 파괴 매카니즘이 최초로 土質動力學의 지식을 활용하여 Seed 등에 의하여 해석 되었다. 이 해석에 관심이 집중되어 이 분야의 주된 연구가 되었다.

댐파괴에 대한 이 연구에서는 실트질 모래시료에 대하여 일련의 종합적인 강도시험이 실시되었다. 이 시험에서 반복하중이 포화된 모래의 거동에 미치는 영향은 반복응력이 작용되기 전 모래에 존재하는 응력에 상당한 영향을 준다는 사실을 알게 되었다. 특히 중요한 점은 파괴면 상의 初期鉛直應力 σ_{fc} 과 τ_{fc}/σ_{fc} 의 비이다. 여기서 σ_{fc}는 파괴면의 剪斷應力이다. 이와 같은 자료를 이용하여 파괴시에 댐에서 발생하는 限界滑動面이 몇가지 다른해석방법으로 결정되었다.

初期應力値는 유한요소법으로 결정하였는데 그림 15.37은 靜的試驗資料를 사용한 ⓐ유사 정적해석(pseudo static analysis)에 의한 限界滑動面 ⓑ反復三軸試驗資料를 사용한 動的解析 ⓒ

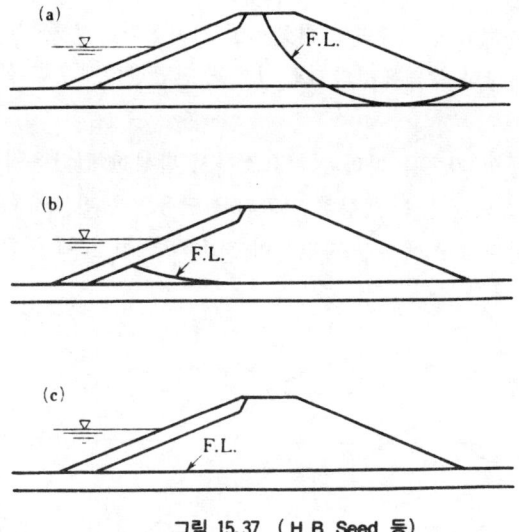

그림 15.37 (H. B. Seed 등)

反復單純剪斷試驗자료를 사용한 動的解析結果를 보인 것이다. 이 3가지 해석중에서 반복단순진단시험결과에의 자료를 이용한 動的解析은 安全率을 불합리하게 낮은 경우를 제외하고는 흙댐기초를 따라 활동을 일으키는 큰 파괴를 매우 정확하게 예측할 수 있다.

이 해석은 다음과 같은 과정의 단계를 포함하고 있다.

① 주어진 기본진동에 대한 흙댐의 동적응답해석은 지진시 댐에 발생하는 관성력의 시간이력(time history)평가를 할 수 있다.

② 관성력의 시간이력은 等價正弦地震波의 등가반복수 N으로 나타낼 수 있다. 주어진 지진동에 대한 댐의 진동응답은 $N=10$을 채택하며, 等價波形의 응력진폭은 작용응력의 최대치의 2/3를 채택한다.

③ 이면을 따라 흙 요소에 대한 지진전의 主應力比와 拘束壓을 결정하여 여러가지 잠재활동면을 해석한다.

④ 예측되는 응력작용수 (반복회수, N)에서 파괴에 필요한 반복응력 수준을 결정하기 위하여 구속압과 주응력비를 변화 시키면서 반복단순전단시험을 실시한다. 이들 결과는 여러가지 초기주응력비의 값에 대하여 지진발생전에 N 회에서 파괴되는 파괴선상의 최대 전단응력과 파괴선에 작용하는 유효연직응력 사이의 관계로 나타낸다.

⑤ 각각의 잠재활동면을 따라 N 회에 파괴를 일으키는데 요구되는 최대전단응력은 단계 4에서 알려진 관계로부터 결정하고 이들면에서 지진으로 인하여 발생하는 최대전단응력과 비교한다.

⑥ 해석은 주어진 剪斷變形의 발달에 대한 안전율을 결정하기 위하여 실시하며, 이 결정된 변형은 지진시 제방의 변위 가능성을 예측하기 위한 기본자료로 이용된다.

이 해석 결과로부터 지진동하에서 댐 기초면에 액상화가 발생할 것인지를 확인한다. 그러나 액상화는 기초면의 모든면에서 동시에 발생되지는 않는다. 실제로는 어느 부분에서는 쉽게 액상화한다. 따라서 다른 부분 보다 더 빨리 액상화하여 지진이 계속되는 동안 액상화하지 않은 부분에서 靜的 및 動的應力 등 2응력의 再分布를 가져온다. 이 응력의 再分布가 동적응답해석의 지속주기에 대한 액상화 영역에서의 0에 가까운 전단탄성계수를 설정하기 위한 연구가 시도되고 있다.

이 조건하에서, 제방의 기초를 따라 여러요소에서 발생한 전단응력은 그림 15.38에 나타낸 값과 같다. 지진이 지속되는 동안 액상화 영역의 전단응력은 반드시 0을 나타내고 있다. 그러므로 액상화 영역에 인접된 요소에서는 지진동이 지속되는 동안 매우 큰 전단응력이 발생하게 된다.

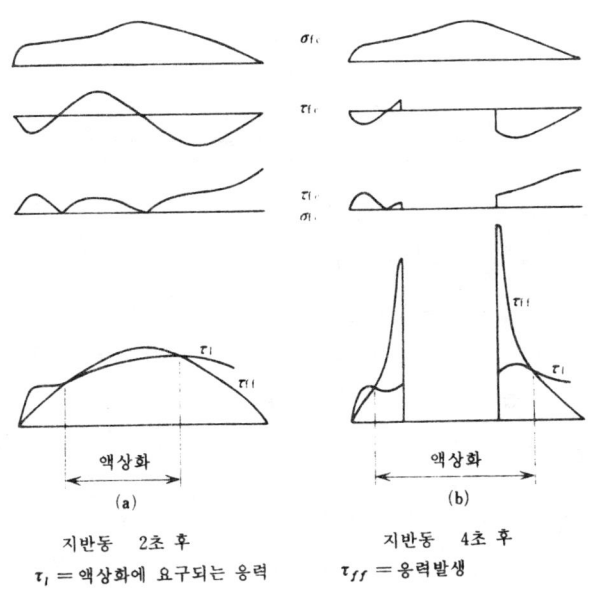

그림 15.38 액상화 발생과정(H. B. Seed).

2. 록필댐 모형의 파괴시험

1) 斜面滑動의 매카니즘

록필댐은 역사가 짧아 대지진을 받은 사례가 거의 없으므로 어떠한 파괴거동을 하는지는 잘 알 수 없다. 따라서 모형시험에 의한 파괴 연구가 필요하게 되었다. 모형은 實物과의 사이의 相似率(similitude)에 관한 문제는 있으나, 댐의 破壞機構를 연구하기 위한 유효한 수단이다.

다음은 댐 높이 1.4 m, 댐마루 0.15 m, 바닥폭 6.4 m, 上流面 기울기 1 : 2.5, 下流面기울기 1 : 2.1인 중심 코어형 록필댐의 모형시험에 대하여 기술하고자 한다. 모형 A는 쉘(shell)보다 더 큰 剛性을 갖는 코어인 반면 모형 B는 쉘과 거의 같은 강성 코어의 모형을 이용하였다.

모형을 振動台上에 놓고, 일정한 진동주기 0.22 sec 의 正弦波狀으로 진동시켰으며 振幅은 댐이 파괴될 때까지 점차 증가시켰다. 여기서 0.22 sec 의 진동주기는 振動台의 성능에 따라 결정되므로 모형댐의 고유진동주기보다 매우 긴 주기이다. 진동은 표면에서 일어나 沙汰의 형태로 붕되될 때까지 계속하였으며, 파괴된 후 활동선의 위치는 내부에 설치된 계측장치로 확인할 수

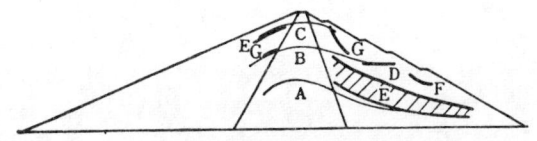

그림 15.39 흙댐 모형에서 피해 영역의 진행과정

있게 되어 있다. 모형 B의 경우는 진동하는 시간동안 변형의 변화와 댐의 잔류변형을 측정하였다. 모형 B에 대한 진동시험에서 나타난 파괴의 진전과정은 다음과 같다.
① 振動台 加速度가 140 gal에 달하게 되면 댐마루 부근에서 하류측의 필 부분이 약간 침하한다. 동시에 그림 15.39와 같이 선 A,B 및 C에서 미소한 相對變位가 발생한다. 이 變位는 진동대의 가속도가 270 gal로 될 때까지 증가하지 않고 거의 일정하게 유지된다. 이 相對變位는 진동에 의하여 堤體材料가 다져지기 때문인 것으로 생각된다.
② 진동대 가속도가 190 gal에 달하면 線 D부근에 약간 진동하는 相對變位가 나타난다. 이 영역에 일종의 불안정한 상태가 발생하는 것을 나타내는 것이다.
③ 진동대의 加速度가 270 gal에 달하게 되면 빗금친 E구역 전역에 線 D부근과 같이 진동하는 상대변위가 인정된다. 이 변위는 제체의 극히 일부 영역을 제외하고는 증가하지 않고 일정치를 유지한다. 또 제체中位部 下流側 斜面의 표면부근에 매설된 土壓計는 이 가속도까지는 대략 正弦波狀을 나타내었는데, 여기에 이르러 한쪽이 포화되기 시작함을 의미한다. 이는 이 부분에 대한 應力이 引張力으로 순간적으로 변화하기 때문으로 추정된다.
④ 가속도가 280 gal에 달하면 선 F 부근에서, 그리고 320 gal에 달하면 선 G 부근에서 진동하는 相對變位가 나타났다. 그러나 변형의 변위가 증가하는 경우는 없었다.
⑤ 진동대의 가속도 340~350 gal에 달하면 선 D 부근에서 급격히 증대하였다. 그리고 斜面表層이 붕괴하기 시작하였다. 그리고 약 2회반복 후에 선 F 하류 사면에 급격한 변형이 증가하며 댐마루부근의 하류측 쉘부에도 똑같은 현상이 발생하였다.
⑥ 실험완료 후의 조사에 의하면 코어部에는 침하와 함께 上半部가 하류측으로 변위 하였으나 下半部에는 이상이 없었다. 모형이 붕괴된 후의 상황은 그림 15.40(b)와 같다. 표면에서 약 15 cm 깊이로 斜面에 平行한 層狀部分에서 매우 많이 교란하였다.

모형 A와 모형 B의 파괴는 다음과 같은 차이를 보였다.
① 모형 A에서는 振動台의 加速度가 약 380 gal에서 中位部 표고의 하류측 사면에 수평 균열이 발생했고 下流面은 급속하게 붕괴한 반면 모형 B에서는 下流側 斜面表面에서 쉘재가 흐르는 것처럼 流下하였다.
② 그림 15.40(a)는 모형 A의 파괴상태에 도달한 것을 나타낸 것이다. 이 경우도 표면에서 약 15 cm로 사면에 평행한 부분은 모형 B와 같이 교란하였으나 쉘 部分의 침하량은 모형 B보다 컸다.
③ 모형 A에서 코어 자체의 하류측 變位는 거의 인정되지 않았다.

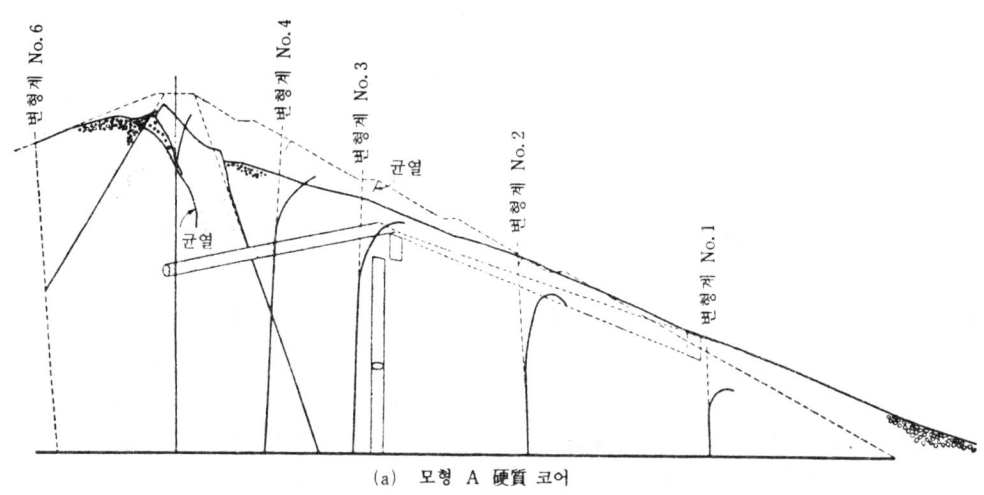

(a) 모형 A 硬質 코어

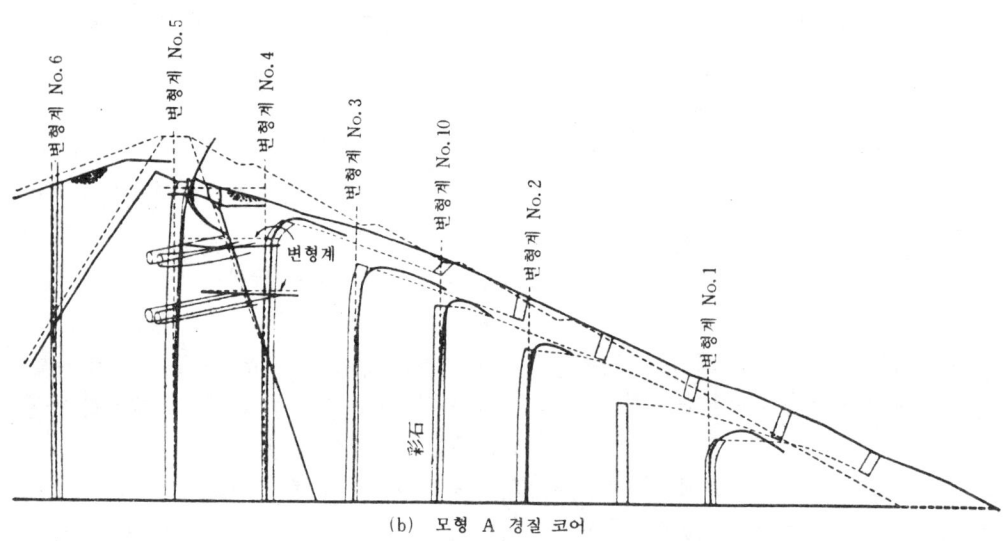

(b) 모형 A 경질 코어

그림 15.40 진동으로 인한 모형 댐내의 파괴 발생

④ 모형 A에서는 코어마루의 上流端에서 코어 下流側에 대략 평행하게 코어의 상단의 상류측 끝에 균열이 생겼다(그림 15.41(a) 참고). 모형 B에서 균열은 코어의 下流側 측면에 나타났으며, 이 때문에 코어 마루部는 코어의 상부끝 하류측으로 붕괴하였다(그림 15.41(b) 참조).

이 실험만으로 모든것을 추정하는 것은 문제가 있으나, 일단 이 실험 결과를 토대로 판단하면, 지진에 의한 댐 내부에 발생하는 이변(transfiguration)에는 여러 단계가 있다. 즉 어느 첫 단계의 조건이 만족될 때 댐내에 첫 단계 異變이 일어난다. 이 異變으로 어느 부분에는 영구적

(a) 모형 A 경질 코어　　　　　　(b) 모형 B 연질 코어

그림 15.41　진동으로 인한 록 필댐 코어의 파괴 붕괴가속도 사면기울기

인 變形이 일어나며 이 이변이 일어나기 때문에, 이변 자체는 진행이 억제된다. 다음에 다른 어떤 조건이 만족되기 까지는 댐 내에는 현저한 이변은 일어나지 않는다. 그 후 둘째단계의 조건이 만족되면 또 어느 지점에 異變이 일어나는데 그 지점에도 이변의 진행을 억제한다. 첫단계의 제2의 조건과 관계하는 것은 예상 가능한 것이다. 이 현상은 여기서 金屬材料의 인장시험에서 항복후 變形硬化로 인하여 가끔 나타나는 Lueder 線과 유사하며, 이것을 흙댐의 變形硬化라고 부르는 것이 적당하다고 생각된다.

이와 같은 단계를 몇회 거친 후에는 결국 억제되지 못하고 이변이 일어나 댐은 파괴된다. 따라서 마지막 단계의 파괴를 일으키는 조건만이 제체의 손상을 주는 것은 아니고 첫단계에서 최종의 단계에 이르는 모든 조건이 파괴에 관계되는 것이며, 각 단계마다 댐내의 여러 부분이 손상을 받는다.

코어는 록필댐의 止水 역할을 하는 댐의 가장 중요한 부분이다. 따라서 지진시에 록필댐에 대한 거동의 연구는 대단히 중요하다. 코어가 제체의 力學的 安定에 미치는 영향은 그 剛性에 따라 다르다. 코어의 강성이 높을 때는 코어의 變形은 작아, 필(fill)이 相對的으로 침하한다. 이 때문에 이 모형과 같이 轉移域(transition zone)을 없애는 경우는 모형시험에서 언급한 바와 같이 코어와 필 사이의 연속을 상실한다. 또 코어에는 많은 힘이 작용하므로써 생기는 인장응력으로 인하여 종단균열이 일어난다. 이 균열은 댐마루部에서 시작하여 댐내부에서 대략 연직으로 내부로 진행한다.

코어의 剛性이 쉘의 剛性과 같을 때는 코어가 매우 약해진다. 그러나 여기에서 종단균열이 일어난 경우는 없다. 다만, 쉘의 형태와 같은 붕괴가 일어나면 한쪽이 지지력을 잃어 코어의 마루部가 2次的으로 붕괴한다.

2) 斜面滑動에 미치는 사면기울기의 영향

쉘에 사태형태의 붕괴가 震度는 사면기울기와 관계가 있다. 그림 15.42는 높이 1.4 m 의 삼각형 록필댐의 사면기울기를 여러가지로 변화시켰을 때에 사면 붕괴가 일어나는데 필요한 가속도의 변화를 실험한 결과이다. 쉘材는 平均粒徑 3.6 cm , 長徑과 短徑의 比가 1.2～1.3로 비교적

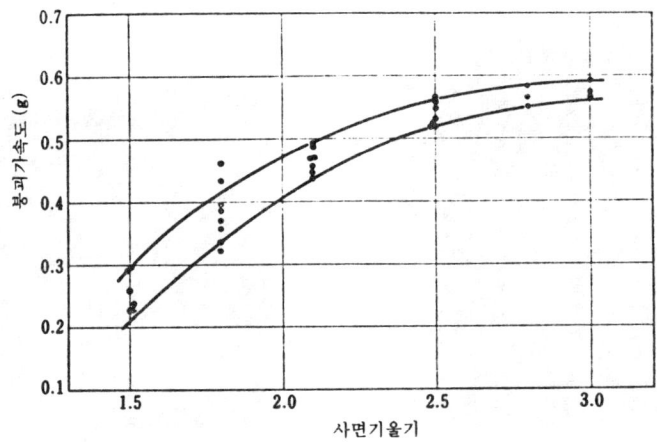

그림 15.42 사면 붕괴의 지진가속도에 대한 사면 기울기의 영향

단단한 자갈이다. 그림에서 사면기울기가 1 : 2.3 보다 급한 경우는 기울기가 급할 수록 붕괴속도는 감소한다. 그러나 기울기가 이 한계보다 완만한 경우는 붕괴가속도가 거의 일정하며 그 값은 0.57 g 이다.

그림 15.42는 貯水池가 비었을 때 모형댐의 실험결과를 나타낸 것이다. 貯水池가 滿水時에는 붕괴 가속도가 이 그림에 주어진 가속도의 약 60%이었다.

3) 斜面滑動에 미치는 土粒徑의 영향

댐파괴에서 가장 중요한 문제 중의 하나는 록필댐의 사면붕괴에 대한 石塊粒徑의 영향이나, 이에 대한 연구는 거의 없다. 사면의 진동에 대한 안정은 직경 0.5~1 cm 의 碎石, 2~6 cm 의 자갈 및 10~30 cm 의 石塊를 쌓아 만들어 시험하였다. 사면기울기는 1 : 1.8 및 1 : 2.1이다. 그 결과 振動周期가 길수록 낮은 가속도에서 사면 붕괴가 발생하고, 粒徑이 클수록 붕괴시의 가속도는 높았다.

이 관계는 그림 15.43과 같으며 다음 式으로 나타낼 수 있다.

$$\alpha = 0.14 \log_{10}\phi + K$$

여기서, α : 사면을 붕괴시키는데 필요한 加速度(cm / sec²)
　　　　ϕ : 粒徑(cm)
　　　　K : 振動數 및 사면기울기에서 결정된 定數

표 15.11은 실험결과의 K 치를 나타낸 것이다.

표 15.11 K치

진 동 수 (cps)	사 면 기 울 기	
	1 : 1.8	1 : 2.1
2.15~2.3	0.225	0.355
3.0~3.5	0.30	0.385

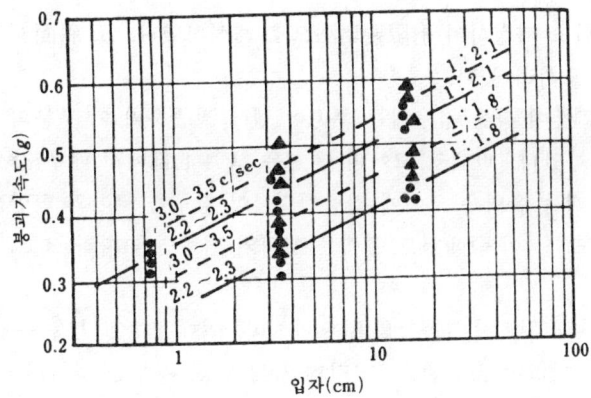

그림 15.43 흙의 입자와 사면 붕괴 지진가속도와의 관계

이들 결과에서 작은 粒徑의 재료를 이용하여 만든 모형 댐의 動的強度는 매우 작은 값을 나타내고 있다. 또 진동시 사면 안정은 粒徑외에 粒度分布도 관계가 있다. 이 문제에 대해서는 아직 잘 조사되어 있지 않지만 일반적으로 입경이 균등한 경우보다 적당한 粒度分布를 가진 경우가 입자의 억물림이 양호하므로 안정성이 높다. 암석이 마치 석축과 같이 잘 배열되어 있을 때가 적합하다고 생각된다. 그러나 안정성은 말뚝박기와 관계 없이 양호하다고는 할 수 없다. 크고 작은 2개의 큰 석괴가 임의로 혼합되어 있으면 2개의 석괴사이에 꽉 물린다고 생각할 수 있으며 어떤 조건에서는 2개의 큰 암석사이로 쉽게 굴러가서 이동을 조장하는 것으로 생각할 수 있다.

3. 應力解析에 의한 모형파괴시험

1) 引張應力 領域을 고려한 시험

모형댐의 파괴가 댐의 응력분포의 관점에서 조사된 것이 있다. 이러한 시험은 실제댐의 파괴에 대한 보다 이해하기 쉬운 지식을 얻는데 도움이 된다. 지진시 平常時荷重으로 인한 應力은 지진에 의해 발생하는 응력에 추가된다. 그러나 흙댐의 常時應力은 흙의 性質, 施工順序, 間隙水壓, 施工 후의 흙의 壓密 등에 관계되는 不靜定量이며, 그 평가는 매우 어렵다. 따라서 각 경우에 따라 적절한 가정을 세워서 계산해야 한다.

이때 대상이 되는 중심코어형의 상류측 사면기울기는 1:2.5, 하류측 사면기울기는 1:2.1이다. 재료의 比重은 쉘部 1.9, 코어部 2.0, 포아손 比는 쉘部 0.20, 코어部 0.35라고 가정한다. 이 형상의 댐에 대해 제체가 모두 균질의 재료로 된 경우(E 1:1), 코어가 쉘의 1/3 剛性을 갖는 경우(E 1:3)와 코어가 쉘의 3배의 剛性을 갖는 경우(E 3:1)의 3가지 조건에 대하여 自重應力과 地震應力이 독립적으로 계산 하였으나 결국 양자가 중복되었다.

自重應力은 흙의 性質과 施工順序를 가정하여 산출하였다. 이에 의하면, 自重應力의 방향은 거의 연직이므로 이 크기는 깊은 곳일수록 크다. 또 동일 標高에서는 댐의 중심부 쪽이 표면부보다 크다. 또 코어와 쉘의 剛性이 다를 때는 應力은 당연히 강성부분에 집중된다. 地震應力은 水平震力係數를 가정하여 震度法에 의하여 靜力學的으로 구하였으며, 이는 코어와 쉘이 같은 剛性일 때는 대략 깊이에 비례하여 증가한다. 그러나 댐의 사면선단부에서만은 작다. 흙댐 재료는 탄성거동을 한다고 가정하여 有限要素法으로 해석하였다. 또 斜面部의 應力은 中位部 쪽이 사면선단부 보다 오히려 높다.

코어쪽이 쉘보다 剛性이 작은 경우에는 應力이 쉘에 집중하며 이 부분의 응력은 剛性이 같은 경우에 비하여 매우 높았다. 반대로 코어의 應力은 그 中心部에서 매우 감소되고 있다. 코어가 쉘의 剛性보다 높을 때는 응력은 코어에 집중한다. 이 경우는 코어의 단면적이 작기 대문에 발생하는 응력은 매우 크다. 이 중에서도 응력은 쉘과의 접촉면을 따라 크고, 더욱이 이것은 下部일수록 크다.

地震力을 받으면 제체내에는 引張力을 일으키는데, 이에 自重應力을 중첩시키면 인장응력의 대부분은 자중응력에 의하여 소멸된다. 그러나 震度가 큰 경우는 제체내의 일부가 인장응력이 발생하게 된다.

댐 재료는 引張應力에 견딜 수 없기 때문에 실제의 應力狀態는 위의 계산 결과와 다르며 댐내에 인장응력을 일으킬수 없다. 그러나 탄성계산상 인장응력이 나타나는 범위에서는 제체재료의 固結이 지연되므로 댐의 안정이 저해된다고 생각된다. 이는 계산상 매우 광범위하게 인장응력이 발생할 때는 댐의 안정성이 낮다는 것을 의미한다. 그림 15.44와 그림 15.45는 震力係數 0.3과 0.4의 지진응력과 自重應力의 합을 나타낸 것으로 이들은 다음과 같은 성질이 있다.

① $k=0.3$일 때 코어부의 인장응력은 E 1:3, E 1:1의 경우 거의 일어나지 않으나 E 3:1의 경우는 약간의 水平方向引張應力이 생긴다. $k=0.4$일 때 E 1:3, E 1:1의 경우 인장응력은 거의 일어나지 않는다. E 3:1의 경우는 코어 中位部에서 상부에 걸쳐 광범위하게 引張應力이 발생하며 그 크기는 매우 크다.

② 쉘部의 引張應力은 中位部의 表面에서 가장 크고, 실제적인 $k=0.3$일 때는 응력이 매우 크며, $k=0.4$일 때는 더욱 크다. 이 때 인장응력의 최대치는 사면기울기가 1:2.1일 때 보다 1:2.5일 때 크게 나타났는데 이는 흥미로운 일이다. 쉘部의 인장응력을 일으키는 범위는 $k=0.3$일 때는 사면의 표면부만이지만 $k=0.4$일때는 쉘 단면의 대부분으로 범

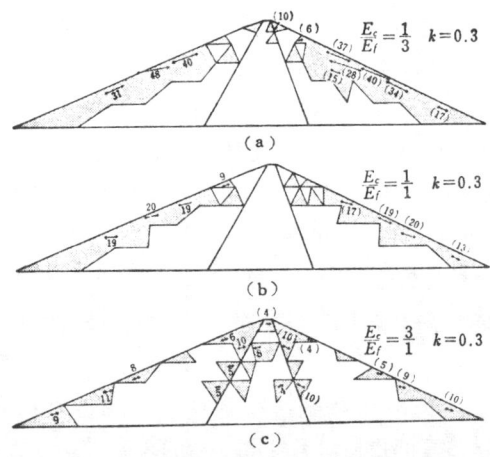

그림 15.44 중심 코어형 흙댐의 인장응력 존(zone) ($k=0.3$)

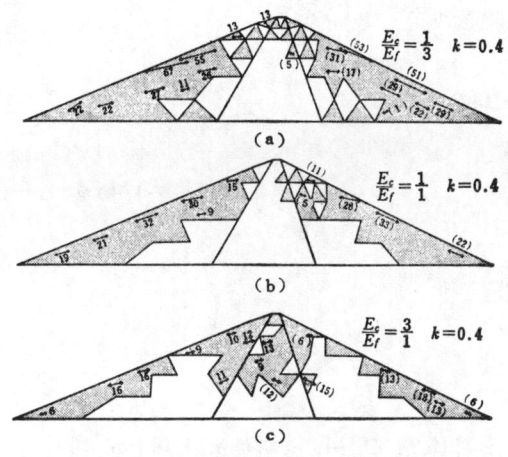

그림 15.45 중심 코아형 흙댐의 인장응력 존(zone) ($k=0.4$)

위가 확대되었다. 그러나 코어의 剛性이 높을 때는 쉘部의 인장응력의 크기는 매우 감소한다.

③ 코어와 쉘과의 剛性의 차이가 있을 때 應力差異는 접촉부에서 발생한다. 실제 댐에서는 이를 피하기 위해 전이역을 설치한다. 중간벽은 코어형 흙댐의 耐震上 중요하다.

2) 포텐셜파괴 영역의 관계를 고려한 시험

이론 응력과 대규모 파괴선의 위치 사이의 관계에 대한 모형시험은 다음 가정을 이해 해야한다.

① 임의 단면에서 일어나는 부분의 흙의 파괴는 흙의 파괴조건을 만족시켜야 한다.
② 대규모 파괴선이 단면을 통과할 수 없는 부분의 흙의 파괴조건은 만족시키지 않는다.
③ 흙의 파괴조건의 영역을 지진강도가 증가함에 따라 어느 정도 팽창할 때 만족하며, 대규모파괴선은 흙댐의 사면활동으로 이들 영역을 지날 때 발생한다. 흙은 인장응력에 저항할 수 없는 것을 고려해야하며 흙댐에서 발생한 응력의 비선형 해석을 하였다. 응력분포와 대규모 파괴선의 위치와의 관계를 조사하였으며, 이 해석에서 흙은 약간의 점착력을 갖는다고 가정하였다. 이밖에 다음과 같은 가정을 하여 해석을 하였다.

① 지진동은 正弦波이다.
② 댐 흙의 剛性은 균일하지 않으나 拘束壓이 큰 부분은 강성이 크다. 그러므로 강성은 내부에서 보다 표면에서 작다.
③ 變形係數는 일정하고 변형의 크기에 의존한다. 그러나 인장응력이 발생하는 부분의 강성은 감소하고, 변형계수는 다음 식으로 다시 산정해야 한다.

$$E_i = \frac{E_0}{1 - 800\,\sigma_3} \tag{15.58}$$

여기서, E_0 : 조정 전의 변형계수

E_i : 조정 후의 변형계수

σ_3 : 인장응력$(-)$(kg / cm^2)

④ 흙의 전단강도 식은 다음과 같다.

$$\tau_f = c \cos\phi + \frac{1}{2}(\sigma_1 + \sigma_2)\sin\phi \tag{15.59}$$

여기서, τ_f : 흙의 전단강도

c : 점착력

σ_1, σ_2 : 주응력

ϕ : 내부마찰각

모형시험의 결과와 해석 결과를 비교하여, 응력분포와 대규모 파괴선의 깊이 사이의 관계에서 다음과 같은 결론을 얻을 수 있다.

① 흙의 파괴가 일어날 수 있는 조건은

$$\nabla\tau = \tau_{max} - \tau_f > 0 \tag{15.60}$$

여기서, τ_{max} : 산정한 최대전단응력

τ_f : 흙의 전단강도

$\Delta\tau$ 가 0보다 큰 곳은 포텐셜 파괴 영역이라고 한다.

② 포텐셜 파괴영역이 좁고 분리되어 있을 때 대규모 파괴선은 발생하지 않는다. 그러나, 포텐셜 파괴 영역이 다른 부분과 관련되어 확장될 때 사면의 대규모 활동이 발생한다. 이 때가 대규모 파괴선이 포텐셜 파괴 영역을 통과할 때이다.

그림 15.46(a) 및 (b)는 계산에 의한 응력 분포의 예를 나타낸 것이다. 이들 그림에서 지진강도가 증가함에 따라 포텐셜 파괴영역이 확장하는 것을 알 수 있다. 그림 15.46(a)는 점착력이 작을 때이며, 그림 15.46(b)는 점착력이 클 때이다.

지진 강도가 매우 크지 않을 때 댐의 상단과 사면 끝 부근에 2개의 포텐셜 파괴영역이 있다. 지진 강도가 증가함에 따라 이것이 어느 수준에 도달할 때 이들 포텐셜 영역이 팽창하여 2개의 포텐셜영역은 어느 점에서 서로 접촉하게 된다. 이때 대규모 파괴선을 따라 접촉점을 통하여 제방의 사면 활동이 발생한다. 그러므로 댐표면하의 대규모 파괴선의 깊이는 2개의 포텐셜 파괴영역의 접촉점의 위치에 의존한다. 제방의 활동을 일으키는데 필요한 계산 가속도는 모형시험 결과이지만 대략 일치한다. 그림 15.46(a) 및 (b)의 포텐셜파괴 영역을 비교하면 흙이 제방의 내부 일수록, 점착성이 클수록 포텐셜 파괴 영역이 팽창한다. 무엇보다도 2개의 포텐셜 파괴영역에서의 限界加速度는 다른 부분과 접촉할 때와 접촉점의 깊이가 깊을 때 크다. 이들 결과는 모형시험 결과와 일치한다.

15.5 耐震設計

제 15 장 흙댐의 내진 539

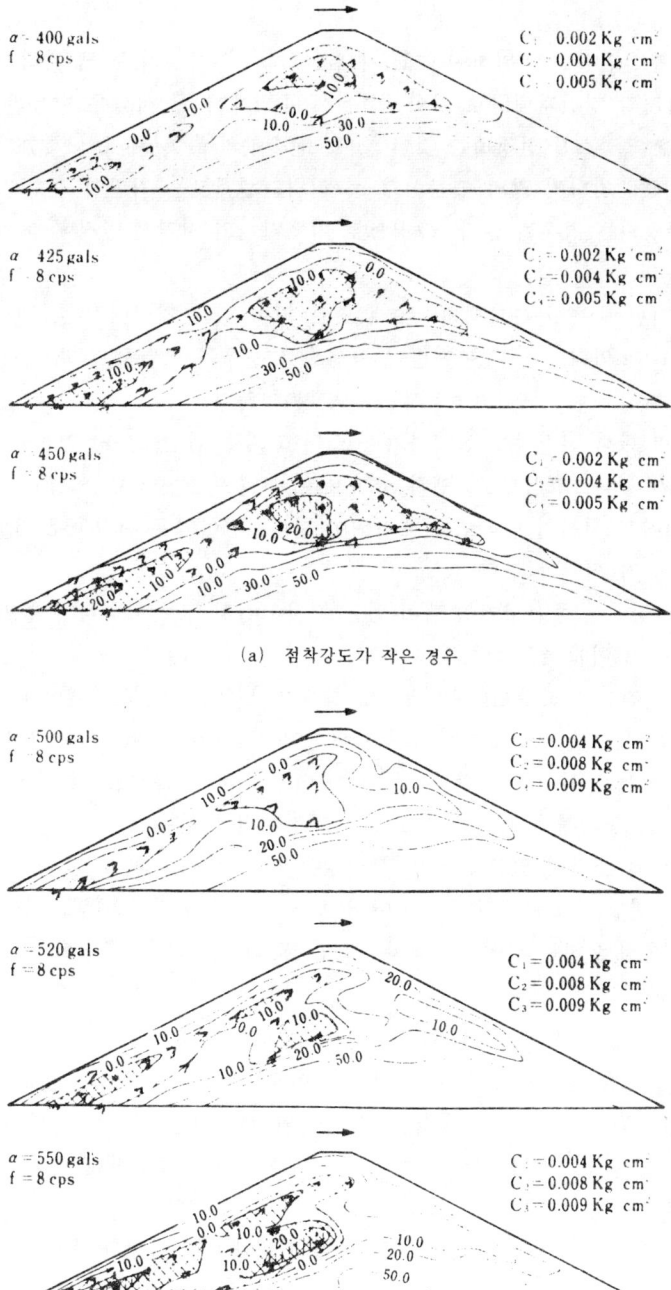

(a) 점착강도가 작은 경우

(b) 점착강도가 큰 경우

그림 15.46 파괴 영역(G. CHan)
　　　　c_1 : 제방의 표면부분의 흙의 점착성
　　　　c_2 : 제방의 중심부분의 흙의 점착성
　　　　c_3 : 제방의 코어부분의 흙의 점착성
　　　　a 와 f : 입력 정현파의 진동수와 가속도 진폭

1. 일반사항

흙댐을 耐震的으로 건설하기 위하여 位置, 材料, 形狀, 세부설계 등 댐 계획전체에 걸친 검토를 해야 한다. 과거의 지진피해예로 보아, 설계시 주의해야 할 사항은 다음과 같다.

① 지반은 양호한 장소를 선정하는 것이 좋다. 地震動의 最大變位는 硬地盤에서는 軟弱地盤의 수분의 1에 지나지 않기 때문이다. 그러나, 실제로는 지반이 견고하지 않기 때문에 이 형식 선정되는 경우가 많다. 그러므로 기초지반의 지진시 안정에 대하여 충분한 검토를 해야 한다.

② 가는모래 지반 또는 가는모래의 렌즈狀으로 되어 있는 지반에서는, 지진시에 液狀化가 일어날 우려가 있다. 이 같은 지반이 광범위한 경우는 이것을 지반 처리 공법으로 개량하는 것은 어려우며 댐의 기초로서는 적당하지 않다.

③ 쉘을 하천의 퇴적 지반상에 설치하거나 코어를 기초 암반에까지 깊게 설치할 때 균열이 생길 우려가 있다. 그러므로, 쉘과 코어 사이에 충분한 중간벽을 설치하여 기초의 강성을 이 사이에서 서서히 변하도록 배려해야 한다. 전이역은 지진동에 저항하기 위해서는 최소 2~4 m 가 되어야 한다.

④ 耐震的인 관점에서 중심코어형 댐이 댐은 경사코어형 댐보다 침하가 쉽게 일어나므로 댐의 중심부에 코어를 설치하는것이 좋다.

⑤ 댐 상부의 지진동은 하부보다 더 크므로 상부에서 활동과 침하가 일어나기 쉽다. 따라서 댐의 사면은 지진시 사면붕괴를 피하기 위하여 완만하게 해야 한다. 지반이 매우 견고하지 않으면 활동은 사면의 기반파괴로 인하여 연약한 기초지반으로 연장될 우려가 있다. 따라서, 이들 붕괴형태에 대해서도 또한 안정계산을 해야 한다.

⑥ 댐의 사면상에 소단이 있을때 사면의 안정은 매우 증가한다.

⑦ 지진시 사면선단이 느슨해질 가능성이 있으므로 이를 방지하기 위해하여사면 선단 부분에 견고한 록필로 하는 것이 유효하다. 그림 15.47의 예와 같이 댐의 표면에 암석을 느슨하게 채우는 경우도 있다.

⑧ 불투수성 지반까지의 깊이가 매우 깊은 경우는 코어를 불투수성지반에 건설하는 대신 블랭킷(blanket)을 상하류표면에 설치한다. 이와 같은 구조에서는 블랭킷에 침하, 균열 등이 일어날 우려가 있다. 블랭킷의 선단에 완만한 사면을 갖는 록필을 설계하는 것도 적합한 방법이다. 그러나 激震이 예상되는 지점에서는 블랭킷에 의한 차수공법은 피하는 것이 좋다.

⑨ 지진동으로 인한 축제재료의 液狀化를 피하기 위해서는 적절한 흙의 선정, 충분한 다짐을 해야 한다.

⑩ 지진시의 하중으로 댐 사면의 표면과 마루부에서 균열이 발생하는 경향이 있다. 따라서 충분히 다지고 또 충분한 마루폭을 두어야 한다. 더욱이 견고한 자갈(rip rap)은 주의깊게 다져야 하며 사면의 표면에 밀착시켜 설치해야 한다.

⑪ 계곡의 양안과 제체에서는 접속부에 대한 적절한 조치가 필요하다. 이를 위해서 제체사면을 완만하게 하고 댐폭을 이 부분에서 다소 넓게하며 댐의 평면형을 약간 아치형으로

그림 15.47 록 필의 이완(Nihonkai-chūbu 지진 1983. 5. 26).

고쳐 제체가 양안의 접속부에 압력이 작용하도록 하는 것이 바람직하다. 함수비가 높은 소성점토재료는 접속면에 밀착시키고, 제체의 코어 재료는 주의깊게 다져야 한다.

⑫ 서로 다른 종류의 2가지 댐 즉 흙댐과 콘크리트 중력댐의 접속부는 차수가 되도록 하고 이들 접촉면에서의 지진저항은 이 댐의 진동특성을 고려하여 평가해야 한다. 이음부의 시공과 설계에서도 같은 요소가 고려되어야 한다.

⑬ 埋設管類는 댐과 다른 진동을 하기 때문에 管類를 파손 또는 댐을 붕괴시킨다. 따라서 매설위치는 자연지반과 제체의 접속부를 피하여 선정한다. 가능하면 자연지반으로 하는 것이 좋다.

이상과 같은 動的安定 문제외에도 특히 유의해야 할 사항은 지진시에 발생하는 저수의 溢流이다. 지진시에 저수지내에 일어나는 大波의 波高에 대해서는 제 13.4절에서 기술하였다. 흙댐은 溢流에 약하므로 큰 여유고를 취해야 한다. 일본대댐협의회의 설계기준에서는 평수위 3 m 이상, 만수위 3 m 이상, 設計 洪水位 2 m 이상으로 규정하고 있다.

지진시 흙댐의 피해는 주로 침하, 이완(loosening) 균열, 사면 활동의 원인이 되고 있다. 특히 이들 피해양상을 피하기 위하여 제체의 설계와 시공을 다음과 같은 순서로 실시한다. 댐의 안정성시험을 위한 3가지의 과정은 다음과 같다.

① 이 과정에서, 댐의 안정은 댐의 滑動土塊에 작용하는 저항력과 지진력을 포함한 모든 외력사이의 안정의 한계상태를 고려하여 제체의 활동토괴를 가정하여 조사한다. 활동토괴의 정확한 결정, 활동토괴에 작용하는 저항력과 외력의 정확한 산정 등이 필요하다.

② 두번째 과정에서, 제체의 安定은 전반적으로 제체와 제체재료의 극한강도에 대한 것을 비교하고 제체의 응력분포를 결정하여 조사한다. 응력의 정확한 결정 제체와 제체재료의 파괴 조건의 정확한 추정, 그리고 제체의 붕괴와 제체재료의 국부적 파괴등의 상호관계를 명확히 해야한다.

③ 세번째 과정에서, 제체의 안정은 제체사면의 진행성파괴 결과형태 하나인 지진피해의 입

장에서 제방 파괴의 한계변형에 대한 최종변형을 비교하고, 지진시 시간경과에 따라 제방의 변형과정을 면밀히 조사한다. 이 과정에서, 제방의 파괴의 한계변형의 정확한 추정과 현상의 정확한 모형이 필요하다.

2. 滑動面法에 의한 흙 댐의 안정성검토

사면안정은 한계상태에서 잠재활동토괴에 작용하는 抵抗力과 外力사이의 평형을 고려하여 검토한다. 활동면법은 그림 15.48에서 원호의 AB 단면을 가정한다.

토괴가 활동을 일으키려는 힘은 저수에 의한 靜水壓, 토괴의 자중, 활동면을 따라 작용하는 간극수압 및 지진력이다. 활동면에 연직으로 작용하는 貯水의 동적영향은 작으므로 무시한다. 이들 外力에 저항하려는 힘은 활동면에 연직으로 反力이 작용하고 점착력과 마찰력은 활동면에 평행으로 작용한다. 활동원의 중심에 대하여 외력의 모멘트가 저항 모멘트를 초과하지 않는 한 댐은 활동에 대하여 안전하다고 판단된다.

이때 흙의 自重으로 인한 저항효과는 간극수압계에 의하면 감소한다. 간극수압은 시공과정으로 인하여 잔유수압은 물론이고 물의 투수에 좌우된다. 지진의 영향을 고려할 때 간극수압은 더욱 복잡해지므로 현재의 상태에서는 정확한 평가가 어렵다. 그러므로 실제로 설계자의 적절한 판단으로 결정해야 한다.

土塊에 작용하는 지진력은 진력계수를 가정하여 정적방법으로 결정한다. 일본대댐협회에서 분류한 진력계수는 표 15.12와 같다. 그러나 저수지가 비어 있거나 만수되어 있다고 하면 표에 제시한 계수의 50%를 취한다. 이상 홍수위(extraordinary flood discharge water level)에서는 지진의 영향을 무시한다.

표 15.12

형 식	위	치
	지진활동지역	기타지역
균일형 또는	0.15-0.25	0.12-0.20
존(Zone)型 댐	0.12-0.20	0.10-0.15

土塊 AB 의 안정은 切片法에 의해 검토한다. 이 방법에서 土塊를 그림 15.48에서 보는 바와 같이 절편으로 나눈다. 절편 abcd에 대한 힘은 외력으로서 작용한다.

W : 흙(간극수의 중량 포함)과 절편 abcd 에 함유된 물의 중량

E : 절편 abcd 의 흙(간극수의 중량 포함)에 작용하는 지진력

간단히 하기 위하여 지진력이 절편의 바닥 중앙에 작용한다고 가정한다. 이것이 예비가정이다.

U : 활동면 bx 에 연직으로 작용하는 간극수압

H, H' : 연직면 ab와 bc에 작용하는 수압

연직면 ab와 bc 에 작용하는 토압은 서로 상쇄 된다고 가정한다.

원의 중심 O 에 대한 이들 힘의 1차 모멘트을 산출하여 모든 절편의 모멘트를 합한다.. 이 모멘트는 土塊 AB 를 활동시키려는 모멘트이다. 같은 방법으로 활동면에 작용하는 저항모멘트에 대하여 산출한다. 점 O 에 대한 모든 절편의 저항녁의 모멘트 모멘트와 저항력의 모멘트비는

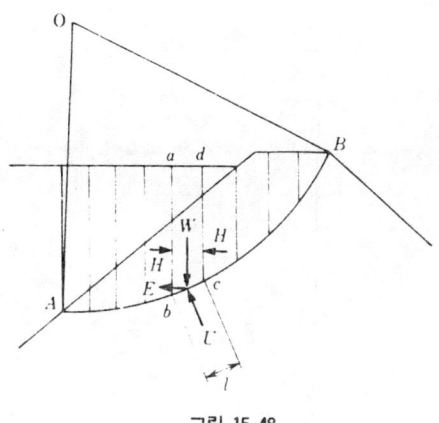

그림 15.48

활동면에 대한 토괴 AB의 안전율로 정의하며 다음과 같이 n으로 표시한다.

$$n = \frac{\sum \{cl - (N - U - N_e)\tan\phi\}}{\sum(T - T_e)} \tag{5.61}$$

여기서, N : 절편의 활동면에 작용하는 정적하중의 연직성분
 T : 절편의 활동면에 작용하는 정적하중의 접선성분
 U : 절편의 활동면에 작용하는 간극수압
 N_e : 절편의 활동면에 작용하는 지진하중의 연직성분
 T_e : 절편의 활동면에 작용하는 지진하중의 접선성분
 ϕ : 절편의 활동면에 대한 내부마찰각
 c : 절편의 활동면에 대한 점착력
 l : 절편의 활동면 길이

여러가지 원호 활동면을 고려하여 안전율의 최소치가 구해지는 이들 면의 각각에 대하여 계산을 한다. 만일 이 값이 안전율의 한계내에 있으면, 이 댐은 안전하다고 판단된다.

콘크리트의 安全率은 1.2이상 이어야 한다.

앞에서 기술한 바와 같이 활동면의 단면형상은 항상 원호라고 가정한다. 그러나 等方性 흙댐의 활동면의 상부는 때로는 연직면을 이룬다. 이 면은 인장균열이라고 하며, 이 면은 활동저항을 할 수 없다.

일반설계에서 진도는 댐상부에서 저면에까지 같다고 가정한다. 그러나 이 가정은 지진시 댐 관측의 精密度에 의문시 된다. 모든 관측결과에 의하면, 댐 상부진동은 저부진동에 비하여 크며, 그 比도 매우 크다. 그러므로 높은 댐의 경우에 댐 상부에 대하여 높은 값의 설계진도를 채택하는 것은 합리적이라고 생각된다.

그림 15.49는 높은 록필 댐의 설계에 이용한 진도의 분포예를 나타낸 것이다.

일본에서 채택된 진도는 강진시 댐에서 관측한 最大加速度보다 작다. 그러나 댐의 거의 모든

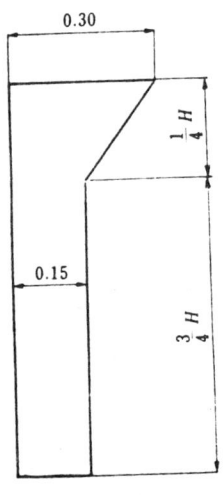

그림 15.49

지진가속도는 댐의 상부에서 관측한 것이다. 지진가속도는 댐의 상부에서 가장 크며, 최대치는 오랫동안 지속되지 않으므로 활동면법에 이용하는 震度는 댐의 상부에서 관측한 최대가속도를 이용하는 것은 과대하다고 생각된다.

표 15.12는 일본에서 장기간에 걸쳐 경험적으로 결정한 값이나 이들 값은 지진규모와 경제적인 조건 등을 고려하여 채택해야 한다. 그러나 새로운 형식의 댐을 설계하는 경우는 적절치 않으며, 또한 활동면법과 같은 기본적인 경험적 방법만을 사용한 과거에 축조한 댐보다 더 높다. 활동면법은 예비설계(preliminary design)에 이용되었으나 설계된 부분의 안정성은 응력해석법과 같은 다른 이론적 방법에 의하여 시행되고 있다.

3. 응력해석에 의한 흙댐의 안정성 시험

일반적으로 7.4절에서 언급한 선형적 방법을 흙댐의 응력해석에 이용하고 있다. 그러나 면밀한 검토를 위하여 단계적 해석이 사용되어야 하며 흙의 소성적 성질과 동시에 동적간극수압을 고려한다. 이와 같은 해석에서 댐 흙의 강성분포를 정확히 추정하는 것은 필수적이다. 응력해석을 위한 유한요소법은 應力과 變形의 시간이력을 각 요소에 대하여 산출하여 이용한다.

산출한 응력 이력에 기인한 흙의 파괴조건은 재료시험이나 제안공식을 이용하여 결정한다. 그러나, 각 요소의 파괴와 제방의 대규모 파괴사이의 관계를 구명하는 문제가 남아 있다. 흙의 파괴 조건 외에 제방의 대규모 활동을 일으키는데 필요한 기타 조건이 있는 것으로 보인다. 그러나 이 문제는 아직 풀리지 않고 있다.

4. 變位法에 의한 흙댐의 安定性 검토

土塊를 滑動하게 하는 모멘트가 활동면에 생기는 저항력에 의한 모멘트보다 크면 댐이 파괴한다는 이론을 토대로 하고 있다. 최종적인 파괴에 이르는 많은 시간전에 이미 제체내에는 약간의 손상을 일으킬 가능성이 있으며 코어의 손상을 수리하는 것은 매우 곤란한 점을 생각하면 의견상으로는 흙댐의 설계에 대해서는 타당하다고 할 수 있다. 그러나 激震에서는 짧은시간에 수

회 일어날 경우 피할 수 있는 경우도 있으며, 이 경우 약간의 활동이 일어난다. 보다 큰 문제는 어느 정도의 활동량까지 댐의 안정상 허용하는가 하는 것이다.

토괴의 활동은 지진시 외력에 의한 모멘트가 저항모멘트를 초과하면 土塊의 활동이 시작한다고 가정한다. 滑動하려는 토괴는 重力, 지진력 및 저항력을 받는다. 그러나 저항력이 작용하면서 지진력은 곧 감소하여 反轉하므로 土塊의 활동은 감속하여 정지한다. 다시 지진가속도가 증대하면 또 활동이 시작하며 같은 현상을 반복한다. 반복할 때마다 全滑動量은 증가하여 지진이 끝날때는 어느 정도의 활동변위가 남는다. 만일 활동량이 댐의 안정에 위험이 없으면 지진 후에도 안정성이 있을 것이다.

Newmark는 이 현상을 구명하기 위하여 일정한 크기의 고체마찰에 의해 지반상에 지지되어 있는 물체가 지진을 받았을 때 생기는 물체의 지면에 대한 相對變位를 구하였다. 물체의 重量 W, 震力係數 k라고 하면, 물체에 작용하는 지진력은 kW이다. kW가 어느 일정값을 넘으면 물체는 움직이기 시작하며 움직이는 사이에 물체는 지진력 외에 이 일정한 크기의 저항력을 받는다. 이와 같은 성질의 힘을 고체마찰이라 부르며, 여기서는 그 크기를 fW라고 표시한다. 이때 f는 마찰계수이다.

入力地震波로서는 E1 Centro 외 3개 지진파형을 각각 最大加速度 0.50 g 最大速度 75 cm/sec 의 크기를 규격화한 것이 이용되었다. 그 결과는 그림 15.45 및 그림 15.51과 같으며, 그림에서 횡축은 마찰계수와 진력계수의 비이며 종축은 물체의 지반에 대한 상대변위의 최대치이다. 또 그림에는 수치계산 결과를 包絡하는 곡선과 이것을 나타내는 방정식이 기입되어 있다. 그림 15.50은 물체가 어느 쪽에나 활동하는 경우이며, 그림 15.51은 한쪽에만 활동하는 경우이다. 댐의 사면에 일어나는 활동은 후자의 경우에, 댐의 바닥에 일어나는 활동은 전자의 경우에 속한다. 이 그림에 의하면 최종적인 활동량은 f/k가 작을수록 크다. 또 양쪽에 활동하는 경우보다도 한쪽만 일어나는 경우가 당연히 크다. 또 그림 15.51에서 k가 f의 3배 이상이 되면 최종 활동량이 현저하게 커지는 것은 주목할만하다.

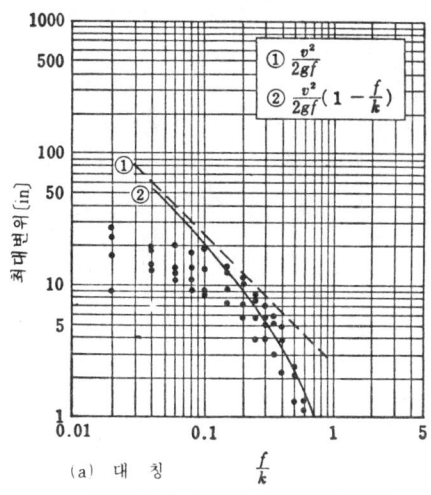

그림 15.50 지진에 의한 흙댐의 변위

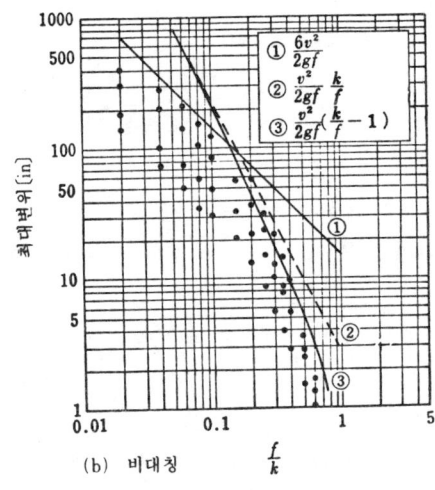

(b) 비대칭 $\frac{f}{k}$

그림 15.51 지진에 의한 흙댐의 변위

　이러한 관점에서 보면 최종활동량에 대하여 지진동의 최대속도는 매우 중요한 역할을 하고 있음을 알 수 있는데 이러한 점에서 댐의 안정에 대해서 지진동의 **최대가속도** 보다는 **최대속도**가 큰 영향을 준다.

　댐의 안정성검토에 있어서 이것은 비교적 측정이 용이한 변위에 주목하고 있는 점에서 특징적이다. 한편 과거의 방법은 정확한 산정과 그 검증이 매우 곤란한 응력을 중시하는 것과 다르다. 그러므로 이 방법은 지진시 어려운 안정검토이지만 매우 흥미로운 것이다. 그러면 안정을 잃어서 활동하기 시작한 土塊나 石塊에 작용하는 저항력이 단순한 고체마찰인지의 여부는 의문이다. 모형시험에서 가끔 활동한 사면표면부가 여러번의 진동반복 후에는 사태모양으로 붕괴하는 것이 인정되었다. 또 설계의 원리로써 일시적으로 소성변형을 허용하는 것은 심각한 문제이다. 그러므로 소성변형을 허용하더라도 허용량은 매우 작은 값이 되도록 해야 한다.

제16장 지중구조물의 내진

16.1 개설

최근 지중시설물의 개발은 눈에 띄게 늘어나고 있다. 온도가 안정되고 지진동이 지중에서는 약하여, 지중의 개발이 시공기술의 진보에 따라 크게 기대되고 있다. 이러한 기술이 진보되어도 지진시 지중구조물에는 문제가 야기되고 있다. 주요 지중구조물은 上下水道管, 가스관 및 전력공급선, 터널, 지하통로, 지하철, 수중터널, 지하동굴 및 지하탱크 등이다.

지중구조물의 안전에 영향을 주는 주요인자는 파괴 또는 지반의 액상화 및 구조물에 발생하는 지진응력이다. 구조물이 지반의 단층 또는 파괴에 대하여 저항하도록 하는 것은 불가능하므로 불리한 지역으로 부터 건축물을 피하는 방법 밖에 없다.

지반의 液狀化는 주입, 다짐, 기타 토질안정처리 공법을 이용하므로써 방지할 수 있다. 지진응력을 예측하여 구조물을 내진적으로 설계하는 것은 가능하다. 이 계산에서 지반의 變形은 일반적으로 動的解析으로 계산하며, 주변지반의 변형으로 인한 구조물의 변형은 靜的인 방법으로 계산한다. 이 계산은 구조물이 주변지반에 의하여 스프링으로 지지되어 있는것으로 가정하여 실시한다. 지중구조물의 모형시험이나 지진의 현장관측이 적절한 해석방법이 입증되었다.

지진시 지반의 표면층을 전파하는 주요 지진파의 전파는 전단파와 表面波이다. 剪斷波는 지반에서 거의 연직으로 전파한다. 지표면 바로 아래의 强度와 波形은 지표에서의 강도와 파형과 거의 일치하나 지중 깊은곳에서는 파장이 짧은 파의 성분은 位相差 때문에 작다. 따라서 지반 깊은 곳의 최대가속도는 큰 가속도를 갖는 파장이 일반적으로 짧아지므로 지표에서의 최대 가속도보다 작다. 그러나 큰 변위를 갖는 성분파장은 일반적으로 길어서, 최대변위는 깊이에 따른 변화가 크지 않다.

표면파는 지표면을 따라 전파하며 진폭은 깊어짐에 따라 급속히 감소한다. 진행방향의 위상변화는 지반의 긴 수평구조물에서 발생하는 응력에 심한 영향을 준다.

지반내부에 대한 실제의 지진동 관측은 최근 20년 사이에 현저하게 향상되었다. 지진계의 매설은 수직갱이나 지하구조물을 때로 이용하였으나, 일반적으로 보링공내에 지중관측용으로 설계된 특수지진계를 매설하고 있다. 관측결과는 보통구조물이 매설된 깊이 수 m 의 범위에서 지중의 가속도는 지표에 비하여 대략 $1/2 \sim 1/3$ 이며, 변위는 이 깊이 범위에서 지표와 지중사이에 큰 차이가 없음을 보였다. 단, 여기서 측정된 것은 水平振動이며, 연직진동은 측정하지 않았

표 16.1

지 진 명	(M)	발전소	지 질	발전소의 심도 D(m)	진앙거리 Δ(km)	감각에 의한 지진동상황
Kita-Mino	7.0	Miboro	석영반암	260	약 20km	강한 연직운동을 느낌
Koyna	7.0	Koyna	현 무 암	150	수 km	강한 연직운동을 느낌
Westen Gifu	7.0	Miboro	석영, 반암	260	약 30km	수평진동을 느끼고 연직진동을 느끼지 않음
		Kuzuryu Kisenyama	사 암	300	140km	전혀 지진동을 느끼지 못함
Higashi Matsuyama	6.1	Kinugawa	석영조면암	60	100km	전기기기의 작동으로 보아 연직진동이 있었다고 생각됨

다. 그러나 과거의 지진을 발전소내에서 사람들의 느낌을 정리하면 표 16.1과 같다. 이에 의하면, 지중에 있어서는 연직방향가속도는 수평방향가속도에 비하여 상대적으로 강하다.

16.2 地中構造物의 震害

지중구조물의 주요 피해원인은 지반의 액상화 및 구조물에서 발생하는 지진응력이다. 그예는 다음과 같다.

① Kita-Izu 지진(1930년)시에 Tanna 철도터널을 지나는 斷層과 터널은 약 2 m 수평전단되었다. Inatori 터널이 Izu-ohshima-kinkai 지진(1978년)시 이와 유사한 현상이 발생하여 터널이 변형하였다. San Fernando 지진(1971년)시 대규모 지중물탱크가 단층에 가까운 지역에서 피해를 입었다(그림 16.1 참조).

그림 16.1 Joseph Jensem Fitration 플랜트(San Fernando 지진, 1971.2.9)

탱크는 직경 157 m ×152 m ×11.2 m 의 편평한 슬래브였다. 현지의 흙은 약간 경사진 연약한 기반암에 깊이 6 m ~10 m 의 충적 실트층으로 구성되어 있으며, 두께 1.4 m 의 흙이 슬래브상에 쌓여 있다. 최대지진가속도는 물탱크에 매우 큰 토압을 발생케 하였으며 대규모 滑動이 발생한 지역에서 0.4 g 로 추정되었다. 슬래브가 침하함에 따라 슬래브와 벽의 시공이음, 기둥의 양단이 파괴되었으며 철근이 절곡되었다.

② Niigata 지진(1964년)시에 Niigata 시의 下水處理施設이 심한 피해를 받았다. 2連 박스형 암거의 하수구와 원형 관로는 지진동으로 인하여 분리, 균열, 휨, 높이의 변화, 융기가

발생하였다. 경우에 따라서는 파이프의 일부가 도로면에 노출되기도 하였다. 지하통로 역시 파괴되었는데 이 피해는 지반의 액상화에 기인한 것이었다.

③ 구조물에 발생한 응력으로 인해 지진시 지중구조물이 大災害를 받은 예는 아직 없다. 다음에 기술하는 발전소 피해의 예는 경미하지만, 지중구조물이 대지진을 받은 예는 드물다. Koyna 지중발전소는 현무암 지반의 지중 약 150 m 에 위치해 있다(그림 16.2 참조). 이 발전소는 제어밸브실(6 m ×174 m), 터빈과 발전시기실(13 m ×200 m) 및 變壓器室(16 m ×193 m)과 연결 복도, 길이 2,212 m 의 放水路터널(tailrace tunnel) 등과 부속 터널로 이루어져 있다.

발전소에서 수 km 떨어진 지점에 $M=7$ 의 지진이 발생하여 약간의 손상을 받았는데 주요한 손상은 다음과 같다.

① 터빈과 發電機室, 變壓器室 출입용터널의 측벽 및 천정아치에서 약 1년간 시공시기의 차이가 있는 2개 소의 시공구간은 경계부에 균열이 생겼다.

② 변압기실 밑의 방수로 양측벽에 균열이 발생하였다. 1단계 시공구역쪽이 2단계 시공구역보다 균열이 많은 것은 암반의 강도에 관계가 있다고 생각된다.

③ 변압기실 바닥에 약 3 m 간격으로 통로의 횡단방향 균열이 발생하였다. 이것은 主配筋의 방향에 평행하며 콘크리트타설 시공이음과 일치하였다. 균열은 1단계 시공구간에서 현저하다. 이 원인은 부철근의 불충분에 의한 인성의 부족에 기인한다고 생각된다.

④ 水車發電機室과 변압기실을 연결하는 복도의 측벽에 폭 1~2 m 의 균열이 발생하였으며 균열은 콘크리트벽에만 발생하였고 배후의 암석에까지는 확장되지 않았다. 또, 벽 콘크

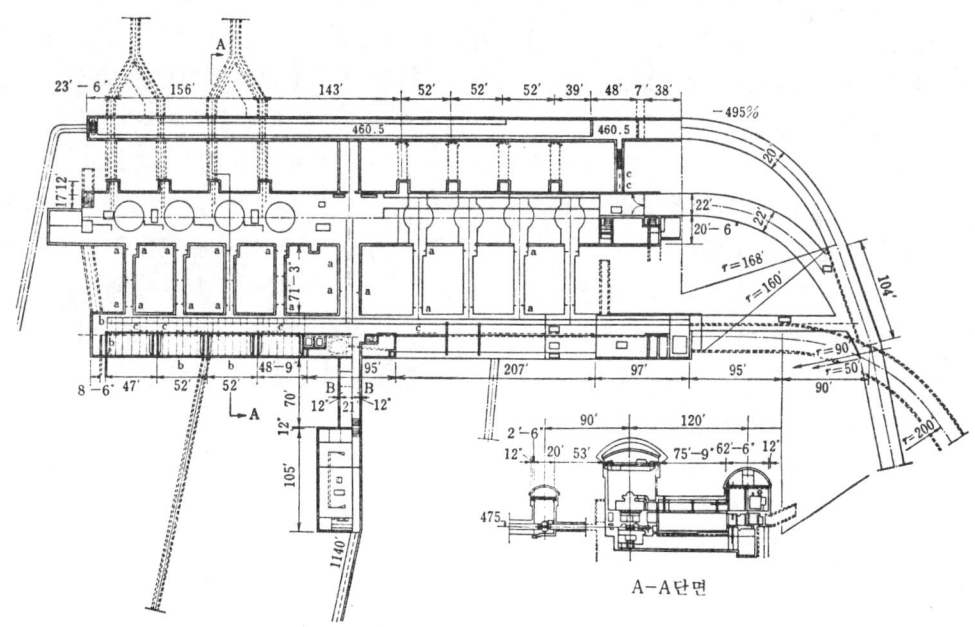

그림 16.2 Koyna 지하발전소

리트와 암석사이의 분리도 인정되지 않았다.
⑤ 변압기실 천정아치의 頂部에 터널방향으로 균열이 발생하였다.
⑥ 방수터널은 반원형 천정이면서 폭 8 m 의 사각형단면이다. 라이닝 천정아치는 30 cm , 인버트(invert)는 15 cm 이었다. 현무암의 石片을 포함한 점토로된 폭 6 m 의 파쇄대가 이 터널을 횡단하고 있는데 이 단면이 지진시 진동한 흔적은 없었다.

 이와같은 震害의 사례는 없다하여도 지상구조물에 대한 경험으로 보아 다음과 같은 피해는 금후 일어날 가능성이 있다고 생각된다. 따라서 이와 같은 구조물은 설계전에 미리 충분한 배려를 해야 한다.
① 지중구조물 주변 지역에 평소에 異常이 진행되고 있는 느낌을 받았으며 대지진을 기회로 하여 이것이 큰 피해를 가져올 가능성이 있다. 예를 들면, 지반침하가 심한 지역에서는 지하철도를 건설한 기초지반이 침하한다. 이때 구조물이 측벽주위의 흙으로 지지될 것이므로 이상한 느낌을 받게 된다. 이 상태에서 대지진을 받으면 구조물이 침하하는 것은 당연하다.
② 또, 지하 大空洞의 대부분은 공사 중에 록 볼트(rock bolt)의 도움으로 굴착한 경우 벽체에 의하여 안정을 유지하고 있다. 이와 같은 경우는 지반의 크리프의 진행이나 지하수위의 변동에 따라 지반내의 응력은 위험한 방향으로 변화하며 대지진을 받으면 落盤이나 붕괴를 일으킬 우려도 있다. 이와같은 재해를 미연에 방지하기 위하여 구조물의 변형상태, 지중 수압 등의 관측 설비를 갖추어 항상 점검 해야 한다.
③ 기초공의 강성이 서로 다른 2개의 지하구조물이 접속되어 있는 경우, 그 접합부 양자의 변위사이에 불연속이 발생하여 그 부근이 파괴된다. 예를들면, 연약지반에 2종의 구조물이 있는데, 한쪽은 대형기초말뚝이고, 다른 쪽은 오직 매설만되어 있는 경우, 지진시 前者는 침하할 뿐이며 後者는 침하 또는 浮上하여, 접속부가 파괴된다. 만일 접속부가 한쪽에서 다른쪽으로 통로로 되어 있는 경우는 대피자에게 혼란이 일어날 수도 있다. 지하구조물에서 지상으로의 출구도 마찬가지이다. 출구부분은 지진동이 가장 심한 곳이며 평상시에 작용하는 외력은 작다. 이에 따라서 구조물이 약화될 우려가 많으므로 세심한 주의를 기울여야 한다. 이러한 피해를 방지하기 위하여 접합부 기초의 剛性을 한쪽에서 다른쪽으로 서서히 변화시키도록 노력하는 동시에 접속구조물에 높은 靭性을 갖도록 해야 한다. 靭性이 높으면 구조물은 균열을 일으키더라도 붕괴는 피할 수 있다.
④ 지반이 단단하거나 급변하는 곳을 관통하는 연직구조물의 경우는 지반의 강성이 급변하여 균열이 일어나는 경우도 있다. 이때는 이 부분의 구조물에 가요성의 이음 또는 반대로 剛結하여 충분한 인성을 갖도록 해야 한다.
⑤ 지하수나 제방파괴로 인하여 지상에서 지하로 유입하는 물에 대하여는 대피자가 충분히 이것을 피해 지상으로 나오도록 배려하여야 한다. 또 비상시에도 지하구조물내의 배수와 조명 電源은 확보되어야 한다.
⑥ 연약지반에 대형 구조물을 건설하였을 때 구조물의 진동에 따른 반복응력으로 지반이 파괴될 위험이 있다. 표층 밑의 단단한 지반상에 강성구조물을 건설하였을 때 강진시 구조

물은 표층토의 液狀化로 인하여 큰 토압을 받는다.

16.3 地下空洞 주변의 지진시 應力

지진파에 의하여 지반內의 구조물 주변에 생기는 應力集中의 문제와 靜的外力으로 인한 응력집중 또한 거의 미확인 상태이며 動的應力集中의 문제는 이를 2次元問題로 취급하여 해석적 방법 또는 경험적 방법으로 해석할 수 있다.

1. 해석적 방법

무한하게 넓은 2次元 彈性體에 원형공동이 있을때 한쪽방향에서 正弦剪斷波가 진행한다고 하자. 이러한 조건하에서 원형공동주변에서 剪斷波와 稠密波(dilatational wave)가 반사되어 入射된 剪斷波와 중첩되어 소위 應力集中現象이 일어난다.

彈性論을 토대로 한 계산에 의하면, 空洞주위를 둘러싸는 것이 아니고 波長이 空洞직경에 비하여 매우 길때는 空洞주변應力(peripheral stress)은 근사적으로 다음 식에 의하여 계산할 수 있다(그림 10.7 참조).

$$\widehat{\theta\theta} = \frac{2Gv_0}{\beta}\left(1 - \frac{\beta^2}{\alpha^2}\right)\sin 2\theta \sin pt \tag{16.1}$$

여기서, G : 지반의 剪斷彈性係數
  v_0 : 入射剪斷波의 속도진폭
  β : 지반내 전단파의 傳播速度
  α : 지반내 조밀파의 傳播速度
  p : 유발정현파의 원진동수

이 식으로 부터 다음 사항을 이해할 수 있다.
① $\widehat{\theta\theta}$ 가 최대인 단면은 入射波의 방향과 45°의 기울기를 이루는 공동의 측면이다.
② $\widehat{\theta\theta}$ 의 크기는 入射波의 속도진폭과 지반의 저항(Impedance)의 합에 비례한다.
③ Gv_0/β 는 空洞이 아닌 경우에 入射剪斷波에 의하여 발생하는 전단응력이다. 따라서, β^2/α^2 을 무시하면, 식(16.1)에 의하여 계산된 $\widehat{\theta\theta}$ 의 진폭은 원형空洞을 갖는 半無限板이 일정한 전단응력 Gv_0/β 를 받는 경우의 空洞주변 應力과 같다. 이것은 入射波의 波長이 空洞의 직경에 비해 매우 길때는 靜的인 문제로 취급해야함을 암시하고 있다.

空洞이 라이닝된 경우는, 않된 경우에 비하여 지반내의 응력이 완화될 것이다. 그러나 그 대신 라이닝 된 경우는 지진력을 받으면 그것에 견뎌야 한다. 간단히 설명하기 위하여 라이닝은 剛性이어서 변형하지 않고, 라이닝 주위의 암반과 주변방향의 상대적 변형에 대하여는 전혀 저항할 수 없으며 라이닝과 주변의 암반은 갑자기 분리되지 않는 것으로 가정한다. 라이닝에 대한 반경방향 地震荷重은 入射波의 波長이 空洞의 직경보다 매우 길때는 근사적으로 다음과 같다.

$$\widehat{rr} = -\frac{6Gv_0}{\beta}\sin 2\theta \sin pt \tag{16.2}$$

실제로 이용되는 라이닝은 가요성이므로 이에 작용하는 地震荷重은 식(16.2)의 값보다 작을 것이며, 이 경우 엄밀한 波動計算을 하는 것은 매우 어려우나 문제를 靜力學的으로 취급하면 계산이 비교적 간단하다. 이에 의하면 라이닝의 剛性이 높으면서 취성이 있는 것보다는 動彈性이 있는 것이 耐震에 더욱 효과적인 라이닝이라고 결론지을 수 있다.

2. 數値的 또는 實驗的 방법

공동의 형상이 원형이 아닌 경우에는 數値解析이 어렵다. 이 때는 數理的 혹은 實驗的으로 문제를 해석할 수 있다. 보통 이용되는 방법에는 수치 해석을 위한 有限要素法과 실험적 해석을 위한 光彈性的 방법(photo elastic method) 등이 있다. 그러나 이들 방법으로 動的應力集中 문제를 해석하는 것은 매우 복잡하므로 靜的인 문제로 가끔 변환시키기도 한다. 대부분의 문제는 이러한 변환으로 풀었으나 개략적인 해석에 불과하다. 光彈性的 방법을 이용한 動的解析의 例는 다음과 같다.

문제를 동적으로 취급하기 위하여 動的인 光彈性的 방법을 이용할 필요가 있으며, 이 때는 겔(gel) 형태의 재료를 이용하는 것이 적당하다. 왜냐하면 겔狀 材料로 만든 構造模型은 자중의 效果를 나타내는데 적합하고 彈性係數가 낮은 큰 진폭을 가지며, 비교적 완만한 진동을 하기 때문이다. 動的 光彈性實驗을 수행하기 위해서는 구조모형을 振動台에 올려 놓고 진동시켜 偏光 하에서 等色線을 촬영한다. 이 때 현상이 빠르지 않기 때문에 고속촬영 장치는 필요없고 光源의 点滅과 振動台의 진동을 같은 주기로 하여 명료한 靜止사진을 얻을 수 있다. 그림 16.3~16.5는 이러한 방법으로 촬영한 等色線이다.

이들 그림에서 (b)는 중립상태에서의 等色線이며 (a)와 (c)는 지진동의 최대진폭에서의 等色線이다.

자유경계에 따라 應力은 等色線에서 즉시 구할 수 있다. 內部應力은 다음방법으로 구하는데 어떠한 방법이든 매우 복잡하다.

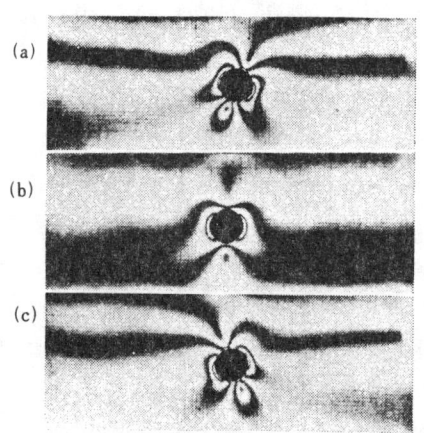

그림 16.3 제라틴을 이용한 동적광탄성실험 응력(한개의 원형 구멍 주위의 응력)

제 16 장 지중구조물의 내진 555

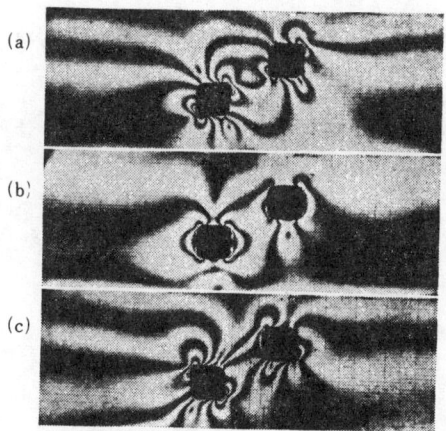

그림 16.4 제라틴을 이용한 동적광탄성실험(2개의 사각형 공동 주위의 응력)

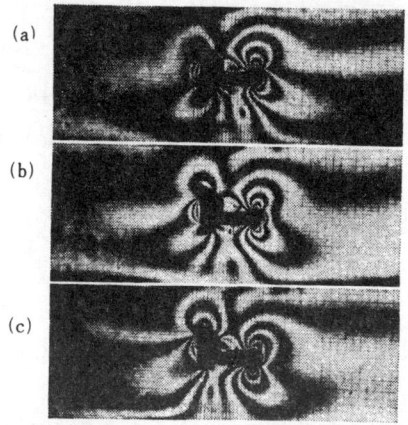

그림 16.5 제라틴을 이용한 동적광탄성실험(L형 공동 周邊 응력)

① 정상진동의 경우는 적합조건식 및 운동방정식에서 다음 관계식을 얻을 수 있다.

$$\left(\frac{\partial^2}{\partial x^2}-\frac{\partial^2}{\partial y^2}\right)(\sigma_x-\sigma_y)+4\frac{\partial^2 \tau_{xy}}{\partial x \partial y}$$
$$=-\frac{\rho\omega^2(1-\nu)^2}{E}(\sigma_x+\sigma_y) \qquad (16.3)$$

여기서, σ_x, σ_y : 연직응력
  τ_{xy} : 剪斷應力
  ρ : 재료의 密度
  E : 재료의 탄성계수
  ω : 정상진동의 圓振動數

τ_{xy}와 $\sigma_x-\sigma_y$는 等色線(isochroonatic lime) 및 等傾斜線(isoclinic line)에서 즉시 구할 수 있으

며 $\sigma_x + \sigma_y$는 식(16.3)으로 구할 수 있다. 따라서 모든 應力成分을 구할 수 있다. 그러나 等傾曲線으로는 구하는 것은 매우 어렵다.

② u와 v는 각각 x, y방향으로 變位된다면 운동방정식은 다음과 같다.

$$\frac{\partial \sigma_x}{\partial x} + \frac{\partial \tau_{xy}}{\partial y} = \rho \frac{\partial^2 u}{\partial t^2}, \quad \frac{\partial \sigma_y}{\partial y} + \frac{\partial \tau_{xy}}{\partial x} = \rho \left(\frac{\partial^2 v}{\partial t^2} - g \right) \tag{16.4}$$

위의 식을 적분하면

$$\sigma_x = \sigma_{x0} - \sum_i \frac{\Delta \tau_{xy}}{\Delta y} \Delta x + \rho \sum_i \frac{\partial^2 u}{\partial t^2} \Delta x \tag{16.5}$$

$$\sigma_y = \sigma_{y0} - \sum_i \frac{\Delta \tau_{xy}}{\Delta x} \Delta y + \rho \sum_i \left(\frac{\partial^2 v}{\partial t^2} - g \right) \Delta y \tag{16.6}$$

여기서, σ_{x0}, σ_{y0}는 각각 $x = x_0, y = y_0$에서 σ_x, σ_y의 값으로써 이는 자유경계의 실험에서 직접 구한다. 이 방법은 각 점에 대한 공시체의 가속도를 알아야 한다. 정현진동의 경우 供試體의 모드(mode)에서 결정되나 모드는 Moire 法을 이용하면 매우 정확하게 구할 수 있다. 가속도가 정확히 결정되려면 식(16.3)에 의한 방법보다도 精密度가 좋다.

16.4 지진시 地中 構造物의 振動測定

1. 강관 및 콘크리트관

실제로 管路를 埋設하여 지진에 의한 관로의 變形이나 變位를 측정한 연구가 Matsushiro 지진시에 실시된바 있다.

첫째 실험은 鋼管에 대한 것이며, 外徑 27 cm, 두께 6.6 mm, 길이 90 m 의 강관을 깊이 1.5 m 에 매설하였다. 주위는 모래로 채웠다. 단, 관에는 맨홀이 붙어 있고, 강관과 맨홀은 絶緣되어 있다. 실험의 주 목적은 管이 완전히 지반과 함께 움직이는지의 여부를 확인코자 함에 있었으며, 최대 120 gal 에 달할때까지 여러가지 형태의 지진이 발생하는 것으로 가정하여 조사하였으며 그 결과를 요약하면 다음과 같다.

① 管의 共振動(resonance vibration)은 일어나지 않았다.
② 管의 變形과 지반의 變形은 거의 同一하였다.
③ 관에 생기는 변형은 軸方向 變位에 의한 변형이 휨에 의한 변형을 초과하였다. 이 변형과 지진동의 관계는 다음과 같다.

$$\varepsilon = \frac{\mu}{2\pi} \cdot \frac{T\alpha}{c} \tag{16.7}$$

여기서, ε : 變形
μ : 定數
τ : 지진파의 周期(sec)

a : 地震加速度

c : 관에 入射하는 地震波의 傳播速度(cm / sec)

④ 曲管部의 變形은 휨변형으로 보이지만, 直管部에 비하여 특히 큰 값을 보이는 경우는 없었고, 맨홀 연결부의 변형도 특별히 큰 값을 보이지는 않았다.

식(16.7)은 관의 變形이 지진동의 속도에 비례하며, 지진파의 전파속도에 반비례하고 있는 것을 나타내고 있다. 그러므로 硬地盤과 軟地盤을 비교하면, 똑같은 지진을 받더라도 軟地盤은 硬地盤에 비하여 地震動加速度가 크며 더욱 지진파가 작아지기 때문에 매설관은 훨씬 큰 변형을 나타내는 것으로 추측된다. 이론적 고찰에 의하면 地震傳播速度가 300 m / sec 이하로 되면 변형이 특히 커질 것으로 추정된다.

또 다른 실험은 콘크리트管에 대하여 실시되었다. 管은 內徑 12.5 cm 의 석면(asbestos)管 4本을 콘크리트로 싼 것이며 이에 높이 3 m, 길이 4.1 m, 폭 1.7 m 의 맨홀이 부칙되어 있다. 맨홀과 관로의 접속은 휨이 고려되어 絶緣 설계로 되어 있다. 시험 결과는 다음과 같다.

① 최소한 맨홀로부터 5 m 이내의 지반과 맨홀과는 거의 같은 진동을 하고 있었다.
② 맨홀의 진동과 맨홀에서 멀리 떨어진 관로의 진동사이에는 位相差가 인정되었다.
③ 지진시에는 加速度 振幅, 變位 振幅과 함께 큰 지진파가 작용하면 관로에 큰 變形을 일으키며, 그 크기는 지진동가속도가 클수록 컸다.
④ 관로 전길이에 대한 변형의 분포는 이음부 부근에서 크고, 이 부분에서 떨어지면 급격히 감소한다.
⑤ 이음부에서 휨응력은 軸應力에 대하여 휨응력이 큰 요소를 차지하고 있다. 이음부에서 떨어진 위치에서는 이와 반대의 경향이 있다.
⑥ 지진 가속도와 이음부 부근의 변형과의 관계를 조사한 결과, 이음부 부근의 변형은 가속도가 증가함에 따라 커지는데 어느한계 이상으로 커지지는 않았다.
⑦ 強震에 대한 콘크리트관과 매설강관에 생기는 應力을 비교에 의하면 어떤 지진에서 응력의 最大値는 地震加速度 120 gal 일때에 콘크리트관의 이음부에서는 약 15 kg / cm^2, 이음부로부터의 영향이 적은 관로도중에서는 약 5 kg / cm^2 이었다. 이때 매설 강관에서는 160 kg / cm^2 의 應力이 발생했으며 이는 콘크리트관의 약 10배이다.

이 2가지의 연구결과, 지반이 파괴되는 大地震의 경우를 제외하고는 지반의 진동과 관로의 진동은 대략 일치함을 알 수 있다. 큰 맨홀이 관로에 부착되어 있는 경우도 그 부근의 지면, 맨홀 및 관로는 일반적으로 같은 진동을 하는데 이때는 맨홀이 그 부근의 흙의 진동을 규제하고 있는 것이라고 생각된다.

강관이나 콘크리트관의 경우도 주요한 응력은 휨응력이 아니고 軸應力임을 나타내고 있는데 이것은 이미 실내실험에서 예상했던 결과와 같다. 맨홀이 관로에 미치는 영향은 강관의 경우와 콘크리트의 경우와는 매우 다른 결과를 보이며, 맨홀이 있으면 강관의 경우는 많은 영향을 미치지 않았으며 콘크리트관의 경우는 맨홀 부근의 관의 응력에 지배적 영향을 미친다. 이것은 양자의 결합상태의 차이에 따른 것이다. 또 강관의 실험은 絶緣이 충분하면 맨홀의 영향은 현저하게 경감된다는 것을 의미하고 있다.

이상의 實測은 모두 두께가 거의 일정한 表面層중에 매설된 비교적 직선 구조물에 대해 실시한것이다. 그러나 두께가 변화하는 표면층이 있는 지반모형을 제라틴으로 만들어 이것을 진동대위에서 진동시켜 보면 지반의 각 부분은 각각의 두께에 따른 周期로 심한 진동을 한다. 따라서, 어느周期에서는 어느부분만이 심하게 진동하며, 周期를 달리하면 다른 부분만 심하게 진동한다. 그러므로 表面層內에 긴 模型管路를 매설하였을 때는 관로가 지반에 대하여 相對的으로 큰 진동을 하는 것은 아니지만, 지반에 따라 管의 一部分만 강한 진동을 하며 그 결과, 관에는 큰 局部的인 휨모멘트와 큰 軸力이 생기게 된다. 이 경우 큰 軸力과 휨모멘트를 일으키는 斷面은 表面層의 두께 또는 강성이 급변하는 부근이다.

2. 地下鐵

Tamura의 주관하에 Tokyo 지하철협회에서 지하철골조의 지진관측을 하였다 다음은 고지대(N 지점)의 단단한 洪積 롬지역과 Tokyo 중심(T 지역)의 연약 충적실트질 지역에 위치한 반경 3m 원형 단면의 철근콘크리트 쉴드 터널에서 얻은 기록의 예를 기술한 것이다.

N 지역의 지반은 깊이 11m 이상의 매우 조밀한 모래층과 점토 및 연약토의 表面層으로 구성되어 있다. 터널은 모래층 위에 위치해 있으며, 중앙에서의 깊이는 18m이다. T 지역의 지반은 지표에서 37m 부근에서 N치가 2이하인 실트질 점토로 구성되어 있으며 그 아래층은 N치가 30 이상인 단단한 지반이다. 터널은 실트층에 위치해 있으며 중앙에서의 깊이는 13m이다.

加速度計는 지중(UG)과 터널(SA)에 설치되어 있다. 變形計는 측벽과 대각선측벽(diagonal side wall)에 설치되어 있다. 변형계는 4종류, 즉 터널축에 대하여 연직(SA-SO) 또는 평행방향(SA-SO)의 2개소의 인접부분에 대한 변형 등을 관측하였다.

그림 16.6(a), (b)와 그림 16.7(a), (b)는 2개 지역에서의 지진기록을 보인 것이다. 前者는 진앙거리 300 km 와 $M=6.4$의 원거리 지진이며, 後者는 진앙거리 45 km 와 $M=4.8$의 근거리 지진이었다.

이들 관측기록으로부터 다음과 같은 성질을 확인하였는데 이는 쉴드터널의 지진변형을 해석하는데 기여할 수 있을 것으로 생각된다.

① 터널에서 지진가속도는 부근지반의 지진가속도와 거의 동등하거나 약간 낮다.
② 圓周變形은 축변형보다 크다.
③ 한 부분의 원주변형과 인접부분에 걸친 원주변형은 거의 동일한 반면 한 부분의 축변형은 두 인접부분에 걸친 軸變形보다 작다. 이는 두 인접부분은 지진중 축으로 분리된다는 것을 의미한다.
④ 터널의 橫斷面은 가끔 그림 16.8(a)와 같이 표층지반의 탁월진동수(predominent frequency)에서 변형된다. 이와 같은 변형은 지반에서 연직으로 상승하는 剪斷波에 기인된 것으로 생각된다.
⑤ 그림 16.8(a)에 보인 형상의 터널변형은 바람직하지 않다. 그리고 그림 16.8(b)와 같

* 그림 16.6, 7 및 9에서 약자
  AV, AP, AA=터널축에 수평, 연직, 직각방향의 加速度
  1, 2, 3, 4=터널 좌측벽의 變位
  5, 6, 7, 8=터널의 좌측 위쪽 대각선 측벽의 變位
  9, 10, 11, 12=터널의 우측벽의 變位

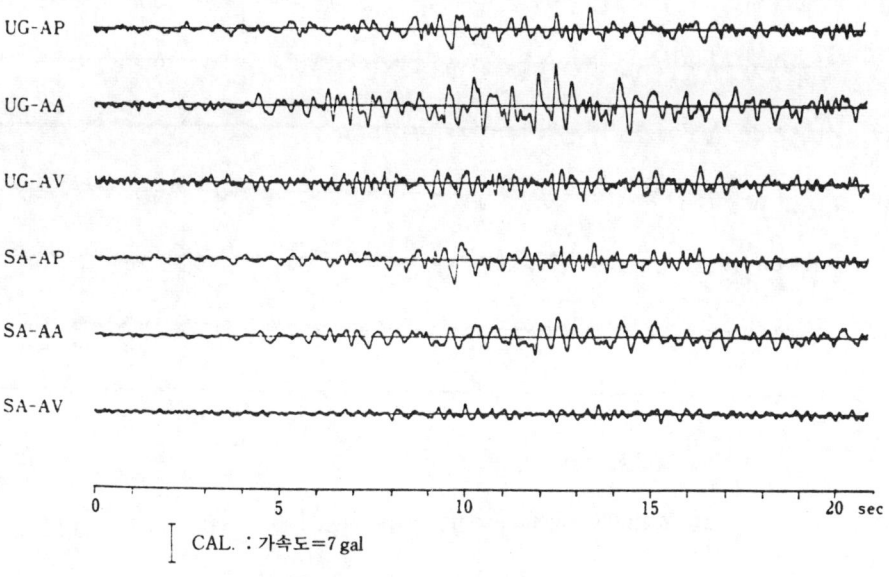

그림 16.6(a1) N지역에서의 지진가속도(1982. 2. 21 지진)

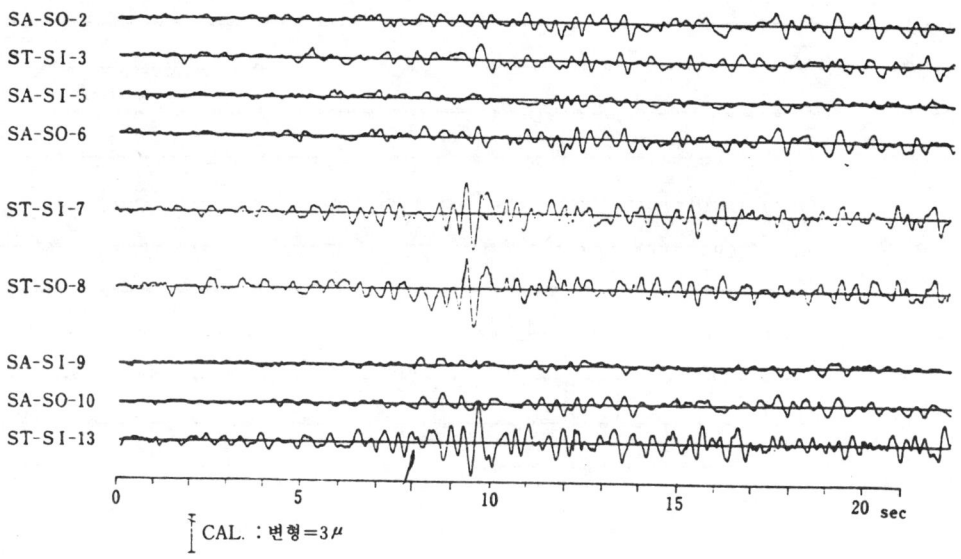

그림 16.6(a 2) N지역에서의 지진변형(지진, 1982. 2. 21)

은 형태의 변형은 지표면을 따라 횡단하는 表面波에 기인하는 것이라고 생각된다.

⑥ 그림 16.9는 Izuoshima-Kinkai 지진(1978. 1. 14)의 T지역에서의 터널의 변형 및 가속도 기록이다. 터널의 지진가속도와 터널벽의 지진변형사이에는 명확한 관계가 없다. 터널벽의 지진변형은 터널의 지진속도와 다소의 관계가 있다. 개략적으로 언급하면, 터널에서

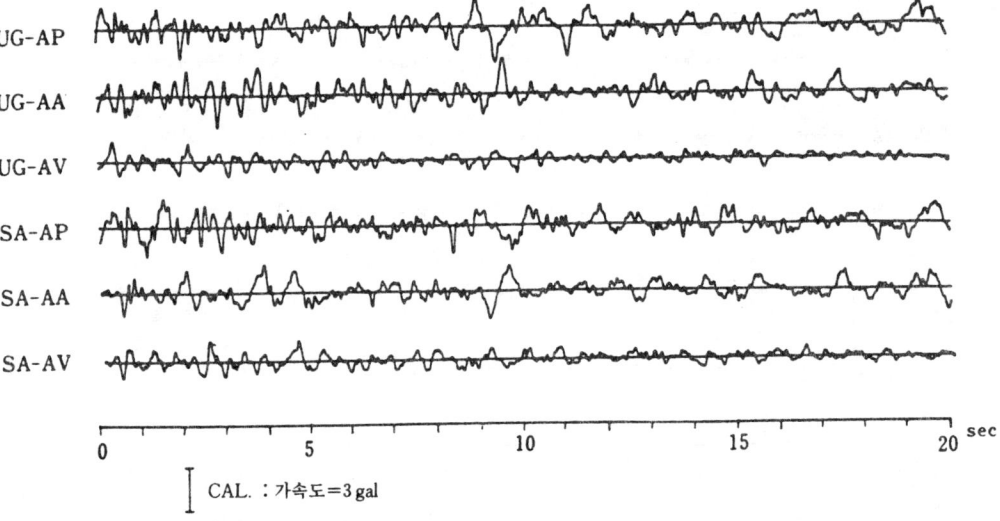

그림 16.6(b 1) T지역에서의 지진 가속도(지진, 1982. 3. 19)

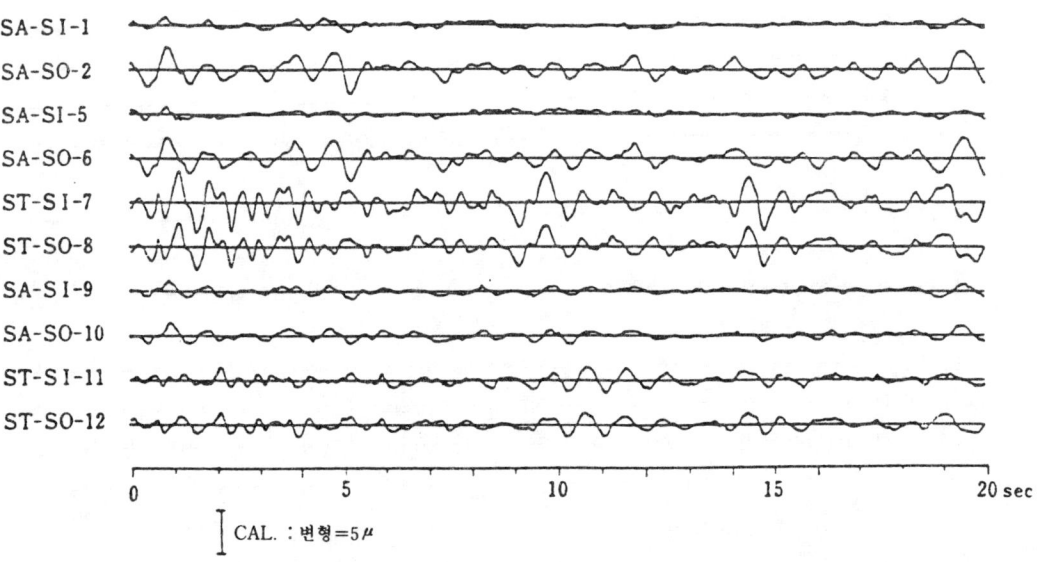

그림 16.6(b 2)) T지역에서의 지진변형(지진, 1982. 2. 21)

1 kine 의 지진속도는 쉴드벽에서 약 25 μ의 지진변형을 일으킬 것으로 예상된다.
그러나 이것은 遠距離地震 또는 소규모 지진 즉 작은 진동의 관측결과이다. 지반동이 매우 강

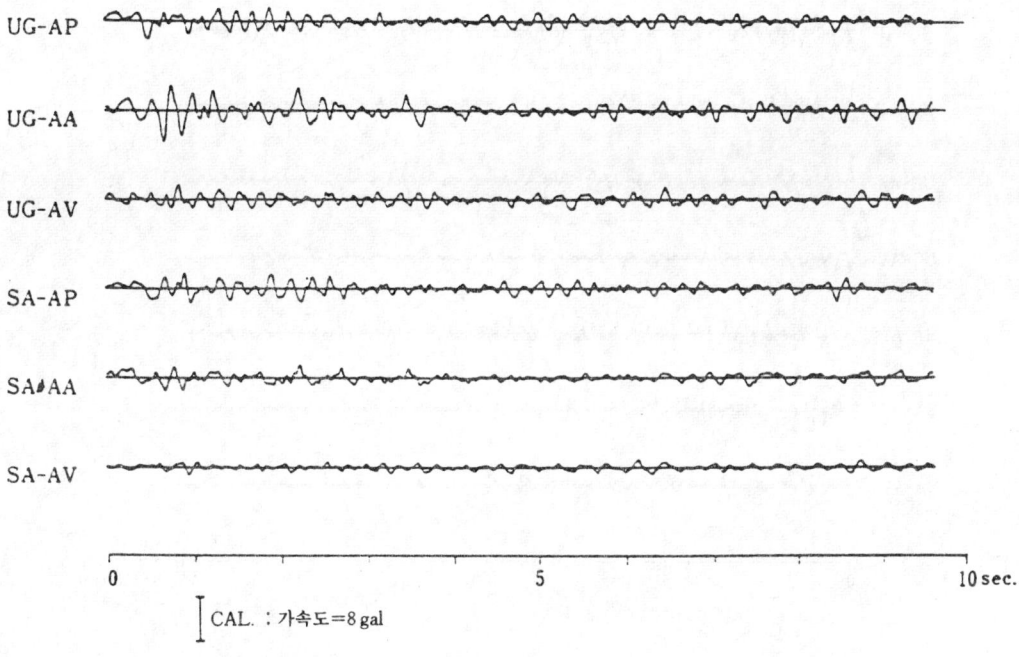

그림 16.7(a 1) N지역에서의 지진가속도(지진, 1982. 3. 19)

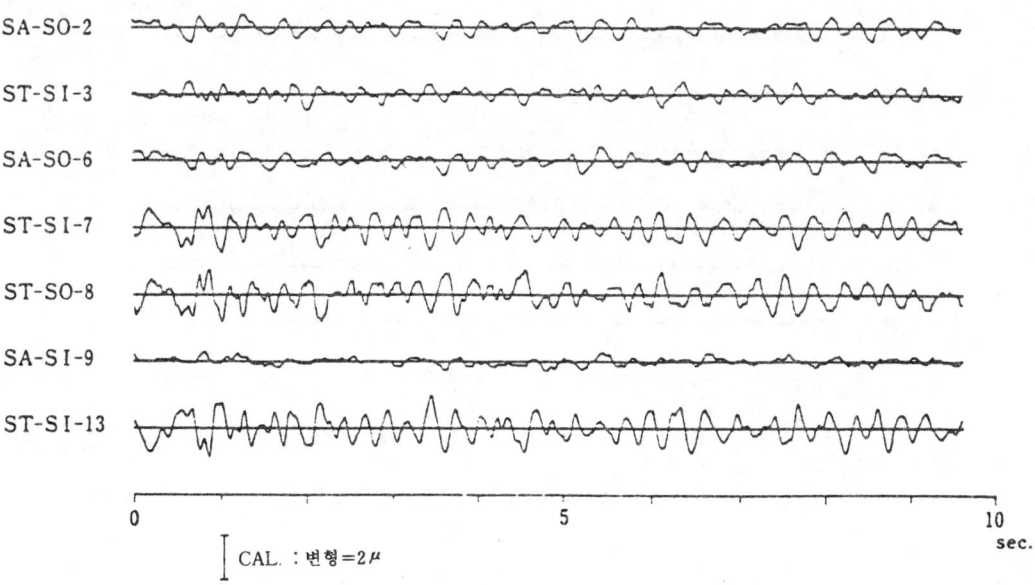

그림 16.7(a 2) N지역에서의 지진변형(지진, 1982. 3. 19)

할 때 위의 결과는 달라 질 수도 있으며, 금후 더 많은 관측 자료에 의한 명확한 결과가 기대된다.

562

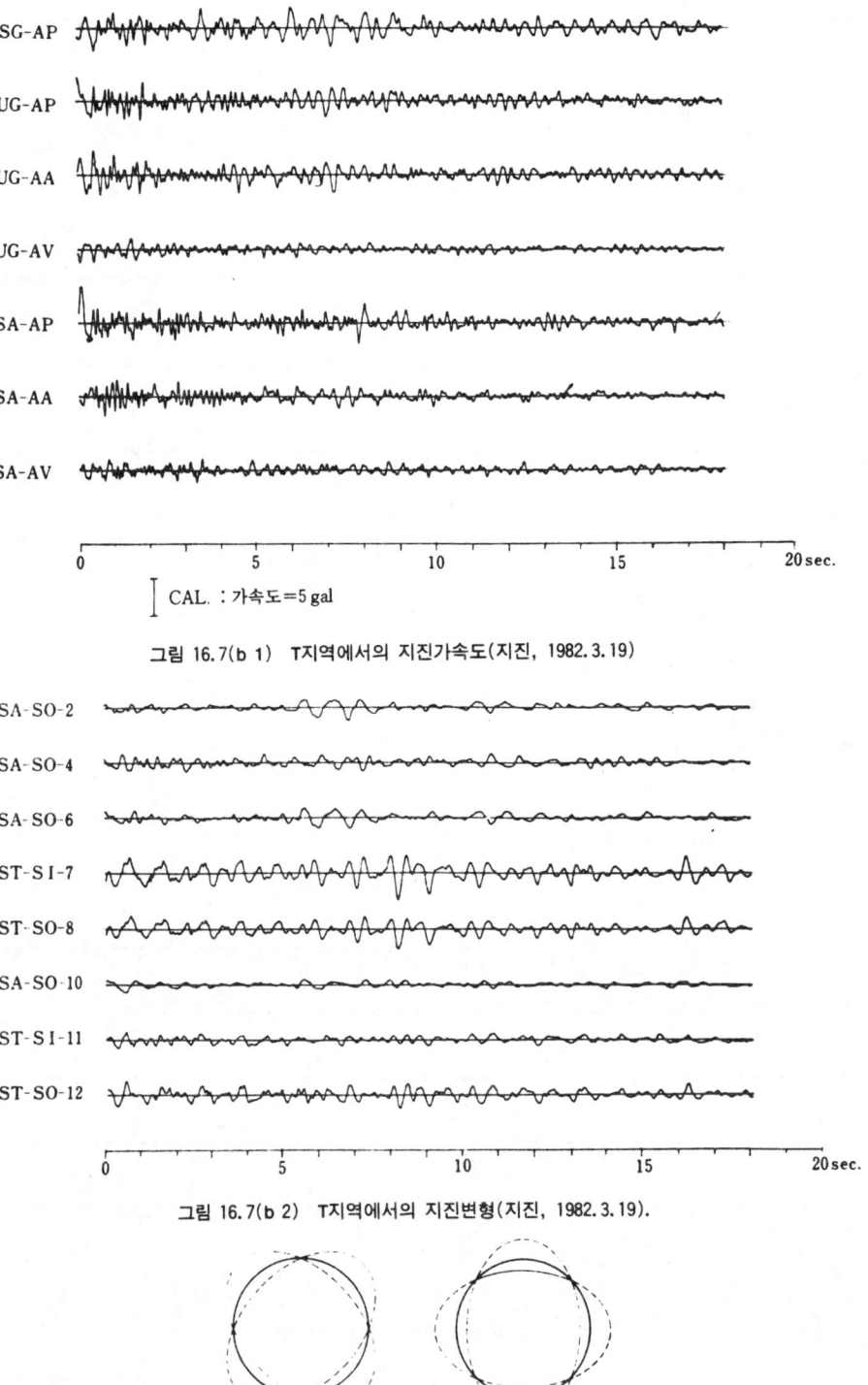

CAL. : 가속도=5 gal

그림 16.7(b 1) T지역에서의 지진가속도(지진, 1982. 3. 19)

그림 16.7(b 2) T지역에서의 지진변형(지진, 1982. 3. 19).

(a)　　　(b)

그림 16.8

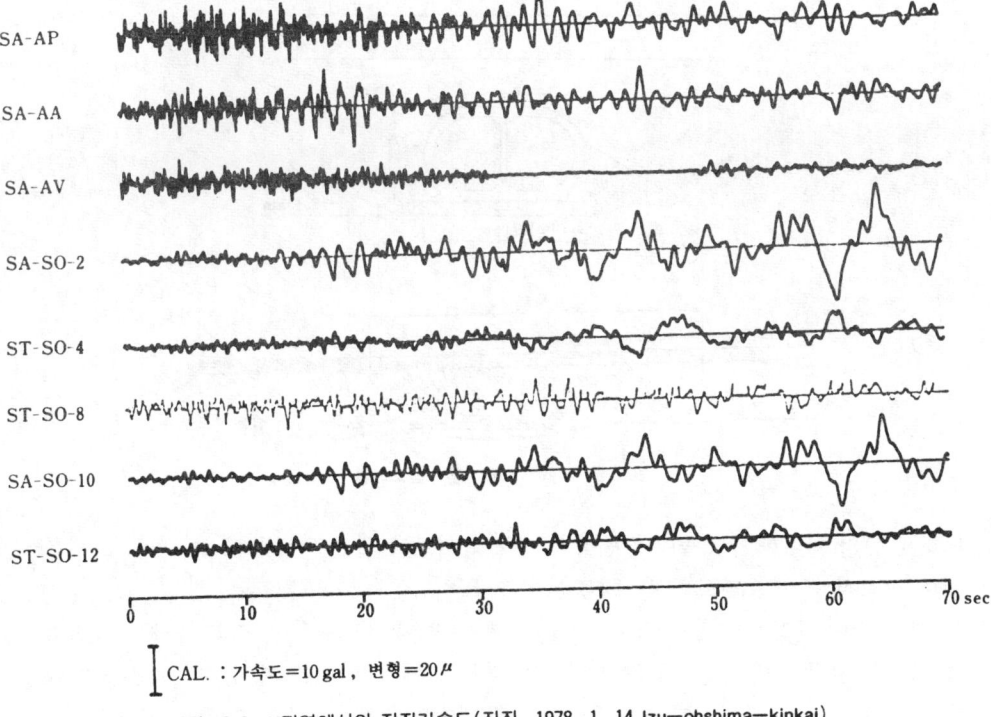

그림 16.9 N지역에서의 지진가속도(지진, 1978. 1. 14 Izu—ohshima—kinkai).

16.5 潛水터널의 내진

1. 일반사항

　도시교통의 요구에 따라 잠수터널이 건설되는 경우가 있는데 건설지점은 일반적으로 연약지반인 경우가 많다. 잠수터널은 그림 16.10과 같이 수중에도 건설되므로 지진시 붕괴되어 무서운 재앙을 불러일으키는 원인이 될 수도 있다. 그러므로, 지진에 대한 安全을 위하여 구조물의 강도를 충분하도록 해야할 뿐만 아니라, 浸水에 대비한 구조, 정보체계의 보호, 교통규칙, 및 비상전원의 보호 등의 필요성이 있다.

　그러므로, 耐震문제에 대한 첫번째 검토 사항은 지진시에 지반의 液狀化에 대한 것이다. 만일 液狀化할 우려가 있을 때는 재해가 크다는 것을 고려하여 건설을 잘 해야한다.

　둘째는 支持力인데 잠수터널은 中空構造物이기 때문에 기초지반이 받는 荷重强度는 잠수터널이 건설되기 이전에 흙의 중량을 받고 있었던 하중과 큰 변화가 없다. 따라서 특히 연약지반 이외에는 支持力이 부족할 우려가 있고 오히려 浮上을 경계해야 한다.

　셋째는 진동에 의해 터널에 발생하는 部材力이다. 지진시에 지표부에 진동을 일으키는 주요한 波動은 地中으로부터 지표부로 향해 올라오는 剪斷波와 지표면을 전파하는 表面波이다. 지중에서 상승하는 剪斷波는 대략 연직으로 상승하기 때문에 지반이 일정할 때는 터널의 전체길이에 걸쳐 진동은 대략 같은 位相이며, 따라서 터널에 발생하는 휨은 적다. 다만 터널 양단부에

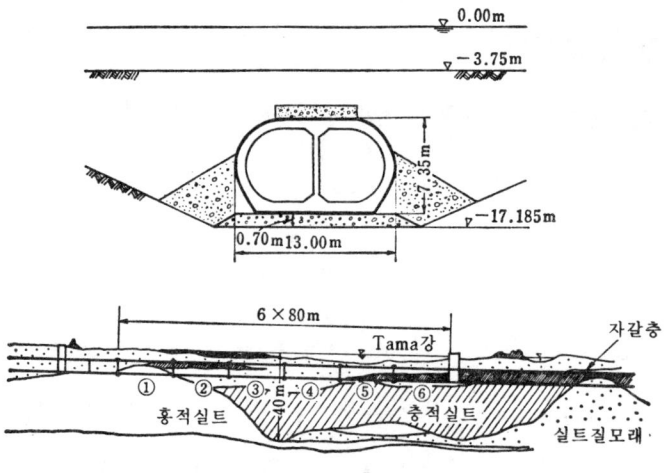

그림 16.10 Tama 잠수철도터널

는 排氣孔 등의 거대한 구조물이 작용하기 때문에 이 부분만은 터널의 중앙부분과는 다른 운동을 하며 비교적 큰 휨모멘트 혹은 軸力을 받는다.

지반의 성질이 균질하지 않을 경우, 예를 들면, 지반이 표면층을 갖고 그 두께가 일정하지 않은 경우는 각 지점에 대한 卓越周期가 다르기 때문에 軸에 따라 각 点의 지진동은 크기와 位相이 다르며, 이 경우 잠수터널에는 축방향과 축직교방향의 복잡한 분포를 하는 지진력을 미치게 된다.

또 表面波가 축방향으로 入射할 때는 터널의 각 부분에 작용하는 지진력사이에는 位相差가 있기 때문에 터널에는 종방향의 변형을 일으키게 된다.

잠수터널은 지반상에 설치되는 대규모의 구조물로써 터널의 변형은 지진파의 長周期성분에 의하여 주로 발생하며 지진파의 短周期성분은 변형에 큰 영향을 주지 않는다. 이와 같은 사실은 다른 지역에 건설한 잠수터널의 모든 지진관측으로부터 확인되었다.

2. 터널에 발생하는 지진변형 관측

실제의 잠수터널에서 지진동을 관측한 예는 적지만 Keio 철도線의 Tamagawa 터널에는 지진계가 설치되어 있다. 이 터널은 폭 13.00 m, 높이 7.35 m, 길이 80 m의 터널 6개소가 있으며, 1호터널은 홍적실트상에, 4~6호터널은 두께 40 m의 충적실트상에 2호 및 3호는 그 접속부상에 있다. 2호 및 4호 터널에는 가속도계와 變形計가 설치되어 있다. 變形計는 터널 단면의 측벽 양측에 축방향 변형을 측정하기 위하여 30 m 간격으로 설치되어 있다(그림 16.11 참조).

그림 6.12~그림 16.17은 6개소의 지진기록을 나타낸 것이며 표 16.2는 그 특성을 보인 것이다.

지진 A, B는 소규모지진이며 진앙거리는 매우 가깝다. 지진 A는 震源상의 가까운 곳에 위치하고 있으며 맥동(impulse)가속도 파가 발생하였다. 그러나 큰 가속도가 발생하였음에도 불구하고, 터널에 발생한 변형은 작았다. 지진 B는 시간이 매우 긴 0.8 sec 주기의 가속도가 지속되었다. 터널은 長周期의 가속도에 잘 응답하였으며, 같은 주기로 오랫동안 진동하였다.

제 16 장 지중구조물의 내진 565

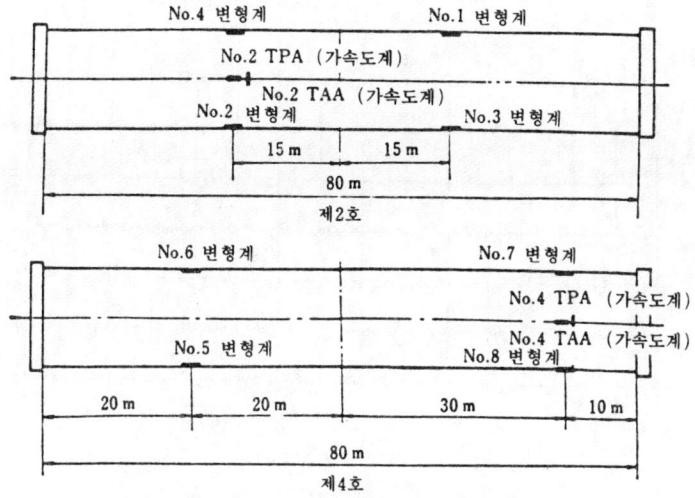

그림 16.11 터널의 제2 및 제4호의 평면도
TAA : 터널축에 평행, TPA : 터널축에 직교

표 16.2

지진	일 자	규 모	방위	심도(km)	진앙거리(km)	위치
A	1970. 9. 30	4.8	139°. 7E 35°. 6N	50	12	Tokyo
B	1970. 10. 30	4.9	139°. 9E 36°. 0N	60	54	Ibaragi남서부
C	1978. 1. 14	7.0	139°. 2E 34°. 8N	3	100	Izuohsham-kinkai
D	1974. 5. 9	6.9	138°. 8E 34°. 6N	50	130	Izuhanto-oki
E	1972. 12. 4	7.2	141°. 1E 33°. 2N	50	280	Hachijojima-oki
F	1970. 5. 27	—	140°. 0E 27°. 5N	깊다	900	Ogasawara섬

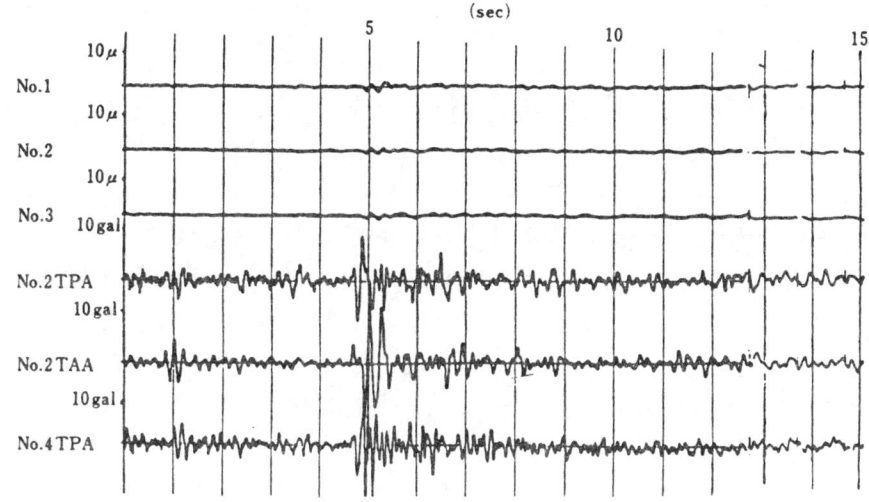

그림 16.12 지진A(1970. 9. 30)

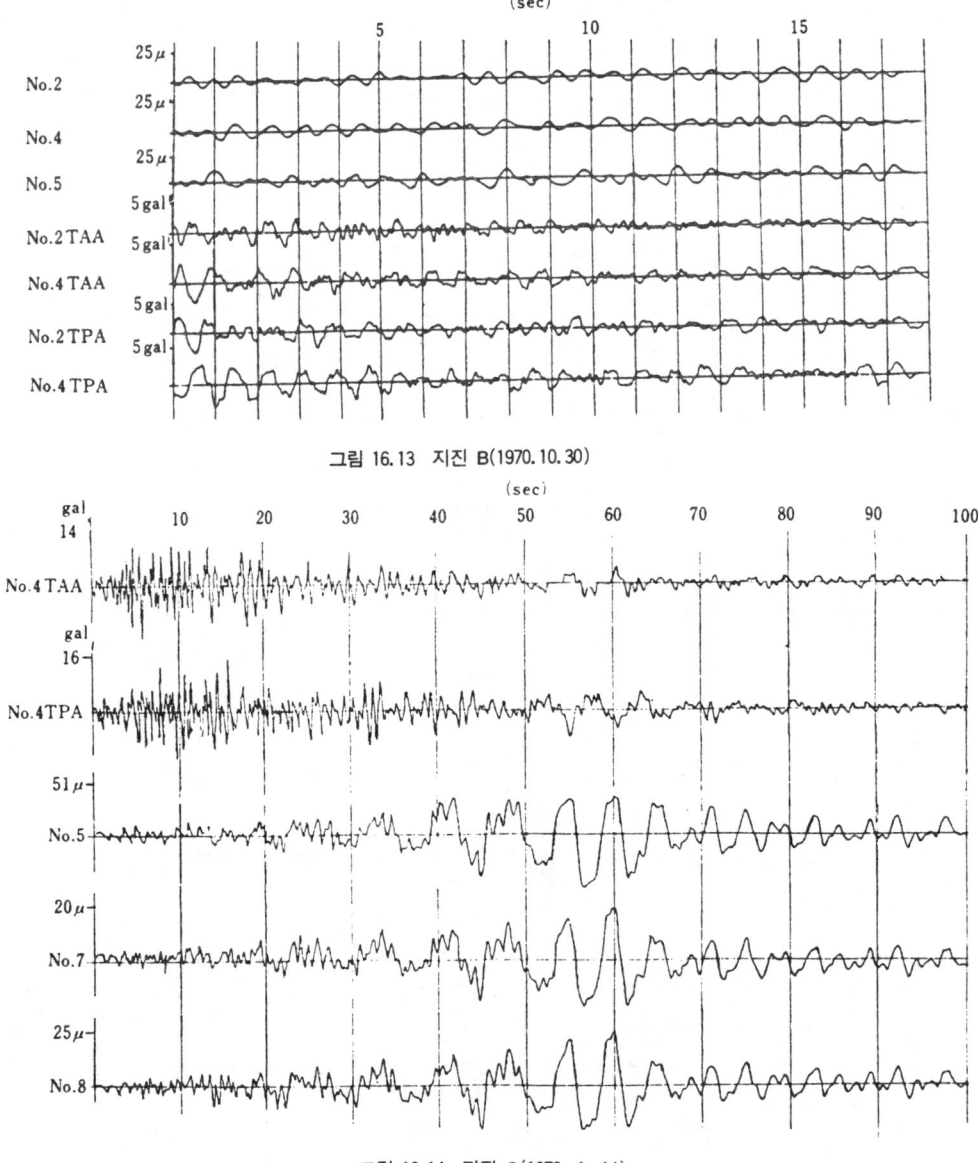

그림 16.13 지진 B(1970. 10. 30)

그림 16.14 지진 C(1978. 1. 14)

지진 C, D는 진앙거리(약 100 km)가 멀지 않은 중규모 이며, 지진 C의 초기 가속도는 컸으며 주기는 시간이 경과함에 따라 점차 증가하였다. 터널에 발생한 變形은 加速度의 주기가 짧을 때 작으나 가속도의 주기가 증가함에 따라 변형이 증가하였다. 가속도의 주기는 5.5 sec 가 되었을 때 같은 주기를 갖는 매우 큰 규모의 變形波가 발생하였다. 이들 長周期의 波는 표면파에 의하여 소거되는 것으로 판단된다. 그림 16.9는 Tokyo의 지하철터널에서 얻은 변형기록이다. 지진 D에서는 시간이 오랫 동안 거의 균일한 주기의 진동이 연속되었다. 터널에서 발생한 종변형 기록의 초기부분에서는 작으나 뒷부분에서는 커졌다. 파의 주기가 약 1.5 sec 가 되었을 때 변형은 가장 컸다.

제 16 장 지중구조물의 내진 567

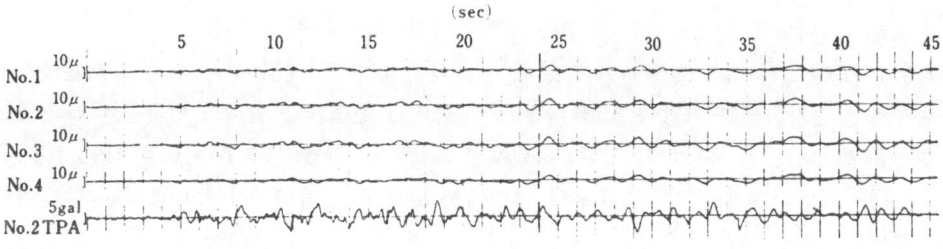

그림 16.15 지진 D(1974. 5. 9)

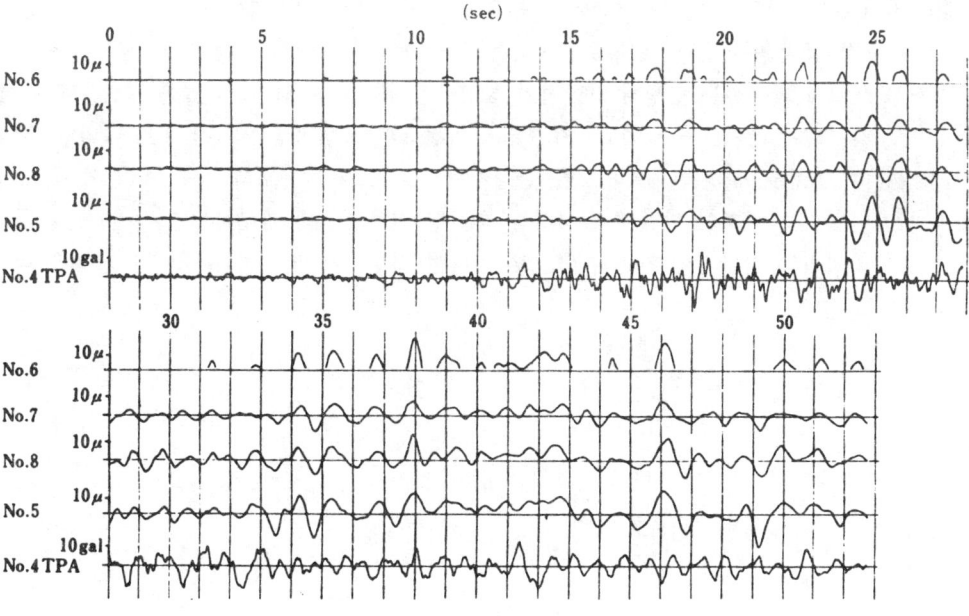

그림 16.16 지진 E(1972. 12. 4)

그림 16.17 지진 F(1970. 5. 27)

지진 E 는 원거리 지진이다. 초기진동 후 잠시 후에 長周期波가 나타났으며, 이들 파에 해당하는 큰 장주기 변형은 축방향에서 발생하였다. 대규모 지진에서는 많은 장주기성분의 波를 지니고 있으며, 터널에서 발생하는 변형은 진앙거리가 멀어도 비교적 컸다.

지진 F 는 규모가 크지 않았으며 진앙은 매우 멀리 떨어진 지역이다. 따라서 터널에서 발생한 변형과 지진가속도는 작았다. 그러나 터널 양측벽의 변형계는 반대의 변형을 나타내었으며, 이 변형은 휨變形임을 사사하고 있다. 터널에서 휨變形이 탁월한 경우는 드물지만, Haneda 터널에서 관측되었다. 이들 기록으로부터 터널에서 발생하는 지진변형에 대해서는 다음과 같은 결론을 얻을 수 있었다.

① 軸變形은 보통 휨변형 보다 탁월하다.
② 지진파의 短周期 성분은 터널에서 중요한 변형을 일으키지 않는다.
③ 중요한 長周期 變形은 長周期의 지반동에 의하여 터널에서 발생된다.

지진시 터널에 발생하는 변형의 일반적인 성질을 분류하기 위하여, 터널은 지반상에 탄성 스프링으로 지지되는 균일단면 보이고, 지반은 단위진폭의 정형파형과 파장 λ 로 나타낼 수 있다고 가정한다. 보(beam)이론에 따르면, 탄성지반으로 지지되는 보의 경우, 터널의 축에 평행방향의 지반변위로 인하여 터널에 발생하는 축변형 진폭은 다음과 같다.

그리고 터널의 축직각방향 지반의 變位로 인하여 터널에서 발생하는 휨變形 진폭은 다음과 같다.

$$\varepsilon_x = \frac{\frac{2\pi}{\lambda} \beta_x^2}{\left(\frac{2\pi}{\lambda}\right)^2 + \beta_x^2} \tag{16.8}$$

$$\varepsilon_y = r_0 \frac{\left(\frac{2\pi}{\lambda}\right)^2 \beta_y^4}{\left(\frac{2\pi}{\lambda}\right)^4 + \beta_y^4} \tag{16.9}$$

$$\beta_x = \sqrt[2]{\frac{K_x}{EA}}, \quad \beta_y = \sqrt[4]{\frac{K_y}{EI}}$$

여기서, λ : 지반동의 波長
  K_x, K_y : 터널의 축직각방향 또는 축평행방향의 變位에 대한 탄성스프링 정수
  EA, EI : 터널의 축직각방향 또는 축평행방향의 강성
  γ_0 : 터널 중심에서 연단까지의 거리

식(16.8) 및 식(16.9)에 의하면, 터널에서 발생하는 변형은 지반동의 波長에 큰 영향을 받는다. 그림 16.18은 위의 관계를 나타낸 것이다. 이 그림으로 부터 다음과 같은 결론을 얻을 수 있다.

① 터널에서 長周期지진파의 축변형은 탁월하고, 短周期지진파의 휨變形도 탁월하다.
② 축변형이 탁월한 범위는 광범위한 반면, 휨변형이 탁월한 범위는 좁다.
③ 단주기 지진파로 인한 變位는 장주기 지진파로 인한 變位 보다 일반적으로 작다. 따라서, 축변형은 일반적으로 변형의 초기형태이다. 이 결과는 현장 관측 결과와 일치한다.

제 16 장 지중구조물의 내진 569

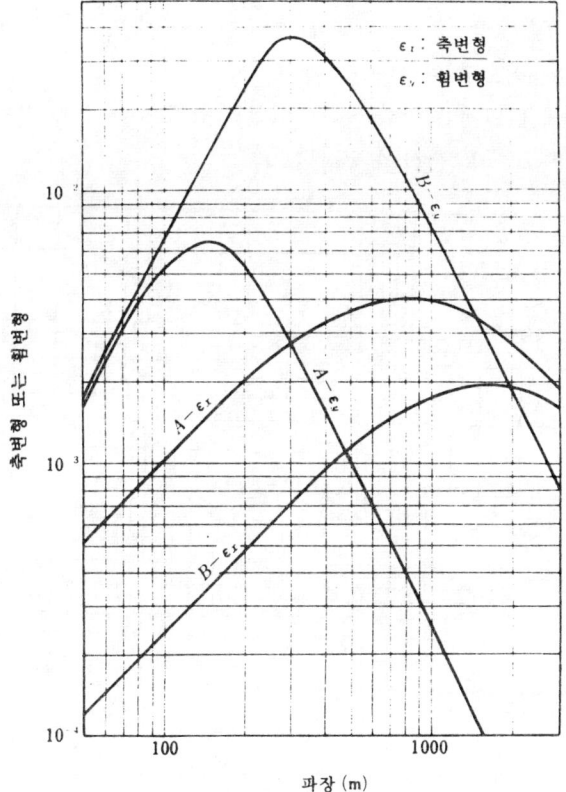

경우 A: $\gamma_0 = 6.5$ m, $\beta_x = 0.082$ m^{-1}, $\beta_y = 0.045$ m^{-1}.
경우 B: $\gamma_0 = 18.7$ m, $\beta_{xy} = 0.0039$ m^{-1}, $\beta_{xy} = 0.020$ m^{-1}.

그림 16.18

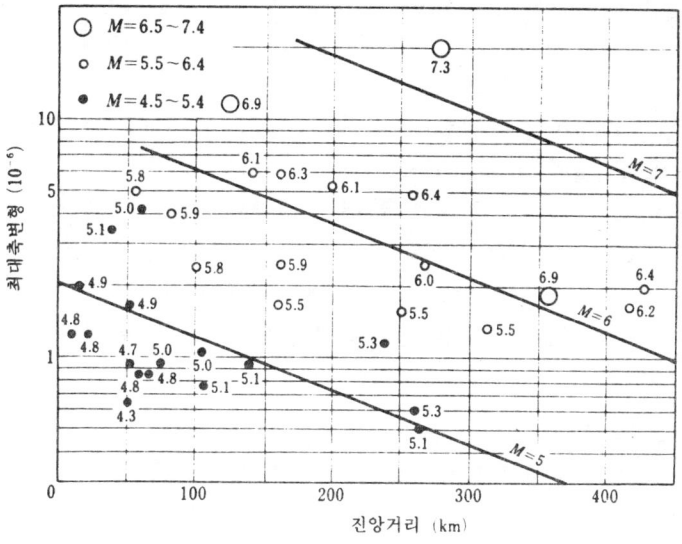

그림 16.19 진앙거리에 따른 최대축변형의 감쇠(C. Tamura)

그림 16.19에 의하면, 진앙거리와 터널에 발생한 최대축변형의 대수와 직선관계이다. Tamura는 이 관계를 다음식으로 나타내었다.

더욱이 그림 16.20에서 터널에 발생하는 최대변형은 지역의 최대가속도는 비례하지 않는다. 그러나 오히려 최대가속도는 0.6까지 상승한다.

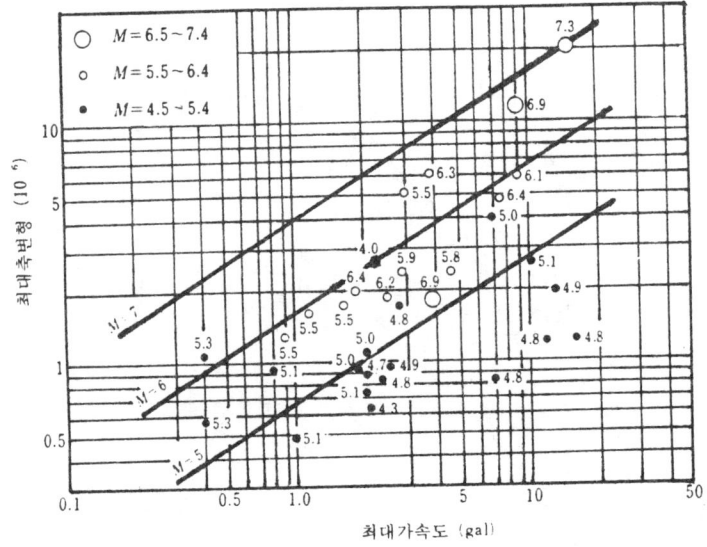

그림 16.20 최대가속도와 최대축변형과의 관계(C. Tamura)

$$\log_{10} \varepsilon_{max} = 0.7M - \frac{\Delta}{450} - 9.2 \tag{16.10}$$

여기서, M : 규모
  Δ : 진앙거리(Km)
  ε_{max} : 터널에 발생하는 최대축변형

그리고 그림 16.20은 Haneda 잠수 터널에서 관측한 기록을 토대로 최대가속도와 터널에 발생한 최대축변형 사이의 관계를 나타낸 것이다.

그림 16.19에 의하면, 진앙거리와 터널에 발생한 최대축변형의 대수와 직선관계이다. Tamura는 이 관계를 다음식으로 나타내었다.

흥미로운 것은 주어진 최대가속도에 따라 터널에서 발생하고 최대축변형은 지진규모가 증가함에 따라 증가한다. 이는 대규모지진이 갖는 많은 장주기 성분에 의하여 생기는 파에 기인하기 때문이라 할 수 있다.

3. 잠수터널의 수학적모델

Tamura 등은 모형시험과 지진관측을 토대로 다음과 같은 가정하에 動的解析에 관한 잠수터널의 수학적 모델을 제안하였다.

① 지반 진동은 잠수터널의 유무에 영향을 주지 않는다.

② 지반 표층의 전단진동의 기본 모드는 지반의 변위에 지배되며, 지진시 잠수 터널에 발생하는 변형에 큰 영향을 준다.
③ 터널의 거동에서 관성력의 영향은 작기 때문에 動的解析시 터널의 관성력은 고려 할 필요가 없다.
④ 터널의 變形은 보(beam)가 스프링 지반과 연결되어 있다는 가정하에 터널 지반의 변형으로부터 추정할 수 있다.

위에서 언급한 항목은 지중구조물, 예를 들면, 지하철, 매설관, 지중 저장탱크 등의 動的擧動해석을 위하여 일반적으로 가정할 수 있는 사항이다.

지반의 수학적 모델을 세우는데 있어서 표면층은 터널 축을 따라 여러개의 지반으로 분할하고, 각 분할된 지반은 전단진동의 기본 고유주기와 같은 주기를 갖는 1질량-스프링 모델로 대체한다(그림 16.21 참조).

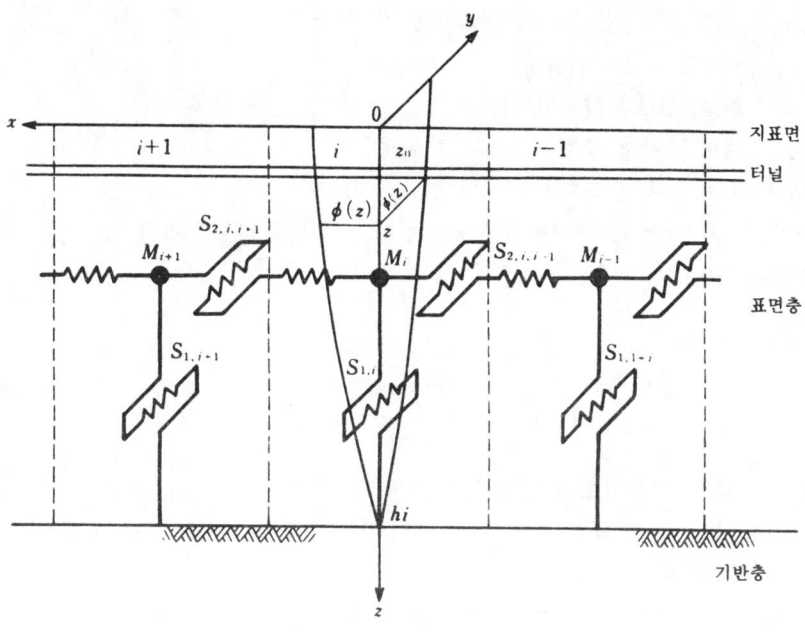

그림 16.21

$$M_i = \frac{\left\{\int_0^{h_i} m_i(z)\, \phi_i(z)\, dz\right\}^2}{\int_0^{h_i} m_i(z)\, \phi_i^2(z)\, dz} \tag{16.11}$$

여기서, M_i : 분할지반 i의 등가질량
  z : 지표에서 깊이
  h_i : 분할지반 i의 표면층의 두께
  $m_i(z)$: 깊이 z에서 단위깊이당 분할한 지반 i의 질량
  $\phi_i(z)$: 연직축을 따라 분할한 지반 i의 기본 전단진동 모드

기반층에 질량이 스프링 S_1에 연결되어 있을때 스프링정수는 다음 식으로 결정한다.

$$K_{1,i} = \left(\frac{2\pi}{T_i}\right)^2 M_i \tag{16.12}$$

여기서, $K_{1,i}$: 분할지반 i의 스프링 S_{1i}의 스프링 정수

T_i : 분할지반 i의 기본전단진동의 고유진동주기

2개의 인접한 분할지반은 x와 y축방향의 2차원 스프링으로 연결되어 있다고 가정하며 S_2로 표시한다. 스프링 정수 S_2는 다음 식으로 결정한다.

$$K_{2x,i,i-1} = \frac{1}{l_{i,i-1}} \int_0^{h_i} E_i(z) f_i(z) \, dz \tag{16.13}$$

$$K_{2y,i,i-1} = \frac{1}{l_{i,i-1}} \int_0^{h_i} G_i(z) f_i(z) \, dz \tag{16.14}$$

여기서, $K_{2x,i,i-1}$: 상대축변위에 대한 스프링 S_2의 정수

$K_{2y,i,i-1}$: 상대 전단변위에 대한 스프링 S_2의 정수

$l_{i,i-1}$: M_i와 M_{i-1} 사이의 거리

$E_i(z)$: 깊이 z에서 분할지반 i의 탄성계수

$G_i(z)$: 깊이 z에서 분할지반 i의 전단탄성계수

$f_i(z)$: 질량점 M_i가 단위변위를 일으킬때, 깊이 z에서의 변위, $f_i(z)$는 다음과 같이 나타낸다.

$$f_i(z) = \frac{\int_0^{h_i} m_i(z) \, dz}{\int_0^{h_i} m_i(z) \phi_i(z) \, dz} \phi_i(z) \tag{16.15}$$

지진시 等價質量 M_i에 작용하는 힘은 관성력, 3개의 스프링, 즉 $S_{2,xi,i-1}$, $S_{2,xi,i+1}$, 및 $S_{1,i}$로 인한 復元力, 減衰力, 地震力 등이며, 이들 힘은 평형을 이루어야 한다. 지반의 운동방정식은 매트릭스형태로 구한다.

等價質量의 變位로부터 잠수터널위치에서의 지반의 변위는 계산하여 구할 수 있다. 터널이 스프링으로 지반과 연결되어 있다고 가정하면, 터널의 운동방정식은 全彈性基礎上의 보 理論을 적용하여 구할 수 있다. 터널질량의 관성력은 무시한다. 즉 터널 축방향의 운동방정식은 다음과 같다.

축직교방향의 운동방정식은 다음과 같다.

$$EA \frac{d^4 U_x}{dx^4} + k_x(U_x - V_x) = 0 \tag{16.16}$$

$$EI \frac{d^4 U_y}{dx^4} + k_y(U_y - V_y) = 0 \tag{16.17}$$

여기서, U_x, U_y : 터널의 變位

제 16 장 지중구조물의 내진 573

V_x, V_y : 터널위치에서의 지반의 變位
EA : 터널의 軸剛性
EI : 터널의 휨剛性

잠수터널의 축직교방향의 스프링정수는 2차원 彈性體와 같은 平面變形으로 가정하여 유한요소법으로 산정하며, 축방향의 스프링정수는 터널축방향의 전단변형이라고 가정하여 산정한다.
동적해석의 예로서, 1952년 Taft 지진 기타지진시에길이 1200 m 의 잠수터널의 응답을 계산하였다. 터널은 3부분으로 구성되어 있다. 즉 길이 200 m 의 陸上부분 길이 600 m 의 해저부분, 해저와 육지를 연결하는 길이 100 m 의 斜面부분이다. 지반의 육상부분에서 고유진동 주기는 0.8 sec 해저부분에서 0.4 sec, 사면부분에서 0.4~0.8 sec 이다. 환기탑은 사면부분과 육지부분의 경계에 위치해 있다.

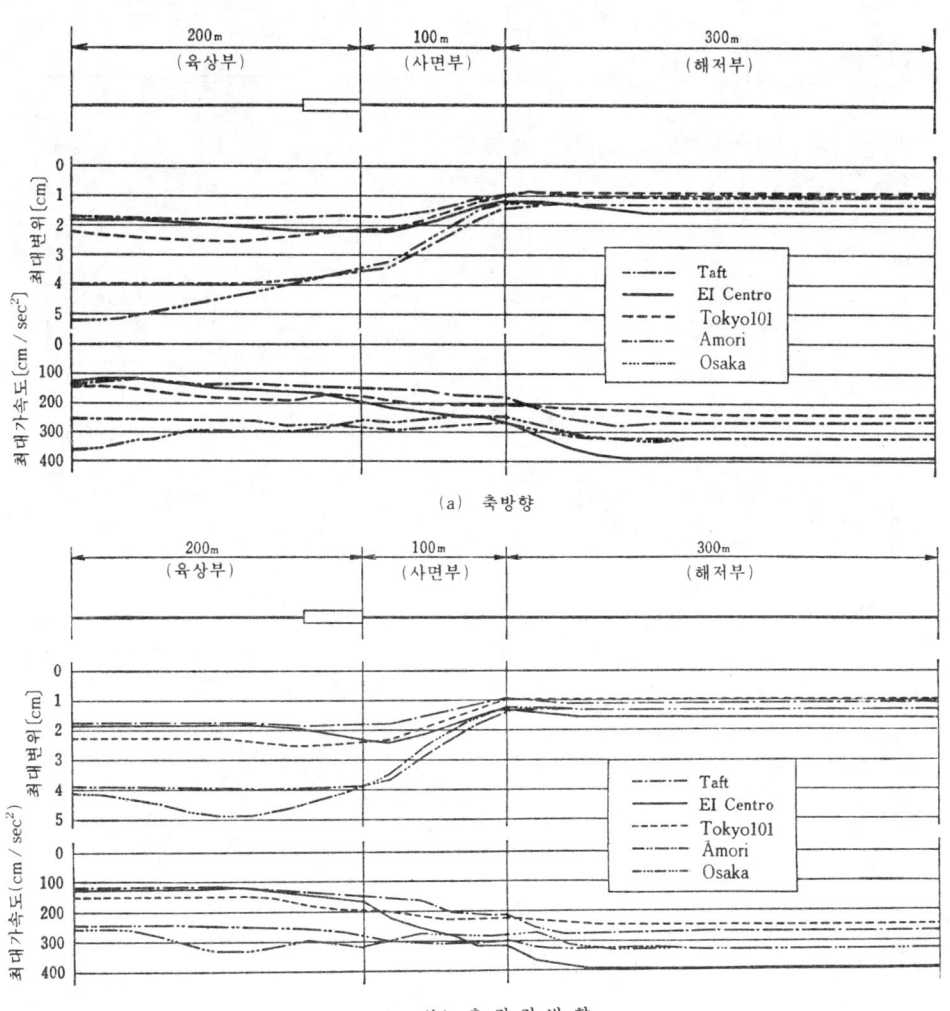

(a) 축방향

(b) 축 직 각 방 향

그림 16.22 지표면의 最大加速度 및 最大變位
(입력파 최대가속도는 100gal, 감쇠정수는 10%로 각각 가정)

574

그림 16.22(a), (b)는 최대가속도를 100 gal 로 조정한 Tokyo No.101 지진과 이밖에 4개소의 지진에 의한 지표면의 터널축방향 및 터널직교방향의 最大變位 및 最大加速度이며 그림 16.23은 이들의 地震動에 의하여 발생한 잠수터널의 最大軸力과 最大휨모멘트 및 最大剪斷力이다. 이들 그림과 모형시험에서 다음과 같은 성질을 알 수 있게 되었다.

① 잠수 터널의 應力의 크기는 지진파형에 크게 좌우되므로 이에 따라 다르다.
② 터널 측벽 變形의 진동특성은 지반의 低次 전단진동의 진동특성과 일치한다.
③ 터널을 따라 발생하는 최대변위의 분포, 최대전단 및 최대휨모멘트는 위에서 언급한 모든 지진파형과 유사하나 크기는 다르다.
④ 터널의 종방향 변형의 경우, 터널은 높은 종방향 강성 때문에 먼거리에 걸쳐 지반의 평균

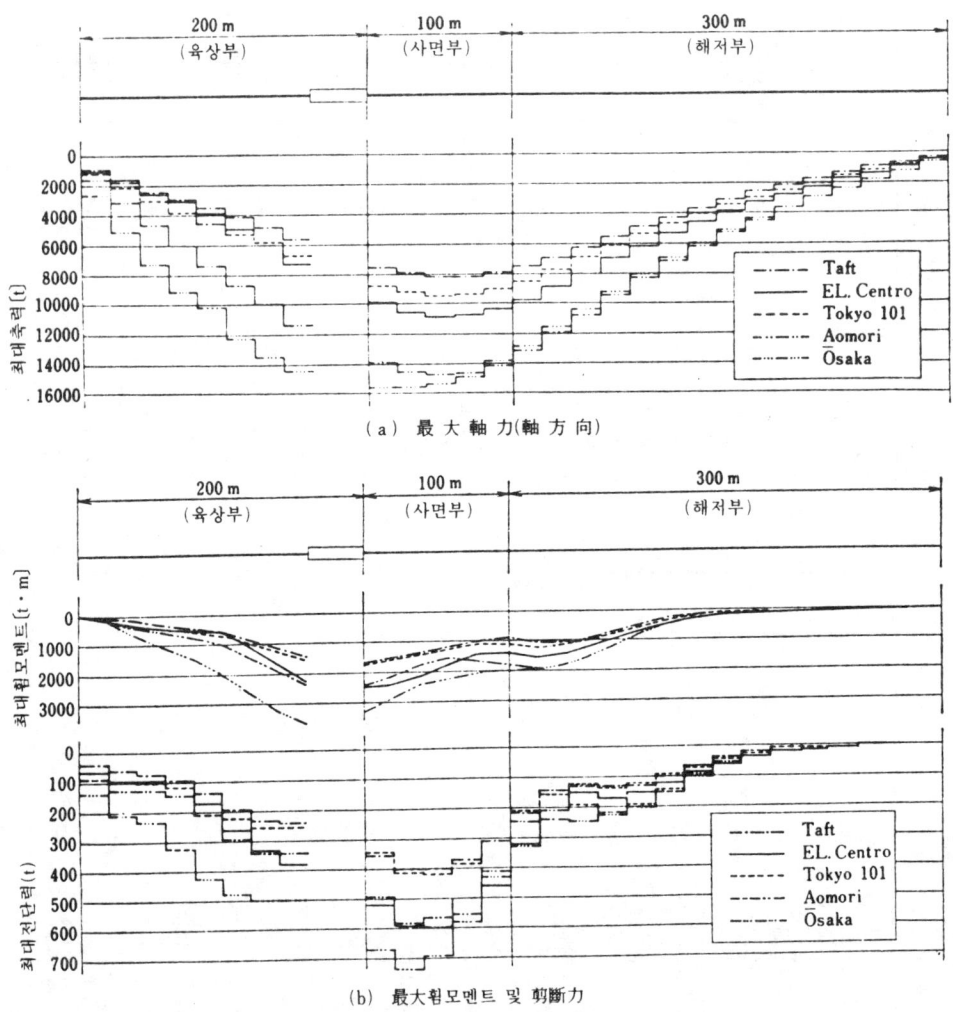

그림 16.23 잠수터널의 最大軸力, 最大휨모멘트 및 最大剪斷力
(입력파 최대가속도와 감쇠정수는 각각 100gal과 10%로 가정)

변형이 일치하지 않는 국부적인 변형이 일어난다.
⑤ 휨變形에서 터널은 낮은 휨剛性 때문에 지반주변의 변형과 일치하여 변형된다.
⑥ 터널의 변형은 지반의 성질 또는 동적성질이 갑자기 변화하는 부분에서 크다.
⑦ 휨모멘트, 전단력, 및 축방향력은 환기탑과 잠수터널의 접합부에서 크다.
⑧ 휨모멘트는 사면부와 해저부 사이의 연결부에서 비교적 크다.
⑨ 휨모멘트와 전단력은 상대적으로 터널의 중간부에서 작다.
⑩ 지반이 터널축 주위를 균등하게 회전하면 터널은 비틀림을 일으킨다.

4. 터널의 접합

강성 또는 가요성 잠수 터널과 인접한 터널 사이의 접합(connection)에 대하여 가끔 논의 되고있다. 가요성 접합은 온도변화, 콘크리트의 수축, 지진으로 인한 하중 감소 때문이라고 주장하고 있다. 또 다른 주장은 가요성이음, 防水 처리등을 완전하게 건설하기는 매우 어려우며, 지진시 이와 같은 이음의 거동이 불분명하여 가요성 접합은 구조적으로 결함이 있다. 일본의 경우, 터널은 강성접합을 많이 이용하여 왔다.

그림 16.24(a)는 터널의 강성접합의 예를 나타낸 것이다. 鋼製셀(cell)로 제작한 인접 터널의 양단은 슬래브와 가스켓 빔(gasket beam)에 2개의 鋼板으로 연결한다. 2개의 板과 홈사이는 철근콘크리트로 채운다. 그림 16.24(b)는 터널의 가요성 접합의 예를 나타낸 것이다. 鋼製셀로 제작한 인접 터널의 양단은 팽창강판과 고무판으로 연결하며 전단돌출부(key)는 2개의 판 사이에 설치한다. 전단돌출부의 강골조는 모르터로 피복하고 한쪽 끝은 터널의 강제셀에 용접하며, 다른 한끝은 이들 사이에 놓인 얇은 고무판과 인접 터널의 강제셀에 접촉시킨다.

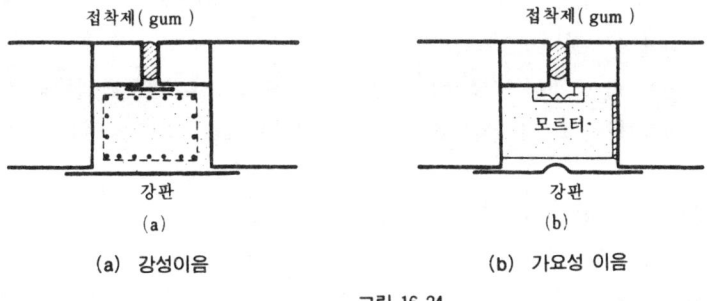

(a) 강성이음　　　(b) 가요성 이음

그림 16.24

지진시 가요성 이음으로 된 2개의 터널 사이의 상대변위를 Tokyo 만의 잠수터널에서 측정하였다. 이들 관측에 따르면, 상대변위는 터널의 변형에 대략 직선적으로 비례하였으며 相對變位는 터널 6μ 변형에 해당하였다. 이 값은 Tokyo에서 MM Ⅳ~Ⅶ 범위의 5개 지진에서 얻은 평균치이다. 이 잠수터널은 6개의 터널로 구성되어 있으며 각각 길이 124 m, 폭 28.4 m 높이 8.8 m 이다. 지반은 사질층과 점토층이 互層을 이룬 홍적층이며, 터널은 점토층에 위치해 있다.

16.6 地下鐵의 설계

다음은 一山地區 地下鐵停車場의 설계 사례를 중심으로 기술한 것이다.
1. 일반사항
地下構造物은 그 內空部를 包含한 단위체적 중량이 周邊 地盤의 단위체적 중량에 비하여 가볍거나 비슷하므로, 일반적으로 地震의 影響은 周邊 地盤에 생기는 변위, 變形 等의 影響이 크다. 그러나 構造物의 중량이 주변 地盤의 중량보다 무거운 경우에는 地震影響은 構造物의 자중에 기인한 관성력이 지배적인 要素이다. 地下構造物에 대한 內震設計法은 다음의 方法이 있다.

1) 진도법

地震力을 정적인 橫力으로 換算하고, 構造物의 자중 및 내부의 사하중, 上部 過裁荷重에 의한 관성력을 地震時의 土壓에 대한 계산으로 수행하는 解析方法이다.

2) 應答變位法

構造物의 地震時 擧動은 주로 주변지반의 변위에 의해 지배되는 것으로 간주하여 地震時의 地盤의 변위를 적당한 방법으로 계산하고, 그 地盤의 변위에 비례하는 外力을 地震力으로서 構造物에 작용시키는 한편, 構造物의 支持하는 周邊地盤도 適當한 지반 모델로 가정하여 周邊地盤에서의 反力과 構造物의 변위, 應力을 산출하는 방법이다.

構造物의 軸方向 또는 軸直角方向에 대한 地盤의 變位量의 차가 생기는 경우에 적용한다.

3) 動的 解析法

주로 震度法, 應答變位法에 의한 검토에 추가해서, 암밀한 計算을 요하는 構造物을 대상으로 하며, 특히 軟弱地盤上의 構造物에서 實際地盤에 의한 動的인 擧動을 正確히 고려해야 할 때 적용한다.

4) 耐震設計法의 選定

우리나라에서 예상되는 最大 地震 規模 M이 6程度로 豫想되므로 地下構造物의 地震時 擧動은 주로 周邊地盤의 변위에 의해 지배된다고 가정하는 應答變位法을 적용하는 것이 바람직하다.

2. 應答變位法에 의한 計算
1) 應答變位法의 槪要

地盤內에 박스-칼바트를 設置할 경우 칼바트의 강성 및 重量이 박스 周邊의 지반과 같다며, 박스는 周邊 지반과 같은 變形이 생긴다.

또한 박스의 剛性과 重量이 地盤의 값보다 작을 경우에는 박스의 變形은 지반의 變形과 같지는 않으나 대략 같다고 생각하는 것이다.

즉, 박스의 剛性과 지반의 剛性比는 큰 差異가 없고, 박스의 중량은 박스와 同體積의 土塊重量보다는 가볍게 되어서 박스 칼바트의 變形은 지반의 變形과 대략같다고 생각할 수 있다.

이러한 計算方法이 應答變位法이고, 地震時의 地盤變位를 칼바트에 强制變位로서 주는 방법이다.

2) 計算順序

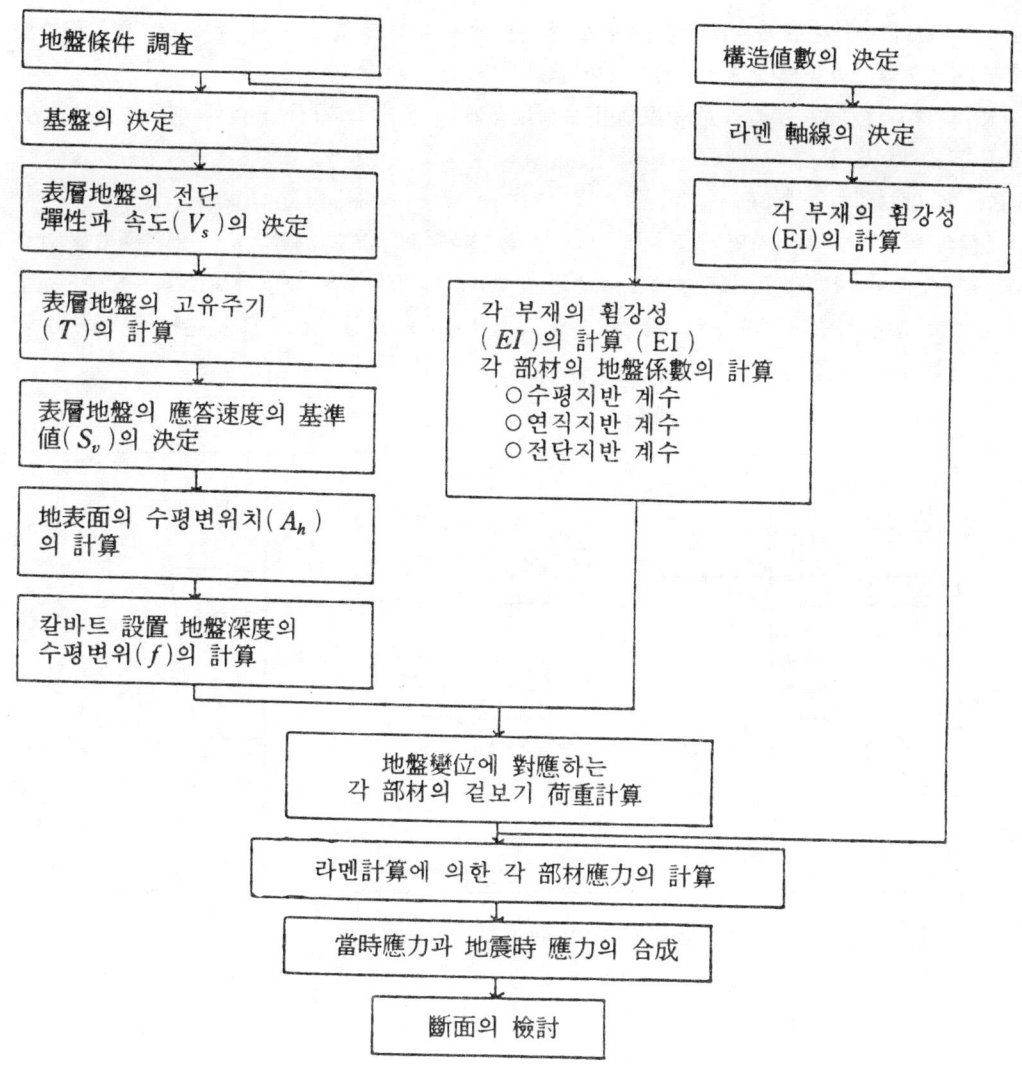

3) 基盤의 決定

地表面 付近의 地震時의 거동을 解析하는 경우에, 表層地盤보다 아래쪽에 광범위하게 分布하는 표층地盤에 比較하여 剛한 地盤을 設計上의 基盤으로 하고 있지만, 具體的으로는 다음의 항목을 滿足하는 地盤을 設計上의 基盤으로 하여도 좋다.

① N치가 50 이상이고 전단彈性波速度(V_s)가 300 m/sec 이상일 것
② 그 地層보다 아래쪽에 있어서는 깊이에 따라서 剛性이 增加할 것

4) 地震中의 地盤變位

地震中의 地盤變位를 구하고 그 變位를 構造物에 强制變形으로 가하여 그 構造物에 發生하는 應力을 地震에 의한 應力으로 보는 方法이므로 地震中의 地盤變位를 구하여야 한다.

또한, 地震中의 地盤變位는 水平面內의 變位뿐만 아니라 鉛直面內의 成分도 있어서 一般的으

로 박스 칼바트와 같은 地中構造物은 주로 水平振動에 의한 影響을 크게 받으므로 應答變位法에서는 水平變位만을 對象으로 하는 것이 普通이다.

水平變位의 計算은 基盤의 水平振動이 表層地盤에 전달되어 表層地盤內에 剪斷波로서 上方 傳達되는 것으로 본다.

3. 各 部材應力의 計算

地盤의 變位가 구하여지면 구조물에 그 水平變位를 强制變位로 加함으로써 部材應力을 計算할 수가 있으나, 칼바트도 局部的으로 어느程度 剛하고, 칼바트의 變位와 地盤의 變位가 完全히 같다고 생각할 수는 없으므로, 일반적으로 그림 16.25에 보인 方法으로 構造物 各 部分의 應力을 計算하며 그 결과는 그림 16.26 및 그림 17.27과 같다.

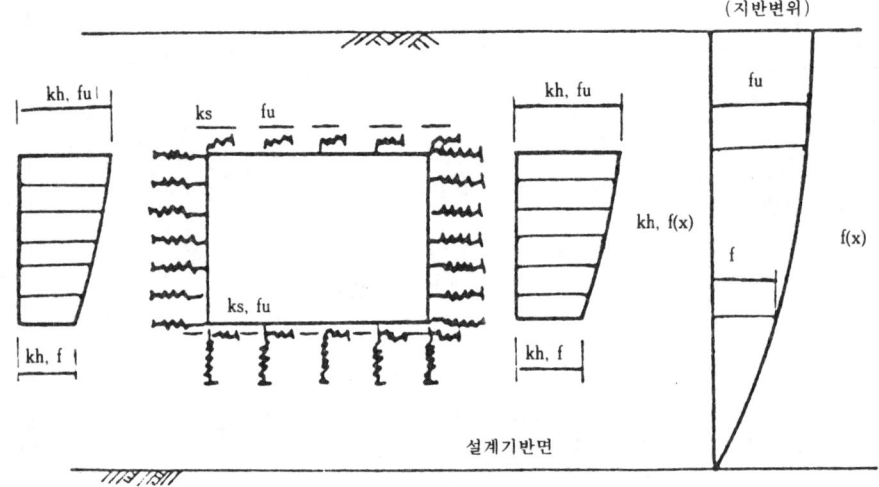

그림 16.26 응답변위법에 의한 지진시의 계산

4. 해석 결과

상시의 解析과 地震을 考慮하여 解析한 主要部分의 부재력은 표 16.3과 같다.

표 16.3 응력집계표

위 치	平常時			地震時		
	모멘트	σ_c (kg/cm²)	σ_s (kg/cm²)	모멘트	σ_c (kg/cm²)	σ_s (kg/cm²)
상단우각부	121.724	1,228.32	70.44	130.101	1,365.97	86.67
하부측벽중앙부	35.174	146.72	39.27	42.431	340.60	57.43
하단우각부	148.947	1,301.25	62.62	147.429	1,037.13	62.85
許容應力		1,600	96		2,400	144

斷面力 및 集計表에서 보는 바와 같이 地震時는 許容應力 割增이 當時의 1.5倍이기 때문에 매우 크며 地震時 停車場斷面을 모델로 解析한 結果는 安全한 것으로 나타났다.

바) 停車場의 寫眞에 의한 安全性 檢討

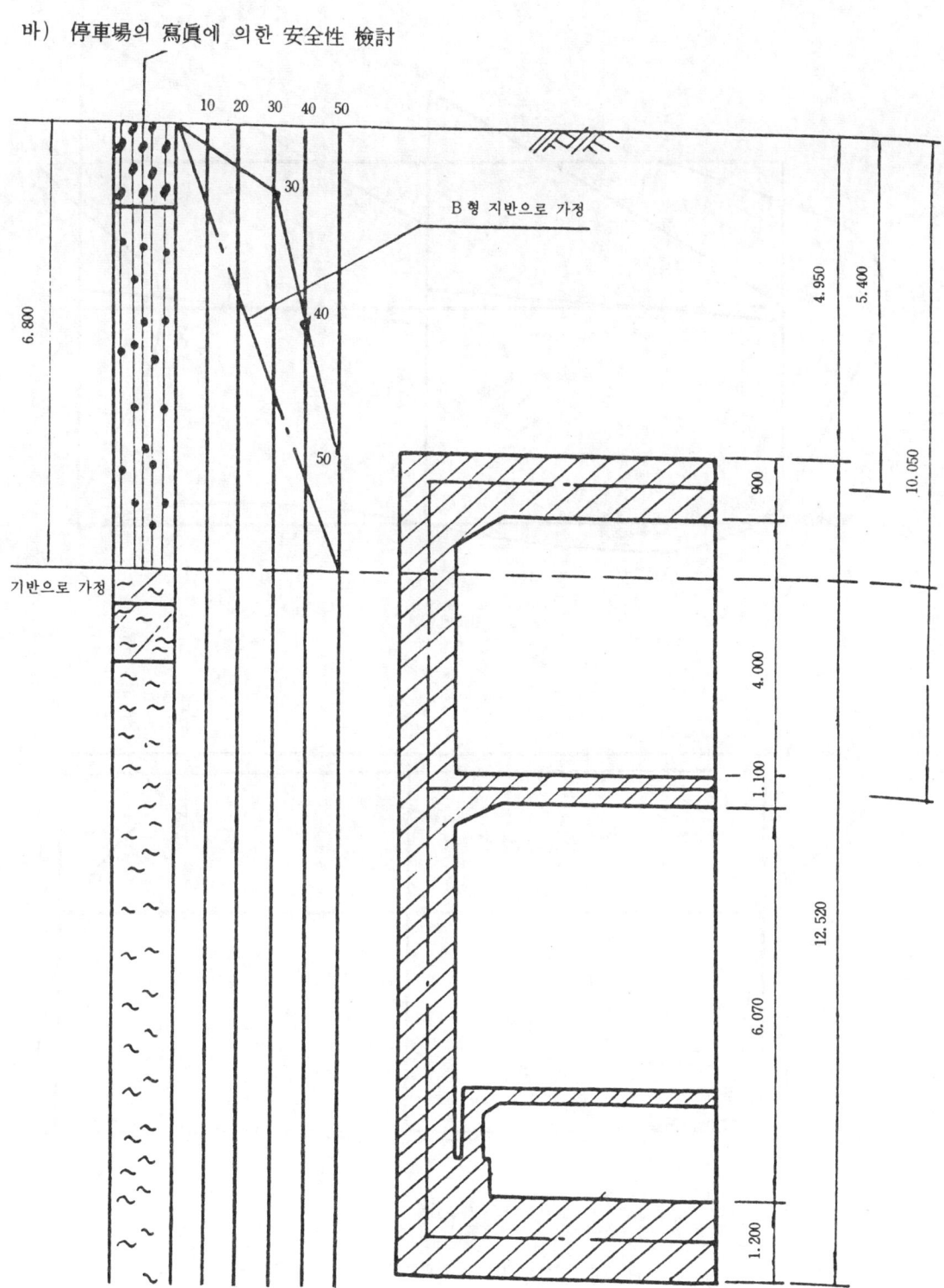

그림 16.26 해석모델

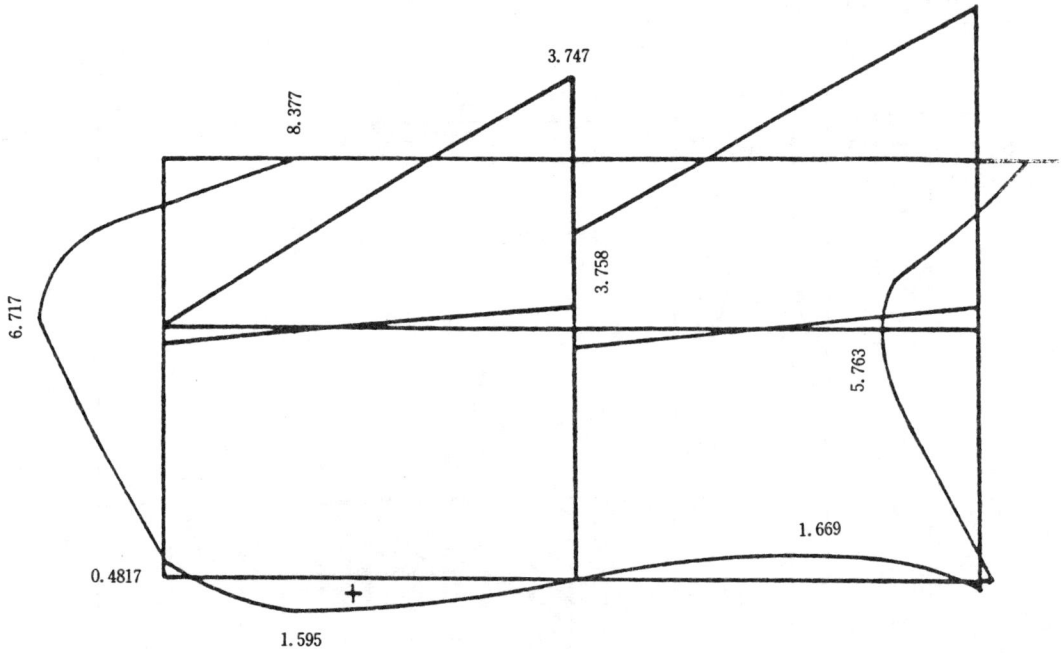

a) 휨모멘트圖

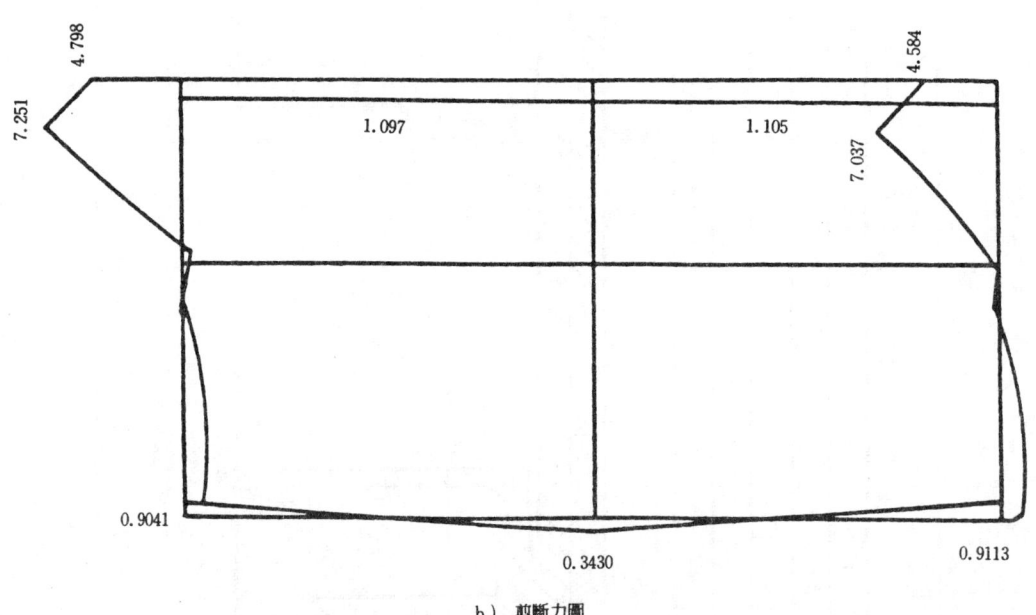

b) 剪斷力圖

그림 16.27 지진시 지반변동에 의한 휨모멘트圖 및 剪斷力圖

제17장 수도의 내진

17.1 개설

수도, 가스, 전기동력선 등은 도시민을 위한 중요한 생명선이다. 특히 물은 필요불가결한 것이며 과거 대지진시에 큰 피해를 반복해서 입었다. 수도시설의 피해는 水質과 구조적인 피해이다. 수질은 水源地帶의 황폐로 인하여 손상되며, 황폐의 우려가 적은 지역을 선정하는 동시에 침식조절을 해야한다. 구조물의 피해로서 수도의 특수한 피해는 지하매설관, 저수지 水路橋, 逆사이폰 및 저수탱크의 파괴 등이다.

과거 수도의 震害는 매우 극심하였다. 수도시설, 특히 매설관의 지진피해는 피할 수는 없으나 적극적으로 시설의 耐震化를 기해야한다.

1923년 Kanto 지진후 堤體上의 開水路는 大口徑의 강관으로 대체하였으며 주철관로는 강관 또는 연철관으로 대체하였다. 관의 이음부는 많이 개선되어 給水工의 내진성은 매우 향상되었다. 그러나 水道施設과 같이 광범위하게 분포한 구조물이 一體가 되어 그 기능을 발휘하게 하는 것은 震害를 심하게 받지 않도록 하는 것이다. 따라서, 이와 같은 시설 계획의 기본적인 사항은 다음 3가지를 들 수 있다.

① 震害를 가급적 局限시킨다.
② 震害部의 복구가 가급적 용이하도록 고려해야한다.
③ 震害에 의한 2次的 피해를 방지해야 한다.

따라서 급수공은 지진시 물공급체계에 있어서 구조물 마다 전체적인 추정을 한 후, 구조물마다의 적절한 내진수준을 설정해야 한다.

17.2 매설관로

1. 일반사항

지하매설관로의 진해는 地震加速度가 200~500 gal 이상에서 발생한다. California의 Sylmer 지역에서 조사한 결과에 의하면, 1971년 San Fernando 지진시에 지하에 분포된 관로의 被害率(관로 1 km 당 지하매설관로의 피해 개소 수)은 표 17.1과 같다.

표 17.1 (k.kubo)

최대지진가속도(gal)	지하매설관로의 피해율
250~300	0.05~0.1
300~350	0.2~0.5
350~400	0.8~1.0
400~500	0.5~2.0

매설관의 지진피해는 인발, 균열 등이 있으며, 이들 피해의 가장 깊은 관계가 있는 것은 지반 상태이다.

그림 17.1(b)는 Kanto 지진시 Tokyo 시내의 지중관로의 피해 상황이다. 피해급수관의 분포

를 보면 가장 심한 파괴 지역은 室官(Imperial Palace)과 Furu 강 사이와, Furu 강과 Sumida 강사이 지역인 반면, Tokyo 의 서쪽 고지대에서는 피해가 거의 없었다. 하수관의 피해분포에서도 같은 경향을 보였다. 그림 17.1(a)에서 동일 지진시에 Tokyo 시내의 건물피해圖를 나타내었다. 매설관 피해지역은 목조건물 피해 분포와는 다른점이 흥롭다. 대체로 피해는 고지대보다 저지대에서 심한 것은 일치하나 목조건물은 Sumida 강 동쪽에서 가장 심한 반면 매설관은 Sumida 강과 서쪽 고지대사이의 지역에서 피해가 가장 심하였다.

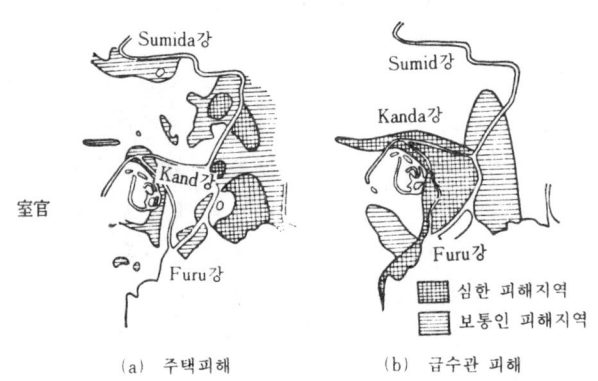

그림 17.1 급수관과 건축물의 피해(Kanto 지진, 1964. 9. 1)

이들 지역의 지질은 고지대는 洪積層이며 저지대는 모래자갈층위에 실트를 함유한 沖積層이다. Sumida 강 동쪽지역은 沖積層이 균질하게 발달되어 있으며, Sumida 강과 서쪽 고지대 사이의 지역은 홍적층의 여기저기에 모래자갈층이 노출되어 있고, 토층분포는 매우 복잡하였다. 이것은 당연히 後者의 지반진동이 각 지역에 따라 불균등한 것을 예상할 수 있으며 이 원인이 지중매설관에 큰 지진피해를 가져온 것이라고 할 수 있다.

이들을 자세히 살펴보면, 관로의 노선은 단단한 지반이 가장 적절하며 연약한 지반은 매우 불량하다. 그러나, 균질인 지반은 비교적 좋으며, 연약한 지반과 단단한 지반이 조합된 복잡한 지반은 부적합하다. 이외에 매설 깊이도 진해에 영향을 주며 일반적으로 매설깊이가 매우 깊으면 진해는 적다고 할 수 있다.

Hantano 시내의 配水管은 內徑 9 cm 의 세라믹관으로 강도는 약하나 지하 1.2 m 깊이에 매설되어 있는 부분은 3本중에서 1本의 비율로 파괴되었으며, 지하 2.4 m 에 매설되어 있는 것은 피해가 없었다. 이 兩者는 지형, 지질 및 매설방향 등에 차이가 없었고, 다만 耐震性에 이와 같은 차이가 있었던 것은 매설깊이가 매우 깊었기 때문이라고 생각된다.

그러나 지하 수 m 의 깊이에서는 진도가 작다고 속단할 수는 없으나 매설깊이가 깊은 경우는 抵抗土壓이 크기 때문에 진해가 적다고 생각된다. 내진상 필요한 깊이는 管徑에 관계되며 관경이 클수록 깊이도 깊어야 한다.

Kanto 지진시 下水暗渠에 대한 震害의 例에서 추정하면, 暗渠管에서도 3 m 이상 깊으면 진해는 크게 경감된다. 그러나, 유지관리나 진해를 받았던 피해 장소의 발견 및 수리가 쉬운점을 고려하면 이것은 너무 깊다고 생각되며, 또 실제로 도시에서는 다른 지하매설물과의 관계를 고려하여 매설 깊이를 결정하는 경우가 많다.

관로의 배치방향과 地震動의 주요 진동방향과의 관계가 관로의 피해에 관계가 있는 것은 예상되는 일이다. 관로는 이에 직교하는 방향으로 진동을 받을 때는 처짐이 생기며, 진동이 커지면 관의 이음부분에 무리가 생겨 파괴가 일어난다. 또 관로방향에 진동을 받으면 引拔이 일어나거나 서로 충돌이 생겨 파괴된다.

1976년 중국의 Tangshan 지진시, Tangshan 市에 나타난 단층으로 인하여 콘크리트 하수관로가 전단파괴를 일으켰다.

그림 17.2에서 보는 바와 같이 어떤 폭을 갖는 구역내에 단층활동으로 전단변형을 일으킨 것이 주목된다.

그림 17.2 전단파괴된 콘크리트 하수관(Tangshan 市 중학교 내)

2. 管 및 이음의 종류와 震害의 관계

수도관으로 이용되는 관에는 鋼管, 연성鑄鐵管 시멘트 석면관 등이 있다. 강관은 현장용접에 의하여 접합하며 연성鑄鐵管, 鑄鐵管, 시멘트석면은 커플링(coupling)으로 연결한다.

과거의 지진시 주철관이나 석면관에서 일어났던 震害는 균열, 파열, 引拔, 연결부의 파손 등인데 최근 많이 사용되고 있는 강관이나 연성 주철관은 재질적으로 展性, 延性이 높기 때문에 이들에 대해서는 균열, 파괴 등은 일어나지 않는다. Niigata 항에서 Tokyo 에 이르는 천연가스 수송관은 용접이음을 한 高壓鋼管이지만 Niigata 지진시 震害를 받지 않았다. 이와 같이 강관은 耐震的이다. 그러나 현장에서 시공한 점을 고려하여 용접사용은 특히 유의해야 한다.

鑄鐵管이나 석면관에 대해서는 1952년 Tokachi-oki 지진에서는 주철관이 석면관보다 耐震的이었다. 또 Niigata 지진의 震害에서는 직경 100 mm 이하의 석면관은 파괴되었으나, 그 이상의 관은 석면관이나 주철관의 구분없이 인발되어 나왔다.

큰 지반변동에 대처하기 위해서는 관로에 적절한 伸縮性과 可撓性을 주어야 한다. 이를 위하여 적당한 간격으로 이음부가 신축할수 있도록 하는 것이 좋으며, 3개의 커플링마다 1개의 비율로 신축이음을 설치하는 것이 좋다(그림 17.3 참조).

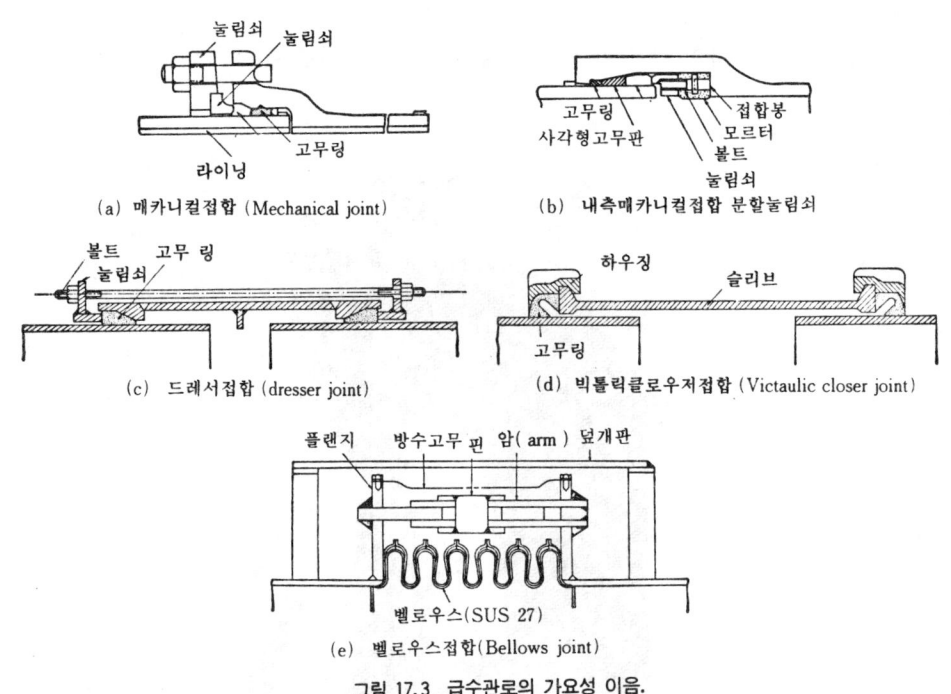

그림 17.3 급수관로의 가요성 이음.

또 지반조건이 급격히 변화하는 지점, 관이 급격히 만곡되는 부분, 중요관로의 T字管, 十字管, 대략 振動性狀의 균등분포가 분산되는 곳등에는 신축성과 가요성을 함께 갖는 소위 내진접합을 하는 것이 좋다.

내진접합에는 벨로우스접합(bellows joint), 빅토릭 클로우저 접합(victaulic closer) 등이 있다. 벨로우스접합은 약 15°, 빅토릭클로우저접합은 약 5°까지 만곡시킬 수 있다. 따라서. 2개의 벨로우스 접합판에 강관을 넣으면 수 m 의 사이에 큰 變位가 있어도 견딜 수 있다. 그러므로. 관로와 配水池 또는 水路橋(aqueduct)와의 연결부와 같은 相對變位가 예상되는 곳에는 이 접합이 이용된다. 그밖에 매카니컬접합, 內側매카니컬접합, 강관신축접합도 내진용으로 이용할 수 있다. 매카니컬 커플링은 내진성이 좋으나 절곡한도는 약 2°로서 과거의 지진에서 인발된 예가 있다. 소켓이음은 빼내기 쉽고, 플랜지이음은 쉽게 파괴되어 내진적이지 못하다.

매설관에서 분기하여 지상에 세운 관로는 가장 震害를 받기 쉽다. 이것은 지표와 매설부의 저면 운동의 차이가 당연히 예상되는 것이다. 특히 立上管(stand pipe)類가 건물, 기계 등과 같은 큰 질량에 견고하게 연결되어 있을 때는 더욱 심한 피해를 받게 되는 경향이 있다. 따라서 이러한 경우의 管類에는 적당한 내진접합을 하여 건물과의 연결은 관이 다소 유연성이 있도록 해야한다. 대체로 耐震的인 급수관로 체계의 기본적인 방법은 단일 체계의 강화, 복수체계, 상호연결체계, 環狀體系, 여러블럭으로 분할하는 체계 등이 있다. 이 방법은 환경조건 및 지진조건, 그리고 체계형식에 따라 이용된다.

관로 500~1000 m 간격마다 슬루스 밸브를 설치하는 것도 좋은 방법이며 관의 파괴로 인한 한정된 피해로 제한하기 위하여 비상밸브의 공급대책을 수립되어야 한다.

3. 지진시 埋設管에 작용하는 힘

1) 일반사항

지중매설관의 파괴는 다음과 같은 원인에 기인한다고 볼 수 있다.

① 지반의 지지력이 진동으로 인하여 감소한다.
② 局部的인 사면 활동으로 인하여 어느범위에 있는 관이 지반과 함께 이동하여 인접부분과의 경계부에 큰 剪斷力을 일으킨다.
③ 관의 측면에 작용하는 偏土壓으로 관이 한쪽으로 밀린다. 만일 관이 이에 견딘다 하여도 관이 약하면 응력 때문에 파괴된다.
④ 관은 지반의 彈性的 또는 非彈性的 변형에 의하여 변형한다. 관이 軸方向의 變形에 견딜 수 없을 때는 引拔 혹은 破壞되어 管軸直交方向의 변형에 견딜 수 없을 때는 손상을 입는다.
⑤ 지반의 剛性이 급변하거나 관로자체의 剛性이 급변하면 관로에는 국부적으로 큰 힘 또는 軸力이 작용한다.
⑥ 관로의 만곡부에서 큰 힘작용을 받는다.
⑦ 관로의 死端(dead end), 灣曲部(bend), T字部 등에 動水壓이 작용한다.

이들 현상을 定量的으로 평가한 연구는 드물며 이것이 관로의 내진설계를 매우 곤란하게 한다.

2) 진동으로 인한 地盤支持力의 低下

느슨한 細砂地盤, 높은 지하수위를 갖는 細砂地盤 등은 진동을 받으면 전단강도가 감소하므로 지지력이 급격히 저하한다. 따라서 수도관과 같이 自重이 무거우면 침하하고 하수관과 같이 中空인 경우 自重이 가벼우면 浮上한다. 이를 방지하기 위하여 콘크리트 기초, 말뚝기초 등으로 시공하는데 이들의 기초를 설치하는 것은 支持力을 증가 시킬뿐만 아니라 각 개의 관이 흩어지는 것을 방지하는 역할도 한다. 이때 지반이 液狀化할 우려가 있는 경우는 기초말뚝의 선단을 液狀化하지 않는 지반까지 깊게 타설한다. 또 이와 같은 지반에 설치하는 관로는 일반적으로 강관을 이용하는 것이 적당하다.

3) 局部的 지면활동

국부적 地面滑動은 관의 耐力으로 저항하여 방지하는 것은 불가능하다. 국부적 활동은 일반적으로 연약 지반에 한하므로 중요 幹線은 이와 같은 장소를 피하는 것이 현명하다. 불가피한 경우는 강관을 이용하고 이에 적당한 간격으로 벨로우스 접합으로 신축성을 갖도록 한다.

4) 偏壓에 의한 관의 應力

지진시에 관의 한쪽에서는 주동토압이 작용하며, 다른쪽에서는 이에 저항하는 토압이 작용한다. 평형이 깨지면 관은 한쪽으로 밀린다. 이 경우의 관계는 다음과 같이 요약된다(그림 17.4 참조).

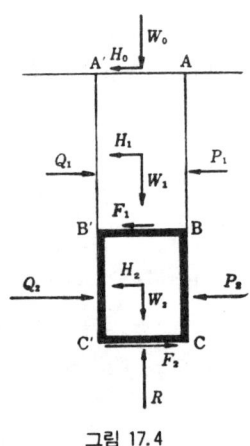

그림 17.4

관에 작용하는 연직력은 다음사항을 고려한다.

W_0 : 지표면의 지진시하중 $(1-k_v) W_0'$

W_1 : ′관 위에 작용하는 흙의 지진시 중량 $(1-k_v) \bar{W}_1'$

W_2 : 관 및 관내 물질의 지진시 중량 $(1-k_v) \bar{W}_2'$

R : 관 아래 지반으로 부터의 反力

여기서, $\bar{W}_0'$: 지표면 載荷

$\bar{W}_1'$: 管위의 흙의 重量

$\bar{W}_2'$: 管 및 管內物質의 重量

k_v : 수직연도

관에 작용하는 水平力은 다음 사항을 고려한다.

P_2 : BC 面에 작용하는 토압

Q_2 : B′C′面에 작용하는 抵抗土壓

F_1 : BB′面에 작용하는 接線力(tangential force)

F_2 : CC′面에 작용하는 接線力

$H_2 = k_h W_2$: 관 및 관내 物質에 작용하는 地震力

여기서, k_h는 관 높이에서 지반의 水平震度이다. P_2는 주동토압과 같고 Q_2는 수동토압을 초과하지 않는다. 또 주동토압 P_1의 합계가 AB 면에 작용할 때, 지표면에 작용하는 지진하중 H_0와 관위에 작용하는 지진력 H_1은 A′B′ 면에 대한 수동토압을 초과하지 않는다. 이들 중에서 水平力은 A'B'에 작용하는 토압으로서 저항한다. A'B'면에 수동토압의 합이 초과할 때는 부족한 값은 관의 상부표면에 작용하는 接線力 F_1을 일으킨다. 그러나 F_1은 관의 상부표면에서 전단강도를 초과해서는 안된다. 즉 관이 유지될 때는 다음 식이 성립된다.

$$Q_2 + F_2 = F_1 + H_2 + P_2 \tag{17.1}$$

여기서, Q_2는 受動土壓을 초과해서는 안된다. F_2는 管底面의 전단강도를 초과해서는 안된다. 이들로부터 관의 평형이 유지되는데 필요한 한계를 구할 수 있다.

管上面 흙이 평형을 잃더라도 F_1은 BC면의 剪斷强度 이상 되지 않으므로 식(17.1)은 성립되며, 따라서 관의 평형을 잃지 않게 되는 경우도 있다. 그러나 이 경우 관의 上面에서는 지면활동이 일어나게 되며 관의 안전은 매우 위험하다. 이와 같은 것은 바람직하지 않으므로 관 상면의 흙이 평형을 이루도록 해야 한다.

경험에 의하면, 지하구조물의 토압계산에 사용되는 設計 震力係數는 지표면의 震力係數보다 작게 가정하는 것이 적당한 것으로 알려져 있다.

日本 水道協會의 기준에 의하면 표층에서 깊어짐에 따라 지진강도가 직선적으로 감소되는 것으로 가정하고 있다. 따라서 지표면 設計 震力係數는 식(7.5)를 이용하여 결정하며 기층 표면에서 설계진력계수는

$$k' = \frac{3}{4} \Delta_1 k_0 \tag{17.2}$$

여기서, k' : 기층면에서의 설계진력계수
Δ_1 : 지진구역계수(그림 6.1 참조)
k_0 : 표준수평진력계수(0.2이상)

5) 管의 變形

지진시 지반의 변형이 지반을 파괴 시킬 만큼 크지 않을 때, 管路는 대략 지반과 같은 變形을 한다고 볼 수 있다. 관로 축방향 변형에 관하여, 만일 이 방향으로 진행하는 표면까지의 속도진폭을 v, 變形振幅을 ε, 傳播速度 c라 하면 다음 관계가 성립한다.

$$v = \varepsilon c \quad \varepsilon = \frac{v}{c}$$

만일 管路와 흙사이에 滑動이 없다면, 이 變形은 관로의 축방향 변형과 같다. 따라서 E를 縱彈性係數라 하면 관에 생기는 관축방향의 應力은

$$\sigma = \frac{vE}{c} \tag{17.3}$$

이 된다. 실제로는, 매설관으로 인하여 그 곳의 지진동이 감소하고, 팽창이음의 항복으로 인하여 흙과 매설관 사이에 활동이 일어나서 관의 응력은 위의 식보다 약간 작다.

조사결과에 의하면, Miyauchi 등은 1978년 Miyagiken-oki 지진시, 직경 1200 mm, 관벽의 두께 16 mm 인 강관의 동적변형, 팽창이음의 항복 및 지진 가속도를 측정하였다. 매설관이 Hachinohe 市의 사질지반에 매설되었는데 160 m 의 구간에 3곳의 팽창이음이 있었다. 매설관의 동적변형은 11×10^{-6}, 팽창이음의 항복의 최대치는 0.5 mm, 매설관의 가속도는 80 gal, 지반 가속도는 104 gal 로 관측되었다. 따라서, 관로에 충분한 간격의 신축이음이 있으면 관의 動的 變形에 따른 신축이음의 효과는 매우 높다. 그리고 실제 응력은 식(17.3)으로 계산한 응력보다 작다.

管軸 直交方向에 대한 관의 變位는 지반의 변위와 거의 같다. 그러므로, 지반이 파괴되지 않는 범위에서는, 관의 변형은 작고, 應力이 크지 않다고 생각된다. 또 흙이 양측에 있기 때문에 관이 지진동으로 共振하는 경우는 없다.

6) 불균질한 지반의 영향

지반이 불균일할 때, 지진시 매우 좁은 구역내에 지표부분의 각 점의 운동은 다르다. 이 不均一性은 지표에서 심하고 地中으로 깊어갈수록 감소하며 또 가속도는 심한 반면, 速度, 變位는 감소한다.

그러므로 지반의 불균일한 곳에서는 地震動이 불균일하므로 관로의 應力이 매우 크며 有限要素法을 이용하여 지진동을 대략 산출할 수 있다. 실제로는 적당한 간격으로 신축이음을 설치하여 集中應力에 의한 관의 折損破壞 등을 방지해야 한다. Niigata 지진시, 지하 약 3 m 깊이에 매설한 하수관이 약 4 m 의 길이로 파괴된 실예가 있는데 이는 신축이음의 간격을 결정할 때 참고할 수 있는 사항이다.

관로가 맨홀과 접속되어 있을 때는 양자의 진동상태가 매우 다른것은 분명하며 접속부에 힘이 집중될 우려가 있다. 따라서 보통 여기에 신축이음을 삽입한다. 결국 관의 직경이 특별히 크지 않을 때는 이들 부분에 힘의 집중을 피할 수 있는데 큰 콘크리트관 등에서는 이 부분에 힘모멘트가 집중하는 경향이 있다. 이 힘모멘트에 대처하기 위해서는 맨홀과의 접합을 가능한한 신장 또는 수축하거나 회전하기 쉽도록하고, 맨홀 가까운 부분의 관을 철근으로 충분히 補强해야 한다.

7) 만곡부의 應力

관은 대략 주위의 지반과 함께 變位된다고 볼 수 있다. 따라서 관로가 만곡되어 있을때는 局部的으로 軸力이나 힘모멘트가 생긴다. 이에 대한 模型實驗 결과에서 지반과 관로의 모형을 제라틴과 테프론(teflon)棒으로 만들어 제라틴의 한쪽 끝에서 전단파를 작용시켜 발생한 만곡관부의 變位와 變形을 측정한 예가 있다.

그림 17.5(a)는 加振方向과 일치하는 방향의 관로에는 軸方向力이 일어나서 만곡관부에 힘모멘트를 일으키는 결과를 보인 것이다. 加振方向과 직교하는 관로내에는 힘모멘트는 거의 일어나지 않았으나 축방향력은 발생하였다. 그림 17.5(b)는 만곡부와 直管 사이에 회전이음, 즉 耐震이음을 삽입한 것이다. 이에 따라 加振方向과 일치하는 방향의 관로내에 생기는 軸力은 감소한다. 그러나 만곡부의 힘모멘트와 加振方向과 직교하는 방향에서 직관의 힘모멘트는 오히려 중대하는 것이 주목된다.

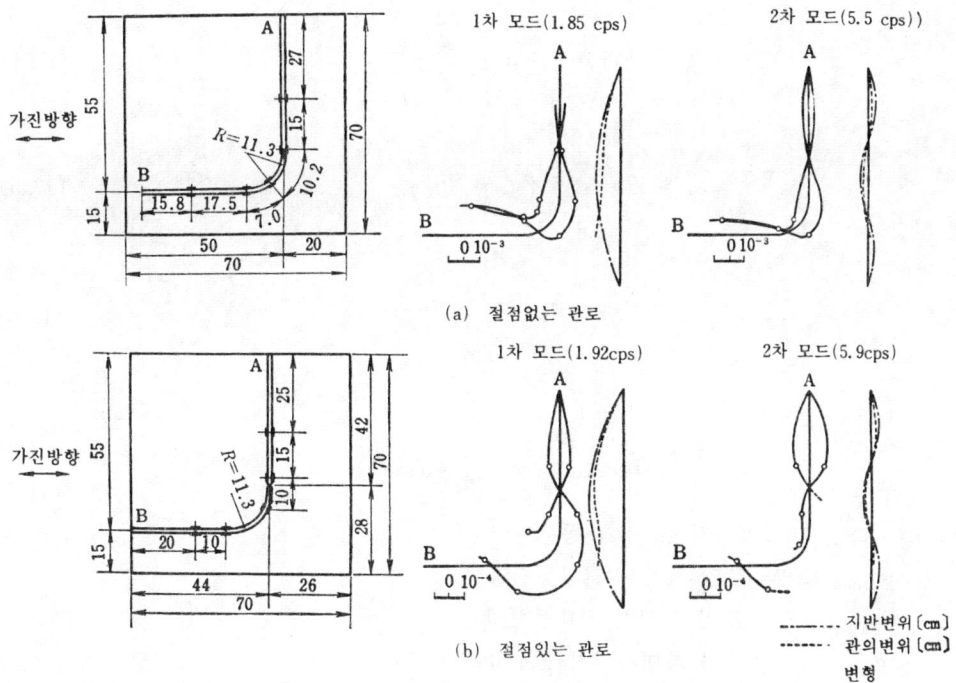

그림 17.5 만곡관로의 1, 2차 고유진동의 변형분포와 형상

8) 관에 작용하는 動水壓

관내는 물이 채워져서 수압이 작용하기 때문에 管의 死端, 만곡부, T字部, 접촉부 등에서는 지진시에 관벽에 동수압이 작용한다(그림 17.6 참조).

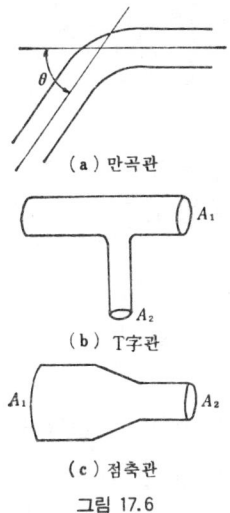

그림 17.6

Nakagawa는 이에 관한 이론적 연구를 하여 다음과 같은 諸 公式을 유도하였다.

$$\sigma_{D.\max} = \frac{kT}{2\pi}\sqrt{\frac{g\kappa w}{1+\frac{2\kappa r}{eE}}} \tag{17.4}$$

$$\sigma_{B.\max} = \sigma_{D.\max}\sin\frac{\theta}{2} \tag{17.5}$$

$$\sigma_{T.\max} = \frac{\frac{A_2}{A_1}}{2+\frac{A_2}{A_1}}\sigma_{D.\max} \tag{17.6}$$

$$\sigma_{R.\max} = \frac{1-\frac{A_2}{A_1}}{1+\frac{A_2}{A_1}}\sigma_{D.\max} \tag{17.7}$$

여기서, $\sigma_{D\max}$: 死端의 지진시 최대동수압
 $\sigma_{B\max}$: 만곡부의 지진시 최대동수압
 $\sigma_{T\max}$: T字部의 지진시 최대동수압
 $\sigma_{k,\max}$: 점축부의 최대지진시 동수압
 k : g에 대한 地震加速度의 比
 T : 地震動의 周期
 k : 물의 체적탄성계수
 γ_w : 물의 단위중량
 r : 관의 내경
 e : 관 두께
 E : 관 재료의 彈性係數
 θ : 만곡부의 각
 A_1, A_2 : 관의 斷面積

數値計算例를 들면, $k=0.2$, $T=1$ sec 인 지진의 경우 내경 2 m, 관두께 18 mm 의 강관에 생기는 動水壓의 最大値를 구하면 다음과 같다.

 $\sigma_{D\max} = 3.12$ kg/cm^2
 $\sigma_{B\max} = 2.21$ kg/cm^2 ($\theta = 90°$)
 $\sigma_{T\max} = 1.04$ ($A_2 = A_1$)
 $\sigma_{R.\max} = 1.87$ ($A_2 = 0.25 A_1$)

이상은 각각 死端, 만곡부, T자관 등이 하나만 설치될 때의 動水壓인데 실제로는 다수의 死端, 만곡부 등이 있으므로 여기서 일어나는 水衝壓(water hammer pressure)이 서로 간섭하기 때문에 動水壓은 위의 값보다 약간 크다. 이것을 1.5배로 보면 動水壓의 최대치는 0.2 g 의 지진시에는 약 4.5 kg/cm^2 라고 추정된다.

일반적으로 수도용 관로에 靜水壓외에 水衝壓 5.0~5.5 kg/cm^2 의 수압을 설계에 고려한다.

水衝壓과 지진시 動水壓은 동시에 작용하는 경우는 드물기 때문에 이것을 중복시키지 않도록 하려면 관의 설계하중으로서 특히 지진시 動水壓을 고려하지 않아도 좋다. 그러나 지반이 연약하여 주기가 길고 더우기 강진이 예상될 때는 당연히 動水壓이 문제 된다. 또 지진시에 급히 밸브를 닫는 경우 밸브 양측에 서로 반대방향으로 $\sigma_{D.max}$ 가 작용하기 때문에 밸브에는 $2\sigma_{D.max}$ 의 動水壓이 작용한다. 또 펌프 加壓送水管路에서는 지진시 정전에 의해 송수펌프가 급정지하는 경우가 있으므로 이때는 지진시 動水壓과 水衝壓이 중복될 가능성이 있다. 이들의 경우는 관로의 동수압을 설계에 고려해야 한다.

17.3 貯水槽형태의 構造物

貯水槽형태의 構造物 피해는 貯水槽바닥, 측벽, 隔壁(diaphragm wall) 등이 대부분이다. 바닥의 파괴는 지반이 약하거나 不均一한 경우에 일어난다(그림 17.7 참조). 重量구조물은 침하가 일어나며, 輕量구조물은 浮上하여 저수조는 여러 조각으로 분할된다. 그러므로 地上구조물의 기초는 견고하면서도 균질 지반 또는 말뚝타설 등으로 충분히 다져진 지반을 선정한다. 그러므로, 저수조 바닥면에 대하여 지진에 의한 지하수압의 상승을 경감시키기 위하여 적당한 排水設備를 설치할 필요가 있다.

그림 17.7 Furu-Shinano 강의 토출 수조의 피해(Niigata 지진, 1964. 6.16)

또 저수지의 수심이 깊거나 淨水를 저수할 경우는 모르터 防水層에 금속 래싱(lathing)을 넣는 것이 좋다. 아스팔트 기타의 방수층의 방호콘크리트 또는 모르터층에 대해서도 같은 工法으로 하는 것이 안전하다.

측벽의 平面形은 가급적 단순한 형을 유지하는 것이 좋고 모서리는 약한 부분이 되므로 직사각형보다는 圓形쪽이 좋다. 모서리 부근에는 신축이음을 설치하여 서로 직교하는 벽체운동의 차이를 조절해야 한다. 모서리가 없는 부분이라도 얇은 벽은 10∼15 m, 두꺼운 벽은 20∼30 m 의 간격으로 신축이음을 설치하는 것이 지금까지의 관례이다. 지금까지 신축이음재료는 鋼板을 이용하였지만, T字部, L字部는 자유롭게 신축이 안되어 최근에는 고무, 비닐을 대부분 이용하고 있다.

　측벽이나 격벽의 耐震性은 보통 震度法을 이용하여 계산하지만, 오래된 구조물이 많기 때문에 벽체간 균열 및 전도되는 경우가 많았다. 만일 철근콘크리트 구조물이 一體構造라면 應力의 배분은 적정하게 되며, 신축이음간격도 매우 넓게 할 수 있기 때문에 구조물을 안전하고 경제적으로 건설할 수 있으며 과거와 같은 큰 피해를 줄일 수 있다.

　지진시에는 저수조의 벽체에 動水壓이 작용한다. 동수압은 Westergaad 式을 이용하여 계산하는 것이 보통이다. 그러나 多層沈澱池 下部에서는 물이 완전히 차있기 때문에 대단히 큰 지진시 動水壓이 측벽에 작용한다. 이에 대해서는 물의 우회수로를 적당히 설치할 필요가 있다.

17.4 水路橋 및 逆사이폰

　水路가 하천을 횡단할 때는 水路橋 또는 역사이폰을 이용하는데 일반적으로 하천부근은 지진동의 진폭이 크기 때문에 어떤 경우에도 피해를 받기 쉬운 구조이다. 水路橋 또는 橋梁에 의지시킨 관은 교량이 耐火的 이거나 耐震的이어야 하는 동시에 관로도 내진적이어야 한다. 따라서 강관을 사용하여 교량 1경간마다 신축이음을 설치하는데 다수의 신축이음을 피하기 위해서는 연속거더교로 건설하는 것이 좋다.

　과거의 震害例를 보면 관이 橋台의 뒤로 올라와 교량위로 연장시킨 부분에서 빠지는 경우가 많았다(그림 17.8 참조). 이와 같은 피해는 교대와 배면 盛土部의 진동상태가 달라서 성토부가 크게 침하하기 때문이다. 성토를 주의깊게 시공 하여 침하를 가급적 적게 하는 것이 중요하다. 동시에 直立管에 대해서는 교량 전후의 直管部와 그대로 연결하고 탄성과 신축성 있게 하여야 하며 또 관 자체가 침하하지 않도록 말뚝 등으로 충분한 깊이까지 기초를 다져야 한다. 이와 같이 해도 水路橋는 역시 수로에서 취약점이 있기 때문에 만일을 위하여 교량전후의 관로에는 조절 밸브를 설치하는 것이 보통이다. 그림 17.9는 日本 水道協會가 권장하고 있는 水路橋 直立部의 내진설계 예를 보인 것이다.

　逆사이폰은 기초가 대단히 중요하므로 견고하고 균일하도록 시공해야 한다. 또 전후의 연결관은 가급적 완만한 곡선이 되도록 시공하며 만곡부는 지반에 충분히 고정시켜야 한다. 또 지진

그림 17.8 Yokohama Miyagawa 水道橋(Kanto 지진, 1923. 9. 1)

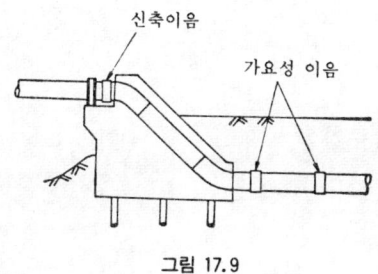

그림 17.9

시 液狀化 우려가 있는 충적지반의 河底部에서는 逆사이폰을 피해야 한다.

17.5 물탱크

지금까지의 지진 例에서 보면, 철근콘크리트 高架물탱크는 耐震的이지 못하였다. 예를 들면, Kanto 지진에서는 Mikawashima 汚水處理場의 높이 22 m 철근콘크리트 고가 물탱크는 그 부근의 소규모 구조물에 전혀 피해가 없었음에도 불구하고 좌굴 및 전도하였다. 그러나 mikawashima의 물탱크는 철근콘크리트 구조물로는 초기에 건설된 것이므로 기술적으로 충분하다고 할 수 없을뿐만 아니라 이를 토대로 반드시 철근콘크리트 고가물탱크를 내진적이 아니라고 할 수 없다. 그러나 철근콘크리트는 시공형편에 따라 斜材(diagonal member)를 넣는 경우가 드물기 때문에 고가물탱크와 같이 頂部가 過重한 구조에서는 剛性이 작아지며 지진시 共振하여 部材가 큰 지진력을 받는다. 따라서 剛性을 높이기 위하여 斜材를 넣어야 한다. 鋼製의 고가물탱크에서는 용이하게 斜材를 넣을 수 있기 때문에 강성과 인성이 증대하여 耐震的이다. Kanto 지진에는 Kawasaki 상수도의 높이 28 m 의 물탱크가 전혀 피해를 받지 않았다.

철근콘크리트를 이용하여 물탱크를 건설할 때는 筒狀으로 하는 편이 보다 耐震的이다. Shibuya 상수도의 配水塔은 높이 22 m, 내경 13 m 의 철근콘크리트 원통이다. Kanto 지진에서는 부속부분에 약간 균열이 발생하였을 뿐, 원통 그자체는 이상이 없었다. 일반적으로 원통이나 球殼과 같은 구조는 보 구조에 비하여 강도가 크므로 지진에 대하여 당연히 강하다고 예상된다.

配水塔의 응력과 안정계산에 필요한 지진력은 항상 수정진도법으로 결정하며, 지진하중 분포에 기인한 응력계산은 원형쉘 이론을 이용하여 정적방법으로 계산한다. 이 경우에 문제는 기초의 支持力에 있다. 配水塔, 고가수조 등의 기초가 받는 압력은 매우 크기 때문에 특히 견고하고 균일한 지반을 선정하여 根入을 가급적 깊게 해야 한다.

지진시 암반내의 貯水탱크가 때로는 이동하기도 한다. 저수탱크의 기본고유진동주기와 주지진 진동주기가 일치할 때 이동이 생긴다. 이동이 생기면 탱크의 지붕과 측벽이 손상되거나 이동하여 방향이 바뀌는 경향이 있다. 탱크에 유류가 저장되어 있으면 화재가 발생하기도 한다. 따라서 물탱크의 이동은 탱크의 안정과 밀접한 관계가 있다. 원형 탱크내 貯水의 고유진동주기는 다음 식으로 나타낸다.

$$T_m = 2\sqrt{\frac{R}{g\nu_m}\coth\left(\frac{\nu_m h}{R}\right)} \tag{17.8}$$

여기서, T_m : m차 고유진동주기

R : 탱크의 직경

h : 수심

V_m : m차 $\frac{dJ_1(x)}{dx}$의 0점($m=1$ 또는 2일 때 ν_m은 $\nu_1=1.84$ 또는 $\nu_2=5.34$)

탱크의 직경이 크고, 수심이 얕으면 T_m은 길다. 탱크내에 저장된 물의 흔들림은 **單調和 地震動** $\sin \omega t$에 의하여 진동한다고 가정한다. 貯水의 최대 흔들림은 저수의 흔들림(rocking)의 기본주기와 지진동의 주기가 일치할 때 일어난다. 이 경우, 저수의 록킹은 시간이 경과 됨에 따라 증가하고, 수면이 상승하면 수압은 탱크의 벽에 작용하며 대략 다음과 같다.

$$\eta = \frac{a\omega_1^2 R}{g} \cdot \frac{J_1\left(\nu_1 \frac{r}{R}\right)}{J_1(\nu_1)} \cdot \frac{\omega_1 t}{\nu_1^2 - 1} \cdot \cos\omega_1 t \cdot \cos\theta \tag{17.9}$$

$$p = -\rho a \omega_1^2 R \cdot \frac{\cosh\left(\nu_1 \frac{h+z}{R}\right)}{\cosh\left(\nu_1 \frac{h}{R}\right)} \cdot \frac{\omega_1 t \cos\omega_1 t}{\nu_1^2 - 1} \cdot \cos\theta \tag{17.10}$$

여기서, r, θ, z : 원주좌표

ξ : 수면상승

p : 탱크벽에 작용하는 수압

ρ : 貯水의 밀도

이때 水面 上昇高는 다음과 같다.

$$\eta_{r=R} = \frac{a\omega_1^2 R}{g} \cdot \frac{2n\pi}{\nu_1^2 - 1} = \frac{2.63\,\omega_1 Rn}{g}u_0 \tag{17.11}$$

여기서, n : 지진파의 사이클 수

u_0 : 지진파의 속도의 진폭

그림 17.10은 $n=3$일때 수심과 탱크의 여러가지 반경에 대한 水面上昇高를 나타낸 것이다.

17.6 管網시스템(network system)의 내진

급수시설은 광범위하게 분산되어 있어 全 시스템의 내진은 마치 각 급수관의 내진과 같이 중요하다. 왜냐하면, 시스템의 국부적인 파괴로 인하여 전체의 시스템 기능에 장애를 초래하기

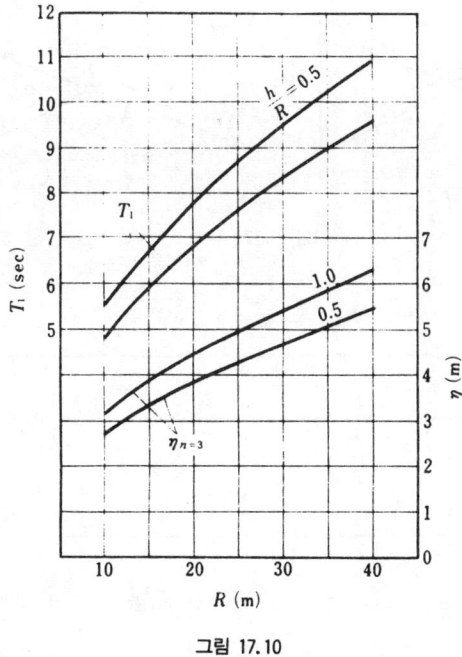

그림 17.10

때문이다. 그림 17.11은 Tokyo의 급수 시스템을 보인 것이다. 이 市는 여러블럭으로 나누어 3개의 上水源 A, B, C에서 공급된 물이 각 블럭으로 분배된다. 市內의 예상지진강도와 지질조건은 균일하지 않으며, 구성하고 있는 구조물, 즉 급수관의 블럭마다 다르며, 급수관의 지진피해 가능성은 시내의 각 블럭마다 다르다고 생각하였다.

Tamura 등은 지진시 전 지역 급수관의 안전을 통계적으로 평가할 수 있다고 가정한 Monte Carlo 法을 이용하여 지진에 대한 급수관의 안전을 추정하는 방법을 제안하였다.

예를 들면, 그림 17.12(a)에 나타낸 바와 같이 4개의 링크(link)와 4개의 節点으로 이루어

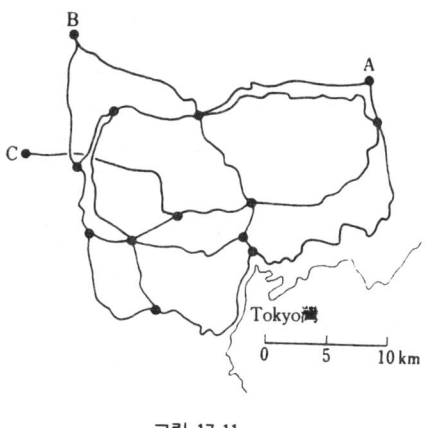

그림 17.11

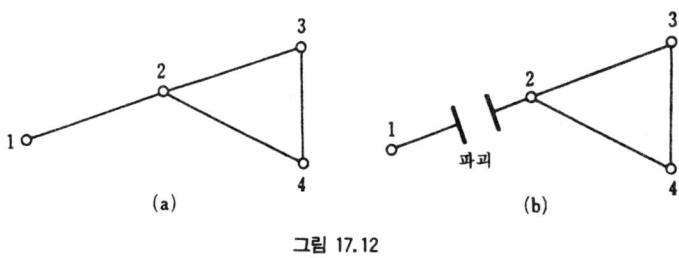

그림 17.12

표 17.2

i \ j	1	2	3	4
1	0	1	0	0
2	1	0	1	1
3	0	1	0	1
4	0	1	1	0

진 간단한 급수망을 생각하면 하나의 블럭에 하나의 節点과 링크는 2개블록을 연결하는 2개의 절점과 연결되어 있다. 2개의 절점을 i와 j라 하자. i와 j가 인접할 때 링크는 이들 사이에 있으며, i와 j가 인접하지 않으면 이들 사이에 급수관이 없거나 아니면 2개 또는 그 이상이 있다. 표 17.2에서 보는 바와 같이 i欄과 j列을 취하여 欄과 例의 交点의 수를 나타낸다. 이 표에서 1은 i와 j를 연결하는 급수관의 수가 동일 함을 가리키며, 0은 i와 j를 연결하는 급수관, 1 이상 또는 없음을 의미한다. 이 표는 다음의 매트릭스로 나타낼 수 있다.

$$A = \begin{vmatrix} 0 & 1 & 0 & 0 \\ 1 & 0 & 1 & 1 \\ 0 & 1 & 0 & 1 \\ 0 & 1 & 1 & 0 \end{vmatrix} \tag{17.12}$$

이것은 인접한 절점사이의 연결상태를 나타내는 대칭매트릭스이다. 매트릭스 A 는 절점의 수가 많을 때 쉽게 쓸 수 있는데 주목할 가치가 있다.

그 다음 流線(flow line)의 수와 2개의 절점 사이는 2개의 급수관으로 연결되어 있으며 이 수를 나타내는 매트릭스로 쓸 수 있다.

$$A^{(2)} = \begin{vmatrix} 1 & 0 & 1 & 1 \\ 0 & 3 & 1 & 1 \\ 1 & 1 & 2 & 1 \\ 1 & 1 & 1 & 2 \end{vmatrix}$$

이 매트릭스는 다음과 같은 성질을 갖는다.

$$A^{(2)} = A^2 \tag{17.13}$$

마찬가지로 流線의 數와 2개의 절점사이에는 3 또는 4개의 급수관으로 연결되며 이에 대한 매트릭스는 다음과 같다.

$$A^{(3)} = A^3 = \begin{vmatrix} 0 & 3 & 1 & 1 \\ 3 & 2 & 4 & 4 \\ 1 & 4 & 2 & 3 \\ 1 & 4 & 3 & 2 \end{vmatrix}$$

$$A^{(4)} = A^4 = \begin{vmatrix} 3 & 2 & 4 & 4 \\ 2 & 11 & 6 & 6 \\ 4 & 6 & 7 & 6 \\ 4 & 6 & 6 & 7 \end{vmatrix}$$

A, $A^{(2)}$, $A^{(3)}$ 및 $A^{(4)}$를 조합하여 선형적으로 형성된 요소 t_{ij}를 갖는 매트릭스 $T^{(4)}$를 생각하자.

$$T^{(4)} = c_1 A + c_2 A^{(2)} + c_3 A^{(3)} + c_4 A^{(4)} \tag{17.14}$$

여기서, 계수 c_1, c_2, c_3 및 c_4는 임의 상수이다. 이 매트릭스에서 요소 t_{ij}가 0이면 i와 j 사이의 유선은 없는 반면 t_{ij}가 양의 수이면 이들 사이에는 流線이 있다. 따라서 $T^{(4)}$는 급수 시스템의 물의 흐름상태를 나타내는 매트릭스이다.

$T^{(4)}$의 계산을 보다 쉽게 하기 위해, 다음의 방법을 채용한다. 식(17.14)의 계수는 매트릭스 $T^{(4)}$의 물리적 의미에 대하여 아무 영향이 없는 이 식에 I_4 항을 추가하여 임의로 결정할 수 있으며 $T^{(4)}$는 다음과 같이 가정할 수 있다.

$$T^{(4)} = I_4 + 4A + 6A^{(2)} + 4A^{(3)} + A^{(4)} \tag{17.15}$$

여기서,

$$I_4 = \begin{vmatrix} 1 & 0 & 0 & 0 \\ 0 & 1 & 0 & 0 \\ 0 & 0 & 1 & 0 \\ 0 & 0 & 0 & 1 \end{vmatrix}$$

---

* 예 : 3개의 급수관을 통과하는 1에서 2까지의 流線은 $1-2-3-2$, $1-2-4-2$ 및 $1-2-1-2$, 그리고 4개의 급수관을 통과하는 1에서 2까지의 유선은 $1-2-3-4-2$ 및 $1-2-4-3-2$이다.

그러면

$$T^{(4)} = I_4 + 4A + 6A^2 + 4A^3 + A^4 = (I_4 + A)^4 \tag{17.16}$$

위의 식으로 부터 $T^{(4)}$는 쉽게 계산 할 수 있으며, 일반적으로 많은 절점을 갖는 시스템에 적용할 수 있다.

급수관을 블럭 1과 블럭 2에 연결할 때 그림 17.12(b)에서 보는 바와 같이 지진시에 파괴되며 이를 다음과 같이 요약할수 있다.

$$A = \begin{vmatrix} 0 & 0 & 0 & 0 \\ 0 & 0 & 1 & 1 \\ 0 & 1 & 0 & 1 \\ 0 & 1 & 1 & 0 \end{vmatrix}$$

그리고 $T^{(4)}$는 다음과 같다.

$$T^{(4)} = \begin{vmatrix} 1 & 0 & 0 & 0 \\ 0 & 27 & 27 & 27 \\ 0 & 27 & 27 & 27 \\ 0 & 27 & 27 & 27 \end{vmatrix}$$

이 매트릭스로부터 유선과 블럭 2, 3, 4 사이에는 블럭 1만이 분리되어 있음을 볼 수 있다. 이상의 결과로부터, 급수관 시스템의 지진위험은 Monte Carlo 法을 적용하여 추정할 수 있으며 다음과 같다.

① 매설관의 피해가능성은 관의 強度와 지진강도는 물론 지반상태의 영향을 받는다. 따라서 급수시스템의 매설관마다 물리적 상태를 조사한 후 설계지진 강도 결정 및 피해 가능성을 매설관마다 추정한다.

② 블럭을 잇는 각 매설관에 대하여 상세한 임의 값을 표로 작성한다. 임의 값은 0 또는 1이다. 발생가능성 0은 매설관의 피해 가능성과 같으며, 또 발생가능성 1은 매설관의 殘存 가능성이 있다.

③ 급수 시스템의 피해상황은 각 매설관에 대한 임의 값을 추출하여 고려한다. 그 다음 매트릭스 A는 이 고려된 급수시스템에 대하여 쓴 다음 $T^{(n)}$를 계산한다. $T^{(n)}$으로 부터 급수시스템의 물의 흐름상태를 추정할 수 있다.

④ 그 다음 기타의 값은 각 관로에 대한 임의값을 표에서 취하고, 급수시스템에 대한 기타 피해상태를 추정한다. 급수시스템의 물의 흐름 상태는 $T^{(n)}$에 대응하는 계산에 의하여 추정할 수 있다.

⑤ 이상에 기술한 과정을 반복하여 급수 시스템의 많은 피해 상황과 블럭 사이의 물의 흐름

의 상태에 대응하는 설계지진을 추정한다.
⑥ 샘플은 통계적으로 처리되며 설계지진에 대한 급수시스템의 안전성을 추정한다.

제 18 장 건축물의 내진

18.1 일반

   일본의 건축물에 대한 내진설계법이 개발된 것은 1891년 Nobi 지진시 목조와 벽돌건물이 많은 피해를 받았을 때 연구가 시작되었다. 내진설계법은 1924년 즉 Kanto 지진이 발생한 해에 공식적으로 채택되어 설계진도 0.1 또는 그 이상을 취하도록 결정하였다. 설계진도는 그 후 개정되어 현재는 표준진도 0.2로 하여 건축기준법(building code, 1950)에 규정하고 있다.
   그러나 Tokachi-oki 지진(1968년)과 Migagiken-oki 지진(1978년)시에 건축기준법을 적용하여 설계되었으나 몇몇 중요건물이 피해를 입었다. 그후 상세한 조사와 이들 건물의 분석한 후 건축기준법은 1980년에 動的設計의 개념을 조합하여 개정하였다.
   1963년까지는 건축기준법에 고도 31 m 이하로 제한하였으나, 도시공간의 고도이용이라고 하는 요구와 내진설계법이 발전됨에 따라 고도제한이 완화되어 주위에 넓은 부지를 가지고 있으면 31 m 이상도 가능하도록 하였다.
   만일 고층건축물의 내진설계를 과거의 진도법에 의하여 실시하면 20층 정도의 건물이라도 아래 층의 기둥 보 등의 치수가 매우 커지므로 유효한 건축공간을 확보할 수 없다. 그러나 지진동의 특성, 지진시 건물의 진동성상 등에 대한 연구 결과 고층건물이 되면 입력가속도가 저층건물에 비하여 오히려 감소하는 것으로 밝혀졌다. 따라서 고층건물에 대하여 지진시에 건물의 거동을 고려하여 동적설계법이 이용 되고 있다.
   내진설계법은 이와 같이 경험적 방법에서 진도법으로의 변천을 가져왔으며 점차 동적설계법으로 지진시 건물의 거동을 파악하기에 이르렀다. 즉 건물의 내진설계방법에는 **靜的方法**과 **動的方法**의 2종류가 있다.
   靜的方法에서는 **地震荷重**을 정적 힘으로 생각하는 것인데 이 때의 지진규모는 지진시 건물의 **動的擧動**을 고려하여 결정한다. 보통 사용되는 **靜的設計法**은 수평지진 전단계수법(lateral seismic shear coefficient method)이다. 동적설계법에서는 지진지반동으로 인한 건물의 진동을 **動的**으로 계산하며 이때 건물의 **非線型** 특성을 도입하여 계산한다. 다만 건물의 지진저항성을 강도와 연성(ductility)을 고려하여 결정한다.
   동시에 건물의 안전은 지진발생시 응력뿐만 아니라 변형을 토대로 평가되고 있다.
   내진설계 목적에 안전하기 위해 건축설계는 다음과 같은 규정을 따라야 한다.
  ① 건축물은 건축의 수명동안에 수차 발생될 가능성이 있는 건물의 형상(평면, 입면)은 가급적 단순한 것으로 한다.
  ② 건물의 기초는 일반적으로 단단한 지반에 지지시킨다.
  ③ 건물의 수평력에 대한 저항요소는 가급적 비틀림 변형이 일어나지 않도록 배치한다.
  ④ 건물의 구조는 역학적으로 명쾌한 것으로 한다.
  ⑤ 건물의 골조에는 소요강도외에 충분한 **靭性**을 갖도록 한다.
  ⑥ 건물에 발생하는 **變形**은 **保安上** 또는 사용상 지장을 초래하지 않는 값으로 한다.
   내진설계에서는 건물의 높이와 형식에 따라 4등급으로 나눈다. 즉 (1)31 m 이하의 건물, (2) 31~60 m 의 건물 (3)60 m 이상의 건물 (4)목조건물과 같이 낮은 건물, 13 m 이하의 철골건물,

20 m 이하의 철근콘크리트 건물 등이다.

건물의 확실한 地震設計를 하기 위한 2가지 단계가 있다. 첫째 설계단계는 적합한 지진동으로 인하여 건물부재에 발생하는 應力이 허용치이내인 것을 확인한다. 저층구조물의 구조적 상세를 위하여 요구되는 안전은 첫째 단계에서만 실시한다. 둘째 단계에서는 剛性, 强度 및 건물의 연성이 심한 지진동에 구조적 저항의 안전성을 확인한다. 31 m 이하의 건축물에 대해서는 층수계산, 층에 따른 應力分布, 부재의 편심과 연성을 알아야 한다. 만일 이들 값이 한계치 이내에 있으면 그 이상의 계산을 필요하지 않다. 31~61 m 높이의 건축물에 대해서는 이들 계산 이외에 水平力에 대한 극한강도계산이 필요하다. 60m 이상의 건축물은 보다 상세한 구조해석이 요구된다.

18.2 水平地震剪斷係數를 이용하는 설계법

수평지진전단계수를 이용하는 설계법에서 전단력은 靜的荷重으로 생각한다. 건물의 層剪斷力은 수평 지진전단계수에 그 윗층의 건물하중을 곱하여 구한다.

수평지진전단계수는 다음으로 구한다.

$$C_i = ZR_T A_i C_0 \tag{18.1}$$

여기서, C_i : i층의 수평지진전단계수
Z : 지역의 지진특성에 좌우되는 계수(0.7~1.0)
R_T : 건물의 진동특성을 의미하는 계수
A_i : 건물높이에 따른 수평지진전단계수의 연직분포
C_0 : 표준기본전단계수, 설계 첫단계의 표준기본전단계수 $C_0 = 0.2$이며, 두번째 설계단계에서 $C_0 = 1.0$을 사용한다. 그러나 건물의 연성도에 따라 0.25까지 감소될 수 있다.

R_T는 건물의 고유주기와 건물이 건설되는 지반의 형태에 의존하며 다음 식으로 결정한다.

$$\begin{aligned} R_T &= 1 & (T < T_c) \\ R_T &= 1 - 0.2\left(\frac{T}{T_c} - 1\right)^2 & (T_c \leq T \leq 2T_c) \\ R_T &= 1.6\frac{T_c}{T} & (2T_c \leq T) \end{aligned} \tag{18.2}$$

여기서, T : 건물의 1차고유주기로써 다음과 같다.

$$T = h(0.02 + 0.01a) \tag{18.3}$$

h : 건물의 높이
a : 全層에 대한 강구조로 건설되는 층수의 比

주기 T_c는 지반의 硬度에 따라 다음과 같다.

단단한 지반 : $T_c = 0.4$ sec

보통지반 : $T_c = 0.6$ sec
연약지반 : $T_c = 0.8$ sec

식(18.1)에서 A_i는 다음 식으로 결정한다.

$$A_i = 1 + \left(\frac{1}{\sqrt{\alpha_i}} - \sqrt{\alpha_i}\right)\frac{2T}{1+3T} \tag{18.4}$$

여기서 α_i : 총 사하중에 대한 단면 i 에서의 사하중 比

수평지진전단계수의 일반적 성질을 설명하기 위하여 그림 18.1(a)는 R_T, (b)는 층의 질량이 등분포할 때의 A_i값을 보인 것이다. 이 그림에서 수평지진전단계수는 그 지역의 지진특성에 대한 건물의 응답특성, 지반이 응답에 주는 영향, 고층건물 상부에서의 **반발효과**와 같은 영향을 받는다.

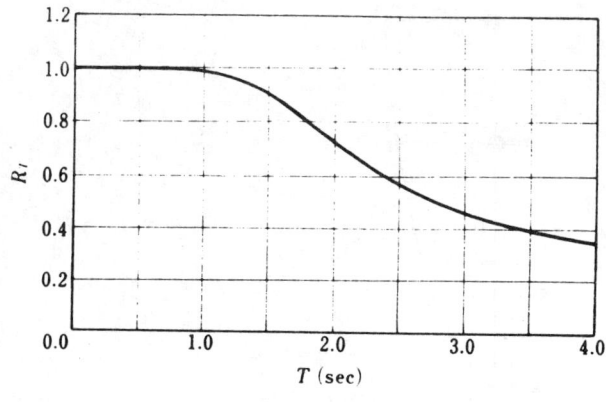

그림 18.1(a)

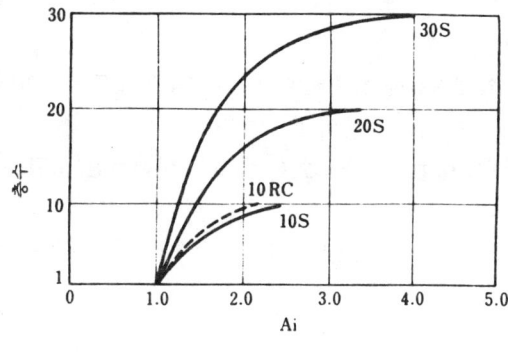

그림 18.1(b)

30S=30층 철골건축물(T=3.15sec)
20S=20층 철골건축물(T=2.15sec)
10S=10층 철골건축물(T=1.05sec)
10RC=10층 철근콘크리트건축물(T=0.7 sec)

18.3 動的設計法

건축물 골조 各部의 部材 및 接合部는 靜的構造計算에 의하여 1차설계를 한다. 그 다음 지진시 지진력을 받을 때의 결정된 골조에 대하여 動的擧動을 해석하며, 그 결과를 평가하며 부재와 접합부를 修正한다.

골조의 1차설계가 끝나면 골조의 復元力 特性을 평가하며 동적해석에 이용하는 골조의 진동모델을 설정한다. 진동모델에 대해 地震應答의 動的計算 실시하여 耐力. 變形 등을 검토 한다.

보통 건물은 층의 위치에 대부분의 질량이 집중되어 있기 때문에 진동모델은 그림 18.2에 제시한 바와 같이 층의 위치에 질량이 있다고 보며 그 사이를 용수철로 연결한 多質点系의 모델을 채용하는 경우가 많다.

多質点系의 自由振動 方程式은 다음과 같이 표시된다.

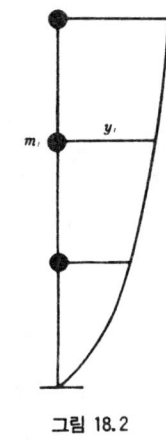

그림 18.2

$$[M]\{\ddot{y}\}+[K]\{y\}=\{0\} \tag{18.5}$$

여기서, $[M]$: 質量 매트릭스

$[K]$: 剛性 매트릭스

$\{y\}$: 기초의 相對變位 벡터

$[M]$은 일반적으로 각 層의 質量 m_i를 對角要素로 하는 對角 매트릭스이며, $[K]$의 각 요소 k_{ij}는 j번째 層에만 單位變位를 줄 때의 i層의 反力이다.

多質点系가 지진동을 받을 때의 强制振動方程式은 속도에 비례하는 減衰를 가정하면 다음 식이 된다.

$$[M]\{\ddot{y}\}+[c]\{\dot{y}\}+[K]\{y\}=-[M]\{\ddot{y}_0\} \tag{18.6}$$

여기서, $\{\ddot{y}_0\}$: 地動加速度 벡터

$[c]$: 減衰 定數

각 층의 剛性係數(剛性 매트릭스의 요소)가 그 층의 상하에 즉시 영향을 받을 경우는 각 층의 스프링상수 k_i를 이용하므로써 식(18.6)의 i行은

$$m_i\ddot{y}_i+c_i(\dot{y}_i-\dot{y}_{i-1})+c_{i+1}(\dot{y}_i-\dot{y}_{i+1})+k_i(y_i-y_{i-1})+k_{i+1}(y_i-y_{i+1})=-m_i\ddot{y}_0 \tag{18.7}$$

건물의 일반적인 해석에는 건물의 1次 주기와 모드(mode)를 먼저 상세히 계산한다. 그 다음에 上記한 시스템이 건물 모델로 가정된다. 이때 모델 각층의 스프링상수를 결정하여 1차고유 진동주기와 모드가 위에서 결정한 것과 엄밀히 같도록 고려해야 한다. 마지막으로 식(18.7)을 사용하여 이 모델의 응답해석을 한다. 그러나 전단벽과 브레이스가 복잡하게 배열되는 경우와 건물의 구성이 복잡하거나 질량과 剛性이 非等分布건물인 경우는 이 방법을 적용하면 큰 오차가 생길 우려가 있으므로 주의를 해야 한다.

San Fernando 지진시(1971년)에 Muto는 위의 방법으로 17층 건물에 대하여 계산한 값과 동일건물에 대한 실제로 관측한 가속도를 비교하였다. 가속도는 바닥층, 8층 17층에서 기록되었으며 이 관측치는 계산치와 매우 잘 일치되었는데 이는 위의 계산 방법이 적절함을 의미하는 것이다(그림 18.3 참조).

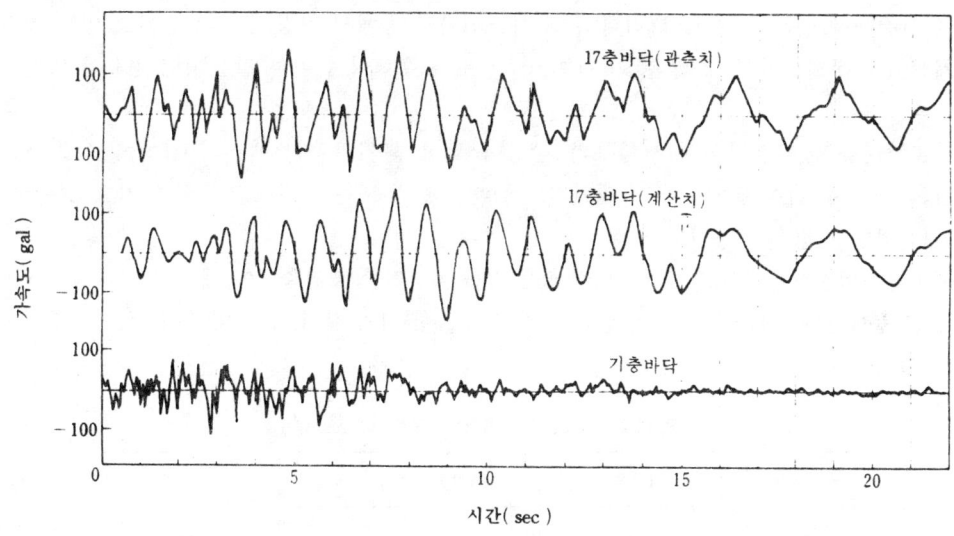

그림 18.3 건축물의 강진 관측치와 계산치(San Fernando 지진, 1971. 2. 1, K.Muto)

이와 같은 방법으로 건물의 변형 또는 가속도가 결정되면, 가속도 또는 變位의 허용범위를 판단해야한다. 구조골조의 파괴에 대한 안전성을 고려하여 결정하는 것이 당연하지만 이밖에도 構造體의 耐火被覆材, 새시 등 非構造材의 성능면에서도 검토해야 한다. 엄밀하게는 사용재료

표 18.1

층과 층사이의 변위	지진빈도	인명 피해	안전성
1 / 400	가끔발생	없음	안전
1 / 300	불규칙적으로 발생	없음	대개 안전
1 / 150	매우 드물게 발생	없거나 약간	고려안함

의 성능에 따라 개개로 결정해야 한다. 건축기준법에서는 층변위(story drift)가 1 / 200 이하이다. 그러나, AIJ에서 제안한 기준은 표 18.1과 같다.

구조물이 彈性領域을 넘어 非彈性領域에 있는 경우도 식(18.6)의 剛性매트릭스 요소에 非彈性 復元力 特性을 주므로서 마찬가지의 해석이 가능하다. 非彈性 復元力 특성으로서 보통 이축선형(bi-linear) 복원력 또는 3축선형(tri-linear) 복원력이 이용되나 어떠한 복원력특성을 갖더라도 대상 건물을 바르게 평가 할 수 있는 특성을 채용해야 한다.

18.4 특수한 건축물

1. 木造建築物

목조건축물이 지진에 의해 피해를 받은 例는 대단히 많다. 일반적으로 일본의 경우, 지진이 빈발하는 지역에서 3층 이상 또는 斷面積이 $500 m^2$을 넘는 대규모 목조건축물은 구조 계산을 하여 안전을 확인하고 있다. 그러나 현재 목조건축물 중에서 가장 많이 시공되고 있는 것은 구조계산이 의무화되어 있지 않은 $50~100 m^2$ 정도의 주택이며 이와 같은 中小住宅의 내진이 문제이다.

목조건축물은 일반적으로 접합부의 강성이 낮고 과거의 지진에서의 경험에 의하면 힌지(hinge)작용을 하여 崩壞한 예가 많았다. 이 때문에 벽 또는 브레이스 등의 내진요소를 배치하여 내진적인 방법을 이용하고 있다.

일본건축법시행령에서도 $50 m^2$ 이상 또는 2층 이상의 목조건축물에 대하여 대각선 브레이싱의 골조 등에 따라 바닥면적 $1 m^2$ 당의 최소한 필요한 벽의 길이 등에 대해 표 18.2와 같이 규정하고 있다.

표 18.2 벽 또는 가새를 넣은 골조길이(cm/m^2)

구 분	최상부층	최상부층 바로 밑층	기타 층
기와지붕	12	16	20
경량지붕	8	12	16

이 값은 각목을 이용한 대각선 브레이싱 골조를 기준으로 한 것이므로 진흙벽(mud plaster wall)은 2배가 요구된다. 기둥의 두께 1/3 이상의 브레이스 보인 경우는 이보다 적어도 좋다. 물론 건축기준법에 정해진 값은 필요한 최소치를 나타낸 것이므로 여기에 2배한 수량으로 완전한 내진성이 보장되는 것은 아니며 가능하면 여기에 주어진 값의 2배를 취하는 것이 바람직하다.

벽이 없는 골조나 스팬드럴 式벽(spandrel type wall)은 水平耐力이 거의 없다. 대각선 브레이싱 샛기둥 골조(stud fram), 진흙벽순으로 水平耐力이 높다.

벽체를 이용하여 건물을 내진적으로 하기 위해서는 벽체의 강도와 수평부재의 강성을 높여야 한다. 이를 위해서 기둥에는 토대로 둘러싸고 토대를 기초에 의지시키는 동시에 바닥골조의 모서리에 수평 브레이스와 같은 대각선부재를 배치하는 것이 중요하다.

과거에 목조건물의 지진피해 예를 보면, 상부구조가 진동으로 파괴하는 경우 외에 지반이 연약하여 지반 활동 또는 함몰이 발생하여 이것이 상부구조의 파괴를 유발시키는 경우도 있다. 그 예를 들면, Tokachi-oki 지진(1968년)시 4000棟의 목조건물이 부분 또는 전체적인 붕괴를 일으켰는데, 이는 연약지반에 대부분 축조된 탓이었다. 이와 같은 피해를 방지하기 위해서는 연약지반을 피하는 것이 가장 현명한 방법이다. 철근콘크리트 기초를 이용하는 방법 등으로 기초부분을 완전히 일체화 해야한다.

2. 철근콘크리트 건축물

철근콘크리트 건축물이 큰 피해를 입은 첫번째 예는 Kanto 지진이었다. 그 후에 Fukui 지진, Niigata 지진, Tokach-oki 지진(1968년), 그리고 Miyagiken oki 지진(1978년)시에 큰 피해를 입었다.(그림 18.4 참조)

또한 1967년 베네주엘라에서는 진앙거리 60 km 의 Caracas에서 $M = 6.3$의 지진으로 11~19層의 高層建築物의 다수가 심한 피해를 받았다. 이 경우는 設計地震力의 過小, 細部設計의 不備외에 지반의 卓越周期가 우연히 건물의 고유주기와 일치하였기 때문이다. 그러나 이들이 근대적 방법으로 설계된 건물에서 큰 관심이 집중되고 있다.

철근콘크리트 건축물의 피해는 진동적인 파괴, 지반침하에 의한 경사 및 부등침하에 의한 것으로 大別되며 그 種別은 지반의 성질에 의존하는 면이 많다. 즉 건축물이 비교적 硬地盤에 건설되어 있을 때는 진동적파괴를 보이며, 연약지반상에 건설되어 있을 때는 不等沈下에 의한 파괴형식을 나타낸다. Tokachi-oki 지진 후에 보인 지진동에 의한 철근 콘크리트건물은 1층에서 4층에 이르는 철근콘크리트 건축물이 20여棟이나 피해를 받았으며, 그 중에서 시공상태 특히 콘크리트 强度의 저하가 피해원인 이었지만 양호한 시공을 했던 건물도 있다. 따라서 기술자들은 내진설계에 문제를 제기하였다.

Hachinohe 市 廳舍는 지상 3층, 지하 1층으로 5층은 옥상으로 된 철근콘크리트 건축물인데 1층 및 2층 일부의 기둥이 크게 전단파괴되며 옥상의 맨 윗층이 붕괴하였다. 3층 건물인 Hachinohe 工專에서는 1층, 2층 대부분의 기둥이 전단파괴 되었다(그림 18.5 참조).

또 Hachinohe 市立圖書館은 1층건축물이지만 24본의 기둥 중에서 약 1/3은 기둥상단 또는 기둥하단에서 콘크리트가 완전히 壓壞하여 철근이 노출하여 좌굴하였다(그림 18.6 참조).

이들 피해의 원인은 각각 다르다고 생각되지만, 기본적으로는 지진시에 건물에 작용한 힘이 설계시에 고려한 크기를 넘어서 이에 대한 충분한 耐力과 탄성을 갖지 않았기 때문이라고 생각된다. 즉 이 지진시에 피해를 받은 건물부근의 地盤動加速度는 최소한 200~300 gal 정도로 추정되었는데 彈性 振動的으로 볼 때 상기 건물은 2~3배의 入力을 받았을 가능성이 있으나 철골구조는 이 정도의 힘에 저항할 만한 충분한 강도를 지니지 못한 것으로 판단된다.

일반적으로 건물의 應答加速度가 어느 한계를 넘어서 塑性域에 들어갔을 때 만약 지속적 회복특성이 있으면 심각한 파괴는 발생되지 않을 것이다. 골조의 耐力은 충분히 있으나 기둥의 전단파괴로 인하여 소성역에서의 연성부족으로 Hachinohe 시청과 Hachinohe 工專 콘크리트건물의 1~2층이 심한 피해를 입은 경우도 있다. Hachinohe 市立圖書館은 휨파괴가 주원인이었는데 塑性域의 反復應力에 견딜만한 연성의 부족이 피해를 심하게 했던 원인이 되었다고 판단된다. 예를 들면 設計震度 0.2로 설계된 5층 건물의 壁式아파트는 設計震度의 4.3배의 强度를

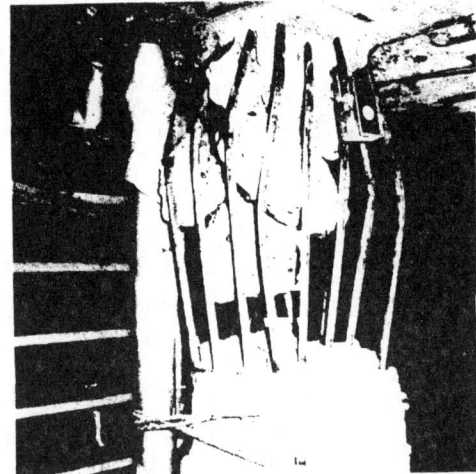

그림 18.4 Hakodate 대학건물(Tokachi—oki 지진, 1968. 5. 16)

그림 18.5 Hachinohe공대의 건물 (Tokachi-oki 지진, 1968. 5. 16)

그림 18.6 Hachinohe 도서관의 RC기둥의 좌굴(Tokachi—oki 지진, 1968. 5. 16)

가지며 최대가속도가 0.33 g 정도의 激震時에 대략 파괴하중에 달할 가능성이 있다고 하는 실험 결과도 있다. Hachinohe市의 철근콘크리트 건물의 피해가 적었던 경우는 내진벽이 많은 건물이며, 피해를 받았던 건물은 비교적 내진벽이 적거나 혹은 그 효과를 기대할 수 없었던 경우이다. 최근 내진벽이 적은 건물이 많아지는 동시에 골조의 應力計算 斷面의 强度計算法이 발전하였기 때문에 기존 진도법에 의하여 설계된 건물이 강도를 상실하는 경향이 있으며 이와 같은 경우는 약 0.2~0.3g 정도의 지진시 건물이 塑性域에 들어가는 것을 면하기 어렵다고 생각된다.

Kanto 지진과 Fukui 지진에서 철근콘크리트 건물의 침하와 경사를 일으키는 경향을 Kanto 지진과 Fukui 지진에서 볼 수 있었다. 그러나 이와 같은 피해가 가장 현저하게 발생한 지진이 Niigata 지진이었다. Niigata 市內의 철근콘크리트 건축물 피해의 60%는 상부 구조전체가 손상되지 않았으나, 다만 침하, 경사 또는 진동을 일으켰을 뿐이다. 건축물의 상부구조와 피해를 받은 것은 거의 진동으로 인한 피해는 아니었다. 自重으로 인한 대부분의 파괴는 지반의 침하후에 상부하중을 지지할 수 없기 때문이다. 이와 같은 파괴는 연약지반상의 건축물에서 특히 발생하기 쉽다. 현재 진행중인 都市化의 대부분 지역은 이 연약지반임을 고려하면 이와같은 피해양상은 앞으로 반복하여 발생할 것으로 생각된다. 조사에 의하면 지반과 기초형식 및 피해사이의 관계에서 그 比는 매트기초, 연속기초 및 독립기초 순으로 높다. 말뚝기초는 직접기초보다 피해율이 낮다. 이와같은 사실을 고려하여 설계하면 피해의 양상을 최소화 하는데 큰 도움이 될것이다.

3. 鐵骨構造建築物

철골구조 건축물은 사용하는 部材의 단면형상, 部材의 접합방법 등에 따라 다양하다. 이것을 내진성 면에서 보면 브레이싱을 적용하는 구조와 라멘구조(rigid frame structure)의 2가지로 대별할 수 있다. 前者는 공장, 체육관 등과 같이 低層건물이면서 비교적 긴 경간에 이용되며, 後者는 초고층건축물 등에 이용하고 있다.

브레이싱을 내진요소로 이용할 때 골조외의 대부분은 거의 水平耐力을 갖지 않으므로 수평력을 모두 브레이싱 부담시키는 설계가 되도록 하는 것이 보통이다. 일반적으로 이러한 건물은 경량이므로 브레이싱의 설계를 표준진도 0.2로 하면 소요단면은 비교적 작아지며, 風荷重에 의한 영향을 많이 받는다.

그러나, 지진시 브레이싱의 절단, 좌굴 또는 그 접합부가 파손한 예를 많이 볼 수 있다. 이러한 구조물은 지진시에 설계진도 이상의 힘을 받고 있음을 의미하고 있는 것이다. 이와 같은 종류의 파괴를 피하기 위하여 연성재료의 브레이싱 부재가 요구된다. 더우기 과거 지진시 체육관에서 일어난 0.5~0.6g 의 응답가속도의 예가 있다. 이들 구조물의 固有周期는 일반적으로 0.2~0.3 sec 이며, 응답스펙트럼으로 하면 激震時에 0.5이상의 응답가속도 스펙트럼의 가능성이 충분하였다. 그러므로 저층 철근콘크리트 건축물의 경우와 같이 건물의 진동특성에 따라 적절한 설계진도 평가를 해야한다.

철골라멘구조, 특히 H 형강 등의 단일재로 이루어진 보와 기둥의 골조 구조형식은 초고층건물에 많이 쓰인다. 초고층건물의 내진성은 동적설계법을 통하여 가능하며 이때 구조물의 復元力 특성을 평가하는 것이 특히 요구된다.

강구조물의 復元力 특성은 紡錘形(spandle shape)이라고 볼 수 있다. 그림 18.7은 항복점을 갖는 강제로 된 보에 휨모멘트가 작용할 때의 휨모멘트와 곡율 관계의 예이다. 제1 사이클의 하

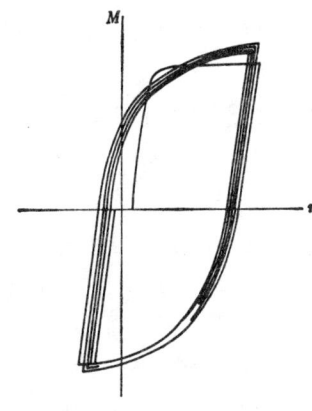 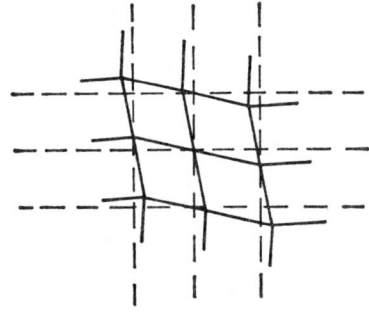

그림 18.7 철골보의 휨모멘트와 曲率曲線   그림 18.8 철골구조의 판넬 接合部의 剪斷變形

중 범위에서는 完全彈塑性의 성질을 나타내지만 뒤이어 除荷時에 Baushinger효과 때문에 紡錘形의 복원력 특성을 나타내며 소성역에 대한 반복응력에 대하여 비교적 안정성을 가지고 있음을 알 수 있다. 이와 같이 강구조부재는 안정한 방추형복원력 특성을 가지고 있기 때문에 라멘구조에 있어서도 보와 기둥의 접합부가 강성이면 같은 복원력 특성을 지닐 것으로 기대된다.

또 철골구조의 접합부 판은 지진시에 큰 응력을 받는 경우가 있다. 이것은 주로 전단응력이며 탄성역에 있어서도 그림 18.8과 같은 전단변형을 일으켜 라멘의 수평강성이 저하하여 경우에 따라서는 부재의 항복점 이전에 접합부판이 항복할 가능성이 있다. 이와 같은 탄성역에 대한 강성저하 및 항복이 건물의 내진성에 관련되어 있는지는 판정할 수 없으나 이 특성을 충분히 파악하여 내진설계를 하여야 한다.

고층건축에 있어서 커튼 윌(curtain wall)의 내진성을 확보하는 것은 중요하다. 이 부분은 일반적으로 프리캐스트재로 만들며, 만일 이것이 파괴하여 도로상에 낙하하면 통행자에 큰 위험을 주게된다. 그러므로 이 내진설계는 신중히 해야한다.

철골구조 건축물은 고강도재료이고 경량이며, 연성이 큰 구조물이므로 내진성면에서 뛰어나다. 그러나 Miyagiken-oki 지진(1978년)시 많은 철골구조건축물이 큰 피해를 입었다. 이 피해로 볼때 철골구조물의 설계는 다음 사항을 유의하여야 한다.

① 기둥, 보 및 브레이싱은 비틀림 및 좌굴에 충분히 저항하도록 해야 한다.
② 이들 연결부재는 지진으로 인한 충격력에 대한 충분한 강도를 지녀야 한다.
③ 기둥은 기초에 볼트로 잘 연결되어야 한다.

4. 철골철근콘크리트 복합 건축물

철근철골콘크리트 구조는 철골구조와 철근콘크리트구조의 혼합 구조형식이므로 兩者의 力學的 特性을 겸비하고 있으며 그 특징은 철골구조와 비교하면 耐火性이 풍부하고 좌굴에 대하여 안전성이 높으며 또 철근콘크리트 구조와 비교하면 部材의 단면치수를 작게 할 수 있으며 항복 후의 탄성이 있다. 이들 특징은 건물을 耐震的으로 하기 위하여 유효한 성질이므로 6~15층건물은 거의 이 구조형식에 따르고 있다. 10층정도 건물의 경우는 이에 철근콘크리트 건축에 대하여 기술한 바와 같이 건물의 短周期지진에 대한 특성을 충분히 고려하여 설계하지 않으면 耐震的이라고 할 수 없다. 즉 표준진도로 설계된 10층 정도의 철골철근콘크리트 건축은 1 sec 이하의 固有振動周期를 갖기 때문에 내진벽의 효과가 작은 경우에는 部材가 항복할 가능성이 있다. 그러므로 부재의 소성역에 대한 탄성을 충분히 지니게 해야 하며 특히 전단파괴에 대하여 주의할 필요가 있다.

    Sendai에 있는 Tohoku 대학 공학부 건물은 9층의 철근콘크리트 구조물인데, 1978년 6월 12일, Miyagiken-oki 지진시 강한 지반동을 받은 바 있다. 건물의 몇개 층에서 最大加速度가 기록되었다. 최대가속도는 1층에서 0.263 g (NS), 0.534 g (EW) 및 0.362 g (UD)이었으며 9층에서 1.060 g (EW) 및 0.363 g (UD)이었다. 작은 대각선상의 剪斷龜裂과 휨龜裂은 주로 전단벽, 인접보와 3층 및 4층의 일부기둥에서 관측되었다. 전단벽에서 전단균열의 최대폭과 보와 기둥에서 휨균열의 최대폭은 약 1.0 mm 이었다. 트여있는 인접보에서의 전단균열 폭은 약 1.5 mm 이었다. 건물의 상부에서 관측된 최대지진 가속도 임에도 불구하고 건물의 구조적 피해는 매우 경미하였다고 생각된다. 이는 양호하게 설계한 철근콘크리트 복합 건물은 매우 耐震的임을 의미하는 것이다. 그러나 가구의 대부분이 전도하고 창문유리가 이 지진시에 피해를 받은 사실에 유의 해야 한다.

5. 벽돌건물

    벽돌, 석조 등의 벽돌 구조는 내구성, 내화성, 내연성, 조형적 효과 등에서 뛰어나지만 매우 무겁고 벽이 벽면외부의 水平力에 대하여 약한 이유 등으로 내진적이지 못하다.

    벽돌구조를 내진적으로 하기 위해서는 벽돌재료 및 줄눈재의 강도를 높이는 것이 우선 필요하다. 구조상의 문제로서는 벽체를 그것이 지진에 대하여 입체적으로 저항 할 수 있도록 평면적으로 균등하게 배치하며 벽사이를 너무 넓게 하지 않아야 하며 벽체를 서로 견고하게 연결하는 등의 배려가 필요하다. 벽체를 연결하기 위해서는 충분히 배근 된 철근콘크리트材, 강재, 목재

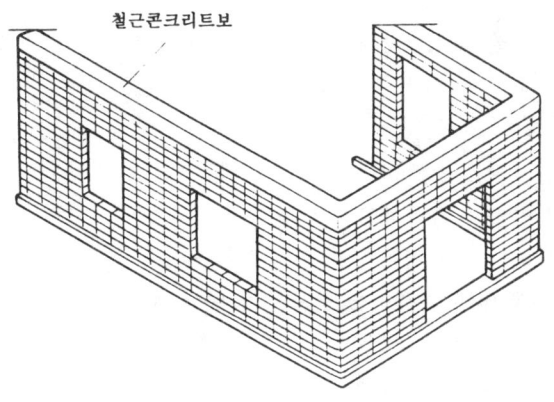

그림 18.9 철근콘크리트보로 보강한 벽돌구조

등과 같이 인성이 있는 재료로 된 보 또는 슬라브를 이용하는 것이 바람직하며 기초구조에 대해서도 같은 방법을 이용해야 한다(그림 18.9 참조). 또 上引榜(lintel) 슬래브 뿐만 아니라 隅角部 또는 開口部를 철재, 철근콘크리트의 기둥으로 보강하면 더한층 내진효과가 기대된다.

벽돌대신 햇볕에 건조시킨 점토블럭을 이용한 흙벽돌 구조는 지진지역에서는 매우 부적당하다. 그러나 경제적인 조건에서 주택을 건설하기 위하여 계속 흙벽돌을 사용하고 있다. 흙벽돌 구조는 대다수가 과거 지진에서 심한 피해를 받은 바 있다.

벽돌 구조에 대한 피해를 최소화하기 위하여 IAEE 위원회에서는 이들 설계를 위한 다음과 같은 몇가지 지침을 제안하였다.

① 벽돌건축물(adobe building)의 높이는 1층으로 제한해야 한다.
② 지붕은 輕量材를 채택해야 한다.
③ 기초는 빈배힙시멘트 콘크리트로 처리해야 한다.
④ 수평연속 보강과 접합타이(binding tie)는 모든 벽면의 들창과 문의 인방(litel)과 일치하도록 위치해야 한다.
⑤ 벽두께는 벽높이의 1/8 및 벽길이의 1/3 이상이어야 한다.
⑥ 문과 같은 벽체의 개방폭은 1.2m 이하이어야 하며, 벽의 모든 개방폭은 전체벽의 거리의 1/3을 초과하지 않아야 한다.
⑦ 섬유재료의 충분한 양을 벽돌제작 전에 점토에 첨가해야 한다.

18.5 우리나라 건축물의 내진설계

1. 등가정적 해석

1) 구조내력
  ① 건축물은 자중. 적재하중, 積雪, 風壓, 土壓, 水壓, 地震 기타 진동 및 충격에 대하여 완전한 구조가 되도록 해야한다.
  ② 건축물을 건축하거나 대수선 할 때에는 법에 정하는 바에 의하여 그 구조물의 안전을 확인해야 한다.
  ③ 構造耐力의 기준 및 구조계산의 방법 등에 관하여 필요한 사항은 법령으로 정한다.

2) 내진설계 대상건축물
  ① 연면적 1000 m^2 이상, 3층이상인 건축물, 徑間이 10m 이상인 건축물은 구조계산에 의하여 구조의 안전을 확인하여야 하며 층수가 6층 이상이거나 연면적이 10만 m^2 이상인 건축물 또는 건설부령이 정하는 건축물 등
  ② 지진구역 2의 지역내에 건축하는 것으로써 당해 용도에 사용되는 바닥면적의 합계가 1000 m^2 이상인 종합병원, 병원, 통신촬영시설로써 방송국 및 전신전화국과 발전소, 공공업무시설, 바닥면적의 합계가 5000 m^2 이상인 관람집회실, 바닥면적의 합계가 10,000 m^2 이상인 판매시설 등은 지진에 대한 안전성 여부를 검토해야 한다.

바닥면적의 합계가 10,000 m² 이상인 판매시설 등
은 지진에 대한 안전성 여부를 검토해야 한다.
3) 設計荷重

건축물의 구조계산에 적용되는 설계하중은 자중, 상재하중, 적설하중, 풍하중, 지진하중이며 내진설계가 요구된 구조물은 구조계산과정에서 지진하중을 고려하도록 규정되어 있다.

특히, 지진력을 靜的인 수평력으로 평가하는 等價靜的解析을 적용하여 내진구조설계를 하는 건축물은 밑면전단력, 층지진하중, 층전단력, 수평비틀림모멘트, 전도모멘트 등에 저항할 수 있도록 설계해야 하며, 기타 층간변위와 건물분리 등을 검토하여 필요한 조치를 취해야 한다.

4) 기초면 剪斷力의 산정

기초면 전단력이란 지진하중을 등가의 정적하중으로 환산하였을때 건물의 밑면 상부에 작용하는 지진하중의 총합이다. 여기서 밑면은 지진의 영향이 구조체에 직접 전달되는 위치로서 그림 18.10과 같이 정의한다.

기초면 전단력(V)는 다음식으로 산정한다.

$$V = (\frac{AICS}{R}) W \qquad (18.8)$$

여기서, A : 지역계수(표 18.3 참조)
I : 중요도계수(표 18.4 참조)
C : 동적계수
S : 지반계수
R : 응답수정계수
W : 건축물의 전체중량

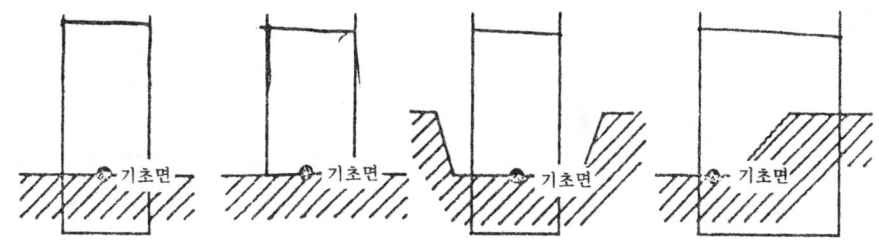

그림 18.10 기초면의 위치설정예

5) 地域係數 : 지진구역에 따라 표 18.3을 적용한다.

표 18.3

구 분	해당지역	지역계수
지진구역 1	광주직할시, 강원도(화천군 제외), 전라북도 고창군, 전라남도(곡성군, 구례군, 광양군 제외), 경상북도 울진군, 제주도	0.08
지진구역 2	지진구역 1을 제외한 지역	0.12

6) **重要度係數** : I는 건축물의 용도, 규모 및 대지의 위치에 따라 표 18.4를 적용한다.

표 18.4 중요도계수

중요도	1	2	3
건축물의 용도 및 규모	바닥면적의 합계가 1000 m² 이상인 종합병원 병원 통신 촬영시설중 방송국 및 전신전화국, 시발소, 공공업무 시설	바닥면적의 합계가 5000 m² 이상인 관람집회시설, 바닥면적의 합계가 10000 m² 이상인 판매시설, 6층 이상의 아파트, 6층 이상의 숙박시설	중요도 1 및 2에 해당하는 건축물을 제외한 건축물
도시계획 구역	1.5	1.2	1.0
도시계획 구역 이외의 구역	1.2	1.0	0.8

7) **動的係數 및 基本振動周期**

① 동적계수 C 는 다음 식으로 산정하되, 1.5를 초과할 경우에는 1.5를 적용한다.

$$C = \frac{1}{1.2\sqrt{T}} \tag{18.9}$$

여기서, T : 건축물의 고유진동주기(sec)

② 동적계수와 地盤係數를 곱한 값이 1.75를 초과하는 경우에는 1.75를 적용한다.

③ ①에 의한 건축물의 기본진동주기는 식(18.10)~식(18.12)에 의하여 산정하거나 고유치 해석법으로 산정한다. 다만, 고유치해석법에 의하여 산정한 기본진동주기가 식에 의하여 구분 기본진동주기에 1.2배를 곱한 값을 초과하는 경우에는 1.2를 곱한 값을 적용한다.

철골구조인 경우 $T = 0.085\, h_n^{3/4}$ (18.10)

철근콘크리트 구조인 경우 $T = 0.06\, h_n^{3/4}$ (18.11)

식(18.9), 식(18.10)을 제외한 구조 $T = \dfrac{0.09}{\sqrt{B}}$ (18.12)

여기서, h_n : 기초면에서 최상층까지의 건축물의 높이(m)
      B : 지진하중이 작용하는 방향의 기초면에서 건축물 평면치수(m)

지진시 구조물의 진동이 예상되는 구조물의 거동은 복잡하다. 그러나 1자유도 구조계의 경우는 구조물의 고유진동주기(또는 고유진동수)와 減衰率이 결정되면 주어진 지반운동에 대한 거동을 알아낼 수 있으며 거동의 최대값을 응답스펙트럼을 이용하여 쉽게 예측할 수 있다. 그러므로 건물의 기본진동주기를 갖는 1自由度構造系로 건물을 단순화하고 이에 대한 거동의 최대값을 알아낸 후에 건물의 거동으로 환산하면 지진시 건물의 거동의 최대치를 근사적으로 구할 수 있다. 그러나 앞으로 발생할 지진에 의한 지반운동을 정확하게 알지 못하므로 이에 대한 응답스펙트럼을 구하기가 어렵다. 따라서 특수한 구조물을 제외한 일반 건축구조물의 내진설계를 위하여 설계용스펙트럼을 사용한다. 지반의 조건이 다른 지역에서 발생한 여러가지 지진의 기록을 토대로 하여 Seed가 구한 응답스펙트럼의 대표적인 모양은 그림 18.11과 같다. 그 내용을 요약하면 다음과 같다.

① 구조물의 고유진동주기가 길수록 응답스펙트럼의 값은 낮아진다.
② 구조물의 고유진동주기가 짧을수록 응답스펙트럼의 값이 증가하나 일정 주기보다 짧은 경우에는 어떤 상한 값으로 제한된다.
③ 지반이 연약할수록 응답스펙트럼의 값은 커진다.

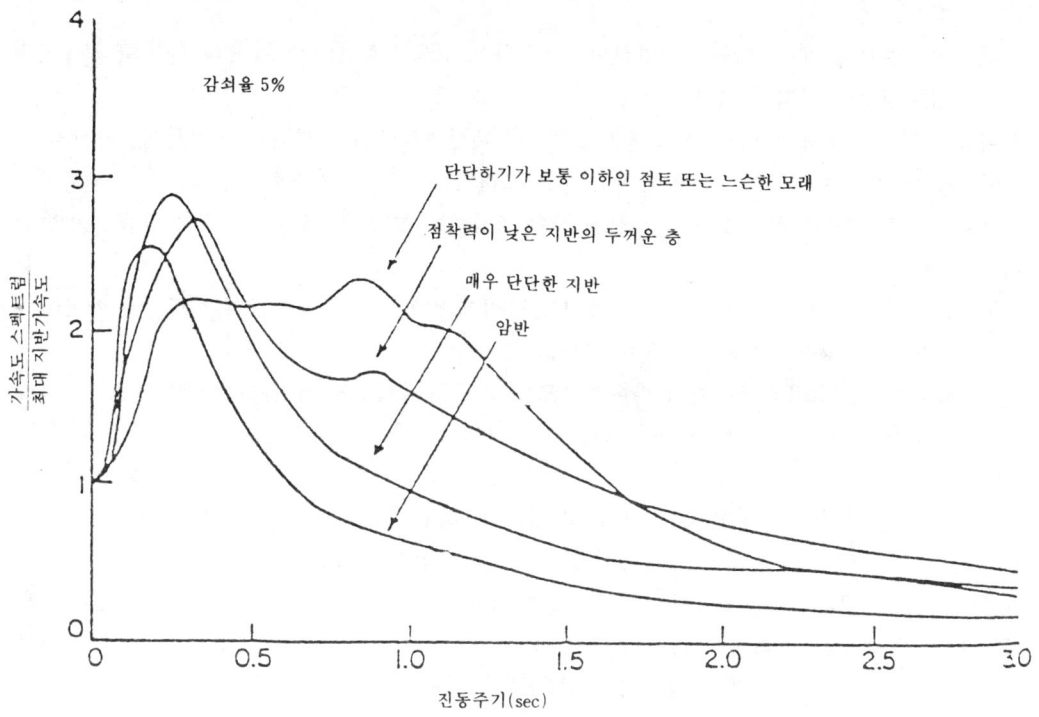

그림 18.11 지반상태에 대한 평균가속도 스펙트럼

耐震設計를 위한 설계용 스펙트럼의 설정에 前述한 내용을 고려하기 위하여 구조물의 고유진동주기에 따라 동적계수를 결정하고, 지반의 효과를 고려하기 위하여 지반계수를 사용하며, 동적계수와 지반계수의 곱에 의해 스펙트럼의 形狀이 결정되도록 한다. 이러한 과정으로 결정된 설계용 스펙트럼의 형상에 대해 지역의 지진 위험도, 중요도계수, 구조 재료 및 구조 형식에 따른 연성계수 등의 영향을 고려하여 설계용 스펙트럼을 구한다.

내진설계 설계용 스펙트럼은 가속도 스펙트럼인데 여기에 건물의 有效重量(質量)을 곱하여 지진시 구조물에 작용하는 지진하중을 구한다.

설계용 스펙트럼은 여러가지의 지진에 대해 구한 응답스펙트럼을 토대로 하여 구조물의 진동주기가 지반의 성질에 따라서 결정되며 이러한 목적으로 動的係數와 地盤係數를 사용하게 된다.

동적성질은 구조물의 진동주기가 길어지면 진동주기에 반비례하는 경향이 있으나 다음과 같은 이유에서 진동주기가 증가함에 따라 동적계수를 급격히 감소시켜서는 안된다.

① 고유진동주기는 건물의 층수가 증가함에 따라 더욱 길어지게 된다. 그러므로 진동주기가 긴 경우에는 건물의 층수가 많다고 생각할 수 있으며 따라서 건물의 일부층에는 집중적으로 더 큰 연성능력이 요구될 가능성이 많다.

② 진동주기가 길수록 구조물의 거동에 영향을 주는 진동모드의 수가 증가하므로 1自由度構造系를 사용하여 구한 응답스펙트럼에 근거한 설계용 스펙트럼의 적용이 부정확해 진다.

③ 진동주기가 긴 구조물은 유연성이 큰 경향이 있으므로 P-Δ효과 등에 의한 구조물의 불안정성이 커지게 된다.

이상과 같은 이유를 토대로 또 고유진동주기의 계산과정에서 포함되는 부정확성, 지진의 특성에 따라 생기는 응답스펙트럼의 특이성 등을 고려하여 안전한 구조물을 설계하기 위하여서는 진동주기가 길 경우에 설계 등 스펙트럼을 상향 조정해야 한다. 이러한 목적으로 다음의 방법들이 사용된다.

① 動的係數는 고유진동주기에 반비례하도록 하지 않고 고유진동주기의 α 제곱에 반비례하도록 하며 α는 1.0보다 작도록 한다.

② 동적계수는 고유진동주기에 반비례하도록 하되 동적계수의 하한치를 정하여 진동주기가 일정한 값보다 길 때에는 下限値를 사용하도록 한다.

〈참고〉

UBC 와 기타의 기준은 α를 1/2로 택하고 있으며, ATC-3-06에 근거하여 최근에 수정 보완된 기준들은 α를 2/3로 택하는 경향이 있고, 지진 위험도가 낮은 나라에서 사용되는 기준들은 ②의 방법을 택하기도 한다. 우리나라 기준에서는 경제적인 부담을 줄이면서 고층건물의 안정성상 α를 1/2로 사용하도록 하고 있다.

고유진동주기가 대단히 짧은 경우에는 위의 식을 사용하면 매우 큰 동적계수가 구해지므로 다음과 같이 동적계수의 상한치를 설정하여 설계용 스펙트럼이 매우 높아지는 것을 방지하도록 한다. 건축물의 고유진동주기에 따라 지진의 영향이 다르게 되는 것을 고려하기 위하여 동적계수 C를 사용한다. 동적계수는 윗식에 의한 값과 1.5중에서 작은 값을 사용하며 지반의 성질에 따른 영향을 고려하기 위한 지반계수 S와 곱하여 1.75로 낮추어 사용하도록 한다.

위의 식에서 T는 건물의 고유진동주기인데 이를 구하기 위한 방법들은 여러가지가 있따. 그러나 건물의 고유진동주기는 건물의 部材의 단면이 선정된 후에 결정될 수 있는 성격의 것이므로 耐震設計를 위한 지진 하중의 산정에 필요한 고유진동주기는 부재의 단면에 관계없이 대략적으로 산정될 수 있어야 한다. 이러한 목적으로 UBC와 ATC에서 사용되는 방법은 다음과 같다.

① UBC 85방법

$$T = 0.1 N \tag{18.13}$$

여기서, N : 건축물의 지상층수(모멘트 저항 골조인 경우)

② UBC 88 방법

$$T = C_t (h_n)^{3/4} \tag{18.14}$$

여기서, C_t : 0.035 (철골 골조인 경우)
C_t : 0.030 (철근콘크리트 골조나 편심가새인 경우)
C_t : 0.020 (기타 구조의 경우)

③ ATC 방법

i 철골 구조인 경우

$$T = 0.035 h_n^{3/4} \tag{18.15}$$

ii 철근콘크리트 골조인 경우

$$T = 0.025 h_n^{3/4} \tag{18.16}$$

iii 기타구조인 경우

$$T = \frac{0.05 h_n}{\sqrt{D}} \tag{18.17}$$

여기서 h_m : 건물의 높이
D : 지진을 고려하는 방향의 건물의 기초면

이상의 방법을 비교하면 UBC에서는 모멘트저항 骨組이면 고유진동주기가 구조재료에 관계없이 층수에 따라 결정되고, ATC의 방법에서는 재료에 따라 차이가 있어, 기본진동주기가 건물의 층수가 아닌 높이에 관계됨을 알 수가 있다. 그러나 고유진동주기가 건물의 층수가 아닌 높이에 관계됨을 알 수가 있다. 기타 구조의 경우는 두 방법에 의해 같은 진동주기를 얻는다. 두 방법이 모두 건물의 固有振動周期를 실제 보다 짧게 산정 함으로써 지진하중이 안전측이 되도록 하고 있는데 UBC의 방법은 低層 또는 中層建物에 대한 경험식으로써 이론적 뒤받침이 부족하다. 그러나 ATC 방법은 San Fernando 지진(1971년)시 실제 건물들의 진동 기록을 사용하여 정하였으며, Rayleigh 방법에 따라 구한 결과를 토대로 층수(또는 건물 높이)에 정비례하지 않고, 건물 높이의 3/4제곱에 비례하도록 하였으므로 중층 또는 고층 건물의 경우에도 적용시킬 수 있는 장점이 있는 등 우리 실정에 알맞는 것으로 판단되어 기본진동주기의 산정은 ATC 방법을 따르고 있다.

모멘트 연성골조의 고유진동주기를 구하기 위해 사용되는 식(18.10) 및 식(18.11)은 40층 정도까지의 철골구조와 25층 정도까지의 철근콘크리트 구조물이 최소한의 전단벽이나 가새구조를 포함하고 있는 경우에 대하여 조사된 자료를 근거로하여 설정되었으므로 전단벽이나 가새구조가 건축물의 動的擧動에 큰 영향을 미치지 않을 정도로 사용된 이중골조 방식에 대해서도 사용될 수 있다. 벽식구조 방식의 건축물의 固有振動周期는 식(18.12)를 사용하여 산정한다.

최근에는 컴퓨터를 이용한 여러가지 구조해석용 프로그램이 개발되어 있어서 대부분의 구조기술자들은 고유치해석법에 의한 고유진동주기 산정법을 활용할 수 있게 되었다. 고유치해석법은 이론적으로 고유진동주기를 매우 정확히 구할 수 있는 방법이지만 非構造의 요소이면서 고유진동주기에 큰 영향을 미치는 벽등이 해석모델에 포함되지 못하여 이 식으로 산정된 고유진동주기가 실제 구조물의 固有振動周期보다 대체로 길어지는 경향이 있다. 따라서 고유치해석법이나 다른 동역학 이론에 근거한 방법으로 산정한 기본진동주기는 식(18.10)~식(18.12)에 의한 기본진동주기에 비해 1.2배를 초과하지 못하도록 규정하고 있다.

8) 지반계수

지반계수 S는 다음의 기준에 따른다.
① 地盤係數는 표 18.5의 값을 적용한다.
② 지반종별 및 토성치에 따른 지반상태의 분류는 각각 표 18.6 및 표 18.7에 의한다.

표 18.5

지 반 종 별	지 반 1	지 반 2	지 반 3
지 반 계 수	1.0	1.2	1.5

표 18.6

지 반 종 별	지 반 상 태
지 반 1	암반 또는 암반위의 매우 단단한 모래 자갈 또는 점토로서 암반까지의 전체깊이가 60m 미만인 지반
지 반 2	지반 1과 같은 상태로서 암반까지의 전체 깊이가 60m 이상인 경우와 깊이에 관계없이 단단한 모래 자갈 또는 점토인 지반
지 반 3	단단하기가 보통 이하인 점토 또는 느슨한 모래로 전체 깊이가 9m 이상인 지반

표 18.7

지반상태	표준관입시험 N 치	상대밀도 D_r(%)	일축압축강도 q_u (kg/cm²)	전단파속도 V_s (m/sec)	비 고
암 반 매우 단단한 모래 매우 단단한 점토	> 40 > 24	75~100	> 3.0	> 700	지반이 2종류 이상으로 구성되어 있을 경우는 지반계수가 큰 것을 적용하며, 지반상태를 분류하기 곤란한 경우는 지반 3을 적용하거나 책임기술자의 판단에 의할 수도 있다.
단단한 모래 단단한 점토	30~40 16~24	65~75	2.0~3.0		
단단한 정도가 중간 이하의 모래 단단한 정도가 중간 이하의 점토	< 30 < 16	< 65	< 2.0		

〈참고〉

　지진시 지반의 성질이 구조물의 거동에 미치는 영향을 두가지로 대별할 수 있다. 첫째, 지반의 단단한 정도에 따른 영향으로 지반의 剛性이 작을수록 지반진동의 증폭효과는 커지게 된다.
　암반에서 관측된 지반운동에 비해서 연약한 沖積層에서는 지반운동이 크게 증폭되는 것으로 알려져 있으며, 예를 들면, 1985년 9월 19일에 발생한 멕시코지진을 들 수가 있다. 암반에서 관측된 最大地盤加速度는 0.04 g 이었으나 연약한 沖積層에서 관측된 最大地盤加速度는 0.2 g 이었다. 지반의 성질에 따라서 최대지반가속도가 5배나 증가하였으며 이것은 주로 멕시코시의 지반조건의 특수성에 기인하는 것이라 할 수 있다.
　미국의 ATC에서는 지반의 종류에 따라서 최고 0.5배의 증폭효과가 있는 것으로 간주하고 있으며 이러한 기준이 1985년에 수정된 UBC에서도 추가로 채택되었다.
　둘째, 지반성질에 따른 영향은 지반진동의 진동수 성분의 변화이다. 지반진동을 진동수별로 분석하면 지반의 고유진동수에 가까운 성분이 많은 것을 알 수 있는데, 이것은 지반의 고유진동수와 건물의 고유진동수가 같아지면 공진현상이 일어날 수 있다는 것을 의미한다. 미국의 UBC는 1985년까지 지반의 고유진동수와 구조물의 고유진동수의 비를 이용하여 이러한 효과를 고려한 방법만을 사용해 오고 있는데, 이 방법을 사용하기 위해서는 지반의 고유진동수와 건물의 고유진동수를 정확히 알아야 하므로 실무에 적용하기에는 어려움이 많으므로 지반의 고유진동수를 정확하게 구할수 없는 경우에는 안전측인 1.5를 지반계수로 사용하였다. 1985년에 개정된 UBC에서는 ATC의 방법을 추가하여 재래식 방법과 새로운 방법 중의 한가지를 선택하여 사용하고 있으며 우리나라의 기준에서는 전술한 ATC의 방법을 이용하고 있다.
　지반의 단단한 정도는 표 18.7의 규정을 따르는데, 지진시 이 표는 지반진동이 증폭되는 효과만을 고려한 것이므로 일반 靜的荷重에 대한 자료로는 사용될 수 없다.

9) 응답수정계수

　응답수정계수(R)는 구조방식에 따라 표 18.8의 값을 적용한다.

표 18.8 응답수정계수

구　조　방　식		응답수정계수 R
내력벽방식	전단벽이 모든 수직 하중과 모든 수평력을 부담하는 경우	3.0
	모든 수직하중과 모든 수평력을 받는 전단벽의 양단부를 기둥과 같은 배근법으로 보강한 경우	3.5
연 성 조	철골구조	6.0
	철근콘크리트구조	4.5
이중골조방식	지진력의 25% 이상을 부담할 수 있는 연성골조가 전단벽 또는 가새골조와 조합되어 수직하중 및 수평력을 건축물연직요소의 강성비에 따라 부담하는 경우　　철　골　구　조	6.0
	철근콘크리트구조	5.0
	모멘트 골조와는 독립적으로 전단벽 또는 가새골조가 전 수평력을 부담하는 경우	4.0
기타의 골조방식		3.5
고가수조 등		2.0

10) 층 지진하중
층지진하중 F_x 은 다음 식에 의하여 산정한다.

$$F_x = \left(\frac{W_x h_x^k}{\Sigma W_i h_i^k} V\right) \qquad (18.18)$$

그리고, $T \leq 1.0$초일 때 $k = 1.0$
$1.0 < T \leq 2.0$초일 때 $k = 1.5$
$T > 2.0$일 때 $k = 2.0$

여기서, F_x : x층의 층 지진하중
$W_i \cdot W_x$: i, x층의 건축물 중량
$h_i \cdot h_x$: 건축물의 밑면에서 i, x층까지의 높이
V : 밑면 전단력

건축물의 각층에 작용하는 층 지진하중은 윗식을 이용하여 기초면 전단력을 각층의 위치로 분배하여 구한다. 건축물의 층수가 증가하면 고유진동주기도 길어지고 동적거동에 큰 영향을 미치는 진동모드의 수도 증가한다. 等價靜的解析法에는 지진에 의한 관성력을 등가의 정적하중으로 환산하여 사용하며 이때에 여러개의 진동모드의 영향을 고려하면 각층의 지진하중은 각층의 중량에 비례하고 고층 일수록 지진하중이 커진다. 이 효과를 고려하기 위하여 윗식을 기초면에서부터 각층 바닥까지의 높이(h_x)의 k제곱에 각층의 有效重量(W_x)을 곱하여 비례하도록 분배하므로써 각층의 지진하중의 합계는 밑면전단력과 같다.

11) 층 전단력
층전단력 V_x 은 층의 상부에 작용하는 지진하중의 합이며 다음 식에 의하여 산정한다.

$$V_x = \sum_{i=x}^{n} F_i \qquad (18.19)$$

여기서, V_x : x층의 층전단력
F_i : i층의 층 지진하중

12) 전도 모멘트
전도모멘트는 다음 식에 의하여 산정하며, 건축물의 층수에 따른 減少係數는 표 18.9의 값을 적용한다. 이 때 기초전면에서 지진하중과 연직하중의 합력의 작용점은 기초저면치수 중앙부의 1/2이내이어야 한다.

$$M_x = \rho \sum_{i=x}^{n} F_i (h_i - h_x) \qquad (18.20)$$

여기서, M_x : 층의 전도모멘트
h_i, h_x : 밑면에서 i, x층까지의 건축물의 높이

건축물의 각층에 작용하는 층 지진하중은 건축물이 지진에 의해 흔들릴때 각층에 작용하는 層剪斷力의 최대치를 고려하여 산정된다.

각층의 전도모멘트는 2층의 상부에 작용하는 층 지진하중에 의해 결정이 되므로 상부의 층수

표 18.9 감 소 정 수

건축물의 층수	감소정수
최상층으로 부터 10층까지	1.0
최상층으로 부터 20층 이하	0.8
최상층으로 부터 11층에서 19층까지	층수에 따라 직선보간함

가 적은 건축물상부의 층에서는 감소계수가 1.0이며, 전도모멘트의 감소를 적용하지 않는다. 그러나 상부에서 부터 일정 층수아래의 층에서는 그층에 대한 상부층에서 동시에 작용할 가능성이 감소 되므로 예상되는 전도모멘트는 감소한다. 또 전도모멘트에 의하여 기초의 한쪽에서 짧은 시간동안 지반과 분리되면 地辰力이 감소하여 되며 따라서 전도모멘트도 감소하게 된다.

〈참고〉

　기초 설계의 전도모멘트를 고려할 경우에는 건물의 높이에 관계없이 감소계수를 0.75로 해도 무방하다. 과거의 기준들은 동력학적 이론에 근거하여 더 작은 감소계수를 사용함으로서 전도모멘트를 과소평가 하였으나 Caracas 지진시(1967년) 경험에 비추어 최근에는 감소계수를 높이거나 UBC, SEAOC 와 같이 감소를 허용하지 않는 기준이 많다. 그러나 여러가지 구조물의 動的解析 결과 이상과 같은 감소계수는 ATC 에서는 무리가 없는 것으로 보고 있기 때문에, 지반조건이 대체로 양호한 우리나라에서는 경제성을 고려하여 위에서 설명한 정도의 감소된 전도모멘트를 사용하는 것이 바람직하다.

13) 층간변위

　층간변위는 층의 주두와 주각에서 생기는 수평변위량의 차이로서 그 층의 층높이의 0.015배를 초과 할 수 없으며, 변위량(σ_x)은 다음 식에 의하여 산정한다.

$$\sigma_x = R\,\delta_{e0} \tag{18.21}$$

여기서　δ_x : x층의 수평변위량

　　　　R : 응답수정계수

　　　　δ_{e0} : 탄성해석에 의한 x층의 수평변위량

비구조적인 피해와 직접관련 된 것은 층간변위가 아니라 층간변위각이다. 층간변위각이 커지면 유리창 벽등의 비구조요소에 피해가 발생하게 되며 $P-\Delta$효과가 증가하게 되어 구조물의 안정성에 영향을 미치게 된다.

　$P-\Delta$효과란, 線形構造解析 과정에서 기둥이 수직으로 놓여있다고 가정하고 塑性變形理論을 적용시키지만 실제 변형이 커서 기둥이 수직이 아닌 경우의 효과를 고려하기 위하여 적용시키는 비선형 효과로서 선형해석으로는 쉽게 알아 내기 어렵다. 층간변위(Δ_x)와 층간변위각(ϕ_x)은 다음과 같이 표시되는 값이다.

$$\Delta_x = R(\delta_x - \delta_{x-1}) \tag{18.22}$$

$$\phi_x = \frac{\Delta}{h_{sx}} = \frac{R(\delta_x - \delta_{x-1})}{h_{sx}} \tag{18.23}$$

여기서,

δ_x, δ_{x-1} : x층과 그 아래 층의 층변위

h_{sx} : 그 층의 높이

지진하중을 산정할 때에 구조물의 비선형거동을 고려하여 응답수정계수(R)로 나눈 값을 사용하였기 때문에 실제로 예상되는 층변위, 층간변위, 그리고 층간변위각을 산출하기 위해서는 응답수정계수로 곱해 주어야 하다.

일반적인 내진설계기준에서는 구조기술자들이 편의를 위해 층간변위각을 사용하지 않고 층간변위를 사용하고 있으며 따라서 층간변위의 제한은 다음과 같이 제한 층간변위각과 층높이의 곱으로 나타낸다.

$$\Delta_a = 0.015 h_{sx} \geq \Delta_x \tag{18.24}$$

여기서 Δ_a : 허용 층간변위

0.015 : 허용층간 변위각(계수)

h_{sx} : x층의 층높이

Δ_x : 지진하중에 의한 구조물의 x층의 층간변위(설계층간변위)

14) 건축물간의 최소간격

인접건축물간 또는 신축이음을 한 동일건축물간에는 인접양측 건축물의 變形量을 합한 값의 2배 이상의 간격을 두어야 한다.

인접 건축물간에는 인접 양측건축물의 지진하중에 의한 변형량을 합한 값의 2배 이상의 간격을 두도록 규정한 이유는 과거에 외국에서 발생한 지진 피해에 관한 연구결과에서 인접 건축물의 충돌에 의한 피해가 심했다는 것이 밝혀졌으므로 이러한 피해를 막기 위한 것이다. 여기에서 건축물의 변형량이란 식(18.21)에서 산정된 변형량으로서 선형 정적해석법에 의해서 산출된 변형량에 응답수정계수를 곱하여 얻은 값이다. 이때 그림 18.12에서 보는 바와 같이 양측 건축물의 높이가 같을때에는 건축물 최상부의 변형량을 택해서 건물간의 최소간격을 산출하여야 하며 양측 건축물의 높이가 다른 경우는 저층 건축물의 최상부의 변형량과 인접건축물의 높이가 다른 경우는 저층 건축물의 최상부의 변형량과 인접건축물의 같은 높이의 변형량을 합한 값의 2배 이상의 간격으로 함으로써 지진시 발생하였을때에 인접건축물간의 충돌을 방지 하여야 한다. 동일한 건축물에 신축이음을 한 경우에는 양측의 건축물을 인접건축물로 간주하고 필요한 간격을 유지시켜야 한다.

15) 비구조부재 및 건축설비의 내진조치

건축물의 골조에 정착되는 非構造部材 및 건축설비는 내진 설계시에 다음과 같은 조치를 취해야 한다.

① 수조 계단탑 광고탑 굴뚝 등과 같은 옥외돌출물, 비내력벽 기타 이와 유사한 건축물의 비구조부재는 지진시에 전도, 국부파괴 등이 일어나지 않도록 건축물의 구조체에 안전하게 정착시켜야 한다.

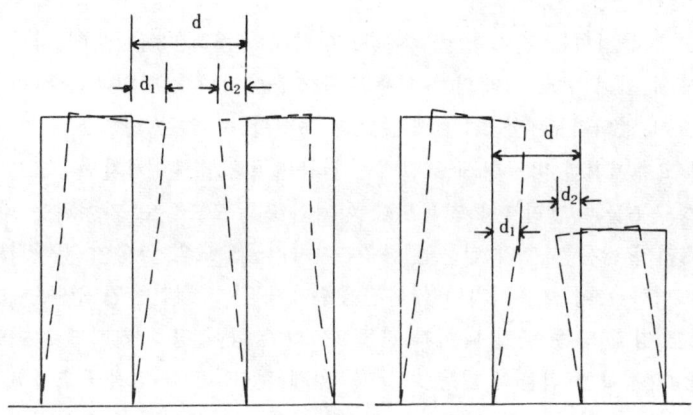

그림 18.12 인접 건축물간의 최소간격

② 기계설비, 보일러, 연료탱크, 지하통로 및 배관시설, 조명시설, 통신설비 기타 이와 유사한 건축설비기기는 지진시에 이동, 전도, 국부파괴 등이 일어나지 않하도록 건축물의 구조체에 안전하게 정착시켜야 한다.

비구조부재 및 건축설비는 형상 크기 등이 다양하여 각각의 경우에 대하여 내진설계 과정을 자세히 규정하지 않고 이들이 지진시에 이동, 전도, 국부파괴 등이 일어나지 않도록 건축물의 구조체에 안전하게 정착시켜야 한다.

2. 동적해석

1) 일반사항

건축구조의 동적해석에 관하여 "건축물의 구조기준 등에 관한 규칙"의 내용은 매우 불충분하다. 그러나 지진 하중은 등가정적해석법 이외의 의미를 함축하고 있다고 할 수 있다. 즉, 지진하중은 等價靜的解析法 이외의 다른 방법에 의할 수 있음을 명시하고 있고 그 다른 방법은 묵시적으로 동적해석방법을 나타낸다고 할 수 있다. 따라서, 이 규칙중 지진에 관한 규정은 이번 규칙 개정으로 우리나라에서는 처음 도입된다는 점과 우리의 현 기술 수준 현실적 여건 때문에 신중을 기하고 있다고 볼 수 있다. 이는 동적 해석법의 사용을 저해한다고 볼 수 없다. 그러나 기술수준의 향상을 촉진하고 지진지역의 해외건설시장 진출의 촉진이라는 차원에서는 동적 해석법의 적극적인 사용을 권장해야 한다고 볼 수 있다. 또한 장래 특히 중요한 초고층, 국가적인 중요 건물의 경우 건축주의 보다 정밀한 구조해석 요구 등에 의해 그 사용이 증가할 것으로 기대된다.

2) 동적해석법의 필요성

등가 정적해석법은 지진하중을 일반적으로 저층의 정형 구조물에 대해서 등가 정적 수평하중으로 환산하여 적용하는 방법인데 이와 같은 하중들은 주로 1차 진동모드의 영향을 기본으로 하여 근사적으로 지진하중을 산정하고 해석방법의 단순화에 따른 부정확성을 보완하기 위하여 지진하중을 약간 크게 산정하는 것이 일반적이다. 따라서 等價靜的解析法에 의한 지진하중은 건물이 1차진동모드에 의해 주로 지배되는 저층의 구조물이거나 정형일때는 신뢰성이 높고 고도의 내진설계 기술이 없더라도 간단히 耐震設計를 수행할 수 있는 방법이다.

그러나 건물이 고층이거나 비정형 구조일때는 건물의 動的特性이 1차진동모드가 주된 기여를 하는 저층의 정형구조물과 달리 1차 진동모드 이외의 진동모드들도 기여하는 바가 크게 될 수 있다. 즉, 진동주기가 짧은 저층의 건물인 경우는 1차진동모드의 영향이 지배적이고 다른 진동모드의 영향은 미미한 것이 보통이지만 기본진동주기가 긴 고층건물인 경우는 1차 진동모드의 영향이 상대적으로 감소 되는 반면 나머지 진동모드의 영향이 점차 커지므로 이들 모드의 영향을 고려하여야만 더 정확한 건물의 거동을 알 수 있게 된다. 또한 건물구조가 非對稱이거나 質量과 剛性의 중심이 일치하지 않는 비정형 구조물일때는 진동모드들의 형상이 일반적으로 대칭이고 정형인 구조물에서 보아온 형상과 매우 다를 경우가 발생하게 되며 또한 대칭이고 정형인 구조물에서는 그 실제의 영향이 작으므로 무시될 수 있는 變位나 비틀림등의 영향은 매우 중요한 요소로 작용하게 된다. 이러한 요소를 적절히 고려하고 等價靜的解析時의 부정확성의 보완에 따른 非經濟性을 보완하기 위해서는 구조물의 重要度가 상당히 높고 고층이거나 비정형인 구조물일 때는 동적해석법을 적용하여 내진설계를 할 필요가 있다. 따라서 등가정적해석법을 건물의 내진설계법의 주된 해석 방법으로 채택하고 있는 대부분의 국가들은 경제적 수준과 내진설계 기술의 수준 등을 고려하여 어떠한 형태로든지 적절한 동적해석법을 추가해 두고 있다.

3) 동적해석법의 종류

내진설계의 동적해석법은 여러가지가 있으나 실용적으로 쓰이고 있는 방법은 모드해석법(modal analysis) 및 시간이력해석법(time history analysis)이 있으며 시간이력해석법에는 모드중첩법(mode superposition method), 직접적분법(direct integration method) 등이 있다.

각 해석 방법의 적용범위는 해당 구조물의 설계에 대한 요구사항, 내진 구조설계의 수준 및 경제적인 이유 등으로 어느 한 방법만을 제시할 수 없지만 구조물이 작은 데에서부터 큰 것으로, 형태가 간단한 것에서 복잡한 것으로 또한 건물의 중요도가 증가함에 따라 더 정밀한 해석 방법을 사용해야 하는 것이 일반적인 원칙이다(표 8.10 참조). 물론, 초고층 건물이나 극히 중요한 건물은 내진설계기준의 범위를 벗어나 최신 이론에 바탕을 둔 해석 방법을 적용하는 것이 바람직하다.

시각력 해석법은 지진에 의한 지반운동의 시간에 따른 변화를 알면 구조물의 거동을 알아낼 수 있는 정확한 해석법이지만 예상되는 지진의 지반운동을 정확하게 예측하기가 어려우므로 기존의 지진기록을 사용하거나 합성된 지진기록을 사용하여야 하는 번거로움과 막대한 계산량이 요구되는 등의 약점이 있다. 그러므로 설계를 위한 해석방법이 되지 못하고 극히 중요한 구조물의 설계, 구조물의 비선형해석 등 정밀해석을 요구하는 경우나 중요한 비구조설비에 대한 지진의 영향을 고려하기 위하여 사용되는 충응답스펙트럼(floor resposne spectrum)을 구하기 위하여 주로 사용되고 이미 설계된 구조물에 대한 정확한 안전 점검의 수단으로도 쓰인다. 일반적으로 비정형 구조물이나 고층건물 등의 설계를 위하여 동적해석을 수행할 때에 많이 사용되는 방번은 반응스펙트럼 해석법이다.

　반응스펙트럼법은 구조물의 동적특성을 고려할 수 있고 계산이 지나치게 복잡하지 않은 점과 설계용 스펙트럼의 형식으로 지진을 고려하는 간편성 등이 있으나 구조물 거동의 시간에 따른 변화를 알아낼 수 없고, 비선형 해석이나 피로해석 등을 수행하기 위해서는 사용할 수 없다. 그러나 이 방법은 간편하고 경제적이라는 장점 때문에 실제 내진설계에 널리 이용되고 있다.

　일반적으로 10층 이상의 고층 건물이거나 구조형태가 비정형일 때 또는 첫번째 모드와 두번째 모드의 진동주기가 비슷한 구조물은 동적해석을 수행하여야 하나 이를 정량적으로 구분하는 것은 거의 불가능하다. 세계 주요국가들의 내진설계기준에서의 동적해석의 적용 대상을 살펴보면 다음 표 18.11과 같다. 보통 건물높이 40 - 60 m 이상, 진동주기 1.2 - 1.4초 이상인 건물에 대하여는 동적해석을 하도록 요구하는 것이 일반적인 추세이다.

표 8.10 해석방법 선택의 기본 개념

대상구조물	적용해석방법
소형, 간단한 구조물 ↓ 점 이 진 ↓ 적 전 ↓ 대형, 복잡한 구조물	1. 등가정적 해석 2. 모드해석 3. 모드 중첩법에 의한 시간이력해석 4. 직접 적분법에 의한 시간이력해석

표 18.11 동적해석 요건의 예

국 가 명	높 이	비정형	기본주기
뉴질랜드, 불가리아			1.5초이상
독 일		○	1.0초이상
루 마 니 아	10층 이상		
멕시코, 일본	60 m 이상		
콜 롬 비 아			
이 디 오 피 아		○	
이 스 라 엘	50 m 이상		1.2초 이상
이 태 리			1.4초 이상
인 도	40 m 이상		
인 도 네 시 아	40 m 이상	○	
중 국	50 m 이상	○	
칠 레	45 m 이상	○	
터 키	75 m 이상	○	
페 루	75 m 이상		

4) 설계스펙트럼 해석법

 내진설계기준에서 규정하는 설계용 스펙트럼을 입력 스펙트럼으로 사용하여 해석하는 방법을 내진설계기준에 의한 설계스펙트럼 해석법이라고 한다. 현재 우리나라의 내진설계 기준에는 모드해석법은 물론이고 어떤 동적해석 방법이나 절차에 대해서도 규정된 바가 없다. 그러나 등가정적 해석법이 정형 혹은 이에 가까운 구조물에 한하여 적용이 적합하고 1차 진동모드 이외에는 적용하기 어려우므로 구조물의 고차 모드가 가지는 동적특성을 포함하는 해석은 어렵다. 그러므로 내진설계기준에 의한 설계스펙트럼 해석법은 구조물의 동적 특성이 고려된 해석으로써 등가정적해석을 적용하기에는 곤란한 비정형 건물이나 중층 이상의 건물에 적용하는 것이 바람직하다. 이 해석법도 각 모드별로 등가정적해석 방법을 운용하여 각 모드에서의 應答을 구하여 그 결과를 중첩하여 구조물 전체의 응답을 구한다.

① 해석모델과 진동모드

 등가정적 해석법은 2차원 구조에 대하여 유도되었으므로 수평면에서 서로 직교하는 두개의 축 각각에 대하여 해석을 한다. 건물은 각 층에서 수평방향으로 하나의 水平自由度의 2차원 해석모델로 모형화된다. 그리고 각 층에서 자유도 방향으로 집중된 질량을 사용한다. 해석 A에 진동모드를 모두 사용하면 정확성이 높은 해석 결과를 얻을 수 있다. 그러나 설계 동적거동에 대해서는 처음 몇개의 저차 모드가 지배적인 영향을 미치게 되므로 정확성을 해치지 않는 범위 내에서 해석에 필요한 동적거동에 영향을 크게 미치는 모드만을 선택하여 사용해야 한다. 일반적으로 진동주기가 가장 긴 1차 진동모드가 가장 큰 영향을 미치며, 진동주기가 짧은 高次의 모드일수록 그 영향이 점차 감소한다. 그러나 각 진동모드의 영향을 정확히 분석하기 위해서는 각 모드별 유효 질량, 모드 관여계수(mode participation)와 질량관여계수(mass participation) 등을 알아야 하므로 편의상 일반적 원칙에 의하여 다음 계수중 최대치로 해석에 사용된 모드의 수를 결정한다.

 ○ 적어도 3개의 진동모드(단, 2층 이하의 경우에는 층수만큼의 모드)
 ○ 진동주기가 0.4초 이상인 모든 진동모드
 ○ 고층건물인 경우에는 층수를 10으로 나눈 수보다 하나 더 많은 모드

 위의 원칙은 해석에 필요한 최소한의 진동모드수이며, 필요에 따라 더 많은 수의 진동모드를 고려할 수도 있다. 건물을 두 방향으로 해석할 때에는 각각의 방향으로 위에서 제시한 수 이상의 진동모드를 사용해야 하며, 3차원 효과를 고려하기 위하여 한층에 3개의 자유도를 사용할 때에는 이것의 3배에 해당하는 진동모드를 사용하는 것이 바람직하다.

② 기초면 전단력

 m차 모드에 의한 기초면 전단력 V_m은 등가정적해석법에 사용되는 기초면 전단력 공식 (AICSW / R)으로부터 다음과 같이 나타낼 수 있다.

$$V_m = S_{am} W_m \tag{18.25}$$

$$S_{am} = AIC_m S / R \tag{18.26}$$

 여기서, W_m : 유효중량
  C_m : 耐震設計係數

$$C_m = \frac{1}{1.2T_m^{1/2}} \leq 1.5 \tag{18.27}$$

$$W_m = \frac{(\sum_{i=1}^{n} W_i \phi_{im})^2}{\sum_{i=1}^{n} W_i \phi_{im}^2} \tag{18.28}$$

여기서, i : i 번째 층
  m : m 차 모드
  T_m : m 차 진동주기
  n : 자유도수

각 모드에서의 유효중량을 모든 모드에 대하여 加하면 건물 전체의 중량이 된다.

③ 층 지진하중

각 모드별 층 지진하중(F_{im})은 다음 식으로 구한다.

$$F_{im} = \frac{W_i \phi_{im}}{\sum_{j=1}^{n} W_j \phi_{jm}} \tag{18.29}$$

④ 모드별 최대 층변위

각 층의 모드별 최대변위(δ_{im})는 다음과 같이 구할 수 있다.

$$\delta_{iem} = \frac{gT_m^2 F_{im}}{4\pi^2 W_i} \tag{18.30}$$

여기서, T_m : m 번째 모드의 진동주기
  g : 중력가속도

여기서 얻어진 층변위는 구조물의 연성거동을 고려하여 감소된 설계용 스펙트럼에 의한 탄성해석 결과이므로 설계용 층변위는 다음과 같이 應答修正係數 R 를 곱하여 사용한다.

$$\delta_{im} = R \delta_{iem} \tag{18.31}$$

⑤ 모드별 층간변위

각 모드에 대한 인접층의 층간변위(Δ_{im})는 다음과 같이 인접층간의 변위의 차이로 구할 수 있다.

$$\Delta_{im} = \delta_{im} - \delta_{(i-1)m} \tag{18.32}$$

⑥ 전도모멘트 및 층전단력

각 층에 대한 모드별 전도모멘트 M_{im} 와 층전단력 V_{im} 은 식(18.29)에서 구한 모드별 층하중을 이용하여 정력학적으로 산출한다. 그러나 이 경우는 동적거동을 고려한 값이므로 전도모멘트는 등가정적해석법에서 사용한 減小係數를 사용하지 않는다.

⑦ 해석결과의 조합

구조물의 耐震設計에 사용되는 기초면 전단력, 층전단력, 층지진하중, 층변위 및 층간변위 등은 각 모드에서 구한 결과를 다음 식에 의하여 조합한 값을 사용한다.

$$r_t = (\sum_{m=1}^{n} r_m^2)^{1/2} \tag{18.33}$$

여기서, r_t : 조합된 값

r_m : m차 모드의 영향에 의한 힘 또는 변위

　조합된 값에서 다른 값을 유도하는 것은 예상밖의 의미를 가지게 되기 쉬우므로 각모드에 의한 값을 직접조합해야 한다. 예를 들면 층간변위는 각 모드에 의한 층간변위를 직접 조합하여 구하고 조합된 층변위로부터 산출하여서는 안된다.

⑧ 조합된 결과의 수정

　모드해석법은 等價靜的解析法에 비해 매우 정확한 결과를 얻을 수 있는 방법이다. 따라서 등가정적해석법에 사용될 지진하중에 비해서 매우 안정측의 여유를 갖게 되므로 모드해석법에 의한 결과가 等價靜的解析法에 의한 결과보다 지진의 영향이 작은 것으로 평가된다. 그러나 두개 이상의 진동모드가 비슷한 진동주기이거나 여러개의 진동모드에 의한 최대거동이 거의 동시에 일어나는 경우는 SRSS 방법에 의한 모드별 결과의 조합이 실제 구조물의 최대 거동을 과소평가하게 되는 경우가 있다.

　따라서 설계용으로 조합된 기초면 전단력(V_t)을 등가정적 해석법으로 구하기 위하여 사용한 진동주기에 1.5배를 곱해서 구한 기초면 전단력(V_s)과 비교하여 조합된 V_t가 작은 경우에는 (변위, 전단력, 충간변위 등에 V_s/V_t를 곱하여 기초면 전단력을 V_s과 같도록 증가시켜야 한다.

　기초 설계에 사용되는 전도모멘트는 지반과 구조물의 상호작용을 고려할때에 10%정도 낮추어 사용해도 무리가 없다.

참고문헌

참고 문헌

各章에 취급한 문제에 대한 인용문헌 중에서 주로 참고한 것을 다음에 게재하며 이들 著作의 著者에게 敬意를 表한다. 또 간단히 하기 위하여 다음과 같은 略字를 이용한다.

ERI.: Bulletin of the Earthquake Research Institute, University of Tokyo,
SSA.: Bulletin of the Seismological Society of America,
Jishin: Journal of the Seismological Society of Japan,
JSCE.: Journal of the Japan Society of Civil Engineers,
JSSMFE.: Journal of the Japanese Society of Soil Mechanics and Foundation Engineering,
IAEE.: Earthquake Engineering and Structural Dynamics (Journal of the International Association for Earthquake Engineering),
Large Dams: Journal of the Japanese National Committee on Large Dams,
WCEE.: Proceedings of the World Conference of Earthquake Engineering,
JSCE.: Proceedings of the Japan Society of Civil Engineers,
ASCE.: Proceedings of the American Society of Civil Engineers,
NSEE.: Proceedings of the Japan National Symposium of Earthquake Engineering,
SMFE.: Proceedings of the International Conference on the Soil Mechanics and Foundation Engineering,
IIS.: Report of the Institute of the Industrial Science, The University of Tokyo,
SEISAN KENKYU: Monthly Journal of the Institute of the Industrial Science, The University of Tokyo,
EE.: A Collection of Papers Presented to Symposium of Earthquake Engineering, Japan Society of Civil Engineers,
JSCE.: Transaction of the Japan Society of Civil Engineers,
ICOLD.: The Transactions of the International Congress on Large Dams,
AIJ.: Transactions of the Architectural Institute of Japan,
ASCE.: Transactions of the American Society of Civil Engineers,
Tsuchi-to-Kiso: Proceedings of the Japanese Society of Soil Mechanics and Foundation Engineering.

제 1 장 지진

1.1 지구의 구조
1. Iwanami Lectures: The Earth, Earth Science, vol. 1, Iwanami-shoten, 1978.

1.2 지구의 역사
1. Iwanami Lectures: Chronology of the Earth, Earth Science, vol. 6, Iwanami-shoten, 1978.

1.3 지진대
1. K.Mogi: Regional Variations in Magnitude-Frequency Relation of Earthquakes, Bull. of ERI., vol.45, 1967.
2. T.Usami: General Aspect of Disastrous Earthquakes in Japan, University of Tokyo Press, 1977.
3. Iwanami-shoten: Rikanenpyo, 1981.
4. 건설부, 건축물의 내진구조 및 방재기준에 관한 연구, 1987.

1.4 지진
1. C. Tsuboi: A New Lecture on an Earthquake, Iwanami-shoten, 1975.
2. M. Ohnaka: A Physical Basis for Earthquakes based on the Elastic Rebound Model, Bull. of

ERI., vol. 50, Part 2, 1975.
3. K. Honda: Earthquake Waves, Iwanami-shoten, 1977.
4. Iwanami Lectures: Physics of the Earth, Earth Science, vol. 8, Iwanami-shoten, 1978.
5. S. Ueda: The New View of the Earth, W. H. Freeman and Co., 1978.
6. K. Kanjō, I. Nakamura, and K. Tsumura: Distribution of Foreshocks and Aftershocks of the Izuohshima-kinkai Earthquakes of 1978 by Seismic-automatic Processing, Bull. of ERI., vol. 53, Part 3, 1978.

1.5 지진파의 전파
1. K.Sezawa: The Theory of Vibration, Iwanami-shoten, 1932.

1.7 지진동의 관측
1. A.I.Marteinyanov, O.I.Ponomarev, and S.A.Fedrov: Experience of Work of Strong Motion Registration Stations during Earthquakes in the Soviet Union, Proc. of 6-WCEE., 1977.
2. R.D.Borcherdt and R.B.Mathiesen: U.S. Strong Motion Programs, Proc. of 7-WCEE., 1980.
3. S.Polinare: Instruments Arrays for a Near Field Strong Motion Earthquake Survey in Italy, Proc. of 7-WCEE., 1980.
4. S.Omote, K.Ohmatsuzawa, and T.Ohta: Recently Developed Strong Motion Earthquake Instruments Array in Japan, Proc. of 7-WCEE., 1980.
5. H.Tsuchida, S.Noda, S.Iai, and E.Kurata: Observation of Earthquake Response of Ground with Horizontal and Vertical Seismometer Arrays, Proc. of 7-WCEE., 1980.
6. W.D.Iwan: Report on the International Workshop of Strong-Motion Earthquake Instrument Arrays, Proc. of 7-WCEE., 1980.
7. I.Muramatsu: A Velocity Type Strong Motion Seismograph with Wide Frequency and Dynamic Range, Proc. of 7-WCEE., 1980.
8. National Research Center for Disaster Prevention: Kantō-Tōkai Observation Network of Crustal Activities, Jishin, vol. 35, No.3, 1982.
9. T.Katayama and N.Satō: Ground Strain Measurements by a Very Densely Located Seismometry Array, Proc. of 6-NSEE., 1982.

제 2 장 지진강도

2.1 진도
1. T.Matsuzawa: On the Displacement of Komainu at Tottori Earthquake, Bull. of ERI., vol. 22, 1944.
2. T.Matsuzawa: Damage to Torii by Earthquakes, Bull. of ERI., vol. 22, 1944.
3. F.Neumann: Earthquake Intensity and Related Ground Motion, Univ. of Washington Press, Seattle, 1954.
4. S.Omote and K.Yoshimura: Considerations on Earthquake Force Evaluation, Proc. of 5-WCEE., 1974.
5. I.Muramatsu: The Maximum Value and the Duration of the Strong Earthquake, Zishin, vol. 29, No.3, 1976.
6. T.Kunii and T.Emoto: Estimation of Earthquake Acceleration by the Investigation of Tombstones during the Miyagiken-oki Earthquake of June, 1978, Comprehensive urban studies, Tokyo Metropolitan University, No. 5, 1978.
7. M.W.McCann, Jr., F.Sauter, and H.C.Shah: Technical Note on PGA-Intensity Relations with Applications to Damage Estimation, Bull. of SSA., vol. 70, No.2, 1980.
8. Y.Ishiyama: Motions of Rigid Bodies in Response to Earthquake Excitation, Trans. of AIJ., No. 314, 1982.

2.2 지진의 파라미터
1. C.Tsuboi: On the Magnitudes of Earthquakes, Jishin, vol. 10, No. 1, 1957.
2. T.Asada: Frequency Distribution of Earthquake Magnitude, Seismicity, and Related Problems, Zishin, vol. 10, No.1, 1957.
3. T.Utsu: On the Relation between α and γ in a Formula $M = \log A + \alpha \log \Delta + \gamma$ for Calculating Earthquake Magnitude, Jishin, vol. 17, No.4, 1964.
4. H.Watanabe: Determination of Earthquake Magnitude at Regional Distance in and near Japan,

Zishin, vol.27, No.2, 1974.

2.3 최대지진변위의 감쇠 및 이와 관련된 문제
1. Y.Satō: Relation between Seismic Intensity and Epicentral Distance, Bull. of ERI., vol.26, 1948.
2. K.Kanai, K.Osada, and S.Yoshizawa: The Relation Between the Amplitude and the Period of Earthquake Motion, Bull. of ERI., vol. 31, 1953.
3. K.Kanai and S.Yoshizawa: The Amplitude and the Period of Earthquake Motions, Bull. of ERI., vol.36, 1958.
4. T.C.Hanks and C.M.Duke: Strong Ground Motion of the San Fernando, California, Earthquake, Ground Displacement, Bull. of SSA., vol. 65, No.1, 1975.
5. M.D.Trifunac: Preliminary Analysis of the Peaks of Strong Earthquakes Ground Motion—Dependence of Peaks on Earthquake Magnitude, Epicentral Distance, and Recording Site Conditions, Bull. of SSA., vol. 66, No.1, 1976.

제 3 장 세계의 지진

3.1 개설
1. B.Gutenberg and C.F.Richter: Seismicity of the Earth, Princeton University Press, 1954.
2. T.Hirono: Seismicity of Japan, Proc. of 2-WCEE., 1960.
3. W.H.K.Lee, F.T.Wu, and S.C.Wang: A Catalog of Instrumentally Determined Earthquakes in China ($M \geq 6$) Compiled from Various Sources, Bull. of SSA., vol.68, No.2, 1978.

3.2 지반에 의한 진해양상
1. M.Katsumata: Seismic Activities in and near Japan, Zishin, vol.19, No.4, 1966, vol.20, No.1, 1967, and vol.20, No.2, 1967.
2. K.Mogi: Some Features of Recent Seismic Activity in and near Japan, Bull. of ERI., vol.46, 1968, and vol.47, 1969.
3. K.Mogi: Relationship between the Occurrence of Great Earthquakes and Tectonic Structures, Bull. of ERI., vol.47, 1969.
4. T.Yumura, T.Hirono, and K.Wadachi: The Structure of Seismic Zones in and near Japan, Zishin, vol.23, No.2, 1970.
5. T.Usami and T.Watanabe: Definition and Characteristic Features of a Seismically Active Region (Earthquake Nest) in the Kantō District, Bull. of ERI., vol.52, Parts 3 ~ 4, 1977.
6. T.Yoshii: Crustal Structure of Japan, University of Tokyo Press, 1979.
7. The Research Group for Active Faults: Active Faults in Japan, University of Tokyo Press, 1980.

3.3 구조물의 주요진해
1. M.Ishimoto and K.Iida: Earthquake Observation by Microseismograph, Bull. of ERI., vol. 17, 1939.
2. H.Kawasumi: Measures of Earthquake Danger and Expectancy of Maximum Intensity throughout Japan as inferred from the Seismic Activity in Historical Times, Bull. of ERI., vol.29, 1951.
3. C.Tsuboi: Gravity Survey along the Lines of Precise Levels throughout Japan by Means of a Worden Gravimeter, Bull. of ERI., Supplementary Volume IV, 1953 ~ 1956.
4. S.Okamoto: Chart of Seismic Activity in Japan, Ohm-Sha and Co., 1968.
5. T.Matsuda: Magnitude and Recurrence Interval of Earthquakes from a Fault, Zishin, vol.28, No.3, 1975.
6. T.Seno: Recurrence Times of Great Earthquakes in the Seismotectonic Areas along the Philippine Sea Side Coast of Southwest Japan and South Kantō District, Zishin, vol.30, No.1, 1977.
7. M.Katsumata: Seismic Gaps in Focal Region that appear before and after Great Earthquakes, Zishin, vol.31, No.4, 1978, and vol.32, No.1, 1979.
8. K.Tanaka: Formation Pattern of Seismic Gaps before and after Large Earthquakes, Zishin, vol. 33, 1980.
9. Y.Katō, K.Yamazaki, and R.Ikegami: Temporal Variation of Seismic Activity in the Region of the Pacific Coast of North Eastern Japan, Zishin, vol.34, No.3, 1981.

제 4 장 한반도의 지진

4.1 개설
1. 한국 동력자원연구소, 한반도의 지진위험도, 1980.
2. 과학기술처, 홍성지진의 현황조사 연구, 1980. 김포구 한반도의 지진활동 1978.

제 5 장 지진동이 지반에 주는 영향

5.1 개실

1. Y.Sasaki, Y.Fujino, and M.Hakuno: Effects of Topographical Feature on Earthquake Induced Damage, Bull. of ERI., vol.53, Part 2, 1978.
2. T.Imai and T.Ōkubo: Ground Condition and Disaster of the 1978 Miyagiken-oki Earthquake in Japan, Proc. of 7-WCEE., vol.3, 1980.
3. S.Zama: Behavior of the Elastic Waves propagating through the Irregular Structures, Bull. of ERI., vol.56, Part 4, 1981.

5.2 충적지반의 지진동

1. M.Ishimoto: Observations des périodes prédominantes dans les secousses séismiques dont la distance épicentrale est assez grande, Bull. of ERI., vol.15, 1937.
2. S.Omote: The Relation between the Earthquake Damages and the Structure of the Ground in Yokohama, Bull. of ERI., vol.27, 1949.
3. S.Omote and S.Miyamura: Relations between the Earthquake Damage and the Structure of Ground in Nagoya City, Bull. of ERI., vol.29, 1951.
4. K.Kanai: Measurement of the Micro Tremor, Bull. of ERI., vol.32, 1954, vol.35, 1957, and vol. 39, 1961.
5. S.Okamoto, and K.Katō: Observation of Vibration of Ground Surface Layer, SEISAN KENKYU, vol. 13, No. 4, 1961.
6. K.Kanai: On the Predominant Period of Earthquake Motions, Bull. of ERI., vol. 40, 1962.
7. K.Kanai: On the Spectrum of Strong Earthquake Motions, Bull. of ERI., vol. 40, 1962.
8. K.Kanai: Comparative Studies of Earthquake Motions on the Ground and Underground, Bull. of ERI., vol. 44, 1966.
9. H.Kawasumi, Y. Satō, and E. Shima: Ground Response at the Sites in 23 Wards of Tokyo to Vibration, Data of Disaster Prevention Council of Tokyo Metropolis, 1970.
10. A.F.Espinosa and S.T.Algermissen: Ground Amplification Studies in the Caracas Valley and the Northern Coastal Area of Venezuela, Proc. of 5-WCEE., vol. 1, 1974.
11. T.Tanaka, S.Yoshizawa, T.Morishita, K.Osada, and Y.Ōsawa: Observation and Analysis of Underground Earthquake Motions, Proc. of 5-WCEE., 1974.
12. G.W.Housner and P.C.Jennings: Problems in Seismic Zoning, Proc. of 5-WCEE., 1974.
13. H.Kobayashi and H.Kagami: A Local Seismic Intensity Zoning Map based on Subsoil Conditions, Proc. of 5-WCEE., 1974.
14. E.Shima: On the Base Rock of Tokyo, Bull. of ERI., vol.51, No.1, 1976, vol.51, No.2, 1976, vol.53, No.1, 1978, vol.53, No.4, 1978, and vol.56, No.1, 1981.
15. C.M.Duke, R.T.Eguchi, K.W. Campbell, and A.W. Chow: Effects of Site on Ground Motion in the San Fernando Earthquake, Proc. of 6-WCEE., 1977.
16. T.Ohta, M.Niwa, H.Andō, and N.Ujiyama: Study on Seismic Response of Soft Alluvial Subsoil Layers by Simulation Analysis, Proc. of 6-WCEE., 1977.
17. C.Tamura, T.Noguchi, and K.Katō: Earthquake Observation along Measuring Lines on the Surface of Alluvial Soft Ground, Proc. of 6-WCEE., 1977.
18. H.Arai, S.Kitajima, and S.Saitō: Underground Earthquake Motions in Port and Harbors of Japan, Proc. of 6-WCEE., 1977.
19. H.Tsuchida, E.Kurata, and S.Hayashi: Observation of Earthquake Resonance of Ground with Horizontal and Vertical Seismometer Arrays, Proc. of 6-WCEE., 1977.
20. H.Tsuchida, S.Noda, S.Iai, and E.Kurata: Observation of Earthquake Response of Ground with Horizontal and Vertical Seismometer Arrays, Proc. of 7-WCEE., 1980.
21. G.Grünthal and P.Bormann: Influence of Geological Soil Profiles on the Amplitude of Seismic Waves, Proc. of 7-WCEE., 1980.
22. K.Irikura: Earthquake Ground Motions Influenced by Irregularities of Sub-Surface Topographies, Proc. of 7-WCEE., 1980.
23. K.Masaki and K.Iida: Seismic Response of the Ground and Earthquake Damage in Nagoya Area, Japan, Proc. of 7-WCEE., 1980.
24. Y.Sugimura: An Attempt of Microzonation in and around Sendai City, Proc. of 7-WCEE., 1980.
25. S.Peixin, L.Zengwu, and X.Yiaotin: Application of Shear Wave Velocity on Seismic Microzoning, Proc. of 7-WCEE., 1980.

26. Y.Kōno, M.Sunami, and M.Fujii: Relationship between Gravity Anormaly and Earthquake Hazard in the Fukui Plane, Central Japan, Zishin, vol.34, No.3, 1981.
27. Y.Sugimura and I.Ohkawa: Seismic Microzonation of Tokyo Area, Proc. of 6-NSEE., 1982.

5.3 암반지석의 지진동

1. S.Okamoto und T.Mizukoshi: Schwingungen im Untergrund eines Kavernenkrafthauses während eines Erdbebens, Geologie und Bauwesen, vol.24, 1958.
2. K.Kanai and K.Osada: Seismic Characteristics in Ground of Mountanous Formation, Bull. of ERI., vo.39, 1961.
3. C.Tamura, T.Mizukoshi, and T.Ono: Characteristics of Earthquake Motion at the Rocky Ground, Proc. of 4-WCEE., 1969.
4. H.B.Seed, I.M.Idriss, and F.W.Kiefer: Characteristics of Rock Motions During Earthquakes, Proc. of ASCE., vol.95, No.SM5, 1969.
5. L.L.Davis: Observed Effects of Topography on Ground Motion, Bull. of SSA., vol.63, No.1, 1973.
6. P.B.Shnabel and H.B.Seed: Accelerations in Rock for Earthquakes in the Western United States, Bull. of SSA., vol.63, No.2, 1973.
7. R.B.Reismer, R.W.Clough, and J.M.Raphael: Evaluation of the Pacoima Dam Accelerogram, Proc. of 5-WCEE., 1974.
8. W.V.Mickey, V.Perez, and W.K.Cloud: Amplification Studies of the Pacoima Dam from Aftershocks of the San Fernando Earthquake, Proc. of 5-WCEE., 1974.
9. C.Tamura: On Seismic Deformation Method for Earthquake Resistant Design of Underground Structures, SEISAN KENKYU, vol.34, No.1., 1977.
10. C.Tamura, K.Katō, and S.Okamoto: On the Maximum Seismic Acceleration in Rocky Area: 15th Symp. of EE., 1979.
11. L.Zhenpeng, Y.Baipo, and Y.Yifan: Effect of Three-dimensional Topography on Earthquake Ground Motion, Proc. of 7-WCEE., 1980.
12. S.Okamoto, C.Tamura, T.Mizukoshi, and K.Katō: Earthquake Ground Motion at Rocky Ground Interspersed with Thin Clay Layers, Proc. of International Symposium on Rock Mechanics (Tokyo), 1981.
13. S.Omote and T.Ohta: Array Observation of Earthquake Strong Motion in Rock Site, Proc. of 6-NSEE., 1982.

5.4 탄성파의 전파

1. N.M.Newmark, W.J.Hall, and J.R.Morgan: Comparison of Building Response and Free Field Motion in Earthquake, Proc. of 6-WCEE., 1977.
2. T.Imai, K.Tonouchi, and T.Kanemori: Measurement of Damping Constant of Soil at Site, 15th Symp. of EE., 1979.
3. K.Shioya and H.Yamahara: Study on Filtering Effect of Fundamental Slab based on Observation Records, Proc. of 7-WCEE., 1980.

5.5 표층내 파동의 다중반사

1. K.Sezawa: Possibility of the Free Oscillations of the Surface Layer excited by the Seismic Waves, Bull. of ERI., vol.8, 1930, and vol.10, 1932.
2. K.Kanai: Relation between the Nature of Surface Layer and the Amplitude of Earthquake Motions, Bull. of ERI., vol.30, 1952, vol.31, 1953, and vol.31, 1953.
3. S.Okamoto and M.Hakuno: On the Elasto-Plastic Vivration of the Ground, Proc. of 1-NSEE., 1962.
4. H.Kobayashi and H.Kagami: A Numerical Analysis of the Propagation of Shear Waves in Multi-Layered Ground, Proc. of 2-NSEE., 1966.
5. I.M.Idriss and H.B.Seed: Seismic Response of Horizontal Soil Layers, Proc. of ASCE., vol. 94, No.4, 1968.
6. H.B.Seed and I.M.Idriss: Influence of Soil Conditions on Ground Motions during Earthquakes, Proc. of ASCE., vol.95, No.SM1, 1969.
7. J.Lysmer and R.L.Kuhlemeyer: Finite Dynamic Model for Infinite Media, Proc. of ASCE., vol.95, No.EM4, 1969.
8. H.Ishii and R.M.Ellis: Multiple Reflection of Plane SH Waves by a Dipping Layer., Bull. of SSA., vol.60, No.1, 1970.

9. P.B.Schnabel, J.Lysmer, and H.B.Seed: SHAKE, Report. No.72-12, University of California, 1972.
10. Y.Fujino and M.Hakuno: Characteristics of Elasto-Plastic Ground Motion during an Earthquake, Bull. of ERI., vol.53, Part 2, 1978.
11. P.W.Taylor and T.J.Larkin: Seismic Site Response of Nonlinear Soil Media, Proc. of ASCE., vol.104, No.GT3, 1978.
12. H.Yamahara and K.Shioya: A Study on the Filtering Effect of Foundation Slab Based on Observational Records, Trans, of AIJ., No.270, 1978.
13. T.Kokushō and T.Iwatate: Scale Model Tests and Numerical Analysis of Nonlinear Dynamic Response of Soft Ground, Proc. of JSCE., No.285, 1979.
14. E.J.Sanchez-Sesma and E.Rosenblueth: Ground Motion at Canyons of Arbitrary Shape under Incident SH Waves, Jour. of IAEE., vol.7, No.5, 1979.
15. M.Erik: A Single Degree of Freedom Model for Non-linear Soil Amplification, Proc. of 7-WCEE., 1980.
16. N.Taga and Y.Togashi: Wave Theoretical Approach by FEM to Soil-Foundation Interaction System, Trans of AIJ., No.295, 1980.
17. R.Inoue and M.Hakuno: The Influence of Underground Rigidity Distribution to Ground Motion, Proc. of JSCE., No.310, 1981.
18. Y.Sawada, H.Yajima, S.Sasaki, A.Sakurai, and T.Takahashi: Loss Mechanism of Earthquake Motion on Foundation, Proc. of 6-NSEE., 1982.

제 6 장 계획 지진동

6.1 개설

1. T.Terada: On the Nature of Destructive Earthquakes, Bull. of ERI., vol.8, 1930.
2. S. Okamoto: Method of Design of Structures Considering Earthquake Resistance, Ohm-sha, 1961.
3. E.Kuribayashi:Damage to Public Civil Structures and Economic Countermeasures for it, 10th Symp. of EE., 1969.
4. G.W.Housner: Important Features of Earthquake Ground Motion, Proc. of 5-WCEE., vol. 1, 1974.
5. N.C.Donovan: A Statistical Evaluation of Strong Motion Data including the February 9, 1971 San Fernando Earthquake, Proc. of 5-WCEE., vol.1, 1974.
6. H.Tsuchida, T.Uwabe, and S.Hayashi: Characteristics of Base Rock Motions Calculated from Strong Motion Accelerograms, Proc. of 5-WCEE., vol.1, 1974.
7. T.Katayama: Statistical Analysis of Peak Accelerations of Recorded Earthquake Ground Motion, SEISAN KENKYU, vol.26, No.1, 1974.
8. A.Asada and F.Kawakami: Considerations on the Characteristics of Seismic Motion in the Grounds, Proc. of JSCE., No.236, 1975.
9. N.C.Donovan and A.E.Bornstein: Uncertainties in Seismic Risk Procedures, Proc. of ASCE., vol.104, No.GT7, 1978.
10. A.Sakurai: How to Consider Earthquake Resistant Structures, Jour. of JSCE., vol.63, No.4, 1978.

6.2 설계 지진강도

1. I.Muramatsu: The maximum Value and the Duration of the Strong Earthquake Motion, Zishin, vol.29, No.3, 1976.
2. R.V.Whitman, N.C.Donovan, B.A.Bolt, S.T.Algermissen, and R.L.Sharpe: Seismic Design Regionalization Maps for the United States, Proc. of 6-WCEE., 1977.
3. H.Kobayashi, T.Samano, M.Yamauchi, and S.Midorikawa: Two-dimensional Horizontal Ground Motion during Earthquake, Proc. of 6-WCEE., 1977.
4. C.Knudson and V.Perez: Acceleration Records from Lima Peru, Proc. of 6-WCEE., 1977.
5. T.Katayama, T.Iwasaki, and M.Saeki: Statistical Analysis of Earthquake Acceleration Response Spectra, Proc. of JSCE., No.275, 1978.
6. T.Tanaka, M.Sakaue, Y.Ōsawa, and S.Yoshizawa: Aftershock Observation of the Izuohshima-kinkai Earthquake of 1978 with a Strong-Motion Accelerograph and the Maximum Accelerations during the Main Shock, Bull. of ERI., vol.53, Part 3, 1978.
7. T.Tanaka, M.Sakaue, Y.Ōsawa, and S.Yoshizawa: Strong Motion Accelerograms and Maxi-

mum Acceleration Date of the Izuhantō-oki Earthquake and Swarm Earthquakes of 1980, Bull. of ERI., vol.55, Part 4, 1980.
8. Y.Ohsaki, M.Watabe, and M.Tohdō: Analysis on Seismic Ground Motion Parameters Including Vertical Components, Proc. of 7-WCEE., 1980.
9. T.Iwasaki, K.Kawashima, and M.Saeki: Effects of Seismic and Geotechnical Conditions of Maximum Ground Acceleration and Response Spectra, Proc. of 7-WCEE., 1980.
10. J.B.Fletcher, A.G.Brady, and T.C.Hanks: Strong-Motion Accelerograms of the Oroville, California, Aftershocks: Data Processing and the Aftershocks of 0350 August 6, 1975, Bull. of SSA., vol.70, No.1, 1980.
11. D.M.Boor, W.B.Joyner, A.A.Oliver, III, and R.A.Page: Peak Acceleration, Velocity and Displacement from Strong-Motion Records, Bull. of SSA., vol.70, No.1, 1980.

6.3 진앙거리를 갖는 지진강도의 감쇠

1. K.W.Campbell and C.M.Duke: Bedrock Intensity Attenuation and Site Factors from San Fernando Earthquake Records, Bull. of SSA., vol.64, No.1, 1974.
2. H.B.Seed, R.Murakawa, J.Lysmer, and I.M.Idriss: Relationships of Maximum Acceleration, Maximum Velocity, Distance from Source, and Local Site Conditions for Moderately Strong Earthquakes, Bull. of SSA., vol.76, No.4, 1976.
3. J.A.Blume: The SAM Procedure for Site-Acceleration-Magnitude Relations, Proc. of 6-WCEE., 1977.
4. H.Oda, T.Satō, K.Yamamoto, T.Hirasawa, and T.Mitsuzuka: S Wave Attenuation in the Vicinity of Ground Surface, Zishin, vol.30, No.3, 1977.
5. U.Chandra: Attenuation of Intensities in the United States, Bull. of SSA., vol.69, No.6, 1979.
6. A.F.Espinosa: Attenuation of Strong Horizontal Ground Accelerations in the Western United States and their Relation to M_L., Bull. of SSA., vol.70, No.2, 1980.
7. J.A.Blume: Distance Partitioning in Attenuation Studies, Proc. of 7-WCEE., 1980.
8. R.Eguchi: An Alternative Approach to Modeling Earthquake Ground Motion Attenuation in the Western United States, Proc. of 7-WCEE., 1980.
9. D.M.Boore: On the Attenuation on Peak Velocity, Proc. of 7-WCEE., 1980.
10. U. Chandra: Attenuation of Intensities in India, Proc. of 7-WCEE., 1980.

6.4 지진동의 파형

1. G.N.Bycroft: White Noise Representation of Earthquakes, Proc. of ASCE., vol. 86, No. EM2, 1960.
2. H.Tajimi: Basic Theories on Aseismic Design of Structures, Report of IIS., vol.13, No.2, 1963.
3. K.Kanai: An Experimental Formula for the Spectrum of Strong Earthquake Motions, Bull. of ERI., vol.39, 1961, and vol.41, 1963.
4. G.W.Housner and P.C.Jennings: Generation of Artificial Earthquakes, Proc. of ASCE., vol. 90, No. EM1, 1964.
5. A.Schiff and J.L.Bogdanoff: Analysis of Current Methods of Interpreting Strong Motion Accelerograms, Bull. of SSA., vol.57, No.5, 1967.
6. P.C.Jennings, G.W.Housner, and N.C.Tsai: Simulated Earthquake Motions for Design Purposes, Proc. of 4-WCEE., 1969.
7. B.A.Bolt: Duration of Strong Ground Motion, Proc. of 5-WCEE., 1974.
8. D.E.Hudson and F.E.Udwadia: Local Distribution of Strong Earthquake Ground Motion, Proc. of 5-WCEE., 1974.
9. H.B.Seed, C.Vgas, and J.Lysmer: Site-Dependent Spectra for Earthquake-Resistant Design, Bull. of SSA., vol.66, No.1, 1976.
10. K.Ishida and U.Osawa: Strong Earthquake Ground Motion due to a Propagating Fault Model Considering the Change of Dislocation Velocity, Trans. of AIJ., No.247, 1976.
11. H.Kobayashi and S.Nagahashi: Response Spectra on Seismic Bed Rock during Earthquake, Proc. of 6-WCEE., 1977.
12. R.K.McGuire: Seismic Ground Motion Parameter Relations, Proc. of ASCE., vol.104, No. GT4, 1978.
13. S.Midorikawa and H.Kobayashi: On Estimation of Strong Earthquake Motions with Regard to Fault Rupture, Trans. of AIJ., vol.282, 1978.
14. S.Midorikawa and H.Kobayashi: Spectral Characteristics of Incident Wave from Seismic Bed-

rock due to Earthquake, No.273, 1978.
15. H.L.Wong and M.D.Trifunac: Generation of Artificial Strong Motion Accelerograms, Jour. of IAEE., vol.7, No.6, 1979.
16. T.Tanaka, S.Yoshizawa, and Y.Ōsawa: Characteristics of Strong Earthquake Ground Motion in the Period Range from 1 to 15 Seconds—Analysis of Low-Magnification Seismograph Records, Bull. of ERI., vol.54, Parts 3 ~ 4, 1979, and Proc. of 7-WCEE., 1980.
17. K.Ishida: Study of the Characteristics of Strong Motion Fourier Spectra on Bedrock, Bull. of SSA., vol.69, No.6, 1979.
18. S.Kinoshita: Earthquake Motion Observed in the Base Rock, 15th Symp. of EE., 1979.
19. H.Gotō, H.Kameda, and M.Sugito: Prediction of Strong Earthquake Motions by Evolutionary Process Model, Proc. of JSCE., No.286, 1979.
20. T.Morioka: The Ground Motion of the Great Kantō Earthquake of 1923, Trans. of AIJ., No. 289, 1980.
21. S.Iai and H.Tsuchida: A Synthesis Method of Input Ground Motion of a Wide Period Range, Report of Port and Harbor Research Institute, Ministry of Transport, vol.19, No.1, 1980.
22. G.C.Liang and C.M.Duke: Evolutionay Spectra for Strong Motion Accelerograms, Proc. of 7-WCEE., 1980.
23. K.Seki and H.Kobayashi: On the Rather Long Period Earthquake Ground Motions due to Deep Ground Structures of Tokyo Area, Proc. of 7-WCEE., 1980.
24. M.Hoshiya and S.Nagata: Evaluation of Synthetic Parameters of Strong Ground Motion, Proc. of 6-NSEE., 1982.

6.5 진앙부의 지진동
1. G.W.Housner: Intensity of Earthquake Ground Shaking near the Causative Fault, Proc. of 3-WCEE., 1965.
2. D.E.Hudson and W.K.Cloud: An Analysis of Seismoscope Data from the Parkfield Earthquake of June 27, 1966. Bull. of SSA., vol.57, No.6, 1967.
3. W.K.Cloud: Intensity Map and Structural Damage, Parkfield, California, Earthquake of June 27, Bull of SSA., No.6, 1967.
4. G.W.Housner and M.D.Trifunac: Analysis of Accelerograms Parkfield Earthquake, Bull. of SSA., vol.57, No.6, 1967.
5. S.K.Guha, S.P.Agarwal, K.Nand and P.D.Gosavi: Ground Motions in the Epicentral Area of Earthquakes, Proc. of 5-WCEE., 1974.
6. D.E.Hudson: Strong Motion Earthquake Measurements in Epicentral Regions, Proc. of 6-WCEE., 1977.
7. L.A.Wyllie, Jr., F.Chamorro, L.S.Cluff, and M.R.Niccum: Performance of Bano Central Related to Faulting, Proc. of 6-WCEE., 1977.
8. M.R.Niccum, L.S.Cluff, F.Chamorro, and L.A.Wyllie, Jr.: Bano Central de Nicaragua, a Case History of a High Rise Building that Survived Surface Fault Rupture, Proc. of 6-WCEE., 1977.
9. S.A.Blume: Engineering Intensity Data for the 1971 San Fernando Earthquake, Proc. of 6-WCEE., 1977.
10. S.Omote and A.Miyake: Maximum Ground Acceleration Estimated in the Epicentral Area of the Ōita Earthquake Occurred in Kyūshū, Japan, on April 21,1975, Proc. of 6-WCEE., 1977.
11. J.S.Tahert: Parkfield, California, Earthquake of June 1966: Interpretation of the Strong Motion Records, Jour. of IAEE., vol.8, No.6, 1980.
12. Y.Sawada, S.Sasaki, H.Yajima, N.Yoshioka, A.Sakurai, and T.Takahashi: On the Characteristics of Accelerograms recorded on Bedrock near Origin, Proc. of 7-WCEE., vol.2, 1980.
13. S.Midorikawa and H.Kobayashi: Isoseismic Map in Near Field with Regard to Fault Rupture and Site Geological Conditions, Proc. of 7-WCEE., vol.2, 1980.
14. P.Papastamatiou and M.Asgian: Ground Motion in the Epicentral Region of the May 6, 1976 Friuli Earthquake in North Italy, Proc. of 7-WCEE., 1980.
15. K.Ishida: Estimation of the Expected Near Field Maximum Velocity on Bed Rock, Proc. of 7-WCEE., 1980.
16. S.Midorikawa and H.Kobayashi: Isoseismal Map in Near-Field with Regard to Fault Rupture and Site Geological Conditions, Trans. of AIJ., vol.290, 1980.
17. M.Yamada, N.Nasu, M.Takeuchi, and T.Morioka: Some Characteristics of the Earthquake Ground Motions Observed in Tokyo, Especially Those of Just-under-seated Earthquake. Proc.

of 6-NSEE., 1982.

6.6 지진의 진원 매카니즘

1. Y. Satō: Numerical integration of the Equation of Motion for Surface Waves in a Medium with Arbitrary Variation of Material Constants, Bull. of SSA., vol. 49, No. 1, 1959.
2. L. Knopoff and F. Gilbert: Radiation from a Strike-Slip Fault, Bull. of SSA., vol. 49, No. 2, 1959.
3. L. Knopoff and F. Gilbert: First Motions from Seismic Sources, Bull. of SSA., vol. 50, No. 1, 1960.
4. T.Maruyama: On the Force Equivalents of Dynamical Elastic Dislocations with Reference to the Earthquake Mechanism, Bull. of ERI., vol.41, 1963.
5. N. A. Haskell: Total Energy and Energy Spectral Density of Elastic Wave Radiation from Propagating Fault, Bull. of SSA., vol. 54, No. 6, 1964.
6. K.Aki: Study of Source Mechanism by Surface Wave, Jishin, vol.20, Parts 4, 1967.
7. N. A. Haskell: Elastic Displacements in the Near-Field of a Propagating Fault, Bull. of SSA., vol. 59, No. 2, 1969.
8. M.Ōtsuka: A Simulation of Earthquake Occurrence, Zishin, vol.25, No.4, 1972.
9. H. Kanamori and M. Andō: Fault Parameters of the Great Kantō Earthquake, Publications for the 50th Anniversary of the Great Kantō Earthquake, 1923, Bull. of ERI., 1973.
10. T. Maruyama: Theoretical Model of Seismic Faults, Publications for the 50th Anniversary of the Great Kantō Earthquake, 1923, Bull. of ERI., 1973.
11. H. Takeuchi: Problems of the Earth Science, Shōkabō, 1977.
12. K.Honda: Earthquake Waves, Iwanami-shoten, 1977.
13. H.Kanamori: Earth Physics, Earth Science, vol.8, Iwanami-shoten, 1978.
14. J.Kasahara: Crustal Deformation Associated with a Fault Formation Estimated by the Finite Element Method, Bull. of ERI., vol.53, Part 2, 1978.
15. K.Aki and P.G.Richards: Quantitative Seismology Theory and Method, W.H. Freeman and Co., 1979.
16. M.Nagamune: Source Mechanisms of 1978 Izuohshima-kinkai Earthquake, Zishin, vol.33, No. 1, 1980.

제 7 장 내진 설계방법

7.1 진도법

1. T.Kunii: On the Maximum Acceleration Estimated from the Investigation of Tombstones, Comprehensive Urban Studies, Tokyo Metropolitan Universitiy, No.8, 1979.
2. S.Okamoto, C.Tamura, and K.Katō: Design Seismic Coefficient in Seismic Coefficient Method and Actual Earthquake Damage, Proc. of 7-WCEE., 1980.
3. H.Demir and K.Polat: Comparison of Earthquake Resistant Regulations of Some Countries, Proc. of 6-NSEE., 1982.
4. H.Kameda and I.Ohsawa: Equivalent Ground Acceleration and Seismic Design Load, Proc. of 6-NSEE., 1982.

7.2 탄성구조물의 동적해석

1. G.W.Housner: Characteristics of Strong Motion Earthquakes, Bull. of SSA., vol.37, No.1, 1947.
2. G.W.Housner, R.R.Martel, and J.L.Alford: Spectrum Analysis of Strong Motion Earthquakes, Bull. of SSA., vol.43, No.2, 1953.
3. G.W.Housner: Behavior of Structures during Earthquakes, Proc. of ASCE., vol.85, No. EM4, 1959.
4. H.Tajimi: A Statistical Method of Determining the Maximum Response of a Building Structure during an Earthquake, Proc. of 2-WCEE., 1960.
5. C.V.Berg and G.W.Housner: Integrated Velocity and Displacement of Strong Earthquake Ground Motion, Bull. of SSA., vol.51, No.2, 1961.
6. J.L.Bogdanoff, J.E.Goldberg, and M.C.Bernard: Response of a Simple Structure to a Random Earthquake-Type Disturbance, Bull. of SSA., vol.51, No.2, 1961.
7. J.A.Blume, N.M.Newmark, and L.H.Corning: Design of Multistory Reinforced Concrete Building, Portland Cement Association, 1961.

8. M.Hakuno and M.Shinozuka: A Comment on Properties of the Structural Velocity Spectra, Trans. of JSCE., No.139, 1967.
9. S.Hayashi, H.Tsuchida, and E.Kurata: Acceleration Response Spectra on Various Site Conditions, Proc. of 3-NSEE., 1970.
10. E.Kuribayashi, T.Iwasaki, and K.Tsuji: Factors having influence on Response Spectrum, 11th, Symp. of EE., 1971.
11. H.Kameda: On Estimation of the Maximum Response of Structures Subjected to Random Earthquake Motion, Proc. of JSCE., No.201, 1972.
12. M.Hayashi, Y.Kitahara, Y.Fujiwara, and H.Komada: Three-dimensional Earthquake Interaction Analysis between Structure and Viscoelastic Ground, Proc. of JSCE., No.217, 1973.
13. J.Ibanez: Destructive Power of Earthquakes, Proc. of 5-WCEE., 1974.
14. H.Kobayashi: Damping Coefficients of Structural Vibration Related to Subsoil Conditions, Proc. of 5-WCEE., 1974.
15. K.Mutō and T.Kobayashi: Comparative Study of Damping Theory for Vibration Analysis of Nuclear Power, Trans. of AIJ., No.255, 1977.
16. H.Kobayashi and N.Sugiyama: Viscous Damping of Structures Related to Foundation Conditions, Proc. of 6-WCEE., 1977.
17. T.Ohta, N.Adachi, M.Niwa, and K.Takahashi: Results of Vibration Tests on Tall Building and their Earthquake Response, Proc. of 6-WCEE., 1977.
18. Y.Ōsawa, Y.Kitagawa, and Y.Irie: Evaluation of Various Parameters on Response Analysis of Earthquake Motion Including Soil Building System, Proc. of 6-WCEE., 1977.
19. K.Mutō, T.Uchida, T.Tsugawa, and S.Honma: Structural Test and Analysis on the Seismic Behavior of the Reinforced Concrete Reactor Building, Trans. of AIJ., No.271, 1978.
20. T.Iwasaki, K.Kawashima, and Y.Takagi: Statistical Analysis of Earthquake Response Spectrum, 15th Symp. of EE., 1979.
21. M.Hoshiya and T.Yamazaki: Response Analysis of Structure Based on Earthquake Energy, Proc. of JSCE., No.291, 1979.
22. T.Shiga, A.Shibata, J.Shibuya, and T.Takahashi: Performance of the Building of Faculty of Engineering, Tōhoku University during the 1978 Miyagiken-oki Earthquake, Proc. of 7-WCEE., 1980.
23. M.P.Singh: Seismic Response of Structures with Random Parameters, Proc. of 7-WCEE., 1980.
24. G.H.McVerry: Structural Identification using Linear Models and Earthquake Records, Jour. of IAEE., vol.8, No.2, 1980.
25. J.L.Beck, G.H.McVerry, and P.C.Jennings: Applications of System Identification Techniques to Recorded Earthquake Response, Proc. of 7-WCEE., 1980.
26. Y.Kitagawa, Y.Irie, and S.Tamori: Study on Evaluation of Parameters in the Soil-Building System, Proc. of 7-WCEE., 1980.
27. W.W.H.Chen, M.Chatterjee, and A.Unemori: Comparison of Analysis Method for Seismic Soil-Structure Interaction, Proc. of 7-WCEE., 1980.
28. S.Morichi and C.Tamura: On Dynamic Experimental Analysis by Testing of Models made from Gel-like Materials, Proc. of JSCE., No.310, 1981.

7.3 응답스펙트럼을 이용한 내진설계
1. G.W.Housner: Limit Design of Structures to Resist Earthquakes, Proc. of WCEE., Oakland, California, 1956.
2. T.Katayama: Probabilistic Assessment of Maximum Response Acceleration, Proc. of 5-WCEE., 1974.
3. J.E.Valera and N.C.Donovan: Incorporation of Uncertainties in the Seismic Response of Soil, Proc. of 5-WCEE., 1974.
4. E.Kuribayashi, T.Iwasaki, Y.Iida, and K.Tuji: Effect of Seismic and Subsoil Conditions on Earthquake Response Spectra, Proc. of 5-WCEE., 1974.
5. C.M.Duke and P.J.Hradilek: Spectral Analysis of Site Effects in the San Fernando Earthquake, Proc. of 5-WCEE., 1974.
6. E.Mohraz: A Study of Earthquake Response Spectra for Different Geological Conditions, Bull. of SSA., vol.66, No.3, 1976.
7. C.Tamura: On Seismic Deformation Method for Earthquake Resistant Design of Underground

Structures, SEISAN KENKYU, vol.29, No.5, 1977.
 8. N.M.Newmark, H.J.Degenkolb, A.K.Chopra, A.S.Veletsos, E.Rosenblueth, and R.L.Sharpe: Seismic Design and Analysis Provisions for the United States, Proc. of 6-WCEE., 1977.
 9. C.L.Glogau: Some Comments on the New Zealand Earthquake Loading Provisions for Buildings, Proc. of 6-WCEE., 1977.
 10. J.F.Borges and A.Ravara: The New Portuguese Seismic Code, Proc. of 6-WCEE., 1977.
 11. H.C.Shah, T.C.Zsutty, H.K.Krawinkler, L.Padilla, and J.Dizon: A Seismic Design Procedure for Nicaragua, Proc. of 6-WCEE., 1977.
 12. K.M.Romstad, J.Bruce, and J.R.Hutchinson: Site Dependent Earthquake Motions, Proc. of ASCE., vol.104, No.GT11, 1978.
 13. International Association for Earthquake Engineering: Earthquake Resistant Regulations, A World List, 1980.

7.4 비탄성구조물의 동적설계
 1. S.Okamoto and K.Seimiya: On the Seismometer with the Starter, Proc. 5th Japan National Congress for Applied Mechanics, 1955.
 2. P.C.Jennings: Equivalent Viscous Damping for Yielding Structures, Proc. of ASCE., vol.94, No.EM1, 1968.
 3. M.Hakuno, M.Shidawara, and T.Hara: Dynamic Destructive Test of a Cantilever Beam, Controlled by an Analog Computer, Trans. of JSCE., vol.171, 1969.
 4. H.Watanabe: Dynamic Analysis of Visco-Elastic Body using Finite Element Method, Proc. of JSCE., No. 198, 1972.
 5. M.Hakuno, K.Yokoyama, and Y.Satō: Real Time Dynamic Test on a Model Pile Foundation, Proc. of JSCE., No.200, 1972.
 6. H.Takemiya: Equivalent Linearization for Randomly Excited Bilinear Oscillator, Proc. of JSCE., No.219, 1973.
 7. M.Hakuno: Hybrid Failure Tests on a Structural Member, Proc. of 5-WCEE., 1974.
 8. H.Iemura and P.C.Jennings: Determination Force Deflection Relaton of a RC Building from Strong Motion Seismograms, Proc. of JSCE., No.230, 1974.
 9. H.Gotō and H.Iemura: Earthquake Response of Single Degree of Freedom Hysteretic Structures, Proc. of 5-WCEE., 1974.
 10. F.A.Imbeault and N.N.Nielsen: Effect of Degrading Stiffness on the Response of Multi-story Frames Subjected to Earthquakes, Proc. of 5-WCEE., 1974.
 11. H.Gotō and M.Kitaura: Time Varying Power Spectral Densities of Earthquake Motions and their Mathematical Representation, Proc. of JSCE., No.236, 1975.
 12. H.Kitagawa: On the Conversion of a Hysteretic Structure into the System with Equivalent Restoring Force, Trans. of AIJ., vol. 247, 1976. vol. 248, 1976. vol. 256, 1977. vol. 257, 1977, and vol. 265, 1978.
 13. K.Asano: Stochastic Earthquake Response Analysis of the Lumped Mass Structural System with Elasto-Plastic Characteristics, Trans. of AIJ., vol. 247, 1976. vol. 256, 1977, vol. 257, 1977, and vol. 258, 1977.
 14. Y.Matsushima: Nonlinear Random Response of Single-Degree-of-Freedom System Subjected to White Excitation, Trans. of AIJ., vol. 255, 1977.
 15. R.Y. Soni, Jai Krishna, and B.Chandra: Energy Approach to Earthquake Resistant Design, Proc. of 6-WCEE., 1977.
 16. D.A.Foutch and G.W.Housner: Observed Changes in the Natural Periods of Observaton of a Nine Story Steel Panel Building, Proc of 6-WCEE., 1977.
 17. D.A.Foutch and P.C.Jennings: Dynamic Tests of Full Scale Structures, Proc. of 6-WCEE., 1977.
 18. H.Gotō and H.Iemura: Earthquake Response Characteristics of Deteriorating Hysteretic Structures, Proc. of 6-WCEE., 1977.
 19. W.D.Iwan: The Response of Simple Stiffness Degrading Structures, Proc. of 6-WCEE., 1977.
 20. T.Hisada and K.Igarashi: Evaluation of the Effects of Earthquake Motions on Structures Based on Elasto-Plastic Response Envelope Spectrum with Time Domain, Proc. of 6-WCEE., 1977.
 21. S.Ishimaru and H.Tajimi: Stochastic Seismic Response of Hysteretic Structures, Trans. of AIJ, vol. 265, 1978.
 22. T.Okada and M.Seki: Nonlinear Earthquake Resistance of Reinforced Concrete Building Frames by Computer-Actuator On-Line System, Trans. of AIJ, vol. 275, 1979, vol. 279, 1979,

1979, vol. 280, 1979, vol. 282, 1979, and vol. 284, 1979.
23. H.Gotō, H.Iemura, and U.Sugihara: Studies on Cumulative Damage of Structural Elements and Earthquake Response of Deteriolating Hysteretic Structures, Proc. of JSCE., No.284, 1979.
24. V.Transirikongkol and D.A.Pecknold: Equivalent Linear SDF Response to Earthquake, Proc. of ASCE., vol. 105, No. ST12, 1979.
25. K.Takanashi, K.Udagawa, and H.Tanaka: Non-Linear Earthquake Response Analysis of Structures by a Computer-Actuator On-Line System, Trans. of AIJ., vol. 288, 1980.
26. W.D.Iwan: Estimating Inelastic Response Spectra from Elastic Spectra, Jour. of IAEE., vol. 8, No.4, 1980.
27. M.Seki and T.Okada: Nonlinear Earthquake Response of Reinforced Concrete Building Frames by the Equivalent Linear Method, Proc. of 7-WCEE., 1980.
28. T.Okada, M.Seki, and J.Park: A Simulation of Earthquake Response of Reinforced Concrete Building Frames to Bidirectional Ground Motion by IIS Computer Actuator On-Line System, Proc. of 7-WCEE., 1980.
29. H.Iemura:Earthquake Failure Criteria of Deteriolating-Hysteretic Structures, Proc. of 7-WCEE., 1980.
30. N.M.Newmark and R.Riddle: Inelastic Spectra for Seismic Design, Proc. of 7-WCEE., 1980.
31. J.Ibanez: Advantage of the Energy instead of the Force in the Treatment of Earthquake Engineering Problems, Proc. of 7-WCEE., 1980.
32. R.L.Grossmayer and W.D. Iwan: A Linearization Scheme for Hysteretic Systems Subjected to a Random Excitation, Jour. of IAEE., vol. 9, No.2, 1981.
33. T.Kokushō:Errors Producing in the Equivalent Linearization Process of Nonlinear Stress Strain Models, 16th Symp. of EE., 1981.
34. T.Kaminosono, S.Okamoto, U.Kitagawa, S.Nakata, and M.Yoshimura: The Full-Scale Seismic Experiment of a Seven Story Reinforced Concrete Building, Part 1, Proc. of 6-NSEE., 1982.
35. M.Yoshimura, T.Kaminosono, Y.Kurose, and H.Tsubosaki: The Full-Scale Seismic Experiment of a Seven Story Reinforced Concrete Building, Part 2, Proc. of 6-NSEE., 1982.

제 8 장 내진규정

8.1 개설
1. 大塚弥之助:昭和10年4月21日台湾中部地方におこった地震に伴える地震断層, 震研, 別冊3, 1936.
2. 篠塚 正宣:不規則載荷による構造破壊の確率, ASCE, 90巻, EM5, 1964.
3. E. Rosenblueth:確率論的耐震設計, ASCE, 90巻, EM5, 1964.
4. 松田 時彦:活断層と大地震, 科学, 39巻, 8号, 1969.

8.2 각종 구조물에 대한 내진규정
1. 日本港湾協会:港湾工事設計要覧, 1959.
2. 日本道路協会:道路橋下部構造設計指針, くい基礎の設計篇, 1964.
3. 国際地震工学会:世界の耐震構造規定集, 1966.
4. 水道協会:水道施設の耐震工法, 1966.
5. 農林省農地局:土地改良事業計画設計基準, 農業土木学会, 1966.
6. 日本道路協会:道路橋下部構造設計指針, 調査および 設計一般篇, 1966.
7. 日本道路協会:道路橋下部構造設計指針, 橋台・橋脚の設計篇, 直接基礎の設計篇, 1968.
8. 日本国有鉄道:建造物設計標準, 1969.
9. 日本大ダム会議:改訂ダム設計基準, 1969.
10. 田村 浩一:わが国の橋梁耐震設計規定, 日本鋼構造協会, 橋梁の動的応答研修会テキスト, 1969.
11. 日本電気協会:原子力発電所耐震設計技術指針, 日本電気協会, 1970.
12. 日本道路協会:道路橋下部構造設計指針, ケーソン基礎の設計篇, 1970.
13. 建設省住宅局:建築基準法令集, 日本建築学会, 1970.

제 9 장 지진시 흙의 상태

9.1 개설
1. K.Ishihara:Fundamentals for Soil Dynamics, Kashima-Shuppan-kai, 1976.
2. K.Ishihara:Current Practice and Problems in the Earthquake Resistant Design of Earth Structures, Tsuchi-to-Kiso, vol. 28, No.8, 1980.

9.2 흙의 동적성질

1. T.Mogami and K.Kubo: The Behavior of Soil during Vibration, Proc. of 3-SMFE., 1953.
2. G.W.Housner: The Mechanism of Sand Blower, Bull. of SSA., vol. 48, No.2, 1958.
3. H.B. Seed: Soil Strength during Earthquakes, Proc. of 2-WCEE., 1960.
4. C.M. Duke and D.J. Leeds: Response of Soils, Foundations and Earth Structures to the Chilean Earthquake of 1960, Bull. of SSA., vol. 53, 1963.
5. 都德鉉, 張秉旭, 우리나라의 포화사질지반의 液狀化 포텐셜평가, 대한토질공학회지 제6권 3호. 1990 Tsuchi-to-Kiso, vol. 12, No. 10, 1964.
6. H.B.Seed and K.L.Lee: Liquefaction of Saturated Sand during Cyclic Loading, Proc. of ASCE., vol. 92, No. SM6, 1966.
7. K.Ishihara and S.Yasuda: Liquefaction under Random Earthquake Loading Condition, Proc. of 5-WCEE., 1974.
8. E.Kuribayashi, T.Iwasaki, and F.Tatsuoka: Effects of Stress Strain Condition on Dynamic Properties of Sands, Proc. of JSCE., No. 242, 1975.
9. T.Shibata and D.S.Soelarno: Stress Strain Characteristics of Sands under Cyclic Loading, Proc. of JSCE., No.239, 1975.
10. G.R.Martin, W.D.L.Finn, and H.B.Seed: Fundamentals of Liquefaction under Cyclic Loading, Proc. of ASCE., vol.101, No.GT5, 1975.
11. T.Iwasaki, F.Tatsuoka, and Y.Takagi: Characteristics of Dynamic Shear Deformation of Sand in Wide Strain Range., Technical Memorandum, No.1080, Public Works Research Institute, Ministry of Construction, 1976.
12. K.Ishihara, J.Lysmer, S.Yasuda, and H.Hirono: Prediction of Liquefaction in Sand Deposits during Earthquakes, Jour. of JSSMFE., vol.16, No.1, 1976.
13. W.D.L.Finn, P.M.Byrne, and G.R.Martin: Seismic Response and Liquefaction of Sands, Proc. of ASCE., vol.102, No.GT8, 1976.
14. H.B.Seed, P.P.Martin, and J.Lysmer: Pore Water Pressure Changes during Soil Liquefaction, Proc. of ASCE., vol. 102. No.GT.4, 1976.
15. M.Annaki and K.L.Lee: Equivalent Uniform Cycle Concept for Soil Dynamics, Proc. of ASCE., vol. 103, No.GT6, 1977.
16. W.D.L. Finn, K.W.Lee, and G.R.Martin: An Effective Stress Model for Liquefaction, Proc. of ASCE., vol. 103, No.GT6, 1977.
17. H.B.Seed, K.Mori, and C.K.Chan: Influence of Seismic History on Liquefaction of Sands, Proc. of ASCE., vol.103, No.GT4, 1977.
18. T.Matsui, H.Ohara, and T.Itō: Effects of Dynamic Stress History on Mechanical Characteristics of Saturated Clays, Proc. of JSCE., No.257, 1977.
19. T.Iwasaki and F.Tatsuoka: Dynamical Soil Properties with Emphasis on Comparison of Laboratory Tests and Field Measurement, Proc. of 6-WCEE., 1977.
20. K.Ishihara and H.Takatsu: Pore Pressure Buildup in Initially Sheared Sand Subjected to Irregular Excitation, Proc. of 6-WCEE., 1977.
21. K.Ishihara: Simple Method of Analysis for Liquefaction of Sand Deposit during Earthquakes, Jour. of JSSMFE., vol.17, No.3, 1977.
22. T.Iwasaki, F.Tatsuoka, and Y.Takagi: Hysteretic Damping of Sands under Cyclic Loading and its Relation to Shear Modulus, Jour. of JSSMFE., vol. 18, No.2, 1978.
23. T.Shibata and D.S.Soelarno: Stress Strain Characteristics of Clays under Cyclic Loading, Proc. of JSCE., No.276, 1978.
24. J.Ghaboussi and S.U.Dikmen: Liquefaction Analysis of Horizontally Layered Sands, Proc. of ASCE., vol.104, No.GT3, 1978.
25. H.B.Seed, R.M.Pyke, and G.R.Martin: Effect of Multi-directional Shaking on Pore Pressure Development in Sand, Proc. of ASCE., vol.104, No.GT1, 1978.
26. K.Ishihara, M.L.Silver, and H.Kitagawa: Cyclic Strength of Undisturbed Sands obtained by Large Diameter Sampling, Jour. of JSSMFE., vol.18, No.4, 1978.
27. F.Tatsuoka, T.Iwasaki, S.Fukushima, and H.Sudō: Stress Conditions and Stress Histories Affecting Shear Modulus and Damping of Sand under Cyclic Loading, Proc. of JSSMFE., vol. 19, No.2, 1979.
28. 高在晩, 都德鉉, 반복삼축압축시험에 의한 사질토의 液狀化 評價에 관한 연구, 한국농업학회지 제33권 3호. 1991
29. K.Ishihara and F.Yamazaki: Cyclic Simple Shear Tests on Saturated Sand in Multi-Directional Loading, Jour. of JSSMFE., vol.20, No.1, 1980.

30. T.Kokushō: Cyclic Triaxial Test of Dynamic Soil Properties for Wide Strain Range, Jour. of JSSMFE., vol.20, No.2, 1980.
31. T.Imai and K.Tonouchi: Determining Dynamic Deformation Characteristics of Soils by In-situ Measurements and Laboratory Testing, Proc. of 7-WCEE., 1980.
32. J.Studer, N.Zingg, and E.G.Prater: Investigation of Cyclic Stress Strain Characteristics of Gravel Material, Proc. of 7-WCEE., 1980.
33. W.D.L.Finn and S.Bhatia: Endochronic Theory of Sand Liquefaction, Proc. of 7-WCEE., 1980.
34. K.Ozaydin and A.Erguvanli: The Generation of Pore Pressures in Clayey Soils during Earthquakes, Proc. of 7-WCEE., 1980.
35. K.Ishihara and I.Towhata: Effective Stress Method in One Dimensional Soil Response Analysis, Proc. of 7-WCEE., 1980.

9.3 사면안정

1. Z.Anzō: Slip Surface in Landslide, Jour. of JSCE., vol. 27, No. 1, 1941.
2. H. Tsuchida, S. Noda and E. Kurata: Vibration Test and Circular Arc Analysis for Full Scale Models of Levee, Report of Port and Harbour Research Institute, Ministry of Transport Japan, vol. 9, No. 2, 1970.
3. H.J.Hovland: Three-dimensional Slope Stability Analysis Method: Proc. of ASCE., vol.103, No.GT9, 1977.
4. R.C.Sonpal and A.A.Dave: Earthquake Resistant Design of Earth Slope, Proc. of 6-WCEE., 1977.
5. B.C.Yen and W.L.Wang: Seismically Induced Shallow Hillside Slope Failures: Proc. of 6-WCEE., 1977.
6. Y.Fujino, Y.Sasaki, and M.Hakuno: Slip of a Friction-Controlled Mass Excited by Earthquake Motions, Bull. of ERI., vol.53, Part 2, 1978.
7. S.K.Sarms: Stability Analysis of Embankments and Slopes, Proc. of ASCE., vol.105, No.GT12, 1979.
8. E.Yanagisawa: On the Slope Failure of the Residential Embankment due to the 1978 Miyagi-ken-oki Earthquake, 15th Symp. of EE., 1979.
9. S.Ōkusa, F.Tatsuoka, E.Taniguchi, and Y.Ohkoshi: Natural Slope Failure during Earthquakes, Proc. of 7-WCEE., 1980.
10. S.Okuzono, H.Haneda, and K.Iwatake: Study of Slope Collapses Caused by Earthquakes, Tsuchi-to-Kiso, vol. 28, No. 8, 1980.

9.4 옹벽에 작용하는 토압

1. N.Mononobe: Considerations on the Vertical Earthquake Motion and Some Vibration Problems, Jour. of JSCE., vol. 15, No. 5, 1924.
2. H.Matsuo: Experimental Study on the Distribution of Earth Pressure Acting on a Vertical Wall during Earthquakes, Jour. of JSCE., vol. 27, No. 2, 1941.
3. M.Ichihara and H.Matsuzawa: Earth Pressure during Earthquake, Jour. of JSSMFE., vol.13, No.4, 1973.
4. M.Ichihara and N. Mori: Passive Earth Pressure Coefficient during Earthquake, Proc. of JSCE., No.215, 1973.
5. R.F.Scott: Earthquake Induced Earth Pressures on Retaining Walls, Proc. of 5-WCEE., 1974.
6. M.S.Aggour and C.B.Brown: Retaining Walls in Seismic Areas, Proc. of 5-WCEE., 1974.
7. H.Tajimi: Dynamic Earth Pressures on Basement Wall: Proc. of 5-WCEE., 1974.
8. M.Ichihara and S.Nakane: Calculation of Passive Earth Pressure during Earthquake for Cohesive Soils Possessing Internal Friction, Proc. of JSCE., No.253, 1976.
9. P.I.Jakovlev: Coefficient of Active and Passive Earth Pressure on Retaining Walls under Seismic Condition, Proc. of 6-WCEE., 1977.
10. M.Ichihara, M.Kawamura and M.Senda: Calculaton of Seismic Passive Earth Pressure in the Case of $\varphi_n = 0$, $C_n \doteqdot 0$ for the Soil, Proc. of JSCE., No.274, 1978.
11. R.Richards, Jr. and D.G. Elms: Seismic Behavior of Gravity Retaining Walls, Proc. of ASCE., vol. 105, No.GT4, 1979.
12. H.N.Nazarian and H.Hadjian: Earthquake-induced Lateral Soil Pressure on Structures, Proc. of ASCE., vol.105, No.GT9, 1979.
13. S.Kojima, A.Moriyama, and T.Takahara: Graphical Representation of Active Earth Pressure during Earthquakes, Tsuchi-to-Kiso, vol.26, No.5, 1978.

14. H.Matsuzawa: Friction on Retaining Walls during Earthquakes, Tsuchi-to-Kiso, vol.27, No. 12, 1979.
15. Y.Ikuta, M.Maruoka, T.Mitoma, and M.Nagnamou: Record of Lateral Pressure taken during Earthquake, Jour. of JSSMFE., vol.19, No.4, 1979.
16. M.Ichihara, K.Yamada, and G.Kajii: Calculation of Active Earth Pressure during Earthquakes for Cohesive Soils, Proc. of JSCE., No.302, 1980.
17. P.Nandakumaran and V.S.Prasad: Experimental Determination of Dynamic Passive Pressure of Sand, Proc. of 7-WCEE., 1980.
18. S.Ōhara and T.Yamamoto: Experimental Study of Active Pressure during Earthquake for Cohesive Soils, Tsuchi-to-Kiso, vol.30, No.4, 1982.

9.5 지반의 지지력
1. G.G.Meyerhoff: The Bearing Capacity of Foundations under Eccentric and Inclined Loads, Proc. of 3-SMFE., 1955.
2. G.G.Meyerhoff: The Ultimate Bearing Capacity of Foundations on Slopes, Proc. of 4-SMFE, 1957.
3. A.Nakase and M. Kobayashi: Bearing Capacity of Foundation on Cohesive Soil under Eccentric and Inclined Loads. Report of Port and Harbour Research Institute, Ministry of Transport, Japan, vol. 9, No. 2, 1970.
4. K.Akai and H.Ōtsuki: Model Studies on the Stress Distribution and the Bearing Capacity of Soil Ground, Proc. of JSCE., No.223, 1974.
5. T.Kokushō, Y.Esashi, W.Suzuki, S.Tamura, S.Murakami, and Y.Ozawa: Seismic Stability of Oil Tank Foundation, Tsuchi-to-Kiso, vol.25, No.12, 1977.
6. F.M.Shikhiev and P.I.Jakovlev: Calculation of Bearing Capacity for the Foundations Subjected to Seismic Loads, Proc. of 6-WCEE., 1977.
7. W.D.L.Finn and E. Varoglu: Earthquake Generated Settlements in Saturated Sands, Proc. of 6-WCEE., 1977.
8. U.Holzlohner: Earthquake Induced Residual Settlement of Foundation, Proc. of 6-WCEE., 1977.
9. J.E.Luco and H.L.Wong: Dynamic Response of Rectangular Foundations for Rayleigh Wave Excitation, Proc. of 6-WCEE., 1977.
10. S.K.Saxena: Bearing Capacity under Seismic Loading, Proc. of 7-WCEE., 1980.

9.6 지반의 파괴
1. S.N.Davis and J.Karzulovic: Landslides at Lago Riñihue, Chile, Bull. of SSA., vol. 53, No. 6, 1963.
2. R.F.Scott: Soil Mechanics and Foundation Engineering Aspects of the Alaskan Earthquake of March 27, 1964, Proc. of 3-WCEE., 1965.
3. Y.Koizumi: Change of Density of Sandlayer due to Niigata Earthquake, Tsuchi-to-Kiso, vol. 13, No. 2. 1965.
4. T.Watanabe: Damage to Oil Refinery Plants and a Building on Compacted Ground by the Niigata Earthquake and their Restoration, Jour. of JSSMFE., vol.6, No.2, 1966.
5. H.B.Seed: Landslides during Earthquakes due to Liquefaction, Proc. of ASCE., vol. 94, No. SM5, 1968.
6. C.E.Basore and J.D.Boitano: Sand Dentification by Piles and Vibroflotation, vol.95, No.SM6. 1969.
7. Y.Yoshimi, F.Kuwabara, and T.Hashida: Behaviors of Structures at the Liquefied Ground and Measures for Preventing Damages, Tsuchi-to-Kiso, vol.23, No.6, 1975.
8. K.Tanimoto and T.Noda: Prediction of Liquefaction Occurrence of Sandy Deposits during Earthquakes by a Statistical Method, Proc. of JSCE., No.256, 1976.
9. E.Kuribayashi, T.Iwasaki, and F.Tatsuoka: A History of Soil Liquefaction in Japan, Proc. of 6-WCEE., 1977.
10. Y.Yoshimi and K.Tokimatsu: Settlement of Buildings on Saturated Sand during Earthquakes, Jour. of JSSMFE., vol.17, No.1, 1977.
11. R.E.Brown: Vibroflotation Compaction of Cohesionless Soils, Proc. of ASCE., vol.103, No. GT12, 1977.
12. J.E.Valera and N.C.Donovan: Soil Liquefaction Procedures, vol.103, No.GT6, 1977.
13. M.K.Yegian and R.V.Whitman: Soil Liquefaction Analysis based on Field Observation, Proc.

of 6-WCEE., 1977.
14. M.Hakuno and M.Shikamori: Seismic Force of Incompletely Liquefied Sand on Underground Structures. Bull. of ERI., vol.53, Part 1, 1978.
15. T.Katada: Behavior of Structures at the Liquefied Ground, 15th Symp. of EE., 1979.
16. H.Tsuchida and S.Iai: Analysis of Soil Liquefaction due to the 1978 Miyagiken-oki Earthquake, 15th Symp. of EE., 1979.
17. A.Shimizu and Y.Takano: Design and Execution of LNG Tank Foundation at the Loose Sandy Ground, Tsuchi-to-Kiso, vol.27, No.1, 1979.
18. H.B.Seed: Soil Liquefaction and Cyclic Mobility Evaluation for Level Ground during Earthquakes, Proc. of ASCE., vol. 105, No.GT 2, 1979.
19. L.Huixian and Zaiyong: Lessons Learned from the 1976 Tangshan Earthquake, Proc. of 7-WCEE, 1980.
20. T.Iwasaki, F.Tatsuoka, K.Tokida, and S.Yasuda: Prediction of Degree of Liquefaction of the Ground during Earthquakes, Tsuchi-to-Kiso, vol. 28, No.4, 1980.
21. K.Ishihara, A.Saitō, and H.Arima: Gravel Piles as a Measure for Liquefaction of a Sea Bank, Tsuchi-to-Kiso, vol.28, No.4, 1980.
22. K.Ishihara, T.Kawase, and M.Nakajima: Liquefaction Characteristics of Sand Deposits at the Oil Tank Site during the 1978 Miyagiken-oki Earthquake, Jour. of JSSMFE, vol. 20, No.2, 1980.
23. Y.Umehara, K.Zen, and K.Hamada: Liquefaction Test under a Partial Drainage Condition and its Application, Proc. of 7-WCEE., 1980.
24. T.Iwasaki and K.Tokida: Studies on Soil Liquefaction Observed during the Miyagiken-oki Earthquake of June 12, 1978, Proc. of 7-WCEE., 1980.
25. H.Tsuchida, S.Iai, and S.Hayashi: Analysis of Liquefactions during the 1978 Miyagi Prefecture Earthquake, Proc. of 7-WCEE., 1980.
26. K.Talaganov, V.Mihailov, and T.Bogoevski: Analysis of Soil Liquefaction 1979 Montenegro Earthquake, Proc. of 7-WCEE., 1980.
27. Japan Road Association: Specifications for Highway Bridges, 1980.
28. H.Kusumi, K.Taniguchi, K.Inoue, and M.Yoshikawa: On Compaction of Partially Saturated Sandy Soils by Vertical Vibration, Tsuchi-to-Kiso, vol.28, No.9, 1980.
29. K.Ishihara, A.Saitō, and H.Arima: Applying Crushed Stone Piles as a Solution to Liquefaction Problem of Revetment, Tsuchi-to-Kiso, vol.28, No.4, 1980.
30. T.Katada and M.Hakuno: Experimental Analysis on Dynamic Behavior of Undergound Structures in the Liquefaction Process, Proc. of JSCE., No.306, 1981.
31. T.Katada, M.Hakuno, and T.Takagi: Numerical Analysis of the Effect of the Local Liquefaction of the Underground Structures, Bull. of ERI., vol.56, No.4, 1981.
32. F.Tatsuoka, M.Muramatsu, and T.Sasaki: Undrained Strength of Dense Saturated Sand for Repeated Loading and Prediction of Liquefaction of the Ground, 16th Symp. of EE., 1981.
33. T.Iwasaki and K.Tokida: Examinaton of Method of Prediction for Characteristics of Generation of Ground Liquefaction, 16th Symp. of EE., 1981.
34. K.Ishihara: Method of Response Analysis of the Ground Taking the Soil Liquefaction into Account, Tsuchi-to-Kiso, vol.29, No.11, 1981.
35. Y.Sasaki, Y.Yoshimi, and H.Tsuchida: Case Study of Liquefaction of Ground, Tsuchi-to-Kiso, vol. 29, No.8, 1981.
36. E.Taniguchi and S.Yasuda: Standards for Soil Liquefaction. Tsuchi-to-Kiso, vol.30, No.3, 1982.
37. N.Suematsu, Y.Yoshimi, and Y.Sasaki: Measures for Minimizing Hazard due to Soil Liquefaction, Tsuchi-to-Kiso, vol.30, No.4, 1982.
38. S.Ōhara and T.Yamamoto: Experiment on the Effect of Drainage on the Liquefaction of Saturated Sand by Shaking Table, Tsuchi-to-Kiso, vol.30, No.8, 1982.
39. S.Iai, H.Tsuchida, and W.D.L.Finn: Modelling Liquefaction at Ishinomaki Port during the 1978 off Miyagi Prefecture Earthquake, Proc. of 6-NSEE., 1982.

제 10 장 도로·철도 및 하천의 내진

10.1 도로 및 철도

1. D.S.McCulloch and M.G.Bonilla: Railroad Damage in the Alaska Earthquake, Proc. of ASCE., vol. 93, No. SM5, 1967.

2. T.Nishiki, K.Tamura, and M.Nonogaki: Control of Train Operation on the New Tōkaidō Line on the Occasion of Earthquake, Proc. of 4-WCEE., 1969.
3. H.Uezawa, M.Nasu, T.Komine, and Y.Yasuda: An Experimental Study of Earthquake Resistance of Embankment by a Large-Size Vibration Stand, Railway Technical Research Report, No.822, 1972, and No.823, 1972.
4. Y.Kobayashi and T.Fujiwara: Railway Embankments in the 1968 Tokachi-oki Earthquake, Proc. of 5-WCEE., 1974.
5. T.Fujiwara: Report on the Izuhantō-oki Earthquake on May 9, 1974, Railway Technical Research Report, No. 935, 1974.
6. S.Noda, H.Tsuchida, and E.Kurata: Dynamic Tests of Soil Embankments, Proc. of 5-WCEE., 1974.
7. K.Kutara, U.Koga, M.Kawaguchi, and H.Miki: Vibration Test of Model Embankment by a Large Size Vibration Table, Public Work Research Institute Data, Ministry of Construction, No.1032, 1975.
8. C.H.Dowding and A.Rozen: Damage to Rock Tunnels from Earthquake, Proc. of ASCE., vol. 104, No.GT2, 1978.
9. Japan Road Association: Report of Investigations of Measures from Earthquake Damage Restoration to Roads, 1979.
10. V.W.Lee and M.D.Trifunac: Response of Tunnels to Incident SH Waves, Proc. of ASCE., vol. 105, No.EM4, 1979.
11. M.Yokoyama, U.Sugihara, M.Hamada, H.Izumi, and O.Ishida: Behaviors of Structures Built in Rocks During Earthquakes, 16th Symp. of EE., 1981.
12. N.Ohbo and T.Katayama: Propagation of Elastic Waves Generated from a Source on Embankment, SEISAN KENKYU, vol. 33, No.2, 1981.
13. K.Yoshikawa: Damages to Railway Tunnels due to Earthquake Faults, Tsuchi-to-Kiso, vol. 30, No.3, 1982.
14. M.Hamada, H.Izumi, Y.Shiba, and M.Iwao: Dynamic Behavior of Rock Cavern and Earthquake Resistant Design, Proc. of 6-NSEE., 1982.

10.2 레일의 뒤틀림과 열차의 전복

1. Y.Satō and S.Miura: Deformation of Railway Track and Running Stability of Train in Earthquake, Proc. of 6-WCEE., 1977.
2. T.Fujiwara and Y.Nakamura: New Automatic Train Stopping System During Earthquake, Proc. of 6-WCEE., 1977, and Proc. of 7-WCEE., 1980.
3. Japan Railway Engineering Association: Study on Strengthening Railway Structures against Earthquakes (1980 Report), JREA Technical Subject, CO601, 1981.

10.3 하천

1. T.Sawada and S.Aoyama: Characteristics of Earthquake Acceleration at Reclaimed Banks, 15th Symp. of EE., 1979.
2. Y.Sasaki: Earthquake Damages of River Dykes, Tsuchi-to-Kiso, vol.28, No.8, 1980.

제 11 장 · 항만시설의 내진

11.1 개설

1. Director-General, Bureau of Ports and Harbors: Design Criteria for Harbor Construction, 1978.
2. H.Matsuzawa: Damage to Port and Harbor Facilities due to the 1978 Izuohshima-kinkai Earthquake, Tsuchi-to-Kiso, vol.26, No.5, 1978.
3. E.Kurata, S.Iai, and M.Tsuchida: Strong Motion Earthquake Records on the 1978 Izuohshima-kinkai Earthquake in Port Areas, Technical Note of the Port and Harbor Research Institute, No.317, 1979.
4. H.Tsuchida, S.Noda, T.Tabata, Y.Ōtsuki, T.Inatomi, T.Yagyu, S.Tokunaga, and T.Hirano: The Damage to Port Structures by the 1978 Miyagiken-oki Earthquake, Technical Note of the Port and Harbor Research Institute, No.325, 1979.
5. H.Tsuchida, T.Inatomi, S.Noda, T.Uwabe, T.Yagyu, and T.Murata: Methods of Evaluation for Seismic Stability of Port and Coastal Facilities, Technical Note of the Port and Harbor Research Institute, No.336, 1980.
6. H.Tsuchida: Damage to Quay Walls Influenced by Soil Liquefaction, 16th Symp. of EE., 1981.

11.2 매립지와 방파제

1. K.Kajiura: Effects of Breakwater on the Oscillations of Bay Water, Bull. of ERI., No. 41, 1963.
2. T.Uwabe, S.Noda, T.Chiba, and N.Higaki: Coupled Hydrodynamic Response Characteristics and Water Pressures of Large Composite Breakwaters, Report of the Port and Harbor Research Institute, vol.20, No.4, 1981.

11.3 중력식 안벽

1. H.Matsuo: Damages to the Quay Walls of Shimizu Harbor due to Earthquake on July 11, 1935 and the Seismic Stability of the Quay Walls, Bull. of ERI., vol. 13, 1935.
2. S.Noda and T.Uwabe: Seismic Disasters of Gravity Quay Walls, Technical Note of the Port and Harbor Research Institute, No.227, No.4, 1975.
3. S.Noda, T.Uwabe, and T.Chiba: Relation Between Seismic Coefficient and Ground Acceleration for Gravity Quay Wall, Report of the Port and Harbor Research Institute, vol.14, No.4, 1975.
4. S.Noda and T.Uwabe: Relation between Seismic Coefficient and Ground Acceleration for Gravity Quay Wall, Proc. of 6-WCEE., 1979.
5. M.Ichihara, H.Matsuzawa, and M.Kawamura: Earthquake Resistant Design of Quay Wall, Proc. of 6-WCEE., 1979.
6. H.Matsuzawa, K.Sugimoto, and M.Sugimura: Study on Reduction of Seismic Active Pressure against Retaining Structures by Store-backfill, Proc. of 6-NSEE., 1982.

11.4 쉬트파일 안벽

1. H.Tsuchida and S.Iai: Analysis of Case Histories of Soil Liquefaction at 1978 Miyagiken-oki Earthquake, 15th Symp. of EE., 1979.
2. S.Kitagami and T.Uwabe: Analysis on Seismic Damage in Anchored Sheet-piling Bulkhead, Report of Port and Harbor Research Insitute, vol.18, No.1, 1979.
3. S.Noda and S.Hayashi: Damage to Port Structures by the 1978 Miyagiken-oki Earthquake, Proc. of 7-WCEE., 1980.
4. S.Noda, T.Inatomi, S.Kitazawa, and H.Tsuchida: Damage to Sheetpile Bulkhead by the 1978 Miyagiken-oki Earthquake and its Stability Analysis, Tsuchi-to-Kiso, vol.28, No.8, 1980.
5. H.Matsunami: Design Method of Flexible Anchorages of the Quaywall, Tsuchi-to-Kiso, vol. 28, No.9, 1980.
6. S.Noda, S.Kitazawa, T.Iida, N.Mori, and H.Tabuchi: An Experimental Study on the Earthquake Resistance of Steel Plate Cellular Bulkheads with Embankment, Proc. of 6-NSEE., 1982.
7. T.Inatomi: Vibration Tests of Model Anchored Sheet-pile Walls, Proc. of 6-NSEE., 1982.

11.5 잔교식 안벽

1. S.Hayashi: A New Method of Evaluating Seismic Stability of Steel Pile Structures, Proc. of 5-WCEE., 1974.
2. R.F.Scott and H.P.Liu: Dynamic Pile Tests by Centrifugal Modeling, Proc. of 6-WCEE., 1977.
3. A.Gurpinar, B.J.Gryspeert, and J.R.Cole-Baker: Dynamic Analysis of Offshore Platforms under Seismic Excitation, Proc. of 7-WCEE., 1980.
4. S.Noda and S.Shiraishi: Observation and Analysis of Earthquake Response of a Coupled Pile Offshore Platform, Report of the Port and Harbor Research Institute, vol.20, No.3, 1981.

제 12 장 교량의 내진

12.1 거더교의 진해

1. Applied Technology Council: Proceedings of a Workshop on Earthquake Resistance of Highway Bridges, 1979.
2. Y.Inokuma, T.Katayama, and K.Kubo: Basic Studies on Seismic Damage Ratio of Highway Bridge, SEISAN KENKYU, vol. 32, 1980.
3. O.Ueda, R.Hagiwara, and N.Tsumura: Model Impact Tests on Earthquake Resistance of Highway Bridge Shoes, 16th Symp. of EE., 1981.

12.2 거더교의 진동해석

1. K.Sezawa and K.Kanai: Decay in the Seismic Vibrations of a Simple or Tall Structure by Dissipation of Their Energy into the Ground, Bull. of ERI., vol. 13, 1935.
2. V.Sezawa and K.Kanai: Improved Theory of Energy Dissipation in Seismic Vibrations of a Structure, Bull. of ERI., vol. 14, 1936.
3. H.Gotō and K.Toki: Fundamental Studies on Vibration Characteristics and Earthquake Resist-

ance of under Water Structure, Proc. of 1-NSEE., 1962.
4. J. Penzien, C.F. Scheffly, and R.A.Parmelee: Seismic Analysis of Bridges on Long Piles, Proc. of ASCE., vol. 90, No. EM3, 1964.
5. Public Works Institute: A Study of Vibration Tests of Bridge Substructures, Memorundum of Public Works Institute, Ministry of Construction, No. 152, 1966.
6. H.Tajimi: Dynamic Analysis of a Structure Embedded in an Elastic Stratum, Proc. of 4-WCEE., 1969.
7. J.Lysmer and R.L.Kuhlemeyer: Finite Dynamic Model for Infinite Media, Proc. of ASCE., vol.95, No.EM3, 1969.
8. A.Bykhovsky, F.V.Bobrov, and E.S.Medvedev: Some Long Span Construction in Earthquake Regions and Choice of the Type of Structure on the Basis of Wave Dynamic Theory, Proc. of 4-WCEE., 1969.
9. M.F.Barstein: Dynamics of Extended-in-Plan Structures in Strong Earthquakes, Proc of 4-WCEE., 1969.
10. Y.Hayashi and S.Okamoto: Response of a Structure Subjected to Two Inputs, SEISAN KENKYU, vol. 21, No.3, 1969.
11. S.Kotsubo and J.Harada: Response Analysis of Bridges Subjected to Different Earthquake Wave at Each Support, Trans. of JSCE , No. 175, 1970.
12. J.Lysmer and G.Waas: Shear Waves in Plane Infinite Structures, Proc. of ASCE., vol.98, No. EM1, 1972.
13. W.D.Smith: A Nonreflecting Plane Boundary for Wave Problems, Journal of Computational Physics, vol.15, 1974.
14. J.Sakamoto and M.Izumi: A Comparative Study between Theory and Observation on Soil Structure Interaction Problem, Proc. of 5-WCEE., 1974.
15. S.Kotsubo, T.Takanishi, K.Uno, and S.Matsushita: Earthquake Response Characteristics of Three-Spans Continuous Truss Bridge with High Piers, Proc. of JSCE., No 266, 1977.
16. S.C.Sharda, A.S.Arya, and S.Prakash: Tests on Well Foundation Models under Horizontal Dynamic Loads, Proc. of 6-WCEE., 1977.
17. R.F.Bettones: A Theoretical Approach for Computing Radiation Damping in End Bearing Pile Foundation, Proc. of 6-WCEE., 1977.
18. B.D.Westermo and H.L.Wong: On the Fundamental Differences of Three Basic Soil Structure Interaction Models: Proc. of 6-WCEE., 1977.
19. S.Kotsubo, K.Uno, and T.Sonoda: Response Analysis of Bridges for Propagating Earthquake Waves by using Response Spectrum, Proc. of JSCE., No. 270, 1978.
20. Y.Yamada, K.Kawano, and H.Takemiya: Response Analysis of Highrise Bridge Piers Subjected to Earthquake Inputs at Multiple Points, 15th Symp. of EE., 1979.
21. K.Otokawa, A.Endō, and T.Dōke: Analysis of Vibration Characteristics of Bridge with Antiseismic Facility, 15th Symp. of EE., 1979.
22. K.Kawashima and J.Penjien: Theoretical and Experimental Dynamic Behaviour of a Curved Model Bridge Structure, Jour. of IAEE., vol.7, No.2, 1979.
23. K.Toki and A.Komatsu: Seismic Response of Well Foundation, Proc. of JSCE., No.281, 1979.
24. L.C.Lee, H.L.Wong, and M.D.Trifunac: Structural Response to Traveling Seismic Waves. Proc. of ASCE., vol.105, No.ST12, 1979.
25. Y.Akao and M.Hakuno: A Trial of an Application of the Finite Element Method to the Wave Dissipation, 15th Symp. of EE., 1979.
26. R.R.Kumar and L.R.Ovejero: A Model with Non-reflecting Boundaries for Use in Explicit Soil-Structure Interaction Analyses, Jour. of IAEE., vol.8, No.4, 1980.
27. Y.Yamada, K.Kawano, and S.Kitazawa: Effect of Finite Boundaries on Soil Structure Dynamic Interaction, Proc. of JSCE., No.294, 1980.
28. Y.Ozaki, T.Yanagida, M.Ohta, and J.Kodera: Dynamic Analysis of Reinforced Concrete Pier in Elasto-Plastic Range and its Application to Practical Design. Proc. of JSCE., No. 297, 1980.
29. K.Toki: Nonlinear Response of Continuous Bridge Subjected to Traveling Seismic Wave, Proc. of 7-WCEE., 1980.
30. K.Kawashima: Soil Structure Interaction of a Highway Bridge with Use of Recorded Strong Motion Accelerations, Proc. of 7-WCEE., 1980.
31. T.Iwasaki, K.Kawashima, and Y.Takagi: Seismic Analysis of a Caisson Bridge Foundation with Use of Strong Motion Acceleration Records, Proc. of JSCE., No.293, 1980.

32. M.Tajimi: A Contribution to Theoretical Prediction of Dynamic Stiffness of Surface Foundation, Proc. of 7-WCEE., 1980.
33. T.Harada, K.Kubo, and T.Katayama: Dynamic Soil Structure Interaction Analysis by Continuum Formulation Method. Report of IIS., vol.29, No,5, 1981.
34. H.Takemiya: Analysis of Soil-Foundation-Superstructure Interaction during Earthquake Motions, Tsuchi-to-Kiso, vol.29, No.9, 1981.
35. Y.Akeo and M.Hakuno: Wave Propagation Procedure on the Infinite Boundary in Dynamic Analysis of Anti-Plane Direction, Proc. of 6-NSEE., 1982.

12.3 거더교의 현장 진동시험

1. M.Mikoshiba, F.Nemoto, Y.Nojiri, and Y.Kasai: Vibration Test on the Longest Prestressed Concrete Bridge, Proc. of 5-WCEE., 1974.
2. E.Kuribayashi and T.Iwasaki: Dynamic Properties of Highway Bridges, Proc. of 5-WCEE., 1974.

12.4 상부구조의 내진설계

1. Y.Uemae: Anti-Seismic Structure with Vibration Damper, 5th Symp. of EE., 1961.
2. H.Gotō, K.Toki, and Y.Yokoyama: Non-Stational Dynamic Water Pressure Applied to a Bridge Pier under Water, 7th Symp. of EE., 1965.
3. H.E.Chapman: Earthquake Resistant Design of Bridges and the NZ Ministry of Works Bridge Design Manual, Proc. of 5-WCEE., 1974.
4. W.S.Tseng and J.Penzien: Seismic Response of Highway Overcrossing, Proc. of 5-WCEE., 1974.
5. B.I.Karsson, H.Aoyama, and M.A.Sozen: Spirally Reinforced Concrete Columns Subjected to Loading Reversals Simulating Earthquake Effects, Proc. of 5-WCEE., 1974.
6. J.K.Wight and Y.Kanoh: Shear Failure of Reinforced Concrete Columns Subjected to Cyclic Loading, Proc. of 5-WCEE., 1974.
7. T.Kitta, J.Kodera, K.Ujiie, and H.Tada: A New Type Shock Absorber and its Effects on the Response of the Bridge to the Earthquake, Proc. of 5-WCEE., 1974.
8. Ministry of Construction, Japan, New Earthquake Resistant Design Method, 1977.
9. K.Kawashima and J.Penzien: Theoretical Investigation on Dynamic Behavior of Curved Model Bridge, Proc. of JSCE., No.284, 1979.
10. M.Ohta: An Experimental Study on the Behavior of Reinforced Concrete Bridge Piers under Cyclic Loadings, Proc. of JSCE., No.292, 1979.
11. R.L.Sharpe and R.L.Mayes: Development of Highway Bridge Seismic Design Criteria for the United States, Proc. of a Workshop on Earthquake Resistance of Highway Bridges, Applied Technical Council, 1979.
12. Japan Road Association: Earthquake Resistant Design Specification of Highway Bridges, 1980.
13. F.Machida, T.Tatebe, S.Miyazaki, and J.Kodera: Earthquake Damage to Continuous Girder Bridges with Dampers Installed at the Support, Proc. of 7-WCEE., 1980.
14. Y.Ozaki, T.Yanagida, M.Ohta, and J.Kodera: Dynamical Analysis of Reinforced Concrete Pier in Elasto-Plastic Range and its Application to Practical Design, Proc. of JSCE., No.297, 1980.
15. Japanese National Railways: Damage Caused by Miyagiken-oki Earthquake and Countermeasures in Tōhoku New Trunk Line, Some Recent Earthquake Engineering Research and Practice in Japan, 1980.
16. F.Machida: Study of Earthquake-Resistant Design on Bridge Support of Railway Concrete Girder Bridge, Railway Technical Research Report, No.1175, 1981.
17. T.Iwasaki, R.Hagiwara, and T.Koyama: Dynamic Behavior of a Reinforced Concrete Bridge Pier Subjected to Cyclic Loadings, Proc. of 6-NSEE., 1982.
18. T.Iwasaki, R.Hagiwara, and T.Yoshida: Study on Earthquake Resistance of Bridges Supported by Caisson Foundations, Proc. of 6-NSEE., 1982.

12.5 기초공의 내진설계

1. Y.Matsumoto, I.Sugino, and T.Tsuchiya: Lateral Load Test on Pile Group Report, Railway Technical Research Institute, Japanese National Railway, No. 447, 1964.
2. T.Takada, T.Ōkubo, and E.Kuribayashi: Studies on Earthquake Resistant Design of Bridges, Report of the Public Works Research Institute, Ministry of Construction, vol. 128, 1966.
3. M.Hakuno: Evaluation of Dynamic Properties of Pile Foundation Based on Wave Dissipation Theory, Proc. of 5-WCEE., 1974.
4. H.B.Seed and I.M.Idriss: Soil Structure Interaction of Massive Embedded Structures during

Earthquakes, Proc. of 5-WCEE., 1974.
5. M.Ogura, M.Okuda, and S.Yamaoka: Horizontal Resistance of Group Piles, Tsuchi-to-Kiso, vol.25, No.8, 1977.
6. T.Nogami and M.Novak: Resistance of Soil to a Horizontal Vibration Pile, Jour. of IAEE., vol. 5, No.3, 1977.
7. R.L.Kuhlemeyer: Statical Dynamic Laterally Loaded Floating Piles, Proc. of ASCE., vol.105, No.GT2, 1979.
8. T.Harada, K.Kubo, and T.Katayama: Dynamic Reaction Coefficent and its Application to the Estimation of Dynamic Restoring Force of Embedded Rigid Foundation, 15th Symp. of EE., 1979.
9. M.Ohta: An Experimental Study on the Behavior of Reinforced Concrete Bridge Piers under Cyclic Loadings, Proc. of JSCE., No.292, 1979.
10. M.Hamada, O.Ishida, and H.Maeda: Measurement of Strain of Foundation Piles during Earthquakes, 15th Symp. of EE., 1979.
11. E.Kuribayashi, R.Hagiwara, and T.Miyata: Model Experiment of Dynamic Characteristics of Pile Foundation, 15th Symp. of EE., 1979.
12. T.Kagawa and L.M.Kraft, Jr: Lateral Load-Deflection Relationships of Piles Subjected to Dynamic Loadings, Jour. of JSSMFE., vol.20, No.4, 1980.
13. H.Kishida, T.Hanazato, and S.Nakai: Damage of Reinforced Precast Concrete Piles during the Miyagiken-oki Earthquake of June 12, 1978, Proc. of 7-WCEE., 1980.
14. M.Hamada and O.Ishida: Earthquake Observation and Numerical Analysis of Dynamic Strain of Foundation Pile, Proc. of 7-WCEE., 1980.
15. Y.Gyoten, K.Mizuhata, T.Fukushima, M.Fukui, and T.Ono: Study of the Earthquake Response of the Structure-Pile-Soil System Considering Liquefaction and Nonlinear Restoring Force Characteristics of Soil Layer, Proc. of 7-WCEE., 1980.
16. Y.Yamada, H.Takemiya, and S.Noda: Layered Soil-Pile-Structure Dynamic Interaction, Proc. of 7-WCEE., 1980.
17. S.Nakagawa and K.Ono: Application of Horizontal Vibration Test Results of Large Diameter Pile to Earthquake Response Analysis, Tsuchi-to-Kiso, vol.29, No.9, 1981.
18. S.Morio, I.Abe, M.Hyodō, and T.Yamanouchi: An Analysis of Dynamic Characteristics of Saturated Soils and Structures on Liquefied Soil, Tsuchi-to-Kiso, vol.29, No.9, 1981.

12.6 아치교와 현수교
  (1) 아치교
    1. S.Kuranishi: Analysis of Arch Bridge under Certain Lateral Forces, Trans. of JSCE., No.73, 1961.
  (2) 현수교
    1. S.Okamoto and K.Kubo: Measurements of the Damping Coefficient of Suspension Bridges, SEISAN KENKYU, vol. 9, No. 12, 1957.
    2. G.S.Vincent: Golden Gate Bridge Vibration Studies, Proc. of ASCE., vol. 84, No. ST6, 1958.
    3. I.Konishi, Y.Yamada, and Y.Takaoka: Earthquake-Resistant Design of Long Span Suspension Bridge Towers, Trans. of JSCE., No. 104, 1964.
    4. I. Konishi, Y. Yamada, and Y. Takaoka: Response of Long Span Suspension Bridges Subjected to Ground Motion due to Earthquakes, Trans. of JSCE., No. 159, 1965.
    5. Public Works Research Institute, Ministry of Construction: Report of Vibration Test of Kammon Suspension Bridge, Technical Note of Public Works Research Institute, No.931, 1974.
    6. Y.Yamada, H.Takemiya, and K.Kawano: Seismic Response Analysis of Long Span Suspension Bridge Tower and Pier System, Proc. of 6-WCEE., 1977.
    7. A.M.Abdel-Ghaffer and G.W.Housner: Vibrations in Suspension Bridges, Proc. of 6-WCEE., 1977.
    8. A.M.Abdel-Ghaffer: Vibration Studies and Tests of a Suspension Bridge, Jour. of IAEE., vol.6, No.5, 1978.

제 13 장 콘크리트 중력댐의 내진
  13.1 개설
    1. Japanese National Committee on Large Dams: Design Criteria for Dams, 1971.
    2. S. Okamoto: On the Reservoir Impounding and Induced Earthquakes, Report of Depart-

ment of Foundation Engineering, Saitama University, vol. 5, 1975.
3. H.K.Gupta: Dams and Earthquakes, Elsevier Scientific Publishing Co., 1976.
4. J.L.Beck: Weight-Induced Stress and the Recent Seismicity at Lake Oroville, California, Bull. of SSA., vol.66, No.4, 1976.
5. F.Calciati, A.Castoldi, M.Fanelli, and C.Mazzieri: In Site Tests for the Determination of the Dynamic Characteristics of Some Italian Dams, Proc. of 6-WCEE., 1977.
6. J.L.Beck and G.W.Housner: Oroville Reservoir, California, and the Earthquakes of August 1, 1975, Proc. of 6-WCEE., 1977.
7. G.Leblanc and F.Anglin: Induced Seismicity at the Maric 3 Reservoir, Guebec, Bull. of SSA., vol.68, No.5, 1978.
8. I.M.Idriss, L.S.Cluff, D.Tocher, F.I.Makdisi, and P.L.Knupfer: Geologic, Seismologic and Geotechnical Considerations Related to Performance of Dams during Earthquakes, Trans. of 13th ICOLD 1979.
9. G.Yagüe: Spanish Experiments on Earthquake Induced by Reservoirs, Trans. of 13th ICOLD., 1979.
10. A.Nourescu, G.Merkler, T.Moldveanu, G.Tudorache, K.Fuchs, G.Bock, and K.P.Bonjer: Seismic Monitoring of Some Dams in Romania, Trans. of 13th ICOLD., 1979.
11. J.G.Padale, P.P.Gosavi, S.C.Marvadi, and S.K.Guha: Comprehensive Study of Seismicity and Associated Phenomena in the Koyna Region, India, Proc. of 7-WCEE., 1980.
12. A.Kumar, P.N.Agrawal, and V.Masih: Seismicity Survey of Tehri Dam Region prior to the Reservoir Impounding, Proc. of 7-WCEE., 1980.
13. T.Vladut: Prediction of Induced Seismic Phenomena Related to Reservoirs, Proc. of 7-WCEE., 1980.
14. Y.Ishikawa and K.Oike: On Reservoir Induced Earthquakes in China, Jishin, vol.35, No.2, 1982.

13.2 콘크리트 중력댐의 진해
1. The Committee of Experts, UNESCO: Koyna Earthquake Dec. 11, 1967, Report of the Committee of Experts of UNESCO., 1968.
2. R.B.Jansen: Dams and Public Safety, U.S.Department of the Interior, Water and Power Resources Service, 1980.

13.3 콘크리트 중력댐에 작용하는 지진력
1. H.M.Westergaad: Water Pressure on Dams During Earthquakes, Trans. of ASCE., vol. 98, 1933.
2. T. Hatano: Vibration Tests of Gravity Dams with Agar-Agar Models, Jour. of JSCE., vol. 36. No. 10, 1951.
3. T.Hatano: The Model Test of Dynamic Water Pressure on Dams during Earthquakes, Jour. of JSCE., vol. 36, No. 11, 1951.
4. A.K.Chopra: Hydrodynamic Pressures on Dams during Earthquakes, Proc. of ASCE., vol. 93, No. EM6, 1967.
5. A.K.Chopra: Reservoir-Dam Interaction during Earthquakes, Bull. of SSA., Vol. 57, No. 4, 1967.
6. T.Nakagawa and T.Hatano: Analytical Solution of Hydrodynamic Pressure with Reflective Condition at Reservoir Bottom during Earthquakes, Proc. of JSCE., No.229, 1974.
7. S.S.Saini, P.Bettess, and O.C.Zienkiewicz: Coupled Hydrodynamic Response of Concrete Gravity Dams using Finite and Infinite Elements, Jour. of IAEE., vol.6, No.4, 1978.
8. Public Works Research Institute, Ministry of Construction: Investigation of Activity of Earthquakes around Reservoirs, PWRI Technical Memorandum, No.1368, 1979.
9. A.K.Chopra and C.F.Corns: Dynamic Method for Earthquake Resistant Design and Safety Evaluation of Concrete Gravity Dams, Trans. of 13th ICOLD., 1979.
10. A.K.Chopra and S.Gupta: Hydrodynamic and Foundation Interaction Effects in Earthquake Response of a Concrete Gravity Dam, Proc. of ASCE., vol.107, No.ST8, 1981.
11. H.Shiojiri: On the Hydrodynamic Pressure Against Dams During Earthquakes, Large Dams, No.49, 1982.

13.4 콘크리트 중력댐의 내진설계
1. N.Mononobe: Properties of Gravity Dams and a Method of its Rational Design, Jour. of JSCE., vol. 11, No. 5, 1925.
2. O.A.Savinov, S.G.Napetvaridze, N.D.Krasnikov, V.F.Ivanistchev, and J.I. Natarius: New De-

sign Standards for the Hydraulic Structures in the Seismic Zones of the USSR., Proc. of 5-WCEE., 1974.

제 14 장 아치댐의 내진

14.1 개설

1. M.V.Mickey, V.Perez, and W.K.Cloud: Amplification Studies of the Pacoima Dam from Aftershocks of the San Fernando Earthquake, Proc. of 5-WCEE., 1974.
2. R.B.Reismer, R.W.Clough, and J.M.Raphael: Evaluation of the Pacoima Dam Accelerogram, Proc. of 5-WCEE., 1974.
3. A.A.Swanson: Effects of the 1971 San Fernando Earthquake on Pacoima Arch Dam, Trans. of 8th ICOLD., 1979.

14.2 댐진동의 해석방법

1. S.Okamoto, K.Katō, and M.Hakuno: A New Method of Dynamic Model Test of Arch Dam, Trans. of JSCE., No. 75, 1961.
2. S.Okamoto, M. Hakuno, and K.Katō: On the Vibration of an Arch Dam, Especially its Vertical Extensional Vibration, Trans. of JSCE., No. 100, 1963.
3. T.Hatano and H.Konno: Numerical Solution of Hydrodynamic Pressure during Earthquake on Arch Dam, Trans. of JSCE., No. 131, 1966.
4. S.Okamoto and K.Katō: A Method of Dynamic Model Test of Arch Dams, Proc. of 4-WCEE., 1969.
5. S.Okamoto, K.Katō, and K.Ono: Dynamic Model Test of Arch Dam using Electro-Mangetic Exciting Method, Trans. of JSCE., No. 137, 1970.
6. T.Hatano and T.Nakagawa: Seismic Analysis of Arch Dams—Coupled Vibrations of Dam Body and Reservoir Water, Proc. of JSCE., No.207, 1972.
7. B.Nasu: A Finite Element Analogue Method for Determining the Dynamic Characteristics of an Arch Dam—Reservoir System, Proc. of 5-WCEE., 1974.
8. P.R.Perumalswami and L.Kar: Earthquake Reservoir Behavior of Arch Dam Reservoir System, Proc. of 5-WCEE., 1974.
9. T.A.Paskalov: Full Scale Forced Vibration Studies and Mathematical Model Formulation of Dams, Design of Dams to Resist Earthquake, London, 1980.

14.3 지진시 제체의 거동

1. S.Okamoto and T.Takahashi: On Behaviors of an Arch Dam during Earthquakes, Proc. of 2-WCEE., 1960.
2. S.Okamoto, M.Hakuno, K.Katō, and M.Ōtawa: Observation of Earthquakes on an Arch Dam and its Abutment, Trans. of JSCE., No. 112, 1964.
3. S.Okamoto, N.Yoshida, K.Katō, and M.Hakuno: Dynamic Behavior of an Arch Dam during Earthquakes, Report of the Institute of Industrial Science, University of Tokyo, vol. 14, No. 2, 1964.
4. M.Nose: Observational Measurement of Dynamic Behavior of the Kurobe Dam, Trans. of 10th ICOLD., 1970.
5. I.Toma, T.Zorapapel, and V.Mironescu: Dynamic Tests on Arch Dams, Proc. of 5-WCEE., 1974.
6. J.P.Balsam and J.Fowler: Vibration Test of North Fork Dam Model, Proc. of 5-WCEE., 1974.
7. F.Calciati, A.Castoldi, M.Fanelli, and C.Mazzieri: In Situ Tests for the Determination of the Dynamic Characteristics of Some Italian Dams, Proc. of 6-WCEE., 1977.
8. R.Widmann: The Dynamic Behaviours of Arch Dams Investigations by Means of Calculations and Measurements, Trans. of 13th ICOLD., 1979.
9. R.Flesh and M.Ecselmayer: Dynamic in Situ Tests on Kölnbrein Arch Dam, Proc. of 7-WCEE., 1980.
10. R.F.Scott and J.B.Hoerner: Field Tests of Finite Element Concrete Dam Analysis, Proc. of 7-WCEE., 1980.
11. T.Hongō: On the Observational Measurements of the Kurobe Dam, Large Dams, No.99, 1982.

14.4 아치댐의 내진설계

1. Japanese National Committee on Large Dams: Design Criteria for Dams, 1971.
2. G.C.Rouse and L.H.Roebm: An Arch Dam Design Method for Aseismic Loadings, Proc. of

5-WCEE., 1974.
3. T.Niwa and T.Igaki: On the Earthquake Resistant Design of Arch Dams, Electric Power Civil Engineering, No.152, 1978.
4. G.L.Hutchinson: Theoretical Assessment of the Behaviour of Arch Dams for Seismic Loading, Design of Dams to Resist Earthquake, London, 1980.
5. R.Dungar: Aseismic Design Condsiderations for a Large Arch Dam, Design of Dams to Resist Earthquake, London, 1980.
6. B.Nath: Hydrodynamic Pressure on Arch Dams—by a Mapping Finite Element Method, Jour. of IAEE., vol. 9, 1981.

제 15 장 흙댐의 내진

15.1 진해

1. H.B.Seed, K.L.Lee, I.M.Idriss, and F.I.Makdisi: The Slides in the San Fernando Dams during the Earthquake of February 9, 1971, Proc. of ASCE., vol. 101, No.GT7, 1975.
2. K.L.Lee, H.B.Seed, I.M.Idriss, and F.I.Makdisi: Properties of Soil in the San Fernando Hydraulic Fill Dam, Proc. of ASCE., vol.101, No.GT8, 1975.
3. A.Kazama: Damage to Dams Agricultural Use due to 1978 Miyagiken-oki Earthquake, Large Dams, No.89, 1979.
4. M.P.Romo and D.Resendiz: Computed and Observed Deformation of Two Dams under Seismic Loading, Design of Dams to Resist Earthquake, London, 1980.

15.2 진동 해석법

1. C.Tamura, S.Okamoto, S.Morichi, and K.Katō: Experimental Study on the Stress Distribution on the Surface of the Fill-type Dam, SEISAN KENKYU, vol.24, No.1, 1972.
2. M.Hayashi, H.Komada, and Y.Fujiwara: Three-Dimensional Dynamic Response and Earthquake Resistant Design on Rockfill Dam against Input Earthquake in Direction of Dam Axis, Proc. of 5-WCEE., 1974.
3. Y.Sawada and T.Takahashi: Study on the Material Properties and the Earthquake Behaviors of Rockfill Dams, Proc. of 4-NSEE., 1975.
4. H.Komada, M.Hayashi, Y.Kitahara, and Y.Fujiwara: Three-dimensional Dynamic Analysis of a Rockfill Dam for Inclined Traveling Seismic Wave, Proc. of JSCE., No.261, 1977.
5. T.A.Paskalov, J.T.Petrovski, D.V.Jurukovski, and B.M.Taskovski: Forced Vibration Full Scale Tests on Earthfill and Rockfill Dams, Proc. of 6-WCEE., 1977.
6. A.M.Adbel-Ghaffar and R.F.Scott: Analysis of Earth Dam Response to Earthquake, Proc. of ASCE., vol.105, No.GT12, 1979.
7. K.Kunii and K.Urayama: Dynamic Behaviors of Rockfill Dams Considering Effects of the Shape of Valley, 15th Symp. of EE., 1979.
8. R.J.Severn, A.P.Jeary, B.R.Ellis, and R.Dungar: Prototype Dynamic Studies on a Rockfill Dam and on a Buttress Dam, Trans. of 8th ICOLD., 1979.
9. B.Maltinez and J.Bielak: On the Three-dimensional Seismic Response of Earth Structures, Proc. of 7-WCEE., 1980.

15.3 지진시 흙댐의 동적거동

1. M.Hatanaka: Three Dimensional Consideration on the Vibration of Earth Dams, Jour. of JSCE., vol. 37, No. 10, 1952.
2. H.Ishizaki, N.Hatakeyama, and M.Serio: Neumerical Calculation of Two Dimensional Vibration of a Wedge-shaped Structure, 3rd Symp. of EE., 1959.
3. S.Okamoto, M.Hakuno, K.Katō, and F.Kawakami: On the Dynamic Behavior of an Earth Dam during Earthquake, Proc. of 3-WCEE., 1965.
4. R.W.Clough and A.K. Chopra: Earthquake Stress Analysis in Earth Dams, Proc. of ASCE., vol. 92, No. EM2, 1966.
5. S.Okamoto, C.Tamura, K.Katō, and M.Ōtawa: Dynamic Behavior of Earth Dam during Earthquake, Report of IIS, vol.16, No.4, 1966.
6. S.V.Medvedev and A.P.Sinitsym: Seismic Effects on Earth Fill Dams, Proc. of 4-WCEE., 1969.
7. T.Hatano and H.Watanabe: Seismic Analysis of Earth Dams, Proc. of 4-WCEE., 1969.
8. A.K.Chopra and P.R.Perumalswami: Dam-Foundation Interaction during Earthquakes, Proc. of 4-WCEE., 1969.
9. A.K.Chopra, M.Dibaj, R.W. Clough, J.Penzien, and H.B.Seed: Earthquake Analysis of Earth

Dams, Proc. of 4-WCEE., 1969.
10. M.Dibaj and J.Penzien: Responce of Earth Dams to Traveling Seismic waves, Proc. of ASCE., vol. 95, No.SM2, 1969.
11. S.Okamoto, C.Tamura and K.Katō: Earthquake Response of Fill Type Dam, Proc. of 3-NSEE, 1970.
12. Y.Mori and F.Kawakami:Dynamic Properties of the Ainono Earth Dam and the Ushino Rockfill Dam, Proc. of JSCE., No.240, 1975.
13. T.Niwa: On the Dynamic Behaviors of the Kisenyama Dam, Large Dams, No.72, 1975.
14. M.Nose, T.Takahashi, and K.Kunii: Results of Earthquake Observations and Dynamic Tests on Rockfill Dams and their Consideration, Trans, of 12th ICOLD., 1976.
15. F.I.Makdisi and P.DeAlba: Performance of Earth Dams During Earthquakes, Proc. of ASCE., vol. 104, No.GT7, 1978.
16. T.Ohmachi and T.Higurashi: On the Dynamic Behaviors of Kassa Dam Constructed on a Volcanic Mud Flow Deposit, Proc. of 8-WCEE., 1979.
17. R.Prescu: The Behavior of Romanian Dams during the Vrancea Earthquake of March 4, 1977, Trans. of 13th ICOLD., 1979.
18. H.Watanabe: The Behavior of Fill Dam Models under Shock and Sinusoidal Loading, Tsuchi-to-Kiso, vol.28, No.5, 1980.
19. R.Bieber and H.J.Hovland: Seismic Dynamic Response by Approximate Method, Jour. of IAEE., vol.8, No.1, 1980.
20. O.C.Zienkiewicz, K.H.Leung, E.Hinton. and C.T.Chang: Earthdam Analysis for Earthquakes: Numerical Solution and Constitutive Relations for Non-linear Analysis, Design of Dams to Resist Earthquake, London, 1980.
21. E.Yanagisawa and T.Fukui: Performance of the Tarumizu Rockfill Dam during Strong Earthquake, Proc. of 7-WCEE., 1980.
22. K.Baba: Dynamic Behavior of Rockfill Dams, Design of Dams to Resist Earthquake, London, 1980.

15.4 댐의 파괴

1. M.Akiba and H.Senba: The Oga Peninsula Earthquake and the Damage to Irrigation Reservoirs, Jour. of the Japanese Society of Irrigation, Drainage and Reclamation Engineering, vol. 13, No.1, 1941.
2. H.B.Seed, K.L.Lee. and I.M.Idriss: Analysis of Sheffield Dam Failure, Proc. of ASCE., vol.95, No. SM6, 1969.
3. M.Moriya: On the Damage to Earth Dams due to Earthquake, Large Dams, No.48, 1969, and No.49, 1969.
4. K.L.Lee and H.G.Walters: Earthquake Induced Cracking of Dry Canyon Dam, Proc. of 5-WCEE., 1974.
5. D.C.Zienkiewicz, C.T.Chang, N.Bićanić, and E.Hinton: Earthquake Response of Earth and Concrete in the Partial Damage Range, Trans. of 13th ICOLD., 1979.
6. O.C.Zienkiewicz, K.H.Leung, E.Hinton, and C.T.Chang: Earth Dam Analysis for Earthquakes: Numerical Solution and Constitutive Relations for Non-linear (Damage) Analysis, Design of Dams to Resist Earthquakes, London, 1980.
7. L.Liu, K.Li, and D.Bing: Earthquake Damage of Baihe Earth Dam and Liquefaction Characteristics of Sand and Gravel Materials, Proc. of 7-WCEE., 1980.
8. M.K.Gupta, P.K.Sood, and R.C.Agrawal: A Case Study of Sheffield Dam Failure during an Earthquake, Proc. of 7-WCEE., 1980.
9. S.Ōkusa, S.Anma, and H.Maikuma: Liquefaction of Mine Tailings in the 1978 Izuohshima-kinkai Earthquake, Central Japan, Proc. of 7-WCEE., 1980.
10. C.Tamura, K.Han, and K.Sakai: On the Failure of Rockfill Dam Model due to Shaking, 16th Symp. of EE., 1981.

15.5 내진설계

1. N.Mononobe, A.Takada, and M.Matsumura: Seismic Stability of the Earth Dam: Trans. of 2nd-ICOLD, 1936.
2. N.M.Newmark: Effects of Earthquakes on Dams and Embankments, Geotechnique, vol.15, No.2, 1965.
3. H.B.Seed and G.R.Martin: The Seismic Coefficient in Earth Dam Design, Proc. of ASCE.,

vol.92, No.SM3, 1966.
4. A.R.Golze, H.B.Seed, and B.B.Golden: Earthquake Resistant Design of Oroville Dam, Trans. of 9th-ICOLD., vol.4, 1967.
5. S.V.Medvedev and A.P.Sinitsym: Seismic Design Criteria for Earthfill Dam, Trans. of 9th ICOLD., vol.4, 1967.
6. T.Hatano: Earthquake Resistant Design Procedure of Dams, Large Dam, No.48, 1969.
7. C.Tamura: On the Earthquake Resistance of the Embankment Dams, Doctor Thesis, 1970.
8. Y.Nakajima and S.Yamashita: The New Earthquake Resistant Design Method of Rockfill Dams with Impervious Facing, Trans. of 10th ICOLD., 1970.
9. Japanese National Committee on Large Dams: Design Criteria for Dams, 1971.
10. H.Watanabe: Analysis of Non-elastic and Non-linear Vibration of Rockfill Dams using Finite Element Method, Proc. of 5-WCEE., 1974.
11. H.Watanabe: A Consideration on the Seismic Coefficient of Rock and Earthfill Dams through Observed Accelerograms and Model Tests, Proc. of 6-WCEE., 1977.
12. S.Okamoto, C.Tamura, T.Ohmachi, and K.Katō: Study of Effects of a Berm on the Stability of Rockfill Dams during Earthquakes, 6-WCEE., 1977.
13. ICOLD: Finite Element Methods in Analysis and Design of Dams, ICOLD Bulletin No.30, 1978.
14. H.B.Seed: Consideration in the Earthquake Resistant Design of Earth and Rockfill Dams, Geotechnique, vol.29, No.3, 1979.
15. K.Baba and H.Watanabe: On a Consideration for an Earthquake Resistant Design Method for Rockfill Dams, Trans. of 13th ICOLD., 1979.
16. T.Tokue, M.Hayashi, and Y.Kitahara: Dynamic Deformation and Failure Characteristics of Rockfill Material Subjected to Cyclic Shear Loadings under Vertical Vibration, Jour. of JSSMFE., vol.20, No.4, 1980.
17. G.Gazetas: 3-Dimensional Lateral and Longitudinal Seismic Stability of Earth and Rockfill Dams, Proc. of 7-WCEE., 1980.
18. T.Ohmachi, K.Tokimatsu, and S.Soga: Practical Dynamic Analysis of Earthquakes by a Simplified 3-D Method, Proc. of 6-NSEE., 1982.

제 16 장 지중구조물의 내진

16.1 개설

1. S.Okamoto, K.Katō, and M.Hakuno: On the Seismic Force acting on the Structures Underground, Trans. of JSCE., No.92, 1963.
2. C.Tamura: On Seismic Deformation Method for Earthquake Resistant Design of Underground Structures, SEISAN KENKYU, vol.29, No.5, 1977.

16.2 지중구조물의 진해

1. The Committee of Experts UNESCO.: Koyna Earthquake Dec. 11, 1967, Report of the Committee of Experts of UNESCO., 1968.
2. L.A.Wyllie, Jr., F.E.McClure, and H.J.Degenkolb: Performance of Underground Structures at the Joseph Jensen Filtration Plant, Proc. of 5-WCEE., 1974.

16.3 지하 공동주변의 지진시 응력

1. C.Tamura, Y.Nakamura, and K.Katō: A Method for Numerical Analysis on the Ground Tremor due to Exciting on Tunnel Floor, Proc. of JSCE., No.281, 1979.
2. S.Morichi and C.Tamura: On Dynamic Experimental Analysis by Testing of Models made from Gel-like Materials, Proc. of JSCE., No.310, 1981.

16.4 지진시 지중구조물의 진동측정

1. S.Okamoto and C.Tamura: Dynamic Model Tests on Pipe Lines in the Soft Layer, Monthly Journal of the Institute of Industrial Science, Univ. of Tokyo, vol.19, No.12, 1967.
2. A.Sakurai and T.Takahashi: Dynamic Stress of Underground Pipe Lines during Earthquakes, Proc. of 4-WCEE., 1969.
3. M.Hamada and S.Satō: Behavior of Underground Tank during Earthquakes, Proc. of 6-WCEE., 1977.
4. M.Hamada: Earthquake Observation and Numerical Analysis of a Large Underground Tank, Proc. of JSCE., No.273, 1978.

5. Y.Ichikawa and Y.Ariga: Earthquake Observation of an Underground Cavity during Earthquakes, 15th Symp. of EE., 1979, and 16th Symp. of EE., 1981.
6. U.Gotō: Characteristics of Earthquake Response of a Group of Underground Tanks at Alluvial Ground, 15th Symp. of EE., 1979, and 16th Symp. of EE., 1981.
7. T.Iwatate, T.Kokushō, and S.Ooaku: Seismic Stability of Embedded Tank, Proc. of 7-WCEE., 1980.
8. M.Hamada, M.Yokoyama, and Y.Sugihara: Earthquake Observation of Underground Structure and Aseismic Design, Proc. of 7-WCEE., 1980.
9. H.Suzuki and K.Miyamoto: Observation of Behaviors of a LNG Underground Tank during Earthquakes, 16th Symp. of EE., 1981.
10. H.Komada, M.Hayashi, and H.Hotta: Earthquake Observation at the Periphery of an Underground Cavity for a Power House, 16th Symp. of EE., 1981.
11. C.Tamura, K.Katō, K.Yuyama, and Y.Kido: Torsional Deformation of a Tunnel in the Soft Ground during Earthquakes, 16th Symp. of EE., 1981.

16.5 잠수터널의 내진

1. C.Tamura, S.Okamoto, K.Katō, and Y.Nakagawa: Earthquake Observation in a Submerged Tunnel, 11th Symp. of EE., 1971.
2. S.Okamoto and C.Tamura: Behavior of Subaquous Tunnel during Earthquakes, Jour. of IAEE., vol.1, No.3, 1973.
3. Y.Aoki: Seismic Design Spectra for Trench Type Tunnel, Proc. of JSCE., No.211, 1973.
4. T.Nakano and K.Mori: Earthquake Resistant Calculations and Dynamic Model Test on Trench Type Tunnel, Technical Note of the Port and Harbor Research Institute, Ministry of Transport, Japan, No.172, 1973.
5. S.Okamoto, C.Tamura, K.Katō, and M.Hamada: Behaviors of Submerged Tunnels during Earthquakes, Proc. of 5-WCEE., 1974.
6. N.Nasu, S.Kazama, T.Morioka, and T.Tamura: Vibration Test of the Underground Pipe with a Comparatively Large Cross Section, Proc. of 5-WCEE., 1974.
7. O.Kiyomiya, S.Nakagawa, and H.Tsuchida: Observations of Dynamic Response of Kinuura Submerged Tunnel during Earthquakes and Dynamic Response Analysis, Technical Note of the Port and Harbor Research Institute, Ministry of Transport, Japan, No.221, 1975.
8. Japan Society of Civil Engineers: Design Criteria of Submerged Tunnels, 1975.
9. C.Tamura, S.Okamoto, and M.Hamada: Dynamic Behaviour of a Submerged Tunnel during Earthquakes, Report of IIS., vol.24, No.5, 1975.
10. N.Nasu, S.Kazama, T.Morioka, and H.Ōishi: Seismic Investigation of the Motion of a Submerged Tunnel in Earthquake and at Ordinary Time, Proc. of 6-WCEE., 1977.
11. T.Kamei and J.Ebina: Dynamic Behaviors of a Submerged Tunnel on Soft Ground, Tsuchi-to-Kiso, vol.25, No.4, 1977.
12. C.Tamura, S.Okamoto, and K.Katō: Earthquake Observations of Tunnels in the Soft Ground, Proc. of 5-NSEE., 1978.
13. E.Kuribayashi, T.Hatate, and M.Saeki: Earthquake Response Analysis of a Submerged Tunnel with Ventilation Towers, 15th Symp. of EE., 1979.
14. N.Nasu, T.Morioka, and H.Ōishi: Earthquake Observation and Strain Measurement in a Submarine Tunnel, Proc. of 7-WCEE., 1980.
15. M.Novak: Seismic Analysis of Underground Tublar Structures, Proc. of 7-WCEE., 1980.
16. O.Ueda, T.Hatate, and T.Tanaka: Earthquake Response Analysis of a Submerged Tunnel with Ventilation Towers, 16th Symp. of EE., 1981.
17. K.Minami, O.Kiyomiya, and T.Fujiwara: Earthquake Observation at the Kawasaki Submerged Tunnel, 16th Symp. of EE., 1981.
18. C. Ikeda, M. Sakamoto, H. Maeda, and M. Naitō: Earthquake Observation and Response Analysis of Undersea Tunnel of Tokyo Port Fairway No. 2, Proc. of 6-NSEE., 1982.
19. N.Obinata and Y.Hoshiba: Seismic Response of Submerged Tunnels Subjected to Propagating Input Motions, Proc. of 6-NSEE., 1982.

제 17 장 수도의 내진

17.1 개설

1. Japan Water Works Association: Criteria of Earthquake Proof Measures of Water Supply

System, 1979.
2. K.Kubo and R.Isoyama: Damage to Buried Utility Pipes in the 1978 Miyagiken-oki Earthquake, Proc. of 7-WCEE., 1980.
3. Y.Yaoxian: Damage to Lifeline Systems and Other Urban Vital Facilities from the Tangshan, China, Earthquake of July 28, 1976, Proc. of 7-WCEE., 1980.

17.2 매설관로
1. N.Mononobe: Theory of Earthquake Resistant Civil Structures, Rikōtosho Co., 1952.
2. Y.Nakagawa: A Theoretical Study on the Water Pressure in Distributing Pipes during Earthquakes, Jour. of Japan Water Works Association, No.416, 1969.
3. H.Gotō, K.Toki, and S.Takada: A Few Studies on the Vibrational Characteristics of Underground Pipe, Proc. of JSCE., No.209, 1973.
4. K.Kubo: Behavior of Underground Waterpipes during an Earthquake, Proc. of 5-WCEE., 1974.
5. K.Kubo and T.Katayama: Special Characteristics of Seismic Damage to Water Pipes, SEISAN KENKYU, vol.26, No.11, 1974.
6. S.Takada: Restoring Force Characteristics and Earthquake Response Analysis of Pipe—Surface Layer System, Proc. of JSCE., No.249, 1976.
7. K.Ugai: Dynamic Analysis of Underground Pipelines under the Condition of Axial Sliding, Proc. of JSCE., No.272, 1976.
8. T.Katayama, K.Kubo, and N.Satō: Quantitative Analysis of Seismic Damage to Buried Utility Pipelines, Proc. of 6-WCEE., 1977.
9. S.Takada: Earthquake Resistant Design of Underground Pipelines, Proc. of 6-WCEE., 1977.
10. M.Kogarumai, S.Hōjō, and Y.Sakurai: Observations of Dynamic Behavior of Anti-earthquake Ductile Pipes in Water Purification Yard at Hakusan, Hachinohe City during Earthquakes, Proc. of 5-NSEE., 1978.
11. M.Kogarumai, S.Hōjō, and T.Iwamoto: Observation of Dynamic Behavior of Antiearthquake Ductile Pipes in Water Main for Supply to Water Purification Yard at Hakusan, Hachinohe City during Earthquakes, Proc. of 5-NSEE., 1978.
12. R.Isoyama, Y.Masui, and T.Katayama: Damage to Buried Pipes due to the Miyagiken-oki Earthquake, 15th Symp. of EE., 1979.
13. N.Miyajima, J.Miyauchi, and J.Saeki: Dynamic Behaviors of Buried Pipes during the Miyagiken-oki Earthquake, 15th Sym. of EE., 1979.
14. M.Kogarumai, S.Hōjō, and N.Wakai: Observation of Dynamic Behaviors of Earthquake Resistant Ductile Pipelines at the Shimonaga District, Hachinohe City, 15th Symp. of EE., 1979.
15. T.Watanabe and T.Iida: Results of Observation of Earthquake Response of Buried Pipes, 15th Symp. of EE., 1979.
16. J.Miyauchi and J.Tsujimoto: Dynamic Behavior of Pipeline during the Miyagiken-oki Earthquake in 1978, Proc. of 7-WCEE., 1980.
17. J.D'Rourke, G.Castro, and N.Centola: Effects of Seismic Wave Propagation upon Buried Pipeline, Jour. of IAEE., vol.8, No.5, 1980.
18. A.Hindy and M.Novak: Pipeline Response to Random Ground Motion, Proc. of ASCE., vol. 106, No.EM2, 1980.
19. M.Nakamura, T.Katayama, and K.Kubo: Estimation of Ground Strain Based on Measured Strain of Buried Pipes during Earthquakes, 16th Symp. of EE., 1981.
20. H.Ōishi: Earthquake Strain Induced in the Ground and Buried Pipes, 16th Symp. of EE., 1981.
21. M.Satake, Y.Kishino, and T.Asano: Considerations on Earthquake Resistance of Pipelines Buried in Non-uniform Ground, Proc. of 6-NSEE., 1982.
22. T.Iwamoto, N.Wakai, and T.Yamaji: Observations of Dynamic Behavior of Anti-earthquake Ductile Pipeline in Water-Main during Earthquake. Proc. of 6-NSEE., 1982.
23. H.Ōishi and K.Sekiguchi: Earthquake Observation of an Underground Pipeline and Seismic Response Analysis, Proc. of 6-NSEE., 1982.

17.3 저수조형태의 구조물
1. H.Senda and Y.Nakagawa: Report of the Construction Work of the Nagasawa Filtration Plant, Tokyo Water Works, Jour. of JSCE., vol. 44, No. 12, 1959.

17.4 물탱크
1. K.Senda and K.Nakagawa: On the Vibration of an Elevated Water Tank, Technical Reports of

the Ōsaka University, vol. 4, No. 117, 1954, Vol. 5, No. 170, 1956, and Vol. 6, No. 193, 1956.
2. K.Heki: On the Vibration of an Elevated Water Tank, Technology Reports of the Ōsaka University, vol. 1, No. 1, 1957.
3. G.W.Housner: Dynamic Pressures on Accelerated Fluid Containers, Bull. of SSA., vol.47, No.1, 1957.
4. G.W.Housner: The Dynamic Behaviour of Water Tank, Bull. of SSA., vol. 53, No. 2, 1963.
5. G.W.Housner: The Behaviour of Inverted Pendulum Structure during Earthquakes, Bull. of SSA., vol. 53, No. 2, 1963.
6. A.S.Veletsos: Seismic Effects in Flexible Liquid Storage Tanks, Proc. of 5-WCEE., 1974.
7. K.Sogabe and H.Shibata: Response Analysis on Sloshing of Liquid in a Cylindrical Storage, SEISAN KENKYU, vol.26, No.3, No.4, and No.8, 1974.
8. K.Sogabe: A Semi-experimental Formula and a Nomogram to evaluate the Period of Sloshing Liquid in a Spherical Storage, SEISAN KENKYU, vol.26, No.9. 1974.
9. K.Sogabe: On the Analysis of Sliding Phenomenon of a Cylindrical Liquid Storage during Earthquake, SEISAN KENKYU, vol.27, No.12, 1975.
10. B.Hunt and N.Priestly: Seismic Water Waves in a Storage Tank: Bull. of SSA., vol. 68, No.2, 1978.
11. S.Ikeda, N.Akiyama, H.Nakamura, and S.Shirai: Study on the Sloshing of Liquid Contained in Circular Tank, Proc. of JSCE., No.290, 1979.
12. D.Fisher: Dynamic Fluid Effects in Liquid-filled Flexible Cylindrical Tank, Jour. of IAEE., vol.7, No.6, 1979.
13. G.W.Housner and M.A.Horoun: Dynamic Analyses of Liquid Storage Tanks, Proc. of 7-WCEE., 1980.
14. K.Kawano, T.Oda, K.Yoshida, S.Yamamoto, T.Shibuya, and S.Yamada: Damage of Oil Storage Tanks for Off Miyagi Prefecture Earthquake of June 12, 1978, Proc. of 7-WCEE., 1980.
15. S.Yamada, T.Oda, K.Yoshida, S.Yamamoto, K.Kawano, and T.Shibuya: Damage Analysis of Oil Storage Tanks for Off Miyagi Prefecture Earthquake of June 12, 1978, Proc. of 7-WCEE., 1980.

17.5 관망시스템의 내진
1. G.T.Agha: Risk Analysis of Lifeline Networks, Bull. of SSA., vol.67, No.6, 1977.
2. C.Tamura and H.Kawakami: A Method for Evaluating the Effect of Earthquakes on a Lifeline Network System, SEISAN KENKYU, vol.30, No.7, 1978.
3. T.Katayama, Y.Masui, R.Isoyama, and I.Jinnai: Effect of the Miyagiken-oki Earthquake of June 12, 1978, on Water Supply Systems, SEISAN KENKYU, vol.31, No.4 and No.6, 1979.
4. T.Katayama, Y.Masui, and R.Isoyama: Effect of the Miyagiken-oki Earthquake of June 12, 1978, on Sewerage System, SEISAN KENKYU, vol.31, No.7, 1979.
5. T.Katayama and R.Isoyama: Review of Seismic Risk Analysis and Earthquake Countermeasure Policy of Lifeline System, SEISAN KENKYU, vol. 32, No.6, 1980.
6. T.Katayama, Y.Masui, and R.Isoyama: Restoration on Lifeline in Sendai after the Damage Caused by the 1978 Miyagiken-oki Earthquake, Proc. of 7-WCEE., 1980.
7. T.Katayama and Y.Masui: Restorations of Water Supply and City Gas Systems in the City of Niigata after the 1964 Niigata Earthquake. SEISAN KENKYU, vol.33, No.1 and No.2, 1981.
8. C.Tamura and H. Kawakami: Seismic Risk Analysis of Underground Lifeline Systems by Use of Monte Carlo Method, Proc. of JSCE., No.311, 1981.
9. H.Kawakami: Seismic Risk Analysis of Lifeline System Composed of a Few Kinds of Structures, Proc. of JSCE., No.312, 1981.
10. M.Satake: Considerations on Earthquake Resistance of Pipeline Burried in Non-Uniform Ground, Proc. of 6-NSEE., 1982.

제 18 장 건축물의 내진

18.1 개설
1. G.W.Housner: Interaction of Buildings and Ground during Earthquakes, Bull. of SSA., vol.47, No.3, 1957.
2. International Society for Earthquake Engineering: Basic Concepts of Seismic Codes, vol.1, 1980.

3. Japanese Government: Earthquake Resistant Regulation for Building Structures in Japan, 1980.
4. IAEE, Earthquake Resistant Regulations A World List, 1980, Gakujutsu Bunken Fukyu-kai, 1980.
5. T.Hisada: Earthquake and Building, Kashima-Shuppan-kai, 1982.

18.2 수평지진 전단계수를 이용한 설계법
1. N.Nakano, Y.Ishiyama, and Y.Ōhashi: A Proposal of a New Aseismic Design Method for Buildings in Japan, Proc. of 7-WCEE., 1980.

18.3 동적설계법
1. K.Mutō: Strong Motion Records and Simulation Analysis of KII Building in San Fernando Earthquake, Mutō-Report, 71-2-1, 1971.

18.4 특수한 건축물
1. R.Husid: The February 4, 1976 Earthquake in Guatemala City and Vicinity, Proc. of 7-WCEE., 1980.
2. J.V.Neumann: Adobe Constructions Basis for a Seismic Resistant Code, Proc. of 7-WCEE., 1980.
3. R.Meli, O.Hernandez, and M.Padilla: Strengthening of Adobe Houses for Seismic Action, Proc. of 7-WCEE., 1980.
4. Z.B.Zhang: Effective Measures to Improve the Earthquake Resistant Properties of Brick Buildings, Proc. of 7-WCEE., 1980.
5. A.S.Arya, M.Qamaruddin, and B.Chandra: A New System of Brick Buildings for Improved Behaviour during Earthquakes, Proc. of 7-WCEE., 1980.

18.5 우리나라 건축물의 내진설계

찾아보기

(ㄱ)

감쇠정수   470
강관 및 콘크리트관   556
강진동   48
거더교의 진동해석   360
거더교의 진해   351
거더교의 현장 진동시험   376
거더부의 진해   358
건축물   235
고교각 거더교   397
고유 진동주기   466
관망시스템의 내진   596
교각 기둥부의 진해   352
교각 기초공의 진해   355
교각의 진동해석   360
교대의 진해   352
교량   231
교량의 지진동 관측   380
구조물과 지반의 상호작용   71
구조물의 비대칭   74
구조물의 주요진해   74
구조지지학적 고찰에 의한 추정방법   66
기초공의 내진설계   399

(ㄴ)

낮은 교각의 거더교   377
높은 교각의 거더교   378

(ㄷ)

다자유도계 응답 스펙트럼   202
다자유도계 탄성구조물   187
다층의 표면층이 있는 경우   122
단순거더교   388
단주의 전단파괴   75
단층   39
단층 활동의 수학적 모델   169
대규모의 지면활동   293
댐   234

댐마루의 진동 증폭   465
댐의 파괴   526
댐진동   450
동수압   433
동적설계법   443, 608
동적해석   627
등가 정적해석   616

(ㄹ)

러브(Love)파   131
레일리(Rayleigh)파   131
레일의 뒤틀림   315
록필댐 모형의 파괴시험   530

(ㅁ)

말뚝기초   403
말뚝의 수평저항   345
매립지와 방파제   330
매설관로   583
Mononobe의 지진시 토압이론   267
모델지진파의 수정   158
모형   494
모형시험   494
모형시험에 의한 해석   452
목조 건축물   610
물탱크   595

(ㅂ)

벽돌건물   615
변위법   544
보강토 옹벽의 내진   271
복합건축물   614
본진   29
비탄성 구조물의 동적해석   211
비탄성적 성질이 갖는 표면층 내의 다중반사   124

(ㅅ)

Sano의 지진시 토압이론   270

사면   71
사면안정   260
사질토의 동적강도   249
산사태   71
상부구조의 내진설계   385
성토   303
세로이음의 영향   472
셋트백   74
수도시설   234
수로교 및 역사이폰   594
수정진도법   205
수중구조물에 대한 진력계수   180
수치해석   450
수평지진 전단계수   606
쉬트파일 안벽   335
스펙트럼 강도의 감쇠   148
쓰나미   40

(ㅇ)

아치교   410
아치댐의 내진설계   473
암거   314
암반내의 지진동   109
암반지역의 지진동   106
여진   29
연속 거더교   394
연직방향진동   470
옹벽에 작용하는 토압   265
원자력 발전소   237
유한 요소법   475, 494
응력해석   544
응력해석에 의한 모형파괴시험   535
응답 스펙트럼을 이용한 내진설계   200
2차원 탄성파   127
1자유도계의 응답 스펙트럼   200
1자유도계 탄성구조물   184
1층의 표면층이 있는 경우   120

(ㅈ)

자유진동   498

잔교의 진동   347
잔교식 안벽   343
잠수터널   563
잠수터널의 수학적모델   570
저수조 형태의 구조물   593
전단보 이론   489
전도   74
전파속도   22
절토   308
접합부(seam)가 있는 암반의 지진동   111
정적 설계법   440
JMA진도   51
제체 관성력   431
조류   325
조성지   71
주지곡선   36
중력식 안벽   331
지각변동   37
지구내의 역사   24
지구내의 온도   22
지구의 구조   21
지반별 진도분포도   102
지반의 액상화   279
지반의 액상화대책   292
지반의 액상화에 의한 피해   71
지반의 지지력   275
지반의 파괴   279
지변에 의한 피해   73
지중구조물의 진해   550
지진   28
지진강도   160
지진계   42
지진기록의 예   163
지진대   27
지진동   36
지진동에너지   59
지진동에 의한 진동피해   74
지진동의 관측   42
지진동의 진동수 특성   93
지진동의 진폭   63
지진동의 파형   151
지진모멘트   59

지진시 기초 암반의 안정　476
지진시 댐의 안전　425
지진시 동적거동　513
지진시 쉬트파일공의 안정　338
지진시의 사면안정　263
지진시 지반의 극한지지력　276
지진시 제체의 거동　459
지진시 화재에 의한 피해　74
지진시 흙댐의 동적거동　498
지진에 의한 진해양상　73
지진응답스펙트럼의 성질　202
지진의 원인　30
지진의 진원 매카니즘　167
지진의 파라미터　57
지진파　22
지진파 방정식　113
지진파의 전파　31
지진파형　109
지진피해　71, 320
지진피해의 사례　75
지진피해의 형태　71
지진현상　36
지질과 지진특성　83
지표면에 대한 파동의 반사　116
지층 경계면에 대한 파동의 반사와 투과　117
지하철　558
지하철의 설계　576
직접기초　400
진도　51
진도계　51
진도법　179
진도법에 의한 설계법　473
진도법의 적용 예　182
진동해석법　487
진력계수　179
진앙거리를 갖는 지진강도의 감쇠　146
진앙부의 지진동　160
진원　28
진원매카니즘　167
진해　162, 481
진해양상　73
진해의 상세　484

(ㅊ)

철골구조건축물　613
철골·철근콘크리트　614
철근콘크리트 건축물　611
철도안전시설　319
체적파(body wave)　31
최대가속도　56
최대가속도의 감쇠　148
최대변위 진폭을 갖는 파동의 주기　61
최대속도　56
최대속도의 감쇠　147
최대 지진변위의 감소　59
충돌　75
충적지반의 지진동　93
층 사이의 변위　74

(ㅋ)

케이슨 기초　400
콘크리트 중력댐의 내진설계　440
콘크리트 중력댐에 작용하는 지진력　431
콘크리트 중력댐의 진해　428
Coulomb의 토압이론　265

(ㅌ)

탄성구조물의 동적해석　184
탄성론에 의한 교량기초공의 진동해석　370
탄성파의 전파　113
탄소성계　218
터널　309
터널의 접합　575
토층내의 지진동　104
통계에 의한 추정방법　63
특수한 건축물　610

(ㅍ)

파동에너지　115
파동의 입자속도　115

평면파   130
평상시의 사면안정   260
평상시 지반의 지지력   275
표면층 내 파동의 다중반사   120
표면파   33
P-△효과   75

(ㅎ)

하천   320

항만   235
해석법   212
해일에 의한 피해   73
현수교   413
활동면법   542
흙댐의 파괴   526
흙의 구성   244
흙의 동적변형 특성   246
흙의 동적성실   244

《편저자약력》

도덕현
충남대학교 동 대학원 농공학과 졸업. 농학박사. 토목기술사(토질 및 기초)
건설부산업입지국 동 국립건설연구소 토목부 근무
미국 Syracuse 대학교 객원교수
(현)건국대학교 교수
(주요저서) 토질역학 - 건대출판사
　　　　　 토목시공학 - 반도출판사
　　　　　 보강토구조물(편저) - 탐구문화사

고재만
건국대학교 동 대학원 농공학과 졸업. 농학박사
(주)평원엔지니어링
(현) 건국대학교 농공학과 강사
(주요저서) 암반공학의 기초(역서) - 탐구문화사

실 무 내 진 공 학

2004년 2월 15일 인쇄
2004년 2월 25일 발행

|판 권 소 유|

편　저 : 도 덕 현 · 고 재 만
발행인 : 김　　성　　계
발행처 : 도서출판 건 설 정 보 사
　　　　 서울시 용산구 갈월동 70-9
　　　　 TEL. (02)717-3396~7
　　　　 FAX. (02)717-3398
　　　　 등록 1998. 12. 24 제3-1122호

ISBN 89-90610-14-1 93530　　　　정가 36,000원
http://www.gunsulbook.co.kr

● 본서의 무단복제를 금합니다.

※ 파본 및 낙장은 교환하여 드립니다.